PROCEEDINGS OF THE ELEVENTH INTERNATIONAL CONGRESS ON
AGRICULTURAL ENGINEERING / DUBLIN / 4-8 SEPTEMBER 1989

Agricultural Engineering

Edited by
VINCENT A.DODD & PATRICK M.GRACE
Agricultural and Food Engineering Department, University College Dublin

VOLUME 2
Agricultural buildings

A.A.BALKEMA / ROTTERDAM / BROOKFIELD / 1989

The texts of the various papers in this volume were set individually by typists under the supervision of each of the authors concerned.

Published by

A.A.Balkema, P.O.Box 1675, 3000 BR Rotterdam, Netherlands

A.A.Balkema Publishers, Old Post Road, Brookfield, VT 05036, USA

For the complete set of four volumes ISBN 90 6191 980 0

For volume 1: ISBN 90 6191 976 2

For volume 2: ISBN 90 6191 977 0

For volume 3: ISBN 90 6191 978 9

For volume 4: ISBN 90 6191 979 7

© 1989 A.A.Balkema, Rotterdam

Printed in the Netherlands

AGRICULTURAL ENGINEERING
VOLUME 2

Land and Water Use, Dodd & Grace (eds), © 1989 Balkema, Rotterdam. ISBN 90 6191 980 0

Contents

2 Agricultural buildings

2.1 *Modern and future design for animal production*

2.2 *Design considerations of agricultural buildings*

2.3 *Environment control in animal housing*

2 Agricultural buildings
2.1 Modern and future design for animal production

Land and Water Use, Dodd & Grace (eds), © 1989 Balkema, Rotterdam. ISBN 90 6191 980 0

Keynote paper:
Anforderungen an zeitgemäße landwirtschaftliche Gebäude für die Tierhaltung

H.Irps
Bundesforschungsanstalt für Landwirtschaft (FAL), Bundesrepublik Deutschland

ZUSAMMENFASSUNG: Die volkswirtschaftlichen Rahmenbedingungen erfordern in Zukunft einen ständigen Anpassungsprozeß in der Landwirtschaft. So ist in vielen Betrieben der jetzige bauliche Zustand, den die Betriebsgebäude durch ihre Unbeweglichkeit und ihre Beständigkeit im Laufe der Zeit erreicht haben, als Engpaß und Hindernis in der sinnvollen Anpassung an zeitgemäße Formen moderner Betriebsorganisation und Betriebsweise zu sehen. Der Versuch, durch vermehrte Anwendung technischer Hilfsmittel diese Mängel zu beheben, führt zu einem überhöhten technischen - und damit finanziellen - Aufwand.
In dem Beitrag werden schwerpunktmäßig die wichtigsten Anforderungen an die Rinder- und Schweinehaltung in zeitgemäßen Gebäuden aufgeführt, deren Kenntnisse bei der baulich/technischen Gestaltung im landwirtschaftlichen Bauwesen unerläßlich sind. Internationale Abweichungen werden nicht besonders erwähnt. Im letzten Kapitel wird eine Neuordnung der landwirtschaftlichen Betriebsstruktur zur Diskussion gestellt.

SUMMARY: Economic conditions will continue to demand a high degree of flexibility in the agricultural sector. Many holdings are handicaped in their organization and operation by over-aged and technically antiquated farm buildings, which are by nature static and non-dynamic. Attempts to eliminate those difficult building situations with technical adjustments involve disproportionally high costs.
This paper primarily concerns the demands to stables for cattle and pigs. There knowledge is indispensable by the building and technic shaping of farm houses. International differences are not mentioned especially. The last chapter suggest a reorganization of farm management for discussion.

1. EINLEITUNG

Mit dem Blick auf die Gebäude eines alten Hofes öffnet sich uns das Buch der Geschichte von Generationen, die hier gelebt und gearbeitet haben. Wir spüren Achtung und Respekt vor der Leistung vergangener Epochen und wir müssen erkennen, daß diese veraltete Bausubstanz das zwangsläufige Ergebnis einer Agrarentwicklung ist, die durch vielerlei Schwierigkeiten gehemmt, mit der Dynamik einer vorwärtsstrebenden industrielisierten Gesellschaft nicht Schritt halten konnte.
Da der landwirtschaftliche Betrieb als lebendiges Gebilde der Wirtschaft ständig größeren oder kleineren Veränderungen in seinem Produktionsgeschehen unterworfen ist, sind die beständigen und starren Wirtschaftsgebäude, die sich bei ihrer Erstellung nur auf den damaligen Planungszustand beziehen können, zum Zeitpunkt ihrer Fertigstellung oft schon in wesentlichen Punkten änderungsbedürftig. Je länger diese Gebäude benutzt werden, desto größere Differenzen zeigen sich zwischen den sich wandelnden Ansprüchen des Betriebes und den in den Gebäuden unveränderlich festgelegten Nutzungsmöglichkeiten. Dieses Miß-

verständnis kann noch verstärkt
werden, wenn sich nach Inbetrieb-
nahme der Gebäude Planungsfehler
herausstellen, die nun über viele
Jahre hinweg den Produktionsablauf
des Betriebes erschweren. Streng
genommen können solche nachteili-
gen Auswirkungen nur vermieden
werden, wenn jede betriebswirt-
schaftliche Änderung sofort in
entsprechenden Umbaumaßnahmen an
den Wirtschaftsgebäuden ihr Gegen-
stück finden.

Diese Forderung stellte sich
weiten Kreisen der Landwirtschaft
in Ost und West besonders in diesem Jahrhundert: brachte der Acker
infolge besserer Bewirtschaftung
höhere Erträge, so wurde an geeigneter Stelle ein Hofraum oder
in seiner Nähe eine neue zusätzliche Getreidescheune errichtet.
Vergrößerte sich infolge des ebenfalls zunehmenden Futteranfalls
nun auch der Viehstapel, so wurde
aus der jeweiligen Augenblickssi-
tuation heraus zusätzlicher Stallraum teils in den bereits vorhandenen Altgebäuden, teils auch in
neu zu erstellenden An- und Neubauten geschaffen. Später kamen
dann Gärfutterbehälter, Maschinen-
hallen, Kunstdüngerläger und andere Spezialräume hinzu, für die
ebenfalls aus einer plötzlichen
Zwangslage heraus Notlösungen ir-
gendeiner Art entstanden. Das Ergebnis sind die vielen planlos ge-
wachsenen, hoffnungslos verunstal-
teten Altgebäude, die den heutigen
Landwirten ein rationelles Wirt-
schaften im Hofraum nahezu unmöglich machen.

Eine besonders große Herausforderung an die Bauwirtschaft in den
osteuropäischen Ländern bestand in
der Planung und Konstruktion von
landwirtschaftlichen Großanlagen.
Sie konnte noch weniger als in den
Ländern mit bäuerlichen Landwirt-
schaften die funktionelle Entwicklung der Gebäude abschätzen.

Landwirtschaftliche Betriebsgebäude benötigen wir für den Schutz
gegen die Unbilden der Witterung
und gegen den Zugriff von Unbefug-
ten. Sie sind Lebensraum für
Mensch und Nutztier, Lager für Ar-
beitshilfsmittel, Vorräte und Ex-
kremente sowie Standorte für technische Einrichtungen. Darüber hinaus werden die Gebäude der Veredlungswirtschaft zu einem dynamischen Bestandteil in der Land-

wirtschaft. Von ihnen ausgehend
kann die Umwelt belastet werden.

In den folgenden Abschnitten
werden einige wichtige Anforderungen und Nebenbedingungen für eine
erfolgreiche Planung und Konstruktion von landwirtschaftlichen Gebäuden und baulichen Anlagen der
Rinder- und Schweinehaltung aufgeführt. Auf länderspezifische Unterschiede wird nicht besonders
eingegangen.

2. VON DER WEIDEHALTUNG ZUR STALL-
HALTUNG

Für eine treffende Beschreibung
der heutigen Situation im Agrarbe-
reich sei TAIGANIDES (1969) zitiert. Er schrieb: "In den USA war
es durch den Übergang vom Weide-
gang zur Stallhaltung unter Einführung der Verfahren einer "Massenproduktion" möglich, den zunehmenden Bedarf an Eiern, Schweine-
fleisch und Frischmilch ohne Erhöhung der Anzahl Legehennen,
Schweine und Milchkühe während der
vergangenen 20 Jahre zu decken,
obwohl die Bevölkerung in den USA
seit 1950 mit einer durchschnittlichen Zuwachsrate von 3 Mio im
Jahr angewachsen ist.... Die wichtigste Auswirkung des jüngsten
Fortschritts in der Entwicklung
landwirtschaftlicher Produktions-
systeme ist das Entstehen einer
"regelrechten Technologie", die
eine Durchführung geradezu revolu-
tionärer Änderungen in der Tierhaltung, Tierzucht und technischen
Produktion gestattet. Die zweite
wichtigste Auswirkung ist im Entstehen des "Verschmutzungspro-
blems" zu sehen ... . Die Tendenz
zur tierischen Stallproduktion im
Gegensatz zur Weidehaltung hat die
durch die Geruchsbelästigung ver-
ursachten Probleme weiter verstärkt, das Problem schädlicher
Gase ist entstanden, und in der
Bekämpfung ansteckender Krankhei-
ten wurden neue Probleme aufgewor-
fen."

HAZEN und MINER (1969)
beschreiben die Wechselwirkung
zwischen Stallgebäude, Stalleinrichtung, Hofanordnung und Umwelt
bei einer Schweineproduktion in
Ställen. Vor 20 Jahren schrieben
sie: "Die chemische Aggressivität
des Dungs verkürzt die Lebensdauer
von Geräten um 50 %. Die durch

Dung verursachte Geruchsbelästigung beeinträchtigt die Arbeitsfreude und Gesundheit der in den Ställen arbeitenden Menschen. Bis zu 100 m von den tierischen Produktionsstätten entfernt entnommene Bodenproben von PARRAKOVA und STRAUCH (1969) wurden auf Enterokokken, coliforme Bakterien, Clostridien, Stickstoff und Chloride untersucht. Nach ihren Angaben ist das Land um Schweinezuchtställe am stärksten verschmutzt. Es folgen Geflügelzucht- und Rinderställe" (Anmerkung: Stallanlagen mit ständigem Auslauf am Gebäude).

3. SCHADGASE IN DEN STALLANLAGEN

Bei der Lagerung von Flüssigmist unter anaeroben Bedingungen finden mikrobielle Abbauprozesse statt, bei denen vor allem die Gase Kohlendioxid (CO_2), Ammoniak (NH_3), Schwefelwasserstoff (H_2S) und Methan (CH_4) entstehen. Wie gefährlich vor allem H_2S für Mensch und Tier werden kann, wird von den Landwirten häufig unterschätzt. Dies beweisen sowohl die Zahl als auch der Hergang der bekannt gewordenen Vergiftungsunfälle.

Die landwirtschaftlichen Berufsgenossenschaften in der BR Deutschland haben daher die neuen Unfallverhütungsvorschriften 2.8 "Besondere Bestimmungen für Gruben und Kanäle" erarbeitet. Sie beziehen sich in erster Linie auf die erforderlichen Gasverschlüsse, auf die Lüftung zur Abführung der Gase und auf die Lagerung innerhalb und außerhalb des Stalles sowie auf die Sicherung von Öffnungen in diesen Lägern. Geeignete Absturzsicherungen und Ausrüstungen für die Rettung von verunglückten Personen müssen vorhanden sein.

Die im Flüssigmist lebenden Mikroorganismen bewirken von Anfang an und fortlaufend den Abbau der reichlich vorhandenen organischen Substanz. Die dabei entstehenden Gase entweichen z. T. in die Stalluft oder verbleiben teilweise im Flüssigmist. Wenn die Flüssigkeit z. B. durch den Rührquirl bewegt wird, so werden die darin gelösten Gase ausgetrieben. Sie treten dann vor allem in der Nähe von großen Turbulenzen im Flüssigmistkanal verstärkt in hoher Konzen-

tration in der Stalluft auf.

Das Krankheitsbild bei Einatmung von H_2S in höheren Konzentrationen bewirkt eine Beeinträchtigung des zentralen Nervensystems. Die Tiere verhalten sich apathisch und stehen und liegen mit teilweise oder ganz geschlossenen Augenlidern. Sie können zwar in der Mehrzahl der Fälle noch aufstehen, lassen sich jedoch nur ungern zum Gehen bewegen und führen Bewegungen schwankend und taumelnd aus. In der Regel verbleibt die Futteraufnahme ganz (HAMMER, 1985). Nach DIRKSEN (1985) kann eine Faulgasvergiftung mit der sogenannten Schlafkrankheit verwechselt werden.

Bauseits ist deshalb zu beachten, daß Stallanlagen mit Flüssigmist mit den notwendigen Gasverschlüssen, Absperrschiebern, Lüftungseinrichtungen und Vorgruben zu versehen sind. Bei Stallanlagen mit natürlicher Ventilation sind alle Türen/Tore und Fenster bei der Bewegung des Flüssigmistes zu öffnen. Die Tiere sind aufzutreiben. Bei Windstille soll nicht gerührt werden.

In Stallanlagen für Rinder und Schweine sollen entsprechend den Verordnungen zum Tierschutzgesetz der BR Deutschland die folgenden Gaskonzentrationen eingehalten werden:

```
Kohlendioxid (CO2)        = 3000 ppm (ppm = cm3/m3)
Ammoniak (NH3)            =   20 ppm
Schwefelwasserstoff (H2S)=    5 ppm
```

Diese Gaskonzentrationen werden auch im CIGR-Report "Climatisation of Animal Houses" von 1984 angegeben.

Ammoniak gilt als das Hauptschadgas in Tierställen. Es reizt die Schleimhäute der Atemwege und der Lidbindehäute. Dem Ammoniakaustrag aus intensiven Stallanlagen der Schweine- und besonders der Geflügelhaltung wird die Schädigung des Waldes nachgesagt. Und zwar entsteht durch die Verbindung des NH_3 mit den in der Luft vorhandenen Säuren das Ammonium-Ion NH_4. Seine Ablagerung im Boden soll die schädigende Wirkung in den Wäldern - durch Querverbindungen mit anderen Lufteinträgen - hervorrufen. Bisher wurde nur dispositive Wirkung der Ammoniumimmission als Stickstoffdünger erwähnt.

Im ruhenden Zustand des Flüssigmistes können in der Regel mit
Dräger-Röhrchen - wobei das Analy-
sepräparat in einem Glasröhrchen
von der Stalluft mittels Luftpumpe
durchströmt wird - keine H_2S-
Konzentrationen gemessen werden.
Während des Rührens im Zirkulati-
onssystem von Rinderstallanlagen
wurden Konzentrationen von bis zu
65 ppm registriert (IRPS, 1982).
Ein großer Einfluß auf die H_2S-
Konzentration kann durch den ph-
Wert ausgeübt werden. Während im
sauren Millieu die H_2S-Produktion
stark ansteigt, ist sie bei ph
größer als 9 gleich Null. Eine
Aufkalkung der Vorgrube könnte
also die Schadgasbildung verhindern bzw. reduzieren (DIEKMANN,
1983). Beim Einsatz des Rührers in
Güllekanälen mit Zirkulationssy-
stem soll der Mixer vollständig
mit Flüssigmist bedeckt sein und
mit einer möglichst geringen Dreh-
zahl gerührt werden.

4. STAUB- UND KEIMGEHALTE IN DER STALLUFT

Im Gegensatz zur Rinderhaltung
sind ungünstige Staub- und Keimgehalte in der Stalluft vor allem in
den Schweineställen gegeben. Eine
hohe Besatzdichte, Trockenfutter
und Einstreu können - gepaart mit
knapp bemessener Lüftung - zu einem unerwünscht hohen Gehalt der
Stalluft an Staub- und Keimgehalte
führen. In derart belasteten Betrieben wurden von ZEITLER-FEICHT
(1988) Schwebstaubmengen bis zu 11
mg/m³ Luft und bis zu 4600
Keime/Liter gemessen. Zum Vergleich: Außenluft in der unbebau-
ten Natur hat einen Staubanteil
von 0,04 mg/m³ und einen Keimge-
halt von 0,01-0,1 KBE/l (KBE = ko-
lonienbildende Einheit pro Liter).
In Stadtluft werden Staubwerte von
1,00 mg/m³ und Keimzahlen von 0,1-
15 KBE/Liter gemessen. Als Richt-
wert für eine maximale Tierbela-
stung werden nach der TGL-Stall-
norm der DDR 6 mg/m³ Gesamtstaub
in der Luft angenommen. Für die
Keimzahlen in Stallanlagen werden
500-1000 KBE/Liter gefordert.
Wirksame Maßnahmen zur Reduzierung
der Luftverunreinigungen sind
hauptsächlich in den Bereichen
Lüftung und Entmistung zu suchen.

5. FLÜSSIGMIST IN GROßANLAGEN

Die unter dem Rationalisierungsdruck stehenden Landwirte haben in
den letzten Jahrzehnten die Anzahl
der Tiere je Betriebseinheit erhöht. Neu- oder Umbauten wurden
nahezu ausschließlich wegen der
arbeitswirtschaftlichen Vorteile
des perforierten Bodens als Flüs-
sigmist-Stallanlagen ausgebildet.
Die von dem Flüssigmist ausgehende
Umweltbelastung hat aber heute
nicht nur die Landwirtschaft in
breiten Bevölkerungskreisen in
Verruf gebracht, sondern sie ver-
anlaßt darüber hinaus den Gesetz-
geber, mit Verordnungen und Ge-
setzen die ungebremste Ausweitung
der Tierbestände zu verhindern.
Die Ausweitung der Lagerkapazität
auf 6 Monate im Jahr ist mit der
Einschränkung der Ausbringungszei-
ten in vegetationsarmen Zeiten
(November bis Februar) unumgänglich. Hierzu existieren bereits in
der BR Deutschland Vorschriften.
Um den Flüssigmist gezielt an-
wenden zu können, werden von der
Industrie technische Anlagen zur
Feststoffseparierung angeboten.
Man unterscheidet zwischen Sieb-
bandpressen, Siebtrommelpressen,
Kreisbogen-Siebpressen, Siebzen-
trifugen und Dekanterzentrifugen.
Ziel dieser Anlagen ist die Erzeugung einer flüssigeren Phase und
einer festen Phase (Feststoffe)
des Dunges. Die flüssige Phase
läßt sich nach einer Separation
besser aufrühren, vermeidet mehr
oder weniger Schwimmdecken bzw.
Sinkschichten, reduziert das La-
gervolumen (z. B. bis 20 % bei der
Lisep-Separierung), läßt sich
gleichmäßig auf Acker- und Grün-
flächen verteilen und ermöglicht
leichter eine Belüftung. Und die
feste Phase erbringt einen hohen
Trockenmassegehalt (bei Lisep bis
zu 20 %), ist schüttfähig, läßt
sich kompostieren und mit dem
Dungstreuer ausbringen. Die Sepa-
rierung wird häufig auf einer
überdachten Mistplatte durchgeführt.
Für den überbetrieblichen Einsatz gedacht sind Flüssigmist-
Großanlagen, wie sie z. Z. in den
Niederlanden entstehen. Durch
Trocknung der Gülle wird hierbei
ein sackfähiges Material erzeugt.
Ähnlich ist auch das Ziel von Gra-
nulieranlagen, die in einer schräg

stehenden - sich drehende - Trommel Flüssigmist unter Zusatz von
30-40 % trockener organischer Substanz sackfähig eindickt. Die Zukunft wird zeigen, ob derartige
Großanlagen wirtschaftlich arbeiten können. Alle diese Bestrebungen haben zum Ziel, den Flüssigmist zu einem handelsüblichen Produkt zu verarbeiten, das zum Mineraldünger in den Wettbewerb treten
kann.

TOSIC (1988) berichtet von einer
Phasentrennung des Flüssigmistes
durch Absetzen (Sedimentation) der
festen Bestandteile. Hauptsächlich
kommen Hochbehälter mit einer Höhe
von 4 m in Frage. Schweinegülle
läßt sich leicht separieren, da
sich bei ihr auf dem Boden des Behälters die Feststoffe sammeln.
Nach Ablassen der darüber befindlichen flüssigeren Phase wird die
eingedickte Phase des Flüssigmistes mittels Stroh zu einem kompostfähigen Festmist gemischt. Bei
dem Flüssigmist aus Rinderställen
ergibt sich in dem Hochbehälter
eine Schwimmschicht und eine Sinkschicht am Boden des Behälters.
Zwischen beiden Schichten befindet
sich die dünnflüssige Phase. Durch
eine Auslauföffnung in 1 m Höhe
des Hochbehälters wird die flüssige Phase abgelassen. Die verbleibende eingedickte Phase wird
in speziellen Mieten mit Häcksel-Stroh zu Festmist verarbeitet.

Die Flüssigmistbelüftung im Lagerbehälter dient hauptsächlich
der Verminderung von Geruchsemissionen bei der Lagerung und Ausbringung. Für die Sauerstoffzufuhr
und Flüssigmistumwälzung kommen
Oberflächenbehälter, Tiefenbelüfter und Radial-Umwälzbelüfter zum
Einsatz. Zusätzlich kann auch mit
einer Druckbelüftung der aerobe
Prozeß im Flüssigmist gefördert
werden.

Eine anaerobe Behandlung findet
in Biogasanlagen statt. Das Biogas
(Mischgas aus 60 % Methan und 40 %
Kohlendioxid mit Spuren von Wasserstoff und Schwefelwasserstoff)
entsteht in einem mehrstufigen mikrobiellen Abbauprozeß unter Sauerstoffabschluß.

6. IMMISSIONSSCHUTZRECHT IN DER BR
DEUTSCHLAND

Das Ziel des Immissionsschutz-

rechtes besteht vor allem in der
Luftreinhaltung bzw. dem Schutz
der Allgemeinheit und der Nachbarschaft von Geruchsstoff- und
Staubimmissionen. Genehmigungsbedürftig nach der 4. Durchführungsverordnung zum Bundesdeutschen-
Emissionsschutzgesetz sind Stallanlagen für Geflügel und Schweine
mit Flüssigmistverfahren. Danach
sind Stallanlagen mit mehr als 700
Mastschweineplätzen oder 250 Sauenplätzen genehmigungspflichtig,
wobei ein Sauenplatz drei Mastschweineplätzen entspricht. Das
Genehmigungserfordernis erstreckt
sich auf alle Anlagenteile, Verfahrensschritte und Nebeneinrichtungen, die zum Betrieb notwendig
sind und die für das Entstehen
schädlicher Umwelteinwirkungen,
die Vorsorge gegen schädliche Umwelteinwirkungen oder das Entstehen sonstiger Gefahren, erheblicher Nachteile oder erheblicher
Belästigungen von Bedeutung sein
können.

Durch bauliche, technische und
organisatorische Maßnahmen lassen
sich Geruchsemissionen meist wesentlich vermindern. Grundlage für
eine einheitliche Bewertung solcher Maßnahmen sind die VDI-Richtlinien 3471 "Emissionsminderung
Tierhaltung - Schweine" (6/1986);
s.a. AID 1201, 1988. Mit einer
Punktebewertung, die sich auf die
Entmistung und Lagerung, Stallüftung, Lagerdauer von Flüssigmist
und Besonderheiten der Fütterung
bezieht, wird der Mindestabstand
zu Wohnbebauungen festgelegt. Damit ergeben sich Mindestabstandskurven, die der dritten Wurzel des
Tierbesatzes (in Großvieheinheiten) folgen und die mit einem Proportionalitätsfaktor von 48 bis
103 für die jeweilige Stallsituation versehen sind (Punktbewertung). Bei Sauenbeständen kommen
die halben Werte der Großvieheinheiten (= 500 kg) zur Anwendung.
Ebenso ist der halbe Richtlinienabstand in reinen Dorfgebieten und
bei Wohnhäusern im Außengebiet
einzuhalten. Werden diese Abstände
dennoch unterschritten, so müssen
Biowäscher oder Biofilter eingebaut werden. Entsprechende Richtlinien für die Rinderhaltung wurden nicht erlassen.

7. TIERSCHUTZ UND BAUFORSCHUNG

In den westeuropäischen Ländern ist der Tierschutzgedanke weit verbreitet. Richtlinien für die Haltung der Tiere sind in der BR Deutschland in dem Tierschutzgesetz von 1972/1986 festgelegt worden. Allerdings ist die Beschäftigung mit dem Tierschutz keine Idee unserer Zeit, sie hat vielmehr eine mehrere tausend Jahre alte Tradition und ist mehr oder weniger in den Schriftstücken der Religionsgemeinschaften zu finden. Lediglich die praktische Umsetzung des Tierschutzgedankens steht in einem direkten Zusammenhang zu den Lebensumständen der Bevölkerung.

Funktionsfähige Stallanlagen lassen sich heute und in Zukunft nur unter Berücksichtigung der tierschutzbezogenen Aspekte entwickeln.

8. TIERSCHUTZGESETZ IN DER BR DEUTSCHLAND

Für die landwirtschaftliche Nutztierhaltung sind die folgenden Paragraphen von Bedeutung:

"§1: Zweck dieses Gesetzes ist es, aus der Verantwortung des Menschen für das Tier als Mitgeschöpf dessen Leben und Wohlbefinden zu schützen.

§ 2: Wer ein Tier hält, betreut oder zu betreuen hat,
1. muß das Tier seiner Art und seinen Bedürfnissen entsprechend angemessen ernähren, pflegen und verhaltensgerecht unterbringen;
2. darf die Möglichkeit des Tieres zu artgemäßer Bewegung nicht so einschränken, daß ihm Schmerzen oder vermeidbare Leiden oder Schäden zugefügt werden.

§ 2a: Der Minister für Ernährung, Landwirtschaft und Forsten wird ermächtigt, durch Rechtsverordnung mit Zustimmung des Bundesrates, soweit es zum Schutz der Tiere erforderlich ist, die Anforderungen an die Haltung von Tieren nach § 2 näher zu bestimmen und dabei insbesondere Vorschriften zu erlassen über Anforderungen
1. hinsichtlich der Bewegungsmöglichkeit oder der Gemeinschaftsbedürfnisse der Tiere,
2. an Räume, Käfige, andere Behältnisse und sonstige Einrichtungen zur Unterbringung von Tieren

sowie an die Beschaffenheit von Anbinde-, Fütterungs- und Tränkvorrichtungen,
3. hinsichtlich der Lichtverhältnisse und des Raumklimas bei der Unterbringung der Tiere,
4. an die Pflege einschließlich der Überwachung der Tiere."

In § 5 werden Vorschriften für "Eingriffe an Tieren" erteilt, Eingriffe dürfen in der Regel nur vom Tierarzt durchgeführt werden. Für die betäubungsfreien Eingriffe an landwirtschaftlichen Nutztieren wird im bundesdeutschen Tierschutzgesetz ausgeführt (Zitat):
"Eine Betäubung der Tiere ist nicht erforderlich
1. für das Kastrieren von unter zwei Monate alten männlichen Rindern, Schweinen, Ziegen, Schafen und Kaninchen, sofern kein von der normalen anatomischen Beschaffenheit abweichender Befund vorliegt,
2. für das Enthornen oder das Verhindern des Hornwachstums bei unter sechs Wochen alten Rindern,
3. für das Kürzen des Schwanzes von unter vier Tagen alten Ferkeln sowie von unter acht Tagen alten Lämmern,
4. für das Kürzen des Schwanzes von unter acht Tagen alten Lämmern mittels elastischer Ringe,
...
6. für das Kürzen von Hornteilen des Schnabels beim Geflügel,
7. für das Absetzen des krallentragenden letzten Zehengliedes bei Masthahnenküken, die als Zuchthähne Verwendung finden sollen, während des ersten Lebenstages."
- Ende Zitat -

9. RECHTSVERORDNUNGEN ZUM BUNDESDEUTSCHEN TIERSCHUTZGESETZ

Entsprechend dem § 2a des Tierschutzgesetzes sind bereits Rechtsverordnungen erlassen worden (Legehennen in Käfigen und Schweine in der Stallhaltung). Weitere Verordnungen liegen im Entwurf vor. Die Schweinehaltungsverordnung von 1988 ist hauptsächlich in den folgenden Punkten zu beachten:
"§ 2, Allgemeine Anforderungen an Ställe,
...
4. Bei einem Metallgitterboden aus geschweißten oder gewobenen Drahtgeflecht muß der Draht ummantelt sein und der einzelne Draht mit

Mantel mindestens 9 Millimeter Durchmesser haben.

§ 3, Besondere Anforderungen an Ställe für das Halten nicht abgesetzter Ferkel

...

3. Der Liegebereich muß entweder ausreichend eingestreut oder wärmegedämmt und beheizbar sein; der Boden darf nicht perforiert oder muß abgedeckt sein.

§ 4, Anforderungen für das Halten abgesetzter Ferkel in Gruppen

...

2. Entsprechend dem Durchschnittsgewicht der Ferkel darf auf der frei verfügbaren Fläche höchstens eine Besatzdichte nach folgender Tabelle erreicht werden:

Durchschnittsgewicht (kg)	Besatzdichte (Tiere je m²)
bis 20	5
über 20 bis 24	4
über 24	3

3. Bei rationierter Fütterung muß der Freßplatz so beschaffen sein, daß alle Ferkel gleichzeitig fressen können; bei tagesrationierter Fütterung genügt es, wenn für jeweils zwei Ferkel eine Freßstelle vorhanden ist. Bei Fütterung zur freien Aufnahme muß für jeweils höchstens vier Ferkel eine Freßstelle vorhanden sein.
4. Bei Verwendung von Selbsttränken muß für jeweils höchstens 12 Ferkel eine Tränkstelle vorhanden sein.

§ 5, Besondere Anforderungen an Ställe für das Halten von Schweinen über 30 Kilogramm
(1) Schweine mit einem Gewicht über 30 Kilogramm dürfen in Ställen mit Betonspaltenboden nur gehalten werden, wenn die Ställe folgenden weiteren Anforderungen entsprechen:
1. Die Spaltenweite darf bei Schweinen mit einem Gewicht
a) bis 125 Kilogramm höchstens 1,7 Zentimeter,
b) über 125 Kilogramm höchstens 2,2 Zentimeter betragen. Die Spaltenweiten dürfen diese Maße infolge von Fertigungsungenauigkeiten bei einzelen Spalten um höchstens 0,3 Zentimeter überschreiten
2. Die Auftrittsbreite der Balken muß mindestens 8 Zentimeter betragen.
(2) Bei Stalleinrichtungen, die

nach dem 31.12.1989 fertiggestellt worden sind, darf für Schweine, die zur Zucht verwendet werden, der Liegebereich nicht voll perforiert sein; bei Einzelhaltung darf der Boden nur so weit perforiert sein, daß Kot oder Harn durchgetreten werden oder abfließen kann.

§ 6, Anforderungen an das Halten von Schweinen über 30 Kilogramm in Gruppen
1. a) Ist der Liegebereich vom Kotbereich getrennt, so darf entsprechend dem Durchschnittsgewicht der Tiere auf der frei verfügbaren Fläche des Liegebereichs höchstens eine Besatzdichte nach folgender Tabelle erreicht werden.

Durchschnittsgewicht (kg)	Besatzdichte (Tiere je Flächeneinheit)
bis 45	3 je m²
über 45 bis 110	2 je m²
über 110 bis 150	1 je m²
über 150	3 Tiere je 4 m²

b) Ist der Liegebereich vom Kotbereich nicht getrennt oder werden die Schweine auf Voll- oder Teilspaltenboden gehalten, so muß die frei verfügbare Fläche mindestens 20 von Hundert größer sein als die jeweilige Fläche nach Buchstabe a).
2. Bei rationierter Fütterung, ausgenommen bei Abruffütterung und technischen Einrichtungen mit vergleichbarer Funktion, muß der Platz so beschaffen sein, daß alle Schweine gleichzeitig fressen können; bei tagesrationierter Fütterung genügt es, wenn für jeweils zwei Schweine eine Freßstelle vorhanden ist. Bei Fütterung zur freien Aufnahme muß für jeweils höchstens vier Schweine eine Freßstelle vorhanden sein.
3. Bei Verwendung von Selbsttränken muß für jeweils höchstens 12 Schweine eine Tränkstelle vorhanden sein.

...

§ 7, Anbinde- und Kastenstandhaltung
(1) ...
Die Halsanbindung ist verboten.
(2) Sauen dürfen jeweils nach dem Absetzen der Ferkel insgesamt vier Wochen lang nicht in Anbindehaltung gehalten werden; sie dürfen während dieser Zeit in Kastenständen nur gehalten werden, wenn sie täglich freie Bewegung erhalten.

§ 8, Beleuchtung
Werden Schweine in Ställen, in
denen zu ihrer Pflege mit Versorgung wegen eines zu geringen
Lichteinfalls auch bei Tageslicht
künstliche Beleuchtung erforderlich ist, gehalten, so muß der
Stall täglich mindestens acht
Stunden beleuchtet sein. Die Beleuchtung soll im Tierbereich eine
Stärke von mindestens 50 Lux haben
und dem Tagesrhythmus angeglichen
sein. Jedes Schwein soll von ungefähr der gleichen Lichtmenge erreicht werden. Außerhalb der Be-
leuchtungszeit soll so viel Licht
vorhanden sein, wie die Schweine
zur Orientierung brauchen.
§ 9, Stallklima
(1) Es muß sichergestellt sein,
daß Luftzirkulation, Staubgehalt,
Temperatur, relative Luftfeuchte
und Gaskonzentration im Stall in
einem Bereich gehalten werden, der
die Gesundheit der Schweine nicht
nachteilig beeinflußt.
(2) Im Liegebereich von Ferkeln
darf während der ersten zehn Tage
nach der Geburt eine Temperatur
von 30 Grad Celsius nicht unterschritten sein.
(3) Im Liegebereich von über zehn
Tage alten Ferkeln dürfen die Temperaturen nach folgender Tabelle
nicht unterschritten sein:

Durchschnittsgewicht kg	bei Einstreu °C	ohne Einstreu °C
bis 10	16	20
über 10 bis 20	14	18
über 20	12	16

(4) Absatz 1 gilt nicht für
Ställe, die vorwiegend dem Schutz
der Schweine gegen Niederschläge,
Sonne und Wind dienen und deren
Stallraum nicht allseits von Bau-
teilen umschlossen ist.
§ 10, Fütterung und Pflege
...
(3) In einstreulosen Ställen muß
sichergestellt sein, daß sich die
Schweine täglich mehr als eine
Stunde mit Stroh, Rauhfutter oder
anderen geeigneten Gegenständen
beschäftigen können.
§ 11, Überwachung und Wartung
der Anlagen, Vorsorge bei Be-
triebsstörungen
...
(2) Für den Fall einer Betriebsstörung muß für ausreichende

Frischluftzufuhr, ausreichende Beleuchtung und ausreichende Fütte-
rungs- und Tränkemöglichkeiten ge-
sorgt sein. Für einen Stall, in
dem bei Stromausfall eine ausreichende Versorgung der Schweine
nicht sichergestellt ist, muß ein
Notstromaggregat einsatzbereit gehalten werden. Ist ein Stall auf
elektrisch betriebene Lüftung an-
gewiesen, so muß für den Fall einer Betriebsstörung eine Alarman-
lage vorhanden sein.

DIE KÄLBERSCHUTZVERORDNUNG der BR
Deutschland liegt im Entwurf vor.
Sie wird 1989 verabschiedet wer-
den.

10. GESETZENTWURF ZUR FÖRDERUNG
DER BÄUERLICHEN LANDWIRTSCHAFT IN
DER BUNDESREPUBLIK DEUTSCHLAND (1,
1988)

Zunehmende Konzentration in der
tierischen Erzeugung und damit
verbundene wettbewerbs- und um-
weltpolitische Probleme haben seit
Mitte der 80er Jahre die Diskussion um den bäuerlichen Familien-
betrieb immer stärker bestimmt.
Dabei wurde deutlich, daß eine
bäuerliche Agrarstruktur am ehesten verschiedenen gesellschafts-
politischen, landeskulturellen und
ökonomischen Erwartungen der Gesellschaft an die Landwirtschaft
zu entsprechen vermag. Deshalb
gilt es, einer breiten Schicht von
bäuerlichen Betrieben die Einkom-
menschancen aus der tierischen
Veredlung zu sichern.
Ziel des Gesetzentwurfes ist es,
die Wettbewerbsstellung der bäuerlichen Landwirtschaft gegenüber
flächenunabhängigen Tierhaltungs-
betrieben und Betrieben mit geringer Flächenbindung zu verbessern, indem
- staatliche einkommenstützende
Fördermaßnahmen zugunsten der
Landwirtschaft noch stärker als
bisher gezielt auf bäuerliche Betriebe mit ihren vielfältigen
Funktionen ausgerichtet und
- Betriebe mit gewerblicher Tierhaltung, mit großen Tierbeständen
und mit nicht an die Fläche gebun-
dener Tierhaltung von bestimmten
staatlichen Maßnahmen ausgeschlossen werden, d.h. von betriebsbezogenen Beihilfen werden gewerbliche
und landwirtschaftliche Betriebe

mit mehr als die folgenden Tierbestände (im Jahresdurchschnitt)
ausgeschlossen: 120 Milchkühe /
400 Mastrinder / 600 Mastkälber /
200 Zuchtsauen / 1700 Mastschweine
/ 50 000 Legehennen / 100 000
Masthähnchen / 33 000 Mastenten /
40 000 Mastgänse / 20 000 Mastputen (= z.B. MWSt - Einkommensaus-
gleich, etc.)

In der einzelbetrieblichen In-
vestitonsförderung im Bundesgebiet
- bei Milchkühen Förderung im Rahmen
a) der seit 1981 geltenden Höchst-
grenzen (40 Kühe je AK und 60 Kühe
je Betrieb
b) der bei Antragstellung vorhandene Referenzmengen ab 1988
- bei Schweinen und Mastrindern
a) Förderung von Investitionen zur
Arbeitserleichterung und Kosten-
senkung; bei Schweinen begrenzt
auf 400 Mastplätze
b) ab Januar 1988 Wiederaufnahme
der Förderung von Kapazitätsaus-
weitungen
c) ab April 1988 Herabsetzung der
Förderung bei Schweinen von 400
auf 300 Mastplätze bzw. 46 Stall-
plätze bei Sauenhaltung
- bei Geflügel völliges För-
derungsverbot außer bei Umwelt-
schutzauflagen.
Bauvorhaben von Betrieben mit
übergroßen Tierbeständen und mehr
als 3 Dungeinheiten/ha sollen
durch eine Änderung der Baunutzungsverordnung erschwert werden.
Diese Betriebe sollen in den Katalog der Sondergebiete aufgenommen
werden, die von den Gemeinden auszuweisen sind.

Von der betriebsbezogenen Bei-
hilfe ausgenommen werden Betriebe, die mehr als drei Dungeinheiten je Hektar landwirtschaft-
lich genutzter Fläche ausbringen,
d.h. mehr Wirtschaftsdünger (z.B.
Flüssigmist) als einer festgelegten Zahl von Tieren im Jahresdurchschnitt entspricht.

Der Berechnung von drei Dungeinheiten sind folgende Tierzahlen
zugrunde zu legen:
27   Kälber (bis 3 Monate)
9   Jungrinder (über 3 Monate
bis 2 Jahre)
4,5 Rinder (über 2 Jahre)
9   Zuchtsauen mit Ferkeln bis
20 kg
21   Mastschweine über 20 kg
300   Legehennen
900   Junghennen

900   Masthähnchen
450   Mastenten
300   Mastputen
Betriebe, die größere Dungmengen
ausbringen, erfüllen nicht mehr
die Anforderungen an eine gezielt
zu   fördernde bäuerliche Landwirtschaft.

Die Berechnung der Dungeinheit
basiert auf einer Menge von Gülle
oder Geflügelkot, die nicht mehr
als 80 kg Stickstoff, bewertet als
Gesamtstickstoff, oder nicht mehr
als 70 kg Phosphat, bewertet als
Gesamtphosphat, enthält.

Bauvorhaben von Betrieben mit
übergroßen Tierbeständen und mehr
als drei Dungeinheiten je Hektar
sollen durch eine Änderung der
Baunutzungsverordnung erschwert
werden. Diese Betriebe sollten in
den Katalog der Sondergebiete aufgenommen werden, die von den Gemeinden auszuweisen sind.

11. COMPUTERGESTEUERTE ABRUF-
FÜTTERUNGSANLAGEN / TIERIDENTIFI-
ZIERUNG / FAMILIENSTALL IM SCHWEI-
NESTALL / MELKROBOTER

Computergesteuerte Abruffütte-
rungsanlagen in den Bereichen
Milchvieh / Kälber und Sauen sind
seit Jahren in der Praxis anzu-
treffen. Abrufstationen für Kälber
und Sauen eignen sich auch dort,
wo Altgebäude genutzt werden können. Die von den Systemen durchgeführte Tieridentifikation wird mit
immer kleineren Transponder (oder
Respondern) durchgeführt. An der
optischen Erkennung der Tiere wird
gearbeitet. Über die alleinige
Fütterung hinaus ermöglicht der
Computer dieser Stationen auch -
in Kombination mit den notwendigen
Ein- und Ausgabechnittstellen -
weitere Informationserfassungs-
und -verarbeitsdienste. Vielfältige Veränderungen an den Stationen im Tierbereich sind in der Industrie und Praxis zu beobachten.
Dabei haben alle Bestrebungen das
gleiche Ziel: nämlich das von Fütterungssystem zu versorgende Tier
vor Angriffen zu schützen und
einen reibungslosen Ein- und Aus-
trieb zu gewährleisten.
Sogenannte Familienställe im
Schweinebereich werden z.Z. im
Forschungsbereich entwickelt. Dort
wird die Identifikationsmöglich-
keit genutzt, den Sauen ent-

sprechend der zeitgebundenen Nutzung die Stallabteile mit den Ferkeln, den wartenden Sauen bzw. mit dem Eber zugänglich zu machen.

An der Weiterentwicklung der Melktechnik wird weiter gearbeitet. Zu nennen sind die Bereiche der Milchmengenmessung, Abnahmeautomaten, mechanischer Stimulation und der Sensoren in den Melkzeugen zur Gesundheitsüberwachung der Kühe. Neue Melkstände werden zur Zeit mehr auf der Basis der Tandem-Stände gebaut, da im Gegensatz zum Fischgrätenmelkstand hier ein ruhigeres Melken der Kühe vorgenommen werden kann.

Eine große technische Herausforderung stellt sich zur Zeit den Konstrukteuren des Melk-Roboters, da neben den tierspezifischen Daten die Gerätefunktionen für das Ansetzen der Melkbecher im dreidimensionalen System durchgeführt werden müssen. Es bleibt abzuwarten, ob noch in diesem Jahrhundert ein Einsatz in der Praxis empfohlen werden kann. Aus raumklimatischen und milchhygienischen Gründen werden Stallabteile für Melkroboter einen höheren baulichen Aufwand erfordern. Auch die richtige Zuordnung der Tierbereiche Liegen / Laufen / Fressen / und der technischen Bereiche des vollautomatischen und halbautomatischen Melkens (Anmelken der Kühe; kranke bzw. ängstliche Kühe) sowie des Milchraumes und des Geräteraumes wird noch viele Forschungsaktivitäten erfordern.

12. HALB- ODER VOLLAUTOMATISCHE FÜTTERUNGSANLAGEN

Verzweigte Fütterungsanlagen - hauptsächlich in der Schweinehaltung - lassen sich mittels Sensoren und Zeitschaltelementen bis hin zum computergesteuerten Fütterungssystem ausbauen (z.B. Flüssigfütterungsanlage mit Prozeßrechnersteuerung).

Ein grundlegendes Problem in der Schweinemast liegt darin begründet, daß in der Gruppenhaltung bei herkömmlicher Trogfütterung das Einzeltier nicht immer optimal versorgt werden kann, weil unterschiedliche Freßgeschwindigkeiten und unterschiedliches Futteraufnahmevermögen vorliegen. Zusätzlich beeinflussen Rangkämpfe die

Futteraufnahme. Das Ziel jeglicher Verbesserungen im Fütterungsbereich für Masttiere wird es sein, Unterschiede in den täglichen Zunahmen möglichst nur auf die genetische Veranlagung der Tiere zurückzuführen (unerreichbares Idealziel).

Bei der Einzeltier-Dribbelfütterung (STOLTENBERG, HEEGE, 1984) für Schweine wird jedem Freßplatz kontinuierlich - der Freßgeschwindigkeit des am langsamsten fressenden Tieres angepaßt- Futter zugeführt. Hierdurch ist jedes Tier mit seinem eigenen Futterzulauf beschäftigt und steht, auf die nächste Zuteilung wartend, ständig vor einem fast leeren Trog. Verdrängungen am Trog lohnen sich jetzt nicht mehr. Sie finden nur noch in einem geringen Umfang statt.

Nach LENTFÖHR (1987) können die Produktionsziele in der Schweinemast folgendermaßen definiert werden:
- Verlustquote unter 3 % senken
- Futterverwertung je kg Zuwachs von 1 : 3,2
- eine tägliche Futteraufnahme von mindestens 2 kg
- eine tägliche Zunahme von über 650 g
Die Verlustminderung in der Schweinehaltung kann bauseits gefördert werden durch:
- einen gesonderten An- und Verkaufsraum, damit das Lieferpersonal und Besucher vom Stall ferngehalten werden können
- ein ausgeglichenes Stallklima (selbstregelnde Lüftungseinrichtungen; Kontrolle der Klimaelemente)
- durch die Schaffung von Stallabteilen, die für das Rein-Raus-Verfahren geeignet sind (Desinfektion)
Bei den Fütterungseinrichtungen im Rinderstall konzentrieren sich neuere Weiterentwicklungen auf die Geräte für die Grundfuttervorlage unter Verwendung des Schleppers. Silage-Blockschneider werden in Zukunft zur Arbeitserleichterung mit Verteilaggregaten versehen. Leistungsfähigere Futtermischwagen bzw. Fräsmischwagen ermöglichen in größeren Beständen eine weitere Arbeitszeiteinsparung (PIRKELMANN, 1988).
Wegen dieser zum Teil großen Abmessungen der Gerätekombinationen

ist der Trend zur überdachten
Außenfütterung unverkennbar. Mit
der räumlichen Trennung von Liege-
bereich und Freßbereich im Lauf-
stall hat der Landwirt damit die
Möglichkeit, auch die Nutzung von
Altgebäuden vorzunehmen.Bei der
Duros-Fütterung (Entwicklung im
Forschungszentrum für Tierproduk-
tion in Dummerstorf/Rostock und
Vermarktung durch die Fa.
Duräumat/Reinfeld) handelt es sich
um eine rationierte ad libitum
Fütterung für Absetzferkel, Mastschweine und ferkelführende Sauen.
Dieses System soll die herkömmlichen Futterautomaten ersetzen.
Es zeichnet sich durch die folgenden Punkte aus:
- Das Trockenfutter wird über ein
geschlossenes System (z.B.
Schnecke, Rohrkette, etc.) zum
Futterabgabeelement - installiert
über dem Trog - gebracht. Das Futterabgabeelement besteht aus
emailliertem Guß.Die Futterzuteilung geschieht über einen Trogabgabeteller (Edelstahl), der von
den Schweinen bewegt werden muß.
Neben dem Futterzuteiler ist -
ebenfalls über den Trog installiert - eine Nippeltränke vorhanden.
- Die Futterunterteilung kann frei
gewählt werden. Hierfür wird der
Trogabgabeteller entriegelt. Etwa
2 x 2 Stunden am Tag haben sich
bewährt.
- Die Schweine laufen während der
Freßzeit nicht zu der Tränke. Damit werden Futterverluste eingeschränkt.
- Der Wasserverbrauch konnte im
Vergleich zum herkömmlichen System
mit der Trennung von Trog und
Tränke um bis zu 40 % reduziert
werden. Auch der Flüssigmistanfall
ist entsprechend niedriger.
- 2 bis 3 Tiere teilen sich eine
Freßstelle.
Andere Futterautomaten mit dem
Tränkenippel im Trog - aber ohne
zeitliche Begrenzung der Futterzuteilung - werden in der Praxis benutzt. So wird die Ferkelaufzucht
in Großgruppen von bis zu 150 Tieren im Gewichtsabschnitt von "drei
Wochen bis zu 30 kg" bereits
durchgeführt. Bis zu 12 Tiere teilen sich einen Freßplatz. Eine ab-
schließende Bewertung kann hier
noch nicht vorgenommen werden.
Darüber hinaus sieht die Schweinehaltungsverordnung der BR

Deutschland nicht ein derartiges
Tier/Freßplatzverhältnis nicht
vor. Eine optimale Gestaltung der
Bereiche Raumklima / Haltungstech-
nik und Management ist für den
Betriebserfolg unerläßlich.

13. STALLÜFTUNG

Neben strömungstechnisch günsti-
gen, staub- und strahlwasserge-
schützten Ausführungen (= Reini-
gungsmöglichkeit mit dem Hoch-
druckreiniger) sind Lüftungsanla-
gen im Schweinebereich auch in
Kombination mit Poren- und Rieseldecken im Einsatz. Da die Zuluft
als Transportmechanismus für das
Gas, den Wasserdampf und die in
der Luft enthaltene Wärmemenge
dient, sind bestimmte Volumen-
ströme - also Luftumwälzungen -
notwendig. In Kombination mit Po-
ren- und Rieseldecken werden auch
automatisch öffnende Luftklappen
eingesetzt. Damit ist dann gewährleistet, daß bei höheren Lüftungs-
raten der Gesamtdruckaufbau in
Grenzen gehalten werden kann.
  Nach wie vor ist aber die Temperatur die wichtigste Regelungs-
größe in lüftungstechnischen Anlagen. In Zukunft werden zusätzliche
Regelungsparameter - wie z.B.
Schadgase / Luftfeuchtigkeit - mit
einbezogen. Dieses ist dann der
Weg hin zum Klimacomputer.
  Raumklimaanlagen, die das Puffe-
rungsvermögen des Erdbodens auszu-
nutzen, werden auch heute noch
wissenschaftlich bearbeitet. Ihr
größerer Einsatz ist in den ge-
mäßigten Klimazonen nicht zu erwarten.

14. FLACHE FLÜSSIGMISTKANÄLE IN
DER EINSTREULOSEN SCHWEINEHALTUNG

Durch eine kurze Verweildauer des
Flüssigmistes im Stall können unerwünschte Sink- und Schwimm-
schichten weitgehend vermieden
werden.
  Eine Übersicht über die benutzten Systeme wurde u.a. von GOLDEN-
STERN (1987) gegeben.
  Danach wird der Flüssigmist beim
Staumistverfahren durch Ziehen eines Schiebers am Ende des Flachka-
nals dem Querkanal und der Vorgrube zugeleitet. Kanalbreiten von
0,80 m bis 1,80 m haben sich bei

Tiefen von 0,60 m bis 1,20 m bewährt. Insgesamt sollten die Ka-
nallängen aber 25 m nicht überschreiten. Die Sohle des Querkanal
muß 0,30 m bis 0,45 m unter der
Sohle des Staukanals liegen. Ein
Gefälle von 0,5 % in dem gesamten
System hat sich bewährt. Die Ableitung des Querkanals nach außen
erfolgt über einen 300 mm Quer-
schnitt.

Beim Wechselstauverfahren werden
umschichtig zwei am Ende miteinan-
der verbundene Kanäle nach dem
Ziehen des Schiebers entleert.
Sinkschichten werden so sicherer
vermieden. Futtermittel, die zur
Schwimmschichtbildung neigen (z.B.
Corn-Cob-Mix) können in diesem System eingesetzt werden. Die Abmessungen entsprechen denen des Stau-
mistsystems.

Das Rohrentmistungssystem eignet
sich besonders gut für Stallanlagen mit etwa 50 % Spaltenbodenan-
teil. Einzelne Entmistungskanäle
hinter der Liegefläche (3 - 4 %
Gefälle) können sowohl in Quer-
als auch in Längswannen unterteilt
werden. Die Einzelwannen haben
eine Tiefe von etwa 40 cm bei einer Breite von 1,20 m bis 2,00 m
und einer Länge von 4,50 m bis
5,00 m. In der Mitte der hintereinander befindlichen Wannen (maximal vier Wannen hintereinander)
befinden sich die Einläufe von 200
mm bis 250 mm Durchmesser in eine
Rohrleitung, die mit einem Schie-
ber verschlossen ist. Damit ergibt
sich in allen Wannen eines Rohr-
stranges der gleiche Flüssig-
keitsspiegel. Entleert wird etwa
alle ein bis zwei Wochen. Dieses
System wird ohne Gefälle ausgebildet. Das Rohrleitungssystem zum
Lagerbehälter hat ein Gefälle von
0,5 Prozent und einen Durchmesser
von 300 mm.

Bei der Rinnenentmistung befindet sich in der ebenen Kanalsohle
eine Halbschale von 250 mm bis 300
mm. Am Ende dieser Halbschale befindet sich der durch einen Stöp-
sel verschlossene Auslauf in ein
darunter liegendes Rohr von etwa
300 mm Durchmesser. Während die
Halbschale im Kanal mit einem Gefälle bis zu 1 % ausgebildet wird,
weist das Ableitungsrohr ein Gefälle von 2 % auf.

Die unterschiedlichen Haltungsbedingungen und das unterschiedliche
Management in großbetrieblichen
Stallanlagen führen nach CZAKO et
al (1984) zu deutlichen Leistungs-
unterschieden. So erbrachte ein
Vergleich von Betrieben mit opti-
maler Kraftfutterversorgung Lei-
stungsdifferenzen von 20 - 30 %.
Weiter konnte nachgewiesen werden,
daß sich die Milchleistung einer
Kuh nach der Gruppenumstellung in
den folgenden 10 - 11 Tagen verminderte. CZAKO führt dieses auf
die Labilität des Rangordnungsver-
hältnisses zurück. Je öfter die
Kühe umgestallt werden, desto höher werden die Leistungseinbußen
in der Laktation. In Gruppen von
80 - 100 Milchkühen bilden sich
Untergruppen von 4 - 8 Kühen. So
sollten in derartigen Großgruppen
10 - 15 % mehr Liegeboxen vorhanden sein, da sich sonst etwa 10 %
der Kühe auf dem Laufgang legen.
Für kleine Gruppen wird dieses
nicht gefordert. Dort genügt ein
Tier/Liegeboxenverhaltnis von 1/1.
Eigene Erfahrungen haben gezeigt,
daß die Bereitschaft der Rinder,
sich auf den Laufgang zu legen,
durch schlechte Liegeboxen und
durch die Aufzucht auf Vollspaltenböden gefördert wird.

Nach CZAKO gibt es eine nach-
weisbare Korrelation zwischen der
Rangordnung und der Milchleistung,
wenn der Liegebereich eng bemessen
ist und damit die sozialen Interaktionen häufig verkommen. Eine
Gruppengröße von 30 Kühen wird als
optimal betrachtet. Gefolgert wird
daraus, daß die genetisch fixierte
Leistungsbereitschaft der Kühe in
größeren Gruppen behindert wird.
Die Reduzierung von 80 Kühen auf
20 Kühe im vorhandenen Warteraum
erbrachte um bis zu 10 % höhere
Milchleistungen. Industriemäßige
Produktionsbedingungen sollten
also nur in dem Maße realisiert
werden, wie sie das Leistungsvermögen der Tiere nicht behindern.

THURM (1984) registrierte die
Bewegunggeschwindigkeit der Kühe
beim Treiben zum Melkstand. So
konnte in dem Versuch bei einer
Gruppe von 20 Kühen eine Geschwin-
digkeit von 50 m/min.und bei einer
Gruppe von 80 Kühen eine Bewe-
gungsgeschwindigkeit von 10 m/min.

registriert werden. Rein rechne-
risch reduziert sich zwar der Arbeitszeitaufwand von der Klein-
zur Großgruppe von 0,9 AK min/Kuh
x d/ auf 0,6 AK min/Kuh x d. Jedoch wird insgesamt auch in Großanlagen eine Unterteilung in
Kleingruppen gefordert.

16. VERHALTENSGENETIK

Die Verhaltensgenetik - also das
Züchten auf vom Tierhalter erkann-
tes "positives" Verhalten - ist
ein neuer Wissenschaftszweig, der
uns bis heute noch keine wesentlichen Ergebnisse zugänglich machen
konnte. An dem Erblichkeitsgrad,
der Heritabilität (h^2-Wert)erkennt
man die Schwierigkeiten. So wird
die Vererblichkeit von der Melkbarkeit beim Rind mit h^2 = 0,47 -
0,53 angegeben, während die Vererblichkeit von Sozialdominanz
beim Rind nur mit den Werten h^2 =
0 - 0,29 angegeben wird.

Wenn bei Nutztieren sehr stark
auf bestimmte Merkmale selektiert
wird, z.B. mittels Inzucht, geht
dies nur auf Kosten der Vitalität
und unter Einbeziehung von anderen
Merkmalen, als worauf selektiert
wird (v. PUTTEN, 1985). Bei
Schweinen hat die Selektion auf
schnellwüchsige Tiere mit verhält-
nismäßig wenig Fett zu einer erhöhten Streßempfindlichkeit (= Er-
niedrigung der Vitalität) geführt.
Später fand man, daß streßempfind-
liche Tiere auch halothanempfind-
lich sind. CARDEN et al (1985)
fand heraus, daß die größere Wurf-
zahl bei holothanresistenten Sauen
im Verhalten begründet ist.
EICKELENBOOM (1985) berichtet von
der Reduzierung der Transportver-
luste in Betrieben nach der Einführung des Halothantestes von 2 %
auf 0,2 %.

Insgesamt zeigt uns heute die
Verhaltensgenetik noch keine Richtung auf, die bei der Planung und
Konstruktion von landwirtschaftlichen Gebäuden berücksichtigt werden müßte.

17. LANDWIRTSCHAFTLICHES BAUWESEN

Planung, Ausführung und Einrichtung neuzeitlicher Stallungen für
die Nutztierhaltung sind letztlich
ein Kompromiß zwischen vielen -

zum Teil widersprüchlichen - Faktoren:
- Die gebaute Umwelt, d.h. der
Stall, soll das Leistungsvermögen
der Tiere unterstützen (Stichwörter: Stallklima und Haltungstechnik)
- Zu der gebauten Umwelt für die
Tiere gehören der Nutzungsrichtung
entsprechende Nebenräume (Stichwörter: Melkstände, Milchkammer,
Verkaufsräume und Lagerräume)
- Mit der Stallhaltung soll eine
optimale, aber zugleich für den
Menschen gefahrlose Betreuung der
Tiere ermöglicht werden (Stichwörter: Stalleinrichtung und Arbeitswirtschaft)
- Der Investitionsbedarf und die
laufenden Betriebskosten pro Tier-
platz sollen im Interesse der
Wirtschaftlichkeit der Nutztierhaltung so niedrig wie möglich gehalten werden (Stichwörter: Inve-
stitionskostensenkung)
- Die Stallhaltung muß so erfolgen, damit unerwünschte Umweltbelastungen durch die Tierhaltung
zuverlässig vermieden werden können (Stichwörter: Emission und
Immission)
- Stallanlagen sollen sich möglichst gut der bestehenden Bebau-
ung anpassen (Stichwörter: Dorfge-
staltung, Orts- und Regionalpla-
nung)
- Der Bautenschutz muß schon bei
der Planung Berücksichtigung fin-
den(in der BR Deutschland die DIN
18 910). Die Anforderungen aus dem
Tierschutz überschreiten häufig
die Anforderungen des Bauten-
schutzes.

Allgemein gilt bezüglich des
landwirtschaftlichen Bauwesens die
folgende Feststellung: In den meisten Klimazonen sind Stallanlagen
zum Schutz der Nutztiere vor der
Witterung für etwa 6 - 7 Monate
im Jahr notwendig. Erst durch den
Einsatz von mehr Technik bei
gleichzeitiger Reduzierung der Arbeitskräfte entwickelte sich unter
dem Rationalisierungsdruck eine
intensive Tierhaltung bis hin zur
ganzjährigen Nutzung der Gebäude.
Mit den größer werdenden Tierbeständen wurden die Bereiche Arbeitsschutz, Tierschutz und Umweltschutz immer wichtiger.

18. ZWEI BEISPIELE AUS DER EIGENEN
ARBEIT ZUR VERBESSERUNG DER HAL-
TUNGSBEDINGUNGEN IM RINDERBEREICH

1) Gummierter Betonspaltenboden
(IRPS, 1988)
Seit Anfang der 70er Jahre wurden
in der FAL-Versuchsstation Wahl-
versuche mit gummierten Betonspaltenböden durchgeführt. Alle Untersuchungen ergaben die bevorzugte
Wahl des gummierten Betonspaltenbodens gegenüber der harten Ausführungsform dann, wenn der Boden
als Liegeplatz benutzt wurde.

Weiterführende Vergleichsversu-
che mit unterschiedlichen Anteilen
der Gummierung in der Vollspalten-
bucht für Mastbullen (IRPS et al,
1988) ergaben für den gummierten
Betonspaltenboden folgende Ergebnisse:
- Verbesserung des Tierverhaltens
- Abnahme der Schwanzspitzennekrose
- Tendenz zu höheren täglichen Zunahmen
- Ausreichender Klauenabrieb, wenn
die Bucht aus einem gummierten
Liegebereich und einem harten -
also nicht gummierten - Bereich am
Freßgitter bestand.

Nach diesen Ergebnissen wird der
Praxis eine fünf Meter tiefe Voll-
spaltenbucht empfohlen. Und zwar:
2 m Tiefe am Freßgitter in der
herkömmlichen Betonspaltenboden-
ausführung und dahinter 3 m tiefe
Ausführung mit den gummierten Be-
tonspaltenboden-Elementen.
Eine Flächenvergrößerung um etwa 1
m² je Tier muß im Interesse einer
tiergerechten Haltung im Gegensatz
zu den bisherigen Mindestanfor-
derungen - gefordert werden (Gewichtsabschnitt 150 bis 350 kg =
2,75 m²/Tier; Gewichtsabschnitt
350 kg bis Endgewicht = 3,25
m²/Tier; Freßplatzbreite von 55 cm
auf 65 cm ansteigend).

2) Ein neuer Stall- und Weide-
Melkstand (IRPS, 1988)
In mehreren Ländern Europas liegen
die durchschnittlichen Kuhzahlen
je Betrieb um die 20 Milchkühe.
Man kann davon ausgehen, daß damit
die Mehrzahl der Kühe in zum Teil
völlig veralteten Stallgebäuden in
Anbindeställen gehalten werden,
deren Maße und in denen die Ar-
beitsabläufe den heutigen Anforderungen nicht mehr entpsrechen.

Damit nun auch die Forderung
nach einer Verminderung der Arbeitsbelastung bei gleichzeitiger
Steigerung der Arbeitssicherheit
und Produktqualität (Milchhygiene)
in der Mehrzahl unserer Milchviehbetriebe realisiert werden kann,
wurden speziell für Bestände bis
etwa 35 Milchkühe drei Mekstandty-
pen entwickelt, die sowohl im
Stall- als auch im Weidebetrieb
eingesetzt werden können.
Die kleinste Ausführungsform ist
der einseitige Stall- und Weidemelkstand für jeweils vier Kühe.
Er wird an den Aufenthaltsbereich
der Kühe herangestellt. Platz für
zusätzliche Treibgänge wird bei
dieser Ausführungsform nicht benötigt, da die Kühe sich nach dem
Durchlaufen des Melkstandes um
einen Halbkreis gedreht haben.
Bei den zweiseitigen Ausfüh-
rungsformen des Stall- und Weide-
Melkstandes befinden sich die
Tiereingänge und Tierausgänge jeweils auf der gegenüberliegenden
Seite.
Das Kennzeichen aller Ausfüh-
rungsformen ist die zentrale Position des Melkers, der auf einem
Rollstuhl alle Euter der jeweiligen Gruppe nahezu im Armbereich
erreichen kann. Ähnlich wie in den
Büroräumen die Schreibtisch-Roll-
stühle benutzt werden, rollt jetzt
der Melker in seinem Arbeitsbe-
reich von der einen zur anderen
Kuhgruppe. Da die Kühe um ca. 16
cm höher stehen als der Melker,
ergibt das gegenüber dem alten
Melkschemel eine bessere Arbeits-
position. Besteht aber dennoch der
Wunsch des Landwirts nach einer
Melkergrube, so bieten sich hierfür die beidseitigen Melkstände
an. Nach dem Entfernen des rutsch-
sicheren Bodenbleches im Bereich
des Melkers kann die gewünschte
Ausführungsform über die Melkergrube - mit oder ohne Plattform -
gestellt werden. Für den Weidebetrieb - zum Schutz gegen Regen -
gehört ein Klarsichtdach zur Aus-
stattung. Selbstfangfreßgitter in
Verbindung mit Kraftfutterträgen
sind so angebracht, damit die
Tiere wie in den bewährten Tandem-
Melkstand ohne gegenseitige Berüh-
rung stehen können.
An verschiedenen Ausführungsfor-
men des Stall- und Weide-Melkstan-
des wurden beim Weidebetrieb Ar-
beitszeitstudien mit einem Melker

durchgeführt. Danach hat der einseitige Melkstand eine Arbeitslei-
stung von 20 - 24 Kühen je Stunde.
Der zweiseitige Stand für vier
Kühe erbringt 28 - 32 Kühe je
Stunde, während mit dem zweiseitigen Melkstand für fünf Kühe 28 -
35 Kühe je Stunde gemolken werden
können. Die Unterschiede liegen in
der Melkbarkeit der Kühe und in
den persönlichen Arbeitsabläufen
des Melkers begründet.
    Kurzgefaßt ergibt sich
- Stall- und Weide-Betrieb mit einer modernen Melktechnik
- Der Umbau vom Anbindestall zum
Laufstall ist jetzt auch für
kleine Milchviehbetriebe kosten-
günstig und platzsparend möglich
- Der Melkstand ist nicht an ein
bestimmtes Melkmaschinenfabrikat
gebunden
- Die vorhandenen Melkanlagen können weiterhin eingesetzt werden.
Der Gebraucht-Gerätemarkt kann genutzt werden
- Auch bei Weidebetrieb werden die
milchführenden Teile in der Milchkammer mit dem Reinigungsautomaten
gereinigt. Nach dem Melken der
letzten Kuh beginnt unverzüglich
die Rückfahrt zur Milchkammer.
Dieses ist ein Beitrag zur Milchhygiene, was schon heute einen
Vorgriff auf die 2. Stufe der EG-
Milchverordnung ab 1992 darstellt
- Beim Weidebetrieb kann dort gemolken werden, wo sich die Kühe
befinden. Die Plattform des
Melkstandes liegt auf dem unbefe-
stigten Boden auf. Umsetzen des
Standes durch Herunterdrehen der
beiden Transporträder und Anheben
der Deichsel mit der Ackerschiene
des Schleppers. Justierungen am
Standort sind nicht notwendig. Das
zeitaufwendige Treiben der Kühe
zum Stall kann der Vergangenheit
angehören. Damit entfallen Fütte-
rungs- und Reinigungsarbeiten im
Stall!
- Die Weidehaltung von Kühen für
Betriebe mit überschaubaren Her-
dengrößen wird jetzt wieder at-
traktiv. Natürlicher Auslauf, kein
Flüssigmistanfall, kostensparende
Futtergewinnung, geringe Sonn- und
Feiertagsarbeit, höhere Futterauf-
nahme, höhere Grundfutterleistung,
Beweidung von weichen Böden und
Hängen und Qualitätsmilch sind die
Schlagworte.
- Der Verzicht auf den nur aus der
Geschichte der Tierhaltung ent-

standenen Anbindestall erhöht die
Attraktivität der Tierhaltung. An-
bindeställe sollten heute nicht
mehr modernisiert werden. Dieses
ist besonders wichtig für die
nachrückende Generation der Jung-
landwirte.

19. MILCHVERORDNUNG IN DER EUROPÄISCHEN GEMEINSCHAFT

Die Richtlinie des Europäischen
Rates vom 05.08.1985 zur Regelung
gesundheitlicher Fragen im inner-
gemeinschaftlichen Handel mit wär-
mebehandelter Milch verpflichtet
die EG-Mitgliedsländer für Milch,
die in ein anderes Land verbracht
werden soll, einheitliche Quali-
tätsvorschriften zu erlassen.
Diese bezieht sich auf die bakte-
riologische Beschaffenheit der zur
Herstellung von Exportmilch verwendeten Rohmilch, die Euterge-
sundheit sowie die Milcherzeugung
und Milchverarbeitung. Die zweite
Stufe dieser Verordnung tritt am
01.01.1993 in Kraft. Folgende
Werte sind dann einzuhalten (s.a.
NEUMANN, 1988):
- 100 000 Keime nach dem
Koch'schen Plattenverfahren
- 400 000 somatische Zellen
- Hemmstoff-Test zum Nachweis von
antibiotischen Substanzen wird
stärker angewendet
- die Milchhygiene wird in den Betrieben kontrolliert (Gesundheits-
zustand und Seuchenfreiheit der
Milchviehherde; Zustand von Stall,
Melkstand und Milchkammer; Reini-
gung und Desinfektion der Melkan-
lage; Gewinnung, Behandlung, Kühlung und Transport der Milch; Ge-
sundheitszustand des Stallperso-
nals). Damit werden in Zukunft die
bau- und haltungstechnischen Anlagen in der Milchviehhaltung intensiver begutachtet.

20. EINIGE TECHNOPATHIEN IM RINDERSTALL

Klauenerkrankungen entstehen häufig in Laufställen. FESSL (1975)
ermittelte einen Zusammenhang zwischen der Tiefstreu-Aufstallung
und der Zwischenklauennekrose.
Auch auf den planbefestigten Laufflächen findet man häufiger diese
Art von "Klauenfäule" als auf
Spaltenböden. Der Grund liegt

hauptsächlich in dem hohen Wassergehalt des Klauenhorns. GÜNTHER et al (1968) berichten, daß bei Kühen auf Gitterroststänten der Wassergehalt 10 - 15 % und auf verschmutzten und nassen Laufflächen bis zu 30 % betragen kann.

Nach GROTH (1985) entstehen Klauensohlengeschwüre - wahrscheinlich im Zusammenhang mit subklinischer Klauenrehe und subklinischer Pansenazidose (hohe Kraftfuttergabe, Rohfasermangel) - infolge von Quetschungen und Blutungen beim Laufen und Stehen auf harten Böden. Besonders empfindlich sind ungepflegte Klauen und Klauen mit aufgeweichtem Sohlenhorn.

Auch die Schwanzspitzennekrose stellt nach GROTH eine Technopathie dar, da sie fast ausschließlich bei auf Betonspaltenböden gehaltenen Mastbullen auftritt. Bei zu enger Buchtenbelegung steigt die Gefahr von Schwanzspitzenverletzungen, da die notwendigen "Verkehrsflächen" fehlen. Die Amputation des Schwanzes auf 20 bis 30 cm Länge während der Kälberaufzucht ist ein übliches Vorbeugungsmittel. Da aber dieser Eingriff mittels Gummiringen nach dem Tierschutzgesetz der Bundesrepublik Deutschland nicht mehr zulässig ist, muß nach neuen Möglichkeiten gesucht werden, um dieses für die Bullen schmerzhafte und für den Betrieb arbeits- und kostenträchtige Leiden zu verhindern. Die Benutzung des gummierten Betonspaltenbodens in Verbindung mit einer größeren Fläche je Tier kann hier schon genügen.

21. ARBEITSSCHUTZ/UNFALLVERHÜTUNG
IN LANDWIRTSCHAFTLICHEN GEBÄUDEN

Die Unfallverhütungsvorschrift 4.1 der Bundesrepublik Deutschland von 1981 definiert in § 1 "Anlagen und Einrichtungen für die Tierhaltung" in Absatz 1: "Bauliche Anlagen und Einrichtungen zur Tierhaltung sind so zu gestalten, daß die Tierhaltung ohne besondere Gefahren gewährleistet ist".
In der Durchführungsverordnung werden u.a. sicherheitstechnische Anforderungen für Bullenboxen oder Sprung- bzw. Pflegeeinrichtungen aufgeführt.
Im § 2 "Tierhaltung" der gleichen Vorschrift 4.1 heißt es in Absatz 1: "Bösartige Tiere sind aus dem Betrieb zu entfernen".Oder im Absatz 2: "Kälber von Rinderrassen, von denen aufgrund ihrer Hörnerbildung und der Art der Tierhaltung eine zusätzliche Gefahr ausgeht, sind gegen Hörnerbildung zu behandeln".
In haltungstechnischen Empfehlungen für die Laufstallhaltung wird deshalb zur Reduzierung der Verletzungsgefahr von Mensch und Tier ein Enthornen der Rinder empfohlen. Landwirte, die keine enthornten Milchkühe im Stall haben wollen, sollten den Tieren eine um bis zu 20 % größere Lauffläche zur Verfügung stellen.

GROH (1987) hat die Unfallstatistiken der landwirtschaftlichen Berufsgenossenschaften in der Bundesrepublik Deutschland von 1980 - 82 für die rinderhaltenden Betriebe analysiert. Danach ereigneten sich in diesem Zeitraum 500 tödliche und 200 000 nicht-tödliche Arbeitsunfälle. 12 000 schwere Arbeitsunfälle führten zur Berentung und damit zur Minderung der Erwerbstätigkeit. Als Unfallschwerpunkt wurde die Innenwirtschaft - hauptsächlich in Altgebäuden mit bau- und haltungstechnischen Mängeln - aufgeführt.

Eine EG-STUDIE (1984) über baurechtliche, sicherheitstechnische und baustatische Anforderungen an ausgewählte Gebäudesysteme läßt erhebliche Unterschiede der baulichen Anlagen in den europäischen Ländern erkennen, obwohl für den Arbeitsschutz in allen Ländern Vorschriften bestehen.

22. ERHÖHUNG DER ARBEITSKRÄFTE
DURCH SOZIALHILFE

Aus den vorhergehenden Kapiteln geht hervor, daß in der industrialisierten Landwirtschaft Arbeitskräfte durch Technik substituiert worden sind. Dennoch verbleibt heute für die in der Landwirtschaft tätigen Personen ein Arbeitszeitaufwand , der wesentlich über die in der gewerblichen Wirtschaft erbrachte Arbeitszeit hinausgeht. Der Trend, die Wochenarbeitszeit auf unter 40 Stunden in der Woche zu senken, ist derzeit in der Veredlungswirtschaft nicht zu erkennen. Nicht zuletzt auch

wegen der hohen Arbeitszeitbindung
haben hier haltungstechnische Verfahren Eingang gefunden, die den
Tieren ein hohes Maß an Anpas-
sungsvermögen abverlangen.

Von Organisationen, die auf dem
sozialen Sektor tätig sind, wird
neuerdings auch die sinnvolle Beschäftigung von schwer vermittel-
baren Arbeitslosen in der Veredlungswirtschaft zum Wohle der be-
treffenden Personen und der Allgemeinheit gefordert. Nach BILGER
(1988) wird hier u.a. die Förderung der aufwendigeren Festmist-
kette in Rinder- und Schweineställ-
len angeführt, um hier Personen,
die den heutigen technologischen
Fortschritt nicht nachvollziehen
wollen, einen lebenswerten Bereich
außerhalb der Großstädte anbieten
zu können.

Wenn solche Vorstellungen in Zukunft umgesetzt werden sollen, so
sind hier auch zeitgemäße Wohn-
und Aufenthaltsräume auf den Höfen
bereitzustellen. Für den Landwirt
kann das bedeuten, statt teurer
Technik mit einem Lohnanteil, der
mit den sozialen Organisationen zu
vereinbaren wäre, zum Wohle von
Mensch und Tier den Arbeitszeitaufwand insgesamt zu senken.

23. PRODUKTQUALITÄT UND VER-
BRAUCHERBEWUßTSEIN

Bei den Verbrauchern von landwirtschaftlichen Produkten ist mit zunehmendem Maße ein Qualitäts- ,
Gesundheits- und Umweltbewußtsein
zu verzeichnen. Dieser Trend wird
auch in Zukunft in den Ländern bestehen bleiben, in denen Nahrungsmittel über den eigentlichen Wert
der Ernährung hinaus auch mit einem Genußerlebnis verbunden sind.
Etwa gleichbedeutend mit diesem
Trend sind immer mehr Verbraucher
davon überzeugt, daß sie sich
durch den Genuß der heutigen Le-
bensmittel einer langsamen Vergif-
tung aussetzen. Die Folge davon
ist, daß alternative Produkte -
nach ihrer Meinung ohne "chemische
Zusätze" (Hormone, Antibiotika,
Pflanzenschutzmittel, Mineraldünger, etc.) erzeugt, einen größeren
Marktanteil erhalten werden, obwohl uns die Aussagen der Ernäh-
rungswissenschaftler den hohen
Standard der "industriell" produzierten Nahrungsmittel bescheini-

gen können. Hier führt die besonders starke Aktivität einer gut
ausgebildeten Käuferschicht dazu,
mit den traditionell erzeugten Le-
bensmitteln die eigene Ohnmacht
über die ständig zunehmende Umweltverschmutzung, Naturzerstö-
rung, staatliche Nahrungsmittel-
vernichtung und Energieverschwen-
dung der heutigen Zeit zu kompen-
sieren.

Die seit einigen Jahrzehnten
weltweit zu beobachtende Abwande-
rung der Arbeitskräfte - und damit
der Familien - aus den ländlichen
Räumen hat durch die Verstädterung
der Menschen eine Entfremdung zur
Nahrungsmittelproduktion erbracht.
Verstärkt wird dieser Eindruck besonders durch große Stallanlagen,
die man von weitem schon riechen
kann und die wegen der Hygienemaß-
nahmen dem Verbraucher verschlossen bleiben. Selbst das Auge des
Verbrauchers kann wegen der ganzjährigen Stallhaltung in einigen
Regionen nicht mehr das "heile
Bild" von der tierhaltenden Landwirtschaft im Sommer sehen.
Schlechte Berichte in Funk und
Fernsehen runden dieses Bild über
die teure Landwirtschaft, für die
der Haushalt der Europäischen Ge-
meinschaft zur Zeit etwa 70 % der
Geldmittel aufwendet, ab.

24. AGRARPOLITISCHE RAHMENBE-
DINGUNGEN UND DIE DARAUS RESUL-
TIERENDE BETRIEBSENTWICKLUNG

Die gegenwärtige agrarpolitische
Diskussion in der europäischen Ge-
meinschaft beinhaltet hauptsächlich die Mengenbegrenzung von
landwirtschaftlichen Erzeugnissen,
da die Überschüsse nicht mehr zu
finanzieren sind. Neben der Preis-
senkungspolitik werden u. a. Programme zur Reduzierung der Produktion (z. B. Flächenstillegung)
durchgeführt. Auch die Vorruhe-
standsregelung bewirkt indirekt
eine Reduzierung der Anzahl jetzi-
ger - meist kleinerer - Betriebe.
Produktionskapazitäten werden so
den größeren Einheiten zugeführt.

Ebenfalls wird versucht, den
Landwirten Produktionsalternativen
zu erschließen. So wird der Anbau
von nachwachsenden Rohstoffen (z.
B. Industriepflanzenanbau zur Erzeugung von Fasern, Ölen, Stärke,
Eiweiß und Heilmitteln oder Treib-

und Schmierstoffen), die Einbringung des Hofes in den Freizeitbereich (z. B. Pferdesport in der Nähe von Ballungszentren) oder die Beschäftigung im kommunalen Bereich (z. B. Landschaftspflege) in Erwägung gezogen. Entsprechende Umnutzungen der vorhandenen landwirtschaftlichen Gebäude wären notwendig.

Am Beispiel der Rinderhaltung in der BR Deutschland hat PIOTROWSKI (1988) die vorhandenen Betriebstypen entsprechend der Investitionsbedingungen und Investitionsziele in fünf Grundformen eingeteilt. Sie enthalten im wesentlichen die folgenden Betriebsentwicklungen:
A) Auf Dauer auslaufender Betrieb: kurzfristige Maßnahmen zur Verbesserung der Produktions-, Arbeits- und Haltungsbedingungen.
B) Entwicklung zum Nebenerwerbsbetrieb: arbeitsextensive Viehhaltung in Alt- und Einfachgebäuden.
C) Betrieb mit auf Zeit unsicherer Entwicklung: Vermeidung langfristiger Investitionen.
D) Stufenweise entwicklungsfähiger Betrieb: stufenweiser Ausbau bei sparsamsten Investitionen.
E) Betriebsentwicklung bei guter Ausgangslage: volle Nutzung des biologischen, technischen und elektronischen Fortschritts.

Eine ähnliche Einteilung läßt sich auch für die Schweinehaltung durchführen.

25. MODELL EINER BETRIEBSENTWICKLUNG IN DEN VEREDLUNGSBETRIEBEN IM HINBLICK AUF EINE ÖKONOMISCH UND ÖKOLOGISCH AUSGEWOGENE AGRARPRODUKTION

Die heutige Situation in nahezu allen Ländern der Erde ist gekennzeichnet von dem Trend zur technisierten Nahrungsmittelproduktion bei immer weniger Beschäftigten in der Landwirtschaft. So werden die landwirtschaftlichen Gebäude für die Tierhaltung - ursprünglich hauptsächlich für den Schutz von Mensch / Tier und Produkt in vegetationsarmen Zeiten erstellt - mehr und mehr für die ganzjährige Nutzung neu erstellt oder für diesen Zweck umgebaut. Dabei müssen bei der Planung und Konstruktion die in den vorhergehenden Abschnitten angesprochenen Anforde-

rungen Berücksichtigung finden.
Ganzjährige Stallhaltung ermöglicht bis heute aus betriebswirtschaftlicher Sicht kostengünstiger den Einsatz von teurer Technik, wenn große Tierbestände gehalten werden. Vollautomatische technische Systeme in der Nutztierhaltung erfordern im allgemeinen zur Reduzierung von Funktionsstörungen und zur Sustituierung von Arbeitszeit schütt- und pumpfähige Medien (Kraftfutter / Flüssigmist).

Hierin liegen nun die eigentlichen Probleme der Nutztierhaltung begründet. Wurde die Konzentrierung der Tiere in den industrialisierten Ländern zur Erhöhung der Nahrungsmittelproduktion bei gleichzeitiger Freisetzung von erwerbstätigen Personen für die übrige Wirtschaft durch den Einsatz von technischen Verfahren gewünscht und dementsprechend gefördert, so besteht heute in vielen Ländern kein Bedarf mehr, die Massenproduktion in der Landwirtschaft bei weiterer Senkung der Arbeitskräfte weiter zu unterstützen.

Eine Sensibilisierung für die Interessen, Vorstellungen und Wünsche der außerlandwirtschaftlichen Bevölkerung scheint in der Zukunft unumgänglich zu sein. So werden in mehreren Ländern Europas Diskussionen bezüglich der Überarbeitung der staatlichen Verfassungen mit dem Ziel durchgeführt, den Umweltschutz als Staatsziel zu definieren (BIEDENKOPF, 1988). Sollte dieses Ziel realisiert werden können, so wird das Auswirkungen auf die Planung und Konstruktion von landwirtschaftlichen Gebäuden und baulichen Anlagen haben.
Als Modell für eine ökonomisch und ökologisch akzeptierte Landwirtschaft kann die folgende Aufzählung zur Diskussion gestellt werden:
- Konsequente Beachtung des Umwelt-, Arbeits- und Tierschutzes. Vorteile: Sicherstellung der Resource Boden; weitere Reduzierung der Unfälle; schnelle Umsetzung haltungstechnischer Weiterentwicklungen; Stärkung des Ansehens des landwirtschaftlichen Berufsstandes
- Grundsätzliche Abkehr von der Mengenproduktion auf der Basis von Zukauffuttermittel. Weitgehend flächengebundene Tierhaltung. Vorteile: Reduzierung der Über-

schüsse; Vermeidung von großen
Tierbeständen an einem Ort und um-
weltbelastende Konzentrationen
tierischer Abgänge und Emissionen.
- Nahrungsmittelproduktion der
Klimazone durch Verzicht auf ganzjährige Stallhaltung im Rinderbereich anpassen. Vorteile: gesunde
Tierhaltung; überschaubare Herdengrößen; geringere Belastung der
Gebäude und baulichen Anlagen;
u.U. geringeres Dunglagervolumen
- Einsatz des technischen Fortschritts nicht zur weiteren Freisetzung von Arbeitskapazitäten,
sondern gezielt zur Arbeitsentla-
stung und Reduzierung der Arbeitszeitbindung in der Tierhaltung bei
Überprüfung der Umwelt- und Tierverträglichkeit. Vorteile: Verringerung der täglichen Arbeits -
zeit und Arbeitszeitbindung; Gewährleistung einer hohen Produktqualität; Erhöhung der Effizienz der Nutztierhaltung durch Ma-
nagementsysteme
- Gesichertes Familien-Jahresein-
kommen in überschaubaren Betrieben
bei einer vorgegebenen Mindestlei-
stung je Nutztier und Betrieb der
standortbedingten Tierhaltung. Erhöhung des Jahreseinkommens durch
Mehrproduktion bis zu einer defi-
nierten standortgebundenen
Maximalleistung je Nutztier und
Betrieb. Zusatzeinkommen durch
Betätigung in der Ausbildung,
Sozialhilfe, Tourismus. Vorteile:
Finanziell gsicherter Berufsstand
erhöht die Attraktivität für die
nachrückende Generation; Steuerung
des Produktionsvolumens durch die
vorgegebene Maximalleistung;
Stärkung des ländlichen Raumes,
Streichung aller anderen staatlichen Subventionen für die Landwirte; kein Brachland; größere
Handlungsfähigkeit der in-
dustriealisierten Länder bei der
Bewältigung des "Nord/Süd-Gefäl-
les"
- Erleichterung der Erneuerungs-
quote von Gebäuden und baulich-
technischen Anlagen und sachgerechte Erhaltung bzw. Nutzung von
historisch wertvoller Bausubstanz
durch überbetriebliche Organisationen des landwirtschaftlichen
Berufsstandes, z.B. auch auf der
Grundlage von Leasing-Programme.
Vorteile: Schnellere Anpassung an
den technischen Fortschritt; Vermeidung der Übermechanisierung;
effektivere Nutzbarmachung des

Fachwissens in Beratung und Forschung; sachgerechte Nutzung und
Erhaltung alter Bausubstanz in der
Kulturlandschaft des ländlichen
Raumes
- Eine volkswirtschaftlich effektiv arbeitende Landwirtschaft
setzt das Eigentum von Boden und
Produktionsmittel voraus. Eine Ri-
sikobeteiligung sollte - wie z. B.
vorgeschlagen - erhalten bleiben.
Eine Auftragstierhaltung sollte
von der Allgemeinheit finanziell
nicht unterstützt werden. Vorteil:
Eigenständigkeit und Unabhängig-
keit der Landwirte wird nachhaltig
gefördert.

LITERATUR

Taiganides, E. P. 1969. Recent De-
velopments in Farm Waste Mana-
gement in the United States.
CIGR-Section II, Baden-Baden.
Dokumentation 3: 262-268
Hazen, T. E. and Miner, J. R.
1969. Waste-Environment Complex
in Confinement Production of
Swine. CIGR-Section II, Baden-
Baden. Dokumentation 3: 197-203
Parrakova, E. and Strauch, D.
1969. Einfluß der Intensivhal-
tung auf die Tenazität und die
Antibiotikaresistenz von fäkalen
Mikroorganismen. CIGR-Section
II, Baden-Baden. Dokumentation
3: 225-230
Hammer, K. 1985. Schadensvermei-
dung und Tierverträglichkeit bei
neuen Stallsystemen mit Flüssigmistverfahren. GfT-Seminar Angewandte Nutztierethologie, Grub,
Tagungsband
Dirksen, G. 1985. Jauchegas - töd-
liche Gefahr aus dem Untergrund.
top agrar, 2: R 16-21
CIGR and SFBIU 1984. Climatization
of Animal Houses. Report of Section II Working Group, Scotta-
press Publishers Limeted, 15
Maberly Street, Aberdeen, ISBN
090243334
Irps, H. 1982. Schadgasmessungen
im Güllebereich. Die landtechnische Zeitschrift, 33: 326-327
Diekmann, L. 1983. Schadgase aus
Flüssigmist. RKL-Schrift Nr.
4.2.0: 839-885
Zeitler-Feicht, M. H. 1988.
Schlechte Luft macht krank. DLG-
Mitteilungen, 10: 516-518
Tosic, M. 1988. Technische, technologische und wirtschaftliche

Lösungen der Güllebehandlung auf
Großfarmen. CIGR-Section II/III
Ultuna/Uppsala. Dokumentation
(1,1988): Agrarpolitische Mitteilungen des Bundesministers
für Ernährung, Landwirtschaft
und Forsten Nr. 14/15

Stoltenberg, R. M. und Heege, H.
J. 1984. Die Einzeltier-Dribbelfütterung von Mastschweinen.
CIGR-Section II, Budapest, Dokumentation: 54-61

Lentföhr, G. 1987. Nur optimale
Leistungen sichern die Schweine-
mast. Duräumat-Fachtagung in
Reinfeld/Schleswig-Holstein (D)

Pirkelmann, H. 1987. Neue Entwicklungen bei der Grundfutterfütte-
rung in der Rinderhaltung. BML-
Arbeitstagung, Freising-Weihen-
stephan, Dokumentation

Goldenstern, H. 1987. Verfeinerung
der Flüssigmistsysteme, DLG-Mit-
teilungen, 14: 750-752

Czako, J. und Santha, T.. Einfluß
der Gruppengröße auf die technologische Anpassungsfähigkeit der
Rinder. CIGR-Section II,
Budapest, Dokumentation

Thurm, R. 1984. Die Wechselwirkun-
gen zwischen Ethologie und Technologie in Rinderproduktionsanlagen. CIGR-Section II,
Budapest, Dokumentation

Van Putten, G. 1985. Einführung in
die Verhaltensgenetik von Nutztieren. GfT-Seminar Angewandte
Nutztierethologie, Dokumentation

Eickelboom 1985: zitiert von Van
Putten-

Neumann, H.-J. 1988. Welche Auswirkungen hat die EG-Milchhygie-
nerichtlinie? Bauern-
blatt/Landpost, Februar: 35-39

Irps, H., Daenicke, R., Koberg,
J., Hofmann, W. 1988. Mastbullen
auf gummierten Betonspaltenböden. Landtechnik, 3: 146-148

Irps, H. 1988. Ein neuer Stall-
und Weidemelkstand bis etwa 35
Kühe. Die Milchpraxis, 2: 64-65

Fessl, L. 1975. Aufstallungsbe-
dingte Gliedmaßenerkrankungen
beim Rind. Wiener tierärztliche
Monatsschrift, 62: 981-92

Günther, M., Kästner, R.,
Schleiter, H. 1968. Vorkommen
und Verhütung von Klauen- und
Gliedmaßenerkrankungen bei Spal-
tenbodenaufstallung. Monatl.
Vet. Med. 23: 861-864

Groth, W. 1985. Die Bewertung von
Rinderstallungen aus veterinär-
medizinischer Sicht. GfT-Seminar

Angewandte Nutztierethologie,
Grub, Dokumentation

Groh, G. 1987. Das Unfallgeschehen
in der Rinderhaltung und Ableitung baulich-technischer Unfall-
verhütungsmaßnahmen. Landbauforschung Völkenrode, Sonderheft 85

EG-Studie 1984. Anforderungen an
ausgewählte landwirtschaftliche
Gebäudesysteme in den EG-Staa-
ten. ILB-FAL in Braunschweig.
Studie und Materialband von G.
Groh und D. Hagemann

Bilger, W. 1988. Landarbeit statt
Sozialhilfe. Württembergisches
Wochenblatt Landwirtschaft, 34:
5

Piotrowski, J. 1988. Landtechnik
und Bauwesen; Situationsbericht
aus der Sicht des Bausektors.
BML-Arbeitstagung, Freising-
Weihenstephan, Dokumentation

Biedenkopf, K. in Interview von
Eglan, O. 1988. Ein Amt nur auf
Zeit. Expression, 4: 26-28

Land and Water Use, Dodd & Grace (eds), © 1989 Balkema, Rotterdam. ISBN 90 6191 980 0

Automation in group housing of sows

R.G.Buré & H.W.J.Houwers
Institute of Agricultural Engineering (IMAG), Wageningen, Netherlands

ABSTRACT: In an integrated group housing system, sows can be given more freedom, while individual feeding and care are maintained. It is important to find the best lay-out for the system. The system must be adapted to the animals. At the same time, the animals must be prepared for the system. By taking advantage of the behaviour of the animals the automation and controllability can be increased still further. Besides a description of the integrated system, a survey of topics studied is given. Two of these topics, heat detection and vulva-biting, are briefly reported on.

RESUME: Le système intégré du logement collectif de truies leur donne une plus grande liberté, tout en maintenant la nourriture et les soins individuels. Il est important de concevoir le meilleur plan de ce système. Le système doit être adapté aux animaux. En même temps, on doit préparer les animaux au système. En profitant du comportement des animaux, on peut réaliser un plus haut degré d'automatisation et mieux contrôler le procès. Une description du système intégré est donnée, ainsi qu'une liste des aspects étudiés. Un bref rapport est donné de deux aspects, notamment la détermination de l'oestrus et de la morsure vulvaire.

ZUSAMMENFASSUNG: In einem integrierten Gruppenhaltungssystem kann Sauen unter Beibehaltung von Einzelfütterung und -pflege mehr Raum gegeben werden. Wichtig ist, daß man die beste Einrichtung für das System findet. Das System muß den Tieren angepaßt sein. Zugleich müssen aber die Tiere auf dieses System vorbereitet sein. Wenn man vom Verhalten der Tiere ausgeht, lassen sich die Automatisierung und Beherrschbarkeit noch weiter steigern. Das integrierte System wird beschrieben, zudem wird eine Übersicht über untersuchte Themen gegeben. Zwei dieser Themen, Rauscheerkennung und Vulvabeißen, werden kurz erörtert.

1 INTRODUCTION

For many years the only way to ascertain the feeding and care of individual sows was to keep them individually. However, individual housing has been criticised from the point of view of animal welfare, and the principle of group housing has always remained desirable. Nowadays the prospects for group housing are much better, thanks to new techniques of automation such as transponder feeding, which enable the animals kept in groups to receive individual feeding and care.

The main aim of the research done at IMAG on pig housing is to investigate different types of housing in combination with automation techniques for groups of sows.

To do this, an integrated system for all the subsequent phases of the reproduction cycle has been set up. Also the industry is involved in the project.

2 TESTING AN INTEGRATED SYSTEM

At IMAG's research farm a team of research workers is developing a highly automated management and housing system for group-housed sows. The pregnant, lactating and empty sows are integrated in one group in which they remain throughout their reproductive life.

The main advantages of the integrated system are:

1. It increases the controllability of
sow housing by providing optimal information to the farmer.

2. It decreases chronic stress by giving
all the animals room to walk about, by
separating of different function areas and
by allowing social contact.

3. It lowers the level of aggression by
keeping the animals in one group throughout
their reproductive life.

Several points must be borne in mind when
introducing a group housing system equipped
with automation techniques. It is known
that aggression may cause problems in this
kind of husbandry. Excessive aggression can
be the consequence of the conditions in
which the animal was reared, but current
housing conditions may also be important.
New techniques may require the animals to
behave in an unnatural manner. For instance
De Koning et al. (1987) mention that in the
group housing systems they visited, 50% of
the animals showed wounds or scars caused
by vulva-biting. The problem of vulva-
biting is also mentioned by Edwards et al.
(1986), Gadd (1986) and Lambert et al.
(1986) and is thought to be connected with
the feeding system.

It is important not only to adapt the
system to the animal, but also to prepare
the animal for the system. Therefore the
animals must be put in a group housing
system at an early stage. At the same time
unnatural situations must be avoided.

3 LAY-OUT OF THE SYSTEM

In the integrated system currently being
tested, all sows are kept in one group and
fed by one feeder in the compartment for
pregnant sows, which is, in principle, a
communal area. Gilts which were brought up
in a group, are introduced to replace
culled sows.

The communal area is enlarged by a
concrete yard outside. A transponder
feeding system, which allows individual
sows to be separated, is placed facing the
concrete yard. The farrowing compartment
is connected with the communal area.

Four days before a sow is due to farrow
she is allowed to enter the farrowing
compartment and can select an unoccupied
farrowing pen. The door to the farrowing
compartment is equipped with an identification system and only opens for the sow to
which the compartment is allocated. From
this moment until weaning the sow can enter
and leave the farrowing compartment at
will. One week after farrowing a roll-bar
at the entrance of the farrowing pen is
raised to prevent the piglets from leaving
the pen.

In the communal area a boar is housed in
an enclosed pen. Only some nose contact
between sows and boar is possible through
a small gate. Near the gate an identification system is placed to register sows in
the proximity of the boar. A bar on the
floor near the gate prevents the sows from
resting at this location.

Adjacent to the total system young gilts
are housed in group housing with transponder feeding to become accustomed to the
system. The animals also have access to a
concrete yard.

A picture of the total system is given
in figure 1.

Data are recorded on the animals in the
transponder feeding system, the animals at
the boar pen, the weight of individual
animals, and on indoor and outdoor
climate. Comparisons are made between the
sows present in certain areas, the amount
of food eaten, the sows' weight', the
climate and the behaviour of sows and
boar.

4 TOPICS STUDIED

The main topics being studied are:
1. Defining criteria for selecting
animals from the group.

2. Defining the sows to which the
farrowing compartment must be allocated
and finding the best method to let them
in.

3. Investigating the possibilities of
automated heat detection and the best way
to give the sows access to the boar.

4. Developing a model to feed the sows
according to need all the time. The feed
ration should be corrected every day for
status, number of days in a status, number
of piglets, weight, temperature.

5. Developing a management information
system for connecting the different parts
of the whole system.

6. Preparing gilts for the integrated
system.

7. Investigating the effects of the
system on behaviour, especially on
excessive aggression and damaging
behaviour.

8. Investigating the use of the sleeping
area.

9. Improving the climate of the
different function areas.

Two of these topics, heat detection and
vulva-biting, will be briefly reported on
in this paper (see also Houwers 1988 and
Buré 1988).

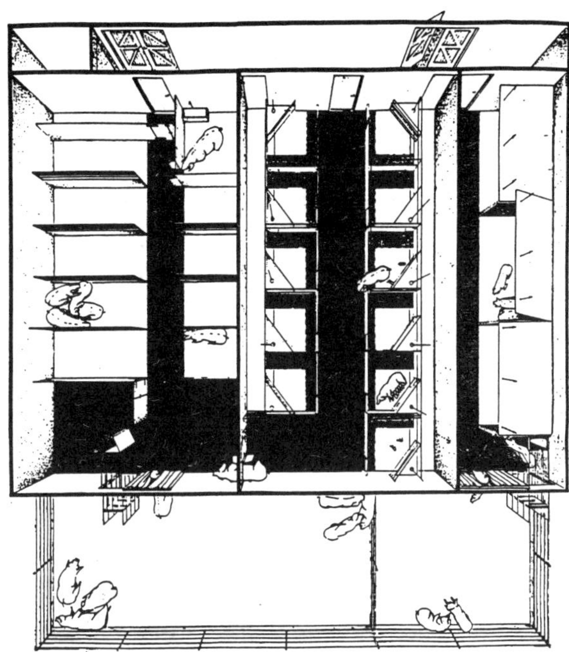

Figure 1. An integrated system for group housing of sows

4.1 Automated heat detection

T-maze experiments by Signoret (1967) show that boars attract oestrus and pro-oestrus females. In these experiments these females also stayed longer near the boar stimulus than an-oestrus females. In an experiment with gilts housed adjacent to a boar Hemsworth et al. (1986) showed that the proportion of gilts detected in oestrus rose when they were introduced to the boar.

With the existing technology for automatic identification it should be possible to register sows near a boar pen. How valuable this identification will be for the detection of heat will depend on its reliability as well as on the difference in the frequency that sows in heat and other sows visit the boar pen.

The preliminary results show that the frequency at which the sows come to the boar can be recorded automatically. The sows in oestrus come to the boar frequently. For each sow the frequency she reported in one day took three days to peak and then fell to a basic level in two days. There was a strong connection between these results and the results of a back pressure test (figure 2).

Research is continuing, with the aim of sharpening the criteria for the right time for insemination.

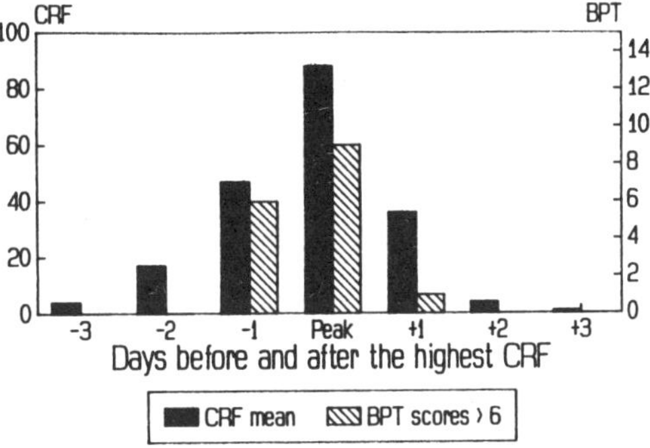

Figure 2. Relation between the computer-recorded frequency and the back pressure test

4.2 Vulva-biting

Studies of group-housed sows have shown that there is much vulva-biting. De Koning et al. (1987) mention that 50% of the animals in group housing with transponder feeding have wounds or scars in the ano-genital region. When the animals are kept in a walk-through system the percentage declines, but does not disappear.

The percentage of vulva-biting decreases
if the sows are fed twice daily (Gadd
1986). When doing this it is important to
adapt feeding times to the rhythm of
activity, with 8 - 9 h between the two
peaks of activity (Schrenk & Marx 1982;
Buré 1983).

The results to date show that sniffing
and biting at the rear is connected with
the feeding system. 80% occurs in the
neighbourhood of the feeder. Lambert et
al. (1986) also mention that 56% is
clearly connected with the feeder.

The picture over the day shows three
peaks of sniffing and biting at the rear.
There seems to be a connection with
unrewarded visits and visits at the end of
the ration. In both cases it may be that
the eating motivation does not decrease
enough, which may result in frustration
(figure 3).

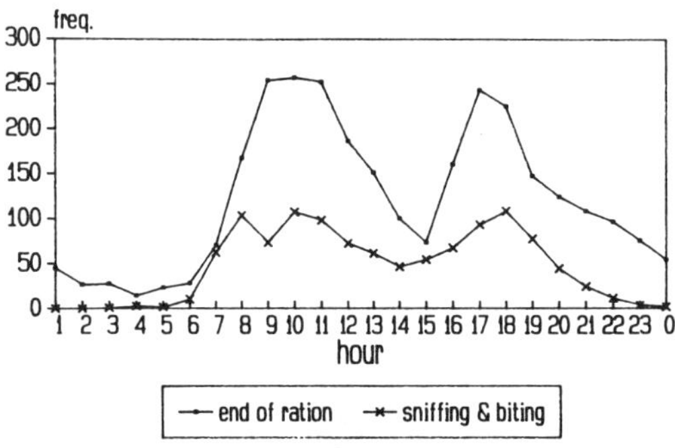

Figure 3. Relation between sniffing and
biting at the rear and visits at the end
of the ration

Appleby & Lawrence (1987) state that more
stereotypes occur when less food is
supplied. In this case, a proper supply of
bulk food could be important. Therefore,
adding roughage could help to reduce
aggressiveness. This will be studied in the
near future.

REFERENCES

Appleby, M.C. & A.B. Lawrence 1987. Food
restriction as a cause of stereotypic
behaviour in tethered gilts. Anim. Prod.
45: 103-110.
Buré, R.G. 1983. Assessing of housing
systems by combined indicators. In:
Indicators Relevant to Farm Animal
Welfare. Ed. D. Smidt. Martinus Nijhoff
Publishers, Boston, The Hague, Dor-
drecht, Lancaster: 209-214.
Buré, R.G. 1988. Agonistic behaviour in
group housing of sows: The influence of
rearing conditions and transponder
feeding. Proc. of The International
Congress On Applied Ethology In Farm
Animals, Skara 1988: 280-286.
Edwards, S.A., A.W. Armsby & J.W. Large
1986. Electronic feeding of group housed
sows and effect of feed station design.
Proc. 37th Annual Meeting of the EAAP,
Budapest.
Gadd, J. 1986. Electronic sow feeding has
the future. Pigs 5: 12-15.
Hemsworth, P.H., C.G. Winfield, J.L.
Barnett, B. Schirmer & C. Hansen 1986. A
comparison of the effects of two oestrus
detection procedures and two housing
systems on the oestrus detection rate of
female pigs. Appl. Anim. Behav. Sci. 16:
345-351.
Houwers, H.W.J. 1988. Locality registration as a way of heat detection in an
integrated group housing system for
sows. Proc. of The International
Congress On Applied Ethology In Farm
Animals, Skara 1988: 44-50.
Koning, R. de, S. Bokma, P. Koomans & G.
van Putten 1987. Praktijkonderzoek naar
groepshuisvesting van zeugen in
combinatie met een krachtvoerstation.
Proefverslag P1.14. Proefstation voor de
Varkenshouderij, Rosmalen.
Lambert, R.J., M. Ellis & P. Rowlinson
1986. An alternative sow housing system
for dry sows based on a sow-activated
electronic feeder. Proc. 37th Annual
Meeting of the EAAP, Budapest.
Schrenk, H.-J. & D. Marx 1982. Der
Aktivitatsrhythmus von Ferkeln und seine
Beeinflussung durch Licht und Futter-
gabe. 1. Mitteilung: Ein Vergleich der
Aktivitätsrhytmik von Saugferkeln und
frühabgesetzten Ferkeln. Berlin. Münch.
Tierärtzl. Wschr. 95: 10-14.
Signoret, P. 1967. Attraction de la
femelle en oestrus par le male chez les
porcins. Rev. Comp. Anim. 4: 10-22.

Land and Water Use, Dodd & Grace (eds), © 1989 Balkema, Rotterdam. ISBN 90 6191 980 0

Das Verhalten von Sauen bei Abruffütterung

H.L.Wenner
Institut für Landtechnik, TU München/Weihenstephan, Bundesrepublik Deutschland

B.Lehmann
Bayerische Landesanstalt für Landtechnik, TU München/Weihenstephan, Bundesrepublik Deutschland

ABSTRACT: Die Gruppenhaltung von Sauen mit Abruffütterung gewährt den Sauen Bewegung und ermöglicht eine automatisierte individuelle Fütterung. Das Freßplatz:Tierverhältnis beträgt dabei bis 1:40. Durch Verhaltensanalysen mit einem abgewandelten photographischen Meßverfahren, das in besonderem Maße eine Betrachtung des Bewegungsverhaltens erlaubt, werden die Auswirkungen einer zentralisierten Fütterungseinrichtung bei Gruppenhaltung untersucht. Im Durchschnitt legten die Sauen in zwei Versuchen 377 bzw. 589 m pro Tag zurück. Den Mittelpunkt der Aktivität bildet dabei die Futterstation. Die Besuchsfrequenz und die Belegungsdauer für die Abrufstation sind je nach Zugangszeit unterschiedlich, wobei die Tierkonzentration an der Futterstation zu aggressiven Auseinandersetzungen führt.

Group housing of sows with transponder feeding facilities permits free movement and also automatic and individual distribution of feed for the sows with the feeder to animal ratio rising to I:40. The ethological effects of a transponder feeding station are being investigated with a modified photogrammetric technique which permits an analysis of the sows' movements. In two experiments the average distances covered by sows in group housing with transponder feeding were 377m and 589m per sow per day. The feeding station was located in the centre of the pen; Feeding was transponder-controlled. Frequency and duration of visits to the feeding station differ according to the period of access to the feeding station. The concentration of sows at the feeding station itself causes aggressive inter- actions between sows.

L'entretien en groupe des truies avec alimentation à transponder permet une alimentation automatique et individuelle avec la possibilité de locomotion pour les truies. On peut augmenter la proportion entre nombre d'animaux et d'auges jusqu'à 1:40. Grâce à des analyses du comportement avec un modifié procédé photographique de mesure, qui permet sur une extraordinaire échelle d'observer le comportement de la locomotion, les effets d'une station d'alimentation centrale sont analysés. Dans deux experiments les truies marchaient 377 respectivement 587 m en moyenne par jour. Le centre d'activités représentait la station d'alimentation. La frequence des visites et la durée du séjour à la station différent selon le temps d'accès. A ce sujet, la concentration des animaux autour de la station mène à des conflits aggressifs.

1 EINLEITUNG

Nach circa 20 Jahren Einzelhaltung leerer und tragender Sauen als Standardlösung in spezialisierten Ferkelerzeugerbetrieben schreibt heute eine geänderte Tierschutzgesetzgebung in der Bundesrepublik Deutschland für Sauen täglich freie Bewegungsmöglichkeit für mindestens vier Wochen nach dem Absetzen vor. Damit hat sich ein Trend zur Gruppenhaltung für Sauen ergeben, wobei die Fütterung in Einzelfreßständen, oder neuerdings in Form der Abruffütterung, mit einem Freßplatz-Tier Verhältnis von 1 zu 25 bis 40 durchgeführt wird. Die zentralisierte Fütterungseinrichtung und die Haltung von Sauen in Großgruppen mit wechselnder Zusammensetzung sind zwei Faktoren, die die bekannten Probleme der Gruppenhaltung hinsichtlich der repulsiven sozialen Auseinandersetzungen noch verstärken.

Aus ethologischer Sicht ist die Realisierung der Bewegungsmöglichkeit durch ein Gruppenhaltungssystem zunächst positiv zu beurteilen. Allerdings hängt es von der Intensität der Bewegung und der Bodengestaltung ab, ob die Auswirkungen auf die Tiergesundheit im physiologischen bzw. präventiv-medizinischen Bereich liegen oder ein pathologisches Ausmaß erreichen. Positive Effekte sind nur zu erwarten bei freiwilliger, leichter bis mäßiger und ständig durchführbarer Bewegung. Dies folgerte BERNER 1987 und zeigen auch die Untersuchungen von DE KONING et al. 1987.

2 VERSUCHSPLANUNG

Um Erkenntnisse über die Auswirkungen unterschiedlicher Haltungssysteme für Sauen zu erlangen, werden im Rahmen eines Forschungsprojektes Verhaltensuntersuchungen bei verschiedenen Buchtenformen und Fütterungsregimen durchgeführt (Tab. 1).

Der Schwerpunkt liegt auf der Gruppenhaltung mit Abruffütterung (Versuchs-Nr. 1, 2, 5, 6, 7, 8), die mit Gruppenhaltung und Fütterung in Einzelfreßständen (Versuchs-Nr. 4) bzw. Einzelhaltung (Versuchs-Nr. 3) verglichen wird.

Tab. 1: Rahmenbedingungen bei den Untersuchungen zur Bewertung unterschiedlicher Haltungssysteme für Sauen

Haltungssystem	Gruppenhaltung Abruffütterung	Gruppenhaltung Abruffütterung	Einzelhaltung Kastenstand	Gruppenhaltung Freßstände	Gruppenhaltung Abruffütterung			
Versuchs-Nr.	1	2	3	4	5	6	7	8
Versuchsbetrieb	Selzer Großumstadt	Strasser Mauern	Vers.station Thalhausen	Finauer Anzing	Versuchsstation Thalhausen			
Jahreszeit	Sommer	Winter	Winter	Herbst	Frühjahr		Herbst	
Rasse	DL u. Pi	DL	DL u. Pi	DL	DL u. Pi			
Gruppengröße	11 u. 3	22	11 u. 11	8 (7)	9 u. 9			
Flächenangebot	2,5	2,6		2,4	2,5	2,5	1,6	1,6
Bodengestaltung	planbefestigt, eingestreut	planbefestigt eingestreuter Liegebereich	planbefestigt einstreulos Kotroste	planbefestigt eingestreuter Liegebereich	Teilspaltenboden eingestreuter Liegebereich			
Fütterungssystem	Abrufstation (Hoko-Farm) Auslaßschleuse	Abrufstation (Schauer)	automat. Flsg.fütterung	Einzelfreßstände ohne Absperrung	Abrufstation (Schauer) Auslaßschleuse			
Freßplatz:Tier	1:14	1:22	1:1	9:8 (7)	1:18			
Fütterungszeit (Uhr)	7^{15}	6^{00}	5^{00} u.16^{00}	8^{00}	6^{00}	6^{00} 15^{00}	6^{00}	6^{00} 15^{00}
Trogzugang (h)	24	12	24	24	6			

3 METHODE

Für die Gewinnung von Verhaltensdaten werden in der Untersuchung eindeutig voneinander abgrenzbare Merkmale herangezogen. Diese sind z.B. Liegen, Sitzen, Stehen, Gehen, Fressen, Saufen und 'Raufen' (Schieben /Stoßen, Beißen/Kopfschlagen) (Abb. 1).

Bei der Registrierung kommen drei Methoden zum Einsatz (Abb. 1):

1. Die Nahbereichsphotogrammetrie in Monoaufnahmetechnik (ZIPS 1983, BOCKISCH 1985, KIRCHNER 1987). Sie erlaubt die Quantifizierung von Verhaltensmerkmalen und, über die Registrierung der Tierpositionen in der Bucht, die Berechnung der täglich absolvierten Wegstrecken für jedes Tier.

2. Die Beobachtung und Protokollierung durch den Versuchsansteller während der Bilderstellung der Nahbereichsphotogrammetrie. Das ermöglicht die Erfassung von Bewegungsabläufen, wie repulsive soziale Auseinandersetzungen oder auffällige Verhaltensweisen, die in den Momentaufnahmen der Nahbereichsphotogrammetrie

nicht erkennbar sind, für die Interpretation der Ergebnisse jedoch von Bedeutung
sein können.

3. Die Videotechnik zur Unterstützung
des Protokolls bei Beobachtungen in der
Gruppenhaltung, bzw. als ausschließliches
Verfahren für Untersuchungen in der Einzelhaltung, da hier Lokomotion mit Orts-
veränderung nicht möglich ist.

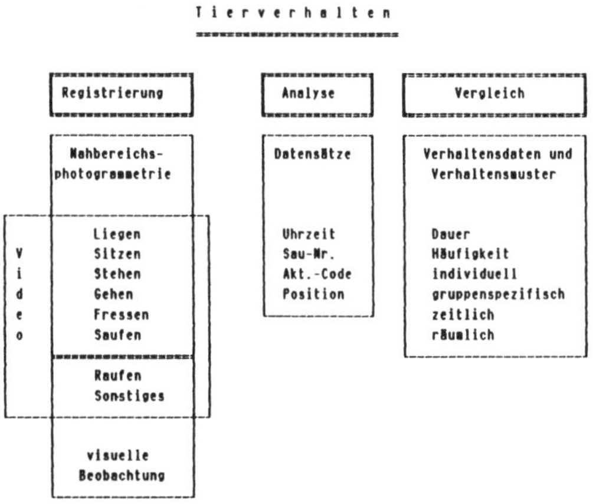

```
                  Tierverhalten
                  =============================

  ┌─────────────────┐   ┌──────────────┐   ┌────────────────────────┐
  │  Registrierung  │   │   Analyse    │   │        Vergleich       │
  └─────────────────┘   └──────────────┘   └────────────────────────┘

      Nahbereichs-          Datensätze         Verhaltensdaten und
      photogrammetrie                          Verhaltensmuster

          Liegen
  V       Sitzen            Uhrzeit            Dauer
  i       Stehen            Sau-Nr.            Häufigkeit
  d       Gehen             Akt.-Code          individuell
  e       Fressen           Position           gruppenspezifisch
  o       Saufen                               zeitlich
                                               räumlich
          Raufen
          Sonstiges

          visuelle
          Beobachtung
```

Abb. 1: Methoden für die Verhaltensregi-
strierung und Datenanalyse und Zielgrößen
des Vergleichs unterschiedlicher Haltungssysteme

Die Verhaltensurdaten, Datensätze mit der
Angabe von Uhrzeit, Sau-Nr., Aktivitäts-
Code - einer zahlenmäßigen Verschlüsselung
der einzelnen Verhaltensmerkmale - und
Tierposition, werden anschließend mit
speziellen Auswerteprogrammen verrechnet.
Als Resultat können Verhaltensdaten nach
Dauer und Häufigkeit sowohl individuell,
als auch gruppenspezifisch angegeben und
hinsichtlich der zeitlichen und räumlichen
Verteilung analysiert werden.

4 ERGEBNISSE

Aus den bereits abgeschlossenen Untersuchungen (Tab. 1: Versuchs-Nr. 1 und 2)
sollen nachfolgend erste vorläufige
Ergebnisse zum Bewegungsverhalten und dem
Verhalten der Sauen an der Abrufstation
dargestellt werden, da diese Bereiche zunächst die größte Aussagekraft besitzen.

4.1 Lokomotionsverhalten

Die Bewegungsstrecken der einzelnen Sauen
bestätigen die von JEPPSSON et al. 1980
gefundene individuelle Schwankungsbreite
der Werte (Tab. 2).

Tab. 2: Täglich absolvierte Wegstrecken
von Sauen in verschiedenen Haltungs-
systemen

	Haltungssystem	Wegstrecke (m/Sau und Tag)		
		min.	durchschn.	max.
Jeppson et al.1980	Einzelfreßstände	43	206	424
Versuch 1	Abruffütterung	231	377	651
Versuch 2	Abruffütterung	184	589	1139

Mit 377 m und 589 m ist der Mittelwert bei
zentralisierter Fütterung deutlich höher
als in der Dreiflächenbucht, wo die Tiere
nur 206 m im Durchschnitt zurücklegten
(JEPPSON et al. 1980).
Während in letzterem System alle Tiere
gleichzeitig ihr Futter erhalten, sind an
der Abrufstation oft mehrere und damit
längere Wege nötig, bis die einzelnen
Sauen an ihr Fressen gelangen.

Die graphische Auswertung der Wegstrecken
zweier Sauen mit nahezu durchschnittlichen, absolvierten Distanzen zeigt, daß
Aktivität bzw. Lokomotion in hohem Maße
durch Futter bzw. Futtersuche motiviert
ist und daher die Futterstation im Mittelpunkt des Interesses der Tiere steht
(Abb. 2).

In der ersten Untersuchung stellten sich
bestimmte Sauen mit Vorliebe parallel zum
fressenden Tier neben die Station. Dabei
hielten sie den Kopf in Trognähe (Abb. 2
links). An der Station ohne Auslaßschleuse
versuchten die Sauen, sowohl durch den
Eingang als auch durch den Ausgang die
Station zu betreten (Abb. 2 rechts), was
einen reibungslosen Tierwechsel am Freßplatz nahezu unmöglich machte.

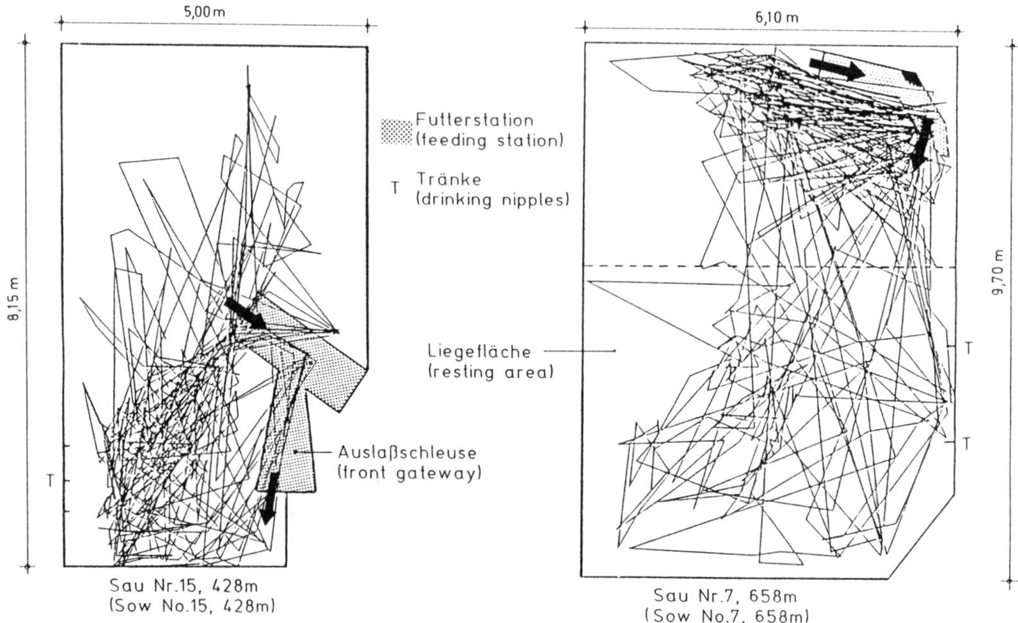

Abb. 2: Wegstreckendiagramme für zwei Sauen bei Gruppenhaltung mit Abruffütterung

4.2 Stationsbesuche

Die Anzahl Fehlbelegungen, d.h. Stationsbesuche ohne Futterabruf, sind ein weiteres Indiz für die Attraktivität der Futterstation (Tab. 3).

Tab. 3: Durchschnittliche Dauer und Frequenz der Stationsbelegung bei uneingeschränkter und eingeschränkter Zugangszeit für zwei Gruppen von Sauen mit Abruffütterung

	Versuch	
	1	2
Gruppengröße	14	22
Stationszugangszeit (Uhr)	0°° - 24°°	6°° - 18°°
ohne Futteranspruch:		
Häufigkeit (n)	9.5	2.7
Dauer (min)	30.3	1.1
mit Futteranspruch:		
Häufigkeit (n)	1.1	1
Dauer (min)	18.0	16.6

Bei uneingeschränktem Stationszugang von 0°° Uhr bis 24°° Uhr (Versuch 1) kommt es zu 9,5 Fehlbelegungen pro Sau und Tag, die zusammen 30,3 Minuten pro Sau und Tag in

Anspruch nehmen. Zum Futterabruf hingegen ist die Station durchschnittlich nur 18,0 Minuten pro Sau und Tag belegt bei durchschnittlich 1,1 Besuchen pro Sau und Tag. Dieser hohe Anteil unnötiger Stationsdurchläufe führt zu einer starken mechanischen Beanspruchung der Technik und zu erheblicher Unruhe in der Gruppe.

Durch Begrenzung der Stationszugangszeit, z.B. von 6°° Uhr bis 18°° Uhr (Versuch 2) kann die Frequenz auf 2,7 und die durchschnittliche Dauer der Fehlbelegungszeit auf 1.1 Minuten pro Sau und Tag reduziert werden. Eine zu starke Einschränkung des Zeitraumes für den Futterabruf führt aber auch dazu, daß 'Nachzügler' bzw. schüchterne Tiere nicht mehr an ihre Ration gelangen können (Abb. 3).

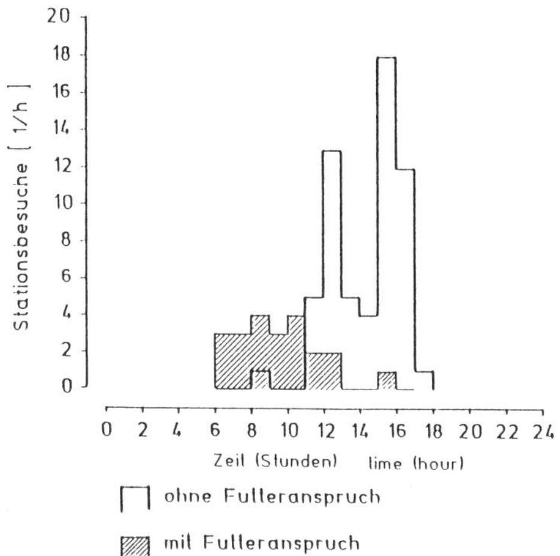

Abb. 3: Anzahl der Stationsbesuche mit und ohne Futteranspruch einer Gruppe von 22 Sauen bei einer Stationszugangszeit von 6⁰⁰ Uhr bis 18⁰⁰ Uhr

Beide Phänomene zusammen - die hohe Attraktivität der Futterstation und als Folge eine Tierkonzentration im stations- nahen Bereich, sowie die erhöhte Lokomo- tion im Gruppendurchschnitt - bedeuten eine größere Begegnungswahrscheinlichkeit von Tieren in der Bucht und eventuell mehr repulsive Auseinandersetzungen.

4.3 Interaktionen

Derartige repulsive soziale Auseinander- setzungen wurden an den Merkmalen Schieben/Stoßen und Beissen/Kopfschlagen (GLOOR und DOLF 1985) für eine Gruppe von 24 Sauen im Zusammenhang mit den Stationsbesuchen registriert (Abb. 4).

Die Häufigkeit an Auseinandersetzungen weist dabei eine gewisse Parallelität mit der Stationszugangszeit auf, wobei der Zeitraum mit vielen Interaktionen an der Station jeweils zu Beginn und Ende der Zu- gangszeit nochmals verlängert ist.

Bei 48 Stationsbesuchen ereigneten sich insgesamt 77 Auseinandersetzungen, d.h. 1,6 Auseinandersetzungen pro Besuch am Stationsein- bzw. -ausgang. Durch Verbes- serungen in diesen beiden Bereichen wird eine Reduzierung der Auseinandersetzungen erwartet.

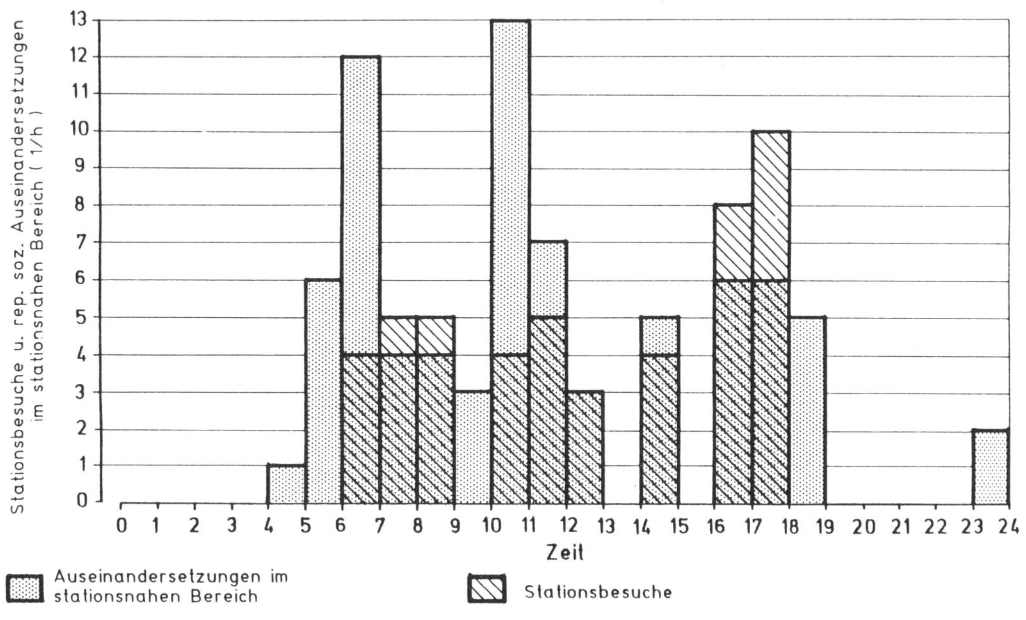

Abb. 4: Häufigkeit von Stationsbesuchen und repulsiven sozialen Auseinandersetzungen von einer Gruppe von Sauen mit Abruffütterung (Durchlaufstation, 24 Tiere, Stationszu- gangszeit von 6⁰⁰ Uhr bis 18⁰⁰ Uhr, 2 m² Gesamtfläche pro Sau, eingestreuter Liegebe- reich)

LITERATUR

Berner, H. 1987. Die Gruppenhaltung der
  Schweine aus tierärztlicher Sicht.
  Tagungsbericht der 10. Weihenstephaner
  Tagung über "Moderne Haltungssysteme und
  Tiergesundheit", 1.10.87, TU München,
  S. 37 - 61.
Bockisch, F.- J. 1985. Beitrag zum Verhal-
  ten von Kühen im Liegeboxenlaufstall.
  Weihenstephan, TU München, Diss..
Gloor, P., Dolf, Ch. 1985. Galtsauenhal-
  tung einzeln oder in Gruppen? Schriften-
  reihe der Eidg. Forschungsanstalt für
  Betriebswirtschaft und Landtechnik FAT
  CH-8356 Tänikon TG, Nr. 24.
Jeppsson, M., Svendsen, J., Andreasson,
  B. 1980. Behaviour studies of "loose"
  and "fixed" dry sows maintained under
  the same husbandry, feeding and stable
  conditions. Swedish University of
  Agricultural Sciences, Report 10, Lund.
Kirchner, M. 1987. Verhaltenskenndaten von
  Mastbullen in Vollspaltenbodenbuchten
  und Folgerungen für die Buchtengestal-
  tung. Weihenstephan, TU München, Diss..
De Kening, R., Bekma, G. J., Koomano, P.,
  van Putten, G. 1987. Praktijkonderzoek
  naar groepshuisvesting van zeugen in
  combinatie met een krachtvoerstation,
  Rosmalen.
Zips, A. 1983. Nahbereichsphotogrammetrie
  - eine Methode zur Registrierung und
  Quantifizierung des Tierverhaltens im
  Liegeboxenlaufstall, Weihenstephan,
  TU München, Diss..

Land and Water Use, Dodd & Grace (eds), © 1989 Balkema, Rotterdam. ISBN 90 6191 980 0

Design of houses for pregnant sows using computerised feeding systems

U.Chiappini & M.Barbari
Istituto di Edilizia Zootecnica, Università degli Studi, Bologna, Italy

ABSTRACT: The experiments effected have led to some useful indications for planning pig units with programmed auto-feeders for pregnant sows. They can be summarized as follows:
- introduce auto-feeder correctly in the various phases of the reproductive cycle
- introduce auto-feeder in boxes of gilts, reared in small groups for a pre-adjustment phase
- with static groups keep numbers moderately low (30 head maximum)
- introduce feed station in the box taking account of the need to facilitate animals' entry and at the same time minimize disturbance from sows which are not entitled to the ration
- implement protected rest areas, divided, if possible, into several sections so that contact between the most aggressive and most timid sows is avoided.

RÉSUMÉ: L'expérimentation faite nous a permis de définir certains aspects utiles pour le projet de porcheries pour truies pleines, pourvues d'alimentateurs automatiques programmables, que nous pouvons synthétiser de la manière suivante:
- insérer correctement l'alimentateur automatique dans les différentes phases du cycle de production,
- prévoir l'insertion de l'alimentateur automatique déjà dans les box des jeunes truies, élevées en petits groupes, pendant une phase de pré-adaptation,
- former, en cas de groupes statiques, des groupes assez peu nombreux (30 têtes au maximum),
- introduire la station d'alimentation dans le box en tenant compte de l'exigence de faciliter l'entrée des animaux et de celle de contrer l'action de pertubation menée par les truies qui n'ont pas le droit à la ration,
- réaliser des zones de repos à l'abri et si possible divisées en deux parties de manière à éviter le contact entre les truies agressives et les truies plus timides.

Zusammenfassung: Von uns durchgeführte Versuche haben zu einigennutzlichen Hinweisen für die Erstellung von Stallungen mit elektronisch gesteuerten Futterstationen für trächtige Sauen geführt. Diese Hinweise können wie folgt zusammengefasst werden:
- Einsatz einer Futterstation, die auf die verschiedenen Phasen des Aufzuchtablaufes präzise abgestimmt ist.
- Einsatz einer Futterstation bei kleinen Gruppen von Jungsanen, für die Eingewöhnungsphase.
- Beschränkung auf eine verhältnismässig niedrige Anzahl bei stationären Gruppen (max 30 Stück).
- Einsatz einer Futterstation, die dem Tier sowohl den Zugang vereinfacht, als auch Störungen von anderen Sauen, die bereits ihre Ration verzehrt haben, auf ein Minimum reduziert.
- Einrichtung von Ruhezonen, möglichst in meherere Abschnitte unterteilt, so dass zwischen agressiveren und friedlichen Sauen ein Kontakt verhindert wird.

1 INTRODUCTION

In recent years a combination of factors
have turned breeders' interest towards the
introduction of auto-feeders with
individual rationing for pregnant sows.

On one hand, excessive confinement
brought about by the use of individual
accomodation had resulted in a series of
anatomical and behavioural problems and
this led breeders to reconsider group
housing. On the other hand, the need to
ration feed according to each animal's
individual needs was still prevalent.

Only the equipment. considered here is
capable of satisfying these contrasting
needs without incurring any extra work for
the breeder.

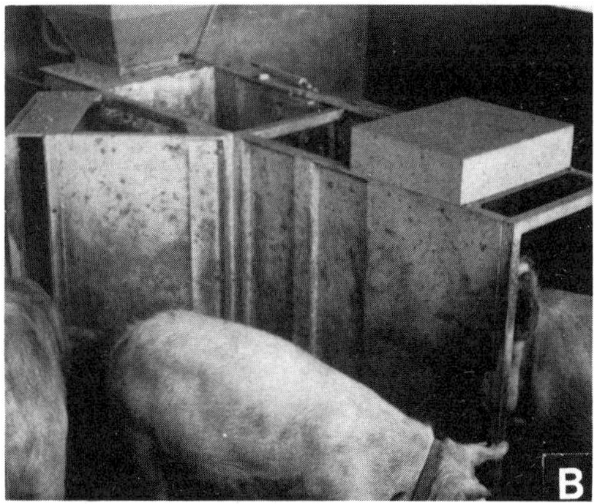

Fig. 1 The two types of auto-feeders
tested (A - B)

Nevertheless there were doubts concerning
the sows' ability to adjust to this
equipment and the risk of behavioural
anomalies.

In order to dispel these doubts, the
Istituto di Edilizia Zootecnica of Bologna
University implemented a series of
experiments starting in June 1986 which
involved 390 subjects, some of which had
already completed a fourth cycle of auto-
feeder use.

The farm monitored in the experiments is
comprised of static groups of 30-35 sows
each. Four auto-feeders are installed on
the farm. In three of these (fig. 1A) the
animals must enter and exit through a rear
gate, which is raised and lowered using
compressed air. Gate closure times are
programmed to correspond to a speed of feed
rationing of 100 gr. every 33 sec, in
addition to a final time interval of 3 min.
These feeding stations start the daily
cycle at 4 a.m., supplying a variable
ration of 2.3 to 2.6 kg feed divided into
two meals at a minimal time interval of 3
hours.

A fourth feeding station (fig. 1B), with
a front side exit gate was successively
added to the three stations already
described. In this station the gates are
fitted with mechanisms enabling the animals
to open and close them at will and one
daily meal only is supplied, with
additional water, starting at midnight.

The present study aims to illustrate the
data collected regarding the sows' ability
to adjust to the auto-feeders, their
behaviour and reproductive data. Project
design of the buildings derived from
experience of pig farms where auto-feeders
are in use will also be discussed.

2 ADJUSTMENT TO THE AUTO-FEEDER

As an indication of adjustment, the part of
the ration left unconsumed by the animals
at the end of the day (feed residue) is
considered.

The graph in fig.2 (auto-feeder type "A")
shows the data on feed residue on various
days of the cycle and refers to 167 sows
belonging to groups admitted to the boxes
with auto-feeders for the first time,
compared with the data relating to 150 sows

already undergoing a second experience of
this equipment.

It emerges that in the first cycle the
sows get used to consuming almost all the
rations only after about 15 days but in the
second cycle this result is already
achieved after 4 or 5 days, without
considering the fact that even in the very
early days the leftovers are rather modest
(on average below 30%).

were completely sporadic (less than 3% of
the sows).

Furthermore a certain number of subjects
(4.9%) had to be eliminated since they
showed excessive difficulty in adapting
during the first cycle, whereas with
successive shifts the number of subjects
eliminated was fairly modest (2.2%). This
final datum shows that difficulty in
adjusting does not only concern the use of

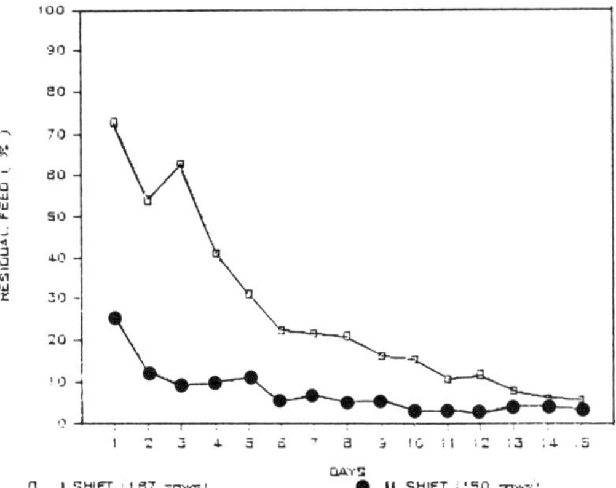

Fig. 2 Time taken for sows of the 1st
and 2nd cycle to adjust to the auto-
feeder.

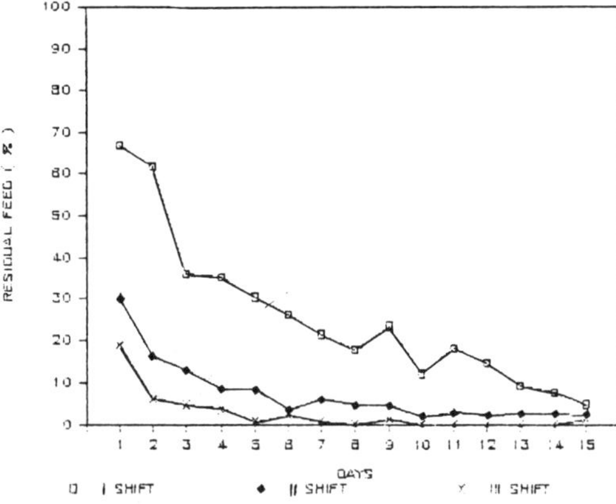

Fig. 3 Time taken for sows of the 2nd
and 3rd cycle to adjust to the auto-
feeder.

It appears that the sows need relatively
little time to adjust and their ability to
do so improves at the 3rd experience, as
reported in the graph (fig.3). It should be
noted that this group refers to 180 animals
in all, at different stages of experience
in using the auto-feeder, but reared in
mixed groups where the novice could benefit
from the experience of the veterans. This
factor undermines the differences between
the results obtained from the subjects in
the 1st and 2nd cycle.

It is important to mention that the
results illustrated were obtained by merit
of training given by staff to 61% of the
animals in the first cycle with an average
of 2.7 interventions per sow, whereas in
the successive cycles, the interventions

equipment, but also placement in the group
hierarchy.

There are still insufficient data
available on auto-feeder type "B", but we
can expect it to take the same amount of
time to train the animals to use it as for
station type "A".

3 BEHAVIOURAL ASPECTS

The behaviour of the animals in two of the
experimental groups, using autofeeder type
"A" was monitored by a video-camera for the
entire duration of their presence in the
box and is reported in the graphs (fig.4
and 5).

The former refers to a daily cycle
(starting at 4 a.m.) of the first phase of

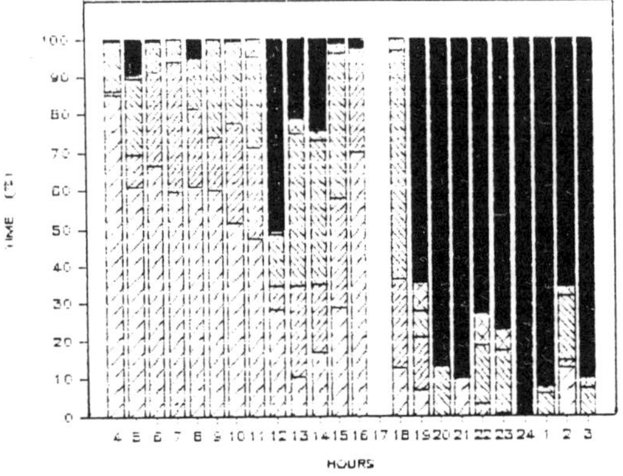

Fig. 4 Sows' use of auto-feeder,type "A",
on 3rd day in the box.

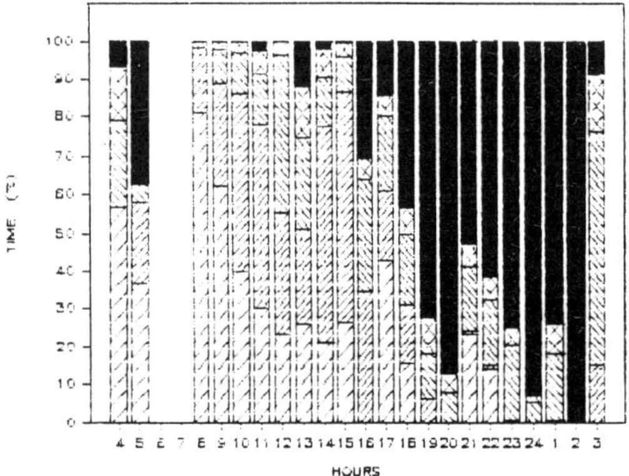

Fig. 5 Sows' use of auto-feeder,type "A",
on 20th day in the box.

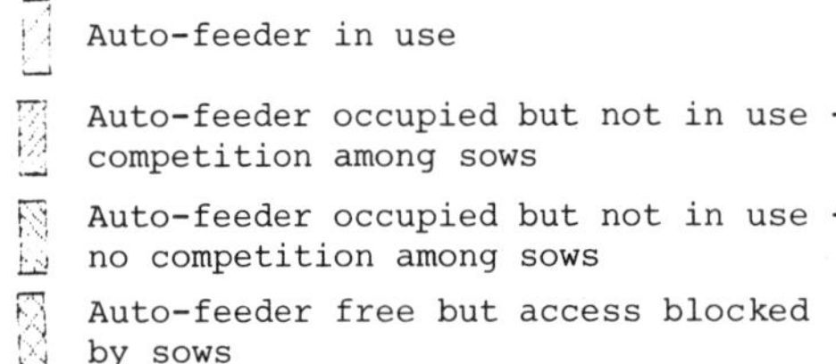

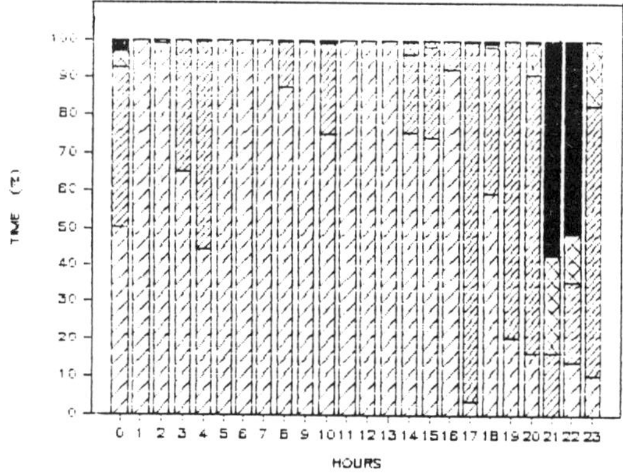

Fig. 6 Sows' use of auto-feeder,type "B",
on 20th day in the box.

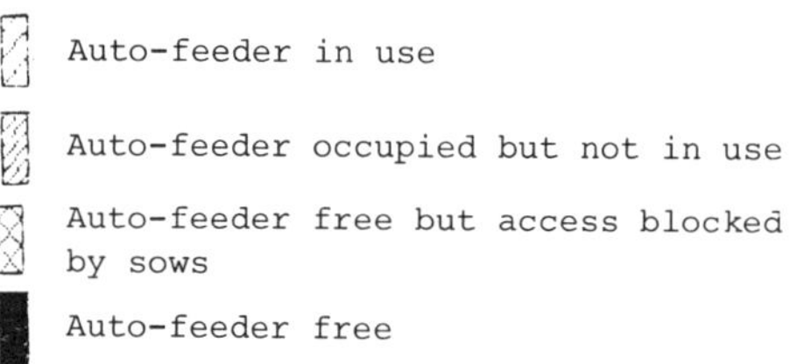

the trial, whereas fig.5 refers to the 20th
day in the box.

Actual auto-feeder utilization time is
seen to be somewhat limited and
concentrated in the first part of the day;
this may mean that the size of the group,
on average 30 sows, could be increased (as
the producers of this equipment also
maintain). Nevertheless the effective
availability of the auto-feeder is rather
modest if we consider that for some
animals, access to or staying in the auto-
feeder after eating, is made difficult by
the aggressive attitudes of sows trying to
consume rations to which they are not
entitled or hoping to enjoy previous
animals' leftovers. This latter aspect is
accentuated in the final phase of the
cycle, whereas while the animals are still
novices, the former behaviour pattern
prevails. The effective availability of the
station, then even with groups of no more
than 30, is limited to evening and night
hours only, when they can benefit animals

840

which are unable to gain access to the station in more normal hours because of their weaker physical conditions or inexperience (gilts at first introduction).

In station type "B" a group of 35 sows (21 of which had experience of type "A") were observed. During the first 38 days of the cycle with the new station, observations showed that auto-feeder utilization time, even with only one daily meal, is significantly longer than for type "A". The sows remained inside the station at mealtime for an average of nearly 26 minutes. Time intervals when the auto-feeder was not in use, due to the entry of sows which were not entitled to feed rations (12 min average) must be added to the actual utilization time. Figure 6 shows the pattern of the 20th day of the cycle (and therefore corresponds to fig.5 for type "A"). This graph points out the problems which can arise when some animals remain for extensive periods inside the station (one sow remained there for 210 minutes on the day considered!). Consequently considerably longer average times were recorded than those obtained in the whole period: 32 min 50 sec time for feed consumption; occupation of feeder outside meal time: 13 min 20 sec (in total 46 min 10 sec per sow). Excluding the time when it is blocked by a sow and thus inaccessible, the station is occupied for about 22 h 20 min by the 29 feeding sows: it is thus understandable that 3 sows (in this case primiparous) can not obtain access to the auto-feeder.

It should be emphasized that some sows remain inside the station for prolonged periods even in the final phase of the cycle.

Another interesting aspect emerging from the observations carried out on the group is that in more than 30% of cases the sows leave the station through the rear gate instead of the front-side one.

4   REPRODUCTIVE DATA

The reproductive data relative to 291 sows reared with auto-feeders and brought to farrowing were compared with those of 811 sows reared in groups with traditional methods of feeding. The average production of sows reared traditionally was 10.4 piglets per birth; while for the sows reared with auto-feeders there was considerably difference in yield depending on the degree of training in using the equipment. Sows that had completed the first cycle of auto-feeder use produced 10.1 piglets per birth (little less, then, than the control group) whereas in successive cycles the number of births rose to 10.7.

Reproductive data clearly show the effect of stress on the animal at first impact with the auto-feeder. It is then important to introduce animals already trained to use the auto-feeder, into the reproductive cycle. This can be achieved by introducing the equipment in boxes designated to gilts, too.

5   PROJECT GUIDELINES

Although the equipment considered here is clearly valid, we must acknowledge that it can only be effectively used at a clearly defined stage of sow husbandry, that is from the moment pregnancy is confirmed to farrowing. In the first 3/4 weeks after fertilization, single accomodations, through more troublesome from a work point of view, may be better so that embryo attchment can take place in a less traumatic situation.

From the results of the experiments and numerous observations on farms with auto-feeders, various considerations have emerged, from which we can define the following guidelines from the point of view of farm organisation and building design.

1.   Introduce the feed station at the gilt stage to achieve early adjustment, if possible with the use of mobile barriers to aid staff in training the animals. It is better still to divide the pen into two areas in order to separate the animals waiting to feed from those which have already eaten. The rota system provides the following advantages: the most aggressive sows cannot return to the auto-feeder, competition between the animals is thus reduced; the unfed animals can be visually identified, which helps the stuff.

2. With static groups, keep numbers
lower than 30 head. With larger groups
there is more competition since a solid
hierarchy is less easily established.
Larger numbers are possible with dynamic
groups which have access to several
stations (one every 40-50 head).

3. Favour stations with mechanisms
isolating subjects, which have already
consumed their daily ration, from the
trough (particularly with large groups).

4. Provide a certain number of
individual cages to house sows (5-6%) which
are unable to adjust to using the auto-
feeder.

5. Organise two distinct functional
areas in the box; a rest area with
unslatted floor of about 1.20-1.30 m^2 per
head and a feeding-dunging area with a
slatted floor of 1.00-1.20 m^2 per head.

6. Provide a rectangular shaped rest
area with access on the long side and with
a short side of no more than 3.0-4.0 m in
order to facilitate movement from and to
the station.

7. Divide the rest area into several
sections so that timid subjects can find a
quiet refuge.

8. Place the auto-feeders in the part of
the feeding-dunging area which is furthest
away from the rest area.

9. Favour auto-feeders with front-side
exits to avoid competition and crowding in
the entrance area.

10. Maintain sufficient lighting, even
during the night in the area of the auto-
feeder so that the more timid animals are
encouraged to enter.

11. If possible, use an automatic gate,
operated by a microprocessor, so that
certain subjects can be easily isolated
from the group, if desired. This measure is
necessary with large dynamic groups.

Figure 8 proposes a possible design for
boxes with auto-feeder taking into account
the above indications.
The same design can be reproduced in an
open form, with small buildings for the
rest areas and a roof shielding the auto-
feeder. The design is flexible and can thus
be easily adapted for use in preexisting
farm housing.

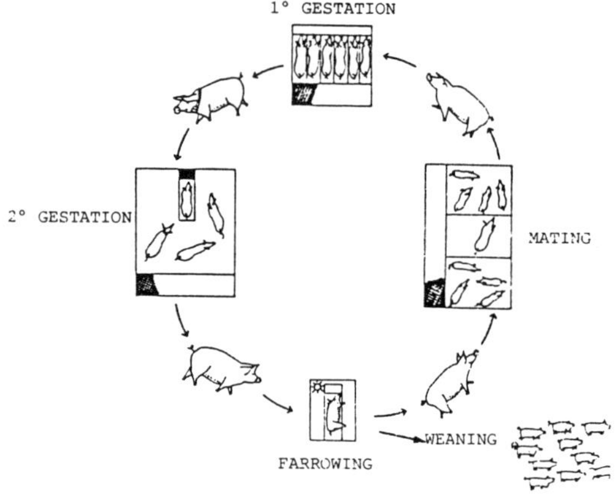

Fig. 7 Phase of housing with auto-
feeder in the reproductive cycle of
the sow.

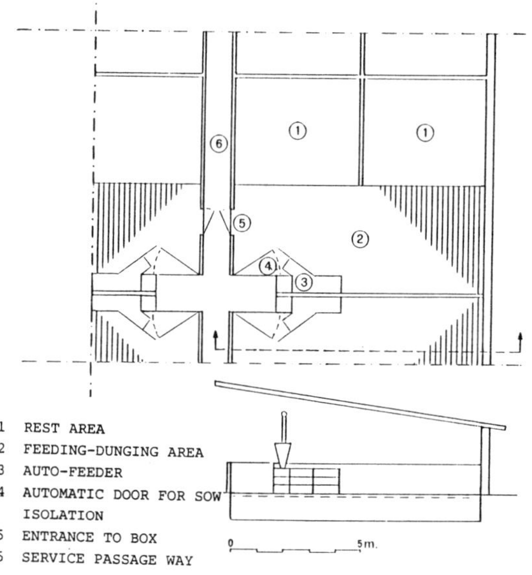

1 REST AREA
2 FEEDING-DUNGING AREA
3 AUTO-FEEDER
4 AUTOMATIC DOOR FOR SOW
  ISOLATION
5 ENTRANCE TO BOX
6 SERVICE PASSAGE WAY

Fig. 8 Proposed design of piggery
with electronic auto-feeder.

REFERENCES

Barnett,J.L.,Cronin,G.M.,Winfield,C.G.,
Dewar,A.M. 1984. The welfare of adult
pigs: the effects of five housing
treatments on behaviour, plasma
corticosteroids and injuries. Appl. Anim.
Behav. Science 12: 209-232.

Blackshaw,J.K.,Mac Veigh,J.F. 1984. The
behaviour of sows and gilts housed in
stalls, tethers and groups Proc.Aust.
Soc.Anim.Prod. 15: 85-88.

Carter,A.J.,English,P.R. 1983. A comparison
of the activity and behaviour of dry sows
in different housing and penning systems.
Anim. Prod. 36: 531-532.

Edward,S.A. 1985. Group housing systems for
dry sows. Farm.Buil.Progr. 80: 19-22.

Gravas,L. 1982. Production and behaviour of
free moving and locked sows. Proceedings
of the second international Livestock
Environment Symposium, Ames,Iowa: 411-
419.

Gustafsson,B. 1982. Effects of sow housing
systems in practical pig production.
Proceedings of the second international
Livestock Environment Symposium,
Ames,Iowa: 380-391.

Lambert,R.J.,Ellis,M.,Rowlinson,P.,Saville,
C.A. 1983. Influence of housing-feeding
system on sow behaviour. Anim. Prod. 36:
532.

Louvard,G. 1985. Alimentation automatisée
et individuelle des gestantes: une
fiabilité à l'épreuve du terrain. Elev.
Porc 151-152: 29-31.

Nygaard,A.,Aulstad,D.,Lysø,A.,Kraggerud,H.,
Standal,N. 1970. Experiments with housing
for dry sows. Agr.Univ.Norway,Dept.Build.
Techn.Report 56.

Olsson,A.,Andersson,M.,Rantzer,D.,Svendsen,
J. 1987. Feeding of group housed sows in
gestation using an electronic
identification system: behaviour studies
and production results. Seminar of the
2nd Technical Section of the C.I.G.R. on
Latest Developments in Livestock Housing,
Urbana,Illinois: 254-259.

Peet,B.J. 1986. Which sow housing system?.
Farm Build & Engin. (3) 1: 36-37.

Petherick,J.C.,Blackshaw,J.K. 1986. A
review of housing systems for non-
lactating sows. Pig News and Inf.
Vol.7,1: 33-37.

Svendsen,J. 1986. Sow housing in gestation,
at farrowing, during lactation, and in
between. Seminaire C.I.G.R., Rennes.

Taylor,A. 1982. Electronic sow feeding. Pig
Farming 4: 40-64.

Land and Water Use, Dodd & Grace (eds), © 1989 Balkema, Rotterdam. ISBN 90 6191 980 0

From a study of health and behavioural problems of pigs to a design of an improved house concept

R.Geers, V.Goedseels, G.Parduyns & P.Nijns
Laboratory of Agricultural Building Research, Catholic University of Leuven, Heverlee, Belgium

ABSTRACT: Despite possibilities of environmental engineering and control within houses for intensively kept pigs, health and behavioural related problems are observed to impair the profit of the farmer. A concept for pig houses has been put forward including the integration of heat pumps and/or earth-tube air inlet systems, minimal ventilation rates, control of air flow pattern and control of floor temperature, the observation of pig behaviour.

RESUME: Malgré des possibilités pour contrôler la climatisation dans des porcheries, beaucoup de problèmes en relation avec le comportement des animaux peuvent être observées. Une conception pour le logement des porcs est projetée impliquant la pompe au chaleur, l'air entrant à travers des tuyaux dans la terre, le taux de ventilation réduit, le contrôle de la vitesse de l'air et le contrôle de la température du sol, l'observation du comportement des porcs.

ABSTRAKT: Trotz die Möglichkeiten um die Klimatisation der Schweineställe zu beherrschen bestehen viele Schwierigkeiten mit das Verhalten der Schweine. Dieses Dokument beschreibt eines Entwurf für Schweineställe umfassend die Anwendung von Wärmepumpe, Erdwärme, minimal Lüftung, Beherrschung von die Luftgeschwindigkeit und von die Bodentemperatur, die Observanz das Verhalten der Schweine.

1 INTRODUCTION

Despite the environmental engineering and control facilities in modern pig houses, allowing the creation of optimal environmental temperatures, health and behavioural problems (coughing, tail biting, pen fouling) can be observed. This means a higher labour input and worse zootechnical results, lowering the profit of the farmer (Geers et al. 1985).

The problems mentioned above are obviously complex problems, and the question must be asked as to what extent air temperature is a principal component within this complex, since the control and the engineering of the house environment is mostly focused on air temperature.

2. EXPERIMENTAL REVIEW

Field experiments (Geers et al. 1988) showed specific weight ranges being sensitive to these problems. Within the zone of thermal neutrality, based on heat balance data, more narrow temperature zones optimal with respect to the occurrence of coughing, tail biting and pen fouling were observed (Geers et al. 1989). But a large variability within the results was found, probably to be explained by the lack of information about air velocity and floor temperature. These parameters can be influencial too, as shown by laboratory experiments (Geers et al. 1986).

The aim of these laboratory experiments was to find that combination of air temperature, floor temperature and air velocity preferred by the piglets, taking the thermoregulatory behaviour as a reference, i.e. pigs lying side by side in contact with each other (Mount, 1968).

The finding of these combinations proved the acceptibility of engineering and control of air temperature and air velocity as well as floor temperature based on the visual observation of individual and group postural behaviour of pigs, e.g. between 7 and 35 kg an age-depended floor surface temperature curve could be established. And when applying a firm control of air temperature, air velocity, floor temperature, i.e. a stabilized temperature gradient across the pen, health and behavioural problems were not observed.

3 DESIGN OF AN IMPROVED HOUSE CONCEPT

The engineering of a stabilized temperature gradient across a pen by means of the control of the Archimedes number of the incoming air (Randall and Battams 1979) is well-known. However, in order to provide the desired stabilized temperature difference between the lying and the dunging area within each pen of the house, the air inlets have to be placed symmetrically within a building and the inlet areas have to be controlled automatically in order to cope with the frequently changing outside environment (Geers et al. 1984). If this is not the case, than the problem can be simplified by having a constant temperature of the incoming air, and by providing each pen of the house with an individual air inlet.
A constant temperature of the incoming air can be realized by using an earth-tube air inlet system with fan. Van 't Klooster (1987) showed a fluctuating temperature during the year from 8°C to 15°C for a temperate climate. This means the necessity of only a heating system if an air temperature of 15°C is put forward.
The stabilization of the physical environment can be improved by controlling the floor temperature too. With growing pigs, the house can be occupied by smaller and larger animals, which means that heating and cooling is necessary, which can be achieved most economically by the use of a heat pump (Goedseels et al. 1988a).
Figure 1 shows the lay-out of the pen. The walls are about 1 m high and have no slats. The width is larger than the depth of the pen in order to improve the facility of the farmer to observe the pigs. The depth of the lying area, having a self-cleaning convex surface, equals the maximum lenght of a pig, and the width equals the maximum width of a pig lying on its side, multiplied by the number of pigs. The drinker is opposite to the feeder in order to avoid a wet area in the lying area, being attractive for pen fouling (Houwers et al. 1984). At the front of the pen exists a small emergency slatted area in case of the occurrence of diarrhoea. The air enters through an air inlet just above the slatted area at one side at the back of the pen. The air inlet temperature is 15°C, while the air inlet area has to be adapted to the minimal air flow corresponding to the stocking density in order to allow an air velocity gradient but avoiding draught at the lying area as can be calculated according to Randall and Battams (1979).

The air is extracted through the roof by means of fans or an open ridge. As mentioned before, the air has to go through an earth-tube air inlet system with fan. Hence, a fail-safe equipment is necessary, e.g. automatically controlled natural ventilation. A vision system is to be included.

4 ECONOMICAL EVALUATION

During 12 experiments, each having six pigs per pen spanning a trajectory from 7 to 35 kg (stocking density 1 m^2 per pig), the environmental conditions, the energy use and the zootechnical results were measured and compared with those from a traditional system (only inside air temperature control) (Bokma, 1987). The results are shown in Table 1 and 2.
With respect to energy use, energy savings (about 100%) originated especially from air heating as compered to the 2°C lower house temperature (Goedseels et al. 1988b). With respect to the zootechnical results especially the higher daily weight gain of the pigs is most striking, but needs further conformation within a within experimental comparison. No behavioural related problems were observed, but interactions with stocking density have to be taken into account.

5 CONCLUSION

When applying principles derived from an experimental procedure into a house concept improved economical results were obtained. This means a saving of energy sufficient to cover the higher investment costs (Van 't Klooster 1987) as well as an extra profit with respect to growth rate and reduced health and behavioural problems.
These results are encouraging enough to test the concept in semi-experimental farming conditions.

ACKNOWLEDGEMENTS

ENKA and Nooyen supplied the floors, Van Schoubroeck and Seghers Hybrid (L. Bosschaerts) the pigs. The "OR-K.U.Leuven" and the "F.K.F.O." funded the climatic rooms. R. Geers was supported by the "N.F.W.O.".

REFERENCES

Bokma, Sj. 1987. Evaluation of housing systems for weaned piglets. Proefverslag P 1.20, Proefstation voor de Varkenshouderij, Sterksel.
Geers, R., D. Berckmans, V. Goedseels, F. Maes, J. Soontjens & J. Mertens 1985.

Relationships between physical characteristics of the pig house, the engineering and control systems of the environment, and the production parameters of growing pigs. Ann. Zootech. 34: 11-22.

Geers, R., B. Dellaert, E. Vranken, A. Hoogerbrugge, V. Goedseels, F. Maes, D. Berckmans 1989. An assessment of optimal air temperatures in pig houses by the quantification of behavioural and health related problems. Animal Production (in the press).

Geers, R., V. Goedseels, G. Parduyns, G. Vercruysse 1986. The group postural behaviour of growing pigs in relation to air velocity, air and floor temperature. Appl. Anim. Behav. Sci. 16: 353-362.

Geers, R., Randall, J.M., Battams, V.A., Huybrechts, W. 1984. Providing environmental control in all-in all-out rooms for finishing pigs. Farm Buildings & Engineering 1: 27-30.

Geers, R., Vranken, E., Goedseels, V., Berckmans, D., Maes, F. 1988. Air temperature related behavioural problems and mortality rate of pigs. Third International Livestock Symposium, Toronto, April 25-27.

Goedseels, V., R. Geers, D. Berckmans, E. Vanderstuyft 1988a. The combination of polymer materials with a new sensor concept in relation to the use of heat pumps and solar energy in order to optimize the pig production process. AG ENG 88, Paris.

Goedseels, V., R. Geers, D. Berckmans 1988b. Optimization of pig production processes using principles of biosensors combined with new floor materials conditioned by heat pumps. 2nd International Conference on Rational Use of Local Energy Sources and Electric Thermal Consumption in Agriculture, Balantonfüred, May 16-22.

Houwers, H.W.J., R.G. Buré & I. Koomans 1984. Mogelijkheden voor koude biggenopfok. IMAG-publicatie 197.

Van 't Klooster, C.E. 1987. Experiences with earth-tube air inlet systems in farrowing houses. Proefverslag P 1.19, Varkensproefbedrijf "Zuid- en West-Nederland", Sterksel.

Table 1. Comparison of environmental conditions.

	Bokma (1987)	New
Air inlet temperature Outside	18 to 12°C	
Air outlet temperature	26-22°C	22-18°C
Air velocity gradient	–	0.2 – 2m.s^{-1}
Water temperature floor	40-50	38-22°C

Table 2. Zootechnical results

	Bokma(1987)	New
Tail biting	Yes	No
Coughing	Yes	No
Pen fouling	Yes	No
Food conversion ratio	1.61	1.66
Daily weight gain (g)	400	600

Figure 1.

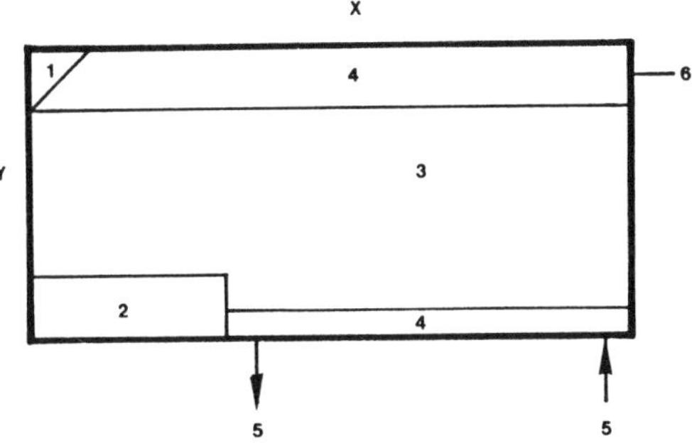

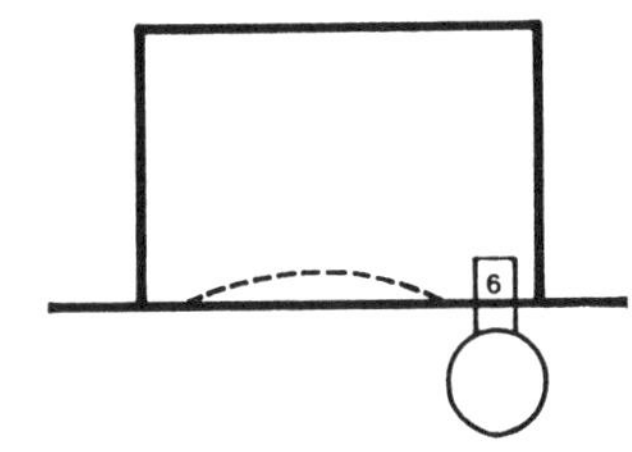

1 : DRINKING FACILITY

2 : FEEDING TROUGH

3 : LYING AREA

4 : SLATTED AREA

5 : FLOOR CONDITIONING

6 : AIR INLET FROM MOTHER TUBE

X,Y : DIMENSIONS F (NUMBER OF PIGS, AGE)

AIR OUTLET : CHIMNEY WITH FAN, OR COVERED OPEN RIDGE

FAIL SAVE EQUIPMENT

VISION SYSTEM

Land and Water Use, Dodd & Grace (eds), © 1989 Balkema, Rotterdam. ISBN 90 6191 980 0

Evaluation of swine housing under tropical climate*

I.A.Nääs
Agricultural Engineering College, FEAGRI-DCR, UNICAMP, Campinas, SP, Brazil

R.A.Bucklin & F.S.Zazueta
Agricultural Engineering Department, University of Florida, Gainesville, Fla., USA

W.J.Freire
Agricultural Engineering College, FEAGRI-DCR, UNICAMP, Campinas, SP, Brazil

ABSTRACT: This computer program evaluates the capacity of an open swine building to provide an optimum thermal environment for swine production in warm, humid climates such as Brazil's. Based on inputs dealing with building size, shape, orientation and type of construction, this software is used to evaluate the performance of an open building by determining its total heat balance.

ZUSAMMENFASSUNG: Ein Computerprogramm wurde entwickelt um die Kapazität einer offenen Schweinebehausung zu bewerten und um ein optimales thermisches ambiente für Schweineproduktion in warmen und feuchten klima wie Brasilien. Begründet mit Werten bezüglich der Grösse, Form, Orientation und Typ der Konstruktion wurde dieses Software entwickelt um die Ausführung einer offenen Konstruktion mit total Wärmeausgleich zu bekommen.

RESUME: Un programme a été élaboré pour évaluer la capacité thermique optimale de l'ambiance, dans des constructions ouverts, pour porcs, dans un climat chaud et humide, comme pour le cas du Brésil. Ce "software" a pour base des donnés concernant les caractéristiques de la construction, telles que les dimensions, la forme, l'orientation et le type de construction; et il peut évaluer sa performance par le calcul du bilan total de chaleur.

INTRODUCTION

Swine rate of weight gain and fertility decline during the hot conditions that appears mainly during the summer months in tropical countries. The use of properly designed and constructed housing can reduce these losses. The use of this software simplifies the stages of the design and helps the user also to evaluate an existing building regarding its thermal behavior.

The input for the computer program consists of data describing the thermal and physical characteristics of the structure being evaluated. The building characteristics and environmental conditions required to be input are: floor type, total area under the roof (m^2), amount of floor area kept wet expressed as a percentage, (%), thermal resistance of the floor material, (m^2 ºC/W), direction of incoming dominant wind during the period simulated expressed as degrees clockwise from north, (º), thermal conductance of the wall material, (W/m^2 ºC),

wall thickness, (m), total outside wall area, (m^2), area of outside wall openings, (m^2), radiation absorptivity of roof material, conductance of the roof material, (W/m^2 ºC), total roof area, (m^2), percentage of roof that is shaded, (%), average height of roof, (m), roof rise divided by run expressed as a percentage, (%), starting weight of pigs, (kg), average daily gain of pigs, (kg/day), total number of animals in the house being evaluated, and pig body temperature in degrees Celsius, (ºC).

DISCUSSION

The computer program called VENT, is based on a menu structure as shown in Figure 1. The main menu offers the choices of entering data, performing calculations, displaying the current result file or returning to DOS. If "Data Entry" is selected, the scheme shown in Figure 2 is displayed and provides

* Research was funded by the International Foundation for Science

options for entering the required data into VENT. The program contains a set of thermal characteristics for common building materials. By using the option "Menu Selectable Items", these characteristics can be automatically loaded as constants. If it is desired to use materials not listed on the menu, constants can be entered directly from the "Enter constants" option. In all cases, some constants such as wind direction and roof slope must be entered using the "Enter constants" option.

"DATA ENTRY" also users to save a set of constants entered on the data screen, to retrieve a previous data screen and to edit the environmental data contained on a data screen. The last option under "DATA ENTRY" allows the user to return to the main menu.

The results of this program consist of the values of heat produced within a swine housing. This will permit the user to make design changes using the program choices such as construction materials and/or geometric design, orientation and area of openings, simulating each time the overall heat balance inside the building, and decide on the final design or modification based on the amount of heat generated inside the building.

The performance of a ventilation system can be measured in two ways: 1) by physically measuring environmental factors, or 2) by monitoring various output criteria such as: level of pollution, operator welfare and livestock health and productivity. Most structures used for animal housing in warm climates are open sided buildings that rely on natural ventilation for environmental control. On the other hand most of the literature in animal environment is related to forced ventilation.

Past modeling work on heat flow has provided a basis for modeling the animal housing environment. A method for calculating heat gain and losses through building sections is presented in detail in the ASHRAE Handbook of Hundamentals, (1985), and is further described by Esmay (1982).

Designing buildings to create the necessary indoor thermal environment requires the manipulation of an extensive array of interacting variables defining building components, materials, orientation, geometry, occupancy and animal comfort requirements. The large number of variables and the complexity of their interaction have resulted in the need to make simplifying assumptions in the thermal design process in order to develop manageable models. (Buffington, 1975).

The application of the transmission matrix method with a simplified procedure for its use was developed by Albright et al. (1974a, 1974 b). The convection and radiation heat transfer constants and the steady state conduction equation derived from Fourier's theoretical equation can be used to determine steady state conduction, convection and radiation heat transfer from the structure's surfaces. The differential equation developed by Fourier combined with material properties data, predicts conduction heat transfer and heat storage based on temperature differences (Kreith, 1966). In Albright's model, the heat transfer mechanisms are required to be linearly related to inside temperature for implementing the Fourier solution. This approach using a controlled air volume was the starting point in the development of this program.

The heat transfer was expressed as a function of the sol-air temperature, assuming this temperature is proportional to the outside temperature and the heat transfer coefficient.

The ventilation heat balance was expressed as a function of the air flux through the openings in and out of the building, as suggested by ASHRAE (1985).

The solar radiation energy, Qs, was expressed by the incident solar heat load which is proportional to the roof's area and material. The indirect solar radiation was neglected.

The total heat gain or loss by conduction was given by Koeningsberger et al. (1977), as a function of thermal conductance, W/m$^{\circ}$C, lenght of construction material, m, temperature gradient, $^{\circ}$C, and area of walls, m^2.

The model used for determining the total heat from the animal was a heat production model for growing pigs, developed by Bruce et al. (1981) that described the total heat transfer from a pig to the environment. The coefficients for upper critical temperature in wet condition were used.

The total latent heat production can be expressed as function as suggested Bruce's work.

The amount of heat balance for the building is then given by the equation:
Qi+Qs±Qc+(Qve-Qvs)-Qe = 0
where: Qi = Animal heat production, W; Qs = Incident solar energy, W; Qc = Heat gain or loss by conduction, W; Qve = Ventilation heat in, W; Qvs = Ventilation heat out, W; and Qe = Heat loss by evaporation, W.

RESULTS

A study was conduced to evaluate the thermal behavior of several swine finish buildings in the region of Rio Grande do Sul State, south of Brazil. The climatic characteristics

used in VENT were colected at a nearby
experiment station. Inside temperatures were
measured using thermometers placed at an
average height of 1.40 m to 1.45 m from the
floor of the swine unit.

The model was validated by Nääs (1986) for
naturally ventilated buildings, which is a
common type of construction for swine
housing in tropical countries. A heat balance
close to zero indicates that all heat coming
into the building from all sources has been
totally removed.

The survey included a questionnaire where
data regarding type of construction material
was asked. The data was used in the computer
program in order to evaluate each building.
Using VENT it could be found that:

1. The total heat balance is considerably
high for most studied buildings. It could
be identified that some change could be
introduced without large amount of investment,
such as increase of dimension of the openings
facing north at he same time as the use of
windows (with alternatives of open and shut)
in the southern faces.

2. The thermal performance of the buildings
are about the same for summer and winter,
however brick constructions have a lower
heat balance in summer.

3. The height of all type of buildings
were found unadequade, providing a small
volume of circulating air. A simulation
increasing 5 to 10% in the height showed a
decrease of up to 25% in the total heat
balance of some buildings. A way of
practically advise the producers to increase
the height of the building at low cost is
being studied.

4. It was found that most buildings have
a large area with obstructions, specially
on the top, that decrease not only the
amount of air in movement but also the air
velocity.

5. In 80% of the cases, the most unexpensive
way of reducing the total heat balance
within the building was found to be the
reduction of the number of animals.

REFERENCES

Albright, L.D. & N.R.Scott. 1974. An analysis
of steady state periodic building
temperature variations in warm weather-
Part I&II. Transactions of the ASAE.
17(1):88-98.

ASHRAE. 1985. Handbook of Fundamentals.
American Society of Heating and Refrigerat
ing and Air-Conditioning Engineers, Inc.
Atlanta.

Bruce, J.M. 1981. Ventilation and temperature
control criteria for pigs. Chapter IV-12,
Environmental aspects of housing for
animal production. Edited by J.L.Monteith.
Butterworths, Boston.

Buffington, D.E. 1975. Simulation models of
transient energy requirements for heating
and cooling buildings. ASAE Paper nº 75-
4522. American Soceity of Agricultural
Engineers, St Joseph, Michigan.

Esmay, M.L. 1982. Principles of Animal
Environment. Avi Inc. Westport.

Koeningsberger, O., et al. 1977. Vivenda
y edificios en zonas calidas y tropicales.
Edited by Emilio Romero Ros, Paraninfo.
Madri.

Kreith, F. 1966. Principles of heat transfer.
International Textbook Co. Scranton,
Pennsylvania.

Nääs, I.A. 1986. Natural ventilation for
agricultural animal building in Brazil.
ASAE Paper nº 86-5013. American Society
of Agricultural Engineers, St Joseph,
Michigan.

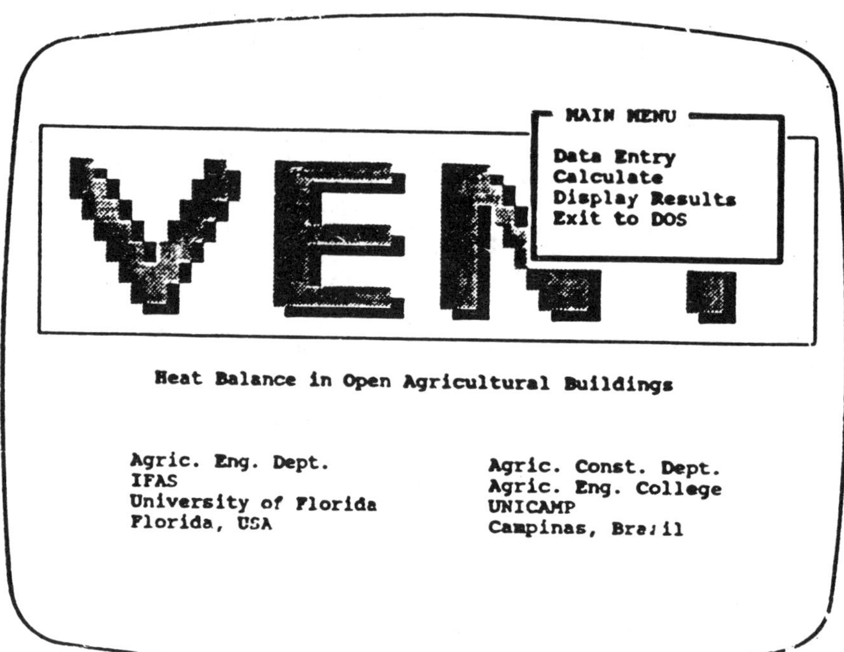

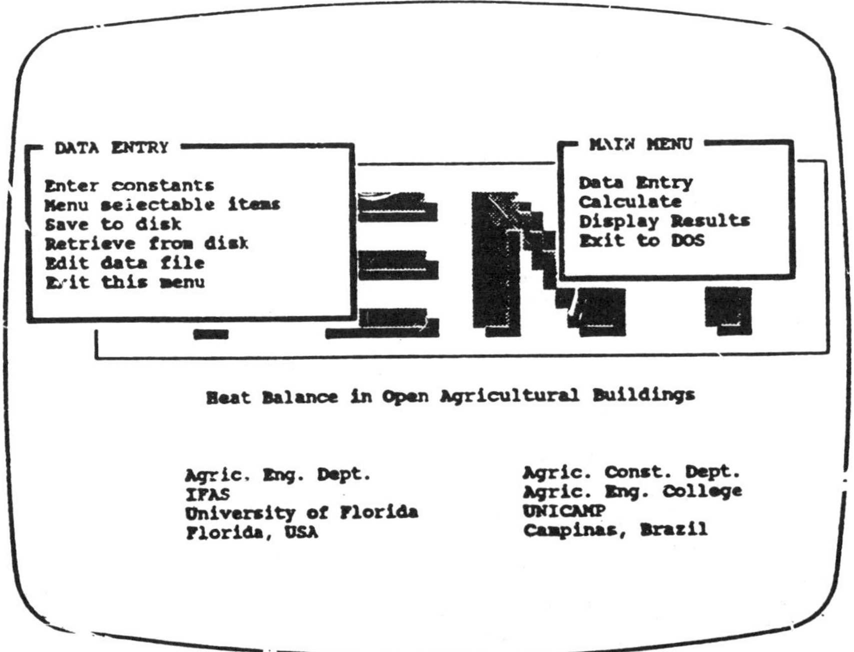

Figure 1. Main menu options in the computer program

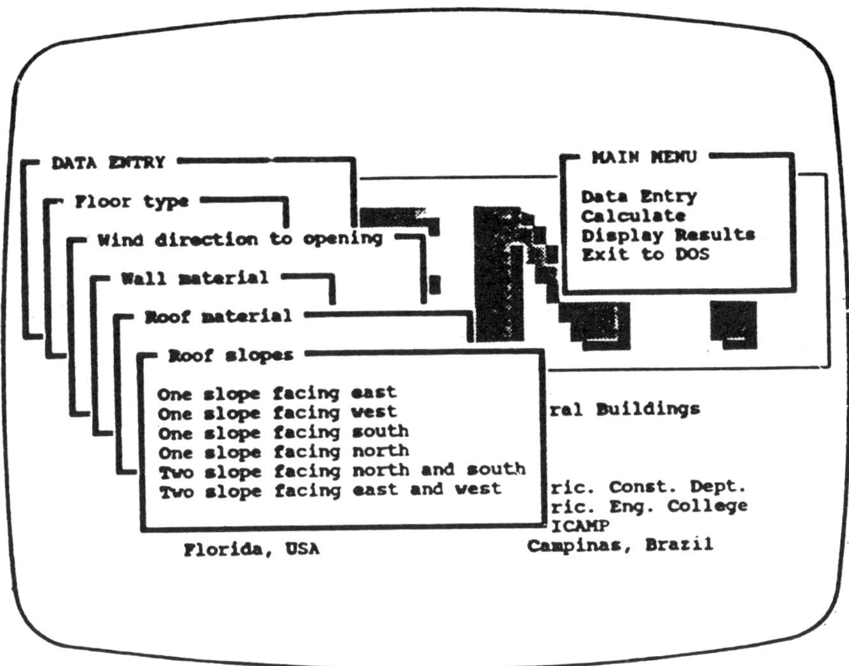

Figure 2. Data entry in the computer program

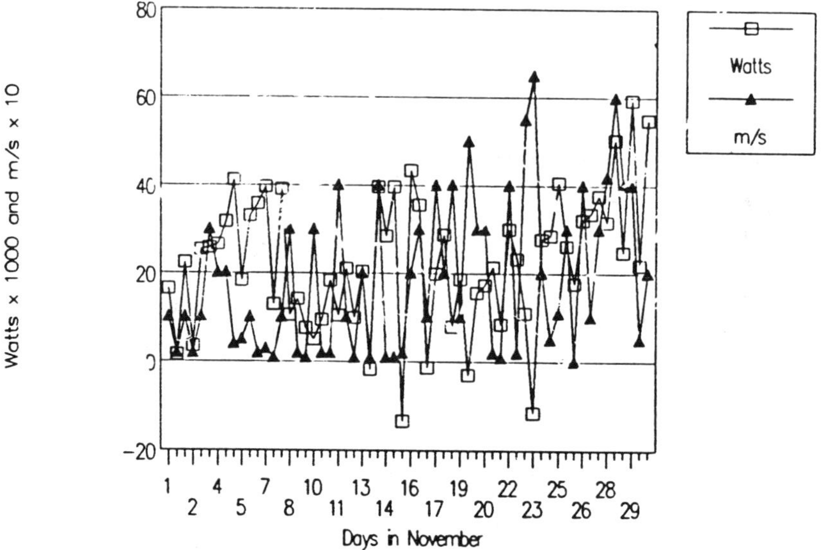

Figure 3. Average heat balance plotted to evaluate the efficiency of the openings

Land and Water Use, Dodd & Grace (eds), © 1989 Balkema, Rotterdam. ISBN 90 6191 980 0

Rechnergestützte Flüssigfütterung von Mastschweinen

H.J.Heege & T.Hügle
Institut für Landwirtschaftliche Verfahrenstechnik, Christian-Albrechts-Universität, Kiel, Bundesrepublik Deutschland

KURZFASSUNG: Die rechnergestützte, freßzeitgesteuerte Flüssigfütterung von Mastschweinen unter Einsatz von Füllstandsmeldern im Trog wird im Vergleich zu anderen Verfahren der Flüssigfütterung behandelt. Die Steuerung der Futterzuteilung nach Freßzeit ermöglicht die Berücksichtigung des schwankenden Appetites der Tiere und führt zu einer Verbesserung der Futterverwertung.

ABSTRACT: Liquid feeding of hogs with computer control of the eating time by using feed-level-sensors placed in the trough is compared with conventional methods of liquid feeding. The control of the feed delivered by eating time makes it possible to supply the animals in accordance to varying appetite. The feed efficiency is better than with conventional methods of liquid feeding.

1. EINLEITUNG

Die Fütterung von Mastschweinen erfolgt entweder ad libitum oder rationiert in Abhängigkeit vom Alter der Tiere nach einer Futterkurve.Die ad libitum Fütterung führt zu hohen täglichen Massenzunahmen und als Folge zu einem geringen Aufwand an Erhaltungsenergie. Bei jüngeren Mastschweinen liefert die ad libitum Fütterung deshalb auch oft eine bessere Futterverwertung als die rationierte Futtervorlage. Auch für ältere Mastschweine verringert sich mit steigender täglicher Energieaufnahme der Bedarf an Erhaltungsenergie je Masseneinheit des Zuwachses. Gleichzeitig erhöht sich aber für die älteren Tiere mit der täglichen Energieaufnahme der Aufwand an Futterenergie je Masseneinheit des Zuwachses. Der Grund hierfür ist in dem mit der täglichen Energieaufnahme steigenden Fettanteil und sinkenden Fleischanteil im Schlachtkörper zu suchen. Für die Erzeugung einer Masseneinheit an Fett ist nämlich das Mehrfache dessen an Futterenergie nötig, was für die Erzeugung einer Masseneinheit an Fleisch nötig ist.

Für eine optimale Futterverwertung - ausgedrückt in kg Futter je kg Zuwachs - muß nun die Summe von Erhaltungsenergie und Energie für Zuwachs ihr Minimum erreichen. Das ist in der Endmast oft bei der Zuteilung von annähernd 90 % der maximal aufnehmbaren Futterenergie der Fall. Dieses Niveau der rationierten Futterzuteilung ist etwa dann erreicht, wenn die Schweine mit dem 3,5 fachen Bedarf an Erhaltungsenergie versorgt werden (Kirchgessner, 1982). Durch diese rationierte Futterzuteilung wird im übrigen nicht nur die Futterverwertung optimiert, sondern auch der vom Markt verlangte geringe Fettanteil im Schlachtkörper erreicht.

2. GRUNDPRINZIP DER FRESSZEITGESTEUERTEN FLÜSSIGFÜTTERUNG

Die übliche ad libitum Trockenfütterung ermöglicht kaum eine Kontrolle der verzehrten Futtermenge. Bei der rationierten Fütterung nach einer Futterkurve hingegen wird die Futtermenge pro Trog und

Mahlzeit präzise vorgegeben. Dieses
starre Fütterungsregime berücksichtigt
aber nicht den Appetit der Tiere, der vom
Klima und vom Gesundheitsstatus abhängig
sein könnte.

Es wurde deshalb untersucht, welche Möglichkeiten eine freßzeitgesteuerte Flüssigfütterung eröffnet. Diese Technik wurde in Kombination mit einer vollautomatischen Anlage für die Flüssigfütterung
eingesetzt. Der Grundaufbau der Fütterungsanlage ist zunächst der gleiche wie
bei allen Anlagen mit Wiege-Mischbehälter
(Abb.1); die Waage des Mischbehälters
steuert über den Anmisch-Computer die Zufuhr der Futterkomponenten für den Misch-
vorgang. Völlig anders ist aber die
Steuerung der Futterzuteilung an die Buchten. Die bislang übliche Steuerung der
Fütterung an die Buchten ausschließlich
nach Futtermasse oder ausschließlich nach
Futtervolumen wird ersetzt durch eine
Steuerung vornehmlich der Freßzeit je
Tag.

Die Futtertröge werden zu diesem Zweck
mit Sonden ausgestattet, die jeweils dem
Fütterungscomputer melden, wann ein Trog
gefüllt oder wann er leer ist. Die Sensor-
funktion dieser Sonden beruht auf der
Änderung des elektrischen Widerstandes
beim Eintauchen in die Futtersuppe. Man
kann auf diese Weise durch ein Programm
des Fütterungscomputers erreichen, daß
der Trog für eine vorgewählte Zeitspanne
leer bleibt. Sofern die Freßgeschwindigkeit der Tiere außergewöhnlich gering
ist, hat das zur Folge, daß die nächste
Fütterungszeit hinausgeschoben wird und
umgekehrt. Es wird somit nicht direkt die
absolute Freßzeit je Mahlzeit, sondern
stattdessen über die Leerzeit des Troges
das Verhältnis zwischen der Freßzeit und
Leerzeit gesteuert. Man kann indes derartige Anlagen mit Füllstandsmeldern auch
so programmieren, daß eine nahezu konstan-
te Freßzeit je Mahlzeit erreicht wird. Zu
diesem Zweck wird die Mahlzeit in zwei
Portionen aufgeteilt. Die Größe der zweiten Portion - des Nachschlages - richtet
sich danach, wie schnell die erste
Portion verzehrt wurde. Wenn die erste
Portion der Mahlzeit schnell verzehrt wurde, gibt es einen größeren Nachschlag und
umgekehrt. Die Freßzeit je Mahlzeit
bleibt somit annähernd konstant.

3. LEERMELDER UND VOLLMELDER

Leer- und Vollmelder sind als Sensoren
für eine präzise Dosierung nach einer Futterkurve wenig geeignet. Bei Vollmeldern
ist davon auszugehen, daß das Auseinander-
fließen des Futters im Trog während des
Befüllens zu falschen Informationen über
den Füllstand führen kann. Wenn das
Futter aus dem Zuteilrohr zu den
Trogenden fließt, wird es von diesen zur
Trogmitte reflektiert (Abb.2). An den
Trogenden montierte Vollmelder werden von
diesem reflektierten Futter benetzt und
liefern somit zu früh das Signal für den
gefüllten Trog. Darüberhinaus haben bei
Vollmeldern auch die Futterbewegungen als
Folge der Aktivitäten der Tiere im Trog
zur Folge, daß ungenaue Signale abgegeben
werden.

Leermelder kommen systembedingt als
Sensoren für eine Dosierung nach einer
Futterkurve nicht in Betracht. Sie eignen
sich aber hervorragend als Sensoren für
eine Steuerung der Freßzeit bei rationierter Fütterung oder für eine Steuerung der
Futter-Angebotszeit bei ad libitum
Fütterung (Abb.3). Es kann somit
erstmalig Flüssigfutter ad libitum
verabreicht werden, ohne daß als Folge
einer längeren Verweilzeit im Trog
größere hygienische Probleme entstehen.
Für die Dosierung nach einer Futterkurve
bietet es sich an, Leermelder mit einer
Dosierung nach Masse mittels
Wiegemischbehälter oder nach Volumen
mittels induktivem Durchflußmesser zu
kombinieren. Man kann auf diese Weise die
Fütterungsanlage so programmieren, daß
den Tieren zunächst eine Mindestration
nach einer Futterkurve und darüberhinaus
noch eine Zusatzration nach der
Freßgeschwindigkeit oder Freßzeit
zugeteilt wird.

4. METHODIK DER EIGENEN UNTERSUCHUNGEN

Alle Untersuchungen wurden mit einem Fut-
tergemisch bestehend aus 40 % Gerste, 40
% Weizen, 17 % Sojaextraktionsschrot und
3 % eines vitaminierten, mit Lysin
angereicherten Mineralfutters
durchgeführt. Das Flüssigfutter wurde im
Verhältnis Wasser : Trockenmasse von 3 :
1 angemischt. Der Energiegehalt des
trockenen Futters lag bei 12,5 MJ ME (=
umsetzbare Energie) je kg.

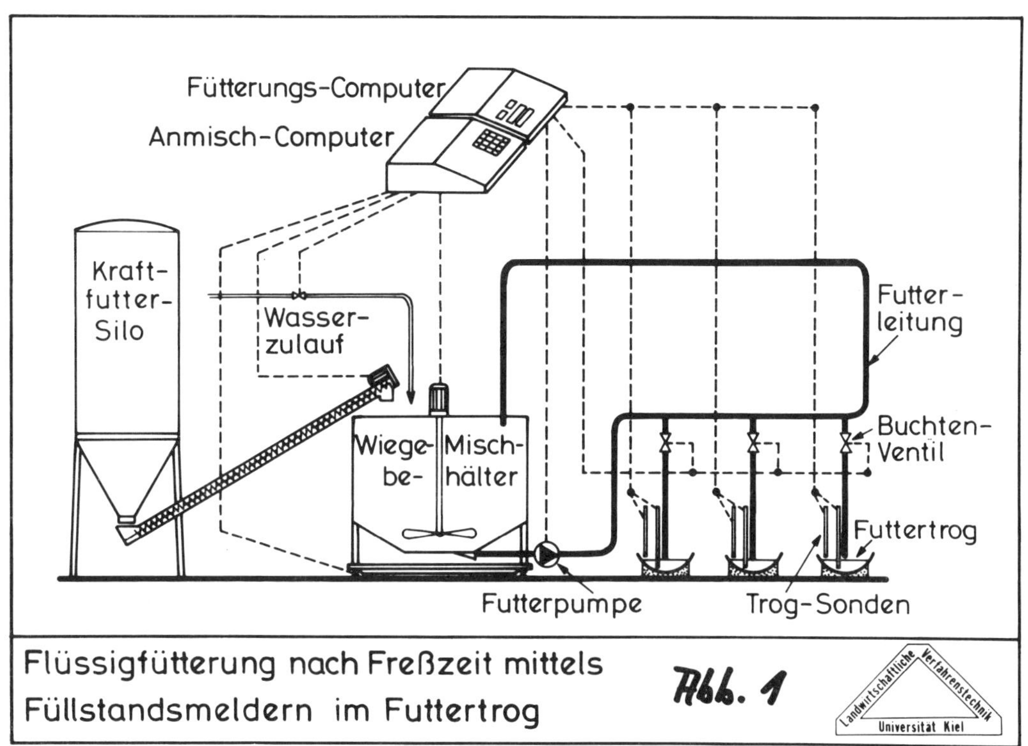

Flüssigfütterung nach Freßzeit mittels Füllstandsmeldern im Futtertrog **Abb. 1**

Fließverhalten von Flüssigfutter bei der Zuteilung in den Trog **Abb. 2**

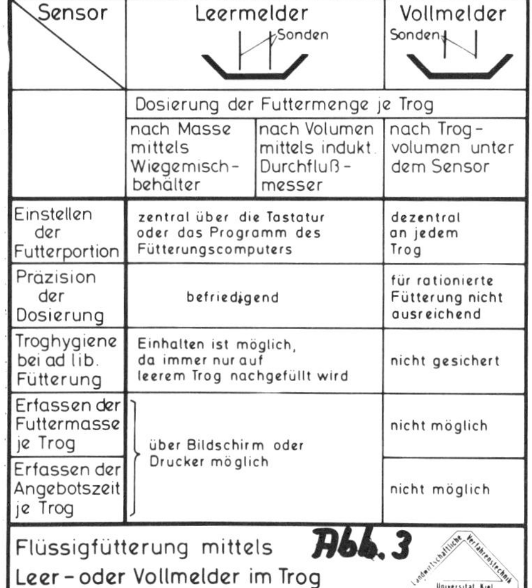

Sensor	Leermelder		Vollmelder
	Dosierung der Futtermenge je Trog		
	nach Masse mittels Wiegemisch-behälter	nach Volumen mittels indukt. Durchfluß-messer	nach Trog-volumen unter dem Sensor
Einstellen der Futterportion	zentral über die Tastatur oder das Programm des Fütterungscomputers		dezentral an jedem Trog
Präzision der Dosierung	befriedigend		für rationierte Fütterung nicht ausreichend
Troghygiene bei ad lib. Fütterung	Einhalten ist möglich, da immer nur auf leerem Trog nachgefüllt wird		nicht gesichert
Erfassen der Futtermasse je Trog	über Bildschirm oder Drucker möglich		nicht möglich
Erfassen der Angebotszeit je Trog			nicht möglich

Flüssigfütterung mittels Leer- oder Vollmelder im Trog **Abb. 3**

Die Tiere wurden auf Teilspaltenboden
nach dem Rein - Raus Verfahren gehalten.
Auf jede Bucht und jeden Quertrog entfie-
len 10 Schweine.

Folgende Strategien für die Flüssigfütterung wurden untersucht:

a)RATIONIERTE FÜTTERUNG nach DLG Futterkurve (Abb.4) und Dosierung mittels induktivem Durchflußmesser, Futterzuteilung
zweimal täglich.

b) FRESSZEITGESTEUERTE FÜTTERUNG mit zweimal täglicher Zuteilung einer Mahlzeit bestehend aus je einer Grundration und einer Zusatzration. Die Grundration ent-
sprach der um 25 % gekürzten DLG Futterkurve. Die Zusatzration je Mahlzeit - der
zweite Gang - wurde etwa 30 Minuten nach
der Grundration gegeben. Die mittels Leermelder erfaßte Freßzeit für die Grundration war der Schlüssel für die Höhe der
Zusatzration (Tab.1). Wenn 9 Minuten Freßzeit bereits für die Grundration benötigt
wurden, fiel der zweite Gang aus. Wenn dagegen der erste Gang - die Grundration -
sehr schnell verzehrt wurde, gab es einen
besonders üppigen Nachschlag. Die Tiere
mußten sich also die Höhe der Zusatzration je Mahlzeit über die Freßgeschwindigkeit bei der Grundration verdienen. Es
wurde somit Mitbestimmung über die Höhe
der Futterzuteilung praktiziert. Diese
Mitbestimmung war nach oben begrenzt
durch eine Futterkurve für die Höchstration, bestehend aus Grundration und
maximaler Zusatzration.

c) AD LIBITUM FÜTTERUNG mit einer
täglichen Futterangebotszeit von
insgesamt 12 Stunden vom Anfang bis zum
Ende der Mast. Diese Futterangebotszeit
wurde mittels einer Computersteuerung
durch Leermelder erreicht. Der
Fütterungscomputer war zu diesem Zweck
auf eine tägliche Leerzeit von insgesamt
12 Stunden programmiert.

d) AD LIBITUM FÜTTERUNG bis zur 10.
Mastwoche wie unter c), danach aber
Futterangebotszeit begrenzt auf insgesamt
2 Stunden täglich.

Tab.

Zusatzration in Abhängigkeit von der
Freßzeit für die Grundration

Freßzeit in s für Grundration	Zusatzration in % der Grundration
> 540	0
540 - 455	10
450 - 405	15
400 - 355	25
350 - 305	35
300 - 255	40
250 - 205	45
< 200	50

5. FUTTERAUFNAHME

In der mittleren täglichen Futteraufnahme
über die gesamte Mastzeit unterschieden
sich die rationierte Fütterung (Verfahren
a) und die freßzeitgesteuerte Fütterung
(Verfahren b) nur wenig. Auf Trockenfutterbasis verzehrten die rationiert versorgten Tiere 1,99 kg und die freßzeitgesteuerten Schweine 2,06 kg im Durchschnitt pro Masttag; der mittlere tägliche Verzehr der ad libitum gefütterten
Tiere lag mit 2,55 kg (Verfahren c) und
2,61 kg (Verfahren d) deutlich höher.

Diese Durchschnittsdaten sagen aber ver-
ständlicherweise über den Verlauf des Ver-
zehres über die gesamte Mastzeit wenig
aus. Bei den rationiert gefütterten Tieren stieg der Verzehr systembedingt während der Mastzeit entsprechend der DLG
Futterkurve gleichmäßig an. Die Zuteilung
nach Freßzeit (Verfahren b) hingegen hat-
te zur Folge, daß der Verzehr von Mahlzeit zu Mahlzeit stark schwankte (Abb.5).
Der Bereich zwischen der unteren Futterkurve für die Grundration und der oberen
Futterkurve bei Mahlzeiten mit der höchst-
möglichen Zusatzration wurde voll ausgenutzt. Wenngleich die Höchstration nach
der oberen Futterkurve um 50 % über der
Grundration nach der unteren Futterkurve
lag, so befanden sich trotzdem Mahlzeiten
mit Höchstverzehr und Mindestverzehr
mehrfach nahe beieinander. Insgesamt
deuten die Ergebnisse in Abb.5 an, daß
die Zuteilung nach einer gleichmäßig
steigenden Futterkurve den innerhalb
kurzer Zeitabstände stark schwankenden
Appetit der Tiere bei weitem nicht
berücksichtigt.

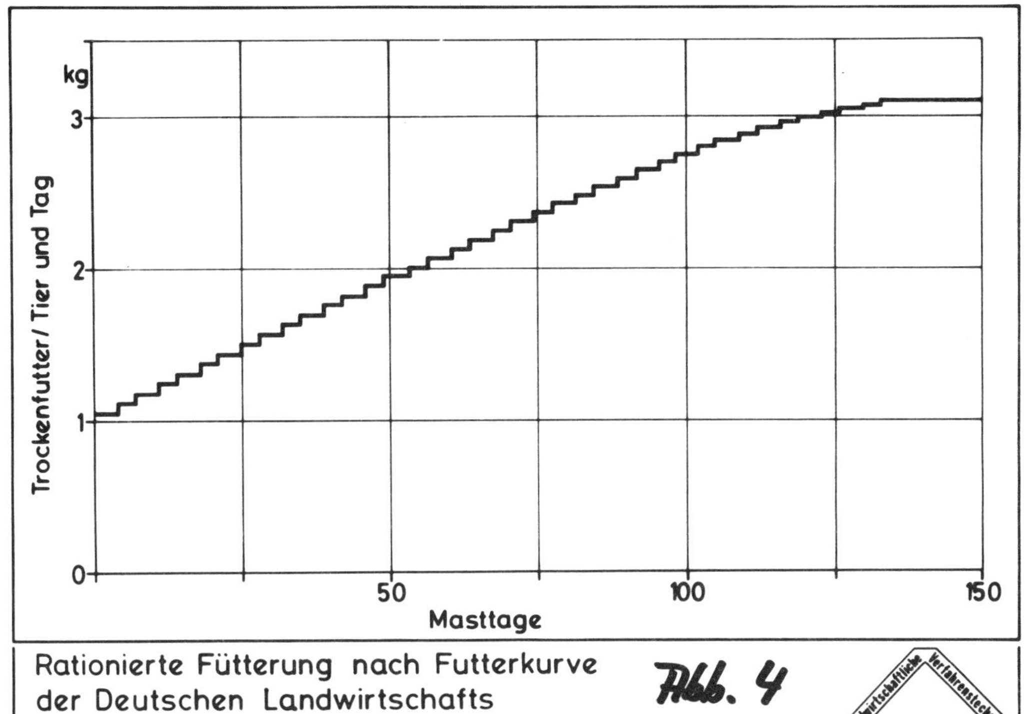

Rationierte Fütterung nach Futterkurve der Deutschen Landwirtschafts Gesellschaft (DLG)

Abb. 4

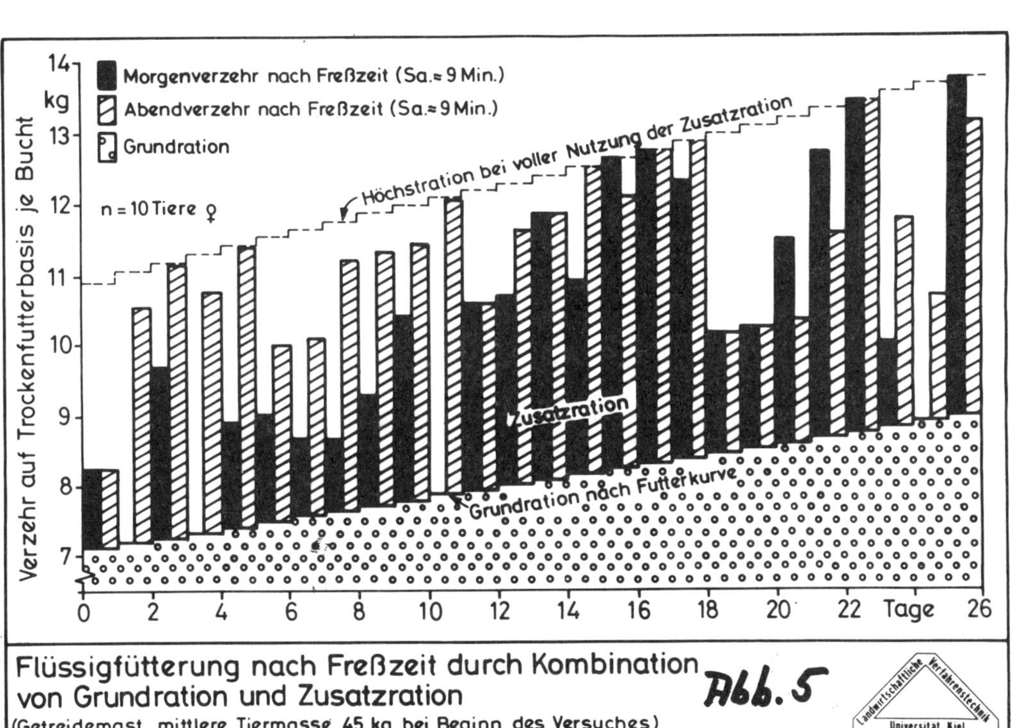

Flüssigfütterung nach Freßzeit durch Kombination von Grundration und Zusatzration

Abb. 5

(Getreidemast, mittlere Tiermasse 45 kg bei Beginn des Versuches)

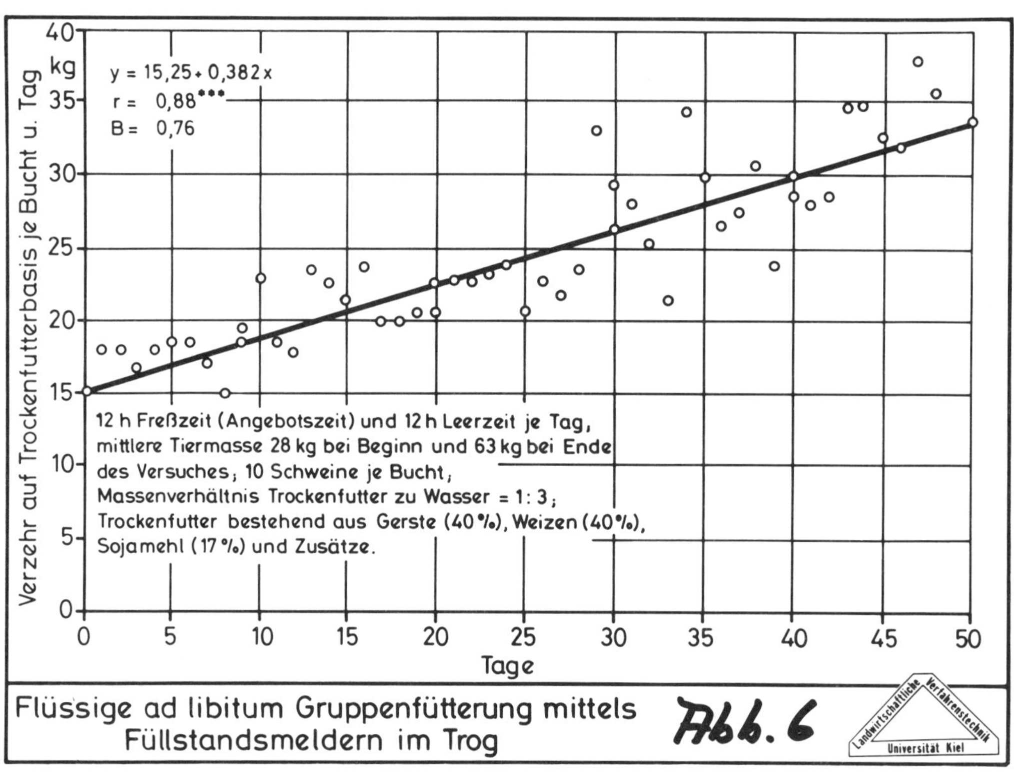

Flüssige ad libitum Gruppenfütterung mittels Füllstandsmeldern im Trog

Abb. 6

Fütte-rungssystem Mastleistungen	Tierzahl (n)	Mast-endgewicht (kg)	∅ Verzehr an Trockenfutter je Tag (kg)	Mager-fleisch (%)	tägl. Zu-nahme (g)	Futter-ver-wertung
rationiert nach DLG Futterkurve	115 (57♂,58♀)	97,5	1,99	52,5	644	3,09 : 1
freßzeitgesteuert	124 (71♂,53♀)	100,4	2,06	52,0	723	2,85 : 1
ad libitum, 12h Angebotszeit	106 (50♂,56♀)	100,9	2,55	50,0	817	3,19 : 1
ad libitum, 2h Angebotszeit (Endmast)	119 (59♂,60♀)	97,3	2,61	50,9	826	3,08 : 1
GD 5%		1,9	0,15	0,96	25,9	0,14

Mastleistung bei den untersuchten Fütterungsverfahren (Mastanfangsgewicht 25kg)

Tab. 2

Auch bei der ad libitum Fütterung ergibt
sich aus der täglichen Erfassung des Fut-
terverzehres, daß der Appetit der
Tiere wechselt (Abb.6). Der tägliche Futterverzehr steigt im Mittel erwartungsge-
mäß mit dem Alter der Tiere. Aber die Unterschiede im Verzehr von Tag zu Tag sind
auch in diesem Fall sehr hoch. Die Differenz zwischen dem 33. und dem 34. Tag
beträgt 61 %.

Versuche, die Ursachen für den stark vari-
ierenden Verzehr der Tiere durch eine multiple Regressionsanalyse aufzudecken,
führten zu keinem eindeutigen Ergebnis.
Der Einfluß verschiedener Klimafaktoren
wie Temperatur oder relative Feuchte der
Stalluft war nicht eindeutig nachzuweisen. Da der Versuchsstall mit Erdwärmetau-
schern für die Zuluftklimatisierung ausgestattet war, enstanden innerhalb des Stalles nur sehr geringe Temperaturschwankungen. Wir müssen wohl davon ausgehen, daß
die Zuteilung nach einer Futterkurve -
sprich Regressionslinie - weit entfernt
von einer Dosierung analog zum Appetit
der Tiere sein kann. Die Steuerung der
Freßzeit mittels Füllstandsmeldern ist je-
denfalls als ein Verfahren anzusehen, das
im Ergebnis einen Kompromiß zwischen den
Vorstellungen des Menschen und den von
Tag zu Tag sich ändernden Wünschen des
Tieres ermöglicht.

6. MASTLEISTUNGEN

Mastleistungen sind in Tab.2 aufgelistet.
Es zeigte sich zunächst das allgemein
bekannte Ergebnis, daß die ad libitum Fütterung zwar die höchsten täglichen
Zunahmen, aber auch den geringsten
Magerfleischanteil lieferte. Die
freßzeitgesteuert versorgten Schweine
übertrafen die rationiert nach der DLG
Futterkurve versorgten Tiere zwar
deutlich in den täglichen Zunahmen,
unterschieden sich von diesen aber nicht
im Magerfleischanteil.

Neben dem Magerfleischanteil ist die Futterverwertung in kg Trockenfutter je kg
Zuwachs als ein sehr wichtiges Kriterium
anzusehen. Denn die Futterkosten beanspru-
chen rund 55 % der Gesamtkosten der
Schweinemast. Die freßzeitgesteuerte
Zuteilung übertraf alle anderen Verfahren
der Flüssigfütterung in der
Futterverwertung (Tab.2).

Die Ursachen für dieses gute Ergebnis der
freßzeitgesteuerten Futterzuteilung sind

bislang nicht eindeutig zuzuordnen. Da
die freßzeitgesteuerte Zuteilung eine
Zwischenstellung in den täglichen Zunahmen einnimmt und letztere im allgemeinen
mit der Fütterungsintensität steigen,
könnte man annehmen, daß in diesem Fall
zufällig die optimale Fütterungsintensität für eine gute Futterverwertung getrof-
fen wurde. Denn es ist bekannt, daß bei
zu geringer Fütterungsintensität die Futterverwertung wegen des anteilig größeren
Bedarfes an Erhaltungsenergie, bei zu
hoher Fütterungsintensität wegen der anteilig stärkeren Fettbildung schlechter
wird. Es lagen aber nur geringe Unterschiede in der mittleren Fütterungsintensität zwischen der freßzeitgesteuerten
und der rationierten Zuteilung nach DLG
Futterkurve vor. Im Mittel erhielten die
Tiere bei der freßzeitgesteuerten Zuteilung 2,06 kg, bei der rationierten Zuteilung nach Futterkurve 1,99 kg pro Tag auf
Trockenfutterbasis. Die bessere Futterverwertung bei der freßzeitgesteuerten Zuteilung ist daher vermutlich darauf zurückzuführen, daß der innerhalb kurzer Zeitabstände stark schwankende Appetit der Tiere besser berücksichtigt wurde. Weitere
Untersuchungen zur Klärung der Zusammenhänge sind erforderlich.

LITERATUR

Eichhorn, H., et al.: Spezielle Fragen
    der Schweinehaltung. Tagungsbericht zum
    Symposium am 21. und 22. September
    1982, Institut für Landtechnik,
    Universität Gießen

Freese, H.H.: AID Information
    Mastschweine: Empfehlungen zur Energie-
    und Proteinversorgung je Tier und Tag.
    AID Heft Nr. 6531 - 9, Bonn, 1984

Heege, H.J.: Microprocessor based swine
    feeding. In: Lafest Developments in
    Livestock Housing. Seminar of the 2nd
    Technical Section of the C.J.G.R.,
    University of Illinois, Urbana, June
    1987

Hügle, Th.: Die Steuerung von
    Flüssigfütterungsanlagen für
    Mastschweine mittels Füllstandsmeldern
    im Trog. Dissertation, Universität Kiel
    1989

Kirchgessner, M.: Tierernährung.
    5.Auflage, Frankfurt/Main, 1982, S.236

Land and Water Use, Dodd & Grace (eds), © 1989 Balkema, Rotterdam. ISBN 90 6191 980 0

An economic approach to determining the optimum floor space for breeding fattening pigs in collective boxes

P.Zappavigna
Istituto di Edilizia Zootecnica, Università degli Studi, Bologna, Italy

ABSTRACT: In order to assess the influence of density of head on costs of breeding fattening pigs a method of calculation was developed, based on equations which express daily feed consumption efficiency according to floor space per head. This model was applied to four different building hypotheses, with totally and partially slatted flooring progressively varying the number of animals occupying each box. The results obtained show that in nearly all the cases considered there is a value of space which minimises production cost. This value is generally higher than the standards of space defined as strictly necessary and very close to the levels considered optimal for animal welfare.

RÉSUMÉ: Pour déterminer l'influence de l'espace individuel sur les coûts de production de cochons d'engrais élevés dans des box, nous avons mis au point un modèle de calcul basé sur des équations qui expriment la consommation quotidienne d'aliments et l'indice de conversion en fonction de la surface de plancher par tête. Ce modèle de calcul a été appliqué à quatre différents schémas de construction, avec plancher totalement et partiellement fissuré, en changeant progressivement le nombre d'animaux contenus dans chaque box. Les résultats obtenus démontrent que dans presque tous les cas considérés il existe une valeur d'espace qui minimise les coûts de production; cette valeur est en général supérieure aux standards d'éspace indiqués comme étant nécessaires pour le bien-être animal et très proche des niveaux considérés excellents pour les mêmes standards.

ZUSAMMENFASSUNG: Um den Einfluss des individuellen Raums auf die Kosten der Mastschweine zucht in Mastboxen zu bestimmen, ist ein Rechenmodell erstellt worden, das auf Gleichungen beruht, die den täglichen Futterverbrauch und den Umwandlungsindex in Funktion zur Bodenoberfläche pro Stück ausdrücken. Dieses Rechenmodell wurde auf vier verschiedene Gebäudepläne angewandt, teilweise oder ganz mit Spaltenboden, die Anzahl der Tiere pro Box steigend variierend. Die erhaltenen Resultate zeigen, dass in fast allen betrachteten Fällen ein Raumwert existiert, der die Produktionskosten minimalisiert. Dieser Wert ist im allgemeinen höher als die Raumstandards, die als notwendig für das Wohlbefinden der Tiere angegeben werden, und ziemlich nah an den Niveaus, die für dieselben Standards für optimal gehalten werden.

1 INTRODUCTION

The question of animal welfare is normally dealt with from a bio-ethological or philosophical view point but almost never, at least in scientific terms, from an economic view point. This creates a clash between those who consider animal comfort as an ideal principle and the categories of producers and operators in the animal production sector for whom an increase in animal welfare would weigh heavily on production costs and represent an ill-affordable luxury in today's market situation.

Some researchers,however, believe that the standard of animal welfare currently found in intensive farming situations can be substantially improved upon, without compromising economic results and even obtaining better productive performances.

This study presupposes that it is possible to find an improved balance between animal and producers' needs and proposes to study this hypothesis on a pig farm where the animals are housed in collective boxes.

2 ANALYSIS METHODOLOGY

The research is concerned with assessing
the influence of space per head on overall
production costs and comparing an optimum
economic with an optimum ethological
standard.

A paper written by E.T. Kornegay and D.R.
Notter was used as a starting point. This
paper analyzes the results of various
research studies carried out in different
countries (over 10 cases for each
productive phase, with animals on totally
or partially slatted flooring) and gives a
regression curve for productivity
parameters in relation to space per head
and number of head per box. For the growing
phases (from 25 to 55 kg) and the finishing
phases (from 42 to 94 kg), which are more
directly concerned with box husbandry, the
above mentioned curves are expressed by the
following equations:

a) average daily weight gain:

   $DG-G = 0.489 + 0.520 \ S - 0.281 \ S^2$
   (growth),

   $DG-F = 0.398 + 0.704 \ S - 0.340 \ S^2$
   (finishing);

b) feed conversion efficiency:

   $FG-G = 0.307 - 0.734 \ S + 0.406 \ S^2$
   (growth),

   $FG-F = 3.840 - 0.927 \ S + 0.520 \ S^2$
   (finishing);

where S equals the surface of floor per
head.

Similar equations, which are not reported
here, are used to determine the same
parameters DG and FG in relation to the
number of head in the box.

The curves obtained in this way are valid
in general for the average farm situation,
and a substantial improvement in productive
performance can be observed when more space
is available per animal.

The problem, at this point, is to
quantify, in economic terms, the resulting
saving in feed costs and to compare this
saving with the increase in building costs
incurred when the animals are less densely
housed.

Two calculations models were worked out,
one for the growing and one for the
finishing phase, to determine the joint
effect of the two items of cost mentioned,
according to space per head.

The following operations were carried
out:

1. the calculation of space per head (S)
as a ratio between available box space and
number of head;

2. the calculation of daily building cost
amortization per head reared, based on the
formula;

$$r = \frac{A}{365 \ P} \cdot \frac{i \ (1 + i)^n}{(1 + i)^n - 1}$$

where A is the capital, P the total number
of head, i the rate of interest, n the
number of years needed for amortization
(this figure was increased by maintenance
costs of 1.5% per year regarding
construction and 5% per year regarding
fittings);

3. the determination of individual daily
weight gain (DG) based on the Kornegay and
Notter equations;

4. the calculation of the number of days
needed to produce one kilo of weight gain

$$D = \frac{1}{DG} \ ;$$

5. the determination of amortization of
the building cost per kilo of meat
produced;

$$BC = r \ . \ D$$

6. the application of the Kornegay and
Notter equations to calculate feed
conversion efficiency (FG);

7. the calculation of feed cost per kilo
of meat produced.

$$FC = FG \ . \ m$$

where m is the cost of feed per kilo;

8. the calculation of total cost of
production per kilo of meat.

$$TC = BC + FC.$$

Effected in this way, the models appear to take into account all the main items of production cost with the exception of labour. The latter, however, can not be significantly affected by space per head, since any surplus of labour arising from the decrease of head housed in the piggery could be directed towards managing a supplementary amount of animals in the same or in a different building.

The calculation process reported above was repeated several times reducing the number of head one by one within a range where the upper limit is in keeping with a standard minimum of space suggested by Petherick and Baxter (S = 0.019 $w^{0.67}$ where w is weight in kg), and a lower limit (S = 0.068 $w^{0.67}$) allowing each animal to lie down in any position without interfering with the other animals.

The same calculation was carried out successively introducing a corrective in the equations at points 3 and 6 in order to take account of the variation of group density with the change in space per head.

3 RESULTS

Besides space per head, interest rate and investment costs can also be varied, as well as all other initial data, in the model discussed above.

In order to assess the real implications of these parameters in farm management, two main hypotheses were considered: the first (A) concerning a piggery with totally slatted flooring composed of 52 boxes, each measuring 21.4 m^2, arranged in two rows, and the second (B) concerning a piggery with partially slatted flooring, where 24 boxes measuring 19.3 m^2 each are also arranged in two rows (fig.1).

Two cases were then derived from each of these hypotheses: one relative to a single building only (1) and one relative to two buildings considering too all accessory items (slurry storage, warehouses, offices, external equipment).

Four combinations were thus obtained:

A1-one piggery with totally slatted floor (mq 1284, 198.693 ECU);

A2-two piggeries as in A1, plus accessory items (mq 2568, 575.163 ECU);
B1-one piggery with partially slatted floor (mq 543, 117.647 ECU);
B2-two piggeries as in B1, plus accessory items (mq 1086, 329.412 ECU).

Regarding the calculation of area per head, in hypothesis 1 all the area of the box, excluding the trough, was considered, whereas, in hypothesis 2, half of the dunging area (3.62 m^2) was excluded when calculating the maximum capacity of the box.

Finally it should be stated that feed cost was fixed at 400 lire per kg (0.26 ECU); interest rates were assessed on two levels, equal to 6 and 10%; amortization time was estimated over 18 years for the single building (weighted average of 20 years for the construction part and 8 years for the equipment part) and 25 years for the complex composed of two buildings plus accessory items.

The final result of our study is reported in the graphs in figs. 2,3 which show the curves representing the total production costs (TC) in relation to space per head, in the various hypotheses considered.

These curves illustrate, for almost all the hypotheses formulated, the existence of a minimum point which varies according to the different situations.

The joint effect of the modest slope near the minimum and the discontinuity in the variation of number of head means that the value of space minimizing production costs is not a single value but rather an interval whose limits are shown in table 1. These limits widen considerably if we assume a 1% margin of tolerance, as indicated in the same table.

Lastly, we should add that the introduction of a corrective depending on group density, shifts the interval of optimality upwards, as indicated in table 2.

Once the values of optimum space per head from an economic point of view have been established, they must then be compared to the optimum values of space with respect to animal welfare.

Many data are available in literature to determine the latter, but there is a theory

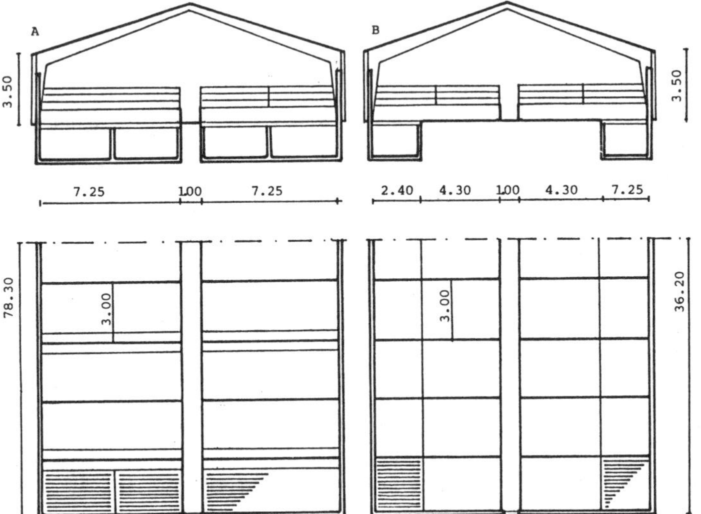

Fig.1 Building solutions hypothesized: A= totally slatted floor; B= partially slatted floor.

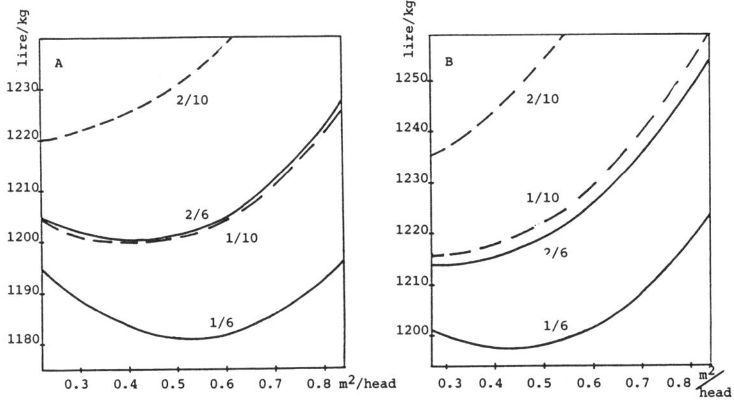

Fig.2 Total cost (TC) per kg gain based on space per head, with different interest rates (6 and 10%) and different building hypotheses, in the growing phase.

(1 = single building
  2 = two buildings plus accessories)

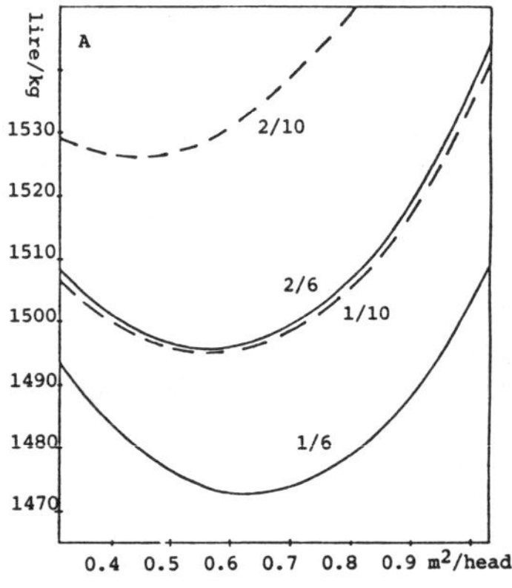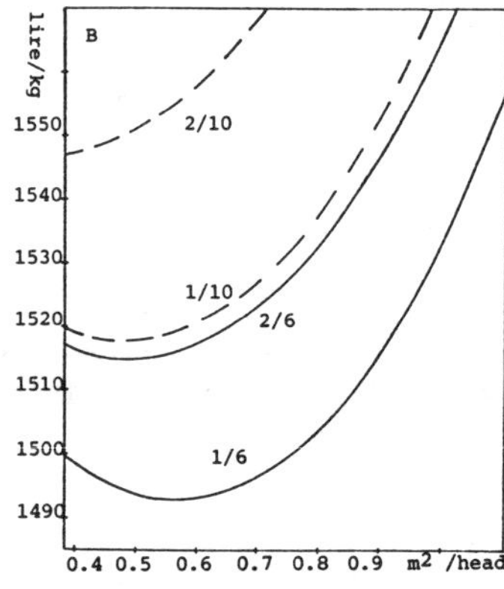

Fig.3 Total cost (TC) per kg based on space per head, with different interest rates (6 and 10%) and different building hypoteses, in the finishing phase.

(1 = single building
  2 = two buildings plus accessories)

Table 1. Upper and lower limits of the economic range of space per head with range extension for cost increase of 1 .

| | Space per head (m^2) | | | | | | | |
| | i = 10% | | | | i = 6% | | | |
Hypotheses	up.+ 1%	upper	lower	lo.+ 1%	up.+ 1%	upper	lower	lo.+ 1%
A1 g	0.71	0.50	0.34	–	0.77	0.58	0.50	0.27
B1 g	0.58	0.29	–	–	0.71	0.49	0.38	–
A2 g	0.52	0.26	–	–	0.70	0.46	0.38	–
B2 g	0.43	0.28	–	–	0.57	0.37	–	–
A1 f	0.84	0.60	0.55	–	0.88	0.66	0.60	0.36
B1 f	0.77	0.54	0.43	–	0.84	0.62	0.54	–
A2 f	0.74	0.46	0.43	–	0.84	0.62	0.53	–
B2 f	0.64	0.41	–	–	0.77	0.54	0.45	–

Table 2. Upper and lower limits of the economic range of space per head taking into account variation in group number.

| | Space per head (m^2) | | | |
| | i = 10% | | i = 6% | |
Hypotheses	upper	lower	upper	lower
A1 g	0.66	0.64	0.74	0.69
B1 g	0.64	0.57	0.69	0.62
A2 g	0.58	0.56	0.66	0.64
B2 g	0.55	0.51	0.64	0.58
A1 f	0.81	0.71	0.84	0.77
B1 f	0.74	0.69	0.80	0.71
A2 f	0.71	0.66	0.81	0.71
B2 f	0.69	0.62	0.77	0.69

which is especially useful formulated by Petherick and Baxter in a study which has already been cited here, where the amount of space needed per head is established according to weight using the following equations:

$$S = 0.034 \ w^{0.67} \quad \text{(minimum necessary)}$$
$$S = 0.047 \ w^{0.67} \quad \text{(optimum value)},$$

where w is individual liveweight.

Since the productivity equations at the base of our economic model do not refer directly to animal weight, but only discriminate between growing and finishing phase, the most correct way of comparingthe Petherick and Baxter standards with the limits reported in tables 1 and 2, is to

adopt a "w" which is intermediate with regard to the field of experience analized by Kornegay and Notter, that is to say a value of 40 kg for the growing phase and 6⁵ kg for the finishing phase.

Adopting these weights, the following standards of dimension (in sq.m) are obtained:

for 40 kg, S = 0.388 m^2 (min.), 0.536 m^2 (opt.);
for 68 kg, S = 0.651 m^2 (min.), 0.761 m^2 (opt.).
We shall then refer to these in our concluding evaluations.

4 DISCUSSION

The standards of welfare determined above are, as few as minimum levels are concerned, seen to be inferior or quite near to the economic interval indicated in table 1, for all the solutions relative to the growing phase and for the majority of solutions relative to the finishing phase, in the hypothesis where the interest rate is 6%.

When the interest rate rises to 10% the minimum standards of welfare are still economically valid only in hypotheses A1 and B1, in the growing phase, and A1 in the finishing phase.

It is clear that interest rate weighs heavily on costs, and consequently on the economic aspects of animal welfare. This is especially true of the growing phase, since it is in this phase that the ratio between building cost and feed cost is higher, due to the better feed conversion efficiency of the younger animals.

The standard of welfare previously defined as "optimal" is however almost always found above the interval of minimum cost except for solutions A1, B1 and, usually, A2, in the growing phase only and when the interest rate is hypothesised at 6%.

Nevertheless the field of variation defined with an increase in cost of 1%, embraces both the minimum and the optimum standard for almost all the building solutions, even at an interest rate of 10%, except for B2.

It should be mentioned that the B2 solution is decidedly more expensive than those commonly applied, due to the high building cost in relation to the low number of animals housed.

If we then compare our welfare standards with those in table 2, which take into account group density, we can see that, in this case, the minimum standard is always included in the lower cost interval, whereas the optimal one is higher (but not much higher) only in hypotheses A2 and B2 in the finishing phase, at an interest rate of 10%

We believe the hypothesis of a 6% interest rate to be the most realistic since the quota arising from inflation can be considered covered, over a medium length period, by an equivalent increase in selling price.

Furthermore if we consider that the solution A2 is the one which best represents average farm conditions (for Italy, at any rate), we can assert that a satisfactory level of animal comfort is also desirable from a strictly economic point of view.

This "discovery" is relevant since the values of space per head recommended by the most common technical and scientific bibliographies (including certain "welfare codes") and, in particular, those used in current farm practice, are considerably lower than the economic limits we found.

Our calculation procedure allows us to point out the influence of a further two variables: feed cost and building cost.

Since in the former case cost is on average higher than 90% of the total, a variation of feed cost can provoke significant shifts in the economically desirable limits of space.

Indeed, when the "m" variable in the model gets higher, the minimum cost space increases and viceversa. Nevertheless the interval of optimality undergoes unproportional variations widening or narrowing at a different rate, depending on the value assumed by the other variables.

With regard to building cost it can be seen, by simply comparing solutions A and B, that considerable shifts in the economic intervals correspond to the greater unit costs of the second solution, and this is clearly accentuated when the interest rate is higher.

The reduction in building cost which can be achieved by careful design and, in particular, by scale economy, brings advantages, then, not only for the farmer, but, as we have seen, also for the animals.

In conclusion, if we examine our calculation model carefully, we must aknowledge that certain aspects, which could possibly negatively influence optimum values of space per head, have been neglected. One of these may be fixed management costs, which are not always variable with density of animals in the box.

Even more debatable, however, is the possibility of combining the effects of density on productive performance which have been distinctly determined in the experiments. Indeed for this reason we have not emphasised the data in table 2 since they take account of a variable (group number) whose effects are not defined in relation to space per head.

On the other hand there are certain aspects we did not consider which are definitely much more relevant, and favour increased space. These are health and hygiene aspects which do not appear in our model since they cannot be expressed as a mathematical function of space per head.

Yet literature tells us that these implications are important and their economic consequences, favourable to space availability, are superior to the aspects we have just defined as unfavourable.

In the light of these considerations we
can state that the values of space per head
which optimise production cost should, in
reality, be very close to the welfare
standards defined by Petherick and Baxter
as optimal.

The initial hypothesis, that farmers' and
"welfarists'" requirements can find a
satisfactory point of compromise, can thus
be confirmed.

REFERENCES

Baxter,S.H. 1984. Intensive Pig
  Production,Environmental Management
  and Design. London: Granada.
Baxter,S.H.,Baxter,M.R.,Mac Cormack,
  J.A.C. (editors). 1983. Farm animal
  housing and welfare. Dordrecht:
  Martinus Nijhoff Publishers.
Gotz,M.,Rist,M. 1986. Der Einfluss
  von Flachengrossen und Evaporations
  kuhlung auf ethologische und phisio
  logische Merkmale bei Mastschweinen
  unter sommerlichen Umgebungstempera
  turen. KTBL Schrift 311: 18-29.
Kornegay,E.T.,Notter,D.R. 1984. Effects
  of Floor Space and Number of Pigs per
  Pen on Performance. Pig News and
  Information , Vol.5, 1: 23-34.
Petherick,J.C.,Baxter,S.H. 1981.
  Modelling the static spatial
  requirements of livestock. Proceedings
  of the Seminar of Section II of the
  C.I.G.R. on Modelling, Design and
  Evaluation of Agricultural Buildings,
  Aberdeen, Scotland: 75-82.
Thomas,P. 1984. The influence of housing
  design and some management systems on
  the health of the growing pig,
  particularly in relation to pneumonia.
  Pig News and Information, Vol.5, 1:
  343-349.
Zappavigna,P. 1985. Requisiti di spazio
  minimi per suini allevati in box
  collettivi. Suinicoltura n.5: 65-70.

Land and Water Use, Dodd & Grace (eds), © 1989 Balkema, Rotterdam. ISBN 90 6191 980 0

New types of buildings for dairy cows with ad-lib supply of forage

E.Frazzi
Agricultural Engineers Institute, Catholic University, Piacenza, Italy

ABSTRACT: The adoption of new feeding methods for dairy cows, like ad-lib supply of unifeed, allows redesign of internal area of free barns for these animals. It reduces (even up to 60-70%) the space reserved for feeding area in this type of building . It is possible to adopt building layouts fitting to the new feeding method, with a lesser covered surface and with buildings structures very simple and not very expensive. The paper deals with this problem and suggests some building layouts for dairy cows with different space organisation and the minor effect of the feed area on total surface of the barn.

RESUME': L'adoption des nouveaux systèmes d'alimentation pour les vaches laitières, comme l'administration "ad libitum" d'un type seulement d'aliment, spécialement haché et melangé, permet de dessiner de nouveau la surface à l'intériore des étables, en réduisant remarquablement (jusqu'à 60-70%) l'espace généralement réservé à la zone d'alimentation dans ce type d'abri. L'étude aborde cette problématique et indique quelques schémas et typologies d'étables pour vaches laitières, avec une différente organisation des espaces et une plus basse incidence de la zone d'alimentation sur la surface totale de l'abri.

ZUSAMMENFASSUNG: Dank der Verwendung von neuen Fütterungssystemen für die Milchkuh, wie z.B. die ad libitum Veranreichung einer einzelnen zweckmässing zerschnittenen und gemischten Nahrung, ist es möglich, die innere Fläche des stalles so zu modifizieren, dass den in diesem typ von Gebäuden zur Fütterung bestimmten Raum beträchtlich reduziert wird (bis um 60-70%). Der Bericht untersucht dieses Problem und empfiehlt einige Schemata und Stallprojekte für die Milchkuh, die eine verschiedene Organisation der Räume und eine verminderte Auswirkung der Fütterungszone auf die gesamte Fläche des Gebäudes ermoglichen.

1 INTRODUCTION

Changing the feeding tecniques in dairy cows farms, and in particular the trend of ad-lib supply coarse feed, dosing later the individual concentrate quantity, offer new prospects in designing barns for dairy cows, and give at the same time the possibility of finding out new types of buildings being more functional according to the modern feeding systems, and of reducing the costs.

Awaiting the support of a feed supplying technology similar to those used for concentrate feeds - since nowadays no installation of such kind are manufactured on an industrial scale - some interesting prospects from a building point of view, come the adoption in several farms of the continuous feeding with cut feed suitably mixed so as to get a unifeed always available for animals.

Such new patterns in running the dairy cows farms, besides the advantages from a nutrition point of view, i.e., the cows having a higher productivity would take a greater quantity of dry matter with a reduced incidence of the concentrate rates aver the total amount of the feed (Piva G. et al 1986), make it possible to better arrange the feeding operations - the feed supplying can be made once a day - however the most interesting point is the effects as for the technical plannig of buildings. A controlled and continuous presence of the animals in the feeding area, which has been made possible by the feed being continuously available, reduces the need of room at the trough, give the possibility of re-designing the inner distribution of the room in the barn by remarkably decreasing the surface per capita, thus reducing

the production and running costs for the
buildings concerned.

Such problems have been widely studied as
for the housig of beefs; in this case the
building types with a reduced trough front
long-box, have been largely utilised. However, the zootechnical and managing needs
of such sector are remarkably different
when compared to those met in the dairy
cows farms. The beef barn is not provided
with two different and separate areas, one
for resting and one for feeding respectively, thus the real surface gain due to
the adoption of the long box building is
only referred to the feed passage length.
This is why farmers are not really interested in such buildings types.

The dairy cow barns are different since
the feeding area (included the feed passage) can cover up to a 60-65% total surface. Thus, even reducing the trough front
by a fews centimeters can effect the inner
surface distribution and the overall barn
dimensions.

If advantages are so manifest, why the
building types of free barns for dairy
cows have remained unchanged during the
last thirty years? The answer is to be
found in the feed supplying techniques
which have been unchanged till same years
ago when the automatic feeding with an individual control of the concentrate forage
was first applied in farms. Using the computerised auto-feeder has not only rationalised the supplying of an important component of feeding: the concentrate forage,
but has also made it possible to change
the feed distribution systems thus setting
the conditions for a coarse component ad-
lib feeding.

There have been and still are further hin-
drances to be removed for adopting the
continuous feeding techniques in the dairy
cows barns. Feed waste and difficulties in
supplying the different components of the
feed, in particular when made out of fresh
uncut forage, are some amog such hindran-
ces.

A decisive event which has made it possi-
bile to overcome such difficulties, has
been the adoption of the so-call "unifeed"
where the main ingredients of feed are
cut, pre-mixed in proper rates and ad lib
supplied. Such technique is now spreading
not only in the large farms in areas where
long-seasonig typical cheese, like Parme-
san (Grana Padano and Parmigiano Reggiano
prodution areas), is produced and where
the need for standardisation is more and
more growing. The greather charge arising
from adopting special equipment to prepare
and distribute cut and mixed forage (cutting apparatus and mixer-distributer truc-
kes), is well rewarded by the improved

zootechnical performances of the animals
bred, and by the rationalisation of barn
managing (Balsari P., Sangiorgi F., 1986).
There is also another advantage which has
been neglected up to now: that is the opportunity of decreasig the barn building
costs remarkably; such factor will be the
topic of this work.

2 THE PROBLEM

Projecting new barn types for dairy cows,
provided with reduced feeding areas with
respect to the traditional plans, is
strictly connected with the animal behaviour when forage is always available in
the trough. Literature on the matter is
almost poor. Feed taking time varies according to forage nature, condition and
desirability. Dry matter taken quantity
being equal, the coarse forage will take
much more time than required for concentrate forage (from 13-14 min/kg D.M. for
hay to 3-4 min. for cereal flour); cut forage is taken quicker than the coarse forage (Church D. C., 1976).

Time of staying in the feeding area is generally longer by 60-70% than required by
swallowing only; it varies as a funtion of
age and physiological condition of the a-
nimal; older cows show a swallowing/trough
staying time ratio higher than younger
cow; the lowest adaptation is shown by
sick and weak cows or in heat (Baehr J. et
al, 1986).

The total staying time in the free barn
feeding areas, in Maton et al.'s opinion
(1978), is on the average 4.2 h a day, e-
qual to a 17.4% of the total time; the
rest of the time is divided as follows: a
29.5% in milking parlor and a 53.1% in the
resting area.

From our point of view, the most interesting point is to consider the contemporaneous presence of the cows in the different functional areas of the barn during
the whole day. In the feeding area, the
peak of presence is shown during the forage distribution. In case of two distributions a day, there are maximum peaks equal
to a 60-70%; where distributions are five,
the maximum presence values do not exceed
a 20% of the total amount (Schon H.,
1986).

Forage being always available in the
trough and the feeding area being sufficiently lit during the night, let animals
feed every time of the day, and the night,
too, thus reducing the presence rate in
the other barn areas, in particular in the
resting areas. Staying in cubicles or in
bedded curts areas does not exceed in such
case a 60-70% available room, which makes

it possible, in a standard barn where forage ad-lib feeding is adopted, to have an
animals presence rate higher by 30-40%
with respect to the real sites (Baehr et
al, 1986).
However, the staying time of the animals
in the resting area beig three times as
long as the time spent in the feeding a-
rea, we believe that the complete utilisation of the room may be got in that barn
where there are three resting rooms per e-
very trough site.
Depending on the real time cows take to
take the forage, such ratio could be increased up to a value 5 and even 6. Such
condition are theoretical and would be
further experimented. We think that ration
higher than 3 heads per trough site may be
possible only in case of barns provided
with control equipment for forage distribution, and with eletronic devices to control the animals entering the feeding a-
rea.
Tests carried out with hollocks for fattening fed ad-lib and a different
heads/trough sites ratio, have pointed out
that animals do not show significant consequences up to a 4:1 ratio; beyond such
limit, a lower feed consumpion as well as
a lower increase in weight, have been
shown (Robertson et al, 1986).
On the basis of such consideration, some
types of dairy cows barns showing a different distribution of the funtional areas
and having reduced dimensions with respect
to the traditional barns, have been studied; then an accurate techno-economic a-
nalysis of any building has been made in
order to verify the real saving of building costs so obtained.

3 BUILDING TYPES AND METHOD OF ANALYSIS

The 7 different barn types are represented
by the drawings in figures 1 and 2.
Drawings are referred to barns having one
resting area with a 120 cows max. capacity. Out of such 7 types, 4 are single-
block free barns provided with cubicles a-
reas (fig. 1), and 3 are separate block
barns provided with stationary bedded
curts area (fig. 2). The type A1 and B1 a-
re referred to the traditional models, the
most wide-spread in Italy, in order to
compare them with the new solutions which
are properly designed for ad-lib feeding,
and have a reduced frontal trough with respect to the present models. Among them,
there are some types of cubicles barns,
the type A2 for example, being similar to
the traditional models but provided with
a deeper resting area (three cubicles rows
every feeding front). The trough room a-

vailable for every head is, in this case,
50 cm.
The types A3 and A4 are quite innovatory
(fig. 1) where the cubicles arrangement is
orthogonal to the feed passange. Such solution are especially designed for barns
where the trough room is really poor (25
cm/head) like the type A4.
As for bedded curts barns, the trough
front redution makes it possible to increase the resting area depth and to contain the room devoted to feeding. The solution B3 is quite interesting as, thanks
to the remarkable redution of the trough
front (25 cm/head), the different barn bodies are more compact and well-organized.
In sizig the different building types, on
the basis of the particular feeding condition of the animals, the following dimensions have been adopted:
- feed passage width   4   m
- trough width   0.5   m
- feeding area width   3   m
- cubicle length   2.5   m
- cubicle width   1.2   m
- min. width of cubicles passages   2.4   m
- Per capita surface in bedded
  curts area   6   m^2
- min. building heigh in feed
  stance   4   m
- min. building heigh in resting
  area   3   m

The length of the trough front varies from
a max. 75 cm for the traditional types to
a min. 25 cm for the types where the feeding area reduction is greater with respect to the total covered area.
The cleanig system have not been take into
consideration since they represent a secondary problem if compared to the topic
under examination. In order to compare the
building costs of all the types, the cleaning of passages an feeding area has been
deemed as made by a scraper coupled up to
a tractor. In this connection, in same
barn models, in particular the cubucles
types and the remarkably reduced feeding-
area types, and considering that the forage supplied is cut-type, the most suitable
cleaning system is obviously the slotted
floor. The possibility of using in such
barns, too, the mechanical scraper, is however considered.
As for the building system, materials and
building technology regarded as an item of
costs, we have taken into consideration
all the types mostly wide-spread in Italy
- dairy cows farms - i.e., the supporting
framework with prefabricated reinforced
concrete structure consisting of:
- foundation plinthes, pillars, double
slope and continuous section beams, in
reinforced concrete;

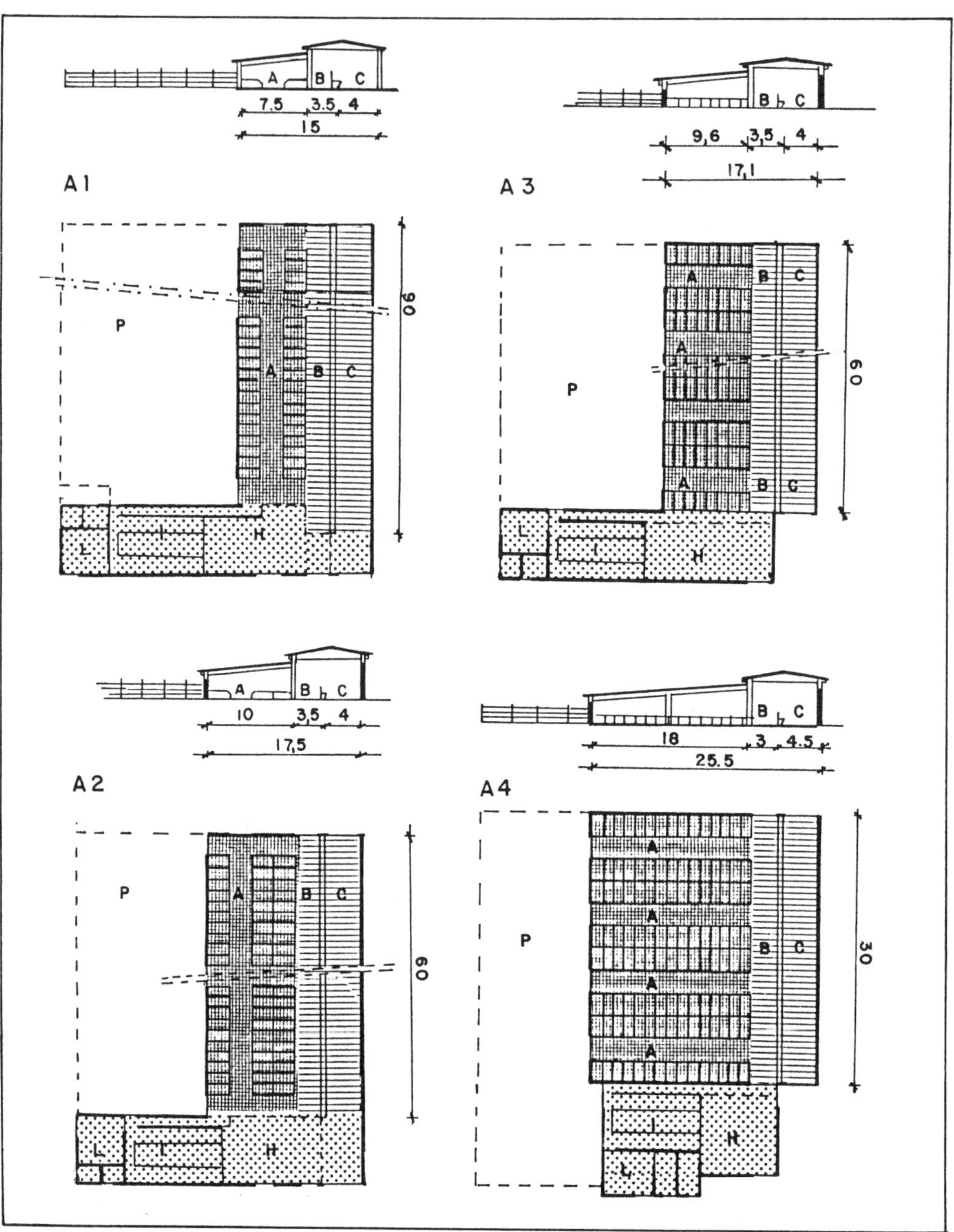

Fig.1 Distribution layouts of some cubicles barn types having a reduced feeding area (for 120 cows). The type A1 referred to a traditinal barn type with a double row cubicle area and a feeding site per each resting site (the trough front is 75 cm/head). The type A2 showing three rows cubicles and a feeding site per 1.5 resting site (50 cm/head trough front). The type A3 showing cubicles placed perpendicular to the feed passage: the resting area depth ensures a 50 cm/head trough front. The type A4 showing a cubicles location similar to the type above but having a deeper resting area, so the trough front can be decreased to a 25 cm/head. Legend: A, cubicles area; B, feed stance; C, feed passage; H, holding area; I, milking parlor; L, milk room; P, paddock.

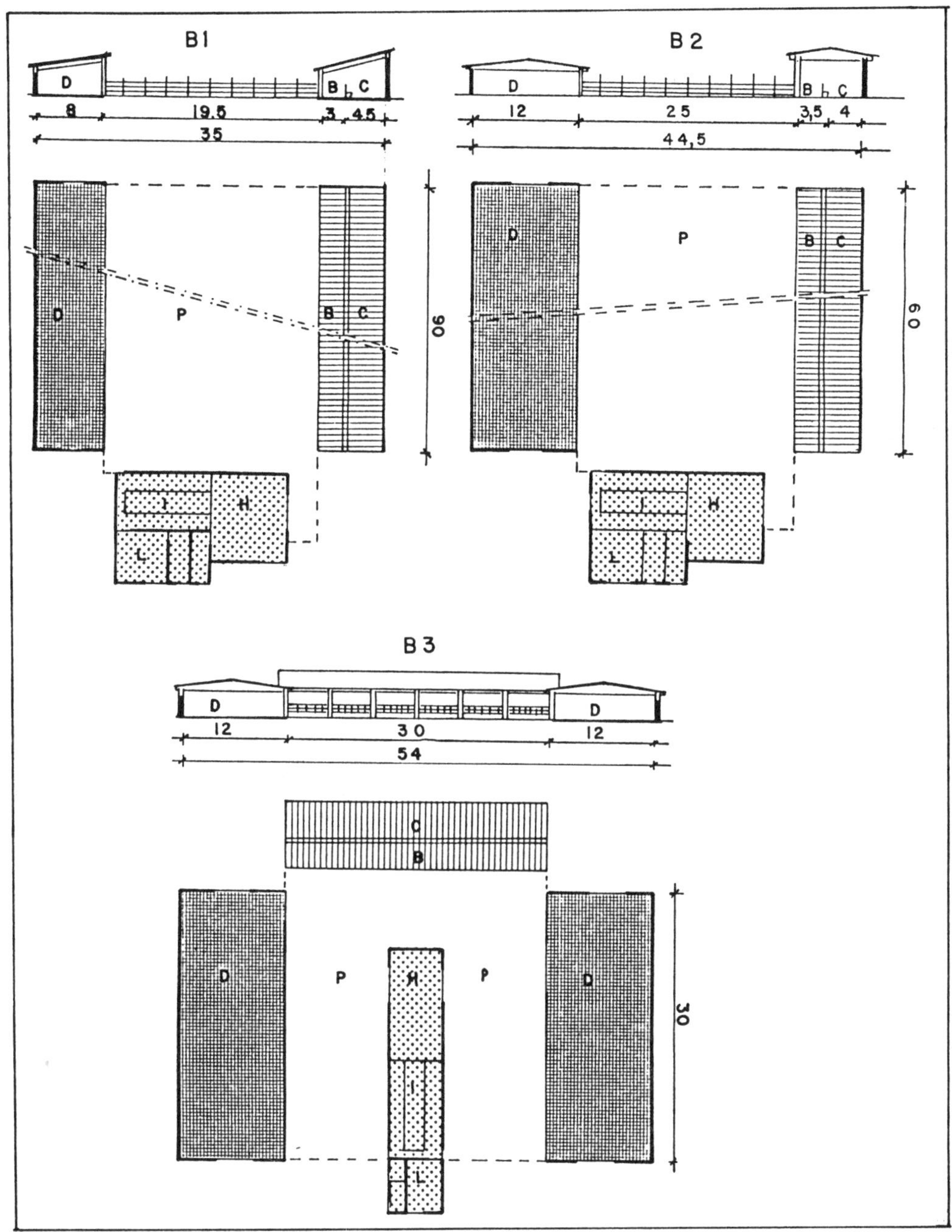

Fig.2 Distribution layouts of some bedded curts free-barn types with medium sized feeding area (for 120 cows). The type B1 referred to a free barn having traditional single blocks with one trough site per every resting room (the feeding front is 75 cm/head). The types B2 showing the feeding area reduced to 1/3 with respect to the previous model (50 cm/head trough front) and a deeper resting area (12 m). The type B3 showing a very reduced feeding area (25 cm/head trough front), with a resting area divided in two blocks placed at the sides of the feeding area.
Legend: B, feed stance; C, feed passage; D, bedded curts area; H, holding area; I, milking parlor; L, milk room; P, paddock.

- covering floor in tile-reinforced concrete panels;
- covering asbestos cement slabs with rockwool bed;
- curtain saide wall in prefabricated concrete with insulation;
- concrete floor with feeding and resting area covering;
- equipment for feeding and resting areas.

The drawings in figures 1 and 2 do not show the location the automatic concentrate dispensers since they can be situated according to different needs: in the resting area, at the paddock, in the milking and in the feeding area, too. In case of barns having more heads than the trough site, it will be advisable to arrange the concentrate auto-feeder in the resting area or at the paddocks in order not to crowd the feeding area.
Costs do not include any works not involving directly the main barn building, namely:
- milking parlor and attached areas;
- slurry and manure stocking tank and possible cleaning plants;
- paddocks;
- equipment for supplying concentrate forage.

Prefabricated structure prices are reckoned on the average taken dirctly from same firms in the sector; as for any other work left, we have referred to the indicative prices lists for building in the provinces of Parma and Piacenza.
Three metrical evaluations concerning three different barn sizes, 60, 120 and 240 heads respectively, have been calculated for every building types.

4 RESULT AND DISCUSSION

A complete analysis of the building types considered, besides the building costs, shall take into account some other factors, like:
- efficiency of the ventilation system, and in general the microclimatic condition inside the shed;
- easiness of cleaning and feeding operations;
- route length and easy access to the milking parlor for the animals;
- comfort level in the resting area;
- possible waste of feed and animals competitive behaviours in the feeding area;
- possibility of changing and widening the barn.

On the basis of the analysis of the data concerning dimensions and unit building

costs of any barn (figures 3 and 4), the types assuring either a better exploitation of room inside the shed or a limitation of the total covered area, turn out to be the most interesting.

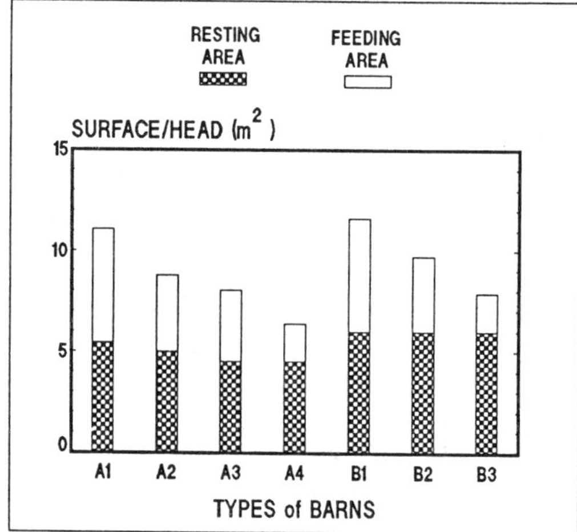

Fig.3 Incidence of the unit surface (m^2/head) of the feeding and resting areas in the different barn types under study

The lowest building costs are relevant to the types A4 and B3 where the rest/trough sites ratio is higher. The highest savings are relevant to the feeding area having a surface equal to a 33% with respect to the standard types. The special disposition of the cubicles in type A3 and A4 makes it possible to better exploit the room even in the resting area, with a covered surface lower by 18-20% than the standard models.
However, the abovementioned solutions not only crowd mostly the feeding area thus causing possible competitive behaviours, but also they lead to comfort problems, i.e., cubicles more distant from trough may be hardly occupied.
The type A2 is quite interesting since it has three cubicles rows in the resting area (50 cm trough front per head). In spite of the reduced feeding area, such type may decrease the total covered surface to a 7.5-8.5 m^2/head, equal to a 80% with respect to the traditional solutions, thanks to a rational exploitation of the room in the resting area.
Besides the advantage of a lower covered surface in the feeding area, the reduction of the trough front in the bedded straw-type barns, may increase the depth of the resting room and decrease the barn length thus making the whole more compact and functional. The access to the milking par-

lor will be easier, too.
From a building costs point of view, adopting barns having a number of trough sites lower than the real cows number, may save about 12,000 LIT/head per every centimeter taken from the feeding trough. In type A2 with a 50 cm/head trough front (1.5 cow per feeding site) the building costs are lower by 20-25% than the traditional type A1 with contemporaneous forage distribution. In a 120 heads barns, savings may be over 50 million LIT.

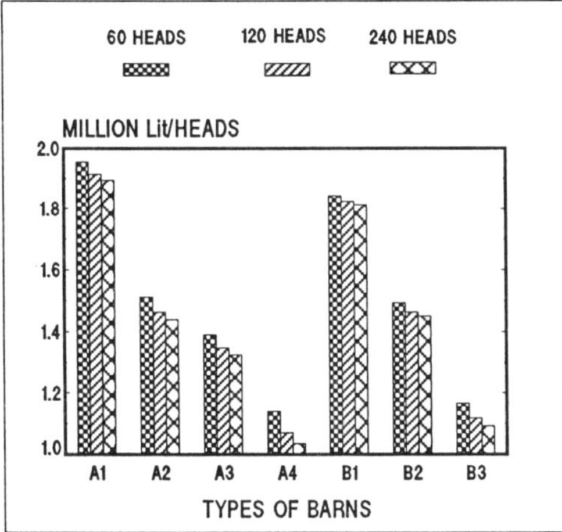

Fig.4 Building costs of different barn types examined (in so far as feeding and resting areas in case of a 120 heads herd) given in % with respect to the costs of the traditional types (type A1 for cubicles barns and type B1 for the bedded curts type)

The same be said for the bedded straw-type solutions, where the cheaper barn is the type B3 (25 cm/head trough front) with a building cost equal to a 69% of the corresponding solution B1 (75 cm/head trough front).
Every abovementioned still shows the problem of the possible crowding at the feeding area, which causes competitive behaviours in taking forage. Such problem may be partly solved by adopting the following solutions:
- a proper feed preparation referred to cutting and mixing;
- disposition of concentrate auto-feeders far from the feeding area and located so as not to obstruct the animals movements;
- night lighting in the feeding area so as to let animals feed during the night, too;
- proper forage distribution times in the trough so as to ensure a feed presence all 24 h long;
- milking time extension during the day;
- in same extreme cases, equipment ensuring a controlled access of the animals to the feeding area, may be provided (conditional opening gates depending on electronic identification of the animals).
Figure 5 shows the unit cost of the different barn types for three different sizes: 60, 120 and 240 heads. No significant differences in costs depending on size, may be found out.
Summing up, we may say that abovementioned savings in the bildings costs can be obtained in small and medium farms, too.

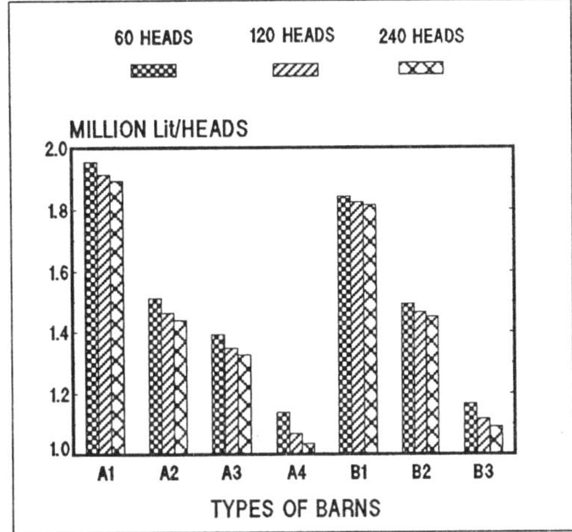

Fig.5 Unit building costs of the different barn types (costs do not include the milking parlor, the works outside the barn like hedges, floors and drainage ditches not involved in our study) for a different farm size

5 CONCLUSIONS

The changing of the building types for dairy cows barns, which has been the same for thirty years, is strictly connected to the evolution of the feeding techniques developed in this cattle-breeding sector. Thanks to the new trend, i.e., to distribute concentrate forage feeds and to supply ad lib coarse forage, properly cut and mixed, new prospects in designing barns for dairy cows are now available together with an opportunity of adopting building types with both a different internal room distribution and a reduced covered surface thus decreasing building and running costs if compared to the traditional barns.
All that depends on the animal behaviours under ad-lib feeding conditions and thus

on the trough front length available for
each head in this kind of barns. It is a
matter of evaluating how much such room
can be reduced while bearing in mind the
animal requirements and the need of limiting the building costs.
This work has tried to study the problem
from the planning and building costs
points of view, by suggestion some buiding
types on the basis of a new techno-
managing concept and different investment
levels.
It must be pointed out that some of the
types suggested make it possible to limit
the building costs of the barn without reducing the feeding surface remarkably.
However, a final sentence about the economic profit of the different types examined
cannot leave out of consideration an experimental control of such models.

REFERENCES

Baehr J. e coll., Comportamento della bo-
vina da latte nei rcoveri a stabulazione
libera. Selezione Veterinaria, 3, 642-
644, 1986.
Balsari P., Sangiorgi F., L'influenza
dell'unifeed sulle strutture ed i costi
di produzione aziendali. Informatore
Zootecnico, 10, 32-37, 1986.
Church D. C., Digestive physiology and nu-
trition of ruminants. Metropolitan Co.
Portland, Oregon, 1, 1976.
Maton, Daelemans, Lambrecht, Housing of
Animals. Elsevier Science Publishers
B. U. (Amsterdam), 160-161, 1978.
Overvest J., Vreetbreedte dij zelf
voodering van voordroogkuil en suijmais.
Bdrijfson Wikkeling, 9, 863-868, 1978.
Piva G., Masoero F., Pregi dell'unifeed
nell'alimentazione delle lattifere.
Informatore Zootecnico, 10, 41-43, 1986.
Robertson A. M., Bain C. W., Burnett G.
A., Big-bale feeder for cattle.
The effect of stocking rate on its
efficiency. Farm Building Progress, 2,
9-12, 1986.
Schon H., Automatisierte milchviehaltung
eine utopie? Landtechnik, 5, 220-223,
1986.
Weller J. B., Farm buildings. Crosby
Lockwood e Son, 1, 177-179, 1965.

Land and Water Use, Dodd & Grace (eds), © 1989 Balkema, Rotterdam. ISBN 90 6191 980 0

Stalltechnische Verbesserungsansätze zur Erhöhung von Leistung und Gesundheit bei Kühen

F.-J.Bockisch
Institut für Landtechnik, Justus-Liebig-Universität Gießen, Bundesrepublik Deutschland

Zusammenfassung:

Wesentliche Ansatzpunkte für verbesserte Bedingungen (für Mensch und Tier) in Milchviehställen sind tierangepaßte Funktionsbereiche mit richtiger Zuordnung sowie eine optimale Stallklimaführung. Damit kann durch die Organisation der Stallhaltung zur Produktionskostensenkung beigetragen werden. Die Untersuchungen zeigen, daß generell der Verbesserungsbedarf in Laufstallsystemen größer ist als in Anbindeställen und daß Investitionen für tierangepaßte Stallumwelten in der Regel ökonomisch sinnvoll sind. Denn sie tragen zu einer Reduzierung von Krankheitsraten und Tierarztkosten sowie zur Erhöhung der Tierleistung bei.

Summary:

Essential points to improve the conditions for men and cows in cattle houses are animal adapted function areas with correct co-ordination in addition to a well directed in-house climate. With these it is possible by good management of the house to reduce the costs of production. A comparison between stanchion barns and loose housing systems shows that the need is greater in loose housing systems. Cost factors indicate that an animal-adapted reduces the incidences of illness as well as increasing the efficiency of production.

Résumé:

Le point essentiel pour l'amélioration des conditions (pour l'homme et l'animal) dans les étables de vaches laitières réside dans l'adaption d'un espace fondisnuel adapté à l'animal avec un ordre correct ainsi qu'une conduite optimale du climat des étables. En effect à travers l'organisation de la gestion de l'étable, le coût de production peut être réduit. Les essais montreut que le besoin d'amélioration générale est plus grand pour la stabulation libre que pour le système attaché et les investissements pour un environnement adapté à l'animal sont eu régle générale rentables. En plus, ils réduisent les coûts de maladie, de visit médicale et améliorent les performances de animaux.

1.0 Problematik

Das Ziel eines jeden milchviehhaltenden Betriebes in der BR-Deutschland muß es sein, das vorgegebene Milchmengenkontingent - sofern die Milchkuhhaltung beibehalten werden soll - mit möglichst geringen Produktionskosten zu erfüllen. Bislang waren die Arbeitswirtschaft und Verfahrenskosten bzw. Baukosten (je Kuhplatz) entscheidende Beurteilungskriterien für Haltungssysteme. Diese wenigen Merkmale reichen heute oft nicht mehr aus, Produktionsverfahren eindeutig zu beurteilen. Es müssen zusätzliche Parameter berücksichtigt werden, wie eine gezielte einzeltierspezifische Futterzuteilung und -aufnahmekontrolle, Reduzierung von Krankheitsraten und frühzeitigen Totalausfällen sowie von Tierarztkosten, Verbesserung des Fruchtbarkeitsgeschehens, Verbesserung der Melktechnik etc. Das bedeutet, daß alle Maßnahmen zur Senkung von Produktionskosten aufgezeigt werden müssen, damit diese im Bedarfsfall einzelbetrieblich genutzt werden können. Wesentliche Ansatzpunkte für verbesserte Bedingungen in Milchviehställen sind tierangepaßte Funktionsbereiche mit richtiger Zuordnung sowie eine optimale Stallklimaführung. Aufgrund der Komplexität der Stallumwelteinflüsse und der vielfältigen Beurteilungsmöglichkeiten ist es aber oft schwierig, zu einfachen und eindeutigen Aussagen zu gelangen.

2.0 Lösungsansätze

Aus verschiedenen Literaturquellen (JUNGEHÜLSING, 1980; DÜRING, 1987, LK-Schleswig-Holstein, 1975; HOFFMANN, 1983) läßt sich ableiten, daß die Tierarztkosten je Kuh und Jahr durchschnittlich bis zu 100,-- DM betragen. Dabei kann eine unzulängliche Stallausführung einen Anteil von 10-30 % haben. Die Tierarztkosten beinhalten jedoch keine Leistungs- und latent wirkenden Gesundheitsveränderungen, so daß diese als weitere Meßkriterien anzusehen sind.
Im folgenden sollen Stallbereiche exemplarisch betrachtet werden. Eine Vielzahl von Messungen lassen erkennen, daß auch bei genetisch vergleichbaren Kühen innerhalb eines Betriebes - mit Herdengrößen ab 20 Tieren - große Unterschiede in den Tierkörpermaßen festzustellen sind.
Für die Sollwerte der Stand- und Liegeplatzdimensionierung dienten die tierindividuellen Körpermaße der jeweiligen Kuh (Abb. 1). Hierbei ist zu beachten, daß unabhängig vom Stallsystem beim modernen Kurzstand der Standplatz bzw. der Liegeplatz in Liegeboxen funktionell zwischen Kopf- und Liegeraum zu unterscheiden ist (Abb. 2). Nach BOXBERGER (1983) ist die Liegelänge der Maximalabstand der Bodenberührungsfläche in der Körperlängsachse bei untergeschlagenen Vordergliedmaßen. Dabei setzt die richtige Übertragung der Liegelänge auf Stand- und Boxenform voraus, daß die Kuh nach dem Abliegen eine an den vorderen Karpalgelenken definierte Lage einnimmt (Abb. 2). Als Ausgangsbasis für quantitative Verhaltensparameter von Kühen in Liegeboxenlaufställen wurde vornehmlich auf Untersuchungen zum Lokomotionsverhalten mit Hilfe der Stereobildanalyse von BOCKISCH (1985) zurückgegriffen.

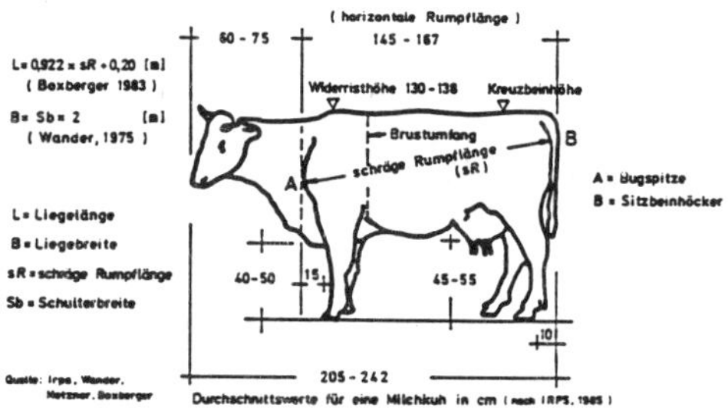

Fig. 1: Tierkörpermaße als Kenngröße zur Dimensionierung der Stalleinrichtung

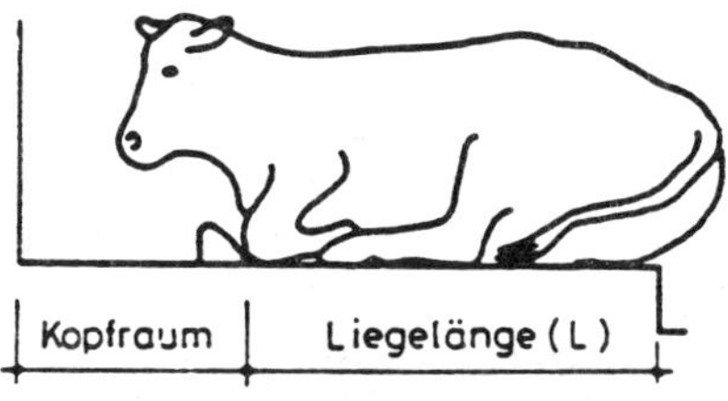

Fig. 2: Definition der Liegelänge (L) (nach BOXBERGER, 1983)

Dies bedeutet, daß innerhalb eines
Stalles Standliegelängen beim modernen Kurzstand oder auch solche
in Liegeboxen etwa 155-180 cm und
die Breiten von Liegeflächen 80-120
cm betragen müßten. Diese Erkennt-
nis ist bisher nur selten in die
Praxis umgesetzt worden. Es stellt
sich deshalb die Frage, wie wirkt
sich das Über- oder Unterschreiten
angegebener Soll- und Richtwerte
aus?
Um erste Hinweise hinsichtlich der
Bewertung von Stand- und Liegebo-
xenabmessungen zu erhalten, wurden
die verschiedenen Abgangsraten in
Abhängigkeit von der tatsächlichen
individuellen Differenz zwischen
Soll- und Ist-Zustand betrachtet.
So ist die jährliche Abgangsrate
bezogen auf den Gesamtbestand in
der Gruppe Eutererkrankungen um ca.
1 % niedriger, wenn der Sollwert
für die Breite um etwa 7 cm über-
schritten wird (Abb. 3). Werden bei
den Abgängen wegen Unfruchtbarkeit
die Sollwerte um mehr als 18 cm
über- oder unterschritten, so ist
auch hier ein Anstieg der jährli-
chen Abgangsrate von 1-2 % zu beobachten. Als Vergleichsbasis zur Beurteilung dieser Zusammenhänge ist
festzustellen, daß in allen untersuchten Ställen nur ca. 1-2 % der
Kühe die geforderte Soll-Liegelänge
vorfinden; berücksichtigt man einen
Toleranzbereich von ± 1,5 cm, so
sind es rund 10 % der Kühe (Abb.
4).

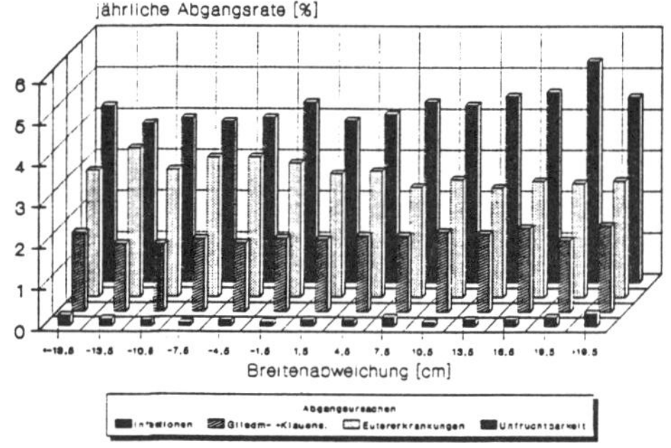

Fig. 3: Verschiedene jährliche Abgangsraten in Abhängigkeit der
Stand- bzw. Liegeboxenbreiten als
Differenz zur notwendigen tierindividuellen Stand- bzw. Liegeboxen-
breite

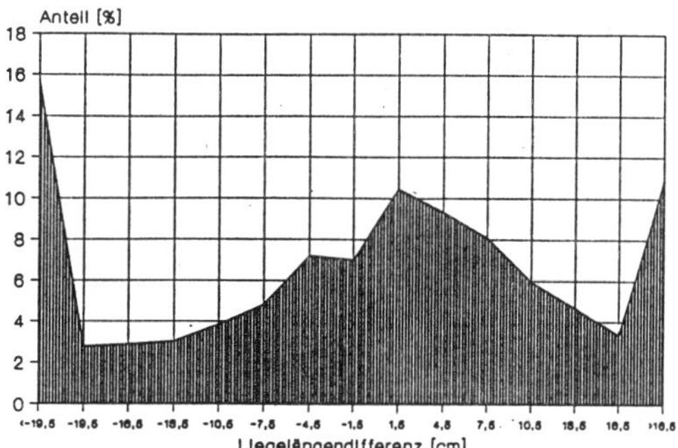

Fig. 4: Kuhbezogene Häufigkeitsver-
teilung der Liegelängendifferenz
als Soll-(L = 0,922 x sR + 0,20
(m)) /Ist-Vergleich (n = 2,903)

2.1. Laufgänge und Verbesserungsan-
sätze für Funktionsbereiche

Eine spezielle Betrachtung der Ausführung von Laufgängen in geschlossenen Liegeboxenlaufställen zeigte
in den untersuchten Betrieben, daß
35-40 % planbefestigte Laufflächen,
55-60 % perforierte Flächen mit
Einzelbalken (durchschnittlich 14
cm Balkenauftrittsbreite, 4,0 cm
Schlitzweite) und 0-5 % Spaltenbodenflächenelemente (ca. 8 cm Bal-
kenbreite, 3,0-3,5 cm Schlitzweite)
vorhanden waren. Eine parallel dazu
durchgeführte veterinärmedizinische
Untersuchung (ZERZAWY, 1988) ergab,
daß bei planbefestigten Laufgängen
rund 6,5 %, bei Einzelbalkenausfüh-
rungen ca. 4,2 % und bei Spaltenbo-
denflächenelementen ca. 2,6 % der
Kühe Klauenleiden aufwiesen. Dies
bestätigt, daß die geltenden Sollwerte mit Bezug zum Selbstreini-
gungsgrad, den Klauenabmessungen
und den statischen Anforderungen
für die Laufgangausführungen in einem richtigen Bereich liegen.
Diese These kann zusätzlich unter-
mauert werden mit Analysen aus einer Teiluntersuchung, bei der nur
planbefestigte und "Einzelbalken"-
Laufgänge vorzufinden waren. Hierbei wurden die Haltungssysteme zusätzlich differenziert nach ganz-
jähriger Stallhaltung, halbtätigem
Sommerweidegang und ganztägigem
Sommerweidegang.
Bei den Kühen wurden die Klauen und
Gelenke jeweils in drei Stufen bewertet: "gut", "mittel" und

"schlecht". eine Betrachtung des
Klauen- und Gelenkzustandes in Abhängigkeit des Weideganganteils
zeigte eindeutig eine Zunahme der
mit "gut" bewerteten Klauen und Gelenke bei höher werdendem Weide-
ganganteil (Abb. 5). Die maximale
Differenz bei der Klauenbewertung
beträgt etwa 40 %; bei den Gelenken
ca. 30 %. Eine Ursache für die besseren Zustände sind sicherlich die
geringeren Verweilzeiten auf
schlecht ausgeführten Laufgängen.
Die Schlußfolgerung aus diesen Er-
kenntnissen muß also sein, die
Laufgnagausführung zu verbessern –
aber nicht generell mehr Weidegang-
anteil fordern.

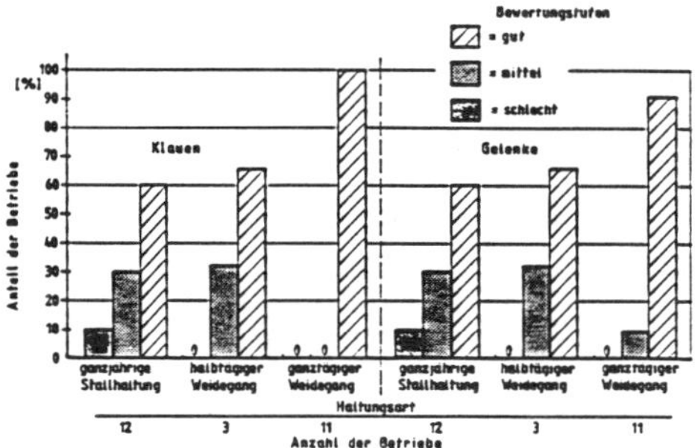

Fig. 5: Klauen- und Gelenkzustand
von Kühen bei geschlossenen Boxen-
laufstallsystemen (n = 26) (ca. 40%
planbefestigte Laufflächen; ca. 60%
Einzelbalkenspaltenböden mit durchschnittlich 14 cm Auftrittsbreite
und 4 cm Schlitzweite) in Abhängigkeit des Sommerweideganganteils

Die durchschnittlichen Wegstrecken
von Kühen in Liegeboxenlaufställen
betragen etwa 600 m pro Kuh und
Tag. Die Schwankungsbreite reicht
aber von ca. 180 m bis ca. 2500 m
pro Tier und Tag (BOCKISCH, 1985).
Dabei ist den einzelnen Kühen eine
hohe Wiederholbarkeit der zurückgelegten Wegstrecke nachzuweisen, so
daß sich die Aufgabe stellte, den
großen Differenzen zwischen den
Tieren in einem modernen Laufstall-
system nachzugehen. Daher wurde
eine Vergleichsuntersuchung ange-
stellt, in der 3 Kühe mit niedrigen, mittleren und hohen täglichen
Wegstrecken jeweils in eine kom-
fortable Einzellaufboxe mit Laufhof
eingestallt wurden.
Es stellte sich heraus, daß sich
die nunmehr zurückgelegten Wegstrecken weitgehend angeglichen und

insgesamt sich in einem Bereich von
100-200 m pro Tier und Tag er-
streckten (Abb. 6). Neben diesem
ruhigen Lokomotionsverhalten zeigten sich gleiche Veränderungen bei
weiteren Verhaltensparametern. So
war der Vorgang der Futteraufnahme
bei allen Kühen wesentlich ausge-
glichener. Damit entstehen Überlegungen, ob auch Verbindungen zur
Leistungssteigerung vorhanden sind.

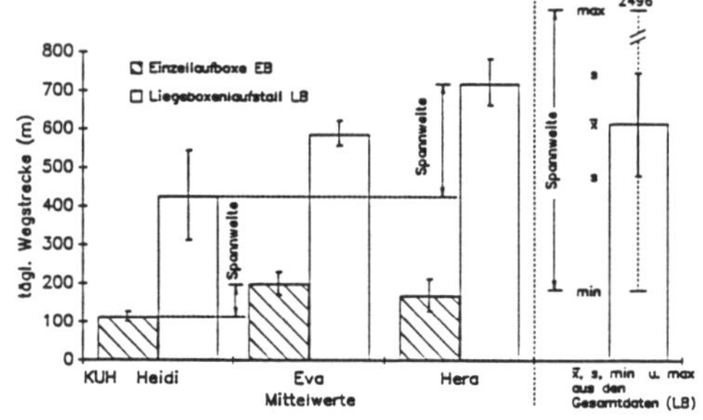

Fig. 6: Durchschnittliche tägliche
Wegstrecken von drei Kühen im
Liegeboxenlaufstall und in Einzel-
laufboxen (BOCKISCH, 1985).

Einige Hinweise sind in der Literatur (KEMPTER, 1983; MILLER, 1984;
DÜRING, 1987) bei Vergleichen zwischen Anbindeställen und Laufställen zu finden. Hier sind in mehreren unabhängig durchgeführten Untersuchungen absolute Differenzen
von 150-400 kg Milch pro Kuh und
Jahr zu Gunsten des Anbindestallsy-
stems angeführt. Die Ursachen dafür
können die besseren und ungestörten
Futteraufnahmebedingungen sein sowie der geringere "Stress", der
durch die Gruppenhaltung auf das
Einzeltier wirkt. Eine neue eigene
Analyse zeigt, daß Kühe in Einzel-
laufboxensystemen – bei längeren
Aufenthaltsdauern (etwa 1-3 Jahre)
– und sonst gleichen Rahmenbedingungen (Management, Fütterung),
einen Anstieg der Milchleistung um
bis zu 10 % aufweisen (bei Berücksichtigung von Effekten des Le-
bensalters und der Genetik) (Abb.
7). Dies bedeutet, daß ein ausgeglichenes Verhalten auch mit ver-
besserten Leistungskriterien ein-
hergeht.

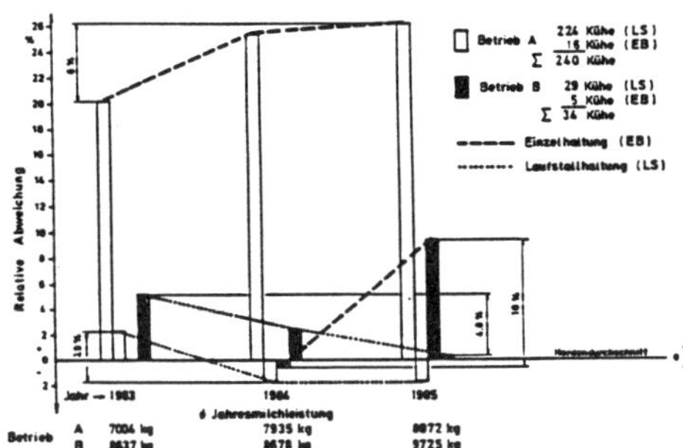

Fig. 7: Entwicklung der relativen Abweichungen (Mittelwerte) für die Jahresmilchleistung in zwei Betrieben von Kühen in Einzellaufboxen- und Liegeboxenlaufställen.

Neben den bereits aufgeführten Differenzen bezüglich der Klauenleidensrate in Abhängigkeit der Laufgangausführung soll darüberhinaus eine Beziehung zur Milchleistung aufgezeigt werden. In den Untersuchungen von BOCKISCH (1985) wurden in dem dreireihigen Liegeboxenlaufstall nach kanpp drei Jahren Verhaltensbeobachtungen die Laufgang- und die Liegeboxenausführung geändert. Zu Beginn der Untersuchungen waren Spaltenbodenflächenelemente mit den Funktionsmaßen 14 cm Auftrittsbreite und 4,3 cm Schlitzweite verlegt. Die neuen Spaltenbodenflächenelemente hatten dann die Funktionsmaße 8 cm Auftrittsbreite und 3,3 cm Schlitzweite. Bei den Liegeboxen wurde von Tiefboxen mit Einstreu, bei denen nicht differenziert war zwischen Kopf- und Liegeraum, übergegangen auf Hochboxen mit einer mechanischen Trennung (Bugschwelle) von Kopf- und Liegeraum und flexibler seitlicher Boxenabtrennung. Die Verhaltensanalysen sowohl für das Herden- als auch das Einzeltierverhalten zeigten keine signifikante Änderung nach den Umbaumaßnahmen am Stall. Allerdings änderte sich sehr stark nach dem Umbauzeitpunkt die durchschnittliche Herdenmilchleistung. Seit 1978 pendelte sich die durchschnittliche Herdenmilchleistung über etwa vier Jahre bei 5400 bis 5700 kg pro Kuh und Jahr ein. Nach der Umbaumaßnahme stieg diese innerhalb von etwa 1,5 Jahren bis auf maximal 6500 kg pro Kuh und Jahr an. Danach war die Milchleistung wieder leicht rückläufig. Sie blieb

jedoch auch über den dargestellten Zeitraum noch um 500 bis 600 kg höher als vor der Veränderungsmaßnahme (Abb. 8). Dabei ist festzustellen, daß innerhalb des engeren Betrachtungszeitraumes alle Rahmenbedingungen gleich waren (z.B. Betriebsmanagement, Kühe, Futtergrundlage und Fütterungsregime, Stallhülle bzw. Stallklima).

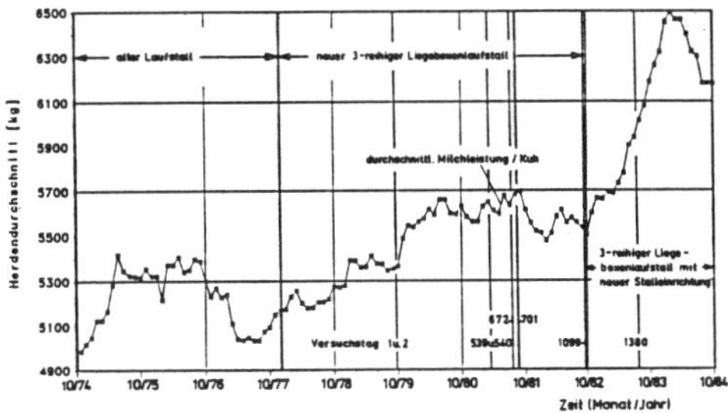

Fig. 8: Entwicklung der Herdendurchschnittsleistung im untersuchten Liegeboxenlaufstall mit ca. 45-55 Kühen (BOCKISCH, 1985)

Daß die Leistung wieder etwas zurückgegangen ist, hängt vermutlich mit der damals eingeführten Milchmengenkontingentierung zusammen. Resümierend ist aus den Verhaltens- und den Leistungsdaten festzuhalten, daß keine Verhaltensänderungen stattgefunden haben, speziell bei verbesserter Laufgangausführung, jedoch eine Milchleistungssteigerung. Dies deutet darauf hin, daß durch eine Verminderung von Klauenleiden (die vielfach nicht akut werden) eine Leistungssteigerung erreicht werden kann. Da sich in dieser Form der Gruppenhaltung das Verhalten nicht änderte, müssen zusätzliche Maßnahmen gefordert werden, damit auch jedem Einzeltier in der Gruppe die Möglichkeit geboten wird, ein ausgeglichenes Verhalten ausüben zu können, d.h. den Kühen in Laufstallsystemen muß mehr gesicherter Individualraum zugestanden werden. Ein Ansatzpunkt hierfür ist die individuelle Zuteilung von Freßplätzen am Freßgitter mit Tieridentifizierung. Dieses Ziel wird zur Verbesserung der Grundfutteraufnahme und der Kontrolle in mehreren Versuchsstationen (z.B. FAL Braunschweig-Völkenrode) verfolgt.

2.2 Stalltemperatur

Eine spezielle Betrachtung anhand
von 29 Anbindeställen (BOCKISCH und
KUTSCHER, 1986) hinsichtlich der
maximalen Stalltemperatur im Sommer, weist eine Beziehung zur Abgangsrate wegen Stoffwechselstörun-
gen mit r = 0,46 (p = 0,01) auf.
Dabei kann die maximale Stalltemperatur nur eine Indikatorfunktion
darstellen. Gleiche Tendenzen für
diesen Zusammenhang sind auch in
weiteren Analysen ermittelt worden.
Trägt man zusätzlich andere Abgangsursachen über der max. Stalltemperatur auf (Abb. 9), so steigen
speziell die Abgänge wegen "Unfruchtbarkeit" ab der Klasse von 22
°C bis 24 °C deutlich an.

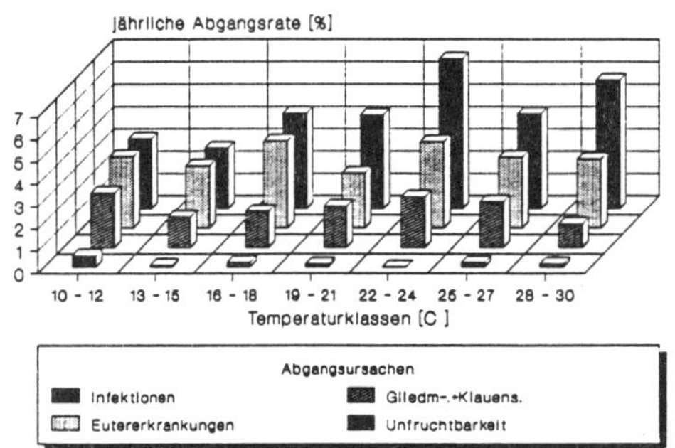

Fig. 9: Verschiedene jährliche Abgangsraten in Abhängigkeit der maximalen Stalltemperatur

2.3 Wirtschaftlichkeit

Ökonomische Berechnungen zeigen,
daß Mehrinvestitionen für tierangepaßte Stallumweltgestaltungen rentabel sind. Ausgehend von Modell-
kalkulationen die NACKE (1983) er-
stellte, wurden zusätzliche Inve-
stitionskosten von 207 bis 362
DM/Kuhplatz in verschiedenen Stallvarianten abgeleitet. Die Zusatz-
kosten ergeben sich z.B. aus einer
größeren Stallfläche pro Kuh, einer
aufwendigeren Stand- oder Liegeplatzgestaltung, einer besseren
raumlufttechnischen Anlage etc.
Dieser "Mehrinvestition" ist der zu
erwartende höhere Nutzen, wie verringerte Zwischenkalbezeit, längere
Nutzungsdauer der Kühe, leicht erhöhte Milchleistung, gegenüber ge-

stellt worden (Abb. 10). Die berechneten Daten nach der Pay-off-
Methode beweisen eindeutig, daß ein
zusätzlicher Aufwand für verbesserte Stallgestaltung in allen dargestellten Varianten sinnvoll ist.

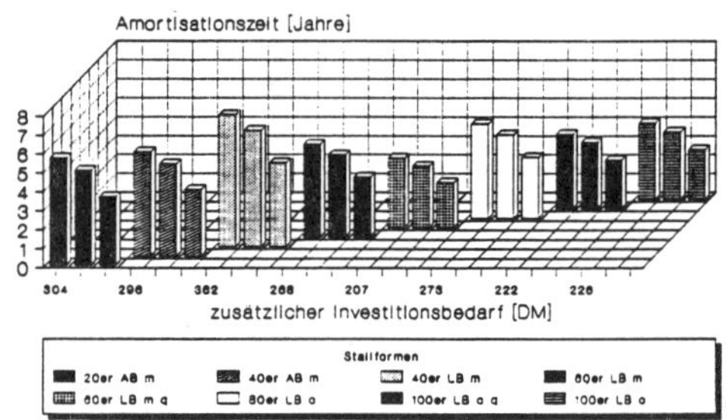

Fig. 10: Amortisationszeiten (ohne
und mit Berücksichtigung der Reduzierung von Tierarztkosten) für den
zusätzlichen Aufwand je Kuhplatz
bei verschiedenen Stallvarianten
(Ausgangsbasis: Modellkalkulation
NACKE, 1983)
1. Säule:ohne Berücksichtigung von
         Tierarztkosten
2. Säule:mit Reduzierung von Tier-
         arztkosten (7 DM/Kuh u.J)
3. Säule:mit Reduzierung von Tier-
         arztkosten (30 DM/K. u.J.)
(m = mit Nachzucht; o = ohne Nachzucht; q = Liegeboxen quer zur
Stallängsachse)

3.0 Schlußfolgerungen

Bei einem Vergleich von Anbindeställen und Liegeboxenlaufställen
muß festgehalten werden, daß der
Verbesserungsbedarf in Laufstallsystemen größer, aber auch schwie-
riger zu realisieren ist. Dies gilt
hauptsächlich für eine tierangepaßte Liegeplatzgestaltung und die
Zuteilung von gesichertem Individualraum. Kann eine tierangepaßte
Liegepaltzgestaltung nicht immer
gewährleistet werden (z.B. in Liegeboxenlaufställen - hier wird meistens mit Durchschnittsmaßen, wenn
möglich mit Orientierung an den
größten Kühen gearbeitet), so müssen verstärkt Kontroll- und Pflege-
maßnahmen stattfinden. Bei der
Laufgangausführung in geschlossenen
Liegeboxenlaufställen muß verstärkt
auf die Installation von klauen-
freundlichen Spaltenbodenflächen-
elementen hingewiesen werden.

Ökonomische Betrachtungen, die auf die hier beispielhaft vorgestellten und weitergehenden Erkenntnisse aufbauen, zeigen, daß Maßnahmen für tierangepaßte Haltungssysteme rentabel sind, wenn der zusätzliche bauliche und technische Aufwand mit der gesamten Nutzungsdauer eines Stalles (20 bis 25 Jahre) verglichen wird. Damit ist eine bessere Argumentationsgrundlage vorhanden, um tierangepaßte Milchviehställe hinsichtlich Tiergesundheit und ausgeglichenem Verhalten zu fordern.

4.0 Literaturverzeichnis

Bockisch, F.-J.: Beitrag zum Verhalten von Kühen im Liegeboxen laufstall und Bedeutung für einige Funktionsbereiche. Diss. TUM-Weihenstephan 1985, MEG-Schrift 113.
Bockisch, F.-J. u. G. Kutscher: Beitrag zur Ausführung von Anbindeställen und deren Auswirkungen auf Milchkühe. In KTBL-Schrift 319; Aktuelle Arbeiten zur artgemäßen Tierhaltung, 1986.
Bockisch, F.-J.: Unveröffentlichte Manuskripte, Universität Gießen 1988.
Boxberger, J.: Wichtige Verhaltensparameter von Kühen als Grundlage zur Verbesserung der Stalleinrichtung. Habil.-Schrift TUM-Weihenstephan 1983, MEG-Schrift 80.
Düring, F.: Untersuchungen zur Gesundheitssituation in Schleswig-Holsteinischen Milchviehherden. Diss. Universität Kiel, 1987.
Hoffmann, H.: Milchviehhaltung unter veränderten Produktionsbedingungen - Eine ökonomische Analyse für bayerische Futterbaustandorte Habil.-Schrift TUM-Weihenstepahn 1988, Agrarwirtschaft Sonderheft 118.
Jungehülsing, H.: Sind hohe Milchleistungen mit hohen Ausgaben für Tierarzt- und Arzneimittelkosten verknüpft? Der Tierzüchter 32, Nr. 3, 1980.
Kempter, X.: Über den Einfluß des Haltungsverfahrens auf die Ausprägung von Merkmalen der Milchleistung und der Fruchtbarkeit sowie auf einige Abgangsursachen in milchleistungskontrollierten Betrieben in Baden-Württemberg. Dissertation Universität Hohenheim, 1983.
Miller, H.: Zusammenhang zwischen Milchleistung und Aufstallungssystemen. Unveröffentlichte Manuskripte 1984.
Nacke, E.: Ein Modellkalkulationssystem zur Ermittlung des Investitionsbedarfes landwirtschaftlicher Betriebsgebäude - dargestellt am Beispiel ausgewählter Stallbaulösungen für die Milchviehhaltung. MEG-Schrift 91, Diss. TUM-Weihenstephan, 1983.
Zerzawy, B.: Unveröffentlichte Manuskripte, Diss. in Vorbereitung Universität Gießen, 1988.

Land and Water Use, Dodd & Grace (eds), © 1989 Balkema, Rotterdam. ISBN 90 6191 980 0

The automatic feeder influence on milking cows' shelters design

A.Candura
Rural Buildings Institute, Bari, Italy

A.Gusman
Agricultural Engineering Institute, Viterbo, Italy

ABSTRACT: The advantages of automatic feeders have encouraged the spread of these mechanical equipments into milking cows' shelters. There are, in fact, good effects on milking production and sensible labour saving. The installation of this unit into cows milking shelters gives many problems. Research shows some obstacles and has suggested some design criteria for breeding shelters in order to fully use the automatic feeders. Some modular solution of shelters have been designed to be used in any size building.

In this study there are proposed some solutions for Italian climatic conditions.

RESUME: Les avantages indeniables qu'offrent les engreneurs ont favorise une certaine diffusion de ces equipements, notamment dans les installations pour le vaches laittieres. On a en effet observe des effets benefiques quant a la production de lait et aussi, bien sur, un moindre recours a la main d'oeuvre. L'adoption de cet equipement dans des structures anciennes a toutefois entraine des problemes notables pour son utilisation correcte et complete. Ces inconvenients, mis en evidence par une recherche effectuee aupres de certaines exploitations, ont amene a entreprendre una etude visant a definir une organisation differente de L'elevage, structuree de facon a utiliser pleinement les potentialites de l'engreneur. A cet effet, on a donc elabore certains types d'elements modulaires utilises comme base dans le project d'installations de toutes dimensions destinees aux elevages.

Pour finir, on a propose certaines solutions ideales selon les differents climats de l'Italie, en utilisant ces memes modules.

ZUSAMMENFASSUNG: Der Einfluss automatischer Selbstfuetterungsanlagen auf die Planung der Unterkuenfte von Milchvieh. Die zweifollosen Vorteile, welche die automatischen Fuetterungsanlagen anbieten, haben dazu gefuehrt, dass diese immer haaufiger eingesetzt werden, besonders in dan staellen fuer Milchvieh. Ausser der unbestrittenen Reduktion das Einflusses menschlicher Arbeitskraefte, gibt es positive Auswirkungen auch auf die Milchproduktion. Die Einfuehrung dieser Anlagen in veraltete Staella hat jedoch zu beachtlichen Problemen hinsicht ihrer korrakten und vollstaendigen Ausnutzung gefuehrt. Diese Schwiarigkeiten, die mittels einer Unterschung bei einigen Betrieben herausgearbeitet wurden, haben bewirkt, dass eine intensive Studia durchgefuert wurde um eine andere Organisation der Aufzuchtbetriebe zu definieren, die so strukturiert ist, dass die Moeglichkeiten des automatischen Fuetterapparates vollstaending ausgenutzt werden koennen. Daher sind einige wesentliche Elemente herausgearbeitet worden, die als Grundlage fuer die Planung von Aufzuchtbetrieben unterschiedlicher Dimensionen dianen koennen. Zum Schluss werden verschiedene Loesungen fuer die unterschiedlichen klimatischen Verhaeltnissa Italiens angeboten, indam diese Elements angewendet werden.

1. INTRODUCTION

It is well known that feeding techniques have a very important role in economic management of dairy cow breeding.

Attention is turned more and more to such parameters as feed conversion index, digestibility, palatability, type of feed and, for some time, to feeding systems.

The cost of manual labour and of mechanical equipment and the necessity of verifying the rumen functions of milking cows that produce a milk quantity above 40 kg/day, requires the modification and improvement of feeding systems.

Unifeed techniques are typical examples of this evolution.

The control of feed quantity wastage are aims to be reached today.

Today, in fact, in Italy the concentrates, ratio is about 55% - 60% of dry matter when a milking cow produces a lot of milk, while this ratio was about 10% - 15% of dry matter many years ago.

The concentrate has many good characteristics such as palatability and facility for accurate dosage.

These characteristics have allowed the development of mechanical equipment for automatic feeding that are connected with computer systems using more and more perfect software.

Without doubt, these feeders benefit rumen function but, for us, have the benefit of precise control of almost half the feed rations.

Clearly, the introduction of automatic feeders modifies the usual feeding techniques and so it is necessary to carry out a critical analysis of the problems concerning their correct installation into shelters to achieve best use of their characteristics.

In this regard we have carried out research in some farms near Viterbo different in size and farmer organization, where some automatic feeders are installed.

We have found two problems: the first concerning the choice of the best installation of automatic feeder and the second concerning how many dairy cows a feeder can serve in every condition.

Regarding to the correct installation of feeders into shelters, we have noticed that it is strictly connected with the location of different shelter areas.

Distance from feeding areas and climatic conditions are the more frequent obstacles to full use of the automatic feeder.

Regarding the number of milking cows every automatic feeder can serve, there is a tendency to set up one unit for every 30 cattle but, for us, this number is justified in standard conditions for ease of cattle movements and feeder station accessibility in every weather condition etc.

It is well known that a dairy cow uses the feeder with its own frequency and its specific frequency varies during the day.

So there are periods when the feeders are less utilized and periods during which all cattle go to the feeder and they become troubled and time losses increase.

2. COWS FOR AN AUTOMATIC FEEDER

The correct number of cows served by every station is essential both for economy and for a regular sequence of the cows to the feeding station.

The experimental data of the research allows us to make some hypothesis to be checked every time different conditions of site, animals, habits, labour rhythms of workers, mean ration, concentrates' composition, etc. are found.

First we can say that:

- the delivery speed (g/m) of concentrates must depend on type and pellet size;

- the delivery's speed of food must not be higher than the intake speed of animals; a delivery with an higher speed can involve a waste, while a lower speed causes delays;

- the time lost by every animal (that for a correct utilization should't be longer than 0,5 min) depends on the building arrangement.

Theoretically the time spent every day by any animal to keep the autofeeding station busy should be equal to:

$$t_c = \frac{R}{v} + t_p$$

R = daily ration of concentrates per cow;
v = delivery's speed of concentrates;
n = time's number in which an animal approaches the station;
t_p = time lost by every animal.

If t_m is the time during which the animal is retained for milking, t_a the time necessary to each other types of feed and t_r the time in which the animal ruminates and rests, the number of cows that every autofeeding station can serve, should be equal to:

$$N = \frac{24 - (t_m + t_a + t_r)}{t_c}$$

This number can vary widely in consequence of the indicated parameters and, particularly, in consequence of time lost by every animal entering and exiting from the feeding stations.

A greater number of cows per feeder could be dangerous, especially when the station position in the shelter isn't the best, because the weaker animals could accumulate remarkable delays, losing all advantages that we wanted to achieve.

3 EXPERIMENTAL PROCEDURE

We have carried out a careful experiment on an existing system to determine the criteria for a correct planning of cowsheds with an autofeeder stations.

The research has been carried out in the zootechnic farm of "E. Avanzi" Experimental Farm of University of Pisa.

The milk cattle shelter has a lying area bordered along the longer side by two paddocks: the southern one separates the lying area from the feeding one, while the northern one connects the lying area with the milking parlour.

In the southern fence has been set up an automatic feeder controlled by a computer - "Alfa Laval 100" model with two feeding stations and two silor for concentrated feed.

During the test period the concentrates' daily ration for 45 milking cows varied from 1,0 kg to 13 kg with a mean value of about 9,0 kg/day.

In July available quantities of food for each animal was recorded at fixed hours, and these data have been translated into delay time (the "delay time" is the minutes spent since the last concentrate eating) through the following expression:

$$T_r = \frac{Q_r}{R} \times 24 \times 60$$

Q_f = available quantity of food
R = daily ration

From these data have been calculated the average values for each cow group (each group was different from others owing to the concentrates' ration) and a delay time value for each hour has been calculated with a weighted mean (it has been assumed the number of cows in a group is a correct weighting).

The results have been reported in the following fig. 1.

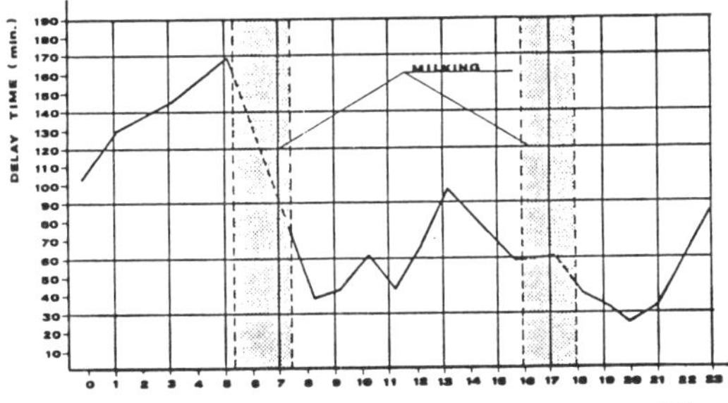

Fig. 1

4 DISCUSSION

From examination of graph n° 1, we find the minimum value of delay time at about 8.00 p.m. that is to say two hours after the second milking and when the area where the autofeeder was installed, wasn't exposed to the sun anymore.

In fact, during the warm hours the animals tended to remain in the cold northern area.

The second minimum has been found after the first milking (about 8.00 a.m.) and this shows that there is a remarkable tendency of animals to consume all the concentrates after the first milking.

The minimum delay time value was 24 minutes per cow and it is a little different from the theoretical one, (i.e. 15 - 18 minutes if there is no break in the autofeeding process).

The minimum values appear only twice in a day because, in our opinion, the systems aren't correctly used.

All the animals go to the station only when they are strongly stimulated, which seems to happen after the milkings, while there is a resistance during the other periods of the day.

In particular in a period between 11.00 a.m. and 1.00 p.m. another increase of "delay time" appears and that because the autofeeder were set up in a very sunny area and there was no protection for the animals.

After 8.00 p.m. in darkness, we have a progressive and constant increase of delay that reaches the maximum at about 5.00 a.m. o'clock (delay time about 180 minutes).

In practice, during these nine hours, the system is poorly and badly used, when the dairy cows rest and ruminate. We have noticed that in this farm, the autofeeders were out of the lying area without artificial illumination.

The tests were made in summer, when in the night there weren't climatic difficulties and few hours without daylight, so in winter this delay time could increase presumably.

In graph n° 1 we don't note any influence of fresh fodder delivery because the feeding mangers and the autofeeding station were very close together

Moreover the animals' behaviour has been analysed in detail over about 35 hours (from 8.00 a.m. to 7.00 p.m. of the day after).

The data were analysed by above mentioned method and the results are exposed in fig.2

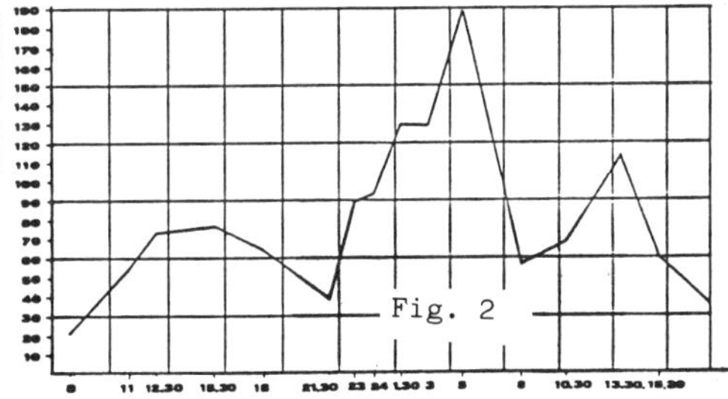

Fig. 2

Even in this case the minimum values appear at about 8.00 a.m. and at about 9.30 p.m. while the absolute maximum appears at 5.00 a.m.

5 DESIGN CRITERIA

The results of this research allow us to prudently express some basic criteria to be followed when we want to set up mechanical equipment in a livestock house.

It would be better to bear these indications in mind:

1. the autofeeder should be easily reached by animals and also by men for control during day and night and in every climatic condition;

2. the feed distributors (if they are outside) and, especially, the animals have to be protected from bad weather with at least a shed;

3. in cold and windy regions the autofeeder should be set up as close as possible to the lying areas or even in this area to allow the correct use of this equipment;

4. the areas where the feeding stations are set up, should be illuminated during evening and night hours to provide a quiet period to animals for a better use of the system;

5. the number of autofeeder's must be connected with the number of served cows;

6. when we have more autofeeders in a shelter, it would be best if they are set up side by side because if one of them breaks down, the others can make up for the herd's needs;

7. the area near the station must be provided with an efficient cleaning system because it is well known that during meals the animals produce a lot of waste;

8. the silos of concentrates must be easily reachable by transport;

9. the distance of silos from stations must be less than 200 m to avoid pulverization of the pellets.

Surely it's impossible to follow all these criteria in old buildings, but sometimes even in the new buildings, if we didn't take into account the system demands at the planning stage.

Following these criteria, we have planned two modular shelters valid for cold and warm region.

6 MODULAR MILKING COWS SHELTERS

Today each autofeeder on sale is able to serve about 25 - 30 cows when the concentrates ratio is very high.

It seemed opportune to fix a minimum size unit that can exploit completely the autofeeder potentialities.

Evidently this unit, that should be composed with 25 - 30 dairy cows is insufficient for a workman who can serve a lot of cattle.

If the cowsheds' work keeps the workman busy only for one part of the working day, this minimum unit may be enough.

So we have planned two type of modular building for dairy cows that can shelter the minimum breeding unit (fig. 3 and 4).

These modular buildings may be coupled together for a great number of cows.

Both the solutions are characterized by having a lying area with cubicles, a central walking area for animals, provided with a mechanical system to eliminate the waste, a feeding area and open pens.

The arrangement of these areas reflects the typical building of the climatic regions that we have mentioned before.

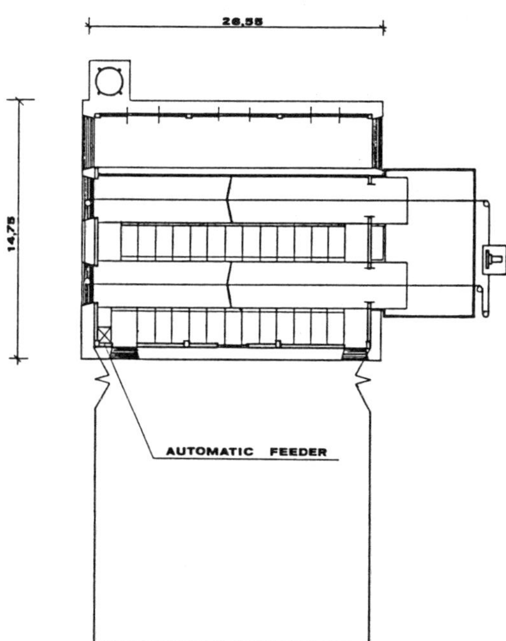

Fig. 3 Modular milking cows shelter

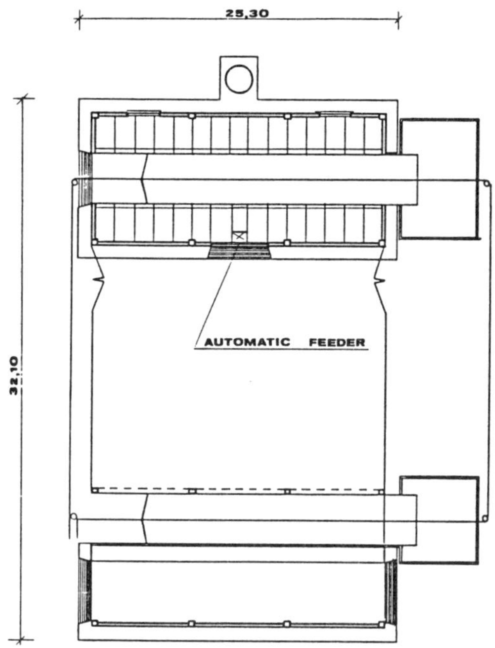

Fig. 4 Modular milking cows shelter

The first solution, in fact, provides
the lying area near to the feeding area:
both are placed in the building.

In the second solution the areas are
entirely separated from the open area.

The autofeeder arrangement takes into
account the climatic conditions and so in
the cold region it is set up in the
lying area near the exit to the paddock.
Its position is offcentre compared to the
transferse axis of the building, to make
easier the modular unit's setting.

In the solution for the warm weather
region, the autofeeder has been set up in
a central position in the lying zone,
easily reachable either from the inside
or from outside.

Both these modular shelters can be
gathered in variable number in order to
build bigger cowsheds.

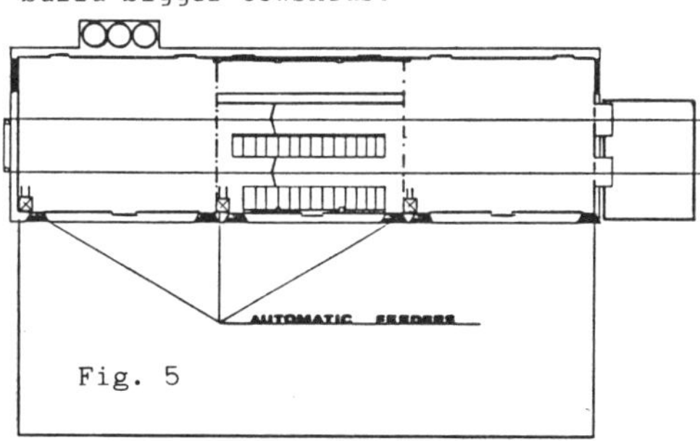

Fig. 5

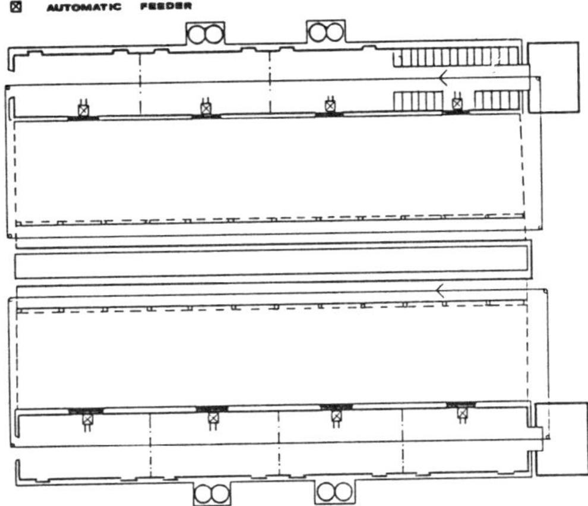

Fig. 6 Soluzion with   8 modules

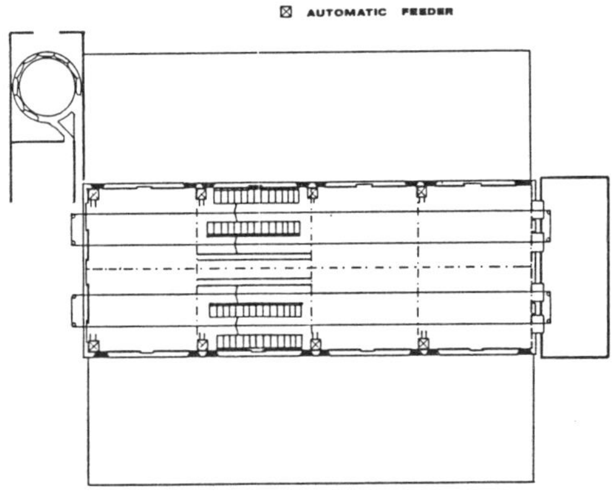

Fig. 7 Solution with   8 modules

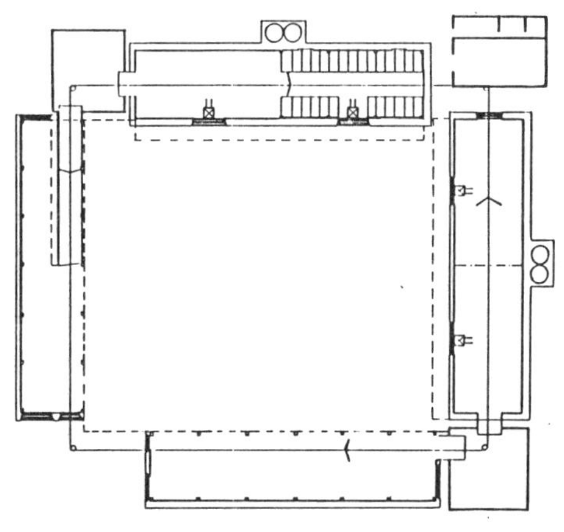

Fig. 8 Solution with   8 modules

7 CONCLUSION

The introduction of the autofeeder in
cowsheds is becoming more and more a
reality for the undoubted advantages that
such a system can offer.

But to fully exploit the capacities of
this system, some of following criteria
must be incorporated into the shelter.

From an experimental research it
appeared that the use isn't regular during
daytime, not only for physiological
reasons but also because of the position
of the systems in the shelter.

The potential of these system may be
increased over the limit indicated by the
theoretical calculation with correct
planning of the building.

Like in every technological innovation
this involves a revision of planning
criteria and is a further proof that the
shelter structures have an active function
in the productive process which take place
inside.

REFERENCES

Associazione Italiana Allevatori 1985 Controlli della produttivita del latte in Italia 1984. Roma.

Bridle, J.E. 1976 Automatic Dairy Cow Identification. Jornal of Agricultural Engineering Research 21.

Cassel, E.K. & Merril, W.G. 1981 Cornell feeding trials preliminary results. Animal Science mimeograph series 53.

Church, D.C. 1976 Digestive Physiology and Nutrition of Ruminants. In Vol. 1 Digestive Physiology II.

Giau, B. 1983 Analisi di alcuni aspetti economici dell'introduzione degli auto-alimentatori nell'allevamento bovino da latte: motivazioni e primi risultati. Rivista di Economia Agraria 4.

Grignani, U. 1970 La stalla aperta. Bologna Edagricole.

Gruppo RDB 1985 Elementi in laterizio e componenti in laterocemento. Componenti e strutture in cemento armato ordinario e precompresso. In Schede tecniche per l'edilizia. Piacenza.

Istituto de Zootecnia 1980 Norme alimentari per l'asciutta. Piacenza, Facolta di Agraria.

Instituto di Zootecnia 1980 Suggerimenti per la bovina in lattazione. Piacenza. Facolta di Agraria.

Pazzona, A. & Paschino, F. & Piccarolo P. 1984 Analyse de trois systemes programmes par ordinateur pour la distribution fractionnee des concentres aux vaches laitieres. Hungary. 10 Internactional Congress on Agricultural Engineering.

Pazzona, A. 1984 Distribuzione di concentrati col computer: meno spreco e piu latte. Verona. L'informatore agrario 41.

Street, M.J. 1979 A pulse-code modulation sistem for automatic animal identifica-tion. Journal of Agricultural Engineering Research 24.

Succi, G. 1982 Sulle tecniche di alimentazione delle vacche da latte". Cremona. Giornata di studio nell' ambito della Fiera Internazionale del bovino da latte (AICA-AIA).

Turner, M.J.B. 1981 Performance monitoring of farm animals using on line computers. British Soc. Animal Production occasional 5.

Land and Water Use, Dodd & Grace (eds), © 1989 Balkema, Rotterdam. ISBN 90 6191 980 0

Ergebnisse zur computergesteuerten, leistungsabhängigen Gruppen- und Einzeltierfütterung in der Milchviehhaltung

H.Pirkelmann & G.Wendl
Bayerische Landesanstalt für Landtechnik, TU München/Weihenstephan, Bundesrepublik Deutschland

ABSTRACT: For economical and physiological reasons a computer aided production system in dairying is tested to improve the feeding according to the yield and to utilize roughage as good as possible. Therefore basic rations with different composition and energy content were fed to two production groups devided by an electronically controlled grouping system. The individual roughage intake is determined by a multivariant estimation program and completed by concentrates delivered by self feeders.

Conditions for feeding to demand are the automatically recorded milk yield and body weight. The yield data and the feed consumption are stored up and give a reliable base for the economical evaluation of each cow and the whole milk production system.

ZUSAMMENFASSUNG: In einem rechnergesteuerten Produktionssystem für die Milchviehhaltung wird aus ökonomischen und ernährungsphysiologischen Gründen eine bedarfsgerechte Fütterung und bestmögliche Verwertung des Grundfutters angestrebt. Dazu werden Grundfutterrationen unterschiedlicher Zusammensetzung und Energiedichte an zwei, mit Hilfe elektronisch gesteuerter Sortiereinrichtungen unterteilte Leistungsgruppen vorgelegt. Die tierindividuelle Futteraufnahme aus dem Grundfutter wird nach einer multivarianten Schätzmethode ermittelt und mit Kraftfutter aus Abrufstationen ergänzt.

Basis der bedarfsgerechten Fütterung stellen automatisch erfaßte Leistungsdaten wie die Milchleistung und die Körpergewichtsentwicklung dar. Die Informationen über die Tierleistung und den Futteraufwand werden gespeichert und bieten eine zuverlässige Voraussetzung für die ökonomische Bewertung des Einzeltieres und des Betriebszweiges.

1. EINFÜHRUNG

Aus ökonomischen und physiologischen Gründen ist in der Milchviehfütterung die leistungsgerechte Rationsanpassung unter bestmöglicher Nutzung des betriebseigenen Grundfutters anzustreben. Dieses Ziel kann nicht durch fütterungstechnische Einzelmaßnahmen, sondern nur im Rahmen umfassender Systemlösungen von der Futterbereitstellung bis zur Futtervorlage erreicht werden.

Eine individuelle Fütterung ist bislang nur für Kraftfutter realisiert. Grundfutter wird dagegen als Standardverfahren herdeneinheitlich verabreicht. Diese unbefriedigende Situation könnte durch die differenzierte Vorlage unterschiedlicher Futterqualitäten an Leistungsgruppen und die Schätzung der tierindividuellen Verzehrsmenge verbessert werden. Die Möglichkeit der Gruppierung in Verbindung mit der Abruffütterung von Kraftfutter und die Auswirkungen auf die Leistungskriterien der Herde werden unter Praxisbedingungen erprobt.

2. SYSTEM DER GRUPPENFÜTTERUNG

Die Unterteilung einer Milchviehherde in Leistungsgruppen soll den
Leistungskriterien entsprechend
möglichst flexibel ohne zusätzlichen Arbeitsaufwand und ohne negative Auswirkungen auf das Tierverhalten durchführbar sein. Diese
Forderungen sind mit elektronischen
Hilfen durch die bekannten Identi-
fizierungssysteme und elektronisch
gesteuerte Sortiereinrichtungen
leichter zu erfüllen als mit mechanischen Abtrennungen. Während bei
der Verabreichung von Alleinfutter
mindestens 3 - 4 Leistungsgruppen
erforderlich sind, genügen für ein
kombiniertes System mit ergänzender
individueller Kraftfuttergabe 2
Gruppen für die differenzierte
Grundfuttervorlage, die damit auch
in kleineren Herden einfacher rea-
lisierbar ist.

Nach einem in der Praxis erprob-
ten System wird im Laufstall der
Raum vor dem Futtertisch in 2 Bereiche unterteilt. Der Zugang ist
jeweils nur durch ein Eingangstor
mit einem Empfänger für die Tieridentifizierung und einem Sperr-
mechanismus möglich. Nur Tiere der
zugehörigen Leistungsgruppe erhalten Zutritt. Die Gruppierung der
Tiere und die Ansteuerung der Tore
erfolgt über den Fütterungscomputer.

Die Anordnung der Freßbereiche
stellt gewisse Anforderungen an den
Stallgrundriß. Sie ist am einfachsten möglich, wenn die Liegehalle
und der Freßbereich inner- oder
außerhalb des Stalls getrennt ange-
legt sind. Im geschlossenen Liegeboxenlaufstall ist die Gruppenfütterung nur möglich, wenn der Zugang
zum Melkstand von außen erfolgt
oder der Warteraum in einen der Füt-
terungsbereiche mit verfahrbarer
Abtrennung und absperrbarem Freßgitter verlegt wird (Abb. 1).

3. AUSWIRKUNG DER GRUPPENFÜTTERUNG AUF DIE GRUNDFUTTERLEISTUNG

Die Begründung für die Gruppenfütterung liegt im großen Einfluß des
Energiegehaltes des Grundfutters
auf den Futterverzehr. Mit steigender Energiekonzentration nimmt die
T-Aufnahme und damit die Nährstoffversorgung aus dem Grundfutter zu,
so daß die besten Grundfutterqualitäten den Hochleistungstieren vorbehalten werden sollten. Durch die
gleichzeitig höhere Rohfaseraufnah-
me, ist im Rahmen einer wiederkäuer-
gerechten Rationsgestaltung auch
eine größere Kraftfuttermenge einzusetzen, so daß insgesamt eine
bessere Ausfütterung leistungsstar-
ker Kühe zu Beginn der Laktation
ermöglicht wird. Gegen Ende der

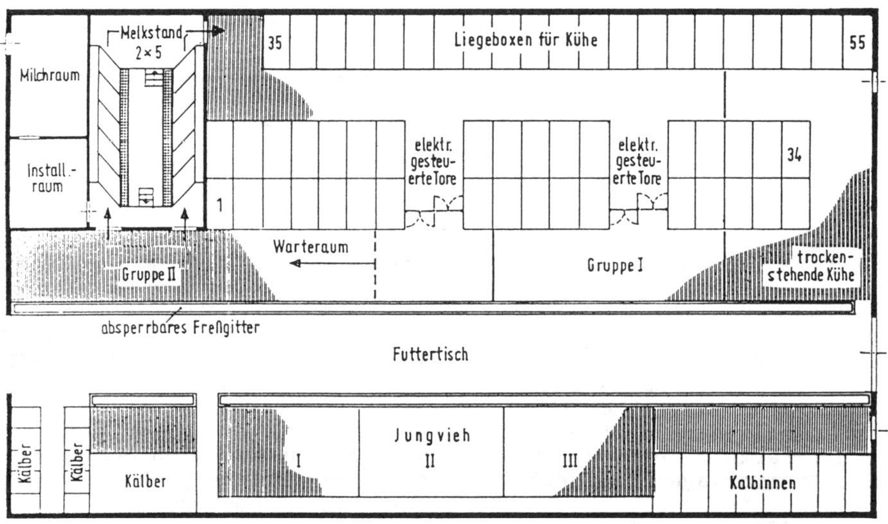

Abbildung 1: Vorschlag für Gruppenfütterung im geschlossenen Liegeboxenlaufstall

Laktation sollte durch geringer-
wertiges Grundfutter das Energie-
angebot zurückgenommen werden, um
unproduktive Überversorgungen und
eine unerwünschte Verfettung zu
vermeiden.

Die Auswirkungen dieser Fütte-
rungsstrategie werden anhand der
Laktationskurve einer Kuh mit einer
Jahresproduktion von 7545 kg Milch
verdeutlicht. Um die Verdrängung
von Grundfutter in Grenzen zu halten und eine ausreichende Versorgung mit strukturierter Rohfaser
sicherzustellen, wird für 2 Grundfutterrationen unterschiedlicher
Energiedichte die Kraftfuttermenge
jeweils auf 10 kg/d beschränkt. Im
Verfahren der Gruppenfütterung mit
einer Ration von 6,3 MJ NEL in den
ersten 210 Laktationstagen wird
eine höhere Grundfutteraufnahme und
damit eine höhere Milchleistung
aus dem Grundfutter (Grassilage,
Maissilage, Futterrüben und Heu)
erzielt, als in der Herdenfütterung
mit einer einheitlichen Ration von
5,8 MJ NEL (Abb. 2). Das Energie-

defizit zur Laktationsspitze ist
kleiner und kürzer und beträgt nur
75 kg Milch gegenüber 210 kg bei
einheitlicher Herdenfütterung. Am
Ende der Laktation wird in der
Gruppenfütterung der Energiewert
der Grundfutterration auf 5,7 MJ NEL
abgesenkt. Dadurch entsteht im Gegensatz zur Herdenfütterung keine
energetische Überversorgung. Auch
hinsichtlich des Proteins ergeben
sich ähnliche Verhältnisse.

In der Laktationsleistung werden
in der Gruppenfütterung 4840 kg
Milch aus dem Grundfutter gegenüber
4150 kg in der Herdenfütterung nach
Energie und 4530 bzw. 4000 kg nach
Protein produziert. Dies entspricht
einer Kraftfuttereinsparung von ca.
300 kg. Auch bei niedrigeren Lakta-
tionsleistungen wirkt sich die Gruppenfütterung positiv aus. Allerdings
ist der Effekt entsprechend geringer
(Abb. 3). Aus diesen Zusammenhängen
wird ersichtlich, daß der Erfolg der
Gruppenfütterung umso größer ist, je
höher die Tierleistung und je besser die Grundfutterqualitäten sind.

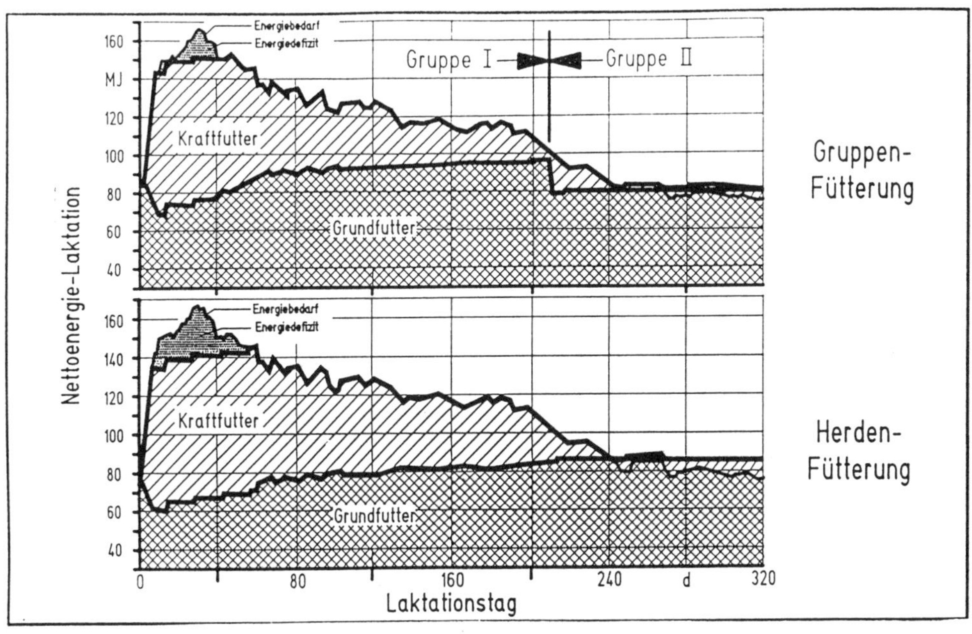

Abbildung 2: Energieversorgung bei Gruppen- und Herdenfütterung (Kuh 85)

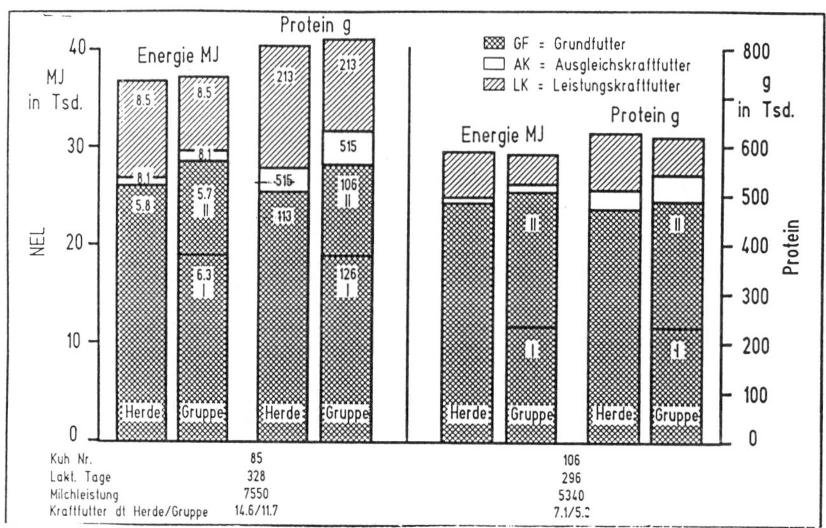

Abbildung 3: Vergleich der Nährstoffversorgung bei Gruppen und Herdenfütterung

4. SCHÄTZUNG DER TIERINDIVIDUELLEN VERZEHRSMENGE

Innerhalb der Gruppe wird das Futter zur freien Aufnahme vorgelegt. Eine leistungsgerechte Ergänzung der Basisration mit Kraftfutter setzt jedoch die Kenntnis der individuellen Grundfutteraufnahme voraus. Diese Information wird über ein Schätzverfahren zu erreichen versucht. Dazu werden die bekannten Einflußfaktoren auf den Grundfutterverzehr in eine Schätzgleichung einbezogen. Tierbezogene Einflüsse stellen das Körpergewicht und Zahl sowie Stand der Laktation dar. Von den futterspezifischen Eigenschaften wirkt sich neben T-Gehalt und Struktur vor allem der Energiegehalt und die Kraftfuttermenge aus. Fütterungstechnische Faktoren stellen die verfügbaren Freßzeiten, Vorlagetechnik und die Fütterungsfrequenzen dar (Abb. 4).

Einflußgröße		Formel	Bemerkung
Körpermasse	(M)	$\overline{TS}_B = -0,41 + 0,0195\ M$ $TS_B = 8,88 + 0,0058\ M$	1. Laktation >1. Laktation
Energiedichte	(E)		
• Grassilage	(G_A)	$TS = TS_B - 2,25\ (5,7 - E)\ G_A/100$	
Trockensubstanz	(TM)		
• Maissilage	(S_A)	$TS = TS_B - 0,4\ (25 - TM)\ S_A/100$	TM > 35%; TM = 35% TM < 25%; TM = 25%
• Grassilage	(G_A)	$TS = TS_B - 0,2\ (35 - TM)\ G_A/100$	TM > 30%; TM = 30% TM < 20%; TM = 20%
Kraftfutter	(KF)	$TS = TS_B - 0,035\ (KF \times 0,88)^2$	
Laktationsstand		$TS = TS_B - 1,8$ $TS = TS_B - 1,0$ $TS = TS_B - 0,6$ $TS = TS_B - 0,3$	0 - 14 Tage 15 - 28 Tage 29 - 42 Tage 43 - 56 Tage
Trächtigkeit		$TS = TS_B - 1,0$ $TS = TS_B - 2,0$ $TS = TS_B - 3,2$	ab 7. Monat ab 8. Monat ab 9. Monat

Abbildung 4: Formeln für die Schätzung der Grundfutteraufnahme

Nach diesem Verfahren ergeben sich
innerhalb einer Herde große Unterschiede in der Grundfutteraufnahme
(Abb. 5). Gegenüber dem bisherigen
Verfahren einer herdeneinheitlichen
Grundfutterversorgung verzehren vor
allem die Kühe mit einem hohen Körpergewicht und gegen Ende der Laktation höhere Mengen, als der Her-
dendurchschnitt. Erstlaktierende
und hochleistende Tiere zu Beginn
der Laktation zeigen dagegen deutlich geringere Verzehrsmengen, während eine dritte Gruppe dem Herden-
durchschnitt entspricht.

Nach der Basis der individuellen
Grundfutteraufnahme und der damit
aus dem Grundfutter produzierten
Milch, ist eine leistungsgerechte
Zuteilung des erforderlichen Kraft-
futters über die bekannten Abruf-
automaten möglich. Im Vergleich zum
bisherigen Standardsystem konnte
auf diesem Wege bei vielen Tieren
die Kraftfuttermenge ohne negative
Auswirkungen auf die Milchleistung
reduziert werden.

Eine wichtige Voraussetzung für
den Erfolg der Schätzmethode ist,
daß bei vielfältiger Zusammensetzung
des Grundfutters alle Tiere die eingesetzten Futtermittel im vorgegebenen Mengenverhältnis aufnehmen.
Diese Voraussetzungen werden vor
allem durch den Einsatz von Futtermischwagen geschaffen. Durch die

intensive Vermengung aller Rations-
bestandteile wird die Selektion vermieden und die Vorratsfütterung auch
für die rationierten Komponenten ermöglicht. Für die Verarbeitung von
Grassilage und Heu sind vor allem
Wagen mit messerbesetzten Mischwerk-
zeugen zu empfehlen.

5. ERFASSUNG DER TIERLEISTUNG

Unverzichtbare Basis jeder bedarfsgerechten Fütterung ist die Kenntnis der Tierleistung. Die wichtigste Kenngröße stellt die Milchleistung dar. Die derzeit angebotenen
und nach europäischen Richtlinien
zugelassenen automatischen Meßgeräte bringen im Melkstandeinsatz
eine hohe Meßgenauigkeit der Milchmenge (Abb. 6).

Zum Ausgleich der täglichen Streuungen, hat sich als Steuerungsgröße
das gleitende 7-Tages-Mittel bewährt. Die Proben zur Bestimmung
der Milchinhaltsstoffe werden durch
spezielle Probenahmegeräte manuell
gezogen und die im Labor gewonnenen
Analysen für Fett und Eiweiß zur
Korrektur der Milchmenge manuell
in den Rechner eingegeben.

Eine zusätzliche Kontrollgröße
für die leistungsgerechte Fütterung
von Milchkühen stellt der Verlauf
des Körpergewichtes dar. Wiegeein-

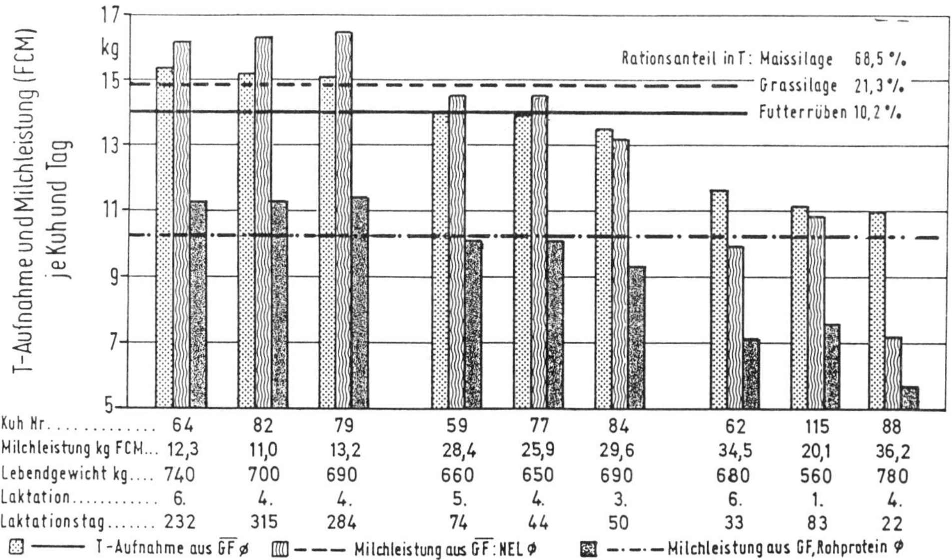

Kuh Nr.	64	82	79	59	77	84	62	115	88
Milchleistung kg FCM	12,3	11,0	13,2	28,4	25,9	29,6	34,5	20,1	36,2
Lebendgewicht kg	740	700	690	660	650	690	680	560	780
Laktation	6.	4.	4.	5.	4.	3.	6.	1.	4.
Laktationstag	232	315	284	74	44	50	33	83	22

Abbildung 5: Tierindividuelle Grundfutteraufnahme und Milchleistung
(Kalkulation nach multivarianter Schätzmethode)

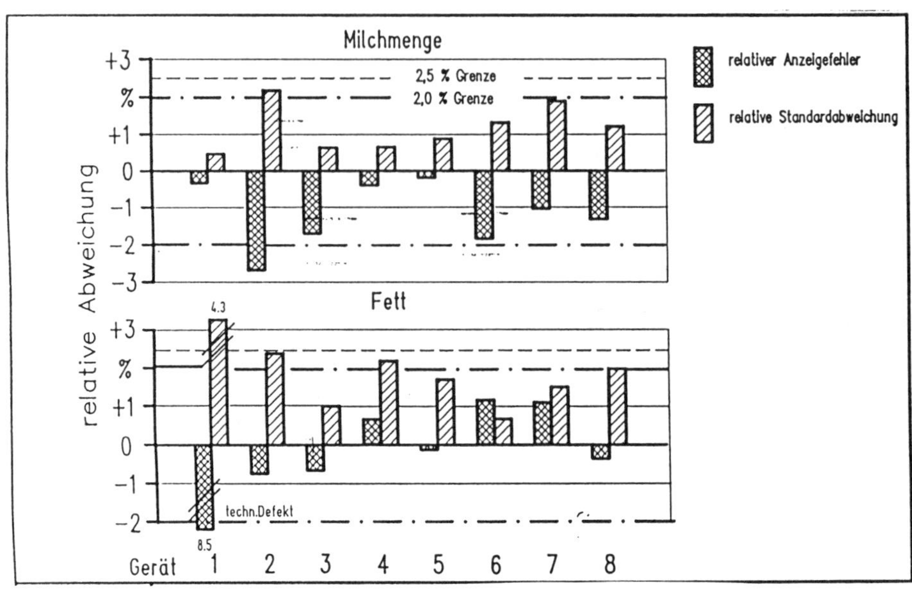

Abbildung 6: Meßgenauigkeit von Durchflußmeßgeräten (n = 5) zur automatischen Erfassung der Milchmenge

Kuh Nr.	62	77	85	89	101
Lebendgewicht kg	683	658	750	620	600
Laktationstage	257	266	183	196	209
Futteraufnahme					
GF MJNEL/Rohpr. kg	22884/499	24193/520	16748/400	16870/396	17529/406
KF MJNEL/ Rohpr. kg	10288/267	6960/207	8711/164	10616/217	9957/214
insgesamt MJNEL/Rohpr. kg.	33172/766	31153/727	25459/563	27486/613	27486/620
Erhaltung					
MJNEL/Rohpr. kg	10059/135	10123/135	7684/103	7135/96	7424/99
rel Anteil an der Futteraufnahme %	30.3 17.6	32.5 18.6	30.2 18.2	26.0 15.6	27.0 16.0
Milchleistung					
Insgesamt kg	6582	5891	5365	5186	5276
Grundfutter %	55.9	67.0	51.8	57.1	58.2
Kraftfutter %	44.1	33.0	48.2	42.9	41.8

Abbildung 7: Produktionskenndaten ausgewählter Kühe beim Einsatz der Prozeßsteuerung

richtungen in Verbindung mit Ver-
sorgungseinrichtungen ermöglichen
die tägliche Erfassung der Tierge-
wichte. Die über spezielle Auswerte-
programme ermittelten Tageswerte
unterliegen aufgrund meßtechnischer
und biologischer Einflußfaktoren
großen Streuungen. Für die Bildung
eines gleitenden Mittels sind daher bei Kühen mindestens 7 Tageswerte erforderlich. Ein gleichblei-
bender Verlauf des Körpergewichtes
läßt auf eine bedarfsgerechte Fütterung schließen, während Ab- bzw.
Zunahmen auf energetische Unter-
bzw. Überversorgungen hinweisen.
Durch die Trächtigkeit bedingte Veränderungen des Körpergewichtes sind
entsprechend zu berücksichtigen.

6. BEREITSTELLUNG VON LEISTUNGS-
KENNDATEN

Die fortlaufende Registrierung und
Speicherung der Fütterungs- und
Leistungsdaten verbessert nicht nur
den Produktionsablauf, sondern ermöglicht auch die Gewinnung aus-
sagefähiger Leistungskenndaten. Dazu werden die Verzehrsmengen an
Grund- und Kraftfutter aufsummiert
und die daraus erzeugte Milch aus-
gewiesen (Abb. 7). Die gewonnenen
Kenndaten zeigen die Leistungsbilanz
eines jeden Einzeltieres auf und
geben damit wichtige Hinweise für
die Wahl geeigneter Tiere zur Be-
standsergänzung. Das gewonnene Da-
tenmaterial stellt aber auch eine
zuverlässige Basis zur ökonomischen
Beurteilung der laufenden Produktion
und der Bewertung des gesamten Betriebszweiges dar.

LITERATUR

DLG-Information 1986. Grundfutter-
aufnahme und Grundfutterverdrän-
gung bei Milchkühen. Information 2.
Jans, F. 1978. Nährstoffgehalt und
Futterverzehr-Grundlagen für den
Futterplan.
Böhm, M. & M. Kirchgeßner & F.J.
Schwarz 1985. Maissilage als ener-
giereiches Grundfutter für hoch-
laktierende Kühe. Züchtungskunde
57 (1) 58 - 68.
Kirchgeßner, M. & F.J. Schwarz 1984.
Einflußfaktoren auf die Grundfut-
teraufnahme bei Milchkühen 12,
S. 187 - 214.
Menke, K.H. 1984. Bedeutung der
Grundfutterqualität für die Fut-
teraufnahme und Grundfutterver-
drängung. Schriftenreihe der
Schaumann Stiftung zur Förderung
der Agrarwi+senschaften, Hamburg,
10. Hülsenberger-Gespräche, S.147-
160.
Pirkelmann, H. & H. Auernhammer 1985.
Erfahrungen mit der automatischen
Milchmengenerfassung im Melkstand.
Schriftenreihe der Landtechnik
Weihenstephan. H. 2, S. 21 - 32.
Pirkelmann, H. & K. Emberger & G.
Wendl 1987. Automatic recording of
animal performance of computer
based feeding. Proceedings of the
3. symposium "Automation in
Dairying", Wageningen, S. 78 - 85.
Pirkelmann, H. & G. Wendl 1988.
Microprocessor-based-feeding of
dairy cows by using automatic milk
recording and body weighing,
Proceedings of the AG ENG, Paris,
S. 72 - 74.
Rohr, K. 1977. Die Verzehrsleistung
des Wiederkäuers in Abhängigkeit
von verschiedenen Einflußfaktoren.
Übersicht Tierernährung 5, S. 75-
102.
Schwarz, F.J. & M. Kirchgessner 1985.
Grundfutteraufnahme von Milchkühen
in Abhängigkeit von Lebendgewicht,
Zahl der Laktation, Kraftfutterzu-
fuhr und Grundfutterqualität.
Züchtungskunde 57, H. 4, S. 267-277.

Land and Water Use, Dodd & Grace (eds), © 1989 Balkema, Rotterdam. ISBN 90 6191 980 0

Möglichkeiten zur Überwachung der Prozeßsteuerung in der Milchviehhaltung

H. Auernhammer & X. Zenger
Weihenstephan, Bundesrepublik Deutschland

ZUSAMMENFASSUNG: Die Prozeßsteuerung ist in größeren Herden fester Bestandteil der Produktion. Neben einer Arbeitserleichterung erbringt sie vor allem zusätzliche Informationen für das Management. Letztere sind jedoch nur dann brauchbar, wenn sie fehlerfrei sind. Deshalb erfordert Prozeßsteuerung eine integrierte Überwachung. Diese muß auf der einen Seite die fehlerfreie Funktion der Technik beachten. Zum anderen hat sie die eingesetzten Sensoren zu überwachen. Erst danach können die Tierleistungsdaten analysiert und die Überwachung der Einzeltiere durchgeführt werden. All dies ist nur sinnvoll, wenn diese Vorgänge automatisiert vom Betriebsrechner durchgeführt werden und eventuell vorliegende Abweichungen vom erwarteten Ablauf wiederum automatisch dem Betriebsleiter mitgeteilt werden.

SUMMARY: Process control is nowadays an usual part in larger herds of dairy husbandry. It can reduce the work load and it offers a lot of new data for the herd management. But these data are only usable, if they are complete and free of errors. Due to this an integrated process control is needed. It has to look to the correct function of the installed equipment. It has to monitor the installed sensors too. Only after this, data of performance can be analyzed and single cattle can be monitored. All this has to be done in an automatic way from the on-farm computer. Also deviations from the usual situation should be offered to the farmer in an automatic way.

RESUME: Le contrôle électronique de procédé est un élément fixe de la production laitère par les troupeaux plus grands. Il en résulte une décharge du travail et surtout des informations additionelles pour l'organisation de ferme. Pour que celles-ci soient libres d'erreurs, le contrôle électronique de procédé doit être surveillé par un système aussi bien que les divers capteurs périphériques. Seulement dans ces conditiond il est possible d'analyser les dates de puissance des bêtes est de surveiller la vâche singuliere. En outre, il est indisponsable, que l'ordinateur de ferme règle tous ces procédés automatiquement et que également des irregularités éventuelles du systèm e ou du procédé escompté sont automatiquement transmises à l'agriculteur.

1. EINFÜHRUNG

In der Milchviehhaltung hat die Elektronik mittlerweile sehr starken Eingang gefunden. Allerdings beschränkt sie sich schwerpunktmäßig auf den Laufstall und darin nahezu ausschließlich auf den Bereich der Kraftfutterfütterung. Der Landwirt verfolgt dabei vor allem das Ziel, die Arbeit zu erleichtern und die Dosiergenauigkeit zu erhöhen. Aus ökonomischer Sicht ist dies sicher der richtige Ansatzpunkt, weil das Futter mit etwa 50 % an den Produktionskosten beteiligt ist. Dem steht jedoch im Sinne eines optimalen Produktionserfolges die Leistung gegenüber. Dabei erbringt die Milch den höchsten Leistungsanteil, weshalb in eine Optimierung der Ertrags-/Aufwandsrelationen beide Bereiche einbezogen werden müssen. Der Elektronikeinsatz in der Milchviehhaltung muß deshalb künftig auf diese beiden Bereiche erweitert und in einen Regelkreis eingegliedert werden (Abb. 1).

Dabei wird von der in der BR-Deutschland gegebenen Tatsache ausgegangen, daß Grundfutter in Form von Heu, Silage und Gras kostengünstiger ist, als zugekauftes Kraftfutter. Auch neuere Untersuchungen zeigen, daß dies auch in Zukunft so sein wird, wobei sicher auch jüngere agrarpolitische Überlegungen in Form von Bestandesbegrenzungen je Flächeneinheit und das verstärkte Umweltbewußtsein breiter Bevölkerungsschichten bedeutungsvoll sind.

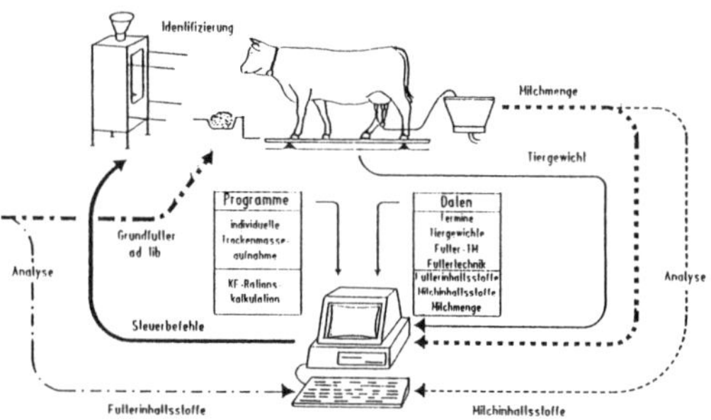

Abbildung 1: Regelkreis "Leistungsbezogene Kraftfutterdosierung durch Grundfutteraufnahmeschätzung für Milchvieh"

Aufbauend auf diese Voraussetzungen soll deshalb versucht werden, möglichst hohe Mengen an Grundfutter zu verabreichen und das teuere Kraftfutter ausschließlich tierindividuell nach Leistung einzusetzen. Elektronik erhält somit mehrere Aufgaben, nämlich

- Überwachung der Leistung
- Überwachung der Futteraufnahme
- Steuerung der tierindividuellen Kraftfutterdosierung
- Überwachung der gesamten Technik.

Punktuell sollen nachfolgend vor allem die Bemühungen auf dem Bereich der Überwachung dargestellt und diskutiert werden.

2. DAS UNTERSUCHUNGSOBJEKT

Für die Untersuchungen stand ein Praxisbetrieb mit etwa 40 Kühen in einem Liegeboxenlaufstall zur Verfügung. Die dort installierte Technik läßt sich drei Einsatzbereichen zuordnen (Abb. 2).

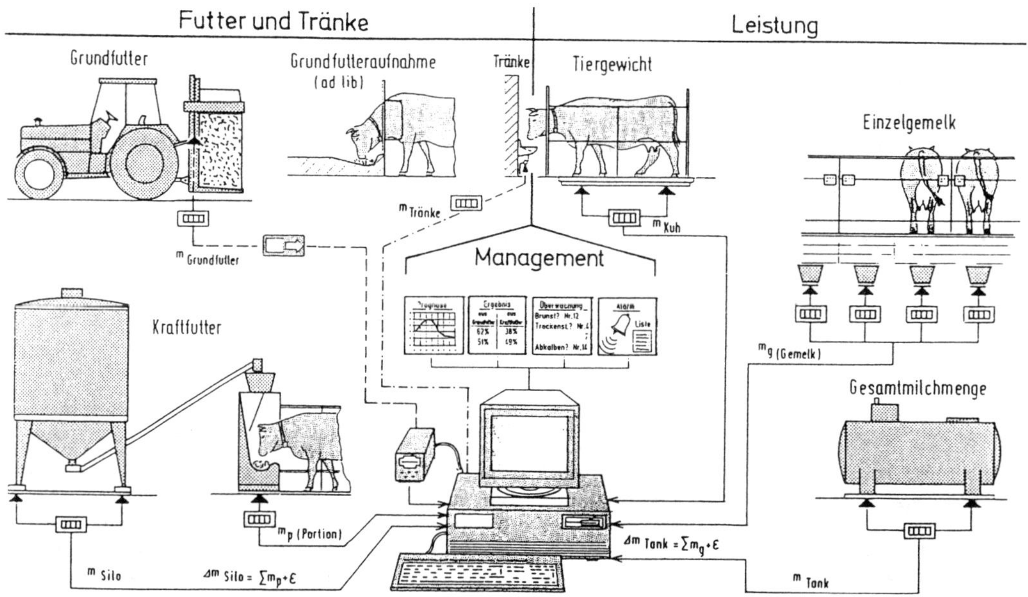

Abbildung 2: Überwachung der Prozeßsteuerung in der Milchviehhaltung

Die Fütterungsüberwachung erfolgt durch
Ermittlung der verabreichten Silagemengen
über eine in den Schlepperheckkraftheber
installierte Wiegeeinrichtung. Das zudo-
sierte Kraftfutter kann über die Kraftfut-
terdosierstation ermittelt werden. Vorgesehen ist darüber hinaus die Erfassung der
Tränkemengen.

Die Tierleistung wird zum einen über das
Lebendgewicht der Kühe erfaßt. Dazu steht
eine Tierwaage in einer Kraftfutterabruf-
station zur Verfügung. Zum anderen erfolgt
die Erfassung der Milchleistung über Milch-
mengenmeßgeräte im Melkstand.

Alle Daten gelangen über fest installierte
Leitungen in den Betriebsrechner und werden dort in einzelne Tabellen eines Daten-
banksystems abgelegt. Das gesamte Datenma-
nagement führt das Betriebssystem UNIX
selbständig durch. Dies betrifft sowohl den
Datentransfer, wie auch die Ergebnisdar-
stellung, die Überwachung und die Alarmie-
rung. Vorgesehen ist zudem eine Anbindung
des Betriebsrechners über Bildschirmtext
(im englischen Sprachgebrauch als video
text system bezeichnet) an das Rechenzen-
trum der staatlichen Beratung, in welchem
durch den Landeskontrollverband die Herd-
buchdaten der Kühe erstellt und verrechnet
werden.

Das gesamte System wurde 1986 installiert.
Es wird weitgehend selbständig vom Landwirt betreut. Probleme ergaben sich bisher
vor allem durch das Zusammenfügen der verschiedenen Versuchskomponenten und bei
Softwareumstellungen.

3. DATENVERFÜGBARKEIT UND ÜBERWACHUNG DER
   TECHNIK

Die Erfassung der Milchleistung der Tiere
erfolgt im 2 x 4 Fischgrätenmelkstand. Dazu ist an jedem Melkplatz eine Antenne zur
Identifizierung und ein Milchmengenmeßge-
rät installiert. Die Meßgeräte erfüllen
die Forderungen des Landeskontrollverban-
des.

Alle acht Elektronikeinheiten sind mit
einem Prozeßrechner verbunden. Dieser über-
nimmt die Identifizierung der Tiere und die
Erfassung der Milchmengen. Die Datenüber-
tragung erfolgt über eine Leitung mit soft-
waremäßiger Adressierung der einzelnen
Melkplätze.

3.1 Verfügbare Daten

Prozeßüberwachung durch Rechnerunter-
stützung setzt eine hohe Datenverfügbarkeit

voraus. Werden die Daten der Jahre 1987
und 1988 betrachtet (Abb. 3), dann zeigt
sich dabei lediglich eine mittlere Verfügbarkeit von 82 %.

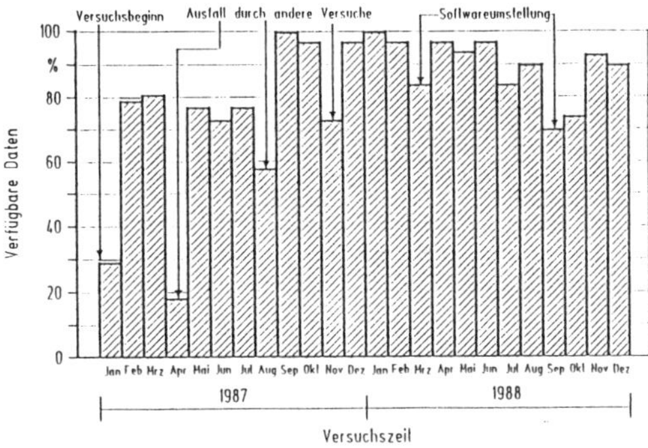

Abbildung 3: Verfügbare Daten in der bisherigen Beobachtungszeitspanne

Ausgehend von erheblichen Problemen zu Beginn der Beobachtung hat sich danach die
Verfügbarkeit sehr stark erhöht. Trotzdem
sind Monate mit einer 100 %igen Verfügbarkeit auch heute noch die Ausnahme. Zurückzuführen sind diese unerwartet ungünstigen
Ergebnisse auf:
- Softwareprobleme mit selbständiger
Löschung erstellter Datenfiles
- erforderliche Softwareumstellungen im
Rahmen der Beobachtungen
- Störungen durch integrierte Elektronikeinheiten, insbesondere durch die Tierwaage
- unvorhersehbare Fehler in der Software,
die trotz umfangreicher Tests noch vorhanden sind.

3.2 Identifizierungsrate

Wesentlich für eine hohe Datenverfügbarkeit ist im Melkstand eine nahezu 100 %ige
Identifizierung der gemolkenen Kühe (mehr
als 3 % Fehleridentifizierungen sollten
keinesfalls akzeptiert werden). Werden dabei die ermittelten Daten vom März bis
Juni 1988 betrachtet, dann zeigt sich folgendes Ergebnis (Abb. 4).

Die mittlere Identifizierungsrate liegt
bei 94 %. Darin sind allerdings auch die
manuellen Nachidentifizierungen durch die
Melkpersonen eingeschlossen. Wird dagegen
die automatische Identifizierung betrachtet, dann liegt der Wert dafür erheblich
unter 90 %.

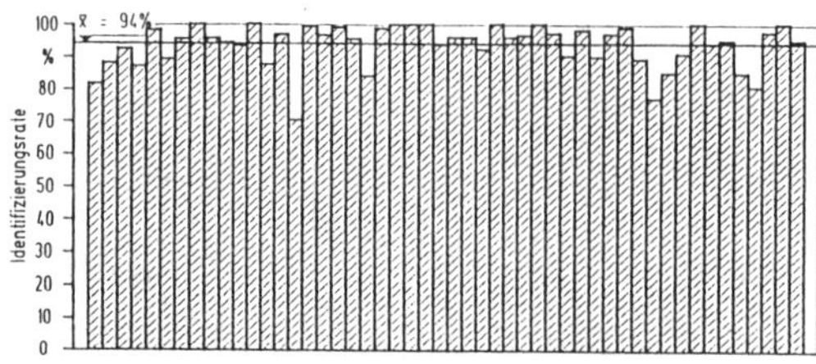

Kuh Nr.	37	62	68	73	79	85	87	93	95	99	101	106	108	112	114	116	118	120	122	124	126	128	130	132	134
		59	66	72	77	82	86	89	94	96	100	102	107	109	113	115	117	119	121	123	125	127	129	131	133	135
Identi- fizierungs- vorgänge	114 92	104 54	110 162	44 176	46 54	104 112	72 156	128 132	58 176	176 112	154 54	132 132	140 100	174 128	176 176	118 66	176 176	54 190	132 176	140 44	94 22	24 98	80 20	26 40	38 20

Abbildung 4: Identifizierungserfolg bei
der Einzelplatzidentifizierung (2 x 4 FGM,
Zeitspanne vom 1.3. bis 30.6.1988)

Deutliche Unterschiede zeigen sich bei unterschiedlichen Kühen. Äußerst ungünstig
schneiden z.B. die Kuhnummern 93, 100, 125
und 132 ab. Alle diese Kühe hatten geringe
Milchmengen je Einzelgemelk und hohe Milch-
flußgeschwindigkeiten. Dies läßt den Schluß
zu, daß der eingesetzte Identifizieralgo-
rithmus zu träge ist. Daneben ist aber auch
das Tierverhalten maßgeblich an diesen un-
befriedigenden Ergebnissen beteiligt. Bedingt durch die fehlende Kraftfuttergabe
im Melkstand sind viele Tiere nicht bereit,
den Kopf ausreichend lange in einer identi-
fizierbaren Stellung zu halten.

Um die Melkpersonen zu einem sorgfältigen
Arbeiten zu erziehen, werden täglich die
erreichten Identifizierungsraten ausge-
druckt und die nicht identifizierten Kühe
besonders erwähnt. Der Erfolg dieser Maßnahme ist insgesamt positiv zu beurteilen.

3.3 Zuverlässigkeit der Milchmengenmeß-
     geräte

Die Tierleistung kann nur dann richtig erfaßt werden, wenn die installierten Meßgeräte fehlerfrei arbeiten. Schleichende Abweichungen (Triften) sind dabei besonders
kritisch, weil diese vom Landwirt nicht
einfach zu erkennen sind. Hierbei kann die
Elektronik gute Hilfen leisten, wenn entsprechende Algorithmen eingesetzt und eine
tägliche automatisierte Überprüfung per
Software stattfindet. Ein derartiges Programm wird im Beobachtungsbetrieb eingesetzt. Es geht von der Hypothese aus, daß
in zeitlichen Abständen bis zu etwa fünf
Tagen die Kühe die einzelnen Buchten im
Melkstand zufällig betreten. Ist dies der
Fall, dann sind in jeder Melkbucht zufällig

verteilte Einzelgemelke unterschiedlicher
Kühe zu erwarten. Demnach müssen die mittleren Einzelgemelke einer Melkbucht über
der Zeit gleich bleiben. Sowohl ein Trend,
als auch ein Sprung der erwarteten mittleren Gemelksmenge je Melkbucht weisen auf
Meßfehler hin, wenn Beeinflussungen, welche
die ganze Herde betreffen, ausgeschlossen
werden. Ein Beispiel soll die damit ermittelte Meßabweichung verdeutlichen
(Abb. 5).

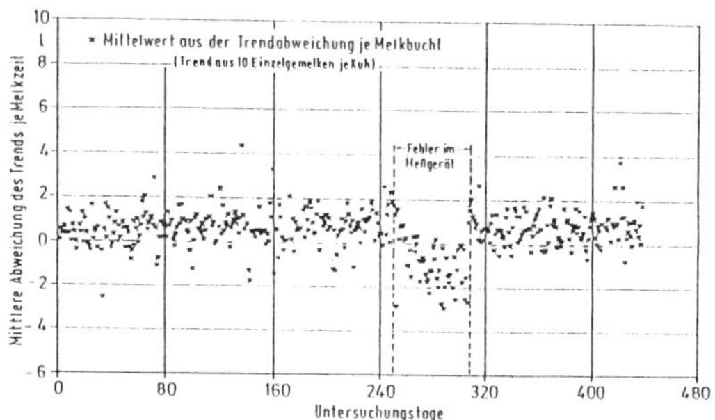

Abbildung 5: Mittlere Abweichung des errechneten Trends von der tatsächlichen
Milchleistung in einer Melkbucht

Dabei trat durch eine Beeinträchtigung der
lotrechten Anbringung eines Meßgerätes
eine gerichtete Fehlmessung auf. Durch
einen entsprechenden Hinweis an die Melk-
person konnte der entstandene Schaden relativ kurzfristig behoben werden.

3.4 Zuverlässigkeit der Kraftfutter-
     dosierung

Ähnliche Untersuchungen bezogen sich auch
auf die Kraftfutterabrufanlagen. Sie führten zur Installation von Brückenwaagen
unter dem Kraftfuttersilo, weil Überprüfungen der Dosiergenauigkeit eine zum Teil
hohe Abweichung von bis zu +/- 20 % selbst
nach der ordnungsgemäßen Kalibrierung er-
brachten. Längerfristig soll deshalb in
mehreren Ställen die installierte Technik
weiter überwacht werden. Dabei wird von
der Erfahrung ausgegangen, daß die Landwirte trotz eventuell per Rechner erfolgen-
der Hinweise die Nachkalibrierung der Anlagen unterlassen oder daß durch Futter-
veränderungen und Feuchtigkeitseinflüsse
unerwartet hohe Abweichungen auftreten.

4. ÜBERWACHUNG DER MILCHLEISTUNG

Erst bei ordnungsgemäßer Technik können
die erfaßten Daten für die Überwachung der
Milchleistung herangezogen werden. Dabei
sind mehrere Überwachungsziele zu verfol-
gen. Zum einen müssen sich diese auf die
Herde beziehen und zum anderen sind die
Einzeltiere zu erfassen. Dazu dienen drei
unterschiedliche Überwachungsalgorithmen.

4.1 Abweichungen der täglichen Milch-
leistungen der Herde

Um allgemein geltende Fütterungseinflüsse
analysieren zu können, werden die täglichen Milchleistungen aller Tiere mit dem
Mittel des Vortages verglichen. Diese Analyse dient derzeit zur Erfassung der Grund-
streuung und der daraus abzuleitenden Möglichkeiten der Ausreißerentfernung. Für
die Beobachuntgsherde bestätigen sich dabei
die schon von SCHLÜNSEN ermittelten Ergebnisse, wonach die täglichen Streuungen ohne
besondere Einflüsse im Mittel bei 1,4 kg
und einer Standardabweichung von 1,3 kg
liegen. Maximale Streuungen von bis zu
+/- 4 kg sind deshalb durchaus möglich
(Abb. 6).

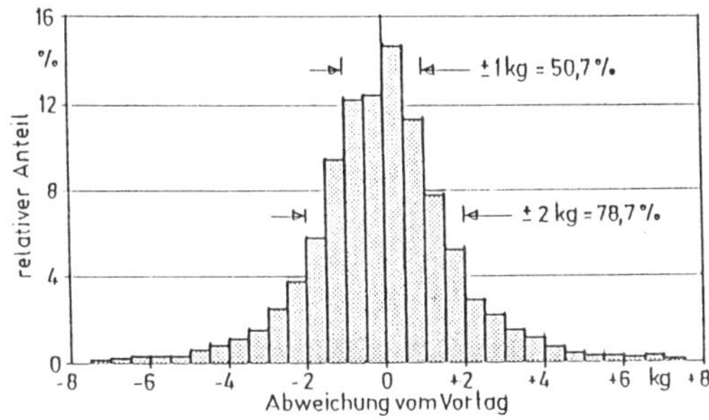

Abbildung 6: Verteilung der täglichen
Streuungen bei den Milchleistungsdaten
(16 092 Meßwerte von 40 Kühen; Deutsches
Fleckvieh)

Allerdings zeigte sich auch, daß etwa 50 %
der erfaßten Werte innerhalb einer Streuung von +/- 1 kg liegen und sogar 78 %
innerhalb +/- 2 kg. Deshalb ist zu überle-
gen, ob nicht im Sinne der Herstellerüber-
wachung eine Einschränkung auf Tiere mit
relativ stabiler Leistung vorgenommen werden kann.

4.2 Laktationsverlauf der Einzeltiere

Bezogen auf das Einzeltier interessiert
zum ersten der Laktationsverlauf. BUREMA
und KERKHOF schlagen dazu eine Standard-
laktationskurve vor und messen an dieser
die jeweiligen Tagesabweichungen. WOOD er-
stellte ebenfalls eine standardisierte
Laktationskurve, welche im Gegensatz zu
BUREMA und KERKHOF auf mehrere Parameter
aufbaut und so eine ständige Anpassung an
die sich verändernden Laktationen zuläßt.
Beide Algorithmen dienten auf dem Versuchs-
betrieb zur Überwachung der Laktationskurven der Einzeltiere. Die damit durchgeführten Analysen zeigen folgende Ergebnisse
(Abb. 7 und 8).

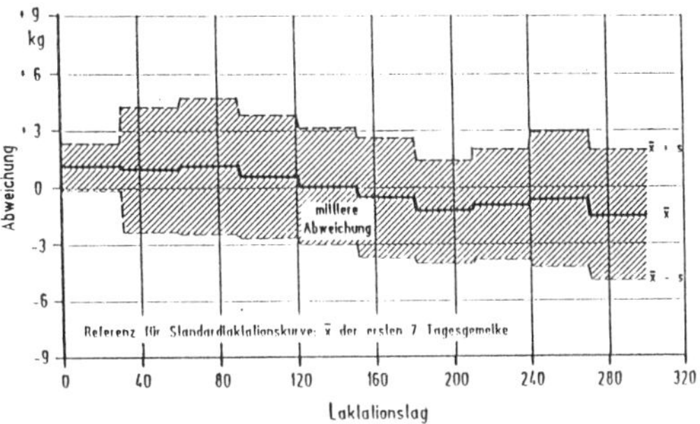

Abbildung 7: Abweichungen der Herde auf
dem Beobachtungsbetrieb von der Standard-
laktationskurve nach BUREMA und KERKHOF
(40 Kühe, 80 Laktationen; Deutsches Fleckvieh)

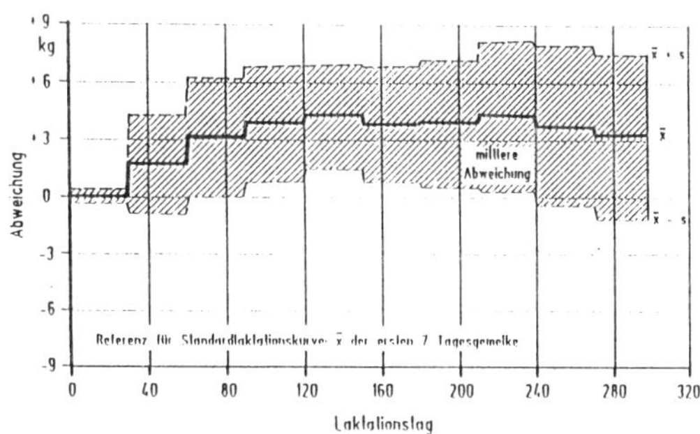

Abbildung 8: Abweichung der Herde auf dem
Beobachtungsbetrieb von der Standardlakta-
tionskurve nach WOOD
(40 Kühe, 80 Laktationen; Deutsches Fleckvieh)

Allgemein ist zu erkennen, daß beide Funktionen die tatsächlichen Verhältnisse nur bedingt wiedergeben. Dabei sind die Abweichungen bei WOOD wesentlich höher als bei BUREMA und KERKHOF. Allerdings steht berechtigt die Frage im Raum, ob überhaupt nach derartigen Standardlaktationskurven verfahren werden soll, oder ob nicht betriebsspezifische Laktationskurven mit heute gültigen Anforderungen die bessere Lösung darstellen könnten. Zu erwähnen sei an dieser Stelle nur die Tatsache, daß durch die Quotenregelung ein möglichst gleichmäßiger Milchanfall über das ganze Jahr gefordert wird, welcher z.B. durch gleichbleibende Milchmengen über der gesamten Laktation am ehesten zu realisieren ist.

4.3 Abweichungen in bezug zur Brunst

Gegenüber der bisherigen monatlichen Stichprobenerhebung eröffnen tägliche Milchmengenwerte wesentlich umfangreichere Analysen. Darauf aufbauend sollte der Frage nachgegangen werden, ob eventuell die Milchleistungsdaten auch einen Hinweis auf die bevorstehende Brunst zulassen könnten oder ob im nachhinein eine Bestätigung einer stattgefundenen Brunst möglich wäre. Letzteres würde dann in der Planung eine sichere Einbeziehung in die Aktionsliste ermöglichen. Die durchgeführten Analysen brachten ein nicht erwartetes Ergebnis (Abb. 9).

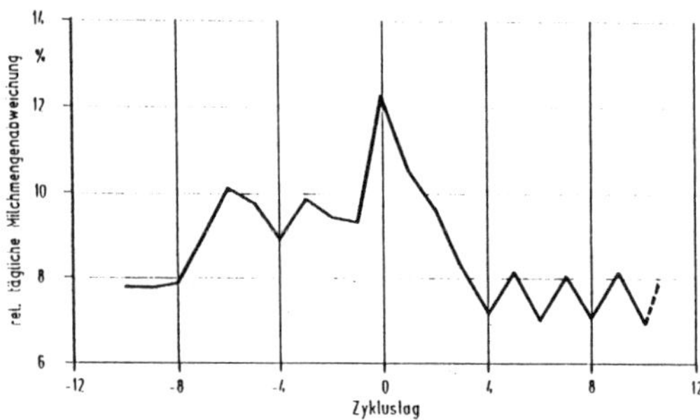

Abbildung 9: Tägliche Milchleistungsschwankungen während des Brunstzyklus bei 40 Kühen der Beobachtungsherde (77 Brunstzyklen)

Ausgehend vom 10. Tag vor der Brunst steigt dabei bei allen beobachteten Kühen die Streuung der täglichen Milchleistung von Tag zu Tag immer stärker an, um am Brunsttag den höchsten Wert mit im Mittel

+/- 12 % Streuung zu erreichen. Danach reduziert sich die Streuung sehr stark und pendelt sich schon nach dem vierten Tage nach der Brunst auf den üblichen Wert zwischen +/- 7 und 8 % ein.

5. EINORDNUNG DER ERGEBNISSE

Werden die nun vorliegenden Ergebnisse einer kritischen Einordnung unterzogen, dann ergeben sich sehr wesentliche Hinweise auf die weiteren Arbeiten für die Überwachung der Prozeßsteuerung.

Sehr deutlich zeigt sich, daß die Überwachung der Technik im Hinblick auf die Funktionssicherheit und die Genauigkeit bisher viel zu wenig Beachtung gefunden haben. Insbesondere in der Praxis treten vielfach nicht vorhergesehene Störgrößen auf. Zudem ist der Landwirt sehr schnell geneigt, der erworbenen Technik zu stark zu vertrauen und Überprüfungen weitgehend zu unterlassen. Deshalb müssen entsprechende Prüfalgorithmen Basisbestandteil jeder rechnergestützten Prozeßsteuerung sein. Daß sich darin auch die Überwachung der Genauigkeit von Meßgeräten einschließen läßt, konnte sehr deutlich gezeigt werden.

Hinsichtlich der Überwachung der Milchleistung müssen die bisher vorgeschlagenen standardisierten Laktationskurven auf ihren Wert hin sehr kritisch beurteilt werden. Eigene Untersuchungen mit Möglichkeiten einer Anpassung an die betriebsspezifischen Verhältnisse wären ein denkbarer Ausweg. Allerdings bleibt zu bedenken, daß künftig im Rahmen einer reglementierten Milcherzeugung andere Gesichtspunkte aus ökonomischer Sicht auch andere Strategien erforderlich machen können, weshalb speziell für diese Fragestellung ein von Standardlaktationskurven losgelöstes Denken angebracht erscheint.

Völlig neue Möglichkeiten eröffnen lückenlos verfügbare Tagesgemelksmengen im Hinblick auf weitere Aussagen aus den täglichen Streuungen der Einzeltiere. So könnte dann eine Unterstützung bei der Brunstkontrolle vorgenommen werden, insbesondere erscheint aus der Rückverfolgung dieser Werte für viele Kühe eine exaktere Vorhersage der nächsten Brunst möglich, wodurch Aktionslisten für den Landwirt noch mehr Bedeutung erlangen können. Dazu müssen jedoch weitere Untersuchungen eine Untermauerung der ersten Ergebnisse bringen und exakt gemessene Zwischengemelkszeiten verfeinerte Analysen ermöglichen.

6. LITERATURHINWEISE

Artmann, R. 1982. Verfahren zur program-
   mierbaren Fütterung von Kraftfutter.
   Völkenrose: FAL SH62: 104-120
Auernhammer, H., G. Wendl und S. Harkow
   1987. Lactation curves for performance
   orientated ration calculation of dairy
   cows. Wageningen: IMAG (Third symposium
   "Automation in Dariing")
Auernhammer, H., H. Pirkelmann und
   G. Wendl 1988. Microprocessor based farm
   management system for dairy familiy
   farms. St. Joseph: ASAE (Congress
   Toronto)
Binder, S., O. Distl, H. Kräuslich und
   H. Auernhammer 1988. Computereinsatz
   als Hilfsmittel für das Management von
   Milchrinderherden. Bayerisches Landwirtschaftliches Jahrbuch 2: 231-239
Burema, H.J. und J.A. Kerkhof 1979. A dairy
   herd management and health control
   system. Wageningen: IMAG
Schlünsen, D., H. Schön und H. Roth 1987.
   Automatic detection of oestrus in dairy
   cows. Wageningen: IMAG (Third symposium
   "Automation in Dairiing")
Wood, P.D.P. 1967. Algebraic model of the
   lactation curve on cattle. Natur 216:
   164-165

Land and Water Use, Dodd & Grace (eds), © 1989 Balkema, Rotterdam. ISBN 90 6191 980 0

A first approach to computer aided design of housing for livestock

C.R.Fichera
Istituto di Costruzioni Rurali, Università di Catania, Italy

ABSTRACT: In recent years the increasing use of informatic techniques has helped in the rationalisation and optimization of specific technical operations. In spite of widespread awareness about the importance of a good housing in livestock breeding, computer aid is seldom applied in the design of this building type. In the paper, which is an initial contribution in this field of computer aided application, the author presents a preliminary version of a specific software for livestock housing design.

RESUME: PREMIER APPROCHE D'UN PROJET DES BATIMENTS POUR L'ELEVAGE DES ANIMAUX ASSISTE PAR ORDINATEUR. La récente diffusion des techniques informatiques dans l'agriculture a contribué à rationaliser et, par suite, à optimiser spécifiques operations techniques. Toutefois, le projet du bâtiment assisté par ordinateur est encore un chemin peu battu. Avec le rapport présent on veux apporter une contribution à cette problématique. Le programme élaboré se divise en deux sections: analytique et graphique. Dans l'une sont analisées les performances du bâtiment, mises en rapport avec les exigences des animaux; l'autre est essentiellement un programme spécifique de CAD pour assembler par l'ordinateur les éléments fonctionnels et de construction du bâtiment.

ZUSAMMENFASSUNG: ANFANGSSTADIUM EINER VOM COMPUTER GEHOLFENEN PLANUNG DER VIEHZUCHT-GEBÄUDE. Die neuliche Verbreitung der Informatikstechniken auf die Landwirtschaft hat dazu beigetragen spezifische, technische Unternehmungen zu razionalisieren und zu verbessern. Obwohl die Rolle des Obdachs auf die Ergebnisse der Züchtung schon ausführlich anerkannt ist, stellt doch die vom Computer geholfene Planung des Gebäudes einen noch wenig ausgetretenen Pfad. Die Anmerkung, die als ein anfänglicher Beitrag zu diesem Anwenungsbereich zu betrachten ist, berichtet über eine anfängliche Aufsetzung einer Software, die spezifisch für die Planung von Viehzuchtgebäuden ist. Das Programm ist in zwei Abschnitte geteilt: der analytische und der graphische. Der erste stützt sich auf die mathematische Vortäuschung der Umweltsleistungen des Gebäudes in bezug auf den Komfortsstand des Viehs das dort gezüchtet wird; der zweite ist im wesentlicen ein CAD Programm. Durch dieses Programm werden die verschiedenen baulichen und funktionellen Elemente des Gebäudes graphisch gesammelt.

1 FOREWORD

The introduction and the subsequent increasing use of informatic techniques in agriculture has contributed, over the last few years, in rationalising, and consequently optimizing, specific technical operations, namely: the utilisation of machines, irrigation, feed distribution in agricultural buildings or the control of feed ration and animals growth.

Although the importance of the functionality of the housing in the animal breeding is today an accepted fact, the design of buildings supported by informatic techniques is not sufficiently explored yet.

Design, involving the analysis and syntesis of factors dealing with the relation between the comfort level of building and the biological processes which take place there, by means of which feed conversion is achieved, has only recently been given the importance it deserves by the economic operator.

In fact, the fundamental role which, for example, construction materials, shape of building, geometry, site, plays in the control of the confined environment, has emerged quite clearly. However, the number of variables and the reciprocal relations

which come together to combine the problem,
make an automatised solution difficult as
it is conditioned both by hardware and,
above all, by the lack of a specific software.

Aim of this paper is a first approach to
the problem of implementing a computerised
programme for the design of livestock
buildings. The programme consists in two
sections, analytical and graphic, which
exchange data interactively in order to
direct the user towards precise design
choices.

2 POSITION OF THE PROBLEM

Besides what may be defined the "subjective
aspect of the design" (or rather the act of
synthesis operated by the technician), the
conception and the realisation of a
livestock building revolves around two main
objective topics which are strictly inter-
linked: the animal-environment relationship
and the technico-physical aspect of the
building. The former, dependent upon the
species of the livestock, deals with the
balance between environmental climatic
factors and the productivity and the growth
of the animal. The latter is related to the
energy exchanges between the various
constitutive elements and materials of the
building.

In Fig.1 the connections between the
various variables which most notably contribute to how the design problem will be
conceived are highlighted.

The design problem, because of the
complexity of the phenomena dealt with and
the number of internal and external parameters connected to the energy balance of the
building, is solved by means of mathemati-

cal simulation through a model.

For the description of the model, refer
to specific works (Fichera, C.R. 1985).
However, we seem it is necessary to
highlight some factors which come to bear
significantly in the applied programme.
These are:
  1) The site of the building;
  2) the geometry of the building;
  3) building materials.
The first point concerns the geographical position and the climatology. These
allow us to evaluate both the apparent
position of the sun (and consequently the
angle of incidence of the radiation on any
oriented and sloping surface), the global
value of radiation and the climatic
parameters which are most indicative (air
temperature, humidity and wind speed).

The geometry of the building, as it
determines the interception of a greater or
lesser energy quota, influences the heat-
exchange processes, above all in open
houses where at certain hours of the day
sunbeams can filter into the covered area
striking the animals directly. In the same
way, the building materials acting as
thermal flywheel allow the optimisation of
environmental performances.

3 STRUCTURE OF COMPUTER PROGRAMME - THE
  GRAPHIC SECTION

The programme, which can be seen in Fig.2,
analyses two specific aspects of the design
problem. Thus it is divided into two
distinct sections, graphic and analytical,
and two levels, namely 1st and 2nd.

Normally, both in the analytic and
graphic phases, the first level is
operated. This represents a preliminary

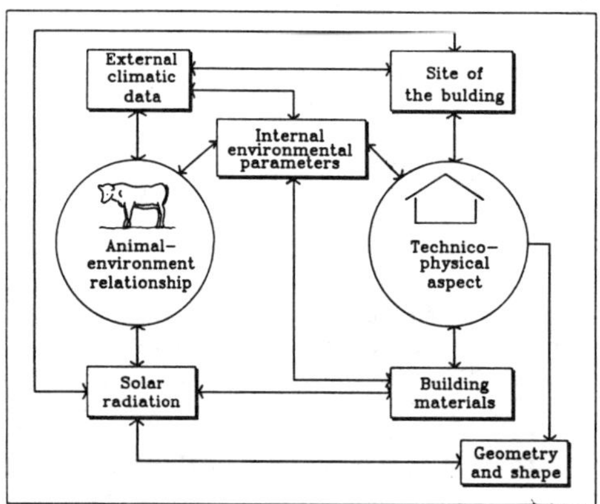

Fig.1 Relationships between the
environmental aspects and the technical and
physical ones

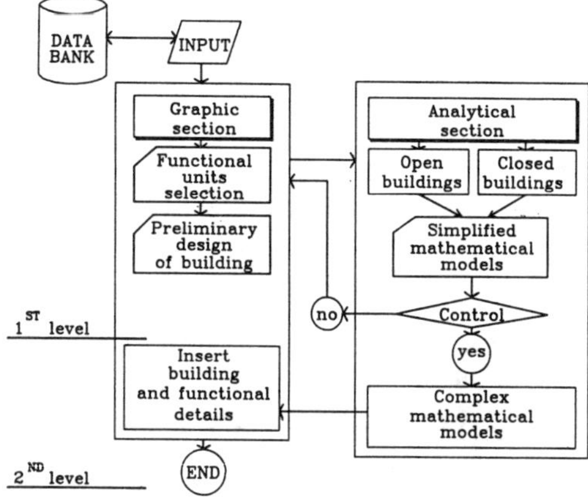

Fig.2 Structure of the main computer
programme

design and planning of the building. We
gain access to the 2nd level when we wish
to carry out accurate checks and draw
comparisons between alternative solutions
suggested by the 1st level.

The activation of the two sections is
preceded by an input phase, during which
the designer is requested to store a series
of data, defined "external and internal".
For a clear explanation see Fig.3.

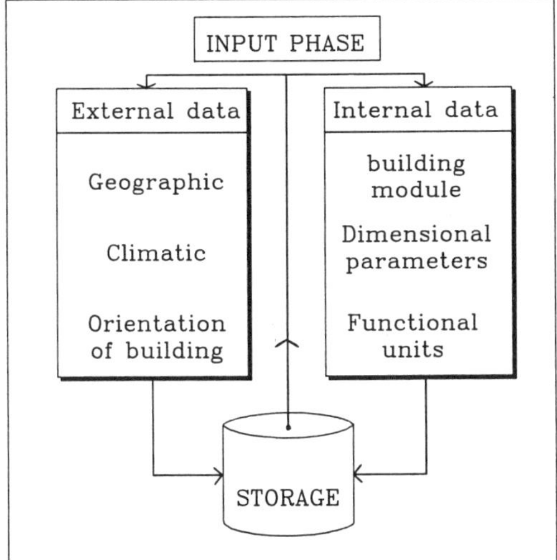

Fig.3   Input of the internal and external
data

The user, moreover, can request access
to a data bank and so obtain previously
codified and memorised informations (both
as regards internal and external data).

For example, once the latitude has been
entered within a defined range the programme, on request, visualises geographical
and climatic parameters associated with
previously memorised localities. The designer can then decide whether they are representative of the site in question or not.

The input of the internal data, aiming
to aid the choice of basic design parameters (number of animals, type of breeding,
open or closed buildings) and the number
and dimensions of functional units, assumes
particular significance.

The functional units may include either
single compositive elements of the house
(walls, building module, feed and general
passages) or specific functional entities
(boxes, maternity pens) and even entire
ambients or areas given over the specific
activities (maternity room, milking
parlour, feeding area, etc).

As in the case of internal data, we can

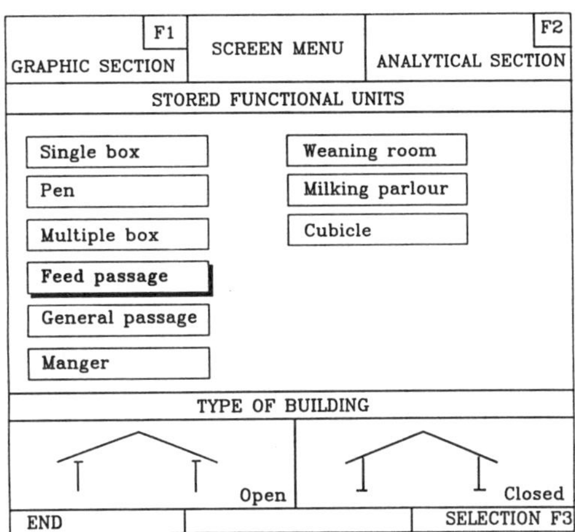

Fig.4   Graphic section: functional units
selection menu

gain access to a range of previously stored
units at this stage or graphically construct new units. The screen menu can be
seen in Fig.4.

Once the functional units have been
selected the assemblage is entrusted to the
designer who uses a CAD editing programme
which is linked to the basic programme
module.

As we have seen, the graphic composition
phase is activated first. The greater part
of this work has been deliberately entrusted to the operator, while the machine is
given the task of drawing. At the beginning, however, in the graphic composition
it is better not to go into too much detail
as regards the characterisation and the
precise definition of the composite
elements of the building, i.e. to stay at
1st level.

4 THE ANALYTICAL SECTION

To begin with, the analytical phase
estimates the maximum values regarding the
energy-performances of the building in
typical climatic winter and summer conditions.
A distinction is made between open and
closed houses. In the former the planning
parameter which receives most attention is
the orientation of the building as it
determines the shading of the areas used by
the animals.
By rotating the building around its zeni-
thal axis and visualising its perspective
on the screen we can study the orientation,
overhangs of roof and the position of
protective screens, so that a wide shading
(Fig.5) at different hours and periods of

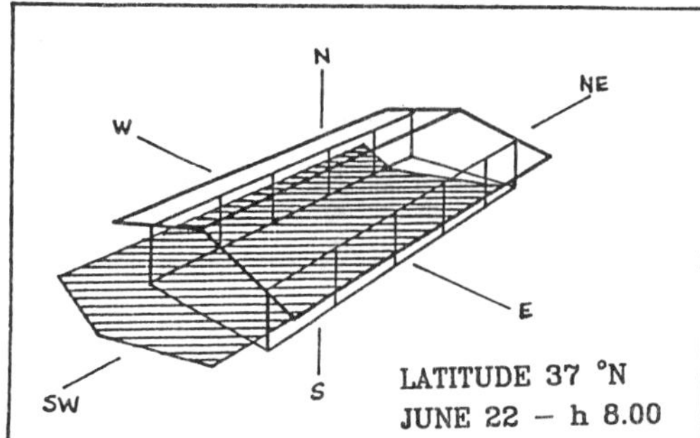

Fig.5 Shadow generated by the building

the year can be assured, also taking into account the orientation which tends to favour natural ventilation by exploiting the prevailing winds.

The second parameter taken into consideration is the infrared radiation emitted by the covering, which is absorbed by the ground and successively re-emitted. This influences the comfort index of the animal and also the convective exchanges because of air overheating. In this case the physical processes linked to the exchange of energy among environment, animal and shelter are evaluated.

Moreover, the average obtainable temperatures in the covered area which are dependent upon the thermophysical characteristics of the covering materials are explained.

In the case of closed houses the procedure followed is quite different. The winter and summer conditions are considered separately. In winter the ventilation rate is arranged equal to that strictly needed to eliminate any excess of ambient humidity; it also concerns sensible heat when latent heat exchanges are not sufficient to maintain the inside temperature below a fixed value.

In summer, since the heat exchanges between the inside and the outside are heavily penalised, more attention is paid to the thermo-physical characteristics of building materials; we can opt for elements with a low thermal inertia but which insulate sufficiently and are consequently capable of protecting the building from day-time solar irradiation. Moreover, the drop in temperature can be exploited during the less hot hours. It is also possible to opt for elements with elevated thermal inertia which can damp and delay the maximum thermal wave.

On the basis of the orientation and slope of building surfaces, the programme evaluates the amount of incident energy, ventilation rate and average internal

temperature related to a fixed external air temperature and the global thermal transmittance of the building. The analytical phase described is achieved in a sufficiently short time as it is based on simple formulae in steady-state conditions.

Thus the algebraic expression is solved:
$$P_s + P_v + P_d = 0 \qquad (1)$$
when:

P_s [W] energy for time unit in sensible form transferred to the environment by solar irradiation, animals, air-conditioning systems).

P_v [W] energy for time unit by ventilation or derived from evaporation or condensation of H_2O.

P_d [W] energy for time unit related to heat-exchange processes.

Then, in order to obtain a detailed evaluation of the building energy performance, we gain access to the 2nd level, where the simulation model analyses the phenomena in transient condition with short time intervals, taking the thermal capacity of the materials into account, i.e. the energy which during a fixed time interval is stored in the mass, consequently determining the variation in temperature.

In this case, the fundamental equation becomes:
$$P_s + P_v + P_d = P_a \qquad (2)$$
since $P_a = mc_v\, dT/dt$, is the well known expression which relates the mass of a body and its temperature gradient to the energy it is supplied with.

Equations (2) are as numerous as the sub-system components in which the building is divided (walls, floor, roof, air, etc.) and constitute, therefore, a complex system of differential equations.

For the explanation of the model, refer to previously cited publications (Fichera, C.R. 1985).

Here, emphasis is placed on the fundamental role that the precise calculation assumes in the programme, especially if compared with the results which derive from the preliminary calculation.

The latter, in certain extreme conditions (checks have been carried out as regards this point), may lead to erroneous evaluations and consequently to erroneous designs. In fact, although the global average performance of building is summarily estimated, we cannot evaluate daily and hourly internal environmental parameters precisely.

Indeed, the solution of the complex equation system in short time is linked to the use of an advanced and powerful hardware, since the desk computers are not developed enough to fully cope with this problem, whereas they have demonstrated that they are able to deal with the graphic

phase (for example in the preliminary
analytical stage).
The drawing on the 2nd level is
completed showing single portions of the
building so as to insert building details
and functional elements.
This phase has not yet been implemented
and so it is not dealt with in this paper
which, in any case, is to be considered an
initial attempt to the problem.

5 CONCLUSION

This paper has highlighted the importance
which the study of internal and external
factors connected to the comfort level of
the building and the biological processes
has in design.
The problem has been seen to be so
complex that it is evident the computer
could be of great aid in defining
simulation models of environmental performances.
However, a calculation programme
acquires particular significance if it is
supported, in designing, by a graphic phase
which aids the choice of dimensional parameters and functional units.
The programme makes an initial attempt
to implement a computerised procedure which
respects the outlined principles.
The two linked sections, graphic and
analytical, represent an efficient means of
rationalising and optimizing the design,
and confirm the great potentiality which
informatic science has in the agricultural
sector.

REFERENCES

Clark, J. 1981. Environmental aspects of
    housing for animal products. London –
    Butterworth.
Fichera, C.R. 1985. Definizione di un mo-
    dello matematico per l'analisi degli edi-
    fici zootecnici. Genio Rurale, n.1.
Fichera, C.R. 1985. Determination of design
    parameters for agricultural building in
    hot climate. Proceed. of Int. Seminar
    Sect. 2 C.I.G.R., Agricultural Buildings
    in Hot Climate Countries. Catania.
Fichera C.R. 1986. La progettazione dei
    fabbricati per l'allevamento animale nei
    paesi a clima caldo. Tecnica Agricola,
    n. 3-4.
Mc Arthur A.J. 1982. The direct effects of
    climate on livestock. Proceed. of the 2nd
    Livestock Environment Symposium, 311-317.
    Aimes – Iowa.
Oliveira, J.L., Esmay, M.L. 1982. Systems
    model analysis of hot weather housing for
    livestock. Trans. of ASAE, 25 (5).

Land and Water Use, Dodd & Grace (eds), © 1989 Balkema, Rotterdam. ISBN 90 6191 980 0

A sloped floor system for the intensive housing of beef cattle

A.V.Flynn & A.J.Kavanagh
Teagasc, Grange, Dunsany, Co. Meath, Ireland

Abstract: A cheap housing system for cattle using sloping floors and covered waste collection channels has been evaluated as an alternative to the slatted housing system. A house comprising 6 floor sections, each 6·7 m wide, sloping towards 3 channels, each 300 mm wide, can be stocked and managed in the same way as a slatted house and supports similar animal performance.

Abstract: Ein preisgünstiges system zur unterbringung bon rindern mit schrägen fluren and abgedeckten kanalen zum sammeln des abfalls wurde als alternative getestet zum system, das einen in streifen perforierten boden hat. 1 hause umfasst 6 flurabschnitte mit einer breite van 6.7m, welche schräg zu 3 kanälen mit einer weite von 300 mm geneigt sind. Es kann genauso ausgerüstet und bewirtschaftet werden wie das unterbringungssystem mit perforierten boden und gewährleistet eine gleiche entwicklung der tierre.

RESUME: On a évalué un système de logement du bétail construit un utilisant des planchers en pente creusés et couverts pour le débarrassement des .odeurs. Ce système semble être moins cher. C'est une méthode alternative à la construction des planchers d'une manière conventionelle (à caillebotis). Ce logement comprend 6 sections chacune de 6.7m de largeur, avec inclination vers 3 canals, chacune de 300 mm de largeur. Chaque section peut être gérée et approvisionnée de la même manière que dans le cas de logement en planchers a caillebotis avec résultats similaires.

There are various alternative housing systems for cattle in Ireland. They have been described by Kavanagh and Dodd (1976). They include straw bedded shed, the cubicle yard without or with a roof, all three in combination with either mechanical feeding or self feeding of silage, and the slatted house. All the systems have some positive features but most also have several negative features.

The straw bedded shed is simple and cheap to construct but it has an annual bedding charge which can be substantial, particularly on non-tillage farms. It usually involves two systems of waste management, i.e solid and semi-solid or liquid.

Cubicle yards are undesirable because the dimensions on the cubicle beds determine the size of animals which may be accommodated. All cubicle systems require large floor and roofed areas per animal and cubicle houses, used in combination with self-feed silage have the additional disadvantage of a large concrete area from which soiled water must be collected for disposal during the winter months.

In recent years, however,

innovative farmers have modified cubicle yards by (a) omitting the cubicle division and (b) sloping the cubicle bed 10 to 20 cm from front to back. Elimination of the cubicle division eliminates (a) source of cost, (b) a restriction on the use of the cubicle house, and (c) a source of damage and hurt to animals. A steep slope encourages animals to lie always with their head towards the high part of the lying area, thus minimising soiling of the lying area. Together these modifications improve occupancy of the lying area and virtually eliminates the common problem of a percentage of animals in the herd lying in the wet yard or passage-way.

Slatted sheds incorporating slurry storage in a reinforced concrete tank beneath slats have been the dominant class of cattle housing built in Ireland during the last 15 years. It is now generally accepted that at our current level of technology the slatted shed is the ideal unit within which to accommodate and manage the cattle. The one major undesirable attribute of the slatted system is its high initial capital investment cost.

Analysis of the capital cost of a new slatted unit show that approximately half of the total expenditure is on accommodation for the animals while the other half is on the collection and storage of the animals excreta. When it is realised that such cost sources as floor area, roof area, perimeter fencing and feeding spare are minimised on a per animal basis within the slatted system it becomes obvious that there is no point in seeking serious cost reductions under these headings. Serious cost reduction can be found only under slurry collection and storage.

Ideally then, a cheaper alternative to the slatted system should incorporate all of the favourable and positive animal management and animal accommodation features of the slatted system but in combination with a cheaper waste collection and storage system. There have been various attempts to design a housing system for cattle which would (1) not require bedding, (2) be flexible with respect to the

kinds of cattle it would accommodate and (3) be relatively cheap to construct and operate. All use sloped concrete floors in one form or another . A system which may be considered analogous to the cubicle system in that it involves a scraped passage-way has been described by Patterson (1981), Kelly, Smith and Ashworth (1982), Robinson (1984) and Kelly (1988). Sloped floor systems which may be considered analogous to the slatted system have been described by Moore, George and Meyer (1974) and Moore and Larson (1980).

These systems indicated that the principle of substituting sloped floors and a cheap slurry store outside the house, for slats and an underground tank were capable for further development.

From the out-set it was considered that the new animal accommodation must not reduce animal productivity parameters below the level presently prevailing in slatted houses and must maintain animals in a reasonable standard of comfort and cleanliness.

EXPERIMENTS

Accordingly, a series of 9 beef production experiments were conducted between 1981 and 1988 to define critical parameters for an acceptable sloped floor system and to compare the sloped floor system with the slatted system in terms of the performance by finishing beef cattle. In addition the distribution of animal excreta on different sloped floor profiles was measured on numerous occasions for the purpose of identifying a workable, if not ideal, floor

TABLE 1. DESCRIPTION OF BEEF PRODUCTION EXPERIMENTS.

EXPT. No.	ANIMALS	NO. PER TREATMENT	INITIAL WEIGHT, kg	DURATION Days
1(a)	STEERS	8 or 16	213	197
1(b)	STEERS	16	213	367
2	STEERS	16	387	162
3	HEIFERS	9	215	213
4	STEERS	16	483	79
5	HEIFERS	15	327	138
6	STEERS	12	451	143
7	STEERS	15	398	166
8	STEERS	15	519	105
9	BULLS	12	409	151

profile.

Every beef production experiment involved a direct comparison between a sloped floor and a standard slatted floor. In all such comparisons the floor area per animal was the same for both floor treatments. Similarly, the feeds and feeding system were the same for both floor treatments. Typically, cattle were stocked in pens between 6.7 m and 7.3 m wide (except experiments 1 and 2) at a density between 2.0 and 2.2 square meters per animal, were fed grass silage ad lib and supplemented with between 2 and 4 kg of cereal based feed per animal per day. The silage was available along one side of the pen while the concentrate was fed separately in one or two feeds per day on two sides of the pen.

The first experiment compared the following treatments:
1. Slatted floor.
2. Wide sloped floor, 4.3 m section, fall 1:12
3. Wide sloped floor, 4.3 m section, fall 1:16
4. Narrow sloped floor, 2.1 m sections, fall 1:12
5. Narrow sloped floor as in 4 above but covered with cow mat.

As the programme progressed the sloped floor was modified repeatedly with the objective of developing a floor profile and distribution of waste collection channels which would eliminate the need for manual cleaning of the sloping sections of the floor. All other beef production experiments were simple direct comparisons of slatted floor accommodation with the various variations of the sloped floor. All the animal production experiments are briefly described in Table 1.

The sloped floors used for experiments 1(b) to 5 required regular manual cleaning. The slurry collection channels were spaced closer together (approximately 2m) for experiments 6, 7, 8 and 9 and as a result manual cleaning was not necessary and was rarely done.

RESULTS

From an animal husbandry pint of view, the slatted floor and narrow sloped floor treatments in experiment 1 (a) were satisfactory although both sloped floor treatments required regular manual scraping in order to maintain an acceptable standard of cleanliness. On the other hand it was not possible to maintain the animals on the wide sloped floor acceptably clean despite twice daily scraping or washing of the floor.

The animals gained .84, .82 and .70 kg per day on the slats, narrow sloped floor and wide sloped floor, respectively. There was no difference between the 2 wide slopes. Gain on the narrow sloped floor covered with cow mat was .76 kg/day

Against this background, the wide sloped floor treatments were abandoned after 197 days and the other treatments were continued as Experiment 1(b) until the cattle were fit for slaughter. The results for slatted and narrow sloped floor

TABLE 2. SUMMARY OF CATTLE PERFORMANCE IN 9 EXPERIMENTS.

EXPM.	WEIGHT GAIN, kg/Day			CARCASE Wt, kg			HIDE Wt, kg		
	SLOPE	SLATS	SED	SLOPE	SLATS	SED	SLOPE	SLATS	SED
1	.86	.84	.04	277	275	9.5	42.6	39.9	1.8
2	.83	.91	.05	267	277	9.1	40.6	41.0	1.5
3	.79	.78	.03	200	205	9.6	32.2	31.9	1.9
4	1.00	.84	.06	295	292	6.0	47.1	43.5	1.4
5	.98	1.0	.03	251	254	2.5	34.1	35.0	1.1
6	.68	.68	.07	301	298	7.6	–	–	
7	.81	.81	.06	274	275	7.1	38.0	37.5	1.1
8	.74	.75	.06	321	324	7.9	50.4	47.3	1.1
9	1.00	1.05	.07	304	306	8.3	–	–	1.1

treatments are shown in the first line of Table 2. Performance in terms of daily gain and carcass weight were similar on both floors. Daily gain and carcass weight for the group on the sloped floor covered with cow mat were .77 kg and 266 kg, respectively. Clearly the mat did not improve performance.

The results of all the other comparisons of the sloped floor with a slatted floor are summarised in Table 2. There were no significant differences between treatments in any experiment.

The combined data for each parameter was subjected to an analysis of variance in which the different experiments were considered as blocks. The means, averaged over the 9 experiments, are shown in Table 3. There was no

TABLE 3. COMPARISON OF BEEF ANIMAL PRODUCTIVITY ON SLOPED AND SLATTED FLOORS, AVERAGED OVER ALL EXPERIMENTS.

	SLOPE	SLATS	SED
LIVEWEIGHT GAIN, KG/DAY	.85	.85	.02
CARCASE WEIGHT KG.	277	278	1.4
HIDE, KG.	40.7	39.4	.7

difference between the floors in daily gain or in final carcass weight. Cattle on the sloped floor were always acceptably clean. However, hide weight was recorded in 7 of the experiments as an index of cleanliness (on the assumption that a dirty hide would be heavier than a cleaner one). The difference in hide weight between treatments was not significant.

During the programme many observations and measurements were made on the distribution of dirt on the different variations of the sloped floor. That information was used as a basis for further modification of the floor until a satisfactory plan and profile, which requires no manual cleaning, was identified.

Some typical data on the equilibrium distribution of waste across the sloped floor is shown in Tables 4 and 5. Table 4 refers to the narrow and wide sloped floors in Experiment 1(a). The part of the floor that was more than 2 m away from the high point and the feed trough accumulated a lot of waste and was always wet. When such an

TABLE 4. DISTRIBUTION OF DIRT ON FLOORS IN EXPERIMENT 1(a)

	WEIGHT OF DIRT ON FLOOR, kg/m^2		
POSITION IN PEN:	FRONT	BACK	MEAN
SLATS	.6	.5	.6
NARROW SLOPE	3.3	1.4	2.4
WIDE SLOPE	4.0	12.8	8.3

TABLE 5. EFFECT OF SLOPE (1 : 16) ON THE DISTRIBUTION AND DRY MATTER CONTENT OF WASTE ON THE FLOOR.

	WASTE, kg/sq m		DRY MATTER, %	
POSITION IN PEN	FLAT	SLOPE	FLAT	SLOPE
A. NEAR TROUGH	5.2	2.9	18.5	21.0
B. MIDDLE	7.8	4.6	15.5	17.8
C. NEAR CHANNEL	17.7	14.3	15.1	16.3
MEAN	10.2	7.2	16.3	18.4

area accounts for a large fraction of the total floor area, it is impossible to keep animals clean and dry.

Table 5 shows how the slope affects the equilibrium weight of dirt per unit area of floor and the dry matter content of that dirt. The slope reduces the weight of dirt, especially at points high-up on the slope, and within about 1 m of the top of the slope.

Based on this and much more similar data a practical floor profile and system for use on farms has been evolved. It is illustrated in figures 1 to 3. The essential features of the system are:
1. A floor slope of 1:12 represents a good compromise between animal welfare and floor cleanliness.
2. The optimum length of the sloping floor section in order to avoid

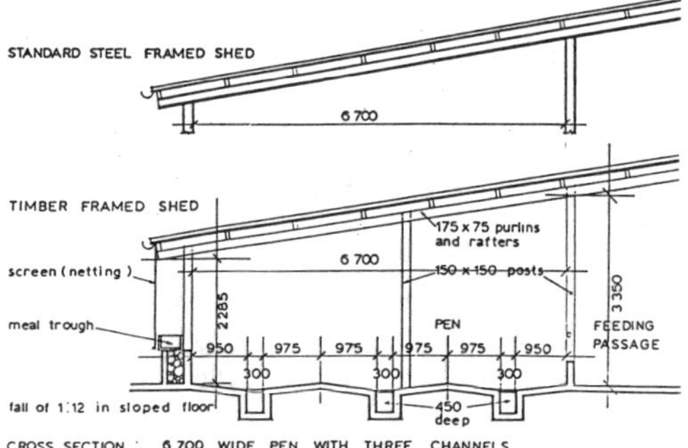

Figure 1.

manual cleaning is about 1 m. The maximum is about 1.5 m. Figures 1 and 2 show cross-section and plan of the sloped floor house which may be stocked and managed in the same way as a conventional slatted house.

3. Channels, 300 mm wide, should be at least 300 mm deep and may be between 300 mm and 450 mm deep (depending on length of the house and the channel cleaning system used).

4. Channels should be covered with a grid switch may be either bars or concrete slats. The members may be up to 75 mm wide and the slot between the members should be 40 mm.

5. The waste must be regularly (at least daily) cleaned out of the channels to a slurry store outside the house. A flushing system has been used successfully. Figure 4 shows diagrammatically the lay-out of the system for flushing the channel with dirty water recycled from the slurry store. An alternative system, using a simple mechanical scraper has also been used successfully.

6. The effect of channel spacing is such that a 6.7 m pen with 2 channels requires regular manual cleaning but a similar pen with 3 channels does not require manual floor cleaning. A pen 3.35 m wide with 1 channel is acceptable for 500 kg cattle but not for 250 kg cattle without manual cleaning. Pens between 3.5 and 5.5 m should have 2 channels.

7. In order that the system be cheap to install the sloped floor house must be combined with a cheap slurry store. Figure 3 shows the house in combination with an earth bank slurry storage tank outside the house. The tank should be set up to permit easy mixing of the slurry by recirculation prior to emptying. In some situations the store may be simply an unlined tank constructed from compacted earth while in others it may be necessary to use a rubber or thermoplastic liner. In general, the combination of the sloped floor house with a reinforced concrete/steel tank outside the house would not be cost effective relative to the conventional slatted system.

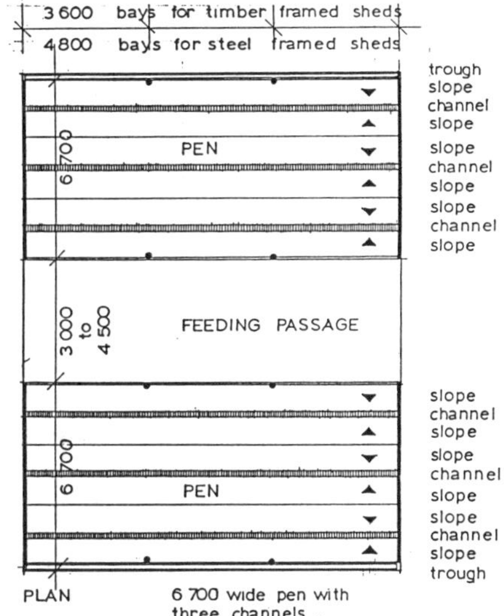

Figure 2.

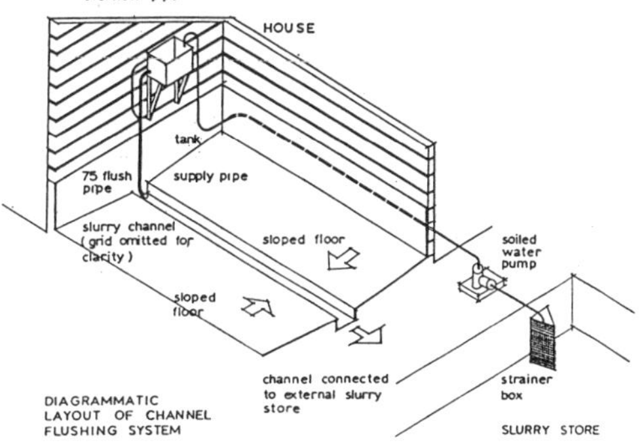

Figure 3.

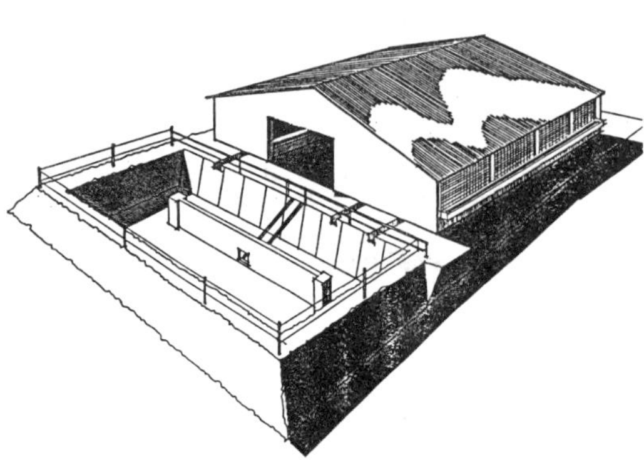

Figure 4.

DISCUSSION

The sloped floor system tested and described here is analogous to the slatted system and as such it differs from the sloped floor systems described by Kelly, Smith and Ashworth (1982), Kelly and Scott (1988), Patterson (1981) and Robinson (1984). The latter systems are analogous to a cubicle housing system.

It also differs from the sloped floor systems described by Moore, George and Meyer (1974) and Moore and Larson (1980) in that the channels are spaced much closer together. Moore and Hegg (1980) found that the diet on which cattle were fed had a considerable effect on the nature of the waste produced and the way in which it moved on the sloped floor under the influence of animal movement.

The closer spacing found to be necessary in the present system may be due to the fact that the diets on which the animals were fed were comprised mainly of grass silage and small amounts of concentrate. The rheological properties of the waste produced on such diets is such that it will flow gradually only in channels such as described by Cermac (1974). It will not flow without assistance, either by flushing the channel (with recycled dirty water) or by a mechanical scraper in the channel.

This series of experiments involved more than 280 cattle in 9 experiments with an average duration of 167 days. The results show clearly that as far as animal productivity is concerned a cattle house based on sloped floors and waste collection channels can substitute for the conventional slatted house.

The system is particularly suitable for installing as an alternative to slats in old sheds, including old straw bedded sheds. There are now about 30 sloped floor units of the basic type described here installed and working satisfactorily in Ireland.

REFERENCES

Cermac, J.P. 1974. Continous gravity flow slurry. Farm Building Progress 37:21-23.

Kavanagh, A.J. and Dodd, V.A. 1976. Beef Cattle Housing. Handbook Series No. 10. An Foras Taluntais, Dublin.

Kelly, M., Smith, P.G. and Ashworth, S.W. 1982. An economic comparison of some cattle housing systems. Farm Building Progress 70:13-16.

Kelly, M. and Scott, G.B. 1988. Recent developments in Cattle Housing. Proc. 2nd Internat. Symp. on new techniques in Agriculture. "New Techniques in Cattle Production". University College of North Wales, Bangor. Sept. 1988. (In Press)

Moore, J.A., George, R.M. and Meyer, V.M. 1974. Evaluations of beef flushing gutter waste systems in Missouri, Iowa and Minnesota. ASAE Paper No. 74 - 4001. ASAE. St. Josept, MI 49085.

Moore, J.A. and Hegg, R.O. 1980. Effects of rations on beef cattle manure handling characteristics on solid and slatted floors. Transactions of the ASAE 23:423-6.

Moore, James A. and Larson, Russel E. 1980. Manure movement and cattle preference on different solid sloping floors. Transactions of the ASAE 23:964-7.

Patterson, K.H. 1981. Minimal-bedding cattle court development in Orkney. Farm Building Progress 64:9-10.

Robinson, T.W. 1984. The Orkney sloped floor. Farm Building Progress 78:11-14.

Land and Water Use, Dodd & Grace (eds), © 1989 Balkema, Rotterdam. ISBN 90 6191 980 0

Modern housing of cattle and their welfare

A.Maton & J.Daelemans
National Institute of Agricultural Engineering, Merelbeke, Belgium

ABSTRACT: Dairy cows can be housed in a stanchion barn or in a loose house. In a strawed stanchion barn it is important that each cow possesses a lying place having a width of 1.10 m. In stanchion barns with grids the stalls must moreover be covered with rubber mats which increases the comfort of the animals. The loose house with cubicles gives complete satisfaction. The concrete cubicle floors must be covered with soft materials such as Enkamat-K or rubber which are significantly more preferred by cows than hard floors. In the automatic dispensers of concentrates the portions must be administered in such a way that aggression around the box is avoided. Beef cattle of standard quality weighing ca. 500 kg can be housed in pens with fully slatted floors. Valuable double-muscled beef must be housed in a littered loose house with an exercise area in concrete. In order to avoid aggression each animal (750 kg) must possess a strawed area of 7 m² and an exercise area of 3 m².

ABSTRAIT: Le logement moderne des bovins et leur bien-être. Les vaches laitières peuvent être logées en stabulation entravée ou en stabulation libre. Dans une étable à stabulation entravée sur paille, il est important que chaque vache dispose d'une stalle d'une largeur de 1,10 m. En stabulation entravée avec grilles, les stalles doivent en outre être couvertes de tapis en caoutchouc résultant dans un confort augmenté des animaux. La stabulation libre à logettes donne entière satisfaction. Les logettes bétonnées doivent être recouvertes d'un tapis doux comme l'Enkamat-K ou un tapis en caoutchouc qui sont préférés significativement aux sols durs par les vaches. Dans les distributeurs automatiques d'aliments concentrés les portions doivent être administrées d'une telle façon que les agressions autour du box soient evitées. Le bétail à l'engrais de qualité standard pesant environ 500 kg, peut être logé dans des boxes complètement à caillebotis. Les bovins culards doivent être logés en stabution libre sur paille avec une aire d'excercice bétonnée. Afin d'éviter les agressions chaque animal (750 kg) doit disposer de 7 m² d'aire paillée + 3 m² d'aire d'excercice.

ABSTRAKT: Die Beherbergung der Rinder im Zusammenhang mit ihrem Wohlbefinden. Milchkühe werden untergebracht in einem Anbindestall oder in einem Laufstall. Jede Kuh in einem Anbindestall soll über einen Liegeplatz verfügen die 1,10 m breit ist.Zusätzlich soll in einem strohlosen Anbindestall mit Gitterrosten, der Liegeplatz mit Gummimatten bekleidet sein, was das Wohlbefinden der Tiere verbessert. Der Liegeboxenlaufstall hat Verbreitung gefunden. Der Betonboden von den Liegeboxen soll mit weichen Materialien wie Enkamat-K und Gummi bekleidet werden weil diese signifikant mehr belegt werden von den Kühen als harte Böden. In den Transponder-Abrufautomaten müssen die Portionen auf solche Weise zugeteilt werden dass die Aggression an der Station herum weitgehend vermieden wird. Schlachtvieh von Standard-Qualität mit einem Gewicht von etwa 500 Kg kann man in Gruppen unterbringen in Boxen mit Vollspaltenboden. Die wertvollen Doppellender muss man unterbringen in einem eingestreuten Laufstall mit einem betonierten Auslauf. Jedes Tier (750 kg) soll über eine Stallfläche von 7 m² und einen Auslauf von 3 m² verfügen zum Vermeiden von Aggression.

1 INTRODUCTION

With the domestication of animals, man has
given a maximal protection to them, not
only against their predators and the in-
clemency of the weather but also against
other dangers and inconveniences, by housing them, giving them the necessary care,
feeding them and giving them medicines to
fight diseases. Technical achievements in
the last decades and the concentration of
the production, have brought about thorough changes in the housing of animals
amongst others of dairy cows and beef
cattle. They had also an impact on animal
welfare.

2 THE LITTERED LOOSE HOUSE FOR DAIRY COWS

The littered loose house was imported in
West Europe from the USA in the beginning
of the Fifties. This type of housing is
not widespread because it was introduced
at a rather unfavourable moment. The size
of the herds was too small while the use
of litter led to an excessive consumption
of straw and an insufficient erosion of
the horn of the claw. The introduction of
a concrete feeding passage which divides
the house into different parts, amelior-
ates the wear of the claw and reduces the
consumption of straw from 8 - 10 kg per
cow and per day to ca. half. The cubicle
house developed during the Sixties has
greatly replaced the littered loose house.
The last named with its concrete feeding
passage is still a valuable type of housing on condition that straw is available
at a suitable price and/or that the obtention of dung is important for the farm.
Nevertheless a substantial amount of labour is involved.

3 THE CUBICLE HOUSE FOR DAIRY COWS

From an inquiry carried out in 1973 by the
Ministry of Agriculture in all Belgian
provinces it appears that on an average,
6 % of the cows are lying outside the cubicles which was certainly not the purpose
of this type of housing. These cows are
very soiled and require extensive care at
milking. Cows are therefore encouraged to
lie only in the cubicles. In order to find
the most suitable flooring for the cubicles a research was carried out to establish the preference of the animals (Maton et al., 1981). The occupation (% per
24 h) of six types of floors, scattered
over an entire house with 80 dairy cows
(Holstein - breed) was considered as an

indication of preference. This investigation has clearly demonstrated the cows'
preference for a particular type of flooring.
- Soft floors are significantly more
preferred by the cows than hard floors.
Occupation was respectively : 60 % for
Enkamat-K, 41 % for rubber mats, 35 % for
Stallit, 29 % for a screed of cement and
sand and 20 % for Bernit. No systematic
preference is made by the cows between
hard floors, irrespective whether they are
insulated or not. Cubicles in a double row
in the middle of the house are significantly more occupied by the cows than cubicles aligned in one row along a wall.
- Cubicles situated at an extremity of a
row are significantly less occupied by the
cows than those situated in the middle of
a row.
- The occupation of cubicles with a hard
floor can be favourably influenced by increased littering.
- If the animals have the possibility,
they preferably lie down in the same cubicle ; the hierarchical ranking order is
here also of importance : the higher ranking animals will obviously appropriate the
best cubicles.
The introduction of fully automatic dispensers for concentrates was the first application of the microprocessor in dairy
farming. These concentrate dispensers require on the one hand an adaptation of the
cows in their feeding behaviour and on the
other hand of the constructors to consider
the needs of the animals. To ensure the
tranquillity of the animals it has been
necessary to install fully-closed walls in
the box housing the concentrates dispenser
and to decrease the size of this box in
such a way that the cow which is in the
box cannot be hindered by other cows or
that a second cow cannot slide into the
same box. The number of cows per feed dispenser must be limited to twenty-five to
thirty (300 kg per dispenser and per day)
in order to avoid aggression and agitation
within the herd. The number of portions
must also be limited : on the one hand by
administering portions of at least 2.5 kg
of concentrates and on the other hand by
preventing as much as possible cows, which
already had their share of concentrates,
to present themselves at the dispenser
(Metz. et al., 1986). A recent development
by which the cow receives an auditive signal through an individual pager, when
there is no other cow in the box and when
there is a sufficiently large portion of
feed still available for her, reduces
aggression, as the number of idle visits
and the total number of visits per cow

decrease (Wierenga, 1988).

The introduction of the computer for herd management and milk recording hardly influences the behaviour of the cow. However, with the future introduction of milking robots at the farm the cows will be able to present themselves voluntarily for milking. Parsons (1988) simulated this automatic milking "on demand" of the cows and calculated the economic threshold of the system : owing to a higher yield through an increase of the frequency of milkings, this threshold is situated at ca. 60 cows.

Automatic cluster removal at the end of milking alleviates the most important task of the milker, contributes to an increase of the productivity and prevents infection of the udder. Besides the herringbone milking parlour the tandem milking parlour has found a renewed interest : in the first, a group of cows enters and leaves together the milking parlour, in the second the animals enter and leave individually the milking stalls at the end of milking. The trigon and polygon milking parlours however can only be considered for very large herds.

4 THE STANCHION BARN FOR DAIRY CATTLE

The strawed stanchion barn as well as the stanchion barn with grids remain important housing types in most European countries and a continuous research into these types of housing is therefore justified.

In Belgium, ca. 30 years ago, the width of the stalls of a stanchion barn was defined at 1.00 m irrespective the breed, whereas in Scandinavian countries this width was set at 1.20 m.

In a strawed stanchion barn equipped with the American yoke we studied the behaviour of six cows of the Dutch black-and-white breed (small-built) housed successively in stalls with a width of 1.00 m, 1.20 m, 1.10 m and again 1.00 m. It appears that the lying time is influenced by the width of the stalls (Maton et al., 1978). The total lying down time as well as the duration of each lying period are significantly much higher in a stall of 1.10 m than in one of 1.00 m wide. No significant differences were found between a width of 1.10 m and a width of 1.20 m. Moreover, it also appeared that cows experienced difficulties to lie down simultaneously in beds with a width of 1.00 m. In a stanchion barn with lying places of 1.00 m it often happens that a cow is obliged to get up when a neighbour wants to lie down. The separation between the an-imals plays an essential role in keeping the cows quiet and clean and therefore one should be installed between every two cows. In an earlier paper (Maton et al., 1975) we have also demonstrated that the incidence of teat traumata and claw lesions diminishes with increasing width of the stalls.

Because there are no significant differences found in total lying time nor in duration of the lying periods between stall widths of 1.10 m and 1.20 m in strawed stanchion barns for dairy cows we recommend from an economic point of view a stall width of 1.10 m which suffices to satisfy the comfort, the health and the hygiene of the animals. Stalls situated next to a wall must nevertheless have a width of 1.20 m

With regard to stanchion barns with grids (thus without straw) we compared two types of floors viz. rubber mats (with longitudinal grooves, ca. 2 cm thick and rather elastic) and concrete (Maton et al., 1988). Behind the stall which is 1.42 m long and 1.10 m wide there are grids covering the slurry channel. The house is equipped with American yokes. Twelve cows from the black-and-white breed (50 % Holstein) were housed during three weeks in stalls with one type of floor after which they were transferred to stalls with the other type of floor for a same period. This experiment was repeated in threefold. The cows were lying down on an average 10.8 h (S.D. : 0.35) per day on the rubber mats compared to 10.3 h (S.D. : 0.34) on the concrete floor. This difference is highly significant. The installation of rubber mats in stalls is thus indispensable since the cows enjoy a higher degree of comfort. This is clearly demonstrated not only by the average of the total daily lying time which is significantly higher with the rubber mats than with the concrete floor but also by the incidence of claw lesions which is significantly lower with rubber mats than with unlittered concrete.

The number of times a cow is lying down per day is also significantly different and amounts to 11.8 (S.D. : 0.45) with rubber mats and 9.6 (S.D. : 0.27) with concrete. The American yoke in a stanchion barn hinders the cows when they get up or lie down and especially with concrete floors. It restrains there the natural impulses of getting up and lying down (number of times of lying down per 24 h is therefore significantly lower) and increases the incidence of claw lesions. From the point of view of animal welfare, the Dutch yoke (which is adjustable) is recommended in this type of housing. However, in a stanchion barn where the cows are milked throughout the year, this type of yoke is not interesting because it requires a high labour demand in summer, for tying the cows, coming from the pasture to be milked. The American yoke is on the contrary very well adapted to group-tying. So, the economic interests diverge from the welfare of the animals. Concerning the total lying down time per 24 h and the duration per lying down, there are large individual differences owing to the fact that some cows require more rest than others and also that some cows lie down and stand up more often by nature.

5 THE HOUSING OF BEEF CATTLE

Beef cattle can be housed in different types of houses. The stanchion barn however is unsuited because of the changing size of the growing animals. The slatted floor loose house is recommended for standard quality animals. The valuable double-muscled beef is preferably housed in a spacious littered loose house. Straw must be adequately available (4-5 kg/animal/day) in it. A saving on straw will always be reflected by excessive soiling of the animals. Such houses are spacious : 7 m²/animal of 750 kg and more (Maton et al., 1985). To obtain a sufficient wear of the hooves the animals possess moreover of an exercise area in concrete (3 m²/animal). Other beef - excluding double-muscled beef - weighing ca. 500 kg can be housed in fully slatted loose houses as this will lead to the same zootechnical results as those obtained from littered loose housing on condition that the density is not too high : each animal must possess 3.5 m² (Daelemans et al., 1987). The problem of the area allowance per animal in loose houses was investigated by Andreae et al. (1980). They demonstrated that the total lying down time of yearling beef bulls (ca. 400 kg in weight) decreased from 14.3 h at 3 m²/animal to 13.6 h at 2 m²/animal. The difference is however not significant. They also stated that the concentration of the hormone cortisol in the blood plasma was higher with 2 m²/head than with 3 m²/head, which indicates more stress. This leads to a more intensive metabolism which results in a higher energy consumption and hence a slower growth. The reason why animals in densely populated houses live in a state of increased stress is probably due to an insufficient individual distance between the animals. Several researchers such as

Hafez (1969) and Porzig et al. (1969) have demonstrated that one of the most important requirements for a living togheter in harmony within a herd of animals is the respecting of the "individual distance" i.e. a minimum distance between individuals within a group. When the distance between animals decreases and becomes less than this individual distance, the risk of aggression increases. In densely-stocked houses, the animals are permanently within the individual distance from each other which results in a permanent state of stress. When on the contrary a maximum distance is exceeded, such as is the case on pastures, the animals will approach each other to form a more closed community.

6 CONCLUSIONS

During the last decades, radical changes in animal housing have taken place. In view of an optimal efficiency housing conditions must be provided which on the one hand respond to the requirements of the animal and on the other hand satisfy the needs of a rational and thus economic raising of the animals. Moreover, the farmer has always considered the welfare of the animal, long before specific rules were introduced. Unsuitable housing leads always to a reduction of the production and consequently the efficiency should not be excluded from the appreciation of the welfare of the animals in their housing. Domestication is a continuous adaptation process. This and the fact that the production is continuously upgraded make us believe that the housing of animals will be likely to change further in the future.

REFERENCES

Andrea U., Unsheim J. and Smidt D. 1980. Verhalten und anpassungsphysiologische Reaktionen von Mastbullen bei unterschiedlicher Belegungsdichte von Spaltenbodenbuchten : Der Tierzüchter 32: 447-468.
Daelemans J. and Maton A. 1987. Beef production with special reference to fattening bulls. EEC - Seminar on Welfare aspects of housing systems for veal calves and fattening bulls (16-17 September 1986, Mariensee): 61-71
Hafez E.S.E. 1969. The Behaviour of Domestic Animals, Baillière, Tindall and Cassell Ltd., London, G. Britain: 647 p.
Maton A. and De Moor A. 1975. Een onder-

zoek naar de samenhang tussen de huisvestingsvoorwaarden en gedragingen van en letsels bij melkvee. Vlaams Diergeneeskundig Tijdschrift nr. 44: 1-18.

Maton A., Daelemans J. and Lambrecht J. 1978. Le comportement des vaches laitières en stabulation entravée à litière paillée, en fonction de la largeur du bâti. Revue de l'Agriculture 31: 827-835.

Maton A., Daelemans J. and Lambrecht J. 1981. Etude de l'influence du revêtement des logettes sur le comportement des vaches laitières en stabulation libre. Revue de l'Agriculture 34: 973-993.

Maton A., Daelemans J. and Lambrecht J. 1985. Housing of Animals, Elsevier: 458 p.

Maton A., Daelemans J. and Moermans R. 1988. Recherches concernant le revêtement des bâtis dans les étables à stabulation entravée pour vaches laitières. Revue de l'Agriculture 41: 451-460.

Metz J.H.M., Wierenga H.K., Grommers F.J. and Bure R.G. 1986. Het welzijn van rundvee in bedrijfsverband. Werkgroep Welzijn Rundvee, Ministerie van Landbouw en Visserij: 104 p.

Parsons D.J. 1987. An Initial Economic Assessment of Fully Automatic Milking of Dairy Cows. AFRC Institute of Engineering Research, Wrest Park, Silsoe, Bedford, UK: 199-214.

Porzig E., Tembroek G., Engelmann C., Signoret J.P., Czako J. 1969. Das Verhalten Landwirtschaftlicher Nutztiere, VEB Deutscher Landwirtschaftsverlag, Berlin, German Democratic Republic: 430 p.

Wierenga H.K. 1988. Verslag van de Studiedag geprogrammeerde krachtvoerverstrekking aan melkvee 1988. Instituut voor Veeteeltkundig Onderzoek "Schoonoord" Zeist, The Netherlands. In print.

Land and Water Use, Dodd & Grace (eds), © 1989 Balkema, Rotterdam. ISBN 90 6191 980 0

Modern dairy farming with automatic milking system

D.Swierstra & A.C.Smits
Institute of Agricultural Engineering (IMAG), Wageningen, Netherlands

ABSTRACT: In the Netherlands much research has been performed into the automation of the milking and milk production in the last few years. On the basis of principles adopted, various new layouts have been developed for the housing of dairy cattle. Of these layouts the costs and labour requirements have been calculated and compared with those of dairy farms in actual practice.

RESUME: Ces dernières années, beaucoup de recherches ont été faites aux Pays-Bas sur l'automatisation de la production laitière, l'objectif étant la traite robotisée. Ces points de départ ont mené au développement de plusieurs projets pour le logement du bétail laitier, dont les coûts et la demande de main d'oeuvre ont été chiffrés et comparés avec ceux des entreprises de bétail laitier d'aujourd'hui.

ZUSAMMENFASSUNG: In den Niederlanden wurde in den letzten Jahren viel Forschungsarbeit nach der Automatisierung des Melkens und der Milchproduktion durchgeführt. Auf der Grundlage der gestellten Ausgangspunkte wurden mehrere neue Systeme für die Aufstallung von Milchvieh entwickelt. Von diesen Systemen wurden die Kosten und der Arbeitsbedarf ermittelt und mit denen der konventionellen Methoden verglichen.

1 INTRODUCTION

In the last few decades there have been substantial changes in dairy farming in the Netherlands. In 1987 more than 80% of dairy cows were accommodated in cubicle houses. The total number of dairy farms has fallen considerably, whereas individual milk yields have risen.

Forecasts indicate a further decrease in the number of farms and an increase in the average size of farms.

In the future the efforts towards an even more efficient and optimum milk production will be continued.

Research has always provided a valuable contribution to the further development of dairy farming. Part of the agricultural research deals with process automation and data processing and will surely affect the continued development of dairy farms. The development of the Automatic Milking System, the milking robot, is a product of close cooperation between farming-related industry and research.

At IMAG a working group has been dealing with the development of layouts for dairy farms with a view to the integration of various automation technologies, such as the milking robot (Anon. 1988).

This paper describes the development of an automatic milking system to be used in a cubicle house for a herd of 80 dairy cows, as well as a few consequences as regards investments and labour requirements for such layouts.

2 AUTOMATIC MILKING SYSTEM

A substantial automation has taken place in the milking parlour in the last few years. Automatic cluster removal has become possible, and so it has become possible to detect cows in heat and sick animals and to trace anomalies in milk automatically; this is done in combination with a cow identification system. A recent development is the automatic attachment of the cluster (Rossing et al. 1985; Grimm et al. 1987).

Essential for the success of an automatic milking system (AMS) is the preparedness of a cow to come on her own and have herself milked at any time. A milking system by which the animals can decide for themselves when they want to be milked, is a positive contribution to the cows behaving in accordance with their natural inclination and is conducive to animal welfare.

Research carried out at IMAG (Rossing et al. 1985; Ipema et al. 1987) has shown that the milking frequency of cows in such a situation is on average four times daily. In several research projects the milk yields rose by 11 - 20%, depending on the production level. The same research has shown that about 40 cows can be milked in one stall.

When a parlour with AMS is used it is assumed provisionally that the animals are kept inside the year round. Further research is being performed to find possibilities to make sure that grazing cows can visit the parlour with AMS at regular intervals.

The automatic attachment and removal of clusters can be performed both from the side and between the back legs. A configuration with two stalls being operated by a robot can consist of a double open tandem arrangement or of a single two-stall open tandem parlour.

For a proper performance of a parlour with AMS it is necessary to have a separate collecting yard which should have a capacity for 10% of the total dairy herd.

3 PRINCIPLES FOR A MILKING PARLOUR WITH AMS

If a complete layout is to be made for the accommodation of dairy cattle with a parlour with AMS, various principles and requirements have to be considered.

3.1 Accommodation of cattle

Basically each dairy farm contains a part where the cattle is housed, a milking parlour and ancillary pens for reproduction and health treatments, the separation area or holding pen.

The housing compartment consists of a part with cubicles where the animals can rest, the resting area, and the feeding area when they can eat. In cubicle houses the cows can move freely between feeding area and resting area. For a smooth and efficient milking process the animals are often brought towards the collecting yard situated between the cubicles or in a separate area.

From research into the effects of several times milking on animal behaviour it has appeared so far that cows prefer the 'going to the feeding area' to 'going to the parlour' (Smits et al. 1988). With a view to this preference cows when leaving or entering the feeding area are identified and selected to be milked, if necessary.

In a 'selection unit' an identification system recognizes the cows and, on the basis of information from a central computer, directs them through a race in a certain direction in either of two directions given. Further research is being performed into the requirements and possibilities of such a selection unit to direct the animal traffic or routing.

Figures 1 and 2 show the possibilities of two routing systems for cows in a cubicle house with automatic milking system.

Figure 1 shows a one-way traffic routing from the resting area to the feeding area, with the cow being selected when leaving the feeding area to be milked or to return to the resting area.

Figure 2 shows the routing during which the cows are selected before entering the feeding area, whether they have to be milked first before being allowed to return to the feeding area.

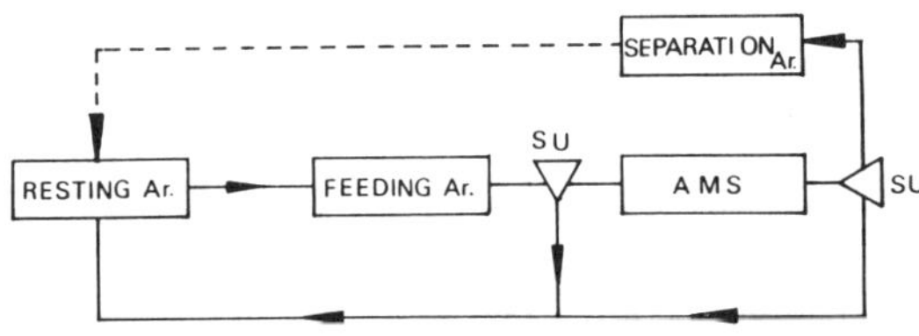

Fig. 1. Routing layout No. 1 for cubicle house with automatic milking system

SU   Selection unit
——> automatically controlled routing of cows
---> manually controlled routing of cows

The AMS detects cows which are ill or need any treatment. In both routing layouts the cows are selected when leaving the AMS as to whether they have to be separated. When leaving the holding pen, the cows are directed back to the resting area.

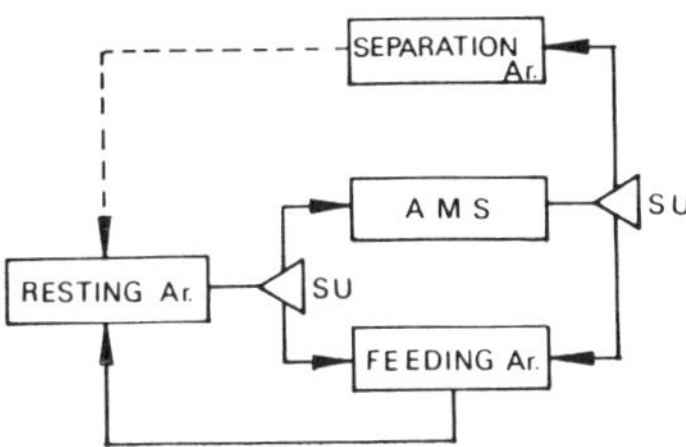

Fig. 2. Routing layout No. 2 for cubicle house with automatic milking system

SU   Selection unit
———> automatically controlled routing of cows
---> manually controlled routing of cows

It is obvious that routing layout No. 2 sets higher demands on the locations and the arrangement of the various areas. Both the parlour with AMS and the feeding area shall be directly accessible from the resting area.

3.2 Holding pen or separation area

An optimum management very much requires proper animal care. Most of the care applied refers to animal health and reproduction of the herd (Jongebreur et al. 1981). The farmer shall always remain watchful. But several aspects of health and reproduction can be observed by means of automatic technology and appropriate action can be taken, such as the diversion of individuals into the holding pen when they leave the parlour with AMS. Dependent on the information received by sensors, the cow will be diverted into an auxiliary stall or pen, a sick pen, a calving box or, for any treatment related to reproduction, to a special holding pen. The pens have been arranged with self-catching provisions. An attendance list will keep records of which animals have been separated for a certain time and for what reasons.

3.3 Hygiene

If a milking parlour with AMS is used, high requirements apply to the hygienic conditions. Hygiene, e.g. the cleanliness of the udder, is closely related to the construction and layout of the cowhouse.

So far the passages in cubicle houses are often designed with manure cellars covered with slatted floors. When using slatted floors the hygiene in the cowhouse can be improved by using a slurry scraper to clear the floors from dung.

3.4 Cowhouse climate

If the cows are kept inside throughout the year, especially high-yielding cows, the animals may suffer from heat stress in case of high temperatures causing yield and reproduction losses (Swierstra et al. 1985). To reduce the occurrence of heat stress an optimum ventilation should be aimed at. Thermal roof insulation also works out well on the ambient temperature inside the livestock house.

4 FARM DESIGN

To get an insight into the effects of automation on a dairy farm, an elaborated layout with automatic milking system has been compared with a standard layout with a conventional in-line milking parlour. The layouts were made for herds of 80 dairy cattle each. For this comparison the following principles were used:

Standard layout

 - Cubicle house, 2+2 rows with group feeding at the feed barrier and a through feeding passage;
 - Cubicle width 1.15 m; Feed barrier width 0.70 m;
 - All young stock accommodated in same cubicle house;
 - Conventional in-line milking parlour with 2x6 stalls;
 - Concentrates dispensed in four feed stations with automatic feed dispensing.

Layout for Automatic Milking System AMS

The layout for a parlour with Automatic Milking System is also based on a 2+2-row cubicle house with group feeding at the feed barrier, see Figure 3. To satisfy the requirement of keeping the cattle in one group, the feeding passage is blocked and the cows are allowed to cross the feeding passage freely.
The two-stall parlour with Automatic Milking System is installed in a single open tandem parlour in a container. As concentrates can be supplied in the parlour, the number of concentrate feeders in the feeding area has been reduced to two.

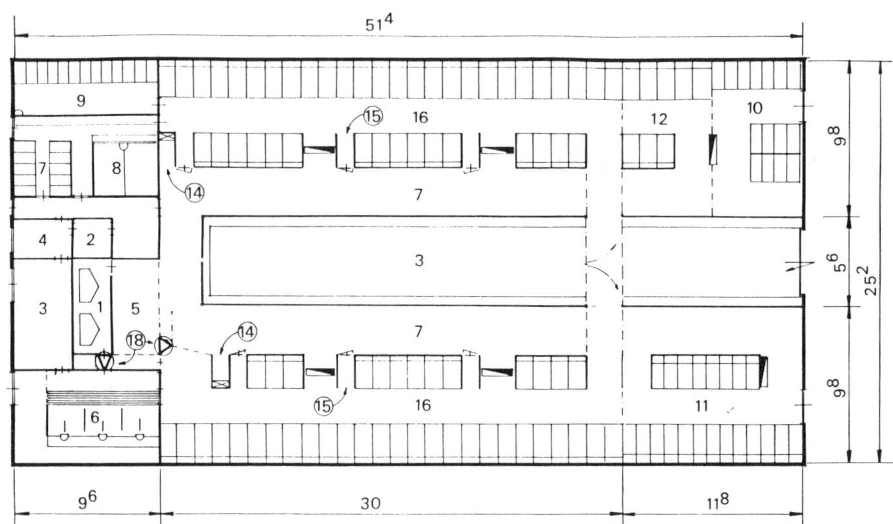

Fig. 3. Plan of cubicle house with Automatic Milking System for 80 cows with young stock.

<u>Legend</u>
1. Milking parlour with AMS
2. Machinery
3. Dairy
4. Administration
5. Collecting area
6. Separation area
7. Young calves till 0.5 month
8 & 9. Young cattle 0.5-5 months

10 & 11. Cattle 6-22 months
12. Cattle 22-24 months
13. Feeding passage
14. Concentrate feeder
15. One-way gate
16. Resting area with cubicles
17. Feeding area
18. Selection unit

The standard layout and the arrangement with AMS have in common that they are located inside a wide-span cowhouse with a roof pitch of 22.5°, a translucent open ridge, adjustable ventilation flaps in the walls, gutters along the eaves, and cavity walls. Both configurations have an underfloor slurry storage capacity for approx. six months.

The housing compartment of the layout with Automatic Milking System has an insulated roof as the cows are kept there throughout the year.

4.1 Investment costs

The investment costs as given in table 1 are based on the 1988 price level, including 20% VAT.

The diagram of figure 4 shows the total investments for the two configurations. The variation in building costs is primarily due to the additional insulation provisions to ensure a proper climate control for summer accommodation. And as to farm appliances the difference in investments is mainly caused by the different costs of

a twelve-stall milking parlour (Hfl 75,000) and the estimated investments for an automatic milking parlour (Hfl. 200,000).

Table 1. Investments in Hfl

	Standard layout	Layout with AMS
Building costs	606,000	647,000
Farm appliances	166,000	277,000
Implements	174,000	160,000
Total investments	946,000	1084,000

4.2 Labour requirement

A labour estimate has been made for the two different farm layouts to get an insight into any shifts in labour required. The basic principle was that the two farms had 35 hectares of farmland each, of which 5 hectares where grown with forage maize.

For the layout with AMS it is assumed
that the entire herd is kept inside for
365 days of the year and are fed with
conserved forage (grass and maize
silages). Table 2 gives the results in
working hours on an annual basis.

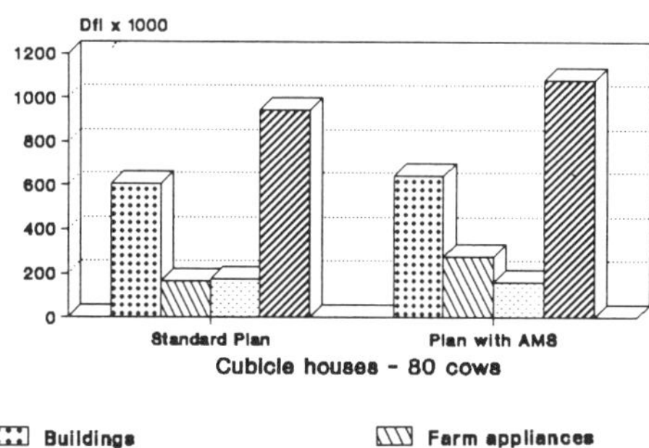

Fig. 4. Capital cost of two types of
cubicle houses for 80 cows with conventional and with automatic milking systems

Table 2. Labour requirement for 80 dairy
cows in working hours

	Standard layout	Layout with AMS
Field work	380	414
Cattle care	3287	2363
General work	754	675
Total	4421	3452
Per cow	55.3	43.2

The diagram of Figure 5 also shows the
labour requirements as given in table 2.
With AMS there is an increased demand for
labour for silage making, as in this layout
conserved forage has to be given also
during the summer; for that reason
substantially more forage has to be
harvested. The labour requirement for
grassland management approximately halves,
so that – despite a higher cutting
percentage – the actual grassland care
operations have to be performed less
often.

Practically the total difference in time
required for cattle care is caused by the
fact that the time needed for milking can
be dropped in a parlour with AMS. The
labour required for young stock care is
higher in a configuration with AMS as
silage has to be supplied throughout the
summer. The general work component,
however, has become less as fencing etc.
can be omitted.

In this research, when comparing the
labour requirements of the two layouts, it
has appeared that the Automatic Milking
System in combination with a cubicle house
for 80 cattle, can achieve a labour
economy of 20% or rather 12 working hours
per cow and per year.

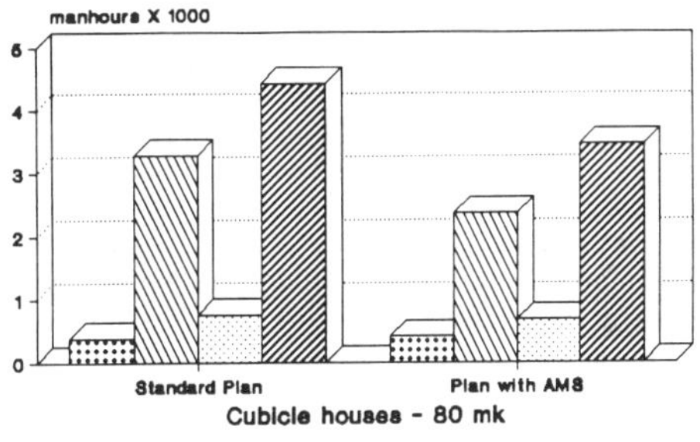

Fig. 5. Labour requirements of two types
of cubicle houses for 80 cows, with conventional and with automatic milking
systems

CONCLUSION

This paper describes the various principles of a cubicle house with Automatic
Milking System (AMS) for 80 dairy cows
with the number of dairy followers
required. The investment costs and labour
requirements are compared as applicable to
this cubicle house layout and to that with
a conventional milking parlour.

Other research has shown that the yields
of cows when milked four times a day will
rise by approx. 15% dependent on the
production level.

The difference in total investments is
mainly determined by the additional costs
of the Automatic Milking System compared
with those of the system applied in a
conventional parlour. At this point of

time it is expected that the additional
costs of a two-stall robotized parlour
will be in the range of Hfl 100,000 to
150,000, that is, compared with a twelve-
stall conventional parlour.

It seems feasible to realize a 20-%
reduction in the total labour requirement
for a cubicle house with eighty dairy cows
with additional young stock.

REFERENCES

Anonymous 1988. Verslag van de Werkgroep
  Ontwikkeling van een Modern Melkvee-
  bedrijf. IMAG nota 367. Juli, Wageningen.
Grimm, H. & K.Rabold 1987. Studies on
  automation of machine milking. Proc. of
  Third Symposium Automation in Dairying,
  IMAG, September, Wageningen.
Ipema, A.H., E.Benders & W.Rossing 1987.
  Effects of more frequent milking on milk
  production and health of dairy cattle.
  Proc. Third Symposium Automation in
  Dairying, IMAG, September, Wageningen.
Jongebreur, A.A. & D.Swierstra 1981.
  Comparison of plans for dairy cowhouses.
  Proc. Semin. Sect. II CIGR on Modelling,
  Design and Evaluation of Agricultural
  Buildings. Aug./Sept, Aberdeen.
Rossing, W., A.H.Ipema & P.F.Veltman 1985.
  The feasibility of milking in a feeding
  box. Research Report 85-2, IMAG, Wage-
  ningen.
Smits, A.C., J.Metz, A.H.Ipema & H.K.
  Wierenga 1988. De invloed van de plaats
  van de krachtvoerbox op het gedrag van
  koeien in een ligboxenstal. Proc.
  Studiedag Geprogrammeerde krachtvoer-
  verstrekking aan melkvee. December 20,
  Wageningen.
Swierstra, D. & E.N.J. Ouwerkerk 1985. A
  model estimating the effectiveness of
  shade structures on the production of
  dairy cows in hot climates. Proc. Semin.
  Sect. II CIGR on Agricultural Buildings
  in Hot Climate Countries, Catania, Italy.

Land and Water Use, Dodd & Grace (eds), © 1989 Balkema, Rotterdam. ISBN 90 6191 980 0

Experience with application of microelectronic and computer equipment in tie-up cow house systems in Czechoslovakia

J.Vegricht
Research Institute of Agricultural Engineering, Prague, Czechoslovakia

ABSTRACT : A farm for 432 milkcows has been constructed including tied stabulation system, mobile milking units controlled by microcomputer, automatic milk quality measurement, identification of individual cows, feed preparation center, controlled by computer, and automatic individual concentrate dispensing, all including adequate software for cattle keeping management. The precision of milk quantity measurement from individual cows is better than $\pm$ 5 %. Work output per 1 milker is 26 - 30 cows per h. The number of feedings is optional. Precision of individual concentrate rations is better than $\pm$ 5 %.

ABSTRAIT : On a installé une ferme des vaches laitières pour 432 animaux. Elle est équipée par stabulation entravée, unités mobiles de traite controlées par micro-ordinateur, identification individuelle des vaches, mesurage automatique de la quantité de lait, salle de préparation d'aliments controlée par ordinateur, dosage individuel automatique des concentrés. La ferme est équippée par logiciels nécéssaires pour la gestion de l'élevage. La précision du mésurage de la quantité de lait obtenue des vaches individuelle est mieux que $\pm$ 5 %. La productivité d'un opérateur est 26 - 30 vaches par heure. Le nombre de la distribution des aliments est optionnel. La précision des doses individuelles des concentrés est mieux que $\pm$ 5 %.

ABSTRAKT : Es wurde eine Farm für Milchkühe errichtet. Es handelt sich um einen Anbindestall ausgerüstet : mit durch Mikrocomputer gesteuerten mobilen Melkgeräten, mit automatischer Messung der Milchmenge von einzelnen Kühen und mit deren Identifizierung, mit durch Computer geregelten Futter zentrale und mit automatischer individuellen Kraftfutterdosierung. Zur Verfügung steht reiche Softwareausrüstung. für Leitung der Kuhhaltung. Die Genauigkeit der Messung des individuellen Gemolkes ist besser als $\pm$ 5 %. Die Leistungsfähigkeit des Melkers beträgt 26 - 30 gemolkene Kühe pro Stunde. Die Zahl der Fütterungen ist wählbar. Die Genauigkeit der individuellen Kraftfuttergaben ist besser als $\pm$ 5 %.

1 INTRODUCTION

In Czechoslovakia, there are more than 80 % of milk cows kept in tied stabulation cowhouses with the capacity of 96 to 220 cows. On one farm there are usually 150 to 500 milk cows.

These conditions called for research and development of new machinery lines incorporating large application of microelectronics in the control of technological processes of feeding and milking, and automatic data acquisition concerning each animal. It called also for development of software sets for farm management as a whole. The machinery systems must be applicable in existing cowhouses without any larger requirements on structure adaptation and they must be justified both in operation as in economics.

A research project was founded which was a frame for the construction of a farm for 432 milk cows consisting of two cowhouses for 216 cows each with a center for feed preparation. It has been equipped with microelectronics and computer technology for feeding lines control including automatic data acquisition and tuning up of required software means. To establish the economic, operational and other benefits of microelectronics the farm has been organized so

as to confront one cowhouse equipped
with new microelectronic appliances with
the other one equipped with current installations. Otherwise the layout of the
cowhouses and their machinery equipment
is identical.

Actually the trial operation in the cow
house with microelectronics and in the
feed preparation center have started.
The control standard cowhouse should be
put in operation towards mid of 1989.

2 LAYOUT AND TECHNOLOGICAL SOLUTION

The productive cowhouse unit is a ground
floor structure of a rectangular plan
with the span of carrying elements equal
to 3,75 + 12,00 + 3, 73 m constructed in
the assembled reinforced concrete construction system VUZO. The unit including
walls is 20,7 m wide, its overall length
is 100,5 m, the inner length of the cow
space proper is 70,1 m (Fig. 1).

In the front part of the unit there
are the milk room, room for refrigeration
units and boilers, room for veterinarian
and for embryo transfer, administrative
and computer rooms, shed for milking
units, air pumps, electric boiler, switch
room, profylactory for calves up to 10
days age, hygienic rooms for staff, journal room. On the opposite side of the
cowhouse, there is the adjoint storage
of bedding straw. The stalls are arranged in four rows. The stall length is
2 100 mm.

The feeding ration is prepared in the
feed preparation center equipped with
auger approachers (Fig. 2 and 3). The
feed reception is performed by a feed
approacher with 180 ^{o} angle of rotation.
Feeds are conveyed by a conveyer system
including a built-in automatic belt weigher to the layer piling conveyer and is
piled on a plan of sectors of a circle
whose size is controlled by the control
computer. Components of the feeding ration are piled in layers and mixed together by the extracting auger. It has
been prepared an individual rationing
of futher two components of feeding ration based on roughage (e.g. hay, CCM,
silage of entire cereal plants) to the
complete feeding ration so as to provide
for individual diet of selected milk cow
groups (so-called phased nutrition).
Extracting of complete feeding ration is
ensured by another conveyor system also
incorporating an automatic belt weigher.
Feed is conveyed either to mobile means
or is loaded by overhead conveyors into
the mangers. The preparation and the distribution of the feeding ration is con-

trolled automatically by the control computer of the feed preparation center which
has a two-way communication with the control computer of the farm. The control
computer of the farm delivers e.g. information on the composition and size of
the feeding ration for each cow or each
group of cows, information concerning
the calculated total quantity of each
component, total amount of the feed mixture stc. to the feed preparation center.
The computer of the feed center informs
the farm center on virtually obtained
amounts of each component, on the amount
of the complete feeding ration delivered
to each cow, and on feed quantity loaded
on feeding vehicles. In this case a weighing certificate is issued by the printer. (Fig. 4.)

The hierarchically higher computer
processes the information for aims of
nutrition control, supplies control, for
economic calculations, etc. The system
user obtains resumed objective information on consumed feeds, on its production
efficiency (based on individual milk
quantity measurement) and is able to
perform a correction of the feeding ration calculation.

The overhead feeding line makes possible a repeated feed distribution during
the day as well as to differentiate the
quantity and the kind of distributed
feeds. It should contribute to a better
feed intake and conversion.

The system provides for an automatic
and individual dispensing of two types
of concentrates simultaneously following
the command of the farm control computer
which evaluates the production effeicien-
cy of the feed ration based on roughage,
the lactation stage, milk yield, and establishes the concentrate ration for each
cow with possible choice of two types of
mixed feed in different volume proportions
issuing from the established data.

Technically, dispensing of concentrates
is performed by two microprocessor controlled concentrate dispensers that deli-
ver concentrates on the overhead distri-
buting line. Concentrates are distributed to each cow either alone or together
with roughage. The frequency in time of
concentrate dispensing is optional.

Cows are milked by mobile milking units.
A microcomputer installed on the mobile
milking unit controls the milking process
and is in charge of two flow meters and
two milking sets simultaneously. The
milk claw is equipped with a combined
sensor measuring both milk conductivity
of individual udder quarters and milk temperature as indicators of a cows health

(disease, mastitis, cow rut, etc.). The milking is observed, and if the milk flow falls under 0.2 $l.min^{-1}$ the milking is completed with a delay in the squeeze period, this state being signalized by an indicator light. After-milking is carried out by a milker, who operates 2 mobile milking units, i.e. 4 milking sets. (Fig. 5.)

The milking unit's microcomputer registers in its memory all measured data (cow stall number, milk yield, milk conductivity in udder quartes, and milk temperature).

The memory capacity is sufficient for 64 milk cows. When milking is over, all data are sent to the control farm computer to be processed there.

The new way of sanitation (cleaning) allows to alternate acid and alcalic solutions and to turn of the flow direction of the washing liquid.

The dung disposal is carried out by endless-chain scraper joined immediately to connecting conveyor and out door dung heap piler.

For the purpose of the farm management, the program package "Agrosoft skot (cattle)" was developed, that was tested in advance at several farms. It allows an automatic data input from nutrition and milking subsystems. The computer performes, among other, the following operations:
- record of calves
- record of both heifers and high-pregnant heifers records
- of bull feeding
- of milk cows
- calculation of herd turnover
- full record of milk production
- automatic relation to economic system of the enterprise
- full substitute for manual cattle-breeding file
- check of young cattle's performance rate
- selection of individual cattle categories following desired criteria.
- animal weighing - weighing journal
- operative milkcows management
- veterinary record
- relation to the central breeding system
- a relation to both directly operated machine lines and automatic data collection is under checking.

Actually, the software set "Agrosoft skot" consists of 98 partial programs and is being further expanded. The block diagram of the management system is shown on Fig. 6.

3 THE RESULT AND EXPERIENCES ACHIEVED

The experimental stall barn with a feeding center was put into operation in October 1988. Minor initial problems being over, the farm is run as planned.

The research in this phase has aimed primarily at the accuracy of fulfilling the requirements set.

In Czechoslovakia, it is demanded for the difference between the bulk-feed ration actually given and that one planned not to exceed 10 %. Control measurement showed 6 - 13 % differences. (The larger differences appeared in smaller feed rations.).

The concentrate dispensing accuracy fulfilled the requirement given and the error of a ration set individually does not exceed $\pm$ 5 %. The individual concentrate dispensing together with roughage feeding four times a day has been found advantageous.

For the purpose of measuring the milk yield, vibration-proof milk meter was designed. Individual yield accuracy is satisfactory and the deviation from the effective milk yield expressed by standard deviation, has not exceeded $\pm$ 2 %. One milker operates 2 mobile milking units and milks 26-30 cows per hour.

Our milk conductivity measurement and mastitis indication, based on rated conductance limit overload, has not proved satisfactory and these devices will undergo, together with the milk thermometer, final improvements.

Sofisticated programs are used to manage the cattle keeping that among other displaced the manual file of animals.

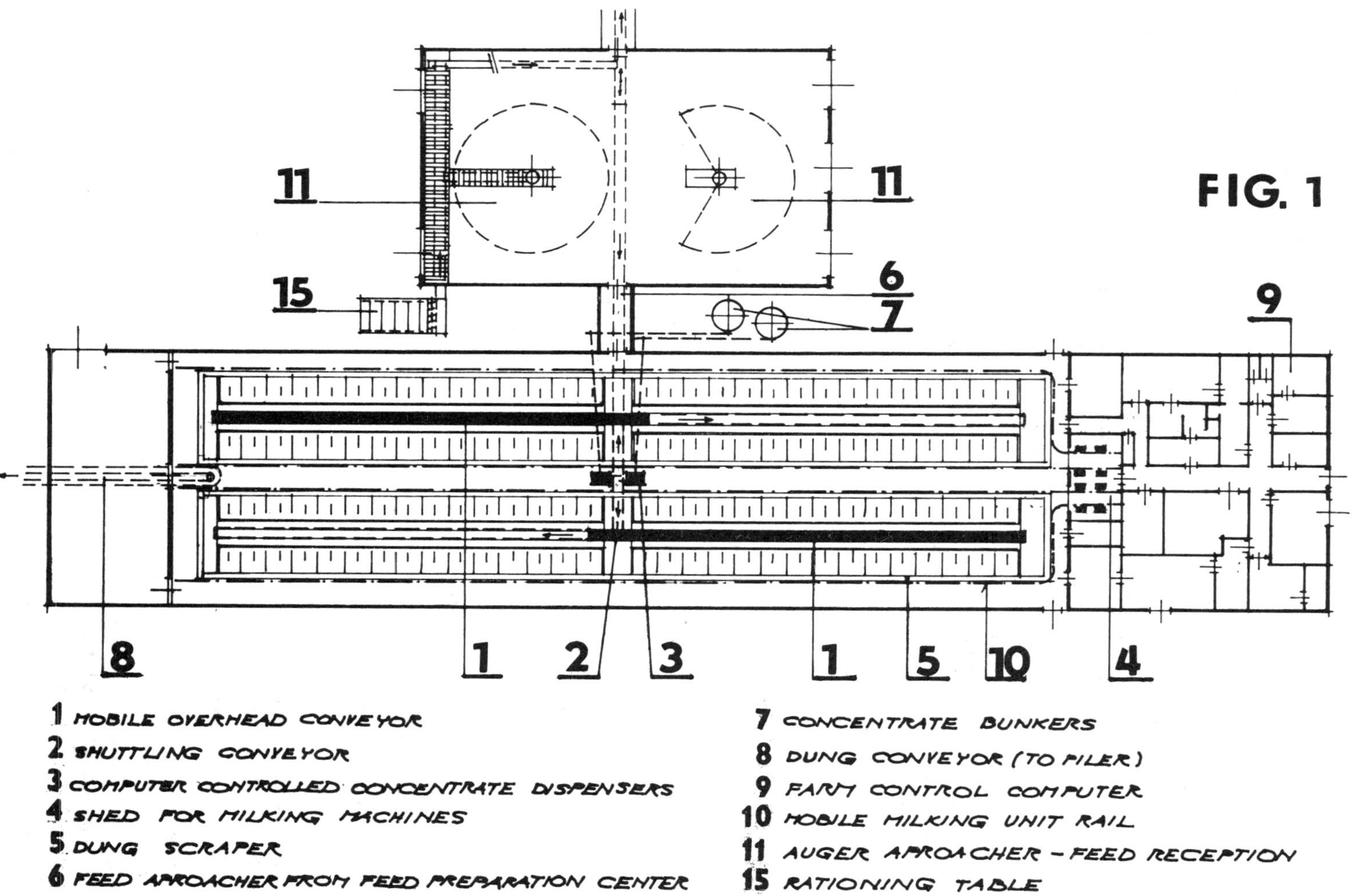

FIG. 1
11
11
15
6
7
9
8
1
2
3
1
5
10
4
1 MOBILE OVERHEAD CONVEYOR
2 SHUTTLING CONVEYOR
3 COMPUTER CONTROLLED CONCENTRATE DISPENSERS
4 SHED FOR MILKING MACHINES
5 DUNG SCRAPER
6 FEED APROACHER FROM FEED PREPARATION CENTER
7 CONCENTRATE BUNKERS
8 DUNG CONVEYOR (TO PILER)
9 FARM CONTROL COMPUTER
10 MOBILE MILKING UNIT RAIL
11 AUGER APROACHER - FEED RECEPTION
15 RATIONING TABLE

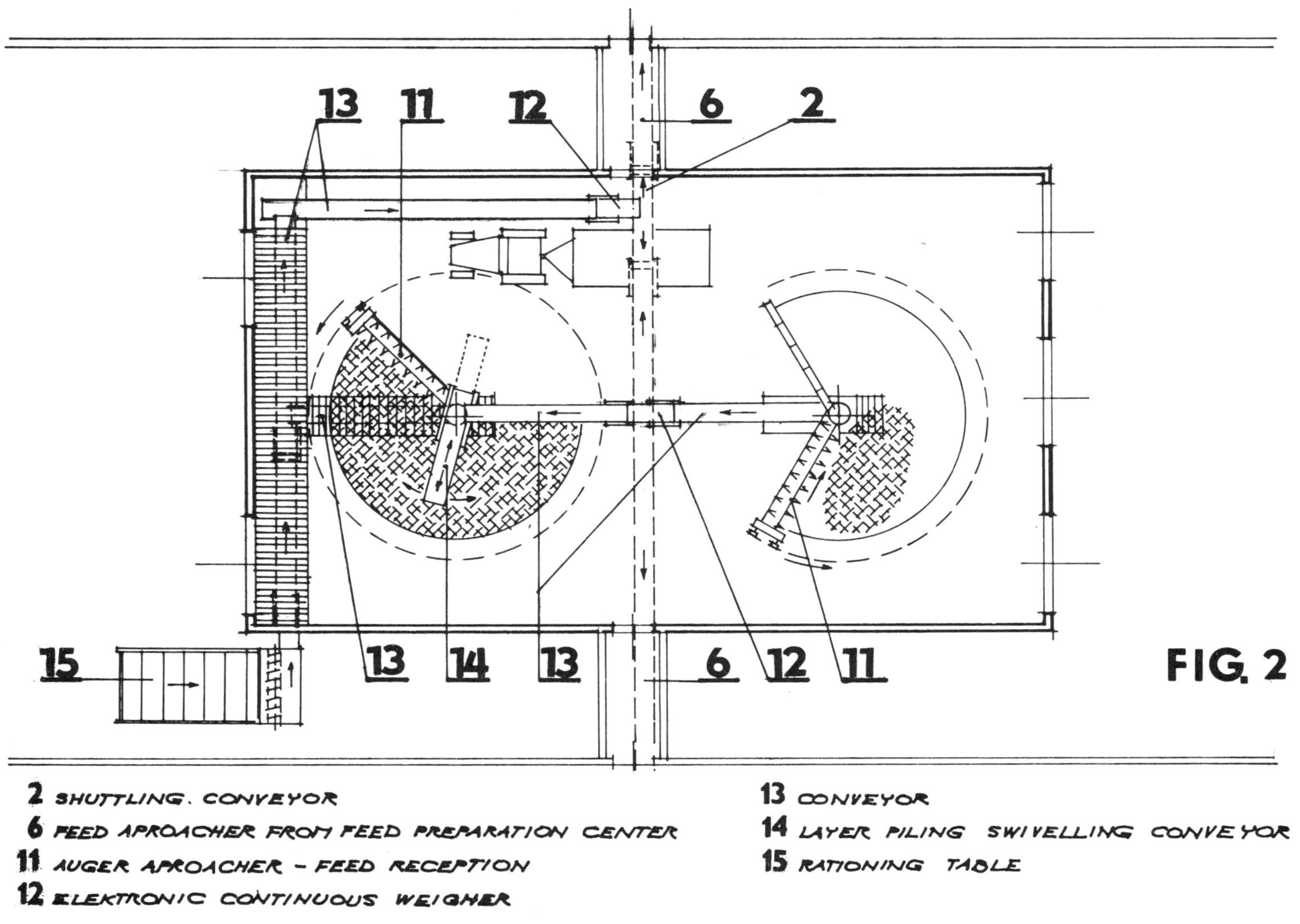

937

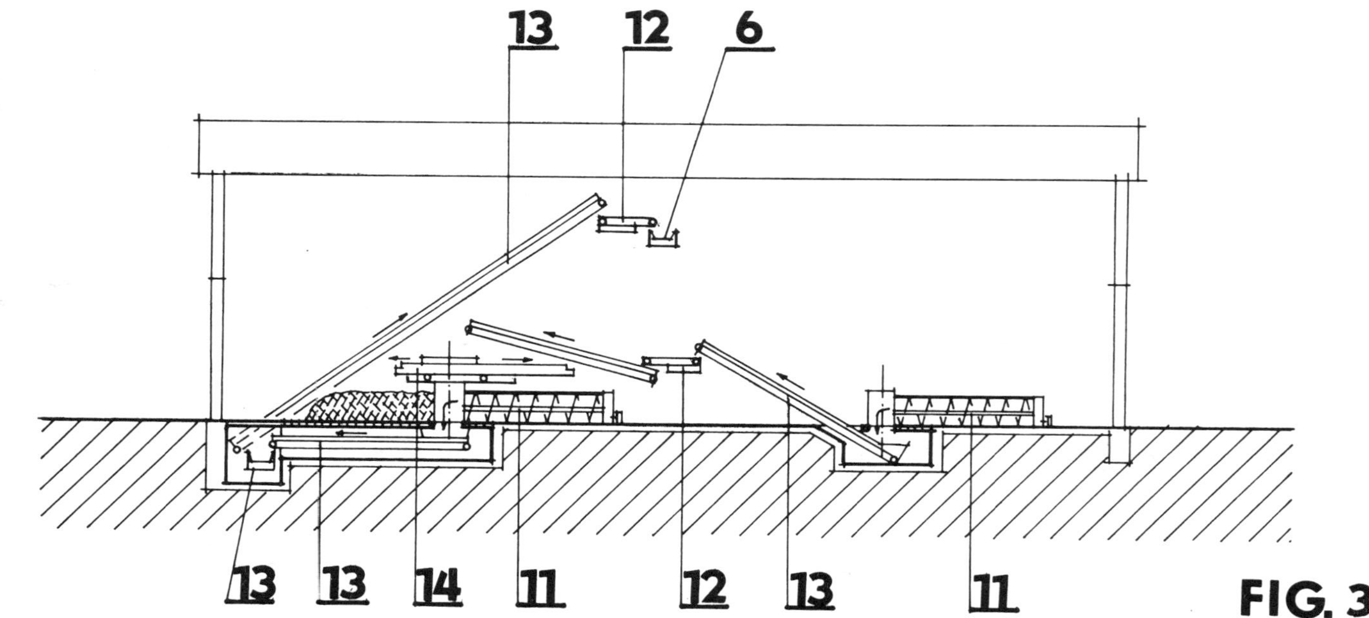

938

Fig. 4   General view of the feed center with capacity of feed preparation for up to
1 500 milk cows

Fig. 5   Mobile milking units suspended and moving on the rail; one milker operates
two milking units i.e. four milking sets

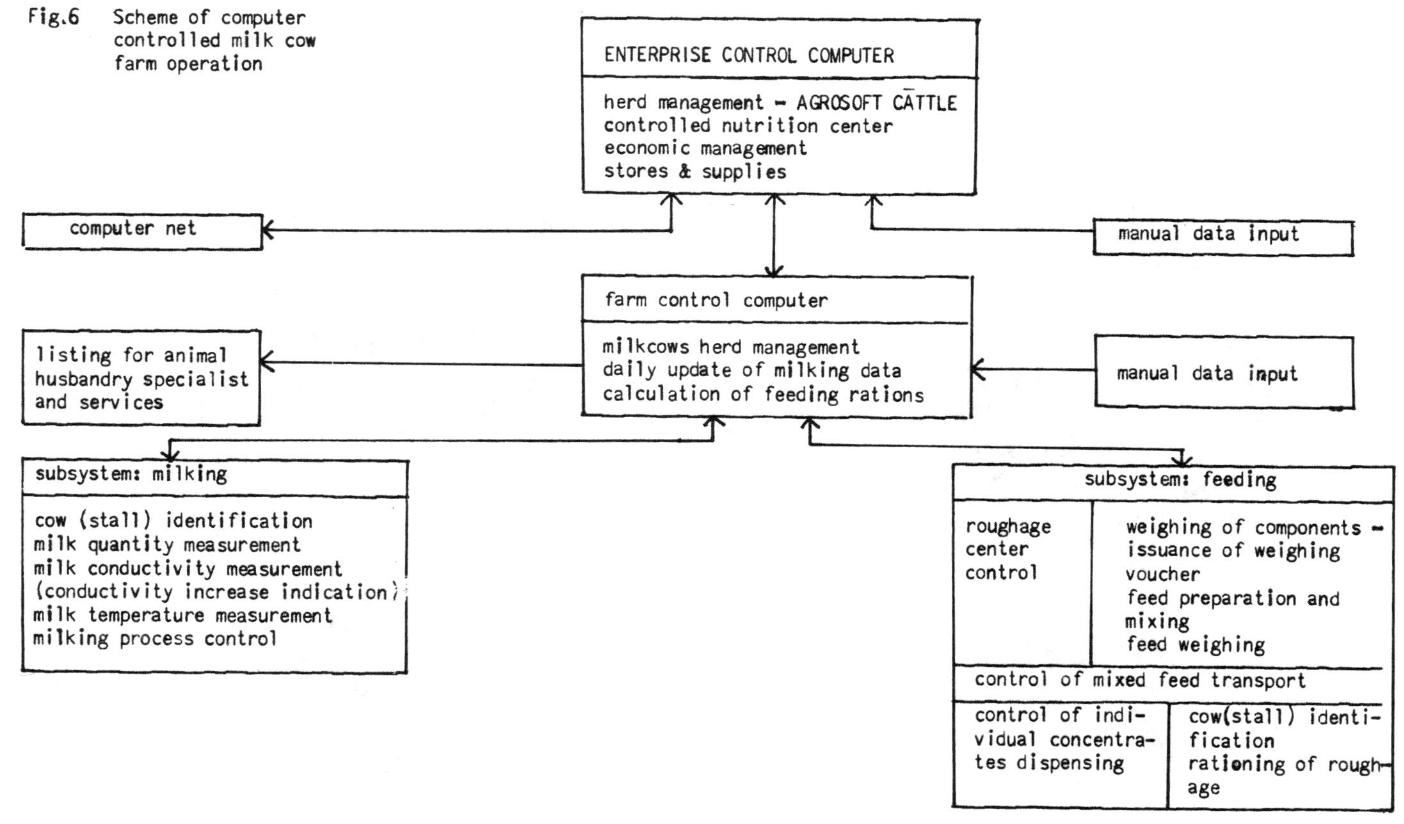

Fig.6   Scheme of computer
         controlled milk cow
         farm operation

ENTERPRISE CONTROL COMPUTER

herd management — AGROSOFT CATTLE
controlled nutrition center
economic management
stores & supplies

computer net

manual data input

farm control computer

milkcows herd management
daily update of milking data
calculation of feeding rations

listing for animal
husbandry specialist
and services

manual data input

subsystem: milking

cow (stall) identification
milk quantity measurement
milk conductivity measurement
(conductivity increase indication)
milk temperature measurement
milking process control

subsystem: feeding

roughage
center
control

weighing of components —
issuance of weighing
voucher
feed preparation and
mixing
feed weighing

control of mixed feed transport

control of indi-
vidual concentra-
tes dispensing

cow(stall) identi-
fication
rationing of rough-
age

Land and Water Use, Dodd & Grace (eds), © 1989 Balkema, Rotterdam. ISBN 90 6191 980 0

Conception et aménagement de bâtiments d'élevage pour troupeaux de grande taille de chèvres laitières

G. Toussaint
Institut Technique de l'Elevage Ovin et Caprin, Paris, France

RESUME: L'évolution du marché des produits laitiers provoque un intérêt croissant pour élevage caprin. Cependant, en vente de lait, la rémunération de la main d'oeuvre exigée par la production laitière, amène les producteurs à créer les unités de grande taille. Cette tendance entraîne des modifications profondes dans la conception et l'aménagement des chevreries. Une maîtrise accrue des conditions d'ambiances adaptées a l'éspèce caprine en function de l'augmentation de la taille des troupeaux devient essentielle pour soutenir une productivité satisfaisante. Il est constaté que c'est surtout la ventilation des locaux d'élevage des jeunes et des adultes qui se trouve à la base d'une situation sanitaire sans danger pour l'animal, d'une bonne stabilité du troupeau et de résultats technico-économiques en rapport avec les moyens de production engagés. Un meilleur control des conditions de l'alimentation distribuée et de l'évolution des maladies parasitaires amène la majorité des eleveurs à choisir la stabulation permanente. Cette technique éxige un aménagement et une mécanisation des différents chantiers qui permettent une organisation rationnelle du travail, mais aussi une circulation aisée des animaux et des matières. les equipements doivent être choisis en function de leur adaptation à la production laitière caprine, et, de la productivité et de la pénibilité du travail. La construction et l'aménagement d'une chèvrerie destinée à un élevage important nécessite que l'investissement soit adapté à la dimension du troupeau, aux capacités de la main d'oeuvre et à la productivité de l'atelier caprin, afin de ne pas pénaliser les résultats d'exploitation des années à venir. Dans ce but, le coût d'un projet bâtiment peut être réduit dans des proportions raisonnables, tant par un choix du type de construction, des matériaux et des équipements, que par la participation du personnel de l'exploitation agricole dans les travaux d'aménagement.

On observe que l'élevage caprin en France évolue depuis ces dernières années vers une augmentation générale des effectifs des troupeaux exploités essentiellement pour la production de lait.

Cette tendance ne va pas sans provoquer des modifications importantes dans la conduite de l'élevage, notamment dans les conditions de logement d'un nombre de plus en plus élevé de caprins dans un même bâtiment, lequel doit aussi répondre à une efficacité accrue du travail. Cette nouvelle orientation entraînant une conception différente du bâtiment caprin, de son aménagement et de ses équipements va influencer d'une façon certaine, les besoins de financement de l'atelier caprin et de l'exploitation agricole.

Cette communication a pour but de faire le point sur les connaissances dans le domaine des conditions d'ambiance, de l'organisation du travail et de financements qui vont être nécessaires en bâtiment d'élevage caprin laitier à effectifs importants.

1 LA MAITRISE DES CONDITIONS D'AMBIANCE

Quelle que soit la taille d'un troupeau de chèvres, celles-ci devront être placées dans un milieu de vie sain, cette affirmation est encore plus impérative avec des effectifs importants en raison de l'accroissement des risques d'épidémies. Elle sera également à la base d'une expression normale de la capacité de production laitière de ces femelles. Ce milieu de vie va se caractériser en termes

de température, d'hygrométrie, d'éclairement,... qui sont spécifiques à l'espèce caprine. Le tableau suivant donne
une synthèse bibliographique des valeurs des facteurs d'ambiance publiées
à ce jour.

température	
Chèvres adultes	minimale 6°C
	optimale 10 à 18°C
	maximale 27°C
Chaleur dégagée	50 mth/h/animal
Chevreaux	12 à 14°C

Hygrométrie	
Optimum	70 à 80 %
Dégagement de vapeur d'eau	50 g/h/animal

Ventilation	
Débits	. minimum hiver 30m^3/h/animal
	. optimum été 120 à 150m^3/h/animal
Vitesse maximum de l'air : 0,5 m/s	
Volume d'air disponible par chèvre en stabulation libre	6 à 9m^3

Eclairement naturel
1/20e de la surface couverte avec éclairement latéral, 1/30e de la surface couverte avec éclairement énithal.

Tableau 1 - facteurs d'ambiance couram
ment retenus en élevage caprin en zones
tempérées.

L'ambiance intérieure d'une chèvrerie
va se trouver influencée de diverses
manières dont les principales sont les
suivantes :
- le nombre d'animaux par leur dégagement de vapeur d'eau et de chaleur corporelle, va modifier l'équilibre entre la
température et l'hygrométrie intérieures.
Rappelons que la transmission des
agents infectieux se fait principalement
par voie aérienne, notamment pulmonaire, car les germes éliminés par l'animal dans une action mécanique comme
la toux, peuvent être remis en suspension dans les couches d'air chaud et
humide et se propager à l'ensemble des
chèvres se trouvant dans le bâtiment.
En effet, ces gouttelettes microbiennes
du fait de leur forme spécifique ont la
propriété de franchir facilement les
barrières naturelles des voies respiratoires (G. Toussaint, 1984).

De même la densité d'animaux sera aussi une source de pollution par les résidus de leurs fonctions biologiques comme
le gaz carbonique, l'ammoniac, etc...

La présence d'une épaisseur importante
de fumier peut aumenter la température
de 25 %,
- la capacité des matériaux de construction du bâtiment à résister aux échanges
de température entre l'air intérieur et
extérieur, donc aux effets climatiques,
- la présence d'équipements pouvant provoquer des apports ou des déperditions
de chaleur ou d'humidité tels que l'é-
clairage, des abreuvoirs mal entretenus
..., mais aussi être à la source de pollution comme les gaz d'échappement d'un
moteur à combustion.

Les moyens disponibles pour maîtriser les
conditions d'ambiance dans une chèvrerie
abritant un troupeau de grande taille
sont les suivants :

- il faut éviter le surpeuplement ou le
souspeuplement en respectant les normes
techniques données dans le tableau suivant, surtout la surface par animal.
Toutefois, selon le mode d'alimentation
pratiqué, les couloirs prendront une
place plus ou moins importante dans la
détermination du volume d'air total disponible par chèvre. La hauteur sous sa-
blière peut aussi avoir une grande influence sur ce volume.

Surface par animal :
Chèvre en stabulation libre avec parcs extérieurs : 1,50 m2
Chèvre en stabulation libre (parcs extérieurs inclus) : 3,00 m2 (minimum)
Chèvre logée (avec couloir) : 2,30 à 2,50 m2
Volume par chèvre :
Alimentation par convoyeur central : 6,75 m2
Alimentation avec couloir central de 3m et auges : 9,00 m3

Tableau 2 - Normes techniques usuelles.

- la ventilation en renouvelant l'air du
local participe à la régulation thermique
en réduisant l'hygrométrie et la température, et en évacuant les gaz toxiques.
Le calcul de la ventilation se fait à
partir d'un bilan thermique où interviennent en apport la production de chaleur corporelle des animaux, ainsi que
du fumier, et dans les déperditions les
propriétés isolantes des composants du
bâtiment.

La ventilation statique s'adapte parfaitement à une chèvrerie de 12 m de large.
Son efficacité est conditionnée par l'orien-

tation des ouvertures en fonction des
vents dominants, de la surface et de la
hauteur des entrées et des sorties d'air.
Leurs dimensions sont déterminées à partir des débits d'air exigés par le troupeau caprin et en fonction du bilan
technique.

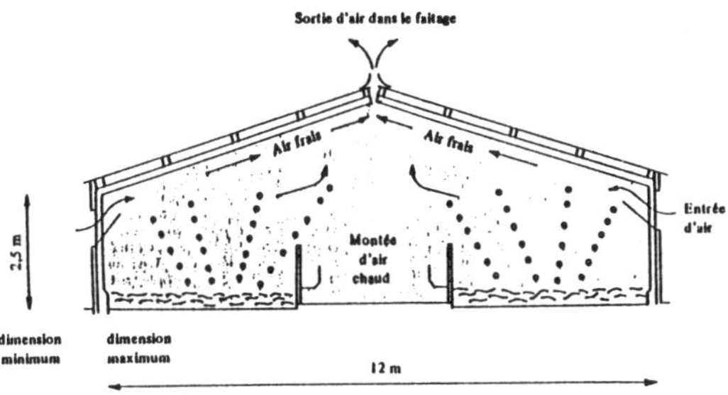

Figure 1 - Ventilation statique d'une
chèvrerie.

Les études en cours portent sur des chèvreries fermées sur quatre faces comportant : une ouverture pour l'entrée d'air
sur toute la longueur du long pan recou-
verte par un filet brise-vent, la sortie
d'air s'effectue par une ouverture continue dans la faitière.(BRUCE 1978).

La ventilation dynamique est en général
reservée à des bâtiments de grande largeur ou à des des implantations particulières.

- l'isolation de la chèvrerie doit se rai-
sonner en fonction des conditions climatiques locales. La chèvre laitière en
zone tempérée est surtout sensible à des
températures élevées (MAC DOWEL - WOOD
WARD - 1982). L'isolation de toiture
pourra donc protéger des femelles des
fortes températures estivales. Cette technique ne peut se concevoir sans une
ventilation correcte.

- nous retiendrons encore l'importance
de l'orientation du bâtiment qui doit
permettre d'obtenir un ensoleillement
hivernal maximum, tout en créant des
zones d'ombre en période estivale.

Enfin l'éclairement intérieur provient
principalement d'ouvertures latérales et
de plaques translucides en toiture.

En conclusion de ce chapitre, il convient
de retenir qu'une chèvre laitière dans
des conditions optimales de température
et d'hygrométrie ne dépensera de l'énergie que pour son entretien et sa production. Par contre, plus on s'éloignera de
cette neutralité technique, plus l'animal
devra dépenser de l'énergie pour augmenter sa thermogenèse pour lutter contre le
froid, ce qui fera croître son indice de
consommation ; à l'opposé, dans le cas
de températures élevées, pour diminuer
sa propre production de chaleur, il ré-
duira sa consommation alimentaire et é-
vaporera de l'eau, ce qui se traduira
par une baisse de production laitière
(BROWN, MORRISON, BRADFORD - 1988).

2 L'ORGANISATION DU TRAVAIL

Lorsque l'effectif du troupeau dépasse
100 chèvres laitières, le bâtiment doit
se prêter tout particulièrement à une
bonne organisation du travail, afin de
facilité l'exécution des tâches journalières, avec un minimum de fatigue et de
risques d'accidents.

Le choix de l'éleveur pour une technique
d'élevage déterminera le temps de travail effectué à l'intérieur des locaux;
ce sera donc en stabulation permanente
que la totalité des chantiers de travail
devront se juxtaposer rationnellement
dans le bâtiment. Cette organisation sous
forme de chantiers de travail ne s'accor-
de pas toujours parfaitement avec les
conditions d'ambiance exposées précédemment. Il faudra donc souvent trouver un
compromis entre le besoin d'un milieu
de vie correct demandé par l'animal et
les nécessités d'organiser le travail.

Le projet de bâtir passe donc nécessairement par l'établissement d'un planning
annuel de conduite de troupeau permettant de définir nettement les activités
qui se dérouleront dans le bâtiment. Elles
détermineront un plan de circulation des
matières, des animaux, des hommes, et
aussi l'aménagement et l'équipement des
locaux.

En production laitière, une majorité d'é-
leveurs de chèvres choisissent la stabulation libre et permanente pour obtenir
un meilleur contrôle de l'alimentation
distribuée et de l'évolution des maladies
parasitaires.

Dans le cadre de cette technique parfaitement adaptée à la conduite d'un troupeau de grande taille, l'aménagement du
bâtiment suivra les étapes suivantes :

2.1. La définition d'une plate-forme de
    séjour :

La définition d'une plate-forme de séjour

s'établit sur une surface mesurant 1,50 m2 x nombre de chèvres. Elle devra être complétée par une aire d'exercice extérieure accessible librement par les animaux et de même surface. Sa longueur est délimitée par la place à l'auge de 0,40 x nombre de chèvres logées. La largeur minimum sera donc de 3,75 m.

2.2. Le chantier d'alimentation :

Le chantier d'alimentation consistera à mettre à disposition des animaux les aliments disponibles sur l'exploitation de leur lieu de stockage au lieu de distribution, c'est-à-dire la longueur d'auge délimitant l'aire de séjour. Cette opération doit se faire en respectant les quantités calculées dans le rationnement sans dégrader l'aliment pendant les manutentions. Elle comprend les actions suivantes : le transport des aliments, éventuellement leur mélange, leur distribution et l'évacuation des refus.

Le mode de mécanisation du transport devenu nécessaire avec l'augmentation de la taille des troupeaux va déterminer les dimensions de l'aire d'alimentation et de ce fait la largeur de la construction. En effet, la distribution avec remorques auto-déchargeuse ou mélangeuse exigera un passage de 3 mètres (couloirauge) ou de 4 mètres de large avec auges, formant un couloir traversant le bâtiment et s'ouvrant vers l'extérieur par des portails à chaque extrémité.

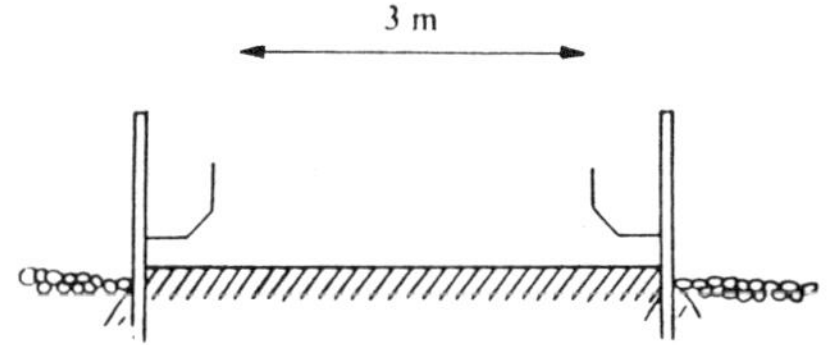

–Figure 2 - Couloir avec auges de 4 mètres pour remorques.

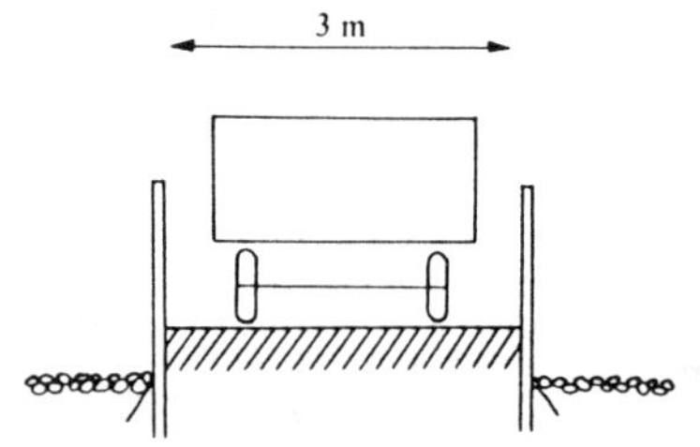

Figure 3 - Couloir d'auge de 3 mètres pour remorques.

Par contre, l'utilisation d'un convoyeur au centre de la chèvrerie avec chargement à une extrémité demandera une largeur de 0,80 à 1 mètre (G. TOUSSAINT 1979). En disposant les aires de séjour de chaque côté de ce couloir d'alimentation, la largeur intérieure couverte sera de 9 à 12 mètres.

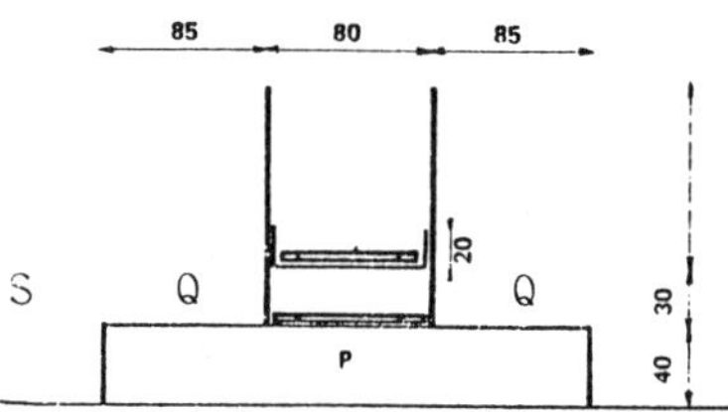

Figure 4 - convoyeur à câble central sans couloir

S : surface par chèvre, quai compris
Q : quai
P : plateforme

La séparation entre l'aire de séjour et le couloir d'alimentation est obtenue avec un cornadis qui a pour rôle de contenir les chèvres pendant la distribution des aliments, mais aussi pour des traitements sanitaires collectifs ou encore pour l'insémination artificielle. Il doit aussi éviter que les chèvres n'accèdent au couloir d'alimentation, il sera donc d'une grande solidité et d'une hauteur suffisante.

Tableau 3 - Mesures applicables pour les auges et les cornadis /
Longueur d'auge par chèvre en chèvrerie ....0,40 m
Nombre de chèvres au mètre d'auge en chèvrerie 2,5
Largeur d'auge par chèvre en chèvrerie (fond de l'auge) ....0,40 m
Hauteur de l'auge côté couloir ...0,50 à 0,60 m
Longueur d'auge par chèvre en salle de traite ....0,33 m
Nombre de chèvre au mètre d'auge en salle de traite 3
Hauteur de cornadis côté couloir...1,25 m (minimum)
Longueur de gouttière pour l'allaitement par chevreau ....0,10 m

Parmi les nombreux modèles de cornadis,
le plus satisfaisant est celui comportant
un système de prise automatique de l'a-
nimal. Il est préférable qu'il comporte
trois positions de blocage : libre accès
à l'auge, autoblocage et fermeture de
l'accès. La commande de manoeuvre de
ces positions doit se trouver à une seule extrémité pour la totalité du cornadis.
Il est intéressant qu'un dispositif soit
prévu pour surélever le cornadis, lorsqu'il est solidaire avec l'auge, pour
maintenir les animaux à la même hauteur avec l'élévation progressive du niveau de la litière.

La distribution de l'aliment concentré
s'effectue en partie ou complétement dans
la chèvrerie pour obtenir une meilleure
fragmentation de la ration (MORAND-
FEHR - TOUSSAINT, 1989). Cette méthode
va multiplier le nombre des repas, donc
augmenter le temps de travail. Pour
pallier à cet inconvénient, deux techniques se mettent actuellement en place :
la ration complète où l'ensemble des
aliments se trouve mélangé et distribué
en plusieurs repas, ou les distributeurs
automatiques de concentré pour lesquels
une clé suspendue au cou de la chèvre
déclanche la distribution automatique
d'une ration individualisée de concentré.

BARON (1985) a enregistré que la distribution des fourrages demandait 36%
des temps de travaux journaliers en
chèvrerie soit en moyenne 3 heures par
jour pour des élevages dont la taille
moyenne était de 140 chèvres laitières.
Ces éleveurs utilisaient la technique de
la stabulation permanente avec des systèmes de distribution mécanisée décrit
ci-dessus. Les variations constatées entre ces enregistrements avec les mêmes
systèmes montrent l'importance qui doit
être attachée au choix des équipements
adaptés à la production caprine, à la
circulation des animaux, ainsi qu'à
celle des hommes en facilitant des tâches comme le chargement, le nettoyage
des auges et la surveillance des animaux.

2.3. L'évacuation du fumier :

L'évacuation du fumier s'effectue par
un accès à l'extrémité de l'aire de séjour, sa largeur sera suffisante pour le
passage du tracteur avec sa fourche. On
disposera cette sortie du fumier à l'opposé de l'entré du couloir utilisé pour
l'alimentation.

2.4. Le chantier de traite :

Le chantier de traite en production
laitière se présente comme un secteur
principal d'activité de l'élevage caprin
(40 % des temps de travaux journaliers
en chèvrerie). Il va mobiliser une personne spécialisée deux fois par jour
pendant au moins dix mois de l'année.
Ceci implique une durée de travail compatible avec la capacité d'attention
pour accomplir une tâche minutieuse et
répétitive qui ne peut difficilement dépasser une heure de traite continue.
Cette exigence amène à mécaniser la récolte du lait au delà d'un effectif de
80 chèvres à traire.

La traite consiste à extraire le lait
d'une glande et requiert donc la participation de la femelle. Elle devra être
la moins traumatisante possible tant par
le réglage de la machine à traire que
par un processus de circulation et de
contention excluant toute brutalité.

La traite correspond aussi à une circulation du lait vers un lieu de stockage
temporaire, dans des conditions qui lui
garderont ses qualités physiques et chimiques, notamment en supprimant toutes
les possibilités de pollution.

Ces considérations militent pour que la
récolte du lait se fasse dans un local
spécialisé : la salle de traite qui devrait permettre une bonne organisation
du travail en évitant les déplacements
inutiles, les manutentions et les tâches
annexes pénibles.

Le choix du modèle de salle de traite
se fera selon les critères suivants :

- se présenter comme un module d'accès
simple pour les animaux, s'adaptant
sur l'un des côtés de l'aire de séjour,
où se trouve l'aire d'attente,

- être d'une surface limitée,

- permettre de traire l'effectif des femelles du troupeau en une heure par
un trayeur, (G. TOUSSAINT, 1979),

- s'intégrer parfaitement dans l'ensemble
des techniques du troupeau, notamment
en ce qui concerne la distribution de
l'alimentation complémentaire qui ne
devra pas se faire en totalité en lieu
de traite,

- pouvoir effectuer dans les meilleures

conditions les nettoyages nécessaires. Cela suppose que les paroies et le sol soient lavables à grande eau, que les pentes d'écoulement existent et que le branchement d'un appareil à haute pression soit possible sur l'arrivée d'eau.

L'ensemble de ces considérations oriente le choix du concepteur vers deux types de salles de traite qui se caractérisent de la façon suivante :

- traite par le côté sur quai double en tunnel répond aux critères de choix ci-dessus pour un troupeau de 100 à 150 chèvres laitières.

Caractéristiques de traite :

Temps de travaux : 72 à 102 chèvres par trayeur et par heure avec 8 griffes par trayeur,

Surface de bâtiment nécessaire : 12 à 15 m2,

Nombre de chèvres : 4 à 5 par quai,

Nombre de griffes : 1 par chèvre,

Figure 5 - Le quai double en tunnel :

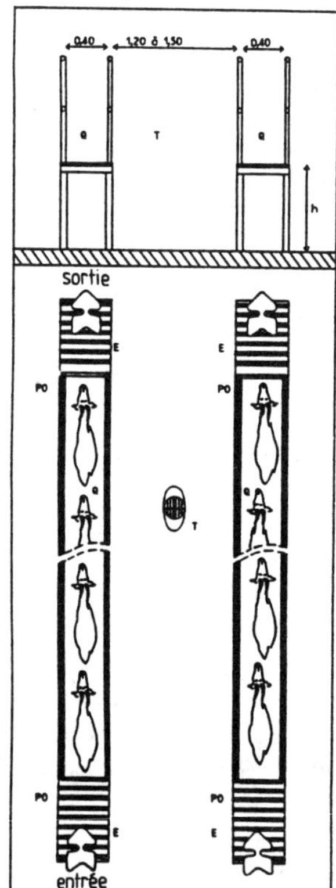

Les chèvres se placent les unes derrières les autres, sur un quai (Q) étroit, le trayeur (T), se trouve sur leur flanc et pose les gobelets trayeurs par le côté.

Le quai de traite mesure 0,40 mètres de large, largeur par chèvre 0,80 mètre, hauteur selon la taille du trayeur principal. Il n'existe pas de séparations entre les chèvres, il n'est pas conseillé de distribuer d'aliment pendant la traite.

L'éleveur procède à l'admission du quai 1 en ouvrant le portillon d'accès (PO). Il pose les gobelets, puis dépose ceux du quai 2 dont il fait sortir les chèvre en ouvrant le portillon de sortie. Il fait entrer un autre lot sur le quai 2, pose lesgobelets et revient au quai 1 pour terminer la traite de ce lot, et ainsi de suite jusqu'au passage du dernier lot. Les animaux accèdent par un plan incliné (E) à un bout du quai et ressortent par l'autre extrémité.

- traite par le côté avec un manège de traite, convient pour des troupeaux caprins de plus de 150 chèvres.

Caractéristiques :

Temps de travaux : 58 à plus de 200 chèvres par trayeur et par heure avec 8 à 12 griffes,

Surface du bâtiment nécessaire : 25m2,

Nombre de chèvres : 8 à 12 par quai,

Nombre de griffes : 1 par chèvre,

Figure 6 - le manège de traite 12 places.

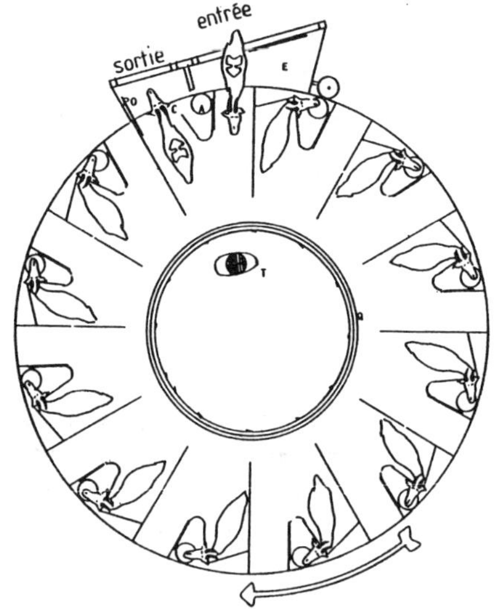

Le trayeur (T) se trouve au centre d'un quai de traite en forme de couronne. Le cercle central évidé de 1,80 mètres de diamètre compose l'emplacement de traite. Le plateau repose en général avec des galets sur un rail circulaire, et la rotation est obtenue grâce à un moteur électrique. L'animal accède au quai par des marches (E), la dernière étant suffisamment large pour qu'il y stationne au même niveau que le quai de traite. Il pénètre après l'ouverture automatique du portillon (PO) d'entrée. Il effectue un demi tour et se place face au portillon de sortie. Pour consommer une part de concentré, il se trouve bloqué par un cornadis intégré dans ce portillon. Après une rotation complète du quai, le portillon s'ouvre et libère la chèvre par un couloir de sortie.

Chaque case est équipée d'une faisceau trayeur qui se déplace avec le quai. Le lait est acheminé vers la laiterie par un lactoduc intégré dans une double rotule à laquelle accède également la tuyauterie à vide. L'aliment concentré peut être distribué automatiquement (A) pendant que la case est vide. Le trayeur actionne le portillon de sortie, surveille la distribution de l'aliment, l'accès et la prise correcte du nouvel animal à traire. Il commande l'avance du manège pendant laquelle il pose les gobelets sur la mamelle de la femelle venant d'entrer. Puis il dépose ceux de l'animal à sa gauche et commande l'ouverture du portillon de sortie et ainsi de suite jusqu'à la dernière chèvre qui se présente à la traite. Pour l'ensemble de ces opérations, il dispose d'un clavier de commande permettant l'avance et l'arrêt du manège, la marche arrière et l'ouveture du portillon de sortie.

La traite en salle demande d'organiser une circulation des animaux pour permettre aux chèvres de chaque lot d'accèder au quai de traite puis de revenir à la partie d'aire de séjour qui lui est attribuée. Ces déplacement sont canalisés par des barrières mobiles pour la traversée des couloirs. Avant la traite, chaque lot stationne dans une aire d'attente, dont la surface peut être réduite au cours de la traite.

La laiterie jouxte la salle de traite, elle sert a plusieurs usages : nettoyer et ranger la vaisselle laitière, réceptionner, réfrigérer et stocker le lait. C'est un local fermé avec plafond. Il est ventilé pour faciliter le séchage du matériel.

En conclusion de ce chapitre, il est important d'insister sur le fait que l'organisation du travail repose avant tout sur un temps de réflexion qui doit être consacré à l'agencement des différents chantiers de la chèvrerie. Il englobe également les annexes comme le local d'élevage des jeunes, le logement des boucs, l'infirmerie,... Pour alimenter cette réflexion, nous avons joint deux modèles de plans de bâtiment d'élevage pour effectifs de 100 et 200 chèvres.

3 LE FINANCEMENT DU BATIMENT

La construction et l'aménagement d'une chèvrerie pour un troupeau de grande taille va nécessiter des besoins de financement importants qui engageront gravement l'avenir de l'exploitation agricole. MICHENEAU (1988), dans une étude sur l'installation en élevage caprin montre qu'il existe une forte disparité dans les niveaux d'investissement. Néanmoins, en installation individuelle, les amortissements spécifiques représentent 10 % du total des charges hors prélèvements familial et 9 % du produit brut par chèvre.

La décision de bâtir ne pourra donc être prise sans une analyse préalable de toutes ses composantes techniques et économiques.

Les étapes de cette analyse sont les suivantes :

- une étude de marché permettant de connaître s'il existe une pérénité dans les débouchés pour le lait et les fromages produits. Elle devra aller au delà d'accords à court terme, mais envisager les perspectives d'avenir du marché et d'évolution des prix des produits et des approvisionnements,

- l'analyse de la gestion technico-économique de l'exploitation qui fera apparaître la capacité de financement possible. Elle se basera sur les comptes de résultat de plusieurs années années antérieures, ainsi que les comptes de bilan comme les immobilisations existantes, les capitaux propres et le taux d'endettement à long, moyen et court terme.

Un certain nombre de contraintes économiques et zootechniques auront des incidences sur l'étude prévisionnelle du projet, on peut relever :

. dans les contraintes agronomiques : les
aménagements nécessités par l'emplacement de la chèvrerie, le micro-climat
influençant la conception du bâtiment,
son isolation, la surface de l'exploitation, la capacité des sols, la présence
de matériels polyvalents...

. dans les contraintes relevant du choix
du mode de conduite du troupeau caprin,
on tient compte de la saison sexuelle,
de critères zootechniques moyens permettant de prévoir le taux de renouvellement
le nombre de chevreaux à naître, la
courbe de lactation prévisible, le niveau
de sélection,

. dans les contraintes liées à la main
d'oeuvre et à la technicité de l'éleveur :
on trouve la disponibilité de la main
d'oeuvre qui déterminera le choix du
système d'élevage et le niveau de mécanisation, du coût global du bâtiment à
prévoir. Ensuite, il convient de bâtir
un compte de résultat prévisionnel à
l'issue duquel devra apparaître une capacité d'autofinancement annuelle destinée au projet. Le rapprochement de ces
deux évaluations doit permettre d'apprécier la part de capitaux étrangers nécessaires et la possibilité de rembourse-
ment annuel dégagé par le troupeau caprin.

Figure 7 - Les différentes étapes des
programmes agricoles et bâtiment.

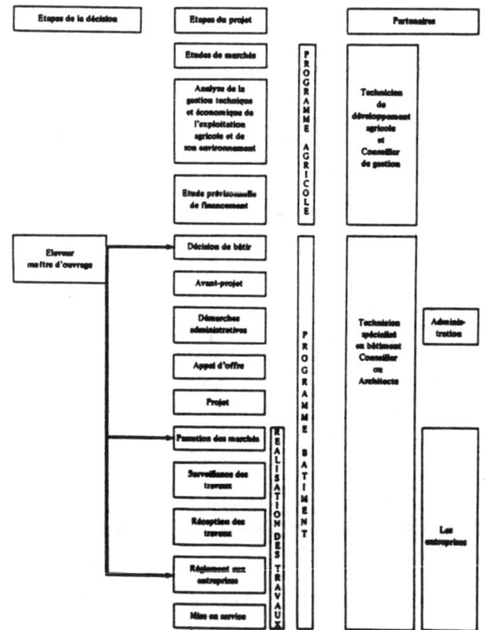

Deux indicateurs sont nécessaires pour
évaluer le niveau de coût d'un bâtiment
d'élevage caprin :

. le prix du m2 couvert qui comprend la
charpente, la couverture et le bardage.
Ce critère fait apprécier l'importance du
choix d'aménagements demandant des surfaces réduites : couloir central pour deux
aires de séjour, salle de traite sans
couloir d'alimentation,... Il se présente
également comme un moyen de comparaison de coût entre différents devis d'entrepreneurs,

- le coût de la chèvre logée qui englobe
le bâtiment et l'ensemble des équipements.
Il incite l'éleveur à rechercher des équipements bien adaptés à la taille et à la
spécificité de l'élevage caprin dans le
meilleur rapport qualité-prix.

Il peut aussi être à la base d'économies
substentielles en optant pour un type de
chèvrerie pouvant se construire avec les
matériaux les moins coûteux de la région,
mais en mettant aussi en oeuvre des
techniques de construction permettant de
faire appel à la main d'oeuvre disponible sur l'exploitation ou à l'entraide.
Dans cette dernière opportunité, diverses
solutions s'offrent à l'éleveur pour réduire l'investissement : en effectuant
lui-même des travaux de gros oeuvre
qui représentent 20 à 45 % du prix de la
construction ou en montant des ouvrages
préfabriqués, les kits. Enfin, il peut
faire appel à des solutions collectives
comme les groupements d'achat pour les
matériaux, les banques de travail et
les coopératives d'utilisation de matériel
agricole. En misant sur l'ensemble de
ces possibilités, l'agriculteur peut obtenir des économies de l'ordre de 20 à
30 % du coût de la construction.

CONCLUSION

Cette communication a permis d'effectuer
une synthèse des connaissances actuelles
en matière de bâtiment d'élevage caprin
pouvant être adaptées au logement de
troupeau laitiers de grande taille.

L'espèce caprine, pour exprimer ses capacités de production, exige des conditions d'ambiance particulières à l'intérieur de la chèvrerie. L'un des moyens
principaux de régulation et d'assainis-
sement de ce milieu ambiant est la ventilation statique à condition d'en respecter les recommandations de fonctionnement.
L'isolation peut se révéler nécessaire

pour protéger les chèvres à haut potentiel laitier en été.

L'organisation du travail nécessite l'é-
laboration d'un planning annuel des
travaux devant se dérouler dans le bâtiment selon le système d'élevage choisi. En fonction de la disponibilité en
main d'oeuvre, un plan d'aménagement
des locaux pourra être établi en utilisant les équipements les mieux adaptés
aux techniques envisagées et au niveau
de mécanisation souhaité. Par exemple,
il est possible de cette façon de déceler
le chantier de traite le plus efficace
pour l'effectif de chèvres laitières du
troupeau selon le critère : nombre de
chèvres traites en une heure par un
trayeur.

L'analyse du financement du bâtiment
devra se faire dans le souci d'obtenir
le meilleur rapport qualité-prix pour,
d'une part mettre le troupeau caprin
dans les conditions les plus favorables
à une production élevée tout en recher-
chant une productivité du travail correcte . D'autre part, il est important
de réduire le niveau d'investissement
afin d'éviter que l'atelier caprin ne
supporte une part de charges fixes trop
forte. Le respect de l'ensemble de ces
conditions en matière de conception et
d'aménagement de bâtiment d'élevage
pour troupeau caprin laitier de grande
taille devrait permettre à l'éleveur de
chèvre de maintenir un revenu correct
malgré les fluctuations de la conjoncture
économique qui n'épargnent pas cette
production agricole.

REFERENCES

BARON, F. 1985. Temps de travaux en
élevage caprin. Bureau Technique de
Production Laitière. Chasseneuil du
Poitou (FRANCE Février 1986. p1-8.

BROWN D.L., MORISSON S.R., BRADFORD
C.E. 1988. Effects of ambient temperature
on milk production of nubian and alpine
goats. Journal Dairy Science Vol. 71 n°
9 1988. p. 2486-2490.

BRUCE J.P., ROSS P.A., BURNETT G.A.
1978. Protected open ridge désign. Farm
Building Progress. July 1978, 53 : 9.

CONSTANTINOU A. 1987. Goat Housing for
different environments and production
systems in proc. 4 th intern. conference
on Goats. Brasilia (BRESIL). March 8-13
1987 p. 141-268

Mc DOWELL R.E., WOODWARD A. 1982,
Concepts in animal adaptation comparative suitability of goats, sheep and
cattle in tropical environments in proc.
3 th Intern. Conf. on goats production
and disease. Tuxon (USA) january 10-
15th 1982 p 387-393.

MICHENEAU P. 1988. L'installation en
élevage caprin, étude technico-économique de l'installation d'éleveurs caprins
dans la région POITOU-CHARENTES. Ecole
Nationale Supérieure des Sciences Agronomiques Appliquées. DIJON (FRANCE)
octobre 1988 p 1-48.

MORAND-FEHR P, TOUSSAINT G. 1989.
Adaptation des aménagements et des
équipements de chèvrerie aux contraintes
dues au comportement alimentaire de la
chèvre laitière. 11th Intern. Congress
on Agricult. Engeneering. Dublin
(IRLAND) Sept. 4-8 1989

TOUSSAINT G. 1985. Chèvrerie, la conception, les aménagements. Institut Technique de l'Elevage Ovin et Caprin PARIS
(FRANCE) 1985 p 1-61.

TOUSSAINT G. 1984. Importance des conditions d'ambiance dans la propagation
des maladies respiratoires en production
caprine. Les colloques de l'INRA. Niort
(FRANCE) 9-11 octobre 1984, p 309-324.

TOUSSAINT G. 1979. Observations sur les
temps de travaux dans différents chantiers de traite en élevage caprin. Institut Technique de l'Elevage Ovin et
Caprin Paris (FRANCE) décembre 1979
p 1-22.

TOUSSAINT G. 1979. Observations techniques
sur le fonctionnement de convoyeurs à
chaînes et à bandes pour l'affouragement
en élevage caprin. Institut Technique
de l'Elevage Ovin et Caprin Paris
(FRANCE) mai 1979 p 1-15.

TRODAHL S.T. SKJENDAL, STEINE T.A.,
1981. Goats in cold and temperate climatés
in goat production. Academic Press. Inc.
London (U.K.) 1981.

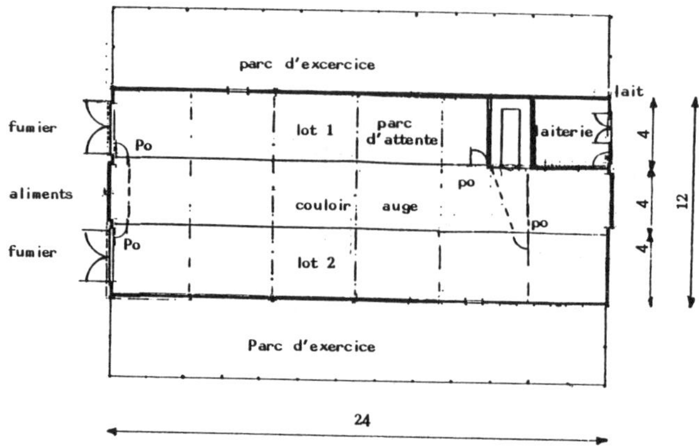

Figure 8 - CHEVRERIE CONCUE POUR 100 CHEVRES

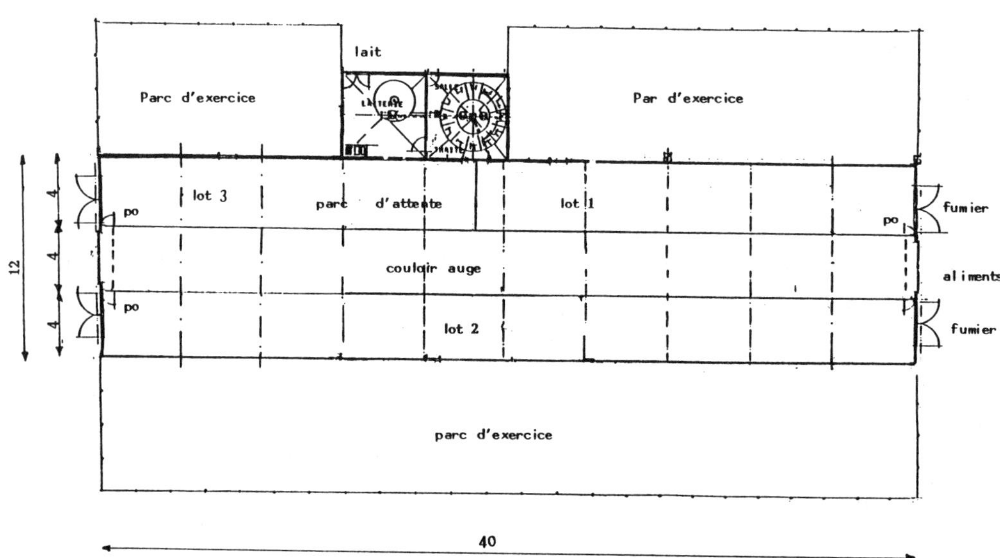

Figure 9 - CHEVRERIE CONCUE POUR 200 CHEVRES LAITIERES HORS ELEVAGE DES JEUNES

950

Land and Water Use, Dodd & Grace (eds), © 1989 Balkema, Rotterdam. ISBN 90 6191 980 0

Computergesteuerte Kontrolle von Melkparametern

H.Grimm & K.Rabold
Universität Hohenheim, Bundesrepublik Deutschland

ZUSAMMENFASSUNG: Beim Melken mit der Melkmaschine werden üblicherweise mit einer "Standard"-Kombination von Melkparametern viele unterschiedliche Kühe gemolken (Unterschiede bei Stimulationsbedarf, Vakuumhöhe, Nachgemelken). Als Konsequenz werden auch mit guten Melkmaschinen viele Kühe schlecht gemolken. Die naheliegende Lösung ist, die Kühe individuell zu melken. Hierzu wurde ein 2 x 4 Fischgrätmelkstand entwickelt, in dem nach Identifikation der Kuh für maximal fünf unterschiedliche Zeitintervalle die folgenden Parameter individuell geregelt werden: Melkvakuum, Pulsvakuum, Pulsdruck sowie Pulsfrequenz und -Verhältnis. Durch intensive Softwareentwicklung kann der Steuercomputer die Melkcharakteristika aus vorhergehenden Melkungen errechnen und die günstigsten Melkparameter für eine Kuh vorgeben.

ABSTRACT: In machine milking there is normally one "standard" treatment applied for different cows (different needs for stimulation, vacuum level, strippings). As a consequence, with good milking machines, a high percentage of cows milked badly. The obvious solution is to milk cows individually. For this purpose, a 2 x 4 herringbone - parlour has been developped. The following milking parameters can be regulated individually, after the cow has been identified by the management computer: milking vacuum, pulsation vacuum, pulsation pressure, frequency and ratio of pulsation in a maximum of five intervals of varying length. It is provided by intensive software development that the management computer can "remember" the milking characteristics from previous milkings and apply "the best" treatment for a special cow.

Beim Melken von Kühen mit einer Melkmaschine ergeben sich drei prinzipielle Probleme, die bisher nicht gelöst werden konnten:

1. Der Milchentzug soll zügig **und** vollständig sein. Diese beiden Forderungen scheinen eigentlich unvereinbar. So ist bei relativ hohem Melkvakuum zwar der Milchfluß höher, gleichzeitig werden aber auch die Maschinennachgemelke (MNG) erhöht, was zu vermehrtem Handarbeitsaufwand führt. Verringert man das **Melkvakuum**, so werden zwar die

MNG kleiner, aber auch der Milchfluß niedriger.

2. Die Melkmaschine "arbeitet" mit gleichbleibenden melktechnischen Parametern, unabhängig vom individuellen Optimum der Melk- parameter für die einzelne Kuh. Hier ist z.B. das optimale Melkvakuum für optimalen Milchfluß sicherlich von Kuh zu Kuh verschieden. Dies bedeutet, daß nur wenige Kühe mit den "richtigen" Melkparametern gemolken werden.

3. Vorder- und Hinterviertel unterscheiden sich in der Menge der
ermelkbaren Milch im optimalen
Milchfluß. Damit sollten die Melkparameter eigentlich nicht pro Kuh,
sondern pro Halbeuter (vorne / hin-
ten) optimiert werden.

Zur Lösung dieser prinzipiellen
Probleme wurde zusammen mit Alfa-
Laval ein Melkstand entwickelt, auf
dem - vorerst nur im Rahmen von
Melkversuchen - einige neue Lö-
sungsansätze untersucht werden können.

Am einfachsten läßt sich zum Problem 3 eine Lösung finden - wir haben uns für eine konsequente Trennung beim Melken der Vorder- bzw.
Hinterviertel entschieden. Dies bedeutet nicht nur eine getrennte
Milchableitung, sondern individuelle Melkparameter für vorne / hin-
ten.

Zur Steuerung des Melkvorganges
war es zunächst notwendig, die Parameter Melkvakuum, Pulsvakuum,
Pulsfrequenz und Pulsverhältnis in
einem weiten Bereich frei wählen zu
können (Tabelle 1).

Tabelle 1: Bereich der Melkparameter im Melkstand

Parameter	Bereich	Abstufung
Melkvakuum	20 - 70 kPa	1 kPa
Pulsvakuum	20 - 70 kPa	1 kPa
Pulsdruck	10 - 50 kPa	1 kPa
Pulsfrequenz	0 - 300 Takte/Min.	1 Takt/Min.
Pulsverhältnis	0 - 100 %	2 %

Wichtig für denkbare Parameter-
Kombinationen ist, daß Melk- und
Pulsvakuum **nicht** gleich sein müs-
sen, so daß auch Melkverfahren mit
"Restvakuum" bzw. "Übervakuum" im
Pulsraum getestet werden können.

Zusätzlich können diese Parameter
während des Melkvorganges in
maximal 5 Zeitintervallen neu
eingestellt werden. Wir können also
z.B. zu Beginn ein höheres
Melkvakuum vorsehen als am Ende des
Melkens. Damit ist ein wichtiger
Lösungsansatz zu Problem 1 gegeben,
denn wenn es nicht möglich ist, mit
nur einer vorgegebenen Höhe des
Melkvakuums zu arbeiten, dann muß
die Forderung "zügig melken" mit
einer anderen Parameterkombination
und zu anderer Zeit verwirklicht
werden als "vollständig melken".
Wichtig ist, daß beide (oder mehr)
Parameterkombinationen während des
Melkvorganges zu individuell
wählbaren Zeitpunkten aufeinander
folgen können.

Die Wahl dieser Zeitpunkte ist
ein zentrales Element in unseren
Vorstellungen zur Melkmaschinen-
steuerung. Unser Konzept sieht
prinzipiell vor, direkt aus der
Milchflußkurve Zeitpunkte festzu-
legen, an denen neue Parameter-

kombinationen geschaltet werden.
Hierzu soll kurz auf einige Cha-
rakteristika von Milchflußkurven
eingegangen werden.

Grimm (1978) hat gezeigt, daß
Milchflußkurven mehr oder weniger
lange lineare Bereiche haben, in
denen der Milchfluß konstant ist
(Abb. 1). Erst bei Versiegen des

Abb. 1: Milchflußkurven mit
linearem Bereich

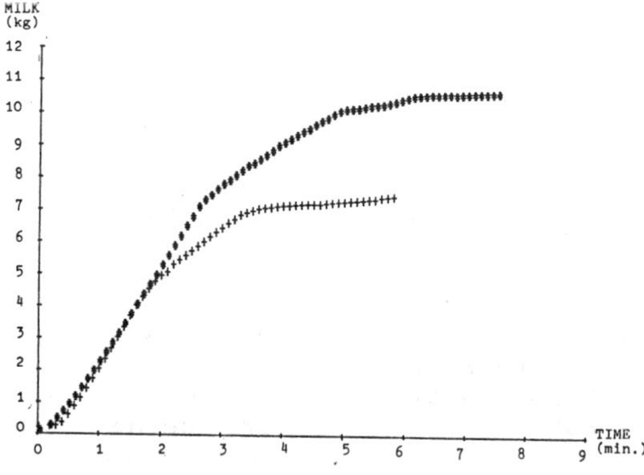

Milchflusses aus einem Viertel ändert sich der Milchfluß aus dem Euter und es kann ein "Knickpunkt" in der Kurve beobachtet werden.

Da wir es mit Milchflußkurven aus Euterhälften zu tun haben, kann dieser Knickpunkt relativ leicht und genau erfaßt werden. Damit ist bekannt, zu welchem Zeitpunkt in den einzelnen Vierteln die Nachgemelke entstehen. Der Verschluß der Euter-Zitzenpassage ist jedoch mehr oder weniger irreversibel, deshalb können Änderungen der Melkparameter nach diesem Zeitpunkt keine Verringerung der Nachgemelke bewirken.

Der neue Denkansatz für die Steuerung des Melkens ist die Änderung der Melkparameter zu einem Zeitpunkt vorzunehmen, der aus mehreren Melkungen bekannt ist und deutlich vor dem Ende der linearen Milchflußphase liegt.

Da die Interpretation der Milchflußkurven und die rechnerische Festlegung des Knickpunktes für jedes Halbeuter getrennt vorgenommen wird, ist eine wichtige Voraussetzung geschaffen, auch auf Unterschiede der Melkcharakteristik innerhalb eines Euters einzugehen.

Leider treten bei der rechnerischen Verarbeitung der erfaßten Milchflußkurven größere Probleme auf, als ursprünglich angenommen wurde. Es ist deshalb zum gegenwärtigen Zeitpunkt noch nicht möglich, dieses neue Steuerungskonzept zu beurteilen. Wir hoffen jedoch, bis zum September 1989 eine Wertung vornehmen zu können.

LITERATUR

Grimm, H. 1978 In-Line Milk Testing for Health and Production
Proc. Int. Symp. on Machine Milking Louisville, Ky, USA

RESUME: En traite mécanique, normalement beaucoup de vaches différentes en ce qui concerne les besoins en stimulation, niveau de vide et volume de l'égouttage, sont traites à l'aide d'un procédé 'standard' combinant plusieurs paramètres de traite. Par conséquent, un grand pourcentage de vaches est mal trait, même si les machines à traire sont bonnes. Donc, une solution concevable et logique serait de traire les vaches individuellement. A cet effet, une stalle en forme d'arrêt de poisson, 2 x 4, a été développée. Après l'identification de la vache par l'ordinateur, les paramètres suivants peuvent être réglés individuellement pour un maximum de cinq intervalles de traite de durée différente: le niveau de vide, le niveau de vide de la pulsation, le niveau de la pression de pulsation, la fréquence de pulsation, et le rapport de pulsation. Grâce au développement intensif du logiciel, l'ordinateur est capable de calculer des traites préalables les caractéristiques de traite pour chaque vache et ainsi appliquera individuellement les meilleurs paramètres.

Land and Water Use, Dodd & Grace (eds), © 1989 Balkema, Rotterdam. ISBN 90 6191 980 0

Linerless milking – A tailor made technique for automatic cluster attachment

M.Mayntz & A.de Toro
Department of Agricultural Engineering, Swedish University of Agricultural Sciences, Uppsala, Sweden

ABSTRACT. During preliminary studies on vacuum application in linerless milking systems, the importance of repeated and completed muscle fibre contraction during milk withdrawal was established. A single variable is proposed which describes the eveness of flow rates resulting from repeated fibre stretch. It can be shown that this variable is sufficient to describe how well the vacuum application is adapted to instantaneous and individual physiological demands as well as how well the biological constraints are met.

RÉSUMÉ. Pendant la phase initiale de la recherche sur la traite sous vide sans manchon trayeur, quelques paramètres de l'application du vide ont été examinés. L'importance des contractions répétées et complètes des fibres musculaires pendant la traite a été soulignée. Une seule variable est proposée qui définit la régularité du flot résultant de l'extension répétée des fibres musculaires. Cette variable indique la qualité de l'accommodation du vide sur les demandes individuelles et momentanées de la vache ainsi que la réalisation des conditions supplémentaires biologiques de chaque système de traite.

ZUSAMMENFASSUNG. Im Rahmen eines Forschungsprojekts zur Entwicklung einer zitzengummifreien Melktechnik wurden einleitend einige Parameter der Vakuumapplikation untersucht. Schon während dieser Phase zeigte sich die Bedeutung von wiederholten und vollendeten Muskelfaserkontraktionen während des Milchentzugs. Es wird eine einzige Variable vorgeschlagen, welche die Gleichheit von aufeinanderfolgenden, auf Grund von wiederholten Faserstreckungen hervorgerufenen Ausflussraten beschreibt. Diese Variable beschreibt, wie gut die Vakuumapplikation an die momentanen physiologischen Forderungen des Einzeltieres angepasst ist und wie gut die biologischen Nebenbedingungen jeder naturgemässen Melktechnik erfüllt wurden.

1 INTRODUCTION

Agricultural Engineering deals with those specific problems which arise when biological and technical system must cooperate. Since the biological systems are fairly constant, the technical system has to be adapted to the properties of the specific biological system involved. Therefore, the correct understanding of the biological system - in our case, the physiology of the teat and the streak canal - is of crucial importance for proper agricultural engineering.

In contrast to conventional understanding (Isaksson, A. & Sjöstrand, N. 1984) there is new information that the physiological properties of the smooth muscles in the teat form a natural opening and closing mechanism (Delwiche, M. 1981; Lefcourt, A. 1982; Mayntz, M. 1988a; Mayntz, M. 1988b; Mayntz, M. & Smårs, S. 1988). The central concept is that the stretch reactive contractions of the teat's smooth muscles (Isaksson, A. & Sjöstrand, N. 1984) should be supported instead of blocked or overridden (Mayntz, M. & Smårs, S. 1987b; Mayntz, M. et al. 1988a).

In addition, a frictionless (or linerless) technique offers a unique opportunity for a simplified mechanized cluster attachment because wide bore cups or even whole-udder-clusters may be used. Neither demand such an accurate positioning as do the narrow bore cups of conventional clusters (Mayntz, M. 1987).

2 PROBLEM

Every milking technique has to open the streak canal by stretching the muscle fibres of the sphincter. The flow rate (i.e. the magnitude of fibre stretch and thereby the diameter of the streak canal (Scott, N.R. & Reitsma, S.Y. 1978)) must be sufficient in order to harvest the milk in an adequate time. Besides this main task, several essential biological constraints should not be violated.

These biological constraints may be formulated as follows: (a) effective stimulation during milk withdrawal resulting in appropriate ejection, (b) regular re-opening of the udder-teat-passageway resulting in a complete withdrawal of the ejected milk, (c) support of the veneous and lymphatic circulation of the teat resulting in a minimum of tissue congestion and (d) a proper closure of the streak canal after milk withdrawal resulting in a good defence against new infections (Mayntz, M. & Smårs, S. 1987b).

Additionally, any milking technique which is designed to account for physiological properties will be influenced to a much larger extent by the biological variation than any "overriding" technique. Therefore a linerless technique demands for intantaneous and individual optimization of vacuum application (Mayntz, M. 1987).

There exists an overall scheme of how the project on linerless milking is to be carried out. This consists of: (a) collection of process knowledge concerning the effects of single parameters of vacuum application, (b) the summary of this process knowledge in conclusive models which (c) itself form the first step towards, and the principles, of an individual vacuum regulation. Phase (a) is now almost finished and there are already many indications that one single variable may be sufficient to describe how well (1) the biological constraints are be met and (2) the vacuum application is adopted.

3 MATERIALS AND METHODS

To date, four parameters of vacuum application have been dealt with. The parameters describe a regular "pressure profile" (including atmospheric pressure and below). An example of such a pressure profile is shown in Fig. 1. Table 1 summarizes the parameters examined and the experiments.

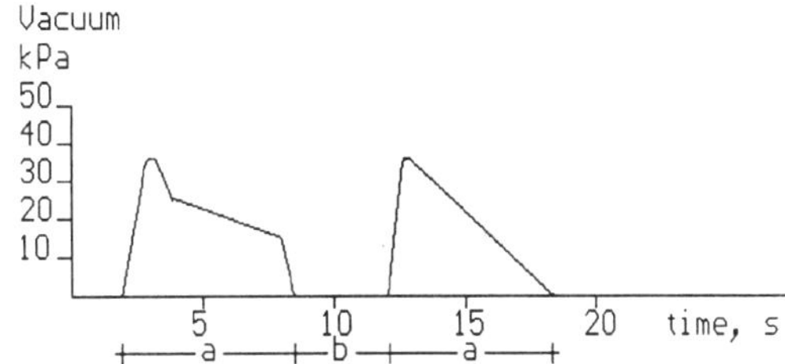

Fig. 1: Two examples for successful pressure profiles in linerless milking, which include an evacuation phase (a) for fibre stretch and milk withdrawal and an atmospheric phase (b) for completion of the (myogenic) muscle contractions.

Table 1. Summary of the experiments dealing with different parameters of vacuum application in linerless milking, carried out at the Department of Agricultural Engineering, Swedish University of Agricultural Sciences, during 1985-1988.

Parameter	Experimental design	Breed and number of cows	Reference
Frequency of repeated fibre stretch	Change over	2 SRB cows	Mayntz, M. & Smårs, S. 1987a. Mayntz, M. & Smår, S. 1988
Principal pattern of pressure profile	3x3 latin square with two replications	3 SRB cows 3 Jersey cows	Mayntz, M. & Smårs, S. 1987b. Mayntz, M. et al. 1988a
Ratio of evacuation and atmospheric phase	4 partial experiments each of which carried out as a 3x3 latin square with one replication	6 SRB cows 3 SLB cows	Mayntz, M. et al. 1988b.
Mean vacuum level during evacuation phase	4 partial experiments all carried out as a 3x3 latin square. Three of them with two and one with one replication	6 SRB cows 6 Jersey cows 3 SLB cows	Mayntz, M. et al. 1989b

SRB = Swedish Red and White Breed
SLB = Swedish Frisian Breed

During these experiments, the instantaneous flow rate through the streak canal of the experimental teat was registered automatically 10 and 18 times per second, respectively. Calculating and printing the average flow rate for each profile (MFR) during a milking, we observed milking events with high or low variation between consecutive MFRs.

a:

Mean flow /cycle
g/s

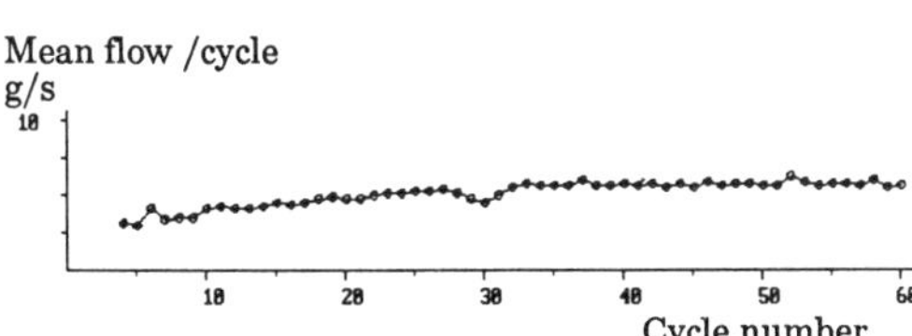

b:

Mean flow /cycle
g/s

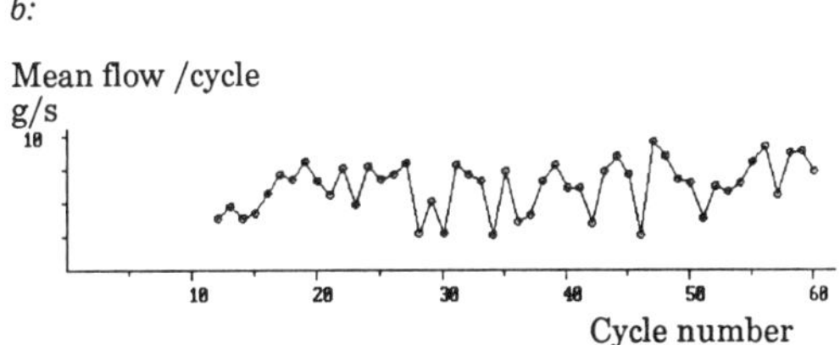

Fig. 2: Milking events with a low (a) and a high (b) relative variance

As there may be cases in which the variance (s^2) between MFRs does not describe the degree of evenness between them during a milking event, the following variable was developed:

$$RV = \frac{\sum_{i=2}^{n} \mid MFR_{(i-1)} - MFR_{(i)} \mid}{\sum_{i=1}^{n} MFR_{(i)}}$$

where RV is the relative variation between the n MFRs of a single milking.

This variable was used in all experiments listened in Table 1 except the first one.

4 RESULTS

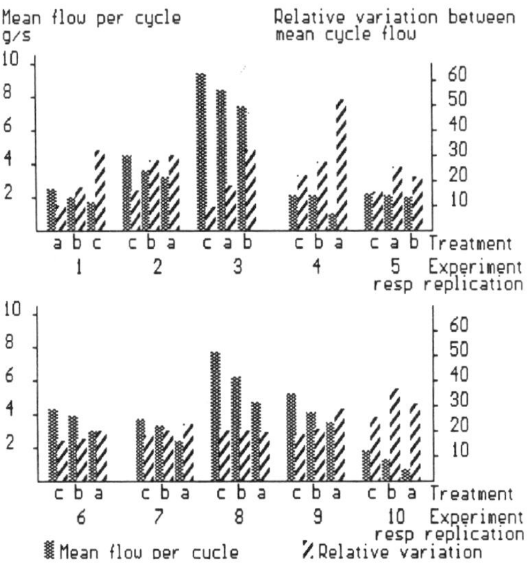

Fig. 3: Summary of mean flow per cycle and relative variation.

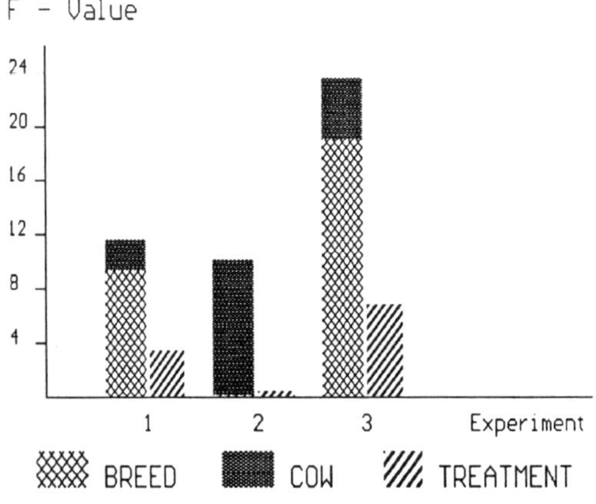

Fig. 4: The influence of different sources of variance on relative variation described by F-values.

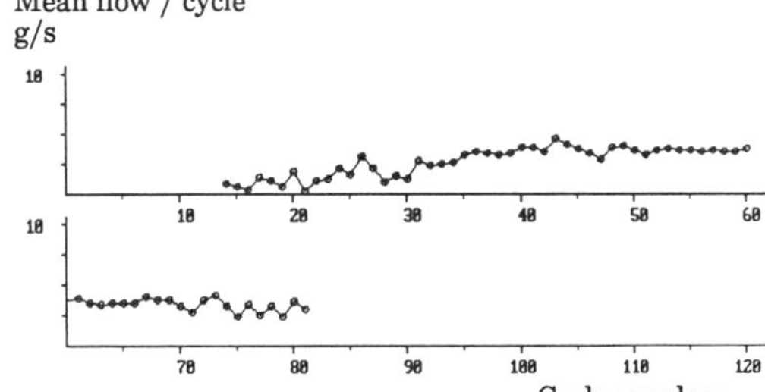

Cycle number

Fig. 5. Typical milking event starting with low flow and high RV, continuing with high flow and low RV and terminating in a decreasing flow- and increasing RV-phase.

In all experiments where RV was calculated the treatments which resulted in the highest average flow rate also resulted in the lowest RV values as shown in Fig.3.

The variable RV was highly influenced by the sources of variance square (= breed) and cow/square (= individual) as shown in Fig. 4. RV even responded to on changes within a single milking event of a cow thus indicating the quality of the adaption of the vacuum application to the intantaneous demands of an individual cow (Fig. 5).

5 DISCUSSION

A partial flow rate ω_i results from an i-th fibre stretch. In order to stretch the fibre a controlled pressure difference ΔP is used. This pressure difference cooperates with the momentary physiological status (e.g.the tonus) of the fibre t_i:

$$\omega_i = \Delta P \cdot t_i$$

Uneveness between consecutive ω_i thus reveals that the fibres had been stretched in different physiological conditions. This could sometimes be observed when ΔP was applied before the stretch reactive teat contraction was finished. This happened when the applied profile frequency was too fast or the atmospheric phase too short (Mayntz. M. et al. 1988b).

Further to this, there already exists experimental data revealing that linerless treatments with relative low RV show a stimulative effectiveness roughly as successful as handmilking (Mayntz, M. et al. 1989a) and result in remarkably softer teat tips compared with the results from the conventional technique (Mayntz, M. et al. 1988a). During all experiments carried out so far no result has been observed (e.g. outbreak of mastitis, insufficient emptyness of the experimental quarter) which contradicts the hypothesis that repeated and completed smooth muscle contractions during linerless milking are essential for sufficient flow rates and fullfil the biological constraints of a successful milking technique.

6 REFERENCES

Delwiche, M. 1981. The biomechanics of milk flow in the dairy cow. Ph.D. Thesis. Cornell University, Ithaca, N.Y. USA.

Isaksson, A. & Sjöstrand, N. 1984. Neurogenic and myogenic responses in isolated smooth muscle of the bovine teat. Acta vet. scand. 25, 385-402.

Lefcourt, A. 1982. Rhytmic contractions of the teat sphincter in bovines: an expulsion mechanism. Am. J. Physiol. 242, R 181-R 184.

Mayntz, M. 1987. Basic biological conditions for a simplified automatic cluster attachment. Proc. Computers, Electronics and Control Engineering in Agriculture, 1986, Åre, Sweden, XV:1-XV:4.

Mayntz, M. 1988a. Correspondence between suckling behaviour of calves and rhythm of the cow's teat smooth muscles. Proc. Int. Congr. Applied Ethology Farm Animals, 1988, Skara, Sweden, 242-249.

Mayntz, M. 1988b. Re-designing milking technique based on smooth muscle activity: a different approach to automation in dairying. Abstract 1. Int. Symp. Agric. Eng. 1989, Beijing, China.

Mayntz, M. & Smårs, S. 1987a. Ein Beitrag zum Synchronisationsbereich zwischen glatter Zitzenmuskulatur und Pulsierung beim zitzengummifreien Milchentzug. Milchwissenschaft 42, 350-352.

Mayntz, M. & Smårs, S. 1987b. Recent results about the interaction of smooth muscle activity and pulsation characters in the linerless milking technique. Proc. III. Symp. Automation in Dairying, 1987, Wageningen, Netherlands, 225-232.

Mayntz, M. & Smårs, S. 1988. Neue Gesichtspunkte zur Physiologie des Milchentzuges unter besonderer Berücksichtigung der glatten Zitzenmuskulatur beim zitzengummifreien Milchentzug. Archiv für experimentelle Veterinärmedizin. Accepted for publication.

Mayntz, M., Smårs, S. & Laidig, F. 1988a. Preliminary results concerning the interaction of smooth muscle activity in the teat of lactating cows and vacuum patterns during linerless milking. Swedish J. of Agric. Res. Accepted for publication.

Mayntz, M., de Toro, A., Smårs, S., Oostra, H. & Ericsson, G. 1988b. The influence of different release times on flow rate during linerless milking. A preliminary report. Swedish J. Agric. Res. Accepted for publication.

Mayntz, M., Laidig, F. & de Toro, A. 1989a. Preliminary results concerning the local stimulation efficiency of linerless and conventional milking techniques. In preparation.

Mayntz, M., de Toro, A., Oostra, H., Joel, A. & Smårs, S. 1989b. Effect of vacuum level on streak canal opening and milk transport through the streak canal in linerless milking. In preparation.

Scott, N.R. & Reitsma, S.Y. 1978. Factors which affect milk flow rate in linerless milking systems. Proc. Int. Symp. Machine Milking, 1978, Lousiville, USA,, 162-175.

Land and Water Use, Dodd & Grace (eds), © 1989 Balkema, Rotterdam. ISBN 90 6191 980 0

Adaptation des aménagements et des équipements de chèvrerie aux contraintes dues au comportement alimentaire de la chèvre laitière

P.Morand-Fehr
Institut National Agronomique, Paris Grignon, France

G.Toussaint
Institut Technique de l'Elevage Ovin et Caprin, Paris, France

RESUME: Le comportement alimentaire des caprins se différencie en premier lieu par un choix des aliments ou des fractions alimentaires réelement ingérées. En effet, vis-a-vis du fourrage distribué a' l'auge, la chèvre sélectionnera les fractions les plus nutritives. En consequence, elle laissera le plus souvent le refus non néligeable même si elle doit ne pas ingérer la quantité d'aliments correspondant a' sa capacite d'ingéstion. En outre, elle risque aussi de faire du gaspillage de fourrage en les étalant sur la latière, ce qui lui permet de mieux procéder a son choix. En général, on recherche une ingéstion optimale de matière sèche par la chèvre laitière; en effet, cela lui permet d'exprimer au mieux son potentiel laitier. Pour cela, il est préferable qu'elle ait accès le plus souvent a' l'auge. Enfin, pour permettre d'atteindre la meilleur éfficacité digestive, il est souhaitable de distribuer la fraction d'amidon et azote complémentaire aux fourrages.

Le respect de ces contraintes liées au comportement alimentaire et à la physiologie de la digestion de la chèvre laitière demande à ce que l'aménagement et l'équipement des chèvreries soient adaptés pour obtenir une efficacité optimum de la ration distribuée. Les choix des systèmes et des matériaux de distribution doivent se faire dans l'objectif de diminuer le gaspillage, mais aussi d'offrir à l'animal un volume d'aliments en rapport avec sa capacité d'ingestion et de permettre facilement d'approvisionner puis d'évacuer et de nettoyer les auges. L'agencement et l'équipement des chantiers d'alimentation et de traite doivent permettre d'organiser la distribution des différents aliments composant la ration et de fractionner la complémentation.

Le raisonnement de l'aménagement de la chèvrerie en fonction des techniques d'alimentation ne doit pas éluder ses conséquences sur l'organisation et la productivité du travail. Il devra donc s'accompagner d'une étude approfondie des moyens de mécanisation à partir de la relation taille du troupeau - disponibilité en main d'oeuvre de l'exploitation agricole. La même démarche sera entreprise dans le domaine économique, notamment en comparant différentes hypothèses de volume d'investissement avec les résultats économiques prévisionnels de l'atelier caprin.

Les systèmes de production de lait de chèvre sont très variés selon les génotypes utilisés, le milieu agro-climatique et les disponibilités fourragères au cours de l'année. Toutefois, en Europe les systèmes intensifs (production annuelle moyenne inférieure à 500 kg par chèvre) sont assez proches de ceux utilisés pour les vaches laitières. Même si les animaux pâturent à l'extérieur, ils recoivent une partie de leur ration en chèvrerie ; dans certains cas, la totalité de la ration est distribuée en chevrerie.

Il a été observé que le comportement alimentaire des caprins présentait certaines particularités (MORAND-FEHR 1981, SIMIANE, HUGUET, MASSON 1983) et qui influençaient le niveau d'ingestion. Le principal facteur limitant la production laitière est généralement la quantité d'énergie ingérée qui dépend du niveau d'ingestion. En conséquence, les aménagements et les équipements de la chèvrerie servant à la distribution et à la consommation des aliments doivent être bien adaptés au comportement alimentaire spécifique des caprins afin de favoriser une consommation optimale d'aliments et en particulier de fourrages.

L'objet de la présente étude est de proposer des aménagements et des équipements de chèvrerie qui sont bien adaptés au comportement et aux caractéristiques de l'espèce caprine compte-tenu du fait qu'ils ont fait jusqu'à maintenant l'objet de très peu d'études (CONSTANTINOU 1987, TOUSSAINT 1985). Nous vous proposont donc de traiter dans une première partie certains aspects du comportement alimentaire des chèvres laitières et dans une seconde partie, les aménagements et les équipements de chèvrerie qui ont trait à la distribution et la consommation des aliments.

1. NIVEAU D'INGESTION

Le niveau d'ingestion des chèvres est très variable au cours d'un cycle de reproduction. Des chèvres Alpines ou Saanen produisant 650 kg par lactation et pesant 60 kg, consomment 25 à 30 g de matière sèche par 1 kg de poids vif après le tarissement et en 2è ou 3è mois de gestation. En fin de gestation, le niveau de consommation se maintient généralement mais rapporté au kg de poids vif, il a tendance à diminuer (20 à 25 g MS/kg P.V.). Après la mise bas, il augmente jusqu'à un maximum situé entre la 6è-10è semaine de lactation et qui est supérieur de 50 à 100 % au niveau d'ingestion juste avant la mise bas. Les niveaux d'ingestion en 1er, 2è, 3è et 4è semaine de lactation sont égaux à 72, 83 et 95 % de ce maximum (MORAND-FEHR et SAUVANT 1988). A partir du 4è mois de lactation, le niveau d'ingestion diminue de 25-30 g MS environ par semaine et au tarissement la chute de consommation est de l'ordre de 200 à 300 g de MS.

Dans un troupeau produisant en moyenne 700 kg de lait par chèvre et par an, les plus fortes productrices (plus de 1.000 kg par an) peuvent consommer au maximum de 3,3 - 3,5 kg de MS par jour, alors que la moyenne du troupeau se situe à 2,6 - 2,8 kg MS. Le niveau d'ingestion des chèvres dépend de leur poids vif, des variations de poids vif et du niveau de production laitière. Un kg de poids vif supplémentaire, le gain d'un kg de poids vif par mois et la production d'un kg de lait supplémentaire augmente l'ingestion de 7 g, 440 g et 420 g par jour respectivement.

Par ailleurs, les quantités ingérées de fourrages dépendant de leur ingestibilité et de leur disgestibilité qui sont faibles pour des fourrages pauvres en matière azotée et riche en glucides pariétaux.

2. ALIMENTS ENTRANT DANS LA RATION DES CHEVRES ET LEUR MODE DE DISTRIBUTION

Les aliments consommés par les chèvres sont les mêmes que ceux utilisés en élevage bovin ou ovin :

les fourrages : fourrage vert, ensilage, foin ou paille,

les racines ou tubercules : betteraves, pulpes de betteraves,

les aliments concentrés sous formes de graines aplaties ou non, en farine grossière ou en granulés.

Les volumes distribués dépendent de leur teneur en matière sèche (fourrage vert 10 à 20 % ; ensilage 18 à 35 %, foin : 82 à 88 %, concentré 85 à 90 %) et de leur densité à la distribution (ensilage de maïs 300-400 kg/m3, foin de luzerne 50-60 kg/m3), choisie pour permettre une préhension facile de la chèvre.

COMPORTEMENT ALIMENTAIRE DE LA CHEVRE

La chèvre consacre généralement moins de 8 heures à la prise alimentaire (de 4 à 7 heures selon la ration) et 7 à 8 heures à la rumination qui a lieu surtout la nuit au repos chez cet animal.

La distribution de fourrages provoque toujours une prise alimentaire chez la chèvre. Comme souvent l'éleveur procède à deux distributions par jour, cela correspond à deux repas principaux ; mais entre ces repas, apparaissent souvent des repas secondaires. En général, les chèvres qui ont le niveau d'ingestion le plus élevé sont celles qui consomment le plus au cours du repas secondaire (MORAND-FEHR et AL 1980). Les moments qui semblent les plus propices pour l'ingestion de foin semblent être le matin tout de suite après la traite et en fin d'après-midi. Nous avons observé que la distribution de l'après-midi à 15 - 16 heures au lieu de 18-19 heures permet d'améliorer légèrement le niveau d'ingestion.

Les durées unitaires d'ingestion, c'est-à-dire le temps mis pour ingérer la même quantité de matière sèche, dépendent de la forme physique et de la nature de l'aliment (20 à 25 s environ par 100 g de concentré granulé, 4 à 6mn par 100 g MS de foin long, 5 à 12 mn par 100 g de fourrage vert). Elles sont généralement plus élevées chez la chèvre que chez les

autres ruminants en raison du déroulement
du repas et du comportement de choix des
caprins.

Les repas d'une chèvre, lorsque le fourrage est distribué à l'auge, est composé
de trois phases :

1 Une phase d'exploration de ce qui est
distribué. Si elle en a la possibilité,
la chèvre étalera sur la litière, le
fourrage distribué ;

2 Une phase d'intense ingestion,

3 Une phase plus lente de forte sélection
des parties végétales ingérées : feuilles
et tiges les plus fines et les moins cellu-
losiques. Elle s'arrête fréquemment pour
aller boire, lécher la pierre à sel ou
consommer la paille de la litière si elle
est fraîche.

le comportement alimentaire des chèvres
est dominé par le choix de l'ingéré qui
semble plus marqué que chez les autres
ruminants ; ce qui signifie qu'elles fe-
ront toujours des refus même si les quantités distribuées ne sont pas supérieures
à leur capacité d'ingestion. Le niveau
d'ingestion et la valeur alimentaire de
l'ingéré sont d'autant plus élevés que
les quantités distribuées sont importantes.
On considère que le niveau d'ingestion
n'augmente pas si la quantité de foin
ou de fourrages vert distribuée est supérieure de 60 % et 40 % respectivement
à la capacité d'ingestion des chèvres.

FACTEURS QUI INFLUENCENT LE NIVEAU
D'INGESTION

le taux de refus toléré est un facteur
important influençant le niveau d'ingestion de fourrage. Plus le fourrage est
de mauvaise qualité, plus les refus seront
élevés et plus il est nécessaire d'en distribuer des quantités importantes.

Evidemment, le gaspillage est élevé lorsque le dispositif de distribution permet
à la chèvre d'étaler le fourrage sur la
litière puisque dès qu'il est souillé, elle
n'y touche plus.

le niveau d'ingestion sera d'autant plus
faible que la chèvre ne peut pas exprimer son comportement de choix vis-à-vis
du fourrage distribué. Ainsi, le hachage
court du fourrage, le manque d'eau ou
de pierre à sel pendant la troisième période du repas abaisse la consommation
des chèvres. De même, une auge non
nettoyée où restent des refus, surtout

dans le cas d'aliments humides peut être
la cause d'ingestion anormalement faibles.

L'accès à la mangeoire doit être au minimum de 4,5 à 6 heures par jour bien
réparties dans la journée, selon le type
de fourrage et la quantité distribuée.
Les chèvres doivent disposer d'eau régulièrement au cours de la journée. A l'é-
quilibre thermique, la chèvre ingère environ 2,5 kg d'eau totale (eau des aliments + eau bue) par kg de MS ingérée.
Mais cette quantité augmente fortement en
fin de gestation et surtout à la parturi-
tion, et aussi lorsque la température
ambiante s'élève.

MODE DE DISTRIBUTION

Les fourrages sont distribués en chèvrerie, et le plus souvent les aliments
concentrés au cours de la traite. La distribution d'aliments concentrés en salle
de traite peut ralentir le chantier de
traite et provoquer de la poussière néfaste à la propreté du lait. De plus, au
niveau digestif, il est préférable de
distribuer le matin et le soir les aliments
concentrés après les fourrages. C'est la
raison pour laquelle, il serait préférable de distribuer les aliments concentrés
à l'auge en chèvrerie.

Tous les dispositifs de distribution des
fourrages et de concentrés doivent éviter de provoquer trop de poussière à
laquelle les chèvres sont très sensibles.
Un aliment poussièreux est en général
moins bien ingéré. En outre, les particules de poussière d'un fourrage pro-
viennent des feuilles qui sont la partie
la plus nutritive du fourrage.

Des systèmes de mélangeurs permettant de
distribuer des rations complètes (mélan
ge du fourrage, généralement de l'ensilage et du concentré) sont apparus en
élevage caprin. La distribution de rations
complètes limite les refus et a tendance
à légèrement augmenter le niveau de
matière sèche ingérée.

Comme les chèvres sont généralement élevées en lot, il est absolument nécessaire
que les aménagements prévoient bien une
place au cornadis pour chacune des chèvres afin d'éviter les bagarres qui sont
à l'origine d'une plus importante hétérogénéité des niveaux d'ingestion. En
outre, la surface prévue par chèvre
doit lui permettre de se coucher et de
se reposer. En effet, une trop forte densité animale peut être à l'origine de

3. ADAPTATION DES AMENAGEMENTS ET DES EQUIPEMENTS AUX CONTRAINTES DU COMPORTEMENT ALIMENTAIRE DE LA CHEVRE LAITIERE

Le respect des contraintes liées au comportement alimentaire que nous venons d'observer chez la chèvre laitière, demande à ce que l'aménagement et l'équipement des chèvreries soient adaptés pour obtenir une efficacité optimum de la ration distribuée.

Une des premières régles à observer consiste à mettre à la disposition de chaque animal, une quantité suffisante de fourrage choisi pour l'alimentation du troupeau. Celle-ci est conditionnée par le volume d'auge accessible par la chèvre, c'est-à-dire la largeur de la place au cornadis (G.TOUSSAINT 1987). Les dimensions suivantes permettent de déterminer un volume d'auge de 89 dm3 qui sera satisfaisante pour une distribution de 18 kg brut de fourrages verts (3 kg MS) ou de 3 kg brut de foin (2,7 kg MS) en deux repas ; ce qui permet de moduler les quantités distribuées selon le taux de refus adapté.

Tableau 1 - les normes techniques usuelles pour les auges et les cornadis.

- longueur d'auge par chèvre en chèvrerie : 0,40 m (place au cornadis),

- nombre de chèvres au mètre d'auge en chèvrerie : 2,5,

- largeur d'auge par chèvre en chèvrerie (fond d'auge) : 0,40 m,

- hauteur d'auge côté couloir : 0,50 à 0,60 m,

- hauteur de cornadis côté couloir : 1,25 m (minimum).

Dans le cas de plus en plus fréquent d'utilisation d'un couloir-auge, l'éleveur décharge dans le couloir la quantité journalière de fourrages, puis la répartit à plusieurs reprises devant les animaux. Il semblerait alors préférable d'effectuer plus de deux repas, le volume n'étant pas délimité par la forme en trémi de l'auge.

Figure 1 - Deux modèles d'auges pour caprin.

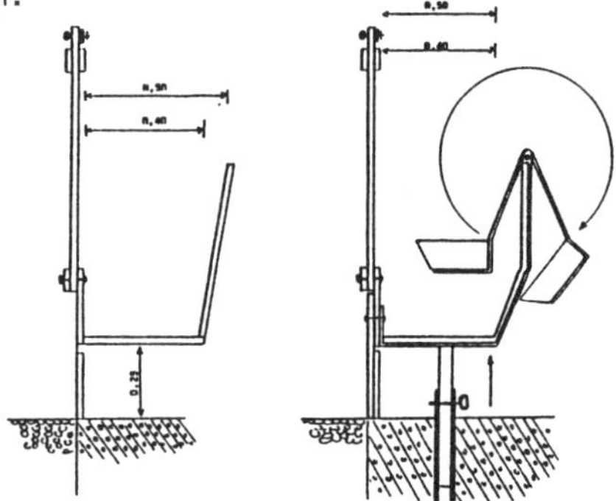

La largeur d'auge par chèvre ou largeur de cornadis influence aussi le volume disponible par chèvre par l'augmentation de la surface commune, donc compétition entre animaux.

Tableau 2 - Evolution en pourcentage de la surface commune en fonction de la largeur du cornadis :

LARGEUR DE FOND D'AUGE (cm)	LARGEUR AU CORNADIS (cm)				
	41	40	38	35	33
30	63,5	68	78	93	100
35	54,5	58	66,5	79,5	91
40	48	51	58	69,5	79,5
42	46	49	55,5	66	75,5
44	44	47	53	64	73

L'observation de la norme technique de 2,5 chèvres (type chèvres alpines ou saanen de 60 kg de poids vif) par mètre de cornadis a une répercussion importante sur la longueur du bâtiment, dont il faudra tenir compte lors de la construction.

En complément de cette définition d'un volume minimum d'aliment pour chaque animal du troupeau, il convient dans le choix d'un équipement de tenir compte de plusieurs autres fonctions :

- la fonction de libre-service qui convient surtout aux fourrages grossiers, consiste à laisser un libre accès à l'animal. C'est le rôle d'un ratelier ou de la position ouverte d'un cornadis. Il faut lier à cette fonction la notion de gaspillage et de perte de fourrages évoquée précédemment dans le comportement alimentaire de la chèvre. Dans le but de l'éviter, le passage du cou de l'animal au travers du cornadis ne devra pas

mesurer plus de 0,9 à 0,11 m selon le
gabarit moyen des chèvres du troupeau.
Une nouvelle génération de cornadis,
voir figure jointe, tient compte de cette
particularité en supprimant tout barreau
mobile au profit d'un passage fixe pour
le cou de l'animal.

Cette première mesure contre le gaspillage doit être complétée avec une profondeur d'auge de 0,20 à 0,25 m, c'est-
à-dire la distance entre la base du
passage du cou de l'animal et le fond
de l'auge ou le niveau du couloir auge

Figure 2: une nouvelle génération de
cornadis.

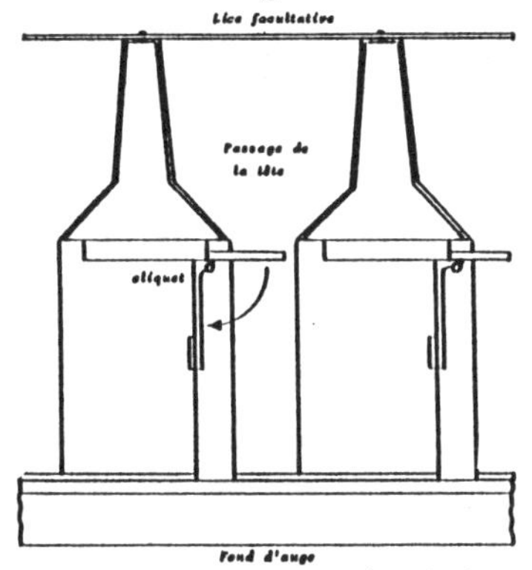

- la fonction de blocage est destinée
à la distribution d'aliment concentré,
car elle permet de définir une quantité
précise pour chaque chèvre quelle que
soit sa vitesse de consommation. Cette
faculté se retrouve dans tous les cornadis utilisés en élevage caprin. On
peut toutefois faire les observations
suivantes : un système de protection
doit empêcher l'ouverture du cornadis
par la chèvre, le système de prise automatique permet une contention rapide
et dans le calme, de l'ensemble du
troupeau.

- la fonction de non accès à l'auge
sera plutôt destinée à des pratiques
particulières comme la distribution de
l'aliment concentré à l'aide d'un
convoyeur à bande dans la chèvrerie
ou dans une salle de traite avec distribution de concentré pour des lots
importants.

En dehors de ces diverses fonctions,
l'éleveur doit tenir compte du comportement de choix des caprins et donc
de la quantité de refus qu'il devra
évacuer. Pour favoriser une telle opération et dans le cas d'une extraction
manuelle, il devra y avoir concordance

entre les largeurs du fond d'auge et
de l'outil utilisé pour pousser les
fourrages vers les extrémités des auges
dont les paroies devront être amovibles.
S'il on utilise des augettes pour le
concentré, elles devront être rabattables pour ne pas gèner cette opération.

Les convoyeurs de fourrages offrent
l'avantage d'effectuer cette opération
mécaniquement, si nos études (G. TOUS-
SAINT, 1979) montrent que pour un troupeau de 100 chèvres, le gain de temps
se révèle négligeable par rapport au
nettoyage manuel. Toutefois, il est certain que cette tâche devient beaucoup
moins pénible en la mécanisant.

La propreté des aliments n'est pas uniquement liée à la durée de leur séjour
dans l'auge, mais aussi à l'absence de
contact avec le fumier et les pattes des
chèvres. Dans ce but, le cornadis devra
être d'une hauteur suffisante, 1,25 m
minimum pour éviter que les chèvres
n'aient accès au couloir d'alimentation.
Un système permettant de surélever les
auges en fonction de la hauteur du fumier peut également se révéler intéressant.

En dehors du stade et du procédé de
récolte, il est nécessaire de choisir un
équipement de distribution qui ne provoque pas de dégradation des fourrages
par exemple des convoyeurs à câbles
employés à une vitesse trop rapide pour
un foin de légumineuse ou encore des
convoyeurs à chaîne pour des fourrages
verts comme les choux ou le colza.

La multiplication du nombre de repas
de fourrages et l'intérêt de distribuer
l'aliment concentré en chèvrerie, provo-
quent une remise en cause du chantier
d'alimentation pour les troupeaux de
grande taille. En effet, si l'éleveur
est de plus en plus conscient de l'importance de cette pratique pour atteindre de hauts rendements laitiers, il
doit tenir compte de l'augmentation de
temps de travail qu'elle va entraîner.
Plusieurs orientations principales se développent actuellement :

- l'utilisation d'un convoyeur à bande
permet de disposer les aliments grossiers
et concentrés à partir d'une aire de
chargement et de récupérer les refus à
l'une ou l'autre extrémités du tapis. La
rapidité d'affouragement est conditionnée
par la vitesse linéaire d'avancement
du tapis, la quantité de fourrages dis-

tribuée et la rapidité de chargement.
Bien que ce travail soit moins pénible,
il exigera néanmoins la présence de
l'éleveur à chaque repas de fourrages
et de concentré.

Figure 3 - Différents types de convoyeurs

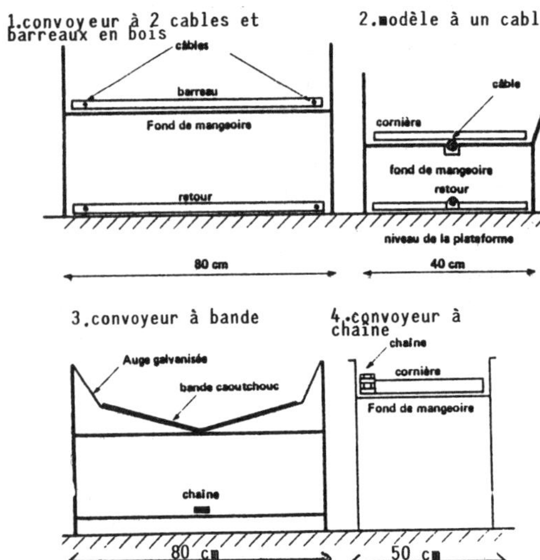

La mécanisation de la distribution de
l'aliment concentré en chèvrerie
s'effectue parallèlement à l'emploi d'un
convoyeur à fourrages. Elle peut prendre
la forme de distributeurs automatiques de
concentré (DAC), où une clé pendue au
cou de chaque chèvre provoque une mise
à disposition de l'animal d'une ration
individuelle. La combinaison de ces deux
systèmes limite le travail de l'éleveur au
changement des fourrages et à la récupération des refus.

- l'emploi de remorques mélangeuses dis-
tributrices qui a pour rôle de mélanger
les aliments entrant dans la ration complète et de les distribuer. Elle peut dé-
verser les aliments dans les auges, le
couloir auge ou dans un convoyeur à
bande selon le mode d'évacuation des refus. Son volume utile doit permettre de
nourrir le troupeau pour une journée.
Elle doit comporter un système de pesée
indispensable pour effectuer les calculs
de rationnement.

En conclusion, nous soulignerons l'importance d'une parfaite adaptation des aménagements et des équipements de la chèvrerie au comportement spécifique des
caprins dans l'objectif de favoriser une
consommation optimale d'aliments. C'est
une des conditions nécessaires pour permettre une bonne expression du potentiel
laitier de chaque femelle du troupeau.

Le choix de ces matériels devra aussi
s'excercer dans un soucis de simplification du travail aussi bien en réduisant
le temps demandé à l'éleveur pour chaque opération, mais aussi la pénibilité
de celles-ci. Une telle démarche devra
être abordée dans le cadre d'une étude
approfondie des besoins de mécanisation
tenant compte de la taille du troupeau
et de la disponibilité en main d'oeuvre
de l'exploitation agricole.

De la même façon, dans le domaine économique on optera pour des équipements
adoptés à la technique adaptée à la
spécificité de la production caprine. Dans
le cas de la conception d'une chèvrerie
neuve ou de l'aménagement d'un bâtiment
le choix des équipements devra être en
cohérence avec le comportement alimentaire des caprins, afin d'éviter d'entraîner par la suite de coûteuses modifications du chantier d'alimentation.
Dans le cas de la transformation d'un
agencement existant, il sera essentiel
de tenir compte de la chaîne de récolte
et de distribution existantes pour éviter
des double-emplois qui multiplieraient
les investissements. Dans le même ordre
d'idées, il faudra veiller à ce que le
niveau de motorisation soit suffisant
pour actionner de nouveaux matériels.

Dans la mesure où l'ensemble de ces
conditions aurait été respecté, le troupeau caprin laitier sera placé en situation de valoriser pleinement les aliments
qui lui seront distribués.

Par ailleurs, cette communication met
en évidence l'intérêt de concevoir les
installations et aménagements en pre-
nant en compte, de façon approfondie,
les caractéristiques du comportement des
animaux auxquels ils sont destinés.

CONSTANTINOU A. 1987. Goat housing for
different environments and production
systems in Proc. 4 th Intern. Conf. on
Goat - Brasilia (BRESIL) March 8-13
1987 p. 241-268.

MORAND-FEHR P. 1981. Caractéristiques
du comportement alimentaire et de la
digestion des caprins in "Nutrition and
systems of goat feeding". ed. by P.
MORAND-FEHR, A. BOURBOUZE et M. de
SIMIANE. Symposium International, Tours
(FRANCE) May 12-15th 1981, INRA-ITOVIC
p. 21-45.

MORAND-FEHR P. SAUVANT D. 1988. Alimentation des caprins in "Alimentation

des bovins, ovins et caprins". INRA,
147 rue de Grenelle - 75007 PARIS p.
281-304.

MORAND-FEHR P. HERVIEU J. SAUVANT D.
1982. Contribution à la description de la
prise alimentaire de la chèvre. Reprod.
Nutr. Develop. 20, 1641-1644.

SIMIANE de M., HUGUET L., MASSON C.
1983. Comportement alimentaire des chèvres à l'auge et au pâturage. Aspects
liés au fourrage et à l'animal : conséquences sur les performances zootechniques, in 8ème Journée de la Recherche
Ovine et Caprine, INRA-ITOVIC p 71-
100.

TOUSSAINT G. 1987. Etude sur la capa-
cité d'une auge destinée aux caprins.
Bulletin Technique Ovin et Caprin,
ITOVIC sept. 1987 p 57-63.

TOUSSAINT G. 1985. Chèvrerie, la conception, les aménagements Book published
by "Institut Technique d'Elevage Ovin et
Caprin" Paris (FRANCE)- 1985 p 67

TOUSSAINT G. 1979. Observations techniques sur le fonctionnement de convoyeurs
à chaînes et à bandes pour l'affouorage-
ment des caprins. ITOVIC Paris (FRANCE)
mai 1979. p 15.

Land and Water Use, Dodd & Grace (eds), © 1989 Balkema, Rotterdam. ISBN 90 6191 980 0

Developments in the technology of small ruminant milking

T.Mottram & D.L.O.Smith
Silsoe College, Granfield Institute of Technology, Bedford, UK

ABSTRACT: The milking system is a central part of the dairy farm business. It is not only the tool for harvesting the milk from animals but also a means of gathering data about animal performance and health.   In recent years dairy cow technology has moved to a wide use of automatic systems and microprocessor control in the milking parlour.   Small ruminant milking has been traditionally the poor relation of the dairy industry but many of the systems developed for cows such as automatic cluster removal and yield recording are now appearing in goat and sheep milking parlours. This paper reviews the developments in small ruminant milking and examines the current state of research in the sector which also can feed back valuable data to the dairy cow sector,   such as the analysis of rate of flow of milk for control and monitoring purposes.

1 INTRODUCTION

The milking system is a central part of the dairy farm business. It is not only the tool for harvesting the milk from animals but also a means of gathering data about animal performance and health. Most milking machine development has come about through practical problem solving by farmers and engineers and very little as a result of applied research. This paper will review the current state of the art of designing small ruminant systems.

2 Comparison of Milking Species

For the purposes of designing milking machines, goats and sheep are grouped together as small ruminants. This wholly arbitrary grouping masks the many differences between the species and the many similarities they have with each other and with dairy cattle. The main characteristics are shown in Table 1. This paper will concentrate on the goat, principally because it is the more important in the context of commercial milk production. To illustrate points reference will be made to bovine dairy technology as most technical terms are interchangeable.

As can be seen there are obvious differences in the body weight and numbers of teats of the animals which have implications for the design of milking parlours. Because of their size and weight cows are not expected to climb ramps and thus the operators' areas are almost always sunk into the ground. Goats and sheep on the other hand are lightweight, active animals, and are expected to climb ramps or steps, allowing stallwork to be built above ground which eases fabrication, maintenance and portability.

Table 1. Some typical design parameters for milking equipment

	Wght (Kg)	No. of Teats	Peak daily Yield (1)	Milk Solids (%)	Time to milk (s)
Cow	500	4	30	13	300
Goat	75	2	4	13	90
Sheep	85	2	2	18	60

Design differences also arise as a result of different milk composition. The high fat levels of sheeps milk make cleaning even more important than usual. Less obvious are the different handling qualities of milk. At least two wholesale purchasers of goats milk in the UK (1) believe that impeller type milk transfer pumps damage the structure of milk and insist on producers installing diaphragm type pumps and plate coolers. The design engineer must then specify an additional pump and support pipework to be installed to allow circulation cleaning to be performed, the output of the diaphragm pump being inadequate to provide sufficient flow of circulating water.

There are differences in udder structure between species of which the most important from the engineer's viewpoint is the ratio of cisternal to alveolar milk. Milk is normally stored in the alveoli in the fleshy part of the udder and at the start of milking is released by hormonal mechanism and floods into the cisterns above the teat. In the goat the cisterns are relatively large and hold about 70% of the milk secreted whereas in the cow and the sheep the cisterns hold only about 25% of the available milk.

The most dramatic difference between the species is the volume of the milk produced by each animal. Obvious implications of these differences in yield are in the sizing of recorder and receiver jars and of milk transfer pumps. Typically goat and sheep parlours are installed with seven and four litre recorder jars respectively. Smaller jars are favoured because of the reduction in the amount of hot water needed for circulation cleaning and the saving in energy that results.

There are, however, more subtle but far reaching implications of the differences in yield between species that involve an interplay between economics, management and engineering. To produce marketable quantities of milk a farmer must keep a larger number of goats or sheep. For example, in the UK milk purchasers will accept a minimum of 450 litres for on farm collection on alternate days. More fundamentally, although goats have a lower feed maintenance overhead than cows (2), the low volume of milk per animal increases the labour input per animal, particularly at milking. As a simple rule of thumb, taking into consideration the different milk prices and yields, a farmer needs to keep four times as many goats as cows to achieve the same income. Thus to make a farm viable in labour terms, milking systems must be capable of dealing with four times as many animals per hour per operator as a cow milking system.

3 Design Considerations

Milking systems must be designed which meet the needs of the animal and the needs of the farmer. The needs of the animal are simple: comfort, safety, hygienic milking and an atmosphere which allows the release of milk. The needs of the farmer are more complex. Milk must be produced hygienically with the minimum labour input per animal, animals must be monitored for disease symptoms, and milk yields must be recorded. The environment of the milking system must also meet the safety and comfort requirements of skilled labour. In addition, the farmer has to balance the economic considerations, of the cost of equipment, the stability of the market and lifetime of the investment.

The method of analysis of labour efficiency of milking parlours established for dairy cows is just as relevant for small ruminants. This method of analysis dates back to the 1950s and is well documented and understood (3). Essentially, the time for individual operations for each animal is broken down to establish a work routine time (WRT). The time needed for the animal to milk out or the milking time (MT) is also established. The relative timeliness of the various operations can then be analysed and parlour design modified accordingly.

For example, a WRT of 15 seconds should result in a throughput of 240 goats per hour and one of 30 seconds should result in a throughput of 120 goats per hour. It is widely believed both by researchers and farmers that overmilking of any milking species predisposes animals to mastitis. To avoid overmilking, the number of milking clusters per operator should not exceed the

Table 2. Elements of a typical work routine time

		Cow (3) (s)	Goat (*) (s)
a.	Let in animal	4	3
b.	Feed animal	4	1
c.	Prepare udder	15	5
d.	Draw Foremilk	5	2
e.	Put on teat cups	10	6
f.	Take off teat cups	5	5
g.	Record yield	6	3
h.	Disinfect teats	4	2
i.	Let out animal	4	3
j.	Miscellaneous	3	0
Total Time		60	30
Maximum no. of animals per person per hour		60	120

* Measured by T Mottram in a sample of milking systems in the UK, figures are averages of parlours with hand feeding, no automation of gates or ACR.

ratio MT : WRT . This criteria is rarely achieved in practice with small ruminants because the MT is relatively short, although there is as yet no evidence of an increase in mastitis as a result of this regular overmilking.

The main elements of the work routine are the same for any animal and are listed in Table 2.

The time taken for each operation is determined by operator skill and milking parlour design. Some operations on goats are inherently less time consuming than those for cows, for example, putting on four teat cups using two hands involves some skilled juggling whereas the two teat cups for goats is a single easy movement. Some operations may be omitted for management reasons, for example as goat dung has a harder consistency than cow dung the goats' udders become less soiled with faeces. In consequence, udder preparation may be omitted, without major contamination of milk.

The time taken for entry and exit of animals is largely determined by the layout of the parlour and the efficiency of the gating arrangements. Goats are faster moving animals and filling a parlour is not as time consuming as with cows. The main parlour layouts for small ruminants are shown in Figure 1. Typically the numbers of goats and sheep in any parlour is greater than for cows. The larger batch size reduces the time spent by the operator on each particular animal. There are many examples of 48 stall and larger parlours throughout Europe.

In most small ruminant parlours animals are fed and are yoked by the neck to prevent movement. A simple mechanical system known as the "cascading yoke" allows only the leading animal to put its head into the feed trough. This movement opens the next yoke in the line allowing the next animal access and this process is repeated through the group until all are yoked. Yokes are simultaneously released by one lever, sometimes vacuum operated. However, just as

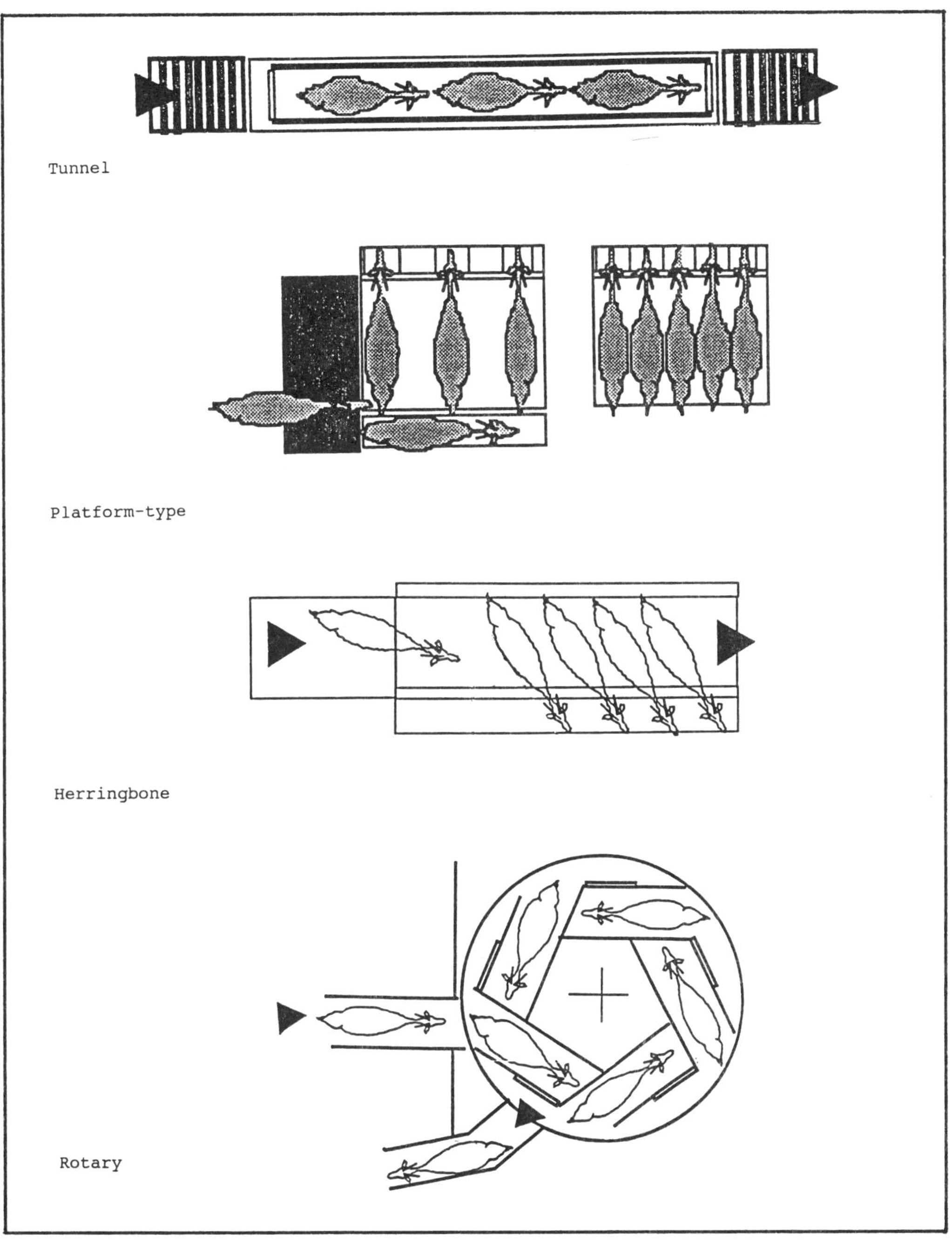

Figure 1. Typical milking parlour layouts for small ruminants

with cows, a minority of farmers claim
superior performance when feeding is omitted
from the parlour. This is due partly to the
feeding element being totally omitted from
the work routine but also to the lack of
yokes. The "tunnel" parlour uses this
principle and the animals are restrained
purely by the width of the platform.   In a
yoking system the animal has to find the
open yoke, and put its head through. Nervous
animals frequently delay milking as they
hesitate at the yokes or are pushed aside by
more confident animals.

The majority of milking parlours are of
the "platform type". In this layout one
milking point is placed between pairs of
animals. The operator goes down each row of
animals milking alternate animals, when
these animals have finished the teat cups
are transferred to the neighbouring animal
of the pair. This system is relatively
inefficient in labour use and leads to a
very disjointed work pattern.   However, it
is inherent in the layout of the platform
type of parlour as the animal centre to
centre distance is typically 0.37 m which
would severely constrict the available room
for each milk jar and attendant pipe work,
if a milk jar were provided for each
animal.

The removal of the teat cups is still
largely manual although some farmers have
successfully used automatic cluster removal
(ACR) designed for dairy cows. Research has
shown that the time settings for bovine ACR
are acceptable when used for goats but they
can be optimised to those shown in Table 3.
The main value of ACR is to reduce the WRT.
It leads to a less disjointed movement
around the parlour and allows the operator
to perform out of parlour operations,
without overmilking animals.

One disadvantage of using ACR on goats is
the effect of liner slip.   As milk is drawn

Table 3.   Recommendations for ACR settings
for goats

Initial 'let down' delay 30 seconds and/or a
self cancelling milk flow overide.

Final flow setting of 200 ml/min with a 10
second delay

---

from the udder the internal turbid pressure
diminishes and the cisterns collapse, this
causes the skin to furrow allowing air to
slip between the liner and the teat.   This
draws all the milk from the cluster and milk
tube and reduces the vacuum level at the
teat end and then causes a diminution of
milk flow. As alluded to earlier the
cisternal structure of the goat differs from
that of the cow and it is believed (although
research has yet to demonstrate this) that
liner slip is more pronounced in goats. The
effect is evident in the Milk Yield/Time
curves shown in Figure 2. The curves are
produced by taking a reading of the amount
of milk in a recorder jar at regular
intervals. The normal curve A has an
approximately standard S-shape starting at
zero and rising steadily until the udder
begins to empty and a final yield is
reached.   Thus, the normal ending of milk
flow is of a steady diminution to zero flow,
however, curve B shows the profile of a goat
with a liner slip and as can be seen there
is an area where milk flow accelerates
rapidly as the milk pipe is emptied followed
by an area of zero flow before the operator
intervenes and repositions the teat cup on
the teat to avoid the slippage. This effect
frequently causes conventional ACR systems

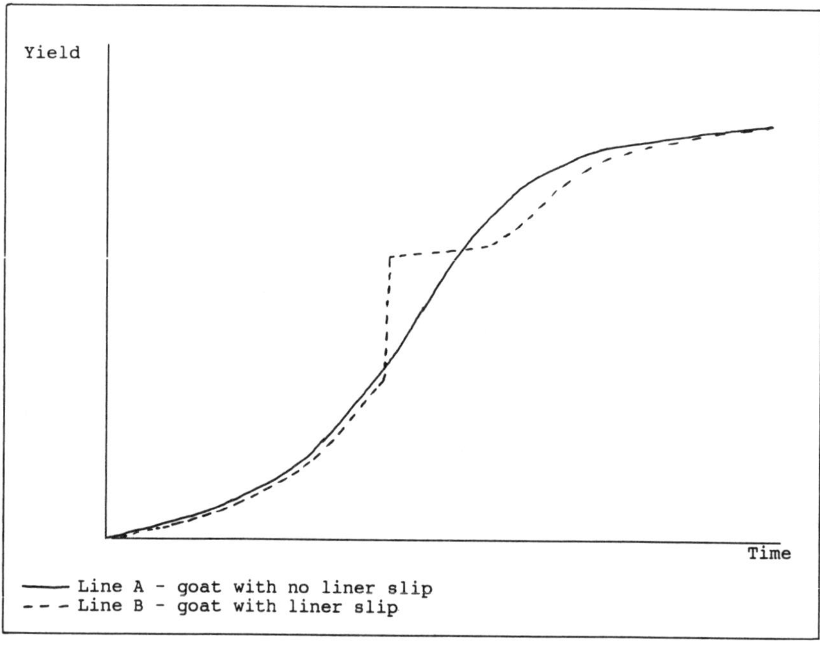

Figure 2 Milk yield/time curves for goats.

to remove the cluster prematurely, an effect
that is not confined to goats as experience
of training heifers affirms. Work is being
undertaken at Silsoe College for the UK
Ministry of Agriculture to design an
"intelligent" ACR that can tell the
difference between liner slip and the end of
milking. This is achieved by on-line
analysis of the flow curve to determine
slope changes which are çompared with a look
up table and a decision is then made by the
microprocessor as to whether to activate the
ACR.

Recording milk yields for management and
breeding purposes is an essential part of
the milking routine, particularly in the UK
where commercial goat farming is new and
herds are upgrading stock from 'scrub'
goats. However, milk recording is a time
consuming business even when carried out
once a month. One method of recording milk
yields in bovine dairy systems is to use
electronic means to record milk yield
directly to a herd management computer which
eliminates a time consuming element in the
WRT, however, this technology cannot be
applied to goats without some modification.

There are two main methods of recording
milk yields electronically, one is to meter
milk into 100 or 200 ml chambers and to
count the number of times the chamber fills.
This has sufficient point accuracy for
cattle where the minimum yield recorded is
about .2 litres as animals giving less than
this are effectively dry, but the minimum
yields recorded for goats are below 500 ml
and thus the point accuracy of such a meter
is less than 20 %. The other method of
recording yield is to use a strain-gauged
cantilever bracket to support the recorder
jar and to process the change in voltage,
caused by changes in the load into a digital
signal which is readable by a computer.
This system is suitable for use with the
smaller yields of milk from goats and sheep,
although suitably scaled down strain gauge
brackets must to be used and increasing the
sensitivity of the instrumentation can lead
to an increase in noise disturbing the
signal. For example, at one research site
where the jar support brackets were hung
from the steel milking table, animals moving
along the steel table caused vibration to
appear in the output signal from the
recorder jar.

In bovine dairy systems there is usually
an electronic display to give a read out of
final yield at each milking point. This can
then be either noted down by the milk
recorder with the animal number or logged
direct to a computer and linked to the
animal number automatically. The source of
the animal identity is either from the
operator keying the animal number for each
stall or through individual animal
transponders being read by a loop aerial at
each milking point. The former method is
feasible for small ruminants but the second
is not only relatively expensive but is also
not yet technically proven as in the
platform type parlour the centres of each
stall are too close for loop aerials to
identify unambiguously the nearest
transponder. Although minituarised
transponders have been developed which can
be implanted subcutaneously there is still
no reliable automatic reading system
available, as a consequence of the
transponders having been designed with

limited range to be monitored by hand-held
aerials passed over the animal's body.

4 Concluding Remarks

The previous sections have shown some of the
design differences between small ruminant
and bovine dairy systems. This section will
highlight some of the differences in design
philosophy and how these may change.

Generally, within the EEC the market for
cows milk has been stabilised by the quota
system. Investment decisions are now being
made with a view to substituting labour
within a stable herd rather than increasing
the herd size to maximise existing labour.
The trend is towards more automatic
monitoring and control by electronics; the
ultimate goal being the complete automation
of milking by robotics.

The small ruminant sector lies outside the
scope of the Common Agricultural Policy.
Investment decisions are based on the
individual farmer's perception of the
market. In the UK the market for goats',
and to a lesser extent sheeps', milk is
expanding. The tendency is to increase the
number of stalls in the parlour and to
introduce automatic equipment only in so far
as it supports that tendency. The type of
equipment being installed is mechanical
feeding, and vacuum operated entry and exit
gates. At some point in the future it is
believed that this tendency will change and
follow more of the pattern adopted in the
bovine sector.

However, largely for reasons of cost it
will be impractical to automate cluster
removal and recording for large numbers of
stalls. The utilisation of each milking
point will have to be greater than at
present to be cost effective. This will
probably mean a greater emphasis on
stallwork which forces the animal to stand
with its flank to the operator. This will
give sufficient width for a milking point
per stall. Adopting this approach will also
allow the instrumentation of the milking
point to gather animal data electronically.
Systems developed for cows are generally
applicable to small ruminants and can be
utilised if the design of the milking system
allows.

ACKNOWLEDGEMENTS

The authors would like to thank R.J Fullwood
& Bland Ltd., Ellesmere, Shropshire and
their staff, in particular G. Rodgers and
J. Roberts for their assistance and
communications. The work at Silsoe College
has been funded by the UK Ministry of
Agriculture in their Open Contract funding
for Alternative Livestock Enterprises.

REFERENCES

1. Standards of Production Guidelines,
   British Dairy Goat Producers, Highbridge,
   & Lubborne Creamery, Crewkerne. 1988.
2. Nutrient Requirements of Goats. 1981.
   National Research Council, National
   Academy Press, Washington, USA.
3. Clough.P.A., 1979. Milking in Cowsheds
   and Parlours. Machine Milking.
   National Institute for Research in
   Dairying (NIRD), Reading, UK.

Land and Water Use, Dodd & Grace (eds), © 1989 Balkema, Rotterdam. ISBN 90 6191 980 0

Definition de quelques indices de rendement des principaux systèmes programmée par ordinateur de concentrés aux vaches laitières

A.Pazzona
Istituto di Meccanica agraria, Università di Sassari, Italie

RESUME: Les dispositifs pour la distribution programmée par ordinateur des aliments concentrés aux vaches laitières présents sur le marché se différencient principalement par le contenu de la mémoire de l'ordinateur qui règle la logique de distribution des aliments. Il a donc fallu définir de façon expérimentale quelques indices de rendement de ces systèmes afin de fournir des paramètres objectifs sur lesquels baser la comparaison des prestations des distributeurs automatiques des concentré. Dans les exploitations témoins, pour une même charge de bêtes par poste, le fonctionnement des systèmes d'autoalimentation a été soumis périodiquement à une analyse continue sur 24 heures. Ainsi, on a pu évaluer le rendement des systèmes programmés par ordinateur à travers le coefficient d'utilisation de la station de distribution, le coefficient d'ingestion du concentré et l'indice d'adaptation des animaux au rythme d'alimentation.

Description of some signs of efficiency of the principal systems for computerized distribution of concentrates to dairy cattle.

SUMMARY: The computerized systems for the feeding of concentrates to dairy cattle available on the market differ mainly in the memory content of the computer which guides the logic of distribution of the feedstuff. It was therefore considered necessary to describe experimentally some signs of efficiency of these systems in order to supply some cbjective parameters on which to base a comparison of performance of automatic concentrate distributors. On the sample farms, all of which had the same amount of animals, the working of the automatic feed systems was periodically tested for 24 hour periods. In this way it was possible to estimate the efficiency of the computerized systems by the use coefficient of the distribution station, the acceptance element of the concentrate and the indication of adaptability of the animals to the feeding rhythm.

Erläuterung einiger Indexen der Leistungsfähigkeiten der wichtigsten Systeme der komputiriesten Versorgung der Konzentrate an Milchkühe.

ZUSAMMENFASSUNG: Die Vorrichtungen für die komputerisierte Versorgung der konzentrierten Nahrung an Milchkühe, die der Markt anbiet, unterscheiden sich hauptsachlich durch den Inhalt des Computerspeichers (Memoire), der die Folgerichtigkeit (Logik) der Tierfutterverteinlung lenkt. Man hat für wichtig gehalten, sperimental einige Leistungsfähigkeitsindexe zu definieren, um einen objktiven Masstab belegen zu können, und die Leistungen der verschiedenen Apparate vergleichen zu können. In den "Probebetrieben" mit gleichem Viehbestand, wurde der Gang des Selbstfütterungssystems dauernd wahrend vierundzwanzig Studen analisiert. Die Datenaufnahme betrifft die Jahresbasis. Es war somit möglich, die Leistungsfahigkeit der Komputersysteme zu prüfen, durch den Koeffizient der Uebernahme der Konzentration und den Anpassungsindex des Viehes was den Ernährungsrhythmus anbelangt.

1 INTRODUCTION

Dans le secteur zootechnique, la microinformatique est appliquée principalement dans la rationalisation du système d'alimentation. Ce secteur a eu une diffusion rapide des dispositifs de distribution par ordinateur de aliments concentrés pour vaches laitières. Ces installations permettent la distribution automatique des concentrés sur base individuelle selon un plan alimentaire préétabli.

Jusqu'à présent différents types d'appareils pour l'autoalimentation ont été réalisés et introduits sur le marché: ils se différencient principalemenet quant au contenu de la mémoire de l'ordinateur qui définit les temps et modalités de la distribution des rations alimentaires. Une enquète préliminaire faite sur de nombreuses installations a permis de remarquer que les réponses des animaux varient considérablement et ont une influence directe sur les prestations des appareils d'autoalimentations eux-mêmes.

Il a donc fallu définir de façon expérimentale quelques indices de rendement de ces systèmes (coefficient d'utilisation de la station d'alimentation, coefficient d'ingestion des concentrés, indice d'adaptation des animaux au rythme d'alimentation) ceci àfin de fournir des paramètres objectifs sur lesquels baser la comparaison des prestations des distributeurs automatiques des concentrés.

2 MATERIEL ET METODE

2.1 Exploitations considérées

Les dispositifs avec ordinateur ont été examinés dans 6 exploitations témoins pratiquement identiques en ce ci concerne la localisation terrictoriale, le nombre de bêtes en lactation et les techniques d'élevage et d'alimentation: l'élevage des vaches laitières de race Frisonne étant en stabulation libre et les appareils d'autoalimentation utilisés depuis deux ans au moins.

La ration quotidienne de concentré était en relation avec le niveau productif des animaux: la donnée de base de la distribution étant de 1 kg/2,5 litres de lait avec une moyenne de 7-8 kg/bête subdivisée en un certain nombre de repas.

Afin d'éviter l'accumulation des résidus non consommés à l'intérieur de la mangeoire, l'ordinateur dispensait le repas en plusieurs doses dont l'importance correspondait à la possibilité d'ingestion de la vache: des portions d'environ 100 grammes sont liberées par intervalle de 20 secondes pré-réglé.

Un même nombre de bête par station, c'est à dire 25, a été fixé pour toutes les exploitations-témoins et ce nombre a été respecté pendant toute la période d'observation.

2.2 Systèmes d'alimentation comparés

Les appareils d'alimentation automatique controlés par ordinateur distribuaient le concentré selon les systèmes suivant:

- *alimentation à intervalle variable (Aiv)*, qui permet la variation du laps de temps entre deux repas consécutifs et le nombre de repas, de 1 à 24, dans lequel la ration quotidienne peut être fractionnée dans la cadre d'un cycle. Pendant les essais, le système était réglé pour distribuer 8 repas/cycle.

En ce qui concerne les doses non consommées on peut les récupérér pendant ou à la fin du cycle groupées en 1 ou plusieurs repas supplémentaires. Au cours d'un seul repas, la consommation maximum est de 2,5 kg.

- *alimentation à intervalle fixe (Aif)*, caractérisée par une mémoire rigide qui travaille selon un programme où temps et quantité préalablement mise en mémoire. La ration quotitienne d'aliment pour chaque vache est fractionnée en 20 repas, disponibles toutes les heures. Les 4 derniers intervalles à la fin du cycle, sont utilisés pour distribuer les quantités restantes jusqu'à 25% maximum de la ration quotidienne.

Les surplus des aliments provenant des intervalles donnés est automatiquement reporté au suivants pour une quantité maximum de 3 kg.

- *alimentation sans intervalle (Asi)*, dotée de mémoire cyclique qui rend la vache libre de choisir son propre rythme d'alimentation: celle-ci peut demander le concentré à n'importe quel moment du cycle. Quand la vache se rend au distributeur, elle reçoit un repas proprotionnel au temps écoulé depuis la dernière distribution. La distribution n'est pas continue mais s'interrompt, à chaque demande, à peine la bête a avalé une certaine quantité de concentré, en général jamais plus de 2,5 kg à chaque fois.

Ici aussi, l'ordinateur mémorise les doses inutiliséés au cours du cycle et les restitues à la fin de ce cycle ou au cycle successif. La récupération est au maximum de 25% de la ration quotidienne.

2.3 Paramètres relevés

Dans l'exploitations considérées, le fonctionnement du système d'autoalimentation a été soumis périodiquement à une analyse continue sur 24 heures pendant 30 jours. De plus, pour certains paramètres, l'enregistrement des données a été faite sur une année.

Pour chaque station d'alimentation les principaux éléments relevés sont:
- le contrôle de la consommation individuelle et globale pour un cycle;
- la distribution par période de temps des visites, y compris les périodes vides;
- temps d'alimentation (Ta) de la vache, y compris la durée d'entrée et de sortie du poste;
- temps de stationnement (Ts) avec une vache à l'intérieur du poste avant la distribution du concentré;
- temps mort (TM) avec une station non utilisé par les bêtes;
- temps d'utilisation (TU) formé par la somme des temps élémentaires susdits.

3 RESULTATS ET DISCUSSION

3.1 Utilisation de la station d'autoalimentation

L'observation du comportement des vaches en ce qui concerne l'utilisation de l'appareil d'autoalimentation a mis en évidence certaines caractéristiques des systèmes comparés.

Comme prévu, le poste le plus fréquenté distribuait le concentré selon le système Asi avec environ 400 visites/cycle par rapport au 250-300 visites/cycle des autres postes (tab. 1).

Table 1. Visites effectuées par chaque groupe de 25 vaches à la station d'autoalimentation pendant un cycle.

Rithme de alimentation	Visite à la station					
	avec rappel		sans rappel		total	
	n	%	n	%	n	%
Intervalles variables	130	52	122	48	252	100
Intervalles fixes	230	78	66	22	296	100
Sans intervalles	356	88	49	12	405	100

Le grand nombre de visites enregistrées par le système Asi s'explique par le fait que les vaches, libres de choisir leur propre rythme d'alimentation, sont incitées à fréquenter plus souvent les postes de distribution car, presque toujours, elle y sont récompensées par une certaine quantité d'aliment, même petite.

Certains visites sont faites "à vide" c'est à dire sans distribution de concentré.

En particulier, avec le système Aiv 122 visites, 48% du total, se produisaient sans distribution des aliments alors qu'avec les autres systèmes, les visites à vide se sont limitées à 49-66 (12-22% du total).

Ce pourcentage élevé des visites à vide du système Aiv est dû évidemment à la difficulté qu'éprouvent les animaux pour régler leur propre "chronomètre" biologique au rythme alimentaire d'un repas toutes les trois heures. En effet, les deux tiers des sujets réclamaient leur ration en 12 ou 13 distributions.

Dans la plupart des cas l'ingestion des concentrés avait lieu tout au long du cycle avec une pointe maximum à la fin de la traite de l'après-midi et un minimum pendant la nuit. Ce fait est clairement démontré par l'histogramme de la fig.1 qui transcrit la distribution du TU du poste d'autoalimentation subdivisé en période de temps.

Pour le système Aif le Ta est distribué uniformément pendant les heures de jour avec des valeurs allant de 87 à 93% de TU, alors que la nuit le TM et le Ts se sont concentrés, ils représentaient respectivement 53% et 13,5% de TU. Ce dernier aspect doit être considéré comme positif puisque, la nuit, la plupart des vaches dorment et les bêtes qui s'alimentent sont celles qui devaient récupérer des repas non consommés dans la journée.

Différentes considérations sur le système Asi doivent être faites sur l'affluence nocturne au distributeur automatique presque égale à l'affluence du rest du cycle. Pendant la nuit les temps consacré à l'alimentation représente 76,5% du TU très proche de la valeur moyenne 83% relevée pendant le jour. Les déplacements trop fréquents des bêtes pendant la nuit occasionnaient une certaine agitation dans l'étable.

L'usage de l'appareil d'autoalimentation du système Aiv sur 24 heures se situe à une position moyenne par rapport aux autres systèmes s'en éloignant, malgré tout; par certanis aspects. La nuit l'utilisation des distributeurs était réduite (Ta = 30% de TU), le matin on pouvait observer une faible reprise de l'activité alimentaire (46% de TU) accompagnée de valeurs élevées des temps morts et de stationnement. Tout cela ayant une répercussion notable sur le coéfficient d'utilisation du poste qui, comme on le verra par la suite, sera le plus bas des systèmes comparés.

3.2 Efficience du système d'alimentation

En général, à la fin de la distribution des aliments, la vache s'attardait un peu à l'intérieur du poste dans l'espoir d'obtenir une autre dose. On a constaté que pour une heure du cycle les temps de distribution effective du concentré (Ta) est différent selon le système considéré: de 32 à 49 minutes.

D'où la nécessité d'introduire un *coefficient d'utilisation de la station (Cut)* établi par le

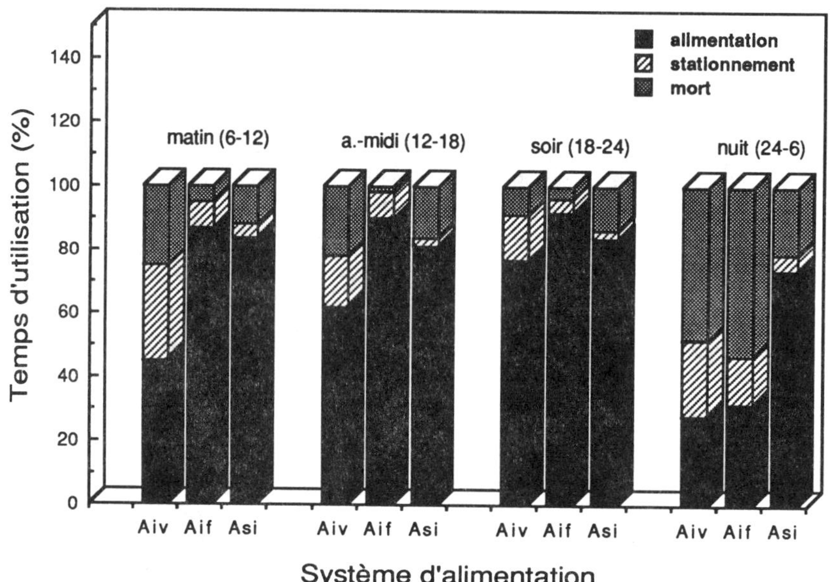

Fig. 1 Temps moyen d'utilisation de la station de distribution du concentré pour les differents systèmes d'alimentation: - à intervalles variables (Aiv); - à intervalles fixes (Aif);- sans intervalles (Asi).

rapport entre le Ta d'un cycle entier et la durée de ce cycle. Le coéfficient constitue un premier élément de distinction entre les systèmes d'alimentation comparés.

Sous cet angle comme le démontre l'histogramme de la fig. 2, le système Asi a donnè les meilleurs résultats avec Cut = 0,82. Ceci est dû à la considérable activité nocturne des vaches qui a permis de limitér le TM à 15% de TU ainsi qu'a la rapidité avec laquelle les animaux quittaient la station à la fin du rapas (Ts = 3% de TU).

La valeur de Cut obtenue avec le système Aif (0,76) est elle-aussi positive avec une moyenne d'environ 0,90 le jour; le Ts et le TM étant chacun de 8% et 16% de TU.

Par contre, la station de distribution du système Aif semble être sous-utilisé (Cut = 0,54), après avoir consommé la dernière dose de concentré, les vaches restaient longtemps à l'intérieur du box (Ts = 20% de TU) et à certaines heures, l'appareil d'autoalimentation restait pratiquement inutilisé (TM = 26% de TU). Ces données confirment la difficultée d'adaptation des animaux à ce programme alimentaire.

Un dernier paramètre d'évaluation de l'efficacité des systèmes d'alimentation consiste en un *coefficient d'ingestion des concentrés (Cco)* qui exprime le rapport entre la ration consommée et la ration programmée.

La valeur moyenne de Cco a été constamment inférieure à l'unité pour tous les postes en observation. Il y a toutefois des différences individuelles importantes entre les bêtes quant à la demande globale

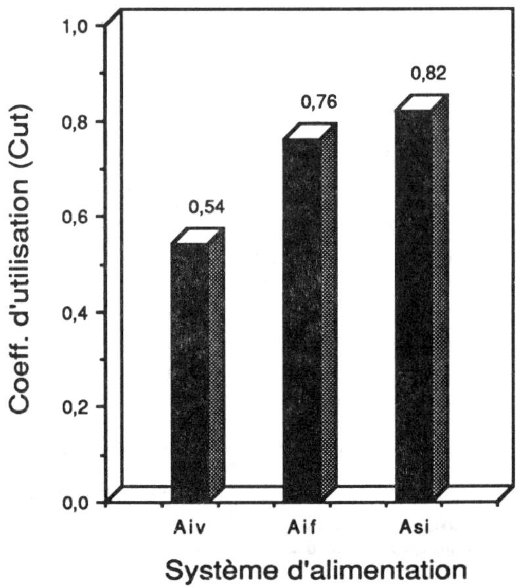

Fig. 2 Coefficient d'utilisation de la station d'autoalimentation (Cut).

d'aliments concentrés pour un cycle. Pour la plupart des vaches la consommation a été inférieure à la ration quotidienne, mais en particulier dans les programmes prévoyant le renvoie des restes au cycle suivant, certaines bêtes demandaient un peu plus que cette ratione.

Il y a eu peu de différences dans la consommation des concentrés entre les systèmes considérés (fig. 3). Le poste qui administrait le concentré selon le programme Aif a fourni les meilleures prestations avec Cco de 0,88, suivi par le système Asi (Cco = 0,81) et par l'Aiv (Cco = 0,76). Le bas rendement du système Aiv est la conséquence directe de l'utilisation insuffisante de la station, alors que les mauvais résultats du système Asi sont dû, en grande partie, au fractionnement axcessif de la ration et à la compétition qui se crée entre les bêtes pour accéder au distributeur constamment utilisé.

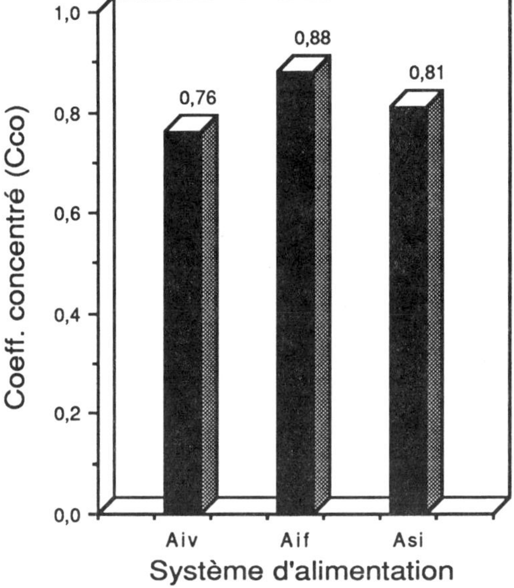

Fig. 3 Coefficient d'ingestion des concentrés (Cco).

La réponse des vaches au programme alimentaire a été évalué, en autre, à travers l'*indice d'adaptation des animeaux au rithme d'alimentazion (Iad)*, obtenu par le rapport entre le nombre des repas vraiment consommés par chaque vache et le nombre considéré optimal en fonction de la ration alimentaire. Dans le cas examiné, les zootechniciens Capra (1984) e Succi (1981) ont considéré que 8 repas était un nombre optimal. Cette subdivision de la ration garantie

un indice élevé de transformation aliment/lait sans compromettre le bon fonctionnement du rumen.

Comme prévue, le système Asi a obtenu un indice d'alimentation bien au-dessus de l'unité avec une valeur de 1,88 (fig. 4). La moyenne

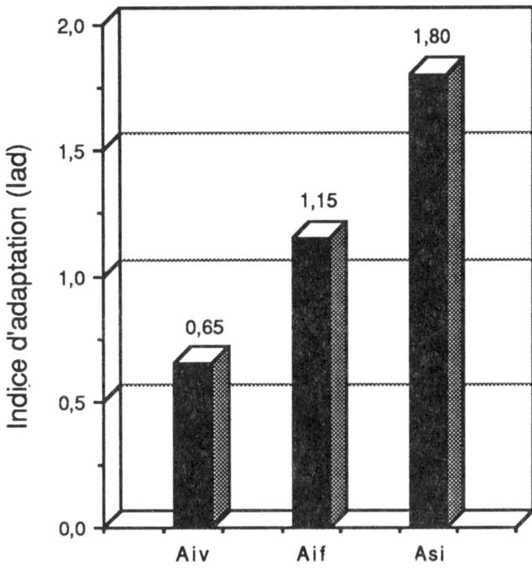

Fig. 4 Indice d'adaptation des vaches au rythme d'alimentation(Iad)

de 14,4 ingestion/bête qui a produit l'indice en question semble élevée puisque les déplacements trop fréquents comportent une dépense d'énergie et provoque une certaine agitation dans l'étable.

Au contraire, l'Iad 0,65 obtenu avec le système Aiv, dont la moyenne est de 5,2 visites avec rappel de concentré, est insuffisant pour assurer une alimentation correcte des vaches qui ont reçu une ration de 8 kg.

L'Iad de 9,2 ingestions/bête enregistré par le système Aif est tout à fait satisfaisant car les laitières obeissant à un rythme biologique s'alimentent toutes les 2-3 heures.

4 CONSIDERATION FINALES

L'étude des caractéristiques opérationnels des dispositifs programmés par ordinateur pour la distribution des concentrés aux vaches laitières a mis en évidence deux types de problèmes liés à:

- la quantité de concentré effectivement distribuée par la station d'autoalimentation constamment au-dessous de la quantité programmée;

- au nombre d'ingestions nécessaire pour consommer la ration. Ce dernier ayant parfois une valeur bien éloignée (par excès ou défaut) de la valeur optimale.

Pour pallier à ces inconvenients, il faut modifier le nombre de repas programmés et/ou définir la quantité maximum de concentré distribué par le poste pendant le cycle. Les deux interventions se répercutent, en définitive, sur la charge optimale du bétail pour chaque unité distributrice.

4.1 Les performances du système Aiv réglé sur 8 repas/cycle ont été imparfaites sur tout les plans considérés. La difficulté d'adaptation des bêtes à ce rythme d'alimentation s'est manifestée par l'utilisation insuffisante du poste d'alimentation, avec un pourcentage élevé de visite à vide, qui a limité le nombre et la quantité des repas consommés par les vaches.

La fonctionnalité du système peut être bien améliorée par l'augmentation, pour une même charge de bêtes par poste, de 4-5 unités le nombre des repas prevus par le programme. Ayant constaté que les vaches sautent toujours quelques repas, il a fallu fractionner la ration en 12-13 parts àfin de garantir une consommation de 8 repas. En alternative, on peut réduire de 2 kg au moins la quantité de la ration; ce système s'adapte en particulier aux laitières moins productives.

Il faut rappeler enfin que le système Aiv présent un grand avantage: une souplesse d'emploi quisqu'on peut varier le laps de temps entre des depas consécutifs. Avec cette installation il est donc même possible de programmer la distribution des concentrés en fonction de l'organisation du travail dans l'exploitation. Certains éleveurs, par example, interrompent la distribution des concentrés pendant la répartition du fourrage.

4.2 Le système Aif qui a enregistré les meilleurs indices de rendement est celui auquel les animaux se sont le mieux adaptés; en, effet, la quantité des rations effectivement consommées et le nombre d'ingestions nécessaires ont tous été proche des valeurs optimales. Ceci dû à la faible compétition entre les bêtes qui a favorisé un accès régulier au postes.

Pour ce système, donc, la charge de 25 vaches/poste - pour un total de 200 kg par cycle - semble en accord avec l'exigeance d'obtenir la pleine mise à profit de l'installation et d'assurer une alimentation correcte des bêtes.

Par contre, le système de récupération des repas non consommés, dans certains cas, a été peu fonctionnel. Ls récupération des repas non consommé, concentrèe pendant les 4 dernières heures du cycle, a permis parfois aux animaux d'obtenir en une seule distribution une quantité d'aliments supérieure au maximum programmé de 3 kg. Si une vache ayant accumulé un retard de 3 kg environ s'alimentait à la fin du cycle et restait dans le poste jusqu'au début de la phase de réupération des rests, elle pouvait rappeler, si elle y avait droit, , jusqu'à 2 kg de concentré (25% de la ration) pour un total donc de 5 kg.

4.3 Le système Asi a enregistré une moyenne d'ingestions/bête tout à fait élevée bien qu'il ait un meilleur coefficient d'utilisation du poste et qu'il ait obtenu une place moyenne en ce ci concerne la quantité de concentré consommé.

Cet inconvénient est très difficile à supprimer car il est partie intégrante de la logique du système même, donc on peut conclure u'il sera mieux adaptè aux laitières très productrices alimentées avec des rations de 10-20 kg de concentré demandant un nombre d'ingestion proportionné. Dans ce cas la charge du bétail ne doit pas dépasser 20 bêtes/poste.

4.4 On peut conclure che la charge de bêtes affectée à chaque distributeur de concentré conditionne largement le succés du système par ordinateur.

Le nombre optimal de bêtes contrôlable par un poste d'autoalimentation doit être calculé sur la base du fractionnement de l'ingéstion pour un cycle afin d'éviter la compétition excessive entre les animaux.

Si on tient compte de la nécessité d'une répartition de la ration en 8 repas, le poste doit être visité par chaque vache - y compris les inévitables visites à vides - une douzaine de fois par 24 heures. Dans ces conditions un distributeur ne pourra pas servir plus de 25

LEXIQUE

Cycle: période de distribution de 24 heures

Ration: quantité (en kg) de concentré distribué pendant un cycle.

Repas: unité de fractionnement de la ration: si la ration de 9 kg est distribuée en 6 fois, on obtient un repas de 1,5 kg.

Dose: unité de fractionnement du repas: si le repas de 1,5 kg est subdivisé en 15

doses, le distributeur libèrera à chaque
fois 100 g.

Intervalle-dose: laps de temps (en s) qui
passe entre la distribution de chaque
dose pour un même repas.

BIBLIOGRAPHIE

Anonimo 1980. Alimentazione biologica delle
    lattifere. L'Informatore zootecnico 18: 45-
    50.
Capra, V 1984. Alimentazione animale: le
    tecniche attualmente in uso. L'Allevatore
    12.
Pazzona, A.& Paschino, F.& Piccarolo, P. 1984.
    Analyse de trois systèmes programmés par
    ordinateur pour la distribution fractionnée
    des concentrés aux vaches laitieres. 10éme
    Congrés International du Génie Rural,
    Budapest: 371-379.
Pazzona, A. 1984. Distribuzione computerizzata
    dei concentrati alle bovine da latte: analisi e
    comparazione dei principali sistemi.
    L'Informatore Agrario 41: 27-33.
Succi, G. 1981. Sulle tecniche di alimentazione
    delle vacche da latte. Incontro informativo
    "Tecniche avanzate di gestione delle stalle
    da latte a stabulazione libera". Cremona.
Turner, M.J.B. 1981. Performance monitoring
    of farm animals, using on line computers.
    Computers in Animal production, British
    Soc. Animal Production Occasional 5: 41-46.

Land and Water Use, Dodd & Grace (eds), © 1989 Balkema, Rotterdam. ISBN 90 6191 980 0

Analysis of operation and assessment of use of mobile milking equipment

M.Přikryl
Faculty of Mechanization, University of Agriculture, Prague, Czechoslovakia

ABSTRACT: The milking equipment in cowhouses with tied cows still occupies an important position in Czechoslovak dairy farming since most dairy cows are housed in various types of tie-system cowhouses. The construction of the mobile milking equipment produced in Czechoslovakia, compared with the stationary pipe-type milking equipment, facilitates a higher output of the milker. The present paper analyzes the results of technical and operational measurements, the milking technique, economic assessment of the mobile milking equipment and its use in comparison with the stationary pipe-type milking equipment. The mobile system can be considered as a prospective element in mechanical milking.

ABSTRAIT: Les systèmes de traite pour les étables entravées sont toujours de l'intérêt pour l'agriculture tchécoslovaque parceque la plupart des vaches laitières sont tenues dans ce systeme de stabulation de différentes variations. Par la construction de l'unité mobile de traite produite en Tchécoslovaquie, on achève des rendements de travail de l'opérateur plus élevés qu'avec le systeme stationnaire de traite dans tuyau. Le compte-rendu présente l'analyse des résultats des mesurages techniques et opérationnelles, du cours de travail pendant la traite, fait l'évaluation économique de l'unité mobile de traite et de son taux d'utilisation en comparaison avec le systeme stationnaire de traite dans tuyau. On considère que l'unité mobile de traite jouera un rôle perspective dans le domaine de la traite mécanique.

ABSTRAKT: Melksysteme in Anbindeställen besitzen immer eine bedeutende Stelle in der tschechoslowakischen Landwirtschaft, denn die meisten Milchkühe werden in Anbindeställen verschiedener Typen gehalten. Mit der Konstruktion der in der Tschechoslowakei gefertigten mobilen Melkeinrichtung erreicht man im Vergleich mit der stationären Rohrmelkanlage höhere Arbeitsleistungen je Melker. Der Beitrag analysiert die Ergebnisse der technischen und betrieblichen Messungen, das Melkverfahren, bewertet ökonomisch die mobile Melkeinrichtung und ihre Ausnutzung im Vergleich zu der stationären Rohrmelkanlage. Die mobile Melkeinrichtung kann man als eine Variante des Maschinenmelkens mit Perspektive betrachten.

Obtaining milk is one of the most difficult processes in dairy farming. It still requires the largest proportion of man's work per cow per day. The labour requirement in obtaining milk is 47 to 75 % (Kratochvíl 1987) of all the labour requirement in dairy farming, depending on the housing system and the lines of feeding and dung removal. The properties of the cows as well as the character of the milkers are variable, so they must not be omitted in the process of obtaining milk.

At present, most of the dairy cows in Czechoslovakia are kept in stanchion houses and are milked on the stall. The milking equipments are either of the churn or pipeline type. The concept of the churn-type milking equipment is now outdated, no longer suitable to large-scale agricultural production, because of high physical exertion and low performance of the milker. The pipeline-type equipments reduce physical exertion to some extent but do not allow adequate

supply of vacuum to the milking set (Vegricht 1986).

With the mobile milking equipment, milk is obtained under conditions similar to those in milking parlours. The mobile milking set can be used in all barns where cows are kept on stanchions.

The basic element of the milking equipment is the mobile milking unit (Fig.1) consisting of a frame with a travelling device. The frame holds two glass measuring vessels, each with the capacity of 25 litres of milk, a thermally insulated tank for warm water, automatic controls for the regulation of the course of milking, and holders for the milker's utensils.

The truck of the mobile milking equipment follows the cows. The milking sets are connected to the vacuum distributor, milk pipeline and electric power source by means of a double slide-valve. The mobile milking set receives vacuum from the vacuum pipes; the milk pipes serve only for the

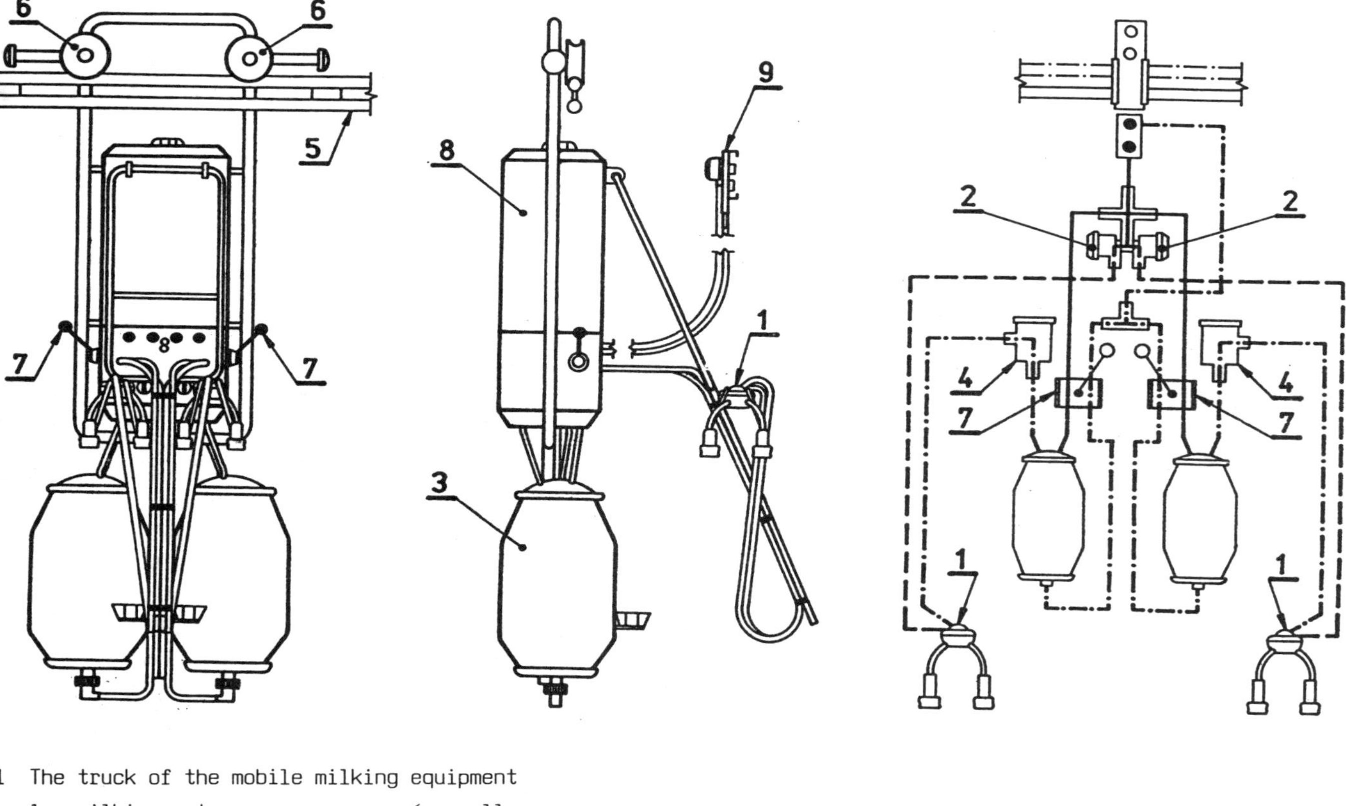

Fig 1   The truck of the mobile milking equipment

1 - milking set,
2 - electromegnetic pulsator,
3 - measuring vessel,
4 - milk flow indicator,
5 - double closure
6 - rollers,
7 - closures of the milk and vacuum hoses,
8 - warm water tank,

transport of milk, and during milking the milk
hoses from the measuring vessels to the milk
pipes are closed.

The course of milking is monitored automatically; when milk flow declines below 0,2
litres per min the pulsator stops at the comression phase with a 24 s delay which is signalled by the intermitting light of the control indicator. One milker is in charge of two
mobile units (four milking sets).

Process of milking with the mobile milking set

It is important for good labour organization
to have arranged the cows adequately in the
stalls. The unmilked cows must be on the end
or at the start of the rows of stalls.

1.The milker places the mobile milking unit
(truck) to the 3rd and 4th cows, washes their
udders, strips the first jets of milk, and applies the milking sets.
2. The other truck is placed to the 1st and
2nd cows and the milker does the same as under
1.
3. The milker watches the course of milking in
the 3rd and 4th cows, finishes the milking with
the machine, drains the measuring vessels,
disinfects the tips of the teats, and shifts
the first truck to the 7th and 8th cows.
4. The milker watches the course of milking in
the 1st and 2nd cows, performs the same operations, and pushes the second truck to the
5th and 6th cows.

Fig 2 shows an example of a time-table of
milking with the mobile milking equipment.

Results of operation-scale measurements

Labour requirement in milking depends
- on the configuration and technical quality of
the milking line (function of the milking equipment, degree of mechanization or automation of
the operations and other factors)

- on the milking procedure used (i.e. the required operations necessary to operate the machines
and to meet the veterinary and hygienic requirements
- on the properties of the cows being milked
(breed, ease to milking and the like)
- on the milker's skills and labour intensity.

Labour requirement for the individual operations in milking with the mobile equipment was
investigated on three different farms with a total stock of 386 cows. The data obtained from
the measurement were statistically processes and
the average values of labour requirement for
each operation in milking are shown in Table 1.

It follows from the measured values that the
average performance of a milker is 26.68 cows
per hour when the mobil milking equipemnt is
used. When the churn-type milking system is used
the average performance is 14.50 cows per hour,
and with the pipeline system 18,50 cows per hour.

The mobile milking equipment allows to determine the amount of milk obtained from each cow
and currently control milking intensity; the
termination of milking is also indicated. Vacuum remains stable during the whole process of
milking.

A similar mobile milking equipment without
measuring vessels for the milk is produced by
the Miele Company.

REFERENCES

Kratochvíl, J.: Stanovení základních podkladů
pro využití mobilních dojicích zařízení. (Determining the basic data for use of mobile
milking equipments. Praha, VÚZT, 1987, 166 pp.
Vegricht, J.: Mobilní dojicí zařízení pro vazné
stáje. (Mobile milking equipment for stanchion barns.) Zeměd. Techn., 32, 1986, 5:295.-
302

Table 1. Average labour requirements for milking operations

Operation	Average labour requirement per one cow and one milking (seconds)
Preparing the cow for milking (wasking, drying the udder, stripping the first jets of milk	36.26
Applying the milking set	12.10
Finishing with machine, removal of milking set, disinfecting the tips of teats	46.00
Handling the milking unit	13.67
Other operations, lost time, rest time	26.90
T o t a l	134.93

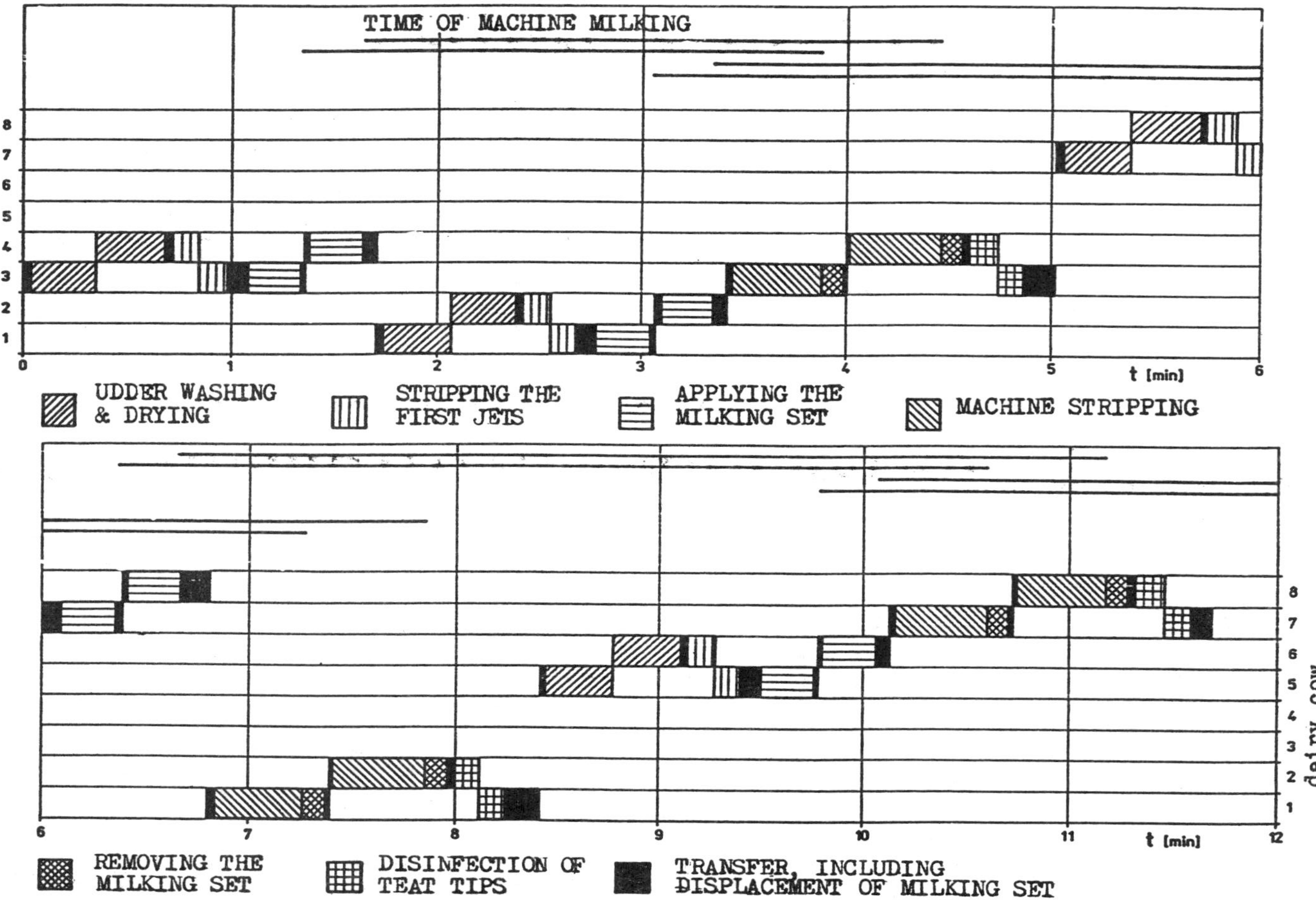

Fig. 2 Time-table of milking with the mobile milking equipment

Land and Water Use, Dodd & Grace (eds), © 1989 Balkema, Rotterdam. ISBN 90 6191 980 0

A comparison of the pattern of vacuum in milking machines with synchronous and asynchronous pulsation

F.Sinek
Research Institute of Agricultural Machinery, Prague, Czechoslovakia

ABSTRACT: Experimental research into synchronous and asynchronous pulsation in machine milking reveals, that asynchronous pulsation is, undoubtedly, better able to provide high stability of vacuum in the milking system. On the other hand, however, asynchronous pulsation gives rise to larger pressure impulses in an undesired direction, leading to a short period of reverse flow , particularly of air, from the claw-piece to the teats.

Experimentale Untersuchungen der synchronen und asynchronen Pulsation bei dem Maschinenmelken ergeben, dass für die Erzielung einer hohen Unterdruckstabilität die asynchrone Pulsation eindeutig günstiger ist. Dagegen verursacht die asynchrone Pulsation grössere D ruckimpulse einer solchen Richtung, dass sie imstande sind, eine kurzzeitige Rückströmung, insbesondere der Luft aus dem Kollektor zu den Zitzen hervorzurufen.

Les études expérimentales des pulsations simultanées et alternées dans la traite mécanique indiquent que la pulsation alternée peut mieux assurer une stabilité bien haute dans la machine à traire. De l'autre côté, la pulsation alternée peut exercer des impulsions de pression d'une direction indésirable, qui peut causer un contre-courant de courte durée, avant tout de l'air, d'une griffe à lait au trayon.

1 INTRODUCTION

In most of the milking systems, one of the two principal pulsations is applied, i.e. synchronous pulsation, with all four teat-cups pulsing together, or asynchronous pulsation, with pairs of teat-cups pulsing alternately.

Research into the physiological aspects of milking provides constantly new findings on the effects of different phases in the milking process upon the cows' health condition, milk quality and the economy of milk production. In connection with that, milking machines have also been subject to continued investigations and their findings are being applied in practice, as literature reveals. Caution is, however, necessary, before mass production of a novelty is started.

There exists, however, a major element in machine milking, which has been paid, up to now little attention in the research of physiological response, i.e. simultaneous pulsation of all four teat-cups, or pairs of teat-cups pulsing alternately. The manufacturers mostly try to comply with the demand of the given market.

Research into the physiology of milking has been recently aimed to the course of vacuum under the teat. Investigations reveal, that the vacuum under the teat communicates with the movement of rubber liners and therefore with the characteristics of pulsators and with the pulsation. The vacuum under the teat is, therefore, an important feature when comparing differences between synchronous (simultaneous) and asynchronous (alternant) pulsations.

The vacuum under the teat should be constant (Nyham 1968; Thiel 1974; Thiel and Dodd 1977 et al.). Irregular and major deviations of the vacuum may cause damage to the cow (Wilson 1978). It is evident, that the deviations of the vacuum in the different parts influence the speed and the quality of milking, as well as the conditions of the milking system, i.e.

the velocity and direction of both milk and air flow.

At the end of the sixtieth some authors pointed out to an "impact" phenomenon, occurring under the teat and causing that milk droplets (which may already be infected) impact in the reverse movement from the clawpiece to the end of the teat, thus causing that the infection may penetrate into the teat canal. Impact phenomenon was described by Thiel et al. (1969) and defined by Thiel (1974) as "pressure force exerted against the end of the teat". To prevent this phenomenon, which is evidently linked with pulsation, various devices have been developed, which are to prevent the impact, either by forced, sometimes controlled suction of air to the teat, or by fitting protective discs or deflector plates to shield the teat orifice from impact of the reverse flow. Most of the results have up to now revealed minor effects (Sinek 1977; Griffin et al. 1979).

It is, however, possible, that in the course of the milking process, the pressure difference between two spots of the milking system (e.g.between the clawpiece and under the teat) will change, due to changes in the vacuum level, and the direction of flow between the two spots will change into opposite. The present large-capacity clawpieces mostly reliably prevent the flow of milk columns from the clawpiece to the teats, but do not prevent the reverse flow of air. It should be, therefore, investigated, whether such changes occur, and if so, in what conditions. If the change of pulsation effects or eliminates any negative differences of pressure between the space under the teat and the clawpiece chamber, it is a convincing reason to accept one ot the other method as perspective.

2 OBJECTIVES AND METHODOLOGY

The paper gives an analysis of some differences in the course and characteristics of the vacuum under the teat with synchronous and asynchronous pulsation. The objectives were to collect and evaluate results of experiments for a selection of new principles for designing of new pulsators and milking systems with better quality of vacuum relations under the teats. Some findings on the causes of reverse flow of air in the milking machine, based on the results of investigations are included.

Comparison of the synchronous and asynchronous pulsation was based on an experiment, in which the vacuum was in both cases measured in principal spots with equal conditions. The values measured do undoubtedly also depend on the characteristics of the equipment used, i.e. on pipes dimension, volumes of all chambers, rigidity of teat cup liners and on the properties of the pulsator. As, however, most of these characteristics were equal in the comparison, the differences in the course of the vacuum between the two pulsation methods can be easily determined. The values, e.g. pressure losses measured will depend on the charecteristics of the milking system and may be different in different conditions, but, of course, the milking system used was of current characteristics and properties. The vacuum gaugings were carried out with an experimental system, enabling to control constant flow individually from every "teat". The liquid used for the purpose was water. The total flow chosen had four degrees, i.e. 1; 2; 3,2 and 4,8 1/min. The milking system was assembled to convey the fluid to the height of the pipeline installed (Fig.1) with 50 kPa vacuum in the pipeline. To enable comparisons, the system differed for the two methods in one respect only, i.e. with the asynchronous method there were two air tubes communicating the pulsator and the clawpiece, and each tube was connected with a pair of teatcups. In case of synchronous pulsation, one of the outlets of the asynchronous pulsator was locked and one air tube was supplying all four teat-cups. All the other details in the set-up of the experiment were equal.

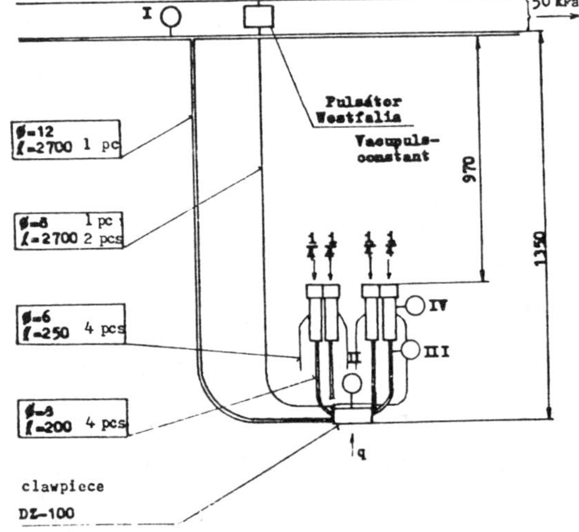

Fig.1 Diagramatic arrangement of an experimental milking system with the prin-

cipal data (spots of recording indicated
by Roman numerals, complying with the description).
Volume of the clawpiece chamber (including a pressure transducer) is 150 ml; vol.
of one pulsation chamber cca 15 ml; pulsation rate 60 per min; pulsation ratio
60:40; air admission to clawpiece cca 5
litres per min ("q"); milking intensity
("i") 1; 2; 3,2; 4,8 l/min.

The milking system as shown in Fig.1
was assembled from conventional elements
manufactured in Czechoslovakia, only the
pulsator used for the purpose was Westfalia Vacapuls-constant. The vacuum in the
milk tube was constant and it was recorded in the course of gauging.

Vacuums were recorded in the following
spots: I - vacuum in the pipeline, p_I;
II - vacuum in the clawpiece chamber,
p_{II}; III - vacuum under the teat, with
the pick-up positioned at the beginning
of the milk tube, closest to the bottom
of the space under the teat, p_{III}; vacuum in the pulsation chamber, p_{IV}. The vacuum was recorded in relation to barometric pressure.

The outputs were recorded by a tape recorder (Stellavox 4Si7) with tape speed
15" per second and 40 s record length.Recording was carried out of a settled course, with four grades of milking intensity and in each case twice for both pulsations.

The following recordings were evaluated
in a data processing system with a minicomputer (NOVA 820 of Data General):
1. average values of recordings;
2. standard deviations;
3. digitalized difference of signals II
and IIII (i.e. $p_{II} - p_{III}$) was computed,
and this difference, which also represents
the loss of vacuum between the clawpiece
and the space under the teat, was evaluated as in above points 1-3;
4. digitalized difference of vacuum between the space under the teat and the
pulsation chamber as difference $p_{III} - p_{IV}$
was computed; this difference indicates
the actual pressure effect on the teatcup liner (Souček 1968). Relation of release and squeeze phases was evaluated on
the assumption, that complete liner collapsing, i.e. squeeze under the teat occurs with the pressure difference 12 kPa
(corresponding on average to the rigidity of present liners) as a share of two
sections on a horizontal line drawn in
the distance of 12 kPa under the zero level, limited by a course of the vacuum
difference $p_{III} - p_{IV}$.

3 RESULTS

3.1 Vacuum conditions under the teat

From the physiological viewpoint the vacuum under the teat effects directly the
tissue of the teat and has a direct impact on the volume and direction of the
flow of air and milk. With respect to the
first viewpoint stability is preferred,
while in case of the other viewpoint the
sign of the vacuum difference between the
space under the teat and e.g. the clawpiece and the corresponding direction of
flow are important.

A definite difference between synchronous and asynchronous pulsation is apparent in the course of vacuum under the
teat (Figures 2 and 3). In case of asynchronous pulsation the division of the
flow into two halves may well cause doublefold quantity of fluctuations of the vacuum, but the amplitudes of these fluctuations are considerably lower than with
synchronous pulsation. The drops in the
course occur with both pulsations in the
phase of squeeze and appear also in the
chamber of the clawpiece. The vacuum under the teat complies, to a certain measure, with the vacuum in the clawpiece,
the reason being, that the spot which is
nearer to the source of the vacuum, determines the nature of vacuum for the spot
which is more distant and, furthermore,
that the movement of the teat cup liners
becomes apparent also by drops and peaks
of vacuum in the clawpiece, due to cyclic
changes in the volume of space under the
teat.

A base for the evaluation is mostly a
loss of vacuum in the milking system
$\Delta p_{I,III} = p_I - p_{III}$. Figures 2 to 4 reveal
that the requirement of constant vacuum
in the milk tube p_I = const. was complied
with. The time course of this loss has
thus the same shape (only different measure) as p_{III} (Figures 2 and 3). Figure
4 reveals, that the pressure loss is higher with synchronous pulsation. The difference will increase with the head between the clawpiece and the pipeline.

Vacuum fluctuations are characterized
by a standard deviation. Fig.5 clearly reveals that with the asynchronous pulsation
the vacuum under the teat is much more levelled, which is due to more stability of
the vacuum in the clawpiece and to lesser
drops under the teat. With i = 2 litres
per min, the σ_{IIISy} = 7,8 kPa, while
σ_{IIIAs} = 3,9 kPa, i.e. 50 % for the given intensity.

Asynchronous pulsation thus complies
clearly better with the requirement of

levelled vacuum; the difference between
the two pulsations is considerable.

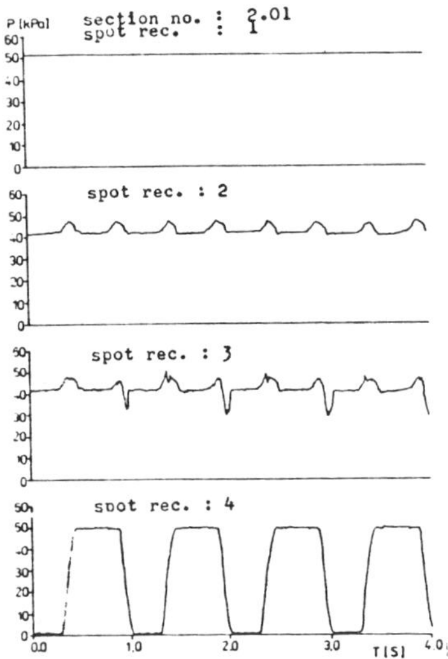

Fig.2 Recordings of vacuum in spots I
to IV (marked 1-4) for asynchronous pulsation and for milking intensity i = 2
litres per min.

3.2 Vacuum in clawpiece

Differences between synchronous and asynchronous pulsation in the clawpiece are
comparable with the differences in the
space under the teat. The flow of milk
from clawpiece to the pipeline (or to
the recorder jar or flow-meter), which
has a trend to pulsation, receives apparent impulses from the movements of teat-
cup liners. This becomes most apparent,
when at the beginning of the squeeze phase the vacuum drops under the teat and
in the clawpiece. The columns of the liquid in the tube become accelerated. Fig.
5 shows differences between fluctuations
of the vacuum in the clawpiece with the
two pulsations. The conclusion is clearly in favour of the asynchronous method.

Vacuum relations in the clawpiece are
of principal importance. Above all it is
important for the milk not to flow back
through the short milk tube into the space under the teat. The problem has been
well known and currently eliminated by
high-volume clawpieces. Constant vacuum
in the clawpiece is a reliable provision to maintain stable vacuum under the
teat. Two practical arrangements have
been used for the purpose, i.e. a low

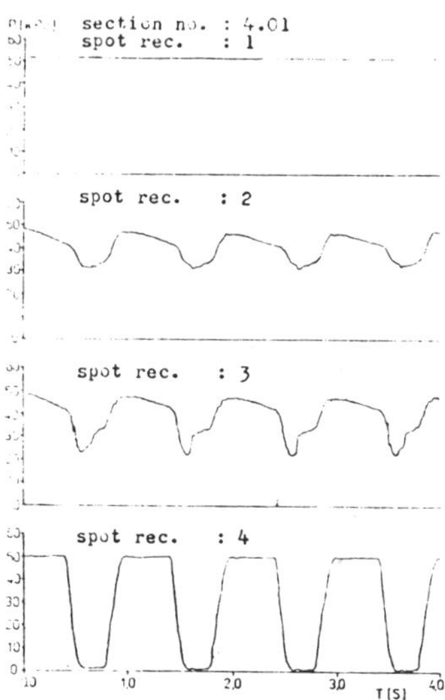

Fig.3 Recordings of vacuum in spots I to
IV (marked 1-4) for synchronous pulsation and for milking intensity i=2 l/min

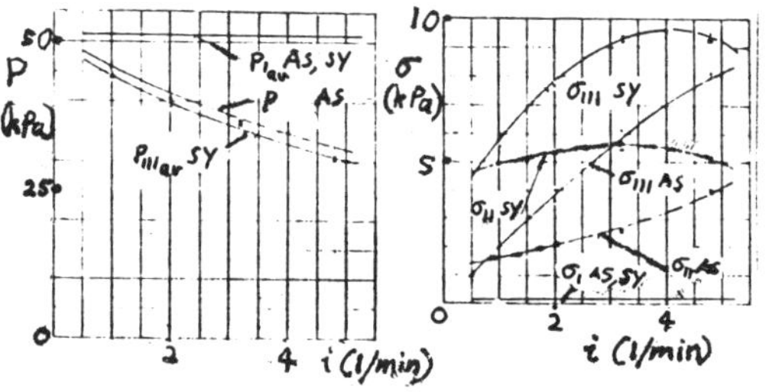

Fig.4 A comparison
of the relationship
of the mean value of
vacuum under the teat
versus the intensity
of milking for asyn-
chronous and synchro-
nous pulsations

Fig.5 A comparison
of the relationship
of the standard de-
viations of vacuum
in the clawpiece
(σ_{II}) and under
the teat (σ_{III})
versus milking in-
tensity for synchro-
nous and asynchro-
nous pulsation

(In Fig.5 the standard deviation of vacuum in the pipeline (σ_I) indicates the
measure of stabilization in the pipeline)

positioned pipeline or low positioned vessels of sufficient cross-section, and efficient vacuum pump to avoid any head to
be overcome or separate flow of the milk
from the clawpiece, i.e. milk to be trans-
fered by an additional tube, while the
original tube is used to transfer vacuum

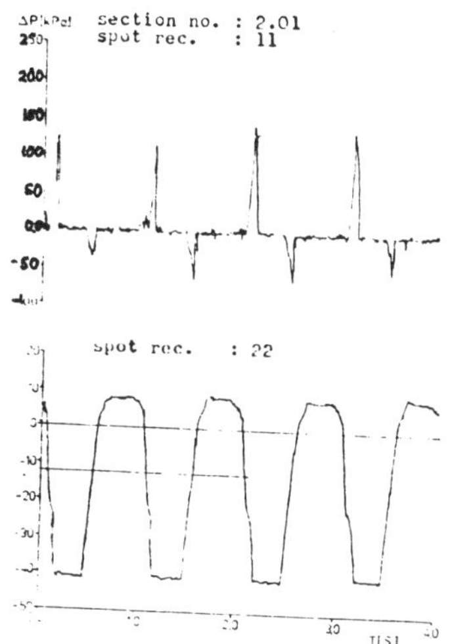
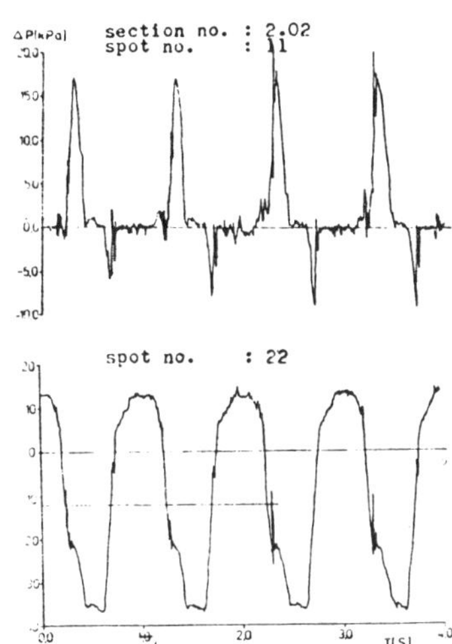

Fig.6 Vacuum differences (negative pressure gradient) between the clawpiece and the space under the teat (above, marked 11) and between the space under the teat and the pulsation chamber (below, marked 22) for asynchronous pulsation and milking intensity 2 l/min

Fig.8 Vacuum differences (negative pressure gradient) between the clawpiece and the space under the teat (above, marked 11) and between the space under the teat and the pulsation chamber (below, marked 22) for asynchronous pulsation and 3,2 l/min milking intensity

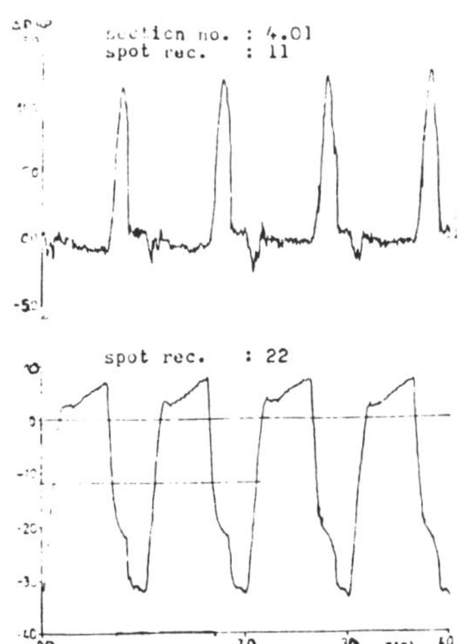
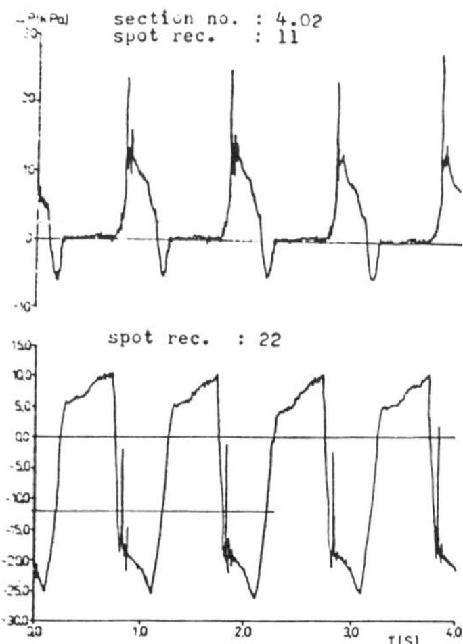

Fig.7 Vacuum differences (negative pressure gradient between the clawpiece and the space under the teat (above, marked 11) and between the space under the teat and the pulsation chamber (below, marked 22) for asynchronous pulsation and milking intensity 2,0 l/min

Fig.9 Vacuum differences (negative pressure gradient between the clawpiece and the space under the teat (above, marked 11) and between the space under the teat and the pulsation chamber (below, marked 22) for synchronous pulsation and milking intensity 3,2 l/min

to the clawpiece. The latter arrangement is better suitable with respect to vacuum conditions and probably better milk hand-

ling.
In the clawpiece two phenomena appear. From one side, there is a direct effect

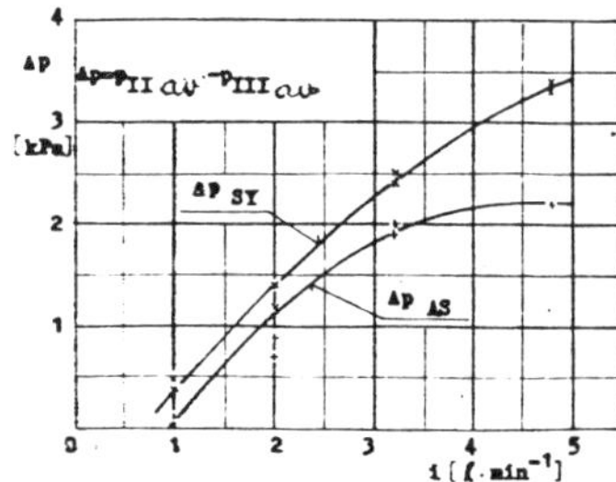

Fig.10 A comparison of relationship of
the mean values of the differences in vacuum between the clawpiece and the space
under the teat and the intensity of milking for asynchronous and synchronous
pulsation

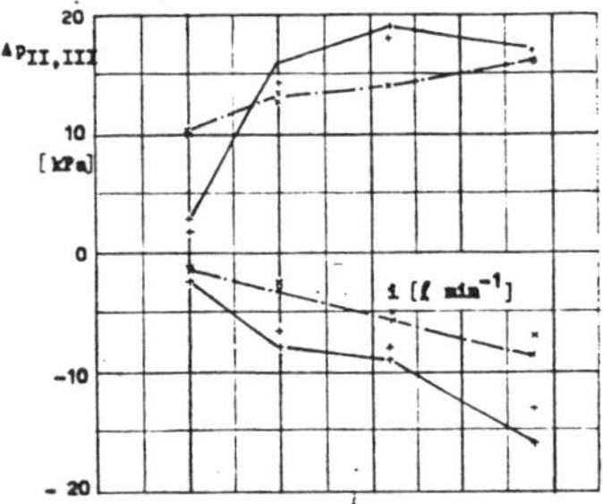

Fig.11 A comparison of positive and negative amplitudes of the differences in
vacuum for asynchronous (full line) and
synchronous (dashed line) pulsation

of the vacuum pump, from the other the
effect of movement of the teat-cup liners
as a certain source of vacuum. The liners
due to their collapsing, change to a considerable extent cyclically the volume of
the space formed under the teats, by the
short milk tubes and the clawpiece, thus
resulting in considerable peaks and drops
of vacuum in this space. Columns of liquid, which fill the milk pipe and the
short milk tubes, also contribute to considerable extent.

3.3 Vacuum difference between the claw-
    piece chamber and the space under
    the teat

The course of this important characteristic is shown in Figures 6 and 8 for the
asynchronous pulsation and in Figures 7
and 9 for synchronous pulsation. Positive values correspond with the condition

when the vacuum under the teat corresponds to $p_{II} > p_{III}$, i.e. the pressure
gradient gives rise to a flow directed
to the clawpiece. If the values are negative, it means that in certain condition the flow may reverse. A large volume of the clawpiece chamber prevents reverse flow of the milk in columns, but
this does not exclude possible reverse
flow of air, which can also contain dissipated droplets of milk.

A medium value of the vacuum differen-
ce Δp_{II}, p_{III} is lower with asynchronous pulsation, and this is favourable.
Negative peaks are, however, considerably higher, and this is supported by the
activity of the second pair of teat-cups
(Figures 6 to 9). Positive peaks occur
at the start of the squeeze, when the
volume under the teat decreases. Negative peaks are linked with the beginning
of the suction, when the teat-cup liners
act in the given space similarly as a vacuum pump. A comparison of the positive
and negative amplitudes of the differences in vacuum is shown in Figure 11. It
reveals, that negative values occur for
a given milking system any time and that
they are higher with asynchronous pulsation. The result also complies with the
findings of Thiel (1978). The scope of
negative differences of the vacuum depends not only on the milking intensity,
but also on the volume and design of the
clawpiece, on the rigidity of teat-cup
liners and velocity of the change of pressure in the pulsation chamber and, consequently, also in the pulsator. The beginning of the suction tends to be slower with the synchronous pulsation, the
flow of air through the cross section in
the pulsator and in the air tube is in
this phase twice as higher as with the
asynchronous pulsation. In view of the
inception of reverse flow, the asynchronous pulsation thus features worse properties. As the negative values of the
vacuum difference occur with both pulsations, it will be necessary, primarily
to assess what are the possibilities to
eliminate the occurence of negative differences altogether. It may be, that partial admission of air under the teats,
as applied by some manufacturers, will
prove as favourable. Similar effects may
have slower opening of teat-cup liners
(contributing to slower beginning of suction), size of the clawpiece chamber, diameters of tubes, particularly of the
short milk tube, and dimensions of the
cross sections in the clawpiece.

3.4 Resulting pressure affecting the teat-cup liner

The actual movement of liners is given by their rigidity and by the resulting pressure on their walls. Recording of this pressure, which was formed as $\Delta p_{III,IV} = p_{III} - p_{IV}$, is shown in Figures 6 to 9. Some of the liners used, need approximately round 12 kPa of static difference to close under the teat. Resulting values are given in Table 1. Lower level of vacuum under the teat moves the difference Δp_{III} towards positive values. Consequently, the actual length of suction, given by the movement of the liner, does change considerably. Further important is the fact that in case of synchronous pulsation a very short or insufficient squeeze can occur more probably.

Table 1. The pulsation ratio at the level of -12 kPa determined from the vacuum pattern of $\Delta p_{III,IV} = p_{III} - p_{IV}$

Milking intensity, l/min	Pulsation ration Asynchr.	Synchr.
1	1,11	1,26
2	1,13	1,38
3,2	1,22	1,35
4,8	1,25	1,76

4 CONCLUSION

An analysis of experimental study, in which differences in the characteristics of the vacuum with synchronous and asynchronous pulsations were investigated, leads to the following conclusions:

1. In view of the existing knowledge and required limitation of the vacuum fluctuations, asynchronous pulsation gives a better course of vacuum under the teat. Vacuum stability under the teat is significantly improved, which is considered to be the principal requirement at the time being.

2. In case of both pulsations there can occur a reverse flow of air from the clawpiece to the teat, this being caused by the movement of rubber liners in the moment when the squeeze phase changes into the release phase.

3. With respect to a possible reverse flow of air from the clawpiece to the teats, the asynchronous pulsation appears to be less suitable; negative values of the pressure gradient at the short milk tube are larger with this pulsation, which results in higher probability of reverse flow.

4. Conditions, in which reverse flow of air actually occurs, should be further investigated, together with designs reducing such a flow.

REFERENCES

Griffin, T.K., Mein G.A., Westgarth, D.R. Neave, F.K., Maguire, P.M. and Thompson, W.H. 1980. Effect of deflector shields shifted in the milking teatcup liner on bovine udder diesease. Journal Dairy Research 44:1-9.

Nyham, J.F. 1968. Effects of vacuum fluctuations on udder disease. Proc.Symp. Machine Milking, Reading.

Sinek, F. 1977. Report on machine milking in U.K. R.I.A.M. Prague.

Souček, Z. 1968. A new method of evaluating a pulsator of the milking machine on hand of gauging results. Zeměděl. Technika, 14:9-10.

Thiel, C.C. 1974. Mechanics of the action of the milking machine cluster. Biennial Reviews N.I.R.D. Shinfield, Reading.

Thiel, C.C. 1978. Influence of the milking machine on intramammary infection. Proc.Int.Symp.Mach.Milk.Louisville, Kentucky, USA.

Thiel, C.C. and Dodd, F.H. 1977. Machine milking N.I.R.D.Shinfield, Reading, p.116-156.

Thiel, C.C., Thomas, C.L., Westgarth, D. R. and Reiter, B. 1969. Impact force as a cause of mechanical transfer of bacteria to the interior of the cow's teat. J.Dairy Res. 36:279.

Land and Water Use, Dodd & Grace (eds), © 1989 Balkema, Rotterdam. ISBN 90 6191 980 0

Portable electronic device for automatic measuring of the milking characteristics of cows: Results of field tests

G.Provolo
Institute of Agricultural Engineering, University of Milan, Italy

M.Cicogna
Institute of Animal Husbandry, University of Milan, Italy

ABSTRACT: One of the most important pieces of information for cattle selection is the milk production pattern of each head during milking. For this reason, equipment has been designed, with the assistance of the Italian Breeders Association, for the automatic measurement of milk yield from each quarter.
Operation of the unit is based on the following principle: milk from each quarter is channeled into a cylindrical, vacuum-sealed container, inside which there is a hollow pipe. The air it contains is gradually compressed during milking, and the pressure reading obtained provides an indirect measurement of the quantity of milk. This figure is stored, as well as numerically and graphically displayed, by a computer. When milking is over, the data are processed in order to single out certain parameters (maximum milk flow rate, average milk flow rate, total yield, etc.) that refer to each quarter and the entire udder.
Tests carried out on this equipment have shown that the type of information provided (especially in graphic form) is very useful for management as well as breeding purposes. In fact, it is possible to determine whether the milking routine is correct and discover irregularities in any quarter through direct analysis of the graphs.

RESUME: Une des informations les plus importantes pour la sélection des vaches à lait est la modalité selon laquelle celui-ci est émis au cours de la traite. C'est pourquoi on a mis au point, en collaboration avec l'Association Italienne des Eleveurs, un instrument capable de relever automatiquement les quantités de lait émises par chaque trayon pendant la traite. Le fonctionnement de cet instrument se base sur le principe suivant: la lait de chaque trayon est envoyé dans un récipient cylindrique sous vide à l'intérieur duquel se trouve une tige creuse. Pendant la traite, l'air contenu dans cette tige est progressivement comprimé et l'on déduit de la valeur de pression une mesure indirecte de la quantité de lait, laquelle est envoyée à un ordinateur. Celui-ci la mémorise et en effectue l'affichage numérique et graphique. A la fin de la traite, les données sont élaborées de manière à déterminer certains paramètres (débit maximun, débit moyen, production totale, etc.) se rapportant à chaque trayon et à toute la mammelle. Les essais effectués avec cet instrument ont permis de constater que le type d'information qu'il fournit, notamment le graphique, est fort utile non soulement pour la sélection mais aussi pour la gestion. En effet on peut, en analysant directement ce graphique, évaluer les conditions dans les quelles se deroule la traite et détecter en temps utile les éventuelles anomalies de chaque trayon.

INHALT: Eine der wichtigsten Informationen für die Auslese der Milchkühen ist die Art, mit der die einzelnen Tiere während des Melkens die Milch ausstoßen. Aus diesem Grund ist zusammen mit der Italienischen Züchtervereinigung ein Gerät hergestellt worden, das in der Lage ist, automatisch die Milchmenge der einzelnen Vierteln während des Melkens zu ermitteln. Das Funktionsprinzip des Geräts ist folgendes: die aus jedem Viertel kommende Milch wird in einen zylindrischen Vakuum-Behälter geleitet, in dessen Innerem sich ein hohler Stab befindet. Die darin enthaltene Luft wird während des Melkens progressiv zusammengedrückt und aus dem Druckwert ergibt sich ein indirektes Maß der vorhandenen Milchmenge, das einem Rechner zugesendet wird. Dieser speichert es und sorgt für seine numerische und grafische Sichtbarmachung. Nach dem Melkvorgang werden die Daten verarbeitet, um einige Parameter (maximaler Fluß, durchschnittlicher Fluß, Gesamtproduktion usw.), bezogen auf die einzelnen Viertel und auf das Euter insgesamt zu erhalten. Die mit diesem Gerät durchgefürten Versuche haben gezeigt, daß die gelieferte Informationsart, insbesonders die grafische, nicht nur für die Auslese sondern auch für Führungszwecke nützlich ist. Durch die direkte Analyse der Grafiken ist es nämlich möglich, die ordnungsmäßige Durchführung der Milch-Routine zu beurteilen und unmittelbar eventuelle Anomalien in den einzelnen Vierteln zu erkennen.

1. FOREWORD

Mechanical milking is one of the most delicate operations in dairy cattle management since it concerns the actual productive process. For this reason, the efficiency and functionality of milking machines have assumed considerable importance. Naturally, it is necessary to use suitable equipment, the right milking technique and animals who readily accept mechanical milking to obtain maximum milk yield without causing harm to the cows. For several years now, parameters connected with milking time and flow rate (both average and maximum values), the quantity of stripped milk, the duration of the latter phase and the productive balance of the individual quarters have been proposed in an effort to evaluate or experiment with various techniques and equipment for mechanical milking and to select animals that are best suited for this (Curto 1969, Desvignes 1963).

In order to obtain this information, equipment is required which makes it possible to measure, over time, the quantities of milk produced by the individual quarters during milking. Traditional equipment is difficult to apply in this case, since it is based on the use of recording jars or milk-meters and operator readings on a graduated scale. Indeed, an operator would need to have four instruments (one for each quarter) on which to read the quantities of milk produced at regular intervals during milking.

For this reason, information of this sort has been done without, and data is measured for the entire udder, rather than the four quarters. Instruments for the automatic measurement of these parameters have been proposed, but they have always been fixed equipment unsuitable for field tests (Cicogna 1974, Labussiere 1964).

In order to remedy this situation, a portable instrument able to automatically and continually measure the quantities of milk produced by the individual quarters during milking has been designed and created together with the Italian Breeders Association. This instrument has also been made possible by the introduction on the market of smaller, less expensive electronic systems. The information provided by the instrument offers a picture of the cow's performance, which may be used to analyze responses to changes in milking routine or the use of different equipment and to evaluate the animals for selection.

2. System Design

The system is based on measurement of the quantity of milk present in a cylinder, which is gradually filled by milk produced by the individual quarters. The level of milk is read by a pressure transducer able to measure the height of the column of liquid in the cylinder. To eliminate the influence of vacuum variations that occur over the milk and that are capable of altering the measurement, a differential pressure transducer has been chosen to measure the difference in pressure between the base and the top of the container.

The analog data provided by the transducer is sent to a data acquisition system that performs the following operations:

- A-D conversion and processing of data into quantity (mass) of milk;
- graphic display of the quantity of milk produced by each quarter (Fig. 1);
- storage of acquired data (quantities and times) for later use and/or transfer to another computer;

Fig. 1 - Milk production and flow rate as displayed during milking.

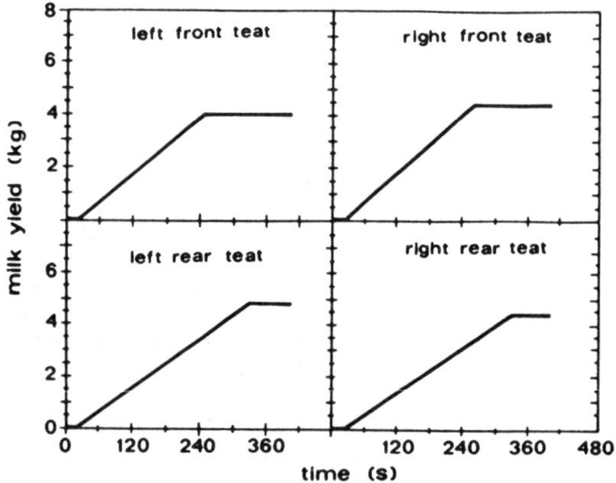

- calculation and display of the principal flow parameters after milking.

The entire system is composed of a milk collection unit for the four quarters in which the pressure signal is read and sent to the computer through an A-D converter, and a personal computer for data display (Fig. 2). The milk collection unit is composed of four stainless steel cylinders with an internal diameter of 98 mm and a height of 800 mm. The total capacity of each cylinder is 6031 cm^3. The ends of the cylinders are gripped by two flanges with special fittings that make it possible to connect each cylinder to a nipple-holder, a vacuum pump and the pressure transducers. The milk is emptied after milking through special valves (one for each cylinder).

The system obtains data on the yield from each quarter every two seconds. The data are stored first in the computer's memory and then on discs; the relationship between the data and the time that has passed since the start of milking is maintained. In addition to these data, times (measured from the start of milking) are also recorded for the beginning of the stripping phase (automatic or manual

Fig. 2 - Equipment used for automatic measurement of milking characteristics of each quarter.

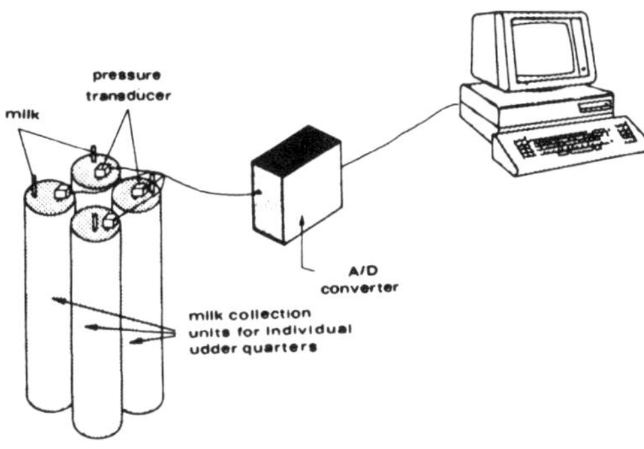

traction) and the termination of milking (cluster removal). If stripping is not carried out, the time is considered to be the same as that when milking stops.

The data obtained in this fashion are processed at the end of the milking session or when desired, and the result is a series of parameters characterizing the milking procedure. Specifically, the following parameters are supplied for each quarter and for the entire udder:
- yield at the end of the milking session (kg);
- average milk flow rate, obtained from the ratio of the yield, excluding stripping, to the related time (kg/min);
- maximum milk flow rate, obtained by measuring the maximum yield in one minute of milking (kg/min);
- the start of maximum milk flow rate, the time between the start of milking and the moment in which maximum flow rate is reached (min);
- yield in two minutes, the quantity of milk produced during the first two minutes of milking (kg);
- percentage of milk in two minutes, compared to the yield at the termination of milking;
- stripping milk, the quantity of milk produced during this phase (kg);
- percentage of stripping milk, compared to the quantity of milk at the termination of milking.

In addition, two indexes relating to the productive balance of the quarters are also supplied:
- anteroposterior index, indicating the percentage ratio of the quantity of milk produced by the front quarters to the total quantity of milk;
- left-right index, obtained from the percentage ratio of the quantity of milk produced by the left quarters to the total.

Finally, information is provided about the following:
- stripping time, indicating the duration of this phase (min);
- percentage of stripping time, out of the entire duration of milking;
- duration of milking, including stripping (min).

The software designed also makes it possible to insert the cow's identifying number, the farm code and commands relating to the beginning and end of milking and the beginning of the stripping phase.

3. Testing the Equipment

The first experimental phase was concerned with system testing and equipment calibration. Specifically, laboratory tests were carried out using water to simulate milking. In this way it was possible to obtain corrective coefficients to be used to convert the data supplied by the transducers into weight.

4. Tests Carried Out

The equipment described above was used for field tests on eight different cowsheds equipped with pipeline milking machine. The purpose of these tests was to check the equipment from an operative standpoint in order to evaluate its reliability and discover any improvements that could be made to the prototype. Another objective of the first series of tests was to obtain an initial picture of the slope of the production curves and the parameters connected with them.

Consequently, measurements were repeated in the same stalls and on the same animals during morning and evening milking sessions at approximately three week intervals. The tests, which were carried out over a period of three months, involved measurements taken during 533 milkings of 106 different animals.

5. Data Processing

Only those animals that participated in the first three lactations (which turned out to be the most representative), with milkings in the morning and in the evening, were taken into consideration for the data processing phase. In addition, milkings that produced irregular curves (e.g., when the unit dropped off during milking) were eliminated.

Therefore, the overall average values of the various milking characteristics were calculated from a total of 222 useful milkings of 52 cows. These data were then subjected to a variance analysis, in which the sample was divided up so that the differences between the four quarters and between the first three lactations were made clear.

6. Results

The equipment proved to be easy to use and to transport (the entire unit fits into the trunk of a car). The few difficulties encountered (detachment of a card in the computer, tube clogging) were taken care of with minimal effort. There were no problems connected with the critical operating conditions in the stalls.

The average results concerning milking characteristics are given in Table 1; these values are in line with those reported in the most recent literature (Szeremeta 1987).

The milking characteristics measured showed that variability is greater in parameters influenced by human intervention. This is true for milk yield (C.V. 135.2%), time (C.V. 80.7%), the stripping phase and, to a lesser degree,

Table 1 - Mean milking characteristics from 222 total milkings of 52 cows

milking characteristics	unit	average	C.V.
Total milk yield	kg	11.14	23.8
Average milk flow rate	kg/min	2.15	29.8
Maximum milk flow rate	kg/min	3.58	29.1
Start of maximum milk flow rate	min	0.42	61.7
Milk yield in the first two minutes	kg	5.41	36.6
Percentage of milk yield in the first two minutes	%	49.89	37.1
Machine stripping milk	kg	0.66	135.2
Percentage of machine stripping milk yield	%	5.92	134.0
Anteroposterior index	%	41.62	20.0
Left-right index	%	51.01	9.3
Stripping time	min	1.08	80.7
Percentage of stripping time	%	16.98	73.1
Duration of milking	min	6.16	21.4

the start of maximum milk flow rate (C.V. 61.7%). Therefore, when these milking characteristics are to be taken as an indication of the efficiency of a given technique or piece of equipment or of the animal's behavior, it is essential to limit the influence of the "human" variable by standardizing the milking method as much as possible, both during animal preparation and the stripping phase.

The left-right index, which showed the least variability, does not appear to be useful for animal selection or evaluation of the efficiency of milking techniques and equipment.

Milking characteristics broken down by quarter are given in Table 2; they indicate the existence of significant differences in all the characteristics considered, except for the start of maximum milk flow rate. In all other cases, the front quarters are less productive and slower.

Finally, analysis of values referring to the first three lactations (Table 3) shows an increasing imbalance between the front and back quarters, in addition to a simultaneous and significant increase in total yield and flow rate, advancing from the first to the third lactation. Data referring to stripping quantities and time are also significantly different, although a clear trend does not emerge. These results emphasize that the variable

Table 2 - Mean values (± sd) and significance of the ANOVA of milkings characteristics related to the four quarters during 222 milkings of 52 cows

milking characteristic	units	udder quarter				significance
		left front	right front	left rear	right rear	
Total milk yield	kg	2.34 ± 0.82	2.30 ± 0.76	3.34 ± 1.00	3.14 ± 0.93	**
Average milk flow rate	kg/min	0.46 ± 0.19	0.45 ± 0.18	0.63 ± 0.22	0.60 ± 0.19	**
Maximum milk flow rate	kg/min	0.90 ± 0.30	0.86 ± 0.32	1.06 ± 0.33	1.02 ± 0.32	**
Start of the maximum milk flow rate	min	0.45 ± 0.34	0.46 ± 0.29	0.52 ± 0.40	0.46 ± 0.29	n.s.
Milk yield in the first two minutes	kg	1.27 ± 0.55	1.21 ± 0.57	1.50 ± 0.68	1.44 ± 0.59	**
Percentage of milk yield in the first two minutes	%	56.74 ±22.33	54.30 ±22.51	46.45 ±21.06	48.30 ±20.56	**
Machine stripping yield	kg	0.09 ± 0.20	0.13 ± 0.22	0.24 ± 0.37	0.20 ± 0.32	**
Percentage of machine stripping milk yield	%	3.88 ± 7.71	5.27 ± 9.01	7.05 ±10.90	6.29 ± 9.36	*

n.s.: not significant; * P ≤ 0.01; ** P ≤ 0.001

lactation has to be taken into consideration when evaluating milking characteristics.

7. Conclusions

In addition to providing an evaluation of the equipment, these tests made it possible to obtain a range of information pertaining to some milking characteristics.

Overall, the equipment turned out to be reliable for farm evaluation of cattle; in addition, it made it possible to automatically measure many parameters in individual quarters with limited operator involvement.

Preliminary analysis of test results provided interesting indications about the proper use of this system and the creation of a method for testing various milking techniques and equipment components, as well as for evaluation of animals' milkability.

The data collected by this equipment could conceivably be processed to provide a more detailed analysis of milk production, in addition to information on the milking characteristics described above. One example might be an improved determination of the maximum milk flow rate and of overmilking.

REFERENCES

Cicogna, M. & Sangiorgi F. 1974. Nuova apparecchiatura per ricerche sperimentali sulle attivita' masteomotorie delle bovine. Riv. di Ing. Agraria. 2:39-45.

Curto, G.M., Clerici L. & Cicogna M. 1969. Studi sulle correlazioni fra caratteristiche produttive e masteomotorie dell'apparato mammario in vacche frisone munte a macchina. Bullettino di Agricoltura, 14.

Desvignes, A. & Poutous M. 1963. Etude préliminaire des charactéristiques de traite des vaches latières. Ann.Zootech. 12,1: 17-37.

Labussiere, J. & Martinet J. 1964. Description de deux appareils permettant le contrôle automatique des débits de lait au cours de la traite à la machine. Premieres résultats obtenus chez le brebis. Ann. Zootech. 13,2: 199-212.

Szeremeta, A. 1987. Le contrôle de l'aptitude à la traite chez les bovins laitièrs: place et perspectives de la "méthode complète". These presentee a l'Univerisité Agronomique de Varsovie.

Table 3 - Mean values ($\pm$ sd) and significance of the ANOVA of milking characteristics referring to the first three lactations

milking characteristics	units	lactation	1	2	3	significance
		No. of milkings	114	66	42	
		No. of cows	27	14	11	
Total milk yield	kg		10.51 $\pm$ 2.29	10.89 $\pm$ 2.89	13.24 $\pm$ 2.10	***
Average milk flow rate	kg/min		2.04 $\pm$ 0.59	2.15 $\pm$ 0.72	2.45 $\pm$ 0.54	**
Maximum milk flow rate	kg/min		3.35 $\pm$ 0.94	3.63 $\pm$ 1.10	4.12 $\pm$ 1.00	***
Start of maximum milk flow rate	min		0.40 $\pm$ 0.20	0.43 $\pm$ 0.31	0.47 $\pm$ 0.32	n.s.
Milk yield in the first two minutes	kg		5.19 $\pm$ 1.86	5.50 $\pm$ 2.13	5.88 $\pm$ 1.99	n.s.
Percentage of milk yield in the first two minutes	%		50.90 $\pm$19.31	51.57 $\pm$18.35	44.51 $\pm$15.71	n.s.
Machine stripping yield	kg		0.54 $\pm$ 0.83	0.89 $\pm$ 1.06	0.62 $\pm$ 0.70	*
Percentage of machine stripping milk	%		5.12 $\pm$ 7.75	7.88 $\pm$ 8.98	5.00 $\pm$ 6.05	n.s.
Anteroposterior index	%		43.71 $\pm$ 7.42	39.92 $\pm$ 9.09	38.60 $\pm$ 7.95	***
Left-right index	%		50.52 $\pm$ 4.83	52.37 $\pm$ 5.05	50.24 $\pm$ 3.44	*
Stripping time	min		0.96 $\pm$ 0.84	1.29 $\pm$ 0.92	1.08 $\pm$ 0.82	*
Percentage of stripping time	%		15.11 $\pm$11.97	20.36 $\pm$ 13.20	16.75 $\pm$11.47	*
Duration of milking	min		6.07 $\pm$ 1.37	6.15 $\pm$ 1.32	6.42 $\pm$ 1.17	n.s.

n.s.: not significant; * $P \leq 0.05$; ** $P \leq 0.01$; *** $P \leq 0.001$

Automatic cluster remover with and without follow-up milking

L.Tóth & J.Bak
National Institute of Agricultural Engineering, Gödöllő, Hungary

ABSTRACT: Today, more and more farms are using cluster removers with support mechanisms, such as the Bou-Matic EP and the Gascoigne-Melotte AFD types instead of the traditional ones complete with ropes for removal which do not offer effective advantages. The types mentioned are the ones with which both laboratory and on-farm tests have been conducted. Prior to cluster removal they pull the equipment (and effect follow-up milking). The udders of 35-60% of all the cows are emptied to the full (complete milking) without follow-up milking. Wherever no remover is available, the milking staff spends 30-40% of its time with follow-up milking; the average volume of milk per cow to be thus obtained is 0.8 l which accounts for 8% of all the milk produced by a cow with an annual capacity of 6,000 l. As compared to manual follow-up milking, the accurate operation of equipment with a remover may yield 0.3 l more milk on average per cow per milking.

EXTRAIT: Au lieu des enleveurs à câble de traction n'assurant pas un avantage considérable, dans plusieurs fermes on emploie des enleveurs munis de mécanisme de support, ainsi les types Bou-Matic EP, Gascoigne-Melotte AFD, avec lesquels nous avons effectué des essais en laboratoire et de service.Ces deux derniers types effectuent également de tirage d'appareil (post-trayage) avant l'enlèvement de l'appareil. Au cours de nos essais nous avons constaté entre autres les suivants. Chez 35 à 60 pour cent de l'effectif l'évacuation complète (trayage complet) se réalise sans le tir de l'appareil également. Là, où il n'y a pas d'enleveur, les trayeuses affectent de 30 à 40 pour cent de leur temps de travail à l'accomplissement du post-trayage et le lait ainsi obtenable représente en moyenne 0,8 litre/vache, ce qui signifie 8 pour cent de la production de lait d'une vache à rendement annual de 6000 l/an. L'accomplissement précis mécanique du tirage résulte, en comparaison au tirage manuel, un surplus de lait de 0,3 litre par vache/trayage.

AUSZUG: Anstatt der, einen wesentlichen Vorteil nicht bietenden Zugseil-Abzieher werden heute schon in mehreren Wirtschaftseinheiten die mit Hältemechanismus versehenen Abzieher, so z. B. die Typen: Bou-Matic EP, Gascoigne-Melotte AFD, mit denen wir Laboratoriums- und Betriebsprüfungen durchgeführt haben, angewandt. Die letzten zwei Typen können auch Geräteziehen (Nachmelke) vor der Geräteabnahme machen. Im Laufe unserer Prüfungen haben wir die folgenden Tatsachen festgestellt: bei 35 bis 60 % des Gesamtstandes erfolgt die volle Entleerung (die volle Ausmelkung) auch ohne Geräteziehen. Dort, wo keinen Abzieher gibt, wenden die Melker 30 bis 40 % ihrer Arbeitszeit auf die Durchführung der Nachmelke, wobei die mit Nachmelke erhältliche Milch 0,8 Liter/Kuh ausmacht. Dies bedeutet 8 % bei der Kuh mit einer Produktion von 6000 Liter/Jahr. Die genaue maschinelle Durchführung des Geräteziehens ergibt durchschnittlich einen Ertrag von 0,3 Liter/Kuh/Melken Mehrmolke, im Vergleich mit dem Ertrag durch Handziehens.

1. ANTECEDENTS

In the early 1980s cluster removers, operated with ropes and lever mechanism, were tested along with milking equipment used on 41 large-scale dairy farms in Hungary. Support mechanisms movable in all directions, similar to the human arm, were found to be advantageous since they allow for the milking cluster to be attached to all cows with the most diverse udder shapes and sizes. As a result of the gravitational force

affecting the milking equipment, complete
with a remover rope (Figure 2/a), the pull
exerted on the front and hind quarters of
the udder is different. Consequently, they
are emptied at different times. In the case
of milking equipment, complete with a support mechanism (Figure 2/b), the direction
of pull could be adjusted as required by
teats, whereby relative non-productive
milking between the front and hind udder
quarters could be minimized.At the same
time completion of milking could better
be harmonized between the front and the
hind udder quarters by setting different
suction strengths. Our tests have shown
that the application of a remover rope
offers no special advantage.

Based on their own experiences and
spurred by our recommendations, the farms
have ceased to use the remover ropes.
During the tests we have conducted it was
also seen that there are a number of conditions required for the use of the remover
lever. The most essential of these conditions include the following:
- stable vacuum (lower milk pipeline,
  necessary air reserve to be made available, efficient vacuum control),
- appropriate cross sections for milk flow
  (at least 150 cu.cm capacity collector,
  min. internal dia for long milk line to
  be 14 mm, the min. internal dia of the
  short milk line to be 10 mm, etc.),
- the application of small teat cups (that
  accomodate only the lower two-thirds of
  the teats prepared for milking),
- new stall system that offers ample space
  for the operation and movement of the
  lever mechanism.
Since the mid-1980s, most of the equipment
installed in new milking parlours in Hungary have followed this principle, therefore they can accomodate such units.

2. CLUSTER REMOVER WITH SUPPORT MECHANISM

On Hungary's dairy farms one can encounter
two types of cluster removers complete with
lever mechanisms. One is the type EP remover by Bou-Matic, the other is the type
AFD remover by Gascoigne-Melotte (Figure 1).
Both automatic units use an electro-pneu-
matic system. Significant differences in
the operation of the two types of removers
include the following:
- the EP remover maintainss the cluster in
  a proper position throughout milking but
  it effects no follow-up milking. The
  electronic pulsator allows for different
  suction strengths to be set for the front
  and the hind udder quarters.
- apart from supporting the cluster, the

AFD remover performs follow-up milking as
well in th end-phase of the operation,
although the electrical pulsators cannot
be used to set different suction strengths
for the udder quarters.

3. FOLLOW-UP MILKING PRIOR TO CLUSTER REMOVAL

One may find far too large and far too
little teats (udders) in most dairy herds.
Therefore the rate of milking may be different in the case of individual cows even
with the same milking equipment.

It was found that the volume of milk
obtained from the cows in the course of
follow-up milking, using cluster removers
with levers, was negligible for 35-60% of
the herd, which also implies that full milking was achieved in 35-60% of the dairy
herd without follow-up milking. A higher
percentage of full milking was noted on
farms where the herds were selected and
uniform and different suction rates were
used to compensate for the differences in
the capacities of the front and hind udder
quarters.

If the milking parlour attendants are
expected to perform follow-up milking, they
would have to devote quite a bit of their
working time to it. Assuming that they
spend 25-30 seconds on follow-up milking
with every single cow, they would be spending 30-40% of their total working hours on
follow-up milking. Milk to be obtained
through follow-up milking without the use
of a cluster remover (Figure 2/c) is 0.8 l
on average, which accounts for 8% of the
total volume of milk by a cow producing
6,000 liters per annum. Although the type
EP cluster remover does no follow-up milking, it guarantees all the conditions, required for emptying the udder to the full
in the milking phase.

As shown by the tests conducted with 150
cows, the average volume of milk to be
obtained from cows via manual follow-up
milking after cluster removal was 2.2 dl.
Currently available physiological research
results fail to indicate clearly whether
the 1-2 dl of milk left in the udder after
cluster removal is detrimental or not.

Tests were conducted with 120 cows to
define the volume of milk after follow-up
milking with AFD removers and cluster removal. It was found that on average 0.5 l
of milk was left in the udder. Mechanised
follow-up milking guaranteed full milking
for 93% of the cows. A frequent problem is
that if no cluster removers are available
milking parlour attendants fail to be
sufficiently circumspect in follow-up milk-

ing. It was noted, however, that in case cluster removers, mounted on up-to-date milking equipment ensuring proper follow-up milking, are used 0.3 l more milk can be obtained on average from every single cow at every milking than otherwise. Thus, if mechanised follow-up milking is accurately performed, 0.3 l of extra milk may be obtained per cow per milking as against manual follow-up milking.

Follow-up milking adds to the stress of the udder caused by milking in general. Wherever full milking can be guaranteed without follow-up milking, preference should be given to cluster removers without follow-up milking. To put it differently, if the biological factors are missing, although required for full milking, despite the fact that modern, reliable milking equipment is used, a cluster remover with a follow-up milking function is necessary.

It has been noted that cows are frightened by far too forceful follow-up milking, they feel pain and kick off the milking unit. The adjustment of the assorted work cylinders, including the follow-up milking cylinder, is appropriate if the forces exerted are between 60-80 N.

4. THE FUNCTIONS AND ADJUSTMENT OF CLUSTER REMOVERS

The functions of a cluster remover with a lever include the following:
- supporting the long milk line and the long pulsator lines,
- adjusting the position of the milking unit relative to the udder,
- releasing and blocking milking vacuum,
- sensing milk flow and intervening accordingly,
- follow-up milking,
- removing the milking cluster.

In the course of milking and follow-up milking, the most important task for the remover is to ensure proper positioning for the teat cups. This is achieved with a counterweight, a spring or a work cylinder. To achieve good positioning in the case of heavier milk collectors or milking clusters, the counterweight has to be positioned farther off from the center of rotation. In Hungary, there are cows that begin to discharge milk only a minute after the milking cluster was attached even though udder preparation was appropriate. Therefore, it is important that the lead time for the milk flow sensor should be at least 1.5 minute. If so, milk flow would be sensed most probably only after all the cows have begun to discharge milk.

The removal and milking speed limit, ie. the switching level may be adjusted on the cluster remover units. If the sensitivity of the milk flow sensor is increased, the milking cluster would be removed or follow-up milking would begin at a lower flow value.

Normal sensitivity is 0.2-0.3 kg/min, although 0.1 kg/min may also be set which means greater sensitivity. At the latter value, the unit is more prone to error, due to fluctuating milk flow. Consequently, high sensitivity is not necessarily required for the milk flow sensor.

If the milk flow sensor gets contaminated (which may happen if cleaning is insufficient), it will not register milk flow, therefore the milking cluster may be removed despite substantial milk flow.

The health of dairy herds can be better protected by using well-adjusted and operational automatic cluster removers; non-productive milking can be cut to the minimum since the automatic units would remove the milking clusters from the udder as soon as the milk flow stops. The work of the milking parlour attendants would become much easier since they would not be required to administer any special treatment to cows needing milking periods with different lengths. The attendants would feel less tired since 30-40% of their job would be performed by the automatic units.

Cluster removers with levers boost the throughput of the milking equipment by 20-30%. So, if identical capacities are to be provided after rehabilitation or upgrading, a 20-30% smaller milking equipment would suffice to buy provided that there are cluster removers in the system. To be able to realize the advantages listed above, the milking equipment must be maintained in perfect repair. The on-farm technicians should ensure air supply via proper maintenance and adjustments should also be made as required.

Figure 1
Cluster remover type AFD by
Gascoigne-Melotte

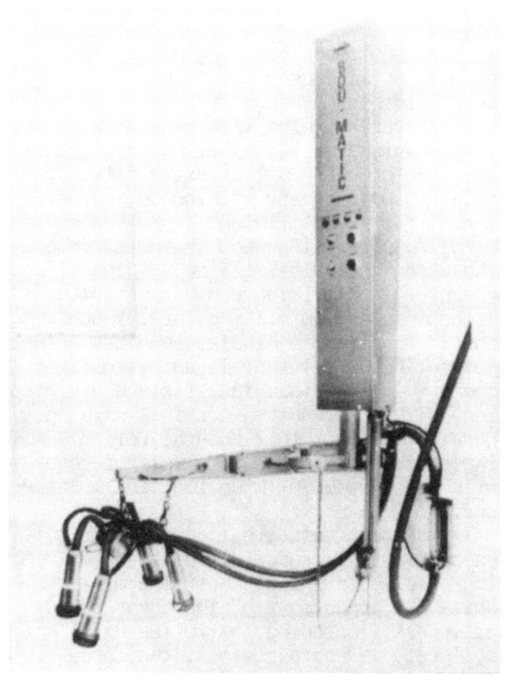

Figure 3.
Cluster remover tipe EP by Bou-Matic

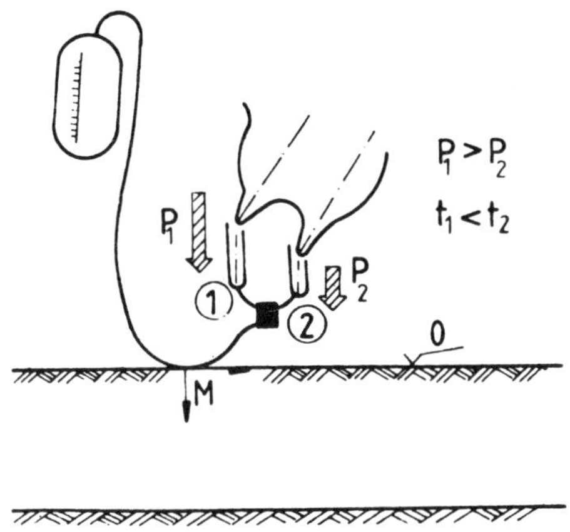

Figure 2/a

Pull by a traditional milking cluster on the udder

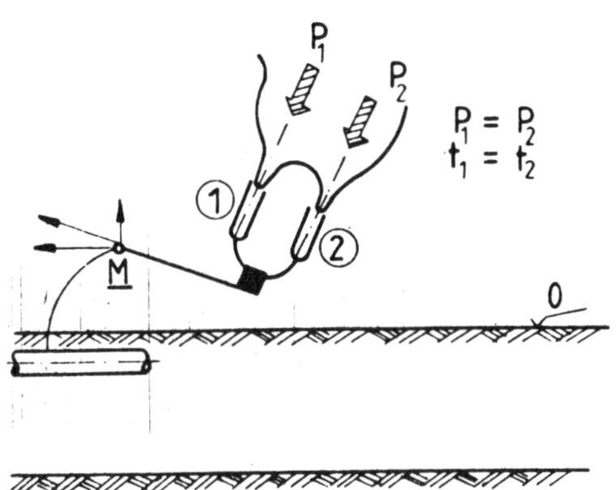

Figure 2/b

Pull by a milking cluster, complete with a lever
mechanism, on the udder

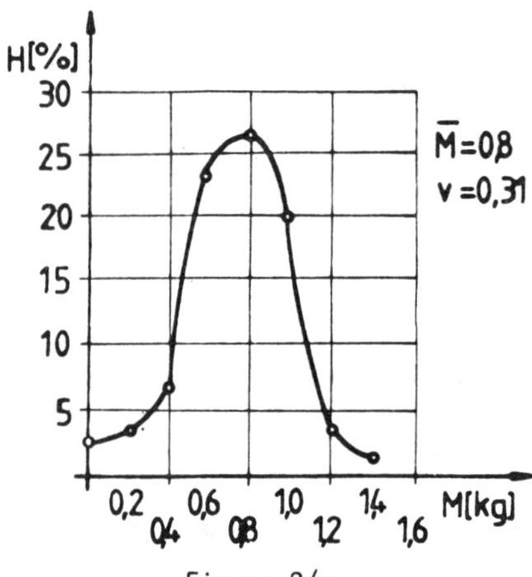

Figure 2/c

Volume of milk to be obtained via follow-up milking
with traditional equipment.

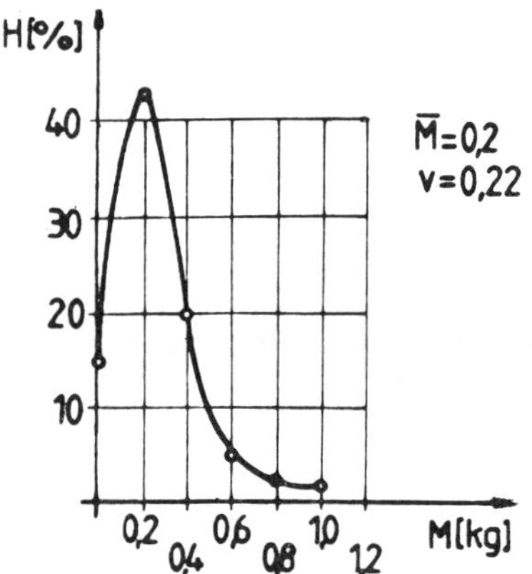

Figure 2/d

Volume of milk to be obtained via follow-up milking
with milking complete with a lever mechanism, opra-
ting with differentiated suction cycles

Land and Water Use, Dodd & Grace (eds), © 1989 Balkema, Rotterdam. ISBN 90 6191 980 0

Désodorisation de l'air des poulaillers par filtration biologique

M.Colanbeen & G.Neukermans
Centrum voor de Studie van het Stalklimaat, State University Gent, Belgium

RESUME : Dans cette étude on compare l'utilisation d'un lit biologique (composé d'un mélange de tourbe et de bruyère) et d'un filtre biologique artificiel (formé par un substrat synthétique sur lequel sont immobilisés des micro-organismes) sur leur efficacité à désodoriser l'air de ventilation des poulaillers pour poulets de chair.

Les paramètres pris en compte pour l'évaluation des 2 techniques sont : l'analyse chimique de l'air et de la poussière avant et après traitement, l'étude micro-biologique de l'air, l'augmentation de la pression engendrée par les filtres biologiques et l'incidence sur la consommation de l'énergie électrique des ventilateurs.

1. INTRODUCTION

Les nuisances olfactives constituent un réel problème en agriculture. Cette forme de nuisance peut-être évitée ou minimalisée par des techniques biologiques. Celles-ci sont basées sur la faculté qu'ont beaucoup de micro-organismes (principalement les bactéries) de pouvoir dégrader une multitude de polluants atmosphériques. Ceux-ci doivent essentiellement être solubles dans l'eau et être biodégradables.

Le développement technologique de ces procédés d'épuration micro-biologique, déjà utilisés au début du siècle pour le traitement des eaux usées, ne s'est manifesté que très récemment pour l'épuration de l'air.

Actuellement ces techniques de désodorisation l'emportent sur les méthodes physico-chimiques (incinération, oxydation catalytique, masquer l'odeur, etc...) (BARDTKE, [1]).

Les lits biologiques et les filtres biologiques artificiels sont 2 méthodes biologiques utilisées dans le secteur agricole pour l'épuration et ou la désodorisation de l'air de ventilation. Dans cette publication on présente les premiers résultats concernant l'utilisation de ces techniques de désodorisation.

2. OBJECTIF DU TRAVAIL

L'objectif de cette étude est de comparer l'utilisation du lit biologique au filtre artificiel. Les deux systèmes sont actuellement testés sur leurs efficacités à éliminer les composés malodorants présents dans l'air de ventilation des poulaillers. Ces travaux seront poursuivis et appliqués à la désodorisation de l'air de ventilation des porcheries.

Déjà dans la période 1975-1979 plusieurs types de purificateurs d'air furent mis à l'essai. Le milieu de contact du filtre artificiel était le plus souvent réalisé sous forme de rayon de miel. Pour les essais actuels, une attention toute spéciale est portée à l'utilisation d'autres supports apparus récemment sur le marché.

3. CONDITIONS EXPERIMENTALES

Les essais sont réalisés dans un
poulailler expérimental divisé en 2
parties symétriques (A et B), de
5 x 5 m, où 300 poulets de chair
sont élevés pendant une période de
6 à 7 semaines (figure 1). L'élimination de l'air de ventilation se
fait à l'aide de ventilateurs placés dans les parois latérales
(l'air frais entrant par le faîte).

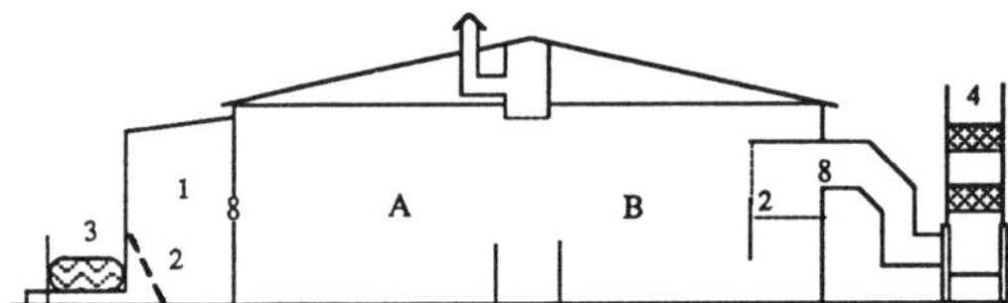

Fig. 1 : Schéma du poulailler expérimental avec lit biologique et
filtre biologique artificiel

Légende : 1. chambre de compression
2. filtre antipoussière
3. lit biologique
4. filtre biologique artificiel

3.1. Lit biologique

3.1.1. Principe et généralités

En filtration biologique l'air pol-
lué passe dans une biomasse active.
L'élimination des composés malodorants de l'air viscié est basée sur
une association de 3 phénomènes :
adsorption, absorption et dégradation biologique. L'humidité du milieu, le temps de contact de l'air,
la charge et l'épaisseur du lit
sont les paramètres qui déterminent
l'efficacité de la désodorisation.
L'humidité du milieu filtrant peut
varier entre certaines limites :
une humidité trop élevée peut col-
mater le lit, (résistance élevée au
passage de l'air), tandis qu'une
humidité trop faible diminue l'activité de la population micro-
bienne. Une humidification controlée est donc indispensable.

La charge du filtre est essentiellement fonction du temps de séjour
de l'air de ventilation dans le
filtre. L'épaisseur du filtre détermine à son tour le temps de séjour. On préconise souvent une
épaisseur de 1 m. Une épaisseur
plus élevée, en augmentant la pres-

sion excercée par le lit biologique, entrainera une consommation
électrique excessive du ventilateur. Celle-ci est également fonction de la structure et de l'humidité du substrat.

ZEISIG [2] a testé divers matériaux
filtrants sur la résistance qu'ils
opposent au passage de l'air et sur
leurs aptitudes à réduire les nuisances. De cette étude il ressort
que la tourbe occasionne la plus
faible diminution du débit d'air,
tout en réduisant l'odeur de manière satisfaisante. En 1988 ZEISIG
[3] mentionne que plus de 300 installations, en activité dans le
secteur agricole, utilisent la
tourbe comme masse filtrante active. Le plus souvent la tourbe est
mélangée avec des brindilles ha-
chées de sapins ou de bruyères pour
obtenir un masse aérée, ce qui limite les pertes de charge (chutes
de pression). Il est en outre possible de mélanger des granules de
polystyrène au substrat pour en
augmenter la surface de contact
(Van Langenhove et Verstraete,
[4]). Cependant la surface occupée
par une installation de biofiltra-
tion est assez importante, ce qui
rend difficiles les installations
industrielles. Pour ZEISIG [2] la
surface filtrante s'élève à 25 m^2
par 100 porcs. Puisque les propriétés épuratrices de la biomasse
active se régénèrent, le lit biologique pourrait en principe excercer
sa fonction de désodorisation indé-
finiment. Mais comme le substrat se
désagrège lentement, les contre-
pressions ainsi crées par le tasse-
ment nécessitent le remplacement
régulier du substrat.

BUEB et MELIN [5] rapportent qu'une
composition changeante des effluents gazeux impose un temps d'adaption à la biomasse active. Enfin,
il faut prendre en compte la disponibilité du matériel filtrant.

3.1.2. Description de l'installa-
tion pilote

L'installation expérimentale consiste en une chambre de compression
servant à une bonne répartition des
effluents gazeux à épurer et d'un
lit composé d'un mélange de tourbe
et de bruyère. Dans la chambre de

compression on place un filtre antipoussière devant le lit biologique. Le filtre utilisé est un filtre Enkamat, type 7020, à raison de 1,1 m^2 par 1.000 m^3 d'air ventilé.

La figure 1 illustre la construction et le fonctionnement de ce système d'épuration biologique. Le lit est humidifié si nécessaire à l'aide de pulvérisateurs répartis régulièrement sur toute sa longueur. Les caractéristiques spécifiques de l'installation sont reprises au tableau 1.

Tableau 1 : Caractéristiques de construction et de fonctionnement

Matériel de filtration	tourbe-bruyère (3/7)
Surface de filtration	5,2 m^2
Débit d'air	2.300 m^3/h
Epaisseur du filtre	0,5 m
Charge polluante	442 m^3/m^2.h
Temps de contact moyen	4 sec
Chute de pression sur le lit biologique	35 Pa
Vitesse de l'air dans le filtre	0,125 m/s
Humidité du substrat	65 %
Température de l'air de ventilation	17 °C
Filtre antipoussière	indispensable

3.2. *Filtre biologique artificiel*

3.2.1. *Principe et généralités*

Les filtres biologiques artificiels sont formés par un substrat synthétique sur lequel sont immobilisés des micro-organismes formant ainsi une couche biologique. Le démarrage de l'installation se fait grâce à des boues activées provenant d'une station d'épuration ; de la sorte une flore bactérienne s'établit rapidement sur le substrat, oxydant ainsi biologiquement les composés malodorants absorbés. Pour répondre aux besoins en eau des micro-organismes, le substrat est aspergé en continu ou par intermittence. Les polluants qui doivent être dégradés, ainsi que l'O_2 nécessaire pour l'oxydation, doivent d'abord être transferés de la phase gazeuse à la phase liquide. La solubilité des polluants dans l'eau est donc indispensable. Celle-ci sera facilitée par un gradient de concentration élevé entre les phases gazeuse et liquide. VERSTRAETE et al. [6] mentionnent que la dégradation des polluants par la flore bactérienne doit être plus importante que leur diffusion dans la solution afin d'éviter ou de limiter leur accumulation dans l'eau.

L'efficacité de cette technique de désodorisation dépend surtout du choix du substrat synthétique, dont les propriétés vont d'hydrophobe à hydrophile et dont la surface spécifique peut-être faible (50 - 100 m^2/m^3) à très grande (2.000 - 4.000 m^2/m^3) (VAN LANGENHOVE et VERSTRAETE, [4]). Ces chercheurs en mentionnent les principaux avantages : une construction compacte, une grande flexibilité et une capacité tampon importante.

Cependant la présence de boues favorise leur obstruction. Le dépôt de boues et l'accumulation de poussières sur le substrat peuvent augmenter sensiblement la résistance au flux d'air, diminuant ainsi la capacité de ventilation. Les filtres biologiques artificiels sont en outre plus coûteux ; en effet la circulation d'eau nécessite plus d'énergie que le transfert de gaz à travers un lit biologique.

3.2.2. Description de l'installation expérimentale

Le filtre biologique artificiel, mis à l'essai, est du type contrecourant. L'eau de lavage s'écoule le long des parois du support synthétique du haut vers le bas, tandis que l'air de ventilation du poulailler circule du bas vers le haut. Le filtre biologique artificiel est formé d'une gaine verticale à deux étages. La figure 1 donne une présentation schématique du filtre.

Les caractéristiques spécifiques du filtre sont reprises au tableau 2.

Tableau 2 : Quelques caractéristiques du filtre biologique artificiel

volume	1 m^3
substrat	Filtren T_{20}
surface spécifique	1.000 m^2/m^3
débit d'air maximum (m^3/h)	2.000 m^3/h
circulation d'eau (m^3/m^2.h)	0,196 m^3/m^2.h
décharge d'eau (purge d'eau)	possible
chute de pression (début essai)	58 Pa
filtre antipoussière	indispensable

Pour le support le choix s'est porté sur une mousse synthétique, d'utilisation récente dans le domaine de l'épuration de l'eau. Les paramètres physiques caractéristiques de ce type de matériau sont une grande surface spécifique et une porosité élevée.

Ces mousses synthétiques possèdent en outre une matrice tridimensionelle qui permet aux micro-organismes de se fixer dans un milieu relativement paisible à l'abri de la turbulence et du frottement. Filtrent T est une mousse de polyuréthane réticulée (réseau cellulaire ouvert) sur base de polyether (CREYF [7]).

Deux éléments principaux sont à la base de cette mousse de polyuréthane : un poly-isocyanate et un poly-alcool. Cette réaction de polymérisation est accompagnée d'une expansion. Puisqu'on vise une structure complètement ouverte on effectue encore par la suite une réticulation thermique. Les dimensions des pores peuvent être réglées entre 10 et 80 pores par inch (exprimé en PPI). La mousse utilisée dans l'essai a une porosité de 20 PPI (Filtren T_{20}).

La surface spécifique varie de 500 m^2/m^3 pour T_{10} jusqu'à 4.000 m^2/m^3 pour T_{60}. La mousse utilisée possède en outre une structure gaufrée, augmentant ainsi la surface de contact active du filtre et par conséquent le rendement.

Tableau 3 : Quelques propriétés physiques de la mousse Filtren T_{20}

Densité (kg/m^3)	20 - 24
Résistance à la déchirure (N/m)	> 7
Résistance à la compression (kPa)	3 - 5
Elongation à la rupture (%)	> 100
Résistance à la rupture (%)	> 80

La recherche et les applications pratiques (HUYSMAN et al. [8], POELS et al. [9]) des mousses de polyuréthane réticulées (polyether) dans l'épuration anaérobie indiquent clairement que l'utilisation de ce matériau engendre un démarrage rapide du bioréacteur et une production élevée de biogaz.

Filtren T offre des perspectives non seulement dans le domaine de la biotechnologie, mais trouve aussi des applications dans la filtration de l'air et/ou des liquides.

La structure cellulaire ouverte garantit une bonne diffusion des gaz et des liquides dans la mousse, tandis que l'inertie chimique et la stabilité du pH préservent la mousse d'un vieillissement rapide.

4. RESULTATS ET DISCUSSIONS

4.1. Analyses chimiques

a. Analyse chimique de l'air du poulailler

La désodorisation obtenue avec le lit biologique et le filtre biologique artificiel est évaluée par l'analyse de l'air à l'entrée et à la sortie.

L'analyse chimique de l'air comporte plusieurs étapes :

1. concentration de l'air dans une solution absorbante
2. séparation analytique de l'échantillon par chromatographie en phase gazeuse avec l'aide d'un chromatographe Perkin Elmer 8700
3. détection avec un détecteur à ionisation de flamme (FID).
4. identification des divers polluants à l'aide de substances de base et mélanges de base.

Les principaux éléments responsables de la nuisance olfactive dans et autour des étables sont :

1. les acides gras volatils : acide acétique, acide propionique, acide iso-butyrique, acide n-butyrique, acide iso-valérique, acide n-valérique, etc…
2. le groupe des phénols et indols : phénols, p-crésol, indol, scatol.
3. le groupe des produits soufrés : diméthylsulfide, méthanethiol, éthanethiol, 2-propanethiol, carbonedisulfide.

Des recherches antérieures sur la composition de l'air de ventilation des poulaillers (NEUKERMANS et al. [10], SCHAEFFER [11]) ont montré que les constituants soufrés sont la principale cause des nuisances olfactives. Au moment de la rédaction de cet article, l'abscence d'un détecteur FPD ne permet pas la détermination des constituants soufrés. Les acides gras volatils ainsi que le phénol et p. crésol sont déterminés quantitativement et qualitativement après absorption dans 0,1 NaOH au moyen d'une colonne capillaire FFAP de 25 m. Ces constituants sont pris en compte pour déterminer l'efficacité des techniques de désodorisation mises à l'essai.

La détermination quantitative des constituants identifiés se fait par une méthode de calibration. Une solution de base est injectée dans le chromatographe afin d'établir une relation entre la surface du pic et la quantité du constituant. Ces données sont comparées ensuite avec la surface des pics des constituants des échantillons d'air analysés.

Tableau 4 : Concentrations des substances malodorantes identifiées dans l'air du poulailler, après le lit biologique et après le filtre biologique artificiel (âge des animaux : 5 semaines)

	Dans poulailler mg/m^3	Après lit biologique mg/m^3	Après filtre biologique artificiel mg/m^3	Seuil olfactif mg/m^3
C$_2$	5.7	0.72	0.44	0.5
C$_3$	2.7	–	0.17	0.5
i-C$_4$	1.7	0.022	0.036	–
n-C$_4$	2.3	0.081	0.15	0.020
i-C$_5$	0.056	0.002	0.004	0.010
n-C$_5$	0.032	0.004	0.005	0.060
i-C$_6$	0.056	–	0.001	–
n-C$_6$	0.16	0.002	0.044	0.30
methyl-C$_6$	0.17	0.004	0.006	–

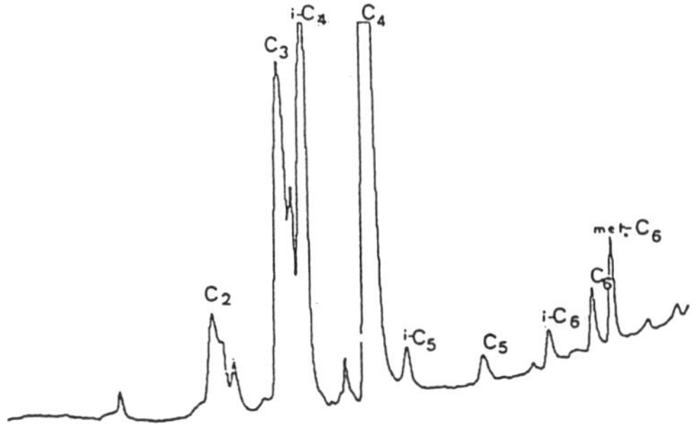

Fig. 2 : L'air du poulailler

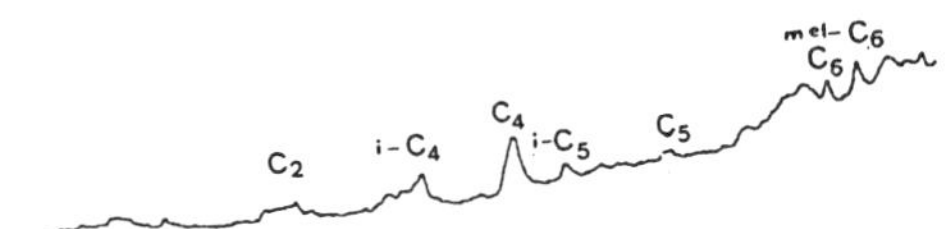

Fig. 3 : L'air du poulailler après lit biologique

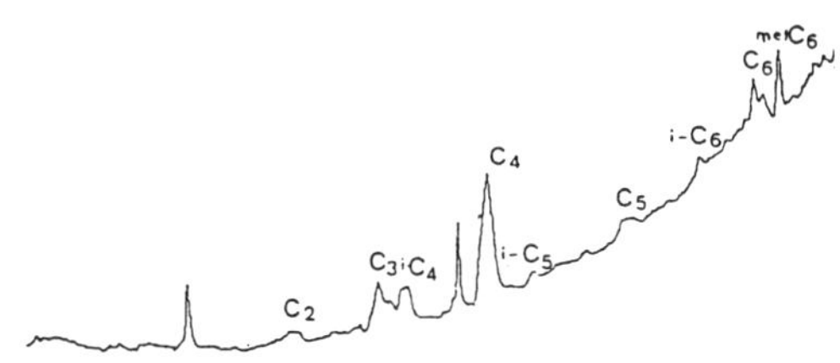

Fig. 4 : L'air du poulailler après filtre biologique artificiel

Des mesures régulières de gaz par tubes gastec ont été réalisées durant les essais. Les résultats sont repris au tableau 5.

Tableau 5 : Mesures de gaz par tubes gastec

	Dans poulailler		Après lit biologique		Après filtre biologique artificiel	
Age des animaux en jours	35	45	35	45	35	45
NH$_3$ ppm	8	45	2	20	0	5

Le tableau 4 et les figures 2, 3 et 4 illustrent, après 3 périodes d'élevage de poulets de chair, une efficacité de désodorisation importante pour les 2 techniques étudiées : le lit biologique atteint une efficacité de 94 % et le filtre biologique artificiel a un rendement de 91 %. Le tableau 5 par contre indique que l'élimination de l'NH$_3$ est inférieure pour le lit biologique : seulement 56 % contre 89 % pour le filtre biologique artificiel.

Il ressort des mesures effectuées que les acides gras volatils et

l'NH$_3$ jouent un rôle important dans
la nuisance olfactive de l'air de
ventilation des poulaillers et que
la concentration des composés augmentent avec l'âge des animaux. Le
phénol et p-crésol, deux composés
caractéristiques pour les nuisances
olfactives, n'ont pas été déterminés dans l'air de ventilation des
poulaillers à l'essai.

Le rendement d'épuration du filtre
biologique artificiel augmente sensiblement en fonction du temps.
Ainsi les rendements obtenus
étaient de 28 % après la première
période d'élevage, 60 %, après la
deuxième période et 91 % après la
3e période. Le moins bon fonctionnement du filtre biologique artificiel au début des essais était essentiellement imputable aux causes
suivantes :

1) temps d'adaptation nécessaire
   pour les micro-organismes ;

2) l'humidification insuffisante du
   substrat synthétique à cause du
   trop faible débit de l'eau de lavage ;

3) le renouvellement insuffisant de
   l'eau de lavage : d'où augmentation de la concentration des différentes substances dans l'eau de
   lavage et diminution du pouvoir
   épurateur. En outre les produits
   d'oxydation de l'NH$_3$ (nitrate et
   nitrite) peuvent s'accumuler et
   freiner l'action de la flore bactérienne.

b. Analyse de l'eau de lavage du
   filtre biologique artificiel et
   l'eau de percolation du lit biologique.

Les composés azotés (NH$_4^+$-N,

NO$_3^-$-N, NO$_2^-$) ont été mesurés dans

l'eau de lavage du filtre biologique artificiel et dans l'eau de
percolation du lit biologique. Les
résultats indiquent une nitrifica-
tion active dans les deux solutions.

c. Analyse chimique de la poussière
   du poulailler

Après extraction au chlorure de mé-
thylène et filtration sur des fil-

tres Whatman ° 42, la poussière
(2 g) est soumise à une analyse
chimique. La poussière extraite est
inodore.
Les résultats sont repris au tableau 6 et la figure 5.

Tableau 6 : Substances volatiles identifiées dans la poussière d'un
poulailler pour poulets de
chair.

C3	60 mg/g poussière
i-C4	9,5 mg/g poussière
i-C5	3,0 mg/g poussière
C5	6,8 mg/g poussière

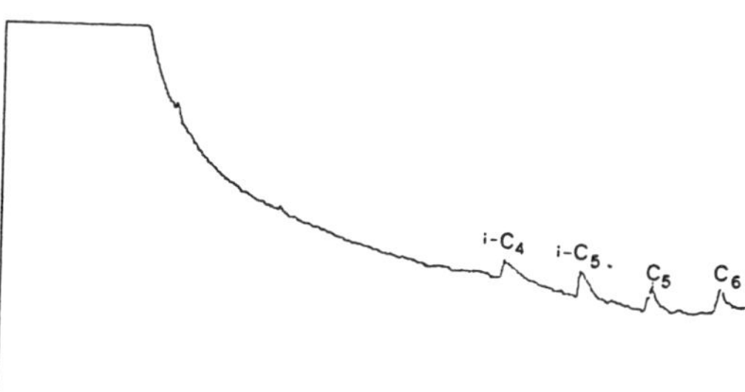

Fig. 5 : Analyse de la poussière du poulailler

De ces analyses il ressort clairement que la poussière a une part
importante dans les odeurs caractéristiques des étables. Ceci correspond avec ce qui a déjà été men-
tionné par HARTUNG [12]. L'élimination de la poussière dans les étables en réduit donc considérablement les mauvaises odeurs.

4.2. Etude microbiologique

L'analyse microbiologique de l'air
est basée sur le lavage de l'air :
l'air passe dans une solution physiologique stérile et les germes de
l'air restent dans cette solution.
Le nombre de germes est ensuite déterminé quantitativement (VERSTRAETE
et VOETS, [13]). Le milieu de culture utilisé est le Nutrient Agar
et la durée d'incubation est de 2
jours à 37 °C. Les résultats sont
exprimés par m^3 d'air ventilé .

Les résultats obtenus, sont des valeurs relatives, qui peuvent cependant être comparées entre elles,

puisque échantillonnages et analyses sont toujours semblables.

Tableau 7 : Nombres de germes per m³ d'air ventilé

Nombre de jours après le début de l'essai	Filtre biologique artificiel	
	avant	après
25	18,4 x 10³	1,1 x 10³
40	88,0 x 10³	2,2 x 10³

Les résultats d'analyse pour le lit biologique ne sont pas mentionnés dans ce rapport à cause du manque d'information. Pendant la première période expérimentale le lit biologique émettait un grand nombre de micro-organismes provenant du substrat filtrant. Le Prof. Dr. BARDTKE [1] confirme ce phénomème. Par contre pendant les essais suivants on constatait une forte réduction du nombre de germes (85 %) après le lit biologique. La poursuite de la recherche devra fournir plus de clarté à ce sujet.

Pendant la 2e période expérimentale le filtre biologique artificiel obtient une réduction de 98 % du nombre de germes (tableau 7). Le nombre de germes mesurés après le filtre biologique artificiel est semblable au nombre de germes mesurés dans l'atmosphère extérieur.

Le nombre de germes dans le compartiment B (côté filtre biologique artificiel) est nettement supérieur au nombre de germes du compartiment A (côté lit biologique). Ceci s'explique par la quantité plus élevée de poussière dans le compartiment B (tableau 8). La poussière est donc porteuse de germes. Ce phénomène est également confirmé par le nombre élevé de germes dans la chambre de surpression (8 x plus élevé que dans la poulailler, côte A) où la poussière est accumulée.

4.3. Teneur en poussières de l'air

Les techniques biologiques d'épuration de l'air ont également été évaluées sur base de l'élimination des poussières.

Tableau 8 : Teneurs en poussières, dans les échantillons d'air durant la période d'élevage, en mg/m³.

Age des animaux en jours	Lit biologique		Filtre biologique artificiel		
	Avant	Après	Avant	Canalisation d'air	Après
14	0,9	0,0	1,8	0,0	0,0
21	10,7	0,0	10,4	1,9	0,0
28	10,6	0,0	12,1	3,1	0,0
35	10,2	0,0	13,2	6,8	0,0
42	8,6	0,0	12,2	3,2	0,6

Après passage de l'air de ventilation dans les systèmes de filtration, la teneur en poussières de l'air du poulailler est tombée au même niveau que celle de l'atmosphère extérieure. Les deux techniques fonctionnent donc efficacement pour l'élimination des poussières.

4.4. Mesures de pression

Jusqu'à ce stade des essais, l'augmentation de la pression due aux techniques de filtration reste dans des limites acceptables.

Dans le cas de l'élevage des poulets de chair, les ventilateurs doivent dans les 2 techniques vaincre une contre-pression de 8 Pa au début de l'élevage. Cette contre-pression s'élève à 110 Pa à la fin de la période d'élevage dans le cas du lit biologique et à 100 Pa dans le cas du filtre biologique artificiel. Cette augmentation de la contre-pression est due à l'augmentation du débit d'air que doivent fournir les ventilateurs au cours de l'élevage ; la tension des ventilateurs augmente en effet de 80 Volt au début de l'élevage à 220 Volt en fin d'élevage. Pour un débit maximum de ventilation la contre-pression après 3 périodes d'essais est passée de 35 Pa à 110 Pa pour le lit biologique et de 58 Pa à 100 Pa pour le filtre biologique artificiel. Cette augmentation de la contre-pression engendre une consommation d'énergie électrique plus élevée des ventilateurs. Celle-ci est en moyenne de 0,34 kWh par animal pour le lit biologique et de 0,27 kWh par animal pour le filtre biologique artificiel contre

0,15 kWh par animal sans application de techniques de désodorisation. Cependant une étude économique des techniques est prématurée puisque celles-ci doivent encore être optimalisées.

5. CONCLUSION

Les nuisances olfactives des poulaillers pour poulets de chair peuvent être combattues efficacement par des techniques d'épuration biologique.
Après un temps d'adaptation nécessaire aux micro-organismes, on obtient après 3 périodes d'élevage des réductions des composés malodorants de 94 % pour le lit biologique et de 91 % pour le filtre biologique artificiel.
Jusqu'à ce stade des essais, l'augmentation de la contre-pression due aux techniques de filtration reste dans des limites acceptables, mais engendre une consommation d'énergie électrique plus élevée pour les ventilateurs. Une optimalisation des techniques testées s'avère indispensable avant d'en faire une évaluation économique.

6. LITTERATURE

1. BARDTKE, D. (1987). Fundamental microbiological principles of biological waste gas treatment. Dechema congres, Heidelberg, 24-26 March 1987 : Biological treatment of industrial waste gases.
2. ZEISIG, H.D., KREITMEIER, J. and FRANZSPECK, J. (1977). Untersuchungen über Erdfilter zur Verringerung der Geruchtsbelastigung aus Tierhaltungen. Landtechnik Weihenstephan.
3. ZEISIG, H.D. (1988). Experiences with the use of biofilter to remove odours from piggeries and hen houses. Volatile emissions from livestock farming and sewage operations ; p. 209.
4. VAN LANGENHOVE, H. & VERSTRAETE, W. (1987). Biologische behandeling van afvalgassen. Verslag van het Dechema congres, 24-26 maart 1987 te Heidelberg, Water (34), mei-juni 1987.
5. BUEB, N. & MELIN, T. (1987). Biological and physico-chemical waste gas treatment processes - comparison of processes and costs - chances for new technologies. Dechama-congres, Heidelberg, 24-26 March 1987 : Biological treatment of industrial waste gases.
6. VERSTRAETE, W., VANSTAEN, H., NEUKERMANS, G., DEBRUYCKERE, M. (1975). Déodorisation de l'air à l'aide d'un filtre biologique. Le Tribune de Cebedeau 376, 134-139.
7. CREYF, H. (1986). Recticel & Biotechnolgy report. HC/mb 86. 1916.
8. HUYSMAN, P., VAN MEENEN, P., VAN ASSCHE, P., VERSTRAETE, W. (1983). Factors affecting the colonisation of non porous and porous packing materials in model upflow methane reactors. Biotechnology Letters (5), 643.
9. POELS, J., VAN ASSCHE, P., VERSTRAETE, W. (1984). High rate anaerobic digestion of piggery manure with polyurethane sponges as support material. Biotechnology Letters (6), 741.
10. NEUKERMANS, G., VAN STAEN, H., DEBRUYCKERE, M., VERSTRAETE, W. (1977). Stankbestrijdingstechnieken in de nabijheid van veestallen met behulp van een biologische luchtwasser. Landbouwkundig tijdschrift (2), maart-april 1977.
11. SCHAEFFER, J. (1977). Identificatie van de voor stank van kippelegbedrijven verantwoordelijke componenten (IVO-TNO-rapport R 5314 (1977).
12. HARTUNG, J. (1985). Dust in livestock buildings as a carrier of odours. Odour prevention and control of organic sludge and livestock farming, p. 321 (Melsen, Voorburg, L'Hermite).
13. VERSTRAETE, W., VOETS, J.P. (1974). De microbiota van lucht : ecologie, analyse, bestrijding. Mededelingen Faculteit Landbouwwetenschappen Gent (39), nr. 1.

REMERCIEMENTS

Les auteurs remercient l'Institut pour l'Encouragement de la Recherche Scientifique dans l'Industrie et l'Agriculture ainsi que Laborelec d'avoir bien voulu subsidier cette étude.

Biological techniques for odour abatement in livestock buildings

In this study the odour abatement by a biofilter (that uses a heather peat mixture as a carrier) and by a biological scrubber (that consists of a synthetic material) are compared. After a period of adaptation (necessary for the micro-organismes) and three test cycles, an odourous component removal efficiency of 94 % and 91 % is obtained for respectively the biofilter and the biological scrubber.

The augmentation of the counter-pressure, due to the use of filters, is reflected in the augmentation of the electrical energy consumption by the fans. Optimalisation of the previously mentioned technics is necessary before an economical evaluation can be made.

Biologische Abluftreinigung zur Geruchsfreimachung von Stalluft

In diesem Aufsatz wird die Erdfilteranlage (ein Gemisch von Torf und Heidekraut) und der Biowäscher (ein synthetisches Material worauf die Mikroorganismen immobilisiert werden) mit einander verglichen in bezug auf die Zwechmäßigkeit im Entduften der Ventilationsluft von Fleischhühnerställen.

Nach der vor den Mikroorganismen notwendigen Adaptionsperiode, und nach drie Testperioden bekommt man eine Reduktion der Duftkomponenten von 94 % und 91 % für beziehunsweise Ertfilteranlage und Biofilter. Die Erhöhung des Gegendrucks, eine Folge des benutzten Filters, verursacht erhöhten Elektrizitätsverbrauch der Ventilator. Bevor man eine wirtschaftliche Evaluierung machen kann, brauchen die benutzten Technieken optimalisiert zu werden.

Land and Water Use, Dodd & Grace (eds), © 1989 Balkema, Rotterdam. ISBN 90 6191 980 0

Efficiency of the Tiered Wire Floor (TWF) aviary as a housing system for laying hens, compared to cages

D.A.Ehlhardt, A.M.J.Donkers & W.Hiskemuller
Centre for Poultry Research and Extension 'Het Spelderholt', Beekbergen, Netherlands

P.I.Haartsen
IMAG, Wageningen, Netherlands

ABSTRACT: In a field scale experiment two housing systems for laying hens were compared for their efficiencies as related to average bird performance and labour requirement. In the newly developed TWF aviary production costs of eggs were estimated at 0,8 Dutch cents apiece higher than those in three tier battery cages. Main causes of this difference were a higher feed conversion and extra labour required for collection of mislaid eggs in the TWF system.

RÉSUMÉ: Dans une expérience sur l'échelle pratique deux systèmes d'aménagement de poulailler etaient comparés pour leur efficience quant aux résultats techniques et au besoin de main-d'oeuvre. Dans la nouvelle systeme "Etage", avec une densité de 20 poules par m^2, le prix de revient d'un oeuf était estimé à 0,8 centimes Hollandaises de plus que ca d'un oeuf produit en cages. La différence pouvait être principalement expliqué par l'indice de consommation plus haute et une besoin extra de main-d'oeuvre pour collectionner les oeufs malplacés dans la système Etage.

ZUSAMMENFASSUNG: In einem praktischen Versuch die Zweckmässigkeit und Wirtschaftlichkeit von zwei Haltungssysteme für Legehühner wurde verglichen. Es erwies sich dass im neuentwickelten Etagensystem, mit ein Besatzdichte von 20 Tiere pr m^2, die Produktionskosten pro Ei um 0,8 Holländische Cent höher lagen als die von Käfigeier beim gleichen Besatzdichte. Der Unterschied war hauptsächlich dem höheren Futterverzehr und Arbeitsbedürfnis wegen Bodeneierversammeln zuzuschreiben.

INTRODUCTION

Housing systems for laying hens may be roughly divided into those based on the "cage" principle, confining many small groups of birds to limited areas of a poultry house and the ones in which large numbers of birds are able to move about freely throughout the house. To the first category belong the traditional battery-cages, well-known for their efficiency, but increasingly less popular with the consumer public because of the impaired welfare of the birds. To the second the deep litter system, the strawyard and a number of different aviaries may be reckoned.

Generally speaking the latter category of systems are considered to be preferable from an animal welfare point of view but less efficient in the economic sense.

A rough estimate of the relative efficiency of many housing systems was given by Elson (1986). Hill (1988) concludes that among the non-cage category the most efficient systems were those which allowed the highest bird density per square meter of house surface. The study reported here aims to determine the main causes of difference in efficiency between the TWF-system and three tier battery cages and their combined effect upon the production price of eggs. Preliminary research on the TWF system has been published to show it's development (Ehlhardt et al., 1984, 1984a and b) and to summarize pilot studies (NN, 1988).

MATERIALS AND METHODS

The poultry house available for the study
consists of two equal wings, each
ventilated by negative pressure through
five exhaust fans mounted in the ridge.
The air inlets in the side walls are
regulated by conventional valves operated
by servo motors. Wind pressure from
outside is neutralized by baffles,
mounted outside along the air inlets.

The battery cage unit consists of 6
rows of three tier manure belt batteries
provided with a manure drying system,
chain feeders and a centrally operated
egg collection system. Cage size is 0,5 x
0,5 m, giving room to five hens. Manure
belts unload on a transverse conveyor
belt mounted in a channel in the concrete
floor. An elevator belt outside the house
lifts the manure to a loading height of
two meters. The cage unit accommodates
6480 hens at five hens per cage and has a
realized net stocking density of 20 birds
per square meter. The same density is
applied in the other wing, equipped with
the Tiered Wire Floor System.

Figs. 1 and 2 show the cross-section of
the unit and a detailed floor tier
element respectively. The wire floors are
of 3 mm gauge steel, wire mesh 50 x 25
mm.

The upper tiers are exclusively
provided with perches. Feed and water are
provided on the second and lower tiers
only. The entire floor of the pen is
covered with litter material (wood
shavings and chopped straw). The tier
constructions are made of a steel frame
each supporting three floors.

Manure belts under the floors are
equipped with air drying ducts on both
sides. The manure disposal system is
equal to that in the cage wing. In this
type of system laying nests have to be
used for egg collection. The nests are in
three positions, all equipped with
roll-away bottoms leading the eggs to
collection belts to be collected
centrally in the service rooms, between
the two wings (fig. 3).

Ventilation and manure drying is
controlled independently for each section
by a climatic computer using temperature
sensors at three locations per section
and one outside weather station. Feed
delivery times may be controlled by
computer indications and feed and water
consumption is measured and automatically
registered on a 24-hour basis.

Fig. 2 Detailed drawing of tier construction

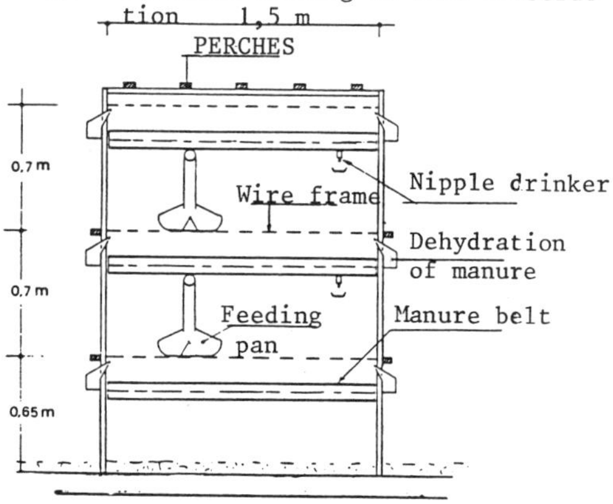

Fig. 1 Cross section of the Tiered
Wire Floor Section.

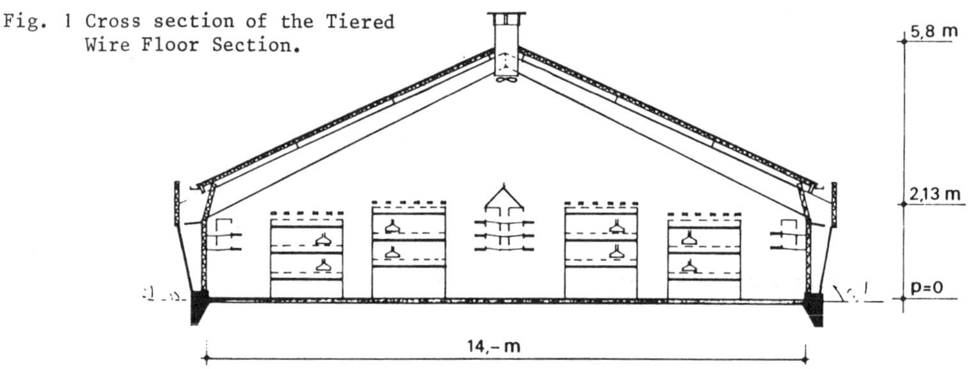

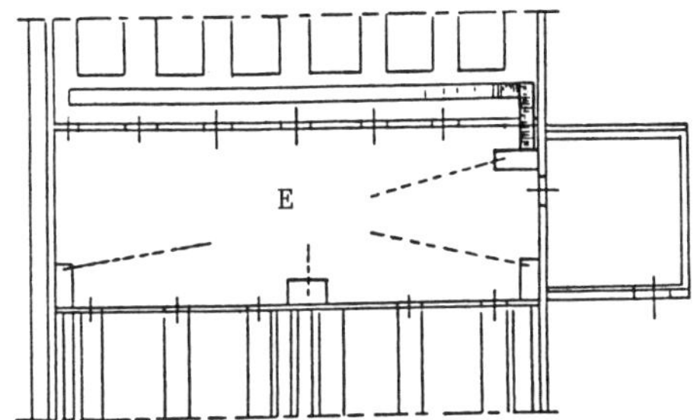

Fig. 3 Projection of the service room
with E = egg collection sites.

During the production period egg
production is estimated on a weekly basis
by accurate registration on four days,
including the quality grades first and
second. Eggs laid outside nests in the
TWF section are also registered weekly.

Labour time required for daily and
periodical duties has been sampled
initially and regularly recorded by the
attendant(s) later on.

Daily duties include: egg collection
and loading into container carts;
supervision of systems for feeding,
drinking, egg gathering; bird survey;
oats feeding, opening, closing nests and
collection of floor eggs (TWF section
only).

Periodical duties include manure
disposal (weekly) cleaning aisles
(weekly, cage section only), placing
pullets and removing old hens (once per
laying period).

RESULTS AND DISCUSSION

Zoötechnical data

Pullets, 17 wks of age, were housed in
both sections in January 1988. No
specific problems showed up except a
slight moistening of the litter in the
TWF pen during the winter months, which
led to some foodpad lesions, usually
referred to as "bumble foot". The hens in
the cage section had to be treated
against coccidiosis in the first two
production months. Production data are
summarized in Table 1. They indicate that
the hens in cages produced more and
heavier eggs on less feed. Not shown are
the eggs that were not collected because
they were shell-less or broken. This
category was estimated form 3 counts of
remnants on the manure belts. It appeared

that on the cage belts an average of 3%
and on TWF belts 0,7% of the dayly
production got lost. No remnants of
broken eggs were detected in the litter
of the TWF section.

Table 1. The effect of housing system on
some performance traits of laying hens
from 20-68 weeks of age.

Trait	3-tier cages	TWF system
Egg number, h.h. average	283	280
Rate of lay %		
h.d. average	85,5	85,4
Average egg weight, grams	61,7	60,1
Floor eggs, %	-	5,0
2nd quality eggs, %	6,5	3,8
Feed consumption, grams		
(h.d. average)	115	116
Feed conversion rato	2,18	2,27
Mortality, %	4,2	5,2

The difference in feed efficiency amounts
to 90 grams of feed per kg eggs, about 5
grams per egg, or 4,75% of daily feed
consumption. This difference may be
partly explained by a $1^{\circ}C$ lower
temperature in the TWF section, due to a
higher ventilation rate for eliminating
excess ammonia. According to Emmans and
Charles (1976) 1,5% more feed will be

Table 2. Main causes of mortality of hens
kept in two housing systems from 20-68
weeks of age.

Mortality cause	3-tier cages (no. of birds)	TWF system (no. of birds)
Leucosis	14	6
Lymfomatosis	2	4
Arthritis (bact.)	16	3
Egg peritonitis	12	21
Egg concrements	19	35
Avarial haemorrhages	11	20
Heart, liver, Spleen, kidney abnormalities	35	37
Peritonitis	15	18
Osteomalacie (cage fatigue)	11	1
Cannibalism/cloaca	25	70
Organ tumours	10	18
Accidents	26	35
Miscellaneous	73	81

consumed for every degree C temperature decline. The remaining 3,25% has to be explained by the extra energy TWF birds use for locomotion, as body weights were essentially the same in both sections. Ketelaars et al. (1985) found a higher heat production of free moving laying hens as opposed to caged hens, which they concluded to be due to a lower energy requirement for maintenance of caged birds. Our results confirm these findings.

Mortality was normal, but slightly higher in the TWF system, mainly because of more accidents and more cannibalism (table 2).

The production of floor-eggs in the TWF-flock was higher than expected. Initially the share of floor eggs dropped gradually to a normal rate of 1,3%. During a spell of warm spring weather broodiness suddenly started and afterwards the proportion of floor eggs slowly increased to 7% of the daily production.

Labour requirement

The amount of labour required for daily duties makes up 75-85% of total labour requirement on egg production farms (Hammer, 1983). The most time consuming duty, egg collection and packing, is more variable in floor housing systems because of the unpredictable proportion of floor eggs.

Daily and some periodical duties have been timed regularly during this experiment. The results have been standardized to minutes per 1000 hens per day and summarized in table 3.

Table 3. Effect of housing systems on requirement of labour for daily and some periodical duties for two flocks of 6480 laying hens (in minutes per 1000 hens per day).

Type of duty	3-tier cages	TWF system
Daily:		
egg collecting	13,8	18,4
floor egg collection	-	11,4
opening/closing nests	-	1,3
feeding oats in the litter	-	0,7
bird and system survey	2,2	1,3
Periodical:		
manure removal	3,9	2,4
sweeping aisles	1,0	-
Total	20,9	35,5

More time is used for the collection of nest-eggs in the TWF system than in cages. This difference is caused by the number of collection sites (3) (compare fig. 3), which implies more preparation and more idle time because of a less continuous supply of eggs. Centralisation of packing at one site would be expected to equalize collection time to that in the cage section. A principal difference exists between the two systems in the labour required for floor egg collection.

In previous experiments (Ehlhardt et al., 1984a, 1984b, 1988) less than 2% floor eggs were experienced. If a flock tends to increase floor egg laying, the mislaid eggs have to be gathered more often. The number of collection rounds is increased to prevent further development of the problem and to prevent egg eating and quality loss. The floor eggs proportion can thus be kept in check at a certain, more or less constant, level but very rarely can it be brought down. Problem flocks will thus require increasingly more daily labour, the higher the incidence of floor eggs.

Extrapolation, without correcting for scale effects, to a 7 days week of 49 working hours, yields a flock size of 20.000 birds in cages and one of 11.800 for the TWF system, to be attended to by one full fledged worker (FFW), or a relative labour efficiency of 59% for the TWF system.

With 2% floor eggs and equal nest-eggs collection time this efficiency could be raised to at least 85%.

Production price of eggs

It is currently assumed in the Netherlands for costprice calculations, that the labour force of one FFW suffices for the management of a flock of 30.000 caged layers. At a labour cost of Hfl 50.000 (modal income) and Hfl 10.000 for general costs, a production price (including labour) is attained of Hfl 0,11 per egg.

The differences in efficiency of feed conversion (4,75% more feed for the same production) and labour (20-60% more labour for the same production) found in this experiment and other previously calculated extra costs (Zaalmink, 1987) bring about an extra Hfl 0,008 to produce an egg for birds housed in a TWF system (summarized in table 4). Compared to the extra costs for a "deep litter" egg (Hfl 0,02: Zaalmink, 1987) this means a sizeable reduction of 60%. Hill (1988) cites a 16% increase in costprice of Aviary eggs compared to cage eggs.

Table 4. Influence of rate of floor egg* production on cost increments in the production of table eggs. Prices in H.cents (= 0,01 Hfl).

Cost factor	Floor egg production		
	2%	4%	7%
Pullet rearing costs	0,17	0,17	0,17
Feed consumption	0,30	0,30	0,30
Labour	0,17	0,23	0,29
Miscellaneous	0,05	0,05	0,05
Total increment	0,69	0,75	0,81

*Increment over the production price of eggs from cages.

SUMMARY

6480 Hens housed at 20 birds per square meter in a TWF aviary were compared in efficiency of feed conversion and labour requirement with an equal sized flock at the same stocking density in three tier cages.

The TWF hens produced about the same number of eggs but consumed 5 grams per egg more feed. Extra labour was mainly required for daily floor egg gathering - about 5% of total egg production -.

Total production prize increase for eggs produced in a TWF house was estimated at 6-7% over cage eggs at this stocking density.

REFERENCES

Ehlhardt, D.A., J.A.M. Voermans, W. Frederiks, E. Laseur & C.L.M. Koolstra 1984a. Development of the Tiered-Wire-Floor System as an alternative housing system for laying hens. Proc. XXIIth World's Poultry Congress, Helsinki: 437.

Ehlhardt, D.A., H.J. Blokhuis, W. Frederiks & C.L.M. Koolstra 1984b. Effect of rearing environment on subsequent adaptation of White Leghorn pullets to a Tiered-Wire-Floor laying house. Proc. XXIIth World's Poultry Congress, Helsinki:446.

Elson, H.A. 1986. Poultry management systems. Looking tot the future. Proc. 7th Eur. Poultry Conf. Paris:1

Emmans, G.C. & D.R. Charles 1976. Climatic environment and poultry feeding in practice. In: Nutrition and the climatic environment. Ed. W. Haresign, H. Swan & D. Lewis, Butterworths:31.

Hammer, W. 1983. Kalkulationen über die Arbeit für die Leghennenhaltung. D.G.S. 6:146.

Hill, J.A. 1988. Welfare - what are the costs? Zootechnica, Sept. 1988:48.

Ketelaars, E.H., A. Arets, W. van der Hel, A.J. Wilbrink & M.W.A. Verstegen 1985. Effect of housing systems on the energy balance of laying hens. Neth.J. of Agr. Sci. 33:35.

N.N. 1988. The Tiered Wire Floor System for laying hens. COVP Spelderholt ed. no. 484 (in English).

Zaalmink, B.W. 1987. Kostprijsberekening van consumptie-eieren bij experimentele etagehuisvesting, scharrel- en batterijhuisvesting. COVP Spelderholt ed. no. 459.

Land and Water Use, Dodd & Grace (eds), © 1989 Balkema, Rotterdam. ISBN 90 6191 980 0

New housing methods of horse husbandry in the Italian Appennines

A.Checchi
Istituto di Genio Rurale Facoltá di Agraria, Bologna, Italia

(Translated by D.Rabbi)

ABSTRACT: The scope of this work is to give useful advice for
the planning of more adeguate and modern shelters for horses.
We examine optimum solutions for sizes of both enclosures and
housing structures. We also consider the most suitable soils both
as regards stamping and bedding.

RESUME: Des indications utiles sont fournies pour l'étude
d'écuries d'une conception plus adéguate. Des solutions ont été
prévues en ce qui concerne les dimensions des enclos et des
structures de logement. Une analyse a été effectuée sur le
différents types de terrain les plus adéquats pour le piétement
et les litières.

ZUSAMMENFASSUNG: Hiermit wollte man einige nützliche Anweisungen
zur Planung von modernsten Schutdächern für Pferde liefern. Wir
haben an die besten Lösungen sei es für die
Unterbringungstukturen gedacht. Gleichzeitig haben wir die dafür
geeignesten Bodenarten sowie die verschiedenen Streulager
analysiert.

1 INTRODUCTION

As far as animal housing is concerned,
Italy unfortunately lacks systematic
statistics. All we know, in fact, comes
from enquiries carried out on local sample
breeding-farms and are therefore limited for
what concerns reliability and surveying
methods. Although it has its limits, this
work suggests new building solutions where
hygiene and comfort have to cope with the
horse's needs whether in the case of
trekking-horse breeding farms or in terms of
intensive horse husbandry.

2. HORSE-RAISING BUILDING STRUCTURES

We can list horse-breeding farms as
follows:
- Permanent housing for trekking-horse
breeding farms.
  - Pasture sheds
- Permanent housing . (The latter two items
concern intensive horse-raising).
All the above-mentioned systems(i.e. when
the animals are housed) require an open area
outside.

3 ENCLOSURES

These should be built in an extremely simple
way and enclose an area of 5.000 sq.m the
optimum for 3-4 mares or 4-5 foals.

3.1 Building characteristics

-Light-brown coloured fence so that it can
be clearly seen by the animals.
-Rounded corners of the main entrance door
(to prevent horses from injuring themselves)
-Width of the main entrance door not less
than 3m
-Opening towards the outside if there is a

main entrance door or a double chain , the first one being 0.50m high, and the second 0.80m high, both ending with swivers, or hooks.

-Entrance to the paddock from higher areas.

When mares with foals are being raised , the paddock should be divided into two areas, one for mare-feeding and the other for foal-feeding. (fig. 1, 2, 3)

The foal-feeding area should be located on the ground without any structures above ground level, while the mare-feeding area should be on the high part of the paddock, located in cubicles.

These cubicles , 2.00 m long and 0.90-1.00m wide, should be covered with concrete for 1.00m of length in the further part near the manger, one next to the other.

The covering of the floor with concrete is determined by the fact that horse movements towards the manger are "performed" by its neck and head and therefore its centre of gravity is on its forelegs.

In order to avoid "trenches" which would always be full of water and ice, due to horse stamping, the above-mentioned solution would certainly be the best.

On the other hand, the rearlegs should stand on the ground because, if not, the animal will not feel steady and therefore it is much less nervous, won't kick, and rarely will bite its neighbours.

By using these cubicles , we could solve the problem of social hierarchy , therefore permitting all the mares to feed without the interference of animal group leaders (mares).

What prevents from contact, is a partition rail and a synthetic material mesh put at the horse head maximum height (fig. 4) (In the case of horse-feeding by means of round bales, the ones with a diameter of 1.80 can serve two cubicles).

The troughs should be placed far away from both the feeding-mangers and from the entrance.

Therefore, it is advisable to locate them in the low part of the paddock or near its ends, because eventual losses of water may cause puddles.

The best solution would be to cast concrete all round the trough for 2 meters. (The floor must be cumbered.)

4 BUILDING SOLUTIONS

As far as intensive horse-breeding is concerned, the best solution would be open housing. The breeds we considered in this article are: the " Agricolo Italiano", or "Rural Italian horse", the "Franches - Montagnes", or the "French Mountain Horse",
and other similar sized breeds (tab. 1)

The most suitable building structures seem to have the following characteristics:

- Closed on the three sides and open towards the paddock.

As far as trekking-horse breeding farms are concerned, the best solution would appear to be one single closed structure with individual boxes.

4.1 Stud-planning criteria

We have examined the principal requirements for horse-housing planning . The shelters should be as far as possible rational, economical, easy, , re-convertible and easy to enlarge. The technical data deal with :
  -horse surface per head
  -width of the feeding passage and doors
  -area for foaling box
  -room for mangers per head
all these requirements are given in tab. 2

4.2 Feeding mangers

The open-housing studs have two kinds of feeding mangers; one is concave, the other is used for round bales only.

4.3 Feeding and resting area.

It should be divided into two sub-areas: one just for feeding, the other for resting.
In most cases, anyway, there is only one, and therefore at least 4.00m is required to permit animal movements.
It is in this area where the animal spends most of its time, and therefore the solutions for better hygienic conditions and comfort come both from the choice of soil and bedding.

4.3.1 Types of soil

Types of soil	Pros and cons
-Tamped earth	Cheap and easy system, difficult maintenance.
-Sand	Filtering and renewable good for bedding but expensive to clean.
-Brick	Solid, absorbent but slippy.
-Grids	(Either in wood or in concrete). Can cause hoof-injuries, gas-seepage, expensive.
-Concrete	Strong, easy maintenance slippy if smooth, high conductivity, needs bedding.

-Tar   Cheap but weak for stamping during hot periods and continual scraping.

The choice of bedding depends on :
- Easy availability
-Possibility of use and recycling used bedding.
-Costs
-Easy-of-use (no dust, easy maintenance before and after use, animal comfort)

4.3.2 Principal types of bedding

Wheatstraw	Long, solid, not dusty
Barleystraw	Consistent, appetizing, skin-irritating, and dusty, if not pressed immediately after harvesting.
Oatstraw	Long, tasty, but weak.
Ryestraw	Resistent, absorbent but irritating.
Ricestraw	High percentage of silica, decomposition not easy, dusty.
Sawdust and woodchips	High degree of heat insulation , good absorption, but dusty. It splinters and can cause wounds to the animal.
Peat	Good-quality bedding, absorbent; needs maintenance expensive.
Sand	Easy to handle, but large quantities are needed, therefore expensive in itself and for transport.

Soybean, sunflower and maize poles are to be avoided even if appetizing, because they are not easily digestible, have no absorption capacity and are very uncomfortable as bedding.
The maximum height of the bedding-layer in a completely closed structure is about 35-45 cm. beyond that , heavy gasses and vapour will seep in large quantities.

4.4 Paddocks.

Linked to the breeding-farms, paddocks are absolutely necessary in studs for intensive horse-husbandry while in the case of trekking-horse breeding farms, there is no real need of such an open structure, particularly during the winter. The optimum characteristics are described in point 3.

4.5 Horse movements

This is an operation of real importance in horse management, particularly necessary to let the animal move not only at receiving and selling, but also at any time when a more accurate check-up is needed either regarding health or growth. (fig. 7)
The aforesaid indications must be of help for the breeder while he is planning for the animal shelters as he may use them when making up his mind about different possibilities which are in any case linked to varying situations and places.
The solutions we have offered are particularly applicable to the kinds of horse-breeding farms located in the Northern Appennines of Italy, where the market situation excludes large-scale plants or re-building.
Years of experience have shown that the farmer who builds economically, manages to reach remarkable results.
Consequently we considered it only right to direct the farmer, whether big or small, towards more cost-efficient husbandry techniques and animal housing.

REFERENCES

Geyl C. T. -Rossier E. Les Systems de production de poulains de boucherie. Cereopa Ottobre 1984
Matile P. L'Alimentation du poulain jusqu'au sevrage. Revue n 4 1986 Unione delle federazioni cooperative agricole della Svizzera.
Rouviere A. -Jussiaux M. - De Vaulx M. -Baudoin N. -Rossier E. Habitat et logement des chevaux lourd Cereopa 1985
De Vaulx M. Installation d'elevage et d'ingraissement pour la production de viande de cheval. Le Cheval. Inra 1984
Jussiaux M. -De Vaulx M L'Habitat des chevaux lourds Cereopa Novembre 1979
Checchi A. Cavallo da carne: Alloggio e habitat Atti del IV convegno nazionale A. I. G. R. Alghero 5/88

TROUGH
CONCRETE
~100 ML
TAMPED EARTH
FIG. 2
~50 ML

FIG. 1

~10 ML
FIG. 3
FOAL - FEEDING AREA
~5 ML
MARE - FEEDING AREA
1 ML
CONCRETE
FEEDING MANGER
FIG. 4
FEEDING PASSAGE

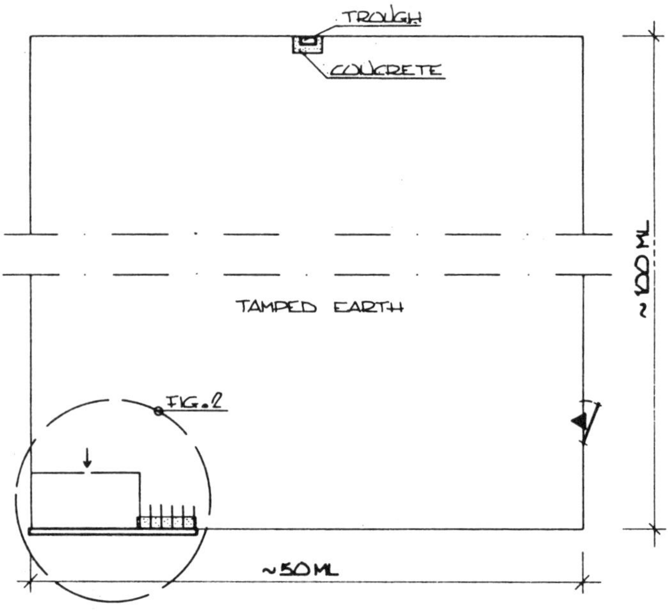

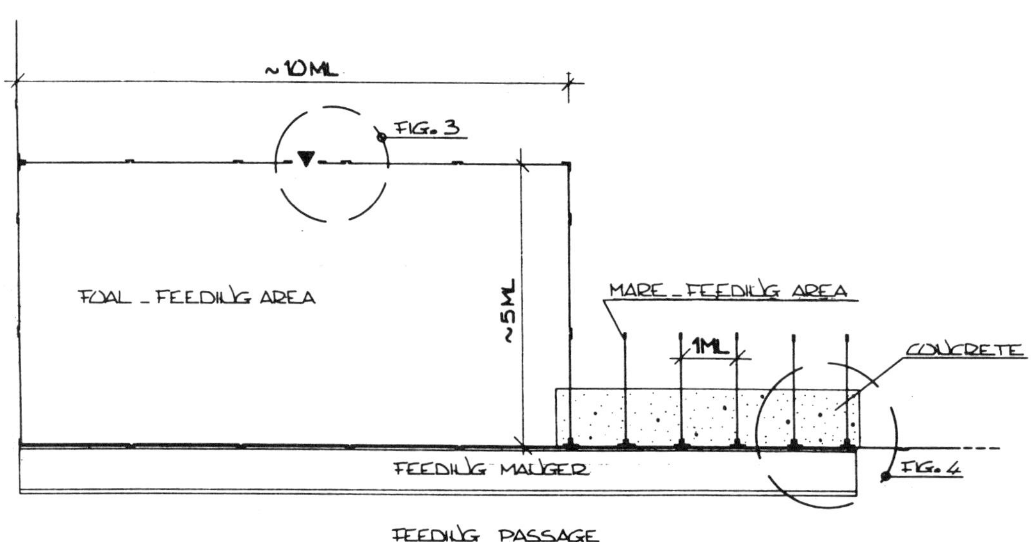

FIG. 2

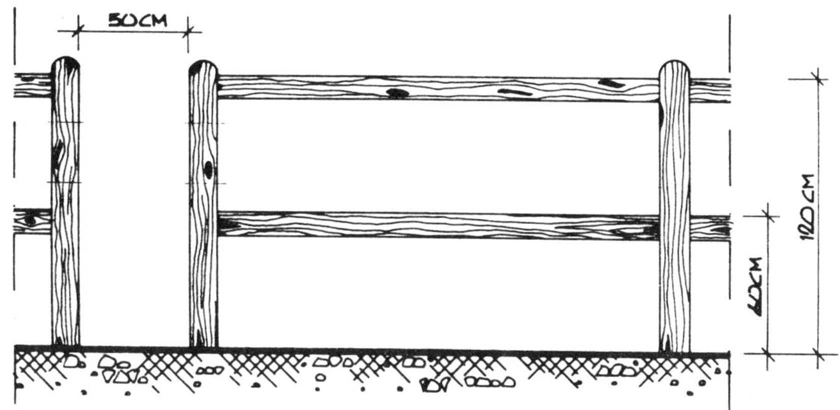

FIG. 3

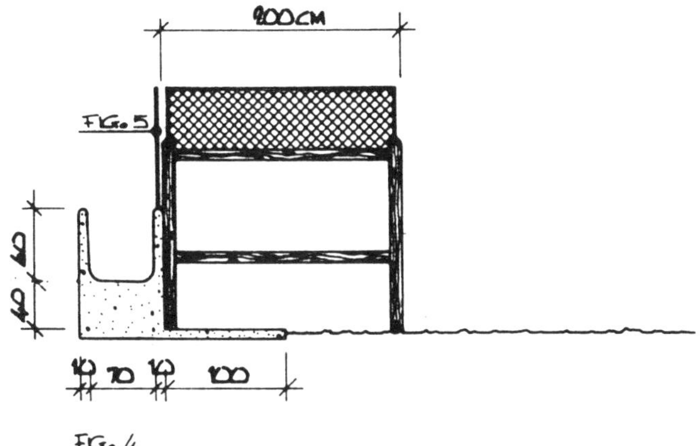

FIG. 4

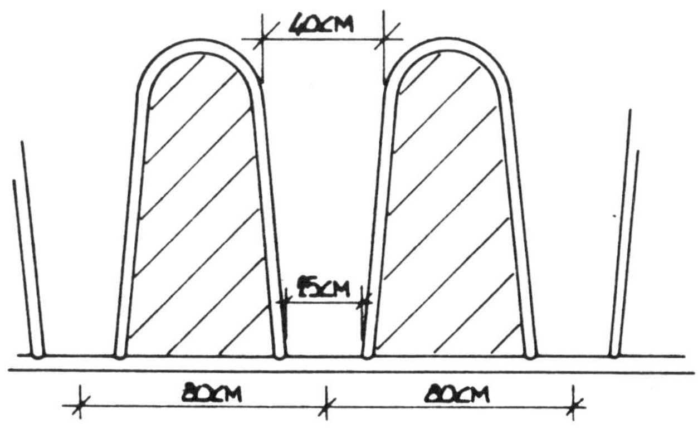

FIG. 5

FIG. 5
FEED
FEEDING AREA FLOOR

FIG. 6

70CM
20
20
160CM
110
10
50CM
70CM

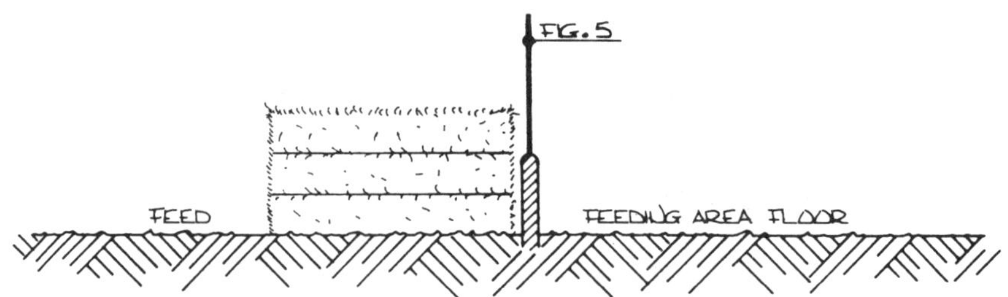

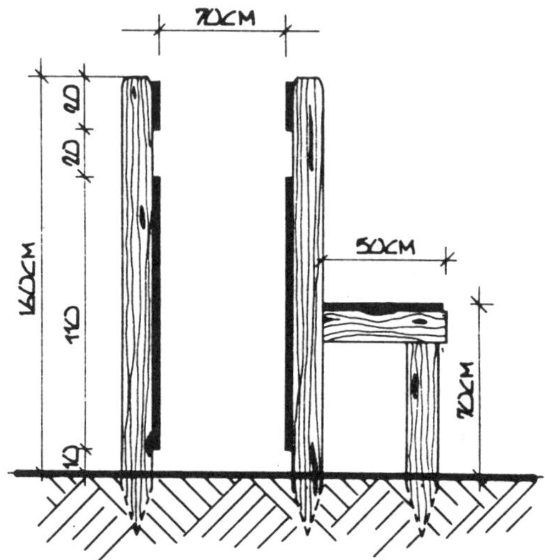

FIG. 7

Size (cm)					
Age	Weight	L1	L2	L3	H
0 – 14 days	40	76	105	22	77
	50	85	118	25	81
14 days – 3 months	85	91	128	29	87
	120	95	132	32	89
3 months – 6 months	135	106	148	38	96
	160	113	158	39	103
	180	117	165	40	107
	220	124	173	44	108
6 months – 1 year	250	129	183	46	111
	300	135	190	48	116
	350	143	200	50	120
	400	151	210	55	125
Mature mares	550–650	230	300	60	150

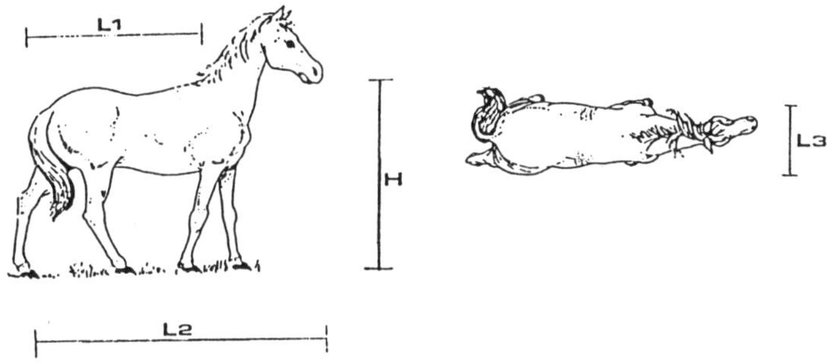

Surface/p. Animal sq.m	Rest area	Exercise area	Feeding area	Manger access area	Foaling area (Box)
Foal up to 7 months of age	4	–	1,8	0,5	–
Foal up to 18 months of age	5	10	2,2	0,6	–
Mares	8	30	2,5	0,9	12–16
Mares plus Foal	15	30	2,5	1,5	–

Width of Feeding passage   m.3,00

Doors
Manger access area   m.3,00   running-doors
Boxes   m.1,5   running-doors

Forage stocking

Straw and hay   4 cm/month x animal
Straw Bedding   as desired

Land and Water Use, Dodd & Grace (eds), © 1989 Balkema, Rotterdam. ISBN 90 6191 980 0

Computerized design of buildings for animal systems for defining specific performance

V.G.G.Mennella, P.Borghi & A.Morabito
University of Perugia, Italy

ABSTRACT: This work illustrates the phases of research and experimental study as well as the methodology for the planning and the contruction of a system that gives the analytical definition of the specific performance for the computer design of buildings to be used for dairy sheep.Appropriately applied,the programme can be used for designs of buildings for animals other than sheep, allowing a specific analysis of all the inputs related to single sectors of application.

RESUME: Le travail illustre les phases de la recherche et de l'étude expérimentale, ainsi que la méthodologie pour l'idéation et la construction d'un système qui permet la définition analytique des relevés des prestations pour la réalisation par l'ordonnateur des projets d'édifices destinées à l'élevage des ovins à lait. Adapté de la maniére opportune, le programme peut être utilisé pour des problémes de projet relatifs à des édifices déstinés à des espéces différentes des ovins, permettant une analyse spécifique de tous les inputs référés aux divers secteurs d'application.

ZUSAMMENFASSUNG:Die Arbeit erlaeutert die Phasen der Untersuchung und des Versuchsstudiums und die Metodologie fuer die Planung und Aufstellung eines Systems, welches sowohl die analytische Definition der Leistungsaufstellungen erlaubt, als auch die Planung mittels Computer von Gebaeuden, welche fuer die Zuechtung von Milchschafen bestimmt sind. Das Programm, richtig angeglichen, kann fuer Probleme von Projekten verwendet werden, welche sich auf Gebaeude fuer andere Gattungen als Schafe beziehen, und erlaubt eine genaue Analyse aller Input, bezogen auf die einzelnen Verwendungssektoren.

1 THE PROBLEM

Buildings for animal rearing have a fundamental role among the factors that contribute to the improvement of animal production.

In fact, buildings that guarantee environmental conditions suitable to the species being raised and that permit the best organization of both human and mechanical labour, can contribute considerably to obtaining the best feed conversion indexes and the highest profits in production.

Therefore, in defining building solutions, the optimal ratio is to be sought between the elements that characterize the type of rearing and the components of the building.

The criterion of maximum economizing of installation, which is often erroneously considered the only element on which the choice is to be based, is not sufficient to satisfy these economical and productive demands.

Consequently, the correct design and execution of buildings for specific uses which have been studied for specific accurate performance, are essential for obtaining the maximum productive efficiency at the lowest cost.

2 DESIGN ELEMENTS

When planning to construct animal buildings, it is quite frequent in agriculture to tend towards prefabricated structures and subsequently to exploit the internal space for the specific requirements.

In fact, partitioning of the building should be the result of the organization of the whole activity and the services proper to the activity.

The fulfillment of the animals' needs and the carrying out of the various operations presumes the defining of areas of action inside the buildings, each equipped with spatial and functional autonomy. In each area a static sub-area for the animals, equipment and installations should be contemplated, together with a dynamic sub-area for movement and access to the first sub-area.

Animals need an area which satisfies their three main requirements:
- stalling area;
- access to feed;
- volume and quality of the environment.

The dynamic sub-area is defined by the factors pertaining to the organization of the work :
- feeding;
- subdivision and movement of the animals
- removal of excrement.

Research regarding the solution of the project that would satisfy these presumptions is usually carried out on the basis of analytical data that designers find in manuals and specialized texts as well as from professional experience.

In order to plan and carry out the project so that it will satisfy the requirement of quality, it is necessary to define values or groups of values for each qualification (specific performance) within which the corresponding services of the building must be contained.

The determination of specific performance is a complex operation which requires:
a. the research and specification of parameters suitable to express the characteristics of the qualifications in measurable terms.

b. once the parameters have been specified, the definition of the groups of values for each parameter, explaining the precise requirements of the users.

The base information which the designer needs in order to work correctly is constituted by the minimum qualitative levels which must have the solution in order to be acceptable, and which are supplied by the standards found in the most studied and controlled fields of production.

The data for design usually include:
1. dimensional quantitative data (areas and volumes); both total and partial.

2. Minimum quantity of accessories, installations and equipment necessary for functioning.

3. Models for the organization of the internal space both for single areas and joint units.

4. Qualitative qualifications.

These data are precise, clear references that divide the validity range from the range of qualitative insufficiency. Therefore, this reference cannot be vague and confusing because it would make control difficult or impossible.

It is equally important that the standard can be applied to the entire field in question. This is possible if the standard is free from specific solutions and is instead related to particular problems.

The necessity for precision and analysis and the practicality of use can both be complied with if one considers that the operations concerning both are suitable for procedures of standard analysis. This work has been developed in this manner.

3 BACKGROUND OF METHODOLOGY

In view of the choice made at the beginning of the design procedure, it is necessary to control the analysis of the solution.

Control has always been present in design operations with iterative feedback procedures that correct and adapt that which was previously considered, but which in the end, produce a product without supplying anything relative to the actual process of creation.

A product obtained in this way can only be accepted or rejected. Every correction operation is impossible by an outside operator since there is no data to work on with respect to the original operating procedure. This can be valid for a work of art, such as a painting, but not for a product that has a final purpose of use.

Cybernetics, or the science of control, defines the operating procedures of human work in general, as well as of design in detail, and claims that the procedure used to obtain a result (the solution, in the case of design) affects the result itself.

A first level that renders the design process less "magical", is that defined as a black box. This type of design procedure provides for a complete, explicit definition of the aims. The procedure used to pass from the definition of the aims to the solution remains indefinite, as if the initial elements were put into a closed black box and the solution to be considered came out from the bottom.

This is the first step towards a complete definition of the operating procedures because it permits an intervention in the analysis of the solution, on the basis of the initial intentions.

In the previous idealization, to know the entire design procedure implies that the box must not be black but transparent, so as to be able to see inside. Such design processes are therefore defined as a glass box and the possible controls are different (Jones 1972).

The field of science interested in this is Methodology of Design. Choosing a method for an operation of design means to be tied to schemes and precise rules and to work in a definite direction.

From this, the reasons for the analysis of the study become clear and it is evident why a certain type of system is constructed. Once in the field of action, this division in sectors intensifies the versatility of the system and its parts and renders it adaptable to other similar sectors by means of substitution and addition operations.

Besides verifing the results, this also allows for the modification, where necessary, of the aims, adding or substituting elements, thus always keeping under control the design process dealt with.

4 IDENTIFICATION AND CLASSIFICATION OF BA_
   SIC ELEMENTS FOR THE PROGRAMME

The first step towards the realization of the system for the analytical definition of specific performance is the specification of the basis parameters and their order according to a classification which keeps in mind the relations such as those expressed in fig. I

Fig. I Scheme indicating the correlation between parameters of choice and elements of the solution for satisfying the requirements of the various planning design sta_ ges.

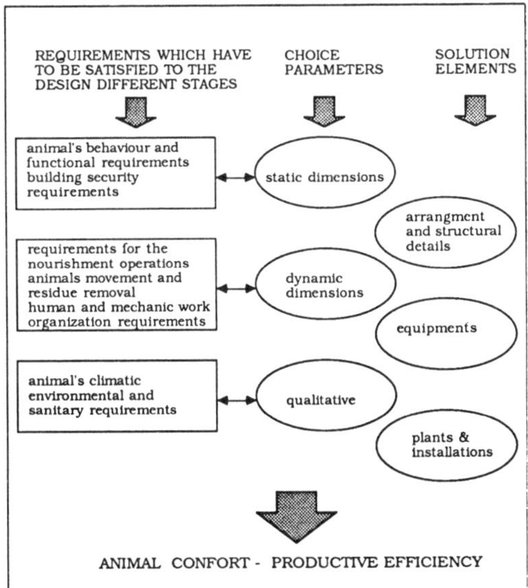

Figure 1 shows the correlations between parameters of choice and elements for the solution, the various stages of design the requirements and obtaining of the optimal solution.

During the first phase of study, the parameters relative to the whole building and those relative to the component parts are pursued.

This analytical resolution of requirements will allow for the specification of the de_ signers particular observations in researching possible solutions.

The parameters can be ordered on the basis of the scheme that was previously characterized.

The specialization of the example is related to the definition of specific perfor_ mance for the design of " barns" for "milking sheep".

Inside these elements the system finds a further specialization in the modules farms of the programme, with the identification of 25 usable standars in the actual case analyzed by AO (space per head) to C 2b (spaces for milking with rotation systems). (See table 1).

Table 1.Ordering of parameters of choice, referring to the research of projected solutions for dairy sheep barns. A class and a number are assigned to each element; the unit of measure is also defined.

CLASS	TITLE	UNITS
AO	total space	sq.m./h.
A1	bedded area	sq.m./h.
A2	feed trough length	m./h.
A3	waiting space for milking	sq.m./h.
A4	window surface area	sq.m./h.
A5	feed passage width	m.
A6	height of bedded area	m.
A7a	loading door width	m.
A7b	animal door width	m.
A7c	pedestrian door width	m.
A8	milk storage space	sq.m./h.
A9	other local service areas	sq.m./h.
A10	personnel service area	sq.m.
B1	artificial lighting	nr.l./sq.m.
B2	summer ventilation	cu.m./h.hr.
B3	winter ventilation	cu.m./h.hr.
B4	lowest critical temperature	^{0}C
B5	higtest critical temperature	^{0}C
B6	velocity of air	m.sec.
B7	relative humidity	%H_2O
B8	laves height	m.
C1a	folding scraper height	m.
C1b	folding scraper width	m.
C2a	linear milking parlour	sq.m./h.
C2b	rotary milking parlour	sq.m./h.

h.=head hr.=hour nr.l.=number lights
sq.m.=square meters cu.m.=cubic meters

5 RESULTS OF BIBLIOGRAPHIC AND EXPERIMENTAL
RESEARCH

At first the values to be assigned to the
single parameters were obtained from existing publicity on this matter.
The result is a table with values exstre
mely different from one another, as is evi
dent from the example in table 2.

Table 2. Values relative to "feed trough
length" expressed in cm recommended by several authors.
A = contemporary feeding;
B = free feeding (ad libitum).

Author	Tip of feeding	Sheep	Lamb	Ram
DE MONTIS	a	35-40	25	-
	b	17-20	10-25	15-17
MANDOLESI	a	40-50	15-20	50-60
	b	-	-	-
MENNELLA	a	35-40	20	40-50
	b	15-20	-	25
NEUFERT	a	40	15-20	-
	b	-	-	-
WELLER	a	30-40	-	-
	b	5-10	-	-

The values were also acquired through direct systematic studies.
From an investigation effected on a mobi
le racle milking system of 48 stalls with
3 workers, 6 phases of work were identified
in each cycle.
The working and waiting times and the num
ber of animals supplied per hour are shown
in table 3.

Table 3. Synthesis of results of the milking parlour study. Data relative to waiting periods are inconsistent between the
various phases. Phases of work: M= feed
distribution; E= animal entrance;
.A= animal withdrawal; C1= group 1 holding;
C2= group 2 holding; U= exit.

PHASES	M	E	A	C1	C2	U	TOTAL
mean times (sec)	79,4	86,9	38,0	241,1	183,0	42,2	670,8
standard deviation	19,6	24,7	19,8	58,5	42,4	13,4	63,4
variance	384,9	612,1	394,5	3425,5	1797,5	180,1	6965,4
minimum time (sec)	55,0	50,0	15,5	135,5	125,0	30,0	560,0
maximum time (sec)	120,0	150,0	95,0	390,0	250,0	80,0	835,0
mean waiting time (sec)	17,1	25,5	1,6	31,3	150,0	35,5	111,1

The direct analysis of projects typical of
the sector has enabled the collection of a
large number of data from which other indi
cative elements regarding standards have

been obtained by means of statistical analysis (see table 4).

Table 4. Analysis of data from all analyzed projects. Means   standard deviation
and variance are shown.

DATA		MEAN	STANDARD DEVIATION	VARIANCE
total space	(sq.m./h.)	2,78	0,51	0,26
bedded area	(sq.m./h.)	1,30	0,28	0,08
passage area	(sq.m./h.)	0,61	0,36	0,13
$\dfrac{\text{passage area}}{\text{total space}} \times 100$	(%)	20,37	8,49	72,13
feed passage width	(m.)	3,06	0,80	0,65
manger length	(m./h.)	0,30	0,09	0,01
waiting area	(sq.m./h.)	0,17	0,16	0,03
milking parlour area	(sq.m./h.)	0,23	0,29	0,09
milking storage area	(sq.m./h.)	0,04	0,03	0,00
service area	(sq.m./h.)	0,41	0,44	0,19

A correlation between the specification
"space per head" and the number of heads
was made, defining the following formula
of logarithmic regression ..$Y = - 1,53 \log
(x) + 11,91$ which shows a satisfactory
mean square deviation (0,892) and a sufficient validity range (up to 400 animals)
(see fig. 2).

Fig.2. Diagram in logarithm scale relative
to the correlation between the specific
"space per animal" and the number of heads
obtained with data deduced from the projects.

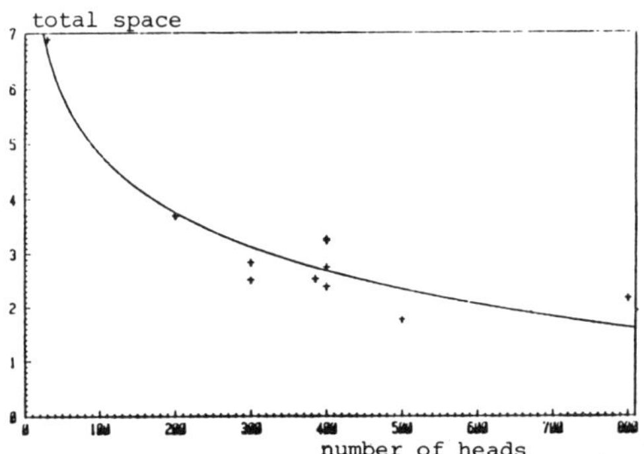

6 CHARACTERIZATION OF DATA BASED ON THE SY
STEM

From the results obtained, definite values
could be assigned to the parameters. However, in order for the values to be conside
red admissible, it is necessary that they
correctly interpret the precise requiremen
ts of users.
For this reason, fixed values (basic stan

dards) have been assigned to the parameters as a first approximation relating them to a definite solution in its components (intensive rearing, medium sized animals, we a ned lambs in specific unite, feeding toge ther using a self-discharge, slatted floor; hot climate. (see table 5).

Table 5. First approximation of values assigned to the parameters defined according to the initial scheme.

CLASS	TITLE		VALUE
A0	total space	sq.m./h.	α
A1	bedded area	sq.m./h.	0,85
A2	feed trough length	m./h.	0,35
A3	waiting space for milking	sq.m./h.	0,25
A4	window surface area	sq.m./h.	0,05
A5	feed passage width	m.	3
A6	height of bedded area	m.	0,70
A7a	loading door width	m.	2,50
A7b	animal door width	m.	1,80
A7c	pedestrian door width	m.	0,80
A8	milk storage space	sq.m./h.	0,05
A9	other local service areas	sq.m./h.	0,40
A10	personnel service area	sq.m.	3
B1	artificial lighting	nr.l./sq.m.	0,01
B2	summer ventilation	cu.m./h.hr.	120
B3	winter ventilation	cu.m./h.hr.	30
B4	lowest critical temperature	^{0}C	6
B5	higtest critical temperature	^{0}C	30
B6	velocity of air	m.sec.	1
B7	relative humidity	$\%H_2O$	75
B8	laves height	m.	2,60
C1a	folding scraper height	m.	0,20
C1b	folding scraper width	m.	2,10
C2a	linear milking parlour	sq.m./h.	0,35
C2b	rotary milking parlour	sq.m./h.	0,30

h.=head hr.=hour nr.l.=number lights
sq.m.=square meters cu.m.=cubic meters
$\alpha = Y = - 1,53 \log (X) + 11,91$

Therefore for each single parameter, the influence of the factors defining a different type of solution was studied, identifying corrective coefficients or additional values.

In order to give the correction validity in general, only one ratio of relation ships between basic standards and correcti ve elements was found so as to make the adaptation of the standards suitable to other types of solutions.

The correlation which permits this adap tation can be expressed by the following formula:
corrected value:(basic standard $\pm \alpha$)x
x $\beta_1 \beta_2 \psi \phi \epsilon \lambda \eta \iota$.

The study on corrective coefficients thus becomes a qualifying element for the construction of the system which allows for standards suitable to every situation.

The fundamental data of the system are shown in table 6.

Table 6. Base data of the system for the 25 parameters characterized.

PARAMETERS	BASIC STANDARDS	CORRECTIVE COEFFICIENTS CHARACTERIZING THE SOLUTION								
		α	β_1	β_2	ψ	ϕ	ϵ	λ	η	ι
A1	0.85	+0.067	0.8	0.85	1.15	1	1	0.82	1	NH
A2	0.35	+0.075	1	0.85	1.15	0.5	1	1	1	NH
A3	0.25		1	0.90	1.15	1	1	1	1	NH
A4	0.05		0.83	1	1.10	1	1	1	1.20	NH.AO
A5	3.00		1	1	1	1	0.33	1	1	
A6	0.70		1	1	1	1	1	0.7	1	
A7a	2.50		1	1	1	1	1	1	1	
A7b	1.8		1	1	1	1	1	1	1	
A7c	0.8		0.9	1	1	1	1	1	1	
A8	0.05		0.8	1	1	1	1	1	1	NH
A9	0.40		0.8	1	1	1	1	1	1	NH
A10	3.00		0.5	1	1	1	1	1	1	NW
B1	0.012		1	1	1	1	1	1	1.20	AO.NH
B2	120	+7.5	1	0.9	1.10	1	1	0.85	0.80	NH
B3	30	+1.87	1	0.9	1.10	1	1	0.85	1	NH
B4	6		1	1	1	1	1	1	1	
B5	30		1	1	1	1	1	1	1	
B6	1	-0.5	1	1	1	1	1	1	1	
B7	75	+10	1	1	1	1	1	1	1	
B8	3.00		0.9	1	1	1	1	1	0.9	
C1a	0.001		1	1	1	1	1	250	1	
C1b	0.001		1	1	1	1	1	2500	1	
C2a	0.35		1	1	1	1	1	1	1	NH
C2b	0.30		1	1	1	1	1	1	1	NH

α = additional value for lambs;
β_1 = coefficient for extensive breeding;
β_2 = for small size;
ψ = for large size;
ϕ = for feeding ad libitum;
ϵ = for feeding belt;
λ = for slatted floor;
η = for cold climate;
ι = variable coefficient equal to number of heads (NH), total space (AO) and number of works personnel (NW).

7 PROGRAMMING OF THE SYSTEM

A programme was put on the HP86B computer in order to control the system. This programme was studied in talk form, which was considered to be the easiest for the designers.

The structure of the programme includes various sections: the first, where the base data is loaded in files that can easily be up-dated, offers the user certain working possibilities (among which, updating the data).

In the 3rd, 4th, 5th sections, by means of a serie of questions, the programme collects the dimensional elements and qualitative characteristics of the design problem to be dealt with.

In the 6th section, the standards are cal culated and in the 7th the quantities connected with the definied standards and the size of the system.

In order to supply the user with other useful information, the programme also follows a series of secondary aims, also providing unit systems of multiple use.

Calculations relative to the electrical system, ventilation, volume to be reached above ground and buried and the definition of the minimum height regarding the minimum air volume per head are loaded as sub-programmes.

The 8th section covers the calculations for farms consisting of only one building, and the following 3 sections deal with the calculations for farms consisting of more than one productive unit. A few graphic outputs are useful for the evaluation of the projeted solution (fig.3).

The programme concludes with the section dedicated to the calculation of the differences and the request of other analysis which permit the user to utilize the system so as to improve the projected solutions.

The system is controlled by a series of tests. For example: using the system to control projects that have already been carried out (the system permitted the control of the technical card very quickly) or as a support of the project (the data resulting from the analysis (fig.4) were used as base elements for the project with good results as far as efficiency is concerned).

Fig.4. Flowchart of the program.

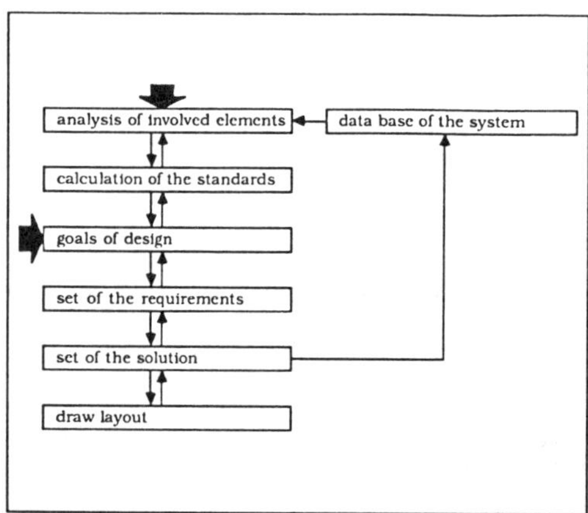

8 DISCUSSION AND CONCLUSION

The programme proved to be an interesting working instrument for the designer or con

Fig.3. Barn for 240 heads designed by the program.

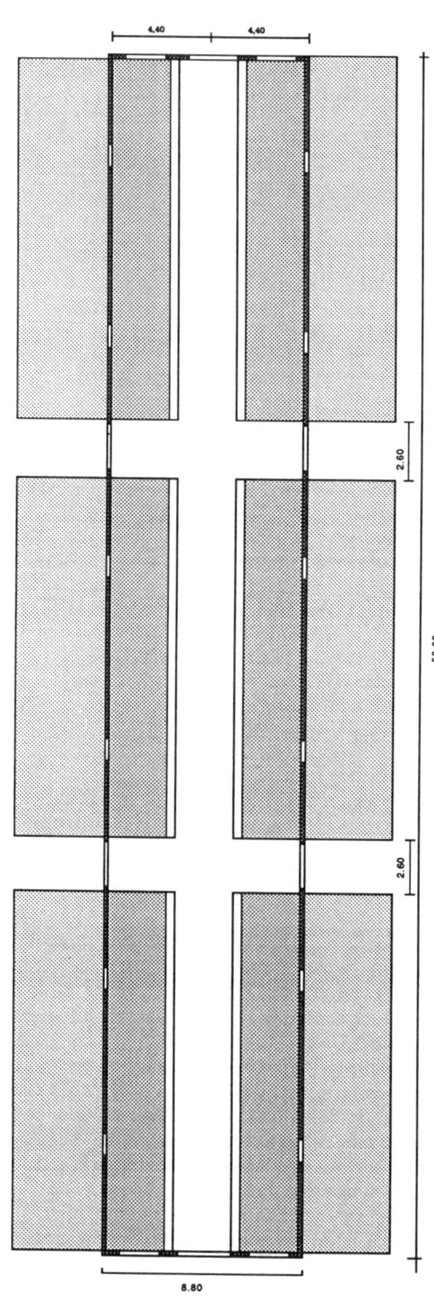

troller of the validity of the projected solutions relative to the specific field in question.

The programme does not need a long training period, it can be quickly used and

gives results that allow a direct and practical application without any complicated
analysis. There cannot be any criticism as
to excessive specialization of the method
if one considers the 2 key topics on which
the work is based.

The lst, which is connected with the aim
of overcoming the rough approximations in
studying systems for animals, permits the
analysis of qualitative standards of the
most modern productive sectors to be appro
achedo essentially this made it necessary
to pay close attention to every element in
volved in the project and to evaluate its
implication for the definition of the solu
tion.Obviously it became impossible for
example to make rough generalizations trea
ting animals raised for meat as those raised for milk or grouping different species
together.

From a detailed analysis of the methods
used, the characteristic of specificity ap
pears essential and it is difficult to minimize this aspect because of the vast
amount of variable factors that operate in
the definition of specific performance.

The second subject is connected with the
analysis and transparency of the processing of the programme which makes it control
lable and suitable to every type of variation.

A series of operations which are difficult to handle if they are to complicated
can occur when working in dimensions. The
controllability-inside the programme can
be semplified, thus being able to affect
eventual changes (adjustments) varying the
data that do not correspond well to the
constructive and environmental characteristics.

Furthermore the structure of the program
me has been designed in a very versatile
manner. In fact autonomous functional modules exist inside the programme that can
easily be used in different operations.

The functional scheme provides for the
following iterative procedure (see fig.5);
the analysis of the design begins with the
definition of the solution, and the solution originates from the definition of the
requirements; the definition of the requirements derives from the analysis of the
aims of the project on the basic of the
definition of the standardas; the definition of the standards originates from the
analysis of the elements involved.

Adopting constructive models already
existing in the industrial field if on
one hand they correspond well to the calculation requirements of the elements used,
nothing is needed regarding the correspondence of the environmental and productive
characteristics that a farm needs. In the
past this was dove using adapted farms of


```
? N
DATI SECONDARI PER IMPIANTI AD EDIFICIO UNICO
SUPERFICI DA COSTRUIRE
SPAZIO PER STABULAZIONE           ...MQ =    276.0
SPAZIO ATTESA MUNGITURA           ...MQ =     69.0
SPAZIO DEPOSITO LATTE             ...MQ =     12.0
SPAZIO ALTRI LOCALI SERVIZIO      ...MQ =     96.0
SPAZIO SERVIZIO PERSONALE         ...MQ =     12.0
MUNGITURA CON IMP. LINEARE        ...MQ =     84.0
LARGHEZZA CORSIA ALIMENTAZIONE ....M.=        3.0
SUPERFICI PER CORSIE D'ALIM.      ...MQ =    207.0


TOTALE SUPERFICIE DA COST.        ...MQ =    756.0

DIFFERENZA CON CALCOLO TE.        ...MQ =    -89.9


FUNTI LUCE                        ...NR.=      47

LUNGHEZZA MANGIATOIA              ...M. =     96.6


SUPERFICIE FINESTRE               ...MQ =     46.5
PARTI SEMPRE APERTE               ...MQ =      2.2
PARTI APRIBILI                    ...MQ =      8.8
ELETTROVENTILATORE NECESSARIO
 UNO SU CANNA DA 38 CM


VOLUME ZONA STABULAZIONE  MC. =  1656
 VOLUME D'ARIA PER CAPO  =  6.9
 ALTEZZA MINIMA OVILE  M.=       3.00

 VOLUME DA REALIZZARE IN ELEVAZIONE MC =  2268


DIM. SIST. ALL. DEIEZ. RARCH.  ...M. =       .0
VOLUME D'INTERRATO DA REALIZ.  ...MC =    544.2
COSA SI VUOL FARE (FINIRE=1 & CAMBIARE NRCAPI=2
E SCELTE =4 & CAMBIARE I DATI BASE =5)
COSA SI VUOL FARE (AVERE I DATI PER LA SOLUZIONE AD UNITA' =6
R LA SOLUZIONE AD EDIFICIO UNICO =7)
1.150     E' LO STANDARD PER   SPAZIO PER STABULAZIONE
 .403     E' LO STANDARD PER   LUNGHEZZA MANGIATOIA
 .288     E' LO STANDARD PER   SPAZIO ATTESA MUNGITURA
 .055     E' LO STANDARD PER   SUPERFICIE FINESTRE
3.000     E' LO STANDARD PER   LARGHEZZA CORSIA ALIMENTAZIONE
 .700     E' LO STANDARD PER   DISLIVELLO INTERNO-ESTERNO
2.500     E' LO STANDARD PER   LARGHEZZA APERTURE FRONTALI
1.800     E' LO STANDARD PER   LARGHEZZA APERTURE LATERALI
 .800     E' LO STANDARD PER   LARGHEZZA APERTURE SECONDARIE
 .050     E' LO STANDARD PER   SPAZIO DEPOSITO LATTE
 .400     E' LO STANDARD PER   SPAZIO ALTRI LOCALI SERVIZIO
3.000     E' LO STANDARD PER   SPAZIO SERVIZIO PERSONALE
 .012     E' LO STANDARD PER   ILLUMINAZIONE ARTIFICIALE
132.000   E' LO STANDARD PER   VENTILAZIONE ESTIVA
33.000    E' LO STANDARD PER   VENTILAZIONE INVERNALE
6.000     E' LO STANDARD PER   TEMPERATURA CRITICA INFERIORE
30.000    E' LO STANDARD PER   TEMPERATURA CRITICA SUPERIORE
1.000     E' LO STANDARD PER   VELOCITA' DELL'ARIA
75.000    E' LO STANDARD PER   UMIDITA ' RELATIVA
3.000     E' LO STANDARD PER   ALTEZZA MINIMA
 .001     E' LO STANDARD PER   DIM. SIST. ALL. DEIEZ. RARCH.
 .350     E' LO STANDARD PER   MUNGITURA CON IMP. LINEARE

SI VOGLIONO AVERE I DATI SECONDARI DI CONTROLLO ALLA PROGETTAZIONE
? S
I DATI DEVONO ESSERE QUELLI PER IMPIANTI AD UNITA' DI PRODUZIONE
(S/N)
```

buildings already constructed so as to per
mit the establishment of characteristics
that were more in accordance with the need
Now, this does not seem to be a valid methodology.

Finally, if the elements involved are
changed, even radically, the programme will
function perfectly, as long as all the necessary data for subsequent analysis are
collected in the data base of the system.

It seemed more appropriate to adapt a
model (pattern) that, by means of suitable
modifications, coulobe used in the single
sectors of application, thus permitting a
specific analysis of all the inputs referred to.

Furthermore, all of the data with eventual corrections, which are from time to
time inserted, together are more legible.
Then if other parameters required by the
typology are to be added, the operation is
quite simple because of the modular structure of the programme.

REFERENCES

Ciribini, G.1958. Architettura ed industria,
  Lineamenti di tecnica della produzione
  edilizia, Milano.
De Montis,S. 1978. I vantaggi dei ricoveri
  per le pecore sarde da latte. Quaderni
  di agricoltura, 31-43.
De Montis S. 1983. Edifici per l'allevamen
  to ovino, Bologna: Edagricole.
Jones, J.C. 1972. Design methods-Seed of
  human future, London.
Mandolesi, E.and Cau, A.1967. Edilizia per
  l'agricoltura, Milano.
Mennella, V.G.G.and Borghi,P.1985. Criteri progettuali e modalità costruttive
  per la realizzazione di centri per l'al
  levamento ovino da carne. Il Vergaro,
  5:9-14, 6:23-32,7:21-26, 9:17-26.
Mennella, V.G.G. and Bruce J.M. 1981. Il
  controllo degli scambi termici nella
  progettazione degli edifici di allevamento, Genio Rurale, 1: 39-44.
Mennella, V.G.G. and Bruce, J.M. and Jones,
  C.G. 1985. Un modello di calcolo della
  temperatura critica inferiore di agnel-
  li nella fase di svezzamento. Il Vergaro, 1O: 17-22.
Neufert, E. 1954. Enciclopedia pratica per
  progettare e costruire, Milano.
Well, J.B. and Chiappini, U. 1976. Costruzioni agricole e zootecniche, Bologna:
  Edagricole.

This study was a part of the research
program "Environment and building structures for animal production in hot climates" financed by the Ministero della Pub
blica Istruzione (40%).
Prof. Vincenzo G.G. Mennella:
  initiated, directed the research.

Dr. Piero Borghi;
  collected and analysed the data.

Dr. Antonio Morabito;
  collected data, analysed the computerized program.

Land and Water Use, Dodd & Grace (eds), © 1989 Balkema, Rotterdam. ISBN 90 6191 980 0

Landwirtschaftliches Bauen zwischen wachsenden Anforderungen aus Ökonomie, Ökologie und Humanisierung des Arbeitsplatzes sowie neuen wissenschaftlichen Erkenntnissen und technischen Entwicklungen

J.Piotrowski
Institut für landwirtschaftliche Bauforschung der Bundesforschungsanstalt für Landwirtschaft (FAL), Braunschweig, Bundesrepublik Deutschland

KURZFASSUNG: Die bauliche Entwicklung in der Landwirtschaft wird durch ein Bündel wachsender Anforderungen beeinflußt, die wie folgt zu kennzeichnen sind:

- Reduzierung baulicher Investitionen und baubedingter Kosten bei einer Landbewirtschaftung unter Kostendruck

- Gleichwohl: Verminderung von Verlusten, Verringerung von Arbeit und Betriebsmitteleinsatz, Verbesserung von Qualtität und Erträgen

- Reduzierung von Umweltbelastungen

- Berücksichtigung wachsender Anforderungen an die Qualität landwirtschaftlicher Produkte

- Beachtung wachsender Tierschutzanforderungen

- Verbesserung der Arbeitsbedingungen sowie Reduzierung der Unfallgefahr

- Sicherung und Erhaltung der Funktion wertvoller landwirtschaftlicher Bausubstanz für Dorf und Region

- Berücksichtigung neuer Erkenntnisse und Entwicklungen

Als Möglichkeiten kostensparender Anpassung an wachsende Anforderungen sind insbesondere zu nennen:

- Nutzung der Erkenntnisse der Tierverhaltensforschung

- Beachtung neuer kostensparender bau- und haltungstechnischer Entwicklungen

- EDV-Nutzung

- Systematische Ableitung von Nutzungsalternativen für Altgebäude

- Systematischer bauökonomischer Vergleich neuer Wirtschaftsgebäudesysteme

- Nutzung verbesserter Möglichkeiten baulicher Selbsthilfe

- Anpassung baulicher Maßnahmen an die voraussichtliche Betriebsentwicklung

- Standortsicherung landwirtschaftlicher Betriebe in Dorf und Region und
  damit Absicherung baulicher Investitionen durch Erarbeitung eines
  agraren Entwicklungskonzeptes für die Dorf- und Reginonalplanung.

SUMMARY: The development of buildings in agriculture is influenced by
increasing demands, which are marked in the following way:

- Reduction of building investments and building costs because of
  pressure on costs in agriculture (agri="culture").

- But: Reduction of losses, decrease of work and deposition of working
  funds, improvement of quality and yield, reduction of burden to
  environment.

- Corosidaration to increasing demands on the quality of agricultural
  products.

- Attention to growing requirements about animal protection .

- Improvement of working conditions and redction of riks of accidents.

- Protection to the function of precions agricultural buildings in
  village and region.

- Consideration of new knowledge and evolutions.

Special possibilities of cost-saving adaption to increasing demands are:

- Use of knowledge in animal protection research.

- Attention to know cost-saving developments in building- and keeping-
  techniques.

- Use of EDP.

- Systematical derivation of alternatives in use of old buildings.

- Systematical economical compsrison of new farm building systems.

- Use of improved possibilities of self-help.

- Adaptation of building measures to the prospective farm development.

- Protection to location of farm in village and region and with that
  support to rural investments by elaboration of a agricultural development concept in village- and regional planning.

1 ANFORDERUNGEN AN DAS LANDWIRT-SCHAFTLICHE BAUEN

1.1 Kostensparend bauen

Seit etwa 2 Jahrzehnten ist in den entwickelten Ländern der Zuwachs an Produktivität in der Landwirtschaft größer als das Wachstum der Bevölkerung und der Nachfrage nach Nahrungsmitteln. Da deren Export sich als wenig geeignetes Mittel zur Überwindung des Problems der Überproduktion erwiesen hat und die Produktion von Nicht-Nahrungsmitteln durch die Landwirtschaft unter den gegebenen Preis-Kostenverhältnissen nur mühsam voran kommt, ist die Agrarproduktion in allen entwickelten Ländern unter erheblichen Kostendruck geraten.

Dies gilt, wenn auch aus anderen Gründen, auch für die bislang weniger entwickelten Ländern. Hier konkurrieren Landwirtschaft und die übrigen Zweige der Volkswirtschaft um den für ihre Entwicklung dringend notwendigen aber knappen Faktor Kapital. - Insoweit ist festzustellen, daß die Landwirtschaft weltweit Kapital und Kosten sparen muß. Dies gilt nicht zuletzt für die Tierproduktion, die durch Gebäude und bauliche Anlagen vergleichsweise viel Kapital beansprucht. - Trotz dieser Notwendigkeit müssen dennoch erhöhte Anforderungen aus verschiedenen Bereichen durch landwirtschaftliche Gebäude und bauliche Anlagen erfüllt werden.

1.2 Effizient bauen

Solche erhöhten Anforderungen ergeben sich zunächst aus der Ökonomie der "Landwirtschaft unter Kostendruck" selbst. Hier gilt es, trotz sparsamen Kapitaleinsatzes Verluste, Arbeit und Betriebsmittel zu vermindern und gegebenenfalls Erträge und vor allem Qualität zu steigern, um die Relation zwischen Ertrag und Aufwand wirtschaftlicher zu gestalten.

1.3 Umweltgerecht bauen

Steigende Anforderungen sind besonders aufgrund wachsender ökologischer Forderungen zu erfüllen. Dies gilt besonders im Hinblick auf den Schutz von Wasser und Luft.

Die Landwirtschaft galt bis vor wenigen Jahrzehnten als flächengebunden. Dabei erfolgte die Versorgung wie die Entsorgung der Tierbestände weitgehend in Verbindung mit der jeweils zugehörigen landwirtschaftlichen Nutzfläche. - Die Verbilligung der Massentransporte wie die kostengünstige Mechanisierung großer, marktfern gelegener Flächen führte dazu, daß von dort verstärkt Futtergetreide u.ä. in marktnahe, viehstarke Betriebe floß und den Viehbestand pro Flächeneinheit dort weiter erhöhte. - Ähnliche Auswirkungen zeigten sich dort, wo die Nutztierhaltung zur Nutzung der Kostendegression in spezialisierten Großbeständen zusammengefaßt wurde. Während die Flächenbindung der Tierhaltung durch kostengünstiges Kraftfutter, das an anderer Stelle erzeugt wurde, weitgehend aufgehoben wurde, führte ihre Mißachtung bei der Entsorgung der landwirtschaftlichen Tierbestände zu erheblichen Umweltproblemen. Wichtigste Kennzeichen hierbei sind: Die Überdüngung der landwirtschaftlichen Flächen mit Gülle bis hin zur Nitrifizierung des Grundwassers sowie eine zunehmende Ammoniakbelastung der Luft bis hin zu Schädigungen von Flora und Fauna. - Die Beseitigung solcher Unweltbelastungen unter Beibehaltung einer hohen Viehdichte erscheint technisch zwar nicht ausgeschlossen. Die Bemühungen stehen allerdings erst am Anfang. Sie erfordert aber nach heutigem Wissensstand soviel zusätzliche Kosten, daß die bis dahin geltenden Vorteile der Verdichtung der Nutztierhaltung erheblich eingeschränkt wenn nicht gar aufgehoben werden. Insoweit gewinnt eine wieder stärker flächengebundene Veredlungsproduktion wieder an Chancen, auch wenn sie relativ marktfern ist und die Vorteile der Kostendegression großer Bestände nicht voll nutzen kann. Voraussetzung dazu ist allerdings, daß es gelingt, die Versorgung der Tiere, ihre Haltung und vor allem ihre Entsorgung extrem kostensparend zu realisieren.

Insoweit sind von der Bau- und Haltungstechnik in diesem Bereich Beiträge nach zwei Richtungen hin gefragt: Einerseits Minderung der

Umweltbelastung bei verdichteter
Viehhaltung, zum anderen Weiterentwicklung besonders kapital- und kostensparender Tierhaltungs- und
insbesondere Ver- und Entsorgungs-
systeme bei weitgehend flächenge-
bundener Nutztierhaltung.

1.4 Intensive wie extensive Formen der Landbewirtschaftung unterstützen

Ökonomisch wurde in den letzten
Jahrzehnten allgemein die Entwicklung intensiver Nutztierhaltungssy-
steme begünstigt. Ihnen wird auch
weiterhin die Aufmerksamkeit der
Bau- und Haltungstechnik gelten
müssen, nicht zuletzt unter Umwelt-
und Tierschutzgesichtspunkten. -
Gleichwohl hat es den Anschein, daß
eine Verbesserung der Ökonomik auch
extensiver Tierhaltungssysteme mit
Hilfe neuer Entwicklungen wie z.B.
der EDV möglich und gebietsweise
dringend erwünscht ist. Dafür
spricht u.a. die zunehmende Begrenzung ertragssteigender Produktionsmittel aus Umwelt- und evtl. auch
Qualitiätsgründen, die relative
Verbilligung des Produktionsfaktors
Boden bei anhaltender Überschußpro-
duktion und die zu mindest gebietsweise erkannte Notwendigkeit, landwirtschaftliche Flächen in Teilbe-
reichen zusätzlich offen und damit
für die Zukunft produktionbereit zu
halten.

1.5 Wachsende Anforderungen an die Produktqualität berücksichtigen

Mit der ökologischen Sensibilisierung der letzten Jahre geht einher
die Anforderung der Verbraucher an
eine hohe Qualität der Lebensmit-
tel. Daraus resultieren wachsende
Erfordernisse auch an die Bau- und
Haltungstechnik, nicht zuletzt im
Hinblick auf die Gesundheit der
Tierbestände und ihre Hygiene.

1.6 Tiergerecht bauen

Zugleich sind verstärkt Tierschutzanforderungen im Bereich der landwirtschaftlichen Nutztierhaltung zu
beachten.

1.7 Verbesserung der Arbeitsbedingungen beachten

Die Landwirtschaft ist in vielen
Volkswirtschaften der Erwerbzweig,
in dem mit am härtesten, am läng-
sten und am unfallträchtigsten gearbeitet wird. So stieg z.B. in der
Bundesrepublik Deutschland im letzten Jahrzehnt die durchschnittliche
Arbeitszeit und vor allem die Unfallgefahr je in der Landwirtschaft
Beschäftigtem im Gegensatz zu nahezu allen anderen Erwerbszweigen
z.T. beträchtigt an. Dies gilt insbesondere für die Innenwirtschaft,
d.h. vor allem für die Nutztierhaltung.

Angesicht der Verbesserung der
Arbeitsbedingungen, die weithin im
nichtlandwirtschaftlichen Bereich
Platz gegriffen haben, ist es deshalb erforderlich, nicht zuletzt
durch bau- und haltungstechnische
Maßnahmen die Arbeitsbedingungen in
der Landwirtschaft zu verbessern.
Dabei steht im Vordergrund, auch in
der Landwirtschaft die zeitliche,physische und die psychische
Arbeitsbelastung und -beanspru-
chung, das Unfallrisiko aber auch
die mitunter harte Zeitbindung zu
senken.

1.8 Die Funktion landwirtschaftlicher Gebäude als "gebaute Umwelt" in Dorf und ländlicher Region erhalten und stärken

Viele Dörfer und Regionen sind
durch landwirtschaftliche Gebäude
geprägt. Ein wachsendes Verständnis
für die Erhaltung alter Werte erwartet auch, daß es gelingt, wertvolle alte Bausubstanz in landwirtschaftlichen Betrieben weitmöglich
zu erhalten. Dies gelingt auf Dauer
allerdings nur, wenn zukunftsge-
rechte , wirtschaftliche Nutzungen
damit verbunden werden können, eine
ebenso schwierige wie reizvolle
Aufgabe des landwirtschaftlichen
Bauens.

1.9 Neue Erkenntnisse und Entwicklungen verlangen bauliche Anpassungen

Dies gilt z.B. für die Erkenntnisse
der Tierverhaltensforschung.
Zugleich können viele Erkenntnisse

im Bereich des biologisch-techni-
schen Fortschritts bis hin zum Einsatz der Elektronik auch in der
Landwirtschaft nur dann voll genutzt werden, wenn entsprechende
bauliche Anpassungen dies ermöglichen. - Hier liegt aber zugleich
der Schlüssel für die landwirtschaftliche Bau- und Haltungstechnik, trotz notwendiger Kapital- und
Kosteneinsparung erhöhten Anforderungen gerecht zu werden.

2 MÖGLICHKEITEN KOSTENSPARENDER BAULICHER ANPASSUNG AN WACHSENDE ANFORDERUNGEN

2.1 Erkenntnisse der Tierverhaltensforschung beachten:

Die landwirtschaftlichen Nutztiere
sind die "preiswertesten Architek-
ten" des Landwirts. Man muß sie nur
befragen, was sie benötigen und was
nicht. Dies geschah und geschieht
insbesondere durch Wahl- und Lei-
stungsvergleichsversuche . Dabei
zeigte sich, daß herkömmliche Auf-
stallungsformen insbesondere in
wärmegedämmten Ställen mehr von den
Bedürfnissen des Menschen wie von
den Anforderungen von Rind, Pferd
oder gar Schaf bestimmt waren, die
über ein ausgezeichnetes Wärmeregulationsvermögen verfügen. Ihr Be-
dürfnis nach frischer, möglichst
keimarmer Luft, nach Bewegung in
Wind, Regen und Sonne, nach einem
trockenen und weichen Liegeplatz
wurde hingegen vielfach vernachlässigt auf Kosten teurer, wärmege-
dämmter Ställe, die in weiten Tem-
peraturbereichen von den Tieren
nicht honoriert werden.

Die Entwicklung moderner Laufstallsysteme mit funktioneller Aus-
gliederung der Bereiche, die mehr
im Hinblick auf die Bedürfnisse des
Menschen hin zu planen sind wie
etwa der Melkstand, ermöglichen in
Verbindung mit den entsprechenden
haltungstechnischen Entwicklungen
Einsparungen von Kosten und Arbeit
bei Verbesserung der Bedingungen
für Mensch und Tier.

Die Aufzucht der Kälber in einfachen aber zugfreien Kälberhütten
oder gut durchlüfteten Laufställen
hat sich in unterschiedlichen Kli-
maten ebenso bewährt wie die Aufzucht von Jungrindern in einfachen,

eingestreuten Laufställen, bei
denen oft nur die Liegefläche über-
dacht sein sollte. Dicht belegte
Vollspaltenböden erfüllen hingegen
viele Anforderungen der Rinder nur
ungenügend. Sie sollten deshalb
mehr der Intensivmast von Rindern
vorbehalten bleiben. Dabei wird auf
Grund eingehender Versuche empfohlen, den rückwärtigen Teil der
Mastbuchten mit gummierten Spaltenböden auszulegen, was sich positiv
auf das Abliegeverhalten, die Mast-
zunahmen sowie auf die Verminderung
von Klauenschäden und Schwanznekro-
sen auswirkt.

Zur Verminderung von Klauenschäden bei Milchkühen und Rindern in
Laufställen mit planbefestigten
oder perforierten Laufflächen sind
allerdings vermehrt Anstrengungen
notwendig, diese sauber und trocken
zu halten.

Die Entwicklung u.a. der Mehr-
raum-Auslaufhaltung für Pferde mit
differenzierten Liege- und Freßbe-
reichen sowie ständigem Auslauf-An-
gebot und mehrtägiger, tierindivi-
dueller Vorratsfütterung kommt den
Tierbedürfnissen bei veränderter
Nutzungsform entgegen und vermindert Kosten, Arbeitszeit, Arbeitszeitbindung sowie haltungsbedingte
Unfälle.

Durch verschiedene Formen der
Vorratsfütterung, z.T. EDV-kontrol-
liert, kann auch Arbeitszeit und
zeitliche Bindung im Bereich der
Rinderhaltung gemindert werden.

Laufstallformen mit getrennten
Funktionsbereichen erleichtern zudem die kostensparende Nutzung von
Altgebäuden, gegebenenfalls unterstützt durch elektronische Tierkontrolle. Dies zeigt sich z.B. bei
der Haltung tragender Sauen mit
Kraftfutter-Abrufstationen in unge-
gliederten Altgebäuden.

Schweine haben zwar nicht das
Wärmeregulationsvermögen wie Rind,
Pferd und Schaf. Zur baulichen Kosteneinsparung erscheint es aber
richtig, Maßnahmen der Wärmedämmung
oder auch Kühlung vornehmlich auf
ein raumsparendes "Liegenest" zu
konzentrieren, weniger hingegen auf
den Aktivitätsraum, den sie ohnehin
nur kurzfristig aufsuchen. Dadurch
wird zugleich ein Sauberhalten der
Buchten und schnelle Abführung von
Kot und Urin sowie eine Minimierung
der Immissionen im Stallbereich
möglich.

2.2 Kostensparende bau- und hal-
    tungstechnische Entwicklungen:

Nicht durchgängig wärmegedämmte
Laufstallsysteme begünstigen den
Einsatz kostensparender Leichtbau-
ten. Sie wurden u.a. in verschiedenen Formen und Materialien bishin
zum Folienstall ausgebildet. In
nichtgedämmten Ställen erleichtern
kurze, im Stoß angehobene Dachplatten die sichere Abführung des Kon-
densats im Winter und die Unterlüf-
tung der Dachflächen im Sommer.
Die haltungstechnische Entwicklung ging zunächst vom Universalan-
bindestall mit viel Stroh und viel
Arbeit für Rinder aller Art bzw.
der Universalbucht für Schweine aller Art zur hochspezialisierten
"Stallmaschine", strohlos, mit Einsparung von Arbeit, aber hohem Ka-
pitalaufwand und z.T. unbefriedi-
genden Haltungsbedingungen für die
Tiere. Dank der Entwicklung von
stationären wie mobilen Melkstän-
den, Siloblockschneider und -frä-
sen, Futterwagen, Kraftfutterabruf-
stationen, elektronischer Tierkontrolle, vereinfachten Entsorgungs-
konzepte u.a.m. wird der Weg wieder
möglich zu tiergerechten, arbeits-
und kostensparenden Laufstallsystemen.

2.3 EDV-Nutzung in der Bau- und
    Haltungstechnik

Die Elektronik hat über den Einsatz
zur Tieridentifikation und -steue-
rung z.B. der Fütterung vielfältigen Eingang in der Tierhaltung bishin zu ganzen Managementsystemen
gefunden. Neben der Tierkontrolle,
der Gesundheitskontrolle, der Füt-
terungs- und Klimasteuerung u.a.m.
in intensiven Tierhaltungssystemen
könnte aber in Zukunft die EDV-ge-
stützte Tier- und Weidekontrolle
und -steuerung auch den Arbeits-
kräftebedarf in extensiven Weidesy-
stemen beachtlich senken und damit
die Ökonomik extensiver Landbewirtschaftung unter bestimmten Voraussetzungen verbessern.
Zugleich sind bauökonomische Methoden wie z.B. die ILB-Baukosten-
block- und -elementmethode zur Bau-
kostenfeststellung und zum Bauko-
stenvergleich ohne Elektronik nicht
mehr denkbar. Systematische Neu-
und Umbauplanungen bis hin zur Nut-

zung von CAD erscheinen damit kostensparend möglich.

2.4 Systematische Ableitung von
    Nutzungsalternativen von Altge-
    bäuden:

Die vielfältige Ausprägung neuer
Haltungssysteme und -techniken bis
hin zum EDV-Einsatz erleichtert
heute die kostensparende Nutzung
vorhandener Bausubstanz stärker,
als bislang möglich war. Darüber
hinaus wurden spezielle Aufstal-
lungssysteme für räumlich beengte
Altgebäude wie z.B. die Schrägboxe
entwickelt. Untersuchungen in unse-
rem Institut zeigen, daß es kaum
eine kostensparendere Möglichkeit
gibt als die systematische Prüfung
aller denkbaren Nutzungsalternativen vorhandener Bausubstanz etwa
mit Hilfe einer von uns vorgeschlagenen planimetrischen Methode im
Vorfeld eines EDV-gestützten Prüf-
und Planungsverfahrens. Mit solcher
Planungsarbeit sind nicht nur erhebliche Investitionen zu sparen.
Zugleich kann oftmals wertvolle
alte Bausubstanz, die Dorf und Region mit prägt, dadurch erhalten
werden.

2.5 Systematischer bauökonomischer
    Vergleich heutiger Neubaualter-
    nativen:

Bei der Erstellung neuer Wirtschaftsgebäudesysteme ermöglichen
systematische bauökonomische Ver-
gleiche beachtliche Investitions-
einsparungen, ohne daß damit
zwangsläufig funktionelle Nachteile
in Kauf genommen werden müssen.
Voraussetzung hierzu war die Entwicklung umfassender bauökonomischer Methoden unter Berücksichtigung ihrer Pflege durch verfügbare
Daten. Mit dem ILB-Baukosten-Ver-
bundsystem steht uns heute eine
solche Methode zur Verfügung.

2.6 Erleichterte bauliche Selbst-
    hilfe:

Neuere bautechnische Entwicklungen,
die einerseits den Baumaterialien,
den Konstruktionen aber auch den
Geräten galten, erleichtern die
bauliche Selbsthilfe, die in vielen

landwirtschaftlichen Betrieben ein
unverzichtbarer Beitrag zu einem
kostensparenden Bauen darstellt.

2.7 Bauliche Maßnahmen der voraus-
    sichtlichen Betriebsentwick-
    lungen anpassen

Bauliche Investitionen sind weithin
langfristige Investitionen, die im
Grundsatz lange Abschreibungsfri-
sten benötigen. Insoweit müssen für
Mensch, Tier, Umwelt und Ökonomik
des Betriebes unabweisbare bau- und
haltungstechnische Unterhaltungen
und Verbesserungen in Betrieben,
die z.B. mittelfristig auslaufen
oder demnächst auf nebenberufliche
Landwirtschaft übergehen oder auf
Zeit mit persönlichen bzw. betrieblichen Unsicherheiten belastet sind
oder aber einen hoffnungsvollen,
wenn auch z.Z. ressourcenknappen
Betrieb betreffen, jeweils völlig
anders geplant werden wie etwa in
einem voll entwickelten, gut ge-
führten Betrieb, der alle Möglichkeiten des biologischen und technischen Fortschrittes nutzen will.

2.8 Bewirtschaftungssicherheit
    landwirtschaftlicher Betriebe
    in der Orts- und
    Regionalentwicklung sichern:

Alle noch so sorgfältig geplanten
bau- und haltungstechnischen Maßnahmen können Fehlinvestitionen
darstellen, wenn die Bewirt-
schaftsungssicherheit eines landwirtschaftlichen Betriebes in seinem Standort in der Ortslage nicht
durch ein langfristiges agrares
Entwicklungskonzept als Beitrag der
Landwirtschaft zur Ortsentwicklung
gesichert wird. Dieses rechtzeitig
und auch für die nichtlandwirtschaftlichen Partner verständlich
und überzeugend in die entprechen-
den Planungsebenen einzubringen,
muß verstärktes Anliegen aller
Landwirte und ihrer Vertreter sein.

2.2 Design considerations of agricultural buildings

Land and Water Use, Dodd & Grace (eds), © 1989 Balkema, Rotterdam. ISBN 90 6191 980 0

Keynote paper:

Farmbuilding architecture – Design considerations

M.Molén
BÅÅTH + BÅÅTH Architects, Stockholm, Sweden

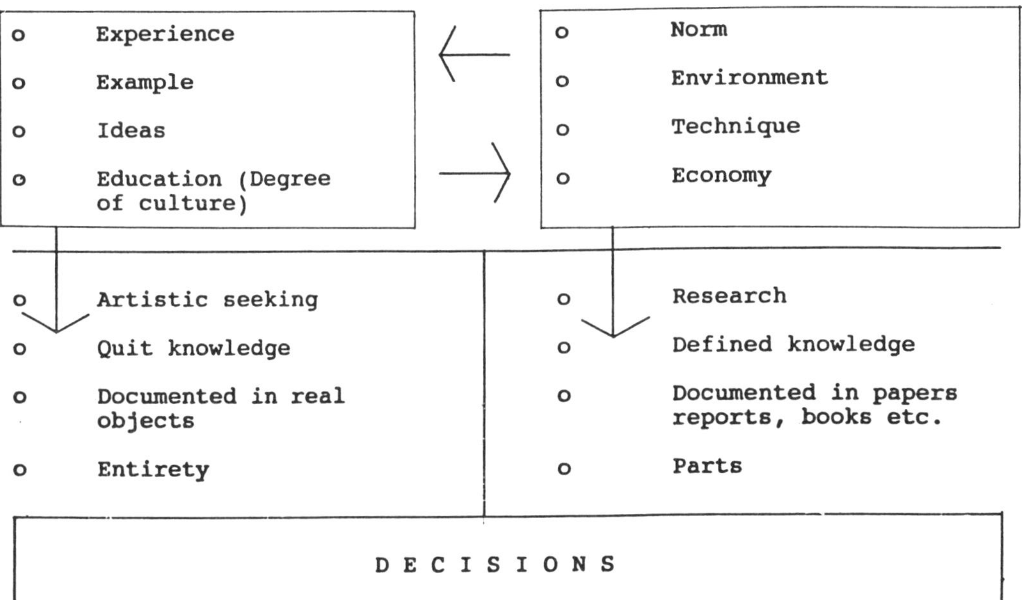

You can attack the subject, farm building architecture in three ways.
If you look at the farmstead as a unit in the surrounding landscape,
external design is about how to create a harmonious relationship
between the farmstead and the landscape. Next step is when looking at
the farmstead as a group of buildings. When you get closer the
external design is about how to achieve a harmonious farmstead.
Slides from different countries in Europe and North America will
show the architectural consequences when new technique is used in
farm buildings.

REFERENCES:
Molén, M & Bergsjö A. 1989, Lantbrukets bebyggelsemiljö, landskap –
gård – byggnad. SLU Inst. för lantbrukets byggnadsteknik, Lund

Land and Water Use, Dodd & Grace (eds), © 1989 Balkema, Rotterdam. ISBN 90 6191 980 0

Modular planning and industrial production of component parts for farm buildings

S.De Montis, M.Pisanu & M.Barra
Istituto di Costruzioni rurali, Università di Sassari, Italy

ABSTRACT: The object of the study is to start the industrial production of farm buildings for animal use using open prefabrication and component system. The Authors have dealt with the subject in an applied form consistent with a theoretical method which they have devised. This study is the second phase following a previous one, also applied, with reference to the functional phase of the buildings.

RÉSUMÉ: Cette étude a pour but d'appliquer une méthodologie théorique proposée par les Auters afin d'établir la grandeur des bâtiments, décomposés en simples éléments modulaires, en utilisant les principaux standards paramètriques suivants: surface spécifique et front d'alimentation par bête. La normalisation fonctionelle des bâtiments étant effectuée, on peut standardiser les simples éléments constructifs par une production en usine sur une grande échelle.

ZUSAMMENFASSUNG: Diese Studien beabsichtigen, eine theoretische Methodologie der Verfasser anzuwenden, deren Finale die Grösse (Dimension) der Verbauung ist, und zwar was die einzelnen Elemente betrachtet, Gebrauch nehmend von den wichtigsten Standard-Mass-stäbe wie Oberfläche und Vorderseite jeden Elementes. Nach dem Erzielen der zweckmässingen Normalisierung der Bauten ist es möglich, die einzelnen Elemente zu standardisieren durch eine Serienherstellung in den Werkstätten.

INTRODUCTION

This study has been aimed at applyng a carefully prepared theoretical method, for the standardization of some building typologies intended for different species and productive cycles.

This method is planned to:

a. unify most building plans "standardizing" the functional departments by which they are made through the first stage of the method, defined as functional standardization, extended only to the study of the plan, which is meant to give a distributive, architectural and formal solution;

b. assess which building elements can be standardized at the second phase of the process, called building standardization of components. That is aimed at unifying and co-ordinating the two aspects.

Therefore the subject is developed into two phases, the former essentially refers to the plan, the latter to the building aspects, both co-ordinated in an integrated process.

Some observations are necessary in the introduction:

1. The essential aim of the standardization process is the assessing of a common type of building for different species and inside it to analyze the main components of standardization.

2. The unifying method should not involve conditioning and limits which could compromise the functional needs and those regarding the organization of the productive cycle. Such needs are of primary importance and cannot be ignored.

The subject is developed in two different parts, each relating to the corresponding stage.

In order to synthetize and to apply the methods more effectively, the study is referred to:

a. Cattle.

b. Fattening productive cycles.

c. Building typologies.

1 FUNCTIONAL STANDARDIZATION

The method of the application is numerical and develops the following schematic points:

Scheme of the applied method

----

1. Preliminary information
2. Intervals of ideal standards
3. Preferential standards and drawing up of standardized units
4. Standardization of functional units
5. Modular standardized units
6. Combination and standardized tipologies

1.1 Preliminary information

The chosen species are, as previously mentioned, cattle, sheep and pigs, the commonest and the most suitable for study , while the productive instructions only regard the fattening stages, because they are more suitable for the method (table 1).

The multibox tipologies are the commonest on fattening farms and for the above-mentioned species, such limitation refers only to the most widely used plans.

More precisely the schemes, which vary by species and cycle are:

1. Cattle: multiboxes with slatted flooring, a valid solution for both stages
2. Sheep: multiboxes with permanent straw bedding and feeding with mechanical sucklers for the first stage and feeding alley for the second
3. Pigs: with a partial or total grid for the two cycles, and trough feeding.

The feeding is "ad libitum" with presence parameter α variable from 1 to 2/3 - 3/5, thus allowing the entrance into the feeding area to only a proportion of the animals.

1.2 Intervals and standards

They are the guide parameters necessary for the drawing up of sizes regarding the basic functional units particularized, and they are stated on the basis of the species and the productive cycles. They are differentiated:

a. unitary surface per head
b. feeding fence per head
c. number of animals per group.

In table no. 1 the "maximum" intervals in which the above mentioned operative standards should be kept are referred to.

1.3 Ideal standards and drawing up of standardized units'

The process is as follows:

| SPECIES | DIMENSIONAL STANDARDS | | |
	Unitary surface m²/head	Feeding fence lm/head	Ideal group head/box
Cattle:			
- calves	1.30-1.50	0.30-0.50	15-20
- young cattle	2.00-2.50	0.50-0.70	10-15
Sheep:			
- lambs	0.30-0.50	-	40-80
- older lambs	0.50-0.60	0.20-0.30	40-60
Pigs:			
- "light" stock	0.80-1.00	0.30-0.40	20-30
- "heavy" stock	1.20-1.40	0.40-0.50	15-25

Tab.1. Intervals of dimensional standards

a. the ideal operative standards equal to the average values taken from table 1 must be chosen:
- ideal group (N. head/box) (NC)
- feeding fence (lm/head) (FA)
- specific surface (m²/head) (SU)

b. the feeding parameter equal to an ideal value which for the three species must be determined. It is stated

$$\alpha = 2/3$$

c. the theoretical surface (ST) of the basic functional unit is calculated

$$ST = SU \times NC$$

d. the feeding fence complex (LM) is determined

$$LM = \alpha \times NC \times FA$$

e. the length (LU) and width (LA) of the boxes are approximately calculated

$$LU = LM$$
$$LA = ST/LU$$

f. when the feeding fence for the three species is fixed, the first corrections can be applied to lower the other parameters to standardizable values.

The results obtained are drawn up in tables 2, 3, 4 in which the proposed method is developed according to the process mentioned above.

The sizes stated for the boxes are only approximate, and as they have different measuraments they must be taken back to standardized values, as follows.

1.4 Standardization of functional units

Comparing the obtained units with the application of the average parameter it is possible to proceed to the "standardization" of the standardized unit type.

==
C A T T L E
==
a) Calves

    Standards
    - group   18   head/box
    - feeding fence   0.40   lm/head
    - specific surface   1.40   m²/head

    Drawing up of sizes
    - box area   18x1.4   = 25.20 m²
    - feeding fence   2/3x18x0.4 = 4.80 lm
    - box width   25.20/4.80 = 5.25 lm
    - box measuraments   4.80x5.20 = 25.00 m²

b) Young cattle

    Standards
    - group   12   head/box
    - feeding fence   0.60   lm/head
    - specific surface   2.20   m²/head

    Drawing up of sizes
    - box area   12x2.20   = 26.40 m²
    - feeding fence   2/3x12x0.6 = 4.80 lm
    - box width   26.40/4.80 = 5.50 lm
    - box measuraments   4.80x5.50 = 26.40 m²

==

Tab.2. Average dimensional standards and sizes of modular units for cattle

==
S H E E P
==
a) Lambs (1st stage)

    Standards
    - group   60   head/box
    - feeding fence   -
    - specific surface   0.40   m²/head

    Drawing up of sizes
    - box area   0.40x60   = 24.00 m²
    - feeding fence   - -
    - box width   -
    - box measuraments   5.00x5.00 = 25.00 m²

b) Older lambs (2nd stage)

    Standards
    - group   50   head/box
    - feeding fence   0.25   lm/head
    - specific surface   0.55   m²/head

    Drawing up of sizes
    - box area   0.55x50   = 27.50 m²
    - feeding fence   2/3x50x0.25= 8.00 lm
    - box width   27.50/8.00 = 3.44 lm
    - box measuraments   8.00x3.50 = 28.00 m²

==

Tab.3. Average dimensional standards and sizes of modular units for sheep

==
P I G S
==
a) "Lights" stock

    Standards
    - group   25   head/box
    - feeding fence   0.35   lm/head
    - specific surface   0.90   m²/head

    Drawing up of sizes
    - box area   0.90x25   = 22.50 m²
    - feeding fence   2/3x25x0.35= 5.80 lm
    - box width   22.50/5.80 = 3.88 lm
    - box measuraments   5.80x4.00 = 23.20 m²

b) "Heavy" stock

    Standards
    - group   20   head/box
    - feeding fence   0.45   lm/head
    - specific surface   1.30   m²/head

    Drawing up of sizes
    - box area   1.30x20   = 26.00 m²
    - feeding fence   2/3x20x0.45= 6.00 lm
    - box width   26.00/6.00 = 4.33 lm
    - box measuraments   6.00x4.50 = 27.00 m²

==

Tab.4. Average dimensional standards and sizes of modular units for pigs

As a guide parameter, an ideal value for the various solutions studied has been considered to be utilized as standard M. This can be repeated for the length of the building taken as the ideal axis for the standardization; after determining the available number values, the ideal size has been calculated equal to 250 cm. On the whole it seems to answer to the constructive and functional needs of the examined types, namely the shed units already measured.

At this point, it is advisable to carry out the necessary controls refering to on the method used, making consequent and inevitable corrections with regard to the average standards adopted.

The dimensions of the box, are unified and standardized at this point, representing the common modular unit studied, suitable for different species and for different productive cycles.

The corrections and the adjustments made, result in some alternative solutions when the contents showed cases not compatible with the ideal standards,f.i.sheep (2nd stage) as follows.

The results of the modular construction of the functional units are shown on tables 5, 6, 7 and 8 and on the corresponding figures 1, 2, 3, 4.

===
C A T T L E
===

a) Calves

    Standard unit   2Mx2M = 5.00x5.00 = 25.00 m²

    Verification of standards

    - head at feeding area   500/40 = 12   head
    - possible group   3/2x12 = 18   head/box
    - specific surface   25.00/18 =   1.40 m²/head

    Compatible values, acceptable solution

b) Young cattle

    Standard unit   2Mx2M = 5.00x5.00 = 25.00 m²

    Verification of standards

    - head at feeding area   500/60 =   8   head
    - possible group   3/2x8 = 12   head/box
    - specific surface   25.00/12 =   2.10 m²/head

    Compatible values, acceptable solution

Tab.5. Standardization and verification of the basic unit for cattle

===
C A T T L E
===

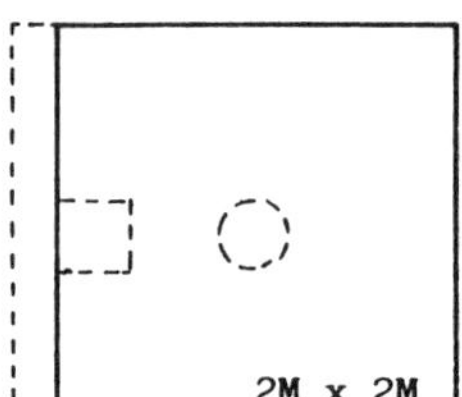

Standard unit
2Mx2M = 500x500 cm

a) Calves
  - NC = 18   head/box
  - FA = 0.40   lm/head
  - SU = 1.40   m²/head

b) Young cattle
  - NC = 12   head/box
  - FA = 0.60   lm/head
  - SU = 2.10   m²/head

Fig.1. Standardized basic unit for cattle with the relative standards of the operation

===
S H E E P / 1
===

a) Lambs

    Standard unit   2Mx2M = 5.00x5.00 = 25.00 m²

    Verification of standards

    - head at feeding area
    - possible group   60   head/box
    - specific surface   25.00/60 =   0.42 m²/head

    Compatible values, acceptable solution also with sub-
    modulus of 30 head with Mx2M = 2.50x5.00 = 12.50 m²

b) Older lambs

    Solution A - Same pattern as the previous ones
    Standard unit   2Mx2M = 5.00x5.00 = 25.00 m²

    Verification of standards

    - head at feeding area   500/25 = 20   head
    - possible group   3/2x20 = 30   head/box
    - specific surface   25.00/30 =   0.83 m²/head

    Incompatible values, acceptable solution with some reser-
    vations

Tab.6. Standardization and verification of the basic unit for sheep

===
S H E E P / 1
===

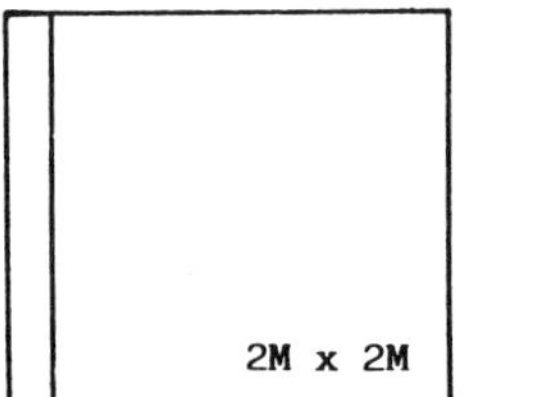

Standard unit
2Mx2M = 500x500 cm

a) Lambs
  - NC = 60   head/box
  - FA = -
  - SU = 0.42   m²/head

b) Older lambs
  - NC = 30   head/box
  - FA = 0.25   lm/head
  - SU = 0.83   m²/head

Fig.2. Standardized basic unit for sheep with the relative standards of the operation not fully functional for older lambs. The different feeding positions for the lambs are indicated in the sketches

Solution B - Correct plan

It is possible to utilize more profitably the available space adopting solutions a "C" shape for the feeding fence, which thus assumes linear measuraments equal to 500 + 2x125 = 750 cm

Standard unit   2Mx2M = 5.00x5.00 = 25.00 m²

Verification of standards

- head at feeding area   750/25 = 30   head
- possible group   3/2x30 = 45   head/box
- specific surface   25.00/45 = 0.55 m²/head

Compatible values, acceptable solution with limitation regarding feeding which is advisable to mechanize in order to obviate the reduced functionality of the "wings" of the feeding area which are unusable.

Solution C - Alternative plan

Standard unit   3Mx2M = 7.50x5.00 = 37.50 m²

Verification of standards

- head at feeding area   750/25 = 30   head
- possible group   3/2x30 = 45   head/box
- specific surface   37.50/45 = 0.83 m²/head

Compatible values, acceptable solution

==
Tab.7. Standardization and verification of the basic unit for sheep (correct and alternative plans)

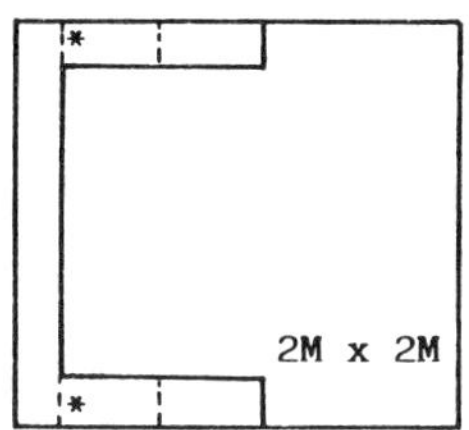

Correct plan
(only for older lambs)

Standard unit
2Mx2M = 500x500 cm

    - NC = 45   head/box
    - FA = 0.25   lm/hesd
    - SU = 0.55   m²/head

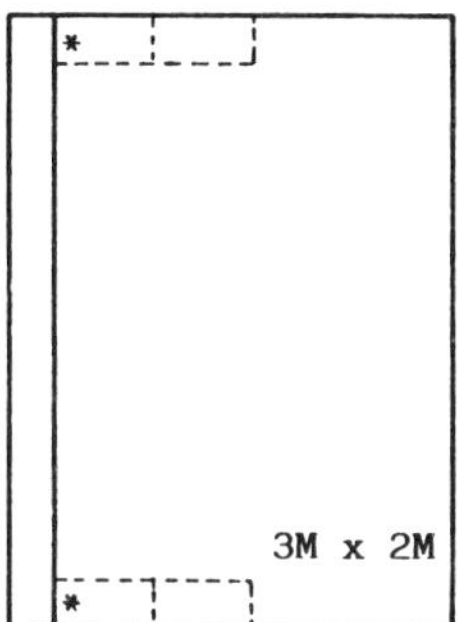

Alternative plan
(only for older lambs)

Standard unit
3Mx2M = 750x500 cm

    - NC = 45   head/box
    - FA = 0.25   lm/head
    - SU = 0.83   m²/head

N.B. For "C", not utilizable angle space in the feeding area is indicated with (*).

==
Fig.3. Standardized basic unit for older lambs with the relative standards of the operation (correct and alternative plans)

Comparing the true standards with the initial theoretical ones, it is possible to refer back to them verification, once the standardization is carried out.

1.5 Standardized modular units

The process of modular construction applied is completed by one final control: the standardized modular unit may not coincide exactly with the standard M defined in 2.4.

In this case, taking multiples of M (βM x γM), as dimension, the following results have been obtained from the tables and from the figures already mentioned in paragraph 1.4.

a.Cattle: type unit 2M x 2M = 500x500 cm,
    calves: compatible values, acceptable solution,
    young cattle: compatible values, acceptable solution,

b.Sheep: type unit 2M x 2M = 500x500 cm,
    lambs: compatible values, acceptable solution also with M x 2M for subgroups of 30 head per box,

b.1 older lambs: values not compatible (excessive SU), acceptable solution with some reservation (under exploitation),

b.2 older lambs: alternative solution 2M x 2M, but with a feeding fence at C = 0.5M + 2M + 0.5M and a group of 45 head per box (fig. 3),

b.3 older lambs: alternative solution/bis 3M x 2M with a linear feeding fence 3M and a group of 45 head per box (fig. 3), which can be taken to 60 head, if the solution outlined in fig. 3 bis is adopted,

c.Pigs: type unit 2M x 2M = 500 x 500 cm,
    "light": compatible values, acceptable solution,
    "heavy": compatible values, acceptable solution.

Some brief anticipation of the results is possible:

1. The basic unit 2M x 2M is acceptable and the standards are generally compatible except for older lambs, for which the solution found does not exploit the box to its fullest extent.

2. Alternative solutions have been indicated for sheep, in the attempt to

a) "Light" stock

    Standard unit   2Mx2M = 5.00x5.00 = 25.00 m²

    Verification of standards

    - head at feeding area   500/30 = 17   head
    - possible group   3/2x17 = 25   head/box
    - specific surface   25.00/25 = 1.00 m²/head

    Compatible values, acceptable solution

b) "Heavy" stock

    Standard unit   2Mx2M = 5.00x5.00 = 25.00 m²

    Verification of standards

    - head at feeding area   500/40 = 12   head
    - possible group   3/2x12 = 18   head/box
    - specific surface   25.00/18 = 1.40 m²/head

    Compatible values, acceptable soulution

==
Tab.8. Standardization and verification of the basic unit
for pigs

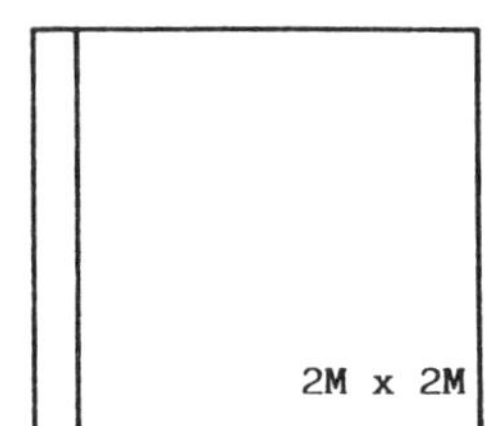

Standard unit
2Mx2M = 500x500 cm

a) "Light" stock
    - NC = 25   head/box
    - FA = 0.30   lm/head
    - SU = 1.00   m²/head

b) "Heavy" stock

    - NC = 18   head/box
    - FA = 0.40   lm/head
    - SU = 1.40   m²/head

==
Fig.4. Standardized basic unit for pigs with the relative
standards of the operation

assemble the dimensional parameters considered, whichare not often compatible among themselves as outlined in the final chapter.

3. To allow more space with the same feeding area per head the C-shaped feeding fence has been chosen.

Therefore only the number of head has been altered although the organization on the feeding operations seems to be more complicated.

1.6 Plan of combination and standardized typologies

The basic standardization process has been accomplished and the average-plan has been outlined sufficiently:

With standardized basic units functional for alleys and interdipendence, some combination typologies have been worked out for the three species and for the cycles examined.

So complete building schemes that represent a first planning level of standardization have been obtained.

As the method used is modular, the final result will be consequently modular and standardized, and it will represent an extension of standardization to the final process.

The typologies studied are drawn up in fig. 5, 6, 7, 8, and reflect what has been developed so far.

The schemes are represented in a grid M x M regarding the fixed standard.

The tables in fig. 5, 6, 8, are obtained by composing the basic unit 2M x 2M suitable for cattle, sheep and pigs; on the other hand the scheme in fig. 7 is representative of more functional alternative solutions found for the 2nd stage of sheep arranged with 2M x 2M and 3M x 2M standards.

The composition outlines a rational and flexible development for all species, and facilitates the aggregation of the various basic standardized units; a good premise for the co-ordinated planning of the whole building and a necessary requisite for the subsequent modular construction.

A second planning level of standardization can be obtained by the further extension of the method to the whole plan, which will be arranged with the M x M grid.

With this aim, a complex of a standardized combination for fattening lambs (1st stage) has been drawn up in fig. 9, arranged on a grid 2M x 2M as shown on the scheme in table 6 and fig. 2 and 6; the requisites of standardization and general plant flexibility are confirmed. And this is valid also for the other cases.

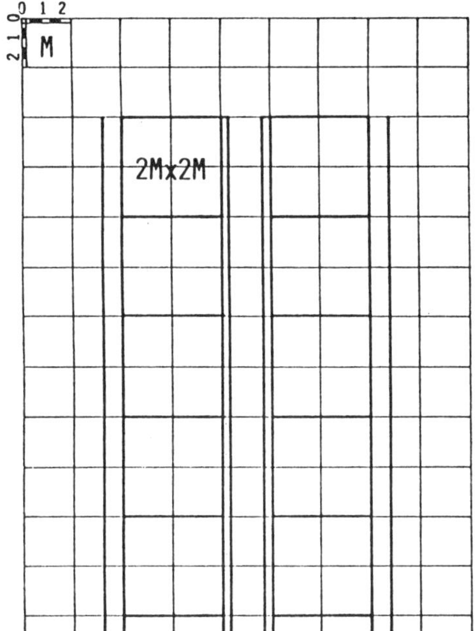

Fig. 5. Overall plan of a standardized unit 2M x 2M for fattening cattle (1st and 2nd phase)

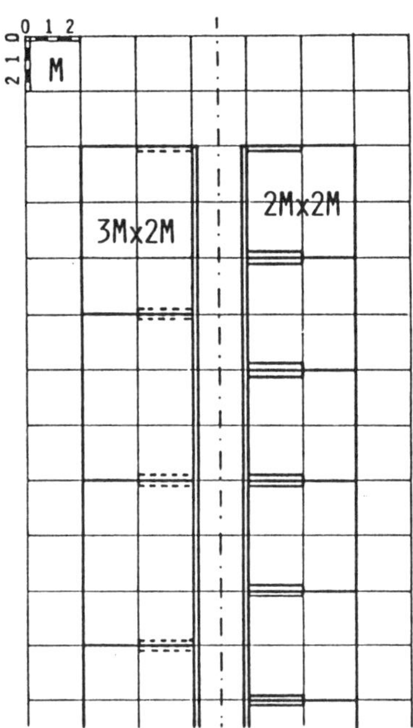

Fig. 7. Overall plan of a standardized unit 2M x 2M (optimum plan) or 3M x 2M (alternative plan) for older lambs

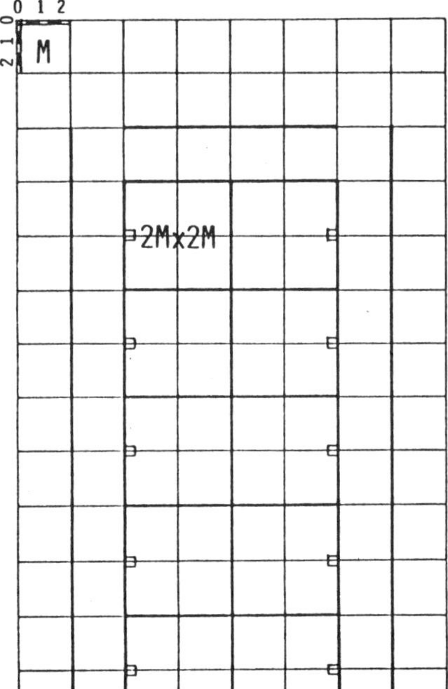

Fig. 6. Overall plan of a standardized unit 2M x 2M for fattening lambs

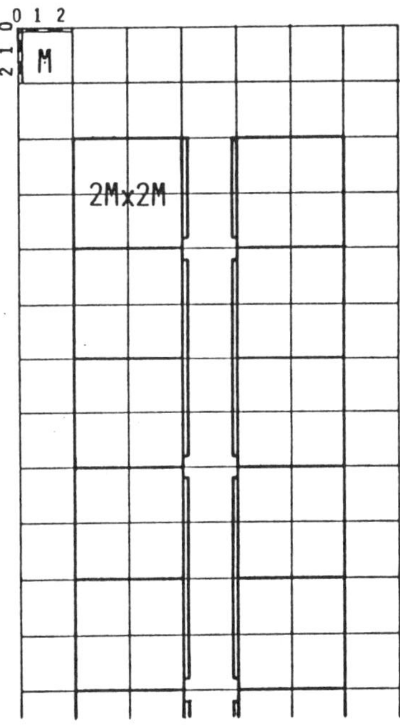

Fig. 8. Overall plan of a standardized unit 2M x 2M for fattening pigs ("light" or "heavy")

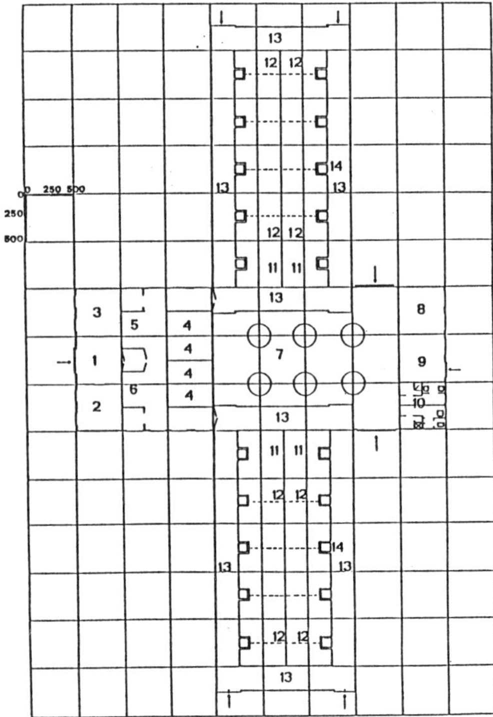

Fig.9. General plan of a fattening lamb complex (1st phase -
weaning), under a modular grid 2M x 2M (500 x 500):
1) acceptance and weighing of lambs; 2) and 3) management
office; 4) temporary box; 5) store room; 6) pharmacy;
7) meal store; 8) machinery; 9) cleaning equipment;
10) services; 11) training boxes; 12) growth boxes;
13) service alleys; 14) mechanical sucklers.

2. THE CONSTRUCTION STANDARDIZATION

Referring to the already developed planning
standardization process, it may also be
applied to a general plan which has been
developed without any modular standard. The
subject is developed according to the
following schematic points:
Scheme of the applied method:

----

1. General information on the building
typologies to be taken into consideration
2. Classification of the major works and
the similar building elements to be and not
to be standardized
3. Detailed study of standardized elements
4. Analysis of structural types, and
building material and systems
5. Integrated composition

This method is aimed at developing
particularly points 3 and 4, which better
introduce the implementation stage.

2.1 General information

Information mainly regards standardized and
non standardized types to which the
construction standardization process is to
be applied.
In this case standardized schemes are
involved, according to the following
standards:
- cattle: basic standard 2M x 2M
- sheep   2M x 2M
                           3M x 2M
- pigs   2M x 2M

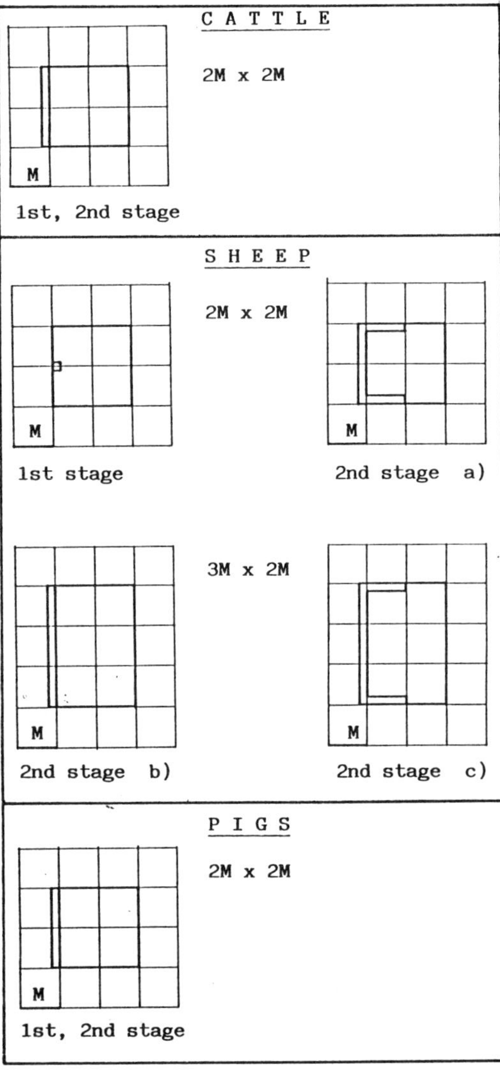

Fig.10. Basic modular unit taken into consideration in the
construction "standardization" phase.

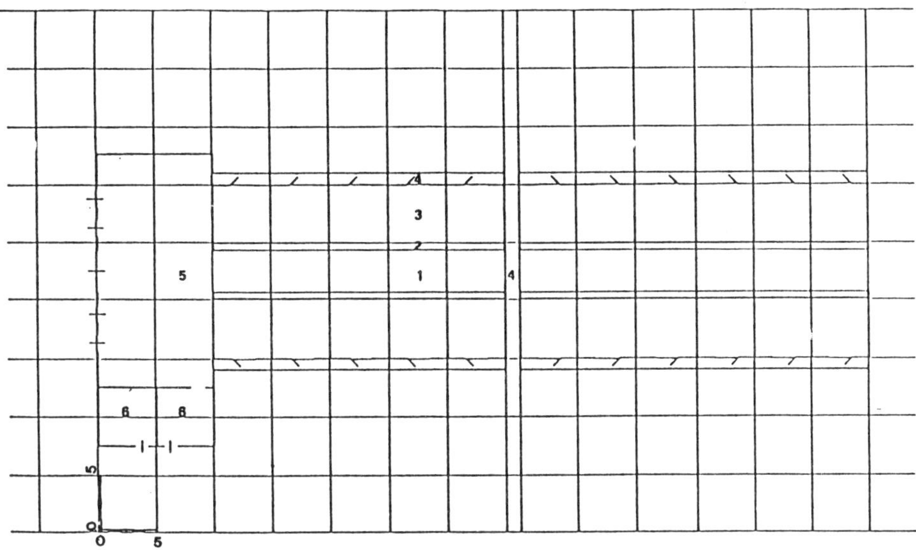

Fig. 11. Plan of combination for older calves, "standardized" with 2M x 2M. 1) feeding alley; 2) feeding area; 3) box (modular unit); 4) service alley; 5) store room; 6) general purpose areas.

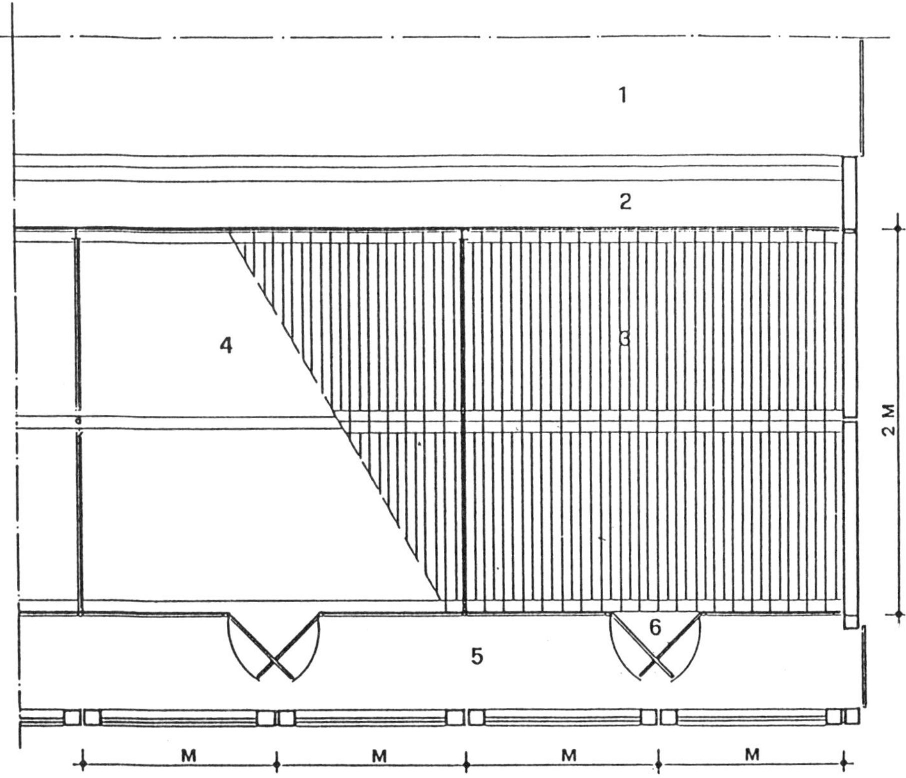

Fig. 12. Basic unit with funcional standard 2M x 2M and linear structure M. 1) feeding alley; 2) feeding area; 3) slatted floor 4) pit of manure; 5) service areas; 6) channels.

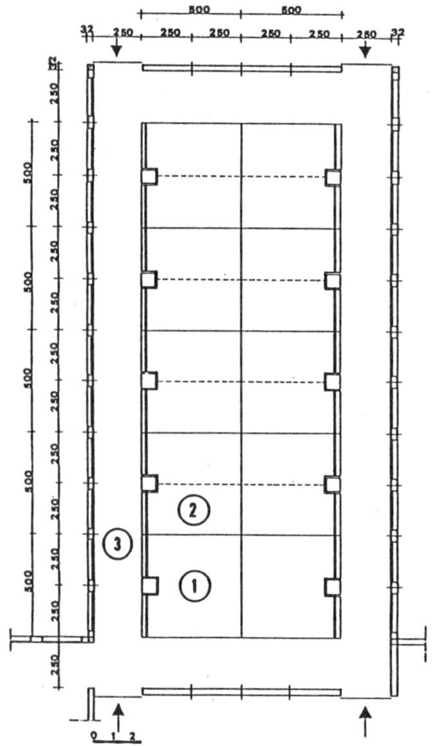

Fig. 13. Building for lamb (1st phase). Functional standard 2M x 2M, and linear structure M.

Fig. 14. Detail of plan in figure 13. The measurements of the box 2M x 2M and M x 2M are in accordance with the chosen basic standard.

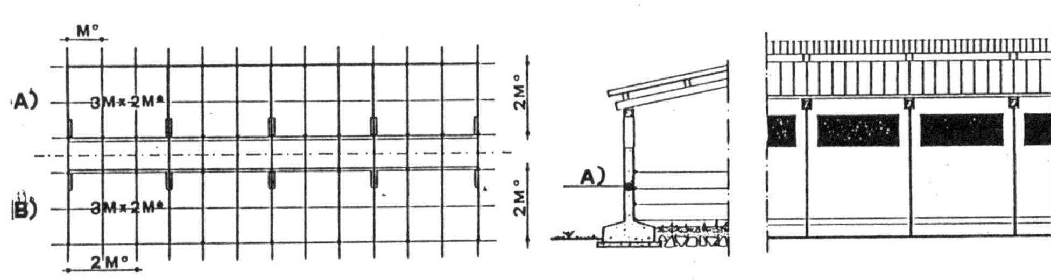

Fig. 15. Schematic plan of a building for older lambs (2nd phase). Functional standards 3M x 2M and structural standards A) M x 2M with self-carryng walls in concrete or double plate elements, B) 2M x 2M with indipendent structure and enclosure of completion panels. The functional and structural standards do not coincide.

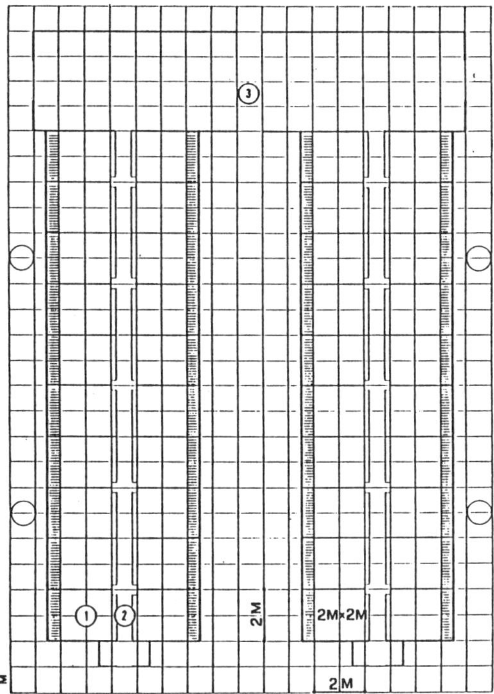

Fig. 16. Schematic plan for pigs. Functional and structural standards 2M x 2M. 1) box; 2) feeding alley; 3) store room.

In reality, we have considered here the modular schemes of the developed standardization process: in fig. 10, the typologies, unified into the two basic units 2M x 2M and 3M x 2M, are referred to according to these basic typologies, the corresponding detailed planning schemes have been developed.

These are referred to in figures 11, and 12 for cattle and in figures 13, 14, and 15 for sheep and in table 16 for pigs.

2.2 Building elements

A detailed study of the considered typologies has revealed the different building elements. Each component has been placed into the following groups:
a. structural elements
b. plugging and covering
c. flooring
d. detail and completion elements

2.3 Standardized elements

Of all the listed components, only some have been taken into account in order to synthetize. The standardidazation process is extended to these components. Dimensions and functions are correlated with the chosen standard M = 250. In this case the functional standard equals the structural one. Thus, the objectivity of the general modulating process is confirmed.

The standardized components relate to the building typologies referred to in the tables. In reality only the scheme in table 1, regarding cattle, is developed in detail. The following elements have been considered:
a. structure:
   - wall-element
   - plinth
   - pillar
   - longitudinal beam and traverse
   - covering element
b. flooring:
   - slatted element
c. complex elements:
   - feeding area
   - pits and manure channels
   - plates for sheet flooring

All components are standardized in the longitudinal direction with M = 250 cm.

2.4 Structural types, building material and systems

The following structural types have been considered:
a. shape with pillars and beams (linear standard 2M) structure
b. external structure in wall-elements (linear standard M)

With regard to material, metal elements (in case a.), and pre-manufactured reinforced concrete (in case b.) have been used.

As for building systems, in case a., an indipendent structure has been planned; in case b., similar solutions have been considered. In reality, the latter differs from the former when carried out: b.1 prefabricated, self-supporting walls in reinforced concrete with incorporated foundation (fig. 17a.) b.2 double-plate walls in pre-manufactured reinforced concrete (fig. 17b.)

The standardized elements as well as dimensions and weights, which are fund-amental to the manufacture, transport and the assembly are referred to in table 2.

These components, which are associated with the above-mentioned elements in 2.3, are shown on the "assembled" scheme in fig. 18, the values of which refer to:
1. structural elements (1st level of industrialization)
2. slatted flooring (2nd level)
3. sheet flooring (3rd level)

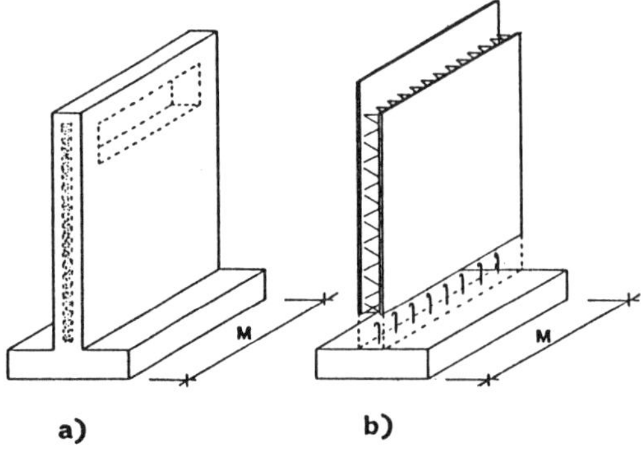

Fig. 17. Pre-fabricated walls in concrete: a) self-carryng wall; b) double plate element with reinforcement and completion casting, and with foundation wich can be prefabricated.

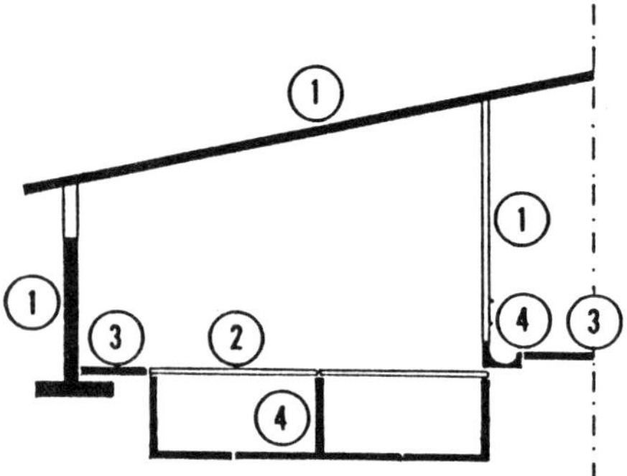

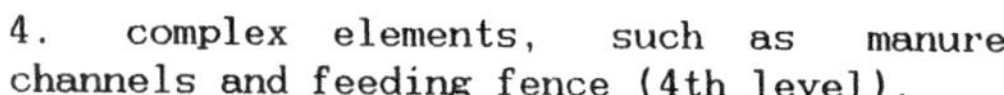

Fig. 18. "Assembled" plan of standardized components.

4. complex elements, such as manure channels and feeding fence (4th level).

The structural types with wall-elements are shown in detail, in fig. 19: four possible solutions are shown, placed in order of growing industrialization .and estimated with M = 250 cm.

All elements are standardized in a linear direction with M = 250 cm and with a longitudinal direction of preferential standardization.

2.5 Integrated building composition.

Standardized and non-standardized elements are integrated into the general building system: the more tho pre-manufactured components are suitable for use with those manufactured during the execution of the work, the more effective is the integration. A thorough development of this co-ordinate stage is not possible for it would take up too much room.

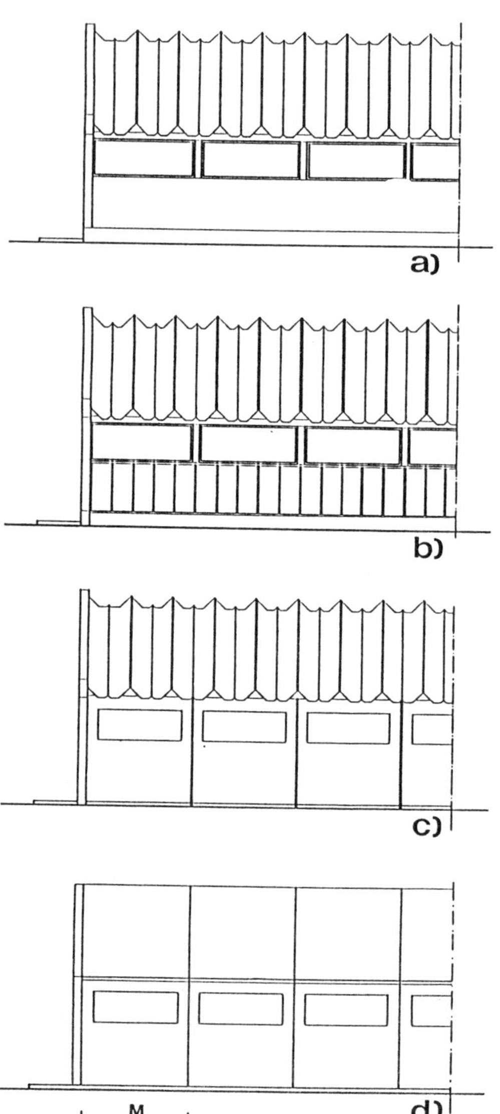

Fig. 19. Different constructional solutions referring to figures 11 and 12: a) carryng structure with piers and traverses, covering mantle in self-carryng plate of asbestos cement and enclosure in traditional mansory; b) structure and covering equal to a) but with pre-fabricated sandwich; c) exterior structure of prefabricated self-carryng walls or double plates elements in pre-fabricated concrete, and covering of self-carryng plates in asbestos cement; d) solution equal to c), but with covering of prefabricated asbestos bent tiles.

		PREFABRICATED COMPONENT		LENGHT cm	WIDTH cm	HEIGHT/ THICKN. cm	AREA m²	VOLUME m³	WEIGHT kg
A-STRUCTURE AND/OR PERIMETER ENCLOSURE	WALLS a)Self-carryng panel b)Double plate panel	a)	b)	a)250 b)250	20/150 30 (4+22+4)	300 300	0.90 –	2.25 0.60	5600 1500
	a) PLINTH b) FOUNDATION	a)	b)	a)50/80 b)250	50/80 70	30/30 30	– –	0.22 0.53	550 1300
	PILLAR AND BEAM			14/250	14/14	360/14	–	–	103/73
	COVERING ELEMENTS			875	250	10/20	21.00	2.80	7000
B-FLOOR	ELEMENT FOR SLATTED FLOOR			33	250	14	0.82	0.06	150
C-MORE COMPLEX COMPONENTS	PLATE OF SHEET PAVEMENT			250	125	12	–	0.38	950
	FEEDING AREA			250	75	20/60	–	0.44	1100
	"L" SHAPED ELEMENT FOR A PIT			250	150+ 125= 275	12	0.33	0.825	2062
	"T" SHAPED ELEMENT FOR A PIT			250	150+ 250= 400	12	0.48	1.20	3000

Tab. 9. Types, forms, dimensions and weights of standardized components with M = 250 cm.

3. CONCLUSION

This study has been intended to implement a theoretic method which was aimed at the standardization of building typologies with regard to several species and different productive cycles; it was also aimed at unifying the main building components by a standardization of basic functional and structural elements by means of size parameters: surface per head, feeding fence, ideal group gathered into the basic unit:

This has proved to be possible with positive results and has not altered the function of the buildings.

Indeed, the standardized basic unit 2M x 2M, derived from the standardization process can be employed for all the cases considered; for it is suitable for the operative dimension standards and the needs of the building.

Some aspects functioned less well with the sheep (stage 2). Here, the surface parameter is too high compared to the number of head. With the sheep, the three dimension standards are hardly concordant; the feeding fence is excessive compared with the unitary surface per head.

The necessary corrections have been made, and suitable, functional alternative solutions have been indicated, which confirm the efficiency of the premises. A final outline of the combination and the application of this method to the building stage is needed.

The use of a basic functional module involves: a. simple planning composition b. ordered, rationalized and flexible plant c. suitability for the following implementation stage, in an industrialized and traditional system. These aspects are particularly relevant to the general aim: the application of the standardization of the building components.

The results confirm the initial studies. Several components have been standardized according to modular dimensions. These are consistent with sizes and standards which had previously been assessed in the modular plan.

The types and the quality of the components do not show complications, because they have dimensions and weights which are suitable for production, transport and implementation.

Some major aspects of a previous stage of the production and planning process are still to be worked out: above all, the cost of manufacture and their diffusion in a field which does not easily adopt technical innovations.

REFERENCES

Compère, J. 1980. A methodical process for the creation of a farm building and its programming. Working Session of the CIGR, Winterthur/Tänikon, 8-11 Sept. 1980.

Satta,R. Pisanu, M. Porcu, G. 1980. Activities and services: dimensional factor in modular planning of breeding stock buildings. (ibidem).

De Brabander, W.H. 1980. Systematics on planning farm buildings (riding facilities). (ibidem).

Bruce, J.M. Clatk, J.J. 1980. Probabilist model for planning pig herd accomodation. (ibidem).

Zappavigna, P. 1980. A study on standard construction system for cattle housing. (ibidem).

Mennella, V. Failla, A. Sediari, T. Lanteri, S. 1980. Design process and suggested housing for calf weaning. (ibidem).

De Montis, S. 1980. Factor and functional parameters for the project of zootechnic buildings. (ibidem).

Pisanu, M. Satta, R. Porcu, C. 1983. Schede per la progettazione di edifici per bovini da latte mediante funzioni parametriche. Quaderno n.1 di Edilizia zootecnica, Istituto di Costruzioni rurali, Sassari.

De Montis, S. 1984. La progettazione degli edifici zootecnici. Il metodo. Le funzioni. Gli standards dimensionali. I lavori complementari. Annali della Facoltà di Agraria di Sassari, vol.XXXI.

De Montis, S. Pisanu, M. Barra, M. 1988. Metodologia teorica per la normalizzazione funzionale e costruttiva di edifici zootecnici. IV° Convegno Nazionale di Genio Rurale. Porto Conte-Alghero, 4/6 maggio 1988.

De Montis, S. Pisanu, M. Barra, M. 1988. Dimensionamento e normalizzazione funzionale di edifici zootecnici modulari mediante standards dimensionali parametrici. Metodologia applicata (1^ parte). (ibidem).

De Montis, S. Pisanu, M. Barra, M. 1988. Progettazione modulare industriale di elementi costruttivi per edifici zootecnici. Metodologia applicata (2^ parte). (ibidem).

Land and Water Use, Dodd & Grace (eds), © 1989 Balkema, Rotterdam. ISBN 90 6191 980 0

Floor plans for cubicle housing of dairy cattle

R.E.Graves
Department of Agricultural Engineering, Penn State University, University Park, Pa., USA

ABSTRACT: Floor plans for cubicle housing (free stall) of dairy cattle in the U.S. were originally based on requirements for bedded pack loose housing systems. Efforts to reduce building cost per cow and to provide better traffic patterns resulted in more compact arrangements. Today building areas are being increased to provide more cow comfort and productivity.

ABREGE: Les plans pour les boxes (stalles libres) de vaches laitières aux Etats-Unis étaient à l'origine bases sur les exigences pour des sytèmes de logement à litières meubles. Des efforts pour reduire le coût de construction par vache et pour fournir de meilleurs habitudes de circulation ont abouti à des aménagements plus compacts. Aujourd hui, les bâtiments sont davantage construits pour fournir plus de comfort aux vaches et plus de productivite.

ABRIß: Grundrisse für Stallbox-Behausungen (freier Stall) von Milchkühen in den Vereinigten Staaten basierten ursprünglich auf Anforderungen für strohgebettete, offene Stallsysteme. Bemühungen, Baukosten pro Kuh zu senken und Stallanlagen zu verbessern, führten zu kompakteren Lösungen. Heute werden Bauflächen vergrößert, um bessere Lebensbedingungen für die Kühe und erhöhte Produktivität zu erreichen.

1. INTRODUCTION

Free stall or cubicle housing of dairy cattle is widely used in North America. Free stall housing is generally adopted by farmers with more than 80-100 cows. Floor plan selection for free stall housing facilities is important to accommodate the various forms of traffic required, allow economical use of building materials and provide a healthful environment. The floor plan affects not only the day to day function of the barn, but also the amount of roof and paved areas.

2. FACTORS AFFECTING DESIGN

There are many factors that enter into the selection and operation of free stall housing by dairy farmers in North America. These include, but are not limited to:

1. National, state, and local regulations
2. Regional differences
3. Climate
4. Herd size
5. Tradition
6. Management
7. Personal preference

2.1 Regulation of Dairy Housing

Dairy housing design and operation are influenced by regulations concerned with production of food products (milk quality) and environmental protection (water quality). The United States Department of Health and Human Services, Public Health Service, Food and Drug Administration (USDHHS,PHS,FDA), Pasteurized Milk Ordinance (PMO) (1983) is the basis for regulations relating to milk quality. These include regulations for design and construction of cow housing and milking facilities. Application, local interpretation, and enforcement of the PMO is normally the responsibility of each state (NDPC, 1980).

Environmental protection regulations are based on various "Clean Water Acts" and are enforced by the United States Environmental Protection Agency (EPA) and state water quality agencies.

At this time, there are no specific regulations regarding buildings that could be defined as "animal welfare" related. Dairy farmers found to be mistreating animals by lack of adequate feed, unsanitary conditions, inadequate veterinary care, or other inhumane treatment are dealt with by state and local humane rules and regulations.

2.2 Regional Differences

In general, the areas of the U.S. with mild or warm climates utilize more spread out floor plans with wider alleys and more paved areas. Colder portions of the U.S., where more costly building construction is used, normally use more compact floor plans. Farmers using slotted floors or manure alley scrapers adopt designs that minimize alley width and length due to the high cost of slats and alley scraper installation. This paper will be concerned mostly with free stall layout design and development in the colder, more humid northern dairy belt across the northeast and mid western U.S.

2.3 History

Free stall housing originated in the U.S. in the early sixties (Hodgson, 1986). Free stall housing systems were an outgrowth from the loose housing or bedded pack systems introduced in the 1950s (Light 1968). The most common dairy housing systems before loose housing and free stalls were tie stall or stanchion barns. Stanchion or tie stall barns are enclosed barns where animals are housed in parallel rows of stalls for milking and feeding. Stall barns are common in cold regions where close confinement of animals provides heat to keep barn temperatures above freezing (Irish & Graves 1988). These barns are still very popular today, especially with herds of less than 60 cows.

Bedded pack (loose housing) systems were introduced in an effort to reduce the labor and construction cost associated with tie stall and stanchion barns and to take advantage of elevated milking parlors. Bedded pack systems often proved difficult for many farmers to manage adequately. Light (1968) indicated that two basic types of bedded pack or loose housing systems were utilized in the northeastern U.S., Open Systems and Covered Systems. Open Systems consisted of a building with a bedded pack area for resting and an outside feed yard for silage and/or hay feeding and exercise. In colder areas, problems associated with outside feeding resulted in Covered Systems in which the feeding area was also covered. Milk sanitation regulations required large paved areas (9 sq m [100 sq ft] / cow) and bedding areas (5.4-6.3 sq m [60 to 70 sq ft] / cow). To minimize manure accumulation in the bedded area, regulations required separation of feeding and resting areas. This was originally interpreted to mean inside

resting and outside feeding, or two separate barns, one for feeding and one for resting.

Due to the high labor and bedding requirements of loose housing systems, problems with cow cleanliness, and increased chance of cow injury, free stalls were introduced in New England around 1962. The same building and space requirements used for bedded pack systems were applied to the first free stall housing systems. The earliest designs of free stall systems in New England were quite large, with building areas of 12.6 to 14.4 sq m (140 to 160 sq feet) per cow and physically separated feeding and resting areas (Light, 1968). Total paved area in these covered systems was designed at 9 sq m(100 sq ft) per cow to met the loose housing requirements for paved area per cow.

3.0 TRENDS IN FREE STALL LAYOUTS

As experience was gained with free stall housing, it became evident that the original paved area requirements of 9 sq m per cow were not necessary to ensure clean animals, and this requirement was reduced to 7.2 sq m per cow and ultimately eliminated. The requirement for separate feeding and resting areas was also changed. It was accepted that the free stall provided the requirement of a separate resting area. This allowed for free stalls and feeding to be in the same barn, or same part of the barn, and has resulted in a much more unified and organized arrangement seen in most all barn plans today (Light, 1968, Graves, 1986).

The late 1960s and early 1970s saw a trend towards minimizing housing space per animal in attempts to cut facilities cost. One or more of the following space saving methods was often utilized:

1. Feed space was decreased so that all animals could not eat at one time. Recommendations as little as 15 cm (6 inches) per cow when feed was always available were not unusual (MWPS 1971). This was further encouraged with the advent of total mixed rations (TMR) in which all feed ingredients were mixed together (Albright, 1983). It was felt that as long as sufficient feed was placed in the bunk the cows could take turns consuming their required feed. Recommendations in the early 1980s were 30-45 cm (12-18 inches) of feed bunk length for TMR (Specht et al, 1980;MWPS, 1984).

2. Paved areas continued to be reduced by narrowing of alleys and elimination of paved exercise yards.

3. The so called high density (Light, 1973) concept was popularized whereby three rows

of free stalls and feed bunk were placed along two paved alleys. This resulted in approximately 45 cm (18 inches) of feed bunk length per stall.

4. Another popular method for decreasing building space per cow was over-population, more cows than free stalls. The belief was that animals did not all need to lie down at one time. In 1978 Mix et al recommended 1.2 cows per stall. During the 1970s, populations as high as 1.5 cows per stall could be found on commercial farms.

As the decade of the 1980s comes to a close, the trend towards minimizing building space, feed space, paved space, and free stalls available per cow appears to be over. New units being built tend to have wider alleys and more feed space per animal. Several things have encouraged this change. Basically, they all relate to the real and perceived problems of concentrated cow areas and productivity.

1. Fence line lockups at feed bunks to facilitate health care are common. The length of feed bunk required if the entire group is locked up is controlled by the lockup dimensions and prevents "squeezing in" a few extra cows.

2. Higher producing cows and more concern for feed intake is perceived to require more space at the feed bunk.

3. Cow comfort is believed to increase with more space per animal. During hot weather additional space promotes better dissipation of heat from individual animals (Barth, 1988).

4. Widening stall alleys result in easier access with mechanical equipment for addition of bedding and other maintenance procedures.

5. Martin (1987) observed that overpopulation is no longer considered cost effective. He observed that western U.S. dairies, that lead the U.S. in milk production per cow, often have 100 stalls for 90 - 100 cows.

Some observations found in the literature confirm what good cow managers were demonstrating in the field regarding increased space per animal. Konggard (1983), and Wierenga (1983), both discuss the effects of feed space, walking space, and cubicle number on animal behavior. There have been no controlled studies on a commercial scale demonstrating either benefits in animal comfort and welfare or productivity with increased space. However, field observations indicate that higher producing

herds tend to be in barns allowing more space per stall.

3.1 Plan Comparison

Table 1 contains a summary of various space and length requirements of selected free stall housing plans. Data for various components on a per stall basis are provided. Floor plans and brief descriptions for these are contained in figure 1. Plans 1-5 represent typical layouts used in the northern dairy areas of the U.S. from 1963 to the present. The trend to more compact layouts is evident in all categories. Plans 6 and 7 are typical of layouts used in warmer climates.

The earliest layout (Plan 1) is from a 1963 plan and is typical of plans developed using space and layout requirements for Bedded Pack Loose Housing systems. The plan has separate buildings for feeding and resting, an outside exercise yard and large paved areas.

3.2 Traffic Patterns and Layouts

Traffic on a dairy includes: animals, personnel, machinery, feed, manure, milk, and water. Most of these can be further subdivided. For example, animals have to move to and from milking areas, feeding areas, resting areas, treatment areas; between groups and pastures and even on and off the farm. Personnel traffic will include those working directly with the animals: milking, observing or treating; those that are serving animals by delivering feed, removing manure, bedding stalls, performing maintenance operations; and nonfarm visitors that need to see what's happening, yet be kept out of the way.

On larger dairies it is important that several activities can occur simultaneously. This might include milking and feeding or manure scraping at the same time or loading a second group of cows into the holding area without affecting the milking and return to housing area of the first group.

Most free stall layouts built today provide for 2 or 3 rows of free stalls parallel to a feed bunk (figure 2 & 3). For larger barns these arrangements are often used on both sides of a central feed driveway or mechanical bunk (figure 4 & 5). Graves (1986) discussed these and other layouts based on their compatibility with good cow care and traffic patterns. Other layouts such as 2 rows of stalls with a center feed bunk, offset four and six row layouts and right angle or cul de sac arrangements were judged to be inferior.

	Plan #1 1963	Plan #2 1965	Plan #3 1970	Plan #4 1977	Plan #5 1982	Plan #6 1987	Plan#7 1987
Number of Stalls	120	101	200	80	379	102	98
Layout Footprint							
Total area sq. m.	1702	955	1784	510	2462	854	943
sq. ft.	18916	10608	19824	5672	27360	9492	10476
Area/Stall sq. m.	14.2	9.5	8.9	6.4	6.5	8.4	9.6
sq. ft.	158	105	99	71	72	93	106.9
Roof Area							
Total area sq. m.	1020	772	1784	510	2462	756	816
sq. ft.	11340	8580	19824	5672	27360	8400	9072
Area/Stall sq. m.	8.5	7.6	8.9	6.4	6.5	7.4	8.3
sq. ft.	94.5	85	99	71	72	82	92.6
Paved Area							
Total Area sq. m.	.314	634	963	245	1132	387	438
sq. ft.	14596	7048	10696	2717	12576	4298	4868
Area/Stall sq. m.	11	6.3	4.8	3	3	3.8	4.5
sq. ft.	121.5	70	53.5	34	33	42	49.7
Stall Area							
Total Area sq. m.	346	3393	6000	2346	10612	2856	2744
sq. ft.	3840	305	540	211	955	257	247
Area/Stall sq. m.	2.9	3	2.7	2.6	2.5	2.5	2.5
sq. ft.	32	33.6	30	29.3	28	28	28
Feed Bunk Area							
Total Area sq. m.	43	54	340	54	492	189	243
sq. ft.	480	595	3776	601	5472	2100	2700
Area/Stall sq. m.	.36	.5	1.7	.7	1.3	1.9	2.5
sq. ft.	4	6	19	7.5	14.5	20.6	27.6
Feed Bunk Length							
Total Area sq. m.	72	71	134	49	172	50	65
sq. ft.	240	238	448	164	576	168	216
Area/Stall sq. m.	.6	.7	.7	.6	.5	.5	.7
sq. ft.	2	2.4	2.25	2	1.5	1.6	2.2

Table 1. Space and length requirements for free stall housing plans in Figure 1.

Figure 1. Free stall housing floor plans.

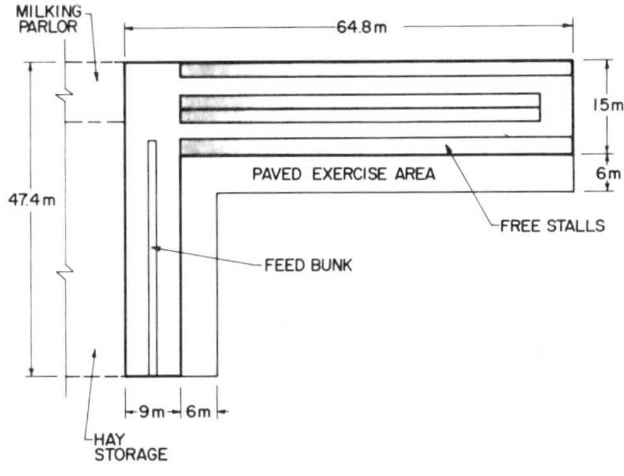

a. Plan 1, Free Stall Housing System (PSU,1964).

L shaped unit with covered feeding and free stall housing area and outside paved lot, tractor scrape manure removal, 120 free stalls. Storage for hay and bedding included under roof extensions. Plan originated in New York State

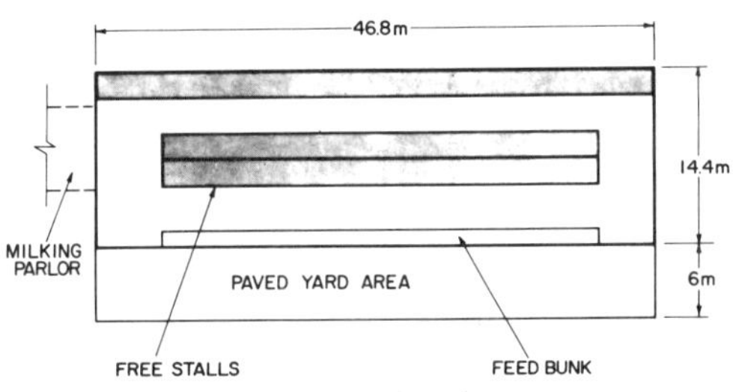

b. Plan 2, 101 Cow Free-Stall System (USDA, 1965).

Rectangular shaped building with partial covered and open feed area, tractor scrape manure removal, 101 free stalls. Free stalls (3 rows) parallel to feed bunk, animals eat at both sides of bunk. Plan originated in Connecticut.

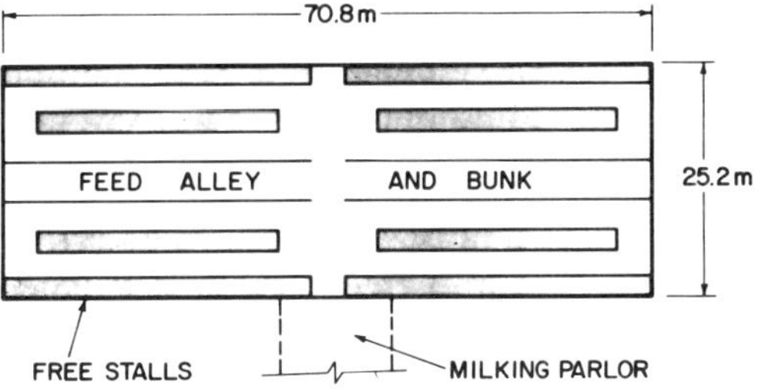

c. Plan 3, Drive Through Free Stall Barn (PSU, 1970).

Rectangular shaped building with center drive through feeding and tractor scrape manure removal, 200 free stalls. Driveway for tractor wagon feeding adds 3 m (10 ft) to building width. Four groups of cows with two rows of stalls on each side and parallel to feed bunk. Plan originated in Pennsylvania and continues to be the most common floor plan for new barns.

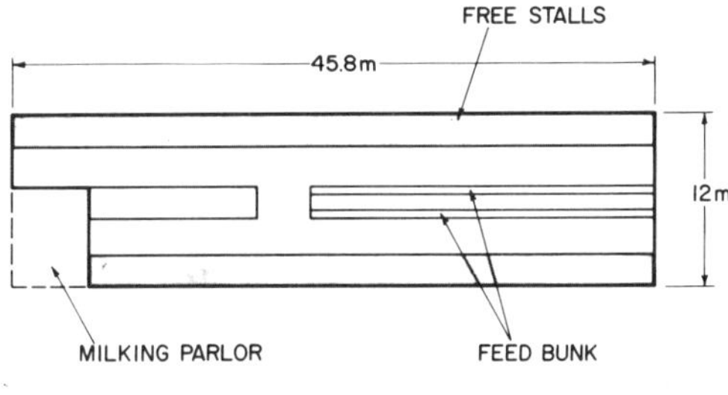

d. Plan 4, Free-Stall Dairy Barn 80 cow (USDA, 1977).

Rectangular shaped totally enclosed free stall housing system with slotted floor animal traffic areas for manure removal, 80 free stalls. Two/ three rows of stalls with center feed bunk. Plan originated in Minnesota.

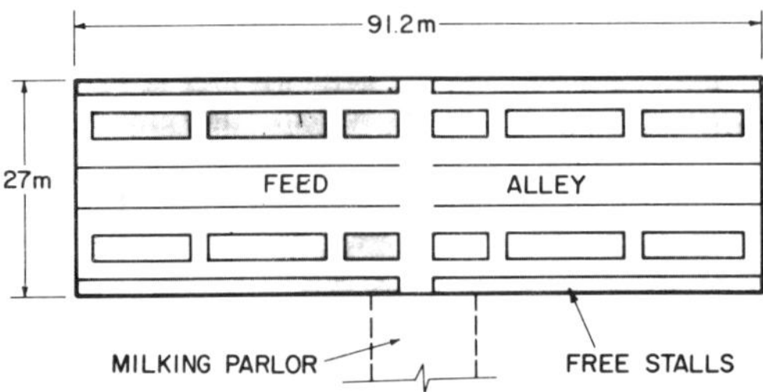

e. Plan 5, 6-Row High Density Free Stall Dairy Housing (USDA, 1982)

Rectangular shaped building with center drive through feeding and tractor scrape manure removal, 379 free stalls. Driveway for tractor wagon feeding adds 3.6 m (12 ft) to building width. Four groups of cows with three rows of stalls on each side and parallel to feed bunk. Facing free stalls have "shared head space" so only occupy 3.3 m (11 ft) versus normal 4.2 m (14 ft) for two rows of stalls. Plan originated in Massachusetts.

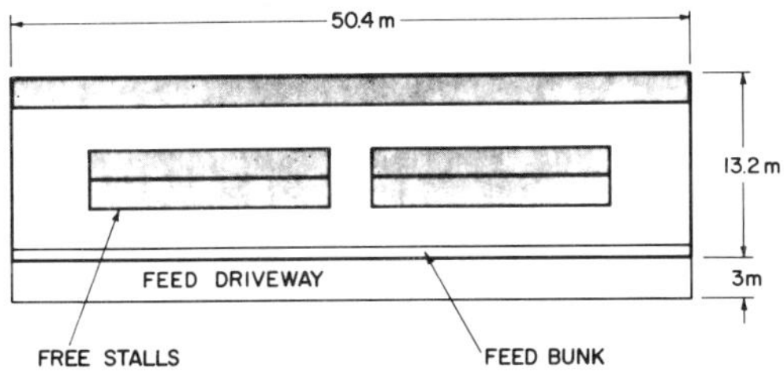

f. Plan 6, Warm Region Free Stall Layouts sheet 1 (USDA, 1987).

Rectangular shaped building with feed bunk along one sidewall and tractor scrape or flush manure removal, 102 free stalls. Driveway for tractor wagon feeding is outside of building. Three rows of free stalls parallel to feed bunk. Plan originated in South Carolina.

3.2.1 Two row barns

Advantages of two rows of stalls along a scrape alley parallel to a feed bunk (figure 2a) include:

Feed space is proportional to stall numbers and at least 60 cm (2 feet) of space is available per stall. Addition of two more stalls (1.2 m [4 ft] of building length) results in 1.2 m (4 ft) more of feeding space.

The two long alleys provide easy manure scraping and cow traffic.

The drive along feed bunk is easily serviced from truck or wagon without driving among animals.

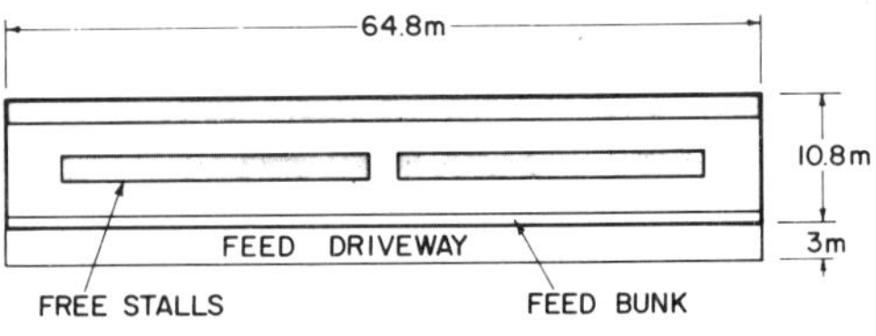

g. Plan 7, Warm Region Free Stall Layouts sheet 2 (USDA, 1987).

Rectangular shaped building with feed bunk along one sidewall and tractor scrape or flush manure removal, 98 free stalls. Driveway for tractor wagon feeding is outside of building. Two rows of free stalls parallel to feed bunk. Plan originated in South Carolina.

Cross alleys and water at both ends or spaced along longer barns provide easy accessibility to feed and water.

The arrangement easily allows multiple groups.

Animals can be locked in or out of the free stall area if desired.

The variation of this arrangement (figure 2b) with 2 rows of stalls facing each other does not allow cows to be locked away from stalls. It provides the other features listed above and may facilitate easier opening of sidewalls. It also reduces problems from afternoon sun and rain on free stalls.

3.2.2 Three row barns

Many feel that layouts with two rows of stalls along one side of the feed bunk provide more bunk space than necessary when a total mixed ration is fed (Albright 1983). This has resulted in the addition of a third row of free stalls (figure 3). For an additional building width equal to the length of a free stall (or less if stalls share head space), the building capacity is increased by 50 percent. (Light, 1973) Plan 5 (figure 1e) uses stalls with shared head space.

The three row arrangement:

Decreases the amount of feed bunk space available per stall since there are about three stalls per four feet of bunk length.

Can be incorporated into multiple group barns in the same manner as the two rows of stalls along a bunk discussed earlier.

Does not allow cows to be locked away from free stalls following milking to prevent them from laying down.

Figure 2. Two rows of free stalls and feed bunk.

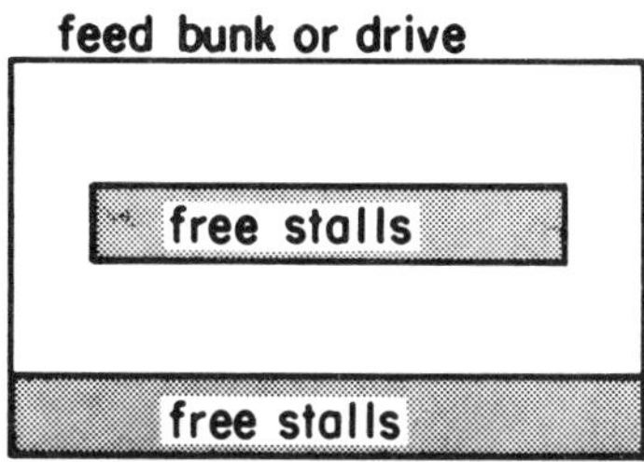

2a. Two rows back to back.

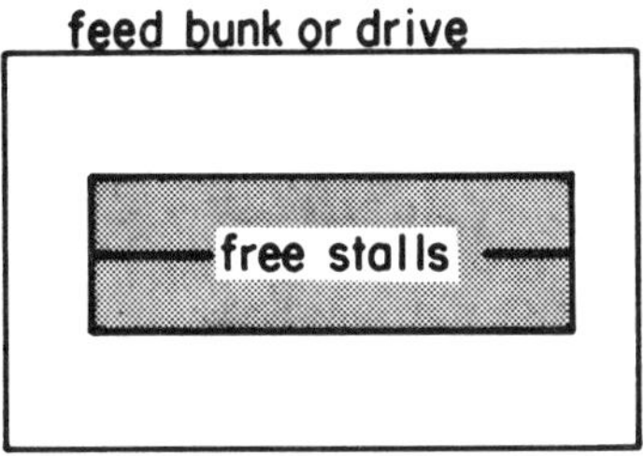

2b. Two rows facing.

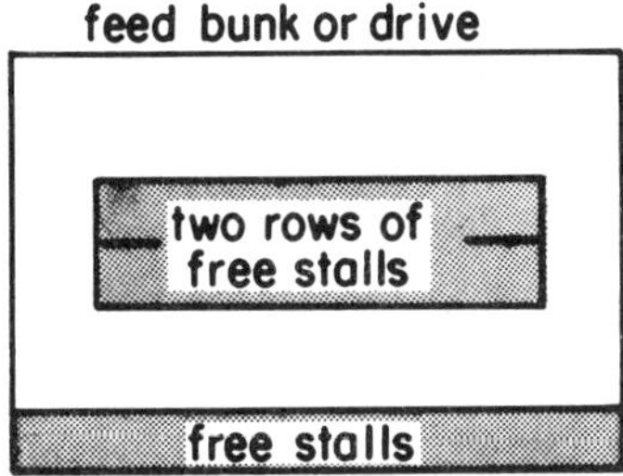

Figure 3. Three rows of free stalls and feed bunk.

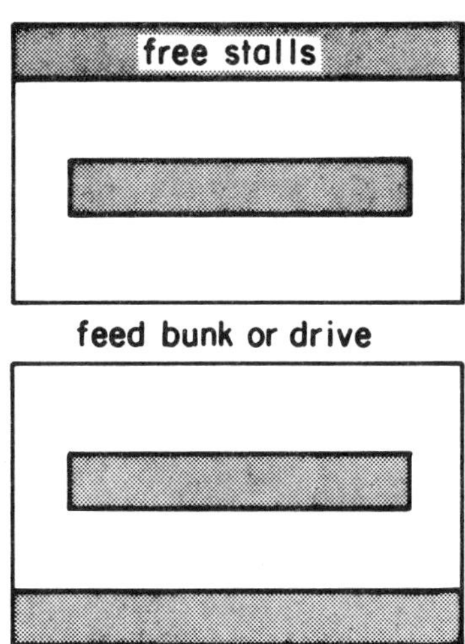

Figure 4. Two rows of stalls on either side of feed
area.

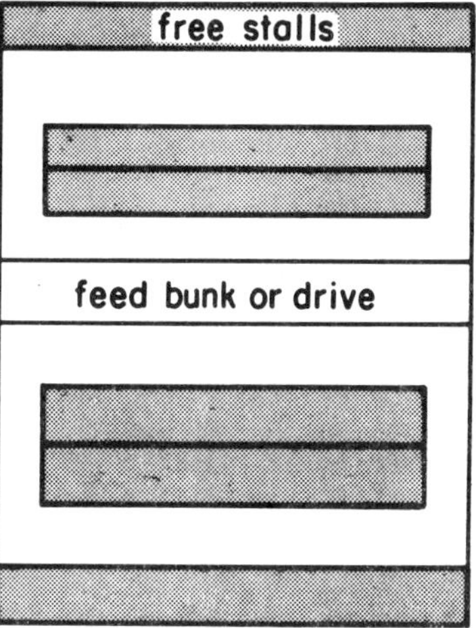

Figure 5. Six rows of free stalls and feed bunk.

4.0 Conclusion

Free stall floor plans affect management alternatives, cow comfort, traffic patterns, and building costs. Early allowance of large amounts of space and other layout restraints in free stall housing were the result of applying principles established for bedded pack loose housing systems to free stall housing. Efforts to reduce building cost resulted in higher concentrations of animals in these systems. Present day practices are increasing the area of building space per cow in an effort to improve cow comfort and productivity. Layouts with stalls (2 or 3 rows) and feed alleys parallel are advantageous for cow management, manure cleaning, and allow easier expansion.

REFERENCES

Albright, J.L. 1983, Putting Together The Facility, The Worker and The Cow, Proceedings of The Second National Dairy Housing Conference, American Society of Agricultural Engineers, SP 4-83, pp15-22.

Barth, C. L.1988, Structural Methods for Cooling Dairy Cows in the Southeast, American Society of Agricultural Engineers Paper No. 88-4054, June 1988.

Graves, R.E. 1986, Traffic Patterns and Layouts, Dairy Free Stall Housing, Proceedings from the Dairy Free Stall Housing Symposium, Jan 15-16, 1986, NRAES 24, Northeast Regional Agricultural Engineering Service. Page 131-141.

Hodgson ,1986, Surface Materials for Free Stalls. Dairy Free Stall Housing, Proceedings from the Dairy Free Stall Housing Symposium, Jan 15-16, 1986, NRAES 24, Northeast Regional Agricultural Engineering Service. Page 39-44

Konggard, S.P. 1983 Feeding Conditions in Relation to Welfare for Dairy Cows in Loose-Housing Systems, Farm Animal Housing and Welfare, S. H. Baxter et al editors Martinus Nijhoff. Page 272-278.

Light, R.G. 1968, Covered and Cold Enclosed Free-Stall Housing, Abstracts Connecticut - Massachusets Dairy Housing Seminar march 19,1968, University of Massachusetts, Amherst, MA. Pages 38-52.

Light, R.G., 1973, High Density Covered Free Stall housing, Agricultural Engineering Department, University of Massachusetts, Amherst MA.

Martin R. O. 1987, Layout Considerations - - Over Population Four-Row vs Six-Row Free Stall Barns, Abstract Northeast Dairy Practices Council, Nov 5, 1987.

Mix, L.S. & C.R. Hoglund editors. 1978, Chore Reduction for Free Stall Dairy Systems. Hoard's Dairyman, Fort Atkinson, WI.

MWPS, 1971, 1984. Dairy Housing and Equipment Handbook, Midwest Plan Service, Ames IA, MWPS-7 edition 1 & 4.

NDPC, 1980, Guidelines for Dairy Cow Free Stall Housing Systems, NDPC 1, Northeast Dairy Practices Council, Ithaca NY.

PSU. 1964, Free Stall Housing System, The Pennsylvania State University Agricultural Engineering Department, Plan Number 723-253, September 1964.

PSU. 1970, Drive Through Free Stall Barn, The Pennsylvania State University Agricultural Engineering Department, Plan Number 723-335, Oct 1970.

Specht, L.W. et al. 1980, The Penn State Dairy Reference Manual, College of Agriculture, The Pennsylvania State University

USDA. 1965, 101 Cow Free-Stall System, Cooperative Farm Buildings Plan Exchange, United States Department of Agriculture. Plan Number 5985.

USDA. 1977, Free-Stall Dairy Barn, 80 cow, Cooperative Farm Buildings Plan Exchange United States Department of Agriculture. Plan Number 6281.

USDA. 1982, 6-Row High Density Free Stall Dairy Housing, Cooperative Farm Buildings Plan Exchange United States Department of Agriculture. Plan Number 6339.

USDA. 1987, Warm Region Free Stall Layouts, Cooperative Farm Buildings Plan Exchange United States Department of Agriculture. Plan Number 6393.

USDHHSPHS, 1983 PMO Grade A Pasteurized Milk Ordinance, United States Department of Health and Human Service, Public Health Service, Food and Drug Administration, revised 1983.

Wierenga 1983, The Influence of the Space for Walking and Lying in a Cubicle System on the Behavior of Dairy Cattle, Farm Animal Housing and Welfare, S. H. Baxter et al editors Martinus Nijhoff. Page 171-180.

Land and Water Use, Dodd & Grace (eds), © 1989 Balkema, Rotterdam. ISBN 90 6191 980 0

Gravity handling for dairy manure

R.E.Graves
Department of Agricultural Engineering, Penn State University, University Park, Pa., USA

ABSTRACT: Dairy farmers in North America are increasing the use of gravity for removing manure from barns and transferring it to storage. Gravity methods include gravity flow channels, gravity flow pipes and flush pipes. In some cases, gravity is also used to unload manure storages.

ABREGE: L'industrie laitière en Amerique du Nord accroit l'utilisation de la pésenteur pour enlever le fumier des étables et pour le transferer à l'entreposage. Les méthodes de pesenteur comprennent des canalisations d'ecoulement par gravite, des tuyaux d'écoulement par gravite' et des tuyaux d'évacuation. Dans certains cas, la pésanteur est aussi utilisée pour décarger les entreposages de fumier.

ABRIß: Bauernhöfe mit Milchvieh in Nordamerika erweitern die Nutzung von Schwerkraft für die Beseitigung von Naturdünger aus Ställen und zum Transport zur Lagerung. Zu den Methoden, die sich die Schwerkraft nutzbar machen, gehören Abflußkanäle, Abflußrohre und Spülrohre. In manchen Fällen wird Schwerkraft auch dazu benutzt, Düngerbehälter zu entleeren.

1. INTRODUCTION

Use of gravity in manure handling on dairy farms is not new. Early New England barns had second story stables with scuttle holes placed to allow the convenient pushing of manure through the floor to storage. Bates (1973), proposed a similar system utilizing continuous openings with grates behind cows and a liquid storage beneath the barn. Under barn storage is expensive and raises concerns about sanitation and gas and odor problems.

Higher producing cows, problems acquiring bedding, and additional waste water from outside lots and milking centers has resulted in more farmers adopting liquid or semi solid manure handling systems. Farmers in the northeastern U.S. and eastern Canada are rapidly adopting gravity methods for moving this semi solid or liquid manure in and around barns. These gravity systems are handling semi solid or liquid manure from tie stall barns, free stall barns and youngstock barns. Gravity flow channels, large diameter low head gravity flow pipes, and high head flush pipes are being used to move manure from cows to outside manure storages.

2. GRAVITY FLOW CHANNELS

Gravity-flow channels, also called gravity gutters, step-dam gutters, Dutch gutters, overflow slurry channels and continuous-flow slurry channels provide a simple alternative for transporting dairy cattle manure. The idea is believed to have come from Europe, the first unit recorded in the U.S. was in Ohio in 1965 (Bigalow, 1965).

A 70 -200 mm high dam holds back a lubricating layer of manure in a level, flat-bottomed channel (figure 1). Manure deposited onto this layer builds up in a wedge shaped mass. When the top of the manure reaches a slope of 1-3 % it begins to flow. Because the manure moves by its own weight, no mechanical equipment or electrical power is required. A downward step at the dam allows manure to flow away from the dam. From here it may flow along a second section of channel, drop into a drain pipe or go directly into a manure storage. (Graves,1986)

The most common use of gravity flow channels is removing manure from tie stall and stanchion barns. Gravity-flow channels are also used for removing manure from under slatted-floor areas in free stall barns, around feed bunks, or in youngstock housing facilities; and transferring manure from various types of barns to a manure storage unit.

2.1 Tie stall and stanchion barns

The Northeast Dairy Practices Council
(NDPC) published guidelines for the design
and construction of gravity-flow channels in
tie-stall or stanchion barns (NDPC, 1983).
The following material has been excerpted
from those guidelines.

2.1.1 Construction of gravity-flow channels

Channel depth depends on channel length,
slope of the manure surface, height of the
dam, and allowance for grates and freeboard.
Depth = dam height + (length X % slope ÷
100) + freeboard
Manure slopes vary from 1 to 3 percent
depending on diet, bedding use and dilution
water. A 3% slope is normally used for
design purposes.
In barns where milking is done, the
maximum gutter length between dams can not
exceed 36 m (120 feet) (USDHHS, 1983).
Typical distances between dams range from
12 to 24 m (40 to 80 feet). Dam spacing is
usually determined based on sidewall
construction, site conditions, channel depth
and tradition. In operation dam spacing
doesn't appear to have any affect(Cermak,
,Meyer et al, 1983).
Bottom widths of 750 - 900 mm (30 to 36
inches) are recommended in tie stall barns. If
a channel is too narrow, sidewall friction may
stop the flow of manure. The depth and
width of channels requires grates for cow and
worker safety. Flat grates are recommended
if cows must stand on them. To reduce the
size and cost of grates, however, the top
width may be reduced to 500 - 600 mm (20
to 24 inches) (figure 2).

2.1.2 Management

Channels should be filled with 75 - 150 mm
(3 to 6 inches) of water before manure is
allowed in a gravity-flow system. Bedding
must be given careful attention, especially the
type and amount used. Small amounts (500
grams per day) of sawdust, fine-cut
shavings, peanut hulls, or chopped straw
bedding may be used. Long straw or larger
amounts of bedding increase the stiffness of
the manure and may clog the channels. Cow
mats allow minimum use of bedding. Water
may have to be added to channels, depending
upon the feed ration and amount of bedding
used. Milk-house wastewater is sometimes
directed into the upper end of the channel to
provide extra water.
Excessive amounts of solid materials such
as feed, soil, and barn lime may settle to the

bottom and clog a channel. Clumps of
material such as hay and silage may stick to
the sides of the channel, especially where
excess bedding or feed builds up. These
clumps should be cut free.
Grates in milking barns require regular
cleaning--preferably daily. A broom
connected to a water hose makes the job easy
and adds dilution water. Powered rotary
brush grate cleaners are also available. Flies
cause little or no problem in gravity-flow
systems. If rat-tailed maggots are present,
biodegradable oil, such as mineral oil, may
be applied to the manure surface to control
them.
Odor is not a problem in barns with good
ventilation; there is no need to install special
fans to ventilate channels. Channels should
not empty into large sumps or pits within, or
having direct openings into, the barn. These
storages produce gas and odors that can be
drawn into the barn by the ventilation system.

2.2 Slatted floor housing

Gravity flow channels can also be used to
remove manure from under slatted floor
animal units, including slatted floor free stall
housing for milking cows or young stock,
partially slatted-floor counter-slope units, and
slatted floors around feed bunks (Meyer et al
1983, Graves, 1986, Collins & Mason,
1989). The channel width for these units can
vary from 1.2 to 3 m (4 to 10 feet) depending
on the slat construction. The basic design is
similar to channels in tie stall barns.
Start up of gravity-flow channels under slats
often requires addition of extra water for the
first several weeks to ensure that manure
does not dry and stick to channel surfaces.
The consistency and movement of manure
should be carefully watched at all times
because the wider channels expose a larger
manure surface to the air for drying. Units
that have solid floor areas next to the slats
result in large amounts of manure getting into
the channel along the side wall. This can
cause problems because manure tends to
build up on the channel's side walls. It may
also be necessary to add water during dry
periods or to get a channel moving again after
prolonged cold weather and freezing. Collins
and Mason (1989) indicate that problems
resulted when leaky dams failed to hold
sufficient water to form the lubricating layer.

2.3 Gravity flow into storage

A gravity-flow channel may also be used to
convey manure into storage from an in barn
gravity flow channel, a gutter cleaner

discharge or from tractor-scraped areas (Graves, 1986). A wider channel (1.2 - 1.8 m, 4 to 6 feet) may be needed to provide additional surge area for manure as it is first discharged from a gutter cleaner or tractor scraper. Otherwise it may be necessary to slow down the gutter cleaner or clean more often. Gravity flow channels from in barn gravity flow channels can be the same dimensions as the channels in the barn.

The outside portion of channels should be covered to prevent freezing. Removable insulated covers allow convenient access to a channel. A drop structure at the end of the channel will allow bottom loading of the storage and will keep cold air from blowing back up the channel. Large amounts of bedding, hay, or pen manure should not be allowed to flow into the channel. Addition of milk-house wastewater at the loading point can help dilute the manure.

3 GRAVITY FLOW PIPES

In the late 1970s large diameter (.6 m to 1 m, 24 - 42 inches) under ground pipes were used to convey manure by gravity from free stall barns to manure storages in New York State (figure 3) (Guest,1981). Guest (1981, 1984) indicates that a site that slopes away from the barn 10% is normally adequate for installation of a gravity pipe system. This provides 1.2 to 1.8 m (4 to 6 feet) of elevation drop or head between the barn floor and the full storage level and is adequate for manure to flow 30 m (100 feet) or more. The pipe slope is not as important as the total head difference.

Factors that determine how well the manure flows include:
- amount and consistency of manure
- type and amount of bedding
- water added (if any)
- temperature and uniformity of the mix
- pipe size, type, and length.

In 1984 Graves et al reported that large diameter pipes were also being used to convey manure from tie stall barn gutter cleaners to storages.

Recent reports (Fisher, 1989; Kintzer, 1989; Slater, 1989) indicate rapid adoption and refinement of this technique, because of its simplicity and low operating cost. Fisher reports that many Vermont farmers are converting pump loaded systems to gravity where site conditions permit.

3.1 Pipe

Early installations used 750 - 1050 mm (30 - 42 inch) pipe. It was felt that the bigger the pipe the less chance for problems. Kintzer reports that larger pipes caused problems due to the length of time it takes manure to pass through the pipe. Current recommendations vary from 600 - 900 mm (24 to 36 inches)(Fisher, Guest, Kintzer,Slater).

Almost every kind of large diameter pipe has been used, price and availability being the main determinant. Problems have been observed with poor joints that allowed liquid to escape and with concrete pipes that absorbed liquid thus changing the consistency of the manure and hindering flow (Kintzer, 1989). Most regularly used pipe materials are concrete pipe "seconds", smooth walled PVC, and double walled (corrugated outside for strength and smooth inner lining) high density polyethylene pipe. The plastic types are preferred because of cost, ease of installation, fewer joints, and smooth nonabsorbent inside surface.

Pipe has been installed at slopes from 0 - 20%. Most recommendations indicate that the total head available between the design full level of the reception pit and the storage is the important feature. Whenever possible the pipe should be placed in a straight line. Sharp deviations in slope have resulted in air lock problems.

3.2 Reception pit

Early recommendations were that the reception pit or loading hopper be designed large enough to hold one day's manure to minimize interference of slowly flowing pipes with barn cleaning operations (Guest 1984, Graves et al, 1984). More recent authors (Fisher, Kintzer, Slater) report problems with manure adhering to corners or other blind areas of the reception pit and drying out. Subsequent release of large chunks of this dried manure may result in plugging. It is recommended that the transition from the vertical pit to the pipe be made as smooth as possible (Kintzer recommends a bottom slope of 10%). Slater (1989) indicates that a smooth transition is more important than holding capacity. His preferred method is a 30 inch diameter vertical pipe and elbow directly to a 30 inch discharge pipe thus removing corners and ledges (Figure 4). If necessary a sloped hopper can be placed at the top to accommodate loading equipment. In all cases it is recommended that water be available at the reception pit if necessary. Whenever possible milk house waste water is added to the system at the reception pit. Fisher (1989) reports that the preferred method is to collect this water in a holding tank and add it to the reception pit during barn cleaning operations.

3.3 Pipe depth and outlet

The discharge pipe should be installed below the frost line. The pipe outlet into the storage should be under manure during cold weather to prevent freezing problems. This also reduces problems of air flow up partially filled pipes and subsequent drying of manure or odor transport to the barn. Early installations placed the invert of the pipe at the elevation of the storage floor. With large diameter pipes and large storages this often resulted in long periods with the pipe exposed. Kintzer recommends discharging the pipe into a sump approximately 3 m by 3 m and about pipe radius in depth. This sump can also be used as a pump out sump. Fisher reports that this practice results in plugging problems due to build up of grit, sand and soil from the manure at the discharge point. Slater recommends a submerged outlet and makes no mention of problems with plugging. (Figure 3,4)

3.4 Management.

The most important point when using gravity flow pipes is maintaining manure flowability. It is important that large amounts of frozen or dry manure not be put into the system. Alternative handling methods should be available for this type of manure.

Most systems experience at least one failure do to plugging before the operator learns how to mange it. Two methods have been reported for reestablishing manure flow. A high pressure water hose (or plastic pipe) can be worked into the plugged area to provide extra water and increase flow. Some farmers leave this hose in place for future use. Another method is to pull a large cable through the pipe before it is placed in operation. If a plug occurs, an appropriate sized tire is attached to the cable and pulled through with a tractor. Air lock problems can be often be cured by working a pipe through the manure with water pressure to the air lock. The water is shut off and the air allowed to escape. Some installations install permanent air bleeds at points where drastic changes are made in pipe slopes.

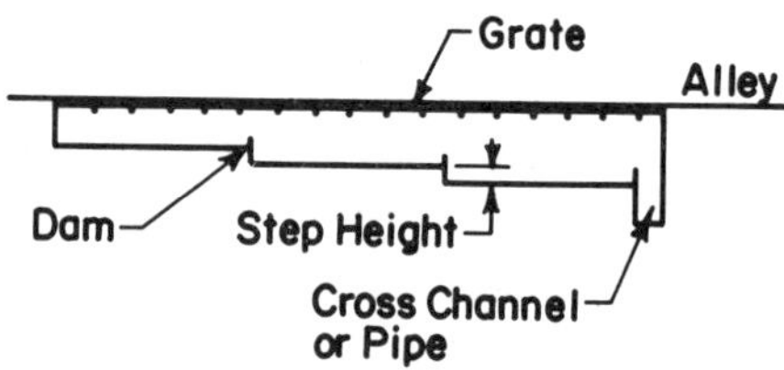

Figure 1. Stepped gravity-flow channel.

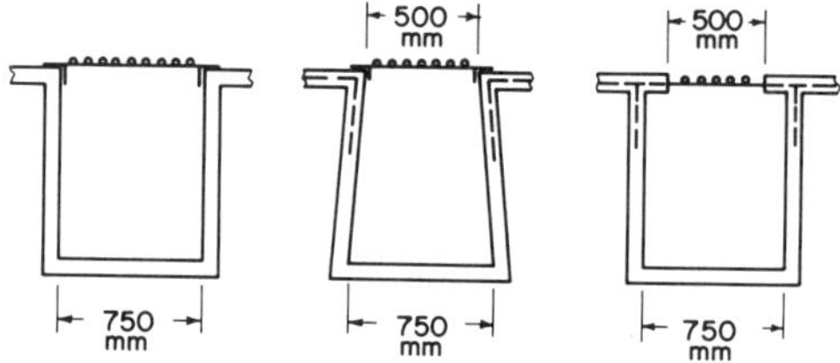

Figure 2. Alternate gutter cross-sections.

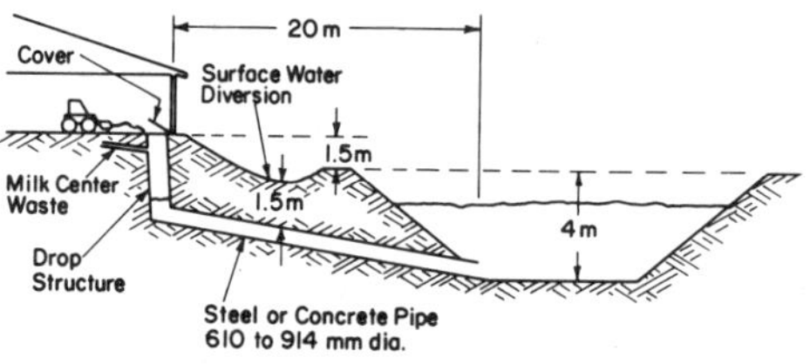

Figure 3. Gravity flow manure system. (Guest, 1981)

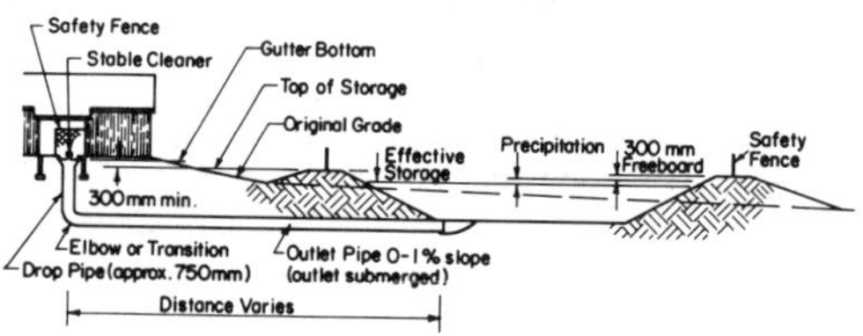

Figure 4. Gravity flow pipe. (Slater, 1989)

4 STEEP GRADE, FLUSH SYSTEM

Sites with a large difference in elevation between the cow barn and manure storage location can also use a holding tank and large diameter pipe. These systems normally consist of a holding tank at the barn sized to hold 7 - 10 days of manure production. A 300 - 900 mm (12 - 36 inch) diameter pipe with a guillotine valve at the holding tank control manure flow to the storage (Slater et al and Fisher 1989). When the holding tank is full the valve is opened and the contents are flushed to the storage. Slater et al recommends that the tank be 2.4 - 3 m (8-10 feet) deep to provide adequate head to flush out tank contents. The full level of the manure storage must be below the bottom of the holding tank. Construction of the valve is important to insure that it maintains its seal yet can be operated under the pressure of the manure. Hydraulically operated valves are used. If the pipe does not enter the storage below the manure level it is important that the pipe drain free to prevent freezing.

5 CONCLUSIONS

Gravity can be an effective and efficient method for moving manure on the dairy farm. As with anything the successful operation of gravity manure systems depends on good management. Farmers who have utilized this method point out the importance on recognizing what forms of manure will and won't successfully flow by gravity. As more experience has been gained with these systems, earlier more conservative recommendations are being relaxed. Smaller pipes and receptions pits have been found to be satisfactory. Also lower top slopes are often found on gravity flow channels. The biggest problem with gravity systems has been allowing too dry a material to enter the systems.

References

Bates, D.W. 1973. Conventional Stall Barns With gutter grates and liquid manure storage, pp 99-107, Dairy Housing SP-01-73 American Society of Agricultural Engineers, St. Joseph, MI.

Bigalow, I.W. 1965. Convert stanchion barn to liquid manure system. Hoard's Dairymen, January 25, 1965.

Cermak, J.P. 1974. Continuous gravity flow slurry channels, Farm Building Progress (37) July 1974 p 21-23.

Cermak, J.P. 1977. Overflow slurry channels, Scottish Farm Buildings Investigation Unit, February 1977.

Collins, W. H., J. P. Mason 1989. Overflow slurry channels in partially slatted dairy facilities, Dairy Manure Management, 1989 Proceedings from the Dairy Manure management Symposium. NRAES-31, Northeast Regional Agricultural Engineering Service, Ithaca, NY.

Fisher, R.A. 1989. Vermont experiences with manure transfer and storage, Dairy Manure Management, 1989 Proceedings from the Dairy Manure Management Symposium. NRAES-31, Northeast Regional Agricultural Engineering Service, Ithaca, NY.

Graves, R. E. 1986. Gravity-flow channels for dairy manure, DM5 Dairy Manure Supplement to Manure Management for Environmental Protection, Pennsylvania Department of environmental Resources, Harrisburg, PA

Graves, R. E. , D. J. Meyer, G. A. Shirk 1984. Gravity manure handling inside and outside the tie stall barn. 84-4064, American Society of Agricultural Engineers, June 1984.

Guest, R. W. 1981. Gravity handling of dairy manure, Livestock Waste a Renewable Resource, The proceedings of the 4th International Symposium on Livestock Wastes/1980, 2- 81 The American Society of Agricultural Engineers, pp 375-377.

Guest, R. W. 1984. Gravity manure handling, NDPC 27.10, Northeast Dairy Practices Council, Ithaca NY.

Kintzer, B.L. 1989. Loading of dairy manure storage facilities by gravity flow, Dairy Manure Management, 1989 Proceedings from the Dairy Manure Management Symposium. NRAES-31, Northeast Regional Agricultural Engineering Service, Ithaca, NY.

Slater, G. 1989. Gravity manure transfer systems for dairy barns, Dairy Manure Management, 1989 Proceedings from the Dairy Manure Management Symposium. NRAES-31, Northeast Regional Agricultural Engineering Service, Ithaca, NY.

Slater, G & J. E. Turnbull 1988. Gravity manure transfer systems for dairy barns, No. 88-096 Ontario Ministry of Agriculture and Food, June 1988.

Meyer, D. J., R. E. Graves, D. E. Brunnc 1983. Gravity flow channels for manure handling-design criteria and field observations, Dairy Housing II SP-4-83 pp 62-69 American Society of Agricultural Engineers.

NDPC 1983. Guidelines for gravity flow gutters for manure removal in milking barns, NDPC 45, Northeast Dairy Practices Council, Ithaca NY.

Land and Water Use, Dodd & Grace (eds), © 1989 Balkema, Rotterdam. ISBN 90 6191 980 0

Zur Entwicklung von Gebäuden für die Tierproduktion in der DDR

W.Heinig
Bauakademie der DDR, Institut für Landwirtschaftliche Bauten, Berlin, DDR

ABSTRACT: In the GDR, there are efficient building systems which can be widely used in the construction of agricultural buildings and structures. Based on the available stock of materials, mixed constructions made of reinforced concrete and timber as well as reinforced-concrete structures erected by adopting a precast construction method are being used. The preferred solution being developed for this purpose is a reinforced concrete frame system which is characterized by an increased degree of prefabrication.

RÉSUMÉ: La R.D.A. dispose de systèmes de bâtiments efficaces qui peuvent être employés de façon multiple dans la construction agricole. Sur la base des matériaux existants on édifie des constructions mixtes béton armé-bois ainsi que des constructions en béton armé préfabriquées. Comme solution de préférence on développe une construction en cadre en béton armé d'un degré de préfabrication plus haut.

ZUSAMMENFASSUNG: Die DDR verfügt über effektive Gebäudesysteme, die im Landwirtschaftsbau vielfältig eingesetzt werden können. Zum Einsatz kommen auf der Grundlage der vorhandenen Materialbasis Mischkonstruktionen aus Stahlbeton und Holz sowie Stahlbetonkonstruktionen in Montagebauweise. Als Vorzugslösung wird eine Stahlrahmenkonstruktion mit erhöhtem Vorfertigungsgrad entwickelt.

Die Gebäude für die Tierproduktion sind in der DDR leichte, wärmegedämmte Flachbauten, die zum überwiegenden Teil nach 1960 in Montagebauweise errichtet wurden. Vor allem kamen sogenannte Mischkonstruktionen zum Einsatz, also Konstruktionen mit geklebten oder genagelten Holzdachtragwerken und Stahlbetonstützen. In dieser Konstruktion wurden in den letzten 5 Jahren etwa 70 % ausgeführt. Sie sind für Stützweiten von 12 bis 24 m eine wirtschaftliche Lösung und können rationell hergestellt werden.

Bestrebungen zur Reduzierung des Holzaufwandes führten zu einer leichten Stahlbetonbauweise, die Anfang der 70er Jahre als sogenannte Stütze-Riegel-Konstruktion in allen Bezirken der DDR eingeführt wurde und die seitdem zunehmend an Bedeutung für den Land-

wirtschaftsbau gewonnen hat.

Im Verlauf der weiteren Entwicklung kam es zur Rationalisierung der Stütze-Riegel-Konstruktion mit der Zielstellung, den Investitions- und Materialaufwand zu reduzieren, den Vorfertigungs- und Montagegrad zu verbessern sowie den Energieeinsatz durch Einführung der Schwerkraftlüftung zu minimieren. Das führte zur Kragriegelkonstruktion, die mit vorgefertigten und wärmegedämmten Dachdeckenplatten komplettiert sind. Damit wurde eine einfache Bauweise entwickelt, die eine hohe Arbeitsproduktivität nachweist. Sie ermöglicht eine variable Stellung der Innenstützen und wird in Verbindung mit vorgefertigten Dachplatten aus Holz, gegenwärtig vor allem für Rinderställe, eingesetzt.

Diese Tragkonstruktionen bilden bei unterschiedlichem Anwendungsumfang die Grundstruktur der Bauweisen des Landwirtschaftsbaus.

Als Wandkonstruktion kommt vorwiegend Gasbeton zum Einsatz. Diese Gebäude können unter dem Gesichtspunkt ihrer möglichen Standdauer noch weit über das Jahr 2000 hinaus für die landwirtschaftliche Produktion genutzt werden. Voraussetzung ist jedoch, daß notwendige Reparaturen laufend durchgeführt werden. Ein besonderes Problem hierbei sind die Dächer, die sehr beansprucht werden und dem Verschleiß stark ausgesetzt sind. Nach 10-15 jähriger Nutzungsdauer zeigen sie bereits erhebliche Verschleißerscheinungen. Dabei wirken verschiedene negative Einflußfaktoren zusammen. Das sind insbesondere ungenügende Wärmedämmung, die in früheren Jahren zulässig war, aber auch mangelhafte Instandhaltung und fehlerhafte Bewirtschaftung. So führte die häufig in den Ställen eingesetzte Überdrucklüftung zu einer starken Durchfeuchtung der Decken und somit zu hohem Verschleiß. Ebenso werden bei der üblichen Mechanisierung mit dem Traktor die Tore auch im Winter längere Zeit geöffnet. Dabei bilden sich im Bereich der Tore an den Decken Kondenswasser und Verschleißerscheinungen bleiben nicht aus. Besser wäre es, bei mobiler Bewirtschaftung an den Ställen einen Vorraum anzuordnen.

Zur Sanierung vorhandener Dächer sowie zur weiteren Entwicklung der Bauteilgruppe Dach bearbeitet das Institut für Landwirtschaftliche Bauten neue Konstruktionslösungen mit der Zielstellung: Erhöhung der Qualität, Verlängerung der Nutzungsdauer bei Steigerung der Arbeitsproduktivität. Bei der Entwicklung dieser Dächer orientieren wir vorrangig auf den Einsatz der freien Lüftung.

Im Zusammenhang mit den Dachreparaturen werden häufig auch die Decken saniert. Als energiewirtschaftlich vorteilhafte Lösung hat sich hierbei die Zuluftdecke bewährt. Die Basis für die Wirkung der Zuluftdecke bildet das Prinzip der Porenlüftung. Damit können die Transmissionswärmeverluste verbessert werden, wie in mehreren Versuchsbauten nachgewiesen wurde. In Auswertung der bautechnisch-konstruktiven Ergebnisse, der bauphysikalischen Resultate und nicht zuletzt der funktionell-tierhygienischen Erkenntnisse wurde auf der Basis gültiger bautechnischer Entwurfs- und Konstruktionslösungen sowie dem materiell-technischen Angebot der Bauindustrie eine Projektierungsrichtlinie erarbeitet.

Sie beinhaltet die wesentlichsten Voraussetzungen für die Planung, Projektierung, Realisierung und Nutzung von Stallgebäuden mit derartigen Decken. Wir werden die bauphysikalischen Vorgänge und die Wirksamkeit dieses Lüftungssystems bei großflächigen Ställen weiter untersuchen, um es auch z. B. für die Rekonstruktion von größeren Ställen einsetzen zu können.

Neben der Durchführung von Reparaturarbeiten liegt ein weiterer Schwerpunkt des Landbaus in der Rationalisierung und Rekonstruktion der vorhandenen Ställe. Damit verbunden sind

- die Verbesserung der Haltungsbedingungen für die Tiere,
- die Verringerung der körperlich schweren Handarbeit durch weitere Mechanisierung der Arbeitsprozesse im Stall sowie
- die Verbesserung der Arbeitsbedingungen durch den Bau von Sanitär- und Sozialeinrichtungen. Die Rationalisierung und Rekonstruktion ist also eine komplexe Maßnahme zur Einführung neuer Produktionsverfahren, z. B. effektiver Fütterungs- und Entmistungstechnologien, oder bei stärkerer Beachtung der biologischen Anforderungen der Tiere die Einführung weiterentwickelter Haltungssysteme, die eine hohe Arbeitsproduktivität und eine maximale Ausschöpfung des genetischen Leistungspotentials der Tiere ermöglichen sowie die Schaffung von Umkleideräumen, Waschgelegenheiten und Toiletten in den Anlagen.

Für den Ersatz von stark geschädigten Ställen sowie für die Erweiterung vorhandener Anlagen sind Neubauten erforderlich.

Unter Beachtung des Bedarfs und des begrenzten Angebots an leichten Holzkonstruktionen ist es notwendig, rationelle Konstruktionen aus hochwertigem Beton sowohl für den Rohbau als auch für Ausbaukonstruktionen auszuarbeiten, die hohe Sicherheit und Zuverlässigkeit bei minimalem Aufwand an Material und Energie aufweisen.

Neben den bewährten Stütze-Riegel-
und Kragriegelkonstruktionen werden für einige Tierarten und Hal-
tungsstufen stützenfreie Hüllen-
konstruktionen bis zu einer Systembreite von 24 m gefordert.

Zur weiteren Rationalisierung
typischer Bauweisen und Bauteil-
gruppen des Landwirtschaftsbaus
wird deshalb der Einsatz einer
Rahmenkonstruktion aus Beton vorbereitet. Neben der Sicherung
eines hohen Gebrauchswertes für
den Nutzer, Erhöhung der normati-
ven Nutzungsdauer und geringeren
Werterhaltungsmaßnahmen erwarten
wir von dieser Konstruktion eine
durchgängige Bauweise in Stahlbeton mit einer weiteren Verlagerung
der Bauprozesse in die Vorferti-
gungs- und Montageprozesse des
Landbaus sowie eine Verbesserung
der Materialökonomie.

Der Aufwand für die unterschiedlichen Gebäudekonstruktionen ist
aus der beigefügten Tabelle ersichtlich. Bei einer Betrachtung
der typischen Konstruktionen im
Landwirtschaftsbau ist festzustellen, daß die Differenzen in den
Aufwendungen für wärmegedämmte
Stallbauten gering sind. Das ist
begründet in der weitgehenden Aus-
lastung des statischen Systems und
im Einsatz hochwertiger Baustoffe.
Die Stahlbetonkonstruktionen haben
selbstverständlich gegenüber den
Mischbauweisen mit Holztragwerken
einen geringeren Holzbedarf zu La-
sten des Stahl- und Zementeinsatzes.
Auch der Arbeitszeitbedarf konnte
gegenüber Gebäuden mit Holznagel-
bindern verringert werden. Aus der
Tabelle nicht ersichtlich ist der
höhere Gebrauchswert insbesondere
bei der Rahmenkonstruktion.

Konstruktion	Materialbedarf			Bau-preis	Arbeits-zeit-bedarf	Energie-bedarf
	Stahl	Zement	Holz			
	(kg)	(kg)	(m^3)	(M)	(AKh)	(GJ)
Mischbauweise mit Holztragwerk						
Holznagelbinder SB=21 m, SH=3,6 m	5,8	47,6	51,2	199	3,2	1,43
Holzklebebinder SB=21 m, SH=3,6 m	8,3	46,1	33,4	211	2,6	1,41
Stahlbetonbauweise						
Stütze-Riegelkonstruktion SB=24 m, SH=3,6 m	11,6	56,8	22,6	239	2,8	1,49
Betonkragriegel SB=21 m, SH=3,6 m	11,9	61,4	22,5	235	2,7	1,53
Betonrahmenkonstruktion SB=18 m, SH=3,6 m	12,1	51,0	3,0	290	2,0	1,30

(SB = Systembreite)
(SH = Systemhöhe)

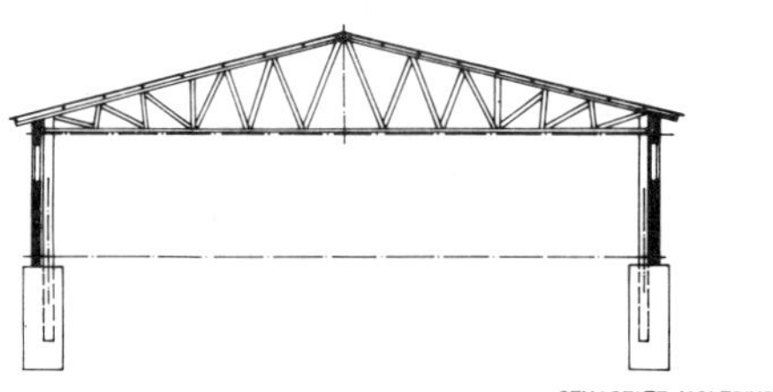

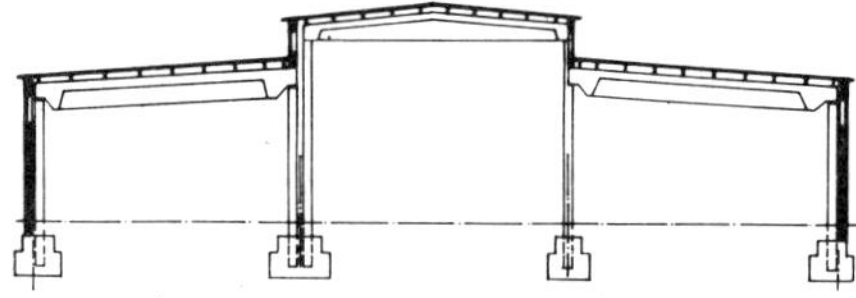

ABB. 2   STÜTZE - RIEGEL - KONSTRUKTION

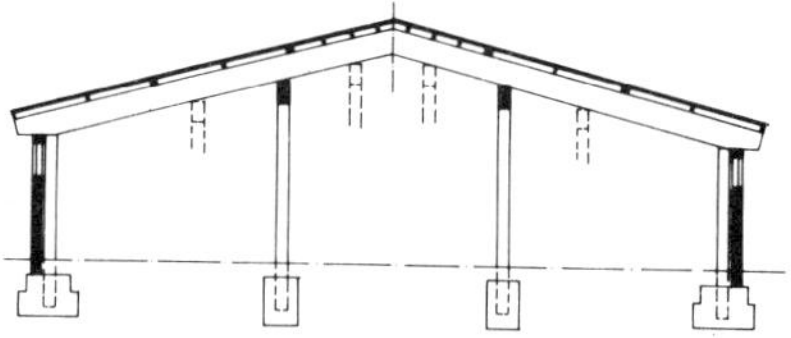

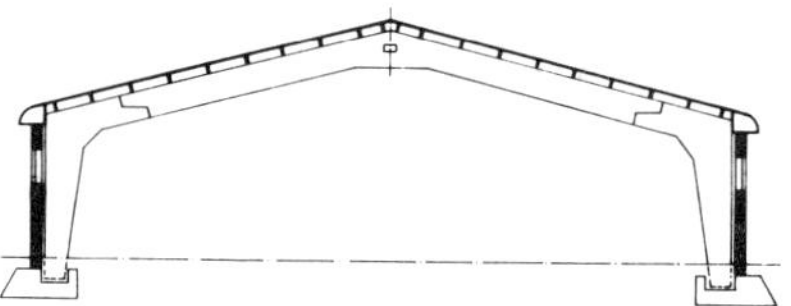

Land and Water Use, Dodd & Grace (eds), © 1989 Balkema, Rotterdam. ISBN 90 6191 980 0

Umweltschutz mit Hilfe eines niederländischen Qualitätssicherungssystems für Gülleanlagen (Bautechnische Richtlinien Gülleanlagen)

H.Stuut
Consulentschap in Algemene Dienst voor Bedrijfsuitrusting in de Veehouderij, Wageningen, Niederlande

ABSTRACT: In the Netherlands, in accordance with legal regulations, a great number of manure storage tanks must be constructed in order to protect the environment. In order to guarantee optimum protection for soil and water, construction guidelines have been drawn up which, together with a quality assurance system, can lead tot the construction of leak-free manure storage tanks.

ZUSAMMENFASSUNG: In den Niederlanden müssen aufgrund gesetzlicher Bestimmungen eine grosse Zahl von Gülleanlagen zum Schutze der Umwelt errichtet werden. Zur Gewährleistung eines optimalen Schutzes von Boden und Wasser wurden bautechnische Richtlinien erstellt. Zusammen mit einem Qualitätssicherungssystem kann dies zu gülledichten Lagerbecken führen.

RESUME: Aux Pays-Bas un grand nombre de bassins de stockage d'engrais devront être construits en vertu de mesures légales destinées à sauvegarder l'environnement. En vue de réaliser une protection optimale des eaux et du sol, des directives de construction ont été établies qui, conjuguées à un système de garantie de la qualité, conduiront à la réalisation de bassins de stockage étanches aux engrais.

1. Die Situation in den Niederlanden im Hinblick auf die Gülleproblematik

Mit der Zunahme der Viehhaltung in den Niederlanden in den letzten Jahrzehnten, ist entsprechend mehr Gülle produziert worden; darüber hinaus stieg auch die Zahl der gülleproduzierenden Betriebe, die nicht über ausreichende Fläche verfügen (gedacht wird hierbei an die intensive Viehhaltung). Die übermässige Ausbringung von Gülle bringt längerfristig sicherlich Gefahren der Verunreinigung von Grund- und Oberflächenwasser mit sich. Da auch befriedigende

technisch und wirtschaftlich
realisierbare
Verarbeitungstechniken, die auf
gut absetzbare Produkte
abzielen, fehlen, gibt es
landesweit einen Gülleüberschuss.

Zur Lösung dieses Problems hat
man sich auf die technische
Ebene begeben. Darüber hinaus
sind eine Reihe von Massnahmen
in Kraft getreten, wie z.B. das
Gesetz zum Schutz des Bodens und
das Düngemittelgesetz. Das
Gesetz zum Schutze des Bodens
enthält u.a. Vorschriften über
die Höchstmengen Gülle, die
ausgebracht werden dürfen.
Darüber hinaus wird in diesem
Gesetz ein für bestimmte Zeiten
geltendes Ausfahrverbot
festgelegt. Mit dem
Düngemittelgesetz wurden in den
Niederlanden Richtlinien zur
Verwaltung der Gülleproduktion
und des Abtransportes von
Gülleüberschuss erstellt.

GENEHMIGUNGEN

Viehhaltungsbetriebe unterliegen
im allgemeinen dem
Emissionsschutzgesetz. Bei der
Erteilung der Genehmigung können
im Hinblick auf die interne
Beförderung und Lagerung der
Gülle sowie zur Vermeidung von
Geruchsbelästigung und
Eindringen der Gülle in das
Grundwasser, Vorschriften
erstellt werden. Der Staat wird
versuchen diese Regelung zu
vereinheitlichen. Im Falle
einheitlicher
Standardvorschriften z.B. für
Milchviehbetriebe und
Gülleanlagen müssen dann in
vielen Fällen keine
Emissionsgenehmigungen mehr
beantragt werden, eine
rechtzeitige Benachrichtigung
der zuständigen Stellen ist
ausreichend. In diesem Falle
muss sich der Betrieb an die
Standardvorschriften halten.

Darüber hinaus müssen die bei
der Erteilung der Baugenehmigung
gestellten Anforderungen erfüllt
werden. Dabei handelt es sich
hauptsächlich um allgemeine
bautechnische Anforderungen.

2. Marktvolumen

Wie bereits erwähnt, werden
aufgrund des Gesetzes zum
Schutze des Bodens Zeiträume
festgelegt, in denen ein
Ausfahrverbot besteht. Für viele
Rindviehbetriebe bedeutet dies,
dass sie über eine
Lagerkapazität von mindestens 6
Monaten verfügen müssen. Aus
diesem Grunde müssen in den
Niederlanden ca. 25.000
Gülleanlagen (Keller, Silos und
Folienbecken) mit einer
durchschnittlichen Grösse von
750 bis 1000 m^3 entstehen.
Bei Schweine- und
Geflügelbetrieben ist diese
Situation anders. Diese Betriebe
haben im allgemeinen im eigenen
Betrieb keinen Platz für die
Gülle, die somit (häufig über
grosse Entfernungen)
abtransportiert werden muss. Vor
allem Lohnbetriebe und
Güllebanken werden zu diesem
Zweck grosse Becken als
Zwischenlager bauen. Es wird
sich dabei um eine grosse Anzahl
Becken mit einem Inhalt von 3000
bis 15.000 m^3 handeln.

3. Formen der Güllelagerung

Das Errichten von zusätzlichen
Gülleanlagen in vorhandenen
Gebäuden ist in den meisten
Fällen keine gute Lösung.
Aus diesem Grunde wird der
Grossteil der Anlagen auch
ausserhalb der Gebäude errichtet
werden müssen. Dies kann
unterirdisch, oberirdisch und
teilweise unterirdisch erfolgen.
An erster Stelle steht die fast
vollkommen oberirdische Lösung

in Form runder, 2 bis 5 m hoher
Silos. Höhere Silos haben einen
geringeren Regeneinfall und
lassen sich einfacher abdecken,
sind zugleich jedoch teurer als
niedrige Silos. Grob geschätzt
sind heute ca. 50% der Silos aus
Beton, 35% aus Stahl und 15% aus
Holz.
Darüber hinaus gibt es
Gülleanlagen in Form von
Folienbecken und Güllesäcken. In
letzter Zeit lässt sich ein
starker Anstieg der Zahl der
Keller feststellen. Diese werden
häufig mit einem Lagerplatz für
Silofutter oder Hofbefestigung
kombiniert. In bestimmten
Gebieten werden mehr als 50% der
Gülleanlagen in Kellerform
ausgeführt.

4. Abdecksysteme

In einer Reihe von Fällen ist
die Abdeckung in den
Niederlanden gesetzlich
vorgeschrieben. Bei der
Abdeckung kann man zwischen
verschiedenen Möglichkeiten
treibender und freitragender
Konstruktionen wählen. Bei
freitragenden Abdeckungen
entsteht zwischen Abdeckung und
Gülleoberfläche eine aggressive
Umgebung, darüber hinaus kommt
es zur Schnee- und
Windbelastung. Abdeckungen
können aus Treibplane,
zeltförmigen Spannhauben,
Polyester, gewellter Platte,
Beton und Holz hergestellt
werden.

5. Kosten

In Abbildung 1   ist ein
pauschaler Vergleich der
Investitionen bei verschiedenen
Gülleanlagen zu sehen:
Folienbecken, Keller und Silos.
Der Vergleich entstand auf der
Grundlage eines

Baukostenprogrammes des
IMAG-Institutes in Wageningen
(Niederländisches Institut für
Mechanisierung, Arbeit und
Gebäude).

ANFORDERUNGEN

Wie bereits an anderer Stelle
erwähnt, werden vom Staat
Standardvorschriften erstellt,
die eingehalten werden müssen,
wenn man es bei einer einfachen
Anmeldung belassen will. Ein
gewöhnliches
Genehmigungsverfahren im Rahmen
des Emissionsschutzgesetzes kann
8 bis 9 Monate dauern. Bei einer
einfachen Anmeldung könnte diese
Wartezeit in den meisten Fällen
auf einen Monat reduziert
werden. In diesem Falle müssten
jedoch eine Reihe von
Standardvorschriften beachtet
werden. Gemäss den vom Staat
erlassenen Vorschriften muss
eine Gülleanlage eine Reihe
allgemeiner Bedingungen
erfüllen. Dabei handelt es sich
hauptsächlich um maximale
Grösse, Mindestabstand zu
Wohnungen, Mindestabstand zu
versäurungsgefährdetem Gebiet
und Mindestabstand zu
landwirtschaftlichen
Ansiedlungen.
Darüber hinaus muss eine
Gülleanlage den bautechnischen
Anforderungen entsprechen. Diese
Anforderungen werden in
gemeinsamen Beratungen des
niederländischen Ministeriums
für Bauwesen, Raumordnung und
Umwelt und dem
Landwirtschaftsministerium
erstellt und als "Bautechnische
Richtlinien Gülleanlagen"
herausgegeben.

7. Ausgangspunkte für den Entwurf

In den "Bautechnischen
Richtlinien Gülleanlagen" werden
Bezugszeiträume für verschiedene

Konstruktionen und Werkstoffe
genannt. Gleichzeitig werden die
erforderlichen
Sicherheitsvorkehrungen
angegeben. Die Richtlinien
enthalten also die
Anforderungen. Als Ergänzung
wurde ein "Handbuch zu den
Bautechnischen Richtlinien
Gülleanlagen" erstellt.

Dieses Handbuch dient als
Ergänzung der "Bautechnischen
Richtlinien Gülleanlagen" und
enthält Hinweise für den
Entwurf, die Berechnung und den
Bau von Gülleanlagen, die den in
den Richtlinien gestellten
Anforderungen entsprechen.
Die Artikel weichen - falls
erforderlich - von den derzeit
geltenden Normen ab und ergänzen
diese.
Bei der Erstellung dieses
Handbuches wurde die begrenzte
wirtschaftliche Lebensdauer von
Gülleanlagen berücksichtigt. An
Gülleanlagen kann eher Schaden
auftreten als an Wohn- oder
Bürogebäuden. Bei
Berücksichtigung des
Einsatzgebietes von Gülleanlagen
wird dieses Risiko für
akzeptabel gehalten, da Menschen
in Notfällen nur wenig oder
überhaupt nicht gefährdet sind.
(Gülleanlagen gehören zu jenen
Konstruktionen, die unter eine
niedrigere Sicherheitsklasse
fallen als z.B. Wohn- oder
Bürogebäude).

DER BEZUGSZEITRAUM

Der Bezugszeitraum ist ein
angestrebter Zeitraum, in dem
die Baukonstruktion den
gestellten Anforderungen
entsprechen muss.

Die Konstruktion einer
Gülleanlage oder Teile davon
müssen den in der Richtlinie
gestellten Anforderungen für die
Dauer eines zuvor festgelegten

Bezugszeitraumes entsprechen.
Diese Bezugszeiträume sind
mindestens:

a.   20 Jahre bei Beton-, Stahl-,
     Holz- und
     Mauerwerkkonstruktionen;
b.   10 Jahre bei
     Planenkonstruktionen;
c.   10 Jahre bei
     Innenabdichtungsfolien;
d.   10 Jahre bei sonstigen
     Konstruktionen;
e.   5 Jahre bei Kuppelschürzen
     von Folienbecken;

BELASTUNGEN

Auf die möglicherweise
auftretenden Belastungen wird in
dem Handbuch ausführlich
eingegangen. So werden folgende
Belastungen beschrieben:
<u>Veränderliche Belastungen</u>
aufgrund von:
Gülle
Boden- und Wasserdruck
Vieh
Werkzeuge, besondere
Aufmerksamkeit bei Belastung
während des Füllens von
Flachsilos
Futterlagerung
Windbelastung
Schneebelastung
Regenwasser- und/oder
Schneeansammlung
Geräte
Temperaturunterschiede

BESONDERE BELASTUNGEN

Hier wird kurz auf die
Belastungen, die durch Brand,
Explosion und Eisbildung
entstehen können, eingegangen.

BELASTUNGSKOMBINATIONEN

Gülleanlagen und deren Teile
müssen für die ungünstigsten
Belastungskombinationen
ausgelegt sein. Es wird
angegeben, welche Kombinationen
ganz oder teilweise kombiniert
werden können.

BELASTUNGSFAKTOREN

Die Berechnung für die
Materialien Stahl, Beton,
Aluminium, Mauerwerk und
armierte Kunststoffolien müssen
auf rechnerischer Ebene
stattfinden. Zu diesem Zweck
müssen die charakteristischen
Belastungen mit einem
Belastungsfaktor multipliziert
werden. Dieser Belastungsfaktor
ist vom Baumaterial abhängig
(siehe Tabelle). Diese sind
unter Berücksichtigung der
kürzeren wirtschaftlichen
Lebensdauer und der geringeren
Möglichkeit der Überbelastung
ebenfalls niedriger als die zur
Zeit gültigen Normen.

TABELLE BELASTUNGSFAKTOREN

Material	Belastungsfaktor
Stahl	1,25
Beton	1,4
Mauerwerk	1,90
Aluminium	1,30

Die Berechnung von
Holzkonstruktionen findet im
Praxisstadium statt. Unter
Berücksichtigung der begrenzten
wirtschaftlichen Lebensdauer
dürfen die zulässigen Spannungen
für Holzkonstruktionen um 20%
erhöht werden.

LEBENSDAUER DER BAUMATERIALIEN

In den "Bautechnischen
Richtlinien Gülleanlagen" und
dem Handbuch wird im Hinblick
auf die Konstruktion und die
Materialien ein deutlicher
Unterschied zwischen "offener"
und "geschlossener" Gülleanlage
gemacht. Unter freitragenden
Abdeckungen entsteht zwischen
der Abdeckung und der
Gülleoberfläche eine aggressive
Umgebung. In Zukunft werden

wahrscheinlich viele Anlagen
abgedeckt werden müssen. Aus
diesem Grunde wird meistens die
"geschlossene" Ausführung
empfohlen.

Auf der Grundlage der
erforderlichen Bezugszeiträume
gibt es Anweisungen für die
Ausführung der Innen- und
Aussenseite "offener" und
"geschlossener" Konstruktionen
bei Einsatz von
Beton: vorgefertigt
          vor Ort geschüttet
          gemauerte Blöcke
Kalksandstein: gemauerte Blöcke
          und Elemente
Stahl: mit Kunststoffüberzug
          verzinkt
          emailliert
          plattiert
          nicht rostend
          Aluminium
          Holz
          Folien

8. Qualitätssicherung

TEST UND ZERTIFIZIERUNG

Zum Bau einer Gülleanlage mit
einer Genehmigung gemäss dem
verkürzten Anmeldeverfahren muss
das Becken den "Bautechnischen
Richtlinien Gülleanlagen" und
dem "Handbuch Bautechnische
Richtlinien Gülleanlagen"
entsprechen. Der Lieferant muss
dies den zuständigen Behörden
gegenüber schriftlich erklären.
Die Überprüfung ist häufig
zeitraubend und kompliziert. Der
niederländische Staat hat aus
diesem Grunde die Möglichkeit
geschaffen, Entwürfe von einem
Zertifizierungsinstitut testen
zu lassen. In diesem Rahmen
werden gleichzeitig die
Lieferbedingungen überprüft.
Wenn der Entwurf den
Anforderungen entspricht, erhält
der Lieferant eine
Eignungserklärung für diesen
Entwurf. Ziel ist es, möglichst

viele zertifizierte Materialien
einzusetzen. Betonmörtel ist in
den Niederlanden zertifiziert.
Für vorgefertigte Betonelemente
für Gülleanlagen und
Kunststofffolien ist eine
Zertifizierungsregelung in
Vorbereitung.

9. Durchführung

Leider muss festgestellt werden,
dass während der Durchführung
Fehler gemacht werden. Manchmal
liegt dies an einem falschen
Entwurf, viel häufiger jedoch
sind Durchführungsfehler die
Ursache. Will man dies
vermeiden, so kann man eine
verstärkte Aufsicht ausüben oder
das Wissen auf dem Bauplatz
erweitern. Die Anregung einer
besseren Baubetreuung ist
wünschenswert. Diese Betreuung
muss nicht nur zum Zeitpunkt des
Baus stattfinden, sondern auch
zuvor. Verträge und Preise
können auf ihre Korrektheit
überprüft werden. Bei einem
weiterreichenden System, an dem
in den Niederlanden gearbeitet
wird, handelt es sich um die
Zertifizierung des Endproduktes.
Auf diese Weise kann die
Baudurchführung auch in das
Qualitätssicherungssystem
aufgenommen werden.

ZUKÜNFTIGE ENTWICKLUNGEN

Neben einer hohen Zahl noch zu
bauender Gülleanlagen (in den
Niederlanden wahrscheinlich noch
20.000 bis 30.000 Stück), gibt
es natürlich noch eine Reihe
weiterer Entwicklungen. Die
Becken werden voraussichtlich
immer mehr abgedeckt. Die Gülle
wird hin und wieder zentral
verarbeitet werden müssen. Zu
diesem Zweck wurden zwei
Versuchsanlagen in Betrieb
genommen. Darüber hinaus müssen
auch andere

Güllebehandlungsmethoden auf
Betriebsebene mit dem
Schwerpunkt der
NH_3-Emissionsverminderung
erforscht werden. Auch zu diesem
Zweck werden wahrscheinlich noch
viele Gülleanlagen gebaut werden
müssen, wobei aggressive
Umgebungen entstehen können,
denen die Materialien ausgesetzt
sind. Zur Vermeidung zukünftiger
Materialschäden muss gerade
dieser Aspekt untersucht werden.
Bei einer Reihe von Entwürfen
wird auch viel Beton verwendet
werden. Die Zement- und
Betonwirtschaft führt momentan
mit landwirtschaftlichen
Beratungsstellen und
Forschungsinstituten Gespräche
über einen Beitrag zur
Qualitätssicherung und zur
innovativen Forschung.

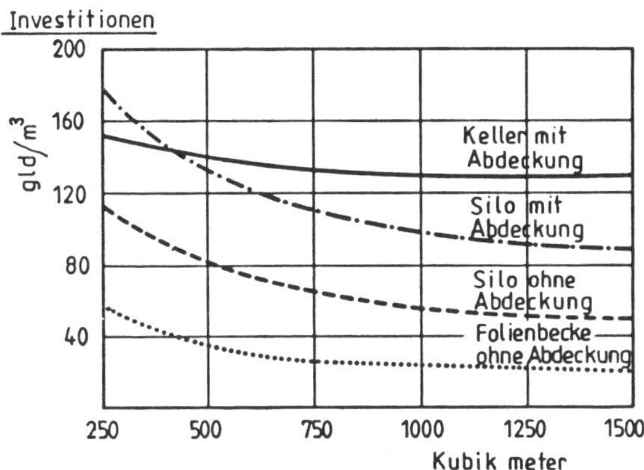

Abb. 1 : Investitionen von Gulleanlagen
mit und ohne Abdeckung.

Abb. 2 : Bautechnische Richtlinien Gulleanlagen
und das dazu gehörige Handbuch.

Land and Water Use, Dodd & Grace (eds), © 1989 Balkema, Rotterdam. ISBN 90 6191 980 0

Pens with slatted floors for fattening bulls

M.Kirchner
Kuratorium für Technik und Bauwesen in der Landwirtschaft, Darmstadt, FR Germany

ABSTRACT: Pens with slatted floors are a well adapted system for fattening bulls. The following improvements are necessary, – they are lacking in practice at the moment:
- each animal need its own feeding place,
- a drinking bowl (not a bite drinker) with sufficient water inflow,
- slatted floors with slots of maximum 20 mm width for bulls with 250 kg live weight, increasing to 28 mm for 650 kg live weight, and slats of maximum 8 cm width as slatted floor elements,
- the minimum available area per animal should be 1.8 m² for 270 kg live weight, 2.3 m² for 380 kg live weight and 2.6 m² for 580 kg live weight, with minimum pen depths of 3.00 to 3.60 m. This means that the pen area should be 30 % bigger than currently recommended.

Grundsätzlich ist die Vollspaltenbodenbucht ein dem Tier gut angepaßtes Haltungssystem. Verbesserungen betreffend das Tier – in der Praxis fehlt es hieran z.T. noch – sind:
- die Einhaltung eines Freßplatz-Tier-Verhältnisses von 1:1,
- eine Beckentränke mit genügendem Wassernachlauf,
- der Spaltenboden mit gratfreien Schlitzen von maximal 20 mm bei 250 kg LG ansteigend bis maximal 28 mm bei 650 kg LG und Balken von 8 cm in Form von Spaltenbodenelementen,
- das Flächenangebot pro Tier mit mindestens 1,9 m²/Tier für 270 kg schwere Mastbullen, 2,3 m²/Tier für 380 kg LG und 2,6 m²/Tier für 580 kg schwere Bullen bei Buchtentiefen von mindestens 3,00 bis 3,60 m. Gegenüber den derzeitigen Empfehlungen müssen demnach die Buchtenflächen von Vollspaltenbodenbuchten für Mastbullen um ca. 30 % vergrößert werden.

1 DISCUSSION AND NEW OBSERVATIONS

Nevertheless, after 20 years of being in practice, pens with slatted floors for fattening bulls are still a modern housing system. Two other forms of keeping fattening bulls should be mentioned: loose housing with litter and tying stalls. In Germany, most of the fattening bulls are kept in pens with slatted floors. The percentage for this housing system varies between 54 % in central Germany (Palatinate) and 97 % in the South (Bavaria).

Pens with slatted floors are preferred over other housing systems, on the one hand, because of considerably lower labour requirements, and, on the other hand, lower investment cost for new constructions. In addition to these economic aspects, the freedom of movement and the social behaviour of the bulls are considered very important.

Housing systems with slatted floors have some negative aspects: some types of unnatural behaviour and the danger of injuries and accidents. However, both of these problems exist to in all housing systems. For the housing system with a slatted floor the main problems are: injury claw, joint injuries, inflammation of tail tip, licking prepuce, drinking urine, atypical lying down and increased restlessness.

Efforts are being made to improve slatted floors and reduce the disadvantages, which mainly effect animal health and productivity.

The main goals are improvements in the animal feeding place proportion, the drinker, the slatted floor and the area size for bulls.

1.1 Animal feeding place proportion

The animal feeding place proportion is mostly 1:1. Presently, the feeding places are 40 cm wide for 150 kg live weight and 70 cm for bulls with 600 kg live weight. In comparison, with an animal feeding place proportion from 2:1 to 4:1, this means a pen of more than 6 m, there is more restlessness among the bulls. There are shorter lying times, more aggressive behaviour at the manger, a higher mounting frequency and more animals stand up on their hind legs like horses (LUTZ et al. 1983). For these reasons, the pens with an animal feeding place proportion of 2:1 or higher are not considered good for fattening bulls.

1.2 Drinker

Fattening bulls need 20 to 40 l of water per animal per day. If the water requirement is either not or incompletely covered, behaviour disorders could be more frequent, for example: licking prepuce and drinking urine (SAMBRAUS et al. 1984). This can also happen with bite drinkers, because the cattle have difficulty in drinking. When the cattle dip their muzzle into the water surface, they cause a lower air pressure in their muzzle and then they open it. Water flows into their muzzle. If an insufficient amount of water follows, air gets into the muzzle and the low air pressure collapses. This means that bite drinkers are not appropriate for this species. They have also a low water inflow, so that they should not be used. Besides this, a substantial amount of water is wasted. This results in wet, slippery slats and, therefore, a possible source of injuries for bulls. For fattening bulls an easily usable drinking bowl with a minimum output of 10 l of running water per minute.

1.3 Slatted floors

The most disputed part of the slatted floor pen is the slatted floor itself. Its purposes are:
- a lying area for bulls,
- a safe moving area and
- the fast dispersion of urine and faeces.

A bad floor results in claw injuries, joint injuries, more hind leg lying down and tail tip inflammation.

Joint injuries can be caused by short-term, but high pressure on the carpals from lying down and standing up on a hard surface, intensified on a sharp edged floor. One reaction to this seems to be the atypical lying down, which we also call hind leg lying down (KIRCHNER 1987).

There was a high percentage of tail tip inflammation in pens with slatted floors (KUNZ and VOGEL 1978). The source of these injuries are catching the tail between the slats and wounds resulting from being stepped on (GROTH 1985).

Injuries which have occurred are: bruised claws, infections and bleeding of the corium. These were caused by mechanical stimuli and too much pressure on the sole and pad. Additionally pyogenic organisms can penetrate. In literature, the amount of diseased claws was appraised at 5 to 10 percent (LAWRENZ 1980; SCHMOLT and JENTSCH 1974, WOLL and ANTON 1974); up to 35 % of the calves penned for the first time, had bleeding in the sole area (DÄMMRICH 1979). These claw injuries were induced by the insufficient dimension relationships of slats and slots (= percentage of slot area), a too large slot width, cavities and sharp edges in the floor.

A high percentage of slot area is required to get a good run off of urine and faeces. This ensures a dry lying area and a non-slippery surface. To have a high proportion of slot area, there must either be very many or very wide slots.

The demand for wide slots contradicts the danger of injuries through slipping and falling: measurements were made to ascertain the contact area when walking and the breadth and length of the claws (HAIDN 1987). It was taken into account, that it must be possible to stand over a slot without danger to slipping or falling. The most important factor was the breadth of claws (a minimum of 20 % must lie firm) in the lower live weight sections and the length of claws in the higher fattening period (60 to 70 % supporting surface). From this the following measurements for slots were calculated, based on the live weight of the fattening bulls (Table 1).

Table 1: Maximum width of slots for
slatted floor in dependency of the claws
size

fattening period (kg live weight)	<250	250-450	450-650
width of slots (mm)	20	23	27

The animals are eventually moved to two
larger pens in accordance with live
weight, the widths of slots should be 20
mm in the beginning and 27 mm at the end
of the fattening period. These measurements are significantly lower than those
used in practice, which are 30 to 35 mm.

The slot area proportion should be as high
as possible. For this reason the slats
should be only 8 cm wide. This is the
minimum size for concrete technology. The
consequence of this was a slatted floor as
an element and no more single slats. The
surface of a slatted floor made of an
element is more level than with single
slats.

1.4 Area size and area requirements

During the last decade the area for one
fattening bull was reduced, because
economic conditions became more difficult.
Area size was reduced without considering
the changes in behaviour and of fattening
success. Till now the recommendation for
area was 1.1 m² for fattening bulls with
150 kg live weight rising up to 2.3 m² for
600 kg live weight (ALB-BAYERN 1985).
These measurements are usually lower in
practice.

A too small area leads to changing animal
behaviour, lower productivity (KOLLER
1978) and contributes to illness (e.g.
shipping fever) and injuries (e.g. through
mounting; GROTH 1981).

Behaviour observations were made to
ascertain fattening bulls area needs.
Simmental bulls were kept in groups of 10
animals on slatted floors, each having his
own feeding place. The bulls have had live
weights of 270, 380, 580 kg and lived in
pens of different sizes. Variations were
made in the pens' depths: 3.20 m and
4.20 m (KIRCHNER 1987). A 3.20 m pen depth
corresponded with the recommended measurements till now. A 4.20 m pen depth means
30 % more area.

The observations were made, that fattening
bulls lie 14.3 h, eat 3.0 h and drink 0.2
h per day. During the remaining 6.5 h the
bulls walk an average of 422 m per day.

The different area size (Table 2) increased the daily lying time of the fattening
bulls and, simultaneously, the duration of
lying phases, while standing time decreased. Both caused a quieter pen. The eating
behaviour was the same, but the drinking
behaviour changed. The latter was caused
by a different location of the drinker. In
the larger pens the drinkers were placed
in the back part of the pen; in the
smaller ones, they were located in the
front near the manger. In the larger pens
there was less shoving, so that the bulls
could drink more quickly, than was possible in the pens where the drinker was near
the manger.

Table 2: Behaviour in comparing pen depths
of 3.20 m and 4.20 m

experiment pen depth behaviour	small area 3.20 m $\overline{x} \pm s$	big area 4.20 m $\overline{x} \pm s$	signifi-cance
lying time (h)	13.05 ± 2.24	14.76 ± 1.61	***
frequency of lying	11.69 ± 5.14	9.73 ± 2.96	-
average length of time (h)	1.34 ± 0.58	1.64 ± 0.43	*
standing time (h)	7.49 ± 2.05	6.16 ± 1.66	**
distance walked (m)	398.05 ± 105.54	435.57 ± 127.44	-
feeding time (h) feeding place changing	3.19 ± 0.59 89.00 ± 24.49	2.92 ± 0.88 90.15 ± 38.31	- -
average length of time (min)	2.25 ± 0.56	2.12 ± 0.65	-
drinking time (min)	16.84 ± 7.62	9.67 ± 4.15	***
frequency of drinking	10.38 ± 5.17	7.48 ± 2.40	*
average length of time (min)	1.69 ± 0.39	1.36 ± 0.50	**
mounting	2.41 ± 2.96	1.42 ± 2.61	-

*** p < 0.001; ** p < 0.01; * p < 0.05; - not significant

At the same time, the daily gain of the
bulls was higher, but not significantly
higher, in the pens with more depth, than
in those of normal size. The daily gains
were 1271 to 1331 g per day during the
fattening period from 80 to 600 kg live
weight.

Pen size requirements depend on the area
needed for lying, moving, eating and
drinking. The experiments showed the
following:
- Fattening bulls should have the possibility to choose an optimal lying place.
  Bulls like to lie in the back part of
  the pen and by the manger wall (Fig. 1).
  Besides this all animals should be able
  to lie at the same time, because they
  lie nearly 60 % of the day.

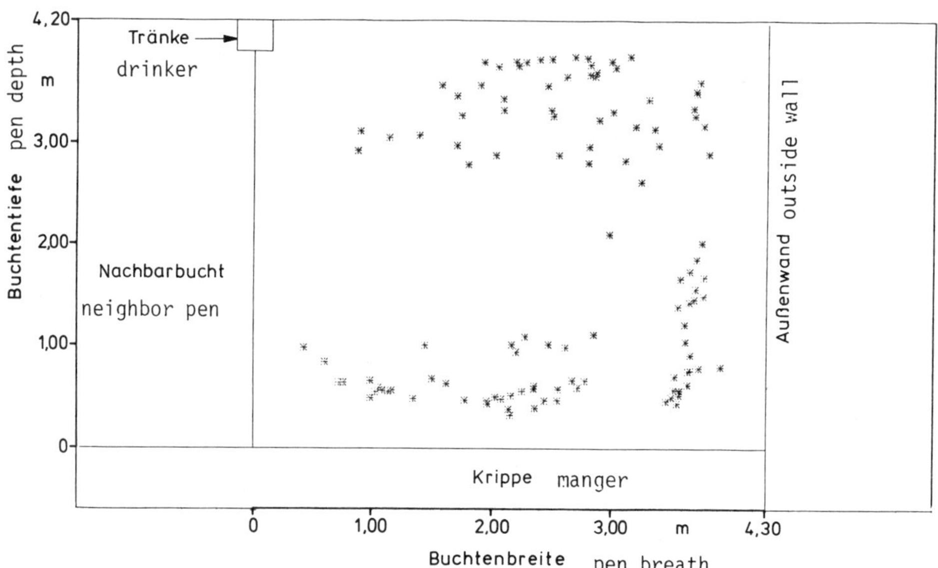

Fig. 1: Preferred lying places during
24 h, with 10 bulls, 270 kg live weight
(* withers)

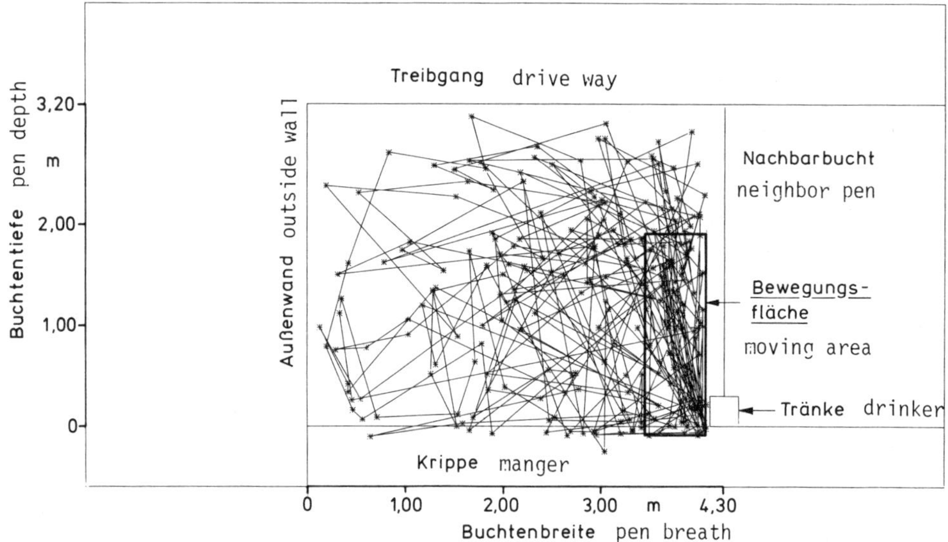

Fig. 2: Moving area and route of one bull
over 24 h (live weight 270 kg)

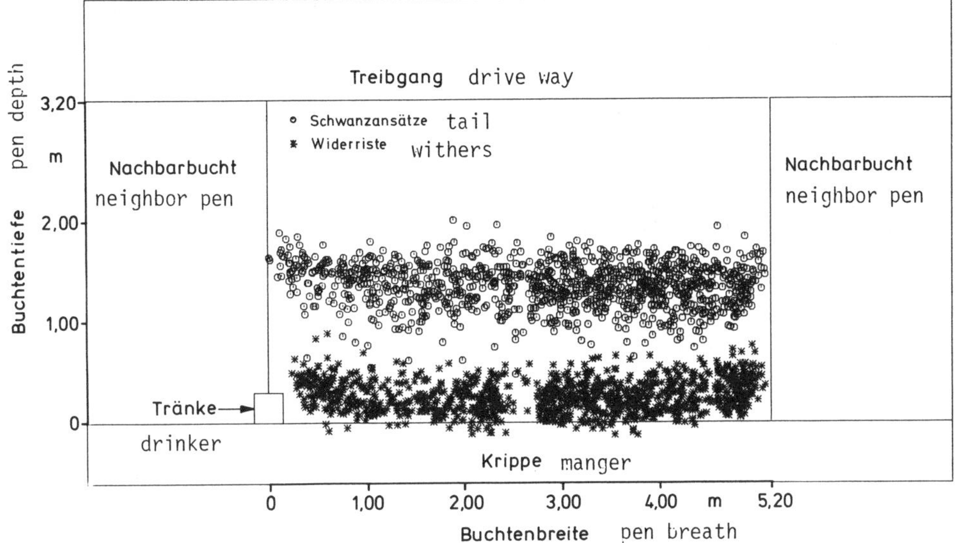

Fig. 3: Feeding place needs of 380 kg
fattening bulls in a pen of normal size
(pen's depth 3.20 m; 10 bulls during 24 h)

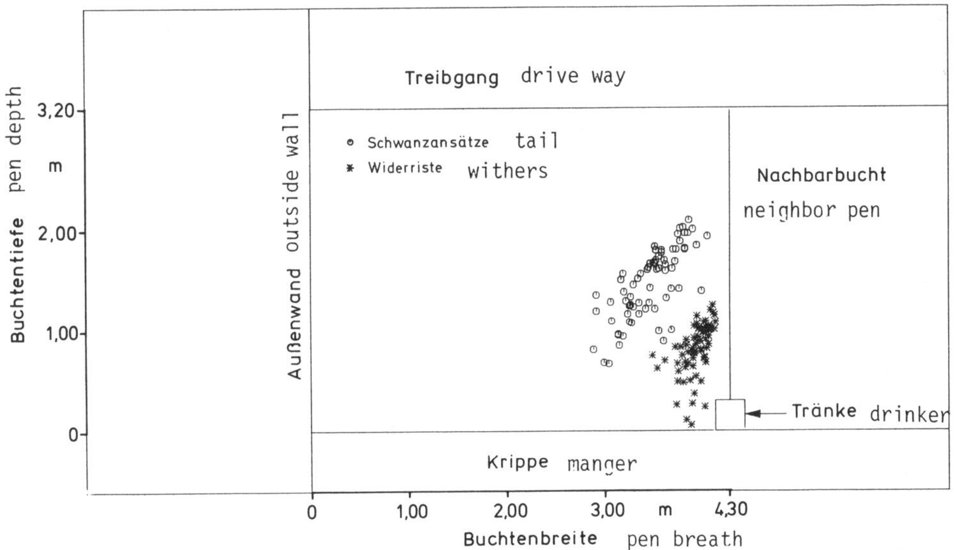

Fig. 4: Area need of drinking bulls
(drinker near the manger; 10 bulls during
24 h)

- The bulls also need adequate space for moving to the manger and the drinker (Fig. 2), without being hindered or injured by the other animals.

- The eating behaviour determines the area needs in relation to pen depth (Fig. 3). It should have a minimum of twice the length of the feeding bulls (length of withers to tail), so that bulls lying and those moving from one feeding place to the other disturb each other as little as possible.

- The area needs of drinking fattening bulls exist directly around the drinker (Fig. 4). The bulls avoided this area, because the slatted floor was wet most the time. If the drinker is near the manger, the the manger must be extended at least the length of one feeding place.

The total area needed per animal is the sum of the area for lying, moving and drinking (Table 3). The minimum total area needed per animal is 1.9 m² with a minimum pen depth of 3.00 m for bulls with 270 kg live weight, 2.3 m² and 3.40 m for 380 kg live weight and for 580 kg bulls 2.6 m² with a pen depth of a minimum of 3.60 m. This means (nearly 30 %) more area than nowadays.

Table 3: Minimum area need of fattening bulls for different live weight

behaviour	area need (m²) live weight		
	270 kg	380 kg	580 kg
lying	1.4	1.7	2.0 *
moving	0.25	0.30	0.30
drinking	0.25	0.30	0.30
sum	1.9	2.3	2.6
feeding			
area	0.6	0.9	1.2
pen depth minimum (m)	3.00	3.40	3.60
comparison ALB Bayern 1985			
area	1.40	1.75	2.25
pen depth (m)	2.95	3.10	3.30

* estimated (WANDER 1975)

REFERNCES

ALB BAYERN 1985. Arbeitsblatt Landwirtschaftliches Bauwesen, Spaltenbodenbucht für Jung- und Mastrinder. Grub.

DÄMMRICH, K. 1979. Befunde am passiven Bewegungsapparat von auf Rost- bzw. Spaltenboden gehaltenen Jungrindern. Landbauforschung Völkenrode Sh. 48, S. 166-170.

GROTH, W. 1981. Aktuelle Krankheits- und Hygieneprobleme in der Rindermast. Bayer. Landw. Jb. 58, Sh. 1, S. 106-121.

GROTH, W. 1985. Fehler bei der Aufstallung von Rindern und Anpassungsprobleme beim Wechsel der Haltungsbedingungen. Die Milchpraxis 23, S. 104-108.

HAIDN, B. 1987. Ermittlung von Maßen der Klauensohle bei Mastbullen zur Gestaltung tiergerechter Schlitzweiten von Spalten- böden. In: Aktuelle Arbeiten zur artge- mäßen Tierhaltung 1986. Darmstadt, KTBL, S. 107-119 (KTBL-Schrift 319).

KIRCHNER, M. 1987. Verhaltenskenndaten von Mastbullen in Vollspaltenbodenbuchten und Folgerungen für die Buchtengestaltung. Diss. Weihenstephan, (MEG 137).

KOLLER, G. 1978. Wirtschaftliche Stall- systeme für die Rindermast. In: Stallbau heute - Möglichkeiten und Grenzen. DLG Archiv 61, S. 75-80.

KUNZ, W. und VOGEL, O. 1978. Schwanzspit- zenentzündung - ein neues Gesundheits- problem in der Rindermast. Tierärztliche Umschau 33, H. 6, S. 344-362.

LAWRENZ, R. 1980. Untersuchungen über Gesundheitsprobleme in spezialisierten Bullenmastbetrieben. Diss. München.

LUTZ, P.; BOGNER, H.; SÜSS, M.; PESCHKE, W. und FUSSEDER, J. 1983. Ethologische Untersuchungen zum Tier/Freßverhältnis bei Jungmastbullen in Laufstallungen. Bayer. Landw. Jb. 60, H. 6, S. 696-717.

SAMBRAUS, H.H.; KIRCHNER, M. und GRAF, B. 1984. Verhaltensstörungen bei intensiv gehaltenen Mastbullen. Deutsche Tierärztl. Wochenschr. 91, H. 2, S. 56-60.

SCHMOLT, P. und JENTSCH, D. 1974. Verglei- chende Darstellung der Ergebnisse einer Gesundheitsanalyse von auf Voll- und Teilspaltenboden gehaltenen Jungrindern. Tierzucht 28, S. 496-497.

WANDER, J.F. 1975. Tieransprüche an Haltungseinrichtungen. Landtechnik 30, S. 465-468.

WOLL, E. und ANTON, W. 1974. Einsatz von Graugußspaltenböden in industriemäßigen Rinderproduktionsanlagen. Monatshefte für Veterinärmedizin 29, H. 3, S. 103-106.

Land and Water Use, Dodd & Grace (eds), © 1989 Balkema, Rotterdam. ISBN 90 6191 980 0

A microprocessor based cattle weighing system

B.M.D.Wills & T.T.McCarthy
Department of Agricultural and Environmental Science, University of Newcastle upon Tyne, UK

ABSTRACT: The design of an on-farm weighing system for dairy and beef animals is presented. An accuracy of ±1% of reading has been achieved with a throughput of up to 100 animals per hour. In addition to animal identification and weight the system can also produce daily liveweight gain.

1 INTRODUCTION

In farming today there is an increasing need to weigh animals frequently and accurately. In the dairy industry cow weight can be used as an aid to herd management while the measurement and assessment of liveweight gain is crucial to the successfull management of an intensive beef enterprise. This paper describes the development of a system to weigh both dairy and beef animals with an accuracy of ±1% of animal weight. In the case of dairy animals the weight is captured at an out of parlour feeding station and recorded on the herd management computer. For the small beef producer the animal is weighed in a modified crush; for an intensive beef unit a special weigh box and race is used.

2 MECHANICAL DESIGN

2.1 Force transducer

Shear beams were considered best suited to the demands of animal weighing in terms of accuracy, reliability and mechanical simplicity. The same type of shear beam, although with different mounting arrangements, is used in both weighing systems: a cantilever beam with one end bolted rigidly to the weighing platform or crush. The free end is simply supported by an adjustable steel bolt with a hemispherical head resting in a dished circular footing. The footings are anchored using an industrial adhesive

either on the hard standing or set into it as required. Shear gauges are mounted on a thin shear web or diaphragm, which remains after machining two holes on either side of the beam, and are connected in a Wheatstone bridge arrangement. The gauges are waterproofed and encapsulated in wax, each hole being further protected with a close fitting steel cap screwed into place. A connecting cable is led out from the inner end of each beam through a sealed gland which also secures the cable mechanically to the beam.

2.2 Out of parlour weighing platform

An out of parlour feed dispenser is in many ways an ideal location in which to weigh dairy cows. An animal may visit a feeder several times during the day and may remain there, quite still, while feeding. During this time the animal is identified and weighed. Although several dispensers are often grouped together it is usually sufficient to install one weighing platform per system. In a typical unit of three feed dispensers the weighing platform is located in the centre stall and the hard standing in the stalls on either side is stepped to give a common height across all three dispensers.

The weighing platform consists of an open box section frame 2m x 0.7m. A transducer beam is bolted to the

underside of the frame at each corner and
stands in a dished footing. The frame is
covered with a removable wooden top which
is itself covered with a 12mm thick hard
plastic board for ease of cleaning. The
cables from the transducers are led
through a single protective conduit to
the processing unit. In addition to
transmitting the weight to the
management computer it is very useful to
have a local display of the animal's
weight.

2.3 Beef weighing system

The weighing system for beef animals may
be used either as a bolt on attachment to
an existing cattle crush or used with a
special purpose weighing box as part of a
cattle handling and weighing system.

If it is necessary regularly to weigh a
large number of animals, eg in a large
bull beef unit, it is important to
consider not only the high technology
aspects of weighing but also the
throughput of animals and the system
labour requirements. A special weigh box
was designed for such a situation. The

box is 2.4m x 0.75m with a taper on the
lower part of the side walls to prevent
smaller animals from turning in the box.
It has a manually operated guillotine
type entrance gate. To encourage an
animal to enter the box the exit door is
made of clear, shatter-proof
polycarbonate; in this way the animal
about to enter the box can see right
through to the animals that have
previously been weighed. This box is
mounted on four shear beam transducers
and the processor unit is mounted on the
side of the box. It is designed so that
one operator can easily control the
entrance of a single animal into the box,
to record its weight and identification
and to eject the animal from the box.

To ensure maximum thriughput it is
important that there is a steady and
continuous flow of animals through the
weigh box. A raceway is used to form the
animals into a queue with a minimum of
excitement. It consists of three equal
sections with an overall length of 9m.
The width of the race is adjustable to
suit the size of the animals being
weighed and the sides are fully boarded
to minimise animal disturbance. A second
operator is responsible for animal
management and control.

3 ELECTRONIC DESIGN

3.1 Basic weighing system

When a dairy or beef animal enters a
weighing system the recorded weight has
three distinct phases:
    1. a no-load condition exists before
the animal enters the weigher and after
it leaves,
    2. there is a period of time during
which the animal has its front legs only
on the weigher and
    3. there is a period of time during
which the animal has four legs on the
weigher.
The first task is electronically to
distinguish between the first phase and
the other two phases: this is done by
defining a lower limit below which it may
safely be assumed that there is no animal
on the weigher. The choice is quite
arbitrary and in this system is set at
25kg. The second task, having entered the
third phase, is to obtain a sufficiently
accurate estimate of the animal's weight
as quickly as possible. An eight bit
microcontroller is used to make these
decisions.

3.2 Analogue hardware

The differential voltage signals obtained
from the four strain gauged transducers
are amplified using a conventional three
operational amplifier instrumentation
amplifiers per transducer. The amplified
signals are filtered before entering the
processing system via a multiplexer. Each
analogue channel has a very coarse zero
adjustment to ensure a positive output
voltage at no-load since since the
analogue to digital converter (ADC) used
operates in a unipolar mode. After this
initial adjustment all subsequent taring
and zeroing are automatic.

3.3 Digital hardware

An eight channel single ended multiplexer
is used to connect the amplifier outputs
to a 12-bit CMOS ADC. The four
uncommitted multiplexer channels are used
to connect gain adjusting potentiometers,
one per transducer, to the ADC and hence
to the microcomputer. Thus gain adjustment is done on a per-channel basis in
software; the amplifiers are fixed gain
and so channel sensitivity can be
adjusted without disturbing the zero
condition. This eliminates a time
consuming iterative procedure when calib-

rating or adjusting the system. The
weight is calculated to a resolution of
0.1kg but is displayed to a resolution
of 1kg on an LCD display. A bidirectional
port is incorporated to permit connection
to a serial link or to a more
sophisticated communications system.

3.4 Software

The software to organise and control the
hardware and to perform the calculations
is written in assembler and requires less
than 2k bytes of EPROM. The system is
based on three principal algorithms:-
  1. Initialisation:
On power-up the system is initialised
into the correct state and auto-taring
takes place. The unloaded weight is
stored for future use.
  2. Weighing:
When the weight on the system exceeds
25kg it is assumed that an animal is
present. The system uses digital
filtering and a moving average process to
obtain the best of the animal's weight

and then latches the display at that
value.
  3. Zeroing:
When an animal leaves the system and the
weight goes below 25kg the system enters
a zeroing mode. In this mode the weight
is tracked and when a sufficiently stable
value is found the stored zero condition
is updated. Should another animal enter
the weigher while the zeroing is in
progress the system abandons its search
for a new zero and continues to operate
on the previously stored condition. In
the dairy application it is possible to
have a prolonged "quiet" period during
the early morning hours. To ensure
correct zero tracking in these
circumstances the system also enters its
autozero mode at approximately one minute
intervals.

3.5 Enhanced weighing system

The basic system described above only
displays weight. For the beef farmer with
a small herd it is acceptable manually to
record the weights for subsequent
examination. However on the more
intensive beef units where the feeding
regime is controlled by frequent weighing
the situation is entirely different. The
maximisation of animal throughput and the
minimisation of extraneous record-keeping
become increasingly more important. In
this situation the basic system is
enhanced by extra circuitry to perform
the following extra functions:

  1. interfaces to a 5x4 IP65 keyboard
from which animal identification information is obtained,
  2. stores more than 1000 animal weights
and identifications in battery-backed
memory,
  3. contains a battery-backed real time
clock,
  4. writes to a printer with a
centronics type interface,
  5. uses a serial link to communicate
with another computer and
  6. calculates daily liveweight gain as
soon as an animal is weighed.

4. OPERATING EXPERIENCE

The dairy system was tested on an
intensive pedigree Friesian herd with
120+ animals. Two beef units were tested;
one basic weighing system with
transducers fitted to a conventional
crush on a 70+ animal unit and a second,

enhanced, system with transducers fitted
to a special weigh-box on an intensive
bull beef unit with 500+ animals. In the
intensive unit the animals were bought in
at approximately 12 wweks old and were
kept for approximately 12 months before
being sold at auction. In all cases the
system accuracy was ±1kg or ±1% of
reading whichever was greater.

4.1 Dairy cattle weighing

A weighing platform was installed at one
unit of a three unit out of parlour feed
dispenser system. The animals did not
appear to favour or discriminate against
the stall with the weigher; the number of
daily visits per animal varied from 0 to
13. During a nine month period of
continuous operation the system
maintained its 1% of reading accuracy
specification as checked with certified
dead weights.

4.2 Beef cattle weighing

Bull beef animals were weighed on a 500
animal unit at approximately six week
intervals over a two year period. The
system maintained its accuracy
specification and was capable of weighing up to 100 animals per hour. This
throughput was regularly achieved with
two operators. After entering the weigh-
box the average time to capture a "good"
weight was 15 seconds, range 10 to 30
seconds. Although this average time could
be reduced by a few seconds it was found
that the above throughput could only be
achieved when due attention was given to

animal management. Hence no further
effort was expended on reducing the
average weight capture time.

5. CONCLUSIONS

The installed platform based system was
very effective in capturing animal weight
at an out of parlour feed dispenser. The
information produced is potentially of
value in managing animal fertility and
feeding. In the case of of the beef
system the most important feature seems
to be animal throughput. Given acceptable
accuracy a farmer will use the management
potential of the system if, and only if,
the data can be obtained at acceptable
cost. This recurrent cost is inversely
proportional to throughput.

Land and Water Use, Dodd & Grace (eds), © 1989 Balkema, Rotterdam. ISBN 90 6191 980 0

The effect of different types of slatted floors on the behaviour of lambs after birth

K.Bøe
Agricultural University of Norway, Norway

ABSTRACT: The aim of this experiment was to investigate how different types of draining floors influenced the lambs behaviour the first hour after birth. A total of 64 lambings on six different floor types (solid, expanded metal, steel panels with round holes, wooden slats, wooden slats with rubber profile, wooden slats with plastic profile) were investigated. The registrations were done by a present observer at intervals of 30 seconds scoring the behaviours: Lying, try to get up, walking, searching for the teats and suckling. In addition instances of foot-slips and fall-down was recorded continously. The plastic profile floor was omitted (too slippery). For the rest of the floors (60 lambings) 95 % of the lambs had risen after 60 minutes after birth and 50 % had found the teats. There was no significant difference between floor types, but the percentage of not suckling was higher on steel panels and rubber profiles. The number of slides were much lower on the solid floor and expanded metal than on steel panels, wooden slats and rubber profiles.

ZUSAMMENFASSUNG: Die Absicht dieses Versuchs war, festzustellen, wie verschieden Typen von Spaltböden (trainierende Böden) Einwirkung auf das Verhalten von Lämmern in der ersten Stunde nach der Geburt hat. Es wurden 64 Lammen auf 6 verschiedenen Bodentypen untersucht: Fester Boden, Streckmetallboden, Lochrostboden, Holzspaltenboden, Holzspaltenboden mit Gummiprofil und Holzspaltenboden mit Plastikprofil. Ein zugegenwärtiger Beobachter registrierte mit einem Beobachtungsintervall von 30 Sekunden folgende Verhaltungsparameter: Liegen, Aufstehversuche, Stehen, Gehen, Versuche die Zitzen zu finden samt Milchsaugen. Weiterhin wurden alle Rutschbewegungen und Zubodenfallen registriert. Der Plastikspaltboden war zu glatt und wurde deshalb aus dem Versuch herausgenommen. Bei den anderen Bodentypen (60 Lammen) hatten nach 60 Minuten 95% der Lämmer sich erhoben, 50% hatten die Zitzen gefunden. Es gab keinen signifikanten Unterschied zwischen den Bodentypen, jedoch war der prozentteil der Lämmer, welche keine Milch saugten bei Lochrostboden und Gummiprofilboden grösser. Auf festem Boden und Streckmetallboden war die Zahl der Rutschbewegungen wesentlich niedriger als bei Lochrostboden, Gummispaltboden und Holzspaltboden.

RÉSUMÉ: Le but de cette expérience était de vérifier l´effect des divers types de plancher de drainage sur le comportement des agneaux après naissance. Un total de 64 agnelages sur 6 types de plancher ont été examinés (compact, plancher de metal, plancher d´acier avec des trous ronds, planchettes de bois, planchettes de bois avec profile de caoutchouc, planchettes de bois avec profile de plastique). Un observateur présent sur les lieus a entrepris des observationes directes des paramètres de comportement avec 30 seconds d´intervalles: coucher, essayer de se lever, debout, marcher, essayer de trouver les tettes, et tétter. En outre, tous les glissages et les chuttes ont été registrés continuellement. Le plancher de profile de plastique était trop glissent et n´a pas fait part de l´expérience. Pour les autres types de plancher (60 agnelages), 95% des les tettes. Il n´y avait pas des differences significantes entre les divers types de plancher, mais le pourcentage d´agneaux qui ne tettaientpas était plus elevé sur le plancher avec des trous ronds. Le nombre de glissages était beaucoup plus bas sur le plancher compact (sans perforations) et sur le plancher de métal que sur le plancher avec des trous ronds, sur le planchettes de caoutchouc et sur le plancher de bois.

INTRODUCTION

Most sheep houses built in Norway in recent years have pens with slatted floors. The motivation for this is partly the herdsmens request for insulated buildings which gives good work environment and a structure that easily can be remodelled for housing of dairy cows. In addition the supply of adequate bedding material is limited on many farms, thereby making deep litter a less appropriate choice. This means that a fair amount of lambs in Norway are born on slatted floors every spring.

Several researchers have pointed out the importance of flooring as a environmental factor (among others Gjestang 1976). Bøe (1984) have listed a number of requirements that slatted floors ideally should fulfill. It is particulary two of this requirements that is of importance for the newborn lamb:. On a floor surface with good friction, it is easier for the lamb to rise and thereby probably find the teats faster. Malik & Acharya (1972) and McFarlane (1973) emphasized that mortality of newborn lambs is closely related to their ability to rise soon after birth. A newborn lamb must, until it can suckle milk from the ewe, deplete both fat and carbohydrate stores. These body deposits are limited to a few hours (Alexander 1958). Moreover it is important for the lamb to suckle as early as possible to build up its passive immunity. Starvation is one of the main causes for lamb mortality (Alexander, Peterson & Watson 1959).

The thermal properties of the floor is also important. Skogset (1983) found by physical measurements that the heat loss to the floor from a recumbent animal varied significantly between floor types. In a preference test Skogset (1983) showed that for the days just after shearing, when the sheep had a high lower critical temperature, the type of flooring was of great importance. Newborn lambs have a high body surface area to weight ratio, and poor insulation. Hence the heat loss to the environment is high in relation to their heat production. Alexander & Williams (1966) showed that the teat seeking activity was reduced when the temperature fell. However, no investigations has been done to quantify the impact of the conductive heat loss to the ground/floor.

The ewes will normally rise a few seconds after delivery, turn around to face the lamb and start licking (Alexander, 1960, Sharafeldin & Kendell 1971, Sambraus 1978). The intensity of the licking decreases the first hour after birth as the lambs skin dries up. Usually the licking will continue to the lamb has got up and begun searching for the udder.

Several researchers, among others Lemmon & Patterson (1964) claim that licking and other stimuli from the ewe encourage the developement of the lambs ability to perceive its environment and to move. Alexander & Williams (1964) however found that when a ewe and her offspring was placed in small pens and the temperature was moderate, the importance of such stimuli for the lamb to find the teats were minor. Other experiments have shown that it was the lamb itself or the weather conditions that were responsible for the majority of the perinatal mortality.

The aim of this experiment was to investigate how different types of slatted floors affected the behaviour of the lambs in the period just after birth, and especially how long time it took for the lamb to rise and suckle.

MATERIALS AND METHODS

The experiment was carried out in the sheep barn of Department of Building Technology, The Agricultural University of Norway, during the lambing in the spring in 1982, 1983 and 1986. The barn is separated into two parts, one fully insulated and one uninsulated. There is 10 and 12 pens in the two houses respectively. All pens have slatted floors and space enough for 7 to 8 ewes. The sheep were a Dala x Texel crossbreed.

In the lambing period, usually starting around April 10. and lasted until the first days in May, the pens were divided into lambing pens by portable partitionings. In addition lambing pens were set up in the roughage store room. The ewes were moved to the lambing pens when they showed sign of expected lambing.

In the pens there were different types of slatted floors. During the lambing period a number of lambings on each type were selected randomly for observation. No spesific criteria for age, number per litter etc. was set up. The following floor types were tested in the experiment:

Table 1. The different types of slatted floors in the experiment.

Floor type	No. of lambings	Average weight at birth
*Solid	15	5,3
*Expanded metal	10	4,4
*Steel panels	10	5,5
*Wooden slats	10	4,6
*Wooden slats/ rubber profile	10	5,3
*Wooden slats/ plastic profile	4	5,0
Total	64	5,1

The observations of the lambs behaviour started immediately after birth (when the newborn lamb lie on the floor), and continued until 60 minutes after birth. Behaviours may be regarded either as events or as states (Altmann 1974, Jensen et al. 1983). The following behaviours had appreciable durations and were recorded as states:

* Lying
* Try to rise
* Standing
* Walking
* Searching for the teats
* Suckling

The lambs behaviour was scored every 30 seconds by a present observer using the method of instantaneous sampling (Tyler 1979). In addition all events of footslips and falls were recorded continously. For the first 19 lambings in spring 1982 the observations were done by means of a videocamera.Because it was impossible to see all details a simplified ethogram was used (just lying, trying to rise, standing/walking and suckling, footslips and falls were not recorded).

All data collected were analyzed on a PC (Kjølsvik & Bøe 1987). In addition SAS was used for the analyses of covariance and for sensurerte data (SAS 1982, SAS 1986).

RESULTS

The observations of the lambs on the floor with plastic profile showed that this floor was too slippery and had too wide openings. The observations were ended after 4 lambings, and the collected data omitted from the analyses.

The lambs were lying for approximately 30 minutes during the 60 minutes observation period (table 2). Only a few minutes was used for trying to get up. The observations made by a present observer showed that searching for the teats occupied the lambs on average for 9,4 minutes.

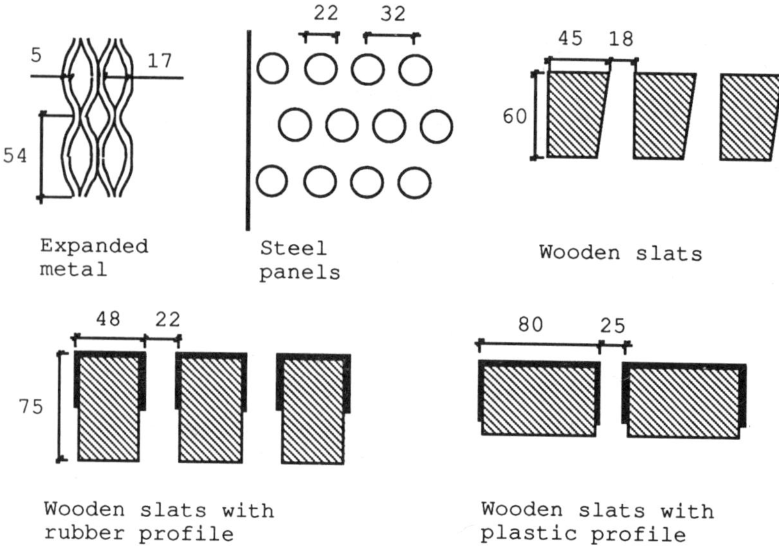

Figure 1. The floors involved in the investigation.

Table 2. Total duration of the observed behaviours (minutes).

	No. of lambings	Lying (minutes)	Trying to rise (minutes)	Standing/walking (minutes)	Suckling (minutes)	Total (minutes)
Solid	15	31,1	4,3	22,1	2,4	60
Expanded metal	15	23,6	3,3	30,1	2,9	60
Steel panels	10	23,8	6,1	29,3	0,9	60
Wooden slats	10	23,6	3,5	30,8	2,9	60
Wooden slats with rubber profile	10	36,5	5,1	17,2	1,3	60
Total	60	27,7	4,3	25,9	2,1	60

95 % of the lambs had gotten up within the observation period, and 50 % had suckled milk from the ewe (figure 2).

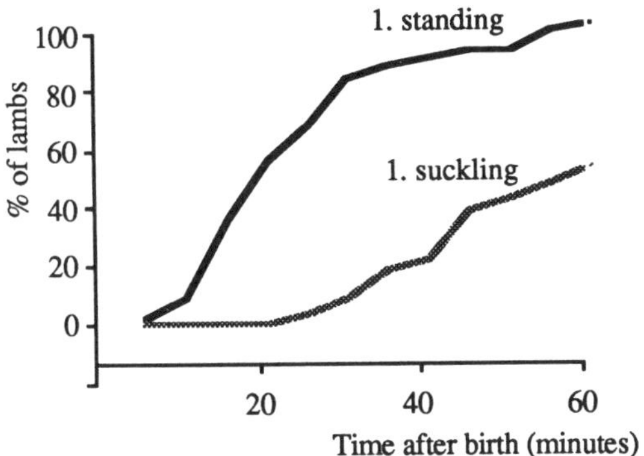

Figure 2. Cumulative distribution of percentage of lambs standing (1. standing) and suckling (1. suckling) within the first hour after birth.

Lambs born on solid floor or wooden slats with rubber profile seemed be standing up later than lambs born on other floor types (figure 3). To compare the different floor types it is necessary to make a statistical analysis. As there is several factors that can influence the observed parameters, especially birth weight, sex and numbers in the litter (Malik & Acharya,1972, Bareham, 1976), these factors were put into a model for analysis of covariance;

$$y_n = \mu + a_i + B_j + C_k + \beta (X_m - \overline{X}_m) + e_{ijkm}$$

where
y_1 = time from birth to try to rise
y_2 = time from.birth to first standing
y_3 = time from try to rise to standing
y_4 = total time used for trying to get up
μ = overall mean
a_i = effect of floor type
B_j = effect of sex
C_k = effect of number in litter
β = regresion coefficient for the effect of birth weight
e_{ijkm} = error

Non of the four models were statistically significant, and there were no effect of floor type. Anyhow there was a tendency that male lambs were standing and suckling later even if they had higher birth weight.

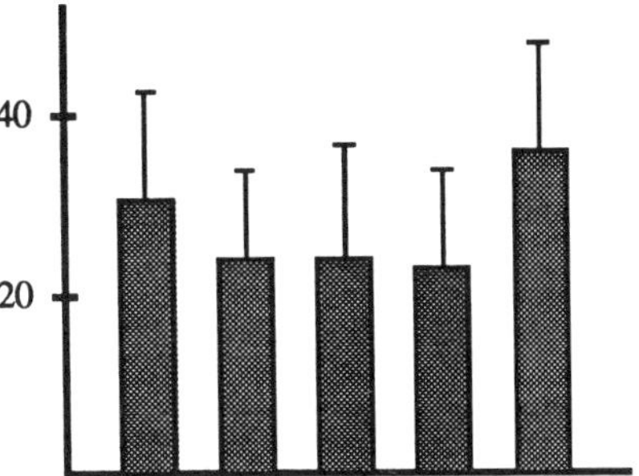

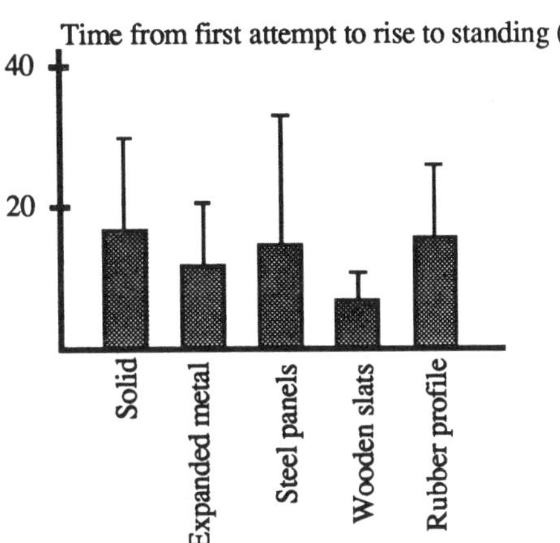

Figure 3. Average time (minutes) from birth to standing and from first attempt to rise to standing for the different floor types.

Only 50 % of the lambs suckled within the observation period. To be able to analyse this parameter the Proportional Hazards Model (Kalbfleisch & Prentice 1980) was used. Nor this model could reveal any significant differences between floor types.

There was no difference between floor types with regard to number of falls (p > 0,50), but for number of footslips a clear distinction showed up (p < 0,01) (table 3). The Newman-Keuls` multiple test indicated that solid floor and expanded metal was significantly better than the other floors.

Table 3. Average number of foot-slips and falls.

Floor type	No. of footslips	No. of falls
Solid	1,3	3,8
Exp.metal	6,8	4,3
Steels panels	34,7	4,3
Wooden slats	24,6	6,4
Rubber profile	31,8	6,0
Total	16,0	4,8

DISCUSSION

There is a large variability in the behaviour between individuals of newborn lambs (Hulet et al. 1975, Slee & Springbett 1986), and the present experiment also revealed a numerous variation for the observed parameters. This, together with a relatively small number of animals may explain why the observed differences was not statistically significant.

The lambs were on average standing up 25 minutes after birth, but only 50 % were suckling after 60 minutes. A review of current literature shows time for first standing varying from 13 to 35 miutes after birth and time for suckling varying from 20,5 to 68 minutes and of course a large variability between individuals (Sharafeldin & Kandeel 1971, Arnold & Morgan 1975, Bareham 1976, Scheibe et al 1982, Slee & Springbett 1986)

Neither Arnold & Morgan (1975) nor Bareham (1976) found any effect of breed for these parametres, but the investigations of Slee & Springbett (1986) showed a clear differece between the 10 breeds involved in their experiment. Especially lambs of Finnish landrace was standing up late, 54 minutes after birth, and suckled milk as late as after 94,6 minutes. In the present experiment the breed was mixed in with Finnish landrace, which may explain why the lambs found the teats relatively late compared with the investigations listed above. Nevertheless the time for the first standing was on the same level as in the mentioned investigations, but as shown by Slee & Springbett (1986) the time for the first standing was a poor estimator for the time for first suckling.

Alexander & Williams (1966) showed in an experimental study that the teat seeking activity decreased by decreasing temperature. Several studies have looked at how the climatic conditions influence the time from birth to the lamb is standing and to it is suckling, but the results are contradictory. Arnold & Morgan (1975) found no effect of climatic impact on the mentioned behaviours, whereas Bareham (1976) found clearcut correlations for both parameters. In the investigations of Slee & Springbett (1986) there was a correlation between teat seeking and temperature and wind, but no correlation for the time to the lamb is standing. Because the lambs in the present experiment were born indoors and thereby protected from wind and rain and the temperatures were moderate, it is unlikely that the climatic impact influenced their behaviuor.

As documented in table 1 and 2 the distrubution of sex and birth weight were equal between groups, so these two factors should not bias the results.

Very few experiments have investigated what importance the friction of the slatted floor have for the sheep. Bøe (1985) found that the ram had more difficulties during mating on steel panels and wooden slats with plastic profile.The latter did not function satisfactory for the lambs either, it was to slippery and the openings were too wide. The openings should be less than 20 mm to be comfortable for newborn lambs. The number of footslips gave the same ranking of the floors as shown by Bøe (1985). The reason that the rubber profile floor entailed more problems for the lambs than the ram must partly be due to the openings being too wide and that friction was less as the lambs had a much lower body weight.

The high number footslips did not effect the number of falls or the time for the lamb to stand and to suckle.Nevertheless the percentage of lambs not suckling within 60 minutes was highest on the presumable most slippery floors. Scheibe et al. (1982) also found a higher number of attempts to stand

up on slippery floors, but in
addition a correlation between this
parameter and the time for lamb to
stand and to suckle.

The reason why the number of
footslips had no effect on the lambs
behaviour, especially the time from
birth to find the teats, may have
at least two possible explainations:
1 The friction of the flors were not
so different 2. To find the teats is
so important, and the motivation to
do so is so high, that it overruled
the effect of floor type.

Conclusion:

The number of footslips were much
higher on the slippery floors, but
else there were no significant
differences, in the lambs
behaviour.It is recommended that the
openings should be less than 20 mm,
and that the surface is made to give
adequate friction.

LITERATURE

Alexander, G. 1958. Behaviour of newly
    born lambs. Proc.Aust.Soc.Anim.Prod.,
    2,123-125.

Alexander, G. 1960. Maternal behaviour in
    the Merino ewe.
    Proc.Aust.Soc.Anim.Prod., 3, 105-114.

Alexander,G.,J.E. Peterson & R.H. Watson
    1959. Neonatal mortality in lambs:
    Intensive observations during lambing
    in a Corridale flock with a history of
    high lamb mortality. Aust.Vet.Jour.,
    35, 433-441.

Alexander, G. & D. Williams 1966. Teat-
    seeking activity in newborn lambs: The
    effect of cold. J.Agric.Sci.Camb., 67,
    181-189.

Alexander, G. & D. Williams 1966. Teat-
    seeking activity in newborn lambs: The
    effect of cold. J.Agric.Sci.Camb., 67,
    181-189.

Altmann, J. 1974. Observational study of
    behaviour: Sampling methods. Behaviour,
    14, 227-267.

Arnold, G.W. & P.D. Morgan 1975. Behaviour
    of the ewe and lamb at
    lambing and its relationship to lamb
    mortality. Appl. Anim. Ethol., 2, 25-
    46.

Bareham, J.R. 1976. The behaviour of lambs
    on the first day after birth. Br.
    Vet.Jour., 132, 152-162.

Bøe, K. 1984. Equipment for sheep
    housing..NJF -seminar nr. 59.
    Tune,Danmark, April 1984.(In
    Norwegian).

Bøe, K. 1985. Draining floors for sheep.
    Norges Landbr.høgsk., Inst. for
    bygn.tekn., Rapport nr. 218.(English
    summary).

Gjestang, K.E. 1976. Stall equipment, hoof
    and leg conditions in dairy cows.
    Norges Landbr.høgsk.,meld nr.
    86.(English summary).

Hulet, C.V., G. Alexander & E.S.E. Hafez
    1975. The behaviour of sheep. In The
    behaviour of domestic animals. 3rd ed.
    (Hafez, E.S.E., ed.). Baillere &
    Tindall, London.

Kalbfleisch, J.D. & R.L. Prentice 1980.
    The Statistical Analysis of Failure
    Time. Wiley, 1980.

Kjølsvik, M. & K. Bøe 1987. Computer
    programs for analyzing data from
    scientific experiments and data from
    behavioural observations. Norges
    Landbr.høgsk., Inst. for bygn.tekn.
    Rapport 251.(English summary).

Lemmon, W.B. & G.H. Patterson, 1964. Depth
    perception in sheep: Effect of
    interrupting the mother-neonate bond.
    Science, N.Y., 145, 835-836.

Malik, R.C. & R.M. Acharya 1972. A note on
    factors affecting lamb survival in
    Indian sheep. Anim. Prod., 14, 123-125.

McFarlane, J.S. 1973. Serum Immune
    Globulin Levels in Lambs under a Week
    Old. Vet. Rec., 93, 237.

SAS Institute 1982. SAS User´s guide,
    Statistics, 1982 ed., SAS Institute
    INC., USA.

SAS Institute 1986. SUGI Supplemental
    Library User´s Guide, Version 5. SAS
    Institute Inc.,USA.

Sambraus, H.H. 1978. Nuzttier-ethologie.
    Verlag Paul Parley, Berlin-Hamburg

Scheibe, K., K. Böhme & B. Schmidt 1982.
    Untersuchungen zur Haltung von Schafen
    während und nach der Ablammumg.
    Tierzucht

Sharafeldin, M.A.K. & A.A. Kandeel 1971.
    Post-lambing maternal behaviour.
    J.Agric.Sci.Camb., 77, 33-36.

Skogset, I. 1983. Lying behaviour in
    sheep. Norges Landbr.høgsk., Inst. for
    bygn.tekn, Thesis. (in Norwegian).

Slee, J. & A. Springbett 1986. Early post-
natal behaviour in lambs of ten breeds.
Appl. Anim. Behav. Sci., 15, 229-240.

Tyler, S. 1979. Time-sampling: A matter of
convention. Anim. Behav., 27, 801-810.

Land and Water Use, Dodd & Grace (eds), © 1989 Balkema, Rotterdam. ISBN 90 6191 980 0

The quality of concrete in floor structures of Swedish farm buildings

B.Svennerstedt
Department of Farm Buildings, Swedish University of Agricultural Sciences, Lund, Sweden

ABSTRACT: In order to acquire a basis for improved proficiency in the use of concrete for agricultural purposes, a research project was started at the Swedish University of Agricultural Sciences, Department of Farm Buildings in 1987. The project deals with both basic and applied research on concrete material.

This paper presents results of a field study of the quality of the concrete in Swedish farm buildings. The results show compressive strength, carbonation depth and chloride content of concrete floor structures.

Key-words: Concrete, Agriculture, Floor structures, Farm buildings, Compressive strength, Carbonation, Chloride content.

Die Betonqualität für die Fussbodenkonstruktion der schwedischen Wirtschaftsgebäude.

Die Zusammenfassung: Um eine Grundlage für verbesserte Leistung bezüglich der Handhabung von Beton zu erlangen startete man im Jahre 1987 ein Forschungsprojekt an der schwedischen Landwirtschaftsuniversität, Institut für landwirtschaftliche Bautechnik. Das Projekt befasst sich mit sowohl der Grund- als auch mit der angewandten Forschung für das Betonmaterial.
Diese Abhandlung beschreibt die Ergebnisse der Feldarbeit über die Betonqualität der schwedischen Wirtschaftsgebäude. Die Ergebnisse zeigen die Druckfestigkeit, die Tiefe der Verkohlung und der Inhalt der Chloride im Beton der Fussbodenkonstruktion.

Die Schlüsselwörter: Beton, Landwirtschaft, Fussbodenkonstruktion, Wirtschafts-gebäude, Druckfestigkeit, Verkohlung, Inhalt der Chloride.

La qualité du béton dans les structures de plancher dans la construction des fermes suédoises.

Resumé: Afin d'avoir une base pour une meilleure connaissance de l'utilisation du béton dans l'agriculture, un projet de recherche: "le béton dans l'agriculture" a été mis en route á l'Université suédoise d'agronomie, département de construction des fermes, au cours de l'année 1987. Le projet traite aussi bien de recherche pure que de recherche appliquée sur les matériaux á base de béton.

Ce rapport présente les résultats d'une étude sur le terrain de la qualité du béton dans la construction des fermes suédoises. Les résultats traitent de la résistance á l'écrasement, de la profondeur de carbonatation, et de la teneur en chlorures des structures de plancers en béton.

Mots-clés: béton, agriculture, structures de plancher, construction des fermes, résistance á l'écrasement, carbonatation, teneur en chlorures.

1 BACKGROUND

Concrete is often used in buildings for agricultural production. Some common fields of application inside farm buildings are floors for animals, mangers, feed alleys and manure gutters. Outside farm buildings, other structures such as manure storages and tanks, bunker and tower silos for cattle feed storage are often made of concrete material. Even load bearing wall and floor systems of concrete are present in farm buildings.

The environment both inside and outside
farm buildings is very aggressive. It is
especially the chemical environment of the
farm buildings which affects the concrete
material. Organic and inorganic acids,
natural manure and different salts of
artificial manure products have a great
impact on the concrete material.

Concrete for agricultural applications
is often produced and prepared by the farmer himself. That means that the quality
of concrete differs from farm to farm. The
knowledge of concrete among farmers is
rather low today and the concrete producers
have to learn more about farming conditions in order to produce the right quality
of concrete used in agricultural production.

2 STUDIES OF CONCRETE IN AGRICULTURE

In 1987 a research project "Concrete in
agriculture" was started at the Swedish
University of Agricultural Sciences,
Department of Farm Buildings. The project
is supported financially by the Swedish
Cement and Concrete Industry. The aim of
the project is to acquire a basis for improved proficiency in the use of concrete
for agricultural purposes. The project
comprises both basic and applied research.
Both field and laboratory studies are
carried out in the project.

Farm buildings consist of several building parts made of concrete. Inside the
buildings there are structures especially
floors and foundation sections, which are
made of concrete. Outside concrete tanks
and silos storing manure and feed can be
found. The quality of these structures
varies a lot. In order to attain improved
proficiency in using concrete in agriculture one task of the basic part of our
study is to estimate the condition of
existing concrete structures.
The estimation is based on strength, carbonation and chloride content. Studies
are carried out for both new and
old live stock buildings, dairy farms and
pig houses.

In the spring, summer and autumn of 1988,
this task was performed by two students
from the Swedish University of Agricultural Sciences. The study consists of both
literature and field studies supplemented
with laboratory analysis.

In the field study, which was made
during summer 1988, a total of nine farms
were visited. Both new and old farm buildings with cows or pigs were selected for
this study. The visited farms were selected from three Swedish agricultural

regions, see Figure 1.

Fig. 1. Swedish agricultural regions from
which the investigated farms
were selected.

3 QUALITY OF CONCRETE IN FLOOR STRUCTURES

In this chapter results for floor structures of Swedish farm buildings are presented. The results concentrate on three
parameters, which were investigated
during the study. These parameters are
compressive strength, depth of carbonation and chloride content.

3.1 Compressive strength

The method used to investigate the compressive strength of concrete in existing
structures, was the CAPO-test method. When
using this method, first of all the reinforcement of the structure must be located
and the concrete surface checked for sufficient flatness. After that the CAPO hole
is drilled and milled with watercooled
diamond bits perpendicular to the surface.
The CAPO ring on tool is inserted in the
undercut groove. The CAPO-test jack is
attached to a coupling and the jack handle
is slowly loaded until failure of the concrete occurs. The maximum peakload is recorded and it can be transformed to cube
compressive strength after calibration.

The coefficient of correlation between
CAPO-test and in-situ strength is normally
0.95. For an average of 3 CAPO-tests the
compressive strength on a 95 % confidence
limit is determined within ± 1.5 MPa for
maximum aggregate size 16 mm and ± 2.0 MPa
for 32 mm normal testing ranges (1).

In Figures 2 and 3 results of cube com-

pressive strength for floor structures in
farm buildings of cows and pigs are shown.
The diagrams show the cube strength as a
function of structure age.

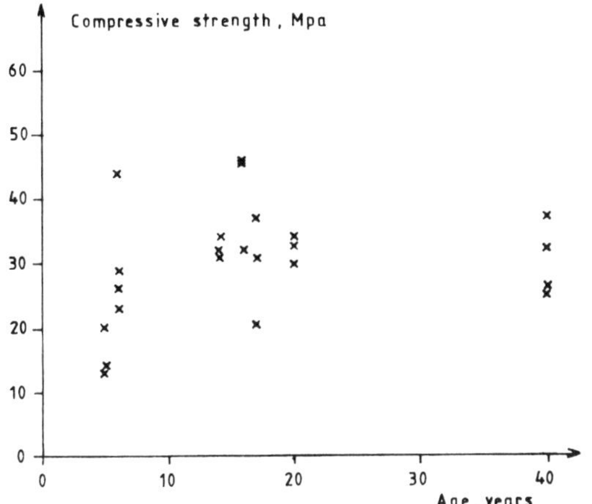

Fig. 2. Cube compressive strength as a
function of age of floor structures of dairy farms.

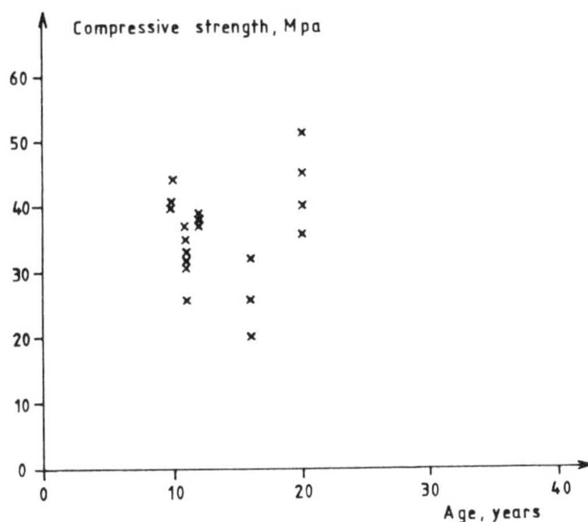

Fig. 3. Cube compressive strength as a
function of age of concrete floor
structures of pig houses.

In floor structures of farm buildings
with cows the cube strength varies from
about 15 MPa to 45 MPa with an average
value around 30 MPa. The age of the

tested floor structures varies between 5
and 40 years. In floor structures of farm
buildings with pigs the average value of
cube strength is a little higher, about
35 MPa with a vanance of 20 to 50 MPa. The
age of the tested floor structures varies
between 10 and 20 years.

From the investigated floor structures
some concrete specimens were also taken.
The drilled specimens had a diameter of
100 mm and different lengths. The cube
strength of the specimen was tested according to Swedish standards at the laboratory. Figure 4 shows the relation between
the field tests and the laboratory tests
of cube compressive strength of floor
structures.

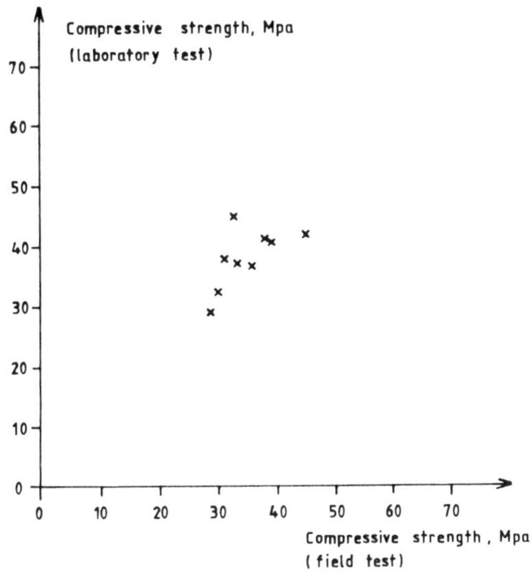

Fig. 4. Cube compressive strength as a
relation between field tests and
laboratory tests.

3.2 Carbonation

Carbonation is a process where the pH-
value of the concrete is lowered from the
alcality level of 12 - 13 units to 7 - 8
units. The carbonation depth can easily
be measured by spraying a fresh surface of
concrete fracture with an indicator liquid
of 15 parts fenoftalein dissolved in 1 000
part of pure etylalcohol. The carbonated
concrete part keeps its grey colour while
the non carbonated concrete part changes
into a violet red colour.

In the study the carbonation depths have
been measured in the same places where the
CAPO-tests have been carried out.

The carbonation depths of floor structures in farm buildings with cows or pigs
are shown in Figures 5 and 6. The diagrams
show the depth as a function of the structure age.

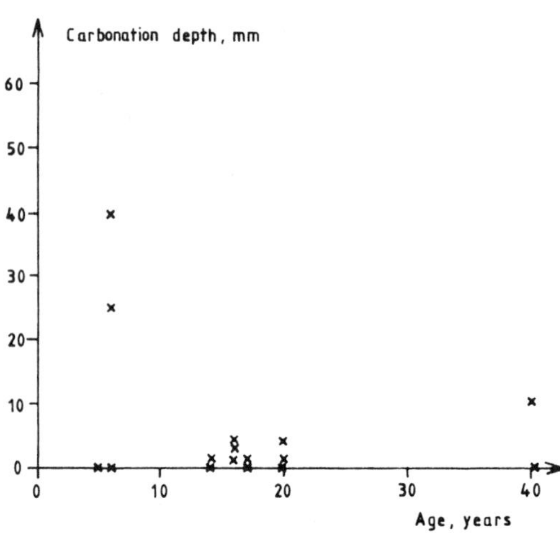

Fig. 5. Carbonation depth as a function of
        age of concrete floor structures
        of dairy farms.

From the Figures you can read that the carbonation depth is mostly not higher than
4 - 5 mm in floor structures of the selected farm buildings. Larger depths have
been found in some individual cases. The
ages of these floor structures vary from
5 to 40 years. The small carbonation depths,
which, as a rule, have been found in this
study, indicate that there is little risk
of corrosion of reinforcement. Besides, the
floor structures of farm buildings are
mostly made of unreinforced concrete.

3.3 Chloride content

The chloride content of the floor structures was determined for small specimens
taken from the same places where the CAPO-
tests were carried out. The concrete specimens were analysed at the laboratory by
spectrophotometer-analysis and the chloride
content was calculated in % $CaCl_2$ per cement
weight from a calibrated curve.

Figures 7 and 8 show the chloride content of the concrete structures investigated. The diagrams show the chloride content as a function of structure age. For
floor structures of both cow and pig buildings the chloride content varies between
1.3 and 0.3 % $CaCl_2$ per cement weight. The
Figures show a tendency to increasing chloride content with increasing age.

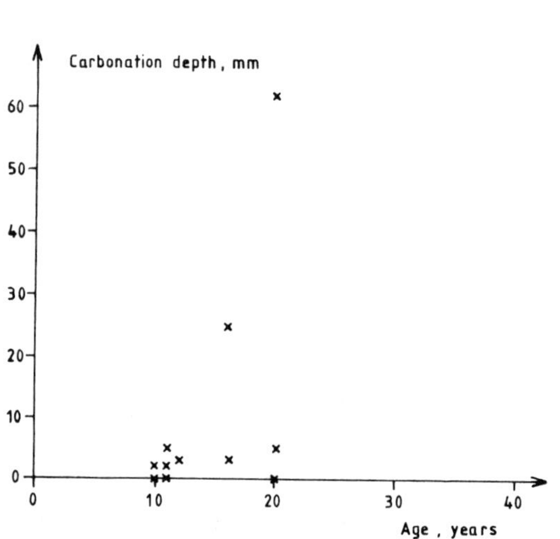

Fig. 6. Carbonation depth as a function of
        age of concrete floor structures
        of pig houses.

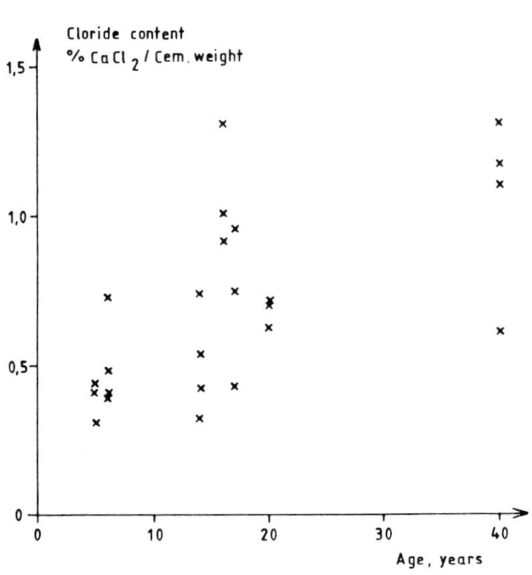

Fig. 7. Chloride content as a function of
        age of concrete floor structures
        of dairy farms.

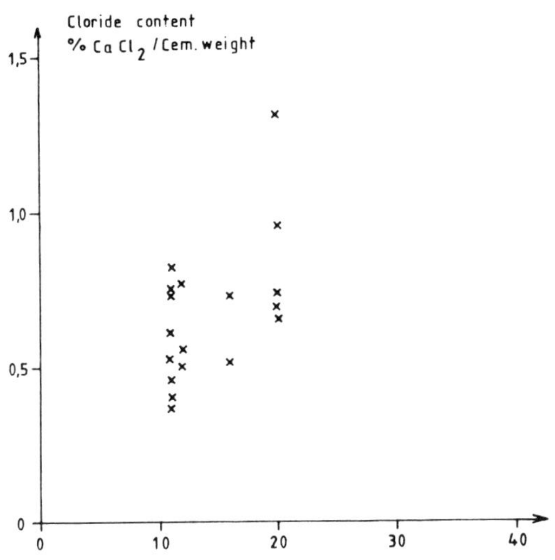

Fig. 8. Chloride content as a function of
age of concrete floor structures
of pig houses.

The velocity of reinforcement corrosion
is much greater with chloride present than
when the corrosion process only is inita-
ted by carbonation. The Swedish concrete
structure rules therefore say that the
chloride content must not exceed 0.5 %
$CaCl_2$ per cement weight in moderate and
very reinforcement aggressive environment.
For insignificant reinforcement aggressive
environment the chloride content must not
exceed 1.5 %.

4 COMPLEMENTARY OBSERVATIONS OF THE CON-CRETE

The concrete of the investigated floor
structures was made both at the factory
and at the farm. Gross portland cement
types were used for all the concrete. The
concrete ballast consisted of sand and
stones. The main part of the sand was
quartz and feldspar. The stones were
granite/gueiss.

The water cement ratio analysed on
drilled concrete cylinders at the laboratory has been found to lie between 0.35
and 0.45. For one of the investigated
floor structures the water/cement ratio
varied between 0.55 and 0.60.

5 SUMMARY

In, 1987 a research project "Concrete
in agriculture" was started at the Swedish
University of Agricultural Sciences, Department of Farm Buildings. The project is supported financially by the Swedish Cement
and Concrete Industry. The aim of the project is to acquire a basis for more þrofi-
cient use of concrete for agricultural purposes. The project is divided into both
basic and applied research.

From a recently performed field study
results of compressive strength, carbonation depth and chloride content of floor
structures in farm buildings are presented.

The compressive strength, as cube compressive strength in MPa, differs a lot in
the tested buildings. A normal average
value seems to lie between 30 and 35 MPa
for this building structure. The variation
is rather large. The lowest value is about
15 MPa and the highest value about 50 MPa.

The carbonation depths in the investigated floor structures were, in the main,
not larger than 4 - 5 mm. It means that the
risk of reinforcement corrosion in these
structures is rather low.

The chloride content of floor structures
varies between 1.3 and 0.3 % $CaCl_2$ per
cement weight. There is a tendency to increasing chloride content with increasing
structure age.

REFERENCES

(1) Information leaflet on in situ test
equipment. German Instruments A/S.
Copenhagen. 1988.

Land and Water Use, Dodd & Grace (eds), © 1989 Balkema, Rotterdam. ISBN 90 6191 980 0

Fresh perspectives on the economic supply of water to housed pigs

J.Barber, J.L.Carpenter & P.H.Brooks
Seale-Hayne College, Newton Abbot, Devon, UK

ABSTRACT: In response to concerns about environmental pollution and animal welfare, factors influencing the water demands of housed pigs have been examined as a first step towards rationalising water dispensing equipment. Drinking utensil types were seen to have a considerable bearing on the quantities of water delivered. However, flow rate and supply pressure were also major determinants, being as important as drinker type, particularly in relation to effects imposed by cycling demand through the day. It was also clear that a supply which is clean and accessible at all times should be available. This makes storage capacity and water quality higher priorities for consideration in system design than is conventionally the case. In response to these perceived needs, low-cost pipe-work facilities have been devised which provide equalised and easily controlled flows whilst maintaining minimal risk of dirt ingress.

INTRODUCTION

In recent years concern has been expressed about the utilisation of water through drinking systems in pig houses. Most of the criticism has been directed towards dispensers, as first bowls and then certain types of nozzle drinker have fallen from favour. In the case of water bowls problems with contamination and the consequent necessity for regular cleaning were the cause. In the case of nozzle drinkers, allegedly wasteful delivery mechanisms were blamed for overflowing slurry tanks. With the current cost of effluent storage and disposal running at between £4 - 7/m^3 in the UK such wastage is an important consideration.

As a consequence of these misgivings, improved dispensers designed to reduce delivery and provide a 'cleaner' supply have been marketed for some years for pig accommodation. In addition some holdings have attempted to limit the volume of water wasted by restricting its availability to the pigs through the use of timed control valves to as little as 3h in each 24h period. These practices have important implications for the welfare of animals subjected to such constraints on normal drinking behaviour.

Workers at Seale-Hayne College have for some time been considering the use of water in an active role as a 'carrier' medium, for chemical, prophylactic or dietary ingredients. Due partly, to the inherent problems outlined above, but, more importantly, to the considerable variation in water use reported in previous studies, it was first necessary to establish criteria for estimating water consumption before experiments with water additive materials could be undertaken.

The outcome of trials conducted to provide this supportive database confirmed the observations of previous studies that much water is wasted. However, they also demonstrated that there are significant productive and welfare advantages to be gained through the design and provision of good drinking water systems.

COMPARISON OF WATER DISPENSERS

There have been a number of trials in the recent past which have resulted in criticism of 'nipple' drinkers, (Hepherd et al, 1983, Gill, 1989). Little information is available on the comparative performance of the various types of 'bite' dispenser offered to the farmer. Additionally, although many pigmen consider the provision of water via 'bowls' or 'tanks', i.e. open water surfaces, to be unsatisfactory because of fouling, there is little scientific evidence to support this view.

In order to provide objective information concerning dispensers marketed in the UK, a series of experiments was undertaken. The results of this programme showed that:

1 Nipple drinkers use significantly more water than others (up to 30% greater) without giving any productive advantage, see Table 1. (This confirms the work of other authors, (Gill, 1989).

2. There was little to choose between most of the 'bite' variants (Table 2), but the ARATO 80 dispensed slightly more water than the others.

3. An apparent productive advantage was seen in one case with weaner pigs where a 'tube' drinker (ARATO 76) was used, see Table 3. This may, however, have been attributable to other factors to be discussed later, such as flow rate.

4. Where bowls were compared with other drinker types there was little or no difference in water uptake (see Table 4) until the receptacle became fouled from which time the pigs preferred to use the alternative, uncontaminated drinkers (Figure 1).

Table 1: A comparison of water use from bite and nipple type drinkers.

	Arato 80 (Bite type)	Monoflo (Nipple type)
Mean daily water use (1/pig)	2.97^a	4.0^b
Mean daily LW gain (g/pig)	794^a	812^a

Means bearing the same superscript are not significantly different, (p<0.01).

Table 2: A comparison of water use from various bite type drinkers.

	Jalmarson 1760	Arato 80	Lubing 6026	Arato 76
Mean daily water use (1/pig)	2.44^a	3.12^b	2.26^a	2.56^{ab}

Means bearing the same superscript are not significantly different, (p<0.05).

Table 3. The water use and performance of weaned piglets from 3 to 6 weeks of age provided with water from four different types of drinker.

	Arato 76 tube	Lubing bitetype I	Lubing bitetype II	Monoflo Nipple
Mean Daily water use (1/piglet)	1.02^a	0.91^a	0.97^a	1.59^b
Mean daily liveweight gain (g/piglet)	260^a	213^b	221^b	199^b

Means bearing the same superscript are not significantly different, (p<0.05). (Gill,1989)

Table 4. A comparison of water use from bite and bowl drinkers.

	Bite (Arato 80)	Bowl
Mean daily water use (1/pig)	6.81	7.37

(p>0.05).

Figure 1. The effects of fouling on the water use from drinking bowls seen incidently in one comparative experiment.

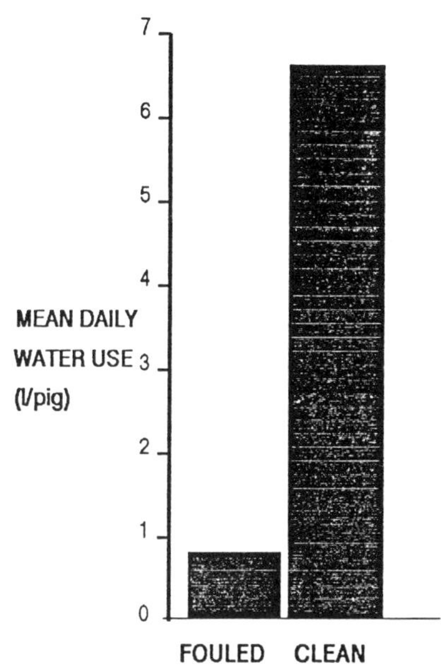

One general point noted throughout the trials was that the integrity of the supply from all dispensers was constantly being affected by dirt ingress and consequential filter blockage (where fitted), even though the supply systems were deemed 'commercially' adequate. This drew attention to the welfare aspect that water should be readily available at all times when demanded. Thus, any system should ensure
1. as clean a supply as is possible (setting aside the issue of wholesomeness) and
2. should, be so arranged as to provide more than one dispenser per pig group so that in the event of an individual nozzle blockage there is no danger of suffering caused by water deprivation.

The evidence from one trial (Table 5), supported the similar findings of Olsson (1983), and strengthened the case for more than one drinker to be provided, by demonstrating less water usage with 2 per pen installed, compared to 1 per pen. Also, the typical demand patterns recorded (Figure 2) and seen by other workers (Hepherd _et al._ 1983), suggest that, to avoid stress, through competition, there is a need for water to be supplied via more than one dispenser so that the peak requirements around feeding times may be met comfortably. However, the patterns of water uptake recorded also indicated that, although demand has acute peak periods, there is still a need for 24h access.

Table 5. The effect of drinker number on water use (Arato 80 drinkers).

	1 drinker	2 drinkers
Mean daily water use (l/pig)	2.0	1.7

(p>0.05) (Barber _et al._, 1988a).

Figure 2. The mean daily water use of lactating sows expressed as a percentage of total use.

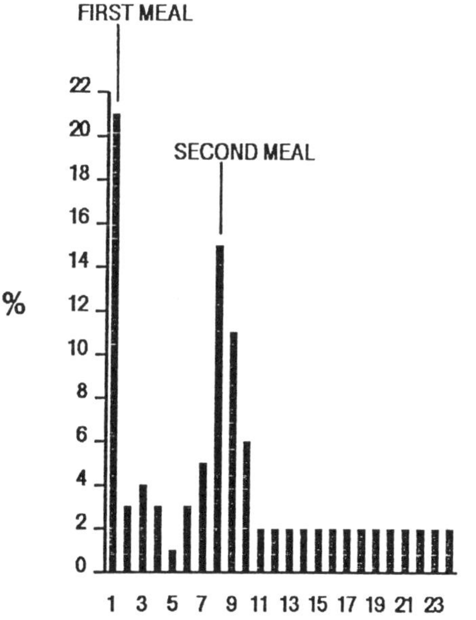

During the course of two of the above trials events occurred which varied the supply pressure at the drinkers. This showed up, unsurprisingly, in the data as differences in total daily water use. More importantly, it seemed to suggest an

additional parametric pattern which had, so
far, gone unremarked by other workers and
derived from delivery rate. On reflection
it may also have affected all previous
experimental results. A decision was
therefore taken to investigate the rate
of flow from dispensers as a factor
potentially controlling quantity of water
delivered and consumed.

EFFECTS OF DELIVERY RATE VARIATION

Further trials were carried out with some
of the drinker types previously
scrutinized set to provide two different
flow rates at the nozzles (see Table 6).
Greater flows gave significantly greater
daily total water usage on all occasions
(Tables 7 and 8 for dry sows and
growers). However, there were, also,
some unexpected results, as in the case
of a trial with 'weaner' pigs where
growth rate was increased at higher rates,
(Table 9). This experiment also
demonstrated that the optimum flow rate is
likely to be much higher than that
recommended at present by drinker makers.

Table 6. The effect of two water delivery
rates and two drinker types on the water
use of growing pigs

Drinker type	Arato 80 (Bite)	Monoflo (Nipple)	Arato 80 (Bite)	Monoflo (Nipple)
Water delivery rate (cm^3/min)	300	900	900	300
Mean daily water use (l/pig)	2.25^a	4.0^b	2.97^c	2.68^{ca}

Means bearing the same superscript are
not significantly different, ($p<0.01$).

Table 7. The effect of water delivery
rate on water use by dry sows (Arato 80
drinkers).

Delivery rate (cm^3/min)	500	1000	1500	2500
Mean daily water use (l/sow)	8.5	9.8	10.9	11.9

($p<0.05$).

Table 8. The effect of water delivery rate
on the water use of growing pigs (Arato 80
drinkers).

Delivery rate (cm^3/min)	200	400	700	1100
Mean daily water use (l/pig)	3.09^a	3.42^b	3.95^c	4.7^d

Means bearing different superscripts are
significantly different, ($p<0.01$).

Table 9. The effect of water delivery rate
on the water use and performance of early
weaned pigs from 3 to 5 weeks old

Delivery rate (cm^3/min)	175	350	450	700
Mean daily water use (l/pig)	0.78^a	1.04^b	1.32^c	1.63^d
Mean daily liveweight gain (g/pig)	210^a	235^b	250^c	247^c

Means bearing the same superscript are not
significantly different, ($p<0.01$).
(Barber et al. 1988b).

The data suggests that, as drinking
time appears to be self-limited on the
part of these small pigs, access to
water must not on any account be restricted
by either dirt, dispensers which are worn
or too few in number, access time control
or any other factor. Equally anything
which might assist water uptake, such as
flavouring or 'wholesomeness', should be
encouraged.

In general, flow rates seen on farms vary
considerably from manufacturers recommended
levels. The flow rates often recorded may
lead to competition at the drinkers and
deprivation may occur.

FLOW RATE AND PIPELINE DESIGN

Even if the drinker type is satisfactory,
the water supply systems in many large-
scale UK pig houses have design and
installation deficiencies which prevent
guaranteed equal, and high, flow rates from
each dispenser. Two factors particularly
cause difficulties; the first is the

considerable length of penning usually
served by a single, small-bore pipe
(φ 12-15 mm or $\frac{1}{2}$"), and the second is the
acute peaks seen in the demand patterns
for water (Figure 2). (1/2 of the pig's
water demand may be taken up in less than
1/8th of the time available). Imposing
conditions of high total flows result in
severe loss of pressure head to the outer
parts of a pipe system, as may be seen
from the scenario portrayed in Figure 3.

Figure 3. The friction loss sustained in a
12mm I.D. pipe when supplying water at
500cm^3 per minute per drinker to a row of
twenty pens each 3m long, provided with two
drinkers per pen, all operating.

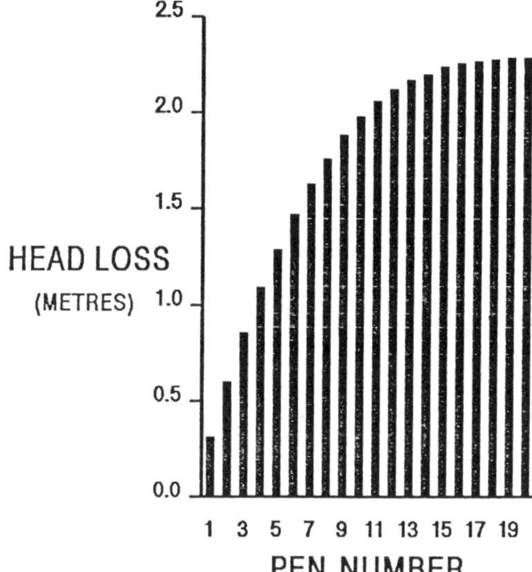

A delivery rate of 500cm^3 per minute per
drinker along the line may be achieved by
the use of different diameter orifices in
each drinker.

In the UK the problems are exacerbated
by the Water Authority's insistence that:
1. farm supply systems are a Class I risk
of contamination to their main lines by the
potential from back-siphonage and so
2. every farm building with a supply
shall be provided with a 'break' tank,
so minimising the pressure head available
for total flow energy.
Adjustment to flow is possible with some
drinker manufacturer's products by means of
restrictors. However these drinkers are
still affected by in-line pressure changes

due to flow effects, so their initial
setting on an individual basis is not
likely to be relevant to 'whole-line'
working which occurs at peak use periods.
The volume demanded is not constant at any
point which complicates the matter.

PRACTICAL WATER SUPPLY DIFFICULTIES
ARISING FROM PRESSURE VARIATION

The inability to ensure an equalised
pressure throughout a system is clearly
unsatisfactory and may lead, as implied
above, to one or more of the following
disadvantages:
1. Waste from the drinkers at the inner
end of the pipeline (due to the need to
ensure an adequate supply at the outer
end).
2. Inadequate flow to the drinkers at the
outer end, particularly at periods of high
demand e.g. immediately post feeding.
3. Flows at all drinkers reduced below
optimum levels.
4. Drinker flow setting difficulties, no
matter how well designed the drinker is,
due to the random nature of line pressure
changes.
5. Potential blockage points where
pressure, and hence flow rate, fall to near
zero and dirt particles settle out.
In addition complications may also occur
due to:
1. Low pressure generated by the required
'break' ('header') tank in the supply.
2. Normal 'header' tank supply
capacities which are insufficient for
peak demands.
3. Accumulation of dirt and dust forming
a focus of potential blockage, caused by
break' tanks with inadequate cover (they
must, however, be 'open to atmosphere').
4. Contamination of 'break' tanks with
pathogenic micro-organisms, e.g.
coliforms and pseudomonas.
5. Reduced palatability of water
through contamination with non-
pathogenic organisms and their waste
products, e.g. slime moulds and
blue-green algae.

DEVELOPMENT OF A NEW TYPE OF PIPELINE

In response to the afore mentioned problems
a system was devised which would minimise
pressure loss effects over long pipe runs.
This equipment includes an all 'push-fit'
assembly and a high storage capacity main
to 'manifold' off laterals serving
individual drinkers. Pressure level and
the incoming supply 'break' is catered

for by a 'Microtank' assembly which can be
fitted at a much higher support point in
any building than a conventional 'header'
supply tank. This may also, by use of
flexible connecting pipe, be installed more
remotely. The pipe work is open to
atmosphere whilst being dust resistant,
through use of a filter pad in an
overflow /balance pipe. Further
embellishments such as low-water alarms
and medicating proportioners may be
easily fitted. Systems using these
principles have been giving satisfactory
service in pig environments at
Seale-Hayne College for the past two
years. In one house where it is fitted,
it has been impossible to detect
improvements in pig performance through the
use of water additive products which have
previously been reported to increase water
consumption, suggesting that these products
only exert their effect where consumption
has previously been inhibited by an
unwholesome supply or a restrictive flow
rate.

CONCLUSIONS

1. Choice of drinker type affects total
water usage but system flow rates are of
equal if not greater importance.

2. System pressure should be carefully
considered, as
i. greater pressures lead to greater
use.
ii. low pressures may result in low or no
flow to remote parts of a system and
iii.for some classes of pig at least,
optimal flows appear to be bigger than
those conventionally used.

3. Small bore main pipelines cannot
accommodate the fluctuation of pressure
likely to be felt in a normal housing
system and will complicate any drinker
adjustment attempted.

4. Cleanliness and the ability to
de-mount pipe lines will be an important
factor in future as the practice of using
additives in water becomes more common.

5. Any pipeline system which overcomes
the pressure problems must also be cost
competitive with existing equipment to find
acceptance with farmers.

REFERENCES

Barber, J., Brooks, P.H. & Carpenter,
J.L. 1988a. The effect of water
delivery rate and drinker number on the
water use of growing pigs. Anim. Prod.
46, 521.
Barber, J., Brooks, P.H. & Carpenter J.L.
1988b. The effects of water delivery
rate on the voluntary food intake,
water use and performance of early
weaned pigs 3-6 weeks of age. Proc.
B.S.A.P. Occasional Meeting. The
voluntary food intake in pigs.
Gill, B.P. 1989. Water use by pigs
managed under various conditions of
housing, feeding and nutrition.
Ph.D. Thesis C.N.A.A.
Hepherd, R.Q., Hanley, M., Armsby, A.W. &
Hartley, C. 1983. Measurement of the
water consumption of two herds of
bacon pigs. Divisional Note DN1176.
N.I.A.E. Silsoe.
I.T.P. 1982. Mémento de l'éleveur de
porc. I.T.P., 3e édition, 480p.
Olsson, O. 1983. Evaluation of bite
drinkers for fattening pigs.
Transactions of the A.S.A.E. pp.1495-
1498.

ACKNOWLEDGEMENTS

The authors gratefully acknowledge the
financial assistance given by the South
West Water Authority, M.A.F.F. (via a
CASE award) and Aratowerk (Bernard
Partridge).

Perspectives nouvelles à l'approvisionnement économique en eau de
porcs abrités

ABREGÉ

En réponse aux préoccupations qui entourent la pollution et le
bien-être des animaux, les facteurs qui influencent la demande en
eau de porcs abrités ont été étudiés comme première étape d'une
rationalisation de l'équipement de distribution d'eau. On a
constaté que le type (et le nombre) des abreuvoirs affectent
sensiblement le volume d'eau distribué. Cependant le débit et la
pression de distribution sont également des facteurs importants,
jouant un rôle aussi important que le type d'abreuvoir, et cela
surtout dans le contexte des effets imposés par le schéma
cyclique de la demande au cours d'une journée. On a également
établi qu'un approvisionnement "volontaire" à la fois propre et
accessible devrait être à disposition en tous temps. De ce fait,
la mise en oeuvre de capacités de stockage et d'une qualité d'eau
adéquates doit recevoir une priorité plus élevée dans la
conception des systèmes. Face à ces besoins perçus, des
tuyauteries peu onéreuses ont été réalisées pour assurer des
débits réguliers et faciles à contrôler tout en garantissant un
risque minimum d'admission de saleté.

Neue Perspektiven für die wirtschaftliche Wasserversorgung von in Ställen
gehaltenen Schweinen

ZUSAMMENFASSUNG

Aufgrund der angesichts der Umweltverschmutzung im Zusammenhang mit der
Tierfürsorge zum Ausdruck gebrachten Besorgnisse wurden als erster Schritt in
Richtung einer Rationalisierung von Dosiertränken Faktoren untersucht, die den
Wasserbedarf von in Ställen gehaltenen Schweinen beeinflussen. Es wurde
festgestellt, daß sich die Art der Tränke (und ihre Zahl) erheblich auf die
zugeführten Wassermengen auswirken. Ausschlaggebende Faktoren sind jedoch auch
die Durchflußgeschwindigkeit und der Förderdruck. Sie sind genauso wichtig wie
der Tränkentyp, besonders in Anbetracht der sich durch zyklischen Bedarf
während des Tages ergebenden Auswirkungen. Es zeigte sich auch, daß eine
'freiwillige' Versorgung, die sauber und jederzeit leicht zugänglich ist, zur
Verfügung stehen sollte. Dabei müssen jedoch die Speicherkapazität und die
Wasserqualität beim Systementwurf mehr berücksichtigt werden als normalerweise
der Fall ist. Angesichts dieser festgestellten Bedürfnisse wurden preiswerte
Rohrleitungssysteme entwickelt, die für einen ausgeglichenen und leicht
steuerbaren Durchfluß sorgen, während sich die Gefahr, daß Schmutz in das
System gelangt, auf ein Minimum beschränkt.

Land and Water Use, Dodd & Grace (eds), © 1989 Balkema, Rotterdam. ISBN 90 6191 980 0

Cooling fattening pigs with showers

A.F.Machado
University of Trás-os-Montes and Alto Douro, Vila Real, Portugal

E.N.J.van Ouwerkerk
Institute of Agricultural Engineering, Wageningen, Netherlands

ABSTRACT: Pigs housed at air temperatures above the thermoneutral zone become heat stressed and decrease their food intake. This depresses growth. Three similar compartments in a pig house with fully slatted floors, each housing 200 pigs were compared. Pigs that were showered for one minute per hour at ambient temperatures above 25 °C (ca 6 % of the time) had a 22 g higher average weight gain per day and a 4 % better average food conversion than the non-showered pigs.

RÉSUMÉ: Cochons tenus dans des étables avec temperatures au dessus le zône thermoneutral soufrent du chaleur et prennent moins de nourriture. Cela diminue la croissance. Trois compartiments avec des sols entièrement grillé, contenant 200 cochons chaqu'un, ont été companés. Les cochons qui ont eu une douche d'une minute chaque heur à temperatures ambiants de plus de 25 °C (environs 6% du temps), ont grossis environs 22 g plus par jour que ceux qui n'avaient pas eu de douche.

ZUSAMMENFASSUNG: Schweine, ausgesetzt an Temperaturen die den thermoneutralen Bereich überschreiten leiden an Wärmestresserscheinungen und zeigen eine verringerte Futteraufnahme. In drei ähnliche Schweinestallabteilungen mit Vollspaltenböden mit je 200 Mastschweinen waren die Tiere (Ungefähr 6% der Zeit) an Temperaturen oberhalb 25 °C ausgesetzt. Das Wachstum der Schweinen, die während der Stressperiode jede Stunde mittels einer Dusche, eine Minute extra Kühlung geboten wurde, war 22 g/Tag höher als das der Kontrolltieren. Die Futterkonversion war damit 4% besser.

1 INTRODUCTION

Pigs housed at air temperatures above the thermoneutral zone become heat stressed. When heat stress occurs for several days, pigs decrease their food intake in order to decrease heat production and to raise the upper critical temperature. In mild and hot climates food intake and growth depression in fattening pigs often occur in the summer. The upper critical temperature depends on food intake, body surface area, tissue resistance and capacity for evaporative heat loss by breathing or from a wet surface (van Ouwerkerk 1988). Heat stress will be reduced if the pig's skin is cooled by evaporating shower water. In 1987 shower cooling experiments were carried out on a commercial pig farm in the north of Portugal.

2 MATERIALS AND METHODS

Three similar compartments in a fattening pig house were used during a 12-week experiment. The compartments were 15.6 m long and 12.75 m wide. The walls were not insulated. The house was naturally ventilated. Each compartment contained 200 pigs in 20 pens, i.e. 10 pigs per pen. (see fig 1)

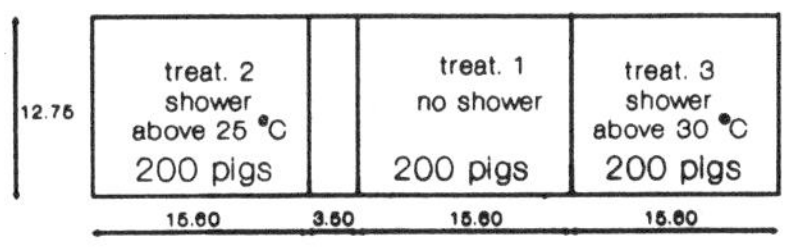

<table>
<tr><td rowspan="4">12.75</td><td>treat. 2
shower
above 25 °C</td><td>treat. 1
no shower</td><td>treat. 3
shower
above 30 °C</td></tr>
<tr><td>200 pigs</td><td>200 pigs</td><td>200 pigs</td></tr>
</table>

15.60   3.50   15.60   15.60

fig 1. Experimental
      lay-out

The floor was fully slatted and there
was a dry feeding system. In the central
compartment the pigs were not given showers. In one side compartment the pigs
were showered once an hour for one
minute when the temperature was above 25
°C (treatment 2). In the other the pigs
were showered once an hour for one
minute when ambient temperature exceeded
30 °C (treatment 3).
Showers were given automatically after
ambient temperatures above setpoint were
sensed. The fattening pigs had an
average body weight of 45 kg at the
start of the experiment. Ambient
temperature and relative humidity at
several positions in the house were measured and stored with a datalog system.
Food intake and drinking water
consumption were measured once a week,
and 10 % of the animals were weighed
once a week. The electronic data
acquisition failed during the first four
weeks, but data from a nearby
meteorological station give a good
impression of the thermal load in that
period. In order to obtain information
about the rate of evaporation from the
skin incidental measurements of pig surface and rectal temperatures were carried out on individual pigs placed in
cages within the pens during the
one-hour period between the showers.

3 RESULTS

3.1 Environmental conditions

The environmental data are shown in figs
2,3 and 4.

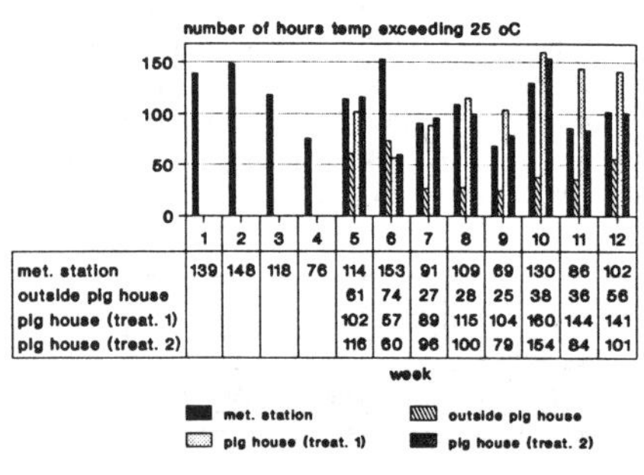

number of hours temp exceeding 25 oC	1	2	3	4	5	6	7	8	9	10	11	12
met. station	139	148	118	76	114	153	91	109	69	130	86	102
outside pig house					61	74	27	28	25	38	36	56
pig house (treat. 1)					102	57	89	115	104	160	144	141
pig house (treat. 2)					116	60	96	100	79	154	84	101

Fig 2. Number of hours temperature
exceeded 25 °C

Figure 2 shows the number of hours temperature exceeded 25 °C at several locations. It also gives the number of
showers in the compartments, except for
weeks 1 to 4.

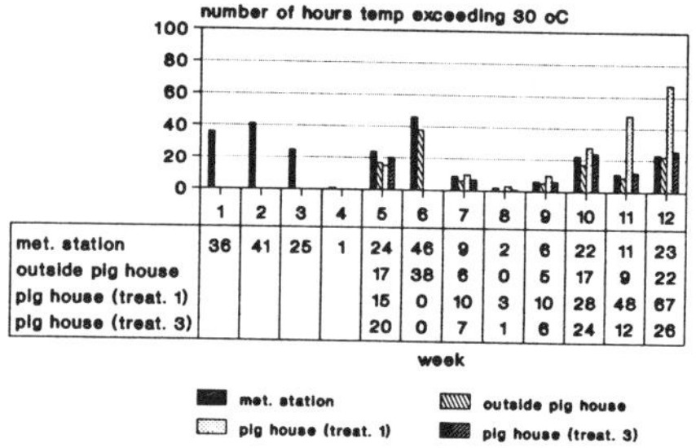

number of hours temp exceeding 30 oC	1	2	3	4	5	6	7	8	9	10	11	12
met. station	36	41	25	1	24	46	9	2	6	22	11	23
outside pig house					17	38	6	0	5	17	9	22
pig house (treat. 1)					15	0	10	3	10	28	48	67
pig house (treat. 3)					20	0	7	1	6	24	12	26

Fig 3. Number of hours temperature
exceeded 30 °C

Figure 3 gives the number of hours temperature exceeded 30 °C. In 1987 temperature did not exceed 30 °C very often.
Therefore the pigs in the compartment
with treatment 3 received few showers.
Figure 4 shows both temperature and
relative humidity inside the building
during week 5 of the experiment.

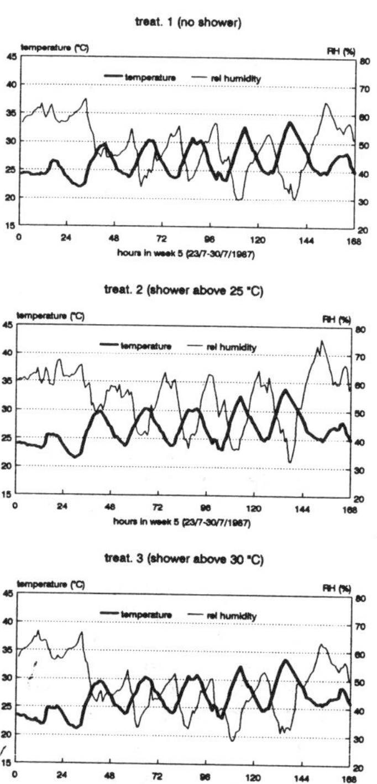

Fig 4. Climatic data for week 5

3.2 Weight gain and food conversion

Figure 5 gives the average weekly weight gains for the different groups of pigs. In the fattening range mentioned the average weight gains (g/day) were:

no shower	760 (+/- 24)
shower above 25 °C	782 (+/- 18)
shower above 30 °C	762 (+/- 26)

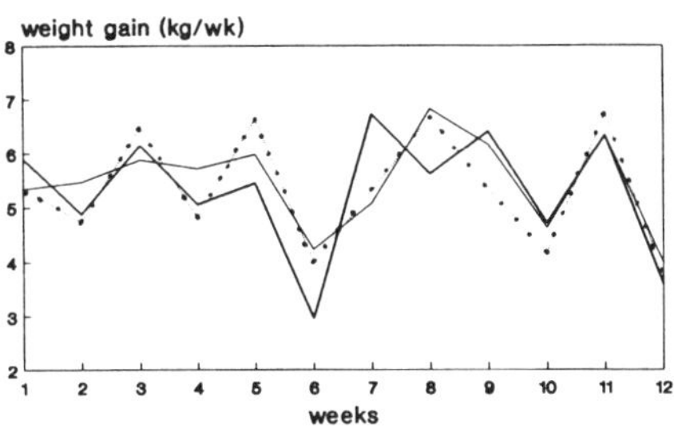

Fig 5. Average weekly weight gain

Figure 6 gives the average weekly food conversion for the different groups. The average food conversion for the total fattening period was:

no showers	3.062
showers above 25 °C	2.927
showers above 30 °C	2.975

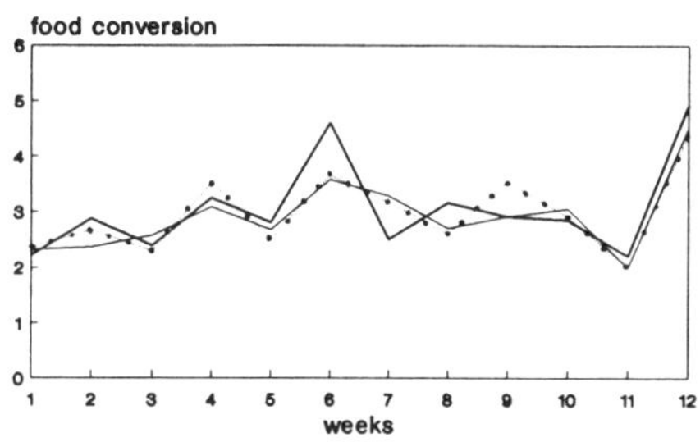

Fig 6. Average weekly food conversion

3.3 Drinking water

The often showered pigs seemed to have a lower average (unlimited) drinking water intake. The drinking water intake (litres per kg food) was:

no showers	6.4
showers above 25 °C	4.9
showers above 30 °C	9.0

3.4 Evaporation from the skin

The rectal and surface temperatures of four male pigs and one female pig were measured. At air temperatures between 25 and 30 °C and relative humidities between 25 and 50 % the rectal temperature dropped only about 0.5 °C during 30 minutes after the shower. The surface temperature dropped from 33 °C to about 30 °C during the first 30 to 45 minutes after the shower and increased rapidly again to the former level.
This means that the body surface was dry again 30 to 45 minutes after showering. Figure 7 gives an example of the surface temperature measurement.

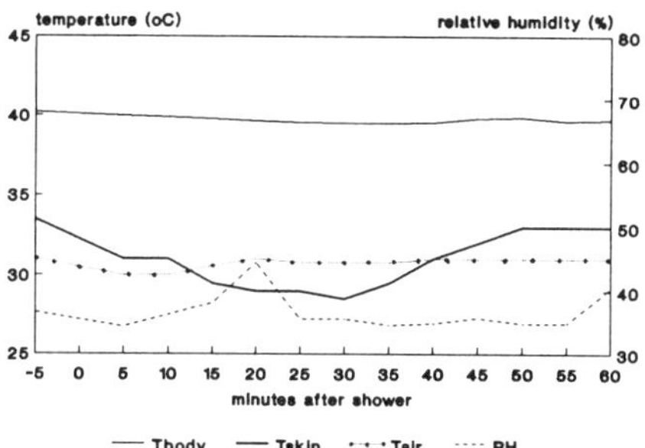

Fig 7. Surface, rectal and environ-
mental temperatures after a
shower, for a 57 kg female pig.

4 DISCUSSION

Though the upper critical temperature of fattening pigs is time-dependent, a simple setpoint for shower cooling during the entire fattening period seems to give an increase in weight gain and a decrease of food conversion in a weight range from 45 to 105 kg. A more flexible weight- or time-dependent setpoint could give a more efficient cooling result. The interval between two showers should be shorter than one hour. At air humidities found in Portugal the interval should be about 30-45 minutes.

REFERENCE

Ouwerkerk, E.N.J. van 1988. Modelling the heat balance of pigs at animal and housing levels. Paper 88.012 AgENG Intern. Conf. Paris.

Land and Water Use, Dodd & Grace (eds), © 1989 Balkema, Rotterdam. ISBN 90 6191 980 0

The influence of the covering on the microclimate of the livestock houses in the Mediterranean area

G.Cascone
Istutito di Costruzioni Rurali, Università di Catania, Italy

ABSTRACT: In this paper, the radiant and convective thermal loads which dairy cows bred in open houses with asbestos cement sheeting are subjected to, were evaluated after studying a series of data obtained in summer of 1987. The results obtained underline the need to contain the lower surface temperature of the covering. Therefore, design must be directed towards constructively simple and economically viable solutions which by means of a more suitable choice of materials and of the geometry of the covering, make it possible to limit the thermal stress provoked in dairy cows by the summer climatic conditions of the Mediterranean area.

RESUME: INFLUENCE DE LA COUVERTURE SUR LE MICROCLIMAT DES BATIMENTS ZOOTECHNIQUES DANS L'AIRE MEDITERRANENNE. En élaborant une série d'élements relevés pendant l'été 1987, on a évalué les charges thermiques radiatives et de convection aux quelles sont sujets les bovins élevés dans les bâtiments ouverts constitués seulement d'une couverture en amiant-ciment. Les résultats obtenus soulignent la nécessité d'une limitation de la température de la surface inférieure de la couverture. Le projet, par suite, doit être orienté vers de solutions de costruction simples et économiquement valides qui, par le choix plus soigné du matériel et de la géométrie de la couverture, consentent la limitation du stress thermique provoqué chez les bovins à lait du aux conditions climatiques de l'été dans l'aire méditerranéenne.

ZUSAMMENFASSUNG: DER EINFLUSS DER DACHDECKUNG AUF DAS MIKROKLIMA DER VIEHZUCHTGEBÄUDE IM MITTELLÄNDISCHEN GEBIET. Nach der Verarbeitung einer Reihe von Daten, die während des Sommers 1987 erhoben worden sind, werden in dieser Anmerkung die thermischen Strahlungs- und konvektiven Belastungen erwogen, deren die jenigen Milchkühe unterworfen sind, die in offenen, mit einem wellig aus Zement-Amiant gepflasterten, ohne Aussen-Verschluss Wetterdach bedeckten Gebäuden gezüchtet werden. Die erzielten Ergebnisse heben die Notwendigkeit einer Einschränkung der Temperatur der unteren Fläche der Bedeckung hervor. Die Planung muss daher auf baulich einfache und billige Lösungen verwandt werden, die dank einer sorgfältigeren Auswahl des Baumaterials und der Geometrie der Bedeckung, den thermischen Stress zu beschränken erlauben, der bei den Milchkühen von den sommerlichen Wetterlagen im mittelländischen Gebiet verursacht worden ist.

1 INTRODUCTION

It is well known that some environmental factors such as temperature, humidity and air movement influence, both individually and together, the performance of the animals in a building. An environment which is thermically incorrectly controlled, in fact, does not favour the optimization of the biological food conversion processes, resulting in a decrease in livestock productivity. Over the last few years there has been extensive research into technico-constructive solutions aiming to achieve an optimal control of the confined environment and a more efficient utilization of energy input.

From a study carried out on agricultural buildings in Sicily (Failla and Galvano, 1982) it was seen that the summer thermal requirements of the animals were often not taken into account in design choices so far made concerning the realisation of buildings for dairy cow breeding.

In fact, the favourable climatic conditions have generally given rise to construction examples which penalise the thermoprotective functions of the livestock houses.

Thus, open houses with a simple asbestos
cement sheet covering are all too common.
These coverings not only do not defend the
animal from high air temperature but, because of the high incoming solar radiation,
they actually become radiating elements.

In this paper, which develops studies
already undertaken (Cascone, 1988), the
thermal behaviour of open houses with
asbestos cement sheet coverings is analysed
so as to establish the extent of protection
from summer heat loads which they afford
the animals. Design parameters which can be
used to help to choose the most constructively valid solutions as regards efficency
and cost for the planning of stables in the
Mediterranean area have also been supplied.

2 EXPERIMENTAL PROCEDURE

The research was carried out in a dairy cow
house in the Catania Plain at about 37° 50'
latitude North.

It is an open loose house for 140 cows
with a central feed area and deep litter
bedded areas. The building consists only of
a roof which covers the feed and bedded
areas. The covered area, with East-West
orientation of its longitudinal axis, has a
surface area of 1054 m² (17,0·62,0 m) while
the uncovered exercise yards have a surface
area of 1140 m². The floor of the feed and
bedded areas is cement, while the exercise
yards are in ground. The covering consists
in two slopes of corrugated asbestos cement
sheets which have no insulation. The height
of the eaves and the ridge from the ground
is respectively 4.20 and 2.20 m.

The values of the internal surface temperature of the cover, the temperature and
relative humidity of the air at a height of
2.1 m from the floor in the covered area
and the values of solar radiation and wind
speed and direction outside the building
have been monitored at 15 minute intervals,
for 59 consecutive days, from 10th July to
18th September 1987.

The monitoring of the external data was
carried out with a temperature and humidity
sensor, a pyranometer and an anemometer,
while the data of the covered zone were
surveyed by using a temperature and humidity sensor, a hot wire anemometer, a
series of thermocouples to measure the temperature of the internal surface of the
roof and a black globe thermometer. The
black globe thermometer consists of a
copper float sphere with a diameter of 15
cm painted smoky black which contains a
thermocouple located in its center.

In this paper the elaborations of the
data surveyed in the period which begins on

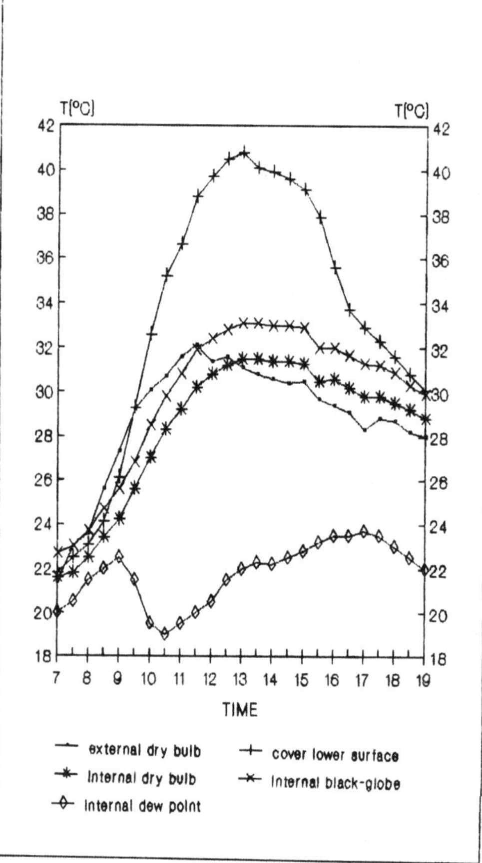

Fig.1 Mean hourly values of the temperatures measured from 14th to 28th August
1987 between 7.00 and 19.00

14th and ends on 28th August 1987 are reported. The period examined was characterized by a clear sky and values of air
temperature and relative humidity which
almost coincide with the corresponding average summer values of the area where the
research was carried out.

The curves of hourly mean values of the
temperatures observed in the period considered can be seen in Figure 1.

Having examined the graphs we can note
that the average hourly values of the internal surface temperature of the shade
exceed 40° C between 12.30 and 15.30 and
from 7.00 to 20.00 are higher than the corresponding values of the air temperature in
the covered area while they exceed the
values of the external air temperature from
9.30 until 21.00, i.e. until two hours
after sunset.

A summary of some climatological par-

	SHADE		NO SHADE	
	mean	std. dev.	mean	std. dev.
t_{db}	28.5	3.3	28.9	2.8
t_{dp}	21.7	1.4	21.6	1.4
t_{bg}	29.9	3.4	–	–
t_c	33.4	6.1	–	–
RH	67.1	10.8	65.2	10.3
v	0.9	0.2	2.3	1.1
H	–	–	427.4	277.2
THI	77.7	3.5	78.2	1.1
BGHI	79.2	10.7	–	–

Tab.1 Mean values and standard deviations of climatological parameters measured from 14th to 28th August 1987 between 7.00 and 19.00

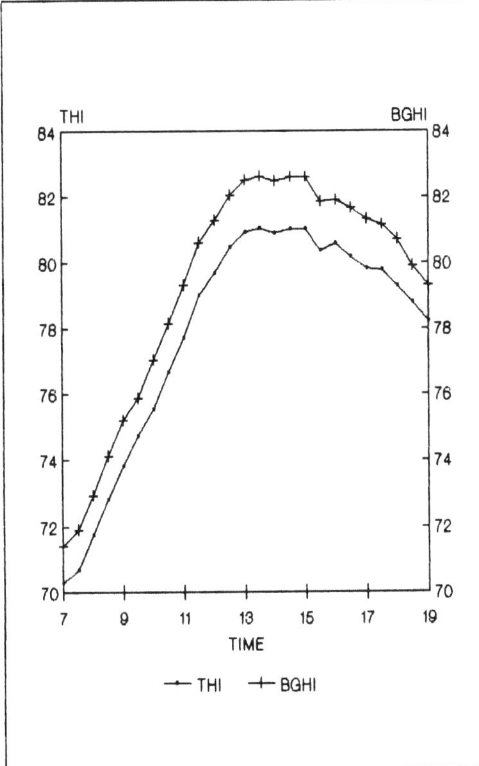

Fig.2 Mean hourly values of THI and BGHI evaluated from 14th to 28th August 1987 between 7.00 and 19.00

ameters measured during the considered period is presented in Table 1. As other researchers have verified (Garrett et al., 1967; Buffington et al., 1981) and as has been observed in previous experiences in the same house (Cascone and Tomaselli, 1985), appreciable differences between the Temperature-Humidity Index (THI) values inside the house and those surveyed outside were not found, since the differences between dry bulb temperatures and dew point temperatures measured inside the building and those measured in the no shade area are not particularly significant. Whereas, unlike the data reported in other studies (Buffington et al., 1981), there was a significant difference between the mean hourly values of the THI and Black Globe-Humidity Index (BGHI) since the differences between dry bulb and black globe temperatures monitored inside the house cannot be overlooked (Fig.2).

The differences observed are justified by the fact that in the aforementioned studies an open house with a sloping roof, average height 4.45 m from ground level, favouring an air velocity in the covered area similar to that found outside, and insulated on the underside with a 3,8 cm layer of polystyrene, was considered. Instead, in the house that supplied the data for this paper, the air movement is negligible and, owing to the high temperatures reached by the lower surface of the covering (Fig.1), the heat quantity which is lost because of radiation cannot be overlooked.

3 FORMULATION OF THE PROBLEM, RESULTS AND DISCUSSION

Under regime conditions, the energy balance equation of an animal organism can be written in the general form (Monteith, 1973)

$$E_m + Q_r + Q_c + Q_e + E_l + J = 0$$

where the heat fluxes are defined at the end of the text.

After having examined the average hourly variation of the monitored parameters, it is within reason to suppose that in daytime the convection heat loss Q_c, from the body of the animal, is undoubtedly very little. Instead, on consideration of the high values reached by the temperature of the internal surface of the covering, the contribution made to the overall radiant load Q_r, by infrared radiation Q_{rc} emitted by the covering is worth noting.

With the object of evaluating the effect of the covering thermal efficiency on the global heat balance of the dairy cows being bred, the radiant heat exchanged between the animal body surface and the lower surface of the covering and the convective heat exchanged between the former and the air surrounding the cow have been evaluated.

Assuming the hypothesis that the surfaces of the covering and the body of the animal exchange radiant heat only between one another and that they are grey for radiant thermal exchanges, each with uniform values of temperature and emissivity and separated from one another by a means which does not absorb the electromagnetic radiation, then the net global heat flux that the body of the cow receives from the cover is expressed thus:

$$Q_{rc} = \frac{\sigma(T_c^4 - T_b^4)}{\dfrac{1-\varepsilon_c}{\varepsilon_c A_c} + \dfrac{1}{A_b F_{b-c}} + \dfrac{1-\varepsilon_b}{\varepsilon_b A_b}}$$

In that formula the body surface area of the cow and its shape factor with respect to the shade can be substituted with reasonable accuracy by the surface area and shape factor of an equivalent sphere (Perry and Speck, 1962). The latter, as regards a plane rectangular surface, assuming the hypothesis that the normal which passes through the sphere also passes through one of the vertices of the rectangle, is expressed by:

$$F_{s-c} = \frac{1}{4\pi} \arctan\left[\frac{X_H Y_H}{(1+X_H^2+Y_H^2)^{\frac{1}{2}}} \right]$$

where X_H and Y_H are the ratios between the lengths of the sides of the rectangle and the distance between it and the centre of the sphere.

For the purpose of this study, with reference to the actual situation of the stable where the data were obtained, a Friesian cow was considered. It was 3 years old, weighed 600 kg, heart girth of 2.20 m and height at the withers of 1.35 m. In order to evaluate the radiant energy exchanged with the shade, the cow was then represented as an equivalent sphere with radius of 0.75 m (2.15 times the radius of the circumference of the girth) whose centre was placed at 0.90 m (2/3 of the height at the withers) from the floor. Then, in order to simplify the problem, it has been supposed that the covering is horizontal and the cow is at the centre of the covered area. With this simplification, a shape factor F_{s-c} of 0.4125 is obtained. Moreover, the average coat surface temperature of the cow is fixed at 31°C, on condition that this can be considered equal to the average air temperature of the covered

area, while values of 0.85 and 0.95 respectively are assumed for the emissivity of the lower surface of the covering material and the animal coat surface.

The thermal radiant exchange between the cow and the lower surface of the covering is shown in Figure 3. As the average temperature of the lower surface of the covering exceeds the average coat surface temperature of the cow between 10.00 and 18.00, for this time interval the Q_{rc} flux is positive and, therefore, the cow receives energy from the roof. Integrating this curve between 10.00 and 18.00, it was found that the total radiant energy which transfers from the covering to the cow is about 3330 kJ.

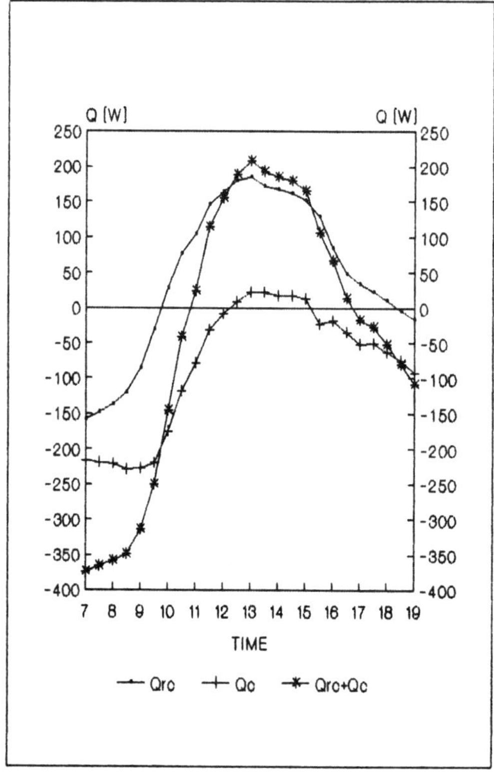

Fig.3 Mean hourly values of the heat fluxes between the lower surface of the covering and the cow, calculated from 14th to 28th August between 7.00 and 19.00

This result highlights the high thermal radiation which the examined covering transfers to the animals during the average summer's day. In particular, between 12.00 and 14.00, when the average temperature of

the lower surface of the covering is 40.2
°C, the radiant heat exchange between lower
surface of the covering and unit surface
area of the cow is equal to about 25 $W \cdot m^{-2}$.
In the same interval, being the measured
average solar radiation of 760 $W \cdot m^{-2}$, the
net radiation exchanged between the animal's coat surface and the environment, if
the mean temperature of the coat surface is
equal to air temperature, is of 260 $W \cdot m^{-2}$
(McArthur, 1985). Therefore, the radiant
heat load transferred from the covering to
the unit surface area of the cow is almost
equal to 1/10 of the isothermal net radiation the animal receives if it is bred
outdoors.

In other studies (Bond et al., 1976),
where different kinds of covering were
examined but in similar kinds of environment, that ratio was found to be about
1/18. These results confirm the poor efficiency of the covering examined in this
study for the protection of animals from
the high radiant summer loads which are to
be found in the central Mediterranean area.

If the re-radiated energy from nearby
cows, from the floor and other elements of
the stable and the direct and indirect
solar radiation quota which at some hours
of the day penetrates the shade covering
through the perimeter, impinging on the
cows directly, are added to the thermal
radiant load transferred by the covering,
values of overall radiant loads Q_r which
have a sensible incidence on the energy
balance of the cows are obtained.

As foreseen, the amount of heat lost
during the day by convection from the cow
was very low because of the limited temperature differences between the animal
body surface and the air which surrounds it
and the moderate air velocity within the
stable. This heat exchange was calculated
by means of the expression:

$$Q_c = h_c A_b (T_a - T_b)$$

The convective heat transfer coefficient
was calculated by utilising the formulation
(Mitchell, 1976) that requires the inclusion of the cube root of animal body
volume, in place of the diameter, in the
expression for calculating the convective
heat exchange of spherical bodies. The
volume and the surface area of the cow were
estimated at 0.44 m^3 and 5.40 m^2 respectively (Brody, 1945).

The convective heat exchange between the
cow and the air around it can be governed
by either forced or free convection processes or by the interaction of both.

With the data of the problem considered
here, it has been verified that it is
always $Gr \leq 0.1 \cdot Re_L^2$, therefore the thermal

convective exchange between the animal body
and the air which surrounds it occurs as
forced convection and the convective heat
transfer coefficient has been calculated
with the formula (Kreith, 1973)

$$h_c = 0.37 \frac{k}{L} Re_L^{0.6}$$

for values of Reynolds number ranging from
25 to 10^5.

The calculated convective heat flux from
7.00 to 19.00 is shown in Figure 3. As the
average dry bulb temperature of the covered
area exeeds the average body surface temperature of the cow between 12.30 and
15.00, for this time interval the Q_c flux
is positive and, therefore, the body of the
cow is heated by the air which surrounds
it. Integrating this curve between 12.30
and 15.00, it has been obtained that the
total energy transferred by convection from
the air to the body of the cow is about 160
kJ. This represents about the 10% of the
amount of energy the animal receives, in
the same interval, by radiation from the
lower surface of the covering.

Summing up the evaluated total thermal
fluxes Q_{rc} and Q_c, the curve shown in
Figure 3 has been obtained. It gives an
idea of the high thermal load which the cow
being bred in the examined open house
receives during the hottest hours of the
average summer's day.

The high radiant loads and the low
convective exchanges found in this study,
justify the high values of BGHI calculated
for the covered area which indicate heat
stress conditions for dairy cows resulting
in production decline. In fact, the net
gain of heat by radiation, convection and
metabolism must be lost by the evaporation
of water or else be stored in the body. An
increase in heat storage is a feature of
the thermoregulatory response to high temperatures while water is lost by increased
evaporative heat loss. Elevated body temperatures and high respiratory rates reduce
the animal's appetite and, hence, its food
intake.

In a previous study elaborating the same
data considered here (Fichera and Cascone,
1988), the various possibilities of improving thermal conditions within the
stable were evaluated by means of the
formulation of an energy balance equation
of the black globe thermometer. In particular, it was observed that the best
level of thermal well-being of the dairy
cows can be obtained by modifying both the
materials and geometry of the shade. It has
been suggested, in fact, that the present
asbestos cement sheets should be replaced

with a roofing material which has heat
insulating characteristics allowing a temperature of the lower surface of the
covering equal to the dry bulb temperature
within the stable. For this purpose, assuming a thermal insulation of 2.5 K·m·W^{-1}
for the asbestos cement sheets (Gatenby,
1985), it is necessary to employ roofing
materials which are about two times better
insulators than asbestos cement sheets.
Moreover, the heights of eaves and ridge
should be modified so as to obtain an air
velocity inside the house equal to the
external wind speed.

Another solution, even if less efficient
as far as the energy performance of the
building is concerned, but economically
more viable, is to maintain, unaltered, the
covering material and modify only its
geometry so as to obtain an air velocity
inside the covered area equal to the external wind speed. In this hypothesis, in
fact, even if the BGHI remains above 75
during daytime, the benefits which major
losses of sensible heat by convection cause
in the global energy balance of the animal
cannot be overlooked. In fact, it has been
shown (Thompson, 1974) that an air velocity
between 2.2 and 4.5 m·s^{-1} reduces the production losses in dairy cows caused by high
temperature. Moreover, a greater air movement within the stable increases convection
heat losses from the lower surface of the
covering and lowers its temperature containing the radiant heat exchange with the
animal.

4 CONCLUSIONS

As this study has shown, the suitable
choice of roofing materials and the heights
of eaves and ridges and the shade slope may
contribute to containing the heat stress of
dairy cows bred in open houses.

Thus, the analytic study of the thermal
behaviour of the asbestos cement sheet
coverings which has been proposed here,
even if considered within the limits of the
specified hypothesis, represents an accurate approach to the problem of energy
analysis of livestock buildings. Therefore,
it makes a useful contribution towards a
more accurate evaluation of design
parameters and a more suitable choice of
roofing materials so that the advantages of
the Mediterranean climate are not left
untapped, thus provoking serious economic
damage.

Above all the suitable choice of roofing
materials may considerably contribute to
containing the temperature of the lower
surface of the covering thus diminishing
and displacing the heat flow from the

outside to the inside of the roof. Also the
shade slope, however, by influencing the
convective air movement and the quantity of
incident energy can improve heat performances, and positively influence the
environmental heat balance and the livestock productivity.

LIST OF SYMBOLS

A	surface area [m^2]
BGHI	Black Globe-Humidity Index
E$_l$	rate of mechanical working [W·m^{-2}]
E$_m$	metabolic rate [W·m^{-2}]
F$_{b-c}$	shape factor for radiation from the cow to the covering
Gr	Grashof number
H	solar radiation flux [W·m^{-2}]
h$_c$	convective heat transfer coefficient [W·m^{-2}·K^{-1}]
J	rate of change of heat stored [W·m^{-2}]
k	thermal conductivity of air [W·m^{-1}·K^{-1}]
L	cube root of animal body volume [m]
Q$_c$	convective heat flux [W·m^{-2}] total convective heat flux [W]
Q$_e$	latent heat flux [W·m^{-2}]
Q$_r$	radiative heat flux [W·m^{-2}] total radiative heat flux [W]
Re	Reynolds number
RH	relative humidity [%]
t	temperature [°C]
T	temperature [K]
THI	Temperature-Humidity Index
v	air velocity [m·s^{-1}]
ε	surface emissivity
σ	Boltzmann's constant ($5.67 \cdot 10^{-8}$ W·m^{-2}·K^{-4})

Subscripts

a	air
b	animal body
bg	black globe
c	lower surface of the covering
db	dry bulb
dp	dew point

REFERENCES

Bond, T.E., L. W. Neubauer and R. L.
Givens. 1976. The influence of slope and
orientation on effectiveness of livestock
shades. Trans. ASAE 19: 134-137.
Brody, S. 1945. Bioenergetics and growth.
New York: Reinhold Publishing Co.
Buffington, D.E., A. Collazo-Arocho, G.H.
Canton, D. Pitt, W.W. Thatcher and R.J.
Collier. 1981. Black globe-humidity index
(BGHI) as comfort equation for dairy
cows. Trans. ASAE 24: 711-714.
Cascone, G. 1988. Influenza della copertura

sul microclima degli edifici zootecnici nell'area mediterranea. Proc. IV Nat. Sem. AIGR, Alghero, (in press).

Cascone, G. and G. Tomaselli. 1985. Environmental conditions in open and closed dairy cow houses during hot weather. Proc. Int. Sem. 2nd Tech. Sect. CIGR, Catania.

Fichera, C.R. and G. Cascone. 1988. Effetto dell'efficienza termica del fabbricato sulla produttività dell'allevamento di bovine da latte. Proc. Nat. Sem. 2nd Tech. Sect. AIGR, Reggio Emilia. (in press).

Garrett, W.N., T.E. Bond and N. Pereira. 1967. Influence of shade height on physiological responses of cattle during hot weather. Trans. ASAE 10: 433-434, 438.

Gatenby, R.M. 1985. Shelter for animals in hot countries. In J. Grace (ed.), Progress in biometeorology, Vol.2, pp. 127-144. Lisse: Swets & Zeitlinger B.V.

Kreith, F. 1973. Principles of heat transfer. Scranton: International Textbook Co.

McArthur, A.J. 1985. Heat loss and the thermal environment outdoors. In J. Grace (ed.), Progress in biometeorology, Vol.2, pp. 49-68. Lisse: Swets & Zeitlinger B.V.

Mitchell, J. W. 1976. Heat transfer from spheres and other animal forms. Biophys. J. 16: 561-569.

Montheith, J.L. 1973. Principles of environmental physics. London: Arnold.

Perry, R.L. and E.P. Speck. 1962. Geometric factors for thermal radiation exchange between cows and their surroundings. Trans. ASAE 5: 31-33, 37

Thompson, P.D. 1974. Discussion on the influence of environmental factors on health of livestock. Proc. Int. Livestock Environment Symposium. St. Joseph, MI: ASAE.

Land and Water Use, Dodd & Grace (eds), © 1989 Balkema, Rotterdam. ISBN 90 6191 980 0

The utilization of timber for rural constructions

C.-M.Dolby
Department of Farm Buildings, Swedish University of Agricultural Sciences, Lund, Sweden

ABSTRACT: Timber is the most easily worked of all structural materials and has been used for rural structures for centuries. In present day markets steel and concrete compete hard with timber as a structural material and the current conditions for timber are quite different from conditions in the past. However, timber has maintained its position very well in agriculture and fits quite satisfactory in the rural environment. Simple fabrication with commonly available tools is one of the prime reasons for its continuing economy and popularity throughout the years. It is suitable for both temporary and permanent constructions in agriculture. Timber is also familiar to most workmen and is available throughout every country.

As rural structures seldom exceed 30 metres in span there are many alternatives of design. Commonly used are the following three categories of load-carrying systems: free span trusses supported by wall framing, post- and beam- construction and frames and arches. These structural systems are to a different extent suitable for do-it-yourself purposes. The choice of a particular structural system will generally be determined by the criteria of cost and fitness-for-purpose. The use of timber for other agricultural applications is growing, especially concerning tanks for storage of manure and roof covering of these tanks. As the agricultural environment requires materials of both high resistance against severe outdoor and indoor climatical conditions and good aesthetical performance timber has many advantages to be regarded.

ZUSAMMENFASSUNG: Bauholz ist von allen Baumaterialen am leichtesten formbar und wurde Jahrhunderte für landwirtschaftliche Bauten verwendet. Heutzutage konkurriert Stahl und Beton stark mit Bauholz als Baumaterial und die momentane Bedingungen für Bauholz sind völlig verschieden von den Bedingungen in der Vergangenheit. Jedoch das Bauholz behielt seine Stellung in der Landwirtschaft sehr gut und durchaus geeignet für die ländliche Umgebung. Eine einfache Herstellung mit allgemein zugänglichen Werkzeugen ist eine von den Hauptursachen für die fortdauernde Verwendung und Popularität über die Jahre. Das Bauholz ist geeignet für sowhol provisorische als auch permanente Bauten in der Landwirt-schaft. Gleichfalls ist das Bauholz bekannt für fast alle Handarbeiter und ist in allen Ländern verbreitet.

Da landwirtschaftliche Bauten nur selten 30 Meter im Umfang überschreiten gibt es mehr-ere Modellalternativen. Allgemein werden die folgende drei Kategorien von Last-tragenden Systemen angewandt: Fachwerkbinder mit verschiedenen Spannweiten gestützt von Wände, Sparrenbindern und Stützen und Rahmen oder Bögen. Diese Konstruktionssysteme sind in ver-schiedenen Massen geeignet für do-it-yourself Zwecke. Die von den einzelnen Bausystemen wird allgemein von den Kosten- und Eignungskriterien bestimmt. Die Verwertung von Bau-holz für andere landwirtschaftliche Anwendungen ist anwachsend, besonders für Behälter für Lagerung von Gülle und für Dachbedeckung von diesen Behältern. Da die landwirtschaft-liche Umgebung Materiale von starken Widerstand sowohl gegen die strengen auss als auch gegen die innenklimatischen Bedingungen und von grossen ästhetischen Potential, hat Bauholz viele Vorteile die zu beachten sind.

RESUMÉ: Parmi tous les matériaux structuraux, le bois est le plus facilement maniable et on s'en est servi pour les structures rurales des siècles durant. Sur les marchés d'aujourd'hui, l'acier et le béton concurrencent fortement avec le bois en tant que matériau structural; c'est pourquoi les conditions actuelles du bois sont assez différentes de celles du passé. Cependant, le bois a très bien maintenu sa position en agriculture et convient de façon tout à fait satisfaisante à l'environnement rural. Le fabrication simple, avec des outils d'usage courant et facilement trouvables, est une des raisons principales de son caractère économique et de sa popularité depuis toujours. Il convient bien aux constructions temporaires aussi bien que permanentes en agriculture. Le bois est également familiar à la plupart des artisans et il est disponible dans tout pays.

Comme les structures rurales excèdent rarement une étendue de 30 mètres, il existe de nombreuses alternatives de design. Habituellement, ce sont les trois catégories de support de poids suivantes qui sont employées: des couvertures d'étendue libre soutenues par la cadre des murs, des constructions de poteaux et de poutres, des cages et des arches. Ces systèmes structuraux se prêtent, à des degrés divers, aux projets de bricolage. Le choix d'un système structural particulier sera généralement déterminé en fonction de critères de coût et d'adaptibilité au projet. L'usage du bois dans d'autres applications agricoles va en augmentant, surtout en ce qui concerne les tanks de stockage d'engrais et les toits couvrant ceux-ci. Etant donné que l'environnement agricole exige des matériaux de haute résistance aux dures conditions climatiques de l'extérieur de de l'intérieur, aussi bien que de bonne performance esthétique, le bois présente de nombreux avantages à prendre en considération.

1 HISTORICAL REVIEW

Wood has been an important material throughout history in all European countries and the history of wooden architecture is a source of inspiration of new building methods.

It is very interesting to follow the development of wooden structure from the ingenious simple prehistoric buildings to the highly developed handycraft timber buildings of the Medieval times and to the highly technical wood industry of the present day.

The history of wood construction in farm buildings begins in prehistoric time. The outstanding feature of primitive buildings is the simple utilization of material to produce constructions of functional beauty. The skill of the builder was related to his knowledge of the material and ability to use it. Findings from early settlements give us clues about how people lived and built their houses in these early days.

In the Middle Ages the construction methods for wooden buildings had reached a high level of sophistication. The carpenters were skilled in the use of wood and were knowledgeable about its properties.

Many generations of carpenters had developed construction techniques in wood and continually discovered more efficient systems of support.

From this time we only have a limited knowledge about the wood constructions in farm buildings because most of the buildings have vanished a long time ago.

The development of wood constructions as previously mentioned depended on the availability of timber, the means of transport, the knowledge of the builder, the tools used and the climate. Various different building methods were developed during the Middle Ages. The technique for each of these methods was used in principle the same way in different regions of Europe, but formed by local design and characteristics.

The building method used was directly dependent on the surrounding landscape. In well wooded regions building techniques with a large consumption of timber were developed such as the corner timber technique, framework with horizontal planking and the technique of stave buildings.

In poorly wooded areas timber saving techniques were developed such as half timbering. This construction method was the most widespread timber building method in Central and Northern Europe and was used at some places up to the beginning of the 20th century.

With the advent of the saw mills, the iron industry and the railway, the building methods used in the 19th century began to develop. Timber sawing methods using wood planking came into use. At the beginning of the 20th century the post and frame construction with influences from the United States started to be used especially in the Scandinavian countries. On the Continent it was the contrary. Timber constructions were abandoned at an early stage in favour of stone and brick and later concrete and steel.

2 TIMBER AS CONSTRUCTION MATERIAL

There is a reason why timber has remained a primary construction material for thousand of years and has been used for rural structures for centuries. The reason is simply that no competitive material has all the advantages of timber.

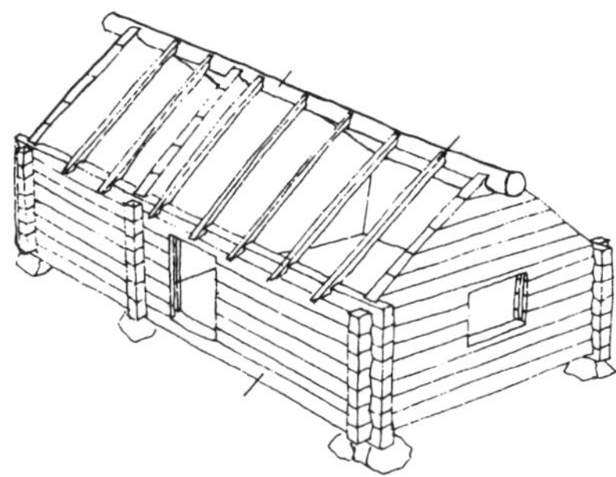

Fig. 1. Corner timbering.

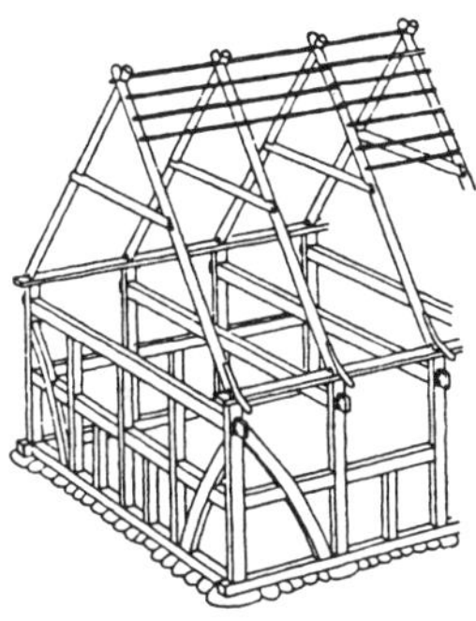

Fig. 2. Half-timbering.

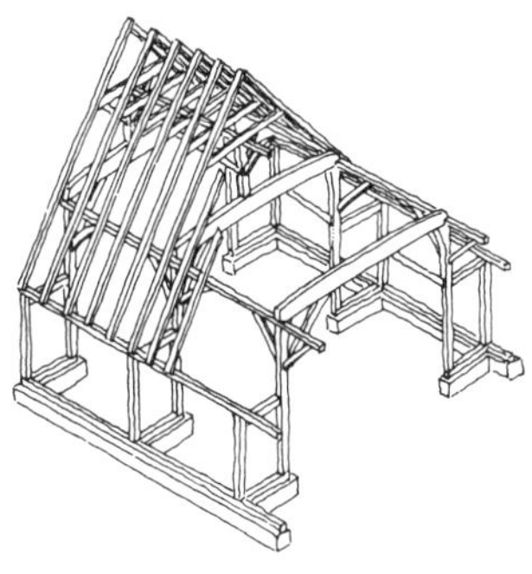

Fig. 3. Post and truss-construction from England.

Timber is light. The density of coniferous trees (soft-woods) is approximately 500 kg/m^3 which should be compared with 7 800 kg/m^3 for steel (about 16 times greater than timber) and 2 400 kg/m^3 for concrete (about 5 times greater than timber). The lightness of timber means that timber buildings do not require such solid foundations as the buildings constructed of heavier material.

Timber is strong. By comparison to its weight timber is stronger than any other building material. Laminated timber (for example Scandinavian Grade L40) has a greater strength/weight ratio than both aluminium and steel. Stress graded timber is available with a greater strength/weight ratio than mild steel.

Timber withstands impact. Timber is excellent at absorbing impact and usually only suffers local identation itself. Timber is therefore often used for external and internal boarding, flooring and pen divisions.

Timber components withstand movement. A timber building can accept uneven settlement without visible results and without damage.

Timber is not a fire hazard. Contrary to popular belief timber is an excellent material when exposed to fire. Timber burns in a controlled manner without any sudden unexpected collapse thus minimising the danger to firemen. The rate of burning or charring is little influenced by the severity of the fire and the strength of timber members is reduced gradually. The collapse does not take place until a very advanced stage of the fire.

Timber is easily worked. The amount of power required to work timber is small. Timber can be worked with simple tools by both skilled workers and laymen. The material suits do-it-yourself builders very well.

Timber can be assembled easily. There are many simple ways of assembling timber parts and of joining timber to other materials. Nails, screws, bolts, glue etc. can be used. Nailing is fast and can be carried out with simple tools.

Timber is durable. A correctly designed and detailed timber structure is extremely durable. There are timber building in existence today which are over 1000 years old. In a well designed timber structure there is little risk of excessive moisture movements or decay. In exposed situations the service life of timber can be increased by special treatments. Maintenance costs for timber suitably treated and/or finished are low.

Timber is attractive. Timber can look extremely attractive and interesting. It

has a natural association with life and
warmth and has appeal. The texture and
characteristics are highly expressive.
The attraction is enchanced with age. The
many ways in which timber surfaces can be
treated - sawn, planed, stained, impreg-
nated, painted etc. offer wide opportunities for individual expression.

Timber is worth more than you pay. Considering its usefulness and versatility
timber is highly competitive in cost.
Timber costs little to freight and handle
and maintenance costs are low if the material is used correctly. The many virtues
of timber lead to practical and economic
solutions for users.

3 STRUCTURAL SYSTEMS IN TIMBER

Rural buildings of timber can be composed
of different structural components such
as sawn timber, roundwood or composites
in form of glued-laminated timber or web
beams (see Figs. 4 - 6). These components
are assembled in different ways in order
to function as a structural system. From
an investigation of timber structures used
in European rural buildings, you can mainly distinguish the following three categories of load-carrying systems:
. Free span trusses supported by wall
  framing (studs, posts)
. Post-and-beam constructions
. Frames, arches.

Free span trusses can be supported either
by a timber wall framing consisting of
hinged studs or posts, or by fixed posts
in the ground. The latter system is stable
against the effects of wind whereas the
first system requires additional members
to provide the lateral resistance. Free
span trusses normally range up to about
20 metres but are most cost effective
between 10 and 15 metres.

Structures containing posts and beams
comprise many levels of construction performance. Principally the roof construction
consists of either beams supported by hinged or fixed posts or rafters supported by
just posts or posts in combination with
girders. Post-and-beam constructions range
up to 25 - 30 metres span and are very
cost effective for spans between 7 and 20
metres.

Rigid frames and arches combine in the
same structure the load-carrying properties of roof and wall constructions. They
can be manufactured in many ways including
solid timber, glue-lam, roundwood or box
beam and assembled at the factory or on the
building site.

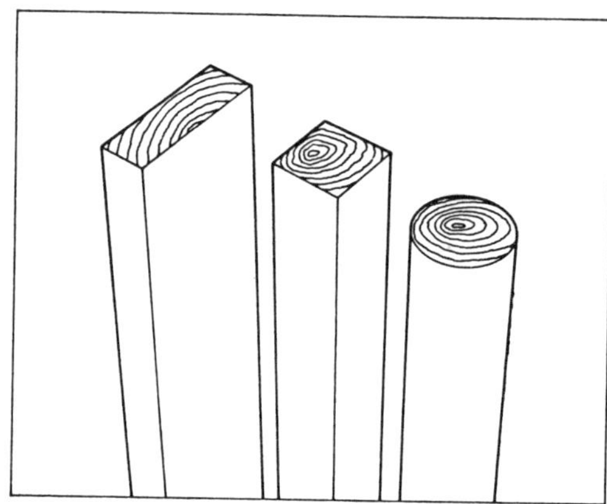

Fig. 4. Sawn timber and roundwood.

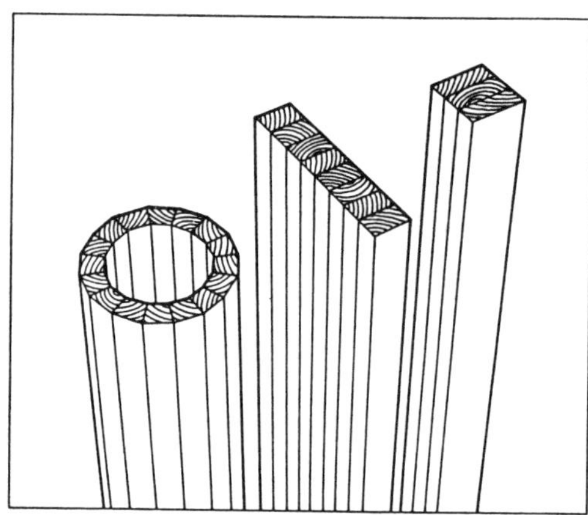

Fig. 5. Glued-laminated timber.

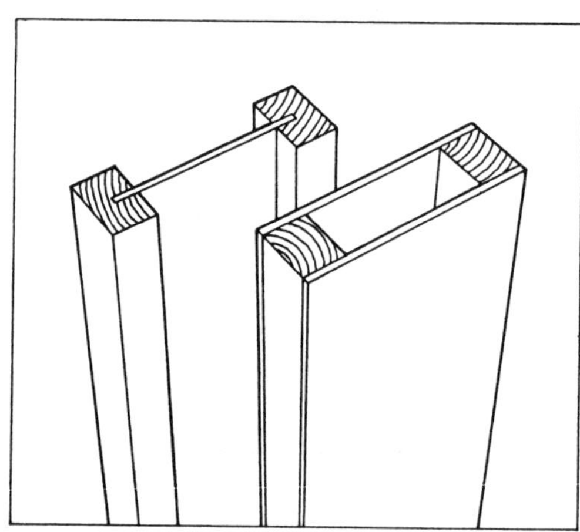

Fig. 6. Web beams.

Glue lamination probably offers the most
satisfactory solution especially for big
spans. Normally spans for this type of construction range between 12 and 30 metres
and they are cost effective for spans over
20 metres.

More detailed information about the
timber structures used in European agriculture can be found in the handbook
"Rural constructions in timber" [1]. As
an excerpt from this book Figure 7 shows a
great variety of the most commonly used
structural systems in European farm buildings of different kinds. Figures 8 - 10
give more evident illustrations on common
rural timber structures.

In agriculture the design of a new pro-
duction building and hence the selection
of a structural system is goverened by
following factors:
- The farmers' intentions
- Codes, regulations and guidelines
- The building procedure
- Choice of materials.

The choice of a particular structural
system will generally be determined by the
criteria of cost and fitness-for-purpose.
As a guidance cost comparison for some of
the more common structural systems shows
that the pole construction is clearly cost-
effective (more information in reference
[1]).

4 OTHER TIMBER APPLICATIONS IN AGRICULTURE

Besides production buildings you will find
a lot of other applications in agriculture where timber is used. Formerly the
fittings inside barns were made of timber
but today they are almost replaced by steel
products. Feeding fences and partitions
of timber are still frequent in free stalls
for cows.

Horizontal and vertical silos are very
cost-effective alternatives to the more
common constructions made of concrete and
steel. Wood has good chemical resistance
and is a preferred material for applications where the wood may be in direct contact with aggressive solutions or chemicals. Nowadays there has turned out to be
a special interest in manure tanks of
timber. This concerns some countries in
Europe, especially the Netherlands, which
has to invest in 25 - 30 thousand new
manure silos due to a new environmental
law demanding a longer storage period and
less emission of ammonia gas to the air,
Covering of the manure silos is then also
an important matter and timber roof constructions will be clearly favourable to
erect.

One field of application which is often
forgotten, but where timber is very much
used, is fencing. For all millions of
timber poles an extension of life-time must
mean enormous earnings of money.

5 WOOD-BASED PANEL PRODUCTS

Wood-based sheet materials can be used for
a wide variety of applications in agriculture, i.e. in new farm buildings as well
as when rebuilding, maintaining or repairing old ones. The properties required
of sheet materials are in many ways more
important in farm buildings than in industrial and domestic buildings.

The selection of material will depend on
a lot of factors including demands, material properties and costs. It is also
important to know in what grades, qualities and sizes the sheathing materials are
available. Selection should be made at
earliest possible stage in the building
process to enable the design to be modified.

On the market there are a great number
of different sheet materials incorporating
wood in the form of veneers, chips, strips,
flakes or fibres. The categories usually
recognized within this group of board materials are plywood, particleboard (including wood chipboard and wood cement
particleboard) and fibre building boards.

The production cost of wood-based panel
products can broadly be divided into three
major categories: labour, energy and raw
material. In each of these areas plywood
is more expensive than the other wood-
based panel products. Fibre building boards
are as a rule the cheapest material followed by moisture resistant particleboard and
wood cement particleboard. Plywood is expensive but is often the most cost effective panel product due to its strength in
load-carrying constructions, durability
and maintenance.

6 CONCLUSION

Wood is a very useful material for all
purposes in rural buildings. In spite of
competition from many new building materials developed during this century it
has maintained its position very well.
This is probably due to wood having, more
than any other building material, a good
combination of excellent strength and
ability to be easily worked by simple
tools. Wood can in the future be even
better utilized if we increase our basic
knowledge about its properties and improve
the performance and technology at the factories and the building sites.

Fig. 7. Survey of rural timber structural systems.

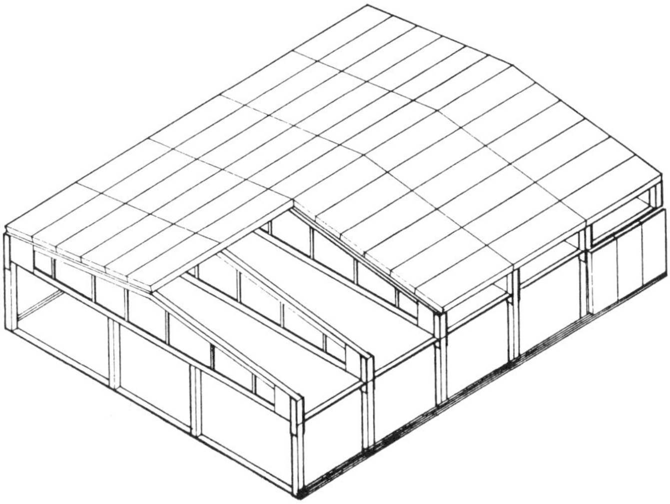

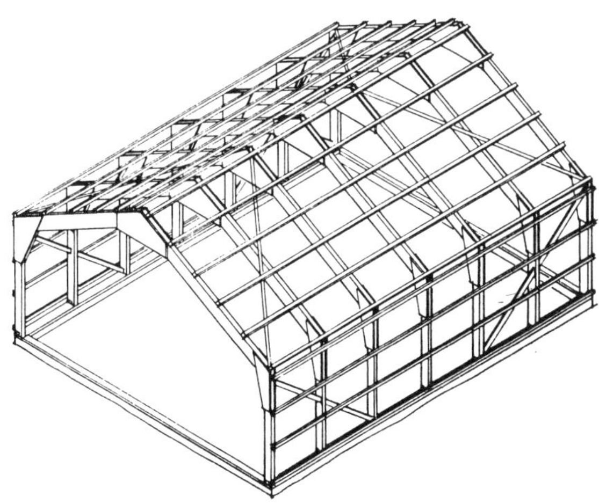

Fig. 8. Post and beam construction
covered by roof and wall elements.

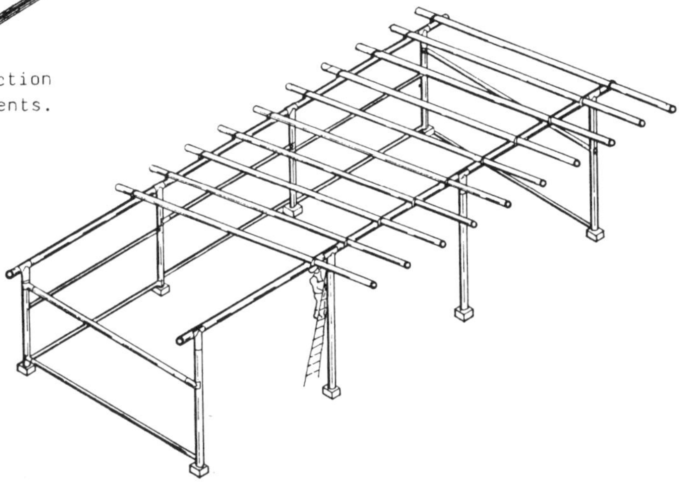

Fig. 9. Pole construction.

Fig. 10. Rigid portal frames.

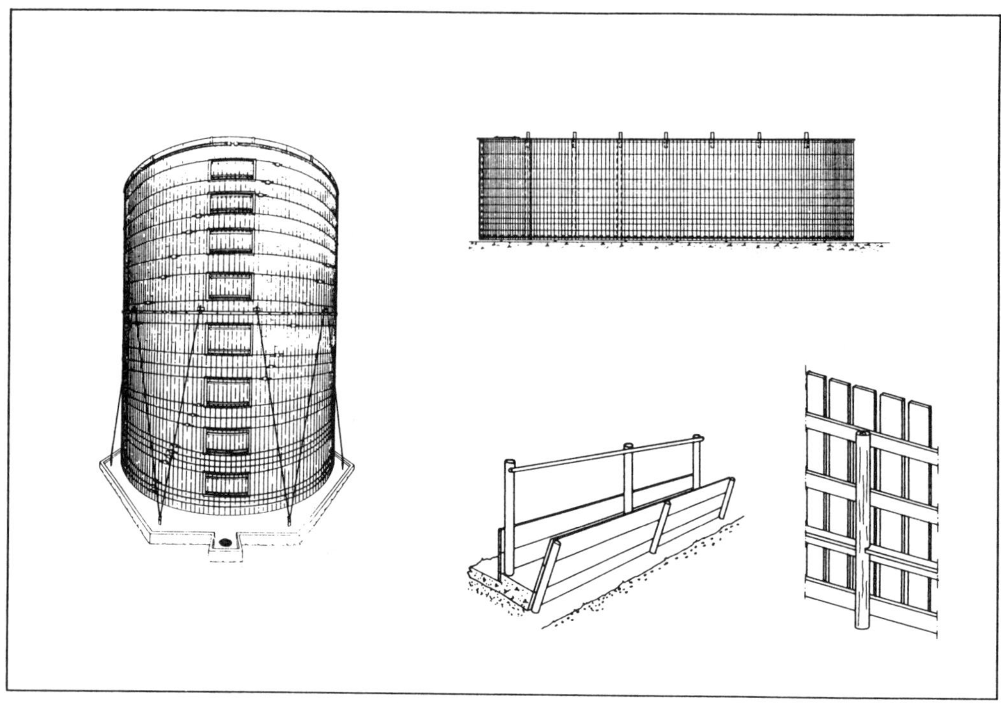

Fig. 11. Other timber applications in agriculture.

REFERENCES

[1] Dolby, C-M. & Hammer, A. & Jeppsson,
    K-H. 1988. Rural constructions in timber.
    Swedish University of Agricultural Scien-
    ces, Department of Farm Buildings. Lund.
[2] Dolby, C-M. 1988. European Collabora-
    tion about Rural Timber Constructions.
    Proceedings of the 1988 International
    Conference on Timber Engineering.
    Volume 2, pp. 839 - 847. Washington
    State University. Seattle.
[3] Dolby, C-M. et al. 1984. System solu-
    tions for farm buildings. Construction
    handbook. Part 1 and 2 (in Swedish).
    Swedish University of Agricultural Scien-
    ces, Department of Farm Buildings. Lund.
[4] Holzbau Atlas. 1980. Institut für
    internationale Architektur-Dokumentation.
    München.
[5] Timber Constructions for Farm Build-
    ings. 1985. Documentation from Interna-
    tional Conference in Ronneby, Sweden,
    May 23 - 25, 1985. Swedish University of
    Agricultural Sciences, Department of
    Farm Buildings. Lund.
[6] Timber Design and Construction Hand-
    book. 1956. Timber Engineering Company,
    F.W. Dodge Corporation. New York.
[7] Top Agrar. Das Magasin für moderne
    Landwirtschaft. 1983. Landwirtschafts-
    verlag GmbH. Münster-Hiltrup.
[8] von Halasz, R. & Scheer, C. 1986.
    Holzbau-Taschenbuch. Band 1. Berlin.
[9] Wooden Buildings in Agriculture. 1988.
    Documentation from Seminar CIGR Section
    II in Växjö, Sweden, November 14 - 17,
    1988. Swedish University of Agricultural
    Sciences, Department of Farm Buildings.
    Lund.

Land and Water Use, Dodd & Grace (eds), © 1989 Balkema, Rotterdam. ISBN 90 6191 980 0

Wood utilization in agricultural capital construction – DUO (Drevené univerzálne objekty)

J.Szalay
Agricultural Structures, Developmental Department, Bratislava, Czechoslovakia

ABSTRACT: Die Verwendung von Holz in langwirtsaftlichen Investitionsbauten, besonders für Schaf- und Rinderställe. Das Hauptthema des Referates ist die Verwendung von Holz und Holzbauten im landwirtschaftlichen Investitions- bauwesen in der CSSR unter Berücksichtigung von Ställen für Schafe und Rinder. Der Autor stellt in seinen Beitrag detailliert das neuentwickelte Holzbausystem für die Haltung von Schafen und Jungrindern vor. Es trägt den Namen "Universelles Holzobjekt - DUO".

Exploitation du Bois Dans les Constructions Destinées à L'agriculture, Surtout Pour la Stabulation des Bredis et du Gros Bétail. Le théme princi- pal de l'exposé est l'exploitation et l'utilisation du bois en tant que matérial pour la construction des édifices destinées à l'agriculture en Tchécoslovaquie, en premier lieu pour la stabulation des brebis et du bé- tail. L'auteur explique en détail le systéme de construction développé récement sur la base du bois pour l'élevage des brebis et du jeune bétail. Le systéme décrit par l'auteur fut appelé Elable Universelle en Bois, en abrégé E.U.B. (en slovaque Drevený Univerzálny Objekt = DUO).

The main topic of the paper consists in the utilization of wood and wood structures in capital construction in the CSSR - with respect to sheep and black cattle hausing. The author deals in his contribution with a newly developed wood system for sheep and young black cattle farming which is called a general-purpose wood structure - DUO.

Mankind nutrition is a world-wide problem. This statement often seems to be a cliché, as in spite of the maximum effort of the world organi- zations, economically developed countries and renowned scientists hundreds of people all over the world die from starvation each day. Czechoslovakia ranks among those countries of the world that work purposefully towards ensuring the self-sufficiency in the field of nutrition. The foodstuff consump- tion in our country has an increas- ing tendency. It is obvious that the increase in the foodstuff con- sumption cannot be covered by in- crease in the imports, but by great- er and deliberate efforts for the development of our own production.

Of decisive importance are thorough intensification of agriculture, utilization of each plot of farmland quicker development of plant produc- tion especially of fodder production and related intensification of live- stock production.

The importance of livestock pro- duction from the aspects of nation- al economy is determined particular- ly by the function played by its products in ensuring rational nutrit- ion of our inhabitants, increasing- ly emphasizing the orientation to an increased consumption of foodstuffs with high contents of animal proteins and vitamins. With respect to the in- creasing consumption of proteins of animal origin we have to choose such systems of farming which would enable efficient production of food of animal origin. In order to ensure such an important target of our national economy we need also good quality housing structures for animal brieding.

Advantages of wood utilization in agricultural capital construction have been repeatedly proved in practice. Wood enables to create good microclimate in housing structures, the costs for the construction of wooden structures are lower than those for the traditional brickwork, steel or reinforced concrete structures and, finally, the construction of the buildings is quicker and less demanding for the building machines - due to a lower weight of individual rembers.

The wood substance is the basic local raw material in Czechoslovakia, capable of restoration with minimum costs. Wood as the building material only now starts to draw attention of wide circles of builders. The ratio of wood structures to the total volume of agricultural specific capital construction in Slovakia amounted to 35 % in the last Five-Year Plan period.

The hitherto development and production of wood structures for agriculture focused only on individual buildings. No building system has been developed so far to cover a broader scope of the needs of agricultural construction.

The production programme for the current Seventh Five-Year Plan was formulated as the development of building systems of typified construction taking into consideration a broader sphere of concrete conditions.

As far as the agricultural specific structures are concerned a programme of the development of a system of housing structures has been determined, designed particularly for sheep and young black cattle with an open possibility of their extension for dairy cows, eventually other domestic animals. During concrete deliberations on the conception of the building system we abandoned the requirement - in order to reach the lowest costs for wood structures - to design the

system without inner supports. It was stated that the inner support, or in case of bigger spans also several supports - can be accepted also from the aspects of the future operation technology.

The development of wood structures as a building system with a limited scale of application will enable to rationalize the production, design works as well as building activity. At the same time, such development and production provide the basis for the typifying process which is at present an inevitable prerequisite of efficient building production and progressive application of building structures in practice.

The development department of Agricultural Structures (Poľnohospodárske stavby), General Management of Trust Bratislava - in a close cooperation with the Research and Development Institute of Wood Furniture Industry in Bratislava, wood structures subsidiary in Zvolen - have designed and constructed the first testing objects of the building system of the new conception. The system was entitled DUO - wood universal objects. The development of the new system was based from the very beginning on the regulation concerning the typification in construction with the final target of elaboration and presentation of typified documents of a new building system for agriculture.

The first building with a span 2 x 9 m was designed and constructed for sheep farming (Figs. 1 and 2). At present, verification and economic evaluation of testing structures is being completed; they were built at three altitudes - lowland, upland and mountains, known as DUO-500.

The versatility of the wood structure DUO-500 for sheep consists in the fact that the technology with deep litter and grates can be employed in the building; the required built-up volume with required volume of air above the housing area can be formed by an oblique - flat soffit, and oblique - cut soffit. The bearing elements are dimensioned for the fourth and fifth snow zones of Czechoslovakia, the thickness of

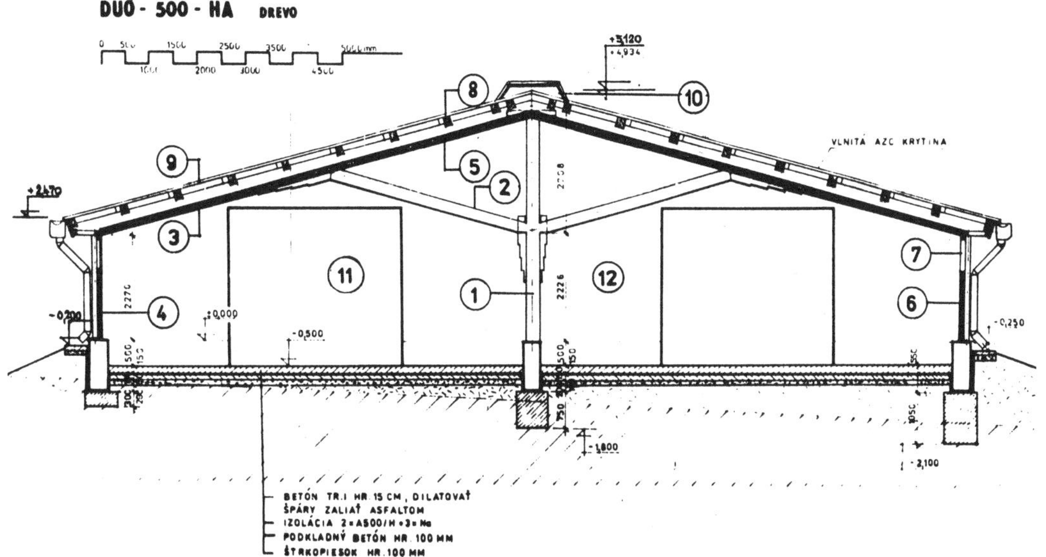

LEGEND:

1 Central post

2 Strut

3 Beam

4 Circumferential post

5 Soffit panels

6 Circumferential panels

7 Window openings

8 Rafters

9 Roof covering

10 Ridge ventilation gap

11 Airlock gate

12 Airlock partition wall

Litter housing

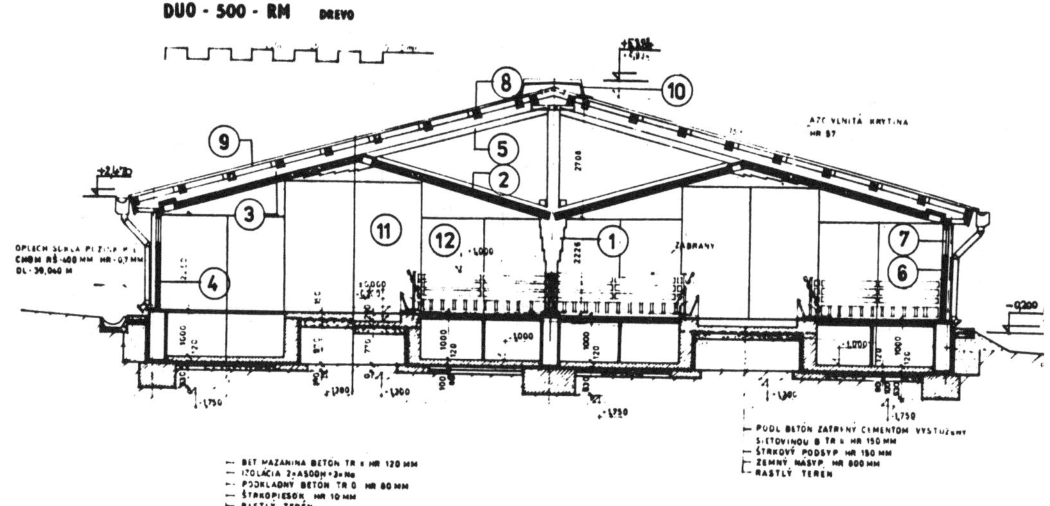

LEGEND:

1 Central post

2 Strut

3 Beam

4 Circumferential post

5 Soffit panels

6 Circumferential panels

7 Window openings

8 Rafters

9 Roof coverning

10 Ridge ventilation gap

11 Run-trough gate

12 Grate space gate

Grates housing

the thermal insulation of the jacket
enabling to situate the object also
in the second temperature zone with
and ambient temperature in winter
being t_e = -21 °C. The production
is prepared not only for DUO-500
but also for DUO-1000 for housing
approximately 1000 of ewes.

DUO - wood general - purpose
structure of a new building system
on the basis of wood is multipurpose
also due to the fact that in case of
the proper span of the structure it
is possible to house in it also
young black cattle and even dairy
cows, if necessary. At present,
suitability of test DUO structures
for young black cattle is being
verified at three altitudes with
spans of 15 m, 2 x 10,5 m and
2 x 12 m.

The bearing structure of the wood
structure consists of a frame with
a central support. The frame is
formed by beams, bucklings, vertical posts and the central column.
The beams are made as laminated
plate elements of a constant width
and variable height depending on
the snow zone and of the distance
of bonds - modules. The central
column is also a plate element. The
vertical posts - marginal columns
and rafter sets are made from solid
wood. As the connecting elements,
metallic plates, pins, nuts and
screws are used. The structures are
wind braced by means of steel bracing diagonals.

The circumferential cladding
consists of circumferential panels,
gate and gable panels. The panels
are of a frame structure from
spruce and fir timber. In the upper
part of the circumferential panels
there is a continuous strip of
windows and in the bottom part of
the panels there is a closing
ventilation gap for the air supply.
The circumferential cladding forms
a continuous skin with verticals at
the outer side. The panels are fixed
to the verticals with nails and
clamps. The gap between the panels
is filled with basalt wool and is
covered with battens. Such connection of panels does not result in
thermal bridge formation.

The roof cladding with a 15°
gradient of the roof is made from
asbestos-cement corrugated sheets,
air gap and soffit panels - solid
soffit panel, additional, external,
ventilator and corner ventilating
panel. The soffit panels have also
a frame structure from spruce and
fir timber. The corner ventilating
panel enables controlled supply of
air. By means of a pawl and ratchet
the position of the lid is adjusted.
The external soffit panel, ventilator and continuously controllable
ventilating top gap enable ventilation of the inter-cladding space
and the interior of the housing
structure.

For the whole structure natural
ventilation is designed - without
requirements for electric power.

The structures are designed with
two airlocks which significantly
improve the microclimate especially
in mountains and uplands. This space
can be used at the same time as
store rooms, or for emergency treatment of the animals, or as a sanitary room for animal attendants.

The foundation of the structure
is made from reinforced concrete
belts - with a warming-up layer -
and reinforced steel tubs with water
-proof insulation against the earth
moisture and preventing penetration
of stale into the subsoil.

Because the DUO objects are designed for housing the sheep and
heifers with complex and extensive
use of perennial grasses and
pastures especially in uplands and
mountain regions they will be
situated particularly in those
regions which belong among those
with higher intensity of tourism in
Slovakia. In this sense also the
colour of the DUO systems was considered - taking into consideration
specific criteria.

After having seens the colour
slides illustrating this paper you
certainly can note that the wood
finds a lot of application possibilities in the agricultural capital
construction - and if the sensitive
hands of experts set the wood structures properly into the environment
they are a contribution to all of
us。
The new DUO wood-based system

designed for agriculture is a contribution not only for the farm
capital construction but also for
the industry of wood. It represents
quick and efficient application and
implementation of the results of
science and research in practice.
Under current, evermore complicated
economic and international and
political conditions it is necessary
to make a more remarkable progress
in the field of application of multi-
lateral intensification of economy,
high efficiency and quality of work.
As I mentioned in the introduction,
the targets of the agriculture in
Czechoslovakia are - like in other
countries - evermore serious and
urgent. The profision for the rational nutrition of our inhabitants
calls for a quicker introduction of
essentially new knowledge also into
the agricultural production. Only
in this way can we make progress and
qualitatively new changes also in
this sphere, so important for life.
We can state that the multipurpose
wood structures for sheep and cattle
fully meet these expectations.

In the conclusion allow me to
thank all those who enabled me to
give me my lecture at such an important event as the Eleventh International Congress on Agricultural
Engineering, in Section II, Agricultural Buildings, to inform you
thus on the results of our research
and development work in this field
in Czechoslovakia, and to show you
my video-recording of one type of
wooden stall building s for sheep
and cattle housing, I have brought.

I would like to wish you a lot of
success in further discussion.

Thank you for your attention.

Land and Water Use, Dodd & Grace (eds), © 1989 Balkema, Rotterdam. ISBN 90 6191 980 0

Les films, bâches, tissus et filets plastiques dans les constructions agricoles – Expérience d'un institut de développement français

H.Monrocq
Institut Technique des Céréales et des Fourrages, Paris, France

RESUME : L'ITCF dans ses nombreuses stations expérimentales met en oeuvre des plastiques souples sous forme de films, bâches, tissus et filets pour protéger les produits des ré-coltes, grains, paille, foin, ensilage. Dans les bâtiments d'élevage il utilise ces ma-tériaux pour mettre les animaux à l'abri des courants d'air, séparer les lots, stocker les sous-produits, lisier, biogaz. Avec les structures tunnels, il remet en cause les bâtiments d'élevage traditionnels. Dans les hangars, il délimite les surfaces et les vo-lumes avec ces matériaux souples dans leur texture et leur emploi.

ABSTRACT : Technical Institute for Cereals and Forage in its numerous experimental units uses flexible plastics, films, tarpaulins, fabrics and nets to protect crops, grains, straw, hay, silage. In breeding buildings we use these materials to screen animals from the wind, to divide groups or to store by-products, manure, methan-gas. With light buil-dings greenhouse-shaped, we reuse out of date traditional buildings. In hangars, we de-lineate areas and volumes with these materials flexible in both texture and utilisations.

ZUSAMMENFASSUNG : In seinen zahlreichen Versuchsstationen verwendet ITCF Weichplastik in Form von Filmen, Abdeckungen, Stoffen und Netzen, um Ernteerzeugnisse, Getreide, Stroh, Heu, Silage zu schützen. Auch in den Aufzuchtsanlagen finden diese Materialien Verwen-dung : die Tiere vor Luftzug zu schützen, sie voneinander zu trennen, die Nebenprodukte wie Scheineurin, Biogaz zu lagern. Durch die Gewächshäuserstrukturen werden die tradi-tionellen Aufzuchtsgebäude in Frage gestellt. In den Schuppen werden die Flächen und Räume mit diesen Materialien, die zugleich geschmeidig in der Textur und vielseitig im Gebrauch sind, abgegrenzt.

INTRODUCTION

L'Institut Technique des Céréales et des Fourrages s'est fixé trois objectifs dans son domaine d'activité :

- Améliorer les systèmes de production et réduire les coûts de production en levant les contraintes de l'environnement.

- Favoriser le développement de l'utili-sation des produits agricoles dans l'ali-mentation humaine, animale et dans les dif-férents secteurs agro-industriels, alimen-taires ou non.

- Globalement, mettre au point, diffuser des techniques et des informations permet-tant aux agriculteurs de s'adapter à l'évo-lution des marchés et contribuer à les ren-dre compétitifs au plan international.

L'ITCF est chargé de conduire des travaux de recherche appliquée. Pour la mise au point des techniques, l'Institut utilise un ensemble de méthodes de recherche :
. Expérimentation dans des stations
. Expérimentation chez les agriculteurs
. Enquêtes auprès des agriculteurs, des utilisateurs de produits agricoles et des agro-fournisseurs.

Fort de ses huit stations expérimentales l'ITCF est un promoteur important de cons-tructions agricoles :
. Bâtiments à usage de bureaux, de labo-ratoires, de locaux pour la formation.
. Hangars pour le stockage des matériels avec leurs annexes, halls d'essai et ate-liers.
. Bâtiments d'élevage (l'ITCF testant des régimes alimentaires sur de nombreuses espèces animales, bovins, porcins, ovins,

poules pondeuses) et leurs annexes pour
stocker la paille, les fourrages secs et
humides, les aliments en farine et granulés, les déjections (fumiers et lisiers).

Le Service Bâtiments de l'Institut est
donc amené à mettre en oeuvre l'ensemble
des matériaux de construction traditionnels, bois, métal, maçonnerie, mais aussi
des matériaux plus récents comme les plastiques.

Nous n'évoquons ici que les plastiques
souples sous forme de films, bâches, tissus, filets. Pour l'utilisation de ceux-ci
nous distinguons deux chapitres :
  - La protection des produits agricoles
  - Les bâtiments et leurs agencements.

A) PROTECTION DES PRODUITS AGRICOLES

Nous ne nous intéressons ici qu'à la protection des produits récoltés dans la mesure où traditionnellement elle exigeait
des structures couvertes.

1. Stockage de la paille

La paille doit toujours être stockée avec
soin.

Qu'elle se présente en balles moyenne
densité, ou balles rondes ou en balles pa-
rallélépipédiques, son stockage doit être
effectué avec sérieux pour répondre aux
conditions de sécurité et bien entendu pour
éviter son humidification préjudiciable à
son utilisation future qu'elle soit alimentaire ou pour la litière.

Nombre d'agriculteurs investissent encore
dans des hangars pour stocker la paille ce
qui ne se justifie pas économiquement. Le
stockage extérieur est donc intéressant
moyennant quelques précautions :
  - Qualité des tas ou bon arrangement des
balles pour éviter les effondrements.
  - Protection à la pluie et aux vents dominants humides. Depuis l'apparition des
films polyéthylène, ceux-ci sont utilisés
en grande largeur mais leur mise en oeuvre
est souvent défectueuse à plusieurs titres.
  - Films trop minces : < 150 µ.
  - Mauvais arrimage, donc prise au vent et
déchirement.
  - Mauvaise utilisation : après enlèvement des balles, le film n'est pas ou mal
rabattu, donc vite détérioré et rendu inu-
tilisable.

L'apparition des grosses balles a permis
de simplifier la protection des tas. C'est
ainsi que des calottes en Polyéthylène ou
en PVC non armé sur les balles supérieures
permettent une protection correcte de l'ensemble du tas. Des bâches plus résistantes

donc plus chères peuvent être utilisées
plusieurs années de suite à condition d'u-
tiliser des systèmes de lestage astucieux.

2. Stockage des ensilages

Nous citerons pour mémoire le stockage des
ensilages en silos couloirs (bois, métal
ou béton) qui font appel aux films plastiques pour fermer leur partie supérieure et
nous savons les précautions qu'il faut
prendre pour éviter tout passage d'eau et
d'air.

Nous insisterons plutôt sur la technique
des silos taupinières qui fait largement
appel aux films plastiques.

Il n'est pas inutile de rappeler ce qui
fait le succès de l'ensilage sous film
plastique souple : il procure à l'éleveur
les U.F. stockées les moins chères, à condition de respecter les facteurs qui con-
ditionnent son évolution donc sa qualité :
il faut emprisonner le minimum d'air dans
le silo pour limiter l'activité enzymati-
que ; la rapidité des opérations de remplissage et de fermeture ainsi que le tas-
sement sont déterminants.

L'étanchéité du film souple utilisé doit
être aussi parfaite que possible et le
rester de manière durable afin d'éliminer
les bactéries aérobies destructives de M.S.
et au contraire favoriser les anaérobies
qui transforment les sucres en acide lac-
tique.

L'étanchéité parfaite et durable implique :
  . L'absence de microperforations fré-
quentes sur les films standards inférieurs.
  . Une résistance suffisante aux efforts
de traction qui s'exercent à la fermeture
des silos.
  . Une résistance suffisante à l'effet du
poinçonnement des tiges ou des becs d'oi-
seaux.
  . Une durée de service convenable sans
que le film se fende à l'endroit des plis
ou se dégrade prématurément sous l'action
du rayonnement solaire.

On peut donc affirmer que le comportement d'un film d'ensilage dépend en définitive beaucoup moins de son épaisseur que
de ses caractéristiques intrinsèques qui
elles sont régies à la fois par le grade
de la résine utilisée, le degré d'élaboration des additifs et les soins apportés à
la fabrication.

Ainsi sont apparus sur le marché les
films labellisés, testés et contrôlés et
pour lesquels non seulement il y a assurance de qualité, mais de recours. Depuis
quelques années nous avons vu apparaître
les films coextrudés composés de deux

films en PE juxtaposés qui bien que plus
chers que les films labellisés offrent encore plus de garanties.

3. Stockage des foins humides récoltés en
   balles

Entre 40 et 70 % de M.S., le foin ensilé
se conserve parfaitement s'il est stocké
à l'abri de l'air.
   La qualité autour des balles, c'est
l'absence des moisissures. L'air ne doit
ni entrer ni circuler autour des balles.
Pour y parvenir celles-ci doivent être
stockées sur sol stabilisé en tas de petites dimensions (deux à trois semaines de
consommation). La bâche de protection doit
être de bonne qualité tendue et protégée.
   La technique consiste à poser sur le sol
stabilisé (pierres + sable) une bâche ou
film de récupération, à élever le tas sur
deux hauteurs (2 + 1) et à le couvrir d'un
film neuf en PE labellisé. Sur les côtés
un cordon de sable cale la bâche sous les
balles. Dans les bouts le film est appliqué de haut en bas puis les pans latéraux
rabattus et calés au sable. Au bout de
quelques jours, en s'affaissant les balles
de foin humide coincent les cordons de sable latéraux et se serrent en laissant entre elles très peu d'espace. La protection
du film neuf se fait avec une bâche usagée
et mieux avec un filet à mailles serrées
en polypropylène (comme pour les silos
taupinières). Pour retendre le film, on
place sur les balles hautes des sacs de
sable reliés par des ficelles. Le stockage
en meules est économique (400 F/ha en 1988).
L'emballage individuel en sacs plastiques
coûte 3 à 4 fois plus cher que la meule.
   Depuis 1986 en Grande-Bretagne se développe le "Banderollage". Cette technique
permet une bonne conservation sans extension des taches de moisissures si le film
se troue. En revanche elle coûte plus cher
en plastique (150 F à 200 F de plus à
l'hectare) et il faut amortir l'appareil
et l'accessoire spécial de manutention.

4. Stockage des liquides

Traditionnellement les liquides comme
l'eau, le purin, le lisier, les engrais
liquides, sont stockés à la ferme dans des
fosses enterrées ou dans des cuves au-
dessus du sol de section circulaire ou pa-
rallélépipédique. La mise en oeuvre du béton, du métal pour réaliser ces capacités
de stockage coûte chère. L'évolution des
techniques de stockage de ces produits est
due aux techniques de l'irrigation con-

frontés au problème de la réalisation de
lacs collinaires. Ainsi sont apparus des
réserves de section trapézoïdale creusées
dans le sol au bulldozer et "étanchées"
par des bâches en butyl, en polyéthylène,
en PVC plastifié, en polyamide enduit. Les
bâches de 0,5 à 1,00 mm d'épaisseur pré-
soudées en atelier sont déployées sur place, plaquées sur les talus et sur le fond
(les cailloux étant éliminés ou rendus
inoffensifs par des non tissés) et ancrés
sur les bords dans des fossés périphériques d'une quarantaine de centimètres de
profondeur.
   Cette technique a été reprise par les
éleveurs pour stocker le lisier dans des
fosses de dimensions plus modestes (100 à
1000 m^3).

5. Stockage des engrais

Les engrais pulvérulents ou en granulés
peuvent être conservés dans des sacs en
polyéthylène ou en PVC parfaitement étanches. En vrac ils sont stockés sous hangar
ou à l'extérieur protégés par des bâches
plastiques de 8 à 15/100. Les engrais liquides sont couramment stockés à la ferme
dans des citernes en PVC à support textile,
soudées à haute fréquence.

6. Stockage des gaz

Le biométhane produit à la ferme à partir
de fumiers et de lisiers peut être stocké
économiquement dans des conteneurs souples
en tissu enduit PVC contrecollé par un
film étanche au gaz (pression continue de
25 g/cm^2). D'épaisseur 800 u ces réser-
voirs sont résistants aux U.V., aux micro-
organismes, aux intempéries.

7. Stockage des aliments du bétail et des
   farines

A côté du stockage en sacs ou en vrac dans
des cellules en métal ou en plastique rigide, une technique s'est développée sans
s'être généralisée, le conditionnement en
conteneur souple. Prévu pour le transport
il est très léger, pesant à vide moins de
5 kg, son volume est ainsi très réduit
lorsqu'il est replié (20 à 30 unités au
m^3). Il peut cependant contenir jusqu'à
2 tonnes. Il est composé de deux envelop-
pes indépendantes. L'extérieur en toile de
polypropylène cousue donne la résistance.
Elle comporte deux manchons en partie haute
permettant les manipulations par un chariot à

fourches et l'accrochage sur bâti métalli-
que. En partie basse on trouve une ouverture de vidange. L'enveloppe intérieure
est constituée d'un film plastique résistant aux chocs et pratiquement indéchira-
ble.

Il existe aussi des conteneurs dits per-
dus en polyéthylène haute densité ou en
polypropylène, manutentionné comme une
charge palettisée et gerbable.

B) LES PLASTIQUES SOUPLES DANS LES BATI-
MENTS

Nous considérons ici deux grandes familles
de bâtiments dans lesquels l'Institut a
été amené à utiliser des plastiques souples:
 - Les bâtiments d'élevage
 - Les bâtiments d'exploitation.

1. Les bâtiments d'élevage

1.1. Les bâtiments traditionnels

Nous entendons par là les bâtiments à charpente classique, c'est-à-dire avec fermes
et poteaux, toiture à rampants, bardage
plans.

L'introduction des plastiques souples
s'y est faite au niveau des bardages. Depuis une trentaine d'années en élevage
bovin en particulier, les bâtiments semi
ouverts pour stabulation libre ont sup-
planté les étables fermées avec animaux à
l'attache. La maîtrise des mouvements de
l'air dans ces bâtiments à ventilation
dite statique s'est faite par les lanterneaux et fentes en toiture et par les bardages dits ajourés.

. Les filets brise-vent

L'utilisation des filets brise-vent en
plastique a été une véritable révolution
pour remplacer les bardages ajourés.

Ces filets sont caractérisés par :
 - leur texture (tricotés - tissés -
tissés enduits - extrudés),
 - leur porosité (rapport de la surface
des orifices à la surface totale) qui
s'étend de 0,25 à 0,75,
 - leur mise en oeuvre en fonction de
leur résistance au vieillissement.

L'ITCF a porté son choix sur les tissés
nylon enduits PVC à porosité 0,50. Malgré
leur coût ils offrent une grande souplesse
d'emploi pour un bon vieillissement. Le
filet brise-vent peut être tendu sur un
cadre fixé à demeure ou suspendu pour pouvoir être escamoté à la demande. Nous in-

sistons particulièrement sur cette souplesse d'emploi du filet. Utilisé en ri-
deau, il peut être à tout moment déplacé
pour permettre le passage des véhicules
(distribution des aliments - curage du fumier), des animaux et quand il n'y a pas
de vent, le passage de la lumière solaire.
Dans certains cas on ne recherche pas la
porosité à l'air, mais uniquement la légè-
reté du matériau. On utilise alors des
films constitués d'une grille en polyester
prise en sandwich entre deux feuilles de
polyéthylène. Lorsque l'on exige une grande résistance il est préférable d'utiliser
des bâches constituées de tissage de ban-
delettes de polyéthylène incorporé à chaud
entre deux films du même matériau.

. Les faux plafonds

Dans certains locaux sensibles aux courants
d'air comme la salle de traite à aire d'attente incorporée, on utilise un filet brise-vent au niveau des barrières pour limiter la longeur mais aussi une bâche pour
limiter la hauteur de la salle. En général
la salle de traite étant éclairée à la
verticale par des plaques translucides de
la toiture, la bâche faisant office de
faux plafond doit être elle-même translucide. Durant les beaux jours sa présence
n'étant pas nécessaire, elle est démontée
et stockée.

Le matériau utilisé doit donc être particulièrement résistant pour durer. Nous
avons ainsi mis en oeuvre une bâche à support en tissu de verre enduit PVC en 60/100
d'épaisseur. Cette bâche comportant des
oeillets en périphérie est tendue par des
sandows fixés à des crochets muraux.

. Les portes à lanières

Couramment utilisés dans les ateliers et
entrepôts industriels, ces rideaux font
office de portes et sont constitués de
bandes de PVC transparent de 2 à 5 mm d'é-
paisseur. Les bovins s'y habituent très
facilement.

. Agencements internes

Dans les bâtiments à ventilation dynamique
(nurserie veaux, porcheries, poulaillers)
on utilise des gaines de ventilation et de
chauffage réalisées en film polyéthylène
antistatique et des plafonds diffuseurs en
aluminium tressé avec fil polyester posé
sur fils de nylon tendus.

. Contention des bovins

L'Institut Technique de l'Elevage Bovin a
mis au point avec une société, un parc de
rassemblement et de contention pour bovins
au pâturage, entièrement démontable et facile à transporter. Ce parc de forme octo-
gonale est constitué de piquets amovibles
et de 8 panneaux de 3,50 x 1,70 m en filet
plastique à très haute résistance (8 tonnes au mètre) constitué d'une trame en polyester enduite PVC.
L'ITCF utilise ce filet pour séparer les
lots de vaches dans ses stabulations en
remplacement des barrières métalliques, ce
qui se traduit par une économie sensible
et une grande facilité de mise en oeuvre.

1.2. Les bâtiments à structure légère

Dans le contexte difficile qu'affronte
l'agriculture et, en particulier, l'élevage, la réduction des investissements liés
au logement des animaux passe par la mise
en place de formules d'hébergement à faible coût, faisant appel aux structures légères et à des solutions de couverture
utilisant les films plastiques.
C'est ainsi que s'est développée la
technique des bâtiments tunnels dérivée de
celle des serres horticoles. Ses avantages
sont nombreux : le prix, l'implantation,
le montage (auto-construction), la polyvalence d'utilisation, la mobilité. Ses inconvénients sont cependant loin d'être négligeables, leur fragilité relative aux
effets neige et vent, leur longévité réduite, la durée de vie des films plastiques s'étageant de 3 à 8 ans (excepté pour
les bâches enduites).
Pour combattre l'effet de serre, on utilise des films opaques de teinte claire et
des films longue durée traités afin de faciliter la réflexion des ultra-violets.
Dans le cas où la mise en place d'une
isolation s'impose ou se justifie, on a
recours à divers matériaux isolants dont
il faut prendre en compte la qualité, le
prix, la facilité de mise en oeuvre.
Cependant des précautions doivent être
prises dans ce type de bâtiment :
. Protection des parois intérieures, les
films pouvant être dégradés par les animaux, s'ils sont en contact direct avec
l'enveloppe. Aux protections traditionnel-
les en planches, en panneaux, en tôle, en
câble, en grillage, on peut ajouter les
filets plastiques à haute résistance qui
peuvent en plus faire brise-vent, ce qui
permet d'améliorer les entrées d'air basses.
. Les pignons doivent être isolés et
étanches.

. Le choix d'une ventilation de qualité
est primordial, l'étanchéité d'un tunnel
en plastique étant très importante. La mise en place des systèmes de ventilation
naturelle (ouvrants, lanterneaux, trappes
latérales...) demande un soin tout particulier du fait des découpes nécessaires
réalisées dans les films.

2. Les hangars et autres bâtiments

Un hangar agricole est avant toute chose
un parapluie destiné à protéger des récol-
tes, du matériel. Suivant le degré de protection cherché, il peut être partiellement ou totalement bardé.
L'Institut Technique des Céréales et des
Fourrages a construit de nombreux hangars
dans ses stations. Les programmes de recherche évoluant, la destination de ces
bâtiments change dans le temps.
C'est ainsi qu'un four de déshydratation
a laissé la place à des machines outils,
que des silos à grains ont été remplacés
par un séchoir, qu'une amidonnerie maïs a
succédé à des conteneurs palettisables,
qu'un hangar à tracteurs est devenu un
atelier pour réviser des moissonneuses bat-
teuses expérimentales, etc...
A chaque fois on est confronté à la modification des volumes intérieurs. Traditionnellement on monte des murs en par-
paings, en briques et des plafonds rigides
dont les variations dimensionnelles ne
font pas bon ménage avec celles des char-
pentes métalliques légères des hangars
agricoles d'où des fissurations. D'autre
part la démolition des maçonneries pour
effectuer de nouveaux aménagements, n'est
jamais une opération aisée. Le cloisonne-
ment en panneaux de bois donne déjà plus
de souplesse.
Nous sommes donc arrivés à l'utilisation
des tissus plastiques en plafonds et dans
certains cas en cloisons.
En plafond d'atelier par exemple, s'il
est souhaitable de conserver la lumière
zénithale de la toiture, on utilise une
bâche translucide à support tissu de verre et enduction PVC. Pesant 800 g/m^2 et
classé M1, la bâche équipée d'oeillets est
tendue par des câbles s'enroulant sur des
tubes fixés à l'ossature de bardage et
suspendue aux fermes si la portée est trop
importante.
Lorsque la lumière zénithale n'est pas
recherchée, on met en oeuvre des bâches
opaques classées M2. Moins lourdes, elles
peuvent être aussi colorées dans la masse
avec un nuancier très varié. Leur solidité
et leur grande stabilité sous tension permet de les surcharger avec des isolants,

rouleaux de laine de verre, panneaux de polystyrène ou de polyuréthane. Tous ces plafonds peuvent être démontés aisément.

Nous recherchons donc les mêmes qualités de souplesse dans les cloisonnements temporaires en utilisant des bâches tendues verticalement, les cables étant remplacés par des sandows ce qui permet à tout moment de les décrocher de leurs supports. Ces cloisons opaques ou translucides peuvent bien entendu être équipées de portes rabattables ou à lanières.

CONCLUSION

Peu de matériaux offrent autant de diversité et de possibilités que les plastiques souples en constante évolution.

Du film polyéthylène basse densité de 12 microns dégradable utilisé en plasti-culture pour le maïs au tissu PVC renforcé classé M1, mis en oeuvre pour les agencements de bâtiments, il y a toute une gamme de films, de bâches, de tissus répondant aux besoins des agriculteurs.

Il existe en France, un Comité des Plastiques en Agriculture qui fait connaître matériaux et utilisations. Des organismes comme le CEMAGREF et les Instituts techniques de développement ont des équipements qui leur permettent de tester ces matériaux et d'expérimenter "grandeur nature" dans des exploitations où ingénieurs et techniciens peuvent apporter un suivi rigoureux aux essais.

REFERENCES

Comité des plastiques en agriculture - Paris
. La marque de qualité "PF" pour les films plastiques à usages agricoles - Novembre 1987.
. Les matériaux plastiques souples pour couverture de serre - Avril 1987.
. Les fournisseurs de produits plastiques destinés à l'agriculture - Avril 1987.
. Les tunnels à couverture plastique en élevage (en collaboration avec le CEMAGREF - 1988).

Institut Technique de l'Elevage Bovin - Paris
. Perspectives offertes au logement des bovins sous structures légères et couvertures plastiques (M. Delannoy, avril 1987).
. Comportement des filets brise-vent (Carrotte et Tillie - juin 1988).

Institut Technique des Céréales et des Fourrages - Paris
. Stocker sous bâche les foins humides (Cabon - août 1988).

Association Générale des Producteurs de Maïs - Pau
. Paillage plastique du maïs-ensilage (RNED Céréales Bretagne - AGPM Ouest janvier 1986).

Couverture de silo-couloir

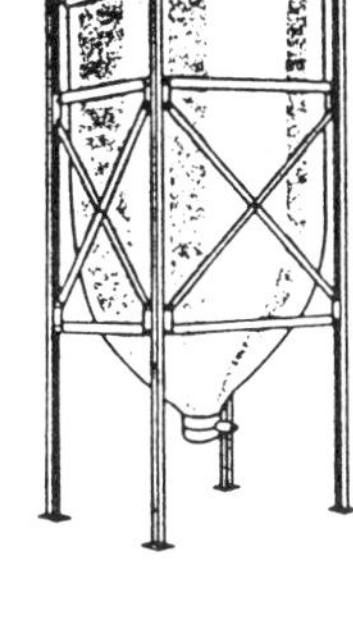
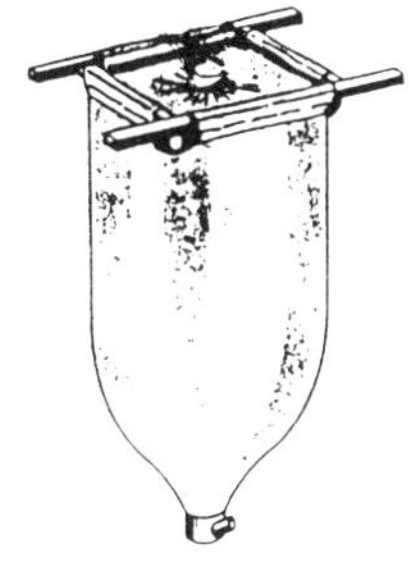

Silo vertical souple

Foin ensilé en balles rondes

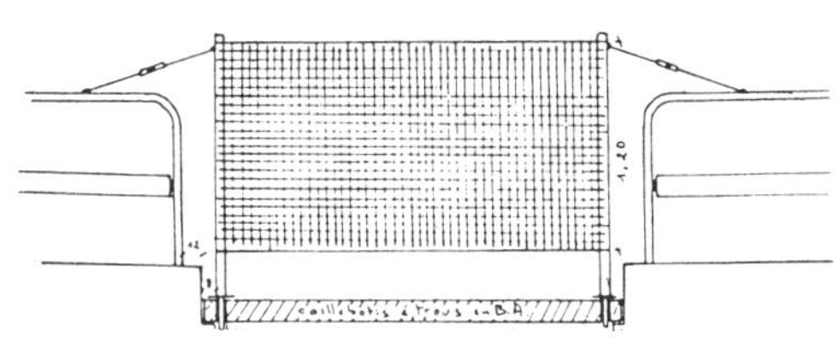

Séparation de lots de vaches en filet
plastique haute résistance

Banderollage de balles rondes

Tunnel plastique pour bovins

Land and Water Use, Dodd & Grace (eds), © 1989 Balkema, Rotterdam. ISBN 90 6191 980 0

Efficacité des filets brise-vent utilisés en bardage de bâtiments d'élevage

M.Tillie
Institut Technique de l'Elevage Bovin, Paris, France

J.Jaubourg
CEMAGREF, Clermont Ferrand, France

ABSTRACT: Windbreak materials are often used to break the air flow;such materials however may not always have the required efficiency. A study of the efficiency of windbreaks was carried out to ascertain the porosity and residual air speed behind a windbreak. The results show marked differences between products. It has been possible to define porosity and efficiency for three types of windbreak and the efficiency of two nets placed close together(at least I2cm between nets).It is necessary to take account of the porosity of a net in defining the area factor to use for a particular air flow rate.

RESUME:Des matériaux brise-vent sont utilisés pour réduire la vitesse du flux d'air pénétrant dans le batiment.Les brise-vent en matière synthétique ne donnent pas toujours le résultat escompté. Il a été possible de définir, par des tests de réduction de vitesse obtenue derrière un brise-vent, l'efficacité en fonction de la porosité pour les trois catégories de brise-vent étudiées, ainsi que l'efficacité de deux brise-vent juxtaposés. On constate que la porosité est inversement proportionnelle à l'efficacité.Il reste à définir le facteur de surface à appliquer pour obtenir un débit d'air équivalent à celui d'une ouverture sans brise vent.

ZUSAMMENFASSUNG : Wirksamkeit von Windschirmnetzen. Windschirmmateriel wird gebraucht, um die Geschuvindigkeit des ins Gebaüde dringenden Luftestroms zu verlangsamen. Windschirme aus Kunststoff sind nicht immer leistungsfähig genug. Proben von Geschuvindigkeitsminderung hinter einem Windschirm haben ermöglicht, die Winksamkeit nach der Porosität für die 3 Arten der geprüften Windschirme, sowie die Wirschirmen, zu bestimmer. Es wird festgestellt, daB die Porosität im Gegensatz zur Wirksamkeit steht. Der Flächenfaktor, um eine Luftmenge zu bekommen, die der einer Öffnung ohne Windschirm entspricht, muB noch bestimmt werden.

1. OBJET DE L'ETUDE

Pour obtenir une ambiance saine à l'intérieur des bâtiments d'élevage pour bovin, il est nécessaire qu'il y ait des entrées d'air et que le flux ne pénètre pas à trop grande vitesse dans le bâtiment. Ce principe implique de protéger le bâtiment par des bardages poreux laissant filtrer l'air en quantité suffisante. Le bardage en planche ajourée est un moyen connu et relativement ancien, mais l'apparition des filets brisevent utilisés en culture a incité à une application en bardage de bâtiment d'élevage. Les produits sont très divers dans leurs caractéristiques.L'Institut Technique de l'Elevage Bovin et le C.E.M.A.G.R.E.F. ont conduit une étude des filets brise-vent afin d'en connaître les caractéristiques et notamment l'efficacité au moyen des données chiffrées.L'étude a été réalisée en deux temps : une première phase d'observations en site naturel (I.T.E.B.), une deuxième phase sur banc d'essai (C.E.M.A.G.R.E.F.).

2. LES MATERIAUX TESTES

Les différents matériaux ont été classés en quatre familles selon leur mode de fabrication : les tissés, les tissés enduits, les tricotés, les extrudés. Les schémas ci-contre indiquent la différence existante entre ces structures. Chaque classe peut être dé-

finie par des caractéristiques mécaniques et
physiques : porosité géométrique, résistance
à la tension, au vieillissement, à la déchi-
rure, souplesse ; et ses caractéristiques
aérauliques : essentiellement l'efficacité.
   Deux caractéristiques ont été étudiées :
la porosité géométrique et l'efficacité. La
porosité est le rapport surface des ouvertures sur surface totale. L'efficacité est
le coefficient de réduction de la vitesse
initiale du vent obtenue derrière le brise-
vent.
   L'efficacité est donnée par la formule
$$E = 1 - \frac{\text{vitesse residuelle}}{\text{vitesse initiale}}$$

3. DISPOSITIF EXPERIMENTAL EN SITE NATUREL

3.1 Fixation des filets

Les filets n'étant efficaces que parfaitement tendus, ils sont fixés sur un cadre
tubulaire de 3,00 m x 3,00 m par des sandows. Deux lisses en fil de fer placées horizontalement à 1,00 m de distance des bords
empêchent le filet de "gonfler sous l'effet
du vent". L'ensemble est amarré sur un por-
tique de 3,20 m de large sur 3,00 m de haut
permettant une rotation selon un axe vertical pour placer le filet perpendiculairement
au sens du vent.

3.2 Le matériel de mesure

Les vitesses d'air sont enregistrées au moyen de deux appareils à lecture digitale :
Solomat M.P.M. 2 000 pouvant recevoir des
sondes à fils chauds ou à hélices. Seules
les sondes à hélices dont la plage de mesure
est comprise entre 0,30 m/s et 45 m/s, ont
été utilisées.
   Les sondes ont été étalonnées au banc
d'essai. Les mesures de vitesse sont prises
simultanément en amont et en aval du filet
en milieu naturel dépourvu d'obstacle. Les
sondes sont installées à 1,30 m du sol. La
sonde amont est à poste fixe à 1,00 m du
filet, la sonde aval est placée à 1,50 m
derrière le filet.

3.3 Méthode

Afin de minimiser les artéfacts de démarrage
des sondes (inertie initiale) le temps d'enregistrement est fixé à 20 mn minimum (GUYOT
- I.N.R.A.). Les données obtenues sont : la
vitesse minimum, la vitesse maximum, la vitesse moyenne calculée par le SOLOMAT à partir de l'ensemble des vitesses enregistrées
durant une période d'observation.

Les deux premières données correspondent à
des vitesses instantanées. Les vitesses
inférieures à 0,30 sont éliminées car hors
de la plage de sensibilité des appareils.

4. DISPOSITIF EXPERIMENTAL SUR BANC D'ESSAI

4.2 Le Matériel

L'ensemble est constitué d'un ventilateur
hélicoïdal de grand diamètre muni d'un dive-
rgeant prolongé d'une chambre d'homogénéi-
sation hexagonale et terminé par un caisson
tuyère pour assurer une meilleure répartition du flux. La section utile est de 1,20
x 1,20. Les filets sont tendus sur un cadre
de 1,20 x 1,20 m perpendiculairement à l'axe
du banc. Derrière le filet un caisson d4une
section de 1,20 x 1,20 m et 1.50 m de long
est placé pour éviter que les effets de con-
tournement perturbent les mesures. Les mesures sont prises à 0,50 en aval du filet et
1,50 m dans l'axe horizontal sur une largeur
de 0,80.
   Les filets ont été soumis à trois vitesses
d'air moyennes : 4,3 m/s - écart type 0,04 -
6,4 m/s - écart type 0,08 ; 10 m/S - écart
type 0,03.

5. RESULTATS

5.1 En site naturel

Les résultats sont consignés au Tableau 1.
On ne constate aucune homogénéité dans l'efficacité des filets selon leur classe de
texture sauf pour les tissés enduits de porosité équivalente.
L'analyse permet d'apprécier quelques
paramètres :
   1. Influence de la porosité. pour les
classes suivantes :
   Porosité 0,25 : Efficacité relative élevée
et peu variable entre 0,70 et 0,95 (sauf le
16).
   Porosité 0,50 : Efficacité différente d'un
filet à l'autre comprise entre 0,26 et 0,92.
L'évolution de l'efficacité en fonction de
la vitesse du vent ne semble pas constante.
   Porosité 0,75 : Efficacité moyenne à faible
et variable entre 0,28 et 0,68.
   On peut se demander si la porosité
annoncée correspond à la porosité réelle.

   2. Influence de la texture

Tricotés et tissés :	On y trouve la plus large plage d'efficacité de 0,23 à 0,94.
Extrudés :	Efficacité trèsvariable entre 0,30 et 0,93.

Tissés enduits : Efficacité la moins variable tant entre filets
différents que pour un
même filet soumis à des
vents de vitesse différente
0,78 et 0,92.

Tableau n°1 Efficacité des Filets

	N° filet	Porosité initiale	Vo moy.	Efficacité I.T.E.B.
	2	0,25	2,34	0,87
	15	0,50	1,13	0,62
	8	0,50	1,74	0,76
	5	0,35	1,20	0,44
TRICOTES	5		4,52	0,68
	17	0,50	1,37	0,63
	17		4,70	0,24
	19	0,75	1,62	0,68
	16	0,75	1,33	0,29
TISSES	18	0,50	3,91	0,35
	7	0,75	2,65	0,84
	4		1,29	0,78
	4	0,50	1,91	0,87
TISSES	4		3,44	0,85
ENDUITS	14	0,50	2,39	0,55
	6		1,47	0,91
	6	0,50	1,61	0,92
	6		2,66	0,84
	1	0,20	3,03	0,89
	25	0,20	1,76	0,67
EXTRUDES	12	0,50	2,01	0,51
	12		3,08	0,64
	24	0,50	2,90	0,31
	24		3,30	0,45

3. Influence de la texture et de la
porosité.Compte tenu du nombre de résultats,
elle ne peut être analysée que pour les
filets de P = 0,50. On constate que :

1.Les tissés enduits présentent une
efficacité moyenne de 0,78 à 0,92 ;

2.Les extrudés ont une efficacité moyenne
et variable de 0,30 à 0,63 ;

3.Les tricotés ont une efficacité moyenne
et très variable de 0,24 à 0,75.

5.2 Sur banc d'essai

1.La porosité
La porosité géométrique a été calculée par
analyse d'image mémorisée. On constate des
différences entre la porosité annoncée et la
porosité mesurée. Cette différence provient
probablement des méthodes utilisées par les
fabricants pour quantifier cette donnée. On
constate selon le tableau 2 que la porosité
est inversement proportionnel à l'efficacité.

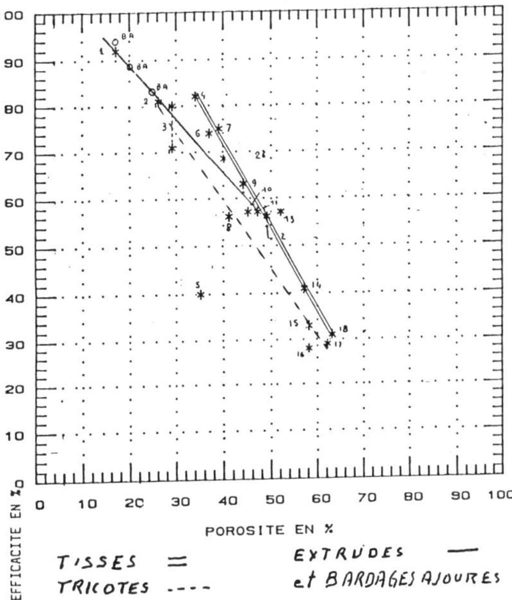

2.L'efficacité
Les résultats sont consignés au tableau 2.
Ils confirment les différences entre les
différentes classes, constatées en site
naturel.
Les courbes des vitesses résiduelles montrent que l'efficacité est constante aux vitesses utilisées pour le test: 4,30 ; 6,40
et 10 m/s quelle que soit la vitesse initiale. Ces courbes de mesure indiquent qu'une
droite passe par les 3 points correspondant
aux trois vitesses mesurées. Pour les filets
tissés et tricotés, la variation de vitesse
résiduelle a été étudiée.

La perte de vitesse entre les distances
0,5 et 3 m du filet est de 0,4 % pour les
filets tricotés, 4,7 % pour les tissés et
12,8 % pour les tissés enduits. Il ne semble
pas que la vitesse s'aténue fortement avec
l'augmentation de la distance du filet pour
les trois vitesses utilisées.

Il apparaît qu'à porosité proche mais pour
des textures différentes, il y ait des é-
carts sensibles d'efficacité .

6.ANALYSE DES RESULTATS DES DEUX ETUDES

6.1 Rapport efficacité porosité
Le rapport efficacité - porosité illustré
par le graphe 2 montre la possibilité de
caractériser trois groupes de filet brise-
vent par une équation:

1.Tissés et tissés enduits :
Efficacité = 1,41 - 1,74 x (porosité)

  2.Tricotés :
Efficacité = 1,21 - 1,52 x (porosité)
  3.Extrudés et bardage ajouré :
Efficacité = 1,12 - 1,12 x (porosité)
Il est possible pour ces groupes de
déterminer la porosité ou l'efficacité avec
un seul paramètre dans la plage des mesures
étudiées.

Tableau n°2 Efficacité obtenue sur banc

	N° filet	Porosité initiale	Porosité mesurée	Efficacite
TRICOTES	2	0,25	0,26	0,81
	15	0,50	0,58	0,33
	8	0,50	0,41	0,56
	5	0,35	0,37	0,40
	17	0,50	0,62	0,29
	19	0,75	?	0,56
	16	0,75	0,58	0,28
	18	0,50	0,39	0,31
	7	0,75	0,63	0,75
TISSES	4	0,50	0,34	0,82
	14	0,50	0,57	0,41
	6	0,50	0,37	0,74
TISSES ENDUITS	1	0,20	0,17	0,92
	25	0,20	?	0,76
	12	0,50	0,49	0,56
	24	0,50	?	0,59
BARDAGE AJOURE				
100/20			0,17	0,94
100/25			0,20	0,89
100/33			0,25	0,86

? : la porosité n'a pu être vérifiée.

6.2 Efficacité de deux filets jumelés

A partir de la formule de
l'efficacité $E = 1 - \dfrac{Vr}{Vo}$

on peut établir une formule applicable au
cas de deux filets
E = 1 - (1 - Efficacité 1er filet) (1 -
Efficacité 2ème filet)
qui serait dans le cas de deux filets
identiques : $E = 1 - (1 - E)^2$. Il est établi
expérimentalement qu'il est nécessaire pour
obtenir ce résultat que les deux filets
soient distants d'au moins 12 cm.

6.3 Validité des différents filets

Compte tenu de la vitesse d'air souhaitable
au niveau des animaux et des efficacités
constatées, on peut estimer que les filets
ayant une efficacité inférieure à 0,45 sont
inadaptés à une application en bardage, les
filets d'efficacité 0,45 à 0,55 devront être
jumelés, les filets d'efficacité supérieure
à 0,85 se comportent comme des bardages
ajourés.

6.4 Perte de charge et coefficient de
surface

Cette étude ne prend pas en compte les
pertes de charge dues à la nature même du
produit. La connaissance de ce facteur
permettrait de mieux apprécier les surfaces
à mettre en oeuvre pour maintenir un débit
d'air suffisant.
  Le Centre de Reading a testé un certain
nombre de ces produits et défini pour chacun
le facteur multiplicateur de surface.

Bibliographie

Andrieu, Fostier, Tillie, Mathieu. 1987.
Ambiance dans les
  bâtiments d'elevage bovin. Etude I.T.E.B.
- E.D.E. (02)
  N° 87051.
J.Mac Cormak. 1986. Ventilated cladding
measurements.
  Farm Building Progress.
Gandemer. 1981. La protection contre le
vent. C.S.T.B.
Guyot. 1986. Extrait d'une étude à paraître
pour la
  F.A.O.   I.N.R.A. Communication
personnelle.
Jaubourg J. 1988. Les filets brise-vent -
Essai.
  C.E.M.A.G.R.E.F.
Pearson C. Resistance to air flow of wall
mounted ventilation
  components in farm building. Reading.
Tillie M. & Carrotte G. 1988. Comportement
des filets brise-vent
  Essai N° 88071. I.T.E.B.

Land and Water Use, Dodd & Grace (eds), © 1989 Balkema, Rotterdam. ISBN 90 6191 980 0

Form factors for snow load on gable roofs: Extending use of snow load data from inland districts to wind exposed areas

H.Høibø
Department of Building Technology, Agricultural University of Norway, Norway

ABSTRACT: The Department of Building Technology (IBT) at the Agricultural University of Norway completed a project in 1986 on snow load measurements which had been run for 20 years. The measurements were carried out on aboat 200 gable roofed farm buildings in inland districts. The roofs were cold, ventilated roofs with no heat transfer from underneath. They had different slopes, different roofing material and were differently exposed to the wind and to the sun. The study gave form factors (μ) for the roof (μ = roof load to ground load ratio) when the snow load on the roof was at its highest during the winter. This paper deals with calculations that concerns widening the use of the form factors into more exposed areas than were the measurements were taken.

ZUSAMMENFASSUNG: Das Institut für Bauforschung führte 1986 ein Versuch von Schneelastmessungen zu Ende, welcher sich über 20 Jahre erstrechte. Die Messungen wurden bei ungefähr 200 landwirtschaftlichen Gebäuden mit Sattel- dach durchgeführt, welche alle im Innland liegen. Die Dächer waren kalt, ventiliert und von der Unterseite ohne Wärmedurchgang. Sie hatten verschied- ene Dachwinkel, verschiedene Dachmaterialen und verschiedene Beliegenheit im Verhältnis zu Wind- und Sonnen-richtung. Die Untersuchungen führten zum Formfaktor (μ) für das Dach (μ = Verhältnis zwischen Dachlast und Bodenlast) wenn die Schneelast in dem be-treffenden Winter am grössten war. Dieses Heft behandelt Berechnungen, welche den Gebrauch der Formfaktoren auf mehr wetterharte Gebiete ausdehnt im Vergleich in den Gebieten wo die Messungen durchgeführt wurden.

RÉSUMÉ: En 1986 l´Institut du Bâtiment à l´Université d´Agriculture de Norvège a completé un projet relatif au mesurages du poids de neige. Le mesurage a été realisé sur 200 constructions de ferme avec des toits ensellé á l´intérieur du pays. Il s´agissait de toits froids et ventilés sans pass- age de chaleur de dessous. Les toits avaient des angles différents, faits de matière de couverture variés avec exposition différente au vent et au soleil. L´étude a donné les facteurs de forme (μ) pour les toits (μ = quotient entre poids sur le toit/poids sur terre) quand le poids de neige sur le toit était au maximum pendent l´hiver. Ce rapport traite des calcules concernant l´augmentation de l´emploi des facteurs de forme dans des régions plus exposées au vent que les régions où les mesurages ont été rea- lisés.

1. INTRODUCTION

Snow loads on roofs are an important factor that must be taken into account in building design, especially in northern countries. It is a general problem in building technology to find an appropriate design snow load and institutions that are working in general building research have the responsibility of taking care of this. The Dep. of Building Technology (IBT) at the Norwegian Agricultural University is working especially on farm buildings. The reason why IBT, which is mainly engaged in the agricultural aspects of the buildings, has become so heavily involved in providing data on snow loads on roofs is that it has not found sufficient snow load data from other institutions to cover the need in the farm building trade.

Two factors cause the design snow load to be of special interest for farm buildings:

1. The construction costs are higher in relation to the total building costs for farm buildings than for most other types of buildings.

2. The costs when buildings collapse are more moderate in relation to the total building costs for farm buildings than for most other buildings.

These factors cause the relative economic failure risk normally to be higher for farm buildings than for buildings in other industries.

In order to design building structures with more accurate relative failure risk than usual, the need for accurately founded design loads is obvious. IBT, therefore, started preliminary snow load studies in 1958. These went on until 1965, when a main snow load study was started. A main aim of the studies was to improve, if possible, the Building Code treatment of snow load reductions on sloped roofs.

2. PRELIMINARY STUDIES

The preliminary studies were made on buildings in full scale and also on small test roofs. Snow load measurements on small test roofs were found to be inadequate for the purpose.

Placing scales underneath purlins in two fullscaled test buildings was also tried – for weighing the snow load component normal to the roof area. This method was found to be sufficiently accurate as a load

finding method. However, it was found to be more expensive for our conditions than observations made by depth and density measurements on regular farm building rofs (4).

3. THE MAIN STUDY

Based on the experience from the preliminary studies the following was decided:

1. Snow load on roofs should be measured on buildings in full scale.
2. Depth measurements should be taken vertically, systematically distributed over the roof area.
3. The density measurements should be taken vertically with the "IBT-type" of sampler with a fairly large cross section.
4. Ground snow load should be found as an average snow load from at least ten depth measurements around the buildings.

The study of snow loads on gable roofs was carried out on roughly 200 farm buildings in a 20-year period from 1966. The study was carried out in 3 areas, in the counties of:

- Akershus (lowland district)
- Buskerud (mainly valleys and mountainous country)
- Hedmark (inland wide farmlands and mountainous country)

The buildings were rectangular shaped or had rectangular wings located together angularly. These buildings had no devises preventing snow from sliding off the roofs.

It was intended that building shape, roofing material and climatic factors would appear as the primary factors in determining the snow load on the roofs.

The requirements of the study were:
- The roofs should be cold, ventilated roofs with no heat transfer from underneath.
- The roofs should have different slope. It worked out so that the slope varied from 0° to 45°.
- The roofs should have different roofing materials, preferably 20% metal roofing, 20% asbestos cement sheeting, 20% tile, 20% asphalt shingle and 20% wood shingle.

- The roofs should be differently exposed to the wind and to the sun.

The buildings were fairly large, roughly 300 square meters in ground area and 6 m to the eaves (with large variations).

The study was intended to give the "μ-factor", given as the ratio of roof load to ground load when the snow load on the roof was at its highest during the winter. The μ-factor was intended to be used together with a characteristic ground snow load to give the design roof snow load:

$$S_{ROOF} = \mu \cdot S_{GROUND}$$

The data of the snow load study on gable roofs are grouped for:
- county (3 alternatives)
- altitude (4 classes)
- roofing materials (2 classes: metal roofing, 20% of the roofs, and other materials, 80%)
- slope (9 groups of 5 degrees inclination each)
- year (20 numbers)
- week (14 numbers)
- roof side (2 alternatives, windward and leeward sides).

The results from the snow load measurements were calculated on this basis:

- Snow load on the roof, with mean load calculated separately for the windward and the leeward side each.
- Snow load on the ground, (Z).
- μ-factor, calculated as roof load to ground load ratio, separately for the windward side (μ_1) and for the leeward side (μ_2).
- Density for the roof snow load and ground snow load separately.
- "More-load-factor" (M-load), calculated as the ratio between the load on the most loaded 20% area of the roof and the mean load. (The most loaded 20% area of the roof was measured as a rectangle across the building.)
- "Nonsymmetry-factor" calculated as the ratio between the snow load on leeward and windward sides of the roofs (μ_2/μ_1).

It was assumed that roof shape (slope), roofing material, type of climate and wind condition affect the size of the μ-factor heavily. The amount of the snow load on the ground, orientation of the building to the sun and to the wind, and also altitude were supposed to play a certain part. However, the influence on the μ-factor from different types of climate, different altitude, and from different orientations of the buildings to the sun and to the wind could not be explained from the present snow load measurements.

4. EFFECT OF EXPLAINING PARAMETERS

ROOF SLOPE (α) influences the μ-factor significantly (1). The effect is such that the μ-factor decreases for increasing slope. When roof slope is below 20 degrees, however, the correlation between slope and μ-factor is questionable for the leeward side of the roof.

For roof slope above 25 degrees, METAL ROOFING has given significantly lower μ-factor than the other roofing materials under consideration (1).

WIND affects primarily the snow load on the buildings so that the mean roof load becomes less than the snow load on the ground (1), (2), (3). Further the wind affects the snow load on the buildings so that the leeward side is getting a higher snow load than the windward side (4), (7). The amount of this effect depends on the roof slope, and also on the ground snow load, see Figure 1.

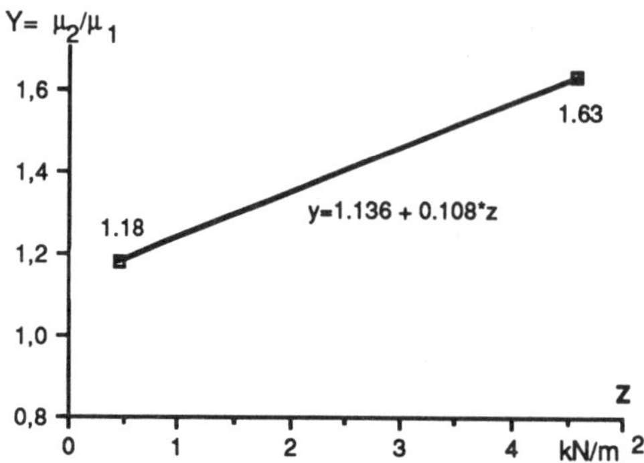

Fig. 1. The nonsymmetri-factor (μ_2/μ_1) to the ground snow load (Z).

The wind also affects the snow distribution along the buildings. In order to find the amount of nonuniform load along the buildings the "M-load" was calculated for the most loaded 20% area of the roof.
The "M-load"-factor is embodied in the resulting model for the form factors together with the effect from the explaining parameters.

THE SIZE OF THE GROUND SNOW LOAD was found to affect the μ-factor strongly. This was an important result of the studies. The effect is such that the μ-factor decreases for increasing size of snow load on the ground (1).

5. RESULTING MODEL

It was concluded that the following three factors might be of interest as explaining variables for the μ-factor:
1. Roof slope.
2. Roofing materials, m (2 alt.).
3. Ground snow load, Z, (measuring range from 0.44 to 4.58 kN/m²).

A resulting model was worked out based on the three explaining variables mentioned.

This model for the form factors named "IBT-87" is given below.

<u>Windward side of the building:</u>

$\alpha \leq 20°$:
$\mu_1 = 0.85-0.105 \cdot Z$

$20° < \alpha \leq 45°$:
$\mu_1 = 0.85-0.105 \cdot Z-k_1(\alpha-20°)$

<u>Leeward side of the building:</u>

$\alpha \leq 20°$:
$\mu_2 = 0.90-0.08 \cdot Z$

$20° < \alpha \leq 45°$:
$\mu_2 = 0.90-0.08 \cdot Z-k_2(\alpha-20°)$

These values apply for k_1 and k_2:
Metal roofing: $k_1=0.015$, $k_2=0.011$
Other materials: $k_1=0.011$, $k_2=0.006$
α = roof slope, units degrees
Z = ground snow load, units kN/m²

The form factors above are introduced for farm buildings in the Regulations under the Norwegian Building Code (5),(6). The form factors should be used with these restrictions:

1. The form factors should not be used in "snow pockets" as valleys where rectangular gable roofed wings are located angularly together etc.
2. The form factors should not be used for fully sheltered buildings.
3. The form factors should not be calculated for increasing ground snow loads above 3.5 kN/m².
4. The form factors should not be used uncritically in areas much unlike those where the measurements were taken.

6. EXTENDING THE USE OF THE FORM FACTORS

In order to find if the form factors named above can be applied for more exposed areas than where the measurements were done, these calculations are made:

- The observation data are split into two groups: DATA 1 and DATA 2 where DATA 1 is presumed to represent the winters with the strongest winds during the snow season. The splitting of the observation data is made by means of the regression curve, shown in figure 1. The data from above the regression line are presumed to represent the winters with the strongest winds.

- New form factors (μ_1^* and μ_2^*) are calculated for windward and leeward sides of the roofs for both "DATA 1" and "DATA 2". The calculations are carried out by means of the same formulas that model "IBT-87" is based on (4).

- Calculations are made in order to find if the form factor μ_2^* might exceed μ_2 for any value.

DATA 1 include 396 numbers. DATA 2 include 891 numbers and are presumed to represent the winters with the less strong winds.

The form factors based on DATA 1 are of main interest concerning the possible extended utilisation of the form factors "IBT-87" into exposed areas. The formulas for the form factors for DATA 1 are given below.

<u>Windward side of the building</u>:

$\alpha \leq 20°$:
$\mu_1^* = 0.67 - 0.12 \cdot Z$

$20° < \alpha \leq 45°$:
$\mu_1^* = 0.67 - 0.12 \cdot Z - k_1(\alpha - 20°)$

<u>Leeward side of the building</u>:

$\alpha \leq 20°$
$\mu_2^* = 0.88 - 0.098 \cdot Z$

$20° < \alpha \leq 45°$:
$\mu_2^* = 0.88 - 0.098 \cdot Z - k_2(\alpha - 20°)$

These values apply for k_1 and k_2:
Metal roofing: $k_1 = 0.0092$, $k_2 = 0.0059$
Other materials $k_1 = 0.0069$, $k_2 = 0.0055$

μ_2^* does exceed μ_2 only for metal roofing on slopes steeper than 30° when ground snow load (Z) is set to 1.5 kN/m^2, on slopes steeper than 32° when Z is set to 2.5 kN/m^2, and on slopes steeper than 36° when Z is set to 3.5 kN/m^2. See Table 1 where values of μ_2^* exceeding μ_2 are underlined.

Table 1. Form factors, μ_1^* and μ_2^*, for DATA 1 given in comparison with μ_1 and μ_2 according to the model "IBT-87"

Form factor and data	Ground snow Z kN/m^2	$\alpha \leq 20°$	Slope $\alpha = 45°$ Met. roof	Slope $\alpha = 45°$ Other matr.
μ_1^*	1.5	0.49	0.26	0.32
	2.5	0.37	0.14	0.20
Data 1	3.5	0.25	0.02	0.08
μ_1	1.5	0.69	0.32	0.42
	2.5	0.59	0.21	0.31
IBT-87	3.5	0.48	0.11	0.21
μ_2^*	1.5	0.73	<u>0.59</u>	0.60
	2.5	0.64	<u>0.49</u>	0.50
DATA 1	3.5	0.54	<u>0.39</u>	0.40
μ_2	1.5	0.78	0.51	0.63
	2.5	0.70	0.43	0.55
IBT-87	3.5	0.62	0.37	0.49

As can be seen from Table 1, the form factors for DATA 1 is generally less than for "IBT-87".

7. CONCLUSION

The experience in building design in Norway is that increasing wind speed during the snow season leads to reduced snow load on the roofs. The results from a country wide survey in Canada show this clearly for Canadian conditions (3). High wind speeds on gable roofs might cause high nonsymmetrical load condition. Because of the general total load reduction on the roofs, however, the leeward side will usually not get alarming heavy loads for strong winds. The Table 1 give indication about this. The snow load reduction caused by wind, however, might be dependent on the density of the snow cover, which to some extent depend on the winter temperature.

For cold areas with light snow, as in inland areas of Norway, using the form factors "IBT-87" is assumed to cause little risk. Using the same form factors in coastal areas with higher temperatures and more "sticky" snow, however, might cause higher loads on leeward side and higher failure risk than for inland areas. Utilization of form factors from "IBT-87" in coastal areas, therefore, could only be made if special precautions are taken.

The proposal is to allow for utilization of the form factors "IBT-87" in all areas of Norway where the temperature during the snow season is similar to or lower than that where the measurements were taken.

8. REFERENCES

1) Final report, Nr. 684, (Norw.) from Agricultural Research Council of Norway: Snow loads on farm buildings. 1987.
2) Gray, D.M. & D.H. Male, 1981. Handbook of snow, principles, prosesses, management and use. Pergamon Press, Toronto.
3) Peter, B.G.W., W.A. Dalgliesh & W.R.Schriever, 1963. Variations of snow loads on roofs. NRC 7418.
4) Høibø, H. 1988. Snow load on gable roofs. Eng. Foundations Conference, St. Barbara, California, 10-15 July.
5) Høibø, H. 1987. Imposed loads in agricultural buildings. IBT-Report No. 233, part 2. (Norw.)
6) Announcement HO-4/88 from National Office of Building Technology and Administration (Norw.).
7) Taylor, D.A.. 1980. Roof snow loads in Canada. NRCC 17988.
8) Taylor, D.A. 1985. Snow loads on sloping roofs: Two pilot studies in the Ottawa area. NRCC 24432.

Land and Water Use, Dodd & Grace (eds), © 1989 Balkema, Rotterdam. ISBN 90 6191 980 0

Design of agricultural buildings to resist wind

R.P.Hoxey & G.M.Richardson
AFRC Institute of Engineering Research, Silsoe, UK

ABSTRACT: In order to permit more efficient designs, full-scale field tests have been conducted at AFRC Engineering (formerly NIAE) on lightweight agricultural buildings. The mechanical and physical processes by which wind loads are transmitted to and resisted by the structural framework have been investigated. This research is backed by more than 15 years experience of full-scale wind pressure experimentation on 30 different buildings.

This paper reviews work conducted at AFRC Engineering with particular reference to a low-cost film-plastics clad 'tunnel' structure, and a steel-sheet clad portal framed structure fabricated from cold formed steel which is likely to be a popular agricultural building of the future.

The 'tunnel' structure research accounts for cladding loads transferred to the supporting frame in the situation where part of the cladding is lifted clear of the frame by wind action. Those aspects of national design codes needing modification when applied to these 'low-cost' structures are also summarised.

The more recent studies on a profiled steel-sheet clad agricultural building has focused on areas where current knowledge in steel portal frame design is lacking. Experiments investigating the effects of column base fixity, the stiffening effect of cladding, the building frame response and the effect of eaves shape are summarised and some results presented. The virtues and shortcomings of current national design codes are discussed briefly.

SOMMAIRE: A AFRC Engineering (anciennement NIAE) on a mené des essais sur le terrain en conditions naturelles afin de permettre la conception plus efficace de constructions légères agricoles. Les processus mécaniques et physiques par lesquelles les charges de vent sont transmises ou résistées par l'ossature structurelle sont examinés. Le travail est renforcé par plus de 15 ans d'expérience dans l'expérimentation en vraie grandeur pour mesurer la pression du vent sur plus de 30 structures différentes.

Cet article passe en revue le travail mené à AFRC Engineering avec référence particulière à l'étude d'une structure type "tunnel" couverte de film plastique, qui représente une solution peu chère, et d'une structure à cadre portail fabriquée en acier formé à froid et revêtue en tôle d'acier qui pourrait être un bâtiment agricole populaire de l'avenir.

Le travail sur la structure type "tunnel" étudie les charges de revêtement transfertes à la structure porteuse dans le cas où une section du matériel de revêtement se détache de l'ossature par l'action du vent. Les aspects des codes nationaux pour la conception des bâtiments agricoles qui nécessiteront des modifications avant leur application à ces structures peu chères sont résumés.

Le travail le plus récent sur une structure agricole à couverture en tôle d'acier profilé est concentré sur des elements où il y a couramment un manque de données sur la conception de structures à cadre portail en acier. L'expérimentation des effets de la fixité du pied des colonnes, de l'influence de la couverture sur la rigidité, de la réponse de l'ossature et de l'influence de la forme de l'avant-toit est résumée et quelques résultats sont présentés. Les avantages et désavantages des codes nationaux existants pour la conception de ces structures sont discutés en bref.

ZUSAMMENFASSUNG: Um die Dimensionierung von leichten Landwirtschaftsgebäuden zu verbessern, wurden Feldversuche wahrer Grösse bei AFRC Engineering (früher NIAE) durchgeführt. Eine Untersuchung der mechanischen und physikalischen Prozesse der Windbelastungsübertragung und -widerstandes durch den Baurahmen wird dargestellt. Diese Arbeit wird von über 15-jähriger Erfahrung von Winddruckversuchen wahrer Grösse in 30 verschiedenen Gebäuden unterstützt.

In diesem Beitrag wird über die bei AFRC Engineering durchgeführten Arbeiten berichtet, mit besonderer Erwähnung der Studien einer billigen kunststoffolienabgedeckten Tunnelstruktur und einer aus kaltverformtem Stahl hergestellten blechtafelabgedeckten Portalrahmenstruktur, die zukünftig ein weitverbreitetes Landwirtschaftsgebäude darstellen könnte.

Die Tunnelstrukturstudien schliessen auch jene zur Unterkonstruktion übertragenen Abdeckungsbelastungen ein, die beim Trennen der Abdeckung von der Unterkonstruktion durch Windaktion entstehen. Die Aspekte der nationalen Konstruktionskodexe, die für Anwendung auf diese "billigen" Strukturen zu ändern sind, werden auch zusammengefasst.

Die jüngsten Arbeiten über ein mit Formblech abgedecktes Landwirtschaftsgebäude konzentrieren sich auf Gebiete, wo ein Mangel an aktuelle Kenntnisse vom Portal- rahmenentwurf aus Stahl identifiziert wurde. Versuche über den Einfluss der Säulenfussstabilität, den Steifigkeitseffekt der Abdeckung, die Gebäuderahmenreaktion und die Dachfussformwirkung werden diskutiert und einige Resultate werden berichtet. Die Vor- und Nachteile der aktuellen nationalen Konstruktionskodexe werden kurz besprochen.

1 INTRODUCTION

Although there have been many developments in design methods and codes in recent years there is still a good deal of tradition used in the construction of agricultural buildings. The traditional building when analysed often appears to fail to meet the requirements of modern design practice and yet we know that these buildings have stood the test of time. This empirical method of design is perfectly acceptable given enough years to establish its integrity. However, with rapid changes in the use of materials, the development of new types of structure and the changing requirements of modern agriculture, it is not always possible to use traditional methods of design and long term testing by natural exposure. This creates the problems described by a manufacturer who claimed recently that a modern steel portal framed building designed to satisfy the relevant codes in the UK would not be competitive with the traditional portal frame building commonly found on our farms. The reason for this is the requirement in the codes, particularly the material codes, to incorporate factors of safety limiting stress in the materials to well within the ultimate load capacity; whereas in the traditional farm building there are components which are close to their load carrying capacity under design wind or snow loads as is illustrated by occasional failures.

This problem has been particularly high- lighted in the design of horticultural structures for the United Kingdom and for countries at similar latitude where the requirement for high light-transmission is paramount. To achieve this, structural members may be utilised to their ultimate load carrying capacity since factors of safety mean economic loss in terms of crop production. This argument has been used in the development of Codes of Practice but has not been widely accepted because checking authorities are reluctant to work with reduced safety factors. As a direct consequence, very few horticultural buildings are designed to modern standards and have an unknown risk of failure. Buildings which have survived severe storms become accepted and designs become established over many years of experience.

This procedure proved to be very expensive for the development of a derivative of a horticultural building which is used to house sheep. The venti- lated film plastic covered sheep house in its first years of development suffered extensive damage both from strong winds and snow. Some early manufacturers of these buildings went out of business and some farmers became disillusioned with the concept. This early period has been followed by one of redesign and increased strength in the buildings and they are now becoming accepted although considerable problems still arise in checking them to ensure they satisfy minimum standards.

The requirement for agricultural buildings to be of minimum cost makes their design more complicated. In the design of public buildings such as office blocks, hospitals etc., only a minimal risk of failure under severe loading conditions can be accepted, this

Fig.1 Film plastic sheep house

Fig.2 Wind damaged sheep house

is implemented by increasing the strength and hence the cost of the building which we all find acceptable. The information on loading in such an application does not need to be precise since with large safety factors any inaccuracy is unlikely to be catastrophic. However for buildings where we are prepared to accept a significant risk such as an agricultural building which is frequently unoccupied by humans we then require greater precision on the loads that can occur. We require a far more precise design approach and risk analysis. To satisfy these requirements, a detailed knowledge of the wind loads and snow loads that the building is likely to be subjected to are needed.

Research at AFRC Engineering has been completed on defining the wind loads on glasshouses (Wells, & Hoxey 1980), greenhouses (Hoxey & Richardson 1984), and canopy roof structures i.e. dutch barns, (Robertson et al, 1985). In each of these cases the external pressure distributions and the internal pressures have been defined based on the geometry of the building. This information is available to designers. The pressure coefficients should be used in conjunction with a recognised code such as British Standard CP3 Chapter V, Part 2 (British Standard Institution, 1972).

To illustrate the difficulty of designing low-cost agricultural buildings, this paper examines two particular examples. Firstly the film plastic clad livestock building and secondly a steel portal frame building clad with profiled steel sheeting.

In the work described in this report, the pressure distributions around buildings have all been defined by full-scale measurements made under natural wind conditions. This approach has been adopted by AFRC Engineering as the only method available that will give the precision required. There have been many developments in wind-tunnel testing techniques and these are still continuing

but to date there is insufficient confidence in the results from wind tunnels for their use in agricultural building design (Richardson et al, 1989). Another technique currently being evaluated is to use computational fluid dynamic modelling but this will need careful establishment before it can become an accepted part of building design (Hoxey et al, 1989).

2 FILM-PLASTICS CLAD BUILDINGS – A "LOW-COST" APPROACH

Since buildings are frequently a significant part of agricultural production costs, there is always a requirement to produce low-cost structures. To meet this requirement, a low-cost sheep housing unit has been developed from a derivative of the horticultural film-plastic covered tunnel structure. An example of this type of structure is shown in Fig. 1. The requirement for high ventilation is met by leaving permeable areas along the sides of the structure and at each end; areas which can be reduced during severe weather conditions, but are otherwise essential for the maintenance of a good aerial environment for the stock. This type of building, as shown in Fig. 1, provides good housing for sheep but has one serious drawback which was illustrated when this particular building was destroyed by a moderate wind storm with the result as shown in Fig. 2. This building had been erected on an exposed site at Silsoe for full-scale measurements to determine the external pressure distribution together with the pressure within the building under strong wind conditions. Fortunately, the measurements had been completed before the building was destroyed. The surface pressure data for this building complement that already obtained for six shapes of film-plastic greenhouse (Hoxey & Richardson, 1984), the outlines of which are shown in Fig. 3.

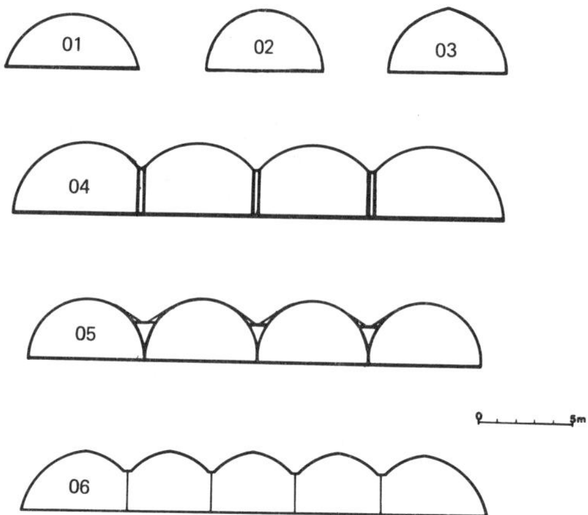

Fig.3 Greenhouse shapes on which wind load measurements have been made

To determine the pressure distribution over the cladding material, 44 tapping points were installed (Fig. 4), 32 on the external surface and 12 probes sensing the pressure on the underside of the surface, Fig. 5. The pressures from the sensors were conveyed by 6 mm internal diameter plastic tube to a central recording station where continuous recordings from two tapping points at a time were made. At the same time, wind dynamic pressure and direction as monitored by a directional pitot tube mounted on a mast upstream of the building at the building ridge height were also recorded. This information was analysed to produce mean value pressure coefficients and the detailed results are presented in (Richardson, 1987). The pressure distribution at the building mid-length is shown in Fig. 6 where the pressure coefficient C_{pe} is defined as the ratio of the pressure measured on the surface of the building (relative to atmospheric static pressure) divided by the wind dynamic pressure upstream of the building at building ridge height. This figure also shows the internal pressure C_{pi} at the same building mid-length section.

Analysis of the results showed that at wind speeds below 8 m/s a significantly different pressure distribution was found compared to that at wind speeds above 8 m/s. The principal reason for this was the change of shape of the structure. At low wind speeds the cladding remained close to the hoops and maintained the curvature of the hoops, but at higher wind speeds the lift force generated over the

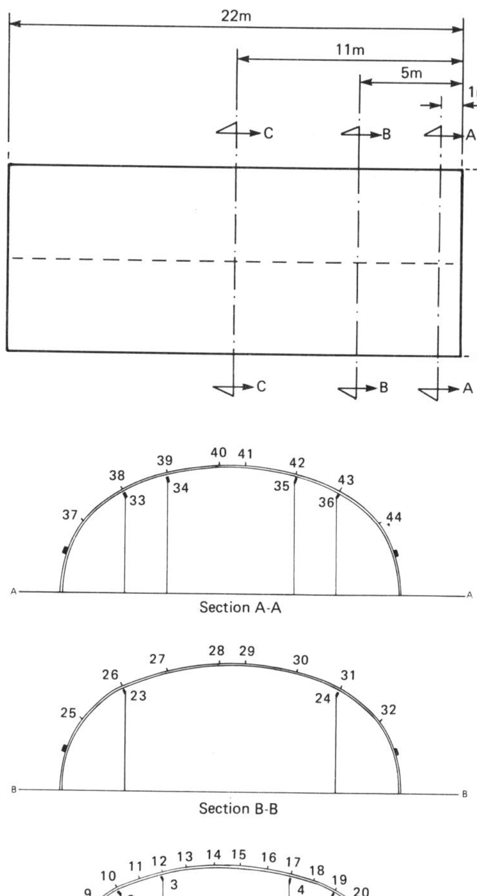

Fig.4 Tapping point positions

ridge of the building lifted the plastic clear of the ridge and produced a building of modified geometry. Once the plastic had lifted clear of the hoops in the region of the ridge there was little further change of shape as wind speed increased. For design purposes, the pressure coefficients for wind speed greater than 8 m/s should be used.

With this building, the plastic cladding was attached to timber rails running along the complete length of the building on each side approximately 1 m from the ground. To calculate the loads on the cladding the difference between the external pressure distribution C_{pe} and the

Fig.5   General and detailed view of tapping points and probes

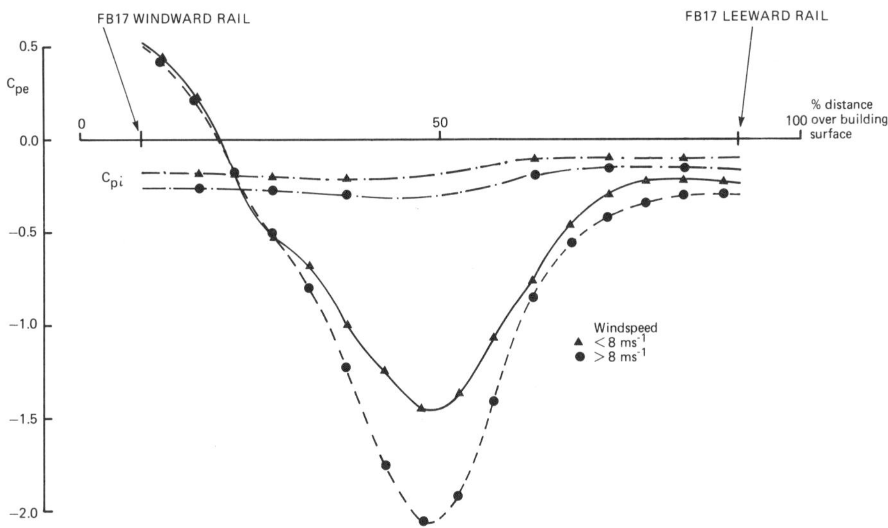

Fig.6   Pressure coefficients

internal pressure C_{pi} is taken. This
difference gives a net inward reaction on
the windward side of the building but over
the ridge and extending to the leeward
rail there is a net outward load. The
inward load is transmitted to the frame
directly but elsewhere the film-plastic
will tend to lift away from the framework
and the transfer of load is by means of
increased tension in the film which
produces a redistribution of inward load.
The magnitude of this load is dependent
upon the initial tension in the film
and this must be taken into account in
the design procedure. Clearly the use
of conventional design procedures where

uplift forces are transmitted directly to
the frame are inappropriate for film-
plastic covered structures.

Information on pressure distributions
around curved roofed structures is not
contained within the British Standard Code
of Practice CP3 (British Standard
Institution, 1972). However, the pressure
distribution as given in Fig. 6 can be
used in conjunction with the British
Standard Code of Practice CP3 where the
design wind load is calculated from a
design wind pressure derived in CP3
multiplied by the pressure coefficients
from Fig. 6. Care should be taken in
using the information in Fig. 6 with other

national standards as many include other factors in the pressure coefficient data such as gust factors.

The design of film-plastic covered structures should also take due account of snow load, and recognised national codes should be used with reduced loading on the curved sides as for example is deemed appropriate in BS 5502 (British Standards Institution, 1980).

It is considered here to be inappropriate to combine snow and wind loading as over a substantial part of the building this combination will reduce the overall load and it is considered impracticable that such a load combination could exceed either the snow or the wind load separately. Internal loads such as crop load should be taken into consideration with both wind and snow independently. It should be noted that an asymmetric snow load may generate the most arduous loading case but this is beyond the scope of this report.

In using the detailed pressure distribution given in Fig. 6, the building cost can be kept to a minimum only if the steelwork is designed to first yield or even beyond this to the generation of a mechanism of collapse with the formation of plastic hinge points. This method of analysis runs contrary to the material factors given in codes such as BS 449 (British Standards Instition, 1969) and is therefore unacceptable to any structural engineer whose responsibility it is to check these designs. However, to optimise these designs this procedure is necessary and has great benefit to the farmer through cost advantage. Careful design through this approach is more justifiable than empirical design with unknown risks of failure.

3 PROFILED STEEL CLAD BUILDING – A "LONG-TERM" SOLUTION

The film-plastic covered building for agriculture and horticulture has the disadvantage of a deteriorating, short life cladding which can be easily damaged. This results in high recurrent expenditure and maintenance costs. As a consequence, these buildings are unlikely to replace the traditional portal frame building for general agricultural use. The development in portal frame buildings is likely to be towards lower weight structures with light-weight profile steel sheet cladding. To design such structures with an acceptable risk again requires detailed information on design loads but an equally

Fig.7 Silsoe Structures Building

Fig.8 Loading the frame of the Silsoe Structures Building

important factor is knowledge of the transfer of loads to the framework and the behaviour of the framework on its foundations.

To provide this information, a building has been erected at Silsoe on the same site as the film-plastic sheep house shown in Fig. 1 had been erected. The building, known as the Silsoe Structures Building, is a light-weight cold-formed steel portal frame building 24 m long, by 12.9 m span with an eaves height of 4 m and a roof pitch of 10° (Fig. 7). Full details of the building's construction and siting are given in (Robertson & Glass 1988). The building has precast foundation blocks to give uniformity, as far as possible, of foundation and the central three portal frames are connected to the foundation blocks with three optional fixities of pinned, intermediate and fixed. Seventy-seven external pressure sensing points are installed on the building and the central portal frame is equipped with strain-gauges and displacement transducers. The internal pressure is also measured.

Continuous records of surface pressure at two points on the building's surface are made together with the wind pressure

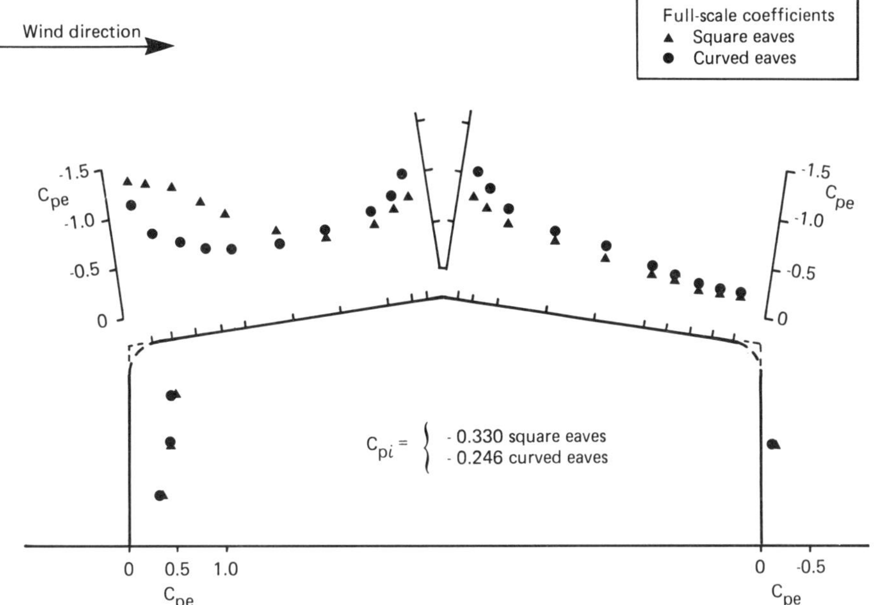

Fig.9   Pressure coefficients for curved and square eaves

and direction upstream of the building in the undisturbed flow. Continuous records of strain and displacements in the central frame can also be made simultaneously.

During the course of construction, static loading tests were carried out at various stages. For example, Fig. 8 shows a horizontal loading of the centre frame when the framework was complete but the building unclad. The deflections and strains in the frame were monitored for the three foundation fixities. These measurements provide information on the response of the frame to point loads and by repeating this experiment when the building had been clad, show the contribution the cladding makes to the stiffening of the structure. These tests show considerable stiffening of the structure especially in the longitudinal direction and details will be published.

Wind pressure measurements are now in progress and changes are being made to the geometry of the building to examine the effect of eaves detail. Initially, the building had a curved eaves detail of radius 635 mm but after the completion of the first year of measurements this was changed to a conventional square eaves. The importance of such a detail is shown in a comparison of the pressure distribution across the building at its

mid-length for a wind normal to the side-wall, Fig. 9. This relatively small shape difference has a marked impact on the pressure distribution and should highlight the need to designers to take careful account of building geometry. Existing codes of practice are deficient in this respect and would be inappropriate for "risk analysis " since the uncertainties and errors would make the risk impossible to quantify and hence unacceptable.

The detailed measurements at Silsoe also provide information on the reaction of the frame to the applied wind load with the different foundation fixities that are available. As a result the overall risk can be assessed taking into account the load transfer mechanisms and the design principles used.

An extensive measurement programme is producing data on the behaviour of this agricultural portal frame building under natural loading which will provide infor-mation on methods of design including quantifiable risk analysis. This will lead to more scientifically based engineering design with a result that buildings can be constructed with an acceptable risk factor but at lower cost, with few over-designed or redundant components.

4 CONCLUDING REMARKS AND RECOMMENDATIONS

Two types of agricultural and horticultural structure have been considered.
They have been shown to be outside the
scope of existing codes of practice for
the assessment of wind load since codes do
not take account of the detailed geometry
of the buildings. At present, these
deficiencies are disguised by high safety
factors in the design procedure and as a
result the overall structure has an
unknown risk of failure but one which is
likely to be small. The penalty of
existing design procedures is that they
generally produce buildings which are
excessively expensive and consequently if
the United Kingdom is a guide very few
agricultural buildings would satisfy
existing codes of practice as they have an
element of empirical design in their
construction.

This alternative design procedure
commonly adopted is one of using
experience and empiricism, and over a long
period this method serves the industry
well in producing buildings of sufficient
strength at a reasonable cost.

With the development of new structures
this method has the drawback of requiring
time to establish acceptable limits.
However, this paper proposes that alternatives are now becoming possible through
a detailed knowledge of the applied loads,
with a rationalised material standard and
detailed risk assessment. The agricultural
building requires the philosophy of design
to be changed to ensure that the farmer is
provided with buildings with known risk at
minimum cost. Codes covering the construction of agricultural buildings will need
to take these factors into account and a
substantial revision will be required if
we are to achieve good design within the
constraints of risk and cost that we are
prepared to accept.

REFERENCES

British Standards Instition, 1969. BS 449
The use of structural steel in
building, Part 2. London: British
Standards Institution.

British Standard Institution 1972. CP3,
Basic data for the design of buildings,
Chapter V, Loading, Part 2, Wind loads.
London: British Standard Institution.

British Standards Institution, 1980. BS
5502 Design of buildings and structures
for agriculture, Section 1.2: Design,
construction and loading. London:
British Standards Institution.

Hoxey, R.P. & Richardson, G.M. 1984.
Measurements of wind loads on full-
scale film plastic clad greenhouses. J.
Wind Engng and Ind. Aerodyn. 16:57-83

Hoxey, R.P., Robertson, A.P. & Richards,
P.J. 1989. Full-scale, model-scale and
computational comparisons of wind loads
on the Silsoe Structures Building.
Paper to be presented at the 2nd Asia-
Pacific Symposium on Wind Engineering,
Beijing, China, 26-29th June.

Richardson, G.M. 1987. Full-scale wind
load measurements on a single-span film
plastics clad livestock building. Div.
Note DN 1390, AFRC Inst. Engng Res.,
Silsoe.

Richardson, G.M., Robertson, A.P., Hoxey,
R.P. & Surry, D. 1989. Full-scale and
model investigations of pressures on an
industrial/agricultural building. Paper
to be presented at the 6th US National
Conference on Wind Engineering,
University of Houston, Texas, 8-10th
March.

Robertson, A.P. & Glass, A.G. 1988. The
Silsoe Structures Building - its
design, instrumentation and research
facilities. Div. Note DN 1482, AFRC
Inst. Engng Res., Silsoe.

Robertson, A.P., Hoxey, R.P. & Moran, P.
1985. A full-scale study of wind loads
on agricultural ridged canopy roof
structures and proposals for design. J.
Wind Engng and Ind. Aerodyn. 21:(3)
167-205

Wells, D.A. & Hoxey, R.P. 1980. Measurements of wind loads on full-scale
glasshouses. J. Wind Engng and Ind.
Aerodyn. 6:139-167

Land and Water Use, Dodd & Grace (eds), © 1989 Balkema, Rotterdam. ISBN 90 6191 980 0

Design and development of hopper-bottomed grain storages

E.B.Moysey
University of Saskatchewan, Saskatoon, Canada

ABSTRACT: Several manufacturers in Western Canada are now marketing hopper-bottomed grain bins. There have been many structual failures, but some models are also grossly overdesigned. This paper discusses the considerable variation in loads which can occur in bins of this type. A straight-forward design procedure is given.

Einige Hersteller in West-Kanada haben jetzt mit Auslauftrichtern versehene Getreidesilos auf den Markt gebracht. Struckurelles Versagen ist häufig vorgekommen, jedoch sind einige Modelle uberdimensioniert. In diesem Vortrag werden die betrachtlicher Unterschiede in den Belastungen, die in Silos dieser Art vorkommen, diskutiert. Eine einfache Konstruktionsmethode wird vorgeschlagen.

Plusieurs fabricants de l'Ouest Canadien ont mis sur le marché des silostrémies à grain. Beaucoup ont connu des failles structurales; par contre, quelques modèles sont surestimés. Cet article discute l'importante gamme de chargements qui peuvent se manifester dans ce type de silo. Un protocole de conception simple et direct est présenté.

INTRODUCTION

Grain farms in Western Canada are large compared to many countries. Large expanses of relatively level land combined with large field machinery has made it possible for a family to operate a 1000 hectare farm without hired labor. These farmers frequently spend $75,000 to $100,000 for a tractor or combine but until the last few years they were reluctant to invest $10,000 in a grain handling system. This is changing, and we now frequently see a few large bins plus a few hopper-bottomed bins grouped around a central elevating and conveying centre. The large bins are usually flat-bottomed, of corrugated steel with capacities of 100 to 150 tonnes. The hopper-bottomed bins are mostly erected on legs above ground in capacities of 25 to 100 t. Sales of these hopper-bottomed bins have mushroomed in the last five years, and many small fabricators have begun manufacturing them. Some also make steel hoppers for use under conventional corrugated steel bins. A few fabricators have for some years been making bins for fertilizer storage in the 10 t size, and have apparently scaled up their designs to larger and large sizes. In many cases it is obvious that engineers have not been consulted. Not surprisingly, there have been many failures, but fortunately no lives have been lost. A rigorous analysis of a shell structure with this type of loading is difficult, but a sound engineering approach can produce a satisfactory design.

BIN LOADS

Although there is good information in the technical literature on pressures and loads in bins, there is ample evidence that it is not widely read and understood. Building codes and codes of practice are in place in many countries, but these cannot give all the information necessary for design. Most are based on the work of Janssen, published in 1895. Experience and many experiments over the intervening years have shown that Janssen's equations for wall and floor pressures are reasonably accurate during filling, but that greatly increased pressures can occur during emptying or if grain moisture content increases. Most codes use multiplying factors on the Janssen pressure rather than redefining the problem.

The Janssen equation is:

$$L = \frac{\gamma R}{\mu}\left[1 - \exp\left(\frac{-\mu kh}{R}\right)\right]$$

where:

L = horizontal pressure
γ = bulk density
R = hydraulic radius =
    area/circumference = D/4
μ = coefficient of friction, grain
    on bin wall
h = depth below the surface
k = ratio of lateral to vertical
    pressure L/V

It is immediately obvious that bin wall pressure is inversely proportional to the coefficient of friction of grain on the bin wall, so accurate minimum values for it are essential. There is considerable variation in values reported by different authors, mainly due to test procedures. It is usually assumed that the coefficient of friction of granular materials on surfaces is almost independent of pressure, but it has been shown (Lorenzen, 1959; Ooms and Roberts, 1985) that the coefficient increases considerably at very low pressure. Coefficients determined by having a thin layer of grain slide down a tilting table are unlikely to be correct for designing bins.
Another variable in Janssen's equations that is bothersome to designers is k, the ratio of laterial to vertical pressure. It has little effect on calculated pressure in very deep bins, but it does if the ratio of depth to diameter is less than 1.5. Theoretical derivations suggest that k could be as low as 0.3 during filling and as high as 3.0 during emptying.

Our recent experiments shed some light on how k changes with time and position in a bin. Simple pressure cells consisting of diaphragms with strain gauges on the underside were used. Four of these were used in a model bin 0.76 m in diameter by 2.4 m deep which had a conical hopper bottom. The pressure cells were carefully placed in the bin as it was being filled, two with the diaphragms horizontal and two with the diaphragms vertical. In a series of tests these pressure cells were placed at different depths and different distances from the walls. Readings were taken when the bin was full and at one second intervals as the bin was emptied. After ten seconds of flow the cells were likely no longer horizontal and vertical. Figures 1 and 2 show some results. In the upper part of the bin there was little change in either the vertical or lateral pressure during the change from static to flowing conditions. The k value remained relatively constant at approximately 0.55 in this case. Much the same results were obtained when the cells were placed 600 mm above the top of the hopper, as is shown in Figure 1. When they were placed level with the top of the hopper, the results shown in Figure 2 were obtained. In the centre, immediately above the outlet, the vertical pressure dropped and the lateral pressure increased as soon as flow began. Near the bin wall both pressures increased. The k value in the centre of the bin changed from 0.7 to 1.0 near the wall and to 2.0 over the outlet. The change in the centre of the bin was as much due to a decrease in the vertical pressure as to an increase in the horizontal. Most people tend to think that the k value is more or less the same in all parts of a bin, but this is obviously not

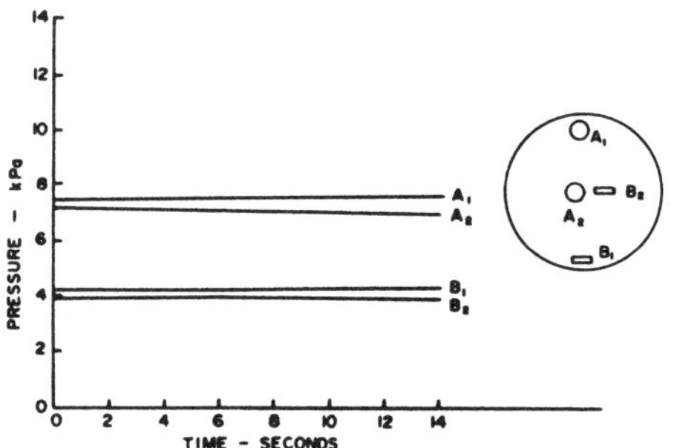

Fig.1 Measured vertical (A) and lateral (B) pressures in a model bin, near the wall (1) and in the centre (2), 600 mm above the top of the hopper.

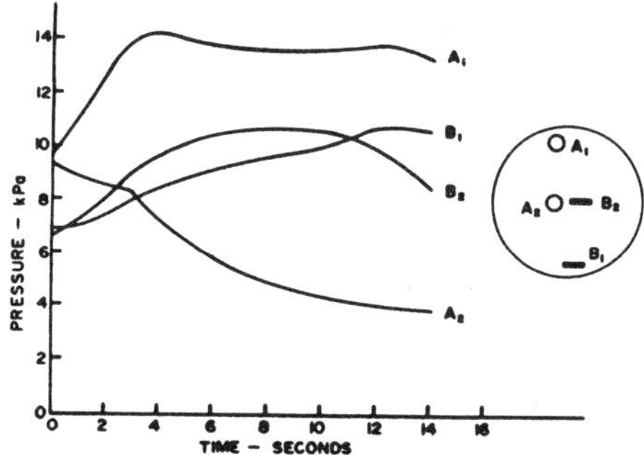

Fig.2 Measured vertical (A) and lateral (B) pressures in a model bin, near the wall (1) and in the centre (2), level with the top of the hopper.

true, particularly in a bin which empties
by funnel flow.

Wall friction

A basic concept of Janssen's derivation
is that friction of grain on the wall of
a deep bin supports a substantial portion
of the grain weight. The calculated value
for this is obtained by multiplying the
coefficient of friction of grain on the
bin wall by the total lateral pressure.
However, this assumes that the grain is
on the verge of sliding, so as to produce
the maximum friction force. This may be
true as the bin is being emptied, but is
certainly not true under static conditions.
Figure 3 is a schematic diagram of equipment used by the author to measure friction load carried by bin walls. The bin
was 0.76 m diameter by 2.4 m high made of
corrugated steel.
For some of the tests it was lined with
smooth galvanized steel. The bin walls
were suspended from the roof, but the
hopper bottom rested on the floor, so the
force transducer above the bin measured
only the load carried by the walls. The
bin was filled over a period of one-half
hour and emptied at the same rate. When
lined with smooth steel, the friction
load on the walls shortly after filling

was 1400 N. After it had been allowed to
settle for one-half hour, the load had decreased to 1000 N. Emptying was begun, and
within 6 seconds the friction load on the
walls had increased to 2050 N. Using recommended values for u and k, the calculated friction load on the wall is 2850 N.
Using Janssen's equations can obviously
lead to errors! The pattern was similar for
the corrugated bin, but the values were
3400 N after filling and 3850 shortly after
emptying started. The corrugations on this
bin were much deeper in comparison to the
bin diameter than in a full scale bin, so
may not accurately represent what might be
expected under field conditions. Most bin
failures occur as the bin is being emptied.
In some cases this is because material in
the bin cakes and does not flow readily.
If a flow channel develops along one wall
of the bin, the additional pressure and
friction load may exceed the design values.
In most cases bins empty by funnel flow,
so the full friction load on the wall does
not develop.
The above paragraphs illustrate the difficulty of estimating bin loads with precision, for even the simple case of a bin
with vertical walls and a flat floor. The
designer must use careful judgement as
well as building code information in arriv-
ing at a specific design.

Loads and stresses in bin hoppers

Having decided on the ranges of values that
a flat-bottomed bin may experience, one
can proceed to estimate the loads on a
hopper under such a bin. Some building
code provide recommendations for pressures
normal to the hopper surface. Research
has shown (Jenike et al, 1973 and Van
Zanten et al, 1977) that the pressure near
the top of the hopper is large and that it
decreases as the diameter of the hopper decreases. A zone of very high pressure at
the junction of the wall and hopper occurs
only on a narrow strip. Figure 4 shows the
approach used in the Canadian Farm Building
Code (1989) where hopper pressures are
given in terms of the vertical pressure on
the top surface of the grain in the hopper.
Equations given to calculate the pressures
are:

$$P_2 = L_b \left[\sin^2\alpha + \frac{\cos^2\alpha}{k} + (\sin\alpha\,\cos\alpha)\left(1 + \frac{1}{k}\right) \right]$$

$$P_3 = \frac{L_b \cos^2\alpha}{k}$$

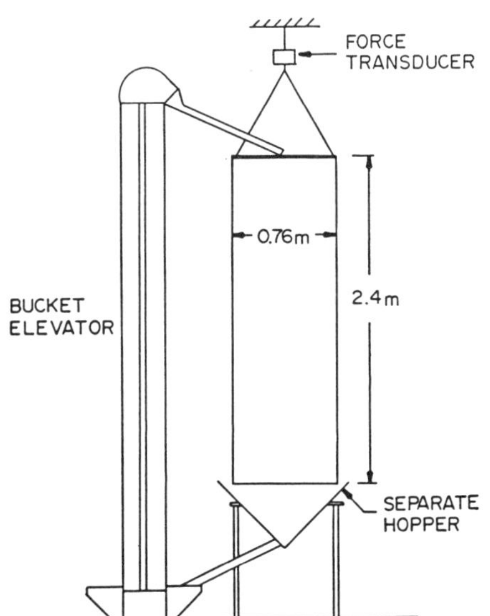

Fig.3 Apparatus for measuring friction
loads on bin walls.

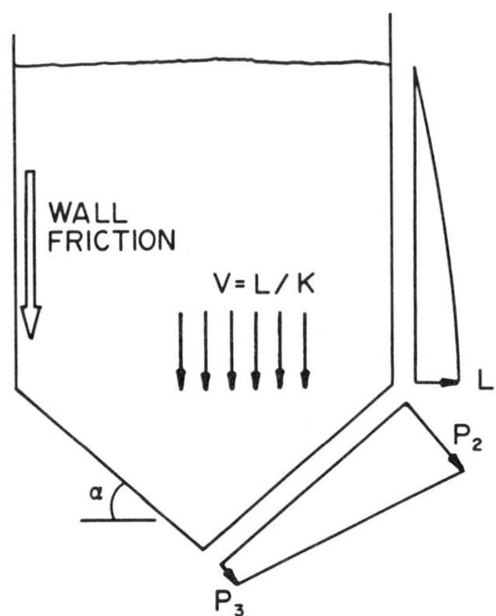

Fig.4 Design loads for bin walls and hoppers

For bins with short sidewalls the value of V will be small so another loading should be considered. This occurs during filling, when there is only sufficient grain to fill the hopper to a heaped condition, but there is no grain against the bin wall above. This creates a different condition at the wall-hopper junction.

As an example of the pressures and forces which might be expected, calculations were made for a bin 4.25 m diameter with a 4.5 m high wall and a hopper suspended below, sloped 40 degrees to the horizontal. It would hold 60 tonnes of wheat; the dead weight of the bin and hopper would be roughly one tonne. If supported by six legs, the load on each leg would be 10.16 tonnes, assuming each carried its share of the load. Referring to Figure 4 and the equations given previously, the following values are obtained:

> $L = 13$ kN/m2, $V = 26$ kN/m2,
> Wall friction = 11.2 kN/m perimeter
> $P_2 = 39.8$ kN/m2 and $P_3 = 15.2$ kN/m2

HOPPER DESIGN

There are two elements to be designed, the hopper itself and the ring beam, which supports the hopper and transfers loads to the legs. Considering only the hopper, stresses induced by the loads can be resolved into components down the slope and in the circumferential direction. The total vertical force supported by the hopper is due to the vertical pressure on the top surface of the hopper plus the weight of grain in the hopper. This must be resisted by the vertical component of the force along the slope times the bin perimeter. Note that there will be a horizontal component also, and this must be resisted by the ring beam. The tangential stress at any depth will be simply Pxr where P is the pressure normal to the hopper at that depth and r is the radius to the bin axis perpendicular to the slope. Combining the tangential and radial stresses will give the maximum principal stress to which the hopper will be subjected. For our example, the tangential force at the top of the hopper is 169 kN/m of width and the tension force down the slope is 42.6 kN/m of perimeter. The thickness of steel required for this bin is approximately 2 mm, which is about as thin as can be welded conveniently.

A beam of some sort is required to transfer loads from the bin to the legs. The obvious location for the beam would seem to be directly below the wall, although some innovative fabricators have chosen to set it inside this location and thereby make the beam approximately 600 mm smaller in diameter than the bin. Failures have occurred in a few of these at the wall to hopper junction.

The forces acting on the ring beam are illustrated in Figure 5. In addition to

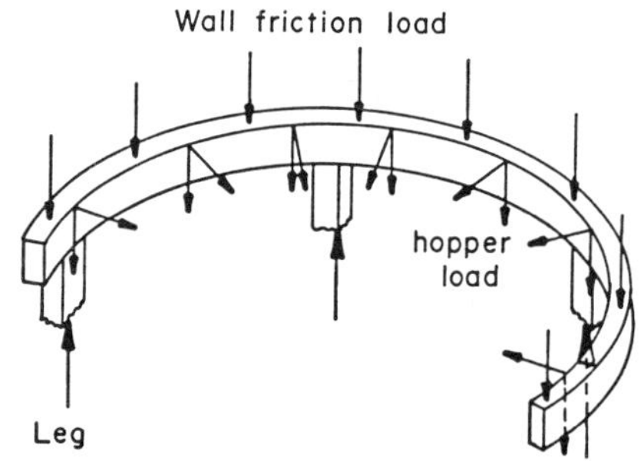

Fig.5 Horizontal and vertical loads acting on ring beam

the forces from the hopper, the ring beam must support the vertical load from the wall above. These two vertical loads produce bending about the X axis of the beam, but in addition, since these loads are slightly eccentric to the plane of any two adjacent legs, they also produce a torsional load. Location for attachment of the hopper to the beam is important because it may add to or counteract torsion from the vertical loads. A suitable ring beam must therefore have both bending resistance and torsional resistance. In the horizontal plane it must resist the horizontal force from the hopper, some of which is cancelled by grain pressure. Another requirement of the ring beam is to provide a place for attachment of the supporting legs. Figure 6 shows one possible solution for the 60 tonne capacity bin. Other shapes and proportions could be used and a combination of sizes and thicknesses of steel plates could be selected. See Trahair et al (1983).

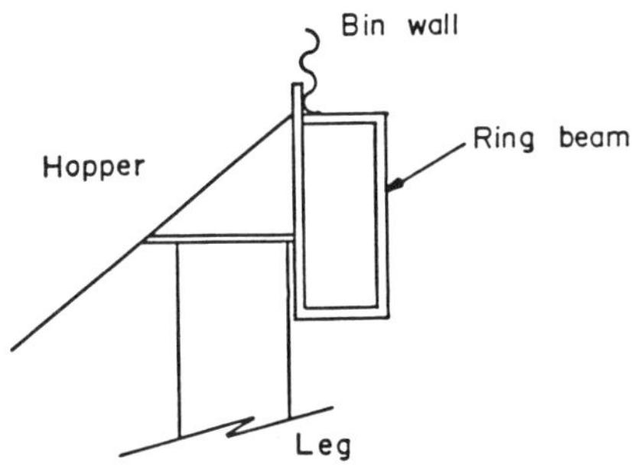

Fig.6 Cross-section of a ring beam which will provide bending and torsional strength

In some cases bin collapse has been due to failure of one or more legs. Frequently this is due to inadequate foundations, but in many cases the design of the ring beam neglected torsion forces. Twisting of the ring beam induced bending in legs selected to carry only vertical loads. Bracing is usually provided between legs, but is seldom of assistance in preventing twisting of the ring beam.

SUMMARY

Above ground hopper-bottomed bins have become very popular with farmers in Western Canada. In their rush to take advantage of this market, manufacturers have in some cases produced bins which have proven to be structurally inadequate. Others have built units which are much more than adequte, with a consequent waste of material. A clear understanding of the forces that can occur under various circumstances is essential to good design. A

few unusual problems in the design of hopper-bottomed bins could be addressed by finite element techniques, but the procedure outlined above will produce a satisfactory result.

REFERENCES

Jenike, A.W., Johanson, J.R. and Carson, J.W. 1973. Bin loads, Part 4: Funnel flow bins. J. Engng. Inc. Ser. B. 95:13-16.

National Research Council of Canada. 1989. Canadian Farm Building Code. Ottawa, Canada.

Lorenzen, R.T. 1959. Moisture effect on friction coefficients of small grain. ASAE Paper No. 59-416, Amer. Soc. Agric. Engrs., St. Joseph, MI.

Ooms, M. and Roberts, W.A. 1985. Significant influence on wall friction in the gravity flow of bulk solids. Bulk Solids Handling 5(6):1270-1277.

Trahair, N.S., Abel, A., Ansourian, P., Irvine, H.M. and Rotter, J.M. 1983. Structural design of steel bins for bulk solids. Australian Institute of Steel Construction, Sydney.

Van Zanten, D.C., Richards, P.C. and Mooj, A. 1977. Bunker design, Part 3: Wall pressures and flow patterns in funnel flow. J. Engng Ind., 99:819-823.

Land and Water Use, Dodd & Grace (eds), © 1989 Balkema, Rotterdam. ISBN 90 6191 980 0

Le stockage en dôme

A.Ribadiere
Cecia Ingéniérie, Poitiers, France

J.M.Moyer
Coopérative Agricole Tourangelle, Tours, France

RESUME : La Coopérative Agricole Tourangelle Tours, France, a réalisé en 1988, pour la première fois en Europe, deux domes demi sphériques de 21 000 m3/H unitaire, pour le stockage des céréales et oléagineux. Cette technique de construction est économique pour les grands volumes et présente plusieurs avantages spécifiques, comme l'isolation thermique, l'étanchéité à l'air. On peut donc avantageusement utiliser cette technique de construction pour les stockages de produits en atmosphère confinée, sous gaz, en ambiance réfrigérée ou même négative, aussi bien pour l'entreposage de céréales que pour des produits hydratés. On utilise également cette technique pour le stockage du ciment, du charbon, des engrais. On peut également réaliser les dômes pendant les périodes de pluie ou de gel.

1 LA TECHNIQUE DE CONSTRUCTION DOME SYSTEMS

La technique Dome Systems comprend les phases de préparation et exécution suivantes :

1.1 Réalisation des fondations circulaires

1.2 Préparation de la toile tissée et enduite, selon la forme recherchée possédant un axe de symétrie vertical, les éléments de toile étant assemblés par soudage. Les formes les plus économiques, pour les enceintes de stockage sont généralement des demi-sphères, mais peuvent également être différentes. Les diamètres peuvent varier de 20 à plus de 100 mètres

1.3 Fixation de la toile aux fondations

1.4 Gonflage, avec maintien d'une pression constante de l'enceinte pendant toute la durée de l'exécution.

1.5 Projection de mousse de Véthane, en plusieurs couches, pour une épaisseur totale de 50 mm ou plus, avec fixation des cintres.

1.6 Mise en oeuvre du ferraillage avec fixation sur les cintres.

1.7 Bétonnage à la pompe à béton. Le bétonnage s'effectuant dans une enceinte à température et humidité relativement constantes, on obtient une qualité supérieure du béton, et une mise en oeuvre à l'abri des intempéries : pluie ou gel.

Cette technique présente l'intérêt d'une mise en oeuvre nécessitant peu de main d'oeuvre.

Aux Etats Unis, près de 500 réalisations de ce type existent depuis une dizaine d'années.

Actuellement, les réalisations les plus spectaculaires et importantes sont des dômes de plus de 100 mètres de diamètre soit un volume utile de 245 000 m3.

2 LES PRINCIPALES APPLICATIONS DE LA TECHNIQUE

2.1 Les domaines techniques d'intérêt

2.1.1 Le cas de terrains de faible résistance

Dans le cas de terrains de faible résistance le principe de la structure dôme est intéressant car il permet de réduire les efforts consécutifs au poids propre du dôme et aux efforts de frottement du produit stocké sur les parois :

- le dôme étant d'épaisseur variable décroissante de la base vers le sommet

- la forme convexe réduisant la pression du produit sur la paroi, donc les efforts de frottement jusqu'en partie inférieure de la paroi.

2.1.2 L'isolation thermique

Le principe de construction utilisé conduit à la mise en oeuvre de l'isolation thermique à l'extérieur de la structure porteuse, ce qui élimine les efforts dus aux gradients thermiques.

Sur le plan de l'isolation thermique, l'épaisseur minimale de 50 mm mise en oeuvre assure une excellente isolation thermique, l'épaisseur pouvant être accrue selon les besoins jusqu'à l'obtention d'une isolation de qualité frigorifique, pour le cas de températures intérieures positives ou négatives.

2.1.3 L'étanchéité

L'étanchéité est due à la mise en oeuvre de la membrane extérieure qui, réalisée de façon continue, assure une étanchéité absolue depuis les fondations, pour l'air ou un gaz quelconque, comme CO_2 ou N_2.

Cette étanchéité est confortée par la mousse isolante qui comporte 90 % de pores fermés.

L'étanchéité s'entend donc

- naturellement aux intempéries

- aux gaz, si l'atmosphère intérieure doit être confinée ou remplie de gaz.

2.1.4 La résistance à la corrosion

La résistance à la corrosion de :

- l'air ambiant extérieur

- nombreux produits à l'intérieur

est assurée par :

- la membrane extérieure qui comporte la surface extérieure en PVC

- la paroi béton armé projeté intérieure

2.1.5 La rapidité d'exécution

La rapidité d'exécution est principalement due au fait du mode constructif qui nécessite peu de main d'oeuvre, l'exécution se faisant :

- pour la membrane extérieure, équivalente à un coffrage, par simple gonflage

- pour la mousse et pour le béton, par projection

On notera également que, du fait de l'isolation thermique et de l'étanchéité, la mise en oeuvre de la structure porteuse en béton armé peut s'effectuer en période de température ambiante négative, cas où une construction classique ne peut être réalisée.

2.1.6 Les économies de transport induites par le procédé

La livraison sur site de la membrane et de la mousse, sous forme liquide, nécessite un très faible volume, moins de 10 m3 pour un dôme de capacité 21 000 m3. Ceci autorise un transport économique, même par voie aérienne.

Les autres matériaux, béton et acier, sont le plus généralement disponibles à proximité du site de construction.

2.1.7 La ventilation des dômes

La ventilation des dômes est très homogène car la forme du dôme conduit à des pertes de charges peu différentes entre les filets d'air situés au centre des dômes et ceux situés en périmétrie, ce malgré le grand volume de stockage dont la ventilation est mal maîtrisée pour les stockages classiques pour lesquels les différences importantes d'épaisseur de grain conduisent à de grands écarts de la circulation d'air.

2.1.8 Le coût compétitif

Selon les sujets d'intérêt ci-dessus et les techniques alternatives, la présente technique est, bien évidemment, plus ou moins compétitive, la conjugaison des différents domaines techniques d'intérêt ci-avant décrits rendant la technique Dome Systems toujours attractive et souvent très compétitive.

3 LES DOMAINES ECONOMIQUES D'APPLICATION

La liste ci-après des domaines économiques d'application correspond aux très nombreuses références accumulées aux Etats Unis.

On citera sans que la liste soit exhaustive :

3.1 L'architecture moderne appliquée aux lieux de culte, aux salles de spectacle, aux habitations... d'une manière générale aux formes convexes difficiles et coûteuses à réaliser en solution traditionnelle.

3.2 Les bâtiments de stockage en air ambiant, la forme de dôme étant celle la plus appropriée à une résistance mécanique maximale pour des quantités de béton armé minimales :

- stockage des céréales
- stockage des engrais
- stockage des pulvérulents divers, tels que tourteaux soja, manioc, matières premières pour l'industrie chimique, charbon, ciment...
- stockage de liquides...

3.3 Les stockages en atmosphère confinée

- pour les traitements insecticides nécessaires aux céréales
- pour éviter la présence d'oxygène
- pour effectuer des stockages sous gaz, azote, gaz carbonique...

3.4 Les stockages en atmosphère à température dirigée, positive ou négative, pour la réalisation d'entreposages de produits en vrac ou conditionnés.

4 LE CAS DU SILO DE COOPERATIVE AGRICOLE TOURANGELLE

Le silo projeté concernait le stockage des produits
après séchage, maïs et tournesol, soit deux silos
de 21 000 m3 unitaire de volume utile.

La solution classique, comparée à la technique dômes,
était constituée de deux cellules cylindriques ver-
ticales de diamètre 36 mètres, hauteur 19 mètres.

La solution dômes est constituée de deux dômes demi-
sphériques de 44 ml de diamètre. Les raisons qui ont
motivé le choix de la solution dôme sont les
suivantes :

- utilisation de fondations superficielles par
semelles circulaires avec appui sur sol reconstitué
de résistance 2 bars/cm2, d'où une économie importante sur les fondations.

- coût global de la solution dômes compétitive sur le
plan du coût de revient

- ventilation très performante, du fait même de la
forme du dôme

- suppression de tous les risques de condensation
existant pour les silos classiques, notamment pour
les périodes de ventilation en cours de remplissage
lorsque le produit en provenance du séchoir n'est
pas encore stabilisé et refroidi

- possibilité ultérieure d'étancher les cellules, si
l'intérêt économique de cette utilisation est démontré.

Land and Water Use, Dodd & Grace (eds), © 1989 Balkema, Rotterdam. ISBN 90 6191 980 0

Analysis of funicular structures and tests on materials for specialized arboreal cultivations

G.Scarascia Mugnozza
Bari University, Italy

C.Manera, V.De Luca & P.Picuno
Basilicata University, Italy

ABSTRACT: An analysis is made with the finite elements method on spatial support systems (Pergola) for table grape and actinidia cultivations, which are currently expanding throughout Italy and other Mediterranean countries, by defining the global static-displacement behaviour of the structure subject to the service loads and to the wind action. Then the results of mechanical strength tests on samples of materials to be used for the structural members subject to tension are illustrated. On the basis of the achieved results, criteria of structure design and of choise of traditional and new materials, are obtained.

RESUME': L'analyse se fait par la méthode des éléments finis de systèmes spatiaux de soutenement pour la culture de raisin de table et d'actinidia, actuellement en expansion en Italie et en d'autres Pays de la Méditerranée, définissant le comportement statique et déformatif global de la structure exposée aux charges utiles et à l'action du vent. On régistre en outre les résultats des éssais mécaniques d'endurance sur des échantillons de matériaux à utiliser pour les éléments structuraux exposés à la traction. Sur la base des résultats obtenus on tire des principes de projet de la structure et de choix des matériaux nouveaux et traditionnels.

ZUSAMMENFASSUNG: Mit der Methode der finiten Elemente führen wir eine Analyse von räumlichen Trägersystemen (Pergolen) für den Tafeltrauben und Actinidiaanbau durch, der momentan in Italien und anderen Mittelmeerländern in zunehmendem Maße betrieben wird. Wir bestimmen dabei die Nutzlast und Windlasten ausgesetzten Konstruktion hinsichtlich statischer Verformungen. Wir erläutern weiterhin die Ergebnisse von mechanischen Festigkeitsprüfungen an Materialproben, die für die Zugkraft ausgesetzten Konstruktionselemente verwendet werden können. Aufgrund dieser Ergebnisse erhalten wir Kriterien für die Ausmaße der Konstruktion und die Wahl von traditionellen und innovativen Materialien.

1 FOREWORD

The present trend for table grape and actinidia (kiwi) arboreal cultivations tends towards forms of pergola growing, since they allow us to obtain the best quantitative and qualitative production results (Di Lorenzo 1987) and, at the same time, to rationalise the vegetable apparatus disposition in function of coltural, irrigation and crop operations.

Nowadays, in Italy, such a growing system for table grape production occupies an area of about $8.0 \cdot 10^4$ Ha, with a yearly production of about $1.7 \cdot 10^6$ tons, of which 40% is intended to be exported (Baccarella 1987); its diffusion is also worthy of note in other Mediterranean countries, particularly in Spain (Negueroles 1987). In Italy there is a remarkable expansion of actinidia cultivations, too, practised with pergolas in the Southern regions, with yearly productions of $4.5 \cdot 10^5$ tons on an area of about $9.0 \cdot 10^3$ Ha.

Since currently the realization of such
plants is based on empirical constructive
criteria, we studied the static-deforming
behaviour of the structure in its whole by
using the finite elements method applied
to schemes close to the most
representative real model, under several
load conditions, and by giving design
criteria of such structures for
agriculture and choice of materials. To
this purpose we carried out some
laboratory tests on some traditional and
new materials to be used to make the
supporting structure members subjected to
tension.

2 STRUCTURAL ANALYSIS

2.1 Geometry description

The adopted geometrical scheme is
considered the most suitable to the
agronomic demands (Liuni 1978), as can be
remarked by results of the present
realizations.

The pergola structure (Fig.1) can be
seen as essentially composed of a
suspended plane parallel to the soil, set
at a certain height, made of two main
orthogonal counterlaths of wires forming a
square mesh grid supported by a series of
uprights, or posts, connected with the
mesh wires meeting points. The so-formed
network is made, together with a secondary
strings counterlath, to support the
vegetation and the fruits deriving from
the arboreal stems sited in correspondence
of each upright. Vertical uprights and
net-like mesh are in equilibrium by the
border tie wires inclined and anchored to
the soil.

The structure is sorted locating some
members which can be traced back in two
essential types. In fact, assuming that
the meeting joints between two orthogonal
wires and the post represent spatial
pinned joints, and that the uprights and
the inclined border tie wires are
restrained to the soil by spatial hinges,
the two kinds of members are: the upright,
corresponding to a bar reacting to
compression, and the string segment
between two joints reduced to essentials

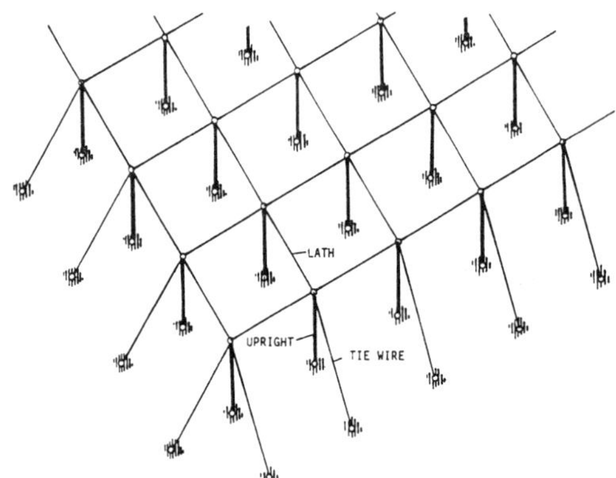

Fig. 1. Axonometric view of a pergola.

as a wire supported at the two ends, only
reacting to tensile forces.

The adopted dimensions are the
following: square mesh lenght: 3.00 m;
uprights height: 2.20 m; ties inclination:
45° .

2.2 Calculation method

The structural analysis of the located
scheme, made of bars and wires, is carried
out with the finite elements method
(Brebbia 1982) based on the following main
operations:

- loads distributed on wires, on the
basis of considerations of highly tension
wires' compatibility and equilibrium
(Belluzzi 1977), are traced back to
equivalent energy joint loads collected in
the $\underline{P}$ vector;
- the resolving system is expressed in
the joint displacements unknown
quantities, indicated by matrix $\underline{U}$, and it
is obtained starting by a configuration
already compatible, through the static
equilibrium in each joint: $\underline{K} \cdot \underline{U} = \underline{P}$ (1)
where $\underline{K}$ is the structure's global
stiffness matrix.

Obtained the unknown quantities joint
displacements $\underline{U}$, by solving the aforesaid
equation system, we determine the joint
loads through the relations of
constitutive link of members, and
eventually the resultant forces at the
members end. With the word member we mean
both the post and the wire segment; this

latter has a non-linear load extension law which is computable (Belluzzi 1977) by the taking on of a fictitious elasticity modulus of the wire equal to:

$$Ef = E/(1 + (q^2 L^2 EA/12\ N^3))\qquad(2)$$

where:
E = effective elasticity modulus ($2.1 \cdot 10^5$ N/mm^2);
L = span of the wire segment;
q = uniform distributed load;
A = wire cross sectional area;
N = axial stress.

Regards the geometrical non-linearities induced in the structural complex, these are neglected because of the slight influence on the static condition.

The calculation pattern was expressed in operative terms in a resolutive algorithm and codified in a proper computer program (in Pascal language operating in MS-DOS).

2.3 Tie wire anchor system

Presently anchors are made in an empirical way, without any static trial-and-error test, with dead-man blocks embedded into the soil. After studies (Briassoulis 1984) on this subject, we inferred indications about the most efficient anchor systems and relative pull-out values by which we deduce allowable loads which can be assumed in the examined structures. In fact screw, arrowhead and dead-man type inclined anchors, have pull-out capacities of 533÷769 daN (for 15.2÷20.3 cm diameter), 159÷303 daN (20.3÷25.4 cm), 263 daN (for a cube with side 15.2 cm) respectively, calculated by the equation:

$$Qu = (Nu)\ c\ A + S\qquad(3)$$

where:
Qu = pull-out load capacity;
Nu = pull-out coefficient;
c = undrained shear strenght of the soil;
A = projected area of the anchor plate;
S = shaft resistance.

For this case the values given above must be reduced by applying suitable safety coefficients.

2.4 Loads

While in a previous study (Scarascia 1988) we only considered the dead and the live loads, in this second study we also considered some combinations with additional loads. In fact, apart from the dead loads made by structure's weight and by vegetation, and the live loads represented by fruit, we considered the wind load which can cause a pergola collapse. In the evaluation of the wind load we only examined the static effect, neglecting the dinamic one, according to the Italian Standard (Min. LL.PP. 1982) on Constructions which, for wind blowing parallel to the soil and for rectangular plant plain covering, state a value of static pressure:

$$p = c\ q\qquad(4)$$

where :
c = coefficient of shape or exposition ($\pm$ 0.6);
q = kinetic pressure (60 daN/m^2).

Such wind load is carried out for "sail effect"; the wind canalizes below the suspended plane supporting the pergola and,by bumping against the soil, acts as kinetic pressure or depression on the cover surface.

The vertical eolian action has been evaluated, not being a civil building, by considering the effective degree of covering of the surface itself and the non-contemporaneousness of the wind action on the whole structure; so, wind load (4) has been corrected with a coefficient 0.17, then the uniformly distributed wind load is p = 6 daN/m^2.

Concerning the wind horizontal loads the static pressure on vertical and horizontal border elements was evaluated as follows (Ministero LL.PP. 1982):

$$W = c\ q\ S\qquad(5)$$

where:
c = shape coefficient of the exposed surface (1.1, 1.2 for horizontal and vertical border members respectively);
q = kinetic pressure (60 daN/m^2);
S = exposed surface for lenght unit of the

member.

Such effects are taken back to horizontal forces concentrated on the border joints and, in this case, they contribute with a concentrated load of 14 daN .

Service and additional vertical loads due to the wind act on the network and are distributed on the wires, of span L = 3.00 m, considering the influence areas for the wires themselves.

We considered the following load condition combinations, referred to a spatial cartesian reference system with x-y axes, parallel to network's sides, and z vertical:

I) dead loads + live loads:

q_z = -7.5 daN/m uniformly distributed;

II) dead loads + live loads +horizontal forces due to the wind:

q_z = -7.5 daN/m;

F_x = 14 daN;

III) dead loads + live loads + wind loads uniformly distributed downwards + wind horizontal forces:

q_z = -16.5 daN/m;

F_x = 14 daN;

IV) dead loads + wind loads uniformly distributed upwards + wind horizontal forces:

q_z = +7.5 daN/m;

F_x = 14 daN .

3 TENSION TESTS ON MATERIALS

Within the members which can be distinguished in the pergola structures, namely the soil anchors, the compression and tension members, those latter, made of strings which could be made with several materials, were object of study and laboratory tests. In fact the tension members, together with the soil anchors, seem to be the structural components which are more susceptible to development from the point of view of a correct design and of the application of new materials.

3.1 Materials and methods

To obtain the allowable stresses to be introduced in the structural analysis, we conducted laboratory tension tests on specimens of materials largely used in the present tecnique of plants for pergola cultivations, as galvanized iron wires with ordinary superficial galvanizing, equal to 90 g/m^2 ,and a series of specimens of materials such as stainless steel wire AISI 304 and 310 which, together with AISI 430 and 434, are more and more affirming for their specific peculiarity as regards the characteristics of tensile properties and corrosion resistance (Melotti 1986).

The tests, carried out according to the Italian Standards (UNI 1979), were conducted in the laboratory for material tests of the Institute of Rural and Forest Engineering of the University of Basilicata; the specimens, obtained by wires of diam. 1.5, 3.0 and 4.4 mm (10 for each sample) had a total length of 300 mm with an useful length stretch of 200 mm. The tests were made on a Galdabini PMA 10 universal testing machine, with a speed of testing not superior than 30 $N/mm^2 \cdot s$.

3.2 Laboratory tests results

The results, expressed in average value, are reported in Tab. 1 .

Table 1. Tension tests results on galvanized iron and stainless steel wires specimens.

Material	fs	ft	A%
galvanized iron	37.122 ± 0.233	46.101 ± 0.212	12.625 ± 0.688
stainless steel	----- -----	84.920 ± 0.214	9.655 ± 1.259

where:

fs = tensile strength at yield (daN/mm^2);

ft = tensile strength at break (daN/mm^2);

A% = per cent elongation at break.

From Fig. 2, reporting the stress-strain diagram for a galvanized iron wire and a stainless steel one having the same diameter (1.5 mm), emerges the different behaviour of the two materials under the same test's conditions. From the achieved results, we inferred the tensile stress values (σ_c) to be introduced in the calculation for the tension members.

Referring to the Italian Standards and considering that materials for the examined structures don't have to satisfy to the same factors of safety of the materials adopted in buildings we can write:

$$\sigma_c = 0.75 \ ft/ \ \gamma m \qquad (6)$$

where $\gamma m = 1.5$, 1.33 in absence and in presence of wind action load conditions respectively. From (6) we obtained the following values in daN/mm^2 :

Table 2. Design unit stress values for galvanized iron and stainless steel wires without wind and with wind load combination.

Material	LOAD CONDITION	
	wind absen.	wind pres.
	σ_c	σ_c
galvanized iron	23.0	26.0
stainless steel	42.5	48.0

4 RESULTS AND DISCUSSION

In a previous study we only considered service loads and structure having constant wires cross section areas for any tension member. An analysis made in the aforesaid way allowed us to determine, with the same extensional stiffness of the tension members, the stresses differences in the characteristic members: tie wire, lath and upright.

From the obtained results it has been

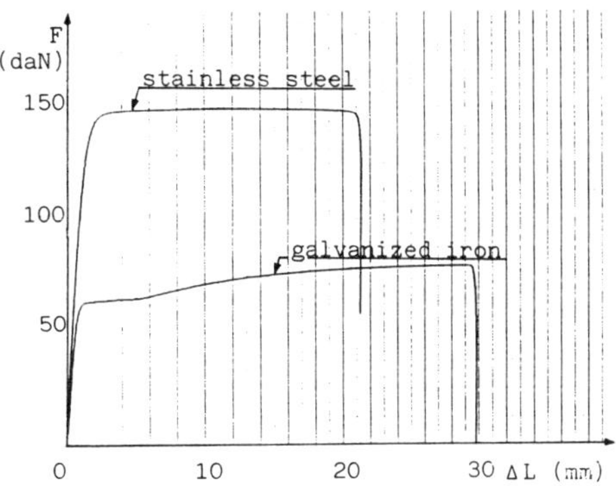

Fig. 2. Stress-strain diagram for 1.5 mm diameter wires in galvanized iron and stainless steel AISI 304.

possible to put the higher stress level of the border wires in evidence, compared to that one of the laths, because they were made to support the structure in its whole, so in this second study we used larger diameters for tie wires compared to those ones of the internal wires by admitting a theoric deflection to get a material saving. With the calculation program application we determined the stresses and the deformations of the members with the variation of:
  - number of structure meshes;
  - values of induced stress condition due to initial pretractions;
  - combinations of acting loads;
  - cross sections of members.
So the elaboration of the obtained results was done on the main members and drawn on the following diagrams.
The diagram of Fig. 3 was done to analyse the influence of the number of meshes constituting the structure on the stresses in the tension members; it is shown that curves (relative to tie wires and laths) are close to the stress asymptotic value in corrispondence to a pergola with 20 x 20 meshes: this allows the assimilation of the structure with an infinite number of meshes to the 20 x 20 mesh and so the generalization of the obtained results.

Comparing the stresses resulting in tie wires, for the loads combinations considered (Fig.4), we inferred that the heaviest combination is III, corresponding

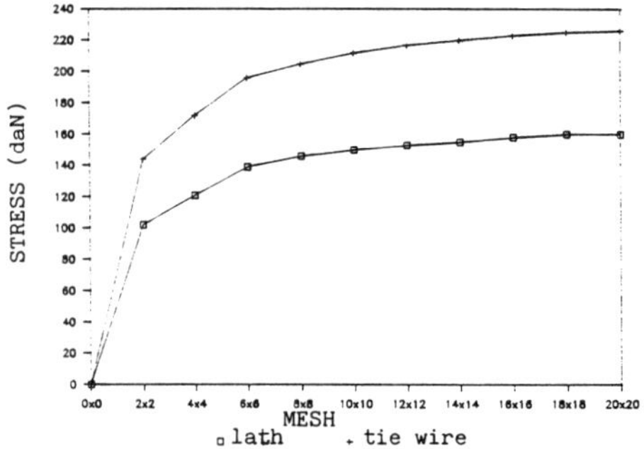

Fig. 3. Tensile stress in tie wires and laths, 4 and 3 mm diameter respectively, in function of the number of meshes. Load combination I, pretraction force 75 daN.

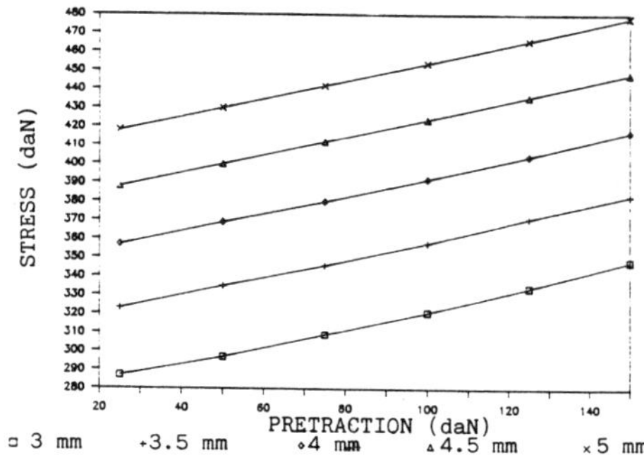

Fig. 5. Tie wire tensile stress-pretraction diagram for different cross section areas. 20 x 20 mesh structure, load combination III.

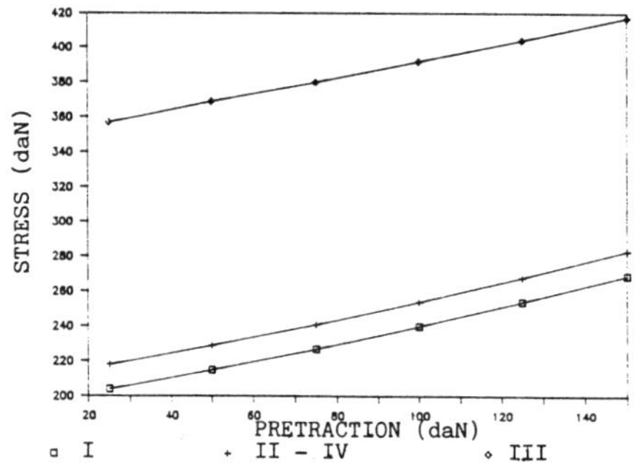

Fig. 4. Tie wire tensile stress-pretraction diagram for different load combinations. 20 x 20 mesh structure, diameter 4 and 3 mm for tie wires and laths respectively.

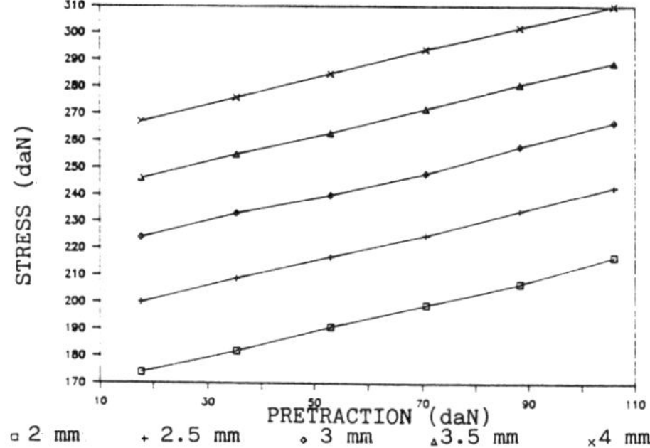

Fig. 6. Lath tensile stress-pretraction diagram for different cross section areas. 20 x 20 mesh structure, load combination III.

to the presence of fruits and to wind horizontal and vertical action. The resulting stresses in both loads combinations II and IV are the same.

Considering the stress developed in tie wires (Fig.5) and in laths elements (Fig.6), in function of pretraction and at the cross section variation, we see that the tensile force shows a sensible increase with the increase of the wires diameters, and in a lesser extent, with the increase of the imposed pretraction. So the use of wires made by materials with a better unit tensile stress -as stainless steel- allows us to reach the double objective of reducing cross sections and containing the forces resulting on the

anchors. In fact, the increase of tensile stress allows us to reduce the cross sections, tensile forces being equal and, since the system is hyperstatic, such reduction developes a further stress decrement (Fig. 5 and 6)and wires section decrease. In this case, for example, the tensile stress difference between galvanized iron and stainless steel (Tab.2) would give, with the same tension, about a 45% reduction of stainless steel strings cross sections. This reduction reaches 55% if we carry out the global structural analysis with the effective required cross sections. The economies, reached in this way, in terms of savings of material in the tension members and in the soil anchors can counterbalance the higher costs due to the use of stainless steel wires.

However pergola plants with galvanized iron wire, as used nowadays, need an oversizing of cross sections because of corrosive phenomena which cause dangerous reductions of the cross section areas. So it is suitable to study materials, alternative to the traditional ones, which, in spite of the higher unit costs, allow us to obtain high reductions of the quantities with further economies realizable in the construction phase, thanks to the better capacity of working on strings with little diameters. Moreover we must not neglect the longer endurance of the stainless steel wires compared to the galvanized ones, which because of the corrosions occuring during the pergola life, need frequent changes with consequent high maintenance costs.

The tendency of wires' deflections at centre of span, in function of the pretraction and for different used diameters (Fig.7), is inversely proportional to the strings cross sections and sparely dependent on the stress condition induced in the construction phase, so the material saving which can be obtained by using strings with little diameters involves, as negative effect, an increase of the maximum deflection under load that we'll consider for the functionality of the plant.

The structural global deflected form in load combination I and III, without support failures, puts in evidence that pinned joints on the uprights tops deflect within the network plane. The deflections -of few millimeters- are directed towards the internal part of the structure, with decreasing values passing from the external joints to those placed along the symmetry axes.

Concerning the stresses in posts, by the results of this analysis we deduced that corner posts are subject to compression by far superior than the others (Tab.3). Given the static importance, in the border upright design it will be necessary to consider the slenderness ratio and also possible impacts caused by farm tractors.

In the case of acting wind loads in depression on dead loaded pergola (loads

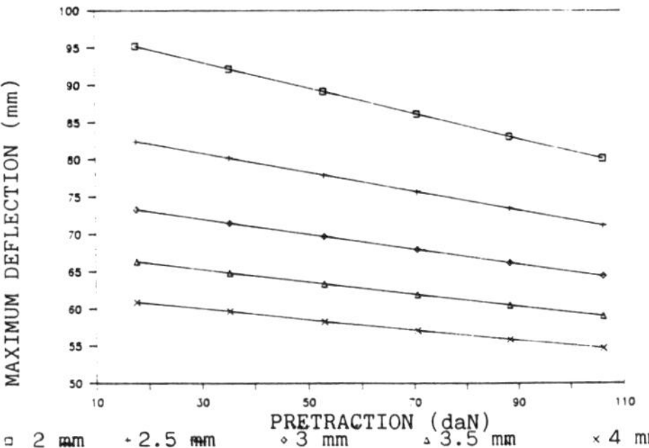

Fig. 7. Lath maximum deflection-pretraction diagram for different cross section areas. 20 x 20 mesh structure, load combination III.

combination IV) it is necessary to verify that the tension in uprights will not exceed the weight and the pull-out resistance of themselves. If the value is higher, the lift of the internal posts could occur, with consequent damages and possible collapse of the structure.

Table 3. Upright compression stress envelope for minimum and maximum pretraction force (25 and 150 daN).

DIAMETER CROSS SECTIONS		corner post	border post	int. post	int. post (tens.)
Lath	Tie wire	qIII	qIII	qIII	qIV
(mm)	(mm)	(daN)	(daN)	(daN)	(daN)
2.0	3.0	409÷490	254÷295	100	45
2.5	3.5	458÷540	279÷320	100	45
3.0	4.0	504÷585	302÷342	100	45
3.5	4.5	547÷627	324÷364	100	45
4.0	5.0	586÷663	344÷384	100	45

5 CONCLUSIONS

The structural analysis made on pergola agricultural structures schemes allowed us to define the real values of stresses and deformations developed by loads, and to show that the calculation of extended pergola tipologies can be reduced to structures with a limited number of meshes.

Doing calculations for several combinations of possible load conditions, we remarked that the heavier condition is given by the service loads and wind actions, so in windy areas it is suitable to use natural or artificial windbreak.

We also analysed the possibility of realizing tension members with several cross section areas in order to use new materials alternative with galvanized iron generally used. In fact, from the results of some tests, we saw that stainless steel strings have tensile strength higher than galvanized iron wires; then we must not neglect the higher resistance of stainless steel to corrosion which is a big problem for farmers. The use of such materials would allow us to obtain remerkable savings in cross sections sizing, in construction operations and in structure maintenance.

Eventually, we must underline that the correspondence of the theoric calculation pattern to the real structure depends, above all, on the effective assembly operations, which don't often correspond to the supposed ones. So it is necessary to pay attention to realizations of anchors and of uprights supports, compared to the lift for "sail effect" of wind, by orientating the design choices towards low values of pretraction stress in wires to obtain economies in soil anchors too.

REFERENCES

Baccarella, A. 1987. Aspetti economici e commerciali dell'uva da tavola in Italia. Rivista di Frutticoltura. 6/7:17-21.

Belluzzi, O. 1977. Scienza delle costruzioni-Vol.1. Bologna: Zanichelli.

Brebbia, C.A. & J.J. Connor 1982. Fondamenti del metodo degli elementi finiti. Milano: CLUP.

Briassoulis, D. & J.O. Curtis 1984. Pull-out capacities of soil anchors. Transactions of the ASAE. 1:153-158.

Di Lorenzo,R. & I. Sottile 1987. Aspetti e problemi della viticoltura da tavola in Italia. Rivista di Frutticoltura. 6/7:23-33.

Liuni, C.S., V. Catalano, G. Cargnello & N. Di Donna 1978. Il sistema di allevamento "Puglia". Proc. Convegno Nazionale sulla vendemmia meccanica in Italia. Firenze:197-204.

Melotti, G. 1986. Impiego di fili di acciaio inossidabile in viticoltura. Vignevini. 6:35-38.

Ministero dei Lavori Pubblici 1982. Circolare N. 22631 del 24 Maggio 1982: Istruzioni relative ai carichi, ai sovraccarichi ed ai criteri generali per la verifica di sicurezza delle costruzioni. Roma.

Negueroles, J. & A.M. Cutillas 1987. L'uva da tavola in Spagna. Rivista di Frutticoltura. 6/7:53-60.

Scarascia Mugnozza, G., C. Manera, V. De Luca & P. Picuno 1988. Strutture funicolari di sostegno per colture arboree specializzate. Proc. IV Convegno Nazionale A.I.G.R. . Alghero.

UNI 1979. Prove di trazione dei fili di acciaio. UNI 5292. Milano.

Land and Water Use, Dodd & Grace (eds), © 1989 Balkema, Rotterdam. ISBN 90 6191 980 0

Designing agricultural buildings in relation to the landscape

S.Di Fazio
Istituto di Costruzioni Rurali, Università di Catania, Italy

ABSTRACT: The author describes the main factors influencing the appearance of agricultural buildings and suggests general design criteria to improve their visual impact on the landscape. A good appearance is not something which can be added at the final stage of the design process. It is strictly inherent in the conception of the building, since it is the result of structural, functional and economic choices oriented by an aesthetic aim. So improved appearance does not necessarily involve additional cost and can also be pursued in buildings - such as agricultural ones - which must meet technical needs in terms of cost and performance.

ZUSAMMENFASSUNG: DIE PLANUNG DES LANDBAUWESEN IN SEINEN VERHÄLTNISSEN ZU DER LANDSCHAFT. Die neuen landwirtschaftlichen Gebäude, die von viel großerem Umfang als die traditionellen sind und die rationell oder mit dem vorwiegenden Gebrauch von Fertigbauteilen ausgeführt werden, sehen völlig vom ihrem Verhältnis zur Umwelt ab und Kommen in die Landschaft aggressiv hinzu. In dieser Arbeit werden die Elemente erforscht, die zur Qualifizierung der landwirschaftlichen Gebäude beigetragen, und werden auch einige Richtlinien für ihre Planung empfohlen, um lin richtiges Verhältnis zur umliegenden Landschaft zu verwirklichen.

RESUME: LE PROJECT DES BATIMENTS AGRICOLES DANS SES RAPPORTS AVEC LE PAYSAGE. Dans cet étude on recherche des éléments qui concourent à définir l'aspect des bâtiments agricoles et on indique certains critères de pro ject pour réaliser une correcte intégration dans le paysage. On relève que on ne doit pas rechercher cette intégration comme une qualité additionelle   au finissage du projet   mais, plûtot comme relative à la conception du bâtiment et qui donc, ne comporte pas nécessairement un prix additionel.

1 FOREWORD

The evolution of agricultural buildings has always been guided by the choice of the most economical solution to specific needs.

In traditional rural architecture the use of local materials, an accurate siting and the research of the best adaptation to climate and orography has created some standard solutions, which determine perfect insertion of farm buildings in the natural environment, making them an integral and characteristic part of the landscape (figg. 1,2).

Over the recent decades the increasing technological advances in agriculture have led to major transformations in farming which is now organized according to an industrial scale and model. The updated techniques and machinery have markedly altered the agricultural buildings which now are only instruments for food production.

Because of the continuous changes in technology and in processing methods, new agricultural buildings rapidly become obsolete and have a very short economic life (5÷10 years). This seems to justify the absence of any aestethic aim which could involve additional expenses in the design of this type of buildings.

New farm buildings are much bigger than traditional ones and the majority are produced by building industries as "package deal systems" or are prefabricated. This makes them seem unrelated to the site and appear as obtrusive objects in the countryside (fig.3), appearance not being considered important in the design process.

Moreover, farm buildings can be observed from numerous viewpoints and could have a disturbing visual impact on a wide area if not well designed.

At present the need to improve the appearance of new farm buildings and their relationship with the landscape is becoming more and more pressing, due to the public's increasing awareness of the quality of the environment and the necessity to protect it, also according to the EEC directive on environmental impact assessment (CIGR report 1984).

2 AIMS AND METHOD

Because of the number, complexity and variability of the factors determining both the landscape and the possible ways of perception, it is very difficult to face the problem unless within well defined geographic regions with a strong formal identity.

Field studies of such areas, analysis and comparison of the main features of the prevailing landscapes define some standard-landscapes for which building design criteria can be suggested.

Parallel studies and typization of traditional farm buildings allow better understanding of some aspects of the building-landscape relationship (Failla, Cascone and Di Fazio 1987).

This paper is based on a systematic research carried out in eastern Sicily. The main factors influencing the appearance of agricultural buildings are defined and general design criteria are suggested to improve their visual impact on the landscape.

3 SITING

In order to realize correct accomodation of the building in the landscape, its location in relation to the visual impact it determines should be considered.

Farm buildings have great visual vulnerability and can be seen from several miles away. Therefore all the possible views from the nearby main roads, panoramic spots, residential areas, touristic facilities and paths should be taken in account when selecting the site.

By considering the possible viewpoints, the main features qualifying the appearance of the building can be singled out.

When a building is sited on a valley bottom, for example, it can be easily seen from above; so the articulation of its floor plan and roof shape require careful design.

The visual impact of a building can vary remarkably depending on its siting in relation to the contours of the landscape.

A building on the skyline appears dominant and if not well designed could have a disturbing effect over a wide area. However, the breaking of the horizon between earth and sky or of the natural outlines is not always negative. In open flat landscapes, for example, where there is a prevalence of horizontal lines, the building can act as a positive focal point and the presence of nearby vertical elements, such as silos and trees, can enhance the composition (fig.4c).

In a hilly or mountainous area farm buildings sited on the skyline can have a strong impact, because they create an indented visual effect (fig.4a). A sheltered position below the skyline and close to groups of trees acting as a visual screen or background, is always preferable (fig.4b).

4 FORM

Most new farm buildings have rectangular plan and are prominent isolated blocks, some over 70m long.

The materials commonly used (concrete, aluminium, galvanized steel, asbestos-cement) are very similar in colour and have a high reflectivity. The lack in colour contrasts does not allow distinction between the various building surface planes. Thus when viewed against a dark background (soil or vegetation) farm buildings look like white marks in the landscape (figg.3,5,6).

More articulated shapes, compatible with functional needs, can undoubtedly give a positive contribution towards improving the appearance of the building. Variations in roof height or in width, corresponding to different functional zones, break up the uniformity of the profile and can create interesting and well balanced outlines which adapt to the contours of the surrounding landscape.

The shape and the bulk of the building are perceived in different ways depending on the materials, the colours and the textures which are used.

5 MATERIALS

The choice of materials has always been determined by their availability and cost.

In traditional buildings this involved the use of local materials, which were easy to find and naturally matched the landscape. Whenever possible, such materials should be used.

The apparent scale of the building is amplified if the same materials are used for both roof and walls, whereas the use of different materials helps to break up wide,

Figg.1-2 Traditional rural buildings in
the area around Mt.Etna, eastern Sicily

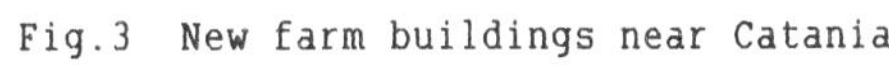

Fig.3 New farm buildings near Catania

flat and uniform surfaces (fig.7a,b).

Colour and texture are the main characteristics of a material in relation to the appearance of the whole building.

As time goes by some visual properties of the materials, such as colour and reflectivity, can be considerably altered by the weathering and the wear and tear.

In order to assess the appearance of the building during its lifetime some ageing effects can be simulated by doing accelerated weathering tests right from the early stages of design. Other effects can be artificially induced to improve the visual relationship between the building and the landscape. In regions where the climate permits, for example, the growth of moss and lychens on asbestos-cement roof sheeting can be hastened, in order to darken the colour of the roof, to lower its light reflectivity and to blend in with the vegetation and land.

6 COLOUR

In Italy, the use of coloured components for farm buildings has been discouraged by the high cost, the extra expenses and care required for their mainteinance. Over the last decade, the advent of industrially produced components and buildings that reached satisfactory standards has induced some industries to diversify their production and put on the market products available in a wider range of colours. Unfortunately such colours have not always been selected on the basis of their compatibility, giving rise to the need for building standards and codes to protect the visual environment and to direct the manufacturers towards the production of components in a well defined range of co-ordinated colours matching the prevailing rural landscapes.

When a building is viewed from afar colour is the main factor which determines the predominance of the building in the landscape.

"Warm" colours (i.e. colours towards the red end of the spectrum, such as yellow, orange and red) have a high visibility and give the impression of "advancing" the surface on which they are sited, whereas "cool" colours (blues, greens, etc.) seem to recede and have a subduing effect (Ray 1980). Therefore, an appropriate use of colour can create a tridimensional effect on a flat surface, compensating the lack of articulation of the building's shape.

It has been demonstrated that there must be a value 2 difference (Munsell colour system's scale) to determine clear definition between two contiguous planes (Design Council 1975).

In order to relate the building to the earth rather than the sky, roofs should be darker than the walls. Sloping roofs reflect much more light than the walls and can seem predominant (fig.5). Therefore, roof should be at least two degrees of reflectivity less than the walls in order to reduce the apparent scale of the building – enlarged by light colours and lessened by dark ones.

7 TEXTURE

Texture is the surface characteristic of a form and can be perceived only from a short or middle distance. It greatly influences the light reflective qualities of the building's surfaces. Different textures on the same surface determine varying greyness in far distance views.

Therefore, variations of texture can help in defining different areas of the same plane, breaking up its visual uniformity.

Light reflectivity can be reduced also by opportune treatment of surfaces.

By spraying dilute metallic oxides (sulphates of iron, manganese or copper) in three solutions over asbestos-cement claddings, stable colours can be obtained and roof brilliancy can be reduced, since the surface becomes rougher and less uniform than with factory finishes (BAP 1980).

When aluminium or galvanized-steel claddings are used for the roof, the shape of profiling should be taken into careful consideration. This determines the extension and the form of shadows cast by interruptions of the surface. Therefore appropriate choice of profile can reduce the high reflectivity of such materials.

8 RELATIONSHIP TO EXISTING BUILDINGS AND GROUPINGS

When a new agricultural building is erected near an already existing building complex, not only should it have a pleasing appearance, but it should also be conceived as one element with the surrounding buildings.

This is particularly important when these buildings are traditional and part and parcel of the landscape which must be safeguarded.

It is very difficult to site modern farm buildings within an existing group of traditional buildings (fig.9) unless, if the function permits, their shape and size can be changed to satisfy compositive requirements.

In the majority of cases it is better to place the new building some distance away

from the existing ones, so as not to alter
the harmony. Architectonic characteristics
of the new structure (materials, colours,
roof, details, etc.) should be compatible
with the traditional buildings.

Vegetation can be used to link the volumes visually.

Silos can be situated near other buildings without greatly altering their appearance and acquire a formal role like other
traditional structures which have an obvious vertical development (towers,
windmills, belltowers). Even in the '30s
Giuseppe Pagano, one of the fathers of Italian modern architecture, observed:
"Despite the romantics, even the shape of
the silos has now become part of the rural
picture, architectonically plastic like the
belltower of the church in Pomposa".

Unlike the traditional organization of
buildings around a central yard (fig.8),
modern management requirements have led to
prefer linear layouts and 'open' plans.
These facilitate movement of large vehicles
and future extensions or modifications.

New farms buildings are rarely sited
near each other and this scattering may be
visually disturbing unless the positioning
of the buildings is studied together with
the external space.

9 LANDSCAPING

The space surrounding the building links
the building to the landscape. Therefore it
requires thorough study, above all as regards paving, vegetation and boundaries.

9.1 Paving

The functions of the area obviously greatly
influence the landscaping. Machinery movement often necessitates wide paved passageways connecting the various building units.

When the paved surfaces can be seen from
above they are as visually important as the
building. If they cover a wide area their
apparent scale must be reduced by means of
appropriate choice of colours and textures.
In this way they can be subdivided into
smaller areas, as has been suggested when
dealing with the external facade of the
building.

9.2 Vegetation

Traditionally the presence of trees, hedges
and other vegetation around a building -
besides fulfilling various functional requirements (building marking, protection
from sun, wind, noise, etc.) - has always

had an aesthetic role. In fact, it helps
the building to merge with the environment
as it is a link between the geometric lines
of the building and the organic lines of
the natural landscape.

As regards new structures, these should
be erected in consideration of existing
vegetation, avoiding as far as possible,
the removal of adult trees and trying to
create harmony between the building and the
vegetation.

In many cases a simple background of
trees is the easiest and most efficient way
of relating agricultural buildings to the
landscape, since it softens the harshness
of the outline and reduces the apparent
size.

When new trees are to be planted it is
best to choose local species, which adapt
to the environmental conditions and are already an established part of the existing
landscape.

G.A.Jellicoe suggests that landscape architets should position the plants,
firstly, to hide what must not be seen, and
secondly to focus attention on elements
such as a good appearance from a distance,
or good architecture. Considering vegetation as a mere screen could encourage careless design as regards the formal and compositive aspects of the building. The building is not something which disturbs or has
to be hidden. On the contrary, it must be
considered as an element of the landscape,
meaningful in itself, which can also emphasize the characteristics of the natural environment or modify them positively.

Apart from functioning as a backdrop,
vegetation can also be used to create a visual link between the buildings or, on the
contrary, to break up the monotony of vertical overlarge planes.

9.3 Boundaries

The boundary elements (rows of trees,
fences, hedges, low walls, etc.) are characteristic of many areas. In the countryside around Ragusa for example, dry limestone walls, which are very white in the
sunlight, are a distinctive characteristic
of the agricultural landscape. Similarly in
the area around Mt. Etna, black lava stone
walls are very often used as a barrier or
for terracing the land.

Since these structures can involve a
large area, they should be taken into serious consideration and related to the landscape by following the local tradition.

The height of barriers should be related
to the views especially when they are built
alongside a road. In this case walls, hedges or rows of trees can remarkably in-

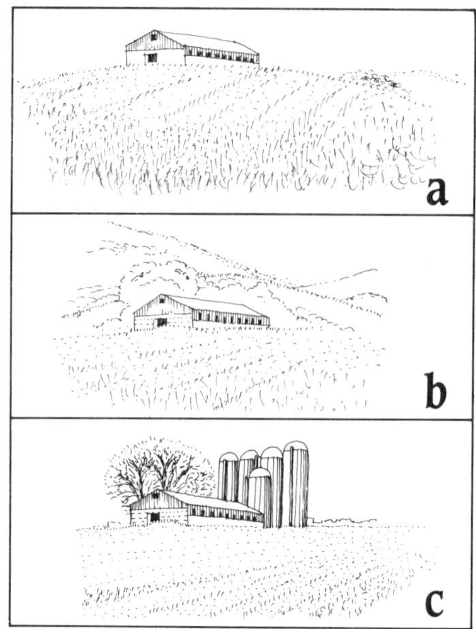

Fig.4 Building siting in relation to the natural contours of the landscape.

A building sited on the skyline appears dominant (a). The prominence of the building can be minimised by setting it against a background of trees or land (b). In open flat landscapes vertical elements such as silos and trees can well counteract the horizontal look of low and very long buildings (c)

Figg.5-6 Farm buildings in the countryside around Ragusa, eastern Sicily.

The building materials commonly used are very similar in colour and have a high light reflectivity. Therefore, when viewed against a dark background new farm buildings look like white marks in the landscape

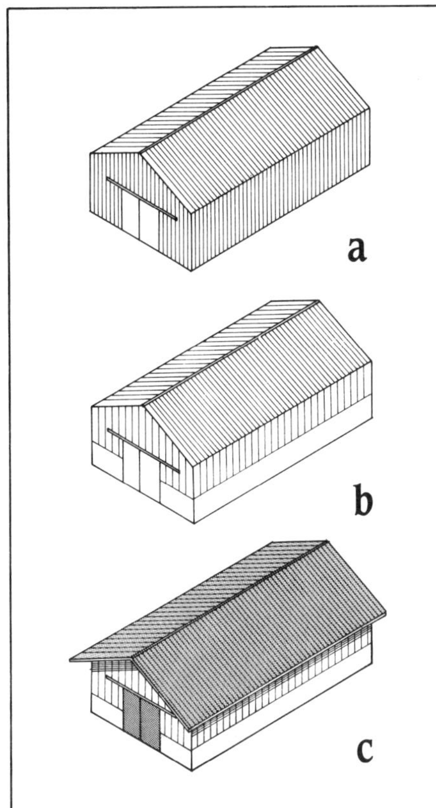

Fig.7 If the same materials are used both
for the roof and the walls the scale of the
building appears larger (a). On the
contrary, by using different materials (b),
overhanging roofs and brightly coloured
doors and windows (c), it can be reduced

Fig.8 Historic farm steading (17th
century) near Ragusa

Fig.9 New farm buildings sited within an
existing group of traditional buildings
near Ragusa

fluence the way the landscape is perceived
from the road, since they determine the
succession of views.

10 DETAILS

Some details of the building which can be
observed from the middle and far distance
deserve special attention. For example, the
alternation of gaps and filled spaces on
the external envelope due to the positioning of the openings, can give movement and
balance to the facade if carefully designed
as regards dimensional co-ordination, scan-
ning and alignment.

The effect can be accentuated if the colour of the fixtures is particularly intense and bright.

In the same way the prominence of the
eaves of the covering in respect to the
wall visually links the building to the
ground and reduces its apparent height.

Similar considerations can be made for
other details such as gutters, rooflights,
etc.

11 CONCLUSIONS

Because of the essential instrumental nature of agricultural buildings as regards the
productive requirements of a farm, any aesthetic improvement must be economically
viable.

In any case, a good appearance cannot be
added at the final stage of the design
process. Form in architecture is strictly
inherent in the conception of the building,
since it is the synthesis of the solutions
to structural, functional and economic
problems oriented by an aesthetic aim. A
better appearance is therefore the result
of a better "economy", conceived as the co-
ordination and proportion of the parts in
relation to the whole.

Thus, improved appearance does not necessarily involve additional cost and can
be pursued also in buildings - such as a-
gricultural ones - which must meet technical requirements in terms of cost and
performance. However to do so, appearance
must be considered from the early stages of
the design process.

In addition to greater sensitivity on
the part of the designer, more widespread
improvement of agricultural buildings requires more careful study by the producer
of building components and prefabricated
structures in order to create a wider range
of available products compatible with the
landscape.

Since farmers have always been the principal guardians of the rural landscape,
there should be an education programme un-
derlining the importance of these environmental considerations. Local authorities
and advisory service to give the farmers
advice and technical assistence can have an
important role in this program, which could
be supported by informative leaflets and
publications to help the farmers select the
best solutions.

Finally, we must emphasize the urgency
and the importance of further studies on
this subject so that any future technological innovation and transformation in agricultural buildings can be controlled so as
to bring about a positive, rather than
aggressive, contribution to the landscape.

REFERENCES

BAP 1980. Coloration des plaques a.c. par
sels metalliques. Paris.
Chiappini, U. 1987. Edilizia rurale al tor-
nante dell'agricoltura che cambia. Genio
Rurale (L)1: 35-42.
Chiappini, U. 1988. La progettazione degli
edifici agricoli oggi e domani. Genio
rurale (LI)9: 5-9.
CIGR 1984. Farm buildings in the landscape.
Working group report. Bruxelles.
Cull, S. 1987. Design guidance for farm
buildings. Farm buildings and engineering (3)3: 12-16.
Di Fazio, S. & C.R.Fichera 1989. Architettura rurale e paesaggio: un rapporto
da ristabilire. Genio Rurale (LII)1:
35-42.
Failla, A., G.Cascone & S. Di Fazio 1987.
L'architettura rurale nella regione
etnea. Proceedings of the national conference on "L'architettura rurale nelle
trasformazioni del territorio in
Italia". Bari.
Jellicoe, G.A. 1969. L'architettura del
paesaggio, pp.59-71. Milano: Edizioni di
Comunità.
Munari, B. 1968. Design e comunicazione
visiva. Bari: Laterza.
O' Farrell, F. 1987. Farm buildings and the
environment. Dublin: The Agricultural
Institute, Handbook series no.24.
Pagano, G. & G. Daniel 1936. Architet-
tura rurale italiana. Milano.
Ray R.D. 1980. Some aspects of the visual
environment. Farm building progress,
vol.60: 5-6.
Weller, J.B. 1971. Agricultural buildings.
RIBA Journal of the Eastern Region
vol.22: 17-25.

Land and Water Use, Dodd & Grace (eds), © 1989 Balkema, Rotterdam. ISBN 90 6191 980 0

Evolution of agricultural buildings in Spain – Its influence in rural landscape

F.Ayuga Téllez
Universidad Politecnica de Madrid, Spain

ABSTRACT: In this paper a rural construction which involve any agricultural, stockbreeding or agroindustry task is considered as an agricultural building. Its evolution during the last century is analyzed in order to assess how the changes in rural landscape and town appearances have been influenced by this type of building.

The building design and type have an important effect on appearances as well as materials and construction techniques.

The considerable increase of dimensions, width, length and height, has been a common characteristic in every type of agricultural building with their evolution. This change has been a result of better materials in structures and the importance of lower costs in buildings. The great size difference between agricultural buildings and rural houses causes a visual and aesthetic shock.

Buildings shapes are also different. So, while two and four slope roofs are still the only form used for rural houses, with the inclusion of flat roofs a few years ago, on the other hand roofing of agricultural buildings incorporate a number of different forms of roof shape.

Agricultural buildings position on planning of towns has changed from being included in rural yards of houses to outside the town, sometimes industrial or stockbreeding estates. In addition the required surface area for agricultural buildings has increased greatly.

Building materials and construction systems have become mainly industrialized but not as for rural houses in which more traditional systems and materials remain even in new houses. Differences between agricultural buildings and their surroundings as for colours, textures, ornaments, shapes, etc., are increased by this situation.

More elements of agricultural buildings such as bins, tanks, chimneys, silos, etc., are disturbing rural landscape as well.

In many other countries an effort has been made to improve agricultural building's appearance. Guides and standards ought to be produced after detailed studies; better landscape education for agricultural engineers is also necessary.

1 SPANISH VILLAGES. LANDSCAPE AND CONSTRUCTION

When travelling through the Spanish roads an observer will note remarkable visual differences between different population nuclei. The smallest, or the most isolated, or even the most underdeveloped ones surprise one with their authenticity, their integration in the landscape and surroundings. On the contrary, as soon as the village increases in size we meet great heterogeneity, mixtures of half ruined buildings with up to date constructions, buildings of several stories next to others of reduced dimensions and above all the town surroundings are sprinkled with different size, shape and colour constructions giving the feeling that the urban zone occupies an excessive area.

All these characteristics damage the appearance of the towns and their surroundings, particularly in tourist areas or in areas of beauty. There are two very different groups of construction, buildings for dwellings and non residential ones. The first group must be partly blamed for the bad aesthetic impact of our villages. Up to a few years ago rural dwellings had highly interesting regional characteristics. Indegenous construction materials of low cost were used, internal designs were adapted to the region's rural life systems according to social categories and the building forms and general types took again the heritage from generations with changes that could be measured in centuries. All this gave the feeling of uniformity and integration in the landscape.

With agricultural and industrial developments and the greater wealth of the population a process of construction of new dwellings or adaptation of the old ones commences and is carried out without the existence of any guidelines in reference to types or aspect and with no respect whatsoever for tradition.

In the case of the rural dwelling the most impressive thing is the transition from one family dwellings to multi family ones of several floors in imitation of the typical urban ones. These buildings produce a strong aesthetic shock, and more so when surrounded by others of a much lower height. Facades and internal layout are similar to the great city model.

New one-family-dwellings either by adaptation of the old ones or of new ground plan are usual. In both cases, facades, coverings, forms and colours of finished are very arbitraly complying with the owner's fancy more than an integration criterion respectful with surroundings and tradition.

Despite the importance of the rural dwelling on the aspect of our villages, it is not the prime object of this paper, but it is intended to delve deeply into the influence of agricultural buildings and their evolution throughout this century on the general appearance of the rural landscape.

By agricultural building is meant every non residential construction which houses some agricultural, stockbreeding and even forest activities. Large groups that can be quoted without excluding any other one are as follows:
Buildings for agricultural food industries.
Sheds for livestock.
Food markets.
Stores for raw materials and agricultural products.
Barns and silos.
Pumping Centres for irrigation.
Electric energy transformation Centres.
Greenhouses.
All these buildings are in the main located in rural zones and their types, forms and finishes influence the rural landscape to a great extent. Besides, it can be pointed that, in general, these

buildings did not exist in our villages a couple of centuries ago and therefore we can state that their appearance coincides with the industralization and development of the rural world.

Hence it is appropriate to ask oneself how have they developed up to the present and how this change influenced the country and villages appearance. Indeed this thinking is only referred to the situation in Spain but could also apply for every European country.

2 THE BIRTH OF AGRICULTURAL BUILDINGS

For many centuries agriculture gave work to the majority of the population and was the basis of family use. Land sales hardly ever took place, and money handling was associated more with tax payment than with commerce. On the other hand agricultural production gave small yields, a lot of land was uncultivated and when cultivated ancestral technics of poor effectiveness were used. This whole situation did not favour the development of clearly agricultural buildings. Neither was stockbreeding much development although no family lacked adequate livestock for work and products from animal origin for consumption. In any case, the house of the country family contained all the agricultural constructions as outbuildings within its grounds, either integrated in a single building or as a group of buildings. This happened as much in dwellings belonging to a population nucleus as in the case of isolated families which sprinkled the different Spanish landscapes with a higher or lower density.

Agricultural outbuildings vary greatly in their type depending on the region but sheds for working livestock, the straw loft or hay loft and the barn are never missed and out-buildings for cattle, pigs and fowls are usual. In addition, buildings or places for the manufacture of agricultural products such as wine cellars, grain mills, olive oil mills, etc., may exist.

The area containing all the outbuildings are bounded by a wall or fence and inside yards allow access to the different outbuildings. Independent entrances for dwellings and other places may be provided. In some cases all the outbuildings comprise a single building with just an entrance and with no yards. A population nucleus was formed by the addition of these units and of other simpler dwelling owned by craftsmen and merchants. Additionally

there were singular buildings like the
Church and the Town Hall. Countrymen
live either in these villages or in
isolated dwellings in the country or in
small groups of agricultural dwellings in
the country or in small groups of
agricultural dwellings of the type
described.

The size of dwellings with agricultural
outbuildings is very varied according to
the region. For instance, in the wet
areas of northern Spain they are smaller
than the farms in the south, and even
smaller in the mountain areas. However,
it can be said that, in general, progress
has meant a reduction in dwellings size
in the rural areas. Usually, the main
building was laid out in two or three
floors, keeping some area to store
agricultural products such as straw, hay,
grains, olive, products for home
consumption, etc. Shapes tended to be
as near as possible to a rectangular plan
for each building, with a width between
four and ten metres and lengths a bit
larger. The different buildings were
laid out leaving inside yards. As it has
already been said one of the buildings
usually was of a superior length, the
dwelling one.

All these buildings, including dwelling
and those ones of agricultural character
were constructed using the techniques
and systems of the so-called popular
architecture. For walls two materials
were used depending on their availability,
stone and mud. Rubble work was carried
out with rocks from the locality, slate,
limestone, and quartzites mainly. Mud
walls were more widespread and two
systems were used viz adobe and coffer
work, the former more usual in northern
Spain and the latter in the southern part
of Spain. Adobe consists of unburnt mud
pieces set out in the same manner as
bricks. Coffer work is made with wood
moulds in a way similar to concrete but
using mud for the material. It is a
practice in the southern half of Spain to
colour the facades with lime, whilst in
the north coverings are carried out with
mud, lime mortar or else they are left
uncovered. Thence wall colours are browns,
whites, blacks or greys depending on the
zone, but uniform within every region.

Roofs are nearly always gable or double
gable ones above a pine wood structure.
The cladding is ceramic curved tiles and
in some areas slate plates. In secondary
buildings or agricultural type vegetable
materials are sometimes used for coverings.
Colours also are very homogeneous, reddish
or black. In traditional Spanish buildings

decorative elements appear fundamentally
in the main building being rare in
agricultural outbuildings. Some
architectural elements of great interest
including porches, cornices and doors
exist.

Singular agricultural buildings which
were not integrated in a group of dwellings
also existed in the rural areas in past
times as for example granaries, grainmills,
dovecotes or cellars for the preservation
of wine. These buildings are the
antecedents of those which developed in
the middle of the nineteenth century as
agricultural-industrial ones completely
independent from the dwelling.

From early in the century a process of
industrialization based on the steam
engine had been initiated in Spain. For
some years industries were located in the
most important urban centres for among
other reasons due to their being the
consumption points and to the better means
of transport. However from about the mid
century some industries began to be
located in rural nuclei because of their
marked agricultural character and their
depending on raw materials. This happened
with flour factories, alcohol factories,
oil mills and cellars for wine either
destined to export or to be sold in Spain.

Technicians from the urban centres have
been involved in these projects and they
applied the construction techniques to the
industries of those days. These
agricultural and industrial constructions
provoded the first disturbing effects on
the appearance of those villages in which
they were constructed due to their size
and the use of new materials of industrial
or semiindustrial origin like bricks,
flat tiles, concrete or metal structures.

These kinds of industries were installed
little by little during the last decades
of the nineteenth century and the first
years of the twentieth century, gaining
momentum thanks to the Spanish economy
flourishing as a result of its neutrality
during the First World War.

3 FIRST INDUSTRIAL AGRICULTURAL BUILDINGS

It is very difficult to give characteristics
common to the buildings we are talking
about, although some of them have already
been pointed out. They are located in
relevant villages within the regions
producing the corresponding raw material,
taking advantage of big building plots or
in the outskirts of the village. They
usually consist of one or several
rectangular buildings, but of larger

dimensions to the rural dwellings by which
they are surrounded. Widths vary between
8 and 20 metres and lengths may reach 100.
As for height, they have from one to
three floors and therefore they do not
stand out excessively. The site area is
small.

In addition to the buildings greater
volume there are elements unrelated to
construction which characterize these
industries for example make use of
uncovered brick work facades, decorative
rough casting, cement mortar and coverings
of flat tile instead of the traditional
one. Facades, mostly due to their colour,
contrast with the rest of buildings in the
village. Another disturbing element is
the big brick chimneys necessary for steam
engines, the majority of which are now
unused. In some Spanish villages their
numbers are quite significant. Actually
these industries still remain in our
villages. Some have stopped working and
the building is left abandoned and run-
down giving a very unpleasant feeling,
others keep their activity without great
changes and others have reconstructed the
buildings and modernized machinery.
Generally, even the ones located in the
suburbs, are nowadays within the limits
of the village. But their influence on
rural construction is not limited to
their hundred-year-old presence but it
set the rules for the later agricultural
buildings. For the thirty years which
separated the beginning of the century
and the Spanish Civil War these industries
were being developed achieving the
separation from the rural dwelling and
proliferating in this way. At the end of
this period it can be said that any
agricultural-industrial type activity was
constructed away from the dwelling
boundaries.

If the industry was of a small size its
construction techniques and the materials
used included both the traditional and
the new ones introduced by bigger
industries.

With the Spanish Civil War and the post-
war years which coincided with the Second
World War and the years of international
isolation that took place in Spain, there
is a period of about fifteen years,
between 1935 and 1950 approximately, in
which construction characteristics and
therefore agricultural constructions
were very singular. Workers and materials
were very scarce and life was led in an
atmosphere of subsistence in which
nevertheless there was a tendency to
improve the aspect of the few agricultural
type buildings constructed that basically

were still small industries. During the
fifties' the economic take off began in
Spain and gradually changed the scene and
appearance of rural areas.

4 THE FIRST DEVELOPMENT PERIOD

This period lasted approximately until
the mid sixties'. In Spain industrial
development was encouraged and thus there
was a workers exodus to the great cities.
At the same time agriculture had to
change its structures, become technical
and lose a great part of its individuality.
State involvement in agriculture increased
remarkably by means of different
Institutes and Services and also by the
recruitment of technicians for the
Administration Service.

From the agricultural building point of
view all this meant a relaunching of
agricultural construction industries with
a different style and purpose. Family
industries and large companies prevailed
in this period together with cooperatives
that were developed to manufacture and
commercialize their products. In addition
one could sense an idea in designers
minds i.e. the functionality which will
greatly condition designs for buildings.

Additionally, in this development
process stockbreeding began to be strongly
involved, with units much bigger that the
family environment and therefore they
ceased to be a subsidiary of the rural
dwelling. These units were generally
intensive ones, with buildings
characteristics depending on the subject
animal, located generally far away from
population nuclei or else on the outskirts
so they were responsible for the dispersal
of buildings that can be nowadays noted in
our villages. A gable shed or a group of
those of low height (2.5 to 3.5 metres),
medium widths of no more than 10 metres
and a big length usually form the
constructions. For the case of broilers
sheds are two story ones and for the
dairy cows facilities included partly
covered yard, with exercise yeards,
fodder silos, haylofts and other buildings,
but in general they were rather similar.
Another common point is the regular setting
out of windows in lateral frontages, in
the upper side and ventilation chimneys
regularly set out on the top.

Regarding the construction techniques,
they were rather similar in the new
industries and stock sheds. This period
was ruled by concrete as the structural
element, either manufactured or made on
site. Walls were generally of stones and

sometimes of bricks but nearly always
covered with cement mortar - and plastered
afterwards and thereby in some villages
they produced a remarkable contrast with
the rest of buildings. Coverings were
always made of tile, but more usually the
flat tile than the traditional curved one.
In some regions slate was also used. In
short, it can be said that these buildings
do not fit into the villages more due to
their type and situation than to their
image texture or colouring.

The majority of agricultural buildings
made in this period remain nowadays, some
of them have changed their activity,
others have been rebuilt and others are
unused. In addition to industries and
sheds for stock, the construction of
additional agricultural buildings which
had a lot to do with rural landscape was
under way. They included silos for
storing of cereal crops promoted by the
Administration; they were as unavoidable
in our villages nowadays as the Church
and the Town Hall. The big size and
repetition of styles and forms are their
essential characteristics.

5. THE SECOND DEVELOPMENT PERIOD

From the middle of the sixties' until the
mid-seventies' a really remarkable
economic impulse took place in Spain with
growth rate much greater than in previous
years. However this spread in the
general development and affluence that
included the rural world damaged the
villages' image. The number and size of
agricultural industries kept on going up
and dispersed stock production units were
multiplied around the population nuclei.

Industrial building types are very
varied but they can be synthetized. They
generally are an enclosure of big size,
located on the outskirts of the village,
near the main communication channels. A
factory of great dimensions is built
inside it, which will become the main
building, with spans between 15 and 40 m,
lengths of 60 m or more and heights
between 5 and 10 m. on single floor.
Roofs are nearly always gable ones. Other
secondary buildings are set out around it,
including the laboratory and offices,
weighbridge, electricity centre, boilers
room etc. Some of these buildings are
only roof coverings, with no walls, so
that the structure can be seen and in
many occasions damage the image of the
whole, in addition to their not fitting
in the surroundings.

In some industries such as milling,
roofs are highly disfigured by metal
chimneys for dust extraction and
spectacular forms, added to a hopper for
collecting that gives a characteristic
image.

As for stock production units it can be
said that they changed little in design,
except for their increasing maximum spans,
the stopping of constructing two stories
sheds. Also in this case animals' feeding
troughs or rest zones with partly covered
yards were formed with concrete or metallic
structure.

In this period the use of metallic silos
of small size for fodder storing annexed
to the intensive stock production buildings
were generalized adding this element to
the other ones which characterize this
kind of stock building ever since.

The most remarkable change is not
produced in type of building but in
materials and constructive techniques. In
this period the involvement of technicians
in the conception and execution of
buildings was already generalized, and
Spanish industrial development made
available a greater diversity of materials.
Buildings were constructed in a more light
way with steel and reinforced concrete
units. Walls are mainly of ceramic brickwork with cement mortar and painted with
lime. For roof cladding the most popular
material was asbestos-cement sheets of a
characteristic grey colour.

This element has been widely criticized
due to the damage of buildings image and
the low harmony it meant between it and
its surroundings. Nevertheless it was
popular in its period due to its low cost.
In this historical moment farmers
mentality was different, agricultural
buildings were investments in an enterprise that had to be productive, not a
family heritage to bequeath to sons. It
could be said that with this idea of
reducing costs to the maximum and of
industrializing construction to saving on
workers, the greatest abuses to the rural
landscape were produced, but the country-
man cannot be blamed on it.

6 THE SITUATION IN OUR DAYS

In the last decade the situation has
changed little. Less agricultural
buildings are constructed. Extension or
repairing are used more. Use of prefabricated construction elements are
remarkably widespread, sheets of different
materials for coverings and finishes,
ceramic pieces of very varied forms and
concrete structural elements are usually

employed for building. Building types have not changed; in general they have gable roofs and of a volume that does not match the dwelling buildings. In the case of agricultural industries other more original forms are projected such as flat roofs, vaults, polygonal plans, etc., but they do not either match the traditional buildings of their surroundings.

Metallic and plastic sheets usual in facades and claddings produce very varied textures and colours. In villages where these ones are very numerous surroundings are a collection of samples of different tones and colours that on the one hand may produce a pleasant sensation but that no way may be considered integrated in the rural landscape. During these years also is generalized the use of another uncommon element up till now and which will damage even more the general aspect of our villages. They are the steel liquid storage depots, that may reach giant dimensions and that affect the character of some villages. This happens in the majority of Spanish vine yard areas, in which the storing of wine creates landscape rubbish. The same can be said about the olive oil or seeds. Together with them the use of big grain silos of cylindrical or polygonal layout with metallic walls has been widespread as much for the storing on the Administration side as on the side of industries that use grains as raw material.

Recently, more important industrial estates are being constructed on the outskirts of many villages. In those agricultural industries, form the greater part of the estate. In some cases the construction of stock estates has been tried with similar characteristics but that have had very little success. A landscape treatment of these buildings could be carried out, with advantage although the possible solutions will surely be more difficult this way.

7 CONCLUSION

Rural development has resulted in a lot of buildings of agricultural use being scattered on fields near Spanish villages or mixed with traditional or modern dwellings. These buildings got their own personality more than a century ago and the majority of them remain at present, some of them abandoned though. In the majority of cases these buildings were projected on functionality or low cost criteria with little or no reference to the surroundings on which they were located and with no respect whatsoever for forms and traditional and regional techniques. Nowadays they greatly contribute to damaging rural landscapes with the subsequent harms, not only in the quality of life for the affected population but also the tourist industry so important for the Spanish economy.

It is not easy to give solutions that will not be interpreted as trying to stop rural development but evidently the effort of searching for these solutions is worth being carried out. The most important thing is that appearance of the building must be considered before the project commences, nowadays it is completely ignored in many cases.

The three aspects to be considered before the project commences would be:

a) Investigation of traditional building types and their materials. Studying of economic and up to date solutions; alternatives or substitutes to the present ones.

b) Training of technicians that have influence on the agricultural building and the users themselves, countrymen and operators.

c) Guidelines, standards and advice from the local, national and international administrations so as to protect the landscape from excessive abuses.

REFERENCES:

Dal-Re, R. 1968. - Orientaciones actuales en las construcciones agrarias. Conferencia Diputacion Provincial de Zaragoza.
Ayuga, F. 1986. - Evolucion de la edificacion agraria en La Mancha: Materiales, diseno y tipologias. Tesis doctoral. Universidad Politecnica de Madrid.
Ayuga, F. 1986. La madera como elemento estructural en la construccion agraria manchega. Boletin de informacion tecnica de AITIM: 2-6.
Flores, C. 1974. - Arquitectura popular espanola. Ed. Aguilar.
Garcia-Vaquero, E. 1979. - Diseno y construccion de alojamientos ganaderos. Ed. Mundi-Prensa.
Garcia-Vaquero, E. 1979. - Edificios industriales agrarios. Ed. Mundi-Prensa.
Bayer y Bosh, J. 1989. Construcciones e industrias rurales. Imprenta de Pedro Ortega.
Dolby, C.M. et al. 1988. Rural constructions in tumber Swedish University of Agricultural sciences.

Noton, N.H. 1982. - Farm Buildings.
  College of Estate Managemente.
Mandolesi, E. & Cau, A. 1965.- Edilizia
  per l'agricultura. Uniones tipografico.
  Editrice Torinese.
Cull, S. 1987. Design Guidance for farm
  buildings. farm buildings and
  engineering. vol 4n° 1: 12- 16.

Land and Water Use, Dodd & Grace (eds), © 1989 Balkema, Rotterdam. ISBN 90 6191 980 0

A technique for assessing the correct colour scheme and associated landscaping for buildings in rural landscapes

R.P.Shakespeare & V.A.Dodd
Department of Agricultural and Food Engineering, University College Dublin, Ireland

ABSTRACT: In recent years there has been an increasing awareness of the impact that large agricultural building projects have on the environment. It is unlikely that their effect on the visual quality of the landscape will continue to be tolerated. There is a need therefore, for a design strategy to enable designers and planners to integrate buildings into the landscape more effectively. The research undertaken concerns itself with establishing the best colour combination and landscaping for farm buildings in particular landscape types.

1 INTRODUCTION

Over the past two decades agricultural production has increased dramatically to meet the needs of an ever increasing population. With this, has come bigger and more cost effective buildings that, due to their nature, fit uncomfortably into the landscape. The reasons for this less than symbiotic relationship are four fold:

1. The use of non-indigenous materials in building construction such as asbestos cement sheeting, galvenised steel and aluminium sheeting.

2. Wrongly sited buildings.

3. Lack of understanding of landscaping.

4. Poor understanding of how powerful colour can be.

The research in progress, concerns itself with establishing a design strategy for integrating buildings into a rural landscape that can be used by manufacturers, planning authorities and designers, to enable them to ensure that, in the future, large agricultural projects integrate more harmoniously into the rural landscape; this strategy comprises three main objectives:

1. Identification of the dominant colours in a landscape to develop a colour strategy for a particular area.

2. Assessment of the correct plant species to increase building harmonisation into the existing landscape.

3. Determination of the correct siting of buildings to ensure that they are anchored into the landscape.

2 THEORETICAL BACKGROUND

Traditionally, buildings had little need for applied colour, as the natural colour of the materials used in their construction was usually adequate. Now however, new farm buildings made of light reflective materials (galvenised steel etc.) may obtrude upon their surroundings by virtue of their unnatural appearance, but may, with judicious colouring be made more acceptable. Judicious colouring is the problem, how do we decide on the right colours?

The Design Council in Great Britain (1975) suggest suitable colours for the external surfaces of farm buildings. The approach adopted was to identify colours which predominate in the landscape over the seasons in the main geographical areas of England where farm buildings occur. The areas selected were based on the 'Atlas of Britain' which indicated soil distribution and surface vegetation. From this, broad regional groups of colour were identified as follows: yellow and red sandstone; limestone and chalk; and clays which are mainly in the red-yellow band. A further grouping was based on surface vegetation, as follows: grassland (green to yellow/green to yellow to yellow/red); cereals (green to yellow/green to yellow); root crops (yellow/green); and trees (yellow to green/yellow to green to blue/green to blue). This analysis formed the basis for their selection of hues compatible with colours existing in the landscape. The idea of a pallette of colours for the landscape was first proposed by Jean-Phillippe Lenclos in France (Lancaster 1987).

BS 4800 (1981): Paint colours for building purposes, which is based on the Munsell Colour System, identifies a colour in terms of three attributes, as follows;

1. Hue - the identifiable visual attribute of colour, e.g. blue, green, red.

2. Greyness - a scale based on the grey content of colours in five steps A to E.

3. Weight - a scale related to the lightness or darkness of colours.

In selecting suitable colours from BS 4800 (1972) the Design Council decided not to aim for an exact match of colours, but rather to select colours that could be used as adjacent hues to those predominating in the landscape. As most landscapes are viewed from the middle to far distance, they state that the most important characteristic of colour is its reflectivity.

The Design Council suggest eight different wall colours and six different roof colours and offer forty possible combinations that they feel would be suitable (see table 1).

Table 1. Acceptable combinations of recommended wall and roof colours (Design Council 1975).

| | ROOF COLOURS | | | | | | | WALL COLOURS AS ROOFS | | | |
	04 B 29	10 B 27	10 B 29	18 B 27	18 B 29	18 C 39		04 C 39	08 B 25	08 D 45	18 B 25
04 C 39	*		*		*						
04 D 44	*		*		*						
08 B 25	*		*		*						
08 D 45	*		*		*						
10 B 21	*	*	*	*	*	*			*	*	
10 D 44	*	*	*	*	*	*		*	*	*	*
18 B 21	*	*	*	*	*	*		*			
18 B 25	*		*		*						

(Row and column label "WALL COLOURS" appears along the left side.)

However, they do not recomend combinations that would suit a specific landscape type which has its own pallette of colours. The aim of this research is to ascertain if it is possible to identify colour combinations for individual landscape types in Ireland.

3 COLOUR AND ITS MEASUREMENT

It is widely accepted that colour and shape are fundamental elements of human perception and are possibly the most confusing aspects of building design. It is for this reason that the user of colour must understand how powerful colour can be, and how it can be manipulated (see Fig 1). In general, red and yellow appear to advance, blue to recede, blue and yellow appear to spread, red to contract (Lancaster 1987).

Fig.1 Manipulation of colours. Simultaneous contrast of tone. Note how the same grey spot appears lighter as the background becomes darker (Clulow 1972).

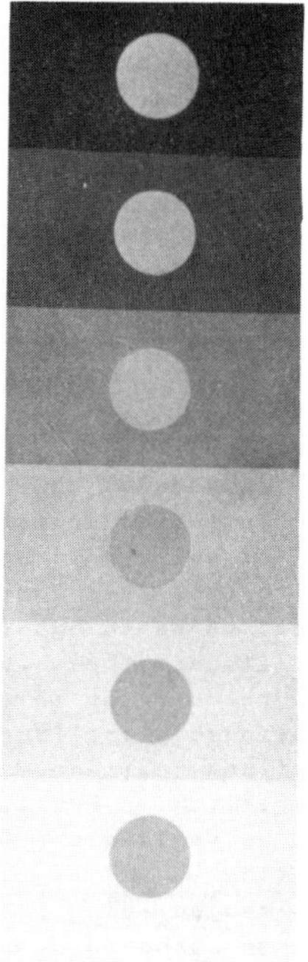

Knowing the colour of the macro landscape is essential when deciding on the colour for buildings in a given landscape, this is so, because the configuration of a structure becomes apparent as its colour contrasts with that of the surrounding background. The brightest, most eyecatching colour is seen as the visual target, against the relatively duller background.

It was decided to measure the colour of the landscape using large (15 x 10cm.) BS4800 colour cards. Only the 2/3 dominant colours are measured. There are at least three reasons for ignoring the other minor colours (Magill & Burton Litton 1986). First, multiple colour combinations tend only to complicate the decision making process. They do not contribute significantly to the overall colour of any given landscape. Second, colour deviations are frequently found to be temporary. Finally, many plants are insignificant landscape components and do not contribute strongly to appearance and character.

The areas under study are in counties Wicklow, West Meath and Kildare. Sample landscapes are located between 200m and 2Km from the observer. The rationale for sampling at these distances, is that the relationship between resource manipulation and the landscape is particularily obvious at these middle distances, and there is little perception change caused by atmospheric impurities (Magill & Burton Litton 1986). Before sampling takes place, each observer undergoes a colour vision test (Ishihara 1988) to ensure that each has good-excellent colour differentiation abilities.

Sampling takes place in the areas chosen at four different times of the year, to take account of major seasonal changes in the landscape. Because the ability to differentiate colours decreases as the light quality decreases, sampling only takes place between 12 noon and 2pm (G.M.T.)as there is adequate light at this time i.e. good sun and clear atmosphere (Magill & Burton Litton 1986).

The colour cards are held at arms lenght, at about 45 degrees to the landscape and tilted to one side, to reduce glare. Initially, the twelve hues are tested to see which gives the closest match. The initial twelve hues are located in the 37 Weight group which lies in Greyness group C. The reason for using these cards as the master set is that they lie approximately in the middle of the BS 4800 colour chart. Once the correct hue is identified, it is simply a matter of moving across the weight columns to get an exact match.

To illustrate the technique the following winter results are presented in Table 2.

Table 2. Predominating winter colours in the landscapes under study.

AREA	FOREGROUND	BACKGROUND	TREES1
1	12 D 43	-	12 B 25
2	12 D 45	08 C 39	12 B 29
3	12 D 43	-	12 B 29
4	12 D 45	12 D 45	06 C 39
5	12 D 45	12 D 45	14 C 40
6	12 D 45	-	04 B 27
7	12 D 43	06 D 45	14 C 40
8	12 D 43	12 D 45	-
9	08 C 39	12 D 43	-

The hues which correspond to the above mentioned British Standard colours are as follows;
04 - red
06 - yellow-red
08 - yellow-red
12 - green- yellow
14 - green

4 COLOUR SELECTION FOR BUILDINGS

One of the generally accepted rules for the colouring of farm buildings is that the roofs should be darker than the walls. In general, a Weight difference of least two is advised (Design Council 1975). One of the reasons for this is, that because of its inclination the roof will reflect more light than a flat one. Also darker colours tend to anchor a building to the landscape, whereas, the lighter more reflective colours give the impression that the building is 'floating.

The colour selection for a building will first of all depend on the perceptual criteria we wish to adopt. In the context of this research, we are interested in (a) whether the building is to be in harmony with its surroundings or, (b) whether it is to contrast with them.
(a) Having identified the colours of the surrounding landscape, the next stage is to establish building colours which would achieve maximum compatability with the landscape under study. Rogerson (1971) states that, maximum compatability of building and landscape may be achieved if the light reflective qualities of both are similar. For this reason, the reflective values of the landscape colours are measured; this is achieved by using a photospectrometer. Suitable test colours are determined in the same manner and are used on scaled models.
(b) The same procedures are used in determining the colours that will contrast, except that the reflective values of the landscape and building will be different.

As shape is one of the fundamental elements of perception, buildings of differing shapes and colour combinations are tested, to establish, which colours suit a particular shape in a given landscape situation. The shapes tested are outlined in (Fig.2).

Fig.2 Shapes to be tested.

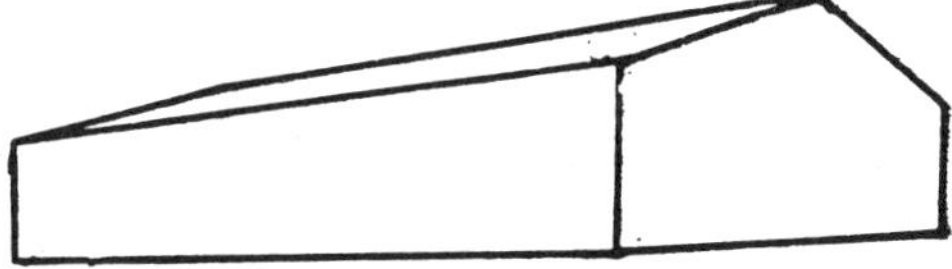

(a) Portal frame structure.

Fig.3 Buildings sited on the skyline should be avoided.

Fig.4 Buildings sited into the landscape.

Fig.5 Trees help to soften hard lines and anchor buildings to the landscape.

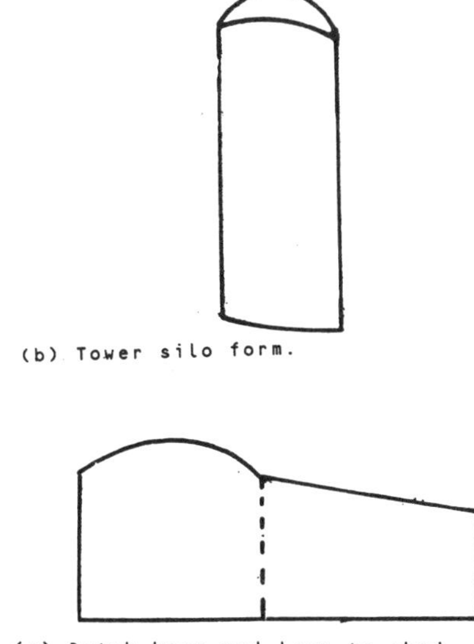

(b) Tower silo form.

(c) Dutch barn and lean-to shed.

5 OTHER FACTORS TO BE CONSIDERED

Modern buildings in contrast to traditional ones have a completely different impact by virtue of their size, scale, portal frame or tower silo form. For this reason siting and landscaping are of major importance (Cull 1987).

5.1 Siting

In general, new farm buildings should be sited away from prominant hilltop or skyline locations (Fig.3) but should, where possible, be located in hollows where topography will provide screening from wider views (Fig.4).

5.2 Landscaping

The value of landscaping around farm buildings is often underestimated. However, if the correct planting is used it can help to soften the harsh lines of buildings as well as anchoring the building to the landscape (Fig.5).

Basic vegetation surveys are carried out
to identify the plant species in that particular landscape because in general, the
most suitable species are those that are
native to the area. The use of ornamental
or specimen trees should be avoided as
these are incongruous with the rural
landscape (Ferguson 1986).

6 FUTURE OUTLOOK

The authors feel that Irish Local
Authorities should, over the next three to
five years investigate their regions and
prepare lists of the colours that
predominate in them. This would enable
designers of agricultural buildings to
choose suitable colour schemes and thus
help in the integration process.
   For colour schemes to be effective appropriate landscaping and correct siting
are vital, in essence, an integrated approach is advised, to give the best solution to this visual problem.

REFERENCES

British Standards Institute 1972. BS4800
    Paint Colours for Building Purposes.
    London:BSI.
British Standards Institute 1981. BS4800
    Paint Colours for Building Purposes.
    London:BSI.
Clulow, F.W. 1972. Colour:Its principles
    and their applications. Fountain Press:
    London.
Cull, S 1987. Design guidance for farm
    buildings. Farm Buildings and Engineering
    4(1):12-16.
Design Council 1975. Colour Finishes
    for Farm Buildings. Design Council:
    London.
Ferguson, I.B. 1986. Landscaping for farm
    buildings. Farm Building Progress 83:31-
    32.
Ishihara, S. 1988. Ishihara's Tests for
    Colour Blindness. London:H.K. Lewis.
Lancaster, M. 1987. Colour for Planners.
    The Planner 73(7):32-34.
Magill,A.W. & Burton Litton, R. 1986. A
    colour measuring system for landscape
    assessment. Landscape Journal 5(1):45-54.

Land and Water Use, Dodd & Grace (eds), © 1989 Balkema, Rotterdam. ISBN 90 6191 980 0

Design of a greenhouse equipped with a low-energy plant for climate control

G.Riva
Institute of Agricultural Engineering, University of Milan, Italy

ABSTRACT: This paper reports on the design details of a 2,500 m² greenhouse for flower-growing equipped with a heating and cooling plant, which is also capable of controlling humidity. Extensive climate control is justified by the attainment of higher quality products and the possibility of planning their delivery to market. The latter aspect would make it possible for farmers to increase their profits. The heating and cooling plant is composed of: i) a 110 kWe, 150 kWt diesel cogenerator; ii) a 70 kWe electric heat pump; iii) a 12,000 m³ mud storage, and iv) a heating floor and fan-coil system. The plant is complex, but it has proved to be the only one capable of providing the desired results. It is located in Desenzano (Lake Garda) and will be tested during the 1988-89 season.

RESUME: Le rapport étudie les caractéristiques de construction d'une serre de 2.500 m² destinée à la culture des fleurs et équipée d'une installation permettant, avec une certaine souplesse, de chauffer ou de rafraîchir l'atmosphère ainsi que de contrôler l'umidité. La nécessité d'un vaste control des paramètres climatiques s'impose lorsqu'on veut obtenir d'excellents résultats d'une part et, de l'autre, la plannification de la livraison des produits au marché . Cela permet au cultivateur de vendres ses recoltes a des prix un peu plus compétitif. L'installation de systeme de climatisation est compose d'elements suivants: i) un cogénérateur diesel de la puissance de 110 kw et de 150 kw. ii) une pompe de chaleur a moteur de 70 kw. iii) une conservation de energie thermique en terre humide d'environ 12,000 m³; iv) un pavement chauffant et un systeme d'aérothermes. La solution choisie est complexe mais c'est la seule qui offre des résultats voulus. L'installation se trouve a Desenzano et sera experimentee au cours de 1988/89.

INHALT: Der Bericht behandelt die Details eines Treibhauses von 2.500 m² für Blumenanbau, das mit einer Anlage ausgestattet ist, die mit gewissen einer Flexibilität den Raum erwärmt und kühlt und die Feuchtigkeit kontrolliert. Die Forderung einer umfassenden Führung der klimatischen Parameter stellt sich, wenn bessere Anbauergebnisse und eine zeitliche Planung der Pflanzenlieferung erzielt werden solen. Durch letztere Möglichkeit kann der Betrieb bessere Marktpreise erreichen. Die Klimatisierungsanlage besteht aus i) einem 110 kWe - 150 kWt Diesel-Kogenerator; ii) einer 70 kWe elektrischen Wärmepumpe; iii) einer Wärmeenergiespeicherung in feuchtem Boden von etwa 12.000 m³; iv) ein Strahlboden und ein Lufterhitzer-system. Die gewählte Lösung ist komplex, ergab sich aber als die einzige, die gewünschten Leistrungen erbringt. Die Anlage befindet sich in Desenzano (Brescia) und wird im Laufe der Jahreszeit 1988-89 erprobt werden.

1. FOREWORD

European agriculture is preparing for 1992, the year in which EEC customs barriers will be done away with. However, this important change will be flanked by increasing competition from producer countries outside Europe, as well as the problem of surpluses within the European Community.

It seems clear that all these factors will lead to changes in current economic logic and to the disappearance of artificial measures for the protection of various national interests (provided that agreements are actually followed).

Some people feel that agriculture in the European Community should be oriented along three programmatic lines, which entail:

i) a reduction in production or its maintenance at current levels only where positive economic results are obtained;

ii) the reconversion of land currently used for surplus crops into that used for extensive crops. A recent example of this was the short rotation growing of locust and broom trees (2-4 years) for the production of cellulose and fuel;

iii) specialization of some productive areas which do not produce surpluses and are not influenced by third party competition; for example, vegetable-growing and flower-growing.

Activities recently carried out by the Institute for Agricultural Engineering should be viewed in this context. The Institute is currently involved in the study of less costly mechanization on the one hand (objective: increased competitiveness of traditional crops), and the discovery of avant-garde, technically productive solutions on the other (objective: increased specialization where adequate markets exist).

The present report belongs in the latter category, since it concerns an applicative experiment involving flower-growing, an area in which considerable initial investments are often justified.

2. SCOPE OF THE RESEARCH

Despite the existence of a solid market, Italian flower-growing suffers from the absence of:

i) adequate productive facilities which are in step with technological progress;

ii) efficient networks for product distribution;

iii) technical assistance.

This situation is confirmed by the significant amount of products imported from Northern Europe at competitive prices and, what's more, in quantities which are hard to match.

Apart from organizational and institutional aspects, one of the most significant technical problems is related to the control of environmental parameters in greenhouses (temperature and humidity). Indeed, effective climate control would make it possible to obtain the desired results at the best possible moment, which would lead to an improvement in market prices.

In other words, the problem is not only to force plants, but also to preserve them in order to be able to cope with predictable and unpredictable occurrences (absence of manpower because of long holidays, market changes, extremely high temperatures, etc.).

Preservation of plants is connected with the possibility of cooling the environment to temperatures which in some cases are 10-15°C lower than environmental temperatures. In addition, some species provide the best qualitative results when subjected to special thermal treatments (a typical example is the azalea, which requires that the plants be kept at 4°C for 15-20 days).

In terms of equipment, the current state-of-the-art provides few solutions:

i) evaporative cooling pads and extractor fans;

ii) irrigation of greenhouse covers with water at well temperature.

The former system has proved to be illsuited to Italian climatic conditions (a dry climate is required), while the latter is sound but has limited application.

The literature also proposes passive methods which in the majority of cases make use of the thermal inertia of solids or liquids. A typical example is the forced circulation of air through pipes located in the ground or in other inert substances. These systems are characterized by poor performance and little operative flexibility, however, and most importantly they cannot control environmental humidity.

Consequently, the need to be able to control the environment in a sufficiently flexible manner without relying on overly complex plant designs or high costs to obtain this end has yet to be satisfied.

Based on these considerations, a study was undertaken aimed at creation of a greenhouse equipped with a plant capable of heating and cooling the environment.

The objective was to increase the grower's incomes while simultaneously limiting energy consumption.

The increase in incomes is based on the possibility of providing both emergency and routine cooling as well as the constant maintenance of optimal "saturation deficits" for the various cultivars.

The study is currently being conducted at Gardesana Flower-Growers in Desenzano (Lake Garda), where the Institute has previously carried out energy studies (Riva, 1986). The company specializes in forcing azaleas and rhododendrons and in the cultivation of Bromeliaceae, Dracaena

and all decorative house plants. At
present, the grower has approximately
8,000 m² of covered surface area at his
disposal.
The study has received funding from the
Ministry of Industry in compliance with
Law 308 on energy savings (Demonstration
Projects).

3. THE CHOSEN SOLUTION

The fact that a refrigeration plant is
necessary for active cooling implies
certain consequences:
   i)   increased mechanical requirements
for activation of the compressor;
   ii) the availability of thermal energy
(usually dispersed) to the condenser.
In this context, it would be natural to
use the refrigeration plant for heating as
well, in an attempt to make the most of
the flow of heat in and out of the
protected environment.
The diagram shown in Figure 1 is based on
these considerations. It contains:
   i) an electric heat pump (HP) connected
to a fan-coil system and a heating floor
for heating and cooling, respectively;
   ii) a mud storage to hold the thermal
energy made available during the cooling
phase (for both short- and long-term use);
   iii) a cogenerator for the production of
electric energy to be used at farm level.

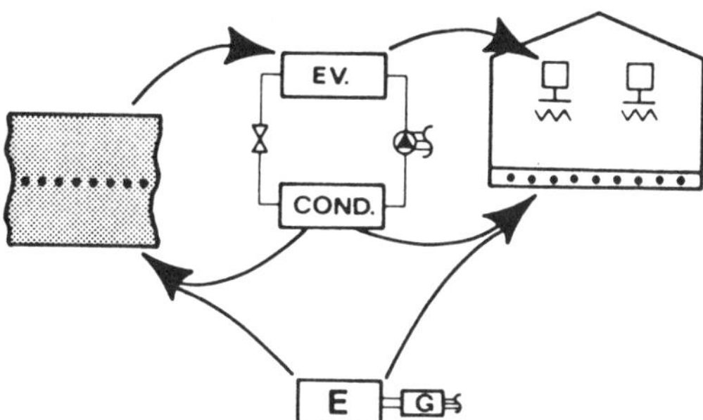

Fig.1 Simplified plant layout

The system functions as follows:
   a)   heating phase:
the HP evaporator cools the storage, while
the related condenser is connected to the
heating floor. The latter component also
benefits directly from the thermal
contribution of the cogenerator;
   b)   cooling phase:
the evaporator cools the fluid circulating
in the air heaters and, together with the

cogenerator, reroutes the thermal energy
into storage.
The use of an electric heat pump, as
opposed to mechanical transmission between
the compressor and cogenerator, is
justified by the former's increased
flexibility, even though its energy
efficiency is approximately 17% lower than
that of the latter method. Mud storage
was chosen for strictly economic reasons.

4. DESIGN DETAILS

4.1 General Features

A 2,400 m² greenhouse, which was equipped
with numerous devices (described below)
for the limitation of energy consumption,
was created for the purpose of
experimentation of the plant shown in
Figure 1.

4.2 Greenhouse Frame

The greenhouse is composed of a single
structure (floor dimensions: 44 x 55m)
with an aluminum frame and galvanized
steel supports. The structure may be
classified as "Venlo", since it has a
reduced pitch roof supported by
horizontal, reticulated beams.
This type of construction is very
widespread in Northern Europe, and its
structural solidity is considerable. The
eave height was increased to 4m to permit
passage of all types of vehicles.
Glaverbel's "l'Hortiplus" was chosen for
the transparent cover. The 4mm-thick
glass is covered on one side with tin
oxide, which makes it possible to reduce
emissivity from 0.9 to 0.25. The
reduction of the overall heat transmission
coefficient with respect to that of normal
glass is approximately 10-20%, depending
on sky conditions (Toussant, 1980). In
this case, the cover is doubled on the
vertical walls and single on all the other
walls. In addition, two pieces of cloth
are used; one is for internal insulation
(Svensson LS 15), and the other is for
external protection and insulation.
Finally, polystyrene foam slabs with a
total thickness of 100mm were used for
floor insulation. The average, nighttime,
heat dispersion coefficient is expected to
be 2.5 W/m²°C.

4.3 Mud Storage

This may very well be the most interesting

part of the design. The feasibility of
collecting thermal energy in soil has been
examined by numerous scientists since it
requires limited investments (Dale, 1981).
The literature provides numerous
mathematical models which generally deal
with horizontally buried pipes in which
heat-carrying fluid circulates. Under
these conditions, thermal energy is
transmitted by:

   i)   simple conduction;

   ii) the diffusion of steam through
ground porosity.
The latter form is considered to be macro-
scopically homogeneous (De Vries, 1958,
1975) unsaturated (Eckert, 1976, 1978).
In addition, the following assumptions
have been made (Eckert, 1980):

   i)   there is constant air pressure in
the ground equal to atmospheric pressure;

   ii) the effect of gravity is
negligible;

   iii) steam pressure is solely connected
with temperature;

   iv) the ground's physical properties are
independent of spatial distribution.
Given these assumptions, the following
equations are valid:

$$\varrho_1 C_1 \cdot \delta T/\delta t = \nabla(k \cdot \Delta T) \qquad (1)$$

$$\delta W/\delta t = (1/\varrho_2) \cdot \nabla(\varrho \cdot D(\delta W/\delta t)\nabla T) + \nabla(k \cdot \nabla W) \quad (2)$$

Equations (1) and (2) are the most generalized formulation for the study of heat
and steam diffusion in the ground. The
symbols have the following meanings:
  ϱ_1, ϱ_2 : density of the air and dry ground
(kg/m^3);
D   : specific heat of the mud $(J/m^3{}^\circ C)$;
k   : conductivity of the ground
$(W/m^\circ C)$;
t   : time (h);
w   : absolute humidity of the air
(kg/kg);
W   : moisture content of the ground (kg
of water/kg of dry ground);
K   : diffusivity of the steam in the
ground (m^2/s).
Study of equations (1) and (2) shows the
significant diffusion of steam from hotter
to colder ground (usually 10-12°C), even
at limited temperatures on the order of
30-40°C. As in the case of buried pipes
in which hot fluid circulates, this
demonstrates that the ground tends to loss
moisture, which hinders its capacity to
transmit thermal energy.
This fact has often been observed under
experimental conditions, and the dry layer
that is formed around the pipes is
commonly called "dry core" (Elwell, 1982).
The phenomenon has even been observed in

basal heating of some crops.
When the ground is saturated, however,
this problem does not arise, and thermal
energy transmission is described with good
approximation by equation (1) alone. This
equation is transformed into equation (3)
by going from a three-dimensional to a
radial vision (unitary section of buried
pipe):

$$rk \cdot (\delta^2 T/\delta r^2) + k(\delta T/\delta r) = C_1 \cdot \varrho_1 (\delta T/\delta t) \qquad (3)$$

where, in addition to the terms explained
above, r represents the radius (see
Appendix). Consequently, from an energy
standpoint, it seems clear that saturation
is a desirable characteristic. In the
case of Gardesana there were two problems:
to guarantee the existence of this
condition and to limit energy loss due to
water percolation (required to keep the
ground damp) towards deeper or adjacent
levels.
For these reasons, a geological study was
done which showed the existence of a 4m-
deep layer of lacustrine soil with
unchanging composition (55% lime, 30% clay
and 15% sand). The soil is fine and rich
in small suspended strata that are not in
contact with each other. The material is
slightly porous and thus well-suited to
the present experiment.

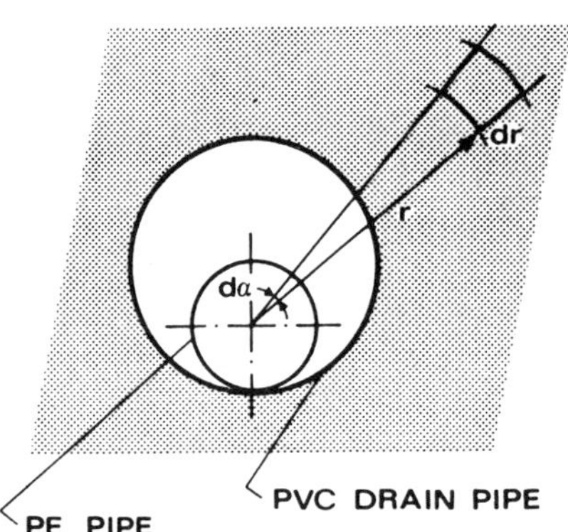

Fig.2 Section of a buried pipe

All of these characteristics led to the
conclusion that waterproofing was not
required. However, saturation was
maintained through the use of a plastic
pipe (external diameter: 32 mm) inserted
in a drainage pipe (diameter: 60 mm)
covered with a polypropylene "non-fabric
fabric" acting as a filter (Fig. 2). The
aim was to guarantee a water reserve that
could be renewed at any time right next to

the exchanging surfaces, and to make it
possible to replace the pipe through
simple extraction.
In order to predict the performance of the
mud storage, a mathematical model based on
equation (3) was created. With the aid of
a personal computer, the model simulated
the radial distribution of temperatures in
the ground.
This made it possible to evaluate the
influence of the various parameters at
work. Figure 3, for example, shows the
trend of this distribution over time with
the delivery temperature of the heat-carrying fluid at 37°C.

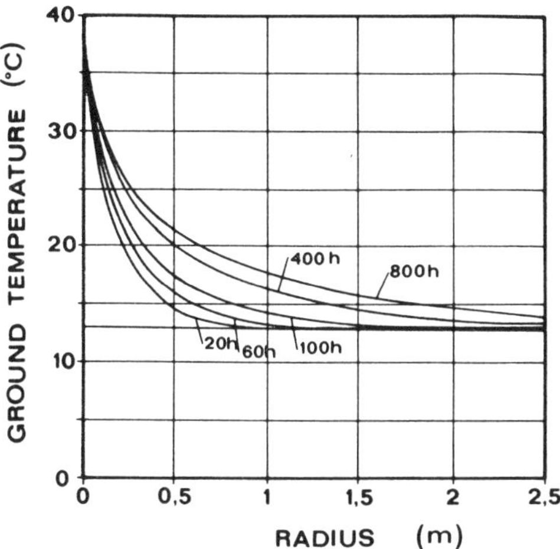

Fig.3 Radial trends of ground temperatures
vs. time using water at 37 °C

The value of the specific heat and the
conductivity of the ground are important
in these evaluations. In this case, these
values were assumed to be 3000 J/kg°C and
2 W/m°C, respectively (Caffael, 1985).
Briefly, the following aspects emerged
from the theoretical analysis:
   i) delivery temperature had a
significant influence on the final
results;
   ii) ground temperatures displayed clear
axial stratification;
   iii) optimal pipe laying depth and pitch
were on the order of 2 and 1 m,
respectively.
Spatial distribution of the temperatures
was graphically obtained using the latter

data (examples are provided in Fig. 4),
and the system's corresponding internal
energy was calculated.
It should be emphasized that the most

difficult operating condition for the
system is prolonged charging of the mud
storage (intensive summer cooling). By
way of further example, it was determined
that the average dissipated power at a
delivery temperature of 37°C maintained
for 400 h was 34 W/m of pipe. This value
drops to 24 W/m when the time is doubled.
By increasing the temperature to 80°C, the
average dissipable power for 400 h is 97
W/m; the latter figure drops to 70 W/m
when calculated over 800 h of continuous
charging. The corresponding values of
accumulable energy can be easily
determined.
In this case, by assuming that 100,000
refrigeration units/h is the power
required to maintain a greenhouse
temperature that is 10°C lower than the
external temperature, it is necessary to
dissipate thermal power equal to
approximately 200 kW (when also taking
into consideration the work of the
compressor and the heat produced by the
cogenerator). This result is obtainable
operating at temperatures of approximately
55°C (even for long periods, that is, 800
h) and employing approximately 4,500 m of
buried pipe.

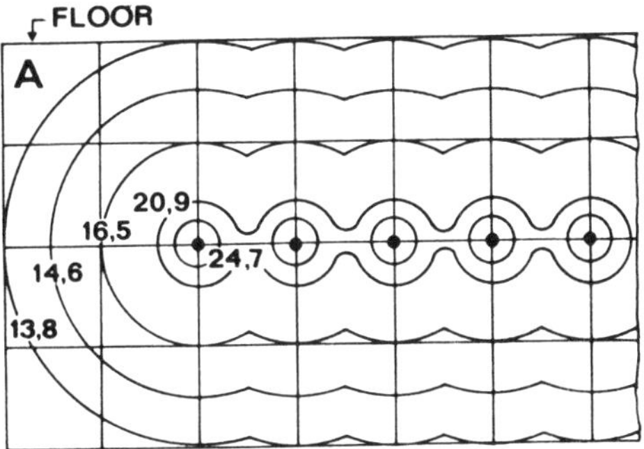

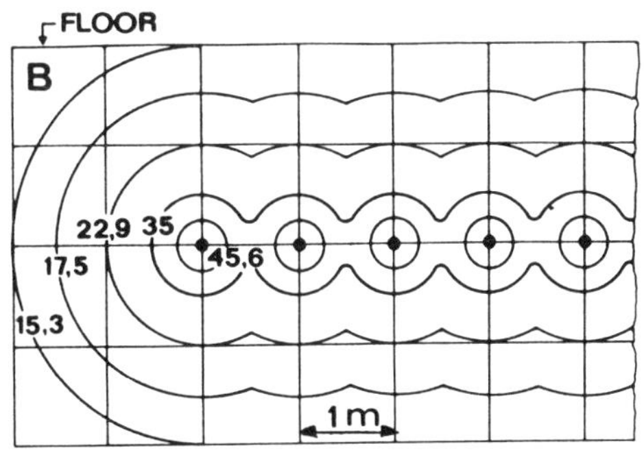

Fig.4 Simulated ground temperatures after
a running time of 400 hrs at 37 °C (A) and
80 °C (B)

It should be stressed that under these
conditions the system collects a
sufficient quantity of energy to supply
35% of winter thermal requirements (equal
to approximately 200 kWh/m² of covered
surface).
As a result of these indications, in the
specific case of Gardesana, approximately
4,200 m of pipe was laid at a depth of 2
m. A 250 kW self-propelled ripper was
used to lay the drainage pipe (in parallel
sections with an average length of 60 m)
into which the high density, PE PN 6 pipes
were then inserted.
Pipe-laying required approximately two
days work and a total investment of
approximately 27,000,000 Lit (6,400 Lit/m
of pipe).
This storage should involve approximately
12,000 m³ of ground and store 250,000 kWh,
with temperatures of 80°C during the final
charging stages. A tank of over 3,000 m³
and much higher investments would be
required to store the same quantity of
energy in water.

4.4 Thermal Machines

The following machines were selected:
  i) a water-water heat pump with two
semihermetic compressors with two speeds
for a total of four operating stages (Mac-
Quay CER series). Primed with R 22, the
machine absorbs 70 kW when working with
fluid temperatures at the entrance to the
evaporator and exit from the condenser of
8 and 40°C, respectively. Under these
conditions, the heating power is 310 kW,
and the cooling power is 213,000
refrigeration units/h; the COP
calculated on heating exceeds 4.4;.
  ii) a cogenerator composed of a six-
cylinder, 140 kW, 1,500 rpm diesel engine
(Mercedes) and an asynchronous generator
(Ansaldo) able to supply 130 kVA and 145
kWt. Two plate exchangers for the
recovery of heat from the cooling water
and from the lubricating oil and a
swabbable tube nest for the exhaust gases
are installed on the hydraulic circuit.
The electric circuit is not capable of
operating in parallel with the public
grid, but a device has been installed for
the automatic connection of the latter in
case of necessity. For loads over 40 kW,
specific consumption should be under 230
g/kWhe.
The entire plant may give up or receive
thermal energy to or from the farm's
heating plant, which is presently composed
of a 1,400 kW coal-burning boiler and two
500 kW Diesel fuel-burning boilers. There
is a special external pipeline for this
connection.
The thermal storage has been hydraulically
divided into two parts so that two
different operating temperatures may be
maintained.

5. CONCLUSIONS

The experiment will make it possible to
confirm two important points: the
cultivation-related and economic benefits
of full climate control and the thermal
performance of the proposed plant. The
importance of proper regulation should be
emphasized with regard to the latter
aspect.
In the case of Gardesana, the plant will
be managed by a computerized system that
already controls the greenhouses now in
operation. The system is composed of a
personal computer equipped with hardware
created by a company that specializes in
this area (Indal). The equipment receives
signals from a hundred probes (a five-
parameter meteorological reader, thermal
resistances for the temperature and
humidity readings, position sensors for
the cloths and windows, etc.) and, when
necessary, turns on various actuators.
In addition to the management system,
there will also be a system for data
reading. The initial experimental results
will be available in 1989.

APPENDIX

If we consider a radial element marked out
by the radii r and r + dr, belonging to a
ring whose center represents a buried pipe
(Fig. 3) in which heat-carrying fluid
circulates, application of the first
principle of thermodynamics means that:

$$dQe - dQu = dE \qquad (4)$$

where Qe, Qu and E are the incoming heat,
the outgoing heat and the internal energy,
respectively.
In the case of the radial element:

$$dQe = -krd\alpha(\delta T(r)/\delta r)dt \qquad (5)$$

$$dQu = -k(r+dr)d\alpha \cdot (\delta T(r+dr)/\delta r)\cdot dt =$$
$$= -k(r+dr)d\alpha \cdot [\delta T(r)/\delta r +$$
$$+ (\delta^2 T(r)/\delta r) \ dr] \ dt \qquad (6)$$

$$dE = C_1 \cdot \varrho_1 (r+dr/2)\cdot dr \cdot dT \qquad (7)$$

By substituting the results of the last
three equations in equation (4) and

proceeding with the necessary
simplifications, equation (3) is obtained.

REFERENCES

Caffael A., Mackay K., 1985. Mud storage:
  a new concept in greenhouse heat storage. Energy Conservation and Use of Rene-
  wable Energies in the Bio-Industries.
  Oxford, Pergamon Press: 75-83.
Dale A., Puri V., Barret J.,Hammer P.,
  1981. Analisys and summary of a solar
  air collector-groundwater heat storage-
  greenhouse heating system. Agricultural
  Energy, vol. 2: 513-523.
De Vries D., 1958. Simultaneous transfer
  of heat and moisture in porous media.
  Trans. Am. Geophs. Union 39: 909-916.
De Vries D., 1975. Heat transfer in soils.
  Heat and mass transfer in the biosphere.
  New York: John Wiley.
Eckert E., 1976. The ground used as energy
  source, energy sink or for energy storage. Energy, 1: 315-323.
Eckert E., Pfender E., 1978. Heat and mass
  transfer in porous media with phase
  change. Proceedings of the "International heat transfer conference", Toronto,
  vol. 6: 1-12.
Eckert E., Faghri M.,1980. A general analysis of moisture migration caused by
  temperatures differences in an unsaturated porous medium. Heat and Mass Trasfer,
  23: 1613-1623.
Elwell D., Roller W., Ahmed E., 1982.
  Waste heat utilization for soil heating
  in greenhouses. Transactions of the
  ASAE: 773-778.
Riva G., Deroose A., 1986. Tests on energy
  saving technologies for glass greenhouses. Proceedings of the international
  conferencee "Energia & Agricoltura",
  Sirmione (Italy), 13-16 October 1986,
  Vol. 2: 475-487.
Toussant A., 1980. Croissance de quelques
  plantes ornamentales sous trois vitrages
  isolants, Revue Horticole, 212: 27-38.

Land and Water Use, Dodd & Grace (eds), © 1989 Balkema, Rotterdam. ISBN 90 6191 980 0

Folded plate and IER vertical south greenhouses

R.A.Aldrich
Natural Resources Management and Engineering, University of Connecticut, Storrs, Conn., USA

J.R.Sharp
Horticultural Engineering Division, AFRC Institute of Engineering Research, Wrest Park, Silsoe, Bedford, UK

ABSTRACT: Two greenhouse roof framing systems have been developed, each to satisfy a particular requirement. Butler folded plate – Concern for water removal from large area greenhouse roofs led R. G. Butler of Westboro, MA, to propose a folded plate roof constructed of triangular plates in a parallel fold arrangement to create an M cross section. This paper discusses (a) the design, testing and structural evaluation of a Butler folded plate roof model and (b) design, fabrication, erection and testing of a 7.3 m x 7.3 m Butler roof greenhouse. Institute of Engineering Research Vertical South Roof (IER VSR) – A structural design was proposed for an internal bay of the vertical south roof greenhouse consisting of a system of orthogonal trusses including longitudinal trusses, parallel to ridge and gutter, in the clerestory south roof and transverse trusses, across the spans, supporting the sloping north roofs. Secondary framing consists of purlins and glazing bars. A structural study with distorted models was carried out to validate the design procedure. The results from loading tests on the models indicate the analytic procedure was valid. The procedure was then used for selecting member sizes for a full scale bay that was static load tested to verify the design.

SOMMAIRE: Deux systèmes de construction de toit de serre on été développées, chacun pour une demande particulière. Plaque Pliée Butler – L'enlévement des eaux de toits de serres de grande superficies on préoccupé monsieur R. G. Butler de Westboro, MA. Ainsi, il a été guidé de proposer un toit de plaques pliées construit de plaques triangulaires d'un arrangement parallèle pour crée une section transversal "M". Le sujet de cette étude est: (a) l'étude, des testes et l'évaluation structurelle du modèle de toit de plaques pliées de Butler, et (b) l'étude, fabrication, érection et testes de 7,3 m x 7,3 m toit de serre Butler. L'Institut de Recherche de Génie Civile (Institute of Engineering Research) pour Toit Vertical du Sud (I.E.R. VSR) – L'étude structurelle a été proposé pour une baie interne pour la partie sud du toit de serre verticale qui consiste d'un système de poutre orthogonal comprenant des longerons longitudinal, parallel aux arêtes et gouttières, dans le lanterneau de toit du sud et poutres transversales, en travers de l'ouverture soutenant l'inclinaison pour la partie nord du toit. L'encadrement secondaire consiste de filières et barres vitré. Une étude structurelle avec des modèles distordus été exécuté pour aprouver la procedure d'étude. Les résultats de testes de chargement des modéles indique la procedure analytique était valide. La procedure a donc été utilisée pour choisir la dimension des membres pour une baie à grande échelle qui a été soumit à des testes de chargement statique pour vérifier l'étude.

AUSZUG: Zwei Gewächshaus Dach Rahmensysteme sind entwickelt worden, jedes um eine bedsondere Forderung zu befriedigen. Butler Faltete Platte – R. G. Butler, von Westboro, Massachusetts, hat eine faltete Platte Dach vorgeschlagen, um das Wasserentfernen von Dächer grossen Gewächshäuser Zu erleichtern. Dieses Dach soll aus dreieckige Platten die parallel gefaltet anordnet sind um eine M-Struktur zu Schaffen. Dieser Bericht diskutiert: (a) Planen, Testen, und Strukturprüten von eine Butler faltete Platte Dachmodel und (b) Planen, Erdichtung, Aufbau und Testen eines 7.3 m x 7.3 m Butler Dach Gewächshaus. Institute of Engineering Research Vertikal Süddach (IER-VSR) - Einen Strukturplan des Internerkers des Vertikal Süddach Gewächshaus ist angetragen worden. Das Internerker wind aus Längenbänder gebaut, die parallel mit dem Dachrücken und der Rinne sind, im Süddach. Im Norddach wird es quere Längenbänder geben. Sekundärrahmen wird aus glasierte Barren und einen horizontal-Band gebaut. Eine Strukturuntersuchung mit verdrehte Modelle ist gemacht worden um den Plan zu gültigen. Die Ergebnisse des Ladentesten zeigen, dass der analytische Vorgang gültig isst. Der Vorgange würde benutzt um Bändergrösse für einen echten Erker zu wählen, um den Vorgang zu bestätigen.

1 STRUCTURAL ANALYSIS

1.1 Butler folded plate

The structural behavior of a folded plate is influenced by the geometry of the folds and the manner in which the plate is fabricated. Folded plates of monolithic construction, e.g., wood stressed skin panels, act as both beams and slabs. The American Plywood Association has published design procedures for folded plates of stressed skin panels (Carney, 1971). Schueller (1983) illustrates several configurations and states that plates that act as both beams and slabs are difficult to analyze. Mears et al. (1971) treated the individual plates in a radial folded plate roof as beams.

1.1.1 Design layout

The structure modeled in this study was a folded plate unit consisting of triangular plane trusses with one side 12.33 mm, one side 12.72 m and the third side 4.09 m. The trusses were oriented to produce a ridge and valley construction with the sloping valleys parallel to the building side and the horizontal ridges at an angle to the building side in the horizontal plane. A roof unit consisting of four trusses would cover a 7.3 m x 12.2 m ground area. The roof layout is shown in Fig. 1. One left and one right hand truss on either side of a ridge make up one half roof unit. One unit consists of two ridges and one interior valley connected to insure continuity. The truss was assumed to be loaded in its plane by the equivalent of a load of 1.2 kPa of horizontal projected roof area (see Fig. 2). The truss was considered a deep beam with upper and lower chords assumed to carry direct stresses and shear stress assumed carried by the web members.

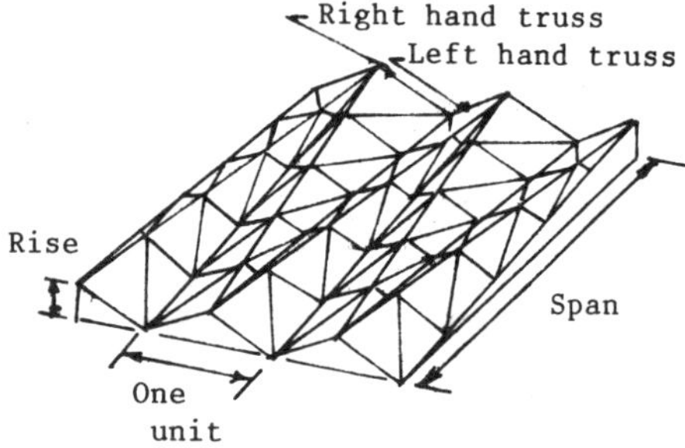

Figure 1. Butler folded plate roof

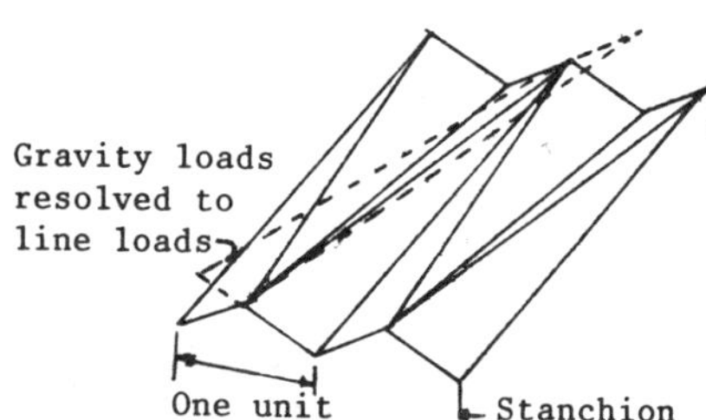

Figure 2. Assumed line loading on Butler folded plate roof

A model study (Murphy, 1950) to validate the design procedure used two roof systems built to a layout scale of 1:10. The larger model had a member cross section scale of 1:5 and the smaller, 1:7.5. The model trusses were made of clear pine lumber with each chord a single piece.

A full scale greenhouse roof system was designed based on the results of the model study. The roof unit designed consisted of plane triangular trusses of dimensions to produce a 7.3 m span and a 3.65 m width between adjacent valleys with a roof slope of 26.7 deg. The

greenhouse roof consisted of 8 triangular
trusses to cover a 7.3 m x 7.3 m
building. The trusses were fabricated
using 38 mm x 38 mm x 1.25 mm steel
tubing for the three outside members
(chords and rake) and 25.4 mm x 25.4 mm x
1 mm steel tubing for the web members.
All joints were welded. The trusses were
wrapped with Tedlar®, 0.10 mm on the
outside and 0.05 mm on the inside
surface. The wrap and heat shrink method
described previously was used to apply
the two layer film cover (Aldrich and
Bartok, 1984). The greenhouse was erected
during July, 1984, at the Agronomy Farm
on the University of Connecticut campus.

1.2 IER VSR roof

Winter daylight at northern latitudes is
a limiting factor in greenhouse
production of commercial crops so an
alternate greenhouse architectural shape
was proposed (Critten, 1984, 1985, 1986;
Critten and Bailey, 1986,) that provides
for higher transmission of winter
daylight to the crop than with typical
26° gable roof structures. The design has
a sawtooth shape with a north roof slope
of 20° and a vertical south facing roof
(VSR).

1.2.1 Design layout

The roof system selected for structural
analysis was a 6.1 m x 6.7 m bay with
trusses as primary frames. The 6.1 m
spacing would have a truss (longitudinal)
in a clerestory and the 6.7 m span would
have a truss (transverse) with one member
common with the longitudinal trusses. An
internal bay would have three
longitudinal and three transverse
trusses. A layout of an internal bay is
shown in Figure 3.

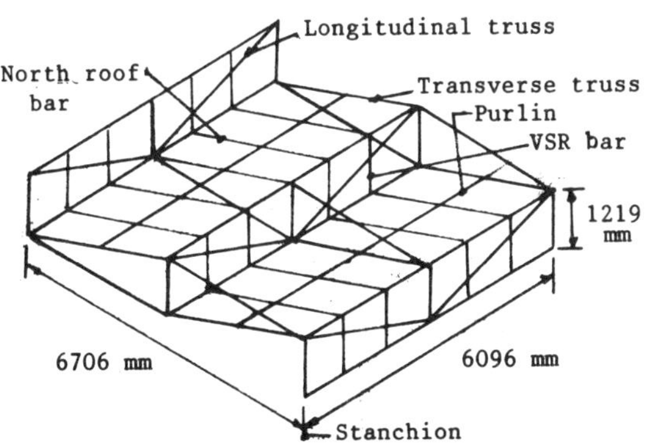

Figure 3. Interior bay layout for IER VSR

1.2.2 Truss analysis and member size selection

Trusses supported by columns were assumed
to act independently with the most severe
loading from the combination of structure
weight (dead load), snow and crop loads
uniformly distributed over the plan.

Distorted models, made from steel welding
rod, hereafter referred to as prototype
and model were used in this study. A 1:12
layout scale was used to simulate a full
scale greenhouse bay. The ratio of
prototype member to model member cross
section area was 1.81:1.

A full scale frame for an internal bay
was designed, fabricated and tested using
a combination of welded and bolted
joints.

2 TESTING PROCEDURES

2.1 Butler folded plate roof

The model roof units were tested by
loading and measuring vertical deflection
at the midpoint of an interior ridge. The
roofs were loaded by enclosing them in a
plywood and polyethylene film box with
the film in contact with the exterior of
the trusses. A partial vacuum was created
inside the box with an industrial vacuum
cleaner. Deflection at the midpoint of
the interior ridge was measured with a
dial indicator. Pressure was measured
with a water manometer.

The full scale greenhouse roof was tested
by loading one 2 truss unit with water
filled plastic blankets. The roof was
loaded in increments with the vertical
deflection measured at the center of the
ridge.

2.2 IER VSR roof

The models were tested by the same method
used for the Butler roof study. Bracing
was used to prevent the clerestory from
being loaded by atmospheric pressure.

Static loading tests on the full scale
frame was by loading the north roof with
concrete masonry blocks. Deflection at
the bay midpoint and at the center of the
longitudinal trusses was measured.

3 RESULTS

3.1 Butler folded plate roof

Plots of the load deflection data for the

models are shown in Fig. 4. A simple regression was calculated for each test roof unit. Table 1 gives the estimated and measured values of vertical deflection of the model and prototype.

The estimated deflection of the prototype based on model analysis was, $d_p = 1.34\ w_m$ where d_p in the deflection of the prototype and w is the load normal to the roof in mm of water. The measured prototype deflection was, $d_p = 1.44\ w$ for a difference of 7.5%. The difference between estimated and measured deflections for the model was 17.6%. Agreement between estimated and measured deflection was sufficiently close to conclude that the analysis satisfactorily described the deflection-load relationship.

Table 1. Prototype/Model Behaviour for the Butler folded plate roof.

	Model	Proto-type	Ratio
Estimated, mm	2.39 w	1.34 w	1.78
Measured, mm	1.97 w	1.44 w	1.37
Difference, %	17.6	7.5	23.0

The results of loading the full scale greenhouse roof with a water system are shown in Figure 5. The prediction equation for center deflection was developed by resolving gravity loads into line loads acting at ridge and valley. The resulting equation was, $d = 53\ w$, where, d = deflection in mm, w = line load in N/mm of span.

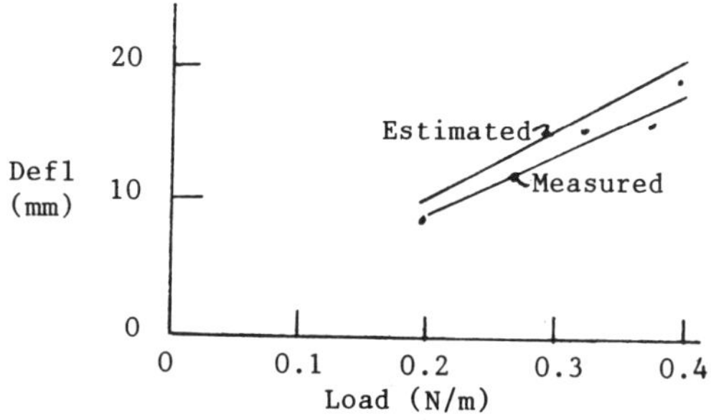

Figure 5. Load/deflection of full size Butler roof unit.

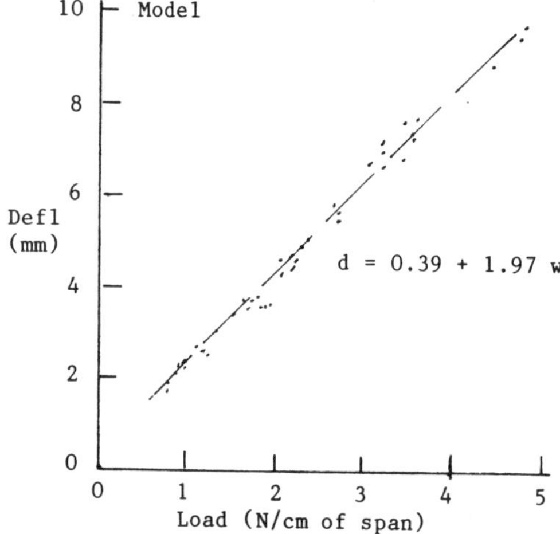

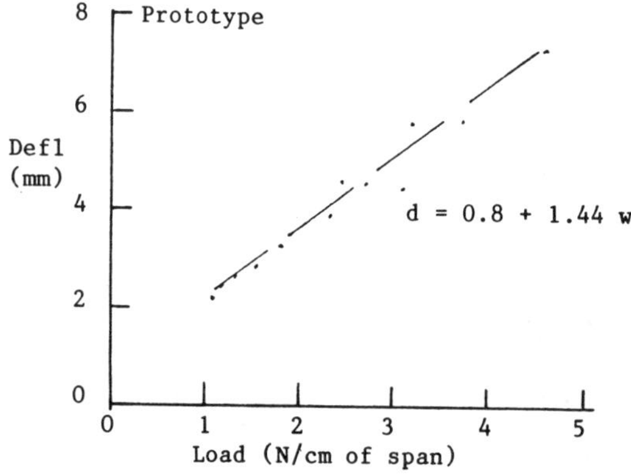

Figure 4. Load/deflection for prototype and model of Butler roof.

3.2 IER VSR roof

A regression analysis was carried out for deflection versus load for the data from the tests on the model and prototype with the results shown in Table 2 and Figure 6.

Table 2. Prototype/Model Behaviour for the IER VSR Roof.

	Deflection		
	Prototype	Model	Ratio
Predicted	243 W	440 W	1.81
Measured	286 W	549 W	1.87
Difference, %	17.7	22.5	3.9

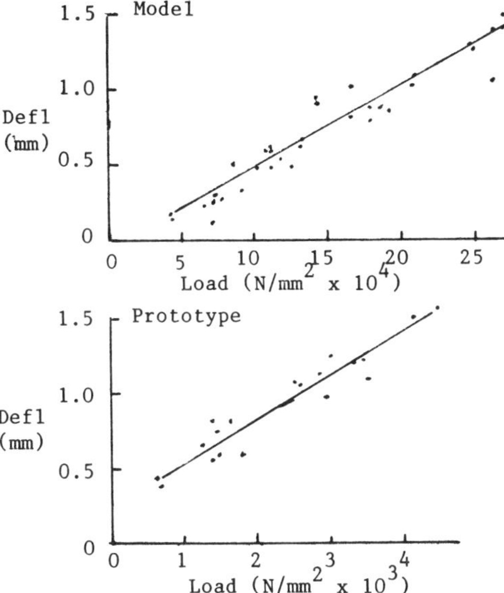

Figure 6.   Load/deflection for prototype and model of IER VSR

A load of 1197 N/sq m was left on the full scale frame for six weeks with no adverse effects. Midbay deflection was greater than predicted due in part to rotation and slip in bolted joints. All joints have been redesigned and a commercial unit is being constructed in central Pennsylvania, USA for further evaluation.

4 CONCLUSIONS

4.1 Butler folded plate roof

The structural analysis assuming line loads at the ridge and valley acting on a deep beam satisfactorily predicted roof response for model and prototype and the model analysis was validated by load test results.

The full scale greenhouse roof designed based on the analytic procedure used for the model study was fabricated and erected and has successfully carried loads through four winters.

4.2 IER VSR roof

The behaviour of the models indicate that the analytic procedure followed is valid and can be used as a basis for selecting member sizes for a full scale unit.

The member sizes selected in the design of the full scale unit provided adequate strength to carry design loads.

ACKNOWLEDGEMENTS

The model study on the IER VSR Roof reported in this paper was completed during a three month visit at the AFRC Institute of Engineering Research by the senior author. It has been published as "Structural Design of IER Vertical South Greenhouse," Div. Note DN376, AFRC Institute of Engineering Research, Silsoe, Nov. 1986.

Financial assistance for the Butler roof study was provided by the Butler Florists and Growers Insurance Agency of New England, R. G. Butler, President. Tedlar film was provided by E. I. DuPont Co., Inc.

REFERENCES

Carney, J. M. 1971. Plywood folded plates. American Plywood Association. Laboratory Report No. 121. Tacoma, WA.

Mears, D. R. et al. 1971. Radial folded plate roof for a circular dairy barn. barn. TRANSACTIONS of the ASAE 14(2): 377-380.

Murphy, Glenn. 1950. Similitude in engineering. The Ronald Press Co., New York.

Schueller, W. 1983. Horizontal-span Building Structures. John Wiley & Sons, Inc., New York.

Aldrich, R. A. and J. W. Bartok, Jr. 1984. Prefabricated Double Layer Greenhouse Glazing Panels. Paper No. 84-4515. ASAE, St. Joseph, MI 49085.

Aldrich, R. A. and J. R. Sharp. 1986. Structural Design of IER Vertical South Roof Greenhouse. Div. Note DN376, AFR Institute of Engineering Research, Silsoe, November.

Critten, D. L. 1984. The Effect of Geometric Configuration on the Light Transmission of Greenhouses. J. Agric. Engr. Res., 29(3):199-206.

Critten, D. L. 1985. A Theoretical Assessment of the Transmissitivity of Conventional Symetric Roofed Multispan E-W Greenhouses Compared with Vertical South Roofed Greenhouses Under Natural Irradiance Conditions. J. Agric. Engr. Res., 32(2):173-183.

Critten, D. L. 1986. A General Analysis of Light Transmission in Greenhouses. J. Agric. Engr. Res., 33(4):289-302.

Critten, D. L. and B. J. Bailey. 1986. An Investment Appraisal for the Vertical South Roof and Conventional Single and Double Glazed Greenhouses. Div. Note DN1342, Nat. Inst. Agric. Engr., Silsoe, June.

Land and Water Use, Dodd & Grace (eds), © 1989 Balkema, Rotterdam. ISBN 90 6191 980 0

Le développement de l'éclairage artificiel sous serres en France

Y.Perin
Industrie Electricité Division, Electricité de France, Paris, France

RESUME

Depuis plusieurs années, déjà, les serristes français horticulteurs et maraîchers, ont entrepris un important travail de modernisation de leur outil de production. La plupart des paramètres dont dépend la croissance des plantes est maintenant bien maîtrisé. Les apports de chaleur, fertilisation, eau, CO_2, sont contrôlés de façon optimale. Reste un des paramètres le plus important : la lumière.

La lumière apportée par le soleil ne peut être contrôlée que grâce à des apports d'éclairage artificiel. Bien que le sud de notre pays ait des apports lumineux importants, surtout en demi-saison, il n'en demeure pas moins que les jours de l'hiver sont courts et souvent sombres.

Plusieurs expérimentations ont été mises en place en collaboration avec les Instituts Techniques de la Profession et Electricité de France. Le comportement à l'éclairage artificiel de plusieurs variétés a ainsi été testé. L'exposé donnera les détails des résultats technico-économiques obtenus et analysera les possibilités de développement de ces techniques en France. Déjà plusieurs exploitations performantes se sont équipées. Ainsi grâce à l'éclairage, une meilleure programmation des cultures est possible, les temps de culture sont réduits et la qualité des produits améliorée. Quelques exploitations utilisant l'éclairage artificiel seront présentées avec leurs résultats économiques.

ABSTRACT

For many years French glasshouse farmers, both flower and fruit producers have been active at updating their production tool. Nowadays most parameters vital to the growth of vegetals are well under control. Most inputs in terms of heat, fertilizer, water or CO2 can be controlled in an optimal way. So we are left with only one parameter which happens to be most important, namely daylight.

Light of solar origin can only be controlled through the addition of artificial lighting. Although southern France enjoys high sunlight level - especially in the summer time - winter days are nonetheless short and often dark.

So far several experiments were implemented in cooperation with the Trade's Technical Institutes and E.D.F. They included the testing of several varieties subjected to artificial lighting. Details of the technical and economical results obtained will be covered in the report as well as an analysis of the development potential of this techniques in France. Several high-yield farms have already been equipped. They show how artificial lighting can be used to improve cultivation programming. growth duration and product quality. A presentation of a few production farms using artificial lighting will be given including references to their economic results.

ZUSAMMENFASSUNG

Shon seit Jahren haben die französischen Glashausbetriebe. seies Blumen oder Gemüseproduzenten. eine beachtliche Arbeit geleistet. um ihr Produktionswerkzeug zu modernisieren. Die meisten Parameter. die für den Pflanzenwachstum von Bedeutung sind. stehen inzwischen gut unter Kontrolle. Die Zufuhr von Wärme. Düngemitteln. Wasser oder CO2 ist nun optimal beherrscht. Bleibt eines unter den allerwichtigsten Parametern : das Licht.

Sonnenlicht kann nur bei Hinzuziehung von künstlichen unter Licht Kontrolle gehalten werden. Obwohl Südfrankreich im Sommerhalbjahr mit Sonnenlicht grosszügig versogt wird. sind die Tage im Wimter kurz und oft düster.

Mehrere Experimente wurden in Zusammenarbeit mit den technischen Anstalten des Gewerbes und E D F durchgeführt. Somit wurde das Werhalten verschiedener Gattungen unter künstlicher Beleuchtung getestet. Im Bericht werden detaillierte Angaben über die technischen und wirtschaftlichen Ergebnisse gemacht. sowie über die Entwicklungsaussichten dieser Verfahren in Frankreich. Es sind Bereits einige leistungsfähigen Betriebe ausgerüstet. Dank der Beleuchtung ist also eine bessere Programmierung der Pflanzen möglich. wobei die Wachstumszeit gekürzt und die Produktqualität verbessert wird. Einige Betriebe. die mit künstlichen Beleuchtung arbeiten. werden hier mit ihren wirtschaftlichen Ergebnissen präsentiert.

I - L'ensoleillement en France

Pour un site donné. le climat lumineux est au moins aussi variable que le climat thermique auquel il est associé. C'est a dire. la diversité des insolations qui se retrouvent en France. De la côte de la mer du Nord à celle de la Méditerranée les durées d'insolation varient de 1600 heures à Lille à 3000 heures à St Raphaël.

Si pour les régions situées. au "Sud de la Loire" qui pour la France est le partage climatique traditionnel. l'éclairement est correct toute l'année. il en va autrement des régions "Nord". En effet. le manque d'ensoleillement est préjudiciable a une bonne culture sous serres.
Prenons par exemple la région parisienne :
En considérant toute l'année et non l'hiver on peut compter qu'a Paris il y a en moyenne 600 heures ou l'ensoleillement est inférieur à 3000 lux (1) (40 W totaux au m^2) et 1800 heures pour l'éclairement est inférieur à 10.000 lux (140 W/m^2) 100.000 lux étant considérés comme un maximum et 4400 le nombre d'heures d'éclairement annuel.
Sachant que les plantes valorisent bien l'énergie a des niveaux de 6000 lux (optimum 25000 lux. maximum 50000 lux). on voit que le niveau de 6000 lux est atteint seulement entre 30 et 50 % du temps l'hiver dans la journée à l'extérieur. ce qui correspond a un éclairement à l'intérieur de la serre de l'ordre de 4000 lux. alors que de nombreuses plantes seraient a même de valoriser un tel éclairement pendant un temps 3 fois plus long (journée de 16 à 18 h sans inconvénient biologique).
Cette valorisation serait souvent permise par les niveaux d e température. d'humidité et de CO_2 que les serristes s'efforcent de maintenir pour quelques heures seulement de photosynthèse active.

II - Les besoins des plantes

a) <u>L'action de la lumiere</u>

L'action de la lumière sur la plante se fait à deux "niveaux"
- un niveau énergétique (photosynthèse) qui entraine une production de matière sèche (c'est la quantité de lumière qui est importante)
- un niveau information (photomorphogénèse et photopériodisme) qui définit la forme de la plante ou bien qui détermine le cycle de floraison (c'est la qualité de la lumière qui est en jeu)

Ceci peut se resumer par le schema de la page suivante

---

(1) En fait. et pour respecter les unités. nous devrions employer le Watt/m^2 a la place du lux. En effet le lux est unité photométrique issue de la courbe de la sensibilité de l'oeil a la lumière qui est différente de celle de la réaction de photo synthese (fig 1). Le lux étant une unité couramment utilisée par les éclairagistes : nous l'utiliserons dans la suite de l'exposé.

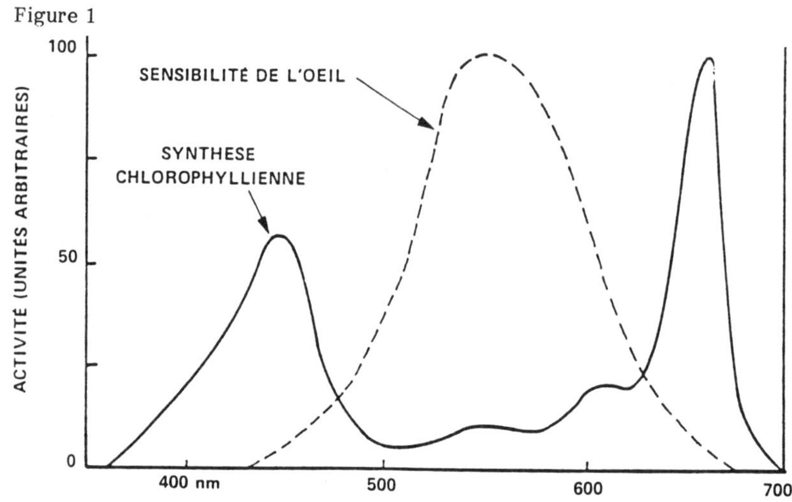

Figure 1

Figure 2 — Nombre d'heures d'insolation réelle observées en Europe d'octobre à mars, soit en énergie par 600 h : 300 thermies : 350 kWh soit 0,6 kW à l'heure en puissance global et 300 W en puissance rayonnée dans le visible

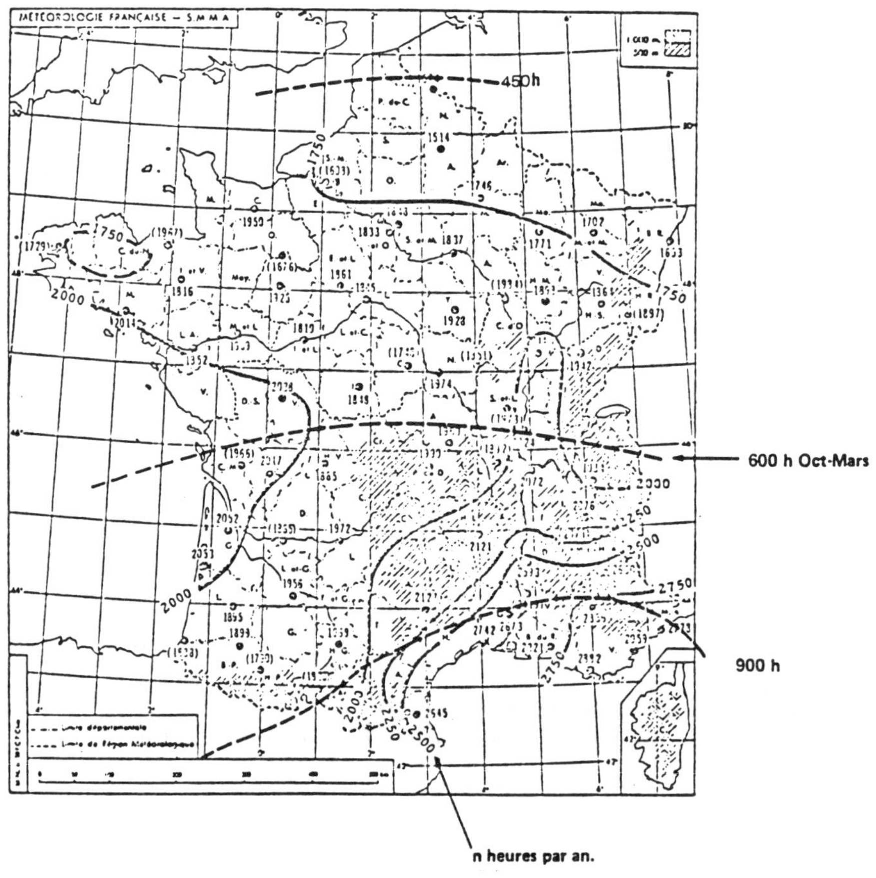

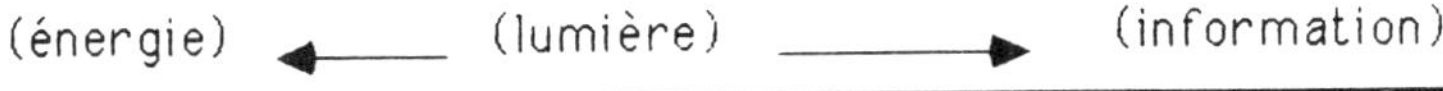

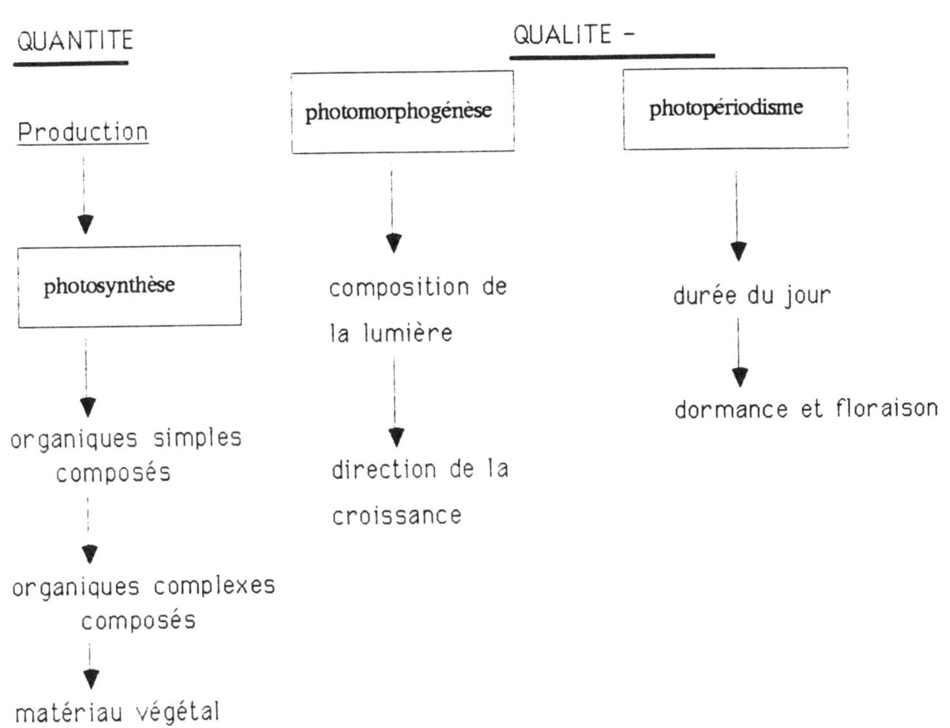

<table>
<tr><td>

b) la photosynthese

La reaction de photosynthèse est comme nous venons de le dire la réaction chimique qui favorise la croissance de la plante. En réalité sur la totalité de l'énergie lumineuse qu'absorbe une plante. seulement 1 % participe a la réaction de photosynthese ! Le reste etant dissipe en chaleur ou servant a l'evaporation de l'eau (voir fig 3).

</td><td>

c)   l'éclairage artificiel des plantes

Dans tout ce qui vient d'être dit ressort l'importance de la lumière pour la vie des plantes. Mais parallèlement a cela, le manque de lumière dans certaines regions est un frein a l'optimisation de la culture sous serre. En effet. le niveau de technicité des entreprises horticoles ou maraicheres. impose que le paramètre lumière. soit au même titre que ces autres paramètres de croissance (chaleur ...) fixe a son optimum.

</td></tr>
</table>

- Schéma de la balance énergétique d'une feuille.

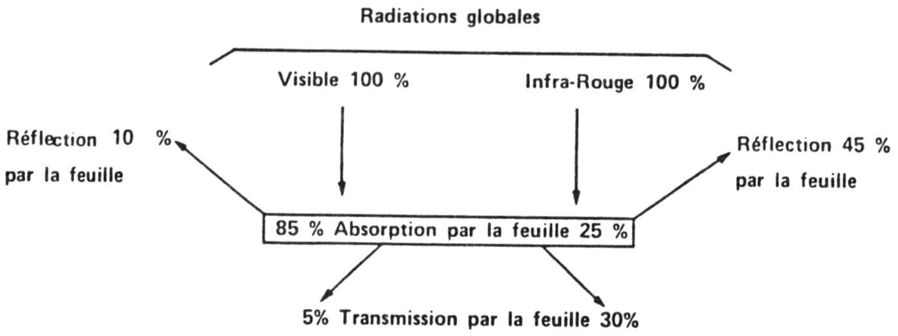

a) Répartition de l'énergie reçue par la feuille

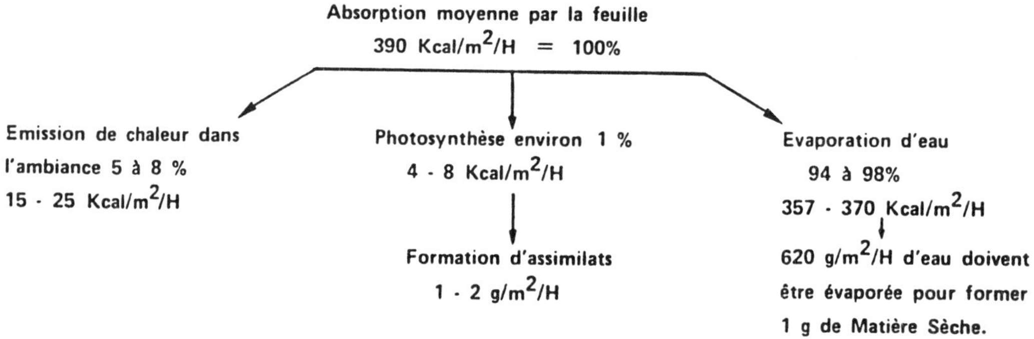

b) Répartition de l'énergie absorbée par la feuille
Schéma de la balance énergétique d'une feuille
(d'après NICHIPOROVICH 1955).

L'utilisation d'éclairage artificiel complémentaire a 3 intérêts immédiats :

- Il permet de régulariser le niveau et la qualité de l'éclairage naturel au même titre que le chauffage et la ventilation régularisent la température et l'hygrométrie ambiantes.

- Il allonge la période de fonctionnement photosynthétique limitée en général en hiver au dessus du maximum biologiquement possible. tout en apportant l'énergie de chauffage associée. Ceci se traduisant par des temps de culture diminués et favorisant une meilleure programmation des mises en culture.

- Il permet d'utiliser des matériaux de moindre qualités lumineuses ayant des couts ou des propriétés thermiques les rendant intéressantes.

III - Essais d'éclairage de différentes espèces horticoles et maraîchères

Le serriste évoluant dans un environnement économique incertain. doit impérativement amortir rapidement ses investissements. Il est dès lors évident que les installations d'éclairage artificiel sous serre doivent apporter un gain d'exploitation directement chiffrable. Ne disposant que de très peu de données concernant l'éclairage des plantes sous des latitudes françaises. les Instituts Techniques des professions Horticoles et Maraîchères ont collaboré avec Electricité de France pour étudier les différentes solutions d'éclairage des plantes.

Ces essais se sont déroulés dans des régions très diverses et sur des espèces les plus cultivées en France. La suite de l'exposé présentera et commentera les résultats de ces essais.

1 - Horticulture

<u>Eclairage du lys effectué à la station CNIH (Comité National Interprofessionnel de l'Horticulture) de Chambourcy</u>

L'expérimentation s'est déroulée sur deux ans. La première année. l'étude a porté sur l'amélioration du rendement de la plante et notamment du nombre de fleurons obtenus. La deuxième année. l'effet de la densité sur le rendement a été expérimenté avec l'étude de plusieurs densité de cultures possibles.
Le but de l'expérimentation était de mettre au point une technique de culture de lys "Enchantement" et "Connecticut king" en Ile de France (Région de Paris).

<u>Descriptif</u>
Les essais se sont déroulés dans deux serres tunnel de 160 m^2 environ chauffées par deux circuits : un localisé au sol. l'autre par aérothermes pour l'ambiance. Ces deux tunnels sont séparés de façon à pouvoir comparer les différents modes de cultures : témoin. éclairage seul. enrichissement CO_2 seul. éclairage plus CO_2.

<u>Installation</u>
L'installation d'éclairage est effectuée par lampes Philips au sodium haute pression (SONT) de 400 W de façon à

assurer un eclairement de 2750 lux soit 6500 W/m^2 P.A.R.
L'installation d'enrichissement CO_2 se compose de bouteilles de CO_2 fabrique. L'enrichissement moyen. garanti un taux de CO_2 de 600 ppm.

Résultats agronomiques

LIS "Enchantement"

L'éclairage seul ou l'éclairage combiné au gaz carbonique permet des gains sur le rendement et le nombre de fleurons aux trois densités de culture utilisées

	Densité (bulbes/m2)	Augmentation du rendement (en valeur absolue)	Augmentation du nombre de fleurons (en valeur relative)
Eclairage	64 80 96	+ 8 + 15 + 32	+ 9% + 35% + 56%
Eclairage + CO2	64 80 96	+ 34 + 50 + 47	+ 9% + 30% + 87%

LIS "Connecticut King"

Les mêmes observations peuvent être faites sur cette variété plus sensible à l'avortement.

	Densité (bulbes/m^2)	Augmentation du rendement (en valeur absolue)	Augmentation du nombre de fleurons (en valeur relative)
Eclairage	64 80 96	d.n.s.* + 22 + 37	+ 25 % + 78 % + 90 %
Eclairage + CO$_2$	64 80 96	+ 11 + 31 + 40	+ 31 % + 85 % + 74 %

*différence non significative

Ces résultats sont intéressants car en culture traditionnelle. les rendements sont très mauvais et inacceptables.
Il est a noter qu'aucune différence significative n'est apparue sur les durees de culture. Cependant. l'éclairage seul ou combine au gaz carbonique. permet d'augmenter la température pour raccourcir la duree de culture. sans risque d'augmenter les avortements et les pertes en culture.
L'amelioration de la qualité obtenue se répercute sur l'augmentation du nombre de fleurons.

Résultats economiques

La partie la plus importante du cout de production est le prix d'achat des bulbes. La main d'oeuvre. le chauffage et les autres postes sont a peu pres les mêmes quelle que soit la densite de plantation : ils ne sont pas pris en compte dans le tableau ci-dessous.

Variétés	Conditions	Rendement en %	Nombre de fleurons	Charge par tige récoltée (F
Enchantement	64/m2 sans éclairage	63	7,9	1,20
	80/m2 éclairage seul	61	8,6	1,88-2,45
	96/m2 sans éclairage + CO2	80	6,0	1,79-2,15
Connecticut King	64/m2 sans éclairage	76	7,2	1,20
	64/m2 éclairage seul	72	9,0	1,92-2,53
	80/m2 éclairage + CO2	73	7,6	1,97-2,40

En conclusion il ressort de ces résultats que le surcoùt dù à l'éclairage physiologique est très largement compensé par l'obtention d'un produit de meilleure qualité et par une densité de culture supérieure.

<u>Eclairage artificiel de pieds mères et de bouture de Pélargonium.
Essais effectués à la station CNIH de Val de Loire a Angers.</u>

Descriptif
Le CNIH a étudié l'influence de l'éclairage et du gaz carbonique sur le comportement de pieds mères et la production de boutures de Pélargonium. Deux campagnes d'essai.

Si l'on compare les résultats par rapport à une culture non éclairée, 64 bulbes/m2

Pour le lys "enchantement"

Eclairage seul densité plantation 80 bulbes/m^2	surcoût de 0.60 à 1.20 F mais nombre de fleurons augmenté et 25 % de tiges en plus.
Eclairage + CO$_2$ 96 bulbes/m^2	surcoût de 0.60 à 1.00 F, pratiquemment 2 fois plus de tiges, mais qualité moins bonne (25 % de fleurons en moins)

Pour le lys "connecticut king"

Eclairage seul 64 bulbes/m^2	surcoût de 0.70 à 1.30 F, même nombre de tiges, mais qualité améliorée (25 % de fleurons en plus)
Eclairage + CO$_2$ 80 bulbes/m^2	surcoût de 0.80 à 1.20 F, même qualité, 25 % de tiges en plus.

hivers 86-87 et 87-88, ont permis de préciser les modalités d'apport.

Les cultivars testés sont :

"Westphalen" en 86-87, mise en place début novembre 86, en pots de 13 cm.

"Topscore" et "Rubin" en 87-88, mise en place le 2 novembre 87, en pots de 14 cm avec substrat Klassman Triohum Grodan, à la densité de 10 plantes/m^2.

L'essai est conduit dans 3 serres :
- 1 serre témoin conduite traditionnellement.
- 1 serre avec éclairage uniquement (86-87) ou avec apport de CO$_2$ uniquement (87-88)
- 1 serre avec éclairage et CO2.

Installation

L'éclairage est réalisé à l'aide de luminaires PHILIPS SGR200, à la densité de 1 luminaire/8 m^2. Ils sont équipés de lampes à vapeur de sodium (SONT PHILIPS) de 400 W. Ils permettent d'obtenir une intensité lumineuse de 3.800 lux (16 W/m^{2}PAR) et sont situés à 1,05 m au-dessus des tablettes.

Le fonctionnement des lampes est assujetti à une horloge et à une cellule photoelectrique :
- éclairage de novembre à février.
- début d'éclairage à 1 h du matin, arrêt obligatoire à 17 h.
- apport complémentaire de lumière le jour si nécessaire (moins de 2.000 lux sous serre),
- fonctionnement de l'installation avec tarif EDF option EJP (arrêt de l'éclairage en période de forte tarification).

Le CO$_2$ est issu des fumées d'une chaudière à gaz naturel.

Son taux est fixé à :
- 1.200 ppm sous serre non éclairée.
- 800 ppm sous serre éclairée en 87-88 (1.200 ppm en 86-87).

Résultats agronomiques
Pieds mères
Variété WESTPHALEN

L'apport conjoint de lumière et CO_2. accroît fortement le nombre et plus encore le poids de boutures par plante pour le Pélargonium "Westphalen". On constate également que les résultats avec un apport de lumière uniquement sont inférieurs à ceux obtenus avec l'association lumière-CO_2.

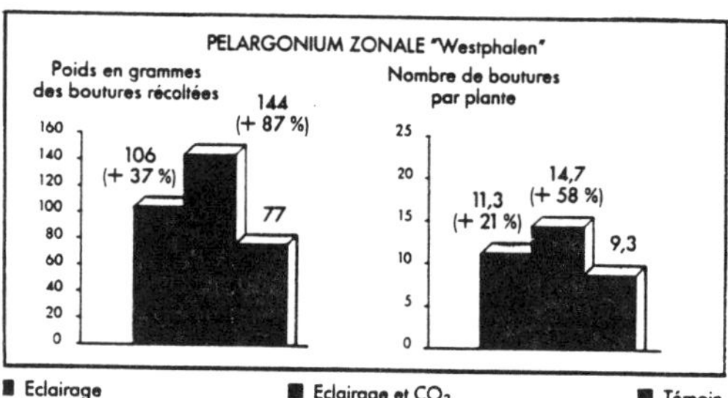

Variété TOPSCORE et RUBIN

Les rendements cumulés en nombre et poids de boutures par plante montrent à l'évidence que le traitement (éclairage + CO_2) est très nettement avantageux pour "Topscore" mais non pour "Rubin".

Il est à noter que les valeurs avec "Topscore" sont très proches de celles obtenues avec "Westphalen" (témoin : 9.3 bout/plante. éclairage + CO_2 : 14.7 bout/plante).

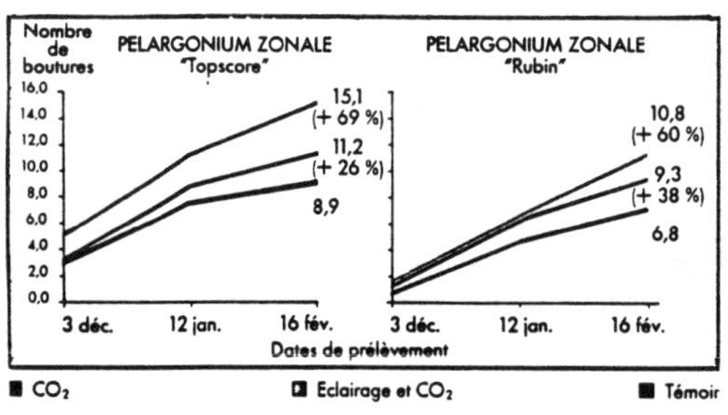

Boutures
Variétés WESTPHALEN

Le nombre de racines formées par bouture a été noté les 5 et 9 février 1987 pour le cultivar "Westphalen". L'enracinement est plus rapide sur les boutures éclairées.

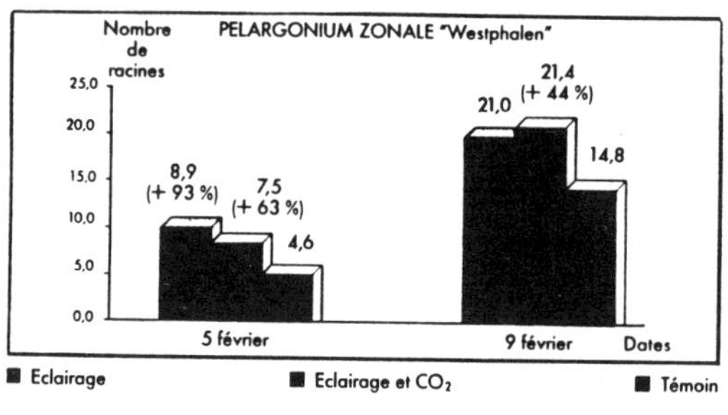

Variété TOPSCORE et RUBIN

Pour les cultivars "Topscore" et "Rubin", l'observation de la vitesse et de l'abondance de l'enracinement des boutures montre que l'apport de CO_2. avec ou sans lumière est très favorable.

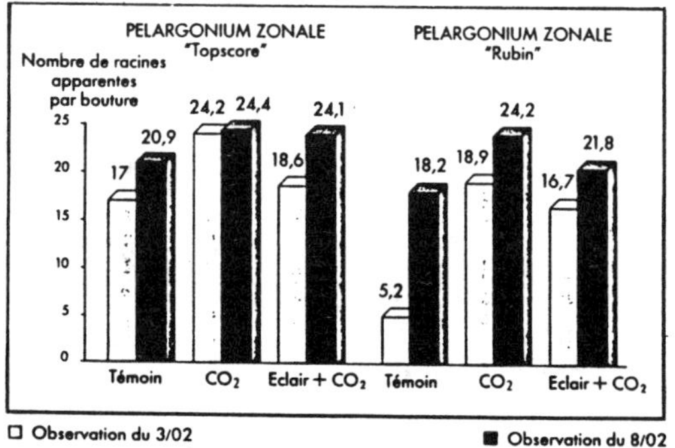

<u>Résultats économiques</u>
Afin de déterminer la rentabilité d'une telle technique, un calcul économique a été effectué sur la production de boutures à partir de pieds mères. Ce calcul englobe :
- le coût de l'installation et son amortissement
- le coût de fonctionnement
- le gain sur la culture
Le détail est le suivant :

1 Coût de l'installation éclairage : 165 F/m2 à 185 F/m2
Amortissement 7 ans, soit coût annuel : 23.6 F/m2 à 26.4 F/m2

2 Coût installation récupération CO2 : 33 F/m2
Amortissement 7 ans, soit coût annuel : 4.70 F/m2

3 Coût de fonctionnement : 20.50 F/m2

4 Coût d'exploitation éclairage + CO2 : 48.80 F/m2 à 51.60 F/m2
Gain chauffage : 4.90 F/m2
Coût total : 43.90 F/m2 à 46.70 F/m2

5 Gain sur la culture : 62 boutures/m2
Marge supplémentaire dégagée (1.35 F/bout.) = 71.30 F

Marge nette dégagée : 24.60 F/m2 a 27.40 F/m2.

2 - Maraîchage

<u>Eclairage artificiel de plants de tomate</u>
<u>Essais effectués par le CTIFL (Centre Technique interprofessionnel des fruits et legumes station de Balandran)</u>

<u>Descriptif</u>
Le centre C.T.I.F.L. de Balandran a etudie l'influence de l'éclairage physiologique et du gaz carbonique sur la culture de plants de tomate varietes "perfecto" et "dombito".
Le calendrier de culture des plants est le suivant :
- semis le 17 decembre 87.
- repiquage le 26 décembre 87.
- plantation le 3 février 88.
- récolte du 13 avril à juillet 88.
L'éclairage artificiel, complémentaire de l'éclairage naturel, est applique sur les jeunes plants en pepinière du 4 janvier (soit 9 jours apres le repiquage) jusqu'au 2 février, moment de la plantation sous serre. Il est appliqué de nuit a partir de 1 heure du matin et jusqu'à une heure après la levée du jour (16 a 17 h de photoperiode pour 9 a 10 heures d'éclairement naturel).
L'essai est partage en trois cellules identiques auxquelles sont appliqués les traitements suivants :
1 - temoin
2 - eclairage seul
3 - éclairage + CO2

<u>Installation</u>
Elle est assuree par des luminaires SGR 050 de PHILIPS équipes de lampes a Sodium Haute Pression SONT de 400 W.
Un luminaire pour 10 m^2 assure un eclairement de 9.5 a 10 W/m2 P.A.R. équivalent à environ 4 500 lux. Les lampes sonts situees a 1.75 m au-dessus des plantes.

Résultats

Les plants éclairés se développent plus rapidement. ils sont plus grands et plus lourds. Le poids frais et le poids de matière sèche sont le double de ceux du témoin après 18 jours. Ils sont multipliés par 2.5 à la plantation. L'avance liée à l'éclairage est d'environ 1 semaine.

L'éclairage des plants a une influence sur la production. L'effet est significatif sur les rendements précoces des 2 variétés. En 1988 le rendement commercialisable des traitements éclairés est supérieur de 1.5 kg/m2 à celui du témoin à la fin avril. L'effet de l'enrichissement en CO_2 n'est pas significatif dans cet essai.

RENDEMENTS COMMERCIALISABLES CUMULÉS EN KG/M^2

	au 28 avril		au 24 mai	
	Dombito	Perfecto	Dombito	Perfecto
Témoin	1,9	1,8	7,4	8,2
Éclairé	3,4	2,8	10,5	9,4
Ecl. + CO$_2$	3,1	3,2	9,2	9,5

Les résultats de cet essai confirment ceux obtenus en 1987 sur le Centre de Balandran. Ils sont assez voisins de ceux d'autres régions.

L'éclairage apparaît économiquement intéressant de décembre à février.

Eclairage artificiel de plants de concombre
Essais effectués par le CVETMO dans sa station de St Denis en val près d'Orléans.

Descriptif

Des concombres de variété "Vitalis" ont été semés le 14 décembre 1987 et repiqués le 18. La densité nette après espacement est de 20 plantes/m2.

La plantation est effectuée le 15/01/88. au stade 7 à 8 feuilles. Les plants ont une hauteur de 60 cm. (Le stade normal de plantation prévue était de 4 à 5 feuilles pour un plant de 40 à 50 cm à la date du 11 janvier. soit une durée d'élevage des plants de 24 jours).

Installation

L'éclairage est réalisé à l'aide de luminaires SGR050 Philips. à la densité de 1 luminaire/9.60 m2. Ils sont équipés de lampes à vapeur de sodium haute pression de 400 W.

L'éclairage est appliqué aux plants du 22 décembre 1987 au 15 janvier 1988. La durée journalière d'éclairage est de 18 h. de 23h30 à 17h30. pour permettre une utilisation maximale de la tarification de nuit EDF (23h30 - 7h30).

Un apport de CO_2 (à partir de bouteilles) est réalisé :
- 400 ppm du 14/12 au 01/01.
- 500 ppm du 02/01 au 06/01.
- 600 ppm du 07/01 au 10/01.
- 700 ppm à partir du 11/01

Résultats agronomiques

1°)réduction de la durée d'élevage des plants
Obtenue par une croissance plus rapide de la plante
En décembre/janvier. cette réduction peut être estimée à 10 jours. Elle peut être utilisée soit pour planter précocement. soit pour semer plus tardivement.

2°)augmentation de la densité de culture
A cette époque. la densité de culture de 20 plantes/m^2 peut être adoptée sans risque d'étiolement.
En l'absence d'éclairage. la densité maximale souhaitable est de 12 plantes/m^2.

L'éclairage artificiel permet au serriste de maîtriser maintenant la totalité des parametres de culture de façon à mener les cultures par toute saison et tous lieux.
Il est un facteur déterminant de l'amelioration de la compétitivite des entreprises horticoles et maraicheres.

Land and Water Use, Dodd & Grace (eds), © 1989 Balkema, Rotterdam. ISBN 90 6191 980 0

Les bâtiments économiques en production animale pour l'agriculture

J.P.Frustié
ENSHV, Filclair S.A., Venelles, France

RESUME : Parallèlement à l'évolution du bâtiment élevage de conception traditionnelle,
apparaît en 1980, un nouveau concept du logement des animaux.
L'expérience acquise dans la construction des serres à couverture plastique a permis
de mettre au point un bâtiment répondant aux impératifs suivants :
   - Mettre à disposition des éleveurs, un outil de travail souple, performant et surtout
économique. L'investissement devant se situer à environ 50 % du coût des bâtiments
d'élevage préfabriqués.

Le but de cet exposé est de présenter les caractéristiques principales de ces bâtiments
économiques.
- Décrire et expliquer leur conception qui fait appel aux technologies des plastiques
souples, tant au niveau structure que couverture.
- Montrer qu'à partir de l'utilisation d'un nouveau type de matériau, il est possible
d'améliorer des éléments comme la ventilation, l'isolation, l'état sanitaire, la
luminosité,...

Ainsi ce bâtiment apporte, non seulement une réponse économique, mais également des
résultats zootechniques remarquables.

En France, toutes productions animales confondues, près de 6000 bâtiments en sont
aujourd'hui la preuve.
Les professionnels, hier sceptiques, sont aujourd'hui convaincus et conscients de
l'intérêt de cette voie : élément de réponse au défi économique que doit résoudre
l' agriculture.

Les matériaux plastiques sont actuellement
omniprésents en agriculture pour de très
nombreuses applications. Ils sont à ce
jour, couramment utilisés en couverture
pour la production végétale.
Depuis de nombreuses années, la serre à
couverture plastique souple a su s'impo-
ser comme un instrument de production
performant, fiable et particulièrement
économique. Toute une technique est née,
tant au niveau des films que du point de
vue des structures porteuses et de leurs
utilisations.
Pourquoi ne pas mettre ces acquis, ces
principes, au service de la production
animale ? C'est ce parti que un, puis
plusieurs constructeurs de serres plastiques ont voulu relever dans le début des
années 1980. En période de profonde crise
agricole , où de graves incertitudes pè-
sent sur les productions animales, tant
sur le plan des marges que sur l'existence
même de telle ou telle production, cette
solution apportant des structures à faible
coût, devait trouver des échos favorables
auprès des éleveurs.
La réussite ne pouvait être au rendez-vous
qu'à condition que les productions puissent
être correctement maîtrisées sous ce
type de couverture plastique.
L'utilisation de plastique pour des parties
de bâtiment (isolation, fenêtres, conduits,
etc...) était acquise, mais aller beaucoup
plus loin en réalisant une couverture
directement en film plastique, venait con-
trarier la tradition millenaire du bâtiment et représentait un nouveau concept.
La preuve en est, que lors des premières
présentations, il nous a été reproché, par
de nombreux spécialistes, d'utiliser le
terme "bâtiment" ; celui-ci ne pouvant
s'appliquer à une structure couverte en
plastique.

Aujourd'hui cette polémique est loin !
Plus de 6000 tunnels d'élevage à couverture
plastique sont implantés en France.
Toutes les productions animales sont con-
cernées par cette technique. Des plus
simples, comme les ovins et les bovins,
aux plus complexes comme le post-sevrage
porcins, ou les salles de gavage en production palmipèdes gras.

1. OBJECTIFS

1.1. Objectifs économiques

Apporter un élément de réponse au problème
des marges, diminuant significativement
l'investissement de la "coque" (tunnel)
et de sa mise en place.
La technique plastique souple permet de
répondre à trois niveaux.

1.1.1. Coût direct de la structure et de
la couverture nettement moins élevé que
la bâtiment traditionnel.

Ce résultat est d'une part, étroitement
lié à la technique utilisée (voir plus
loin) d'autre part, au fait qu'une partie
du bâtiment se présente sous forme d'un
matériau plastique renouvelable toutes
les trois ou quatre saisons.

Du tunnel plastique auto-construit au
bâtiment traditionnel livré clefs en mains
Coût comparatif
(Source/rapport Cemagref - Août 86)

Bâtiment cunicole
Maternité/engraissement - cellule unique
127 Cages mères

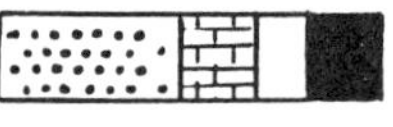

tunnel plastique
livré en kit

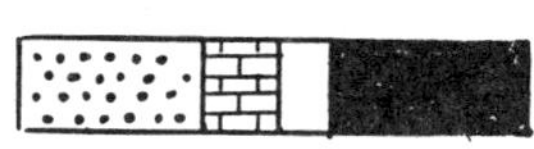

bâtiment traditionnel
livré en kit

Bâtiment avicole, type engraissement
poulets de chair - 400 M2 -

tunnel plastique
livré en kit

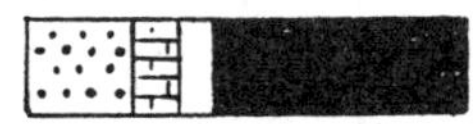

bâtiment préfabriqué
livré clé en main

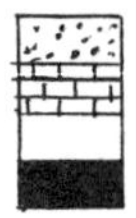
Aménagements intérieurs
Maçonnerie
ventilation
tunnel

1.1.2. Coût de la mise en place réduit
par une très grande simplicité de montage
permettant l'auto-construction presque
systématique

Une enquête réalisée par le Cémagref en
1986, donne les résultats suivants

Bâtiments auto-construits/Bâtiments montés
par une entreprise
(suivant production)

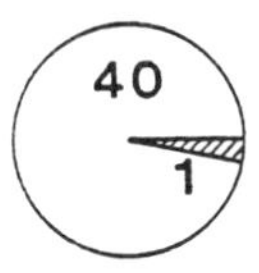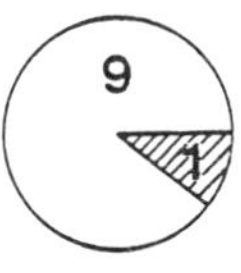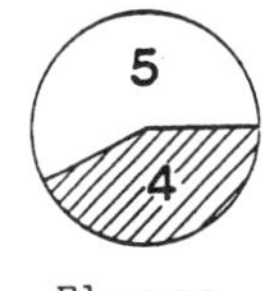

Ce facteur est souvent déterminant, en
particulier chez les jeunes agriculteurs,
leur installation étant ainsi favorisée.

Nombre d'éleveurs ayant construit ou
ayant fait appel à une entreprise
(par tranches d'âge)

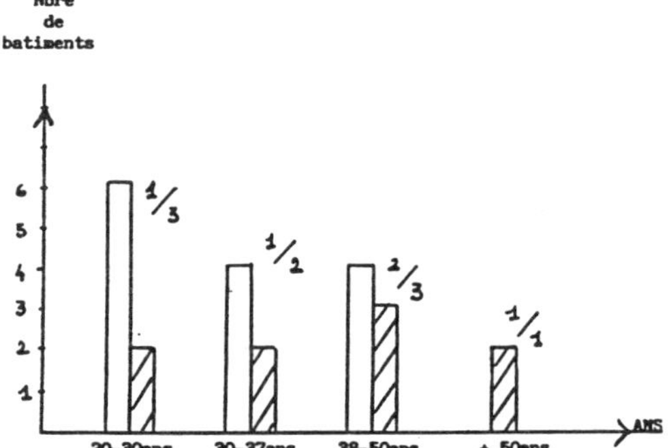

1.1.3. Simplification extrême de l'implan-
tation au sol.
Pour certains élevages, absence totale de
fondations au sol.
Mise en place directe sur un terrain nive-
lé et un ancrage spécifique, fourni avec
le matériel.

1.2. Créér un outil de travail d'une grande
souplesse.
Par le fait même que la couverture ne soit
pas pérenne et que les fondations soient
nulles ou peu importantes, cette

construction correspond à un besoin spécifique, à un moment donné. Elle est certai-
nement plus proche d'un outil de travail
que du bâtiment immobilier, patrimoine de
l'exploitation.
A ce niveau, la technologie plastique
répond parfaitement à cette préoccupation.

1.2.1. La couverture peut être changée
périodiquement et donc réadaptée en
fonction :
- soit d'un changement de destination
(autre élevage ou même autre activité)
- soit de l'évolution des techniques
Toutes les trois ou quatre saisons, rien
n'empêchera l'éleveur de faire évoluer
son bâtiment, de le transformer, de le
moderniser.

1.2.2. Le montage rapide et la quasi-ab-
sence de fondations permettent à l'éleveur
de déplacer son bâtiment :
- changement de zone de parcours pour
l'aviculture
- problèmes sanitaires
- mais aussi déménagement, expropriation,
changement de statut de l'exploitant,
succession etc...
Cette grande souplesse sera un facteur
permettant aux jeunes exploitants d'éviter
toute hypothèque sur l'avenir.

1.3 Objectifs zootechniques

le développement d'un tel produit ne pouvait être basé que sur l'aspect économique
Il était nécessaire d'aboutir rapidement
à des résultats d'élevage comparables à
ceux enregistrés dans les bâtiments traditionnels.
Notre idée a été de profiter de l'utilisation d'un nouveau matériau pour optimiser les contrôles des facteurs internes.

Le plastique souple, par ses qualités
a apporté deux éléments.

1.3.1 Une extrême étanchéité à l'air et à
l'eau due à une porosité minimum du matériau. Cette propriété a été utilisée au
niveau du contrôle de la ventilation.
D'une part, elle nous obligeait à étudier
des ventilations bien adaptées à chaque
élevage ; aucune enceinte de ce type ne
pouvant être conçue sans une aération,
d'autre part, elle nous permet de locali-
ser parfaitement et donc de contrôler les
entrées et sorties d'air.
Alliées à la forme arrondie du tunnel, ces
propriétés vont permettre d'optimiser les
ventilations dynamiques.
La non porosité du matériau a vite été
remarquée comme un facteur très favorable

au maintien d'un excellent état sanitaire
du bâtiment.
Les désinfections sont faciles et très
efficaces.

1.3.2 Le plastique souple peut laisser
passer suivant les teintes choisies une
certaine luminosité. Ce facteur, souvent
très important dans la physiologie de
l'animal, est trop souvent négligé.
Le plastique apporte dans ce domaine de
nouveaux éléments très intéressants dont
nous commençons tout juste à voir l'importance.
- effets des rythmes jour/nuit, saisons,
- diminution et peut-être même stérilisa-
tion de certains germes pathogènes sous
l'influence de cette luminosité.
- diminution des insectes volants, et par
conséquent des vecteurs de maladies.
Malheureusement, aucune étude spécifique
n'a encore été véritablement menée pour
étudier ces phénomènes.

Nous voyons donc qu'à partir de considérations essentiellement économiques, la
mise en place de cette nouvelle technique
met en valeur des aspects nouveaux non
négligeables.

2 CONCEPTIONS GENERALES

La nature même du matériau de couverture,
film souple tendu sur une armature avait
déjà amené les constructeurs de serres
à couvertures plastiques à créer des
structures, des modes de fixation et de
tension de la couverture.
Une expérience de 20 ans existait donc,
il fallait l'utiliser en l'adaptant à
l'élevage.
La serre est par définition un capteur et
un piège de l'énergie solaire nécessaire
à la photosynthèse.
Dans un bâtiment d'élevage, au contraire,
l'ambiance doit être proche du caisson
isotherme, avec toutefois des renouvelle-
ments d'air importants et permanents pour
la respiration des animaux et l'évacuation
des gaz lourds.
A partir de ces constatations, les techniques de charpente, de pose, de tension qui
avaient fait leurs preuves en serre,
pouvaient être reconduites.
Par contre, de nouveaux films devaient
être utilisés, créés, afin d'éviter l'effet
serre. Des isolants devaient être intégrés
à cette couverture.

2.1 Les charpentes

En général de forme tunnel, soit en anse de panier, soit en arc de cercle

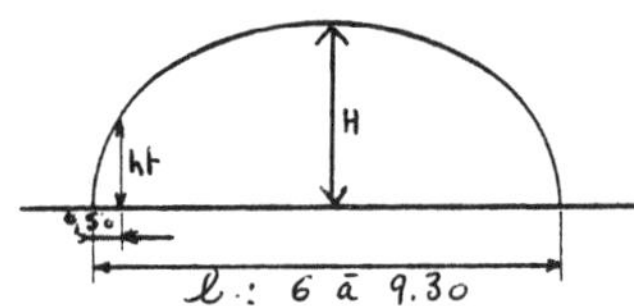

Largeur	8.50	9.30
Ht	1,70	1,75
H.	3,20	3,48

Cette forme présente l'intérêt d'éviter tout angle et donc de permettre une tension régulière des couvertures.
Les dimensions les plus classiques vont de 6 mètres à 9,30 mètres de large en une seule portée. La forme oblongue permet un excellent dégagement latéral tout en évitant une trop grande hauteur.
Les longueurs sont libres et fonction de l'élevage et de son organisation.
Ces arches sont constituées par des armatures tubulaires en acier galvanisé de diamètre 60 et d'épaisseur 1.5, reliées entre elles par des entretoises.
Un système d'assemblage très simple et avec peu de boulonnerie permet un montage rapide par des personnes non initiées, autorisant ainsi la pratique de l'auto-construction.
L'expérience de 20 ans en serres, montre que ce type de charpente présente un rapport prix/résistance tout-à-fait remarquable.
Bien entendu, les zones à hauts risques climatiques : régions de vent, altitude, sites exposés, doivent faire l'objet de renforcement de charpente. En France, une normalisation AFNOR spécifique à ce type de charpente a été créée pour la serre en 1983.
Des largeurs plus importantes sont aujourd'hui proposées, mais avec des supports intermédiaires. Des poteaux complémentaires viennent étayer les structures, soit sous forme de bi-tunnels soit sous forme de tunnel couloir.

Conséquence directe de cette adjonction : augmentation sensible du prix au mètre carré au sol du bâtiment.

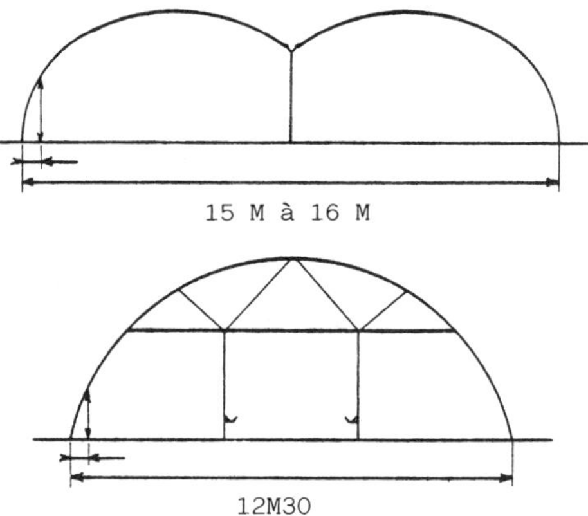

2.2 LES COUVERTURES

2.2 Les principes

De très nombreux systèmes ont été utilisés sur des tunnels en production végétale. Deux d'entre eux font l'unanimité pour leur fiabilité. Bien entendu, ce sont ceux qui ont été développés en élevage.

2.2.1.1 La tension par chaussage latéral des films de couverture.

Le film est posé , en général sous forme de laizes, sur l'armature qui a été préalablement équipée d'un lit de fils de fer. Celui-ci est bloqué latéralement dans une tranchée parallèle au bâtiment, un poids de terre vient ensuite le tendre. Un espace libre entre la base de l'armature et le film permet de compenser les dilatations dues à la température.

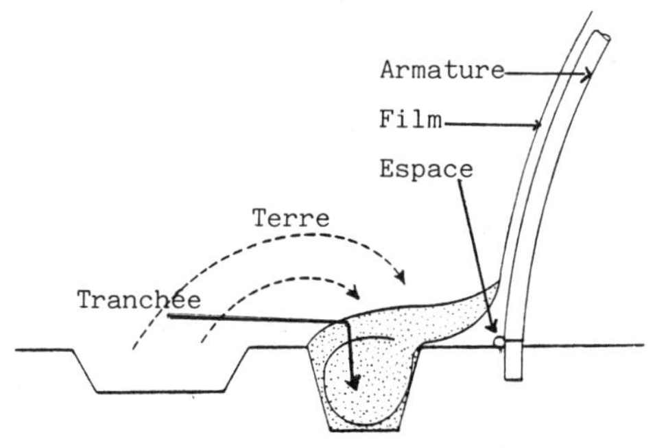

Ce système très simple, ne faisant appel
à aucun élément mécanique autre que la
terre du terrain, permet non seulement,
la tension constante du film mais aussi
un ancrage latéral très efficace.
Nous allons retrouver ce principe dans les
bâtiments à couverture isolée. Dans ce
cas, un isolant viendra se positionner
entre une première couche interne de plastique et une seconde couche externe fixée
au sol par ce moyen.

2.2.1.2 la tension par câble
Système très particulier qui consiste à
utiliser des gaines en plastique, très
légèrement supérieures en largeur à l'intervalle entre deux arceaux,qui seront
jantées comme une roue sur les armatures,
à l'aide de câbles de tension.
La tension du film étant, dans ce cas,
longitudinale, d'arceau en arceau, au lieu
d'être transversale.

Le film est alors solidaire de l'armature
qui doit être solidement ancrée au sol,
soit par des amarres adaptées à la nature
du sol, soit par des fondations.
Ce principe permet de réaliser une isolation par coussin d'air. Une couche d'air
étant emprisonnée entre les deux parois.
Cette technique sera beaucoup utilisée en
climat tempéré pour abriter des élevages
ovin et bovin . Elle présente un grand
intérêt du fait de la luminosité diffusée
dans l'enceinte du bâtiment.

2.2.2. Les matériaux
Plusieurs matériaux sont disponibles sur
le marché. Toutefois, le film polyéthylène
souple présente un ensemble de caractéristiques très favorables.
- son coût modéré, sa grande facilité de
pose
- sa grande disponibilité, son existence
en grande largeur sans confection
- sa température de service entre -40° et
+ 70°
- sa bonne résistance mécanique et sa
durabilité correcte de 3 à 4 saisons en
climat méditerannéen
- Plusieurs coloris disponibles (blanc
opaque, vert, noir ou transparent)
- l'existence d'un contrôle de qualité.

Ces films font, en France, l'objet d'un
label qui certifie leur fabrication dans
les règles de l'art, à partir d'une résine
haut de gamme "PF" marque de qualité CEMP.
Les films utilisés en 200 à 250 microns
pour la paroi extérieure et 130 à 200 microns pour la paroi intérieure
La couleur du film influencera fortement
le comportement thermique et lumineux du
bâtiment.
- le noir absorbe le rayonnement solaire
et s'échauffe très vite. La luminosité
est quasiment nulle.
- le film blanc tamponne bien les fluctuations de température tout en préservant
une légère luminosité.
Dans la plupart des sites, et la plupart
des élevages, c'est ce dernier qui sera
choisi pour réaliser la couche extérieure.
En fonction des nécessités en lumière de
l'élevage envisagé, le film intérieur
sera transparent, blanc ou sombre.
Une étude du Cemagref de Rennes vient
confirmer ces observations.

COULEUR FILM EXTERIEUR	NOIR	BLANC
PERIODE MESURE	5/7/86 au 20/7/86	28/7/86 au 5/8/86
ECART MOYEN JOURNALIER	45,3°	27,3°
FACTEUR AMORTISSEMENT *	3,9	1,95

$$\text{* FACTEUR AMORTISSEMENT} = \frac{\text{AMPLITUDE DES TEMPERATURES EXTERNES}}{\text{AMPLITUDE DES TEMPERATURES INTERNES}}$$

Compte-tenu du développement du tunnel
bien d'autres films ont été essayés et
proposés à l'éleveur, toujours dans le but
d'améliorer la longévité des couvertures.

2.3 L'isolation

2.3.1. Le coussin d'air
Utilisé dans la cas du bâchage en gaine
et essentiellement en polyéthylène blanc
opaque pour éviter toute surchauffe en été.
Ce type d'isolation et de couverture est
utilisé pour abriter de gros animaux ayant
une protection naturelle (exemple : ovins
bovins).L'été,la température de l'abri
ventilé ne dépasse que de très peu la température de l'air sous abri.

ETUDE SUR BERGERIE C.E.Z. RAMBOUILLET
Couverture Double paroi à câble
Blanc opaque

variations des températures extérieures
et ambiantes au niveau des animaux dans
la bergerie

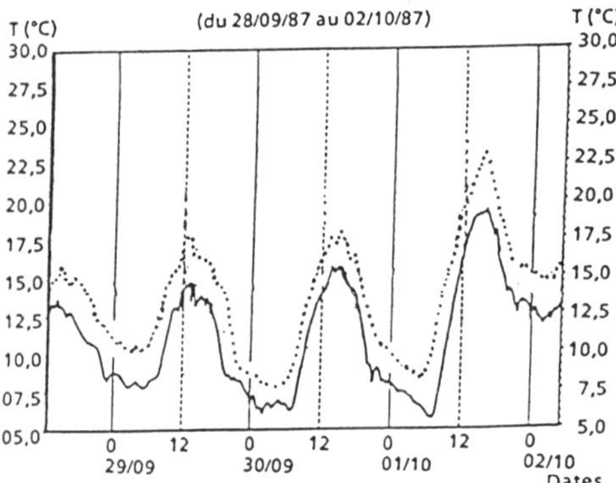

En période froide, avec une charge normale de brebis ou de taurillons le delta T
est d'environ 12°.
Par temps très froid, un phénomène de protection par développement d'une pellicule
de glace vient créér un effet "igloo"
(Centre d'essais de Branschweig - Mr Maier)

Cette couverture blanc opaque confère au
bâtiment une luminosité diffuse, importante qui joue un rôle important sur le
calme des animaux. Dans le cas des brebis,
une amélioration sensible de la prolifi-
cité a souvent été notée.
Phénomène très particulier, les mouches
sont presque totalement absentes. Ceci,
est du au fait que de nombreux insectes
sont aveuglés par le rayonnement transmis
à travers le film blanc et en conséquence,
ils ne rentrent pas dans le bâtiment.

2.3.2 Le sandwich isolant

Utilisé avec le principe du bâchage par
chaussage, cette technique consiste à
étendre un isolant entre deux feuilles
de plastique.

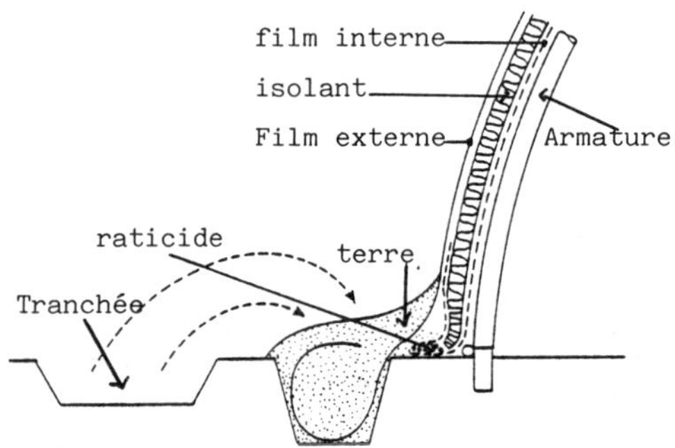

Le premier film intérieur sera relevé sur
l'isolant pour assurer une parfaite étanchéité. Le second film extérieur sera butté
en terre, latéralement. Le film extérieur
sera de préférence, pour les raisons indi-
quées auparavant, blanc opaque. Mais il
pourra aussi, suivant les sites, être vert
noir...
Le film intérieur pourra être, lui aussi,
en fonction des exigences des élevages,
transparent, blanc ou sombre (vert ou noir)
Exemples :
Elevage avicole claustration : intérieur
sombre.
Elevage porcin : intérieur blanc ou transparent.
Le film transparent présente l'intérêt de
laisser apparaître l'isolant, ce qui
permet de contrôler son vieillissement.

La nature de l'isolant peut-être multiple.
Son coefficient thermique et son épaisseur
peut être librement choisi par l'éleveur
de manière à s'adapter à l'élevage choisi.
Néanmoins, il s'avère que par expérience,
les isolants se présentant sous forme
souple, sont les plus pratiques à mettre
en oeuvre dans cette technique. Ils assu-
rent également une meilleure continuité
du matelas thermique.
En conséquence, 98 % des tunnels sont
aujourd'hui isolés à partir d'une ou deux
couches de laine de verre ou laine de
roche.

2.3. Les aérations

L'étanchéité remarquable des plastiques
oblige à apporter une attention particulière à ces éléments.
L'aération sera soit naturelle, soit
dynamique.

2.3.1. En aération naturelle, des ouvrants
latéraux placés en position basse sont
couplés avec des lanterneaux cheminées
Tous ces éléments sont réglables par treuils
ou éventuellement automatisables.
Leur densité et leur position exacte sont
calculées en fonction de la charge en KG
de poids vif et de la nature de l'espèce
animale.

2.3.2 En aération dynamique

Le tunnel s'adapte particulièrement bien
à cette technique. En effet, le plastique
et la forme jouent un rôle favorable dans
l'harmonisation et le contrôle des flux
d'air intérieurs. Toutes les techniques
connues sur bâtiment s'adaptent sur ces
structures.

- surpression haute
- dépression basse
- surpresssion-dépression (technique des
  plafonds diffusants)
- dépression haute par cheminée
- dépression haute par cheminée double flux
     etc...

Suivant les régions, les conseillers, les
habitudes et surtout les élevages envisa-
gés, toutes ces solutions ont été développées avec succès.
Les résultats de l'enquête du Cemagref 86
(compagne été/hiver) sont particulièrement
probants sur la qualité des facteurs d'ambiance relevés dans des tunnels.
Exemple : voir document Cémagref.

Etude du comportement d'un tunnel cunicole
isolé.
Mesures d'été (du 28.7.86 au 5.8.86)
 Température souhaitée 17 à 21° C

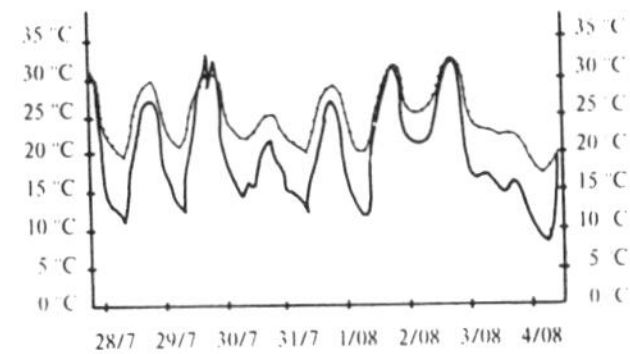

Mesures d'hiver (du 22.11.86 au 6.12.86)
Température souhaitée 17°C

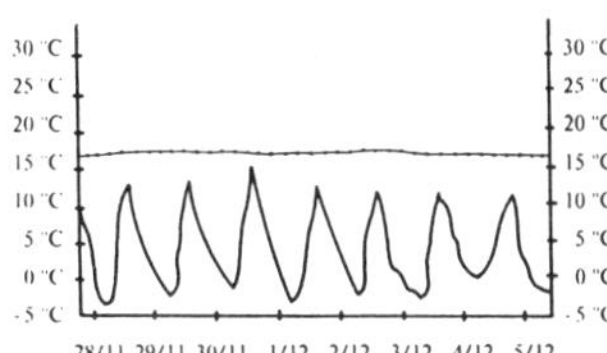

──────── Température extérieure
         (sous abri)

┼┼┼┼┼┼┼┼┼ Température d'ambiance dans le
         bâtiment

Caractéristiques
■ tunnel pour élevage de lapin de chair
- Maternité-engraissement, type cellule
  unique
- Superficie : 320 M2
- Couverture : film extérieur en polyéthylène blanc opaque 200 microns, film
  intérieur en polyéthylène blanc opaque
  180 microns.
- Isolation : 90 mm de laine de verre
- Ventilation mécanique par extraction
  basse et entrée par pignon et plafond
  diffuseur
- Implantation ; Cantal, altitude 500 M.

Il est possible et facile d'adapter des
systèmes de climatisation de type cooling
système, refroidissement etc... et bien
entendu le chauffage.
Pour plus de sécurité au feu, il sera
préféré des appareils électriques.

3. LES RESULTATS

3.1. Les deux premiers éléments qu'il est
important de noter sont :

3.1.1. L'application de ce type de techniques sur tous les stades de croissance
et toutes les espèces animales :

- Ovins, caprins, bovins, chevaux
- Production fourrure : visons, renards,
  chinchilla etc...
- Avicole : production viande, production
  oeufs, gibier, poulets, dindes, canards,
  pintades, cailles, perdrix...
- Porcin : maternité post-sevrage, engraissement, verraterie
- Cunicole

Pour l'anecdocte, on peut aussi citer certains élevages très particuliers : vers à
soie, lombrics, escargots.
D'autre part, une utilisation importante
se développe en matière d'aquaculture .
La nature des couvertures est alors différente de celle décrité dans ce document.

Cette diversité d'application est la meilleure preuve de la polyvalence de cette
technique.

3.1.2 Utilisation sous des climatologies
très différentes
Principalement implantés dans des climats
tempérés, souvent en zone de moyenne mon-
tagne, son développement touche aujourd'
hui des zones tropicales arides et des
climats équatoriaux.
Les premiers résultats enregistrés sont
prometteurs et confirment les facilités
d'adaptation.

3.2. Mesures ambiance et résultats zootechniques

Plusieurs études approfondies des facteurs
d'ambiance et des résultats zootechniques
ont été menées.
Les principales étant ;
1975 à 1982 :-Etude sur bâtiment ovins
             (Institut de Branschweig)
            -Etude sur bâtiment poule
             pondeuse en conduite "Get
             Away)
            (Celles, Institut de Braun-
             schweig)

1981 à 1984 : -Etude sur ferme de référence
              en Ovins, Aviculture
           (Compagnie des Côteaux de Gascogne)

En 1986, une étude menée par le Cémagref
de Rennes, avec le concours du Ministère
de l'Agriculture Français a porté sur :
- l'étude des facteurs d'ambiance
- l'analyse des résultats de gestion
  technique

3.2.1. Ambiance
Cette dernière étude a été menée en ce
qui concerne les facteurs d'ambiance sur
quatre tunnels suivis en été puis en hiver.
Les résultats suivants ont été enregistrés :

3.2.1.1. Températures

ÉLEVAGE	PÉRIODE	T° SOUHAITÉE (°C)	TEMPÉRATURES MESURÉES (°C)	
			Moyenne	Écart moyen journalier
Dindes de chair	été	20	23,6	7,2
Lapins	été	17 à 21	24,5	9,3
	hiver	17 à 21	17,2	2,8
Porcelets	été	20	21,7	8,1
Poulets de chair	été	22	25,9	8,4
	hiver	22 à 24	25,3	6,2

3.2.1.2. Hygrométie – Vitesse de l'air

ÉLEVAGE	PÉRIODE	HYGROMÉTRIE SOUHAITÉE	MOYENNE MESURÉE	VITESSE D'AIR MOYENNE	
				souhaitée	mesurée
Dindes de chair	été	60-70 %	73 %	< 30 cm/s	8 cm/s
Lapins	été	75-80 %	50 %	< 30 cm/s	7 cm/s
Porcelets	été	60-70 %	60 %	< 20 cm/s	2 cm/s
Poulets de chair	été	65-80 %	60 %	< 30 cm/s	15 cm/s

Monsieur Gamon, responsable de cette étude au CEMAGREF en conclut : "dans les
quatre tunnels en contrôle, disposant
des différents types de ventilation, les
éleveurs ont pu et su maintenir leurs
objectifs en température d'ambiance pendant les deux campagnes de mesures réalisées en été et en hiver. Les enregistrements effectués en continu pendant des
périodes d'une semaine ont relevé des
ambiances homogènes.
Les mesures de taux d'hygrométrie et de
vitesse de l'air au niveau des animaux
sont restées hors des zones de risques
pour toutes les productions.

3.2.2. Résultats zootechniques

La partie de cette étude du Cémagref
concernant l'analyse des résultats "gestion technique" provient d'une collecte
d'information sur :
- 22 élevages cunicoles
- 34 bandes à volailles
- 5 bandes de porcelets en post-sevrage

Le tableau suivant résume ces résultats
en les comparant aux moyennes nationales
françaises :

RESULTATS DE GESTION TECHNIQUE

PORCELETS	MOYENNE SUR 6 BANDES	MOYENNE NATIONALE (ITP)
Indice de consommation	1,73	2,07
Gain moyen quotidien	482 g	402 g
Pertes	0,7 %	2,9 %
LAPINS	MOYENNE SUR 22 ELEVAGES	MOYENNE NATIONALE (GITALAP 84)
Indice de consommation	4,10	4,37
Lapereaux produits/cage/an	57	41,7
Mortalité en Post-sevrage	16,2	23,6 %
Mortalite en engraissement	9,9 %	11,2 %
VOLAILLES	MOYENNE DES OBSERVATIONS	MOYENNE NATIONALE (ITAVI)
Canards mâles	3,22	3,2
canards femelles	3,1	3,0
canards mixtes	2,75	2,8
Poulets label	2,9	3,0
Poulets standard	2,1	2,5
Poulets gris	3,6	3,3
Pintades	3,4	3,0
Dindes	2,5	2,2
	(indice de consommation)	

Après quelques erreurs de jeunesse, la
technique du tunnel à couverture plastique
s'est affirmée.
La bonne maîtrise des conditions d'ambiance.
Les résultats zootechniques satisfaisants
et reconnus en font désormais un bâtiment
d'élevage à part entière.

REFERENCES

M.Vivier Thyerry Décembre 86- Mémoire de
   fin d'études . Bâtiments tunnels plasti-
   ques en productions hors-sol
   Cémagref de Rennes (35) France
M.Meier G. Rapport de l'institut de recherches agronomiques. Braunschweig
   Volkenrode 1982.
M. Rousseau - M.Cofinière - Compte-rendu
   sur les fermes de référence Avicoles
   Compagnie des Côteaux de Gascogne
   Chemin de l'Alète - BP 215 - 65 TARBES
MM.Frustie J.P - D.Gamon - P.Macca 1988
   Les tunnels à couverture plastique en
   élevage - Comité des plastiques en agriculture - Cémagref 65, rue de Prony
   75854 PARIS CEDEX 17 -
M.Gamon - Bulletin technique du machinisme
   et des Equipements agricoles - N°27
   mars 1988.

Zusammenfassung : Gleichzeitig mit der Entwicklung des Viehgebaudes traditioneller
Bauart erscheint 1980 ein neues Konzept der Einquartierung von Tieren.
Die gesammelte Erfahrung im Bau der mit Plastik ubergezogenen Gewäschäuser erlaubte
ein gebäude zu entwickeln, das den folgenden Anforderungen entspricht :

- den Züchtern ein anpaßungsfähiges , leistungsfähiges undvor allem ökonomisches
arbeitswerkzeug zur Verfugung zu stellen. Die Investition muß circa 50 % der
Kosten der Vorgefertigten Gebäude betragen.
Das Ziel dieses Berichtes besteht darin, die Hauptcharakteristika solcher ökonomischer
Gebäude darzustellen.

- Wir werden ihre Bauart, die die Technologie der biegsamen Plastiken sowohl für
Strukturen als auch für Bedeckungen benutzt, beschreiben und erklären .

- Wir verden zeigen, daß es möglich ist, mit den Gebrauch eines neuen Types von Material
bestimmte Elemente wie Belüftung, Isolierung, Sanitärzustand, usw, zu vebessern.
So bringt dieses gebäude nicht nur eine kostengünstigere Lösung sondern auch bemerkenswerte zootechnische Resultate.
Heutezutage gibt es in Frankreich ungefähr 6000 Gebäude fur jede beliebige Art Viehzucht,
die von dem Erfolg dieses Projektes zeugen.

Die Fachleute, die gestern skeptisch waren, sind sich heute über den Vorteil dieses
Weges in klaren und davon überzeugt.
Das ist ein Element der Antwort auf die ökonomischen Herausforderung, der sich die
Landwirtschaft stellen muß.

ABSTRACT : In France, the eighties saw, alongside to traditional building, the adaption
of new techniques for cattle sheds.
The improved experience in plastic covered greenhouse has allowed to finalize a building,
replying to the following requirements :

- give to the farmers an adaptable, performant and almost very cheap work tool.

Investment must be around 50% of a traditional building cost.

The aim of this conference is to present the main characteristics of these cheap buildings.

- describe and explain their designs which are issued of flexible plastic technology,
  for their structure as well as their over.

- show that, using new materials makes possible to improve elements such as ventila---
  tion, insulation, heathness, luminosity....

So this type of buildings brings, not only an economic advantage but good zootechnical
results. More than 6,000 buildings of this type are a living proof of this in France
today.
Farmers who were sceptical have nowadays realised the advantages , that these types of
designs offer wheither in economical terms or in everday's agricultural challenge.

Land and Water Use, Dodd & Grace (eds), © 1989 Balkema, Rotterdam. ISBN 90 6191 980 0

An economic based strategy for designing low cost farm buildings

T.Nagy
Agrober, Debrecen, Hungary

ABSTRACT: Basic criteria of economics is discussed in this paper, and applied to estimate the acceptable reliability level and the optimal projected lifetime of farm buildings. For simple structures a very low safety class is recommended with the safety level of 10^{-2}. A developed life safety factor indicates that this safety level is acceptable, since for farm buildings the social consequences of structural failure are negligible. The most economical lifetime of farm buildings, based on Hungarian data, is about 25 years. In special cases a shorter projected lifetime is acceptable. Application of the introduced method results in a 5-10 per cent of material consumption.

RESUMÉ: Sur la base des considérations techniques-économiques, l'auteur fait la proposition de réduire la durée de service prévue des appareils porteurs des constructions agricoles et d'augmenter les risques acceptés concernant la détérioration. La valeur de T=25 ans est justifée par le vieillissement plus rapide des constructions agricoles, ainsi que l'augmentation d'un ordre de grandeur des risques acceptés par une quote-part l'auteur fait connaitre les conséquences économiques probables des risques et de la durée de service proposés par lui.

ZUSAMMENFASSUNG: Die ökonomischen Kriterien werden in dieser Studie diskutiert und anwendet um die erwartende Zuverlassigkeit und den geplanten Lebensdauer von landwirtschaftlichen Bauwerken zu schatzen. Für einfache Bauwerke, ist eine niedrige Sicherheitsklasse mit Sicherheitsniveau von 10^{-2} empfohlen. Ein Lebensicherheitsfaktor manschlichen Konsequenzen eines Zugrundegehens sind unwichtig. Der ökonomische Lebensdauer einer landwirtschaftlichen Bauwerk ist ca. 25 Jahre. In einigen Fallen ist ein Kürzever geplannten Lebensdauer akzeptierbar. Die Anwendung dieser hier eingeführten Methode vermindert den Materialverbrauch mit 5-10 Perzent.

1. INTRODUCTION

There are well known methods for computing the optimal dimensions of the load bearing structures, considering a target reliability level and a project lifetime (reference period). The reliability requirement may be prescribed by the expression

$$P_f = [/R(t)-S(t)/\leq 0] \leq \frac{1}{r}$$

$$0 < t \leq T_p \qquad (1)$$

Where P_f is the failure probability, $R(t)$ and $S(t)$ are the time dependent resistance and stresses of the structure, $1/r$ is the risk of failure and T_p is the projected lifetime.

Eq.(1) means that the time dependent probability of failure must not exceed a required minimum during the projected lifetime, i.e., for structural design it is necessary to presume an acceptable safety level and a reference period.

The optimal values both of P_f and T_p correspond to the minimum of the expected total costs.

To estimate the acceptable risk of failure, social consequences such as probability of loss of life, injury etc., also have to be considered.

In case of farm buildings, when social consequences are negligible, the acceptable P_f can be determined by considering purely economic consequences.

The projected lifetime also has a great influence on the structural costs, since the adequate safety factors, corresponding to a certain target reliability level are the less when the projected lifetime is the shorter (Mistéth 1977). For rural constructions, when the fast development of technology necessitates the cyclic exchange of fixtures and equipment, the phisical and moral obsolescence of buildings is relatively quick. In this case, optimizing of T_p has a great importance.

2 INVESTIGATION OF THE OPTIMAL PROBABILITY OF THE FAILURE

2.1 Economics

What level of P_f, i.e., what design safety factors are the most economical? This can be determined by minimizing the expected total costs, C_T, including (i) the initial structural cost C_I, (ii) the maintenance cost, C_M, and (iii) the expected failure loss, $P_f D$, where D is the damage loss when failure occures, i.e.,

$$C_T = C_I + C_M + P_f D \qquad (2)$$

Dependence of C_M on P_f is negligible, therefore the economical optimum of P_f can be obtained by minimization of

$$C_T = C_I + P_f D \qquad (3)$$

It can be proved by regression analisys, that C_I is proportional to $\log_{10}(\frac{1}{P_f})$ (Misteth 1974), i.e.,

$$C_I = C_{IO}/1 + a_1 \log_{10}(\frac{1}{P_f})/ \qquad (4)$$

Where C_{IO} is the structural cost, which includes cost of material in place corresponding to a safety level, P_f of 10^{-3} or a safety index, β, of 3.09 and a_1 is a cost attenuation factor, which depends on the probability distribution of the basic variables (load, resistance, geometrical variables etc.), mainly on the coefficient of variation of resistance, V_R. Substituting Eq. (4) in Eq. (3) after minimizing, the most economical failure probability can be determined by equation

$$\frac{1}{P_f} = \frac{\ln 10}{a_1} \cdot \frac{D}{C_{IO}} = \frac{2,3}{a_1} \vartheta_D \qquad (5)$$

where ϑ_D is the ratio of the damage cost, D, to the structural cost, C_{IO}, explained above.
In order to estimate an acceptable range of a_1 different structures were dimensioned

(Nagy 1987a). By calculations the cost attenuation factor considering the material consumption, a_{1m}, is within the range from 0.1 to 0.3. Assuming that cost of material in place, C_m is about 60 per cent of the inital building cost, C_I, (cp. material, production, assembling cost), an acceptable estimation of a_1 is

$$0.05 \leq a_1 \leq 0.12 \qquad (6)$$

The lower values correspond to ductile materials with lower coefficient of variation ($V_R < 0.1$), while the higher ones are typical for brittle materials or in case of $V_R > 0.15$. For practical purposes $a_1 = 0.08$ is suggested. Economical failure probabilities according to Eq. (5) are shown graphically in Fig. 1. It can be seen, that P_{fOPT} is sesitive only to the order of magnitude of ϑ_D and increasing of total cost is slight above the optimum. The acceptable economical safety levels corresponding to $=25; 250; 2500; \ldots \ldots$ are $P_f = 10^{-3}; 10^{-4}; 10^{-5}$ respectively.

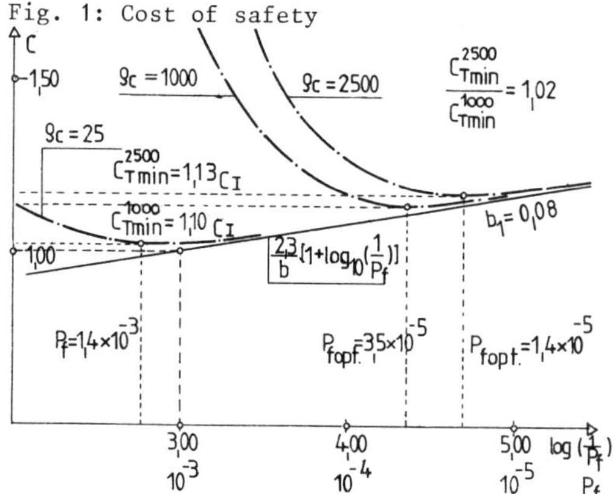

Fig. 1: Cost of safety

2.2 Life safety

Social consequences of structural failure, i.e., an acceptable risk to life can be estimated with the formula, suggested by Allen (1981)

$$P_{fs} = \frac{T_O A 10^{-5}}{W \sqrt{n}} \qquad (7)$$

Where T_O is the lifetime of the structure, which is assumed to be 50 years, A is the activity factor (A=1.0 for buildings), W is a warning factor, n is the number of persons at risk and 10^{-5} is the annual failure probability.

It is necessary to make difference between buildings on the basis of permanence of human occupancy.

For this purpose a duartion factor is suggested:

$$H_D = \frac{T_H}{T_o e} \qquad (8)$$

where T_H is the length of the human occupancy with relative values suggested in Table 1, and e is an escape factor with values suggested in Table 2.

The developed life safety factor is

$$P_{fs}^x = \frac{P_{fs}}{H_D} \qquad (9)$$

Table 1. The relative length of human occupancy

Building	$\dfrac{T_H}{T_o}$
Non stop working buildings (stations, power plants)	1.0
Living houses	0.7
Civic and industrial buildings	0.5
Farm buildings	0.2

Table 2. Values of the escape factor

Building	e
High buildings (n 10)^x	0.1
Multi storey living houses (n 5)^x	0.7
Single storey living houses	1.5
Industrial buildings	2.0
Farm buildings	3.0

^{x} n is the number of storeys

3 DETERMINATION OF THE OPTIMAL LIFETIME

The most economical value of the projected lifetime can be determined also by minimizing the expected total cost includint C_I and C_M mentioned in par. 2.1 further the operating cost, C_{OP}. The building cost includes the cost of the permanent parts of the building, C_{IP}, and cost of fixtures and equipment, designed for shorter lifetime, C_{IC}. The necessarily incurring maintenance expenditure can be divided into two parts such as cyclic maintenance cost, C_{MC}, continuous maintenance cost and surplus owing to obsolesence, C_{MO}.

Each of these costs has to be considered with their discounted values. The most economical lifetime is obtained by minimizing the annual expected total cost

$$c(t) = \frac{1}{t} \,/Pv(C_I;\ C_M;\ C_{OP})/ \qquad (10)$$

where Pv means present value, and t is the time.

It should be emphasized that in this case C_I signes the cost of the building in running condition, while for optimizing the probability of failure that means the cost of the load bearing structures.

The discounted value of C_{OP} is approximately constant in time, therefore it can be neglected. The cyclic expenditures, C_{IC} and C_{MC} can be taken into account at the same time, in the end of the renewal cycle. The exponential increase of the cyclic costs is explained by the improvement of the technology and includes increase of pulling down, and repair costs.

A possible estimation (Nagy 1987b) is

$$C_R^{(i)} = b_1 \exp\left(\frac{iT_1}{T_o}\right) C_{IC} \qquad (11)$$

where $C_R^{(i)} = C_{IC}^{(i)} + C_{MC}^{(i)}$ is the discounted value of the reconstruction cost at the end of the i-th cycle, T_o is the lifetime of the structure by the standards, which is assumed to be 50 years; T_1 is the length of the renewal cycle, C_{IC} is the inital cost of elements with lifetime T_1 and b_1 is a correction factor with values in Table 3.

Table 3 Values of the correction factor (b_1)

Change of equipment without rebuilding	0.9
Change and partial rebuilding	1.0
Change and increased rebuilding	1.1

Increasing of the continuous maintenance cost, C_{MO}, is also exponential in time, further its average is proportional to the length of the renewal cycle.

A practical estimation of the yearly average value of C_{MO} is 0.5 - 1.2 per cent of the initial building cost. The moral obselescence of the building can be considered by an increase of 15 - 30 per cent, i.e., the acceptable range of C_{MO} is 0.6 - 1.5 per cent of D_I.

Based on this the following formula is suggested.

$$C_{Mo}(t) = \frac{T_1 \exp\left(\frac{2t}{T_0}\right)}{2 T_0} \qquad (12)$$

where T_0 and T_1 are the same as in Eq. (11).

If Eqs.(11) and (12) substituted in Eq. (10), the most economical lifetime T_{OPT}, is obtained by minimization of

$$\frac{1}{t}\left(C_I + \sum_{i=1}^{n} C_R^{(i)} C_{Mo}\right) \qquad (13)$$

where n is the number of the renewal cycles, $n = \text{int}\left(\frac{T_0}{T_1} - 1\right)$.

It should be noted that T_{OPT} depends on the ratio of C_{IC} to C_{IP}.

4. APPLICATION OF THE OPTIMIZING METHODS ON FARM BUILDINGS

Farm buildings such as animal houses, horticultural buildings, storages etc., as it was mentioned above, are relatively simple constructions compared to industrial and civic buildings (cp. large rooms, simple structures, good escape roads etc.). The obscolescence of the technology necessitates the cyclic exchange of the equipment, which accelerates both physical and social obscolence of the constructions.

4.1 Economical failure probability

Having the average value of the cost attenuation factor, a_1, suggested in Par. 2.21, it is necessary to estimate ϑ_D. Damage cost, D, includes direct and indirect loss due to a structural failure. Direct loss, D , means the loss of the structure, equipment and goods (livestock, plants, stored material etc.) in the building. Indirect loss D_i is the loss of income, i.e., the shortage of benefit during the rebuilding period.

Considering the usually uncomplicated equipment and fixtures in farm buildings, further that the production process can relatively easily be reorganized (eg. in temporary buildings) the acceptable range of ϑ_D is 5-25. Substituting these values, and $\bar{a}_1$ started in Eq.(6) in Eq. (5), the range of economical failure probability of farm buildings is

$$10^{-2} \leq P_f \leq 10^{-3} \qquad (14)$$

These values were calculated considering purely economic consequences of failure and suggest that the economical range of failure probability is greater by an order of magnitude than that is for "normal" buildings, i.e., the acceptable risk is about 10 times higher.

4.2 Life safety of farm buildings

The expected maximum number of persons at risk in farm buildings is 2-20. The calculated value of H_D by Eq. (8) is 0.07 cp. Table 1. and Table 2. Considering the normal case when some warning is expected, i.e., W=0.3, the safety levels based on Eq. (9) are

$$10^{-2} \leq P_{fs}^{x} \leq 10^{-3} \qquad (15)$$

which also indicates that a lower safety level/safety class can be suggested for simple farm buildings.

4.3 Economical lifetime

For farm buildings the length of the renewal cycle T_1, is about 5-10 years, on average it is 8 years. The ratio of C_{IP} to C_{IC} is 1:1 (50-50 per cent) on average. This ratio is characteristic for buildings of intensive production.
Considering the values of the parameters, mentioned above, Eq. (13) is shown graphically in Fig. 2.

It is seen that the minimum of the average yearly total cost corresponds to $t \simeq 25$ years. Further calculations show (Nagy 1987b) that the length of the renewal cycle has hardly no influence on the optimal lifetime, further that increase of the ratio of C_{IC} to C_I results in a decrease of the most economical lifetime.

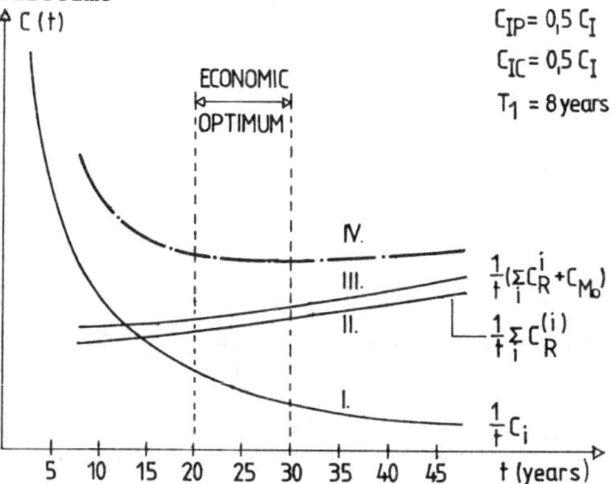

Fig. 2 Yearly average cost during the lifetime

These arguments indicate that for buildings, where the total cost of the technology, C_{IC}, is more than 70 per cent of the initial building cost in running condition, C_I, the projected lifetime of the structure can be choosen equal to the lifetime of the equipment, i.e., $T_p=T_1$.

5 DISCUSSION

The basic criteria of economics can be applied to estimate the most economical values both of P_f and T for all kinds of structures, since the parameters, the optimal values depend on, can be determined.

The values of failure probabilities, P_f, based on economics and P_{fs}^x based on life safety for farm buildings are about the same. By the calculations for simple constructions, such as hay storages, sheds etc. a lower safety class can be recommended.

The economic based failure probability of farm buildings is greater by an order of magnitude than that is for "normal" engineered structures. Considering this greater P_f, a saving of 6–10 per cent in material consumption can be expected. This corresponds to a 4–8 per cent reduction in construction cost, C_I.

For structures with higher cost attenuation factors, a_1, e.g. for timber structures, and with very low failure loss, ϑ_D, the most economical failure probability can be extremely great $(5x10^{-2})$. In this case an overdesigning is suggested, since increasing of the total cost is slight above the optimum.

The most economical lifetime of farm build+ings was calculated on the basis of Hungarian experience. The values of different parameters are valid for constructions built for intensive agricultural production. In order to get more correct values, a detailed analysis of the total cost is necessary.

Decreasing of the projected lifetime results in a saving of material consumption since the adequate design values of resistence increase while those of loads decrease when the projected lifetime is shorter (see par. 1).

Influence of the projected lifetime on building cost is the most characteristic for timber structures, where the time dependence of resistance is significant (Nagy 1988).

For example a timber construction projected for T=20 years is able to fulfil the reli-ability requirement in a lower safety class until the age of 50. This can be considered when designing multi purpose constructions.

Application of the strategy introduced in the paper is suggested especially for prefabricated structures on serial production, when more accurate structural analysis and quality assurance is possible.

Further research work is needed in the field of loads and structural safety of farm buildings with emphasis on the following:

a.) Reliability analysis of typical existing structures,

b.) Influence of the lifetime on the structural safety, expecially for timber structures

c.) Determination of the adequate design values of special loads, such as animal loads, live loads of floors, wall pressure in horizontal bins etc.
The possible point in time values of different loads are also have to be investigated.

ACKNOWLEDGEMENT

A part of the research work, reported in this paper was carried out in the Danish Building Research Institute (SBI), supported by a scholarship under the Danish-Hungarian Cultural Exchange Programme.

The author acknowledges with special thanks the conscientious supervision and helpful suggestions of Professor Karl Terpager Andersen and Jørgen Nielsen.

REFERENCES

Mistéth, E.1977.Principles of Economical Dimensioning of Multi-Purpose Constructions (Dissertation in Hungarian) Budapest

Nagy, T. 1987a. Some practical questions of structural reliability with emphasis on farm buildings (manuscript) Hørsholm

Allen, D.E. 1981. Criteria for design safety factors and quality assurance expenditure in T.Moan and M.Shinozuka (eds.) Structural Safety and Reliability

Nagy, T. 1987b. Principles of structural design of farm buildings Scientific Review of Civil Engineering 37.

Nagy, T. 1988. Influence of the designed lifetime on the reliability of timber structures in C.M. Dolby (ed.) Documentation of the CIGR Section II Seminar

Land and Water Use, Dodd & Grace (eds), © 1989 Balkema, Rotterdam. ISBN 90 6191 980 0

Appropriate cowpea storage structure in Nigeria

J.C.Igbeka
Agricultural Engineering Department, University of Ibadan, Ibadan, Nigeria

A.A.Osiyemi
The Polytechnic, Ibadan, Nigeria

ABSTRACT: The appropriate structure and the use of ash for the storage of cowpea seeds were investigated. It was found that a cylindrical metal structure together with wood ash was the most appropriate. The ash not only acted as an insecticide but also as a dessicant.

RESUME: La structure appropriee et l'usage de cendres pour l'emmagasinage des graines d'haricot ont été etudies, Le resultats ont montrés qu'une structure de fer cylindrique avec des cendres de bois a été la plus appropriée. Les cendres **de** bois non - seulement agissaient comme l'insecticide mais ausi comme le dessicateur.

ZUSAMMENFASSUNG: Die zwechmassige Struktur und die benutzung von asche zur lagerung von bohnensaat wurden untersucht. Es wurde festgeselt, dass eine zylindrische metallStruktur zusammen mit holzasche am zwechmassigsten ist. Die asche dient nicht nur als insecticide sondern auch als dessicant.

1 INTRODUCTION

The Cowpea (Vigna unguiculata (L) Walp.) referred to as beans in Nigeria is widely cultivated and eaten in the country. Between 600,000 and 750,000 tonnes of the crop are produced each year in Nigeria with the bulk of the production being in the northern part of the country.

The method of storage of cowpea depends on the zone of production. There are three main climatic and vegetation zones in Nigeria. These are (1) the coastal mangrove swamp region with an average annual rainfall of 430cm between April and October, a humidity of 90% during the rainy season and an average temperature of 30°C; (2) the tropical forests beyond the coastal belt extending over latitude 8°N which has slightly less rainfall (130cm), a 85% relative humidity and an average temperature of 30°C; and (3) a northern savanah zone with open grassland, 50cm of annual rainfall, average temperature of 34°C and relative humidities as low as 45% (Koleoso and Onyekwere 1979).

Generally, the small scale and traditional farmers are the major producers of cowpea in Nigeria contributing about 95% of the total production as at 1983 (F.O. S, 1984). These farmers usually sell out most of their produce to middlemen at harvest, only to store small percentage for consumption and planting.

Surveys of the grain storage methods in Nigeria (Igbeka, 1983; Njie, 1986) showed that cowpeas are generally stored in the traditional ways. The tradition of mixing cowpea seeds with vegetable oils to protect the grains against bruchid attack was found to be common. The oils mostly used were groundnut oil, palm kernel oil and palm oil. Cowpea seeds treated with groundnut oil at 5 to 10 ml of oil per kg of seeds are protected against weevil attack for more than 6 months.

Another method was the use of powder obtained by grinding the kernel of neem (Azadirachta indica, A. Juss) which acted as insecticide. At relatively low dosages, compared to synthetic insecticides, neem kernel powder preserves cowpeas effectively for 8 months (Sowunmi and Akinnusi, 1983). Also powder from peelings of citrus fruits like oranges and grapes have been found to have toxic effects on the cowpea weevil and lead to depressed oviposition and progeny emergence. Some types of ashes have been suggested to have ovicidal effects on cowpea weevil.

The basic types of structures used for the preservation of cowpea seeds include earthen pots kept at the corridors of houses or in the open covered places; mud granaries or rhumbus which are very common in the northern part of the country, and drums which could be made of metal or plastic. The drums and pots are used in the southern parts of the country to store shelled cowpea seeds not in pods. They act like semi-hermetic storage structures.

A method that is common to both the north and south is the bag storage. This is used by entrepreneurs and merchants who market the products. They buy from the small farmers and store them in warehouses packaged in jute bags of 100kg and hessian bags of 50kg. High insect infestation have been reported in these structures (Igbeka, 1983).

The principle of hermetic storage has been applied by the rural farmers with the help of extension workers in the storage of cowpea. This is achieved by the use of butyl rubber which are relatively cheap. In general, the unshelled cowpeas are stacked on pole or hung from roof tops.

The use of ash from different materials in storage pots and drum has been tried in some rural localities in the southern part of Nigeria and found to be effective

Osiyemi (1985) investigated the use of two types of ash in cowpea seed storage. He mixed ash with fairly insect-infested seeds at a ratio of one part of ash to 9 parts of cowpea seeds by volume and stored them in different storage structures.

He found that although the ash killed all the insects that infested the seeds, the stored seeds could not be marketed due to resulting undesirable colour, smell and taste of the seeds. This study was therefore undertaken to investigate the appropriate type of structure and ash for small scale home storage of cowpea seeds. This is more of a follow-up of the earlier work by Osiyemi (1985).

2. MATERIALS AND METHOD

Two types of storage materials were investigated - metal and wood. Four structural shapes of storage bins each of capacity 27600 cubic centimeter were constructed using the two materials. The shapes were triangular, rectangular, hexagonal and cylindrical. This is because some rural farmers preferred particular shapes to others. Ashes from

wood and bone were used as insecticide. The ashes were produced in the laboratory in a murfle furnace at 600°C for 8 hours and 2 hours for bone and wood respectively

The cowpeas, Ife brown variety of known history, were got from the National Seeds Department, Ibadan, Nigeria.

Ash was put at the bottom of the container and covered with cloth or loosely woven jute material. The cowpea seeds were then loaded and another cloth with ash was placed on top before the structure was tightly covered. This arrangement where air is not allowed to enter the structure created a semi-hermetic condition within the structure. The seeds will use up the oxygen available.

Samples were withdrawn initially at an interval of one week up-to 5 weeks and later on two-weekly basis for physical observation and moisture content measurements. Viability tests were conducted before and after storage. At the end of 130 days, the level of a known volume of the seeds and counting dead and live insects. Cooking and palatability tests for fresh and stored seeds were conducted. For each treatment, three replications were made, the result reported being the average of the three replications. A total of 48 storage structures were constructed - 24 metal and 24 wood.

3. RESULTS AND DISCUSSION

Table 1 shows the viability results after storage in the structures and with the two types of ash. Before storage the average viability was 80% which is fairly good; but surprisingly the viability is found to increase in some cases after storage. In general, the seeds stored in metal structure had higher viability than those in wooden structures. The metal structure gave a maximum of 100% and minimum of 50% viability while the wood structure gave a maximum of 50% and minimum of 0% viability. The wooden structure showed a lot of insect infestation. The effect of shape was not obvious in the viability so also the type of ash. But when considering the metal structure alone it was found that the wooden ash had an edge over the bone ash.

Table 1; Post-Storage viability test
results in Percent.

Shape	Wood Ash		Bone Ash	
	Metal	Wooden	Metal	Wooden
Triangular	80	30	80	50
Rectangular	100	0	70	20
Hexagonal	70	50	50	0
Cylindrical	100	0	60	0

The chemical contents of the ashes
showed that the wood ash contained more
Ca, Mg, K, Mn, Zn, Cu than the bone ash
while the later contained a little bit
more P than the former. So the
insecticidal effect of wood ash is
likely to be more than that of bone ash.
The increase in viability in some cases
is attributed to the dehydration effect
of the ash. The cowpeas was at a high
moisture content of 28.41% w.b. before
storage which when further wetted could
retard germination by rotting. So, in
conclusion, the tin structure was found
to be better than the wooden structure.

3.2 Moisture Content

Figs 1 and 2 show typical plots of
average moisture in the containers for
cylindrical and rectangular shapes
respectively. In general, the moisture
content in the metal structure showed a
continuous decline until it almost
leveled off before the end of the
experiment, while the wooden structure
showed some moisture fluctuation with
time. There was no significant
difference between the shapes of the
same structure material. The rate of
moisture extraction by the wood ash was
faster than that of the bone ash; in
other words, products with the wood ash
lost moisture faster than those with the
bone ash. For example, the moisture
content in the metal structure of
rectangular shape reduced to 8% with
wood ash while it was at 12.5% with bone
ash after 70 days. At the end of 130
days, the average moisture content in
the metal cylindrical structure was 3%
with wood ash and 5.3% with the bone
ash. In the wooden cylindrical
structure, the moisture content went
as low as 7.5% and fluctuated between
10% and 8%; after 130 days the average
moisture content was 9.2% with wood ash.
This fluctuation could attributed to
non-airtight nature of the structure.

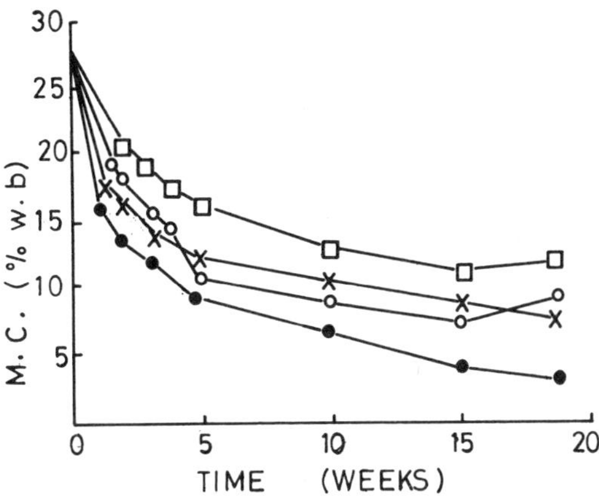

Fig. 1: Moisture Content in a
Cylindrical Structure .

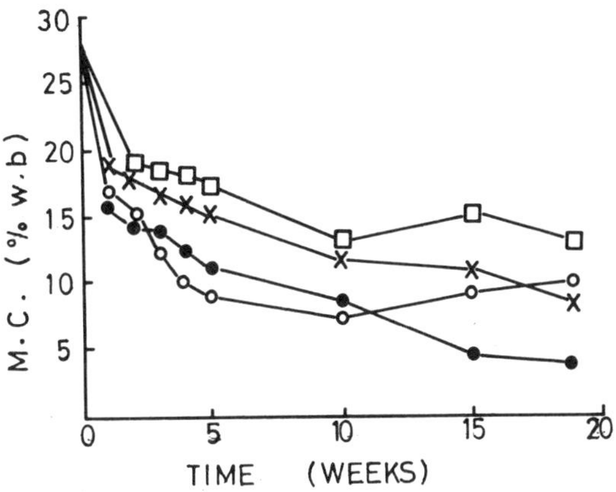

Fig. 2: Moisture Content in a
rectangular Structure .

Legend for figs 1 and 2

—×— Bone ash, metal
—□— Bone ash, wooden
—•— Wood ash, metal
—○— Wood ash, wooden

3.3 Temperature

Results (not included) showed that the
average temperature in the metal
structure remained almost constant
throughout the experiment, fluctuating
occasionally with the environmental
temperature recorded during the period
in the metal structure was $30.4^{o}C$ and
the lowest was $28.8^{o}C$ while the
environmental temperature fluctuated
between $31^{o}C$ and $26.5^{o}C$.

On the other hand, the average temperature in the wooden structures maintained a relatively constant value during the first 5 weeks but went up thereafter. The values were as high as 36°C towards the end of the period. The lowest value received during this period was 32°C. This high temperature is attributed to the effect of high insect infestation.

3.4 Insect Infestation
   Table 2 gives the typical insect infestation levels for cylindrical and rectangular structures. From the table it is seen that the wooden structure gave higher insect infestation than the tin structure. Also the percentage of dead insects with the wood ash was higher than with bone ash showing that the wood ash had stronger insecticidal effect than bone ash. Here the shape of the structure had a significant effect. The cylindrical structure in general showed the least insect infestation than the other structures, followed by the hexagonal, then the triangular and lastly the rectangular. This is expected; as the sharp corner joints in the triangular and rectangular structure not only make it possible for moisture and insect entry but also act as hideouts for insects already in the structure, thus making the insecticide less effective. So, it is recommended that cylindrical or hexagonal structures made of metal should be used instead of wooden triangular or rectangular structure.

Table 2: Typical insect infestation levels for rectangular and cylindrical structures as number of dead and live insects per 500 gm of stored grain.

Shape	Wood Ash		Bone Ash	
	Metal	Wooden	Metal	Wooden
Rectangular				
D*	1	24	2	18
L	0	3	1	6
Cylindrical				
D	0	9	1	6
L	0	2	1	4

*D - dead insects, L - live insects.

The source of infestation could be attributed to unseen insect larvae stored with the seeds or direct infestation in the case of wooden structure from outside. The wooden triangular structures were all full of holes bored by the beetles.

3.5 Cooking and Palatability test
   Cooking was done with a pressure cooker at a preset pressure and for a given period. It was found that after 40 minutes, the fresh cowpeas were soft and well cooked, while the stored ones were still not cooked or soft enough for consumptions. It took at least 85 minutes for the stored cowpeas to be soft enough for consumption. This was an improvement on the findings of Osiyemi (1985), which took more than 2 hours. There was no difference in taste and colour of the fresh and stored product gave a sharp and abrasive taste and very dark colour. This was because he mixed the ash with the product during storage. It is recommended that to reduce the cooking time, the stored product should be exposed to the atmosphere for few hours before cooking. This will enable the product to absorb some moisture and also get rid of any undesirable chemicals that msut have been absorbed from the ash.

4 CONCLUSION AND RECOMMENDATION

   The use of ash as an insecticide has been found to be very effective. Wood ash seems to be better than bone ash. Even when infested grains are stored, the ash would kill almost all the insects and prevent any further infestation. The metal structure has been found more adequate than the wooden structure and is thus recommended. Also cylindrical and hexagonal shapes without any sharp joints are recommended as these eliminates the deep seams which act as hiding places for insects and their larvae.
   Ash not only acts as an insecticide but also as a dessicant. The ash dehydrated the cowpea seeds to moisture content as low as 3% by 130 days of storage. It is recommended that before use, the stored seeds should be exposed for few hours. This will not only reduce or eliminate any residual undesirable taste or odour in the grains but will enable the grains to absorb some moisture thereby reducing cooking and germination time.
   Finally it is recommended that further

studies should be carried out on the use
of such system for medium scale storage
of upto 3 tons. This will involve the
production ash pellets or ash bags which
can easily be dropped into such storage
structures during loading.

REFERENCES:

Federal Office of Statistics (F.O.S) 1984
Statistical News No. 30. Agricultural
production 1982/83. June 1984, Lagos,
Nigeria.

Igbeka, J.C. 1983. Evaluation of grain
storage techniques in Nigeria. African
Journal of Scie & Tech. 2: (2) 22-34

Koleoso, O.A and O.O. Onyekwere 1979
Food storage and processing in Nigeria.
In UNIDO monograph on Appropriate
technology. Vienna 7: 92-101.

Njie, D.N. 1986. Recent advances in the
storage of cowpea (Vigna uniguiculata
(L) Walp) in Nigeria.

Survey report. Agric. Engineering Dept
University of Ibadan, Ibadan. pp. 36

Osiyemi, A.A. 1985. An nvestigation into
a local (semi-hermetic) method of cowpea
grain storage. Unpublished

Unpublished M.Sc. thesis. Agric.
Engineering Department, University of
Ibadan. pp. 224.

Sowunmi, O.E and O.A. Akinnusi, 1983.
Studies on the use of neem kernel in
the control of stored cowpea bettles
(Callosobruchus maculathus F.)
Tropical grain legume bulletin No. 27.

2.3 Environment control in animal housing

Land and Water Use, Dodd & Grace (eds), © 1989 Balkema, Rotterdam. ISBN 90 6191 980 0

Keynote paper:
Thermal control in animal buildings

J.S.Strøm & G.Zhang
Danish Building Research Institute, Hørsholm, Denmark

ABSTRACT: In the engineering of thermal control of ventilation and heating systems in animal buildings, detailed information is needed on the thermal climate required by the animals and the heat produced by them. Ventilation is the primary tool to control the thermal climate. Mechanical and natural ventilation have been shown to provide fine thermal control, both having their advantages and disadvantages. Development of hybrid systems may achieve the advantages of both systems. For years analog controllers have been available and proved their worth. The computer technology may provide new ways to achieve the optimal thermal climate in animal buildings.

RESUME: Pour améliorer la base de dessin pour la ventilation et les systèmes d'échauffage dans les étables, recherche a eu lieu pour définer l'environnement thermique nécessaire pour les animaux, ainsi que la chaleur produite par eux. La ventilation est l'outil le plus important pour contrôler l'environnement thermique. La ventilation mécanique et la ventilation naturelle ont fourni contrôle thermique excéllent tous les deux avec leurs avantages et désavantages. Le développement des systèmes hybrides peut combiner les avantages de ventilation naturelle et mécanique. Pendant bien d ' années l'équipment de réglage analogues ont été à disposition et a fourni la preuve de sa valeur. La technologie de l'informatique peut procurer des méthodes nouvelles pour obtenir l'environnement thermique optimum dans les étables.

ZUSAMMENFASSUNG: Um die Entlüftung und Heizsysteme in Stallgebäuden intelligent zu verbessern, Forschungsarbeit verwendet worden ist, um das notwendige thermische Milieu für die Tiere und ihre Wärmeabgabe zu definieren. Entlüftung ist das wichtigste Werkzeug, um das thermische Milieu zu kontrollieren. Mechanische und natürliche Entlüftung haben bewiesen, eine gute, thermische Kontrolle zu geben, beide mit ihren Vorteilen, sondern auch mit ihren Nachteilen. Entwicklung von Hybridsystemen mag die Vorteile natürlicher und mechanischer Entlüftung kombinieren. Viele Jahre hindurch sind analoge Regelungsgeräte zur Verfügung gewesen und haben ihren Wert bewiesen. Die Computer Technologie mag neue Wegen anweisen, um das optimale thermische Milieu in Stallgebäuden zu erreichen.

1. INTRODUCTION

Detailed information on the thermal climate that gives optimum animal production is necessary in the engineering of thermal control in animal buildings. The heat loads imposed by the animals has furthermore to be known. Although some research has been devoted to these subjects, data are still incomplete or not yet put into a form that is applicable or practical for design purposes. A discussion of heat loads and optimum thermal climate in animal buildings is therefore presented in this paper.

The primary engineering tool to achieve thermal control is ventilation. During the last 50 years, agriculture has seen the change from manually controlled natural to automatically controlled mechanical ventilation. During the last decade automatically controlled natural ventilation has gained increasing recognition as a realistic alternative to the mechanical systems. We propose that a new system may be developed further in the future in order to achieve the best of both.

As animal buildings has been tailored
for specialized production, stocking densities has increased. The heat from the
animals has as a consequence in general
become sufficient to maintain room temperature. Heating is still needed, though,
for special productions and certain control
strategies.

The final part of the paper is devoted
to the control of the heating and ventilation systems. The main variables discussed
are room air temperature, room air humidity
and room airflow pattern. For years analog
controllers have been available and proved
their worth. New developments based on computer technology are imminent and may
change established control methods.

2. DESIGN BASIS

2.1 Thermal climate

The thermal climate is a short term for the
combination of all variables influencing
the animal's heat exchange with the surroundings. The design bases for the air
temperature, the air velocity and the air
humidity will be described shortly below.
Surface temperatures and air pollution
will be touched upon in a later chapter.

2.1.1 Air temperature

The room air temperature is the variable
most often used for thermal control. Temperature is easy to measure with good accuracy, and thermostats have proven to be
reliable. The main question is what shall
the setpoint(s) be?

Early experiments by Yeck & Stewart
(1959) showed that production of dairy
cows was not effected by air temperatures
within wide ranges. This has been supported
by resent investigations by e.g. Østergaard
(1985). Even calves are insensitive to
temperatures provided drafts and high humidities are avoided at low temperatures
(Blom at al 1984). Thus a crude temperature
control may be sufficient in cattle buildings.

Contrary to cattle, early experiments
on growing/finishing pigs reported by
Heitman, Kelly and Bond (1958) showed a
well defined air temperature for maximum
growth rate. According to their results
accurate temperature control is needed. A
decade later Sørensen and Moustgaard (1967)
reported results from experiments that
did not support the well defined optimum.
It was more a question of a range of tem-

peratures within which only slight changes
would take place in the animal production,
figure 1. Thus a fairly sloppy temperature control was acceptable even for grow-
ing/finishing pigs.

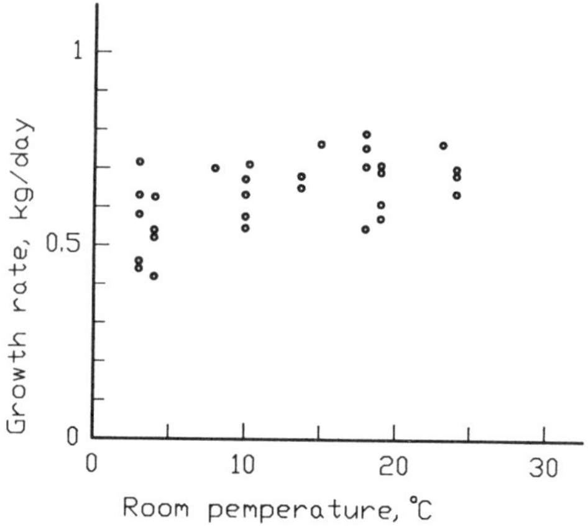

Figure 1. Daily weight gain for growing/fi-
nishing pigs at different room air temperatures (Sørensen & Moustgaard 1967).

Feenstra (1982) found that the lower air
temperature limit for good health, well-
being, weight gains and feed conversion
ratios for 4-weeks weaned piglets was 24°C
initial room temperature. The optimal temperature decrease schedule is shown in
figure 2.

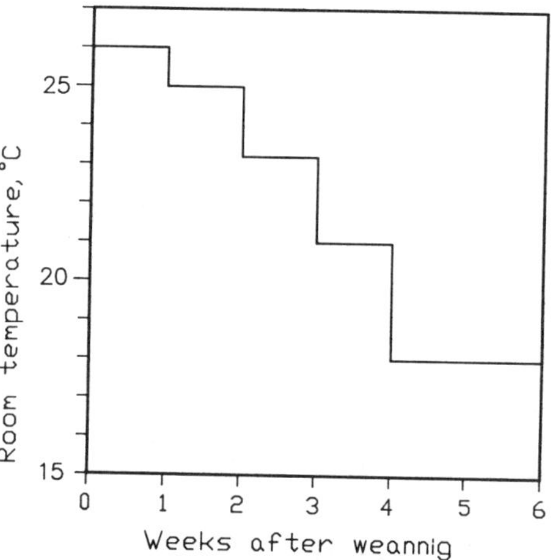

Figure 2. The optimum temperature profile
for pigs weaned at 4 weeks and housed in
unbeded pens (Feentra 1985).

For the optimum temperature in a broiler
production, Pedersen (1975) recommended
that a starting temperature within 30 to
33 °C and a temperature reduction of 0.5°C
per day should be used during the growth
period.

Based on these experiments cattle and
mature pigs seems insensible to the air
temperature within a wide range. For piglets and broilers finer air temperature
control is needed.

A different approach was made by Bruce
and Clark (1979). As a basis for temperature control they proposed the thermal
environment to be kept within the thermoneutral zone, i.e. the range of air temperatures where the total heat loss is
constant. The implementation of their model
to control the heating/ventilation system
was spelled out by Boon (1984). The room
air temperature set point should not be
lower than the lower limit of the thermoneutral zone. Thus instead of looking for
an optimum temperature they proposed a
low limit for the room temperature determined based on an animal heat loss model.

2.1.2 Air velocity

Air velocity is important for the heat
losses and thereby for the wellbeing and
production of the animals. In a series of
experiments reported by Pedersen and Petersen (1978) growing/finishing pigs were
exposed to different combinations of constant or varying velocities in the range
of .2 to .8 m/s and temperatures 13 to
23°C.

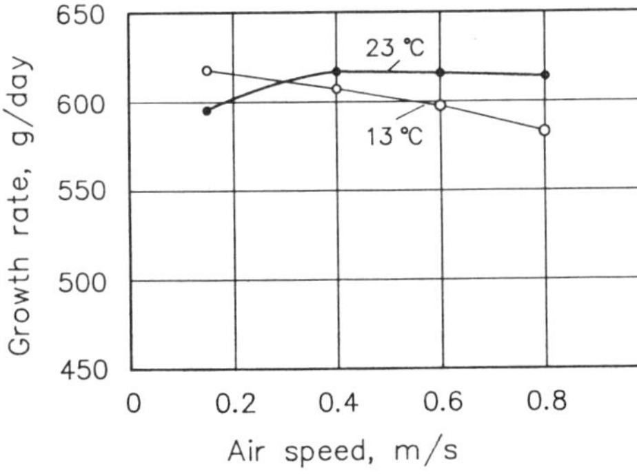

Figure 3. Air velocity effects on growth
rate at two temperature levels (Pedersen
and Petersen 1978).

The growth rate over the total growth
period from 20 to 90 kg was only marginally
effected. There was a tendency towards reduced growth rate at 23 °C combined with
low velocities and at 13 °C combined with
high velocities, figure 3.

The experiments showed, however, some effects of air temperature and velocities
on the behaviour of the pigs. Dunging in
the laying area could be delayed until a
higher air temperature using the higher
air velocities. This observation has later
on been utilized in design of air inlets,
that change the direction of the air jet
dependent on temperature.

The difficulties in real time measuring
of air velocities within a commercial animal building have generally rendered air
velocities unused as a controlled variable.

It is a common experience that broilers
on floor try to avoid high velocity zones.
Observation of the distribution of the animals within the building can reveal draft
areas. Research work is in the process on
how to utilize image analysis of pig behaviour as input for thermal control (Van
der Stuyft 1989).

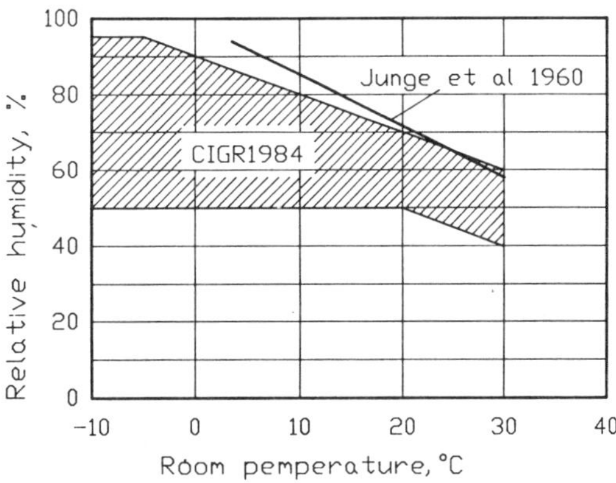

Figure 4. Recommended maximum and minimum
relative humidity for the control of thermal climate in animal buildings.

2.1.3 Air humidity

In many experiments the air humidity is
measured and reported. The humidity is not
often controlled independently of the air
temperature, however. Generally, high relative humidities are achieved during periods
with low air temperatures. The design relative humidity deduced from these experiments may thus be more linked to the air

humidities observed in actual buildings
(Junge et al 1960) than maximum relative
humidities required by the animals. The
design limits are therefore often defined
on the basis of experiences with building
damage or degrading of the bedding quality
due to condensation (CIGR 1984).

2.2 Heat loads from animals

The aim of the thermal control is to maintain the desired indoor climate by removing or supplying heat. In intensive production the total heat produced by the
animals will normally be higher than that
lost by transmission to the outside.

The knowledge of sensible and latent heat
losses from the animals is necessary for
design and control of the ventilation and
heating systems. The data available are
often found as byproducts in feeding experiments, and a fair amount of these experiments are carried out in calorimeters.
In order to convert the data into design
values, animal heat loss models are required.

A simple model for the variation of the
total heat with the room temperature and
its distribution on sensible and latent
heat was presented by Jensen et al (1968)
and Pedersen (1972). The model was updated
by Strøm (1978) according to new experimental data, figure 5.

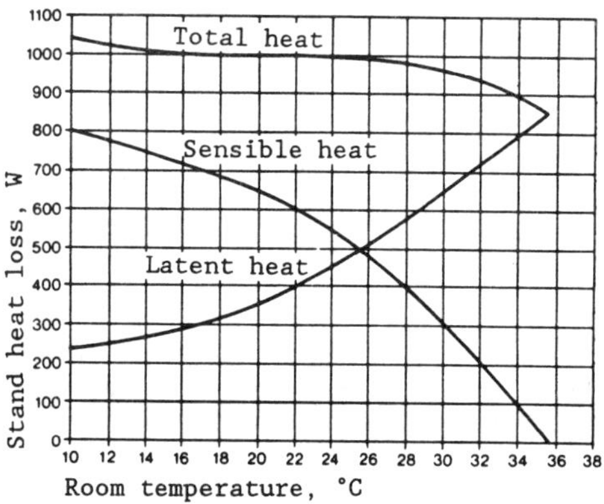

Figure 5. Simple model for the variation
of total heat loss and its distribution on
sensible and latent heat.

With a view to reality, broken straight
line relationships were replaced by continuous functions. The same model was used
for different domestic species. To maintain
simplicity, gross simplifications were
introduced, i.e. the heat losses were only
a function of air temperature, live weight
and production level. The model has later
on been adopted by the CIGR (1984) recommendations.

Ehrlemark (1988) is proposing an improvement of the simple model for cattle. He
assumes that sensible heat loss is a function primarily of animal surface and thermal tissue resistance while latent loss
is estimated from the remaining need for
cooling. This approach seems reasonable,
but lack of experimental data has so far
prevented further validation and adaption
of his model.

A slightly different approach, taking
more parameters into consideration, is proposed by Bruce and Clark (1979). In addition to the climatic variables they included in their model the feeding level
and type of bedding. In the USA a computer
model for swine production has utilized a
modified Bruce model for heat loss calculations with input data for feed, housing
as well as physiological characteristics
(DeShazer et al 1988). In lack of alternatives the Strøm model was used for farrowing sows by Vansteelant et al (1988). In
this case the actual ventilation rate was
equal to the calculated rate indicating
that the simple heat loss model in this
case was accurate.

The use of computer control makes it possible to introduce more complex models. A
development towards many different models
may thus be expected in the coming years
as computer modelling is gaining momentum.

2.3 Weather

Maximum ventilation capacity is required
to handle the hottest periods of the year.
As a design value for the outside temperature it has been proposed to use the observed temperature not to be exceeded in average no more than 1 % of the hours per
year with maximum stocking density in the
building.

In winter, small ventilation rates are
required for temperature control due to
large temperature differences between the
room and the outside air. During extreme
cold weather this may be too little to
remove the moisture production, and humidity control may be considered necessary.

Wind data may be important for the design
of ventilation systems. This is primarily
the case for natural ventilation and to
some extent for negative pressure mechanical ventilation. Predominant wind direction

and presence of nearby buildings should be considered for the use of wind breaks and sectioning of the ventilation systems in long buildings.

2.4 Recommendations

Nearly every country has had its own design recommendations, and the design of ventilation systems has taken very different forms. Only part of the difference may be explained by scientific input, while other building and social traditions may play an even greater part in the development (Jedele 1981).

The concept of ventilation system design is, however, not site dependent and can, and should, be applied to animal building systems around the world (Scott 1984). This becomes increasingly true as more factors are worked into the design models.

There is an increasing understanding for the usefulness of international recommendations like CIGR (1984) in Europe and the ASAE (1987) Standard EP 270.5 in the USA, where detailed information on design values may be found.

3. SYSTEMS DESIGN

3.1 Ventilation systems

The term ventilation can legitimately be used only if systems are designed to maintain the desired state of room air under a variety of outside conditions (Baturin 1972). On this basis, air exchange in an open animal building should not be considered as natural ventilation but infiltration. In some cases, a major part of the sidewalls are removed during hot periods and put back through the rest of the year, using natural or mechanical ventilation to control the indoor climate during the cool periods. A distinction between open and closed buildings may thus be ambiguous. In this paper closed buildings are assumed.

Basically, ventilation systems may be grouped into natural and mechanical systems according to the type of driving force. In this paper, a system which utilize natural ventilation for part of the year and mechanical ventilation for the rest is referred to as a hybrid system.

For the design of a system, test data for the performance are important. In some countries testing of ventilation units for animal buildings has become standard procedure (Pedersen 1987). A system component selection program is available to design the ventilation system and check the performance of the selected system according to the test data (Strøm 1988).

3.2 Mechanical ventilation

In mechanical systems electrically driven fans are used to provide airflow through the building. In most cases propeller fans are used. Mechanical systems makes it possible to chose pressure differences freely whereby the velocity of the supply air jet can be adjusted as required and extra functions e.g. filtering, heat recovering or air heating can be integral parts of the system.

Mechanical ventilation may create noise nuisance and represents a safety problem in case of power failure.

Mechanical systems are often classified according to the way air is supplied to the room air space: negative pressure, zero pressure and positive pressure systems. Other names used are exhaust, neutral and pressure ventilation.

3.2.1 Positive pressure systems

In positive pressure systems the fans force outside air into the building, creating a positive pressure that in turn is converted to air flow out of the building through outlet openings. Properly designed supply baffles or distribution ducts downstream of the fans are required to prevent drafts and provide uniform air distribution. Positive pressure ventilation should be avoided in cold weather because of condensation danger within the construction.

3.2.2 Negative pressure systems

The most popular type of mechanical ventilation is the negative pressure system. It uses the fans to extract air from the building. This creates a negative pressure in the building that causes an inflow of outside air through inlet openings. In many countries wall fans are installed mainly due to easy of installation and maintenance. They are sensitive to wind pressures, however, and in windy areas roof mounted exhaust fan units are preferred.

For negative pressure systems the air distribution in the animal zone depends on the location and design of the inlets. They should be distributed in the room so that uniform air movement and temperature distribution can be achieved.

The system may consist of a single or a

number of constant or variable speed fans.
When fans of widely different characteristics operate to exhaust air from the same
space, the more powerful ones are likely
to override the smaller ones (Randall
1981). It is therefore recommended to install fans of similar speed and sizes in
one system. Speed control is often inefficient at less than 1/3 of maximum air
flow rate, and damper control may be
needed.

3.2.3 Zero pressure systems

Zero pressure systems are based on supply
as well as exhaust fan-units creating the
ventilation with no or only small pressure
differences between the room and the outside. The system is not widely used because
of high costs. They may have an installation advantage, however, when exterior
walls are not available for ventilation
openings.

To maintain airflow patterns in cold
periods, recirculation of exhaust air is
often used in the supply units. This creates dust deposits in the units and on
the fan blades, with a reduction of the
airflow rates as a consequence.

During extreme cold weather ice may also
form where the room air and fresh air
mixes. The same problems are also encountered in positive pressure systems with
recirculation.

3.3 Natural ventilation

During the last decade automatically controlled natural ventilation has gained increasing recognition as a realistic alternative to mechanical systems. This is the
case for most animal productions provided
opening areas are correctly sized for hot
weather ventilation and the opening areas
are adjusted continuously during the rest
of the year. To achieve comparable performance the first cost of a natural ventilation system will generally be equivalent
to a negative pressure mechanical system.
Its running costs are minimal, however,
it is noiseless and in case of power failure it will continue to provide the necessary airflow rate.

A natural ventilation system may be designed for ventilation due to temperature
difference or due to wind. Under practical
conditions the ventilation flow rate will
mostly be due to a combination of both. In
some locations the no-wind situation is so
frequent, that the conservative approach
of designing for buoyancy alone is recom-

mended (Strøm 1984).

3.3.1 Buoyancy.

The theory for ventilation due to density
differences is often attributed to Emswiler
(1926), who was concerned with ventilation
of hot process buildings in the steel industry. His main points were that openings
positioned low in a heated building would
experience an inward pressure difference
and thus an inward airflow while openings
high in the building would experience the
opposite. Somewhere in-between the pressure
difference would be zero; this place he
called the neutral axis.

The problem with the neutral axis is that
it is not stationary but depends on the
distribution of the opening areas. Increasing the low inlet areas will move
the neutral axis downwards. When the neutral axis intersects an opening, this
opening will act as an inlet as well as
an outlet; air inflow is below and air
outflow is above the neutral axis. The
most effective distribution of openings
is equally sized openings at considerable
distance from the neutral axis. In this
case the neutral axis will be midway between the low and high openings.

Emswilers design procedure was cumbersome
because a trial-and-error method was used
to find the position of the neutral axis.
Later other authors tried to simplify his
procedure, but according to Kreichelt et
al (1976) they generally introduced more
errors than simplifications.

Design theory for natural ventilation in
animal buildings by temperature difference,
also called buoyancy or stack effect, was
developed by Bruce through the 1970'ties
(Bruce 1974, 1975, and 1978). His main
theory was developed from arbitrarily
shaped openings with random orientation.
For animal buildings the ventilation openings are normally rectangular, and the
orientation vertical for inlets in sidewalls and horizontal for outlets in the
ridge. For these cases the formulas for
airflow rates become more handy and design
diagrams were worked out (Robertson 1984).

Bruce introduced in his design equations
as a rule-of-thumb that the inlet area was
double that of the outlet. This is not in
accordance with maximum opening efficiency,
defined as airflow per total ventilation
opening area (Enswiler 1926; ASHRAE 1985).

A slightly improved design procedure including design diagrams has been published
by Morsing (1985). He took the effects of
air humidity into account and specified
corrections to be used if the resistance

coefficient for the inlets was different
from the outlets.

La Farge and Chosson (1979) described
cross-ventilation created by temperature
differences between sun heated and shaded
sidewalls. The openings in the shaded sidewall operate as inlets and those in the
sun-heated wall as outlets. The accompany-
ing ventilation rate will superimpose on
the other airflows mentioned above. The
cross ventilation created by temperature
differences between side walls are normally
not accounted for in design procedures, the
effect on total ventilation rate probably
being unimportant.

3.3.2 Wind effects

Wind creates positive pressure on the windward sidewall and an inflow of air through
its ventilation (and other) openings. On
the leeward wall negative pressure is
created and an outward airflow is induced.

For hot weather ventilation the required
size of opening areas in the side walls
are dependent on the wind velocity. In the
literature different values for the design
wind velocity have been proposed. Tasker
and Bruce (1982) proposed as a design basis
the wind velocity that is exceeded for at
least 99% of the time.

Regions where wind velocities less than
0.2 m/s occur for considerably more than
1% of the time have been reported by Morsing et al (1985). In these regions the
effect of cross ventilation will be minor
and should not be included in the calculation of design opening areas.

A cross-ventilation system will provide
ventilation even at no wind because the
zero pressure axis intersects the openings.
They will therefore act as inlets as well
as outlets. The higher the openings the
more efficient ventilation can be provided.
If sufficient doorways are available for
supplementary ventilation, the necessary
ventilation rate may be achieved during
no-wind the situation (Barrie et al. 1985).

A final mechanism of cross-ventilation
is pulsations in and out of the same ventilation opening due to wind induced turbu-
lences on the leeward side of a building.
These phenomena is used as explanation for
measured ventilation rates being in excess
of that expected (Potter 1979). A model for
ventilation rates due to turbulence only
has been developed by Bot 1983 for greenhouse ventilation through roof ventilators.
A theory for combined stack and wind ventilation in animal buildings, disregar-
ding thermal cross ventilation and turbulence pulsations, has been presented by

Bruce (1986).

The disadvantage of natural ventilation
is that the pressure differences cannot be
chosen freely. Therefore additional functions may not be integrated into the
system. The system is also more susceptible
to the wind and special provisions may be
necessary to adapt the ventilation system
not only to the building, but also to the
surroundings.

3.4 Hybrid ventilation

Automatically controlled natural ventilation has its primary advantages over
mechanical ventilation during warm weather.
This is the period when the power savings
are the highest. Furthermore, higher than
design ventilation rates are available at
no cost on windy summer days.

In cold weather when the ventilation rate
needed is small, the momentum of the air
jet from the inlets can be too low for
proper mixing in a naturally ventilated
building. The cold fresh air will drop
from the inlet to the animal zone below
(Barrie 1986). This is no problem with
mechanical ventilation; it is at the most
a matter of adjustment.

With automatically controlled hybrid
ventilation the best of both systems can
be achieved. The principle of hybrid ventilation is that the natural ventilation
is used for most of the year except during
cold, calm weather; if the temperature
difference between the room and the outside
exceeds a preset limit the mechanical fan
system will take control. The key point
is to maintain a good temperature control
and improve room air flow patterns under
otherwise adverse conditions.

The design of hybrid ventilation includes
the natural ventilation and the mechanical
ventilation as well as the transition between the two. Since the mechanical fan
system only works during cold weather,
its capacity needs only be a fraction of
the summer ventilation capacity. As a part
of a hybrid system the design fan capacity
depends on the outside temperature at which
the system is to switch from mechanical
to natural ventilation and visa versa.

3.5 Heating systems

The heat from the animals in insulated
buildings is in general sufficient to
maintain temperature. Heating is needed,
however, in order to compensate heat losses
from newborn animals, at the start of an
all-in all-out production or for humidity

control.

Floor heating or heat lamps are generally used to create a local thermal environment at a limited area occupied by the newborn animals. In the rest of the room the air temperature may be adapted to the needs of e.g. the sows. Thereby energy consumption for heating the room air may be reduced.

Direct gas and oil fired heating units are widely used in broiler buildings. Installation is simple but the heating efficiency is lower than central hot water systems. Noise, combustion byproducts and local high velocities are other disadvantages of the direct fired units.

Ventilated electric heaters are often used as backup during extreme cold weather, for drying after cleaning or for emergency. This type of heating system is easy to install and remove, it generates no combustion byproducts but is often noisy and creates local high velocities.

Central hot water heating systems are ideal for animal buildings except for their comparatively higher investment costs. The heating supply rate may be continuously adjusted making control of the room temperature easy and accurate.

4. SYSTEMS CONTROL

The design room thermal climate is achieved by controlling the airflow rate and the heating supply rate. The ways to realize this depend on the control possibilities.

4.1 Ventilation

4.1.1 Mechanical systems

In mechanical systems, the airflow rate can be controlled by (1) voltage or frequency fan speed control, (2) step control (3) proportional operation time control of constant speed fans and 4) damper control of constant speed fans. The fan airflow control should be linked to control inlets or outlets in order to control the airflow patterns in the building.

Variable speed fans makes it easy to control the airflow rate by adjusting the voltage by use of an analog or digital controller. If the opening of inlets or outlets are adjusted simultaneously, the room pressure can be controlled and thereby the inlet air speed.

When voltage control is used and the fans are operated at low speed, the motor momentum is small. Thereby the airflow rate becomes sensible to even small fluctuations in the differential pressure and the system

control is readily taken over by the wind. This is reflected by the fan characteristic. The wind effect can be reduced by avoiding wall fans, using proper wind breaks or by adding dampers that take over the airflow control from the fan speed control at low airflow rates.

Frequency controlled fans are less sensible to pressure fluctuations and are more energy efficient. The controller has so far been too expensive, however, to gain a wide application for agricultural use (Randall 1988).

Step control of fans is an other possibility of ventilation rate adjustment (Randall 1977). The ventilation rate is controlled by switching groups of fans on and off in predetermined steps. Inlet openings should be adjusted to get smooth change in airflow rate. The method is not considered suitable for small buildings.

Cole et al (1981) described a linear airflow rate controller which used one variable speed and several constant speed fans. The maximum ventilation airflow rate of the fans was the same. This control system is similar to the step control except for the variable speed fan that was used to provide smooth transition from one to the next step.

Proportional operating time control is often used for a ventilation system with only constant speed fans. The control strategy is to switch all the fans on/off in a control cycle that is proportional to the required ventilation rate. The problem is that there is no possibility of airflow pattern control when the fans are off. In addition, rapid temperature fluctuation may take place during the fan-on periods of the control cycle. It is a simple control principle that is suitable for buildings in which the thermal environment is not very responsive to ventilation.

Damper control of constant speed fans or at low airflow rates of voltage controlled variable speed fans may provide good temperature control at the cost of energy consumption.

4.1.2 Natural ventilation

Automatically controlled natural ventilation in commercial buildings, pioneered by Bruce (1979a), were based on continuous adjustment of the opening areas of the inlets or inlets as well as the outlets (Strøm 1982). The adjustments were performed by power winches. The wire connections from the winch to the openings were attached to potentiometers so that the controller had information on the inlet and outlet area.

Changes in wind velocity influences the airflow heavily when the ventilation openings are large. This poses serious challenge to the responsiveness of the controller as well as to the actuator.

The available pressure difference is based on natural forces and can not be increased at will. Brockett and Albright (1987) proposed a control strategy in which wind pressure sensors were used to adjust the inlet openings individually. Thereby the airflow pattern in the room could be improved. But the cost would be increased an so would the system complexity. It is still in doubt if it is mechanically feasible to create a ventilation opening adjustment that can counteract the rapid fluctuations of the wind pressure.

In automatically controlled naturally ventilated buildings, control of inlet and outlet openings is a major issue. To improve the control capacity of them is an approach to achieve the better control results.

4.1.3 Hybrid ventilation

A special problem of control is posed by the hybrid system in switching between the natural and mechanical mode. Since the two modes operate under different pressure, a temperature offset may occur due to rapid change of airflow rate. It is therefore required that the operating pressure should be changed smoothly and airflow rate should not be changed during the switch procedure.

In principal, during the switch procedure the electromechanical actuators should perform three function: (1) adjust ridge outlets, (2) control fan operation, (3) adjust inlet openings. The functions have normally different time constants. The task of the controller is to drive the actuators operated according to a predetermined procedure in order to maintain a constant airflow rate and gently change operating pressures and thus the inlet air speed.

If a constant speed fan is used, the operating pressure and airflow rate can be controlled by adjusting the openings of the inlets as well as a damper upstream of the fan. The predetermined control procedure should take damper adjustment into account.

4.2 Heating

Control of a heating system involves two strategies: (1) continuous heat supply rate control and (2) proportional heat supply time control.

The continuous heat supply rate control is designed to adjust continuously the amount of heat given off from the heating system to the room air space. This can be realized in a central heating system. The heat supply rate is controlled by adjusting the water flow rate and supply temperature.

The proportional heat supply time control is in principle similar to the proportional ventilation time control. Most gas and oil fired and electric heating units need this type of control. It may cause temperature fluctuation. This tendency may be cured by shortening the interval of the control cycle at the cost of increased switch frequency and thus reduced operational life.

4.3 System modelling and control

The objective of a control strategy is to counteract deviations between the set point and the actual room climate. The system should follow the set points and smoothly change regardless of weather and room heat load changes. Humidity and/or other variables should not exceed a defined maximum value when the system is exposed to disturbances.

To achieve the goal, knowledge of the effect of ventilation and heating on the indoor climate is needed. A process model of the building thermal climate is necessary for the implementation of this type of control strategy.

Since the 1970'ties, thermal control of animal buildings has moved in the direction of climate computers and their application. A number of models has been proposed to predict the climate (Hinkle 1970, Cole 1981, Albright 1981, Diesch 1987, Zhang 1988). The models are primarily based on steady state heat balances with the assumption that the air space is perfectly mixed and thus the temperature and humidity do not vary within the room air space. No doubt, these models are useful tools for long term evaluation and prediction of system performance. For real time evaluation of the thermal climate control and for the climate control algorithms, they cannot be used alone.

An improvement of the simple model is proposed by Zhang (1987). It is based on a steady state energy balance equation but taking the dynamic behaviour of the system components into account. The model was designed to evaluated a control algorithm. The accuracy of the description of the system's dynamic behaviour is still not good enough to be used in real time control.

A real time model is proposed by Berckmans et al (1986). It is based on the following assumptions: (1) the air space is not perfectly mixed, (2) the air flow pattern can be described using a corrected Archimedes number, (3) the ventilation rate is changed as a non-linear function of room temperature. This modelling technique seems promising for real time system identification. A feedback compensation may be necessary, however, if the model is to be used for real time control because the relationship between the variables in room air space and in the sensor air space is not well defined.

4.4 Controlled variables

4.4.1 Temperature

The air temperature is considered the most important for the thermal climate. The temperature is traditionally maintained by a proportional or proportional and integral feedback control (Hinkle 1970, Berckmans 1986). A dead band is generally used between ventilation and heat supply.

The most important task in this control strategy is to determine the appropriate proportional band and the integral time. For different weather conditions, a given change in the ventilation rate may cause different effects on indoor temperature. Therefore a control strategy with adaptive proportional band and integral time is needed in order to achieve a fine control performance.

The real time adaptive control may make an analog controller more complicated, which is not the case for a computer based controller.

4.4.2 Airflow pattern

Airflow pattern control is used to achieve an even temperature and air speed distribution in the animal zone.

For a given building the airflow pattern is primarily determined by the inlet or supply airflow momentum and direction as well as the temperature difference between room and outside air. Thus, if the inlet air jet can be controlled, then in principle the air flow pattern and thus the temperature and air speed distribution are controlled.

The inlet air speed in a negative pressure system depends on the operating pressure differences and the inlet opening design. A wall inlet is often designed for a pressure difference of approximately

10 Pa which will create 2-3 m/s inlet air velocity. In order to maintain sufficient throw an increased negative pressure and thereby higher inlet air velocity may be beneficial to compensate for decreasing ventilation rate and increasing buoyancy effect during cold weather. Controllable inlets are thus needed to maintain proper air flow patterns in the buildings throughout the year.

A control procedure in mechanically ventilated buildings may be defined according to the fan characteristic, test data for the inlets and weather data. This may be further used to design an real time controller that can handle the ventilation air flow rate, operating pressure and consequently inlet air speed at the same time. For the system with real time airflow rate measurement, the controller may be designed directly to control airflow rate and inlets opening thereby control inlet air speed.

Adverse airflow patterns has periodically been observed in automatically controlled natural ventilated buildings.

In windy weather with outside temperatures to the room temperature set point, cross ventilation through the fully open inlets (or sidewall openings) resulted in drafty conditions. The velocity of the airflow through the windward openings were high enough to create draft zones at the opposite, leeward side of the occupational zone. As the outside temperature dropped, the dampers started to close, and the drafty conditions were reduced. This may be counteracted by increasing the room temperature setpoint in order to decrease the opening areas further.

For winds parallel to the sidewalls downdrafts from an open ridge have often been observed regardless of the sidewall damper position. The wind creates a suction of the ridge near the windward gable resulting in an outflow of room air. The outflow is replaced by an inflow in the form of a downdraft from the ridge near the leeward gable, and an airflow in the direction opposite the wind will be experienced near the floor. In fully slotted buildings the downdraft may enter into the dung channels and result in odours and polluted air near the windward gable, figure 6.

Cold air down draft in winter due to lower inlet air speed and thermal buoyancy may be avoided using a hybrid system that thoroughly closes the ridge outlet, reduces the inlet opening area as the exhaust fan takes command. As soon as mechanical operation starts, the system operating pressure and inlet air speed will be under control. The switch point between natural and mechanical ventilation is determined according to predefined airflow stability criteria of the system and experiences.

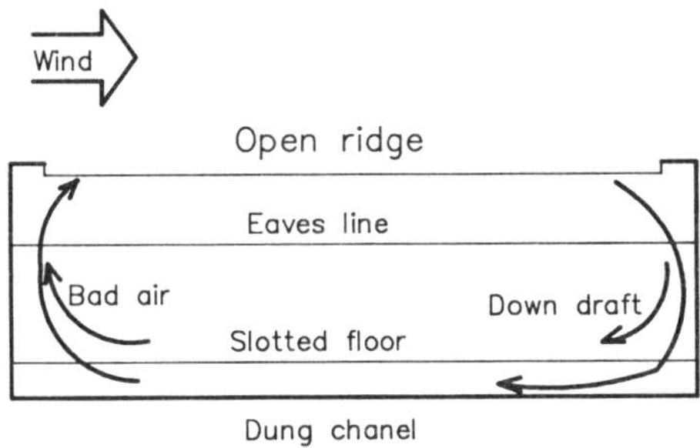

Figure 6. Airflow pattern in long, naturally ventilated building when the wind is parallel to the side walls.

4.4.3 Airflow stability criteria

Randall (1979) presented a criteria for the prediction of airflow patterns in a ventilated air space. The criteria was based on a corrected Archimedes number. It was dependent on ceiling height in the building, the surface temperature of the animals, total inlet length, room and outside temperatures, actual inlet openings as well as airflow rate.

According to Randall (1979), an inlet air speed of 5 m/s is likely to give a stable air flow pattern in most commercial buildings with horizontal air jets from wall slots for outside temperatures down to 0 °C.

A different design criteria for inlets proposed by Barber (1982) was based on Archimedes Number and inlet jet momentum. This was used to explain the advantage of preheated air and air recirculation on the stability of airflow patterns in mechanically ventilated air spaces on cold days.

Leonard and McQuitty (1986) published results on cold ventilation air jets. In their paper a drop coefficient was introduced to characterize the tendencies of an air jet to drop. The drop coefficient was found to be related to the Archimedes number. Jets with Archimedes numbers of less than 40 appeared to be satisfactory for most agricultural ventilation system.

Small changes in a wall inlet design may have significant effect on the airflow patterns. In an experiment carried out by the authors during the winter 1988/89, the airflow patterns created by simple wall flap inlets were compared with wall flap inlets with leading plates, figure 7.

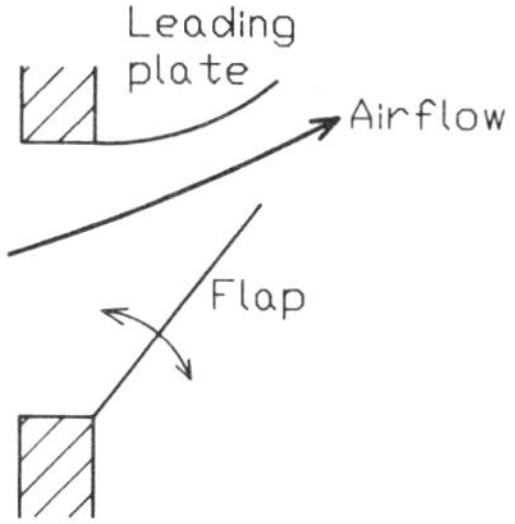

Figure 7. The flap inlet with leading plate used in the experiment with different inlet designs.

With leading plates and an inlet air speed of 3.5 m/s typical airflow patterns at about 18 °C room air temperature and -1.5 °C outside temperature was as shown in figure 8. The cold down draft below the flaps could be avoided using the leading plate. Due to the mild winter the effect of the inlet design on airflow patterns at lower outside temperatures have not been investigated so far.

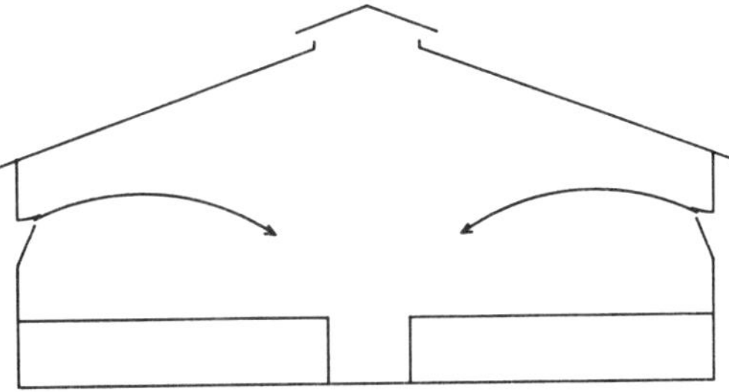

(a) Inlets with leading plates

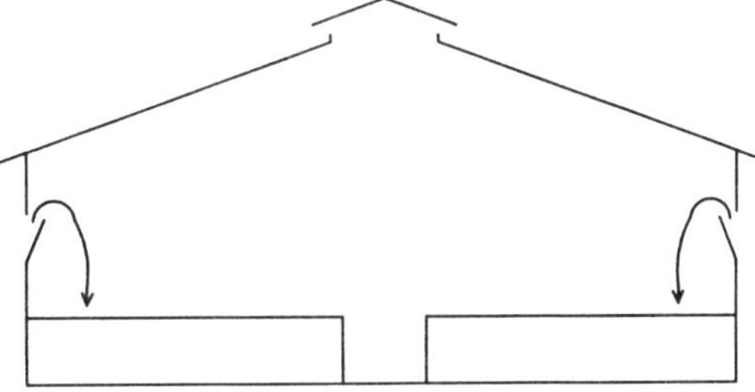

(b) Inlet without leading plates

Figure 8. Airflow patterns in two section with different wall inlets during cool, no-wind weather.

4.4.4 Temperature and relative humidity

The thermal control is more complex if more
control variables are taken into account.
This is particularly true if the variables
are interconnected like room temperature
and relative humidity. A change in the
amount of ventilation air or heat supplied
to the room do not only change the room
air temperature but also the air relative
humidity. This is shown in Figure 9.

The ventilation rate is typically controlled according to room temperature and
the heating system according to room relative humidity. The control functions in the
temperature and the humidity controller is
either PID or PI feedback control. In doing
so the coupling in the process is neglected. This may cause control instability.

To achieve a stable temperature and humidity control, a decoupling method is needed. Zhang (1987, 1989) proposed a 4-loop
PID controller for a computer control of
a broiler house, in which the decoupling
technique was used.

Vansteelant et al 1988 developed a com-
puterbased humidity/temperature controller
for a swine farrowing facility. Their controller was based on a steady state process
model taking the interaction between air
temperature and relative humidity into account. The experimental results reported
was fine. Using a steady state model for
a dynamic process can, however, not always
secure the desired climate. Therefore, another control strategy based on a feedfor-
ward/feedback controller might be considered.

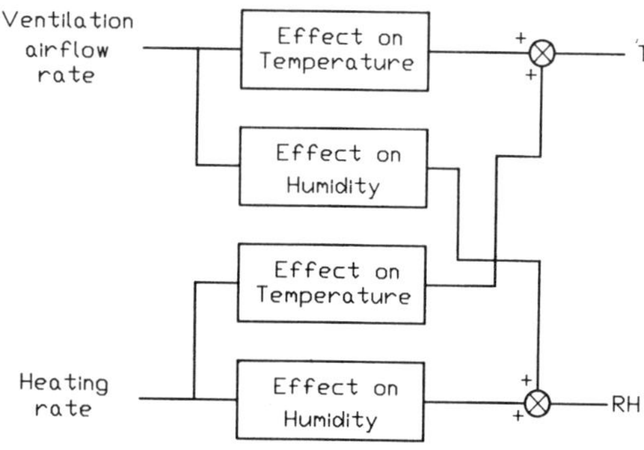

Figure 9. Temperature and relative humidity control process and coupling.

The basic principle of the feed forward
control is to get information of the weather change to the controller and forward
the output to the ventilation and heating
system to prevent them from upsetting the
temperature and humidity. If everything is
done correctly, the controlled variable
will not change when the weather change
occur. If the process model is not accurate, however, the temperature and humidity will deviate from the set point.

So far no accurate dynamic model for the
temperature/humidity process in an animal
building has been found. Therefore a feedforward control cannot be used alone. The
combination of feed forward and feedback
control may improve the control performance
compared with a feedforward or a feedback
control alone. The feedforward function
can eliminate the effects of varying process loads, whereas the feedback function
can eliminate inaccuracies in the feedforward controller and other unexpected disturbances.

5. CONCLUSIONS

The optimal climate for animal production
has over the years changed from well defined values towards a range within which
production is not effected. Models for
design climate as well as heat losses play
an increasing role in system design and
control.

Ventilation is the primary tool to control the thermal climate. Mechanical as
well as natural ventilation systems can
maintain fine room temperature control
provided they are well designed and properly controlled. The two types of systems
have their advantages and disadvantages,
and the development of hybrid systems may
achieve the best of both.

Heating of intensive production buildings
is primarily for new born animals, at the
start of an all-in all-out production and
for humidity control.

Use of steady state models to predict the
long term thermal behaviour of the control
equipment may enhance the system design
and component selection. A high accuracy
on-line dynamic process model is still
necessary, however, to explore the potential of computer control.

6. REFERENCES

Andersen, K.T. 1982. Natural ventilation
   in existing animal houses, a theoretical
   analysis. CIGR Section II Seminar, Braunschweig.

Albright, L.D.; Rousseau, A.N.; Brockett,- B.L.1988. A Method to Quantify the Suitability of Mechanical Ventilation to provide Desired Indoor conditions. ASAE Publication 1-88:195-202. Livestock Environment III.

ASAE 1987. Design of Ventilation Systems for Poultry and Livestock Shelters. ASAE EP270.5. ASAE STANDARDS, ASAE, St. Joseph

ASHRAE 1985. Handbook of fundamentals. ASHRAE. New York

ASHRAE 1987. HVAC System and Application Handbook. ASHRAE. Atlanta. GA.

Barber, E.M.; Sokhansanj, S; Lampmen, W.P. 1982. Stability of airflow patterns in ventilated airspaces. ASAE Paper, No.82-4551, ASAE, St. Joseph, MI

Barrie, I.A.; Smith, A.T.; Yeo, M.L. 1985. Hot-weather performance of ACNV. Farm Building Progress 80(1985):23-27

Barrie, I.A.; Smith, A.T. 1986. Cold-weather performance of ACNV. Farm Building Progress, 86(1986):13-17

Baturin, V.V. 1972, Air Change Fundamentals of Industrial Ventilation. Pergamon Press, Oxford

Berckmans, D.; Goedseels, V., 1986. Development of new control techniques for the ventilation and heating of livestock buildings. J. Agric. Engng. Res.,33:1-12

Berckmans, D. et al, 1987. Control strategy for a non-perfect mixed livestock building, based on adaptive on-line identification. Latest Developments in Livestock Housing. CIGR Section II Seminar, Illnois. USA.

Blom, J.Y.; Thyssen, I.; Østergaard, V. & Møller,F., 1984. Calf Health and weight gain as related to climate, Iron and Immune Status and Disease Treatment. Report 570. National Institute of Animal Science, Denmark.

Boon, C.R., 1984. The control of climatic environment for finishing pigs using lower critical temperature. Extended abstracts of AG ENG 84, p149, Cambrige University.

Bot, G.P.A. 1983. Greenhouse climate from physical processes to a dynamic model. Ph.D. dissertation, Agricultural University, Wageningen, The Netherlands

Brockett, B.L.; Albright, L.D., 1987. Natural ventilation in single airspace building. J. of Agric. Engng. Res.37: 141-154

Bruce, J.M. 1974. Wind tunnel investigation of a model livestock building. SFBIU. Project AH14. Aberdeen

Bruce, J.M. 1975. Natural ventilation of cattle buildings by thermal buoyancy. Farm Building Progress 42(1975):17-20.

Bruce, J.M. 1978. Natural convection trough openings and its application to cattle.

Journal of Agricultural Engineering Research, 23(1978):151-167.

Bruce, J.M.; Clark, J.J. 1979. Models of heat production and critical temperature for growing pigs. Animal Production 28 (1979):353-369.

Bruce, J.M. 1979a. Automatically controlled natural ventilation (ACNV). Farm Building Progress, 58(1979):1-2

Bruce, J.M. 1986 Natural ventilation due to combined buoyancy and wind. CIGR Section II Seminar, Rennes.

CIGR 1984. Climatization of animal houses. Report of working group. CIGR and SFBIU. Aberdeen.

Clark, J.J.; Robertson, A.M. 1984. Temperature requirement for growing and finishing pigs. Farm Building Progress Apr(1984):15-19.

Cole, G.W.; McClellan, P.W. et al 1981. A linear ventilation rate temperature controller for a confined animal housing system. Transaction fo the ASAE, 24 :706-710

Cole, G.W. 1981. Predicting building air temperature using the steady state energy equation. Transaction of the ASAE, 24(1981):1035-1040

DeShazer, J.A. et al 1988. NCCISWINE The Environmental and Housing Component. ASAE Publication 1-88:203-210. Livestock Environment III. St.Joseph. MI.

Diesch, M.A.; Froehlich, D.P. 1987. Production and environment simulations in livestock housing. ASAE Paper No. 87-4514. St. Joseph, MI.

Ehrlemark, A. 1988. Calculation of sensible heat and moisture loss from housed cattle using a heat balance. Report 60. Swedish University of Agricultural Sciences. Uppsala.

Emswiler, J.E. 1926. The Neutral Zone in Ventilation. Transactions Amer.Soc.Heat. Vent.Engineers 32(1926):59-74

Feenstra, A. 1985. Effects of air temperature on weaned piglets. Pig News and Information, 6(3):295-299

Heitman, H.; Kelley, C.F.; Bond, T.E. 1958. Ambient air temperature and weight gain in swine. J. Animal Sci., 17(1958):62-67

Hinkle, C.N.; Good, L. 1970. A comparison of ventilation control system. Transaction of ASAE, 13(1970):365-368

Jedele, D.G. 1981 Farmstead planning past, present, future. ASAE Publication 8-81: 1-11.

Jensen et al 1968. Ventilering af stalde 2. SBI-landbrugsbyggeri 26. Danish Building Research Institute. Copenhagen.

Junge, H.R.; Jørgensen, T.W.; Petersen, H.W. 1960. Undersøgelser vedrørende ventilering af stalde 1953-1956. SBI-

landbrugsbyggeri 17. Danish Building
Reseach Institute. Hørsholm

Kreichelt, T.E.; Kern, G.R.; Higgins,
F.B.Jr 1976. Natural ventilation in hot
process buildings in the steel industry.
Iron and Steel Engineer (1976)Dec:39-46.

la Farge, B.; Chosson, C. 1979. Le chauffage et la ventilation. La climatisation
des porcheries. ITP. Toulouse

Macfarlane, W.V. 1981. The Housing of Large
Mammals in Hot Environments. In Clark,
J.A. Proc.31 Easter School. Nottingham
University. (1981):259

Morsing, S.; Strøm, J.S. 1985. Automatic-
ally controlled natural ventilation -
Design and results from testing finishing
pig stable. SBI-landbrugsbyggeri 63.
Danish Building Research Institute.
Hørsholm.

Pedersen, J 1975. Optimum climate conditions for broilers - temperature and air
velocity experiment. Danish Building
Research Institute. Hørsholm

Pedersen, S.; Petersen, E.S. 1978. Optimal
temperature og lufthastighed i slate-
svinestalde. SBI-landbrugsbyggeri 53:3-7,
Danish Building Research Institute,
Hørsholm

Pedersen, S. 1987. Afprøvning of staldve-
ntilationsanlæg. SjF-Beretning 30. Danish
Agricultural Engineering Institute, Byg-
holm.

Potter, I.N. 1979. Effect of Fluctuating
Wind Pressures on Natural Ventilation
Rates. ASHRAE Transactions 85(1979)2:445-
457.

Randall J.M.; Battams, V.A. 1979. Stability
criteria for airflow patters in livestock
buildings. J. agric. Engng. Res. 24:316-
374.

Randall, J.M. 1981. Ventilation system
design. In Clark, J.A. Environmental
aspects of housing for animal production. Butterworths, London.

Randall, J.M., 1988. Propeller fan induction motors for ventilating livestock
buildings 3. Speed control characteristics. J. Agric. Engng. Res. 41:99-111

Robertson, K. 1984. Automatically controlled natural ventilation for pig housing.
SBFIU. Aberdeen.

Scott, N.R. 1984. Livestock Buildings and
Equipment A Review. Journal of agricultural Engineering Research. 29(1984):93-
114

Strøm,J.S. 1978. Heat loss from cattle,
swine and poultry as basis for thermal
calculations. SBI-landbrugsbyggeri 55.
Statens Byggeforskningsinstitut. Hørsholm

Strøm, J.S.; Feenstra, A. 1980. Heat Loss
from Cattle, Swine and Poultry. Paper
No. 80-4021. ASAE. St.Joseph. MI.

Strøm, J.S.; Morsing, S., 1982. Automatically controlled natural ventilation.
Livestock Environment III, ASAE Publication 3-82:161-167. St.Joseph. MI.

Strøm, J.S.; Morsing, S., 1984. Automatically controlled natural ventilation in
a growing and finishing pig house. J.
Agric. Engng. Res., 30:353-359

Strøm, J.S.; Morsing, S., 1988. Selecting
ventilation units for livestock buildings, A design and pricing program.
Livestock Environment III, ASAE Publication 1-88:218-223. St.Joseph. MI.

Sørensen, P.H.; Moustgaard, J. 1967. Influence of environmental temperature
and humidity on growth, feed utilization
and bacon quality of pigs. Experiments
on piggery climatic condition 1957-1961,
SBI-landbrugsbyggeri 25:23-57, Danish
Building Research Institute, Copenhagen.

Tasker, R.; Bruce, J.M. 1982. Automatically
controlled natural ventilation. Pig
farming supplement (1982)Dec69-75.

van't Ooster, A.; Both, A.J. 1988. Towards
a better understanding of the relation
between building design. ASAE Publication 1-88:8-21. Livestock Environment
III. St.Joseph. MI.

van der Stuyft, E. 1989. Private communication. Laboratory of Agricultural Buildings Research, Katholieke University of
Leuven.

Vansteelant, B.; DeShazer, J.A.; Milanuk,
M.J. 1988. Computer-based humidity/
temperature controller for a swine farrowing facility. ASAE Publication 1-88:264-
271. Livestock Environment III. St.
Joseph. MI.

Yeck, R.G.; Stewart, R.E., 1959. A ten-
years summary of the phychoenergetic
laboratory dairy cattle research at the
University of Missouri. Transaction of
the ASAE 2(1):71-77

Zhang, G.Q. 1987. Simulation of system for
controlling animal environment. ASAE
Paper No. 87-4552, ASAE, St. Joseph, MI.

Zhang, G.Q. 1989. Climate computer control
in animal buildings. Unpublished Ph.D.
thesis, Institute of Agricultural Engineering, Royal Veterinary and Agricultural University, Copenhagen.

Zhang, J; Janni, K.A.; Jacobson, L.D. 1988.
Modelling for natural ventilation induced
by thermal buoyancy and wind. ASAE Paper
No. 88-4005, St. Joseph, MI.

Østergaard, 1985. The effects of dairy cow
housing system on health, reproduction,
production and economy. Report 588,
Danish Institute of Animal Science,
Copenhagen

Land and Water Use, Dodd & Grace (eds), © 1989 Balkema, Rotterdam. ISBN 90 6191 980 0

The effect of air gaps in uninsulated roofs

K.T.Andersen
Danish Building Research Institute, Hørsholm, Denmark

ABSTRACTS: Condensation problems occur expecially in uninsulated livestock buildings
with metal sheets as roofing. Establishing air gaps in the roof has been suggested as a
measure against the problems, assuming that they produce a ventilating air stream along
the inner side of the roof. The effect of such air gaps has been investigated and it can
be concluded that they do not prevent condensation as they do not produce the expected
ventilating air stream. The air gaps can lead the condensed water to the open air but it
requires an air gap above each purlin in order to be efficient.

RESUME: Problèmes de condensation ont lieu surtout dans des étables   isolées avec
plaque de métal comme couverture. L'installation de fentes dans la couverture a été
proposée comme un moyen contre les problèmes supposant qu'ellesproduisent un courant de
l'air ventilant au dessous la couverture. L'effet de telles fentes a été examiné et la
conclusion est qu'elles n'empêchent pas condensation parce qu'elles ne produisent pas le
courant   à'air attendu Les fentes peuvent porter l'eau condensée au grand air, mais
cela nécessite 'une fente au dessous chaque panne pour être effectif.

ZUSAMMENFASSUNG: Kondensprobleme finden ins besonders in Kaltställer mit Wellblechen als
Dach statt. Etablierung von Lüftungsschlitzen im Dach ist vorgeschlagen worden als eine
Massnahme gegen die Probleme in der Annahme, das diese einen ventilierenden Luftstrom
hervorbringen, der die Dachfläche unterlüftet. Der Effekt dieser Lüftungsschlitzen ist
untersucht geworden, und es kann konkludiert werden, dass sie die Kondensierung nicht
verhindern, da sie nicht den erwarteten ventilierenden Luftstrom produziert. Die Lüft-
ungsschlitze können das kondensierte Wasser nach aussen leiten, aber ein Lüftungsschlit-
ze über jede Pjette ist notwendig, um effektiv zu sein.

1 INTRODUCTION

Condensation problems can occur in uninsulated livestock buildings during the
winter with condensed water dripping from
the roof as a result. This causes health
problems among the animals and it makes
the laying and the trafic areas wet and
slippery. The condensation problems appear
especially when the roof is covered with
metal plates, i.e. steel or aluminium plates, as these plates have no moisture absorption capacity.

Air gaps in the roof as a means against
condensation problems are found in manufacturers'leaflets where they advertise
for various products for the arrangement
of such gaps. The literature dealing with
the effect of air gaps is very scarce, as
only one reference (Borchert 1976) has
been found. The manufacturers as well as
Borchert assume, that the air gaps produce
a ventilating air stream along the inner
side of the roof, which prevents the condensation to appear. Air gaps have been
established in practice in some uninsulated free stall barns with metal roofing,
but in most cases you still got water
dripping from the roof.

In order to get a better background for
the advisory work in condensation problems, a research project was set up
(Andersen 1988). The project included an
investigation on the effect of air gaps
and that part of the project is the
subject for this paper.

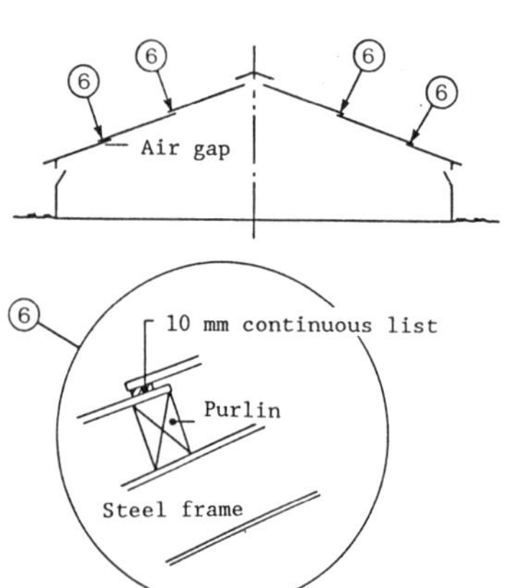
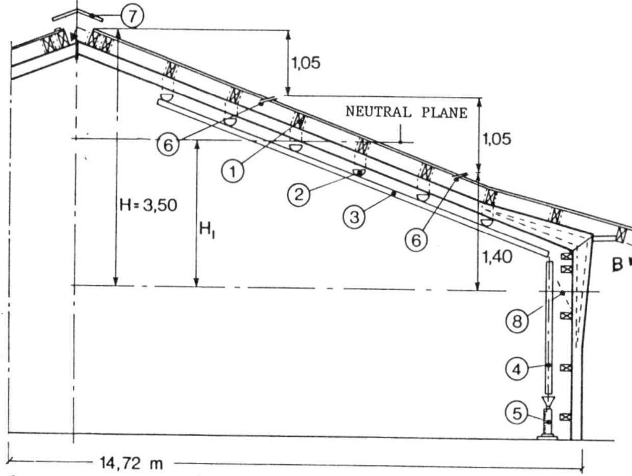

Figure 1. Position of air gaps and the arrangement for collecting condensed water. The average gap width was 20 mm due to the corrogation of the plates. The numbers on the figure refer to following: 1 = plast foil covered purlin, 2 = gutter, 3 = collecting gutter, 4 = down pipe, 5 = measuring glass, 6 = air gap, 7 = adjustable ridge cover, 8 = inlet.

2 EXPERIMENTAL WORK

The air gaps were investigated in an uninsulated part of an experimental building, and this part was 4.2 m long and 14.7 m wide. The roof pitch was 20° and the roof was covered with aluminium plates. The ventilation system was natural ventilation with inlets in the side walls and an open ridge with an adjustable cover as the outlet. Heat and moisture were supplied comparable to the amount you get from the animals in a similar barn.

The condensed water on the roof was collected by leading it from the purlins covered with plast foil to gutters hanging beneath and further on to measuring glasses as shown in figure 1. In the case with air gaps there were two gaps in each side of the roof, and they were continuous along the length of the roof.

2.1 Condensation results

The amounts of condensed water were measured during two winter seasons, first on the roof without gaps and then with air gaps. The results are shown in table 2. The measured amounts neither include the condensed water remaining in the moisture film on the roof nor the amounts which may have been led to the open air through the gaps.

The readings of the measuring glasses were carried out in the morning as well as in the afternoon. The afternoon readings were always the same as the morning ones

indicating that all the collected water was condensed during the night hours.

When having the air gaps in the roof it was observed that whenever condensed water was measured, the roof areas closest to the air gaps were also covered with a moisture film.

Table 2. Results from the experiments without and with air gaps in the roof. The roof area was app. 60 m².

	Roof without gaps	Roof with gaps	Ratio with/ without
No. of exp. days (24 hours)	57 (100%)	45 (100%)	
Average condensed water, liter/day	1,8	1,1	0,6/1
Days without condensation	16 (28%)	22 (49%)	1,7/1
Days with more condensed water than 4 liter/day*	9 (16%)	3 (7%)	0,4/1
Days with Δt < 4 °C*	21 (37%)	32 (71%)	1,9/1

* These limits are chosen as being reasonable for comparable purpose

2.2 Air stream observations

The smoke tests used for investigating the air stream pattern through the gaps showed that the stream direction could be outward as well as inward. They also showed that the air stream, when inward, only followed the inner side of the roof a very short

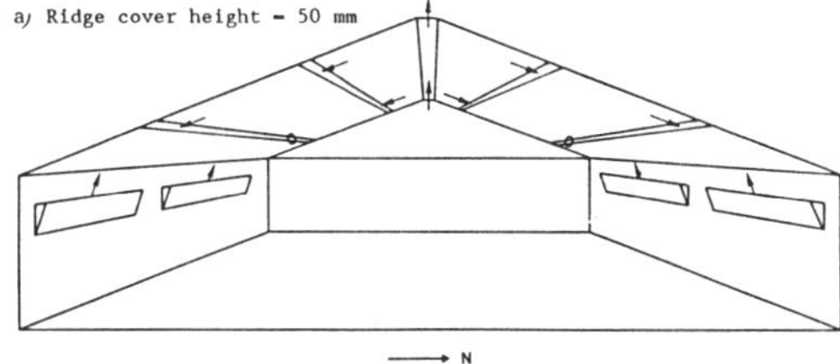

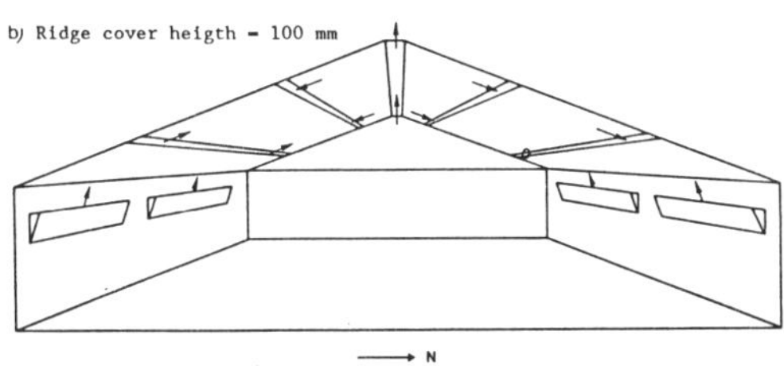

Figure 3. Air stream directions by almost calm weather (when no air stream, it is marked with 0). The north direction is shown by the arrow.

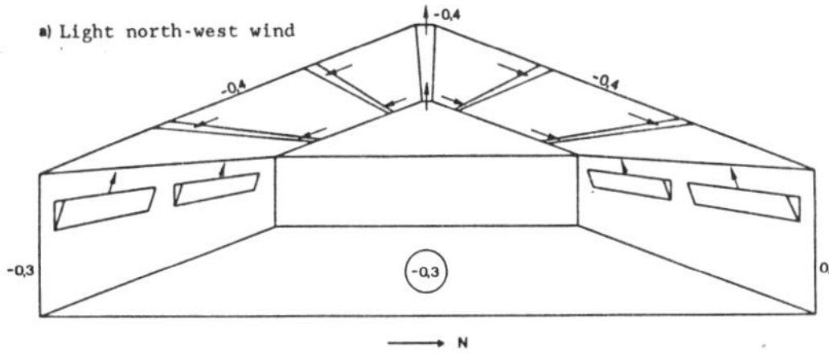

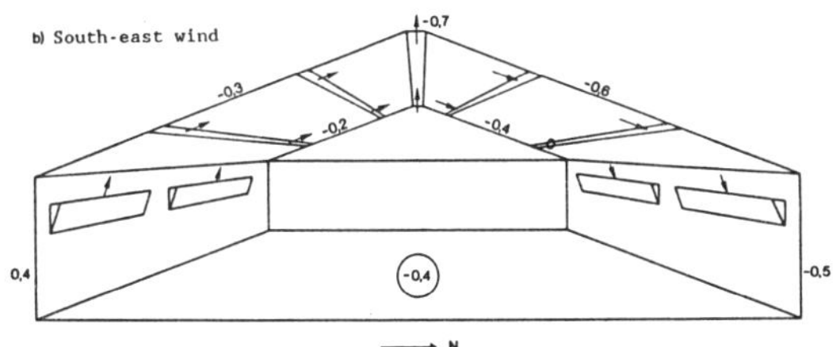

Figure 4. Air stream directions under different wind conditions. The numbers on the roof are the external pressure coefficients and the number in a circle is the internal pressure coefficient. The north direction is shown by the arrow.

distance before it turned downward and started to mix with the indoor air.

In calm weather the air stream direction could be changed by changing the ratio between the outlet and inlet area as seen in figure 3, where an increase of the ridge cover height from 50 to 100 mm changes the stream direction from outward to inward in the lower air gap on the south side of the roof. On windy days the air stream direction was very much affected by the wind direction as shown in figure 4.

3 THEORETICAL ANALYSIS

As the experimental results deviated from what was postulated in the manufacturers' leaflets as well as in the single reference on the subject, a theoretical analysis was carried out taking into account the effects of thermal bouyancy as well as wind.

3.1 Thermal buoyancy

The pressure difference between outside and inside due to thermal buoyancy is outlined on figure 5. The position of the neutral plane can be determined by the equation (3) in annex 1. When using the data of interest, which also are shown in annex 1, you get the positions of the neutral plane as shown in table 6 where the height of the ridge cover is 50 and 100 mm above the ridge, respectively.

NOTATION	
b:	width of ridge opening, m
c:	contraction coefficient
f:	pressure coefficient
g:	gravity constant, 9,81 m/s²
h:	opening or gap height, mm
p:	pressure, Pa
v_t:	air velocity due to thermal buoyancy, m/s
v_w:	air velocity due to wind effect, m/s
v_r:	wind velocity at ridge height, m/s
x:	vertical distance from neutral plane, m
y:	vertical deviation of air jet, m
z:	horizontal distance from opening, m
H:	vertical distance between centres of inlet and outlet
H_1:	vertical distance between centres of inlet and neutral plane
L:	length of opening or gap, m
T:	temperature, K
ζ:	resistance coefficient of opening
ν:	kinematic viscosity, m²/s
ρ:	air density, kg/m³

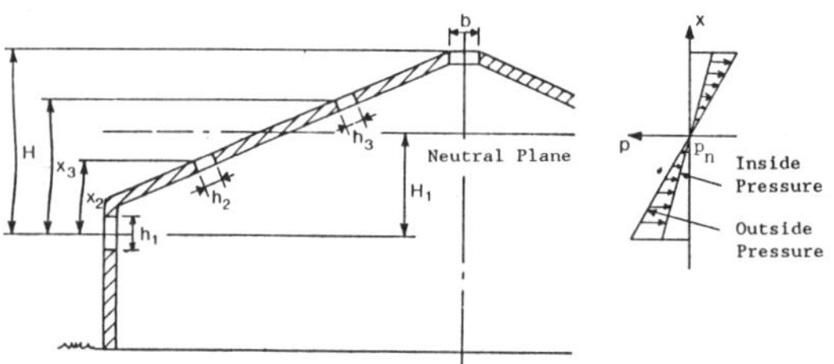

Figure 5. Barn with natural ventilation and two air gaps on each side of the roof.

TABLE 6. Calculated values for the position of the neutral plane, the pressure differences and the air velocities in the air gaps (positive for outward direction) in calm weather by a ridge cover height of 5o and 100 mm, respectively.

Ridge cover height, mm	50	100
Ridge opening width b, mm	100	200
Neutral plane distance H_1, m	2,2	2,6
Pressure difference Δp,Pa:		
upper air gap	0,06	-0,03
lower air gap	-0,18	-0,28
Air velocity m/s:		
upper air gap	0,2	-0,15
lower air gap	-0,3	-0,4

3.2 Wind effect

The wind pressure differences involve the so-called external and internal pressure coefficients and they influence the air velocity through the air gaps due to the wind, as shown by formula (4) and (5) in annex 1.

The external coefficients are measured values whereas the internal one is calculated by using the mass balance equation. In tabel 7 are shown pressure coefficients where the external ones are estimated from values in the literature for buildings comparable to the relative low and long livestock buildings.

When thermal buoyancy and wind are acting at the same time the total pressure difference is found by adding the two contributions. The air velocity through the air gaps is then found by:

$$v_c = (2\Delta p/\rho\zeta)^{\frac{1}{2}}$$

3.3 Air jets

An inward air stream will continue as an air jet after having passed the air gap, if the air velocity in the gap is high enough. As the upper edge of the gap coincide with the roof, the jet will adhere to the roof surface because a negative pressure between the jet and the surface is created compared to the surroundings, the so-called Coanda-effect (Nielsen 1987). After a while the jet will start to move downward in a curve as the jet is a nonisothermal one with a lower air jet temperature than the indoor temperature.

No formulas have been found for the deviation of such an adhering, non-isothermal air jet with an upward inclination at the beginning. The closest is the formula (6) in annex 1 for a free, plane air jet. Also the conditions for the existence of such an air jet are lacking. The closest are the following conditions for having a free, isothermal air jet (Becher 1972):
- the air velocity in the air gap shall be higher than 1-2 m/s
- the Reynold number shall be higher than 20000
- the air stream shall be turbulent.

4 DISCUSSION

The condensation results shown in table 2 together with the observations of moisture films on the roof, show that the air gaps neither prevent condensation on the roof nor on those parts which are closest to the air gaps. The condensation is less when having the air gaps, as shown in the table, but this can be explained by:
- the smaller temperature difference between inside and outside because of the extra ventilation of the room due to the air gaps
- the condensed water led to the open air through the air gaps from the roof areas between the gaps and the purlins just above. These areas are about 15% of the total roof area.

That the air gaps do not prevent condensation is in accordance with the smoke test results, which showed that the air gaps do not produce a ventilating air stream along the inner side of the roof.

The influence of the outlet/inlet ratio on the air stream direction on calm days shown in figure 3 is in accordance with the theoretical calculations of the position of the neutral plane shown in table 6. Yet there is a disagreement, as the figure indicates a neutral plane position just below the lower air gaps by a ridge cover height of 50 mm whereas the table shows a position of 0.8 m above the lower air gap. However, this disagreement can be explained by the fact that the weather was not totally calm but there was a light east-south-east wind with a (wind) velocity of about 1 m/s. If using the pressure coefficients in table 7 for the wind direction 120° and assuming a wind velocity of 0.8 m/s in the height of the ridge, you get an outward pressure difference due to the wind of about 0.2 Pa in the gable end and about 0.1 Pa in the opposite end of the uninsulated part of the building. For the mean value of 0.15 Pa, it corresponds to a correction of the neutral plane position of about 0.5 m. The wind also explains the unsymmetrical results on figure 3, and if adding the two pressure contributions you get pressure differences which explain very closely the air stream direction in figure 3.

The air stream directions on windy days are in accordance with the pressure differences you get when using the relevant pressure coefficients from table 7.

That the inward air streams do not continue as air jets after having passed the gaps is in accordance with the limits quoted in the previous chapter, when using the following values of interest:

$$\Delta T = 7 \ ^\circ C, \ T = 273 \ K, \ x = 2m$$

$$(f_o - f_i) = 0.2, \ v_r = 3 \ m/s,$$

$$\zeta = 2.5 \ \text{or} \ c = 0.65$$

You then get an air velocity of about 1 m/s and thereby a Reynold number of:

$$R_e = vh/\nu = 1.0 \cdot 0.020/13 \cdot 10^{-6} = 1540$$

which is much lower than the quoted minimum value of 20000. It must be admitted that this minimum value is connected to a free, isothermal air jet. Being nonisothermal it will probably require a higher Reynold number whereas it must be assumed that an adhesive air stream can exist at a considerably lower Reynold number, but not as low as the approx. 1500 found in this case. The low Reynold number means that the momentum in the flow, which is the important factor for establishing an air jet, is too low. As the air velocity in the gap is rather close to the minimum value of 1.5-2.0 m/s, it is the width of the air gap which is much too narrow for producing the desired air jet in our case.

You might get an air jet if the wind velocity was sufficiently high, but in such a case condensation would not occur because the roof surface temperature would be too high.

5 CONCLUSIONS

From the experimental results, which are supported by the theoretical analysis, you can conclude that air gaps in the roof do not produce a ventilating air stream along the inner side of the roof, and that they do not prevent condensation on the roof surface.

The air gaps can lead the condensed water to the open air, but it requires an air gap above each purlin in order to be efficient. This again means so many air gaps that it becomes impossible to control the indoor environmental conditions.

TABLE 7. Measured external and calculated internal pressure coefficients. When calculating the last-mentioned one, the external coefficients for the ridge and the north and south walls were taken into account.

Wind-direction		Northside external		Southside external		Internal.
		1	2	3	4	5
North	0	-0,1	-0,1	-0,5	-0,5	-0,3
	30	-0,2	-0,1	-0,6	-0,4	-0,35
	45	-0,6	-0,4	-0,8	-0,5	-0,4
	60	-0,9	-0,6	-0,9	-0,6	-0,35
East	90	-1,0	-0,7	-1,0	-0,7	-0,65
	120	-0,9	-0,6	-0,9	-0,6	-0,35
	135	-0,6	-0,4	-0,3	-0,2	-0,4
	150	-0,6	-0,4	-0,2	-0,1	-0,35
South	180	-0,5	-0,5	-0,1	-0,1	-0,3
	210	-0,5	-0,5	-0,1	-0,1	-0,25
	225	-0,4	-0,4	-0,4	-0,4	-0,2
	240	-0,3	-0,3	-0,3	-0,3	-0,2
West	270	-0,1	-0,1	-0,1	-0,1	-0,1
	300	-0,3	-0,3	-0,3	-0,3	-0,2
	315	-0,4	-0,4	-0,4	-0,4	-0,3
	330	-0,1	-0,1	-0,5	-0,5	-0,3

6 ANNEX 1

6.1 Thermal buoyancy

The air velocity through an opening due to thermal buoyancy can when considered uniform
be determined by:

$$v_{tx} = \pm \frac{(2g\Delta T|x|)^{\frac{1}{2}}}{\zeta_x T} \qquad (1)$$

The sign in front of the paranthesis follows the sign of x. The position of the neutral plane is determined by using the mass balance equation. Assuming a position somewhere between the two air gaps and assuming openings which are continuous along the length of the building, you get the following equation, cf figure 6:

$$2\rho_0 h_1 L_1 v_1 + 2\rho_0 h_2 L_2 v_2 =$$
$$2\rho_i h_3 L_3 v_3 + \rho_i b L_4 v_4 \qquad (2)$$

By introducing the contraction coefficient $c = (1(\zeta)^{\frac{1}{2}}$, by considering the ratio T_i/T_0 equal to unity and by isolating the quantity $(2g\Delta T/T)^{\frac{1}{2}}$, the following equation is derived from (1) and (2):

$$2c_1 h_1 L_1 H_1^{\frac{1}{2}} + 2c_2 h_2 L_2 (H_1 - x_2)^{\frac{1}{2}} =$$
$$2c_3 h_3 L_3 (x_3 - H_1)^{\frac{1}{2}} + c_4 b L_4 (H - H_1)^{\frac{1}{2}} \qquad (3)$$

From this the only unknown quantity H_1 can be determined. If no solution is found the equation has to be rewritten with the neutral plane placed above the upper gap or below the lower one. The H_1-value in table 6 is calculated by using the following values:

$$L_1 = 3,0 \text{ m}, \quad L_2 = L_3 = 4,2 \text{ m}, \quad L_4 = 4,0 \text{ m}$$
$$h_1 = 50 \text{ mm}, \quad h_2 = h_3 = 20 \text{ mm}$$
$$c_1 = 0,7, \quad c_2 = c_3 = 0,6, \quad c_4 = 0,8$$

6.2 Wind effect

The pressure difference across an opening is determined by:

$$\Delta p = (1/2)\rho_0 (f_0 - f_i) v_r^2 \qquad (4)$$

and this produces the following air velocity through the gap:

$$v_w = \left(\frac{|f_0 - f_i|}{\zeta}\right)^{\frac{1}{2}} v_r \qquad (5)$$

6.3 Air jets

The vertical deviation for a horizontal, free, plane air jet can be calculated by the following formular (Schwenke, 1975):

$$y/h = 0,0064 \, (\Delta Th/v^2)(z/h)^{2,5} \qquad (6)$$

7 REFERENCES

Andersen, K.Terpager, 1988: Kondensforhold i uisolerede stalde (Condensation problems in uninsulated livestock buildings. In Danish) Hørsholm. Statens Byggeforskningsinstitut. Dokumentationsrapport.

Andersen, K.Terpager, 1989: Naturlig ventilation. En teoretisk analyse. (Natural ventilation. A theoretical analysis. In Danish (to be published)). Den Kgl. Veterinær og Landbohøjskole. Jordbrugsteknisk Institut. Meddelelse, Tåstrup (under udgivelse).

Becher, P. 1972: Varme og ventilation 3. (Heat and Ventilation. vol. 3. In Danish) København.

Borchert, K.-L. 1975: Unterlüfting von Dächern für Kaltställe. Beton-Landbau, 2: 22-24.

Nielsen, P.V. 1987: Luftfordeling i rum. I Varme-og Klimateknik. Grundbog p.p. 148-171 (Air distributions in rooms. In Heating and Environmental Engineering. Fundamentals. In Danish) Danvak, København.

Schwenke, H. 1975: Über das Verhalten ebener horizontaler Zuluft Strahlen im begrenzten Raum. Luft- und Kältetechnik, 5: 241-246.

Land and Water Use, Dodd & Grace (eds), © 1989 Balkema, Rotterdam. ISBN 90 6191 980 0

Recent developments in ventilation systems for cold-climate livestock housing

E.M.Barber
University of Saskatchewan, Saskatoon, Saskatchewan, Canada

ABSTRACT: A review is presented of the unique problems encountered with ventilation of cold climate livestock buildings. Peak heating requirements are high and the heating season is long. The ventilation rate must be controlled for a large portion of the year on the basis of air quality, which is difficult to measure, rather than temperature, which is easier to measure. The small amounts of fresh air needed during the winter are difficult to distribute throughout the airspace, and condensation and frosting of inlets and equipment are common problems. A description is given of recent research and development that has helped to make ventilation systems work better under extreme cold conditions.

ZUSAMMENFASSUNG: Es wird ein Ueberblick ueber die besonderen, die in zur Tierhaltung in kalten Klimazonen verwendeten Gebaeuden Lueftungsprobleme auftreten, gegeben. Spitzenanforderungen an die Heizungseinrichtungen sind hoch, gleichzeitig ist die Heizungsperiode sehr lang. Einen Grossteil des Jahres muss die Lueftungsrate hinsichtlich der Luftqualitaet, deren Messung schwierig ist, anstelle der Temperatur, deren Messung einfach ist, dosiert werden. Die im Winter nur geringen benoetigten Luftmengen Koennen nur unter Schwieriskeiten gleichmaessig auf den gesamten Luftraum verteilt werden, und Kondensation und Einfrieren der Einlassoeffnungen und der Ausruestungen stellen allgemein auftretende Probleme dar. Eine Beschreibung von neuen Entwicklungen und Forschungsergebnissen, die der Verbesserung von Lueftungsanlagen unter extrem kalten Bedingungen dienen, wird gegeben.

RÉSUMÉ: On passe en revue les problèmes uniques rencontrés dans la ventilation des bâtiments pour l'élevage des animaux dans des climats froids. Les demandes de pointe en chauffage sont hautes et la saison de chauffage est longue. On doit contrôler le taux de ventilation pour une grande partie de l'année sur la base de la qualité de l'air, qui est difficile à mesurer contrairement à la température, qui est plus facile à mesurer. Il est difficile de distribuer à travers l'espace les petites quantités d'air frais requises durant l'hiver, et la condensation et le givrage des entrées et de l'équipement sont des problèmes communs. On décrit la recherche-développement qui a aidé à rendre les systèmes de ventilation plus efficaces dans des conditions d'extrême froid.

1 INTRODUCTION

Heating, ventilating and air-conditioning (HVAC) systems for livestock buildings located in the cold Canadian Prairies need to be different than those used in more temperate climatic regions:

1. The heating season is very long. In Saskatoon, Saskatchewan (52° North latitude, 102° longitude, 500 m elevation) swine farrowing rooms require supplemental heating for half the hours in the year. Furthermore, the 97.5% design winter temperature at Saskatoon is -35 °C (ASHRAE 1985). When the ambient air is that cold, the peak heating requirement is very large. For example, an all-in all-out swine grower-finisher room housing 500 pigs needs 30 kW of supplemental heating at - 35 °C. The total annual fuel and electricity consumption by a swine farrow-to-finish operation in Saskatchewan is 80 kWh/hog marketed: A broiler chicken operation will consume 3500 to 4000 kWh/1000 birds marketed.

2. For long periods of time during the
year, the ventilation rate must be
controlled to maintain acceptable air
quality. The non-temperature based
ventilation rate is difficult to set
precisely, yet failure to do so results in
either inadequate environments or
excessive energy costs.

3. Cold air is difficult to handle.
Condensation and freezing occur with many
recirculation-type ventilation systems,
yet drafts are common if the cold air is
not blended with room air before entering
the animal space. HVAC systems proven to
operate successfully in locations with a
winter design temperature of -20 ^{o}C often
are not acceptable in locations with a
winter design temperature of -35 ^{o}C.

4. The annual range of ambient air
temperatures is large in the Canadian
prairies. While the 97.5% winter design
temperature at Saskatoon is -35 ^{o}C, the
2.5% summer design temperature is 30 ^{o}C.
Livestock buildings need to be tightly
sealed during the winter and ventilation
rates need to be low. In the summer,
though, the same buildings require
ventilation rates 20 times higher than in
winter and must be opened up to achieve
high air exchange rates. Fresh air inlets
and air distribution equipment must handle
the large variation in ventilation rate.

2 CHARACTERISTICS OF LIVESTOCK BUILDING HVAC SYSTEMS IN COLD CLIMATES

Livestock building HVAC systems resemble
those used in other industrial buildings
in many respects. However, there are some
characteristics of cold-climate livestock
building HVAC systems that are unique or
that create special problems.

2.1 In-house manure storage

The production of contaminants by the
animals is augmented by contaminants
released from the manure collected within
the building. There is no practical way
to completely and quickly separate animals
from their excreta. Under no practical
housing conditions have animals been
trained to excrete in one airspace and
live in another, or to reliably excrete
into a waste receptacle akin to the human
toilet. Deposits of fresh and partially
decomposed excreta are responsible for
most, and usually all, of the ammonia and
sulfur compounds found in livestock
building airspaces. Depending on the
housing system used, as much as 50% of the

water vapour originates from evaporation
off floors and stored excreta.

2.2 Multi-zone air distribution problem

In many modern swine, layer hen, and dairy
cattle facilities, animals are confined
individually or in small groups within
pens or cages. With the most commonly
used ventilation systems, fresh air enters
the bulk airspace, usually at the ceiling
and remote from the pens. Ventilation of
the pens thus is accomplished not by
direct entry of fresh air into the pen but
rather by an indirect mixing process that
occurs between the pen air and the room
air. Gaseous contaminants produced within
the pen must leave by diffusion and by
convective transport. Designers are faced
with a dilemma between making the pen
partitions porous to allow good air
circulation and making the partitions
solid to minimize cold drafts on the
animals and to fully separate adjacent
groups of animals. Providing excellent
control over air distribution in these
buildings is especially important because
the animals cannot seek out a choice
environment or escape from an
uncomfortable or health-threatening
environment.

2.3 Low pressure equipment

Low pressure propeller fans are used to
move air into or out of the livestock
building airspace. Static pressure
differentials across the building wall
typically are less that 25 Pa. Therefore,
the ventilation rate is subject to
significant wind effects.

2.4 Large range of ventilation rates

Winter ventilation rates in cold-climate
livestock buildings are commonly based on
requirements for removal of moisture or
airspace contaminants, and are typically
as low as 2 airchanges/h. Summer ventilation rates, designed to maintain the room
temperature within 3 ^{o}C of the outside
temperature, typically are as high as 40
to 60 airchanges/h. In winter months, the
aim is to minimize the air speed at animal
level: In summer, airspeed at floor level
should increase to facilitate cooling of
the animals. Four-season scheduling of
heating and ventilation equipment, including inlets, presents a major challenge.
The winter problem is especially difficult

since designers have been limited to temperature sensors even when the limiting parameter is moisture or gases.

2.5 Corrosive environment

The livestock building airspace is a very corrosive environment for HVAC equipment. A combination of high humidities (typically 70 - 95% in winter), high dust levels (typically 3 - 10 mg/m^3) and the presence of gases such as ammonia (typically 5 - 25 ppm) and various sulfur containing gases (typically < 1 ppm) leads to extreme corrosion of electrical components and any other metal equipment such as fans and pen hardware.

2.6 Infiltration

Even with modern construction techniques, and even for the relatively low static pressure differential across the building shell of 25 Pa, infiltration through non-planned air inlets may make a significant contribution toward the 2 airchanges/h required for winter ventilation. Hence, in an effort to control ventilation rates, operators sometimes completely close fresh air intakes during the winter and, in so doing, lose control over the location at which air enters the airspace. Unwanted drafts are a common consequence.

2.7 Unstable airflow

Airflow regimes in the ventilated airspace of a livestock building are complicated and somewhat unpredictable, especially under winter conditions. Stable airflow patterns are difficult to establish because of low operating pressures, the common lack of air recirculation, high and sometimes solid pen partitions, low ceilings and wide airspaces, and random animal movements.

2.8 Lack of supply air pre-conditioning

The tendency has been to use simple inlet systems where fresh air is introduced directly into the airspace without any preconditioning. When winter ambient temperatures fall below about -20 ^{o}C, the cold, low speed (<5 m/s) supply air jets do not penetrate into the airspace and mix with room air, but rather fall to the floor immediately upon entry. Even in the winter, livestock ventilation systems are classified as cooling rather that heating systems because the supply air is always cooler than the room air. Much less is known about the characteristics of diffusers and other inlets in the cooling mode than in the heating or isothermal mode (ASHRAE 1985).

2.9 On-farm system assembly

Livestock building HVAC systems in Canada typically are assembled by the farmer from components sold separately by one or more suppliers. Rarely are farmers sold a complete and performance-tested system. In a majority of cases, new HVAC equipment is being installed as an add-on or replacement for existing equipment. Only a few pieces of HVAC equipment installed in livestock buildings have been rated or tested by an independent testing agency. Maintenance schedules rarely, if ever, are supplied by equipment dealers, and installation instructions rarely are adequate. Installation of HVAC equipment is subject to inspection only with respect to compliance with the Canadian Electrical Code. Like most other industries, the owner-operator of the livestock building must place top priority on the production processes occurring within the facility. However, unlike most other industries, the livestock farmer also maintains the HVAC system without assistance from trained maintenance personnel.

3 DESIGN CRITERIA

Livestock building HVAC systems can be evaluated and compared in terms of five major design criteria. First, they must be effective. The air inlets and air distribution equipment should distribute fresh air equally to all animals without causing drafts, must mix fresh air with room air before it reaches animal level or exhaust openings, and must provide control over the direction and speed of the air at animal level. A system of fans should cause sufficient air exchange to dilute all contaminants to acceptable levels. The heating and cooling equipment should supply or remove just enough heat to maintain a comfortable and productive temperature for the animals. A control system should provide consistent and coordinated control of all HVAC equipment throughout the year. Monitors and alarms should keep the building operator informed about the environment that is being achieved, and give warnings of extremes.

In addition to performing the above-noted functions, livestock building HVAC systems should be simple to understand and to operate. The building operator's first responsibility is to feed and caring for the animals, not to operate the buildings and equipment. Furthermore, the operator is unlikely to have had any formal training in HVAC technology and usually does not understand the principles of ventilation.

Ideally, HVAC systems should be inexpensive because livestock production is a highly capital-intensive and low profit-margin industry. Designers must avoid over-emphasizing this criterion.

HVAC systems also should be durable because of the extremely corrosive environment, because of a lack of rigorous maintenance schedules, and because redundancy and fail-safe provisions rarely are built into the systems.

Finally, HVAC systems for livestock buildings should offer some flexibility to accommodate changing needs and changing conditions after installation, and to account for a serious lack of information on critical design parameters such as heat and moisture production rates.

4 IMPROVED HVAC SYSTEMS FOR COLD CLIMATES

A summary is presented here of some of the research and technological developments that have had a significant impact on achieving acceptable environments in cold climate livestock buildings.

4.1 Minimizing contaminant production

There has been a trend toward storage of manure outside the livestock building rather than in deep pits beneath the pens. Evidence of the best means of removing excreta from shallow gutters with the least release of airspace contaminants is inconclusive (Barber & Feddes 1988). Development of the hair-pin gutter system has enabled manure to be removed by gravity from under-floor gutters with minimal surface agitation and hence with minimal hazard from noxious gases. Mechanical scrapers and flushing gutters sometimes are used as an alternative to stop-and-go gravity flow gutters in an attempt to minimize manure accumulation within the building; however, improvements in air quality have not always been realized (Bate et al. 1988; DeBoer & Morrison 1988).

Significant advances have been made recently toward keeping partially slotted floor pens clean in swine grower-finisher buildings. Clean pen floors result in lower production of water vapour and ammonia. Application of the fundamental principles of utilization of space in pens (Baxter 1984) has resulted in an increase in pen widths from 1.5 m to 2 m, and a relocation of self feeders from the fronts of the pens to near the back of the sleeping area. Principles of air movement in buildings (Randall 1975) have been applied in the same buildings: The sleeping area is kept more comfortable than the dunging area by controlling the direction of air movement at floor level.

4.2 Penning arrangements

New livestock buildings are being con-structed with ceiling heights of at least 3 m. The increased room volume per animal may reduce the concentrations of airborne organisms (Wathes et al. 1983) and provide more damping of room tempera- ture. The high ceiling also makes it easier to install air inlets and overhead equipment. Buildings are designed with a smaller number of animals sharing an air- space in an attempt to minimize disease transmission (Morrison & Morris 1985).

All-in all-out room operation has become more common, especially in the swine industry. Complete cleanup on a regular basis has been recognized as an excellent way to improve overall air quality (Atwood et al. 1987; DeBoer & Morrison 1988).

4.3 Air inlets and air distribution

Negative pressure systems continue to be favored over positive pressure systems for cold climate buildings because there is less danger of doors freezing shut and of damage to the building shell and insulation from moisture migration (Turnbull & Huffman 1987).

Movable baffles have been widely used as fresh air inlets in livestock buildings (Turnbull 1987). Several of the earlier designs for slot inlet baffles were not satisfactory for use in cold climates. We now know that inlet baffles must have an airtight hinge so that all of the supply air enters at the desired location. The hinge, and all other surfaces of the inlet must be insulated to prevent condensation and nuisance dripping during cold weather. The baffles must be made of warp resistant material such as rigid polystyrene. All hardware associated with the inlet baffles must be stainless steel or plastic to avoid problems with corrosion.

One of the problems with continuous slot inlets was an inability to adjust the baffle precisely enough for winter ventilation. Typically, inlet openings of 2 - 4 mm were required when continuous inlet slots were used. A continuous slot inlet can be made discontinuous for winter operation by placing plywood spacers between the ceiling and the inlet baffle (Barber 1988). The spacers make it possible to regulate the amount of fresh air entering each section of the room along the length of the inlet. Furthermore, the inlet baffle is less likely to freeze shut when spacers are used.

The need for supplementary air mixing or air recirculation, especially in small rooms, and always in heated rooms and in rooms with decked pens has been demonstrated (Gorman & Barber 1985; Timmons et al. 1986). More work is needed, however, to determine how much mixing is required and to develop air jet systems that provide stability to airflow patterns but that minimize airspeeds at floor level (Ogilvie et al. 1988).

In one style of recirculation system, cold air is blended with warm air and then directed through a perforated duct. This system has been difficult to use in cold climates because of problems with condensation and frost within the mixing chamber, on air intake louvers, and on the fan and air distribution duct. Recirculation ratios required to prevent condensation often are impractically high, especially in buildings with high design relative humidities.

Recirculation-assisted slot inlet systems have become widely used as an alternative to mixing chamber recirculation systems (Hodgkinson & Barber 1986). Cold fresh air enters the room through a slot inlet at the ceiling while room air is recirculated in a duct located underneath the inlet. During winter operation, cold air entering the warm room tends to drop toward the floor but is intercepted by the recirculating air from the duct. Condensation occurs within the room air rather than on equipment and ducts as in the mixing chamber systems. This system is easily installed in existing buildings already equipped with slot inlets. Complete integration of fresh air inlets and the recirculation duct is possible with new building construction. The same fresh air inlet can be used for both summer and winter, thereby making it possible to maintain the same air distribution patterns year round.

Automation of fresh air inlets is in its infancy in Canada. Early attempts to use weighted curtains as automatic inlets failed because of problems with condensation and freezing. Efforts are being made to develop passive automation systems, such as spring-loaded or counter-weighted baffles (Munroe et al. 1988). Within the next 5 years, electro-mechanical inlet automation systems now used routinely in Europe likely will be readily available and widely used in Canada.

An exhaust-recirculation system has been designed and tested for reliably achieving small ventilation rates in small rooms (Bayne et al. 1988). Manual adjustment of the exhaust damper changes the proportion of air that is exhausted from the room compared to the proportion that is recirculated. The system has been designed to be used in combination with recirculation-assisted slot inlets.

4.4 Ventilation rate control

Fan systems involving stepped control of several single-speed fans (Turnbull & Huffman 1987) are most often recommended for cold-climate livestock buildings. However, many variable-speed systems are used, some with considerable success when used in combination with recirculation-assisted slot inlets (Barber & James 1987).

Variable ventilation rates are needed at temperatures below the heat deficit temperature, especially in buildings with long heating seasons. The need to adjust the non-temperature based ventilation rate also arises with all-in all-out rooms where environmental conditions change during the animal production cycle. Several manual control systems have been developed but automatic systems employing air quality sensors have not been adequately developed for routine use in livestock buildings (Ross et al. 1988).

There has been an increased awareness by livestock building operators that heaters and temperature-activated ventilation must not both operate at the same time (Turnbull 1985). When heaters are operating, ventilation must be limited to that which is required for control of air quality. Interlocking is conveniently achieved with integrated fan-heater sequencers, two-stage heating/cooling thermostats, or variable speed controllers. In rooms with short heating seasons, it may be most energy-efficient to use a two-stage heating-cooling thermostat for the interlock, thus providing an either-or-neither control system. However, in rooms with long heating seasons, a single-stage interlocking thermostat should be used which will provide an either-or control system. Variable-speed fan technology often is used in these buildings but apparently none of the fan-speed controllers available in Western Canada can be adjusted to provide the necessary zero deadband between heating and cooling activation temperatures.

4.5 Alternative heat sources

Preheat plenums or hallways have been used quite commonly, especially for rooms with long heating seasons, such as swine farrowing and weanling rooms. Preheat plenums or chambers lend themselves nicely to incorporation of heat exchanger or solar collection systems. If heat is not to be wasted, the temperature of the preheated air must not exceed the heat deficit temperature for the ventilated rooms. In most cases, this requirement usually will mean that service alleys are not suitable as supply air preheat chambers because they are kept too warm. Problems with condensation and back-drafting have prohibited the use of air blending systems wherein varying amounts of pre-heated air from a preheat room are mixed with cold un-conditioned air.

The economic feasibility of solar air preheat systems has been demonstrated, especially for buildings where the heating season is long (Sokhansanj & Barber 1988). Solar systems are unlikely to be economical in buildings with short heating seasons (eg., swine grower-finisher and dairy cow buildings). Solar collector systems can never be effective for heating livestock buildings unless the collector is matched properly to a thermal energy storage system such as water, rocks, or concrete.

Air-to-air heat exchangers have been extensively used in Western Canada. Unfortunately, these heat exchangers often have not been integrated fully with the entire heating and ventilating system. The tempered air from heat exchangers should preferably be directed into an air recirculation system. Heat exchangers require routine cleaning and maintenance, but in practice often are neglected.

4.6 Equipment testing

Prior to the 1980's, very little of the HVAC equipment available in Canada had been independently tested. Since then, the Prairie Agricultural Machinery Institute has tested a large number of fans (PAMI 1986), ventilation controllers (PAMI 1989), and heat exchangers (eg., PAMI 1983). These test results have been helpful to designers and have resulted in an overall improvement in equipment and in marketing methods.

5 OPPORTUNITIES FOR IMPROVED HVAC SYSTEMS

While they have some unique features, livestock building HVAC systems are based on the same principles as all other industrial ventilation systems. There appears to be a need for the transfer of more industrial ventilation technologies to livestock buildings, including supplementary air mixing and recirculation, dust removal, centralized HVAC systems for multi-room facilities, and more complete control strategies based on air quality parameters.

Several opportunities exist to further improve the design and management of truly optimized HVAC systems for cold-climate livestock buildings. Some of the high priority research and development needs are listed here.

5.1 Environment-productivity relationships

More specific information is needed concerning environmental effects on animals. Tests to show how environmental parameters are affected by competing HVAC designs are relatively easy to conduct; However, until the effects of those environmental parameters on the animal are precisely defined, it is very difficult to evaluate directly the effect that specific changes to a HVAC system will have on the profitability of a livestock operation. For example:

1. With respect to air inlets and air distribution, what constitutes a draft? Is only airspeed important or does the direction of air flow matter too? Can the effect of a draft be explained totally in terms of the cooling effect, or are there other physiological reasons why drafts might interfere with animal health and performance?

2. With respect to ventilation rates, to what levels must contaminants be diluted? Are the critical contaminant levels limiting for the animals or for the human operator? Is there a synergistic effect between contaminants? How important is

the relative humidity to the survivability of airborne organisms and to the health of the animals' respiratory tracts? What are the real criteria behind current recommended limits for relative humidity?

3. With respect to temperature control, what is the optimum temperature for each class of livestock? If animals were given a choice, would the temperature they choose be between the calculated upper and lower critical temperatures? How do the temperature comfort limits for an animal change due to daily activity levels, sickness, or stage of the reproductive cycle?

4. With respect to control systems, within how close an error band must environmental parameters be held for optimum productivity and efficiency? Does the farm animal respond to fluctuating temperatures more like a thermocouple or more like a shielded mercury thermometer?

5. With respect to monitoring the environment, to what limits can environmental parameters be taken for short periods of time without adverse or catastrophic effects? Which parameters should the building operator monitor? Should monitoring and records consist of only daily means, or should other indices be considered such as the amplitude and frequency of daily fluctuations, or rates of change of parameters?

5.2 Ventilation rate controls

There is a need to evaluate and develop control strategies and equipment to schedule heating and ventilating optimally during the heating season, especially in buildings with high heat deficit temperatures and long heating seasons. Inexpensive and reliable humidity, carbon dioxide, and ammonia sensors are needed. Low cost, reliable fan-heater sequencers would be a useful alternative to the many thermostats now required to control all HVAC equipment in a single room.

5.3 Design of air distribution systems

The ability to predict the amount of air mixing required to ensure uniform dilution of contaminants and to maintain stable airflow patterns needs to be improved. There also is a need to evaluate the effectiveness of sub-floor air exhaust systems for buildings with manure storage gutters beneath slotted floors and, if appropriate, to design low, reliable subfloor ventilation systems.

5.4 In-house air modification

The overall air quality in many livestock buildings would benefit from the development of self-cleaning systems for removing dust and microorganisms from the airspace. Recent data (Jansen & Barber 1988) indicates that dust and endotoxin levels cannot be reduced to safe levels by ventilation alone, but rather that some form of air cleaning will be required. Some interest is developing in the use of canola oil additions to feed to reduce feed dust in swine buildings.

5.5 Equipment development and testing

There should be an increased commitment to the testing of complete heating and ventilating systems in real buildings. Component testing also must continue, and must include air inlet modules and air cleaning equipment.

Currently recommended wind-protection devices for low pressure ventilation systems are seldom installed. Their effectiveness must be evaluated and, if necessary, new systems for protecting fans and supply air inlets from wind effects must be developed. There still is scope to develop more effective backdraft protection systems for wall and ceiling mounted fans.

The search must continue for less expensive energy sources for heating livestock buildings.

Energy-optimized HVAC systems for cold-climate livestock buildings might combine mechanical ventilation for winter with natural ventilation for summer. More work is needed to develop control systems and air inlets for these hybrid buildings.

5.6 Expert systems

There is considerable potential to develop expert systems for design and trouble-shooting of livestock building HVAC systems. More effort is needed to apply a systematic approach to the quantification and ranking of all of the design criteria every time a livestock barn HVAC system is designed.

REFERENCES

ASHRAE 1985. Handbook of fundamentals. Amer. Soc. Heating, Refrig. & Air Cond., Atlanta, GA.

Atwood, P., R. Brouwer, P. Ruigewaard, P. Versloot, R. De Wit, D. Heederik & J.S.M. Boleij 1987. A study of the relationship between airborne contaminants and environmental factors in Dutch swine confinement buildings. Amer. Ind. Hyg. Assoc. J. 48:745-751.

Barber, E.M. 1988. Air recirculation systems for swine barns in Saskatchewan. In 1988 Annual Report, Prairie Swine Centre, p. 62-70. Univ. Saskatchewan, Saskatoon, Sask.

Barber, E.M. & L.L. James 1987. Comparison of swine barn exhaust fan systems. Paper No. 4034, Amer. Soc. Agric. Eng., St. Joseph, MI.

Barber, E.M. & J.J.R. Feddes 1988. Influence of manure management on barn air quality. Paper No. 88-108, Can. Soc. Agric. Eng., 151 Slater St., Ottawa, Ont.

Bate, L.A., R.R. Hacker & P.A. Phillips. 1988. Effect of manure handling on air quality and pig performance in partially slatted floor barns. Can. Agric. Eng. 30:107-110.

Bayne, G.R., C.M. Gorman, D.E. Darby & J.E. Turnbull 1988. Ventilating and heating small livestock rooms. Leaflet 9750, Canada Plan Service, Agric. Canada, Ottawa, Ont.

Baxter, S. 1984. Intensive pig production - Environmental management and design. Granada Publishing Ltd, London.

De Boer, S. & W.D. Morrison 1988. The effects of the quality of the environment in livestock buildings on the productivity of swine and safety of humans - a literature review. Dept. Anim. Poult. Sci., Univ. Guelph, Guelph, Ont.

Gorman, C.M. & E.M. Barber 1985. Contaminant transfer rates in livestock buildings. In Ventilation '85, Proc. 1st International Symp. on ventilation for contaminant control, p. 251-262. Elsevier.

Hodgkinson, D.G. & E.M. Barber 1986. Integrated air inlet and recirculation systems for livestock buildings. Paper No. 86-110, Can. Soc. Agric. Eng., 151 Slater St., Ottawa, Ont.

Jansen, A.A. & E.M. Barber. 1988. Air quality in swine feeder barns in Saskatchewan - A progress report on a long-term experiment. Dept. Agric. Engineering, Univ. of Saskatchewan, Saskatoon, Sask.

Morrison, R.B. & R.S. Morris 1985. Respite - A computer-aided guide to the prevalence of pneumonia in pig herds. Vet. Rec. 117:268-271.

Munroe, J.A., J.E. Turnbull & D.G.Hodgkinson 1988. Performance of automatic conterbalanced air inlets with and without recirculation. In Livestock environment III, p. 32-42, Publ. 01-88, Amer. Soc. Agric. Eng., St. Joseph, MI.

Ogilvie, J.R., E.M. Barber & J.M. Randall 1988. Floor air speeds and inlet design in swine ventilation systems. Paper No. 88-4510, Amer. Soc. Agric. Eng., St. Joseph, MI.

PAMI 1983. Del-Air A350 heat exchanger. Report 324, Prairie Agricultural Machinery Institute, Humboldt, Saskatchewan.

PAMI 1986. Summary of ventilation fan reports. Report 490, Prairie Agricultural Machinery Institute, Humboldt, Saskatchewan.

PAMI 1989. Performance of ventilation fan controllers for livestock barns (in press). Prairie Agricultural Machinery Institute, Humboldt, Saskatchewan.

Randall, J.M. 1975. The prediction of airflow patterns in livestock buildings. J. Agric. Eng. Res. 20:199-215.

Ross, C.C., W.D.R. Daley & M.S. Smith 1988. Sensor performance in monitoring and control systems for animal housing. In Livestock Environment III, p. 224-231, Publ. 01-88, Amer. Soc. Agric. Eng., St. Joseph, MI.

Sokhansanj, S. & E.M. Barber 1988. Solar assisted heating of livestock buildings in the Canadian prairies. In Energy solutions for today, Solar Energy Society of Canada.

Timmons, M.B., W.W. Irish & W.J. Toleman 1986. Temperature variations within caged-layer housing as affected by inlet flow characteristics. Appl. Eng. Agric. 2:153-157.

Turnbull, J.E. & H.E. Huffman 1987. Fan ventilation principles and rates. Leaflet 9700, Canada Plan Service, Agric. Canada, Ottawa, Ont.

Turnbull, J.E. 1987. Fresh air inlets. Leaflet 9710, Canada Plan Service, Agric. Canada, Ottawa, Ont.

Turnbull, J.E. 1985. Interlocked heating/ventilating control for livestock buildings. Leaflet 9701, Canada Plan Service, Agric. Canada, Ottawa, Ont.

Wathes, C.M., C.D.R. Jones & A.J.F. Webster 1983. Ventilation, air hygiene and animal health. Vet. Rec. 113:554-559.

Land and Water Use, Dodd & Grace (eds), © 1989 Balkema, Rotterdam. ISBN 90 6191 980 0

Die Standpunkte der Energiesparsamkeit bei der Regulierung des Stallungsklima

I.Barótfi
Agrarwissenschaftliche Universität, Gödöllő, Ungarn

ZUSAMMENFASSUNG: Das Klima von Ungarn ist so, dass die Stallgebäude für die Wirkseimkeit der Tierhaltung oder für die Sicherung der Lebensbedingungen der neugeborenen Tiere geheizt werden müssen. Die Menge und Kosten der zur Heizung benutzten Energie ist nicht vernachlässigt, deshalb haben wir gewünscht, während unserer Untersuchungen die Zusammenhänge des Stallklima und des Heizungsenergieverbrauch zu klären.

Durch die Untersuchungen steht ein solches Zusammenhangsystem heute schon zur Verfügung, damit man den Heizungsenergiebedarf der Geflügel - und Schweinsställe auf Grund der Bau- und technologische Angaben errechnen kann.

Diese Errechnungsmethode sind nicht nur von dem Staudpunkt der Bestimmung des Heizungsenergiebedürfnisse, sondern dieser Zusammenhang dient als Grundlage zur Analysierung der den Heizungsenergieverbrauch bestimmenden Faktoren, zur Möglichkeiten der Regulierung, und zur Inbetriebhaltung des das Klima regulierende System

Die Vorlesung wünscht die bisherige Ergäbnisse der Forschungsarbeit zusam - menzufassen.

RESUME: Il est tres important d'assurer un climat convenable dans la production des animaux dans des fermes, surtout quand il s'agit des batiments d'exploitation. Ce travail propose une methode de reglage du climat tout en tenant compte des economies de l'energie.

1 DAS HEIZUNGSENERGIEBEDÜRFNIS DER TIERHALTUNGSGEBAUDE

Die Kenntnis des Heizungsenergibedürfnisses der Tierhaltungsgebäude ist eine energetische Planungsgrundfrage. In der in Betrieb haltenden Tierhaltungsgebäude der mehrjährige Durchschnitt der Menge der zur Heizung benutzten Energie kann als statistische Grandangabe zum Energieverbrauch der anderen ähnlichen Gebäude dienen. Aber das ist ein rechtmassiger Anspruch, dass der Energieverbrauch schon in der Zeitperiode der Planung durch die Vorausberech - nung bestimmt werden kann.

Der Heiz energiebedürfnis eines Tierhaltungsgebäude für "z" Tage kann man mit dem folgenden Zusammenhang bestimmen.

$$Q_{FZ}=86,4\left[(\Sigma KA+c.n.1) \cdot \sum_{i=1}^{z}(t_b-t_{ki})-znq_e\right]$$
$$[MJ/z . Tag]$$

Wo:

ΣKA - das Produkt des Wärmedurch-
gangsfaktor der Begrenzungsstrukturen der Tierhaltungsgebäude und der Fläche der
Begrenzungsstrukturen auf
alle Fläche summierend [kW/K]

c - die spezifische Wärme der Luft
[kJ/kgK]

n - die Zahl der im Stall seinden
Tieren [db]

l - die Menge der Lüfterluft auf ein
Tier bezogen [kg/db]

t_b - die Lufttemperatur im Stall [^{O}C]

t_k - die durchscnittliche tägliche
Mitteltemperatur des äusseren
Luft [^{O}C]

q_e - die trockene Wärmeabgebe der Tiere
[kW/db]

Den Heizungsenergieverbrauch der Stallungen charakterisiert die ganzjährige
Menge, deshalb ist zweckvoll, den vorherigen Zusammenhang auf die Heizungsperiode zu errechnen. Wir haben den Wert
des auf Grund des ausgebildeten Zusammenhang errechneten Heizenergiebedürfnis mit
demm in zahlreichen Tierhaltungsgebäude
gemessenen wirklichen Energieverbrauch
verglichen, und die Abwichung hat das
8 % nicht übertroffen.

2 DIE DEN HEIZUNGSENERGIEVERBRAUCH
   BEEINFLUSSENDEN FAKTOREN

Die den Heizungsenergieverbrauch der
Stallungen beeinflussenden Faktoren können sich im vorherigen Zusammenhang be-
funden werden. Unsere Untersuchungen
haben darauf gerichtet, wie die einzelne
Faktoren die Gestaltung des Energieverbrauch beeinflussen. Zum Beispiel
mache ich einige wichtige Ergebnisse von
den Resultäten der im Broilerhaltung
verrichteten Untersuchungen bekannt.

Den Heizungsenergiebedürfnis der Stallungen beeinflusst die Lufttemperatur des
Stalles im höchsten Masse. Die Vergrösse-
rung der Lufttemperatur des Stalles stei-
gert nicht nur den Temperaturunterschied
$(t_b - t_{ki})$ - und damit zusammen das mass
die Ventilation respektive die auf die
Begrenzungsstruktur bildende Wärmeströme,
sondern vergrössern bedeutend den Zeit-
abschnitt der Heizung. (1. Abbildung)

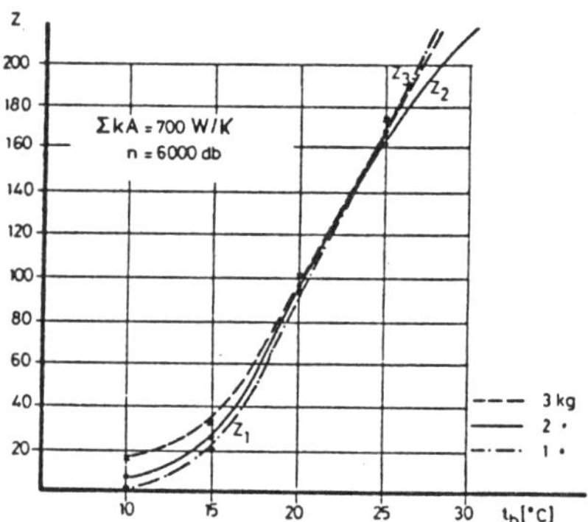

Abbildung 1. Zeitdauern von Heizung in
der Hühnerställe

Der andere wichtige Faktor, der den Heiz-
energieverbrauch der Ställe beeinflusst,
ist der Grad der Ventilation. Nach unse-
reren Erfahrungen werden die Ställe im
Winter überlüftet.

Zum Ausdruck des Grades der Überlüftung
haben wir die Luftüberschlusszahl einge-
fühlt, die Menge der tatsächliche Lüfterluft mit der berechneten Menge vergleicht:

$$\varepsilon = \frac{l}{l_{min}}$$

Auf Grunde der ungarländische Messungen
erreicht ihrer Mass im Winter in der
Broilersställe auch die 3, doch der jährliche Heizenenergiebedürfnis vergrössert
stark mit dem Grad der Überlüftung.
(Abbildung 2.)

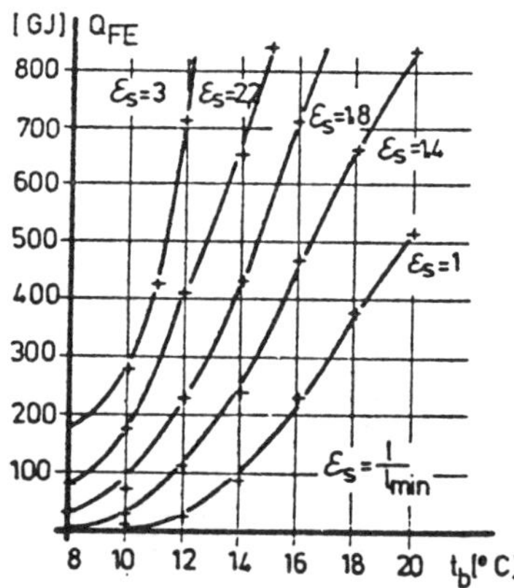

Abbildung 2. Die Veränderung von Heizung-
energieverbrauch bei der
Ställelüftung

Die Wärmedämmung übt auf den Heizenergie-
verbrauch eine mässigere Wirkung als die
Ventilation aus. In Ungarn kann die spezifische Wärmedämmung mit den ΣKA=2 kW/K
durchschnittlichen Wert charakteriziert
werden. Die Verbesserung der Wärmedämmug
ermässigt den Energieverbrauch (Abbildung
3), aber ihre Wichtigkeit ist mit der Überlüftung immer weniger.

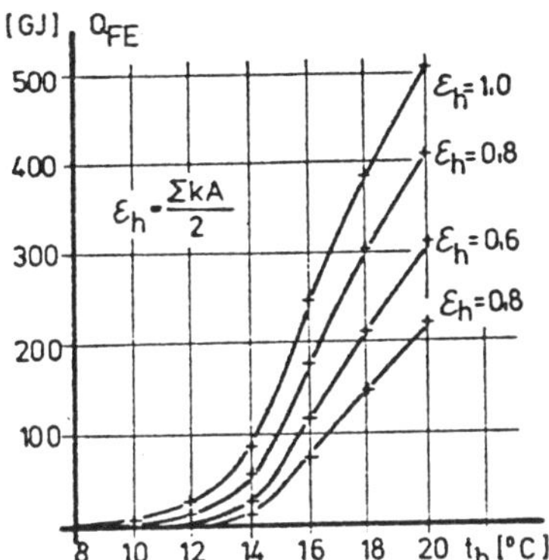

Abbildung 3. Die Veränderung von Heizung-
              energieverbrauch bei der
              Ställeisolierung

3 DIE ENERGIESPARSAME KLIMAREGULIERUNG
   DER STALLUNGEN

Inder Tierhaltungsgebäude werden die aus
den Bewetterungs- und Heizapparat beste-
hende luftkonditionierende Systeme heutzutage im allgemeinen benutzt. Als Versuch
sind auch mit dem Verdampfer oder mit dem
maschinell Kühler in Betrieb haltende
Ställe, aber mit ihrer Verbreitung muss
nicht rechnen. Also die Frage der Regulierung des Stallungsklima schmälern sich
nur auf die Heizung-und Bewetterungsregu-
lierung.

Die ausgebildete Art der Regulierung des
Heizungssystem kann man wegen der gegenüber ihr stellenden eindeutigen Anforderungen für eingelöst ansehen: man muss
Wärme in die Stallung soviel bringen, als
die günstige Lufttemperatur für die Tiere
gesichert wird. Das wird im Praxis einfach von einem zweiständigen oder ununter-
brochenen, durch das Temperaturansprech-
organ geteuerte Reglersystem verwirklicht.
Natürlich ist es eine andere Frage, dass
der Temperaturunterschied in den Ställen
mit grösserer Grundfläche, im Lebensraum
der Tiere oft beträchtlich. Dann die Ein-
legung des Ansprechorgan kann Problem
verursachen.

Aber das ist nicht der Fehler des Regu-
lierungssystem, sandern der Fehler des
Heizungssystem. Bei der Regulierung des
Heizungssystem besteht die Gültigmachung
des Standpunkt der Energiesparsamkeit
daraus, dass man gegen der Überlüftung
alles verüben muss.

Anders sieht die Lage beider Regulierung
der Lüftung aus. Die Ventilation der Tierhaltungsgebäude verrichtet in unseren
Tage zwei Funktion:

- Einerseits muss die Lüftung sichern,
die aus dem Stoffwechselsverlauf entstehenden Gaskonzentration und Feuchtigkeitsgehalt unter dem vorchriebenen Mass
zu bleiben.
- Anderseits muss sie sichern, die durch
die Ventilation eingezogene Luft den Kühl-
effekt auszuüben, dass die Stallungstem-
peratur auf dem vorschreiben Wert bleiben
können.

Die erste Funktion muss die Lüftung in
jedem Fall sichern, aber auf die zweite
Funktion wäre Anspruch nur im proviso-
rischen, respektive im sommerlichen Zeit-
abschnitt. (Aber nach der praxisen Erfahrungen kommt auch im Winter das vor, dass
die innere Temperatur im überheizten Stall
durch die Zunahme der Luftmenge vermindert
wird.)

Von dem Standpunkt der Untersuchung des
Heizungsenergieverbrauch ist nur der Über-
blick des dem winterlichen Zeitraum entsprechenden Zustand, das ist die Analysierung der ersten Funktion, notwendig. In
der Heizperiode braucht die Menge der
Lüfterluft soviel, als sie die zulässige
Gaskonzentration und der zulässige
Feuchtigkeitsgehalt noch sichert, aber
nicht mehrere, weil damit eine überflüs-
sige Wärmemenge aus dem Stall mitgebracht
wird. Also die Aufgabe ist den minimalen
Wert des Grad der Ventilation zu suchen,
wobei die Lüftung ihre Funktion im winter-
liche Zeitraum noch verricht.

Aber den Minimalwer der Menge des Lüfterluft zu bestimmen, ist eine komplexe Aufgabe, und zu der Einlösung ist zweckvoll,
die Frage der Gaskonzentration und des
Feuchtigkeitsgehalt zu entzweitrennen.

In der Untersuchung der Gaskonzentrationen ist die Menge des Kohlendioxyd am
wichtigste, obwohl wir nach Erfahrungen
wissen, dass die Menge anderer Gase (das
Methan, das Ammonia) in manchem Fall ind
der Luft des Stalles bedeutend sein kann.

Aber jetzt beschäftigen wir uns nur mit
der Frage des Kohlendioxyd, weil dil Faktoren - die die Entstehung der Menge der
anderen Gase beeinflusst - schwer fassbar
sind, und es ist sehr zweifelhaft, dass
diese Gase vom Stall durch die Lüfterluft
mitgebracht werden müssen. Durch den Zunahme der Menge der Lüfterluft können die
Konzertrationen aller Gase auf den
wünschten Wert vermindert werden, aber
es ist im Winter sehr teuere Einlösung.
Es ist günstige jene Näherung, wenn wir
die nicht direkt aus dem Stoffwechselver-
lauf entstehende Gase mit der richtig
ausgewählt Technologie versuchen, unter
dem wünschten Konzentrationswert zu vermindern, beziehungsweise die Entstehung
dieser Gase zu verhindern (mit der entsprechende Stau- und Düngersbehandlung).

Das Kohlendioxyd kommt in die Luft des
Stalles fast ausschliesslich durch die
Atmung die Tiere, und nur eine sehr kleine Menge kommt aus den im Streu abspie-
lenden mikrobiologischen Prozessen. Die
durch die Tiere abgegebene Menge des
Kohlendioxyd hängt von der Art und von
dem Gewicht der Tiere. Weil der Kohlen-
dioxydgehalt der äusseren Luft für ständige Wert angesehen werden kann (0,03 V%),
und die im Stall zulässige Kohlendioxydkonzentration ist 0,3 V%, so dass die
Menge der Lüfterluft sich beider Tier-
weise mit dem Gewicht abhängend ändern.
Die Menge der Lüfterluft kann man mit
dem folgenden Zusammenhang errechnen:

$$l_{CO_2} = \frac{C}{c_b - c_k} \quad m^3/s$$

Wo:

C - die durch ein Tier abgegebene Menge
   des Kohlendioxyd pro Sekunde dm^3/s

c_b - die Kohlendioxydkonzentration der
   inneren Luft dm^3/m^3

c_n - die Kohlendioxydkonzentration der
   äusseren Luft dm^3/m^3

Weil c_b und c_k für ständige Wert angesehen werden kann, deshalb kann die nötige
Luftmenge auf Grunde des im Stall zulässige Mass der Kohlendioxiydkonzentration
mit dem folgenden einfachen Verhältnis
gerechnet werden:

$$l_{CO_2} = \frac{C}{2,7} = 0,37 \; C \quad m^3/s$$

Das zulässige Mass des Feuchtigkeitsgehalt gibt die Vorschriften mit seinen
relativen Wert an. Es bedeutet das, dass
die im Luft zulässige absolute Menge des
Dampfes die Funktion der Temperatur ist.
Die im Stall wünschte Werte des Feuchtigkeitsgehalt, obwohl sie die Wärmeempfin-
dun g der Tiere beeinflussen, können nach
exakter Art nicht bestimmt werden, wie
die Werte des Temperaturen errechnet werden können.

Aber der zulässige Wert des Feuchtigkeitsgehalt hat einen solchen Extemalwert, der
nach exakter Art formuliert werden kann:
im Gebäude darf man so hohen Feuchtigkeitsgehalt,zulassen der auf die Begrenzungsstruktur des Gebäudes oder im Innen-
raun den Feuchtigkeitsniederschlag nicht
verursacht.

Also die mit dem Feuchtigkeitsgehalt ver-
bundenden Bedingungen sind komplex, aber
man kann grundlegen über zwei Forderungs-
gruppe sprechen:

- Die Sicherung der in den technologischen
Vorschriften angegebenen Feuchtigkeitsgehaltes.
- Verhinderung des Feuchtigkeitsnieder-
schlags auf die Fläche der Baustruktur
oder im Innenraum.

Im Falle dieser zweien Forderungen sind
die Masse der Ventilation voneinander
verschieden, und die Menge der Lüfterluft
werden durch verschiedene Faktoren bestimmt.

Die nötige Luftmenge zur Sicherung der in
den technologischen Vorschriften angegebenen Feuchtigkeitsgehaltes:

$$l_x = \frac{X}{x_b - x_k} \quad kg/s$$

Wo:

X - die durch ein Tier abgegebene Menge
   des Dampfes g/s

x_b - der Wert des im Stall zulässigen
   absoluten Feuchtigkeitsgehaltes
   g/kg

x_k - der Feuchtigkeitsgehalt der äusseren
   Luft g/kg

Jede die Luftmenge bestimmende Faktor ist
die Funktion der Temperatur, sogar die
durch das Tier Abgegebene Dampfmenge ist
die Funktion auch der Tierart und auch
der Körpermasse. Wir haben diese viel-
veränderliche Funktion nur bei den Tierarten analysiert, die von der Gesichts-

punktt des Wärmeenergieverbrauch wichtig
sind.

Im Zusammenhang ist der Feuchtigkeitsgehalt der äusseren Luft die Veränderliche (wenn die Körpermasse des Tieres
angegebt ist), und er kann mit der äusseren Lufttemperatur verbunden werden, ist
es zweckvoll, die Lüfterluftverbrauch als
seinen Funktion zu verbildlichen. Das
zeigt im Fall eines Broilerstalles die
Abbildung 4.

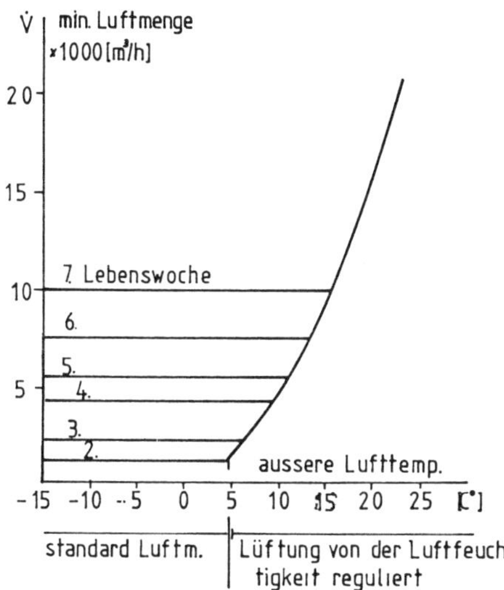

Abbildung 4: Die Steuerung der Luftmenge
            in einer Broilerställe

Die wegen der Befriedigung der Forderungen gerechnete Luftmengewerte sind verschiedene.

Die Ventilation des Stall muss so gemacht
werden, dass alle Bedingungen befriedigt
werden und ihre Funktion verrichten werden. Vom Standpunkt des Energieverbrauch
ist die Lüfterluftmenge gar nicht desin-
teressiert. Die Minimalwert der Lüfterluftmenge und die technische Forderungen
der Lüftung mit dem Minimalwert ist heute
im Praxis noch nicht eingelöst. Bei der
Planung wird die Frage der Lüftung durch
die entsprechende Ventilatorkapazität
und durch die eugenblicklich kaufbare
automatische Regulatore eingelöst. Die
Benutzung des Regulator ermöglicht die
Verminderung des Luftüberschluss. Die
einbauende Ventilatorkapazität entspricht
dem Maximalwert der Lüfterluft des sommer-

lichen Zustandes. Die dem winterlichen
Zustand entsprechenden Lüfterverhältvisse
muss der Inbetriebhalter ausbilden, der
dieses Problem nur auf intuitive Art ein-
lösen kann.

Von dem Standpunkt der Regulierung wäre
es zweckvoll, die jedesmalige minimale
Luftmenge auf Grunde der verschiedene
Bedingungen gefühlt zu regulieren. Auf
Grunde die Abbildung 4: Im kalten Wetter
nach der Kohlendioxydkonzentration, später nach dem Feuchtigkeitsgehalt, und im
Sommer nach der Lufttemperatur. Diese
Fühlungsmöglichkeiten sind heute noch im
Teil einlösbar. Auch für die Zeit, bis
ein gute Kohlendioxydfühler - der auch im
aggressiven Luftraum gut funkzioniert -
den Erzeugern nicht zur Verfügung steht,
ist zweckvoll, die auf der Abbildung 4.
bekanntgemachte Inbetriebhaltungsinstruk-
tion zu machen, und im Winter die Ventilation auf die Minimalwert der Lüfterluft
händlich einzuregeln. Mit der Vergrösse-
rung der äusseren Temperatur muss die
Regulierung des Lüftungssystem auf die
Feuchtigkeitsgehaltfühler umgeschaltet
werden. Auf diese Art kann man die Ventilation mit Minimalwer der Luftmenge sichern und dadurch erhebliche Heiz- und
elektrische Energieersparung erreichen.

Bibliographie

Barótfi I - Rafai P. 1985: Die Energie-
            wirtschaftung in der Tierhal-
            tung.
            Landwirtschaftlicher Verlag,
            Budapest, p. 292.

Land and Water Use, Dodd & Grace (eds), © 1989 Balkema, Rotterdam. ISBN 90 6191 980 0

Natural ventilation by thermal buoyancy and by outside convections: Practical application of natural ventilation systems with chimneys and breathing ceilings

H.Bartussek
Federal Institute for Alpine Agriculture Gumpenstein, Austria

ABSTRACT: Natural ventilation of animal houses using thermal buoyancy and outside convections as forces to move the air should be used more commonly. Such systems save energy, avoid noise and are quite safe against failure. In combination with breathing ceilings natural ventilation works completely without draughts. Investigation of 30 stables proved good agreement with recommendations. Fundamentals and principals of calculation, designing and controlling such systems are given. Application is demonstrated by an example.

RESUME: On devrait plus prendre en considération la ventilation naturelle (par cheminée traversant le grenier). Elle économise de l'énergie, évite le bruit et des defaillances techniques. La combinaison avec des plafonds poreux rend possible une ventilation naturelle sans vent coulis. Dans 30 étables on a éprouvé un bon accord entre la pratique et les propositions. Les principes, les conditions et les méthodes de la calculation et du projet des systémes sont exposés et expliqués par un exemple.

ZUSAMMENFASSUNG: Natürliche Schachtlüftung durch Schwerkraft und Sommerlüftung durch Konvektionen um das Gebäude sollten mehr Beachtung finden. Die Systeme sparen Energie und erzeugen keinen Lärm. Einen Lüftungsausfall gibt es praktisch nicht. Die Kombination mit luftdurchlässigen Decken als Zuluftelemente (Porenlüftung) ermöglicht eine völlig zugluftfreie Lüftung. Eine Untersuchung an 30 Betrieben erwies eine gute Übereinstimmung der Empfehlungen mit der Praxis. Grundlagen, Prinzipien und Randbedingungen zur Berechnung, Auslegung und für den Betrieb solcher Anlagen werden angegeben und mit einem Beispiel erläutert.

1 INTRODUCTION

Whenever possible natural ventilation systems should be prefered in animal houses. They save energy, avoid noise and are more save against failure. Bartussek (1986) gave practical recommendations for designing such systems using thermal buoyancy. Bruce (1979) and Tasker (1980, 1982) report of experiences with automatically controlled natural ventilation by flaps in walls. An inquiry in details and function of 30 animal houses with breithing ceilings (Porenlüftung) and natural ventilation by thermal buoyancy carried out by Bartussek (1989) showed good agreement of systems in practice with recommendations for dimensioning air ducts. Figure 1 shows results of this investigation: Effective chimney hights (h_{eff}) and specific cross section area of

chimney or air ducts per one heat producing unit (1 HPU = animals total heat production of 1000 W at 20°C temperature).

Figure 1 see next page.

The CIGR working group "Climatization of Animal Stables" presented a first report of its work in 1984 (report I, 1984). This paper is part of report II of this group presented at this congress (report of CIGR-working group "Energy Use and Climatization in Farm Buildings).

2 FUNDAMENTALS FOR DESIGN

2.1 Winter ventilation

For the control of air quality in winter spring and autumn the air temperature difference between inside and outside is to be

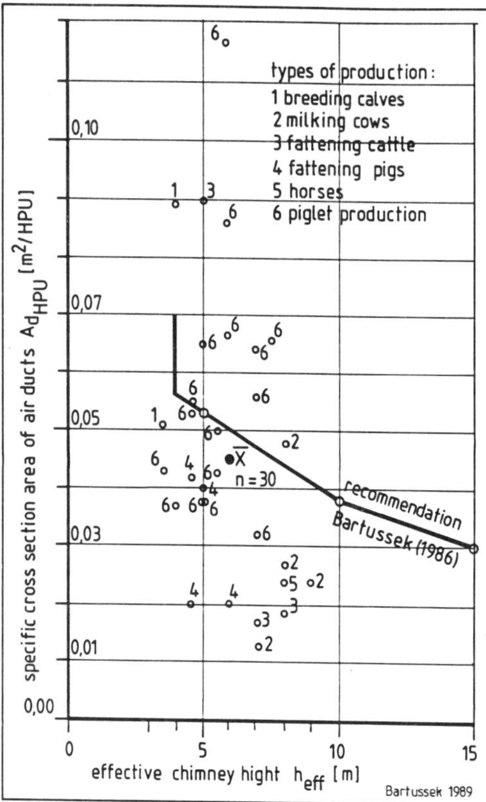

Fig.1 Cross section areas of air ducts and chimney hights in 30 naturally ventilated animal houses with breathing ceilings

where 9,81 is the acceleration due to gravity, ρ_o resp. ρ_i the density of outside and inside air [kg/m³] and h_{eff} the effective hight of the chimney [m], which is the vertical distance from the inlets to the end (head) of the chimney. The simplifying assumption of a constant air density can be used if the chimney is insulated well all the way to its top.

$$p_r = \sum_{i}^{o} \left[\left(0,03\frac{l}{d} + \Sigma \zeta + 1\right)\frac{\rho_i, o}{2} v^2 \right] \text{ [Pa]} \qquad (3),$$

where the subscripts i and o stand for the incoming and outgoing air or air ducts. 0,03 is the friction coefficient for smooth duct surfaces, l is the length of the duct [m] and d its diameter [m]. ζ are resistance factors for single obstacles [-] commonly used in ventilation technology and design. v in (3) stands for the air velocity within the air ducts or air distribution devices [m/sec]. p_r increases with the second power of v. The factor 1 within equation (3) represents pressure necessary just to get the air moving (dynamic pressure).

For practical purposes at about 300 to 400 m above sea level (average Austrian conditions) and at usual temperatures in closed stables p_v can be estimated roughly as:

$$p_v = 0,046\ h_{eff}\ \Delta t \text{ [Pa]} \qquad (4),$$

where Δt is the mean air temperature difference between outside and inside.

2.2 Summer ventilation

According equation (4) produced pressure is decreased with the temperature difference getting smaller. Therefore the stack effect can not be used for ventilation when the temperature difference is very small or even zero like in hot summer weather. Natural summer ventilation must work sufficiently though outside temperatures are high and wind is missing. Coincidence of such unfavourable conditions occures in central Europe especially in the alpine regions only during the daytime of hot and sunny weather peroids. Under these conditions there are always temperature differences between different sides of the animal house (sunny side and shadow) which cause air movement by convection of about 0,5 to 1,0 [m/sec]. With temperatures around 30°C one cannot feel such a current, but it can be used for ventilating the house. For this purpose openings must be designed in at least two opposite walls of the stable.

used. It leads to a density difference between the inside air and the air outside the house and thermal buoyancy results in natural convection. This leads to a pressure difference which can be balanced. Pressure depends on effective chimney hight and mean temperature difference. Temperature gradients within air ducts or across openings will be neglected for practical calculation. Pressure produced by thermal buoyancy will be balanced to pressure drops by flowing air through the whole system. Flows air through ducts, flaps, openings, throttles etc. only, current will be turbulent. Equations for practical calculation can be written then as:

$$p_v = p_r \text{ [Pa]} \qquad (1),$$

where p_v is the pressure produced by the stack effect and p_r is the pressure by resistance to the airflow.

$$p_v = 9,81(\rho_o - \rho_i)h_{eff} \text{ [Pa]} \qquad (2),$$

Area of openings can be calculated as:

$$A_{w_i} = A_{w_o} = \frac{V_{max}}{3600\ v_w}\ [m^2] \qquad (5),$$

where A_w are the areas of windows or wall openings for incoming (i) and outgoing (o) air on opposite building sides and V_{max} is the maximum summer ventilation rate $[m^3/h]$. v_w is the assumed minimum windspeed through the openings by convection around the building only, which occurs although no wind can be measured in the free area $[m/sec]$.

3 DESIGN CRITERIA

3.1 Thermal buoyancy ventilation

Design criteria for winter ventilation by the stack effect regard minimum ventilation requirement (V_{min}) for sufficient air quality and the minimum temperature difference (Δt_{min}) at which V_{min} still will be ensured. We recommend to calculate V_{min} $[m^3/h]$ to ensure a content of carbon dioxid in the stable air of not more than 2000 ppm (2 l/m^3), which ensures generally a good air quality and sufficient removal of moisture. Note, that this threshold is a design criteria for the lay out of system details and not an absolute hygienic minimum. Good and healthy conditions should be possible most of the time.

$$V_{min} = \frac{q_k}{1,7}\ [m^3/h] \qquad (6),$$

where q_k is the rate of carbon dioxid production in the house $[l/h]$ according report I (1984) and 1,7 is the difference of carbon dioxid concentration $[l/m^3]$ between inside $[2\ l/m^3]$ and outside. The outside content is assumed with 0,35 l/m^3 and will be adapted to inside air density by the factor

$$\frac{\rho_i}{\rho_o} \cong 0,9;\ 0,9 \cdot 0,35 \cong 0,3;\ 2,0 - 0,3 = 1,7.$$

To be able to use thermal buoyancy over most time of the year design temperature difference Δt_{min} should not exceed 6 K.

3.2 Summer ventilation

Summer ventilation rate is calculated according report I (1984) with sensible heat: For the specific heat of air in a calculation with volume flow one can use c = 0,31

$[W/m^3K]$:

$$V_{max} = \frac{q_s}{c\ \Delta t}\ [m^3/h] \qquad (7),$$

where q_s is the sensible heat production in the house $[W]$ at 30°C stable temperature, which is 313 W per HPU (heat producing unit). With the value for the specific heat of air as above a good estimation of V_{max} per HPU will be:

$$V_{max_{HPU}} = \frac{1000}{\Delta t}\ [m^3/h] \qquad (8).$$

We recommend using 2 K for Δt in hot regions and in houses with rather little heat capacity of walls and ceilings. In regions without extreme hot outside temperatures and for houses of heavy constructions one can use $\Delta t = 3$ K.

As stated under 2.2 air movement arround the house will be at least 0,5 to 1,0 m/sec. Air flow resistance of wall openings or windows can be estimated with about 0,6 according to Bruce (1979) and Tasker (1982). So design wind speed can be assumed with

$$v_w = \frac{0,5 + 1,0}{2}\ 0,6 \approx 0,5\ [m/sec] \qquad (9)$$

Equation (9) in (5) gives:

$$A_{w_i} = A_{w_o} = \frac{V_{max}}{1800}\ [m^2] \qquad (10).$$

4 PRACTICAL RECOMMENDATIONS FOR DESIGN AND DIMENSIONING AIR DUCTS

Vertical chimneys should be as high as possible. In any case they should end above the roof (0,5 m above ridge; 2 m above eaves). They must be insulated with k-value of about 0,5 W/m²K.

All air ducts for incoming and outgoing air should be as straight as possible. Obstacles which cause air flow resistance should be avoided or minimized (grids, sharp edged corners or inlets, cover against rain etc.).

The sum of cross section area (A_d) of air ducts for ventilation by thermal buoyancy, that are all air ducts to and from the room to be ventilated, should be at least that of table 1 (table 1 see next page).

If the cross section area of table 1 is reduced more than 30 % in cattle houses or more than 20 % in pig houses, or if the effective chimney hight is less than 4 m, the sufficient function of natural ventilation is not ensured any more and mechanical support of air flow should be supplied. But on cold days or with wind sucking at the head of chimneys natural ventilation still will work.

Table 1. Recommended cross section area of air ducts depending on hight of exhaustduct

design criteria	effective hight of chimney [m]		
	5	10	15
v (air velocity within duct [m/sec]*	0,5	0,7	0,9
A_d [m²]	$\frac{V_{min}}{1800}$	$\frac{V_{min}}{2500}$	$\frac{V_{min}}{3200}$
$A_{d_{HPU}}$ [m²/HPU]	0,053	0,038	0,030

* at V_{min} for 2000 ppm CO_2 in the stable air [m³/h].

5 BREATHING CEILINGS AS AIR INLETS WITH THERMAL BUOYANCY

5.1 Use of breithing ceilings

Breithing ceilings made of porous materials like mineral wool on wood wool panels are widely used in Austria since 1976. This system is well developed and sufficiently examined (Bartussek 1981, Porenlüftung 1988). With breithing ceilings any draughts are avoided completely under all practical circumstances and at any ventilation rate. Therefore they should be used as air inlets also in natural ventilation systems with thermal buoyancy.

5.2 Calculation

At the very low pressure produced by the stack effect and at the very low velocity of the air penetrating breithing ceilings (between a few mm and a few cm per second) one can assume a totally laminar flow of the air. The curve characterizing the relation between pressure drop and air velocity (or specific volume flow) will be a straight line going through origin. Physical properties of breithing ceilings in relation to air penetration thus can be expressed as:

$$\dot{v} = \frac{V}{A_c} \quad [m^3/m^2h] \text{ or } [m/h] \qquad (11),$$

where $\dot{v}$ is the specific volume flow through 1 m² of the ceiling [m³/m²h], which also is the air speed [m/h], V is the ventilation volume air flow of the whole room [m³/h] and A_c is the area of the breithing ceiling [m²]. Also:

$$\dot{v} = y \cdot P_{eff} \quad [m^3/m^2h] \qquad (12),$$

where y is the air penetrability coefficient [m³/m²hPa] depending on structural properties of the material to be penetrated. P_{eff} is the effective pressure difference or pressure drop at the surfaces of the ceiling [Pa].

Table 2 shows y-values according to own measurements (Bartussek and Hausleitner, 1983).

Table 2. Air penetrability coefficients y of some materials used in breithing ceilings

material	density [kg/m³]	thickness of layer [m]	y [m³/m²hPa]
glass wool	14	0,05	12,4
	16	0,10	5,5
		0,05	11,0
	36	0,10	1,8
	60	0,10	1,44
	115	0,10	1,0
rock wool	30	0,05	7,34
	50	0,05	4,11
		0,10	2,06
	80	0,08	1,5
	120	0,05	1,64
	160	0,10	0,42
wood wool panels			
rough structure	460	0,035	350,0
		0,05	240,0
fine structure	480	0,025	80,0
		0,035	45,0
cocofibre	110	0,028	70,0
perlite 0,2-3 mm	125	0,075	1,11
leca loose 0 - 4 mm	700	0,15	1,59
0,5-4 mm	540	0,15	6,9
4 - 8 mm	610	0,15	22,2

Pressure drop will be, combinig (11) and (12) as:

$$P_{eff} = \frac{V}{A_c \, y} \quad [Pa] \qquad (13).$$

With breithing ceilings equation (3) has to be adapted as follows:

$$p_r = \sum_i^o \left[\left(0,03\frac{l}{d} + \Sigma\,\zeta + 1\right)\frac{\rho_{i,o}}{2}v^2\right] + \frac{V}{A_c\,y} \quad [\text{Pa}] \quad (14)$$

Equation (14) combined with (1),(2) and (4) gives:

$$y = \frac{V}{A_c\left\{0,046\,h_{eff}\,\Delta t - \sum_i^o\left[\left(0,03\frac{l}{d} + \Sigma\,\zeta + 1\right)\frac{\rho_{i,o}}{2}v^2\right]\right\}} \quad [\text{m}^3/\text{m}^2\text{hPa}] \quad (15)$$

5.3 Assumptions and criteria for design

V in (15) should be V_{min} according (6). With this one gets v (velocity of air within ducts) according A_d from table 1. Δt should be chosen with 6 K or less. A_c, l, d and all different ζ are derived from room and air duct design. It is also possible to chose y (practically between 10 and 80 m³/ m²hPa from table 2) and calculate A_c or Δt. The later approach is rather common in our practical work. Calculation can be done by a PC-programme (Hausleitner, 1989) which is available at the Federal Institute for Alpine Agriculture (BAL Gumpenstein, A 8952 Irdning, Austria), menu instructions in German.

6 PRINCIPLES OF VENTILATION CONTROL

At low outside temperature summer ventilation flaps in walls always are closed. Ventilation is controlled according inside design temperature (lower critical temperature) with throttle flaps in chimneys for outgoing air.

Flaps in chimneys for thermal buoyancy never must close completely because a minimum air exchange always must occur. With all in all out management of fattening animals rest area which stays open should be only 2 % of A_d according table 1. This is an empirical value small enough to compensate the multiple effect of maximum temperature difference plus sucking of strong wind at the head of the chimney. Stays life mass in the stable always about the same, rest area should be 5 % of A_d.

With an inside temperature of design temperature (LCT) plus 5 K throttle flaps should be open completely. At temperatures in between this band throttle opening ought to be proportional to t_i + 5 K.

At upper critical temperature minus 5 K window flaps for summer ventilation start

opening. They should also open completely within a proportional band of about 5 K.

7 CALCULATION EXAMPLE FOR NATURAL VENTILATION ACCORDING 2 AND 5

Calculation for practical purposes in stables with breathing ceilings under a freely ventilated attic (open ridge and eaves, no air flow resistance for incoming air except the ceiling) using the recommendation of table 1 will be demonstrated by the following example. Assumptions:

Stable for 200 fattening pigs (all in all out); floor area = ceiling area = 200 m²; chimney hight h_{eff} = 5 m; this gives v = 0,5 m/sec according table 1. V_{min} and V_{max} will be calculated for 85 kg pigs, which produce each 230 W total heat and 37,6 l/h CO_2 (report I, 1984).

$$V_{min} = \frac{200.\,37,6}{1,7} = 4424\ \text{m}^3/\text{h}\ (\text{acc. (6)}),$$

$$A_d = \frac{4424}{1800} = 2,46\ \text{m}^2\ (\text{according table 1})$$

Diameter of a square chimney then would be:

$$d = \sqrt{2,46} = 1,56\ \text{m};$$

the remaining open area of a closed chimney flap or throttle must be 2 % of A_d = 0,02. 2,46 = 0,0492 m² which could be a square hole in the flap of 22/22 cm².

For the calculation according (15) you need further data:

l = 5 m,
$\Sigma\,\zeta$: inlet into chimney: ζ = 0,5
  outlet (roof): ζ = 0,5
  throttle open : ζ = 0,5
       $\Sigma\,\zeta$ = 1,5

A_c = 200 m²; Δt = 6 K (acc. 3.1);

$\frac{\rho_i}{2} \cong 0,6\ [\text{kg/m}^3]$. All these data in (15):

$$y = \frac{4424}{200\left[0,046.5.6 - \left(0,03\frac{5}{1,56} + 1,5 + 1\right)0,6.0,5^2\right]} = 22,3\ [\text{m}^3/\text{m}^2\text{hPa}].$$

For summer ventilation window flaps must be designed on two opposite wall sides according equation (10). V_{max} shall be calculated for a Δt of 3 K. 200 pigs of 230 W total heat production each give 46 HPUs. With (8)

$$V_{max} = \frac{1000.46}{3} = 15333\ \text{m}^3/\text{h}.$$

Window flap area has to be calculated with equation (10):

$$A_{w_i} = A_{w_o} = \frac{15333}{1800} = 8,52 \text{ m}^2.$$

With a pig house 17 m long and 12 m wide
one might design window flaps alongside all
the way of both 17 m long walls and with
a height of 50 cm, which gives openings of
8,5 m² each neglecting deductions for the
vertical roof support. Window flaps can be
mounted on horizontal shafts thus needing
only one push and pull motor on each side
for ventilation control.

REFERENCES

Bartussek, H. 1981. Porenlüftung. Wien:
  Österr. Kuratorium f. Landtechnik, ÖKL.
Bartussek, H. 1986. Stallklima und Lüftung.
  Beratungsservice Landtechnik und Bauwesen, Folge 10. Der Förderungsdienst. 34
  No 11.
Bartussek, H. 1989. Dimensionierung von
  Schwerkraftporenlüftungssystemen einschließlich Sommerlüftung: Anleitung für
  die Praxis. In Porenlüftung 1988, Land-
  technische Schriftenreihe Heft 156: 127 -
  137. Wien : Österr. Kuratorium f. Landtechnik ÖKL.
Bartussek, H. & A.Hausleitner 1983. Luft-
  leitzahlen und Luftdurchlaßzahlen von 57
  handelsüblichen Baustoffprodukten. Arbeitsblatt Porenlüftung Austauschtabelle
  2. Irdning: BAL Gumpenstein.
Bruce, J. 1979. Automatically controlled
  natural ventilation (ACNV). Farm Building
  Progress. 58 : 1 - 2.
Hausleitner, A. 1989. Dimensionierung von
  Porenlüftungssystemen mittels EDV - ein
  PC- Programm der BAL Gumpenstein. In Porenlüftung 1988, Landtechnische Schriftenreihe Heft 156: 138 - 148. Wien: Österr.
  Kuratorium f. Landtechnik ÖKL.
Porenlüftung 1988. Report of the First International Symposium on Breithing Cei-
  lings, held at BAL Gumpenstein from 18th
  to 19th October 1988. Wien: Österr. Ku-
  ratorium f. Landtechnik ÖKL, 1989.
Report I, 1984. Report of working group on
  Climatization of Animal Houses. Aberdeen:
  SFBIU and CIGR.
Tasker, R.J. 1980. Automatically controlled
  natural ventilation. The Scottish Farmer.
  6 : 1 - 3.
Tasker, R.J. 1982. Automatically controlled
  natural ventilation. Aberdeen: SFBIU.

Land and Water Use, Dodd & Grace (eds), © 1989 Balkema, Rotterdam. ISBN 90 6191 980 0

Influence of the climate controller on inside climate and on energy use in livestock buildings

D.Berckmans
National Fund for Scientific Research, Catholic University Leuven, Belgium

V.Goedseels & E.Van der Stuyft
Catholic University Leuven, Belgium

Abstract: Control equipment is used in many of todays livestock buildings. Because of increasing possibilities of hardware - its price and the improved reliability - there might be a tendency towards even more controllers in agriculture. The objective of this paper is to present a method to evaluate the influence of a used control algorithm on the resulting climate and the corresponding energy use. A model has been developed for a pig house and it has been validated in a commercial building in a one year experiment. By combining the submodels of the heating system, the ventilating system, the temperature sensor, the animal and the controller, a global simulation model becomes available. This model has as inputs: the control algorithm and its setpoints. The disturbing variables are the outside weather conditions that are simulated by using a dynamical reference year. The model outputs are: the energy use of the heating system, the electricity use of the fan, the dynamic behaviour of inside temperature and humidity, heat and moisture production of the animals. An analysis with this model permits to evaluate different control algorithms and their influence on inside climate and energy use.

Résumé: Performances des algorithmes de contrôle de climat et l'énergie utilisée dans les bâtiments d'élevage.
Des équipements de contrôle de climat sont utilisés dans beaucoup de bâtiments d'élevage actuels. Du fait des possibilités croissantes du hardware (prix et meilleure fiabilité), il y a une tendance à utiliser encore plus de ces équipements dans l'agriculture.
L'objectif de cet article est de présenter une méthode pour évaluer l'influence d'un algorithme de contrôle sur le climat intérieur d'un bâtiment d'élevage et l'énergie correspondante consommée. Un modèle a été développé pour une porcherie et été validé sur une période d'un an dans une porcherie bien réelle. La combinaison d'un modèle décrivant le comportement du système de chauffage, du système de ventilation, des sondes de température, des animaux, et du régulateur donne un modèle global de simulation. Ce modèle a pour entrées l'algorithme de contrôle et ses valeurs de référence. Les perturbations sont quand à elles, les conditions climatiques extérieures. Les sorties du modèle sont l'énergie utilisée pour le chauffage, l'électricité consommée pour le ventilateur, la température et l'humidité intérieurs, et enfin la production de chaleur et d'humidité des animaux.
Une analyse avec ce modèle permet d'évaluer différents algorithmes de contrôle et leurs influences sur le climat intérieur et l'énergie correspondante consommée.

Zusammenfassung: Einfluß der Kontrollmethode auf das innere Klima und den Energiehaushalt in Zierställen.
Kontrollanlagen werden heutzutage in vielen Ställen benutzt. Wegen der steigenden technischen Möglichkeiten (Preis und steigernde Zuverlässigkeit), könnte es eine Neigung zum vermehrten Gebrauch der Kontrollgeräte in der Landwirtschaft kommen. Ziel dieses Dokumentes ist das Erläutern einer Methode zur Ermessung des Einflusses der Kontrollmethode auf das Klima und des entsprechenden Energieverbrauches. Ein für einen Schweinestall entworfenes Modell hat sich in einem einjährigen Experiment in einem Geschäftsgebäude bewährt. Indem man das Verhaltensmodell des Heizungssystemes,

der Belüftung, der Temperatursonde, des Zieres und des Kontrollgerätes kombineiert, erhält man ein "global simulation Modell". Dieses Modell hat als Eingangsdaten die Kontrollmethode und ihre "setpoints". Die Störfaktoren sind die Wetterbedingungen die mittels eines dynamischen Bezugsjahres simuliert werden. Die Resultaten sind: der Energieverbrauch des Heizungssystemes, der Elektrizitätsverbrauch des Belüflers, das veränderliche Verhalten der inneren Temperatur und der Feuchtigkeit, die Hitze und die Fruchtigkeitserzeugung der Tiere.
Eine Analyse mit diesem Modell erlaubt die Ermessung verschiedener Kontrollmethoden und ihrem Einfluß auf das innere Klima und den Energieverbrauch.

1 INTRODUCTION

The effects of physical environment (temperature, humidity, gasconcentration, air velocity) on animal performance have been described in literature for animals housed in test facilities (Mount, 1968, 1979; Clark, 1981). Consequently attempts have been made for some time to improve the environment in commercial livestock buildings by using control equipment (King, 1908; Bond *et al.*, 1959). Although modern techniques (microprocessor, etc.) have been introduced, there has been little change from control point of view. The applied control algorithms are still the same as many years ago. In today's modern controllers of mechanically ventilated and heated buildings the control algorithm as shown in figure 1 is used. In these controllers the operator has to tune different setpoints (figure 1): the minimum voltage (Vmin), the optimum inside temperature (Topt), the proportional band (P) and the difference between heating and ventilating curve (ΔT). Neither the farmers, nor the electricians or producers know how to tune these setpoints in an optimal way (Berckmans *et al.*, 1988).

2 OBJECTIVE

The objective of this paper is to present a method which permits to evaluate the influence of different setpoints in a control algorithm (or the different control strategies) on resulting inside climate (inside temperature and humidity) and on corresponding energy use.

3 METHOD

In a strict sense in control problems especially the dynamic aspects of a system are of interest. Mathematical modeling techniques have proved to be a basic tool in analysing dynamic control problems (Elgerd, 1966; France and

Thornley, 1984). The problem of climate control in a modern livestock building can be analysed as presented in figure 2. The global system consists of different subsystems: the temperature sensor, the controller, the heating system, the ventilation system and the controlled space with the animals in it. Each submodel is simulating the dynamic behaviour between the in and outputs as they are presented for each subsystem in figure 2. This global simulation model and its evaluation over a one-year period in a commercial building has been described (Berckmans, 1986a, 1986b).
It should be noticed that the submodel of inside temperature and humidity in the controlled space is simulating the dynamic response to non-linear variations of ventilation rate and heat supply. In applying this model for fattening pig houses, the heat and moisture production, of the pig has been modeled. Therefore the pig has been considered to behave as a first order system while the steady-state level of heat- and moisture prediction has been calculated by the model of Bruce and Clark (1979). The considered algorithm in the controller and the building characteristics (dimensions, thermal characteristics) can easily be changed in the model. As perturbating variables the outside temperature and humidity are considered. To simulate the high frequency dynamic behaviour of the global system, as it is influenced by the control algorithm, a 'reference year' of outside whether conditions is used. This reference year as developed by Dogniaux *et al.* (1980) gives measured values of outside temperature and humidity for every hour during a period of 365 days. The measured hourly values have been selected from a 14 years' observation period and they are a good representation of the dynamic behaviour of outside climate in Belgium. Between the measured hourly values a Fourier regression is used to calculate outside temperature and humidity.

4 RESULTS

The model permits to calculate following results as a function of time: resulting inside temperature and humidity, used ventilation rate and heat supply, heat and moisture production of the animals. From these results the frequency histograms for inside temperature and humidity and the corresponding integrated energy use for heating and electricity use for the fan have been calculated (figure 3). Also the total heat and moisture production of the animals have been calculated as a measure for efficiency of the use of feed as an energy input.
To demonstrate the working principle the model has been run here over one day (1400 minutes) period (figure 3). The calculation can be done now for different values of the setpoints of the controller to study the influence on resulting inside climate and corresponding energy use (figure 4).
In similar way this analysis can be done on yearly basis by involving a growth curve for the animals. Using this method the operational way of a control algorithm (setpoints,...) and different control algorithms (adaptive control strategies) can be analysed, evaluated and developed.
The important influence of the proportional band (P) and of the difference between heating and ventilating (ΔT) can be seen in figures 3 and 4. By using different values for the controllers' setpoints an improved inside climate control can be realised while at the same time the energy used is minimized. To become such an optimised control system it is necessary that adaptive control algorithms are used in stead of today's manual control of setpoints.

5 CONCLUSION

A method has been presented to evaluate the influence of a control algorithm on resulting inside climate (inside temperature and humidity) and on corresponding energy use (heating system and electricity use for the ventilation) in a livestock building. For fattening pigs this model permits to calculate the animals heat and moisture production. If combined with a growth-model of the animals, the model can be used for calculations on yearly basis. The submodel of the inside climate calculates the dynamic response of inside temperature and humidity to non-linear variations of ventilation rate and heat supply. Analysis on yearly basis permits to develop and evaluate adaptive control algorithms.

LIST OF SYMBOLS

G: gasproduction of the animals (ls^{-1})
Hv: sensible heat production of the animals (W)
Hl: latent heat production of the animals (W)
P: proportional band of the ventilation curve, °C
Sh: voltage to the heating system, Volt
Sf: voltage to the fan, Volt
Ti: inside temperature, °C
To: outside temperature, °C
Topt: desired optimum temperature, a controller set-point, °C
T1: inside temperature from which the controller will increase the ventilation rate above minimum ventilation rate to cool the building using fresh air, °C
T2: inside temperature at which the maximum ventilation capacity of the fan is used, °C
T3: inside temperature from which the controller will put on the heating system, °C
$\Delta T=T1-T3$, difference between heating curve and ventilating curve, °C
V: ventilation rate, m^3s^{-1}
Vmin: desired minimal ventilation rate, a controller set-point, m^3s^{-1}
Xi: inside humidity, kg water kg^{-1} dry air
Xo: outside humidity, kg water kg^{-1} dry air

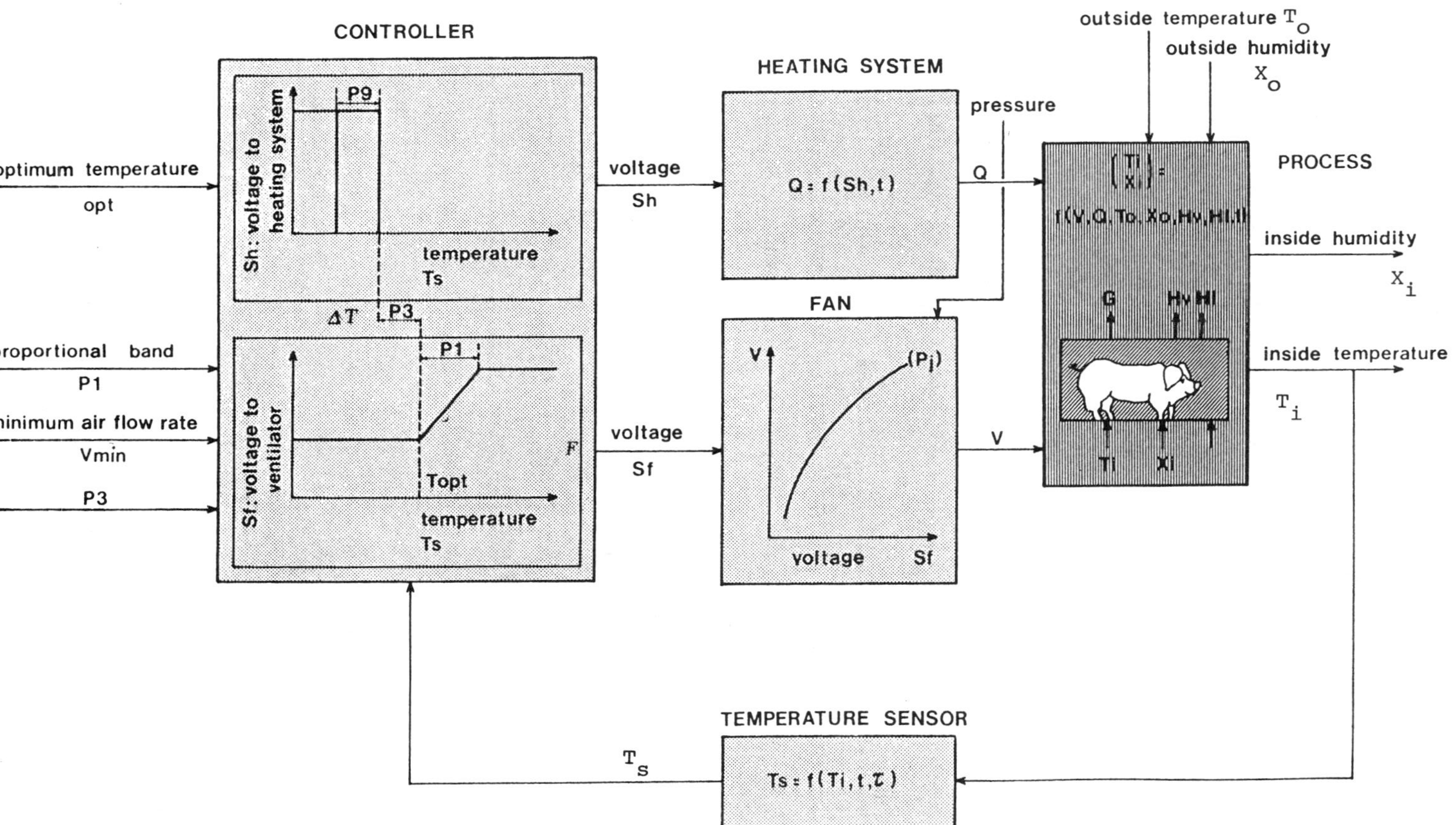

Figure 2 : Diagram of the model

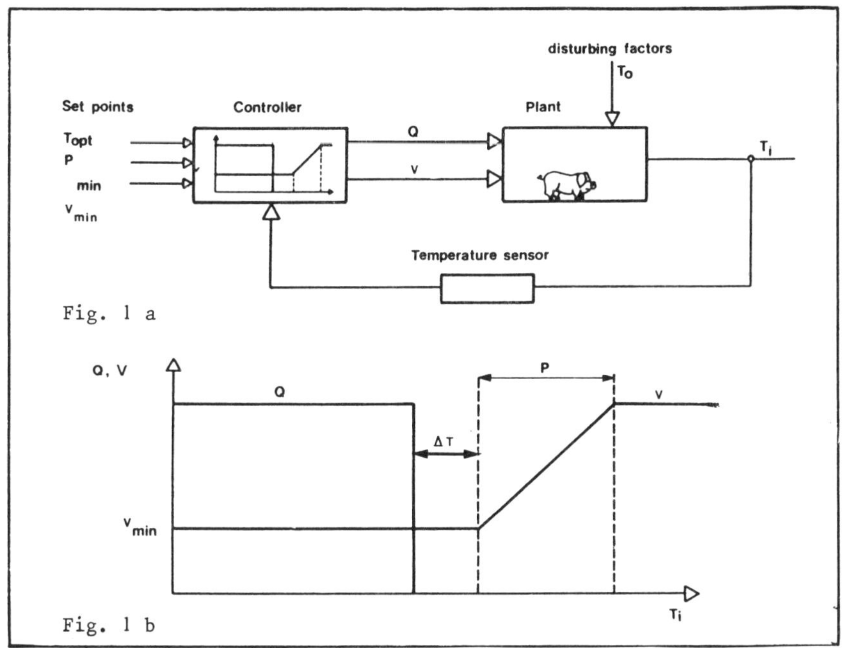

Fig.1 a: System diagram of the controller and plant relationship

  b: Controller function for heating (Q) and ventilation (V) in a
     livestock building

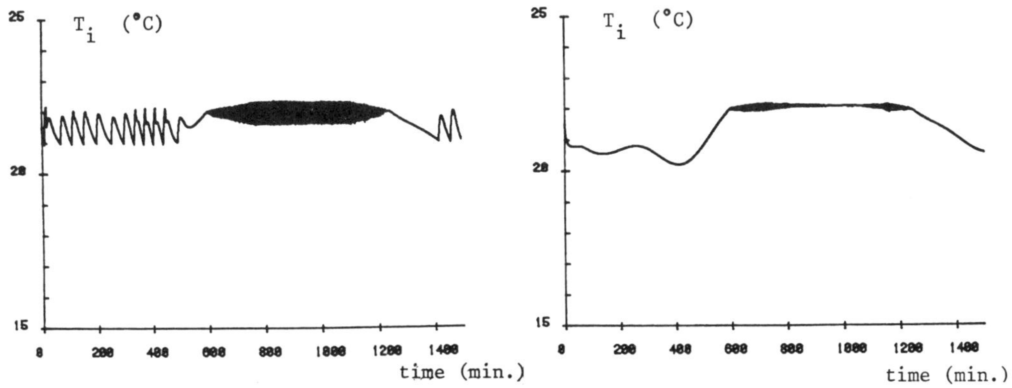

Fig.3.1 Dynamic behaviour of inside
temperature (Ti) for controllers'
setpoints P=2 and ΔT=1

Fig.4.1 Dynamic behaviour of inside
temperature (Ti) for controllers'
setpoints P=9 and ΔT=2

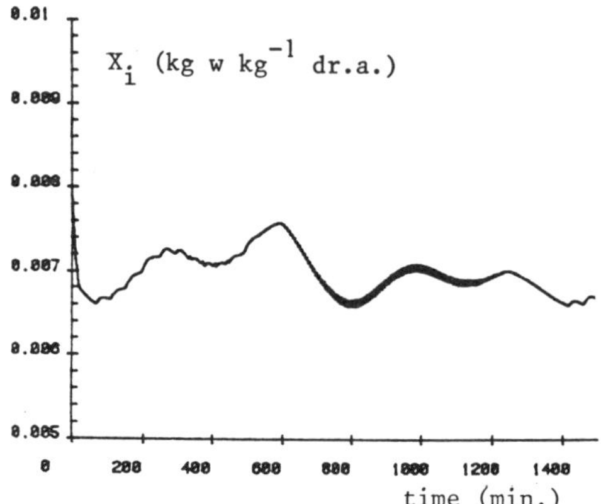

Fig.3.2 Dynamic behaviour of inside
humidity (Xi) for controllers' setpoints
P=2 and ΔT=1 over a one-day period

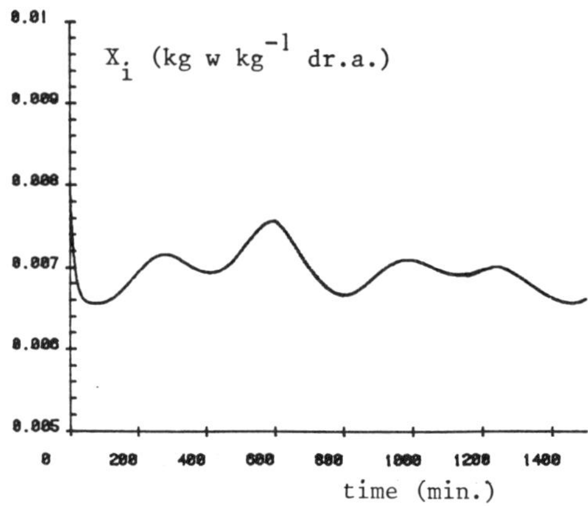

Fig.4.2 Dynamic behaviour of inside
humidity (Xi) for controllers' setpoints
P=9 and ΔT=2

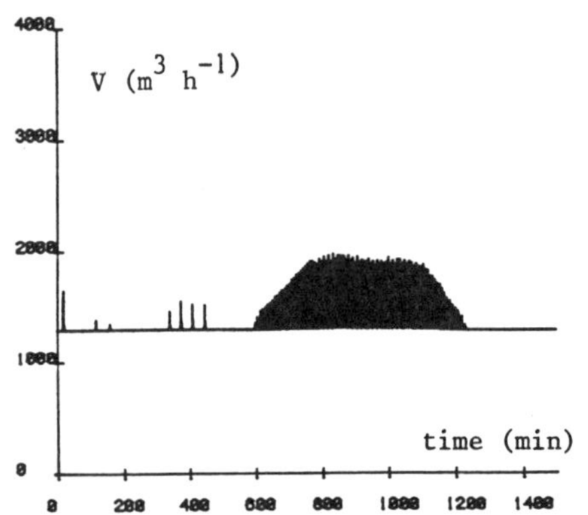

Fig.3.3 Resulting ventilation rate (V) over
a one-day period for controllers' setpoints
P=2 and ΔT=1

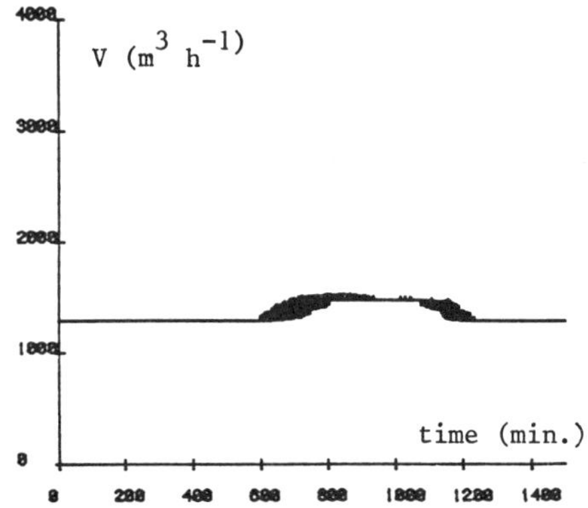

Fig.4.3 Resulting ventilation rate (V) over
a one-day period for controllers' setpoints
P=2 and ΔT=1

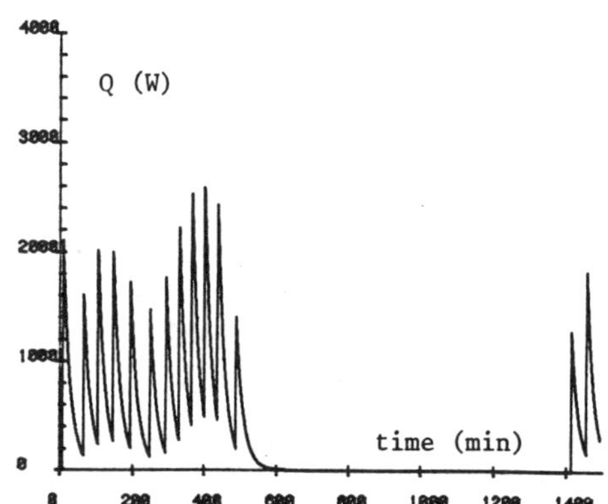

Fig.3.4 Resulting heat supply (Q) over a
one-day period for controllers' setpoints
P=2 and ΔT=1

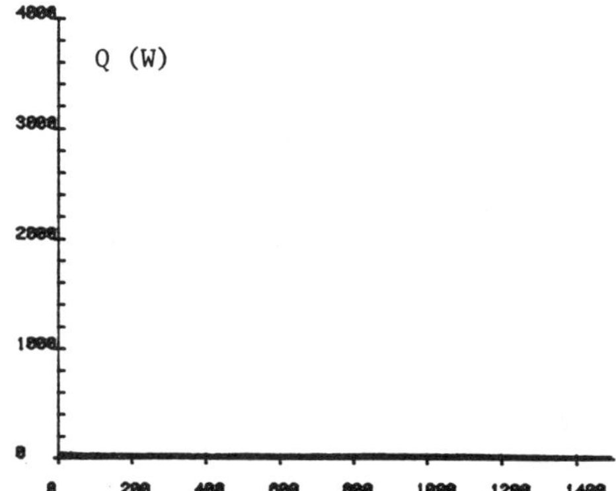

Fig.4.4 Resulting heat supply (Q) over a
one-day period for controllers' setpoints
P=9 and ΔT=1

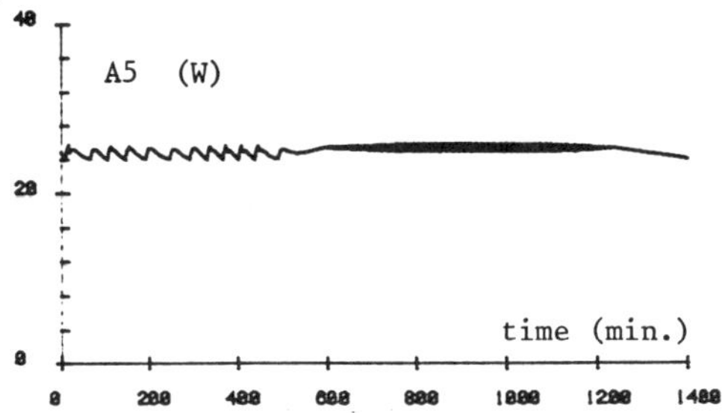

Fig.3.5 Animal sensible heat production (Hv) over a one-day period for controllers' setpoints P=2 and ΔT=1

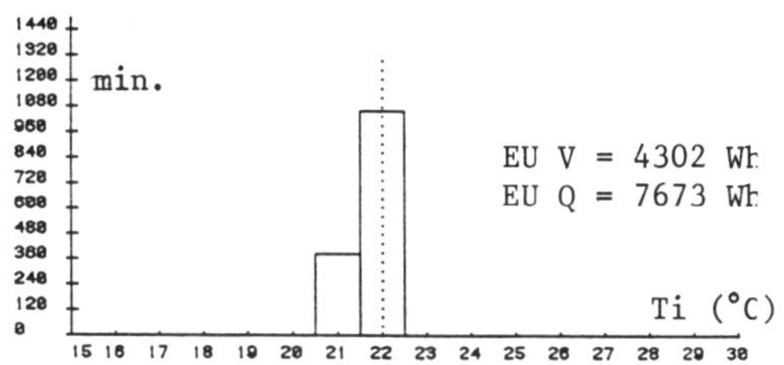

Fig.3.6 Frequency diagram of inside temperature and total energy use for ventilation (EU V) and heating (EU Q) for controllers' setpoints P=2 and ΔT=1

A5 (W)

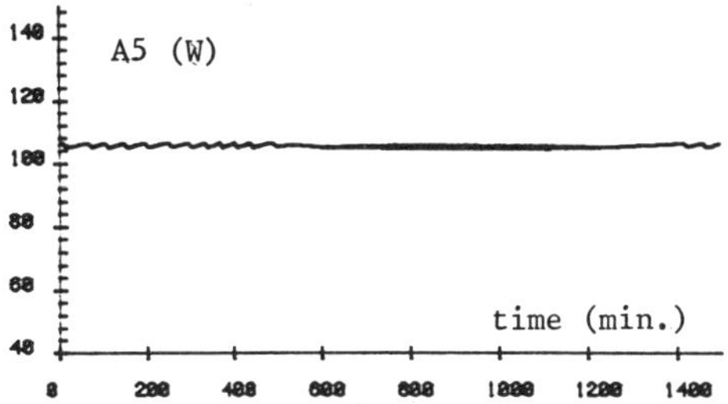

Fig.4.5 Animal sensible heat production (Hv) over a one-day period for controllers' setpoints P=9 and ΔT=2

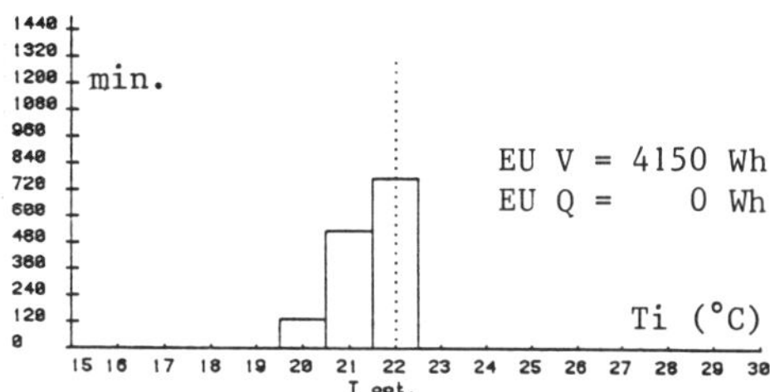

Fig.4.6 Frequency diagram of inside temperature and total energy use for ventilation (EU V) and heating (EU Q) for controllers' setpoints P=9 and ΔT=2

REFERENCES

Berckmans D., 1986a. Analyse van de klimaatbeheersing in dierlijke produktie-eenheden ter optimalisering van de regeling. PhD thesis University of Leuven, Belgium, pp. 374.

Berckmans D., De Moor B., Vandewalle J., Goedseels V., 1986b. Modelling strategy for performance estimation of control systems in confined spaces. Proc. of the Second Int. Conference: System Simulation in Buildings, Liège, Belgium, Session 6.3, 369-388.

Berckmans D., Vranken E., Geers R., Goedseels V., 1988. Efficiency of climate control equipment in pig houses, Farm Building Progress, 93, July 88, 15-22.

Bond T.E., Kelly C.F., Heitman H.jr., 1959. Hog house air conditioning and ventilation data. Trans. ASAE, 2, 1, 1-4.

Bruce J.M., Clark J.J., 1979. Models of heat production and critical temperature for growing pigs. Animal Production, 28, 353-369.

Clark J.A., 1981. Environmental aspects of housing for animal production. Butterworths, London, pp. 511.

Dogniaux A., Lemoine N., Sneyers E.R.S., 1980. Années types moyennes pour le traîtement des problèmes des charges thermiques de bâtiments. I.R.M.-M.I.C. Série B, Nr. 45.

Elgerd O.I., 1967. Control systems theory. Mc Graw Hill, New York, pp. 562.

France J., Thornley J.H.M., 1984. Mathematical models in agriculture. Butterworth & Co., London, pp. 335.

King F.H., 1908. Ventilation for dwelling, rural school and stables. Madison Wis., Published by the author.

Mount L.E., 1968. The climatic physiology of the pig. Edward Arnold Publ., London, pp. 271.

Mount L.E., 1979. Adaptation to the thermal environment. Edward Arnold Publ., London, pp. 333.

Land and Water Use, Dodd & Grace (eds), © 1989 Balkema, Rotterdam. ISBN 90 6191 980 0

Adaptive four-loop PID controller for climatic computer control of animal buildings

G.Zhang
Danish Building Research Institute, Hørsholm, Denmark

ABSTRACT: An adaptive Four-Loop PID controller was developed for computerized temperature and humidity control of animal building. The key principle is that a decoulpling method was applied so that the temperature and relative humidity control functions in the controller are independent of each other. The time-varying effect due to weather change was considered thereby the adaptive functions were introduced. The controller was analyzed with a simulation model and validated in a commercial broiler building.

Resumé: Un régulateur adaptif était développé pour la régulation par ordinateur de la température et de l'humidité dans les bâtiments pour les animaux. Le principe fondamentale est ce que la métode de découplage était appliquée d'une façon que les fonctions régulatrices de la température et de l'humidité relative dans le régulateur sont indépendants l'un de autre. L'effet de la variation temporelle dû aux changement météorologiques était considéré, et les fonctions adaptives étaitent introduites. Le régulateur était analysé par modèle simulateur et contrôlé dans un bâtiment de volaille.

ZUSAMMENFASSUNG: Einen adaptive vierkreis PID-Regler für Rechnersteuerung von Temperatur und Luftfeuchtigkeit in Ställe wurde entwickelt. Die Lösung basiert sich auf einer Ausgleichsmethode in dem multivariable System mittels zeitänderliche Anpaßung an dem außere Wetterzustand. Die Reglungen von Temperatur und relative Feuchtigkeit sind gegenseitige unabhängige. Der Regler paßt sich den Wetterzustand an. Der Regler wurde mittels ein Ähnlichskeitsmodell ausgewertet und wurde in einem Haus mit Produktion von Masthühner geprüft.

1. INTRODUCTION

With the increasing level of domestic animal production, the quality of climate achieved by automatic control in animal buildings is required. For this reason, many studies of microcomputer based systems for climate control has been performed (Chen and Hellicson 1984; Kay and Allison 1983; Mitchell and Drury 1983; Mitchell 1986; Worley and Allison 1984). Although some improvements about control results compared with conventional control were reported, the control principles used in the computer usually perform the same function as conventional controllers.

In some report, computerized optimization methods are used to maximize economic results (Timmons and Gates 1986). No doubt, this is an approach to explore the potential of climate computer. But, it is still felt that the feasibility of these methods depends on the accuracy and stability of climatic control actually achieved in a building.

According to literature, relative few studies deal with the dynamical aspect of the climate control from control engineering point of view (Cole 1980; Berckmans 1986). The control principle in the available studies is limited to a single variable, i.e. temperature, with proportional control. The shortcoming of the method is that an offset from the set point can not be avoided (Johnson 1982).

In spite of lack of published papers, PI (Proportional + Integral) or PID (PI + Derivative) control (Johnson 1982; Schwarzenbach 1984) is widely used for computerized climate control, at least in

Denmark. Although fine control results can be achieved for temperature control, instability and large overshoot still exist when controlled variables are both temperature and humidity.

The objective of this paper is based on analysis of the dynamic process of animal housing climate control to investigate a controller for both the temperature and humidity control.

The aim of the controller is to maintain temperature at the set point and relative humidity below the set point when disturbances act upon the process or when the set points are changed.

In short, the system should follow the time varying desired set point and smoothly change with significant stability and accuracy, regardless weather change.

2. PROPOSED CONTROL SYSTEM

A single loop climate control of animal building (CCAB) with a PID controller is described in Figure 1. The controlled variable $C(t)$, i.e. temperature or humidity in Figure 1 is regulated by the output $M(t)$ to the ventilation and heating system.

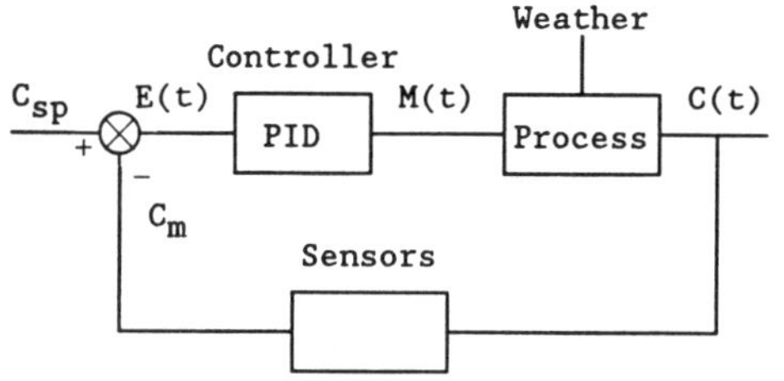

Fig.1 Block diagram of PID control in CCAB

The control algorithm may be expressed as

$$M(t)=K_pE(t)+\int K_iE(t)dt+K_d\frac{dE(t)}{dt}, \quad (1)$$

The most important Question here is how to decide suitable control parameters K_p, K_i and K_d.

Since CCAB is a time-varying system, which is affected by weather, inside animal behaviour and many other factors, a group of constant parameters K_p, K_i and K_d can hardly provide a perfect control function. For instance, if the controller output is ventilation rate $M_v(t)$, accor-

Notation

C	Controlled variables
C(t)	Controlled variables at time t
E(t)	Error of controlled variables at time t
G(s)	Process transfer function
K_p	Proportional control parameter
K_i	Integral control parameter
K_d	Derivative control parameter
K_{Tv}	Open-loop gain of T due to Vent.
K_{RHv}	Open-loop gain of RH due to Vent.
K_{Th}	Open-loop gain of T due to heating
K_{RHh}	Open-loop gain of RH due to heating
K_1,K_2,K_3:	Proportional constants
K_{01},K_{02},K_{03}:	Constant
$M_{vT}(t)$	Control output of ventilation due to T condition;
$M_{vRH}(t)$	Control output of ventilation due to RH condition;
$M_{hT}(t)$	Control output of heating system due to T condition;
$M_{hRH}(t)$	Control output of heating system due to RH condition
$M_v(t)$	Control output of ventilation
$M_h(t)$	Control output of heating system
M(t)	Control output
dM(t)/dt	Rate of controller output change
dE(t)/dt	Rate of change of error
RH	Inside relative humidity (%).
RH_{out}	Outside relative humidity (%).
T	Inside Temperature (°C).
T_{out}	Outside temperature (°C).

Subscripts

h	heating system
m	measurement
RH	relative humidity
sp	set point (reference value)
T	temperature
v	ventilation

ding to equation (1):

$$M_v(t)=K_{pv}E_T(t)+\int K_{iv}E_T(t)dt+K_{dv}\frac{dE_T(t)}{dt}, \quad (2)$$

If control parameters K_{pv}, K_{iv} and K_{dv} are constant, for a certain amount of temperature error $E_T(t)$ the change of control output $M_v(t)$ is the same, regardless of outside temperature. However, a ventilation rate may affect inside temperature differently dependent upon outside temperatures. If the control parameters are optimal to one outside temperature, then they can hardly be so at another. Therefore, the control parameters K_{pv},

K_{iv} and K_{dv} in an advanced controller must be adapted to weather.

In the controller proposed by the author, the control parameters K_{pv}, K_{iv} and K_{dv} are functions of outside temperature and outside relative humidity:

$$K_{pv} = f_1(T_{out}, RH_{out}) \qquad (3)$$

$$K_{iv} = f_2(T_{out}, RH_{out}) \qquad (4)$$

$$K_{dv} = f_3(T_{out}, RH_{out}) \qquad (5)$$

The CCAB become more complex when the controlled variables are not only temperature but also humidity. Controlled variables influence each other in the process of heating and ventilation. A control output dose not only affects one controlled variable but also the others.

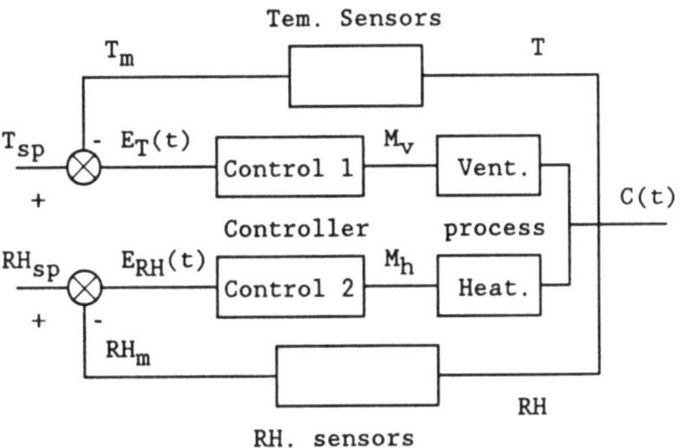

Figure 2. Block diagram of 2-Loop feedback control.

In commercial control system with both temperature and humidity as controlled variables, two-loop feedback control is common practice, Figure 2. The main function is to control the ventilation according to inside temperature and heating according to inside relative humidity. The control functions for both temperature and humidity are either PID or PI control, The PID controller can be expressed as:

$$M_v(t) = K_{pT}E_T(t) + \int K_{iT}E_T(t)dt + K_{dT}dE_T(t)/dt, \qquad (6)$$

$$M_h(t) = K_{pRH}E_{RH}(t) + \int K_{iRH}E_{RH}(t)dt + K_{dRH}dE_{RH}(t)/dt, \qquad (7)$$

For PI controller the last term is omitted. Here the coupling between the two loop is neglected. When the inside relative humidity is increased over the setpoint, e.g. due to random disturbances while the inside temperature remains at the setpoint, the controller will modify the humidity by increasing the heat supply. As a result the indoor space becomes warmer and the temperature controller will require extra ventilation in order to get the temperature back to the setpoint. The disadvantage is that the temperature balance is disturbed although it is humidity that needs corrective action. The interaction can cause oscillation and even instability.

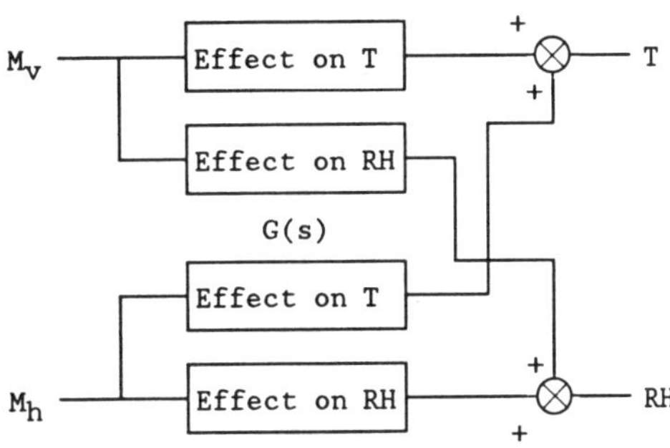

Fig. 3 Block diagram of CCAB process.

To avoid this a decoupling approach was used. The dynamic process of ventilation and heating in animal building is shown in Figure 3. There two controlled variables T and RH and two control variables M_v for ventilation and M_h for heating in the system. Both T and RH are affected by the two control variables. Around some steady-state operating point the relationship between the controlled variables and control variables can be expressed as follows:

$$dT = \left.\frac{\delta T}{\delta M_v}\right|_{M_h} dM_v + \left.\frac{\delta T}{\delta M_h}\right|_{M_v} dM_h$$

$$= K_{Tv}dM_v + K_{Th}dM_h \qquad (10)$$

$$dRH = \left.\frac{\delta RH}{\delta M_v}\right|_{M_h} dM_v + \left.\frac{\delta RH}{\delta M_h}\right|_{M_v} dM_h$$

$$= K_{RHv}dM_v + K_{RHh}dM_h \qquad (11)$$

where, K_{Tv}, K_{Th}, K_{RHv} and K_{RHh} are defined as the open-loop steady-state gains

of the process. They quantitatively describe how the M_v and M_h affect T and
RH. It can be theoretically proved that
the coupling dose exist in the CCAB pro-
cess and K_{Tv}, K_{Th}, K_{RHv} and K_{RHh} as well
as the process transfer function are
varying dependent on weather (Zhang 1989).
The decoupling is not difficult from
steady-state point of view provided the
open-loop gains are known. However, for
the dynamic process with no-perfect mixed
air space the decoupling is not an easy
work. The adaptive 4-loop PID controller,
figure 4, can overcome the difficulty and
achieve the independent control of temperature and relative humidity.

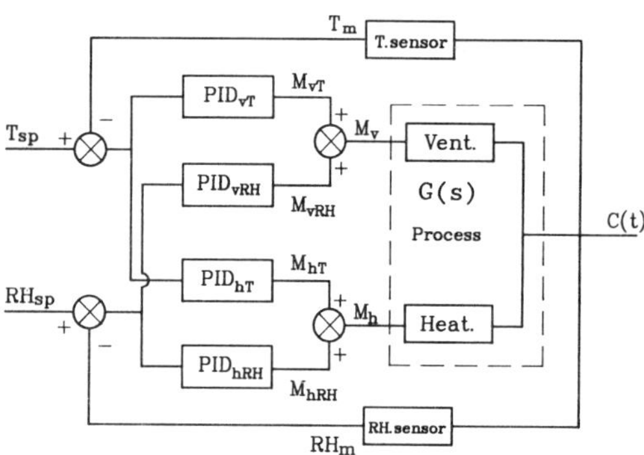

Figure 4. Four-Loop PID Controller in
CCAB.

The four control functions can be expressed in the following equations:

$$M_{vT}(t) = f(PID_{vT}, G(s)) \qquad (8)$$
$$M_{hT}(t) = f(PID_{hT}, G(s)) \qquad (9)$$
$$M_{vRH}(t) = f(PID_{vRH}, G(s)) \qquad (10)$$
$$M_{hRH}(t) = f(PID_{hRH}, G(s)) \qquad (11)$$

$$M_v(t) = M_{vT}(t) + M_{vR}H(t) \qquad (12)$$
$$M_h(t) = M_{hT}(t) + M_{hRH}(t) \qquad (13)$$

How fine the control function can perform
will depend on the control parameters of
the functions and the transfer function
of the process G(s). It is often difficult
to determine the transfer function of
CCAB with high degree accuracy. In the
proposed four-loop PID controller,
however, the work to directly determine
the transfer function is not necessary.
The effects of the un-known transfer
functions can be compensated by using of
the adaptive control parameters. Therefore
the algorithm of the controller from

equations (8)-(11) may be given as following:

$$M_{vT}(t) = K_{pvT}E_T(t) + \int K_{ivT}E_T(t)\,dt$$
$$+ K_{dvT}\,dE_T(t)/dt, \qquad (14)$$

$$M_{hT}(t) = K_{phT}E_T(t) + \int K_{ihT}E_T(t)\,dt$$
$$+ K_{dhT}\,dE_T(t)/dt, \qquad (15)$$

$$M_{vRH}(t) = K_{pvRH}E_{RH}(t) + \int K_{ivRH}E_{RH}(t)\,dt$$
$$+ K_{dvRH}\,dE_{RH}(t)/dt, \qquad (16)$$

$$M_{hRH}(t) = K_{phRH} \cdot E_{RH}(t) + \int K_{ihRH}E_{RH}(t)\,dt$$
$$+ K_{dhRH}\,dE_{RH}(t)/dt, \qquad (17)$$

where control parameters are the functions adapted to the dynamic disturbances
on the system and thus the transfer
function G(s) is avoided to appear in the
algorithm directly. This means that the
only work left is to estimate the control
parameters.

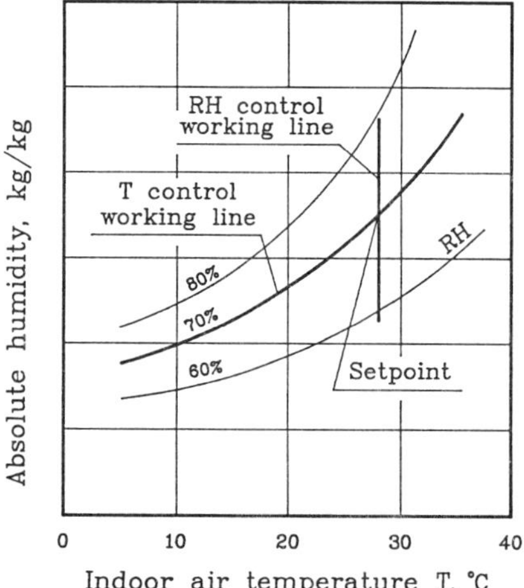

Figure 5. Working principle of 4-Loop PID
controller, Set-point: T=28 °C, RH=70%.

The main point of the four loop controller
is that the control of the inside temperature does not disturb the control of relative humidity and visa versa. In this way,
the instability caused by interaction can

be avoided. When a relative humidity error occurs, the controller will require a change in ventilation according to the offset of relative humidity while heat supply is increased. Thus the temperature can be prevented from changing.

Figure 5 is a part of the Psychrometric Chart. It describes the inside climate and the working principle of the controller. The RH control function regulates relative humidity on a constant temperature line. This line is defined as RH control working line. The T control function regulates temperature on a constant relative humidity curve. This curve is defined as T control working line. The position of the RH control line depends on the set point of the temperature. The temperature control working line is determined by set point of the relative humidity.

Obviously the adaptive four-loop PID controller makes the system more complicated in that the four groups of control parameters have to be determined. However, in a computer based control system, these functions can be easily performed. By use of the computer simulation model (Zhang 1987), determination of control parameters and evaluation of control function performance has been simplified.

3. Simulation and Experiment

In order to determine the control parameter and investigate the performance of the adaptive four-loop PID controller, system simulation were carried out following a typical commercial broiler building. Specification of the system including the ventilation and heating equipment is given in Table 1. The simulation test is based on outside temperature from -15 °C to +25 °C) and relative humidity from 40% to 100%, broiler weight from 0.1 kg to 1.5 kg and set points of indoor temperature from 16 °C to 32 °C and relative humidity from 45% to 75%.

The simulation test included both the common 2-loop PID controller in Figure 2 and the adaptive 4-loop PID controller in Figure 4.

The final experiment was performed from the July of 1986 to the Jun of 1987 in a commercial broiler house in north-west of Joutland, Denmark, see Table 1. The controller was programmed in a existing environmental computer. The inside temperature and relative humidity sensors were placed in the centre of the building, 1.2 meter above the floor. The variable speed fans and wall flap inlets were

continuously adjusted. Heating was controlled in duty cycle proportional time control.

Table 1. Building information & equipment.

Length of the building:	50 m
Width of the Building:	20 m
High of the wall:	2.4 m
Slope of the roof:	20 degree
Heat conductivity of wall:	0.3 W/m² °C
Heat conductivity of roof:	0.3 W/m² °C
Heat conductivity of floor:	0.58 W/m² °C
Number of broiler:	25000
Heating type:	gas heater
Heating capacity:	112 kW
Fan type:	variable speed fan
Number of fan:	10
Inlet type:	Wall flap inlet
Number of wall inlet:	108
Ventilation capacity (max):	87500 m³/h

4. Results and discussion

The results of the control parameters estimated in simulation test are given in the Table 2. The control interval dt in the process is 1.5 minutes. It is obvious that the ventilation control parameters K_vs change with outside weather. They decrease gradually as the outside temperature increases.

Table 2. Control parameters and outside climate.

T_{out}	25	15	5	-5	-15
RH_{out}	60	68	70	95	98
K_{pvT}	-5	-4	-3	-2	-1.3
K_{ivT}	-0.04	-0.032	-0.024	-0.02	-0.014
K_{dvT}	-800	-600	-450	-350	-200
K_{pvRH}	-60	-45	-30	-20	-16
K_{ivRH}	-0.02	-0.0175	-0.015	-0.013	-0.01
K_{dvRH}	0	0	0	0	0
K_{phT}	25	25	25	25	25
K_{ihT}	0.04	0.04	0.04	0.04	0.04
K_{dhT}	600	600	600	600	600
K_{phRH}	300	300	300	300	300
K_{ihRH}	0.34	0.34	0.34	0.34	0.34
K_{dhRH}	0	0	0	0	0

According the linear regression, the relationship between K_{pv}, K_{iv} or K_{dv} and outside temperature are:

$$K_{pvT} = -0.2T_{out}-3 \qquad (22)$$
$$K_{ivT} = -0.0008T_{out}-0.02 \qquad (23)$$
$$K_{dvT} = -15T_{out}-225 \qquad (24)$$
$$K_{pvRH} = -0.75T_{out}-41.25 \qquad (25)$$
$$K_{ivRH} = -0.00025T_{out}-0.01375 \qquad (26)$$
$$K_{dvRH} = 0 \qquad (27)$$

which can be abstract as:

$$K_{pv} = K_1T_{out}+K_{01} \qquad (28)$$
$$K_{iv} = K_2T_{out}+K_{02} \qquad (29)$$
$$K_{dv} = K_3T_{out}+K_{03} \qquad (30)$$

This illustrates that for a time-varying system the control parameters often must be functions of the system disturbance instead of constants.

Of course, the outside humidity also affect the system changing in theory, but so far according to the result tested in the simulation model, its effects can be neglected.

The system simulation shown that the adaptive 4-loop PID controller has the better control performance than the traditional 2-loop controller. When Tsp was changed, the 2-loop control always ends up a larger offset of RH, even with a tendency of instability than the adaptive four-loop control. With the adaptive 4-loop control, the RH offset due to temperature control function was reduced significantly and T was not changed by control of RH. This can be shown in Figure 6, Where the same conditions were employed to both of the system: T_{out} was -1 °C; RH_{out} was 98 %; broiler weight was about 0.7 kg. The simulation was started with T=28 °C; RH=73%; T_{sp}=27°C; RH_{sp}=73%; M_v=0; M_h=0. After about 3 hour, T_{sp} was changed to 26 °C. Then RH_{sp} was changed to 70% at about the 5th hour. At about the 8th hour, T_{sp} was changed to 27 °C again and at the 11.5th hour, a step was given to RH: RH=72%.

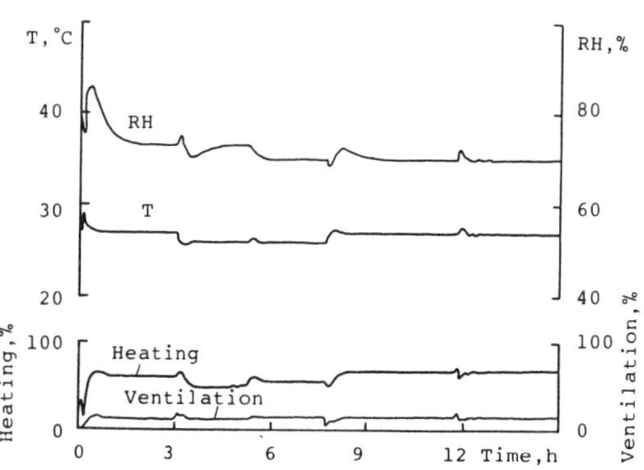

(a) performance of the 2-loop PID controller.

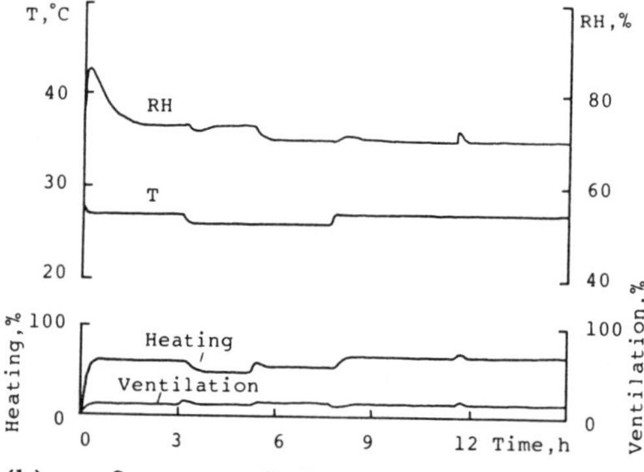

(b) performance of the adaptive 4-loop PID controller.

Figure 6. A simulation example.

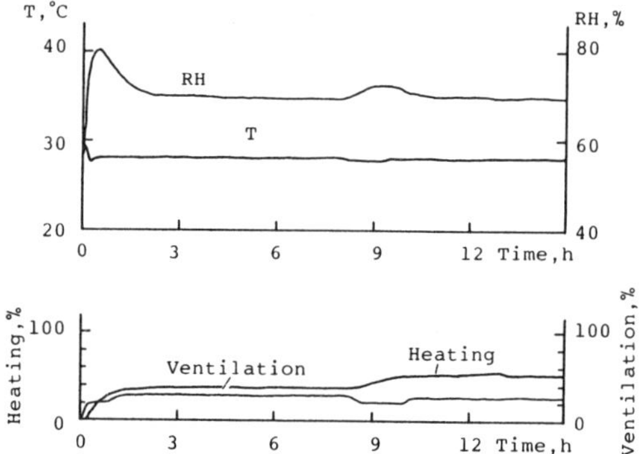

Figure 7. A simulation result. T_{sp}=28 °C, RH_{sp}=70%;

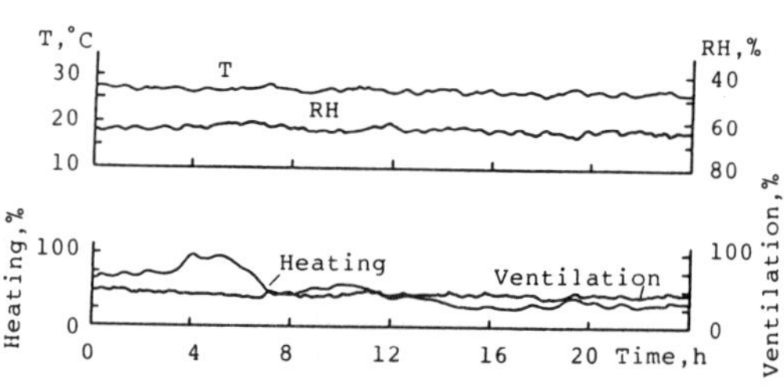

Figure 8. Recorded curves from the broiler building, Table 1, with a traditional 2-loop controller. Average weight of broilers was 0.52kg. T_{sp}=26.6 °C, RH_{sp}=64%. Outside temperature was 8-12 °C.

By using the adaptive 4-loop PID controller, the control output M_h and M_v are adjusted according to weather. A simulation result is seen in Figure 7. Where, T only drop less than 0.2 °C and RH offset is about 4% although T_{out} was drop 4 °C and RH_{out} was increased 9% in very short period (one hour). In this example, the average weight of broilers is 0.5 kg was used. The simulation was started with T=25 °C; RH=60%; T_{out}=5 °C, RH_{out}=80%. From the 7.92th hour to the 8.92th hour Tout drop to 1 °C, RH_{out} increase to 89%.

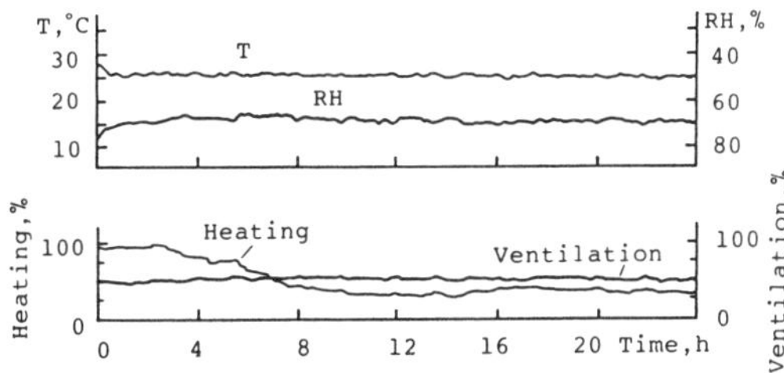

Figure 9. Recorded curves from the broiler building, Table 1, with the adaptive 4-Loop PID controller. Average weight of broilers was 0.7kg. T_{sp}=25.2 °C, RH_{sp}=69%. Outside temperature was 0 - 5 °C.

One year demonstration in the commercial broiler building has shown that the adaptive 4-loop PID controller may increase the accuracy of temperature control more then 30 % and relatively humidity control about 25 % compared with the traditional 2-loop PID control. The control stability was improved significantly. Examples of recorded curves from the broiler building are shown in Figure 8 and Figure 9.

5. Conclusions

1. The adaptive four loop PID controller can increase both control accuracy and stability of CCAB.
2. Control parameters for a PID controller must be adapted to the actual system. In a CCAB system the control parameters should depend on the outside temperature.
3. An approximate linear relation was found between control parameters and outside temperature. For the future studies a more exact relation is expected to be found.

REFERENCES:

Berckmens, D. and Goedseels, V. 1986. Development of new control techniques for the ventilation and heating of livestock buildings. J. of Agric. Engng. Res. 33:1-12

Chen, C.F. and Hellicson, M.L. 1984. Microprocessor control for broiler house summer ventilation. ASAE PAPER No. 84-4528. ASAE, St.Joseph, MI

Cole, G. W. 1980. The application of control system theory to the analyses of ventilated animal housing environments. Transactions of the ASAE 23(2):431-436

Johnson, C. D. 1982. Process control instrumentation technology. John Wiley & Sons, Inc. 1982. pp.297-314

Kay, F.W. and Allison, J.M. 1983. Microprocessor control of broiler house ventilation. ASAE PAPER No. 83-3029. ASAE, St.Joseph, MI

Mitchell, B. W. and Drury, L.N. 1983. Microcomputer-based performance monitoring and recording system for a solar heating system. TRANSACTIONS of the ASAE 26(3): 898-901.

Mitchell, B. W. 1986. Microcomputer-based environmental control system for a disease-free poultry house. TRANSACTIONS of the ASAE 29(4):1136-1140.

Schwarzenbach, J. 1984. System Modelling and control. Edward Arnold, 1984. pp.224-230

Timmons, M.B. and Gates, R.S. 1986. Economic optimization of broiler production. Transaction of the ASAE 29(5): 1373-1384.

Timmons, M. B. and Gates R.S. 1986. Dynamic air quality control in broiler housing. ASAE Paper No. 86-4539, ASAE, St.Joseph, MI

Worley, J.W. and Alllion, J.M. 1984. Microprocessor control of poultry house environment. ASAE PAPER No. 84-3025. ASAE, St.Joseph, MI

Zhang, G.Q. 1987. Simulation of system for controlling animal environment. ASAE Paper No. 87-4552, ASAE, St. Joseph, MI

Zhang, G.Q. 1989. Climate computer control in animal buildings. Unpublished Ph.D. thesis, Institute of Agricultural Engineering, Royal Veterinary and Agricultural University, Copenhagen.

Land and Water Use, Dodd & Grace (eds), © 1989 Balkema, Rotterdam. ISBN 90 6191 980 0

Natural versus mechanical ventilation: A comparison study between two fattening piggeries carried out in summer

R.Chiumenti, L.Donantoni & S.Guercini
University of Padua, Italy

ABSTRACT: The paper presents the results of a comparison study carried out in summer between two piggeries characterized, the first by solid floor pens and outside dunging areas and adopting a natural ventilation system, the second by a fully slotted floor, a manure storage pit placed underneath and adopting a mechanical ventilation system. The trials have shown that, in the same environmental conditions and with swines not exceeding 130 kg, the temperature, relative humidity, noxious gas and daily body weight gain rates proved basically similar.
It is to be noted that the piggery adopting a natural ventilation system also involved the advantage of a very limited energy consumption (10 kWh/pig). However, it must be observed that the housing microenvironment of both piggeries cannot be considered optimum for the swines, thus indicating the need for adoption of a cooling system.

RESUME: L'étude présente les résultats concernants une comparaison conduite en été entre deux porcheries pour la production de porcs charcutiers.
La première porcherie est douée de cases en plein pavage, coulotrs extérieurs de défécation et adopte un système naturel de ventilation, la deuxième est caracterisée par un caillebotis intégral et un caniveau pour le stockage de déjéctions sous le caillebotis et adopte un système mecanique de ventilation.
La comparaison a mis en évidence que, dans les mêmes conditions ambiantes et avec porcs d'un poids d'abbattage maximum de 130 kg, la température, l'humidité relative, les gaz nuisibles et la croissance quotidienne des animaux étaient presque pareils à ceux qu'on a mésuré dans la porcherie à ventilation mécanique.
Il est important de remarquer que la ventilation naturelle demande une dépense d'énergie particulièrement restreinte.
Il faut cependant observer que les conditions ambiantes de deux porcheries ne peuvent pas être considerées confortables pour ce qui concerne le bien-être des animaux.
Cet aspect souligne alors la nécessité d 'adopter éventuellement un système de refroidissement.

ZUSAMMENFASSUNG:In der vorliegenden Arbeit werden die Ergebnisse einer Untersuchung vorgestellt und erörtert, die sich auf den Vergleich zweier Schweinezuchstätten für die Erzeugung von leichtem Schwein zu Wurstwaren in der Sommerzeit gestützt. Die erste Zuchstätte mit geschlossenem Boden, natürliche Ventilation und äusseren Gänge für Mist; die Zweite hat den ganzen Boden mit regelmässigen Spalten unter denen Becken für die Aufspeicherung der Jauche liegen und die dürch Unterdrucklüftung belöftet werden.
Die Untersuchung hat hervorgehoben, daß der Stand von Temperatur, von relativer

Feuchtigkeit, von Giftgasen und die tägliche Gewichtzunahme in dem Schweinestall mit Naturlüftung bei gleichen Umweltsbedingungen und für die tiere bis zu dem Schlachtgewicht von 130 Kg sehr ähnlich dem Schweinstall mit der Drucklüftung sind. Außerdem ist die Energieverbrauch für die Lüftung wesentlich niedriger in dem ersten Scweinstall als in dem Zweiten.
Es muß auf jeden Fall gesagt werden, daß die festgestellten Umweltsbedingungen in beiden Situationen ausserhalb der Zone des Wohlbefindens liegen. Dieser Zustand deutet deshalb auf die Notwendigkeit hin, eventuel eine zusätzliche Kühlanlage einzubauen.

1. INTRODUCTION

The numerous different fattening pig housing systems make it particularly difficult for the farmer to choose among them. However, in Italy two are the building solutions most widely adopted: one characterized by a solid floor and outside dunging areas and the other presenting a fully slotted floor with manure storage pit underneath. The latter, widely adopted in the last ten years, is increasingly criticized, not only because of the considerable energy consumption due to the mechanical ventilation of the buildings but also because of the great problems in air change determined by the larger dimensions of the buildings. On the other hand, the solid floor solution involves different problems connected with environmental control, particularly in summer. In fact, a difficult adaptability of the swines to high temperatures associated with its negative consequences on feed conversion are major concerns. In particular, if both the physiological problems of the animals and those concerning the management of the livestock unit are to be taken into account, the maximum temperature rates, acceptable in the climatic conditions of the Paduan Plain, do not exceed 26-27°C. The above considerations clearly emphasize the crucial importance of a correct design of the livestock buildings. Of course, a careful choice of the building materials does guarantee good results, even with limited investment. However, the function of ventilation appears of fundamental importance, as it does not only control environmental temperature but also relative humidity, carbon dioxide produced by respiration and manure fermentation gases.

2. OBJECTIVES

The aim of the study was a comparison between the performance of a prefabricated piggery characterized by a solid floor and outside dunging areas adopting a natural ventilation system and that of a fully slotted piggery adopting a mechanical ventilation system. The main objective of the study was the exploration of the possibility of guaranteeing an acceptable housing microenvironment when adopting a natural ventilation system.

3. METHODOLOGY

The trials, carried out in the summer 1987 and covering a period of 90 days (Figure 1), considered two piggeries located at a distance of less than 1000 m one from the other and presenting swines of equal weight and origin, on the same feed regime.
The data obtained concern:
  a) temperature and humidity rates of outdoor environment and of the two piggeries;
  b) noxious gases concentrations;
  c) energy consumption necessary to estimate production costs;
  d) daily body-weight gain measured on a casual sample of 10 swines for each piggery.
Environmental parameters have been analysed by means of a computerized data acquisiton system designed for tape recording of relative temperature and humidity.
The probes for inside measurements have been placed at a height of 0.90 m from the floor.
The 24 hour period characterized by maximum outside temperature has been measured and referred to whem evaluating the efficiency of environmental control.

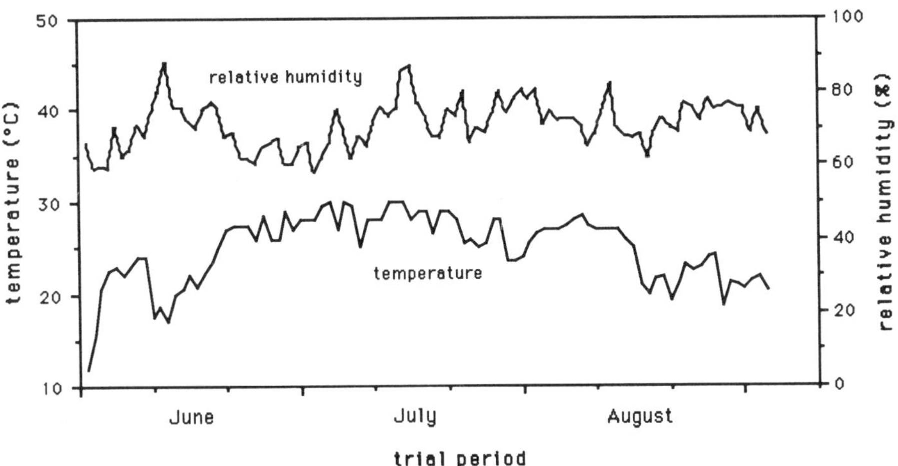

Figure 1. Temperature and relative humidity rates measured during the trial period.

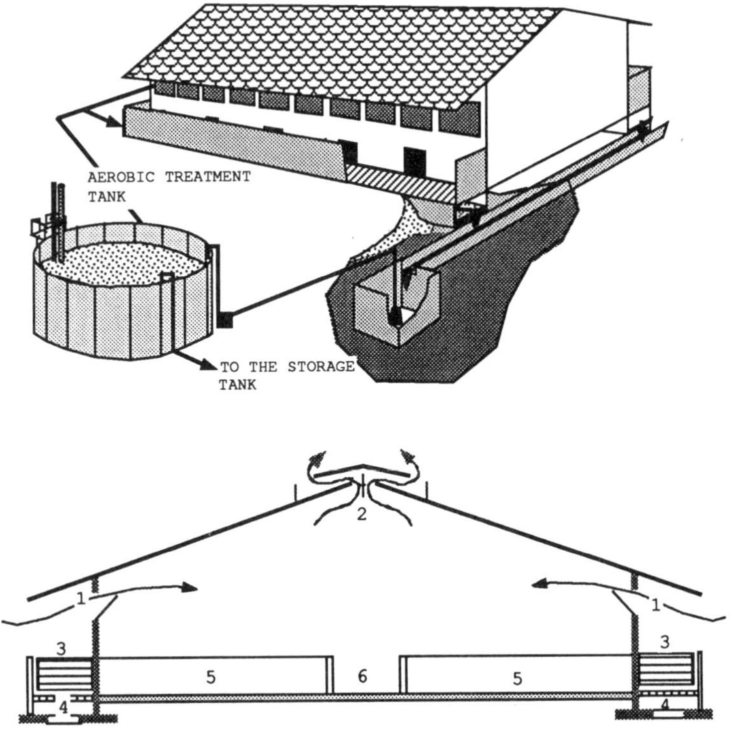

Figure 2. Representation of the piggery adopting a natural ventilation system. In evidence: 1) outside air inlet; 2) open ridge; 3) esternal dugging area; 4) liquid manure recirculation canal; 5) solid floor pen; 6) service passage.

Air quality (carbon dioxide, ammonia and hydrogen sulphide) has been weekly controlled by means of gas detector. Operating time and energy load of the electric motors have been measured by means of the datalogger mentioned above.

4. DESCRIPTION OF THE PIGGERIES

The examined piggery adopting a natural ventilation system consists of two buildings, divided into eight fattening rooms containing about 400 pigs distributed along two rows of pens with a central service passage and slotted floor outside dunging areas, 1.3 m wide (Figure 2). Manure removal is realized through the technique of manure recirculation. Ventilation is brought forth through the "stack effect" and greatly favoured by a remarkably sloping roof (30%).
In particular, air inlet is allowed through a number of side windows while air outlet is realized through a number of openings, 0.60 m wide, located on the roof ridge and to be closed automatically.
In order to achieve an efficient environmental control, a microcomputer, connected to the temperature probes situated inside the buildings, controls the opening of both the side windows and of the ridge, operated by a 175 W/room electric motor.
The piggery adopting a mechanical ventilation system consists of several buildings (Figure 3). The examined unit presents one fattening room containing about 640 swines with central service passage and two rows of pen occupying an area of 15 m².
Manure is removed by gravity through the slotted floor into a storage pit placed underneath, about 2 m deep.
The ventilation system consists of 12 axial fans. The total power amounts to 3.5 kW; maximum air flow corresponds to 90000 m³/h, and is regulated by an electronic unit operated by temperature probes.
Air is let into the building through a 0.30 m continuing opening, built on the side walls at a height of 2.50 m from the ground. This opening is partially closed in winter. The building

parameters of the two different piggeries show evident analogies (Table 1). In fact the heat trasmission coefficient of the walls and of the roof as well as the distribution of the animals per area and volume unit are remarkably similar. On the contrary, the window area index per pig appears basically different due to the different ventilation systems.

5. EXPERIMENTAL RESULTS

5.1. Environmental conditions

a) Temperature
During the period characterized by maximum summer temperature rates peaking 31°C outside the buildings, inside temperatures have proved basically similar (Figure 4 – Table 2). Maximum outside temperature ranges of 11.1°C have coincided with inside temperature variations below 5.0°C. This aspect due to good thermal inertia of the buildings mainly occurs at night.
In addition, the combined action of thermal inertia and of ventilation has allowed an inside temperature not exceeding the outside one.
It must be observed that the piggery adopting a mechanized ventilation system showed temperatures slightly higher than those measured in the piggery adopting a natural ventilation system (+0,9°C). However, the difference was not significant.

b) Relative humidity
During the 24 hour period characterized by maximum outside temperature, outside relative humidity did not undergo considerable variations but kept average values of 75% with particularly wide daily ranges (maximum 39%) and peaks exceeding 90% (Figure 5 – Table 2). The two piggeries did not show remarkable differences in their relative humidity: during the 90 days' period average figures of about 65-70% were measured, associated with remarkably limited variations if compared to the outdoor ones.

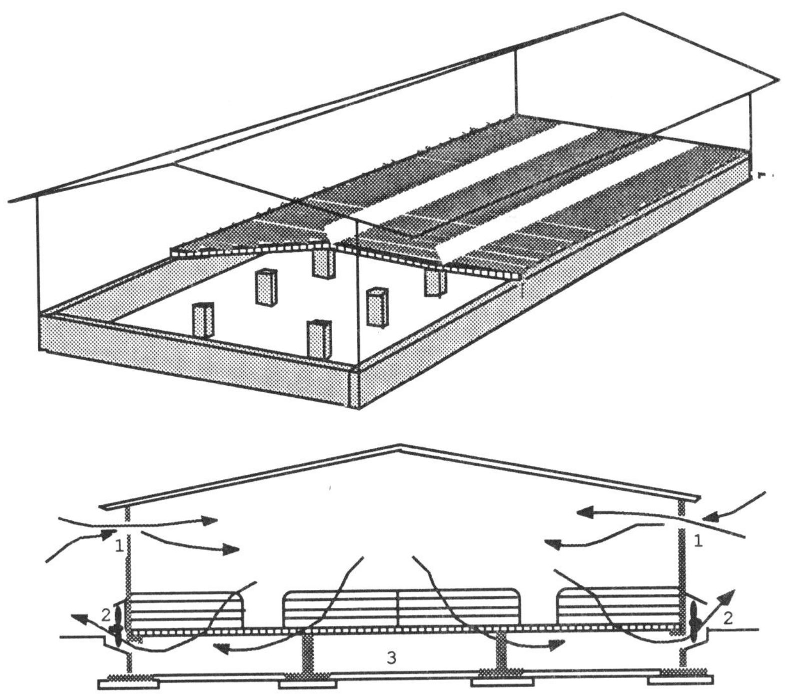

Figure 3. Representation of the piggery adopting a mechanical ventilation system. In evidence: 1) outside air inlet; 2) axial fan for the extraction of the foul air; 3) underfloor storage pit.

Table 1. Building parameters of the two piggeries.

	PIGGERY A	PIGGERY B
- ventilation system	natural	mechanical
- orientation	north-south	north-south
- heat trasmission coefficient		
walls $(W \cdot m^{-2} \, {}^\circ C^{-1})$	0.52	0.54
roof $(W \cdot m^{-2} \, {}^\circ C^{-1})$	0.39	0.44
weighted average $(W \cdot m^{-2} \, {}^\circ C^{-1})$	0.43	0.48
- buildings average weight		
$(kg \cdot m^{-2})$	275	245
- building volume index		
(m^3/pig)	3.70 (*)	3.30
- building area index		
(m^2/pig)	0.94 (*)	0.94
- side window index (**)		
$(m^2$ window$/m^2$ building area)	0.08	0.05
$(m^2$ window$/m^3$ building volume)	0.02	0.02
- ridge opening index		
$(m^2$ opening$/m^2$ building area)	0.04	=
$(m^2$ opening$/m^3$ building volume)	0.01	=
- air inlet/outlet ratio	2.00	=

(*) Figures do not include outside dunging areas.
(**) Figures do not consider opening for swine access to dunging areas as they can be closed.

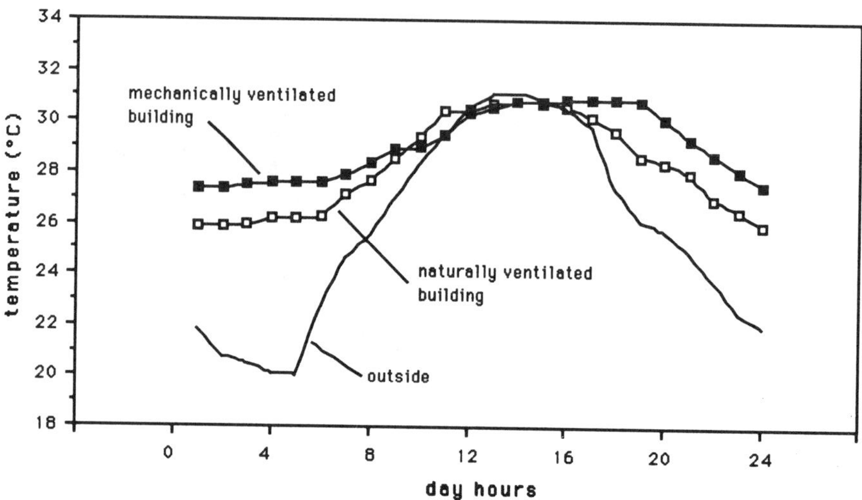

Figure 4. Temperature rates measured during the 24 hours period characterized by maximum outside temperature.

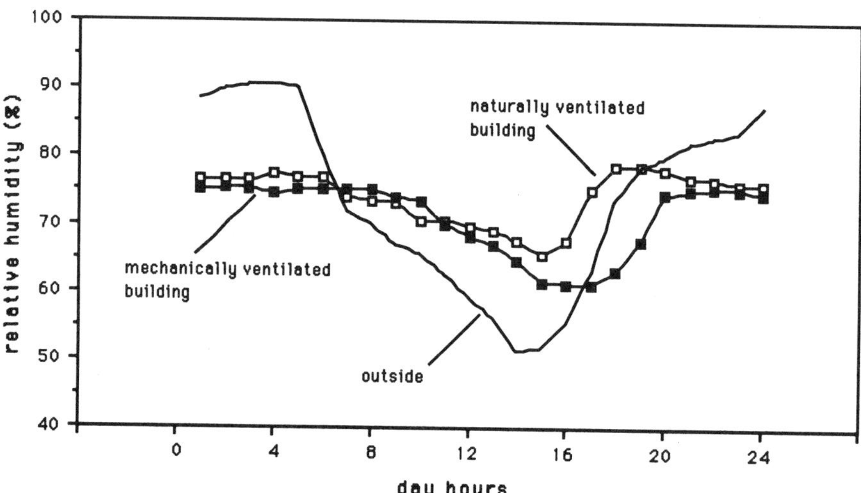

Figure 5. Relative humidity rates measured during the 24 hours period characterized by maximum outside temperature

Table 2. Temperature and relative humidity rates measured during the 24 hour period characterized by maximum outside temperature.

	outside	piggery A (*)	piggery B (**)
TEMPERATURE			
	(°C)	(°C)	(°C)
average (***)	25.7	28.2	29.1
maximum	31.1	30.8	30.9
minimum	20.0	25.9	27.4
maximum daily range	11.1	4.9	3.5
RELATIVE HUMIDITY			
	(%)	(%)	(%)
average (***)	74	74	71
maximum	91	79	76
minimum	52	66	61
maximum daily range	39	13	15

(*) Natural ventilation.
(**) Mechanical ventilation.
(***) The difference between average temperature and relative humidity of the two piggerie was not significant (P = 0.05).

Table 3. Noxious gases concentrations measured in summer (*).

	carbon dioxide (%)			
	maximum recommended value (**)	average	maximum	minimum
PIGGERY A (+)	0.30	0.08	0.15	0.03
PIGGERY B (++)	0.30	0.03	0.03	0.03
	ammonia (ppm)			
	maximum recommended value (**)	average	maximum	minimum
PIGGERY A (+)	20.0	3.0	4.0	2.5
PIGGERY B (++)	20.0	2.5	4.0	2.0

(*) 90 days (June 5th - September 2nd, 1987).
(**) Indicated by the International Board C.G.I.R. (1984).
(+) Natural ventilation.
(++) Mechanical ventilation.

c) Noxious gases

Noxious gas concentrations measured weekly proved remarkably below the maximum recommended value (Table 3). As far as the piggery adopting the natural ventilation system is concerned, this is due to the presence of outside dunging areas, while for the fully slotted floor piggery a correct mechanical ventilation system is responsible for those low concentrations. Finally, both piggeries showed inappreciable quantities of hydrogen sulphide, below 0.5 ppm.

5.2. Energy analysis

The power installed in the piggery adopting a natural ventilation system necessary for the regulation of the opening of the window and of the ridge, was about 0.4 W/pig (Table 4). Consequently, daily energy consumption has proved insignificant due also to the limited intervention of the system in terms of time. On the other hand, for the piggery adopting a mechanical ventilation system and presenting an installed power of 5 W/pig, daily energy consumption was about 80 Wh/pig, peaking 95 Wh, thus reaching a total value of 7.2 kWh/pig during the 90 days' trial. The annual energy consumption required by the mechanical ventilation system was about 15.4 kWh/pig (Figure 6).

6. CONCLUSIONS

The results regarding the performance of the examined natural ventilation system can be considered good.
In fact, our trials have confirmed that, a correctly designed building associated with an air flow regulated by a computerized system, allow as satisfactory a performance as the one obtained through a mechanical ventilation system, even in summer.
It must be emphasized that the swines' body-weight gain of the two piggeries proved basically similar reaching 0.46 kg/day for the unit adopting natural ventilation and 0.45 kg/day for the slotted floor unit adopting mechanical ventilation.
Apart from the analogies already observed, the advantages of the natural ventilation system consist in the limited energy consumption and in the suitability of the solid floor to weaning pigs.
The satisfactory results and the consideration presented above do not intend to indicate the examined housing system as the one offering maximum reliability. A more complete analysis should in fact include piggeries characterized by fattening cycles up to and over 160 kg where the presence of large animals occupying solid floor pens with outside dunging areas may involve considerable management problems.

Table n. 4 - Energy analysis of summer ventilation (*).

	Piggery A (**)	Piggery B (***)
- Nominal power (kW)	1.4	3.5
- Nominal power per animal (W/pig)	0.4	5.3
- Actual power		
average (kW)	inappreciable	2.1
maximum (kW)	inappreciable	3.5
- Daily energy consumption		
average (Wh/day.pig)	inappreciable	78.3
maximum (Wh/day.pig)	inappreciable	94.5

(*) 90 days (June 5th - September 2nd 1987).
(**) Natural ventilation.

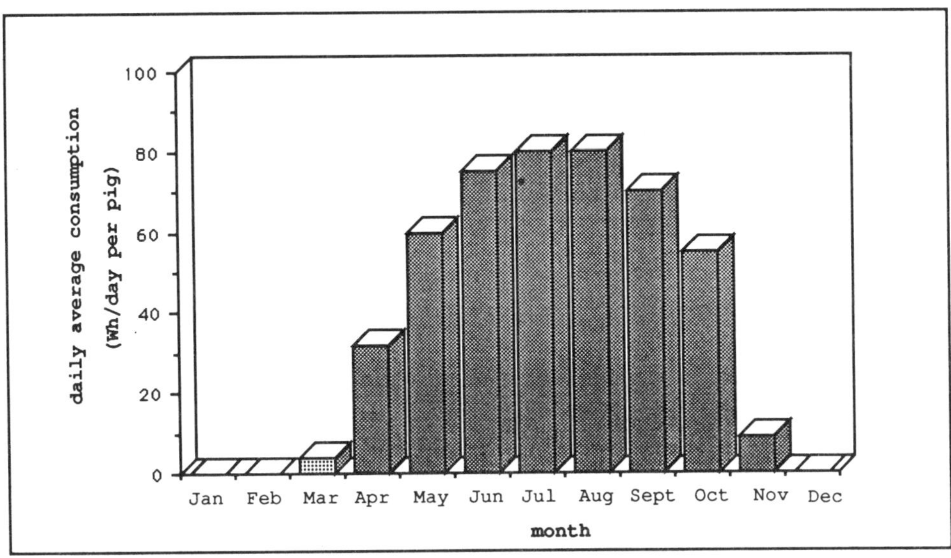

Figure 6. Daily energy consumption of the examined mechanical ventilation system.

REFERENCES

AA.VV.1984. Report of Working Group on Climatization of Animal Houses. Commission Internationale du Genie Rural.

Barber E.M., Jansen A.A., Rhodes C.S., Christison G.I. 1987. Design of a field experiment to asses the effect of ventilation system and building environmental management on animal health and productivity. Proceedings of the Seminar of 2nd Technical Section of the C.I.G.R., Urbana – Illinois (U.S.A.), June 22-26.

Chiappini U. 1982. Ricoveri zootecnici: aspetti climatici. L'Italia Agricola, n.4.

Chiumenti R., Donantoni L., Guercini S. 1988. Studio sul controllo ambientale di porcilaie all'ingrasso mediante ventilazione naturale e forzata. Proceedings "Ingegneria per lo sviluppo dell'agricoltura". Sassari (Italy) May 4-6.

Chiumenti R., Donantoni L., Guercini S.1989. Ventilazione naturale in una porcilaia da ingrasso: rilievi nel periodo estivo. Rivista di Suinicoltura, n.2.

Foster M.P., Down M.J. 1987. Ventilation of livestock buildings by natural convection. Journal of Agricultural Engineering Research, n.37.

MacDonald R.D., Houghton G., Kains F.A. 1985. Comparison of a naturally ventilated to mechanically ventilated hog finishing barn. Paper of Canadian Society of Agricultural Engineering, n.85-402.

Nichols D.A., Ames D.R., Hines R.H. 1982. Effect of temperature on performance and efficiency of finishing swine. Proceedings of 2nd International Livestock Environment Symposium, Ames – Iowa (U.S.A.), April 20-23.

Owen J. 1982. A design basis for ventilation of pig buildings. Proceedings of 2nd International Livestock Environment Symposium, Ames – Iowa (U.S.A.), April 20-23.

Pratelli G. 1982. Ricoveri zootecnici in clima caldo. Genio Rurale, n.11.

Land and Water Use, Dodd & Grace (eds), © 1989 Balkema, Rotterdam. ISBN 90 6191 980 0

Vapour condensation in animal housing: An easy and fast method of prevention

V.A.Giuntoli
University of Florence, Italy

ABSTRACT: The paper deals with condensation problems in buildings, illustrating general methods by which this can be prevented, as well as specialised methods to deal with particular situations and ways of providing a remedy. Thephisical phenomena are briefly described with reference to condensation on the inside surface of the walls. The flow of heat and vapour through permeable closures is illustrated with diagrams showing the topography of the procedure. Along cross-sections of walls, the patterns of condensation are pointed out by diagrams. Some criteria are given as an aid to locating areas of risk. Finally, a very detailed flow chart of a programme adaptable to various languages and PCs is given, to facilitate an easy and fast study of the situations illustrated above.

1 INTRODUCTION

The design accuracy applied to buildings for animal housing is becaming more and more comparable to that applied to civil constructions. Above all, the need to save energy that is also reflected in economic management, induces the designer to plan his buildings with a view to maintaining the best inside conditions thereby allowing the animals to live in a "neutral temperature".

This paper draws attention to the problem ov vapour condensation inside buildings.

2 General concepts

Air is generally considered as a mixture of dry air (gas) and water in vapour form, both with proper pressure.

The quantity of water that may be vaporised in air at atmospheric pressure changes depending on temperature.

Air might contain the total amount of water that can be vaporised (saturated vapour) or a minor part of it (unsaturated v.).

The measurement of air humidity can be done in absolute terms when the ratio water mass/air mass is considered (absolute humidity), or relative when the ratio is between the vapour present and that at saturation (relative humidity).

When temperature changes absolute humidity does not, while relative humidity does.

A limit temperature exists, for a certain mixture gas/vapour (dew point) under which vapour begins to condensate being superior in quantity to that possibly contained at that temperature. This fact is visible in the entropic diagram of humid air.

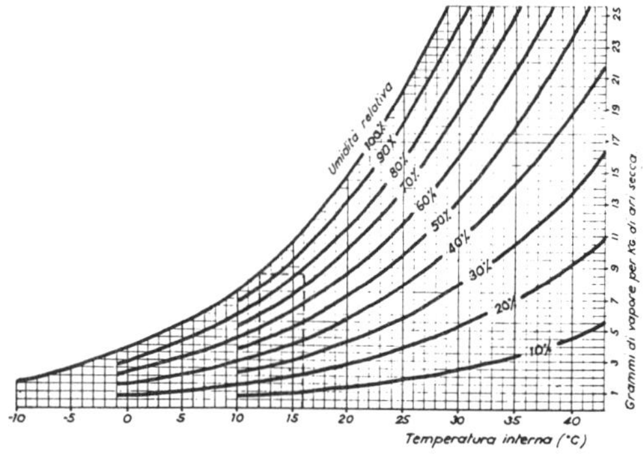

Fig. 1 Mollier diagram

3 The phenomenon related to animal housing

In buildings air behavoiur is similar to that described above and assumes characteristics linked to igrothermal conditions and to the structures of buildings.
In particular the following situations arise.
- A different temperature between the inside and outside of the buildings produces a flow of heat towards the minor value.
-A temperature situated between that of the inside and outside exists on the interior surface of closures (walls, roof, etc).
- A different vapour pressure between the inside and outside of buildings produces a vapour flow towards the minor value.
Air i.e. vapour, condences every time that dew point is reached. It may happen in the whole interior building space; good examples are industrial buildings where for some production necessity large vapour quantities are generated. Or condensation may occur on the whole interior surfaces of a building or in some parts of them where due to the temperature gradient, a value inferior to that of dew point arises.
Or eventually, condensation may happen inside walls.
The first and second conditions are

to be avoided absolutely, the third may be tolerated when consequences are temporary.

3.1 Condensation on walls

The generalised condensation condition may be omitted as it does not apply to animal housing, while condensation on walls must to be examined.
A short example fully illustrates the case. Let us consider a cowhouse with an inside temperature of 16 C and relative humidity of 75%. From the entropic diagram of humid air it appears (see trace on Fig 1) that vapour saturated at 12 C.
Therefore on every surface at a temperature equal to or lower than 12 C condensation will occur with the formation of a superficial liquid layer.
A similar consideration can be made in terms of pressure. Where the existing vapour pressure is superior to the saturated vapour pressure at that temperature, condensation occurs.
It is the task of the designer to avoid the occurrens of such an event with regard to expected conditions of temperature and humidity. A closure has to be designed that assures thanks to thickness and material thermic conductivity,a temperature of the internal face superior of that of dew point. In addition ventilation has to be provided that prevents humidity from rising beyond 75%.
The difficulty is in choosing and dimensioning materials so that the requested value is obtained.
It is therefore useful to have a quick method of dimesioning available which permits many tests with the minimum cost in time and energy.

3. 2 Condensation inside walls

Between the inside and outside of
walls there are flows of heat and
vapour due to the temperature gradient and vapour pressure. Both detrimental; the first while producing a lowering of internal temperature, destabilises existing life conditions that have to be restablished
with energy expenditure; the second
when producing condensation inside
walls, alters the thermic conductivity of the materials employed increasing loss of heat. In this case
it should also be considered that
water may freese and expand causing
material decay.
It is common today, to employ non-
structural insulating materials in
buildings, inserted to improve wall
characteristics.
Such a solutionalthough economically convenient, adds some design complications due to the unhomogeneous
series of layers of which the wall
is composed. Direct consequence is
a non linear variation of temperature in the thickness of the wall,
caused by the different characteristics of the materials.
For instance, a similar combination
can be found: plaster-hollow bicks-
polystyrene-bicks-plaster. With four
different materials distributed in
five layers.
The problem is complicated not only
by the necessity of choosing adeguate thickness to produce the requested insulation, but also by the
need of collocating different materials in the more effectual succession.
Condensation inside wall is also to
be verified, and in the affirmati-
ve case, layers have to be placed
so that it results in the more external and less sensible layer.
Figure 2 shows how temperature varies in walls.
Variations occur following the expression:

$$Dtn = Rn/Rt * (ti - te)$$

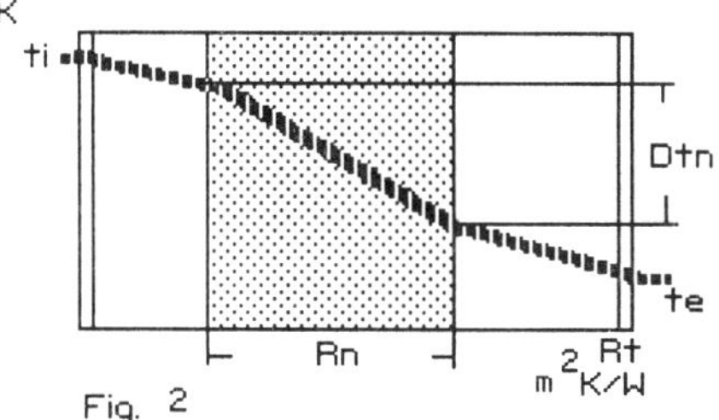

where:
  Dtn = variation in layer n
  Rn = thermic resistance in layer n
  Rt = total thermic resistance
  te = outside temperature
  ti = inside temperature

A diagram of pressure variation can
be drawn using current table data
due to the fact that vapour pressure
varies with temperature.
Vapour pressure (pv) at the inside
and outside temperature, is given
by the expression:

$$pv = ps * relative\ humidity$$

while variations of it through the
layers are given by:

$$Dpvn = Rvn/Rvt * (pvi - pve)$$

where:
Dpvn = pv variation in layer n
Rvn = vapour flow resistance in l. n
Rvt = total resistance to vapour flow
pvi = vapour pressure inside wall
pve = vapour pressure outside wall

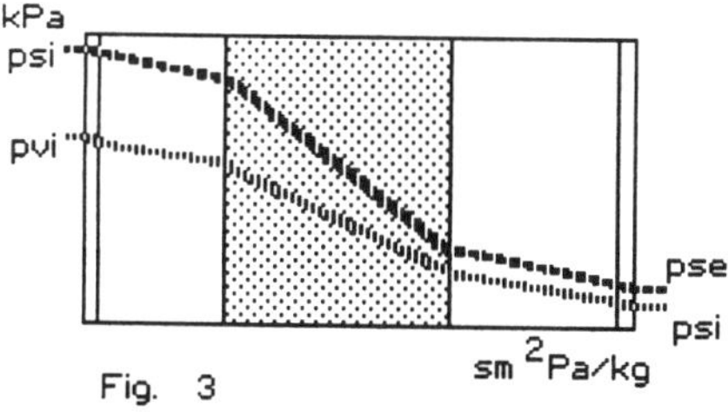

According to the expression written
above and to table data of saturated vapour pressure (ps), it is possible to draw diagrams of saturated
and unsaturated vapour pressure
through walls (figs 3 and 4).

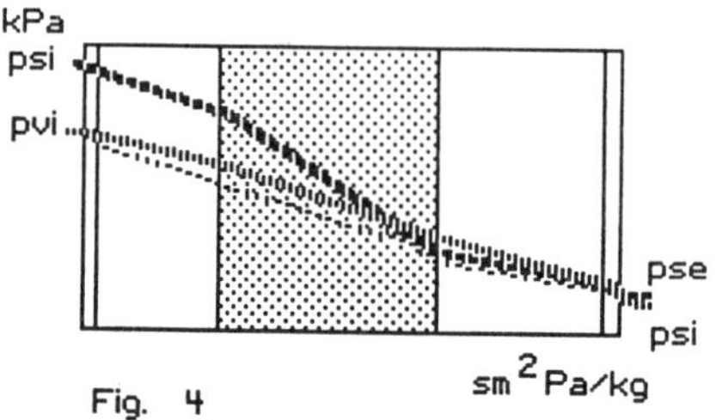

Fig. 4

·In the first figure the curve of pv
is always lower than that of ps;
therefore there is no condensation.
In the second on the contrary, the
unsaturated curve is for a certain
interval higher than the saturated
one. This being phisically impossible, condensation occurs at the point of greater difference and curves practcally coincide for the same extent.

3 . 3 Considerations on both cases

Both cases illustrated above have
to be considered and checked by designers, referring to the worst conditions supposed possible for buildings being planned.
In the first case sufficient insulation has to be provided to avoid
surface condensation even in expected extreme conditions.
In the second case in which also
the first is included, some consideration ought to be made.
The water quantity condensating inside walls during cold months is a
small part of that going through
the buildingas vapour; animal breath
and urine vaporisation for instance
are a source of vapour, and ventilation in fact, affords vapour from
outside and at the same time expels
it to the outside. Therefore conden-

sation inside walls due to the limited quantity may be evaporated completely during warm months.It is to
be checked that condensation occurs
mainly in outer layers of wall and
that there is no decrease in the
insulation qualities of the materials concerned. Considering that greater variations occur in the most
insulating layer it is advisable
that this be situated at the most
external position possible.
The use of vapour barriers in walls
is on the other hand very unsuitable
as it prevents the free outlet of
vapour causing humidity in rooms
and structures even when there could
be an easy and healthy flow of it.
Elaboration of the above described
diagrams, although in concept simple, may be long and boring so that
some would be inclined to limit it's
use.
Hence the opportunity of making procedure automatic using a computer
together with proper software, calculating insulation necessity and
able to signal condensation danger.
Having such a tool at hand, many
controls can be made in a short time and a standard cross section of
the building wall can be optimised
both tecnically and economically.
Controls can be extended as well to
other points where one suspects the
existence of dangerous situations.

4. Programme description

The programme is made in four sections:
- a " menu " that appears at the
start on screen showing 14 different possibilities as follows:
1- new case
2- internal liminar coeff.correction
3- structure data correction
4-external liminar coeff.correction
5- single layer correction
6- insert new layer
7- cancel layer
8- swap between layers
9- temperature correction

10- programme execution
11- print data table
12- lprint data table
13- graphic
14- back to menu

- new case elaboration. Going to 1,
the programme asks data for elaboration from the screen, i.e.:
number of layers, name,thickness ,
lambda, alfa i, alfa e, then elaboration take place ending with a
diagram and a data table.
(see flow chart I)

- existent case change. Going from
2 to 9 a series of variations or
alternatives are permitted as shown in the menu.
(see flow chart II)

- visualization of graphics and figures relating to the structure is
made possible as follows with a
simple recall of data.
11- table data
12- lprint table data
13- graphics.

5 Application method

Programme application has to be done following logical criteria to
locate the points of higher condensation danger.
Relating to wall orientation, great
attention has to be given to those
facing North where, because of the
greater difference in temperature,
probability is also higher.
Those points that for structural
characteristics, have a cross section of wall different from the standard one have to be considered carefully. A good example is given from
structures where walls are inserted
in frames of pillars and beams. Between the frame and walls a zone
of low insulation some time reaching the point of poor air tightnes
then exists.
It is easy to see how such situa -

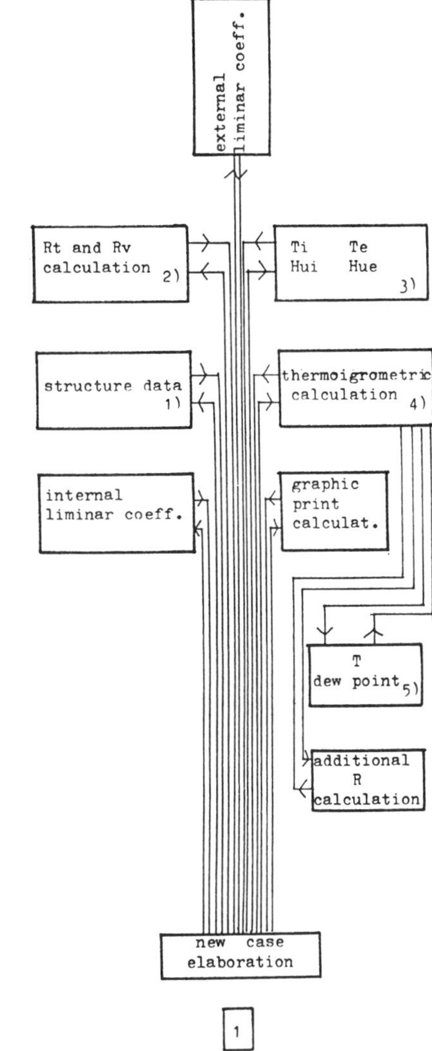

flow chart I

notes on flow chart I
1)XX FOR NJ=1 TO N
   YY INPUT"",A:IF A<>0 THEN
        LAMBDA(N) = A
2) XX FOR NJ=1 TO N
   YY CODICE(N)=1 THEN Rt(N)=S(N)/
LAMBDA(N) ELSE Rt(N)= 1/LAMBDA(N)
   ZZ Rv(N)=S(N)*MU(N)
3) XX INPUT"",A:IF A<>0 THEN Ti=A
   YY INPUT"",A:IF A<>0 THEN Rvi=A
4) XX Rt,TOT=Rt,TOT+Rt(NJ):
      Rv,TOT=Rv,TOT+Rv(NJ):
      Rv,PROG(NJ+1) = Rv,TOT

```
YY TEMP(NJ)=TEMP(NJ-1)-(Ti-Te)/
Rt,TOT*Rt(NJ-1)
ZZ PSAT(NJ)=PVSAT(NI+10)+(PVSAT(NI+
11)-(PVSAT(NI+10))*TEMP(NJ)-NI
FF PVINT=PSAT(0)*HURINT:PV,EXT=
PSAT(N+2)*HUREXT
LL IF (PV,INT>PSAT(1))THEN PRINT
CHRS(7):PRINT" Condensation"
5)XX TEMP= -10
   YY REM BEGIN CICLE
   ZZ IF(PVSAT(TEMP+10)<PV,INT) THEN
TEMP=TEMP+1:GOTO YY
   FF DEWPOINTEMP=TEMP
```

tions are the most important from
a condensation and insulation point
of view. A remedy could be the production of pannels passing straight
outside the frame leaving the pillars and beams inside, or at least,
in which the outer insulation and
protective layers pass through, leaving inside only the rigid part of
wall.

In cover structures similar phenomena may arise where dishomogeneous
points exist. The use of precast
pannels set one against the other
is common practice in building roofs.
Even if sealed, thermic resistance
in contact zone is very low and it
is advisable to put an insulation
layer on the outer side with a vapour barrier immediatly underneath.
Thermic resistance is then to be
checked in the contact zone with no
regard to slab but only to the insulation layer and with particular
regard to the dew point under the
vapour barrier.

If obtaining a secure condition requires too much insulation from an
economic point of view, a sufficient ventilation has to be provided
to keep the humidity below dangerous
levels.

Some difficulties might arise if
the building conformation is such
that dead zones of air stagnation
with high relative humidity exist.
Great attention has to be given to
the position of windows so that a similar phenomenon does not take place.

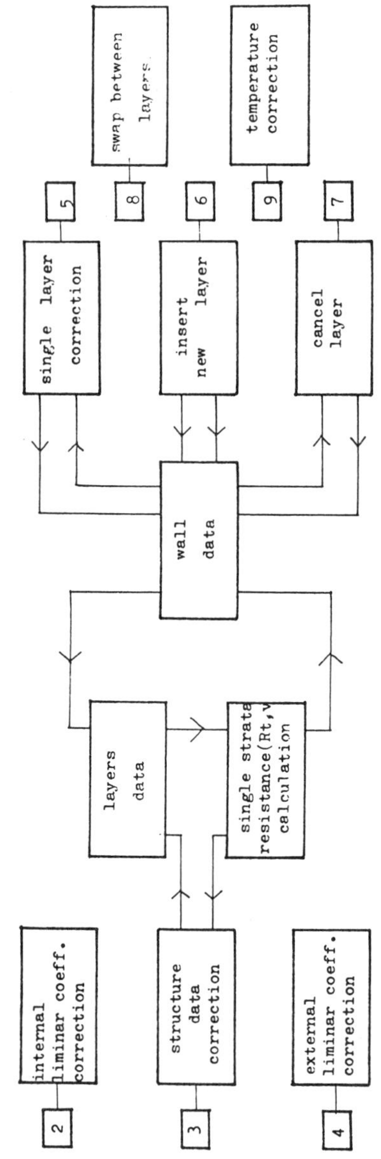

flow   chart II

6 Conclusions

It was considered advisable to give
only a flow chart, provided with al-
gorhytms sufficient for the solution
of the problem, instead of a full
programme although completely elaborated, to avoid difficulties well-
known to everybody, deriving from
small differences in the language

used, that may prevent the programme from runnig. Doubts on the pro
gramming and in any case loss of
time due to debugging may result.
Notes on the flow chart should make
the writing of a programme in a language fundamentally a GWbasic proper to the computer used, easy for
everyone with an elementary know -
ledge of this activity.
Use of the programme in designing
produces solutions tecnically and
economically good.

REFERENCES

Giuntoli, V.A. and Perini G. 1988
  Metodo computerizzato di verifica
  dĕĺle pareti soggette a condensa-
  zione di vapore.Seminario sulla
  climatizzazione dei ricoveri zoo-
  tecnici.Reggio Emilia,I.
Nervetti G. and Soma, F. 1982. La verifica termoigrometrica delle pareti . Hoepli Milano I.

Land and Water Use, Dodd & Grace (eds), © 1989 Balkema, Rotterdam. ISBN 90 6191 980 0

Appréciation des circuits d'air et des gradients thermiques dans une porcherie pour différents systèmes de ventilation

R.Granier, C.Chosson, E.Retif & P.Rousseau
Institut Technique du Porc, Paris, France

Dans la zone de neutralité thermique, le porc est sensible à une vitesse de l'air environnant supérieure à 0,2 m/s. L'état sanitaire et les performances zootechnique peuvent être affectés. Une attention particulière doit donc être portée aux circuits d'air et aux gradients thermiques engendrés par un système de ventilation. Dans un module expérimental représentant un salle d'engraissement de 60 places, avec une présence simulée des porcs, nous avons étudié l'influence des paramètres qui caractérisent un jet d'air sur le microclimat au niveau des porcs. Il en résulte que, lorsque le jet entre horizontalement dans la salle par l'intermédiaire d'une gaine, sa vitesse, quel que soit son débit, doit être supérieure à 3 m/s. Les systèmes qui mettent en oeuvre des bouches d'entrée de l'air à section variable, mécanisés ou non, permettent un allongement de la trajectoire des jets et une meilleure diffusion de l'air neuf. Ils génèrent une ambiance calme et homogène. Outre l'apport de renseignements objectifs pour certains systèmes de ventilation, cette étude présente aussi un nouveau concept de l'appréciation des circuits d'air et des gradients thermiques dans une porcherie.

INTRODUCTION

De nombreux travaux de recherche permettent actuellement de bien cerner les rapports du porc avec le milieu climatique environnant. Ses réponses physiologiques et zootechniques aux divers facteurs physiques (température, vitesse de l'air, hygrométrie, gaz, poussières...) sont bien connues et permettent de définir l'ambiance optimum nécessaire à tous les stades de sa vie.

L'efficacité alimentaire est fortement dépendante des échanges thermiques entre l'animal et le milieu ambiant. La maîtrise des critères caractérisant ce milieu est prépondérante pour l'obtention de résultats technico-économiques optima. La température est l'élément déterminant mais elle doit être associée à la vitesse de déplacement de l'air.

En effet, les températures minimales généralement conseillées sont considérées comme étant celles d'un air calme. En dessous de 0,15 m/s les performances zootechniques du porc ne sont pas affectées (VERSTEGEN, 1987). Par contre, lorsqu'il y a accélération du courant d'air, les pertes de chaleur par convection augmentent. Elles sont d'autant plus importantes que l'écart de température entre l'épiderme du porc, compris généralement entre 29°C et 34°C (INGRAM, 1964, cité par MOUNT, 1968), et l'ambiance est important et que la vitesse de l'air environnant est élevée. C'est ainsi qu'une augmentation de vitesse de 0,1 m/s a proportionnellement plus d'effet à 0,2 m/s qu'à 1 m/s. Par exemple, pour un animal de 20 kg, le passage d'une vitesse d'air de 0,2 m/s à 0,3 m/s ou de 0,5 m/s à 0,6 m/s abaisse le confort thermique respectivement de 2,6°C ou 0,6°C (CLARK, 1981).

Pour des températures ambiantes situées dans la zone de neutralité thermique, HACKER et al (1979) signalent que lorsque le porc est soumis à une vitesse d'air de 0,5 m/s au lieu de 0,1 m/s, sa vitesse de croissance est réduite de 15 % et son efficacité alimentaire de 23 %. Sur le plan de la santé, HENKEN (1982, cité par VERHAGEN, 1987) avance que des variations soudaines dans l'environnement thermique du porc (liées à un courant d'air) peuvent provoquer des déficiences immunologiques.

Inversement, en période chaude, lorsque la température ambiante est élevée, un mouvement d'air plus important est bénéfique. C'est ainsi que des vitesses d'air de 0,4 m/s à 0,6 m/s améliorent le gain de poids journalier (MORISSON et al, 1976 ; PEDERSEN, 1980).

En conséquence, en période froide, la vitesse d'air maximale admissible se situe à 0,2 m/s. En période chaude, des vitesses d'air plus élevées (0,6 m/s ou plus) sont souhaitables.

La généralisation des sols de type caillebotis intégral en phase de post-sevrage et d'engraissement entraîne une diminution de la surface disponible par animal. Il est donc primordial de mettre à sa disposition un environnement optimum sur l'ensemble de son aire de vie : il ne peut pas choisir sa zone de confort.

Si actuellement l'installation climatique dans les bâtiments permet d'assurer l'équilibre thermique, il n'en est pas forcément de même pour la maîtrise des circuits d'air d'autant plus que les systèmes sont nombreux et variés.

L'objectif de la présente étude est précisément de mettre en évidence les règles qui régissent le cheminement de l'air et l'évolution de ses caractéristiques. De plus, certains systèmes sont abordés dans leur ensemble : ils peuvent être comparés et améliorés.

1 APPROCHE THEORIQUE DU MOUVEMENT DE L'AIR

Au contact de l'air chaud, un jet froid non vertical subit une déflexion, sa densité étant supérieure à celle de l'air intérieur. Cette déflexion est d'autant plus marquée que l'écart de température entre les deux ambiances (Δt) est grand et que la vitesse du jet est faible (figure 1).

Figure 1. Représentation schématique de la déflexion d'un jet anisotherme froid

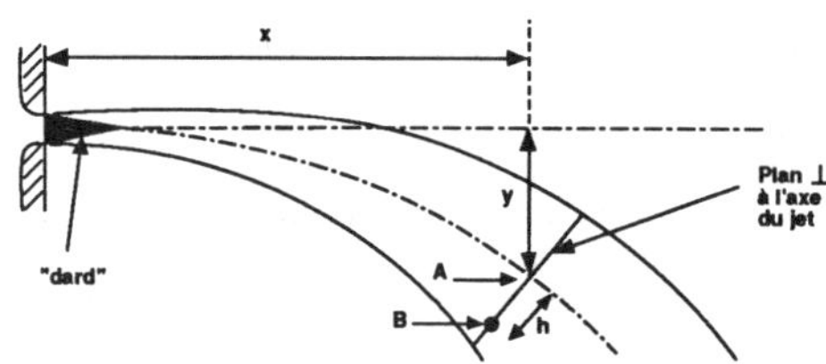

Par ailleurs, à cause de la force d'Archimède, la vitesse initiale d'un jet anisotherme est modifiée :

. *Pour les jets verticaux descendants*, on observe une diminution plus rapide du δt que de la vitesse, au fur et à mesure que l'on s'éloigne de l'entrée.

. *Pour les jets verticaux ascendants*, la force d'Archimède est opposée à la force d'inertie. La vitesse d'un tel jet diminue d'autant plus rapidement que son Δt est élevé et sa vitesse initiale faible. A la portée maximale du jet, la vitesse devient nulle. Ensuite le jet retombe en direction du sol. Quel que soit l'angle de pénétration du jet dans la porcherie, l'évolution des températures et des vitesses, dans le plan perpendiculaire à la direction du jet et situé au point A, s'obtient à partir des équations suivantes (ABRAMOVITCH, 1963) :

$$\frac{VB}{VA} = \left[1 - \left(\frac{h}{RA} \right)^{1,5} \right]^2$$

$$\frac{\Delta tB}{\Delta tA} = 1 - \left(\frac{h}{RA} \right)^{1,5}$$

avec VB = vitesse du jet au point B (m/s)
VA = vitesse du jet au point A 'm/s)
h = distance entre A et B (m)
RA = rayon du jet dans le plan perpendiculaire à l'axe qui passe par A (m)
ta = température ambiante (°C)
tA = température au point A (°C)
tB = température au point B (°C)

De ces deux équations on déduit :

. jets issus de bouches rondes :

$$\overline{VA} = 0,26\ VA \quad \text{et} \quad \overline{\Delta tA} = 0,43\ tA$$

. jets issus de bouches en fente :

$$\overline{VA} = 0,45\ VA \quad \text{et} \quad \overline{\Delta tA} = 0,61\ \overline{\Delta tA}$$

avec $\overline{VA}$ = Vitesse moyenne de la section perpendiculaire à l'axe du point A (m/s)

$\Delta ta = tA - ta$ = écart entre la température moyenne de la section passant par A et l'ambiance de la porcherie

Notons enfin qu'un jet plat isotherme projeté horizontalement et à une faible distance du plafond (moins de 30 fois la hauteur de la bouche) a tendance à venir coller à la toiture (figure 2). Appelé «effet COANDA», il dépend assez peu du débit et de la vitesse initiale. Avec les jets anisothermes, l'effet COANDA est d'autant moins marqué que le Δt est grand.

Figure 2. Illustration de l'effet Coanda pour des jets faiblement anisothermes

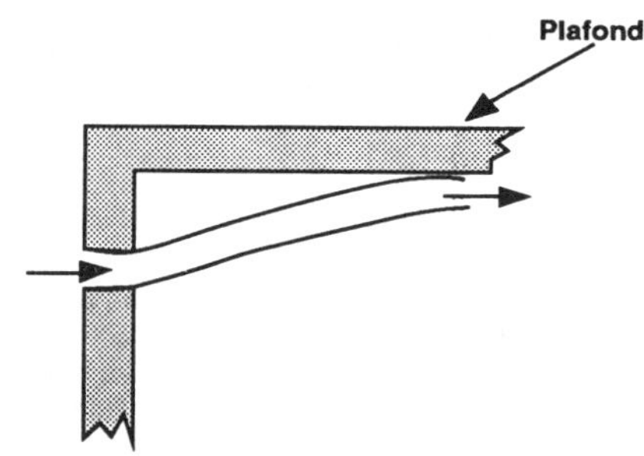

Outre les jets d'air neuf qui pénètrent dans la porcherie, les courants d'air convectifs qui s'élèvent au-dessus des porcs jouent un rôle essentiel pour l'obtention d'un circuit d'air homogène dans le temps et dans l'espace. RANDALL et BATTAMS (1979) utilisent le concept du «nombre d'Archimède corrigé» (Arc) pour prendre en compte ces deux éléments et prédire la trajectoire initiale d'un jet d'air et sa stabilité.

$$\text{Arc} = \frac{5,89\ .d.L.H.A.\ (H + A)\ (tpo - t)}{(D/3600)^2.\ (546 + tpo + t)}$$

d et l = hauteur et longueur de la bouche d'entrée (m)
H = hauteur de la porcherie
A = longueur de la portion de la porcherie concernée par la bouche d'air étudiée (m)
tpo = température cutanée des porcs (°C)
t = température initiale du jet

En période hivernale, pour des porcheries de dimensions habituelles, on observe que :

. si Arc < 30, le jet reste horizontal et le circuit d'air est stable. L'air circulant au dessus des porcs est calme et tempéré.

. si Arc > 75, le jet chute rapidement mais le circuit d'air
reste stable. Au niveau des porcs l'air est froid et rapide.

. si 30 < Arc < 75, le circuit d'air est instable.

D'autres éléments tels que la température de paroi, les
balayages extérieurs dus aux vents, peuvent influer sensiblement sur le circuit d'air dans les porcheries. Ils sont cependant mineurs lorsque les bâtiments présentent une
bonne étanchéité et une isolation parfaite.

2 MATÉRIEL ET MÉTHODE

Les expérimentations se sont déroulées à la Station Expérimentale de Villefranche de Rouergue dans un local
spécifique (laboratoire physique) conçu à cet effet.

2.1 Le laboratoire expérimental

Le laboratoire comprend une salle isolée et étanche où
sont réalisées les expérimentations. Dans un local atte-
nant, les mesures sont centralisées et enregistrées. Un
système de refroidissement de l'air y est également
installé.

Avec une surface de 45 m2 et un volume de 117 m3, il est
possible de loger 60 porcs charcutiers ou 120 porcelets
de 7 à 25 kg sur un sol de type caillebotis intégral. Le
laboratoire simule une salle transversale type, les cases
étant disposées sur un rang (figure 3). Une épaisseur de
20 cm de béton cellulaire isole les parois (K = 0,78 W/m2/
°C). Le plafond plat est constitué de 5 cm de mousse de
polyuréthane enrobé de papier aluminisé (K = 0,60 K/m2 /
°C). Une attention particulière a été portée à l'étanchéité
du local.

Figure 3. Vue en plan du module expérimental

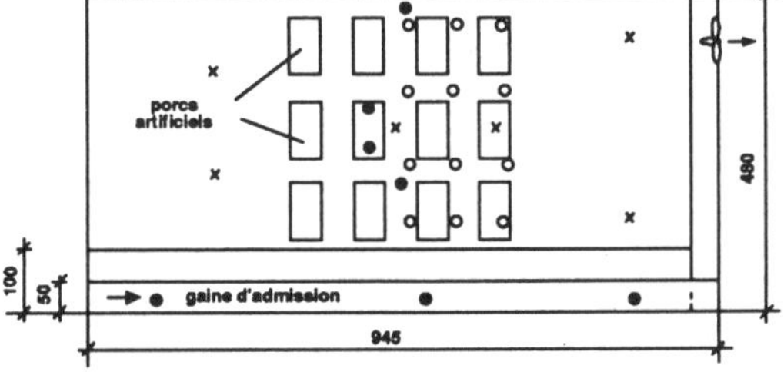

Figure 4. Coupe transversale du module expérimental

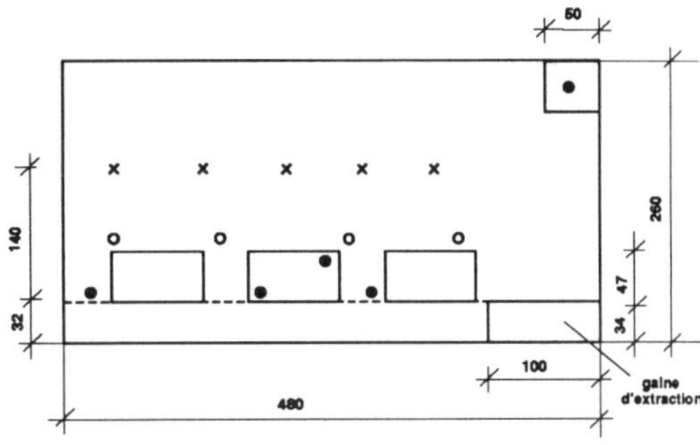

2.2 Caractéristiques des équipements

Le système de ventilation : afin de mieux maîtriser l'évacuation de l'air vers l'extérieur et de limiter les problèmes
dus aux vents, le module expérimental est ventilé en dépression. Le ventilateur est placé en bout de la gaine
d'extraction. L'air doit traverser le caillebotis béton de type
engraissement. Une gaine réalisée en polystyrène extru-
dé de 4 cm d'épaisseur sert d'admission d'air.

A l'amont un groupe de réfrigération permet de s'affran-
chir partiellement des conditions climatiques extérieures.
Ainsi, la température de l'air neuf est maintenue au niveau désiré pendant la durée d'une expérimentation (variation de 2 à 3°C). L'air neuf doit traverser un réseau de
canalisations d'eau d'un échangeur à serpentin lamellaire
relié à un tank à lait d'une capacité de 800 litres et d'une
puissance de 2,5 KW. Le liquide de refroidissement (eau
+ antigel) est maintenu à une température de - 2°C.

Simulation de la présence des animaux : Pour le bon déroulement des mesures, la présence d'animaux vivants
dans le local expérimental n'était pas concevable. Des
porcs artificiels simulant le plus rigoureusement possible
les pertes de chaleur sensible ont été mis au point. Ce
sont des bidons cylindriques en PVC représentant chacun
un volume de 120 litres d'eau. Une résistance électrique
régulée, de type thermoplongeur et d'une puissance de
300 watts équipe chaque bidon. De la sorte, leur température de surface peut être maintenue à 30-32°C : c'est la
température cutanée moyenne du porc. Trente fûts de ce
type sont répartis sur le caillebotis. Un porc de 60 kg de
poids vif dégage 145 Watts de chaleur sensible dans une
ambiance à 20°C. Par conséquent, le module expérimental représente une porcherie d'une charge de 60 animaux
de 60 kgs de poids moyen.

2.3 Les mesures

Appréciation de la trajectoire de l'air : elle est matérialisée
à l'aide de tubes fumigènes (marque DRAEGER
BRANDT, type CA 25301). Le cheminement de l'air est
ainsi défini sur les plans verticaux et horizontaux.

Mesure des températures : deux types de mesures sont

effectuées :
- avec des sondes placées à points fixes
- avec un appareil portatif

Les capteurs utilisés sont des résistances thermométriques en platine, en verre nu (100 Ω à 0°C, l = 25 mm, 0 = 3 mm). Leur temps de réponse est de 11 secondes pour une variation de 0,5°C avec une précision de + ou - 0,1°C.

Vingt cinq sondes sont réparties dans la salle (figure 3 et figure 4) :

- douze sondes dans un carroyage régulier au centre de la salle, à 20 cm au-dessus des porcs artificiels,

- six sondes à 1,40 m du caillebotis, dont deux à chaque extrémité de la salle et deux au centre,

- deux sondes sur un bidon pour contrôler la température de surface,

- deux sondes au niveau du caillebotis,

- trois sondes sont réparties dans la gaine d'admission mesurant la température de l'air neuf.

Un système d'enregistrement automatique sur micro-ordinateur recueille les informations des diverses sondes.

L'appareil portatif (marque SOLOMAT Type MPM 1000) dispose d'une sonde de même type. Le temps de réponse est élevé (supérieur à 1mn) et la précision est de + ou - 0,1°C.

Mesure de la vitesse de l'air : une sonde anémométrique à fil chaud est reliée à l'appareil SOLOMAT. La gamme d'utilisation est de 0,01 à 10 m/s avec une précision de 10 % pour les valeurs inférieures à 1 m/s et de 5 % pour les valeurs supérieures à 1 m/s. L'incertitude des mesures est légèrement accentuée car la sonde doit être orientée dans le sens du courant d'air : elle n'est pas multidirectionnelle.

2.4 Déroulement expérimental

Dans un premier temps, il s'agit de mettre en évidence l'influence des divers paramètres qui caractérisent un jet (Δt), vitesse, flux) sur le cheminement de l'air et son évolution dans le temps et dans l'espace.

Ensuite, pour des situations particulières types, nous analyserons l'homogénéité des paramètres physiques dans la salle et l'incidence que peut avoir le couple vitesse-température sur le confort thermique de l'animal.

La prise des mesures débute dès que les paramètres physiques, notamment les températures, sont stabilisés. La manipulation dure environ trente minutes. Les températures mentionnées représentent la moyenne des valeurs enregistrées toutes les trois minutes.

2.5 Présentation des résultats - conventions

D = Renouvellement horaire de la salle (m3/h)

V = Vitesse initiale du jet à la bouche d'admission (m/s)

ta = Température ambiante représentant la moyenne des températuresrelevées aux 6 sondes placées à 1,40 m du sol (°C)

Δt = Ecart entre la température ambiante et la température de l'air neuf (°C)

δt = Ecart entre la température moyenne du jet au point de chute et la température ambiante (°C)

stp = Ecart-type des douze températures recueillies au niveau des animaux

sta = Ecart-type des six températures placées à 1,40 m du sol

VM = Vitesse maximale du jet au point de chute (m/s)

vm = Vitesse moyenne du jet au point de chute (m/s)

ARC = Index de RANDALL (nombre d'Archimède corrigé)

3 RÉSULTATS EXPÉRIMENTAUX

3.1 Influence des paramètres qui caractérisent un jet d'air entrant horizontalement dans une porcherie sur le micro climat au niveau des porcs

Influence du Δt

Figure 5. Influence du Δt sur le circuit d'air principal

D =	290 m3/h		D =	1 200 m3/h
V =	0,5 m/s		V =	2,1 m/s
-- Δt =	16,5 °C		-- Δt =	14
— Δt =	5,5 °C		— Δt =	5 °C

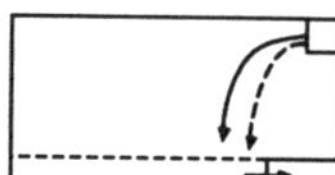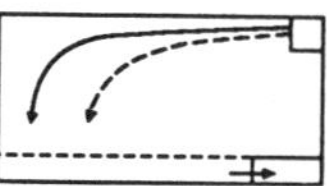

Tableau 1. Evolution de l'hétérogénéité des paramètres physiques en fonction du Δt

Δt (°C)	D (m3/h)	V (m/s)	VM (m/s)	vm (m/s)	δt (°C)	stp	sta	ARC
5,5	290	0,5	0,1	0,05	- 1,0	0,26	0,45	191
16,5	290	0,5	0,2	0,10	- 2,0	0,42	0,53	382
5	1200	2,1	0,5	0,25	0,0	0,35	0,96	12
14	1200	2,1	0,6	0,3	- 1,4	0,41	1,23	22

Un Δt élevé induit :

- une déflexion plus importante du jet
- une vitesse plus élevée au niveaux des animaux
- une hétérogénéité climatique plus élevée qu'un Δt faible..

Influence de la vitesse d'admission de l'air

Huit bouches de section identique percées dans la gaine et équidistantes les unes des autres servent d'admission d'air. Afin d'obtenir des vitesses d'air initiales différentes, trois dimensionnements de bouches ont fait l'objet de mesures : S1 = 0,02 m2, S2 = 0,01 m2, S3 = 0,005 m2 (figure 6). Les expérimentations se sont déroulées avec un débit de 409 m3/h et un Δt de 18°C.

Figure 6. Influence de la vitesse d'admission de l'air sur les circuits

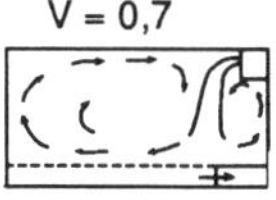

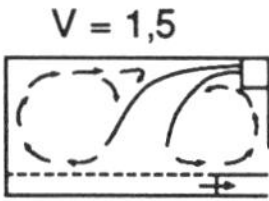

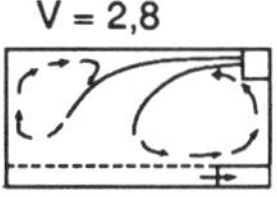

Tableau 2. Résultats climatiques

	V (m/s)	VM (m/s)	vm (m/s)	δt (°C)	stp	sta	ARC
S1	0,7	0,4	0,2	- 0,8	0,42	0,59	203
S 2	1,5	0,2	0,1	0	0,38	0,57	90
S3	2,8	0,3	0,15	0	0,35	0,69	47

L'analyse des résultats (tableau 2) montre que l'accélération du jet allonge les trajectoires et permet une meilleure diffusion de l'air. Les caractéristiques des paramètres physiques au niveau des animaux sont améliorés. D'une vitesse maximum de 0,4 m/s associée à un δt de 0,8°C pour S1, on passe à une vitesse maximum égale à 0,3 m/s avec un δt égal à 0 pour S2. L'index ARC indique un jet de portée intermédiaire et instable pour S3. Avec des vitesses d'admission de l'air plus faibles, les jets sont stables et chutent rapidement. De plus, on constate une déviation du jet sur le plan horizontal plus importante (vers le ventilateur).

Influence du débit à la bouche d'admission

Pour des vitesses d'admission de l'air identiques, il s'agit d'observer l'incidence du volume d'air engendré par une bouche sur les paramètres climatiques (figure 7). En effet, pour obtenir un même taux de renouvellement du bâtiment, il est possible de faire entrer l'air par un nombre différent de bouches, la section totale d'entrée demeurant fixe. Ainsi, le débit d'air engendré par une bouche sera plus ou moins grand.

Les mesures ont été réalisées dans les conditions suivantes : D = 400 m3/h, Δt = 18,5°C, ta = 25,9°C, V = 0,7 m/s. La surface totale d'admission de l'air est égale à 0,16 m2 et répartie en 4, 8 ou 16 bouches.

Figure 7. Influence du débit d'air à la bouche d'admission sur les circuits

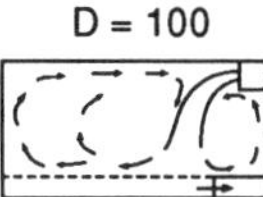

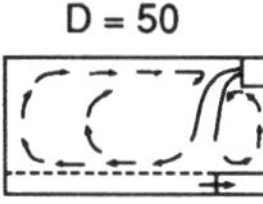

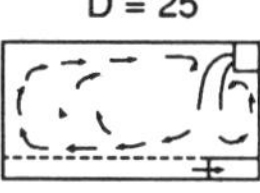

Lorsque, pour une même vitesse d'admission de l'air (tableau 3), le débit à la bouche est faible, les températures au niveau des animaux sont homogènes. On note aussi que l'air est calme.

Tableau 3. Résultats climatiques

Nombre bouches	Débit d'air à la bouche (m3/h)	VM (m/s)	vm (m/s)	δt (°c)	stp	sta	ARC
4	100	0,7	0,4	- 1	0,62	0,42	278
8	50	0,4	0,2	- 0,8	0,42	0,59	203
16	25	0,1	0,05	0	0,26	0,35	190

Analyse globale des résultats

L'examen des différents résultats permet d'avancer que les jets d'air anisothermes entrant horizontalement dans un bâtiment doivent présenter les caractéristiques suivantes :

- vitesse d'entrée élevée (> 3 m/s)
- débit, à chaque bouche d'admission, faible de façon à améliorer l'induction (réchauffement de l'air neuf).Ceci entraîne une meilleure homogénéité de la salle sur le plan climatique, le nombre de bouches de répartition de l'air étant alors plus important.

La variation du débit de renouvellement dans les porcheries, quel que soit le stade physiologique, doit généralement s'effectuer avec un rapport de 1 à 10. Afin de maintenir une vitesse d'air élevée lors de l'application de débits faibles, il est nécessaire de faire varier la section d'admission de l'air en fonction du taux de renouvellement. Ce principe fait l'objet des expérimentations ci-après. D'autres systèmes, qui ont pour effet de casser la trajectoire de l'air, sont également étudiés.

3.2 Etude de systèmes permettant la variation de la section d'admission de l'air en fonction du débit de renouvellement : jets horizontaux

Nos observations ont porté sur deux systèmes :

- volets mobiles non mécanisés (marque Rohr, type LEP)

- volets mobiles actionnés par un treuil asservi à une régulation (marque Rohr, type Servotron 30).

Bouches d'admission de l'air avec volets mobiles non mécanisés (figure 8)

Ce type de bouche a pour but de maintenir la vitesse initiale du jet relativement élevée, quel que soit le débit. Plus ce dernier augmente, plus la section d'ouverture s'accroît. Après une première expérimentation, il s'est avéré que le système tel qu'il est commercialisé ne donnait pas satisfaction. A l'origine, l'axe du volet se situe à 3 cm du bord supérieur. Lorsqu'il est incliné, un passage d'air parasite se fait dans la partie supérieure. Avec l'axe de rotation modifié comme l'indique la figure 8, l'intégralité de l'air participe à la formation du jet. Six bouches de 0,50 m par 0,12 m ont été placées sur la gaine d'admission.

Figure 8. Schéma de principe du volet mobile (coupe transversale)

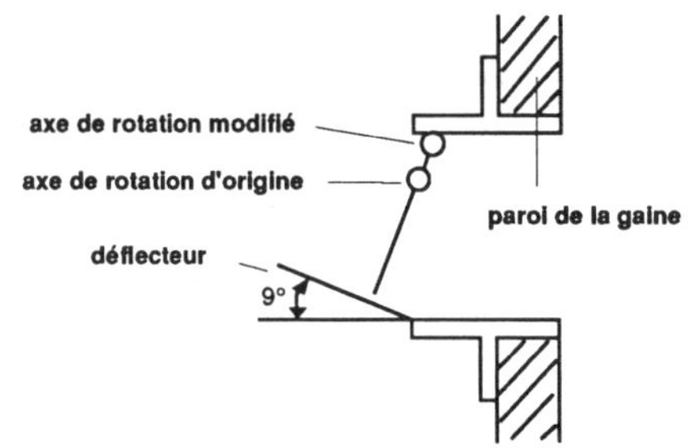

Figure 9. Evolution des circuits d'air avec un volet mobile non mécanisé à la bouche d'admission pour deux taux de renouvellement

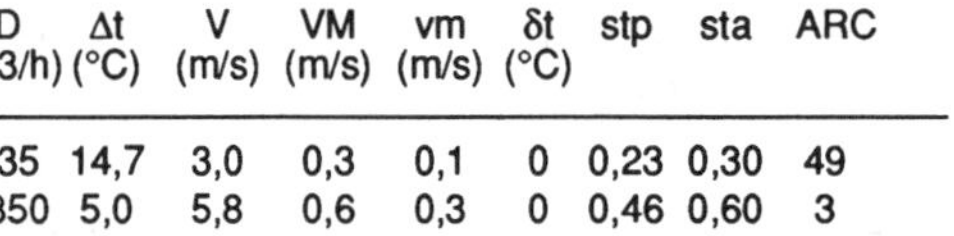

D = 435 m3/h Δt = 14,7°C   D = 2065 m3/h Δt = 5,0°C

Tableau 4. Résultats climatiques

D (m3/h)	Δt (°C)	V (m/s)	VM (m/s)	vm (m/s)	δt (°C)	stp	sta	ARC
435	14,7	3,0	0,3	0,1	0	0,23	0,30	49
2350	5,0	5,8	0,6	0,3	0	0,46	0,60	3

Avec ce type de volet, le circuit de l'air est satisfaisant (tableau 4). Malgré l'instabilité du jet (ARC = 49) à faible débit, l'air arrive sur les animaux à une température identique à la température ambiante. Toutefois, la vitesse

maximum mesurée (0,3 m/s) peut apparaître comme un élément négatif. Ceci pourrait être limité en lestant légèrement les volets. On aurait alors une vitesse initiale plus importante et la portée du jet serait ainsi augmentée. Pour un débit plus élevé associé à un faible Δt, l'effet COANDA est nettement marqué.

Bouches d'admission de l'air avec volets mobiles mécanisés

La gaine d'admission est percée de 8 trous de section égale à 0,02 m2.. Des volets entraînés par un treuil électrique coulissent le long de rails et obstruent plus ou moins les entrées d'air. Le boîtier de régulation prend en compte la température ambiante du bâtiment et commande le treuil et la vitesse de rotation du ventilateur.

Figure 10. Positionnement des volets sur la gaine d'admission

Mauvais positionnement   Positionnement correct

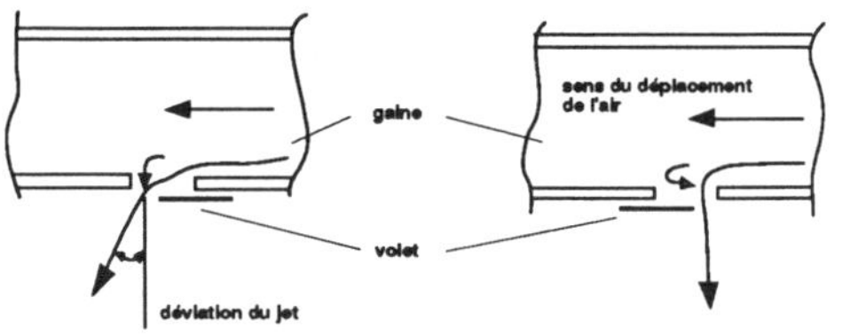

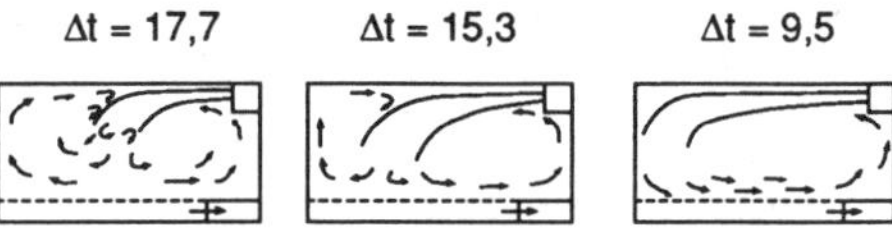

Dans le cas d'un mauvais positionnement, l'air pénètre dans le local avec une déviation élevée entraînant une hétérogénéité des températures ambiantes importante.

Figure 11. Evolution des circuits avec des volets mobiles mécanisés en fonction de la tempÉrature de l'air neuf

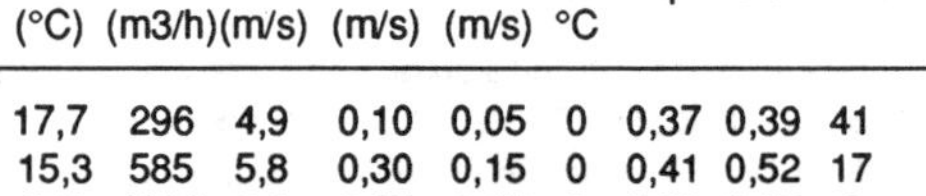

Δt = 17,7   Δt = 15,3   Δt = 9,5

Tableau 5. Résultats climatiques

Δt (°C)	D (m3/h)	V (m/s)	VM (m/s)	vm (m/s)	δt °C	stp	sta	ARC
17,7	296	4,9	0,10	0,05	0	0,37	0,39	41
15,3	585	5,8	0,30	0,15	0	0,41	0,52	17
9,5	1000	6,2	0,35	0,15	0	0,52	0,56	6

L'examen des résultats présentés au tableau 5, montre qu'à faible débit l'environnement climatique du porc est favorable (VM = 0,1 m/s, δt = 0°C). Il en est de même pour des débits plus élevés. Cependant, lorsque le taux de renouvellement augmente, il y a création d'un courant d'air transversal au niveau du caillebotis, pouvant atteindre 0,4 m/s.

3.3 Etude d'un système d'admission de l'air par jet vertical ascendant

La gaine se situe à 1,10 m du sol. Les huit bouches d'admission sont orientées vers le haut. Leur section varie en fonction de la température ambiante à l'aide d'un treuil électrique commandé par un boîtier de régulation.

Figure 12. Evolution des circuits d'air avec des bouches d'admission de l'air induisant des jets verticaux ascendants

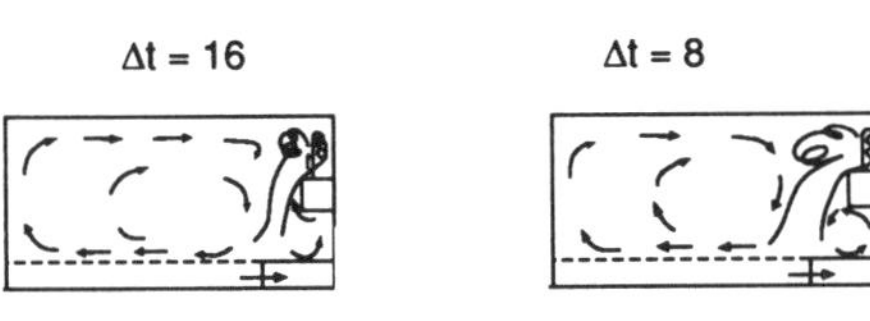

Tableau 6. Résultats climatiques

Δt (°C)	D (m3/h)	V (m/s)	VM (m/s)	vm (m/s)	δt (°c)	stp	sta
16	350	4,6	0,2	0,1	- 1,2	0,44	0,34
8	965	5,7	0,2	0,1	- 1,2	0,48	0,30

Dans les élevages, la gaine d'admission se situe au-dessus de l'aire de vie des animaux. De ce fait, le point de chute du flux d'air atteint les porcs (figure 12). D'après le tableau 6, on constate que l'air arrive sur les animaux à une vitesse peu importante (VM = 0,2 m/s) mais sa température (δt = - 1,2°C) est néfaste. En fait l'induction (mélange de l'air neuf et de l'air ambiant) ne peut se faire correctement, le plafond n'étant pas assez éloigné de l'entrée d'air. Il est probable que le système donne de meilleurs résultats lorsque l'isolant suit la pente du toit.

3.4 Etude d'un système d'admission d'air par jet vertical descendant avec barrière frontale pleine.

Dans ce dispositif, la gaine est placée à 1,80 m de hauteur et les bouches d'admission de l'air sont orientées vers le couloir de circulation. Une barrière frontale pleine dont l'étanchéité est parfaite est disposée le long de l'allée. La trajectoire de l'air neuf est ainsi cassée : le jet s'écrase sur le couloir pour remonter ensuite le long de la barrière. L'air peut être admis par plusieurs bouches d'entrée ou bien par une fente réalisée sur toute la longueur de la gaine. Quel que soit le type d'admission utilisé, les mouvements de l'air dans la salle suivent la même logique.

Figure 13. Evolution des circuits d'air avec une entrée d'air par jet vertical descendant et barrière frontale pleine

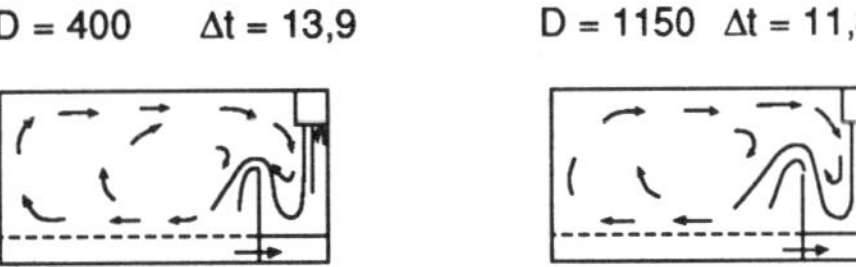

Tableau 7. Résultats climatiques

D (m3/h)	Δt (°C)	V (m/s)	VM (m/s)	vm (m/s)	δt (°C)	stp	sta
400	13,9	0,7	0,22	0,12	- 0,6	0,27	0,38
1150	11,8	2,0	0,27	0,14	- 0,8	0,65	1,28

Le jet d'air, après avoir chuté sur le couloir et être remonté le long de la barrière, tombe assez rapidement sur les animaux. A ce niveau, la vitesse peut atteindre 0,3 m/s et elle est associée à un écart de température de 0,6 à 0,8°C. Lorsque le débit augmente, on constate une hétérogénéité climatique importante dans la salle (sta = 1,28). Ceci est dû à une déviation élevée du jet qui a pour conséquence la surventilation de la zone opposée à l'admission de l'air de la gaine.

DISCUSSION - CONCLUSION

L'analyse des différents résultats de cette étude fait apparaître plusieurs éléments importants qui déterminent le cheminement de l'air dans les porcheries : on ne peut se satisfaire de simples trous percés dans une gaine. L'hétérogénéité climatique est alors non négligeable. En premier lieu, elle est due à une déviation du jet principal : il ne pénètre pas dans la salle perpendiculairement à la gaine d'admission mais selon un angle plus ou moins grand qui dépend du débit d'air à la bouche et de sa vitesse. Il y a alors création d'un mouvement circulaire sur le plan horizontal, l'air neuf étant ainsi dirigé vers le côté opposé à l'entrée de la gaine. Ce phénomène crée un gradient thermique horizontal dans la salle, le côté ventilateur (dans le cas de notre modèle expérimental) étant plus frais. D'autre part, les circuits engendrés par ce type d'installation peuvent être néfastes pour les animaux. La portée du jet est faible. Il chute donc rapidement sur le sol avant qu'il ne soit réchauffé.

Les systèmes qui permettent de casser la trajectoire de l'air (barrière frontale pleine) peuvent être améliorés en installant des déflecteurs afin de limiter la déviation initiale du jet. De la sorte, l'homogénéité de la salle serait meilleure. Néanmoins, malgré une vitesse faible au niveau des porcs, ces systèmes présentent quelques limites. Le δt reste élevé et ce, quel que soit le débit. Dans le cas de locaux de post-sevrage avec une barrière frontale pleine de 0,80 m de hauteur, le δt serait encore accru. De plus, cela suppose une étanchéité sans faille de la barrière frontale.

La variation de la surface d'admission de l'air, qu'elle soit mécanisée ou non, apporte une amélioration certaine dans l'évolution des circuits d'air et des températures d'une porcherie. Quel que soit le débit, l'air qui arrive sur les animaux est caractérisé par une température homogène. Par contre, cela suppose un système de régulation performant comme pour la plupart des installations. En effet, à débit plus élevé, le courant d'air se concentre et balaye le caillebotis pour atteindre des vitesses de l'ordre de 0,5 m/s. Si cette situation se produit avec un fort Δt (20°C) lors d'un abaissement brutal de la température extérieure, on risque de rencontrer au niveau du sol une vitesse élevée associée à une température fraîche. Pour cette raison, les systèmes de régulation doivent prendre en compte la différence de température existant entre l'air extérieur et l'air intérieur. Une solution pour pallier partiellement à cet inconvénient consisterait à diminuer la vitesse d'entrée de l'air (ouverture plus rapide des volets mécanisés au fur et à mesure que le débit augmente). A faible débit, une vitesse d'entrée de l'air égale à 5 m/s paraît correcte. A fort débit, une vitesse initiale de 3 m/s améliorerait peut-être les circuits. Mais cela reste à démontrer.

Il est à noter que l'étanchéité parfaite des bâtiments conditionne la maîtrise des circuits. L'utilisation de système de réchauffement de l'air neuf tels que recyclage, résistances électriques, échangeurs de chaleur ne peuvent qu'apporter une amélioration certaine.

En règle générale, dans la plupart des cas étudiés, les flux d'air constatés sont instables. Les valeurs des vitesses mesurées (VM et vm) sont conformes aux données d'ABRAMOVITCH. Par contre, l'appréciation de la température du jet ne semble pas être satisfaisante. En fait, les caractéristiques des sondes thermiques ne permettent pas de matérialiser les variations avec précision (temps de réponse trop important). C'est le résultat d'une moyenne arithmétique. A partir des équations d'ABRAMOVITCH et de nos résultats, il est possible d'estimer l'hétérogénéité du jet. On l'obtient en tenant compte de l'écart existant entre la vitesse moyenne et la vitesse axiale. Dans nos conditions expérimentales, il apparaît que vm = 0,5 VM.

On en déduit donc que $\delta tM = 1,5 \delta t$, δtM étant l'écart de température maximum estimé existant entre un point du local et la température ambiante mesurée à 1,40 m du sol, lorsque celle-ci est homogène.

En utilisant l'effet dépressif de la vitesse sur les animaux (CLARK, 1981), on peut mettre en évidence l'effet dépressif global en degré engendré par un système de ventilation par rapport à la température ambiante, lorsque celle-ci se situe dans la zone de neutralité thermique. Par exemple, avec un système de ventilation induisant une vitesse maximum au point de chute de 0,4 m/s et un δt de 0,8°C, l'effet dépressif dû à la vitesse est de 3,6°C pour des porcs de 20 kg de poids vif, l'écart de température maximum estimé étant de 0,8 x 1,5 = 1,2°C. L'effet dépressif en Equivalent Degré, que l'on peut noter E.D., pour ce système serait alors de 4,8°C (3,6 + 1,2).

En conclusion, la notion d'effet dépressif en Equivalent

Degré peut être un moyen objectif d'appréciation de l'ambiance en fonction du poids moyen des animaux. Cette approche original d'un système de climatisation dans son ensemble paraît séduisante. L'existence à la Station expérimentale de Villefranche de Rouergue d'un module spécifique offre la possibilité, dans un premier temps, d'approfondir cette méthode pour les différents systèmes utilisés en France. Ensuite, des mesures et des observations comportementales dans les élevages permettront d'affiner au mieux ce nouveau concept d'appréciation objective des circuits d'air et des gradients thermiques dans les porcheries.

BIBLIOGRAPHIE

Abramovitch G.N., 1963. The theory of turbulent jet. The Massachussets Institute of Technology, 663 p.
Barrie I.A., Smith A.T., 1976. Farm Building Progress, 13-17
Bruce J.M., 1975. Farm Building R et D Studies, 3-10
Bruce J.M., Clark J.A., 1979. Anim. Prod., 353-369
Clark J.A., 1981. Environnemental of housing for animal production. Butterworths, 511 p.
Comolet R., 1982. Mécanique expérimentale des fluides. Tome II. 3ème édition. Masson, 453 p.
Hacker R.R., Wogar G. S., Ogilvie J.R., 1979. Environment indices for weaned pigs. Paper 79-4017 presented at the summur meeting of A.S.A.E. and C.S.A.E. Winnipeg, Canada, 24-27
Le Dividich J. 1981. Livest. Prod. Sci. 8, 75 - 86
Le Dividich J. 1986. Milieu climatique et logement. In : Le porc et son élevage : bases scientifiques et techniques. Maloine éd. Paris, 353-376
Morisson S.R., Heitman H., Bond T.E. 1969. Int. J. Biometeor, 163-168
Morisson S.R., Givens L.R., Heitman H., 1976. Int. J. Biometeor. 337-343
Mount L.D., 1968. The climatic physiology of the pig. Arnold, London, 271 p.
Mount L.E., 1975. Livest. Prod. Sci., 381-392
Randall J.M., 1975. J. Agric. Eng. Res., 193-215
Randall J.M., Battams V.A., 1979. J. Agric. Eng. Res., 361-374
Randall J.M., 1980. J. Agric. Eng. Res., 169-18
Reietschel N. et Raiss W., 1974. Traité de chauffage et de climatisation, tome 2. Dunod, 678 p.
Verhergen J.M.F., SlyjkhinsS A., Vanderhel W., 1987. Animal Physiologie and Animal Nutrition, 229-240.
Verstegen M.W.A., 1987. Swine - In : Bioclimatology and the adaptation of livestock. University of Columbia, 245-258.

Land and Water Use, Dodd & Grace (eds), © 1989 Balkema, Rotterdam. ISBN 90 6191 980 0

Porous breathing ceiling versus inlets with recirculating air in mechanically ventilated livestock buildings

T.Kuczynski & H.Marszalek
Institute of Agricultural Building, Agricultural University, Wroclaw, Poland

ABSTRACT: air inlets with recirculation and breathing ceiling are compared in terms of ventilation efficiency. Both systems were installed in two identical sections of the building for early weaned pigs. To evaluate ventilation efficiency the distribution of relative and absolute humidity within an animal-occupied zone was analyzed for a period of 4 weeks. No significant differences in ventilation efficiency were found between the two systems. It was also found that there were no any permanently underventilated   areas at animal level.

RÉSUMÉ: Dans cet article on   compare l´efficacité de deux systèmes de   ventilation avec des orifices d´entrée d´air, une recirculation et le plafond poreux. On a installe´ ces systèmes dans les deux sections identiques du bâtiment. Dans ces sections on élève des cochonnets. On a fait l´appréciation de l´efficacite´ des systemes ·de la ventilation à la base de l´analyse d´une distribution de l´humidité absolute et relative (pour une période de 4 semaines).Des résultat de nos recherches on a remarque aucune difference essentielle entre ces systemes et leur efficacite´. Dans ces deux séctions du bâtiment donne, des zones où la ventilation est constamment insuffisante ne se présentent pas.

ZUSAMMENFASSUNG: Es wird Wirkung zweier Lüftungssysteme vergleicht, wo im ersten Lufteintrittsoffnungen mit Rezirkulation, im zweiten eine Porendecke als Zuluftelment verwendet wurden. Beide verglichenen systeme wurden in zwei identhischen Abteilungen eines Stalls für frühabgesetzte Ferkel eingerichtet. Die Effizienz beider Lüftungssysteme wurde aufgrund einer vierwöchentlichen Analyse von Verteilung der relativen und absoluten Feuchtigkeit in der Innenluft beurteilt. Es wurden keine wesentlichen Unterschiede in der Lüftungseffizienz zwischen beiden Systemen festgestellt. Es wurde auch festgestellt, dass keine Zonen vorhanden, die eine schwachere Lüftung aufweisen.

1 INTRODUCTION

The air inlets are essential part of ventilation system in any livestock building. In well designed and properly managed air inlets fresh air is distributed uniformly over all the building with no cold unmixed air reaching the animals at high velocities. An even temperature and contaminant distribution should be provided in the building, particularly within an animal-occupied zone. According to (Gustafsson 1986) there are three types of air inlets recommended for modern swine buildings:
- high speed air inlets,
- air inlets with recirculation,
- and breathing ceilings.
The high speed air inlets are the most common types of inlets for livestock buildings. However, as it has been proved (Randall and Battams 1979, Barber et al. 1982) they can work succesfully at moderate outside temperature only. At minimum ventilation rate and low outside temperature an air jet will not remain stable causing the effective temperature fluctuations within an animal-occupied zone. Furthermore it has been suggested (Gorman and Barber 1986) that a supplemental airspace mixing may be required to increase ventilation efficiency in buildings ventilated with conventional low pressure systems. The concept of air inlets with recirculation has been proposed to increase the air jet stability (Barber et al. 1982), to ensure more uniform temperature distribution in a room (Lilleng 1984) and to increase ventilation efficiency (Gorman and Barber 1986).

Another concept of exhaust ventilation system using a porous breathing ceiling as an air inlet has been developed in Norway (Graae 1974). In a breathing ceiling the inlet air velocities are extremely low (0-0,04 m/s) and the incoming air reaches the room air temperature. These result in a draught free environment and very even temperature distribution in a building. On the other hand there is some evidence (Randall 1975) that airflow in buildings with breathing ceiling occurs in a series of rotary patterns which are more characteristic of mixed systems than plug flow systems (Barber and Ogilvie 1984a). Breathing celing working as an air inlet seems to have no influence on the airflow pattern since the speed of the air leaving it is about one tenth of that of the recirculatory currents induced by convection from the stock (Randall 1975). Some researchers (Yao et al. 1986) suggest that using a breathing celing as an air inlet may result in significant stagnant spots in a building.

The work described in the paper was intended to compare the inlets with recirculation and breathing ceiling in terms of ventilation efficiency particularly with regard to the tendency of both systems to create stagnant spots within an animal-occupied zone in a building.

2 MATERIALS AND METHODS

Two types of the air inlets were installed in a newly constructed building in the industrial pig farm in Bieganow, Poland. In one of the 400 m^2 (25m x 16m) section of a 2400 m^2 building for early weaned pigs a porous breathing ceiling of 100 mm mineral wool was installed (Fig. 1).

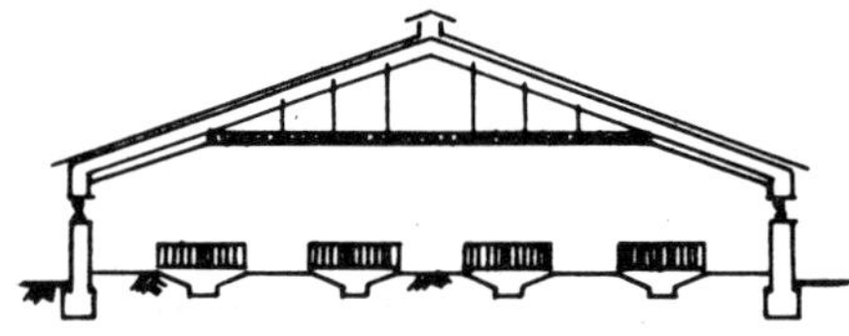

Fig. 1 Section with breathing ceiling

In the second section air inlets with recirculating air were located centrally in the ceiling (Fig. 2).

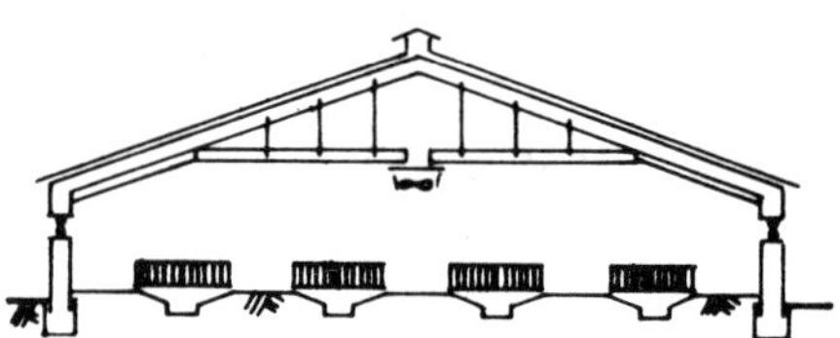

Fig. 2 Section with air inlets with recirculation

In both systems the outside air is entering an attic trough continous eave openings. To avoid the high air temperatures in a summer the systems have been equipped with eave openings. The inside air is being exhausted by 10 wall-mounted fans; two of them working continously, the other eight being thermostatically controlled. Tracer gas techniques are commonly used to test ventilation systems in the buildings. When the actual ventilation level is known rate-of-decay tracer gas experiments can be used to quantify the extent to which mixing is incomplete (Barber and Ogilvie 1984b). However, the tracer techniques are more useful as a laboratory rearch tool than as a method for investigation of ventilation efficiency in the real livestock buildings (Barber and Ogilvie 1984b). The application of some gases commonly used as tracer gases in model studies based on tracer gas decay method would not be possible in a livestock building due to their continous and changeable production by the animals.

Relative humidity is often used as a measure of the air quality in a livestock buildings, with the range of 50-70% considered as the most appropriate for swine facilities. Relative humidity is very easy to measure but since it is dependent on temperature it is likely not to serve well for comparison of ventilation efficiency purposes.

Another approach is to use absolute humidity for comparing the ventilation efficiencies of the two systems. (Berckmans et al. 1987) used temperature and absolute humidity of the air to study a model for performance estimation of control systems. The results of their research suggest very high correlation between the inputs to the ventilation system and absolute humidity level in the building. Thus it seems to be justifiable to use an absolute humidity of the inside air to compare the ventilation efficiencies of the systems described above.

To compare the ventilation efficiences
of both systems the air temperatures and
relative humidities were measured with
mechanically aspirated psychrometer two times daily for a period of 4 weeks in 9 locations within an animal-occupied zone in
each of the two sections. The building
unheated was chosen to perform a study to
avoid the effect of convector heaters employed in both sections.

On the basis of temperature and relative
humidity measurements the values of absolute humidities at all locations were calculated and the differences in water vapour
generation due to the local temperature fluctuations. The results were analyzed in
terms of the average of maximum differences
between relative and absolute humidities
for the two systems and in terms of the
average humidities for all measurement locations.

3 RESULTS AND DISCUSSION

Average values of relative humidities, absolute humidities and corrected absolute humidities for all measurement locations are
presented in Table 1 (values are means ±SD).

Table 1. Average values of relative humidity, absolute humidity and corrected absolute humidity for all measurement locations.

	Breathing ceiling N = 56	Air inlets with recirculation N = 56
Relative humidity (%)	61.50 ±0.79	60.52 ±0.74
Absolute humidity (g/kg)	11.40 ±0.33	11.23 ±0.24
Corrected absolute humidity (g/kg)	11.40 ±0.16	11.22 ±0.13

The maximum differences between average values of relative humidity, absolute humidity and corrected absolute humidity, given
as a percentage of the average values of
this data for all measurement locations, are
presented in Table 2.

Table 2. Maximum differences between average values of humidities as a percentage of
average values of this data for all measurement locations.

	Breathing ceiling	Air inlets with recirculation
Relative humidity (%)	3.9	3.5
Absolute humidity (%)	8.2	7.2
Corrected absolute humidity (%)	4.9	3.3

The average values of maximum relative humidity, absolute humidity and corrected absolute humidity differences, given as a
percentage of the average values of this
data for all the tests performed, are presented in Table 3.

Table 3. Average values of maximum humidity
differencies as a percentage of average values of this data for all the tests.

	Breathing ceiling	Air inlets with recirculation
Relative humidity (%)	11.7	11.2
Absolute humidity (%)	16.3	14.0
Corrected absolute humidity (%)	12.4	11.0

No significant differences in relative humidity, absolute humidity and corrected absolute humidity were found between the two
ventilation systems, although there was a
tendency to slightly higher departures from
the averages for the system with breathing
ceiling than for the one with air recirculating inlets (Table 2 and 3). It would suggest that there was no significant differences in ventilation efficiency.

Data shown in Fig. 3, 4 and 5 which are
obtained during the second week of the investigations are representative for all the
measurements and seems to illustrate well
the above observations.

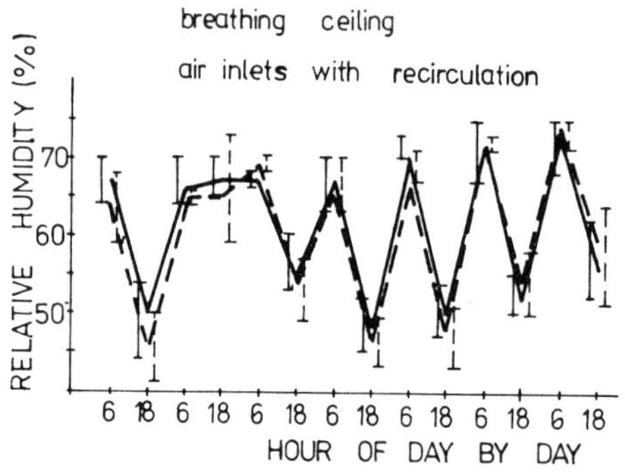

Fig. 3 Maximum differences between local relative humidities and the average relative humidity in both sections

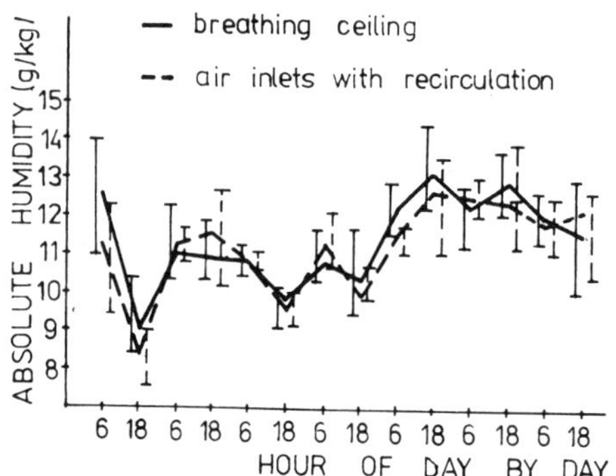

Fig. 4 Maximum differences between local absolute humidities and the average absolute humidity in both sections

Both systems showed apparently lower departures from the average values of absolute humidity when the concept of corrected humidity was used. Thus it seems that the latter only should be used for evaluation of ventilation efficiency purposes.

The values of maximum differences between average values of relative humidity, absolute humidity and corrected absolute humidity for all measurement locations (Table 2) are significantly lower than the average of their maximum values for all the tests (Table 3).

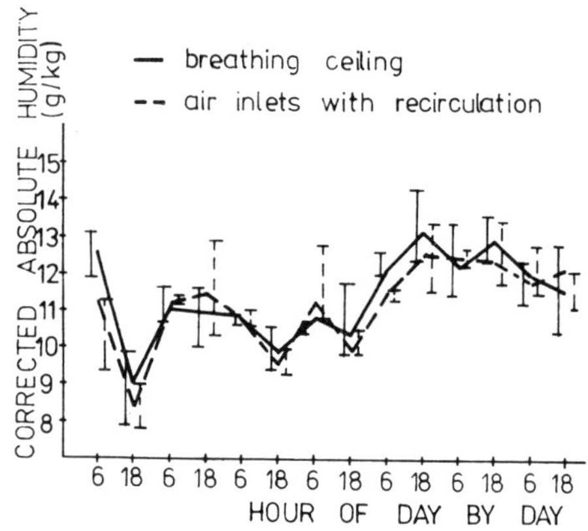

Fig. 5 Maximum differences between local corrected absolute humidities and the average corrected absolute humidity in both sections

It would suggest that due to changeable weather conditions or animal activity both systems are relatively unstable. This result in creating some stagnant spots in an animal-occupied zone for a short time but is not supposed to cause the permanent underventilation of any area in the building.

To get an idea about the time during which some areas in an animal-occupied zone may remain underventilated the 18 hour test were performed with the measurement taken every hour within that time. The values of corrected absolute humidity, representative of this data, obtained for three measurement locations along the long axis of the two sections of the building are illustrated in Fig. 4.

As it can be seen all the values of humidity measured at three locations in two sections of the building were subject to considerable changes from hour to hour. Any single location in the two sections of the building seemed to be underventilated.

4 CONCLUSIONS

From a series of measurements performed in the two sections of the building for early weaned pigs with two different types of air inlets, namely inlets with air recirculation and breathing ceiling inlets,

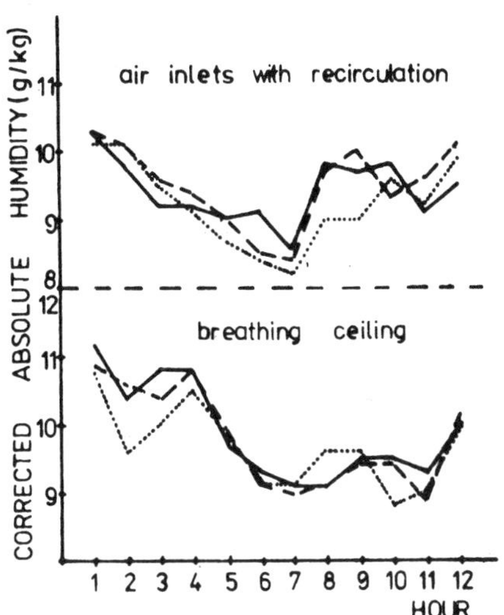

Fig. 6 Corrected absolute humidities at three locations along the long axis of the building in both sections

the following conclusions may be drawn.

1. There were no significant differences in ventilation efficiency between the two systems although there was a tendency to slightly higher departures from the averages for the breathing ceiling system.

2. There were considerable momentary differences between the ventilation efficiency for various locations within an animal-occupied zone in both systems. However, there was no tendency to create permanent stagnant spots at any single locations in the two sections of the building.

3. Water vapour content and distribution in the inside air is an interesting and promising means for evaluating ventilation efficiency in a livestock building. However, it seems to be necessary to correct it for the differences in water vapour generation due to different values of temperatures.

REFERENCES

Barber, E.M., S.Sokhansanj, W.P.Lampman and J.R.Ogilvie 1982. Stability of airflow patterns in ventilated airspaces. ASAE paper No. 82-4551. St.Joseph. MI.

Barber, E.M. and J.R.Ogilvie 1984. Incomplete mixing in ventilated airspaces. Part II, Scale model study. Can. Agric. Eng. 26:189-196.

Barber, E.M. and J.R.Ogilvie 1984. Interpretation of tracer gas experiments in ventilation research. J. agric. Engng. Res. 30: 57-63.

Berckmans, D., B.De Moor, J.Vandewalle and V. Goedseels 1987. Control strategy for a non-perfect mixed livestock building, based on adaptive on-line identiffication. CIGR Section II Seminar on latest developments in livestock housing. Urbana-Champaign. Illinois: 271-280

CIGR working group report on climatization of animal houses. 1984 SFBIU. Aberdeen.

Gorman, C.M. and E.M.Barber 1986. Contaminant transfer in confinement livestock structures. In H.D.Goodfellow (ed.), Ventilation '85, p. 251-262. Amsterdam. Elsevier Science Publishers B.V.

Graee, T. 1974. Breathing building constructions, ASAE paper No. 74-4057. St. Joseph, MI.

Graee, T. 1988. Breathing building constructions, properties, experiences and possibilities in Norway. Internationales Symposium Porenluftung. Gumpenstein.

Gustafsson, G. 1986. Realization of microclimate in piggeries. CIGR Section II Seminar on pig, rabbit and small species housing. Rennes.

Lilleng, H. 1984. Ventilating inlets with recirculating air in animal houses. 10th International Congress of Agricultural Engineering. Budapest. p.172-176.

Randall, J.M. 1975. The prediction of airflow patterns in livestock buildings. J. agric. Engng. Res. 20: 199-215.

Randall, J.M. and V.A.Battams 1979. Stability criteria for airflow patterns in livestock buildings. J. agric. Engng. Res. 24: 361-374.

Yao, W.Z., L.L.Christiansen and A.J.Muehling 1986. Air movement in neutral pressure swine buildings-similitude theory and test results. ASAE paper No. 86-4532. St. Joseph. MI.

Land and Water Use, Dodd & Grace (eds), © 1989 Balkema, Rotterdam. ISBN 90 6191 980 0

Minimum ventilation problems in closed animal buildings in cold areas

H.Lilleng
Department of Building Technology, Agricultural University of Norway, Norway

ABSTRACT: The need of ventilation in animal rooms depends on outside climate and required inside climate.
Practice shows that it is often very difficult to keep the minimum ventilation on right level. The reasons can be insufficient insulation, untight constructions, unsuitable climatic equipment, wrong use of the equipment or combinations of more factors.
This paper deals with common problems in untight buildings.

Norwegian examinations show that constructions in many animal rooms are very untight, especially doors and windows.
The consequences of untight constructions can be
* too high ventilation rate if cold or windy weather. Then the temperature on cold days will drop lower than desired in rooms without additional heating. In rooms with additional heating (pigs, chickens) the energy consumption for heating can rise considerably on cold days, and the relative humidity turns too low,
* draught from doors, windows and other untight constructions,
* temperature differences vertically and horizontally in the room and condensation and ice building.

Untight buildings can be sealed. Doors and windows can be sealed by means of rubber weather strips and locks able to force the windows or doorblades against the frames.

ZUSAMMENFASSUNG: Der Bedarf von Minimumsventilation hängt von dem Aussenklima und den Anforderungen an das Innenklima ab. Die Praksis erweist, dass die Landwirte Probleme haben die Minimumsventilation auf dem richtigen Niveau zu halten. Der Grund dafür kann bei schlechter Wärmeisolierung, undichten Konstruktionen, schlechter Ventilationsanlage, falscher Gebrauch der ventilationsanlage oder Kombina-tion von mehreren Faktoren sein.

Die norwegischen Versuche zeigen, dass die Konstruktionen in vielen Haustiergebäuden undicht sind. Dies Gilt besonders für Türen und Fenster.
Undichte Konstruktionen können zu folgenden Probleme führen:
* zu starke Ventilation bei starker Aussenkälte oder Wind. Die Folge ist, dass die Temperatur in den Räumen ohne zusätzliche Heizung unter den gewünschten Wert fällt. In Räumen mit Zusatsheizung (Schwine, Hüher) steigt dann bei kaltem Wetter der Energieverbrauch und die relative Luftfeuchtigkeit wird zu niedrig.
* Zug von Türen, Fenster und undichte Konstruktionen.
* Temperaturunterschiede sowohl horizontal wie auch vertikal, Kondensation und Eisbildung.

Undichte Gebäude können abgedichtet werden. Türen und Fenster können mit Dichtungsstreifen aus Gummi oder anderen Materialien abgedichtet werden, weiterhin durch Anwendung von Schliessmechanismen, welche Fenster und Türen in die Rahmen zwingen.

RÉSUMÉ: Le besoin de ventilation minimum dans les espaces pour les animaux depend du climat à l'exterieur aussi bien que du climat désirable à l'intérieur .

En pratique il est souvent difficile de maintenir une ventillation minimale a' un niveau fix. Les raisons peuvent êtreinsuffisance d'insullation, construction avec fissures, équipement climatique peu adapte aux besoins,l'emploi eronne de l'equipement,.ou meme une combinaison de plusieurs facteurs. Dans cet article on traite des constructions avec des fissures. Ce problème est très frequent en Norvège comme le montrera cet article.
Dans des constructions avec des fissures on peut avoir:
* une ventilation trop forte avec temps froid ou quand il-y-a beaucoup de vent. Avec le temps froid, la température peut atteindre un niveau trop bas dans les espaces sand chauffage supplémentaire. Dans les espaces avec chauffage supplémentaire (cochons, poules) la consommation d'énergie peut aumenter considérablement pendent les journées froides, et, en conséquance le niveau d'humidité relative sera trop bas.
* courant d'air par les portes et par les fenêtres ou à d'autres constructions avec des fissures,
* différances de température, verticalement et horizontale, dans les espaces, condensation et formation de glace.
Les fissures dans les constructions peu solides pluvent être bouchée. Pour les portes et pour les fenêtres on peut emploier des bandes de caoutchouc et des fermetures capable de forcer les fenêtres contre les chassis et les portes contre les chambranles.

1. APPROACH

The need of minimum ventilation depends on outside climate and required air temperature, relative humidity and limitation of gas consentration in the animal room. The minimum ventilation can be calculated according to the recommendation given in the CIGR-report "Climatization of animal houses"(1984)(1). In practice many farmers have problems managing the minimum ventilation on right level. The problems can be due to insiffucient insulation, untight constructions, useless ventilation equipment, wrong use of the equipment or combinations of many factors A good insulated and tight building is of vital importance for a good climate.

This paper deals with the climate problems which can arise in untight buildings, and how to solve it.

2. HOW UNTIGHT ARE OUR ANIMAL ROOMS?

Few measurements are carried out to bring to light the tightness of different types of animal rooms.
Obviously the variations are very large, and normally rooms for pigs and chickens are tighter than cow barns.

Different methods can be used to figure out the amount of uncontrolled fresh air entering cracks in the building. The infiltration can o.a. be determined by use of a tracer gas or by directly measurement with the pressurization method, figure 1.

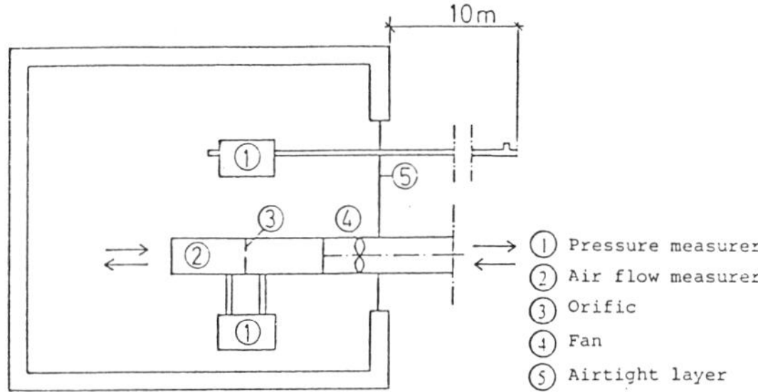

Fig. 1. Pressurization method for air infiltration measurement principles (5).

Table 1. Infiltration caused by untight doors (6).

Door no.	Size m^2	Infiltration, m^3/h·m^2 underpressure			
		5 Pa	10 Pa	20 Pa	40 Pa
1	5.7	18.3	25.6	36.0	50.0
2	2.0	20.7	30.1	44.0	63.0
3	2.0	15.7	24.3	35.5	52.0

The pressurization method with under pressure was used to determin the leakages in 8 Norwegian cow barns (5).

Figure 2 shows that the infiltration was 2-4 air changes/h if 10-15 Pa negative pressure. The examinations indicated that doors and windows are especially untight. Table 1 gives the measurements for 3 doors, normal type.

If 10-15 Pa negative pressure and cold weather, door No 1 supplies 3 cows with fresh air. The same amount of air is enough for 30 pigs 20 kg or 3000 dayold chickens.

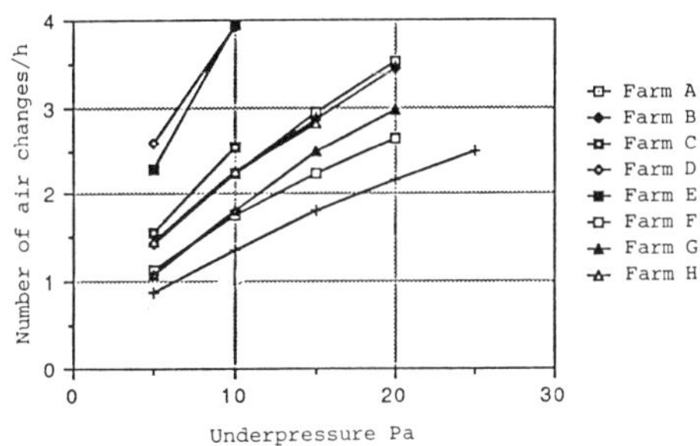

Fig. 2. Air infiltration in the cow stables on 8 farms (5).

3. THE POWERS MAKING INFILTRATION

The fresh air can be forced through the cracks, by wind, buoyancy or a negative pressure in the room, caused by the ventilating fans.

a. Infiltration caused by wind:
On a free field the wind pressure against high buildings maximum can be

$$\Delta p = \frac{\rho \cdot v^2}{2}$$

Δp = dynamic pressure, Pa
ρ = air density, kg/m^3
v = air velocity, m/s

At 0°C the formula gives
v = 1 m/s, Δp = 0.64 Pa
v = 5 m/s, Δp = 16.10 Pa
v = 10 m/s, Δp = 64.50 Pa

Normally the buildings are not very high, and other buildings and trees damp the wind. Therefore the wind pressure is somewhat lower than the formula expresses.

Moreover, the wind direction against the walls is important for the pressure. Fig. 3 shows the pressure variations along building facades in model tests.

The wind forces fresh air into the room through all cracks on places

where the outside pressure is higher
than the inside.

b. Infiltration caused by buoyancy
Big temperature differences inside-
outside the building give pressure
differences and air infiltration if
untight constructions. One place
between the floor and the ceiling in
a not-ventilated room, the inside
and outside pressure are equal (the
neutral zone). The level of the
neutral zone depends on the location
of any cracks. The cold outside air
is heavier than the inside air.
Therefore, inside the room we have a
higher pressure above and a lower
pressure underneath the neutral zone
than outside.

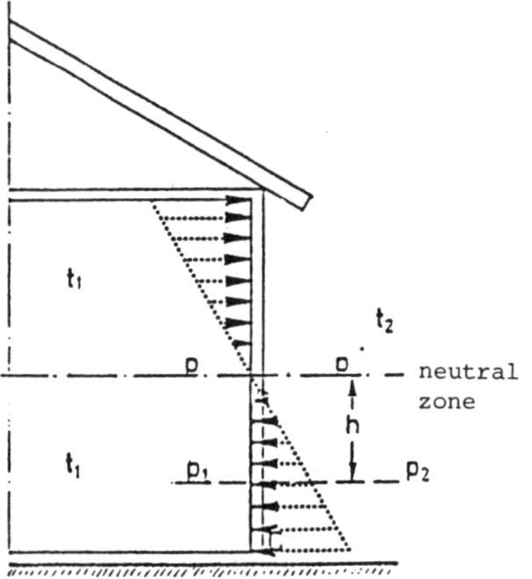

Fig. 4. Air pressure in a not
ventilated room, $t_1 > t_2$.

The negative pressure h m underneath
the neutral zone will be

$$\Delta p = gh(p_2-p_1) \text{ Pa}$$

If, as an example, the neutral zone
is located 1.5 m above the floor
level and inside and outside temperature are 15°C and -20°C, the negative pressure near the floor will be
$\Delta p = 1.5 \cdot 9.81(1.395-1.218) = 2.6$ Pa.
If the room is higher or there is a
cellar underneath a slatted floor,
the pressure differences can be

higher. Temperature differences
cause pressure differences all over
the building, and fresh air will be
forced into the room through the
cracks located underneath the neutral zone. Very often the largest
leakages are located near the floor,
underneath the door blades.

c. Infiltration, caused by the outlet fans.
Fans blowing used air out of the
rooms, cause a negative pressure all
over the room, if the constructions
are not very leaky. The negative
pressure cause a fresh air stream
into the room both through the
cracks and the organized inlets.

4. THE DISADVANTAGES OF UNTIGHT
BUILDINGS

a. Too high minimum ventilation
Big cracks in the constructions may
cause a higher ventilating rate than
requi-red in cold and windy weather.
The consequence is too low
temperature in rooms without a
heating system. In heated rooms the
energy consumption and costs will
turn too high and the relative
humidity too low if the temperature
is maintained on required level.

b. Draught on the animals
Animal located near big cracks in
the constructions will be exposed to
draught. Draught from leaky doors is
very common. Openings between the
door blade and the floor often give
cold air streams along the floor.
This give a negative effect on the
heat balance for young and small
animals.

In untight rooms the negative
pressure normally is very low.
Therefore the velocity of the fresh
air entering the inlets also turns
low, and the cold air falls quickly
downwards and may hit the animals.

c. Temperature variations
In untight rooms both horizontal and
vertical temperature variations are
common. Fig. 5 shows temperature
observations along the floor inside
an untight door.

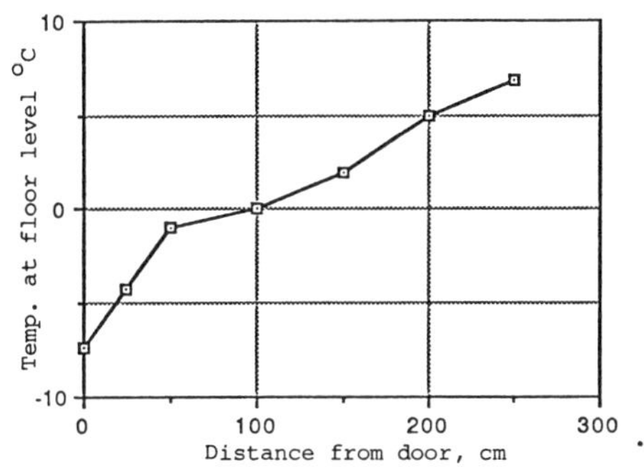

Fig. 5. The air temperature at floor level in different distances from an untight door at an outside temperature of -9°C (5).

Table 2 shows observations of vertical temperature variations in a special untight cow barn with openings in the floor. There was a dung cellar underneath.

d. Condensation and ice
Where cold air enters the cracks, the constructions will be cooled and condens and ice may arise on the inside surface. The mixing of cold and warm, moist air near the inside surfaces may give the same effect.

5. THE WAY TO REDUCE OR ELIMINATE THE PROBLEMS

The infiltration can be reduced or eliminated by sealing the cracks. As mentioned, doors and windows normally are the most leaky constructions.

Leaky door blades can be sealed by means of a plastic liner fixed to the door inside. Waterproof plywood also can be used.

Openings between the door blade and the frame can be sealed by means of rubber weather strips, and using a door lock able to force the door blade against the frame.

Openings between the door blade and the floor can be tightened by means of a sweeping weather strips.

Windows also can be tighted, using weather strips and good locks.

Table 2. The temperature conditions in a leak cow barn (5)

Outside temp. °C	Dung cellar temp. °C	Place in the barn	Behind the cows, °C	On the stands °C	In the young °C
		1. Underneath the ceiling	15.8	17.3	16.5
- 9	- 4	2. 1 m above floor level	14.2	16.7	15.7
		3.Near the floor level	6.3	9.3	11.3
		Difference 1+3	9.5	8.0	5.2

REFERENCES

1) CIGR, 1984. Report of working group on Climatization of animal houses.
2) Colliver,D.G., L.R.Walton & B.F.Parker, 1982. Wind speed effect on residential energy usuage. ASAE Winter Meeting, Chicago, Ill.
3. Costello, Th.A., A.Garcia & N.F.Meador, 1987. Simplified air infiltration measurement. ASAE Winter Meeting, Chicago, Ill.
4) Fenton, F.C. & C.K. Otis, 1941. The Design of Barns to withstand Wind Loads Kansas State College Bulletin.

5) Lilleng, H., K.A. Løken & K.M. Sørby,
   1987. Luftlekkasjer og temperaturfor-
   hold i husdyrrom. IBT-rapport nr. 206,
   N-1432 Ås-NLH.
6) Løken, K.A., 1986. Lufttetthet av dører
   i husdyrrom. IBT-rapport nr. 207, N-
   1432 Ås-NLH.
7) Løken, K.A., 1987. Metoder til måling
   av luftlekkasjer gjennom dører, vinduer
   og andre bygningskonstruksjoner. IBT-
   rapport nr. 208, N-1432 Ås-NLH.
8) Mousley, L.J., J.T. Fryer & K.S. Pike,
   1975. Infiltration of a building by
   wind. NIAE Sect Note SN/FB/9/3020.
9) Mousley, L.J. / J.T. Fryer, 1985. Air
   leakage of broiler houses. Farm Build.
   & Engineering 2(2).

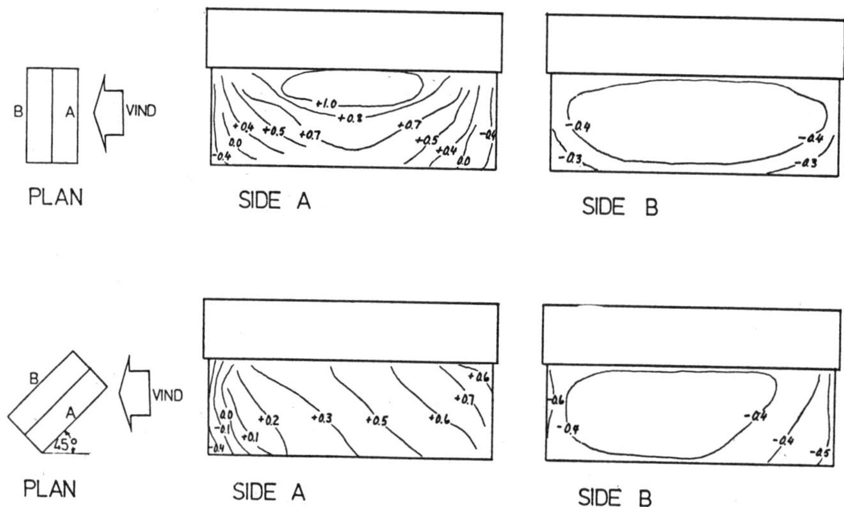

Fig. 3. Wind pressure against buildings, relative value (4).

Land and Water Use, Dodd & Grace (eds), © 1989 Balkema, Rotterdam. ISBN 90 6191 980 0

A microcontroller board for agricultural applications

R.A.Maki & J.J.Leonard
University of Alberta, Edmonton, Alberta, Canada

ABSTRACT: A single board microcontroller was designed for monitoring and control of agricultural processes. The system supports analog and digital inputs, digital outputs, serial data communications and a 16-digit Liquid Crystal Display. Two applications of the microcontroller are described in detail illustrating the adaptability of the system: a tractor performance monitor and a variable air inlet controller for an animal housing structure.

RÉSUMÉ: On a mis au point un microrégulateur sur plaque unique pour la surveillance et le controle des processus agricoles. L'ordinateur soutient des entrees analogiques et numeriques, des sorties numeriques, des transmissions de donnees en serie et un affichage a cristaux liquides de 16 unites. On decrit en detail deux applications du microregulateur pour illustrer la flexibilite du systeme: la surveillance des performances d'un tracteur et le controle variable de l'admission d'air pour une structure abritant des animaux.

ABSTRAKT: Ein Mikrokontroller mit einer Karte wurdê entworfen für Beobachtung von und Kontrolle über landwirtschaftlichen Prozesse. Das System Kann analoge und digitale Signale annehmen, digitale Signale senden, ermöglicht seriale Datenverständigungen und hat einen 16-stelligen Liquid Crystal Display. Zwei Anwendungen des Mikrokontrollers sind in einzelheiten beschrieben die die Anpassungsfähigkeit des Systems illustrieren: ein Traktorleistungsfahigkeitsmesser und ein verstellbarer Luftzufuhrkontroller für stallungen.

1 INTRODUCTION

Recent developments in microprocessor hardware has provided the user with a selection of products that are energy efficient, programmable and available as single chip computer packages (Boyet 1988). In addition to an eight-bit central processing unit (CPU) and a timing crystal, single chip microcomputer packages may include random access memory (RAM), read only memory (ROM), programmable ROM (PROM), analog-to-digital converters, programmable timers, synchronous and asynchronous data communications and eight-bit parallel input/output ports. The above can be present in various combinations depending on the application that the unit was designed for.

Because of their inherent flexibility, such devices offer a cost-effective means for monitoring and control of agricultural processes. Computer monitoring and control of agricultural processes is finding increasing applications in remote locations where personal computing systems have limitations due to size, power supply constraints and the difficulty of providing environmental protection. Also, many such applications do not require the processing speed and memory that are available on modern, commercially-available personal computers. Thus, a need was perceived for a compact, easily packaged device that could be used in a wide variety of agricultural monitoring and control situations.

Such a device would not need to embody great computing power or speed but would need to be easily reconfigured to suit different tasks. With these requirements in mind, a small microcontroller was designed so that it would be easily programmed and interfaced, with a minimum of external circuitry, to whatever dedicated task would be required of it. This paper describes the unit and two applications for which it has been used.

2 MICROCONTROLLER DESIGN

There are a number of chips on the market that would have been suitable for this application. However, to maximize compatibility with existing hardware, software and support facilities, the microcontroller board was designed around the Motorola 68HC11 microcomputer control unit (MCU). This device includes, internally, an eight-bit CPU, 256 bytes of RAM, 8k bytes of ROM, 512 bytes of EEPROM, an eight-bit analog-to-digital (A/D) converter with an eight-channel analog multiplexer, two serial data communication ports, a programmable timer system and five eight-bit parallel ports whose configuration is dependent on the mode of chip operation. Figure 1 is a block diagram of the MCU's features.

The device can be operated in either single chip mode or expanded multiplexed mode. The single chip mode operates from internal memory where the operating program code is stored in RAM, EEPROM, or ROM. The expanded multiplexed mode utilizes external memory for storing the operating program code. In expanded multiplexed mode, the device supports an eight-bit data bus and a 16-bit address bus.

The microcontroller board used the expanded multiplexed mode. The operating program was stored in a 2764 8k X 8-bit EPROM making the board reprogrammable to suit any specific application. The EPROM component could be replaced easily by a RAM component if data storage was required. In this case, program code could be stored internally within the MCU or downloaded from a host computer using software available in the on-chip ROM.

2.1 Input signal capabilities

Eight analog, and ten digital input ports were supported by the microcontroller board. With the analog ports, the A/D converter and the associated analog multiplexer were accessed under software control. The sensitivity, or range of allowable input voltages, was controlled by an on-board potentiometer.

The ten digital input lines were configured for direct interfacing with an external process. Six inputs were electronically debounced to provide a simple digital switch input interface. Three inputs were optically-isolated so that input signals with different voltages and ground potentials from that of the microcontroller board could be interfaced easily. One input line was left untouched and provided a port that was directly connected to the MCU.

A greater number of digital input lines could be accessed if required but the versatility of the system then would be affected. For instance, the eight A/D converter ports could be configured as digital signal inputs at the expense of inhibiting the use of the A/D feature.

2.2 Digital output capabilities

Thirteen digital output lines were available. Nine lines were used to drive a liquid crystal display (LCD) module. Eight of the nine lines were configured as an 8-bit buffered data bus which was used to convey display information to the LCD module. The ninth data line was used as a chip-select line for enabling the LCD. The remaining four output lines were optically-isolated outputs. Optical isolation provided buffering of outputs to eliminate overloading and possible damage to the MCU.

The LCD module could be removed easily to allow the data bus to be used for other purposes such as a digital-to-analog (D/A) converter.

2.3 Serial data communications

Two bi-directional, serial data communications ports were available to the user. These were an asynchronous, RS232 protocol interface, and a synchronous peripheral interface (SPI). These ports could be used to transfer program code or acquired data to and from a host computer system or storage device. Parameters affecting the serial data protocol, such as baud rate and data formats, were changeable under software control.

2.4 Power and packaging

The microcontroller board was designed to run on a 12V power supply, since this voltage is found commonly on agricultural

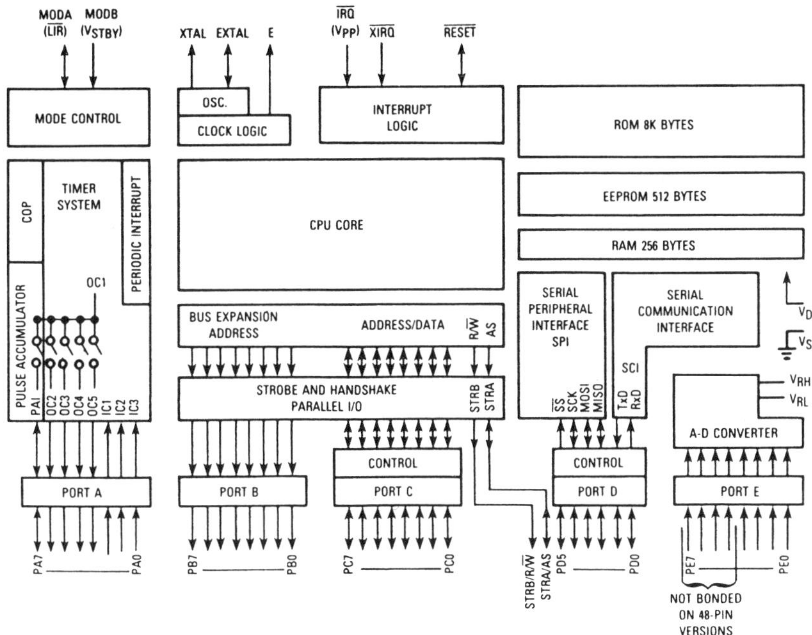

Figure 1. Block diagram of 68HC11 microcontroller (Motorola, 1988)

equipment. Voltage regulation, including fuse protection, was included on the board. The completed board measured 20 mm x 14 mm and consumed 3W (0.25A @ 12V) of power. Thus, it was easily packaged, portable and sufficiently energy-efficient for mobile and remote applications.

2.5 Software development

Although software is available for programming the controller using BASIC, assembly language was used to write software for board testing and the applications described below. Programs were developed on a personal computer, assembled and downloaded to the board using the serial communication port.

3 APPLICATIONS

The board was used, initially in two different applications. These are outlined below to give an indication of the capabilities of the board.

3.1 Tractor efficiency monitor

A tractor efficiency monitor was

developed using the microcontroller board. The board-based monitor was similar to that described by Rickman et al. (1988) except that the micro-controller was used in the expanded mode rather than the single-chip mode.

Fuel consumption, forward travel speed, and drawbar pull were monitored. These data were acquired and processed by the microcontroller for display on the LCD. Information displayed included drawbar power and specific fuel consumption in addition to the measured parameters. Any displayed data could be sent to an external storage device utilizing the RS232 serial port.

Fuel consumption was measured by two positive-displacement oval-geared flow sensors (304-431,RS) placed between the injector pump and the fuel tank and in the overflow return line from the injectors. The sensors generated a frequency output which was proportional to fuel flow. Frequency-to-voltage circuits provided analog signals proportional to the flow through each sensor and a differential amplifier converted these signals into a voltage representing net fuel consumption. This signal was fed to one of the A/D inputs on the microcontroller board.

Travel speed was measured by a Doppler radar sensor (RVS, Dickey John Corp.).

The sensor generated a signal with an output frequency that was proportional to the travel speed of the tractor. Again, frequency-to-voltage circuitry was required for the sensor-A/D input interface.

Drawbar pull was measured with a strain-gauged steel tension member. Four active foil resistance strain gauges were placed longitudinally on the tension member and connected in a Wheatstone bridge arrangement for maximum sensitivity. The bridge was balanced with a potentiometer and the output from the bridge was amplified using two operational amplifiers. The amplifier output was connected to an A/D input port on the controller board.

Five parameters associated with tractor performance were calculated from the processed sensor signals. A flowchart illustrating the controller operating system software is shown in Figure 2.

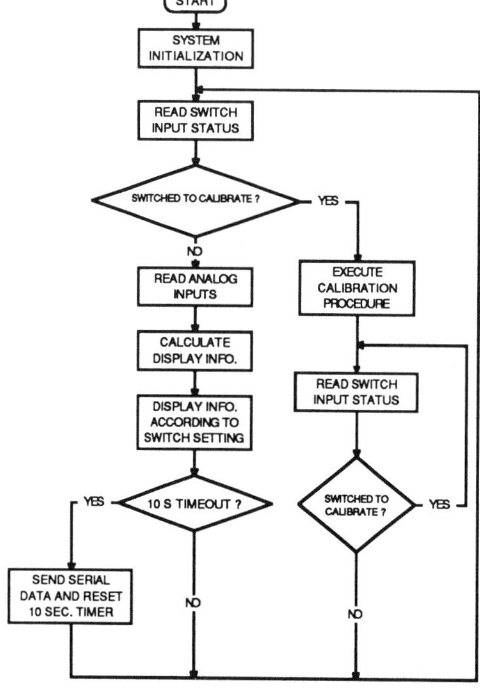

Figure 2. Flowchart of tractor monitor software.

Fuel consumption (L/h), drawbar pull (kN), forward travel speed (km/h), drawbar pulling power (kW), and tractor specific fuel consumption (kW/L) were calculated and displayed on the 16-character LCD. The LCD display was controlled by a six position dial switch used to select one of the five calculated parameters.

The sixth position on the dial switch activated the auto-calibration routine used to calibrate the speed sensor. Calibration of the speed sensor was required whenever the sensor was remounted on a different tractor. This routine calculated a semi-permanent calibration constant that was stored in EEPROM and remained unchanged until the calibration mode was reentered.

The RS232 serial communications port on the microcontroller board could be used to transmit fuel consumption, travel speed and drawbar pull information to an appropriate storage device. Transmission was in ASCII format at ten-second intervals.

3.2 Variable air inlet controller

Proper fresh air exchange in animal housing structures is essential for maintaining a comfortable and healthy environment. Inlet air flowrates are dependent on the temperature difference between inlet and room air. In order to conserve energy, winter ventilation requires minimal airflow rates of low temperature inlet air whereas summer ventilation is characterized by high airflow rates with inlet air temperatures being similar to inside room temperatures.

Low ventilation rates during winter can lead to insufficient mixing of inlet air with room air and, consequently, high inlet discharge velocities are required to promote turbulent mixing. Proper mixing of the inlet air is essential for elimination of cold drafts at animal level and proper distribution of the fresh air throughout the structure. During summer months inlet air-room air mixing is not as important, however the inlet design must accommodate the larger air inlet flowrates.

To accommodate seasonal air mixing and flowrate variations, a variable air inlet using a vehicle tire inner tube as a pneumatic actuator was constructed and tested (Leonard and Yu 1987). As illustrated in Figure 3, the ceiling-to-baffle gap was controlled by the air pressure within the pneumatic actuator. A correlation between the orifice gap and pneumatic actuator pressure proved accurate enough for inner tube pressure to be used as feedback measurement in an air discharge velocity control system.

Using the variable air inlet and the microcontroller board, an air velocity control system was developed. Discharge air velocity was controlled by adjusting inner tube pressure according to the ambient-room temperature differential.

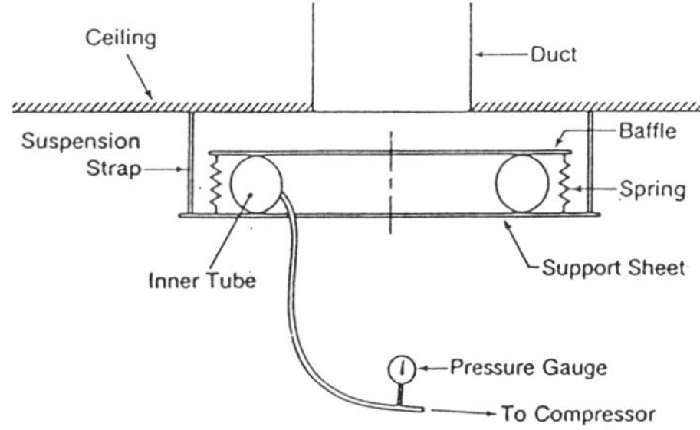

Figure 3. Diagram of pneumatic inlet actuator

Ambient and room temperature, as well as inner tube pressure, were monitored. The input sensor information was acquired by the microcontroller which processed the data and adjusted inner tube pressure accordingly. A flowchart illustrating the control program is shown in Figure 4.

Ambient and room air temperatures were measured using two solid state sensors (LM335, National Semiconductor). These sensors were set up to provide outputs of 1mV/K that were numerically equal to the absolute temperature being sensed. The sensor outputs were directed to A/D input ports on the controller board.

Inner tube pressure, which was used as a feedback measurement for the controller, was sensed with a commerically-available pressure transducer (142PC, Honeywell Micro-switch). The transducer provided a voltage output which was interfaced to one of the A/D inputs on the controller board.

Two optically-isolated, digital output signals were utilized to control two normally-closed, direct-acting solenoid valves (8262, Asco). These valves were used to adjust inner tube pressure: one signal controlled a compressed air inlet valve to inflate the inner tube while the other signal controlled a pressure release valve used to deflate the tube. The two solenoid valves required a 120 VAC 60 cycle power supply. Thus,

triac-based solid state switches were required to allow 0-5 V digital signals to control the 120 VAC power supply to the solenoid valves.

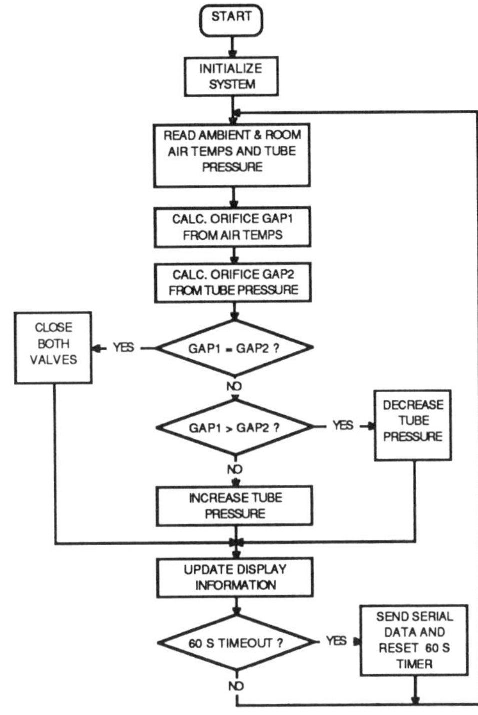

Figure 4. Flowchart of ventilation controller software

The LCD was used to display ambient and room air temperature together with inner tube pressure as calculated by the controller. Also, the required inner tube pressure set point, which was calculated from the air temperature measurements, was displayed for comparison with the measured inner tube pressure and for algorithm validation.

The RS232 serial communication port on the microcontroller board was available to transmit ambient and room air temperatures, and inner tube pressure information to an appropriate storage device. ASCII data format was used to transmit the data once every minute.

4 DISCUSSION

The microcontroller board performed favourably when used with the above two applications. At the time of writing, extensive field testing had not been

conducted with either application.
However, laboratory tests have established the validity of the software and
correct functioning of the microcontroller board and interfacing
hardware. Further, minor changes to the
software will be required in the light
of information from more extensive field
tests. For instance, response time and
stability of the ventilation controller
may need to be adjusted to suit specific
installations. However, programming,
downloading and debugging of software
using a personal computer has proved
convenient and further software changes
do not pose a problem.

In addition to software changes to
enhance specific functions, some general
modifications to the board are being
considered to increase its versatility.
These are listed below:
- Addition of a real time clock.
- Upgrading the packaging and electrical
shielding to improve durability when the
board is operated in the field.
- Adaptation to allow the use of a
battery pack or solar power supply to
simplify remote installations.

5 CONCLUSIONS

A microcontroller board has been
designed to be used as a versatile tool
for agricultural monitoring and control
applications. The board has been tested
for use as a tractor performance monitor
and as a variable air inlet ventilation
controller. In both instances,
performance was satisfactory and program
development and interfacing was
straight-forward. The board offers
potential for a wide variety of
additional uses.

6 ACKNOWLEDGEMENTS

The authors wish to acknowledge the
technical assistance of Mr. S.
Yakimchuk, department of Agricultural
Engineering, University of Alberta. The
financial support of Alberta Agriculture
and the cooperation of the Alberta Farm
Machinery Research Centre also are
acknowledged.

7 REFERENCES

Boyet, H. 1988. Microcontrollers:
  characteristics, instruction sets and
  applications. Microprocessors,
  Microcontrollers, ASIC. 23rd
  Videoconference. Inst. Electrical and
  Electronics Engnrs. Inc. New York, NY.
Leonard, J.J. and J.C. Yu. 1987. A
  variable air inlet for a high-pressure
  ventilation system. Paper No. PNR-402,
  Am. Soc. of Agric. Engnrs., St. Joseph,
  MI.
Rickman, J.F., J.J. Leonard and R.A.
  Maki. 1988. A tractor efficiency
  monitor for farmer usage. Proc.
  Conference on Agricultural Engineering
  1988. Inst. Engrs., Australia.
  Canberra, A.C.T.
Motorola. 1988. MC68HC11A8 HCMOS
  Single-Chip Microcontroller. Motorola
  semiconductor technical data document
  No. C68HC11A8/D. Motorola Inc. Phoenix,
  AZ.

Land and Water Use, Dodd & Grace (eds), © 1989 Balkema, Rotterdam. ISBN 90 6191 980 0

Heat production patterns in commercial turkey production houses

K.P.McDermott & J.J.R.Feddes
University of Alberta, Edmonton, Canada

ABSTRACT: A study was carried out with the objective of measuring the sensible and evaporative heat production in a commercial turkey barn. Heat production was measured directly and indirectly and the two methods compared. Heat losses from Large White hens from 2 to 94 days of age were determined for nine 24-hour monitoring periods. Diurnal patterns were also investigated. Maximum heat production was 36.4 and 35.0 W/bird measured directly and indirectly, respectively. Direct calorimetry measured 6% higher than indirect averaged over all the runs. Low temperatures during the night caused increased heat production.

RESUME: On a fait étude dans le but de mesurer la production de chaleur sensible et évaporative dans un élevage industriel de dindes. La production de chaleur a été mesurée directement et indirectement et les deux méthodes comparées. Les déperditions de chaleur de dindes Large White dont l'âge allait de 2 à 94 jours ont été déterminées pour 9 périodes de surveillance de 24 heures. On a également étudié les schémas diurnes. La production de chaleur maximale était de 36.4 et de 35.0 W/oiseau par mésure directe, respectivement. La calorimétrie directe était 6% plus élevée que l'indirecte dans la moyenne de toutes les périodes d'enregistrement. Des températures basses durant la nuit entra naient une production de chaleur accrue.

ZUSAMMENFASSUNG: Die vorliegende Studie wurde im Bereich einer kommerziellen Truthahnfarm durchgeführt mit der Absicht, die sensible Wärme, die von den Truthennen produziert wird, zu messen. Die Wärmeproduktion wurde am direkten und indirekten Wege ermittelt und die zwei Messverfahren verglichen. Die Wärmeverluste von 2 bis 94 Tage alten Large White Truthennen wurden fur neun Versuchsperioden, jede von 24 Stunden Zeitspanne, bestimmt. Tägliche Schwankungen wurden ebenso untersucht. Die Höchstwerte für die direkt und indirekt gemessene Wärmenproduktion wurden mit 36.4 beziehungsweise 35.0 W/Truthenne angegeben. Die am direkten Wege ermittelten Wärmemessungen waren im Durchschnitt um 6% höher als diejenigen, ermittelt am indirekten Wege. Niedrige Nachtstemperaturen hatten eine erhöhte Wärmeproduktion zum Folge.

1 INTRODUCTION

Knowledge of heat production by livestock or poultry is vital in studying animal energetics and design criteria for housing. Measurement of heat production can be generalised into two types, direct and indirect. Direct calorimetry requires the physical measurement of heat loss (by conduction, convection, radiation and as latent heat of water vaporisation) while indirect measures respiratory exchange to calculate energy production (Kleiber 1961; Blaxter 1967; Flatt 1969).

Many different types of both direct and indirect calorimeters have been designed and are widely reported (Farrell, 1972). Indirect calorimeters have been found to be the most suitable for laboratory work because of ease of operation and flexibility in housing different types of animals (Young et al., 1975). Lavoisier (1780, as cited by Kleiber, 1961) was one of the first to notice the similarity between the combustion of materials and respiration in animals. He noticed that the same amount of carbon

dioxide (CO_2) was produced and oxygen (O_2)
consumed if material was combusted or
digested. This formed the basis for indirect
calorimetry and is still used presently.

All comparisons of direct and indirect
calorimetry to date have been done in
laboratories using calorimeters in which the
conditions are optimal and only a small
number of animals are housed. Armsby et al.
(1925) constructed an adiabatic respiration
calorimeter to study the energy metabolism of
cattle. In studies with steers and lactating
cows, agreement was obtained within one
percent between direct and indirect methods
of measuring the total heat production of the
animals.

Supplemental heat and ventilation
requirements for turkey housing depend on
reliable sensible and evaporative heat
production data. These data are limited and
were obtained from calorimeter studies.
DeShazer et al., (1974) measured heat and
moisture losses of Large White male turkeys
(6 to 36 days of age) using a direct
partitional calorimeter. Other researchers
have reported production rates for different
turkey breeds at certain weights. However,
the data are not complete and in many cases
production data from large chickens are used
in designing turkey facilities and control
systems.

Laboratory studies are important and give a
good indication of heat and moisture
production of turkeys. However, fluctuations
in ambient temperature and humidity levels
cannot be properly accounted for in these
studies since housing and management
practices also effect production rates.
Evaporative heat production may be measured
by direct calorimeters, however, these do not
take into account moisture evaporated from
the litter and to a lesser extent from the
waterers in a barn. Bottcher and Timmons
(1983) suggested that whole-house
calorimetric studies are necessary to provide
information for supplemental heat and
ventilation design in poultry housing. A
study was therefore carried out on a
commercial turkey barn during the winter of
1988 with the following objectives:
1. To   determine the total heat and
moisture production of Large White hens from
birth to market weight,
2. To study the dynamic aspects of heat
production in terms of the diurnal patterns,
changes in metabolic activity throughout the
life cycle and response to different ambient
temperatures, and
3. To compare direct and indirect
calorimetry on a whole-house basis.

2 EXPERIMENTAL FACILITIES

This study began Feburary 8, 1988 and ended
on May 19, 1988. The 5000-bird turkey farm
studied is situated 150 km northeast of
Edmonton, AB. The turkey housing facilities
which were less than two years old consisted
of a brooder barn and a grower barn. Both
barns had automatic feeders and waterers
which were accessed ad libitum. Supplemental
heating was thermostatically controlled. The
brooder barn was 12 by 51 metres and had a
solid concrete floor initally covered with
sawdust. Supplemental heat was provided by a
hot water heater and 51-mm black-steel pipes
running along the east and west walls and
within the concrete floor. The ventilation
system consisted of five variable-speed fans,
which were blocked and insulated until
required. Only one fan was operated when the
one-day old poults were first placed, due to
low moisture and contaminant production.
After two weeks, a second fan operated to
remove the increased moisture production as
the poults grew. One week later a third fan
was operated. Two of the fans were not
required during the entire study period as
only minimum ventilation was required. The
fans were controlled by thermostats situated
within the barn. Air entered the barn via an
adjustable fresh air inlet situated along the
full length of the west wall opposite the
fans. Two ceiling-mounted circulation fans
provided air mixing. Thermal resistance of
the walls was calculated from the
construction components. The estimated
thermal resistance was 7.1 (m .$^{\circ}$C)/W for the
walls and 10.6 (m .$^{\circ}$C)/W for the ceiling.
Turkeys were housed in the brooder barn from
one day to 8 weeks of age.

The grower barn was approximately 12 by 98
metres. Supplemental heating was provided
into the grower barn by a hot-water boiler
and 51-mm black-steel pipes which were
mounted vertically on the south wall of the
building. The ventilation system consisted
of four variable-speed fans used for minimum
ventilation and three large single speed fans
for temperature control. The four
variable-speed fans were 500 mm in diameter
and continuously in use. Four
ceiling-mounted circulation fans were used to
facilitate air-mixing. A continuous
adjustable air inlet was located along the
wall opposite to the fans.

A new batch of 5400 Large White hens were
placed in the brooder barn on February 1.
Monitoring began one week later and continued
on a weekly basis until they were moved to
the grower barn. In the grower barn
monitoring took place every two weeks due to
financial constraints. Table 1 shows bird
age, the number of birds and dates for each
monitoring period. Each barn was monitored

continuously over a 24-hour period for each run.

Table 1. Dates of monitoring the three barns, the number of birds and their ages.

Date	Run ID	Age, day,s	No. of Birds
	Hens in Brooder Barn		
88-02-08	TA1	7	4913
88-02-17	TA2	16	4692
88-02-22	TA3	21	4665
88-03-01	TA4	29	4616
88-03-08	TA5	36	4595
88-03-16	TA7	44	4579
	Hens in Grower Barn		
88-03-29	TBCH1	57	4562
88-04-12	TBCH2	71	4544
88-04-20	TBCH3	79	4537
88-05-05	TBCH5	94	4526
88-05-19	Marketed	106	4512

3 EXPERIMENTAL PROCEDURES AND EQUIPMENT

The mobile laboratory houses the data acquisition system described by Feddes and McQuitty (1977). The laboratory was moved between the two barns and connected up to the sampling lines and sensor wires that had been installed previously. The sample tubes and sensor cables were run from their various locations inside and outside the barn through an electrically-heated pipe. This kept the sample temperatures constant and above the dewpoint which was crucial for accurate moisture readings.

In the brooder barn gas sampling tubes six mm in diameter were run from each of the three operating fans to the mobile laboratory. Sampling tubes also were placed at three ambient locations within the barn along the centreline of the north-south axis. In addition, outside air was sampled and assumed representative of that entering the barn. Heat-flux plates were placed on the floor, footing, wall and ceiling in the centre of the barn to measure conductive heat losses. Sampling tubes in the grower barn were placed at each of the variable-speed fan locations and at two ambient locations along the east-west axis of the barn. Outside air was also sampled to measure the condition of the air entering the barn. Each half of the barn had four heat-flux plates, which were placed at the midpoint on each of the floor, footing, wall and ceiling.

Temperatures were measured using thermistors (Fenwall Electronics, Framingham, MA). These were placed at the fans to measure the exhaust air temperatures and

within the barns to measure ambient temperatures. Thermistors, sandwiched between the heating pipes and a layer of insulation also were used to measure the temperature of the circulating hot water. All ambient thermistors were placed at bird height. Four were placed at equal spacing in the brooder barn and 8 in the grower barn. A thermistor to measure the temperature of the incoming air also was placed outside the barn at a point protected from solar radiation. Moisture content was calculated from the dewpoints which were measured with a cooling mirror dewpoint hygrometer (Model 880, Cambridge Systems, Ma).

Conductive heat losses were calculated from the estimated thermal resistance values of the building walls, ceiling and floor and were validated by measuring the heat flow through structural components. The heat flow was measured with 50 mm x 50 mm x 5 mm heat-flux plates. The design, testing and calibration of similar plates was described by DeShazer et al. (1982). Sites for the heat flux plates were the floor, footing, wall and ceiling.

Oxygen content was measured using a paramagnetic O_2 analyser (Model 540A, Servomex, Sussex, England). Since water vapour affects the O_2 concentration measurement, the dewpoint of the sample was used to convert the O_2 content to a dry basis. Carbon dioxide was measured using a non-dispersive infrared analyser with a linerisation circuit (Model 870, Beckman Industrial, La Habra, CA.). Both analysers were calibrated before and after each run.

In order to measure the ventilation rate from the variable-speed fans, voltage to the fans was correlated with their air-flow rate. Insulated discharge ducts, approximately 0.5 m x 0.5 m x 3.0 m were mounted downstream from each fan. Air straighteners were placed inside each duct to stop turbulent flow according to specifications (Jorgenson, 1983). Flow rates were measured twice a day by a hot-wire anemometer (Kurz Instruments Inc., Carmel Valley, CA). A 25-point traverse of the air speeds within each duct was obtained. The mean air speed then was multiplied by the cross-sectional area of the duct to obtain a mass air-flow rate. A regression equation was used to relate the voltages and measured air-flow rates. Air-flow rates from the single-speed fans were measured in the same way as the variable-speed fans. These air-flow rates were measured at the beginning and end of each 24-hour run. An average rate was assumed for each run. An event recorder monitored the time of operation of each fan during each 4-minute period. The product of operation time and rate was the mean hourly ventilation rate for that fan. Total

ventilation was the sum of the air-flow
rates.

Supplemental heat was determined by
measuring the inlet and outlet temperatures
of the hot-water heating pipes in the barn
and using an equation derived for the
calculation of heat transfer from black-steel
hot-water pipes (Turnbull and Bird, 1981;
Feddes et al., 1984). This equation
predicted heat output as a function of
temperature difference between the ambient
air and the hot water and pipe dimensions.

Feed augers in both barns were monitored by
event recorders which measured the time the
auger was operating during each 4-minute
period. The auger then was calibrated
manually by measuring the amount of feed
passing through over a period of time. A
water meter (Neptune Meters, Toronto, Ont.)
was used to measure the quantity of water
going to the waterers during each 24-hour
period.

All the instruments were checked at the
beginning and end of each run to ensure they
were operating well. Wet- and dry-bulb
temperatures were used to check the behaviour
of the dewpoint hygrometer. Ambient
temperatures were periodically measured using
a hand-held electronic thermometer to check
the accuracy of the thermistors. Draeger
tubes were used to get an indication of the
CO_2 concentration in the barn.

The gas sampling tubes from the different
locations in each barn were attached to an
automatic sequencing sampler (Feddes and
McQuitty, 1977) that sampled air from each
tube for four minutes and distributed the
sample to the dewpoint, O_2 and CO_2 analysers.
The data acquisition system scanned the
electronic output from these analysers every
four minutes, the overall result being that
every location was analysed twice per hour,
with one 4-minute rest period every hour.
The fan-speed sensors and event recorders
were recorded every four minutes, as was the
feed auger sensor. Hot water temperatures
and dry-bulb temperatures at the exhaust fans
also were recorded every 4 minutes in order
to monitor any sudden changes in supplemental
heat and outlet temperatures. All other
thermistors were monitored at 20-minute
intervals as this was deemed sufficient for
recording changes within the barn. Likewise,
outside temperature was recorded every 20
minutes. Output from all the analysers,
thermistors, event recorders, fan-speed
sensors and heat-flux plates were scanned by
a data logger and sent to an IBM personal
computer. The data for each run of 24 hours
duration were saved on a diskette and
analysed on a Lotus spreadsheet.

4 RESULTS AND DISCUSSION

4.1 Heat production

A heat balance in a barn consists of
building shell heat losses, ventilation heat
losses, supplemental heat gain and animal
heat gain to the building. Supplemental heat
gain arises mainly from the heating system,
with a small fraction from lighting.
Ventilated heat consists of two components,
sensible and latent heat. The sensible
component arises from the heating system and
from the birds whereas the latent heat arises
from evaporative heat production from the
birds and from the evaporation of moisture
from wet or damp surfaces. Once heat losses
and gains to a building are measured, total
heat production from the turkeys may be
calculated. In all runs, ventilated heat
loss was the largest component in the heat
balance, ranging from 70% of total heat loss
for the first two runs to an average of 92%
for the remaining periods. Heat produced by
the birds was the next largest with the
exception of the first two runs when
supplemental heat was very high. This
component of the heat balance accounted for
80% of the heat produced in the barn.

Table 2 shows the 24-hour average heat
production rates, measured directly, of the
hens for each monitoring period. The
sensible and latent components of this heat
are also given as are bird weights. Latent
heat production rates shown here were not
necessarily entirely from the hens. Some
sensible heat was converted to latent by
evaporation of water from the litter.
Therefore, these values for sensible and
latent heat are the quantities removed from
the building. Total heat production ranges
from 3.0 W/bird at 16 days of age to 36.4
W/bird at 79 days. Heat production decreased
at 94 days old to 29.7 W/bird. Latent heat
was higher than sensible in the brooder barn
and lower in the grower barn with the
exception of the first run on that barn.

The hens in this study reached market
weight after 16 weeks which was 4 weeks
earlier than previously reported (Summers and
Leeson, 1985). A regression equation
relating total heat production to age was
derived and is:

$$Y = -11.14 + 0.946X - 0.00512X^2 \qquad (1)$$

where:

X = bird age, days,
Y = heat production, W/bird.

Ambient temperature was found to influence
heat production greatly. Heat production
varied inversely with temperature even within
the thermoneutral zone. Figure 1 shows a
24-hour heat production profile, measured

Table 2. Total latent and sensible heat
production from hens.

| Age | ....Heat | W/bird | ..... | Bird | Feed |
(days)	Total	Sensible	Latent	Wt,kg	g/(d.kg)
		Hens in Brooder Barn			
16	3.0	0.4	2.6	0.3	251
21	8.2	3.7	4.5	0.7	185
29	11.6	4.8	6.8	1.0	106
36	13.7	5.5	8.2	1.5	N/A
44	20.5	9.6	10.9	2.0	75
		Hens in Grower Barn			
57	24.4	11.9	12.5	3.1	71
71	30.8	17.8	13.0	4.5	67
79	36.4	20.3	16.1	6.6	50
94	29.7	16.1	13.6	6.9	50

directly and indirectly, for a typical
24-hour period. An ambient temperature
profile for the same period is shown in
Figure 2. As the temperature dropped during
the night due to a lower outside temperature
metabolic activity and therefore heat
production increased. This increase in
activity caused an increase in feed
consumption. Temperatures in the brooder
barn were on average 2 °C lower than
recommended (ASHRAE, 1981). These low
temperatures caused an increase in feed
consumption which then increased growth rate
Table 2 shows the feed consumption rate per
unit body weight. The values are higher than
previously reported consumption rates for
Large White hens (Jensen, 1975). The total
feed consumed per hen was 20.9 kg which is
lower than a previously reported value of
21.4 kg (Jensen, 1975). The increased feed
consumption rate was compensated for by the
shorter growing period of 4 weeks. The only
diurnal patterns noticeable were an increase
in production at night which is explained by
lower ambient temperatures. If temperatures
had remained high, a decrease in heat
production at night would have been expected
due to less activity.

4.2 Indirect versus direct calorimetry

Direct calorimetry involves a heat balance
whereas indirect calorimetry is based on O_2
consumed and CO_2 released. These O_2 and CO_2
values were used in an equation derived by
Romijn and Lockhorst (1964). This equation
for calculating heat production indirectly is
as follows:

$$HP = 3.871\ O_2 + 1.194\ CO_2 \qquad (2)$$

where:
  HP — heat production, W
  O_2 — oxygen consumed, L @STP, and
  CO_2 — carbon dioxide produced, L @STP.

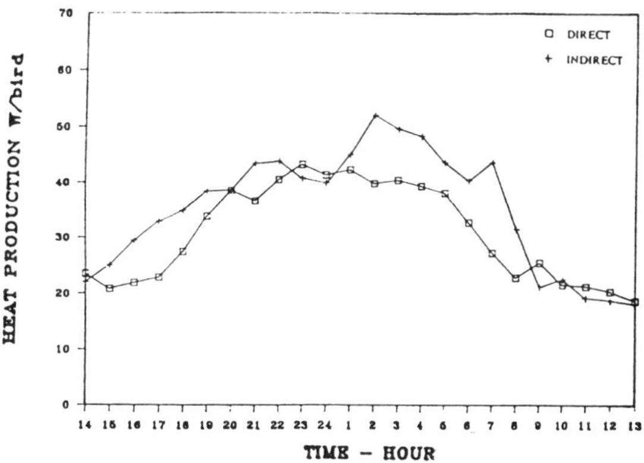

Figure 1. Heat production of hens measured
directly and indirectly at 71 days of age

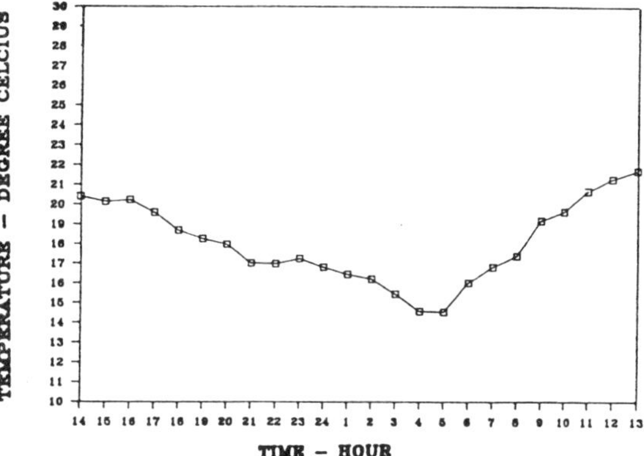

Figure 2. Ambient temperature in grower
barn for 71-day old hens.

Ventilation rates were corrected to STP(0
and 760 mm of mercury (Hg)). Table 3 shows
the total heat production measured directly
and indirectly for the hens. No heat
production data was available for 7 day old
hens as the values were too small to measure.
Direct calorimetry measured on average, 6%
higher than indirect. The difference between
direct and indirect for all the runs varied
from -12% to 21%. Maximum heat production as
measured indirectly was 35.1 W from the hens.
The maximum value for heat production from
the hens was during the third last run in the
grower barn. Deviations between indirect and
direct were greatest in the brooder barn with
the exception of the fourth run.

Table 3. Indirect and direct heat production measurements, average RQ values and the ratio of direct to indirect for the hens.

Age days	Indirect W/bird	Direct W/bird	Ratio	RQ
Hens in brooder barn				
16	2.6	3.0	1.15	1.07
21	6.8	8.2	1.21	1.05
29	11.2	11.6	1.04	0.97
36	12.0	13.7	1.14	0.93
44	17.6	20.5	1.16	1.02
Hens in grower barn				
57	23.8	24.4	1.03	1.02
71	35.1	30.8	0.88	0.85
79	35.0	36.4	1.04	0.94
94	33.9	29.7	0.88	0.95

The values given in Table 3 are daily averages. Plots, similar to Figure 1 showing hourly differences between direct and indirect monitoring period. These plots showed that direct gave a higher reading in some instances and indirect was higher in other instances. The values for either method were seldom higher than the other for an entire 24-hour period. This can be seen from Figure 1. In all but one case both direct and indirect calorimetry followed the same pattern over the whole period. Changes in heat production measured indirectly were more dramatic than those measured directly. The deviations between the two methods increased with large changes in heat production rates. Indirect calorimetry measured heat production by monitoring changes in gaseous concentrations, while direct calorimetry measures temperature difference. Once the birds increased heat production the change in CO_2 and O_2 concentrations was noticed before the change in temperature due to heat dissipation from their bodies occurred.

From the hourly averages, it was not possible to quantify this time-lag. Figure 1, which was typical of the majority of the runs, shows a fast increase in heat production measured indirectly for the first 6 hours. Heat production as measured directly increased at a slower rate for the first 3 hours and then more rapidly than indirect for the next three. This shows that there was a time-lag between the change in gaseous concentrations and heat dissipation. Direct and indirect fluctuate for the next four hours and remain relatively constant. A large increase in heat production was measured indirectly early which was not measured directly. For the last few hours heat production became steady as ambient

temperatures rose and differences between direct and indirect decreased.

Also given in Table 3 are the measured respiratory quotients (RQs). Respiratory quotient (RQ) is the ratio of the volume of CO_2 produced to the volume of O_2 consumed when any substrate is oxidised. This ratio is indicative of the metabolic processes taking place in the body. An RQ of 0.7 suggests that only fat in the body is being oxidised and, if only carbohydrates were being oxidised the RQ would be 1.0. The average RQ for all the measurements was 0.97. Research on turkeys is limited, so these results can only be compared with measurements on other types of fowl. Lundy et al. (1978) measured RQ's between 0.95 and 1.03 from laying hens. The measurements in this experiment ranged from 0.85 to 1.07; however Lundy et al. conducted their experiment in a chamber with controlled conditions. The hens achieved market weight four weeks earlier than of feed per kilogram of weight gain. These high RQ's are consistent with average with a very high feed conversion of 2.52 kilograms such fast growth.

5 CONCLUSIONS AND RECOMMENDATIONS

Based on the results of this study, the following conclusions are drawn:
1. Maximum mean heat production measured for hens at 79 days was 36.4 W/bird.
2. Diurnal patterns showed an increase in heat production at night due to lower ambient temperatures.
3. Direct calorimetric calculations were on average 6% higher than indirect calculations with daily differences ranging from -12% to 21%.
4. Feed consumption rate was found to be higher than reported values for Large White turkeys. However, total feed consumption was less than reported as a result of faster growth rate over a shorter period of time.
5. Average RQ for all the runs was 0.97 with a range from 0.85 to 1.07. No pattern could be found between RQ and age.

ACKNOWLEDGEMENTS

The authors wish to acknowledge the financial support of the Natural Sciences and Engineering Research Council of Canada. The assistance of the producer Mr. C. Olthius is also gratefully acknowledged.

REFERENCES

American Society of Heating Refridgeration
  and Air Conditioning Engineers. 1987.
  Handbook of Fundamentals. ASHRAE, Inc.,
  Atlanta, Georgia.
Blaxter, K.L. 1967. The energy metabolism
  of ruminants. Hutchinson, London, Eng.
Bottcher, R.W. and M.B. Timmons. 1982.
  Full-scale poultry house calorimetry.
  Paper No. 82-4067, Amer. Soc. Agr. Eng.,
  St Joseph, MI.
DeShazer, J.A., J.J.R. Feddes and J.B.
  McQuitty. 1982. Comparison of methods for
  measuring conductive heat losses from
  livestock buildings. Can. Agric. Eng.,
  24(1): 1-4.
Farrell, D.J. 1972. An indirect closed
  circuit respiration chamber suitable for
  fowl. Poult. Sci. 51:683-688.
Feddes, J.J.R. and J.B. McQuitty. 1977.
  Data acquisition system for measuring
  environmental variables within confinement
  animal units. Can. Agric. Eng., 19(2):
  75-77.
Feddes, J.J.R., J.J. Leonard, and J.B.
  McQuitty. 1984. Measurements of heat
  transfer from black-steel hot-water pipes
  in broiler housing. Can. Agric. Eng.,
  26(2): 163-166.
Flatt, W.P. 1969. Methods of calorimetry
  (B) Indirect. International encyclopedia
  of food and nutrition, vol. 17, Chap 15,
  Pergamon Press Inc.,New York,N.Y.
Jensen, L. 1975. 1975 turkey feed
  consumption standards recognize the
  difference. Turkey World. 50(1): 26-28.
Jorgenson, R. 1983. Fan Engineering. (8th
  Edition). Buffalo Forge company, Buffalo,
  New York.
Kleiber, M. 1961. The fire of life.
  John Wiley & Sons Inc., New York.
Lundy, H., M.G. McLeod and T.R. Jewitt.
  1978. An automated multi-calorimeter
  system: Preliminary experiments on laying
  hens. Br. Poult. Sci., 19: 173-186.
Summers, J.D. and S. Leeson. 1985. Poultry
  Nutrition Handbook. Dept. Animal and
  Poultry Science, University of Guelph,
  Guelph, Ontario.
Turnbull, J.E. and N.A. Bird. 1981.
  Confinement swine housing. Publ. 1451,
  Agriculture Canada, Ottawa, ON.
Young, B.A., B. Kerrigan, and R. J.
  Christopherson. 1975. A versatile
  respiratory pattern analyzer for studies
  of energy metabolism of livestock. Can.
  J. Anim. Sci. 55:17-22.

Land and Water Use, Dodd & Grace (eds), © 1989 Balkema, Rotterdam. ISBN 90 6191 980 0

Le chauffage localisé des bâtiments en élevage avicole

P.Hermant
Industrie Electricité Division, Electricité de France, Paris, France

RESUME

Il y a environ 10 ans est apparu en France un nouveau mode de chauffage qui vise a chauffer non pas l'ensemble de l'atmosphère du bâtiment, mais seulement la zone de vie des animaux.
Ce type de chauffage, utilisé d'abord en maternité pour les porcheries, mise beaucoup plus sur un rayonnement en infra-rouge long capté directement par les animaux, que sur la convection.
Ce procédé comporte de nombreux avantages techniques et economiques.

ABSTRACT

A new concept of heating poultry farms came up in France in the beginning of the eighties : localized heating through the radiation of electrical panels. This type of heating system uses long infrared waves to directly impart heat to animals through radiation while eliminating convection as much as possible.
The heating component (a printed circuit or graphite structure), the radiation temperature of which does not exceed 110° Celsius, is fitted to a radiating panel and its upper side isolated by a layer omf compressed rockwool. The whole device is contained within a sealed moulded polyester hull. The panel thus defined (with a surface of approximately 1 m^2 is located as an average 50 cms above the animals, hence its name of localized heating.
This system brings about reduction in energy consumption since it does not heat the whole volumes of the building. The low temperature of the radiation surface means a substantially reduced fire risk, and the air quality is insured by the fact that no oxygen is consumed and no CO_2 or humidity is released.
The quality of the environment is thus improved not only for the animals, but also for the farmer. Indeed this electrical heating being controlled by fully automatic regulation, the operator can devote more spare time to other business.
A summary of the technical and economical results achieved in several plants will be presented in the body of the report.

ZUSAMMENFASSUNG

Ein neuer Begriff unter den Heizungsverfahren für Tiersuchtbetriebe wurde am
Anfang der 80er Jahre in Frankreich bekannt : die gezielte Heizung durch
elektrische Strahlflächen. Diese Art heizung benützt Langwellen-Infrarotstrahlen,
um den Tieren Wärme durch Direcktstrahlung zu vermitteln, wobei
Konvektionsverluste möglichst eingeschränkt werden.
Der HeizKörper (Schaltkreis oder Graphit-Struktur), dessen Ausstrahl-Temperatur
110 Grad Celsius nicht übersteigt, ist auf einer Strahlfläche befestigt, deren
Oberteil durch eine Schicht komprimierter Felsenwolle isoliert wird. Das Ganze ist
in einer dichten, geformten Polyesterhülle enthalten. Die somit definierte Fläche
(ca 1 m^2) hängt durchschnittlich 50 cm über den Tieren, daher die Bezeichnung
"gezielte Heizung".
Dieses Verfahren ermöglicht also eine Einsparung im Energieverbrauch dadurch,
dass das gesamte Volumen des Gebaüdes nicht geheizt werden muss. Angesichts
der niedrigen Temperatur an der Ausstrahlfläche, ist die Brandgefahr wesentlich
verringert, und die Luftreinheit ist dadurch gesichert, dass kein Sauerstoff
verbraucht wird, und weder CO_2 noch Feuchtigkeit abgesondert werden.
Nicht nur für die Tiere bedeutet dies eine bessere Lebensquälität, sondern auch
für den Züchter, denn die voll automatische Regelung dieser elektrischen Heizung
wirkt sich aus für ihn in mehr Zeit für anderweitige Aufgaben bzw. Freizeit.
Eine Zusammenfassung der technischen und wirtschaftlichen Ergebnisse mehrerer
Betriebe wird im Bericht wiedergegeben.

LE PRINCIPE DU CHAUFFAGE PAR RAYONNEMENTINFRA-ROUGE LONG

L' infra-rouge long a une longueur
d'onde comprise entre 4 et 10 µm.
Comme toute onde electromagnetique,
ce rayonnement se propage en ligne
droite, peut être réfléchi et ne se
transforme en chaleur que lorsqu'il
est absorbé par un corps. Cette
absorption dépend elle même de la
longueur d'onde utilisee : l'infra-rouge
court tend à être refléchi par les corps
à chauffer, ou même à les traverser
sans les chauffer. L'infra-rouge long,
au contraire, a un coefficient
d'absorption de l'énergie calorifique
de l'ordre de 85 à 95 % (pour un corps
opaque) de l'énergie émise par la
source rayonnante.

Il s'agit donc bien d'un mode de
chauffage tout à fait different de la
convection, laquelle consiste à
chauffer l'air, et donc indirectement
les animaux. Ici, il n'y a pas de milieu
intermédiaire, donc moins de
déperditions de l'énergie émise. De
plus, le rayonnement peut être
réflechi, concentre, réparti sur des
zones bien determinees, c'est pourquoi
on a pu parler de "chauffage localisé".
Pour mieux faire sentir la part que le
rayonnement peut prendre dans le
confort thermique, on prend souvent
l'exemple suivant : des estivants se
trouvent sur une plage, avec une forte
sensation de chaleur, quand d'un seul
coup un nuage voile le soleil. Aussitôt
lesdits estivants se precipitent sur des
vêtements plus conséquents, alors que
la température de l'air ambiant n'a

pas eu le temps de baisser.
Simplement, l'effet rayonnement
venant du soleil a été
momentanement supprimé par le
passage d'un nuage ...
En conséquence, un thermomètre
ordinaire qui mesure la température
de l'air ambiant n'est pas adapté à
mesurer le confort des animaux avec
ce type de chauffage non convectif. Il
est nécessaire d'intégrer la
composante rayonnement, ce qui peut
être fait grâce au thermomètre "boule
noire", qui consiste en une sphère
opaque (qui absorbe le rayonnement)
entourant un thermomètre à mercure
classique.
Le rayonnement par infra-rouge long
permet un chauffage plus rationnel et
plus économique de par sa nature
même. En outre, il ne nécessite qu'une
faible température d'émission, voisine
de 100° C dans la pratique.

LES CARACTERISTIQUES DU MATERIEL DISPONIBLE

Comme indiqué, la température
d'émission est de 100-110° C.
L'élément chauffant émet sur toute sa
surface (environ 1 m^2) et assure une
chaleur pouvant monter jusqu'à 45° C
au sol. Il se compose soit d'un circuit
imprimé (autofusible en cas de
surintensité), soit d'un tissu graphite
où la circulation du courant se fait de
manière aléatoire (dans ce cas il est
équipé d'un limiteur de température).
Cet élément chauffant est appliqué sur
une plaque émettrice, et isolé sur sa
face supérieure par une couche de
laine de roche compressée. Le tout est
contenu dans une coque polyester
moulée et étanche, afin d'assurer une
protection efficace contre les
projections d'eau. Le panneau ainsi
défini est placé à 50 cm environ des

animaux, et se suspend par des
chaînettes attachées aux quatre
angles.
Ainsi, l'essentiel du rayonnement est
dirigé vers le bas, et la faible
température d'émission limite les
risques d'incendie.
Ces matériels sont disponibles, dans
une gamme de puissance allant de
200 à 1 400 W.
En aviculture, selon les dimensions du
bâtiment considéré, on place le plus
souvent des panneaux de 700 W pour
les petites unités (400 m^2), et de
1 000 à 1 400 W pour les grandes
(1 000 m^2 et plus).
Au total, en climat tempéré, la
puissance globale à installer est de 12
à 15 kW pour un bâtiment de 400 m^2,
et de 40 à 45 kW pour un bâtiment de
1 000 m^2.
Outre leur bonne aptitude au
chauffage, ces panneaux présentent de
précieux avantages pratiques : faciles
à empiler et à stocker, ils peuvent être
lavés à l'eau sans risque.

LA REGULATION

La régulation d'un tel chauffage peut
être complètement automatisée. Dans
les élevages français on trouve une
centrale de régulation dans un local
technique où l'on affiche une
température minimale de consigne.
Au-dessous de cette température, le
chauffage est mis en route, jusqu'à
atteindre la température de consigne.
Cette régulation se fait en "tout ou
rien" (c'est à dire que le chauffage est
arrêté ou sollicité à 100 %) ou mieux
en mode proportionnel : la réponse du
chauffage est alors graduée selon le
déficit en température. La mesure des
températures dans le bâtiment se fait
par sondes, les panneaux étant régulés
par groupes de 3. Cela permet un

ajustement plus souple aux besoins réels des animaux et donc des économies d'énergie. Il peut en effet exister des différences thermiques entre divers points d'un bâtiment, à cause notamment de l'exposition, ou d'une isolation imparfaite.

Il faut noter que cette régulation peut-être couplée à la régulation d'une éventuelle ventilation mécanique contrôlée. Dans ce cas, elle permet d'éviter de faire fonctionner en même temps ventilation et chauffage à plein, d'où une autre source d'économies de calories ... et d'argent.

La régulation, outre le confort thermique et les économies qu'elle autorise, facilite également la vie de l'éleveur par sa précision. Il n'est plus nécessaire de passer beaucoup de temps dans le bâtiment, et l'éleveur est libéré pour d'autres tâches, ou pour ses loisirs !

LES CONSEQUENCES DU CHAUFFAGE ELECTRIQUE LOCALISE

Sur le plan technique, l'absence de combustion permet une meilleure ambiance dans le bâtiment : moins d'humidité (et donc moins d'ammoniac, dont la formation est en partie liée à la teneur en eau de l'atmosphère), moins de CO_2 et pas de consommation de l'oxygène ambiant.

La diminution de l'hygrométrie permet d'autre part d'augmenter la longévité du bâtiment. Cette qualité de l'ambiance explique de bons indices de consommation et des taux de mortalité réduits.

Cette première caractéristique a des conséquences financières importantes pour l'éleveur quand on sait qu'une baisse minime de l'indice de consommation se traduit par des tonnes d'aliment en moins à charge de l'éleveur en fin d'année.

Puisque le premier argent gagné est celui que l'on a pas dépensé, quelles autres économies le chauffage par panneaux rayonnants électriques autorise t-il ?

Tout d'abord, la faible température d'émission réduit le risque d'incendie. Outre la sécurité qu'il apporte à l'éleveur, cet aspect a été reconnu par des compagnies d'assurances qui accordent jusqu'à un rabais de 50 % sur la prime incendie.

Ensuite, dans ce type de chauffage, la chaleur est apportée directement aux animaux, dans leur zone de vie. Il n'est pas nécessaire de chauffer l'air à 2 m du sol comme c'est le cas avec d'autres systèmes de chauffage. La précision de la régulation, qui ajuste la température aux besoins seconde par seconde et au $1/10^e$ de degré près, participe aussi pour beaucoup aux économies de kWh.

Enfin, la disposition des panneaux rayonnants dans la zone de vie des animaux permet d'abaisser les puissances électriques nécessaires à installer. Dans un pays comme la France, ou la facturation de l'électricité se fait en partie en fonction de la puissance souscrite, ce point est d'importance.

Pour donner un ordre d'idée, on a relevé des consommations électriques pour une année de fonctionnement d'un chauffage électrique par panneaux rayonnants de 12 à 15 000 kWh pour un bâtiment "label" de 400 m², et de 40 000 kWh environ pour un bâtiment clos de 1 000 m².

Pour conclure, signalons que la sécurité d'approvisionnement est assurée par un groupe électrogène dans les bâtiments clos de grande taille. Cet équipement est de toute façon necessaire en cas de ventilation mécanique contrôlee. et s'amortit dans un délai d'environ 5 ans grâce a une tarification spécifique d'Electricité de France interessant les possesseurs de groupes electrogenes.

CONCLUSION

Le chauffage électrique localise par panneaux rayonnants permet une réponse adaptée aux besoins des eleveurs. tant sur le plan technique qu'économique.
Il s'integre en particulier parfaitement bien dans l'automatisation croissante des élevages. Dans ce domaine. la souplesse et la précision de la régulation des materiels electriques est sans equivalent. et autorise une maîtrise quasi totale de l'ambiance dans le bâtiment.
Par sa technicité et les gains de temps qu'il génere pour l'éleveur. le chauffage localisé par infra-rouge longs semble bien être la voie de l'avenir.

Land and Water Use, Dodd & Grace (eds), © 1989 Balkema, Rotterdam. ISBN 90 6191 980 0

Push-pull ventilation system for swine

A.J.Muehling & L.L.Christianson
University of Illinois, USA

ABSTRACT: "Push-pull" ventilation can provide a better-controlled thermal and air quality environment in swine buildings compared to other mechanical or non-mechanical ventilation systems. Push-pull systems use fans at both the inlets and outlets resulting in a near zero pressure difference. Air flow patterns and air speeds at pig level in a nursery building are discussed.

RESUME: Une ventilation du type "pousser-tirer" peut fournir un meilleur contrôle de qualité de l'environnement thermique et de l'aération dans les bâtiments réservés aux porcs, et ceci comparé à d'autres systèmes de ventilation mécanique ou non-mécanique. Les systèmes "pousser-tirer" utilisent des ventilateurs tant à l'entrée qu'à la sortie, ce qui donne une différence de pression proche de zéro. On étudie ici les schémas de courants d'air et de leur vitesse au niveau des porcs dans un bâtiment qui leur est réservé.

ZUSAMMENFASSUNG: "Push-Pull" ventilation vermag eine besser kontrollierte Umwelt in bezug auf Temperatur-und Luftqualität in Schweineställen zu gewährleisten als andere mechanische und nicht mechanische Ventilationssysteme. "Push-Pull" Systeme verwenden Gebläse sowohl am Luftein- als auch Luftauslass. Dies führt zu einer Luftdruckdifferenz von nahe null. Luftströmung und Luftgeschwindigkeit in Tierhöhe werden für einen Ferkelstall diskutiert.

1 INTRODUCTION

The interest for conserving energy in swine facilities has resulted in producers closely controlling the winter ventilation rate in heated farrowing and nursery buildings to minimize heating costs. There has also been an added interest in providing improved environmental conditions for the small pigs in terms of reduced air speeds and better air quality.

During extremely cold weather (-9 to -23 C), the minimum amount of air exchange necessary to control moisture is very small. These small ventilation rates are further emphasized with the trend to small "all-in, all-out" farrowing and nursery rooms. For example, a 10-sow farrowing room allowing a minimum, continuous ventilation rate of 0.01 cu m/sec per sow and litter requires only 0.1 cu m/sec ventilation rate, which is a very small amount of air movement. The 100 nursery pigs from these 10 sows would require about an equal 0.1 cu m/sec in their nursery room allowing 0.001 cu m/sec per nursery pig.

With such small amounts of air exchange, good air inlets can still result in poor air distribution if inlets are not properly located, sized and operated. Good distribution can be further hampered if there is air leakage around doors and windows or at other locations.

Push-pull ventilation systems use fans at both inlets and outlets of the building. The pressure difference between inside and outside is maintained at or near zero, hence push-pull systems are sometimes referred to as "neutral pressure" systems. This contrasts with the exhaust type (negative pressure), pressurized type (positive pressure), and the non-mechanical (natural) ventilation systems where

pressure differences between the inside
and outside are the primary driving forces
to provide ventilation.

2 PRINCIPLES OF DESIGNING PUSH-PULL SYSTEMS

2.1 Select environmental conditions desired

The first step in designing or evaluating
any ventilation system is recognizing the
environmental conditions and the band of
tolerable conditions for that age and
condition of pigs. We like to separate
this into three categories: (1) thermal,
(2) air quality, and (3) airflow pattern.

Optimal thermal conditions relate mainly
to the desired air temperatures and air
velocities. These two factors are inter-
related, and also affected by the size of
pig and energy content of the ration.
Guidelines are available from several
sources on optimal temperatures.

Less information is available on optimal
air velocities. Research does indicate
that in cool and thermoneutral conditions,
that pigs prefer air velocities less than
0.12 m/s for young pigs as shown in Figure
1 (Yao et al. 1986). Even when
temperatures are hot, pigs prefer
relatively still air. Reviews of
literature on the effects of air speeds
are included in Yao et al. (1986) and
Riskowski and Bundy (1988).

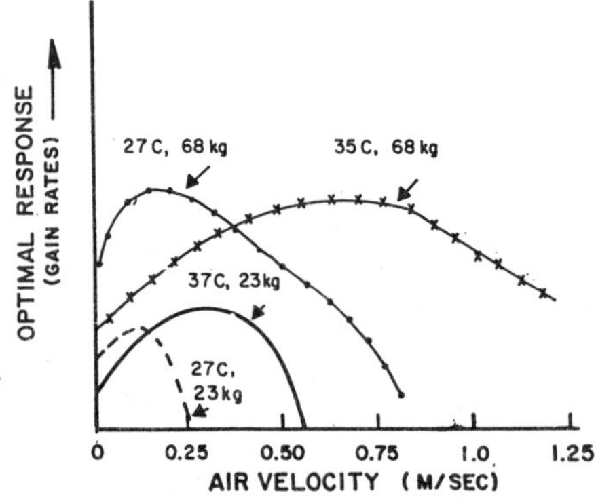

Fig.1 Swine response to air velocity

Air quality conditions are dependent on
several other factors other than
ventilation rate. It is important, though,
that the ventilation rate needed to
maintain acceptable odor, dust, and
humidity be determined.

The importance of airflow pattern is that
we want clean, fresh, and tempered air
introduced to the pig. We also want to
minimize moving air from pen to pen or
waste area to pen, because this will reduce
the opportunity for transmission of
airborne pathogens.

2.2 Design the ventilation system to achieve desired conditions

First, a means of tempering the winter
inlet air is chosen. This can be a pre-
heated hallway, earth tubes, heat
exchangers, or combinations of these.
Often we design so that one tempering room
serves more than one nursery or farrowing
room. The tempering system is sized to
pre-heat ventilation air to the lower end
of the optimal temperature range for the
pigs during the coldest weather. Air
inlets to the tempering room must be
adequate to supply peak ventilation needs
without excessive pressure drop (usually 5
pascals).

Next, an air distribution duct (or ducts)
are designed. The air distribution duct
must be adequate in cross sectional area to
supply the peak ventilation rate with air
speeds in the duct not exceeding 7.5 m/s,
and preferably less than 5 m/s. The
pressurizing fan for the duct system
should be a variable speed fan which can
supply ventilation from the minimum winter
rate up to the maximum rate which will be
supplied through the pressurized duct.

The exhaust fan or fans should be matched
with the pressurizing fan so that the
building can be operated at or near zero
pressure difference relative to outdoors.
The design described in this paper uses
matched variable speed fans on one
controller. Alternatively, we have
designed systems with a constant speed fan
for the minimum winter exhaust, and a
variable speed fan to provide increased
exhaust capacity as needed, but the
limitation is that it is difficult to
ensure that the pressurizing and exhaust
fans will be matched in capacity as the
system adjusts to changing climatic
conditions.

A key to the push-pull system is design of
the pressurized duct system. The duct
system needs a back pressure plate plus
the hinged adjustable air speed control
baffle (Figure 2). The back pressure
plate is important because it changes the
direction of the air flow so that the air
exits the duct perpendicular to the duct.
The hole area in the back pressure plate
must be sized properly to ensure that
their is enough back pressure that the air
flow along the length of the duct will be
uniform. The air speed control baffle
(flexible curtain in Figure 2) should be
weighted so that it will maintain the exit
velocity nearly constant as the air leaves
the system. That air should be directed
along the ceiling using a shelf so that it
will form into a thin stream which
attaches to the ceiling and entrains room
air before reaching the pigs.

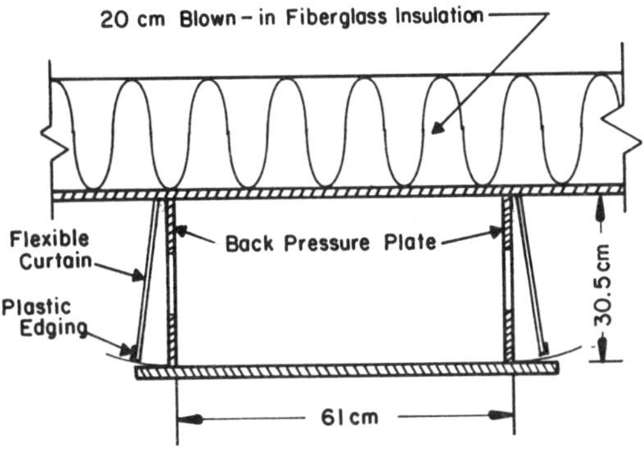

Fig.2 Detail of central ventilation duct

Providing the summer ventilation
requirements is a difficult part of the
design. One option is to provide less
than the Midwest Plan Service (1983)
recommended values for summer, because the
air distribution is such that stagnant
zones are avoided and the pigs do have air
directed over them. Then, both winter and
summer air can be provided through the
same duct system. Another option is to
provide winter and mild weather air
through the push-pull duct system, and to
provide additional summer ventilation air
through additional baffle inlets much like
in a negative pressure system.

3 DESIGN OF THE LEMAN PUSH-PULL SWINE NURSERY SYSTEM

A 300-sow purebred producer asked the
University of Illinois to help them plan a
push-pull ventilation system for several
nursery rooms included in a major expansion
program at their swine farm. This
opportunity allowed us to get the push-pull
design, which we had been experimenting
with in models, installed in four well
managed nursery rooms and to be able to
observe the results under production
conditions.

Two 6.1 m X 7.6 m nursery rooms, each with
six 1.2 X 2.4 m pens were located next to
an air tempering room between the two
nursery rooms (Figure 3). At a second
location on the farm are two more nursery
rooms with an air tempering room between.
The raised decks with total woven wire
floors are located over a shallow V-gutter
which is periodically drained into a manure
storage pit (Figure 4).

The air tempering room has an 18,000 W
heater to maintain uniform room
temperature. An air duct with a 36-cm
diameter push fan having an output of 0.83
cu m/sec at 31 pascals static pressure
distributes the conditioned air the entire
length of the nursery room. The duct has a
self-adjusting flexible fabric which opens
and closes as the ventilation rate changes
to maintain relatively constant inlet air
velocities. The discharge air velocity is
nearly constant over the entire length of
the duct regardless of the ventilation
rate. Each duct also has a 9,000 W gas
heater located in the tempering room, and
the warm air is discharged into the
distribution duct to make it possible to
maintain the desired temperature in each
room independent of stocking densities and
conditions in the other nursery room. The
pull fan is also a 36-cm fan like the push
fan and is located at the far end of the
central aisle.

Each tempering room has two separate earth
tubes (one for each nursery room), 46 m
long and 30 cm in diameter buried 2.4 to 3
m deep in the ground to help warm the
ventilation air during the cold winter and
cool the incoming air during the hot
summer. All fans and heaters are
controlled with thermostats. Thermostat 1
marked "T_1" in Figure 3 controls the heater
"H_1", which maintains the temperature in
the air tempering room. Thermostat 2 "T_2"
controls the three ventilation fans: the

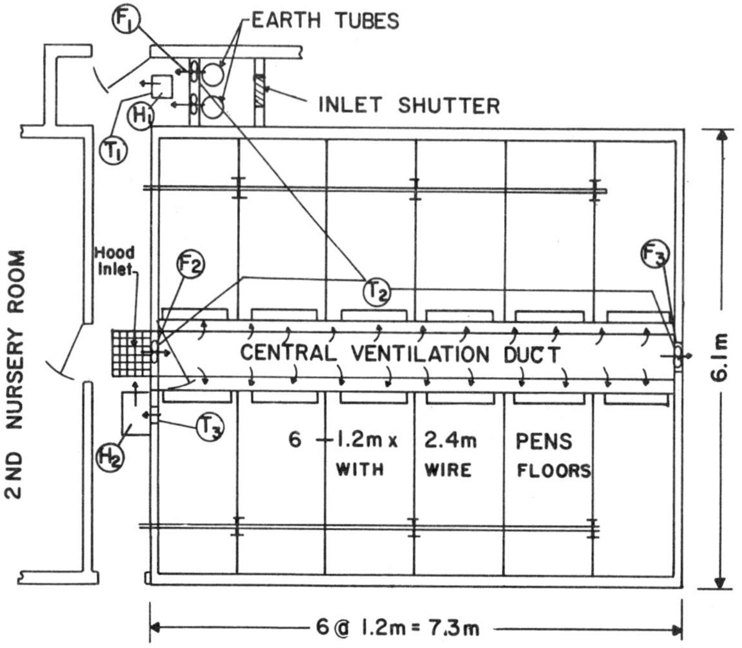

Fig.3 Plan view of Leman nursery room with push-pull ventilation

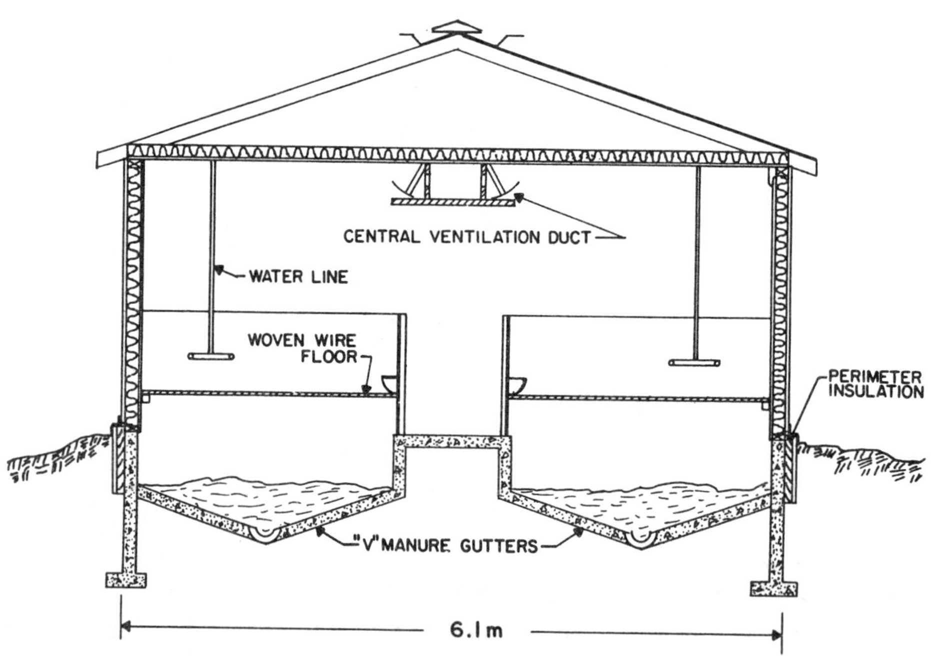

Fig.4 Cross-section of Leman nursery room

discharge fan from the earth tubes, the push fan blowing down the central duct and the pull fan exhausting from the far end of the nursery. With these three fans on one control, the static pressure of the room can be maintained at near zero. The second fan at the earth tubes is controlled from the second nursery room. Thermostat 3 "T_3" controls Heater 2 "H_2", which is discharged into the central ventilation duct and maintains the nursery room temperature independent of the second nursery room. When the discharge from the earth tubes does not provide adequate air, an intake inlet shutter located at the earth tube outlets opens and allows additional outside air to enter the tempering room.

4 MEASUREMENTS AND OBSERVATIONS IN THE LEMAN SYSTEM

After three weeks in the farrowing room, piglets spend four weeks in the nursery on the Leman farm. The nursery room is disinfected after each group of pigs and allowed to remain empty for one day before new pigs are brought into the nursery. Pigs move out of the nursery at about 15 kg weight into a second stage nursery building.

The manure handling system is a "gravity drain" system which is emptied by pulling the drain plug when pigs are moved allowing the manure to flow into a storage unit. The gutter is washed out out at that time. This means that manure is left in the room longer than the 5 to 7 days that is normally recommended. The effect of less frequent draining is higher ammonia levels and more odors. The ammonia concentration in the air at pig level was measured to be 4 ppm during winter conditions (i.e., with minimum ventilation), which is better than found in most swine nurseries.

The nursery room temperature is maintained at 29 C when the pigs come in and is gradually decreased to 24 C over the 4 weeks the pigs are in the nursery. The winter day we were there, the air dry bulb temperature was 27 C and the wet bulb temperature was 20 C giving a relative humidity of 55%, which is within the recommended range of 50 to 70%.

Air entering the tempering room from the earth tubes was 4 C which is about 14 C above the average ambient outdoor temperature for January in north central Illinois. That earth tube tempered fresh air was then heated up to 22 C by the main heater in the tempering hallway.

The gravity adjusting baffle (flexible curtain) was opened approximately 0.5 cm along the length of the duct when we entered the room and the system was ventilating at the minimum winter ventilation rate. The air was entering the room relatively uniformly at air speeds of 1.5 to 2.5 m/s, measured right at the inlet with a hot wire anemometer. There was slight variation in the amount of opening, because the baffle was fabricated on the farm by a builder. The builder used a plastic edging attached to a roofing fabric which served as the flexible baffle. The plastic edging came a 3 m lengths, and the lengths were not attached perfectly level.

Later the air speeds exiting at the baffle inlet were measured when the ventilation rate was increased to a mild weather winter setting. That resulted in approximately doubling the air inlet opening to about 1.0 cm. The air speeds at the inlet then increased, and ranged from 2.0 to 2.5 m/s. Inlet air speeds were more uniform with the higher ventilation rate. The mean inlet air speed increased from 1.8 m/s with the lower ventilation rate, to 2.2 m/s at the new ventilation rate.

Air speeds at the pig levels were measured with a TSI Omnidirectional Anemometer, which is a hot wire anemometer, temperature compensated, and calibrated to sense air speeds accurately in 0.05 to 0.25 m/s range. Air speeds at the pig level ranged from 0.03 to 0.05 m/s in the room. These measurements were taken at the middle front of each of the 12 pens, and at heights of approximately 15 cm off the wire floor. Two measurements were made at each pen, one with the anemometer oriented horizontally, and one with the anemometer oriented vertically. When the ventilation rate was later increased briefly to simulate mild weather conditions, the air speeds at the pig level remained uniform and increased approximately 0.02 m/s on average.

One concern is that the building was constructed with no vapor barrier in the ceiling. That is a long term concern for maintaining the ceiling insulation, the roof trusses, and the metal roof. It has resulted in a poor seal around the joint between the ceiling and sidewalls, which the operator plans to caulk.
Another concern we had with the design was

using a variable speed fan for the
exhaust. The exhaust fan is hooded, and a
baffle is placed in front of the exhaust
fans to reduce the wind effects. So far,
this has proven acceptable. We chose a
variable speed fan because it greatly
simplifies the control of the push and
pull fans, and because the continued
operation of the push fans ensures
ventilation and air movement even when the
exhaust fan is directed into the wind.
The operator is pleased with the facility.
They have improved performance of their
nursery pigs, but it is not possible to
calculate the exact improvement because
they have changed their management
practices from a 6 week weaning to a 3
week weaning with the availability of
these new hot nurseries. Death losses
have decreased, gain rates and feed
efficiencies are excellent in the nursery,
and this system is causing less stress on
their sows.

REFERENCES

Riskowski, G.L. and D.S. Bundy. 1988.
Effect of air velocity and temperature
on weanling pigs. Proceedings of the
International Livestock Environment III,
American Society of Agricultural
Engineers, St. Joseph, MI. pp 117-124.

MWPS. 1983. Swine Handbook, 4th ed.,
Midwest Plan Service Plan Service, Iowa
State University, Ames, IA.

Yao, W.Z., L.L. Christianson, and A.J.
Muehling. 1986. Air movement in neutral
pressure swine buildings - similitude
theory and test results. ASAE Paper 86-
4532, St. Joseph, MI. 27 p.

Land and Water Use, Dodd & Grace (eds), © 1989 Balkema, Rotterdam. ISBN 90 6191 980 0

Conditionnement de l'air de ventilation des porcheries d'élevage par l'échangeur thermique enterré dans le sol

G.Neukermans, K.De Schrijvere, M.Debruyckere, W.Van Der Biest & L.Balemans
Centrum voor de Studie van het Stalklimaat, Rijksuniversiteit Gent, Belgique

Résumé

Les recherches récentes en matière de climatisation des bâtiments d'élevage sont surtout orientées sur les entrées d'air indirectes pour obtenir d'une part un préchauffage (ou refroidissement) de l'air et d'autre part une ventilation sans courant d'air. L'échangeur thermique enterré dans le sol, sous la porcherie, a fait l'objet d'une étude approfondie dans 2 exploitatons porcines en vue de conditionner l'air de ventilation des maternités et des bâtiments "post-sevrage". Un intérêt particulier a été consacré à l'influence de l'échangeur thermique sur les paramètres d'ambiance de la porcherie, à l'incidence sur les coûts d'exploitation et au calcul de l'échangeur thermique. Pour le calcul de l'échangeur thermique enterré dans le sol, en pleine terre, destiné plutôt aux bâtiments pour porcs de boucherie, une simulation a été élaborée.

1. INTRODUCTION

Le maintien des paramètres de l'ambiance dans des limites étroites en élevage porcin, a comme objectif l'optimalisation de la production. L'application de l'échangeur thermique enterré dans le sol, où l'air de ventilation entre par un réseau de conduits placés dans le sol, constitue un progrès important aussi bien sur le plan économique que dans le domaine de la maîtrise de l'ambiance. Le contact direct entre l'étable et l'atmosphère extérieure est rompu et l'air de ventilation est conditionné. Les échanges thermiques entre l'air de ventilation dans les conduits de l'échangeur thermique et le sol environnant offrent divers avantages.

1. Un préchauffage de l'air de ventilation en hiver permettant ainsi une importante économie d'énergie.

2. Une atténuation des variations de température et une élimination totale de l'influence du vent, minimalisant ainsi fortement le risque de courant d'air.

3. Un refroidissement de l'air de ventilation en été, qui permet l'obtention d'une température optimale dans l'étable.

Des études fondamentales importantes ont été réalisées par des chercheurs Américains, Allemands et autres. Aussi l'influence des paramètres de construction de l'échangeur thermique sur l'efficacité des échanges thermiques a été discutée en détail dans plusieurs publications de base.

2. POSSIBILITES D'ECHANGEURS THERMIQUES ENTERRES DANS LE SOL

Il existe 2 possibilités pour la construction de l'échangeur thermique enterré dans le sol.

a. Une première possibilité consiste à placer les conduits en pleine terre. Deux avantages principaux dans ce cas sont :

- un refroidissement plus important en été ;
- la possibilité d'installation de l'échangeur thermique pour bâtiments neufs, mais aussi pour bâtiments existants sans transformations importantes.

Les inconvénients majeurs sont :

- les coûts élevés de terrassement,
- la nécessité d'une surface disponible importante dans le voisinage immédiat du bâtiment. Des routes ou bâtiments existants peuvent empêcher la réalisation de l'échangeur thermique.

b. Une deuxieme méthode consiste à placer le réseau de conduits sous la fosse à lisier. Cette méthode présente deux avantages essentiels :

- les frais de terrassement sont très réduits puisqu'on profite du terrassement de la fosse à lisier pour placer les conduits sous le sol de la fosse à lisier.

- préchauffage plus important de l'air de ventilation en hiver, puisqu'on récupère une partie de la chaleur du lisier.

Ce type d'échangeur thermique s'utilise de préférence dans les bâtiments pour animaux à forte exigeance thermique, où un chauffage d'appoint est indispensable en cas de ventilation minimum. Un inconvénient cependant est la température plus élevée du sol sous l'étable en été qui entraine un refroidissement moins important de l'air de ventilation.

3. LES ESSAIS

3.1. Description des essais

L'étude est effectuée dans deux porcheries d'élevage. Dans les 2 cas l'échangeur thermique a été placé sous la fosse à lisier. En effet, la température du sol sous la fosse à lisier étant plus élevée, un préchauffage plus important de l'air de ventilation permettra d'économiser plus sur le chauffage de l'ambiance nécessaire dans les porcheries d'élevage. En outre les coûts de terrassement sont dans ce cas très minimes.

Dans l'exploitation 1 les conduits en PVC d'une longueur de 23 m, débouchent directement dans les maternités et les compartiments de post-sevrage via une gaine centrale. Les compartiments sont ventilés par surpression. Par compartiment (de 8 loges de mise-bas ou de 150 porcelets sevrés) 3 conduits de ⌀ 20 cm débouchent sur une gaine centrale.

Dans l'exploitation 2 l'air de ventilation circule dans un réseau de conduits qui débouchent dans un canal latéral, d'où l'air passe ensuite dans le couloir de service latéral et ensuite par des clapets réglables dans les compartiments de post-sévrage (ventilation par sous-pression).

Une attention spéciale est portée à l'évacuation de l'eau de condensation des conduits. A cet effet les gaines centrales de l'exploitation 1 sont reliées par un tuyau, tandis que dans l'exploitation 2 un caniveau suffisamment profond assure un stockage de l'eau de condensation, sous le couloir de service latéral.

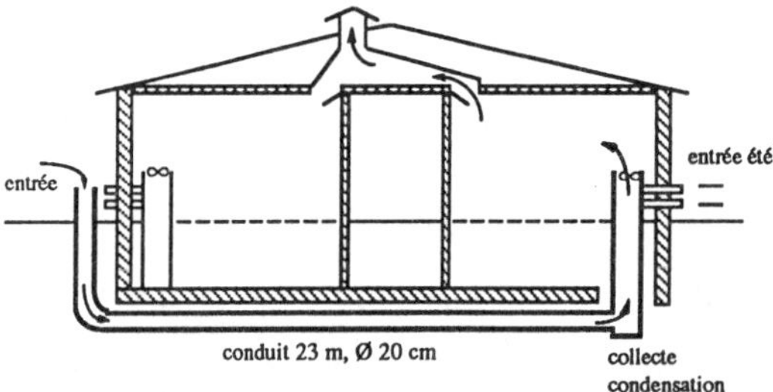

Fig. 1 : Schéma de l'échangeur thermique dans l'exploitation 1

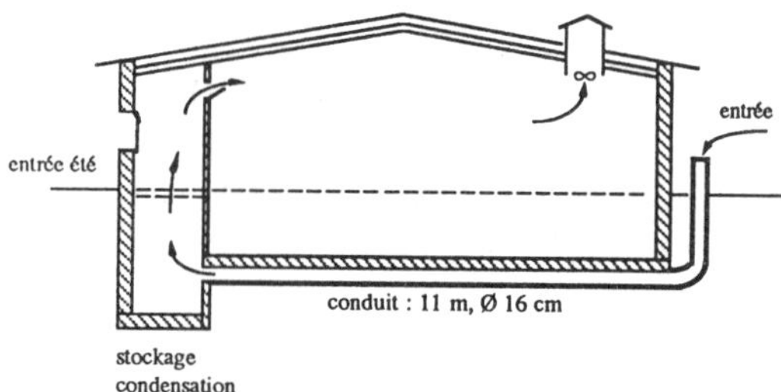

Fig. 2 : Schéma de l'échangeur thermique dans l'exploitation 2.

3.2. Conditionnement de l'air de ventilation

Les figures 3 et 4 illustrent clairement que l'échangeur thermique enterré dans le sol, répond aux 3 exigences précitées. L'air de ventilation est refroidi pendant les journées chaudes de juillet (figure 3). Après passage dans l'échangeur thermique, la température de l'air de ventilation était de 21,8 °C (température de l'air extérieur = 28,3 °C). Grâce à ce refroidissement la température ambiante de la porcherie ne dépassait pas 26 °C. Ce refroidissement relativement réduit est dû au débit élevé de ventilation et à la température élevée du sol autour des conduits sous l'influence de la fosse à lisier.

Durant les journées froides de l'hiver (fig. 4), l'air de ventilation est fortement préchauffé. Pour une température extérieure minimale de -4,8 °C, l'air de ventilation entrait à 10 °C. Ce préchauffage élevé est dû à l'action combinée d'un faible débit de ventilation (faible ventilation de l'étable en hiver), de la température élevée du sol sous la fosse à lisier et de la longueur des conduits (23 m dans l'exploitation 1).

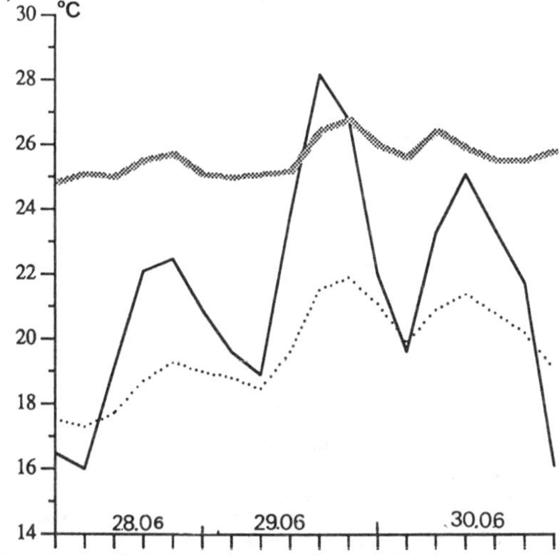

Fig. 3 : Evolution de la température de l'air extérieur (−), de l'air conditionné (···) et de l'air de l'étable (▨▨▨) (28/6/87 à 30/6/87).

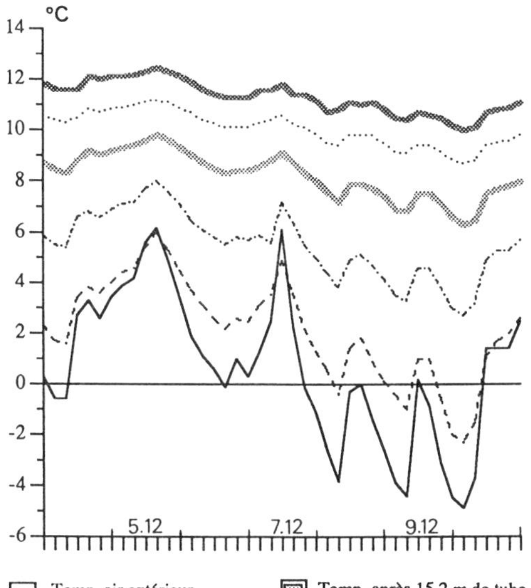

Fig. 4 : Evolution de la température dans l'échangeur thermique sous la maternité en fonction de la distance parcourue dans les conduits (04/12/87 à 10/12/87).

En plus du refroidissement ou du préchauffage de l'air dans l'échangeur thermique, on constate également une forte atténuation des variations de température de l'air extérieur. La figure 3 montre pendant les journées chaudes de l'été un écart de température de 12,2 K de l'air extérieur (variation entre 16 et 28,2 °C). La température de l'air de ventilation, après passage dans l'échangeur thermique, varie entre 17 et 21,9 °C soit un écart de température de 4,9 K. Des résultats analogues sont obtenus en hiver.

La figure 4 et le tableau 1 donnent des informations complémentaires sur les variations de température en fonction de la distance parcourue dans l'échangeur thermique sous la maternité (exploitation 1).

Tableau 1 : Les variations de température en fonction du chemin parcouru dans l'échangeur thermique pour la période du 04/12/87 au 10/12/87.

	T_{min} (°C)	T_{max} (°C)	ΔT (K)
Température extérieure	- 4,9	6,2	11,1
à 2,0 m	- 2,3	6,0	8,3
à 8,5 m	2,7	8,0	5,3
à 15,0 m	6,3	9,8	3,5
à 22,5 m	8,7	11,2	2,5
après la gaine centrale	10,0	12,5	2,5

3.3. Rentabilité économique

Les coûts d'investissement de l'échangeur thermique enterré dans le sol, sous la fosse à lisier, s'élèvent à 4 000 FB par loge de mise-bas et à 225 FB par emplacement pour porcelets sevrés. Les emplacements pour porcelets sevrés sont dimensionnés pour des porcelets de ± 30 kg. Pour un amortissement de 15 ans et un taux d'intérêt de 8 %, les charges annuelles du capital s'élèvent à 465 FB par loge de mise-bas et 16 FB par emplacement pour porcelets sevrés.

Le préchauffage de l'air de ventilation rend le chauffage d'ambiance superflu : la production de chaleur animale et le chauffage du sol suffisent pour maintenir la temperature souhaitée. Ce préchauffage de l'air de ventilation permet donc de réaliser une importante économie d'énergie. Dans l'exploitation 1 on économise de la sorte pour la maternité et les compartiments de post-sévrage respectivement 6.950 et 20.207 FB. Cela correspond à une économie d'énergie de 23 FB par porcelet dans la maternité et 34 FB par porcelet de 10 à 30 kg (c.à.d. le post-sévrage). Des chiffres analogues sont obtenus dans l'exploitation 2 : 28.875 FB par compartiment ou 33 FB par porcelet de 10 à 30 kg.

Enfin il faut aussi encore tenir compte des frais d'entretien et des coûts pour la consommation supplémentaire d'énergie électrique des ventilateurs. En effet pour aspirer l'air à travers le réseau de conduits, le ventilateur doit vaincre une plus grande contre-pression. Ce qui résulte dans des coûts supplémentaires de 3,6 FB et 5,2 FB par porcelet respectivement dans la maternité et le post-sevrage (prix de kWh : 4,5 FB). Pour les frais d'entretien on compte une somme forfaitaire annuelle de 0,5 % du prix initial de l'échangeur de chaleur.

Une analyse du rapport avantages - coûts a été faite pour l'évaluation de l'investissement.

Pour un investissement rentable la valeur nette actualisée qui résulte de l'application de l'échangeur thermique, doit être supérieure à l'investissement. Si on prend en compte un taux d'intérêt de 8 %, une valeur résiduelle de 0 F et une marche identique d'avantages-coûts pendant la période d'amortissement de 15 ans, on obtient le bilan d'investissement repris au tableau 2.

Tableau 2 : Evaluation de l'investissement sur les exploitations 1 et 2 par une analyse du rapport avantages - coûts.

| | Exploitation 1 | | Exploitation 2 |
| | Compartiment | | Compartiment |
	maternité	post-sevrage	post-sevrage
A : Avantages (FB) (économie d'énergie)	6.950	20.207	28.875
C : Coûts (FB) frais d'entretien	160	168	370
frais supplémentaires de ventilation	1.083	3.067	1.856
(A - C) x 8,56 (FB)	48.852	145.280	228.115
Investissement (FB)	31.990	33.686	74.150
Evaluation	favorable	favorable	favorable

Partant des résultats obtenus on peut schématiser le bénéfice net annuel par porcelet dans une porcherie avec échangeur thermique dans le sol et sans chauffage d'ambiance : tableau 3. Les calculs sont réalisés sur base des prix actuels de l'énergie soit 7 FB/l mazout. Des prix énergétiques plus élevés rendent l'application encore plus intéressante.

Tableau 3 : Bénéfice net obtenu dans une exploitation porcine d'élevage (maternité + post-sevrage) par l'application d'un échangeur thermique dans le sol.

| | Bénéfice par porcelet dans | |
| | maternité | post-sevrage |
	1 - 10 kg	10 - 30 kg
Amortissement	- 12,3 FB	- 6,6 FB
Entretien	- 0,5	- 0,7
Frais supplémentaires de ventilation	- 3,6	- 5,2
Amortissement chauffage d'ambiance	+ 6,3	+ 3,2
Economie d'énergie	+ 23,0	+ 34,0
Bénéfice net	**+ 12,9 FB**	**24,7 FB**

4. CALCUL DE L'ECHANGEUR THERMIQUE DANS LE SOL POUR LA MATERNITE ET LE BATIMENT POST-SEVRAGE

4.1. Le débit de ventilation

Les données expérimentales enregistrées pendant 1 an sur un échangeur thermique dans le sol avec des conduits suffisamment longs (12 à 15 m) et une limitation de la vitesse d'air dans les conduits (max 3 - 4 m/s en période estivale) indiquent que la température de l'air conditionné varie entre les maxima de 0 et 22 °C. Ces températures sont considérées, lors de l'élaboration de l'échangeur thermique dans le sol, comme étant la température minimale et maximale de l'air de ventilation entrant dans les compartiments.

Pour maintenir l'ambiance dans l'étable dans des limites très étroites avec une température maximale de l'étable de 26 à 27 °C pendant les périodes les plus chaudes de l'été et si on veut maintenir la température de l'étable le plus longtemps possible à sa valeur optimale, il faudra adopter les normes de ventilation de 250 m^3/h par loge de mise bas et de 27 m^3/h par emplacement post-sevrage.

4.2. La vitesse de l'air

Pour un échangeur de chaleur dans le sol sous la fosse à lisier, la longueur des conduits sera souvent fonction de la largeur de l'étable. Les frais de placement sont dans ce cas très minimes. Si la longueur des conduits est trop limitée (moins de 10 m) il faudra de préférence les prolonger en pleine terre.

La contre-pression que les ventilateurs classiques pour les étables peuvent surmonter, est limitée. C'est pourquoi, lors du projet de l'échangeur thermique dans le sol, on limite les pertes de frottement à 32,5 Pa.

Connaissant la longueur des conduits (soit 12 m), leurs diamètres (16 ou 20 cm) et les pertes de frottement maximum on peut calculer la vitesse d'air maximale dans les conduits. On préfère un diamètre de conduit de 20 cm puisque d'une part le diamètre du conduit n'exerce qu'une très faible influence sur l'efficacité de l'échangeur thermique et d'autre part la distance entre des conduits de 16 cm de diamètre sous la fosse à lisier est trop réduite. Ce qui exerce une influence défavorable sur l'échange thermique et sur la stabilité du bâtiment.

4.3. Le nombre de conduits

Connaissant le débit de ventilation, soit 250 m^3/h par loge de mise-bas et 27 m^3/h per emplacement en post-sevrage et la vitesse d'air maximale calculée dans les conduits, on peut déterminer le nombre de conduits.

Pour limiter la température maximale de l'ambiance de l'étable pendant l'été à 26 - 27 °C on préconise en moyenne 0,75 conduit de ø 20 cm par loge de mise-bas et 1 conduit par 12 emplacements en bâtiment de post-sevrage.

5. L'ECHANGEUR THERMIQUE ENTERRE DANS LE SOL DANS UNE ETABLE POUR PORCS DE BOUCHERIE

Pour rentabiliser l'echangeur thermique enterré dans le sol dans une exploitation pour porcs de boucherie il convient de le placer en pleine terre.

En effet en été la température du sol en pleine terre est inférieure à la température du sol sous la fosse à lisier. L'air de ventilation sera donc soumis à un refroidissement plus prononcé lorsque l'échangeur thermique est enterré en pleine terre. Des débits de ventilation plus faibles suffiront à éliminer la chaleur de l'étable et une ambiance plus favorable dans la porcherie sera possible pendant les mois d'été. Par conséquent on peut espérer une meilleure conversion alimentaire, une mortalité plus réduite, moins de stress ...

Il faut toutefois signaler que le préchauffage est plus élevé en hiver avec l'échangeur thermique enterré sous la fosse à lisier (température du sol plus élevée). Ce préchauffage intense n'est cependant pas nécessaire dans une étable pour porcs de boucherie.

5.1. Calcul de l'échangeur thermique dans le sol pour l'élevage de porcs de boucherie

- Objectif

Le but est de dimensionner un échangeur thermique dans le sol pour une porcherie compartimentée avec 130 porcs de boucherie par compartiment. Les conduits avec un ø de 20 cm sont placés à 1,5 m de profondeur et distants de 1,2 m. Comme conditions limites on a : (a) surface isotherme à 3 m de profondeur, (b) surface du sol isotherme et (c) surface de symétrie verticale à travers le point central de chaque conduit (la composante horizontale du flux de chaleur = 0).

- Modèle de simulation

La grille de différences limitées entre 2 conduits de l'échangeur thermique est représentée dans la figure 5. L'équation différentielle partielle, qui décrit le transfert et l'accumulation de chaleur, à savoir

$$\rho \cdot c_p \cdot \frac{\partial T}{\partial t} = \nabla(\alpha \cdot \nabla T),$$

est résolue en VMS-FORTRAN sur ordinateur VAX. On n'a pas tenu compte de la diffusion de l'humidité dans le sol.

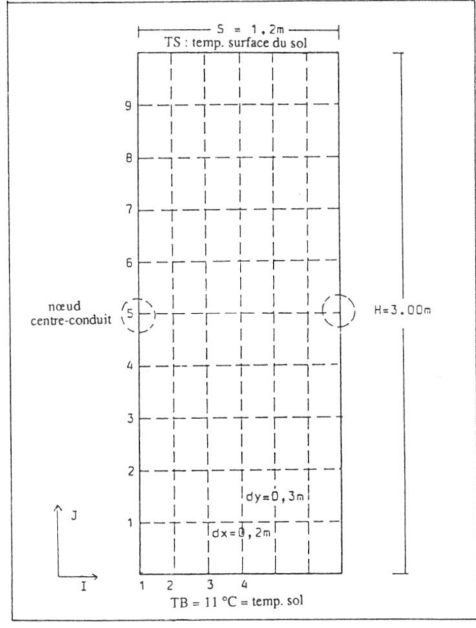

Fig. 5 : Structure de la grille de la tranche de terre considérée autour des conduits

Comme température de l'air de ventilation qui traverse les conduits, on considère la température moyenne mensuelle de l'air sous-abri. On fait exception pour les mois d'hiver (décembre - janvier) et d'été (juin - juillet) pour lesquels on simule des pointes de température pour connaître la température minimale et maximale de l'air de ventilation entrant.

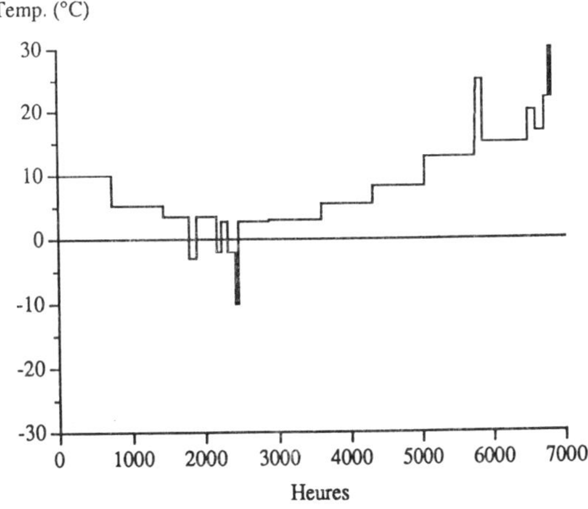

Fig. 6 : Evolution de la température de l'air extérieur

1389

La structure du programme de dimensionnalisation, auquel est annexée une routine de l'analyse des coûts, est illustrée dans la figure 7.

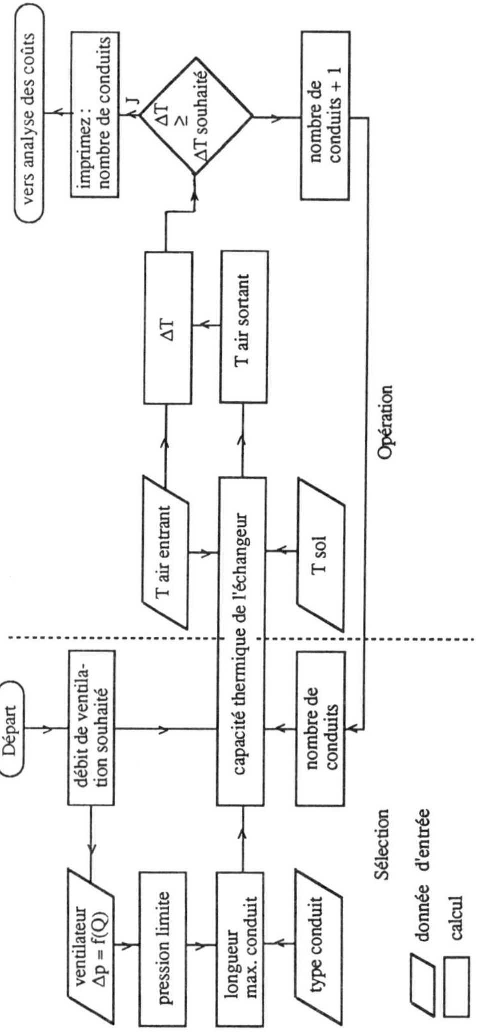

Fig. 7 : Modèle

- Emploi

En fonction de la température maximale imposée de l'étable pendant les mois d'été et compte-tenu des frais d'investissement (coûts des conduits et de placement) on est en mesure de réaliser le projet le plus économique (fig. 8).

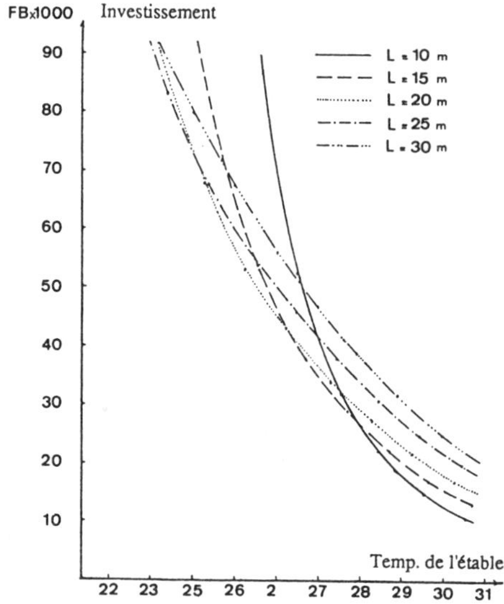

Fig. 8 : Le montant d'investissement de l'échangeur thermique en pleine terre en fonction de la température souhaitée de l'étable et en fonction de la longueur des conduits.

Si on tient compte :
- des coûts d'investissement pas trop élevés. Si on veut amortir totalement l'investissement par l'économie sur le bilan énergétique, le montant d'investissement peut s'élever de 30.000 à 35.000 FB par compartiment de 130 porcs de boucherie.
- que l'air doit entrer suffisamment réchauffé pour supprimer le chauffage d'ambiance, même chez les jeunes animaux. Pour cela une température minimale de l'air entrant de - 1 °C constitue une limite inférieure. Avec les valeurs admises des paramètres dans le programme de simulation cela mène à une longueur minimale de 13 mètres.
- que la température de l'étable en été ne peut pas être trop élevée.

Dans ces cas il est souhaitable de placer l'échangeur thermique en pleine terre avec des conduits de 15 m de long. Pour un compartiment de 130 porcs de boucherie on prévoit 10 conduits de 20 cm de ø 15 m de longueur, placés à 1,5 m de profondeur, c.à.d. 1 conduit de 20 cm de ø et 15 m de longueur pour 13 emplacements de porcs de boucherie. La température de la porcherie s'élève au maximum à

± 27,5 °C. Pour ces températures maximales admises de l'étable les coûts d'investissement sont minimum et s'élèvent à ± 230 FB par emplacement pour porcs de boucherie.

6. CONCLUSION

Les essais réalisés dans des exploitations porcines ont permis de montrer que l'échangeur thermique dans le sol répond aux exigences pour un conditionnement optimal de l'air de ventilation.

En effet l'air de ventilation est suffisamment préchauffé en hiver pour éliminer le chauffage d'ambiance dans la maternité et dans le local de post-sevrage avec comme conséquence directe, une importante économie d'énergie. Pendant l'été, par contre, l'air de ventilation est refroidi, ce qui permet le maintien de la température optimale dans la porcherie pendant une période plus longue et assure des meilleurs résultats de production. En outre les variations journalières, et saisonnières de température sont fortement atténuées, minimalisant ainsi les risques de courant d'air.

L'analyse avantages-coûts montre que le système tel qu'il a été testé dans les essais est économiquement rentable.

Le calcul de l'échangeur thermique dans le sol pour des compartiments de maternité et de post-sevrage, est basé sur les données recueillies dans les exploitations expérimentales. Puisque la température de l'air entrant varie au cours de l'année entre les extrêmes de 0 et 22 °C et partant du principe d'une température maximale dans la porcherie de 26 à 27 °C on préconise 0,75 conduit de ø 20 cm par loge de mise-bas et 1 conduit de ø 20 cm par 12 emplacements pour porcelets sevrés (de 10 à 30 kg).

A défaut de données expérimentales, un programme de simulation a été élaboré pour le calcul de l'échangeur thermique d'une étable pour porcs de boucherie. La poursuite de la recherche est indispensable en vue d'une confrontation entre les résultats obtenu par le modèle et des mesures faites dans la pratique.

7. LITTERATURE

BARBARI, M. & CHIAPPINI, U. (1984). Underground air cooling. Budapest, CIGR, p. 388-395.

CARSON, W.M., WATTS, K.C. & DESIR, F. (1980). Design data for air flow in plastic corrugated drainage pipes. Transactions of ASAE, 23 (2), 409-412.

CHUDNOVSKII, A.F. (1948). Heat transfer in the soil. Leningrad-Moskow. Gosudarstvenoe izdatel'stvo tekhnicko-teoreticheskoi literatury, p. 164.

GOETSCH, W.D. & MUEHLING, A.J. (1984). Earth-tube as air tempering systems for swine-farrow-nursery housing. Transactins of the ASAE, 27 (4), 1154-1162.

GP Propeller fans, 50 Hz (1980). Colchester, Woods of Colchester ltd, 20 p.

MURRAY, T.V. & BRITTON, M.G. (1985). An air-tempering experiment using soil heat. Michigan, ASAE-papers no. 85-4513.

PONCELET, L. & MARTIN, H. (1947). Hoofdtrekken van het Belgisch klimaat. Brussel, Koninklijk Meteorologisch Instituut van België, p. 179.

PURI, V.M. (1986). Feasibility and performance curves for intermittent earth tube heat exchangers. Transactins of the ASAE, 29 (2), 526-532.

SEUFERT, H. & STINGEL, W. (1983). Luft die aus dem Boden kommt. Top Agrar, 6, 99-104.

SPENGLER, R.W. (1982). Earth-tube heat exchanger. Optimization to preheat ventilation air for swine housing. Afstudeerwerk. Ohio State University ; Department of Agricultural Engineering, p. 109.

SPENGLER, R.W. & STOMBAUGH, D.P. (1983). Optimization of earth-tube heat exchangers for winterventilation of swine housing. Transactions of the ASAE, 26 (4), 1186-1193.

STINGL, W. (1985) Erdspreicher zur Klimatisierung von Schweineställen. Darmstadt, KTBL-Schrift 302.

TIEDEMANN, H. (1985). Erdwärmetauscher für Schweineställe. Kiel, Rationalisierungs-Kuratorium für Landwirtschaft, 7, p. 641-679.

VAN 'T KLOOSTER, C.E. (1987). Ervaring met grondbuisventilatie in de kraamafdeling. Proefverslag nr. 1.19. Sterksel, Varkensproefbedrijf "Zuid- en West-Nederland".

VEREIN Deutscher Ingenieure (1963). Wärmeatlas. Berechnungsblätter für den Wärmeübergang. Düsseldorf, V.D.I.-Verslag.

REMERCIEMENTS

Les auteurs remercient l'Institut pour l'Encouragement de la Recherche Scientifique dans l'Industrie et l'Agriculture ainsi que Laborelec d'avoir bien voulu subsidier cette étude

Conditionnement de l'air de ventilation des porcheries d'élevage par l'échangeur thermique enterré dans le sol

RESUME

Les recherches récentes en matière de climatisation des bâtiments d'élevage sont surtout orientées sur les entrées d'air indirectes pour obtenir d'une part un préchauffage (ou refroidissement) de l'air et d'autre part une ventilation sans courant d'air. L'échangeur thermique enterré dans le sol, sous la porcherie, a fait l'objet d'une étude approfondie dans 2 exploitatons porcines en vue de conditionner l'air de ventilation des maternités et des bâtiments "post-sevrage". Un intérêt particulier a été consacré à l'influence de l'échangeur thermique sur les paramètres d'ambiance de la porcherie, à l'incidence sur les coûts d'exploitation et au calcul de l'échangeur thermique. Pour le calcul de l'échangeur thermique enterré dans le sol, en pleine terre, destiné plutôt aux bâtiments pour porcs de boucherie, une simulation a été élaborée.

Preconditioning of ventilation air for piggeries by means of an earth-tube heat exchanger

ABSTRACT

The earth-tube heat exchanger was examined at two pig farms ; its purpose being the preconditioning of ventilation air for nurseries and farrowing compartments. Ample attention was paid to the influence of the earth-tube heat exchanger on the climate parameters inside the pig house, to the economic feasability and to the design of the system.
Practical data showed that the earth-tube heat exchanger met the requirements for optimal preconditioning of the ventilation air. The ventilation air is strongly heated during the winter and is sufficiently cooled in summer. Moreover, day-night fluctuations are damped perfectly. Temperatures of the "treated" incoming air varied between 0 and   22 °C during one year period. Assuming a maximum interior temperature of 26 to   27 °C, it may be advized to provide 0.75 tubes Ø 20 cm per farrowing pen and 1 tube Ø 20 cm for every 12 pigs (animals from 10 to 30 kg live weight).
Comparing the cost-effectiveness of the earth-tube heat exchanger, it is observed that this system is economically justified, even at low energy prices.

Der Erdwärmetauscher als Stallklimagerät für Schweineställe

ZUSAMMENFASSUNG

Der Erdwärmetauscher, mit Röhren unter den Dungkeller, zur Vorbereitung der Ventilationsluft für Abferkel- und Ferkelabteilungen, ist untersucht worden auf 2 Zuchtschweinebetrieben. Große Aufmerksamkeit wurde gewidmet dem Einfluß des Erdwärmetauschers auf die Klimaparameter des Stalles, dem ökonomischen Ergebnis und der Planung des Erdwärmetauschers.
De Luft durch den Erdwärmetauscher leitet zu einer Aufbereitung der eintretenden Luft die ganzjährig zur Optimierung des Stallklimas führt. Im Winter wird die Luft vorgeheizt, im Sommer abgekühlt und Temperaturschwankungen werden ausgeschaltet. Zur Beschränkung der Sommerlufttemperatur im Stall bei 26 bis 27 °C, vorsieht man durchschnittlich 0,75 Röhre mit ø 20 cm pro Abferkelbucht und 1 Röhr pro 12 Ferkelplätze in Ferkelabteilungen. Der Erdwärmetauscher ist ökonomisch verantwortet sogar bei niedriger Energiepreisen.

Land and Water Use, Dodd & Grace (eds), © 1989 Balkema, Rotterdam. ISBN 90 6191 980 0

Reduced nocturnal temperatures and hovers as swine nursery energy management techniques

D.P.Shelton & M.C.Brumm
University of Nebraska, Concord, Nebr., USA

ABSTRACT: Four separate, but related, experiments involving a total of 1792 newly weaned pigs, 3 to 4 weeks of age, have been conducted to document the influences of reduced nocturnal temperatures alone or in concert with hovers, on swine nusery energy usage and weaned pig performance. Compared to a control temperature regimen of 30° C during the first week, and subsequent reductions of 2 C° per week, reduced nocturnal (1900 h to 0700 h) nursery air temperatures have given utility energy savings ranging from 16 to 45 percent, with specific energy reductions as great as 123 MJ per weaned pig. Two reduced nocturnal temperature regimens, one imposed at weaning and the other one week post-weaning, have resulted in significantly improved average daily gain, feed intake, and final mass, with no difference in feed conversion. However, when similar reduced nocturnal temperature regimens were combined with hovers, feed conversion was significantly poorer, and average final mass, daily gain, and feed intake all tended to be reduced, compared to the control temperature treatment.

RÉSUMÉ: Quatre essais independents mais lieés par leurs objectifs, portant sur un total de 1792 porcs récemment sevrés (agés de 3 à 4 semaines), ont été conduites pour documenter les influences d'une baisse des températures nocturnes, seules ou avec des chenils, sur la consommation d'énergie dans les abris à pourceaux et sur le rendement des porcs sevrés. Comparée à un cas témoin de température de 30 degrés C pendant la première semaine, et des réductions suivantes de 2 degrés C par semaines, la réduction des températures de l'air nocturnes (de 19.00 h à 7.00 h) économise entre 16% et 45% de l'énergie, avec des réductions spécifiques d'énergie pouvant atteindre 123 MJ par porc sevré. Deux régimes de réduction des températures nocturnes, l'un imposé au sevrage et l'autre une semaine après le sevrage, ont permit d'obtenir des progrès significatifs dans la moyenne des gains journaliers, des rations alimentaires, et des poids finals sans aucune différence de conversion alimentaire. Toutefois, quand des régimes similaires de réductions des températures nocturnes étaient associés a l'emploi de chenils la conversion alimentaire se réduisait de façon significative et, en moyenne, le poids final, le gain journalier, et la ration alimentaire, avaient tous tendance à se réduire, en comparaison au régime de température contrôlée.

ABSTRAKT: Vier separate, jedoch zusammenhängende Experimente, die insgesammt 1792 neu entwöhnte Schweine, 3 bis 4 Wochen alt, umfassten, sind durchgeführt worden, um den Einfluss von reduzierten nächtlichen Temperaturen allein, oder im Zusammenhang mit Schweinezwinger (hovers/kennels) auf den Energieverbrauch der Schweinezuchtstätte und die Leistung der neu entwöhnten Schweine zu dokumentieren. Verglichen mit einer kontrollierten Temperaturkur von 30 Grad C in der ersten Woche und darauf folgende Senkungen von 2 Grad C pro Woche haben reduzierte nächtliche Temperaturen (19:00 bis 7:00 Uhr) in den Schweinezuchtstätten eine Energieeinsparung von 16 bis 45 Prozent erbracht, mit spezifischer Energieeinsparung von sogar 123 MJ pro entwöhntes Schwein. Zwei reduzierte nächtliche Temperaturkuren, eine während der Entwöhnung und die andere eine Woche nach der Entwöhnung, resultierten in einer bedeutenden durchschnittlichen Steigerung der täglichen Gewichtzunahme, Futteraufnahme und dem Endgewicht, ohne Einfluss auf die Futterverarbeitung zu nehmen. Als jedoch ähnlich reduzierte nächtliche Temperaturkuren im Zusammenhang mit Schweinzwinger (hovers/kennels) durchgeführt wurden, war die Futterverarbeitung bedeutend geringer, und das durchschnittliche Gesammtgewicht, die tägliche Gewichtzunahme und Futteraufnahme neigten dazu, im Vergleich mit der kontrollierten Temperaturbehandlung, auch geringer zu sein.

1 INTRODUCTION

Current housing recommendations for pigs weaned at 3 to 4 weeks of age call for stable air temperatures of 29° C at animal level during the first week post-weaning, with approximately a 2 C° per week reduction until the pigs reach 8 weeks of age (MWPS, 1983). This makes a nursery one of the most heating intensive buildings in a swine production system. Heating energy costs can be reduced by reducing environmental temperatures, but this may be false economy if total production costs increase due to reduced animal growth rates, increased feed consumption, or detrimental effects on animal health.

McCracken and Caldwell (1980) reported that pigs weaned at 10 days of age had a diurnal heat production pattern, with a low occurring during nighttime hours. Balsbaugh and Curtis (1979) reported that weaned pigs preferred cooler surroundings at night. Curtis and Morris (1982) reported no significant differences in daily gain or feed conversion for 4-week old weaned pigs housed in a room maintained at a constant 26.7° C and those housed in a room where the air temperature fluctuated between an average daily maximum of 26.3° C and an average daily minimum of 15.1° C. Thus, reducing nighttime temperatures could be a viable option to reduce swine nursery heating costs.

Hovers are another management practice which may allow reductions in air temperatures while maintaining acceptable nursery pig performance. By reducing drafts and trapping body heat, temperatures within the hover are increased. Robertson and Kelley (1978) reported that air temperatures within a weaner pig kennel averaged 5.7 C° higher than house temperatures. Feenstra (1982) reported that performance of pigs weaned at 4 weeks of age was similar when one corner of the pen was covered and room air temperature was held at 18° C, compared to animals in uncovered pens in a room where air temperatures were progressively reduced from 24° to 18° C over an 8 week period. Shelton and Brumm (1986) concluded that hovers and a constant room air temperature of approximately 22° C provided conditions for animal performance that was not significantly different than the performance of newly-weaned pigs housed at currently recommended temperatures. These reduced temperatures resulted in a 22% reduction in utility costs.

2 DESCRIPTION OF EXPERIMENTS

A series of four related experiments, involving a total of 1792 newly weaned pigs, 3 to 4 weeks of age, were conducted to evaluate the influences of reduced nocturnal temperatures alone or in concert with hovers, on swine nursery energy usage and weaned pig performance. A total of 14 trials, each involving 128 pigs, were conducted.

2.1 Building description

The building used was an 8.6 m by 9.1 m two-room nursery at the University of Nebraska Northeast Research and Extension Center, Concord, NE, U.S.A. (42° 25′ North Latitude). Supplemental heat was provided by identical propane-fired furnaces in each room. Low-volume ventilation was provided by a continuously operating propeller fan rated at 97 L/s exhausing from the manure pit in each room. Complete descriptive details of the building have been presented by Shelton and Brumm (1986). The two rooms were alternated between the control and reduced temperature treatments for each trial within an experiment. A previous uniformity trial had documented no room effect on animal performance (Brumm et al., 1985).

2.2 Animals and feed

Within two hours of removal from the sow at 23 to 28 days of age, locally purchased crossbred pigs were weighed and eartagged. They were then transported by covered truck approximately 32 km to the research facility, and allotted to uniform outcome groups based on sex and weight. A pelleted commercial pig starter containing 18% crude protein, 1.15% lysine, 14 MJ/kg metabolizable energy, and an antimicrobial feed additive was fed free choice for the duration of all trials. Pigs were weighed weekly, and feed conversion efficiency was determined from weekly feed consumption records for each pen of pigs.

2.3 Air temperatures

Two air temperature regimens were employed for each experiment. Following current recommendations (MWPS, 1983), the furnace thermostat in the room with the control treatment (CT) was set to maintain a dry-bulb temperature of 30° C during the first

week of each trial. Thereafter, the air
temperature in the CT room was decreased
2 C° per week. In the room with reduced
nocturnal temperatures, dual thermostats
controlled by a switching timeclock were
used. All thermostats were equipped with
sensing bulbs located at animal level near
the pen area.

The following temperature regimens were
imposed in the room having reduced nocturnal temperatures:

1. Experiment 1 - Reduced Nocturnal
Temperatures (RNT): Room air temperatures
were maintained the same as the CT room
for 12 hours per day (0700 to 1900 h).
During nighttime hours (1900 to 0700 h),
thermostat settings were reduced to 25° C
for the first three nights, then to 20° C
for the next four nights. Nighttime air
temperature settings were then further
reduced by 1 C° per week for the subsequent
4 weeks of each trial.

2. Experiment 2 - Reduced Nocturnal
Temperatures and Hovers (RNT-H): Diurnal
(0700 to 1900 h) temperatures were 25° C
during the first week post-weaning and
were reduced 2 C° per week in subsequent
weeks. Nighttime temperature settings
were 15° C with a 1 C° per week reduction.
All pens in the RNT-H room were fitted
with hovers, while no hovers were used in
the CT room.

3. Experiment 3 - Modified Reduced
Nocturnal Temperatures (MRNT): Room air
temperature was maintained the same as the
CT room for the first week of each trial,
and during daytime hours (0700 to 1900 h)
in subsequent weeks. During nighttime
hours, starting with the second week of
each trial, the temperature was to be reduced 6 C° from the daytime temperature.

4. Experiment 4 - Modified Reduced Nocturnal Temperatures and Hovers (MRNT-H):
From the results of Experiment 2 (RNT-H),
a 3 C° temperature increase at animal level
under the hovers was anticipated. Thus,
during the first week of each trial, an
air temperature of 27° C was selected to
maintain temperatures at animal level under the hovers comparable to temperatures
in the CT room. Beginning 1 week post-
weaning, the daytime (0700 to 1900 h)
temperature was reduced 2 C° per week from
this temperature, while nighttime temperature was to be reduced an additional 6 C°
below the daytime temperature. All pens
in the MRNT-H room were equipped with
hovers.

Air temperatures were measured hourly
using thermocouples and an automatic data
logger. Thermocouple locations have been
given by Shelton and Brumm (1986; 1988).

2.4 Animal pens and hovers

Four 1.2 m by 2.4 m flat-deck main pens
were used in each room during the four
experiments. The 100% woven wire pen
floor was elevated 40 cm above the room
floor. Pen sides were open mesh panels.
For Experiments 1 and 3 (RNT and MRNT),
each main pen was divided into two animal
pens, each holding eight pigs in a 1.2 m
by 1.2 m area (0.18 m²/pig). Each animal
pen had one 5-hole feeder on one side and
one nipple waterer in an opposite corner.

During Experiments 2 and 4 (RNT-H and
MRNT-H), the main pens were not divided,
and each held 16 pigs. Each pen had two
5-hole feeders located one per side at one
end of the pen, and one nipple waterer in
a corner at the opposite end of the pen.
The low-cost hovers formed a 5-sided box
and encompassed one-half of the pen area,
Figure 1. Hover lids were constructed of
1.3 cm thick flakeboard suspended from the
pen frame. The lids sloped slightly (2.5
cm) upward towards the front, and were
raised as the pigs grew to prevent damage
by the animals. Initial height of the
front of the hover lid was approximately
45 cm above the pen floor. Flakeboard
(0.6 cm thick) was attached to the outside
of the mesh pen panels to form the rear
and sides of the hover. A piece of 0.6 cm
thick flakeboard was placed between the
wire mesh flooring and pen support frame.
This gave the hover a solid floor, but
placed all animals in direct contact with
the same flooring material and prevented
damage to the flakeboard.

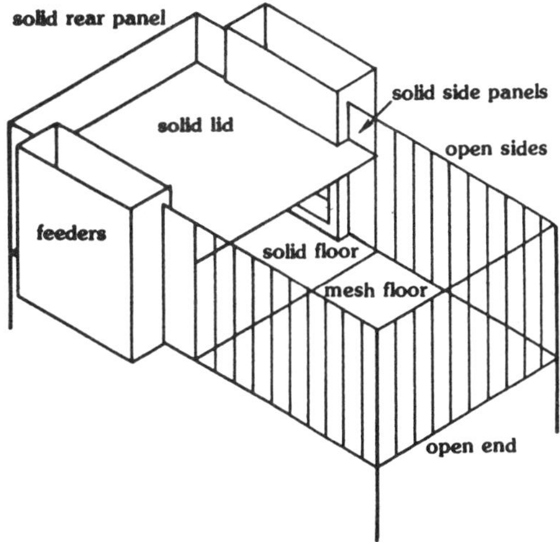

Figure 1. Sketch of animal pen and hover.

3 RESULTS AND DISCUSSION

This series of experiments was conducted
to investigate trends over time. The data
presented for each experiment therefore
are composite data of the trials within an
experiment. Further, experimental protocol specified trial termination at a final
mass of approximately 18 kg. Thus, individual trials were generally 5 weeks, but
ranged from 4 to 6 weeks in duration.

3.1 Utility usage and air temperatures

Summarized in Table 1 are data for total
utility energy, propane, and electricity
usage as well as utility costs for the
four experiments.

Table 1. Total utility usage and costs
for the four experiments.

	PROPANE (L)	ELECTRIC (kWh)	UTILITY ENERGY (MJ)[1]	UTILITY COSTS ($)[2]
Experiment 1: RNT (4; 5-week trials)				
CT	2828	630	74380	554.68
RNT	1929	510	51030	382.37
Experiment 2: RNT-H (3; 5-week trials)				
CT	1976	410	51900	386.06
RNT-H	1066	310	28300	212.71
Experiment 3: MRNT (1; 4-week and 3; 5-week trials)				
CT	2515	540	66080	492.27
MRNT	2112	500	55660	415.72
Experiment 4: MRNT-H (1; 4, 5, and 6-week trials)				
CT	1908	430	50200	374.48
MRNT-H	1406	350	37110	277.61

[1] Propane = 25.5 MJ/L;
Electricity = 3.6 MJ/kWh
[2] Propane = $0.185/L;
Electricity = $0.05/kWh

Individual experiment results are as
follows:

1. <u>RNT</u>: Reduced nighttime temperatures
beginning at weaning were effective in
reducing total utility energy inputs by
over 31%, Table 1. This amounted to a
savings of 91 MJ, or $0.67 per weaned pig
placed on test in the RNT treatment.

Mean weekly air temperatures averaged
3 C° cooler, and nighttime temperatures in
the RNT treatment were as much as 9 C°
cooler than the CT treatment, Figure 2.
The rate of cool-down was dependent on
outside air temperature, building mass,
and pig mass. By the fifth week of each
trial, the nighttime target temperature of
16° C was seldom achieved, and then only
for 1 or 2 hours just before 0700 h.
Details relating to air temperatures and
patterns have been given by Shelton and
Brumm (1986).

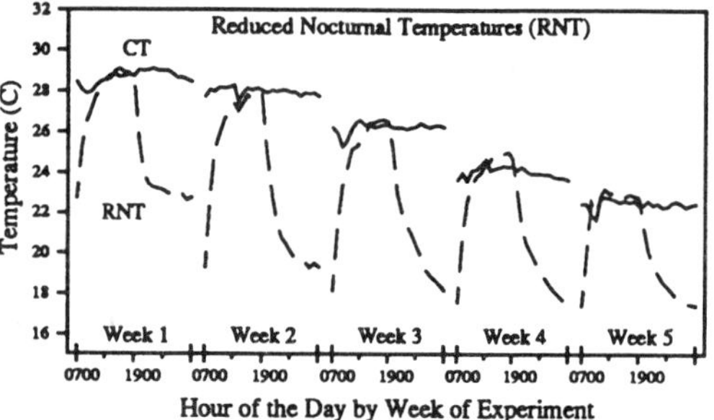

Figure 2. Temperatures at animal level
during Experiment 1 (RNT).

2. <u>RNT-H</u>: The greatest utility savings
were achieved in this experiment, 123 MJ
or $0.90 per weaned pig in the RNT-H
treatment. Total utility cost savings
were over 45% compared to the CT treatment, Table 1. Overall, mean weekly air
temperatures outside the hover in the RNT-
H room were 7.1 C° cooler than temperatures
at animal level in the CT room.

Temperatures at animal level inside the
hovers closely reflected temperatures in
the open area of the pen, Figure 3, but
averaged 3.2 C° warmer. Temperature elevations inside the hovers tended to be
greatest during early morning hours due to
the animals spending more time under the
hovers when room temperatures were the
coolest. Despite these elevations, animal
level temperatures inside the hovers were
always cooler, even during daytime hours,
than in the CT treatment room. The
elevated temperatures during the fifth
week were due primarily to unseasonably
warm temperatures during 1 trial.

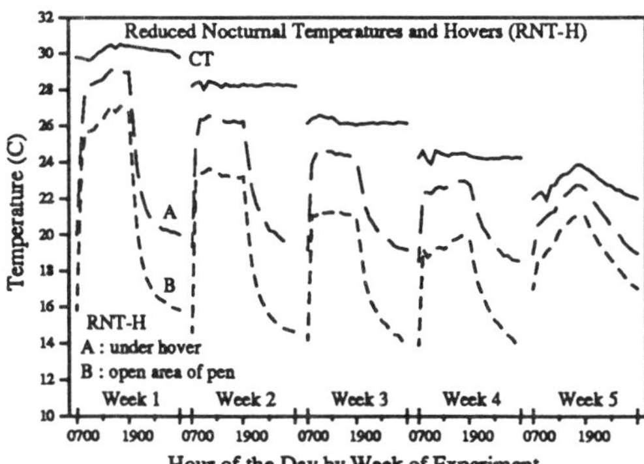

Figure 3. Temperatures at animal level during Experiment 2 (RNT-H).

3. __MRNT__: The reduced temperature regimen used in this experiment resulted in total energy, propane, and electricity savings of 15.8, 16.0, and 7.4%, respectively, compared to the CT room, Table 1. Utility energy usage was reduced by 41 MJ and utility costs were reduced by $0.30 for each weaned pig in the MRNT system. These savings were not as great as those achieved in Experiment 1 (RNT). However, this was anticipated since reduced temperatures were not imposed until the second week post-weaning, and nighttime temperatures were not reduced as much in this modified regimen.

Similar to Experiments 1 and 2, nighttime target temperatures were generally not reached until the early morning hours. Thus, the animals were exposed to the coolest temperatures for only a relatively short period of time. The animals in the MRNT room were also exposed to temperatures comparable to those in the CT room for at least 10 hours per day, Figure 4. Additional air temperature details have been given by Shelton and Brumm (1988).

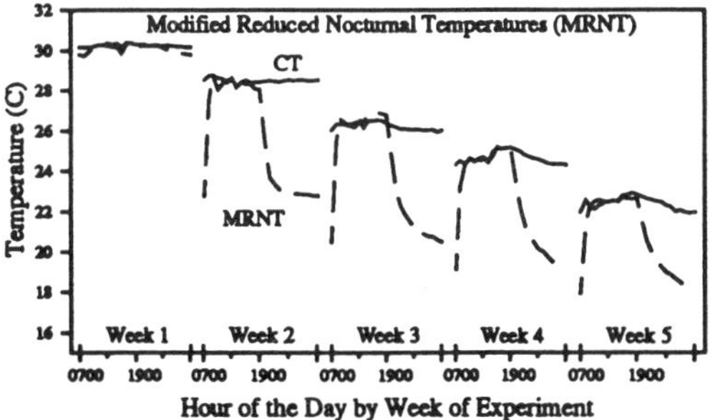

Figure 4. Temperatures at animal level during Experiment 3 (MRNT).

4. __MRNT-H__: Reducing air temperatures in the MRNT-H room during daytime hours an average of 1.9 C° and during nighttime hours an average of 5.9 C° resulted in a utility energy and cost savings of approximately 26% compared to the CT treatment, Table 1. These savings amounted to $0.50 in utility costs and 68 MJ of utility energy per pig in the MRNT-H system.

Temperatures at animal level under the hovers were approximately 3 C° warmer than corresponding room air temperatures, Figure 5. These temperature elevations were similar to those achieved in Experiment 2. It is also evident that pigs in the MRNT-H room were provided air temperatures under the hovers during daytime hours that were quite comparable to those in the CT room. Further, the temperatures under the hovers in the MRNT-H room were very similar to those in the MRNT room during Experiment 3, Figure 4. Additional temperature details are provided by Brumm and Shelton (1988b).

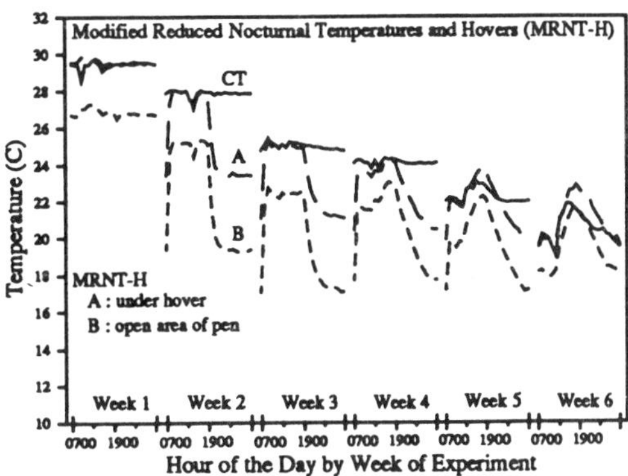

Figure 5. Temperatures at animal level during Experiment 4 (MRNT-H).

3.2 Animal performance

Composite pig performance data for the 4 experiments are summarized in Table 2. Within experiment, performance data are for pigs obtained from the same source.

1. __RNT__: An extensive disease outbreak associated with the source of pigs precluded the use of animal performance data from 1 trial of this experiment because of substantial death loss and severely reduced performance. Losses were comparable between the RNT and CT treatments. For the 3 remaining trials, nursery pigs in the RNT treatment room consumed 0.04 kg

more feed per day (P<0.005) with no difference in feed conversion (P>0.05) compared to pigs in the CT room. These factors contributed to more rapid average daily gain (P<0.01) and increased final mass (P<0.01), Table 2.

Five pigs (2.6% mortality) were removed from test in the RNT treatment over the course of the 3 trials due to death or severely reduced performance. One pig in the CT room was removed during the same time period. These losses occurred primarily in one trial, during an outbreak of diarrhea diagnosed as caused by Salmonella spp. Further animal performance details are given by Brumm, et al. (1985).

The original concept of reducing nighttime temperatures in this experiment was to reduce utility input costs without adversely influencing animal performance. One unanticipated result was the 7.8% increase in average daily feed intake for pigs in the RNT treatment. The main concern with this regimen was the increased mortality of pigs in the RNT treatment compared to the CT treatment, even though the cost of this mortality was more than offset by the utility cost savings (Shelton and Brumm, 1986).

2. <u>RNT-H</u>: Animals in the RNT-H treatment had significantly poorer feed conversion efficiencies (P<0.08), Table 2. These animals also tended to have reduced average daily feed intake, daily gain, and final mass. Mortality was also greater in the RNT-H treatment than in the CT treatment, 3.1% and 1.6%, respectively.

The animals exposed to reduced nighttime temperatures in this experiment did not increase their average daily feed intake, contrary to the results from Experiment 1 (RNT). The greater relative mortality from the RNT-H vs. the CT treatment remained a concern, even though mortality

Table 2. Summary of pig performance for the four experiments (composite data).

	Number of pens	Number of pigs	Initial mass (kg)	Final mass (kg)[1]	Average daily gain (kg)[1]	Average daily feed intake (kg)[1]	Feed/Gain[1]	Dead or Removed No. (%)
Experiment 1: (RNT) – (3; 5-week trials)								
CT	24	192	6.4	17.9^{g}	0.33^{g}	0.51^{i}	1.55	1 (0.5)
RNT	24	192	6.3	18.6^{h}	0.35^{h}	0.55^{j}	1.58	5 (2.6)
SE[2]				0.4	0.01	0.02	0.04	
Experiment 2: (RNT-H) – (3; 5-week trials)								
CT	12	192	6.6	17.8	0.32	0.50	1.57^{a}	3 (1.6)
RNT-H	12	192	6.6	17.3	0.31	0.49	1.62^{b}	6 (3.1)
SE[2]				0.3	0.01	0.01	0.02	
Experiment 3: (MRNT) – (1; 4-week and 3; 5-week trials)								
CT	32	256	6.7	17.9^{c}	0.34^{c}	0.53^{k}	1.57	9 (3.5)
MRNT	32	256	6.7	18.4^{d}	0.36^{d}	0.57^{l}	1.61	6 (2.3)
SE[2]				0.2	0.01	0.01	0.02	
Experiment 4: (MRNT-H) – (1 each; 4, 5, and 6-week trials)								
CT	12	192	6.3	18.4^{m}	0.35^{o}	0.53	1.50^{e}	1 (0.5)
MRNT-H	12	192	6.2	17.8^{n}	0.33^{p}	0.52	1.55^{f}	0 (0.0)
SE[2]				0.09	0.002	0.005	0.012	

[1] Within experiment, values within each column having different superscripts are significantly different:

    a,b = (P<0.08)   i,j = (P<0.005)
    c,d = (P<0.06)   k,l = (P<0.001)
    e,f = (P<0.05)   m,n = (P<0.0005)
    g,h = (P<0.01)   o,p = (P<0.0001)

[2] Pooled standard error of the mean.

rates in both Experiments 1 and 2 paralleled, but were less than, the results of Curtis and Morris (1982) who reported mortality rates of 4.9% and 2.5% for an operant-controlled cyclic temperature treatment and a control treatment, respectively.

It was concluded that the imposed temperature reductions in the RNT-H treatment may have been too severe, resulting in temperatures at animal level under the hovers that were too low, thus tending to reduce animal performance compared to the CT treatment. Slightly increased temperatures might have improved pig performance, even though utility savings would not have been as great (Shelton and Brumm, 1986).

3. <u>MRNT</u>: Nursery pigs housed in the MRNT room consumed an average of 0.04 kg more feed per day (P<0.001), nearly an 8% increase compared to animals in the CT room, Table 2. Pigs in the MRNT treatment also gained more mass per day (P<0.06) and had a greater mean final mass (P<0.06) than pigs in the CT room. Feed to gain conversion efficiencies were not significantly different for the two treatment groups. Health problems or death losses caused 6 pigs (2.3%) to be removed from the MRNT treatment during the four trials. Nine pigs (3.5%) from the CT treatment were also removed, but two of these pigs died as a result of injuries suffered within the pen. Additional details of animal performance have been given by Brumm and Shelton (1988a).

The improvement in relative mortality for MRNT pigs vs. CT pigs in this experiment may be related to a need for a constant warm temperature until feed intake is sufficient to provide energy for heat production and basic metabolism. This was essentially accomplished by waiting until one week post-weaning to impose reduced nighttime temperatures. Sloat et al., (1985) have demonstrated that early weaned pigs have a decrease in backfat, and decreased rate of protein deposition for the first week post-weaning. This is apparently related to feed intake during that time period. As demonstrated in this experiment, once this process is stabilized and feed intake (energy) increases above maintenance needs, the pig may be better able to respond favorably to reduced nighttime temperatures.

The favorable responses of pigs in the MRNT treatment suggest that nighttime temperatures could possibly be reduced more than the 6 C° evaluated in this experiment, provided that reduced temperatures are not imposed until 1 week post-weaning. This is supported by Nienaber and Hahn (1987) who reported that gain and feed intake were either unaffected or only slightly reduced for nursery pigs subjected to temperatures that were 6 C° and 12 C° below currently recommended temperatures during daytime and nighttime hours, respectively.

4. <u>MRNT-H</u>: Final mass for pigs in the MRNT-H treatment was 3.3% less (P<0.0005) than in the CT treatment, Table 2. MRNT-H pigs also had reduced average daily gain (P<0.0001) and poorer feed conversion (P<0.05). There was no difference in average daily feed intake between the 2 treatments. No pigs from the MRNT-H treatment, and only 1 from the CT treatment died during the three trials.

Animal performance in the MRNT-H treatment closely parallelled the results from Experiment 2 (RNT-H) which also used hovers in the pens. In both experiments, performance was generally reduced with the addition of hovers to the animal pens. These data suggest that when hovers are used in concert with reduced nocturnal temperatures, pigs respond much differently to their environment than pigs subjected to reduced nocturnal temperatures alone.

Delaying the imposition of reduced nocturnal temperatures until one week post-weaning appeared to reverse the trend for increased mortality of nursery pigs subjected to reduced nocturnal temperatures immediately after weaning. These results were consistent for both Experiments 3 and 4, as compared to Experiments 1 and 2.

The potential influence of nursery temperature regimen on subsequent animal performance was evaluated for pigs in Experiments 3 and 4 (MRNT and MRNT-H, respectively). At the conclusion of each nursery-phase trial in these experiments, the pigs were moved to confinement growing-finishing facilities and grown to slaughter at approximately 92 to 94 kg. There were no differences (P>0.1) during the growing-finishing phase in average daily gain, average daily feed intake, feed conversion efficiency, or final mass for pigs which had been subjected to either modified reduced nocturnal temperature treatment in the nursery, compared to pigs from the CT treatments (Brumm and Shelton, 1988a; 1988b).

Employing reduced nocturnal temperatures required virtually idential management inputs. The only addition was that 2 thermostats and a timeclock were used, rather than the single thermostat in the CT treatment. It would, however, be relatively easy to accomplish reduced nocturnal temperatures with manual adjustment of a single thermostat.

Hovers made observation of the pigs more difficult, requiring a flashlight and additional time. Although not utilized in either experiment involving hovers, a clear observation window in the rear or lid of the hover might have aided in pig observation.

Piling and huddling of the pigs were more evident with reduced nocturnal temperatures. However, this did not cause any problems such as rectal prolapses.

Even though mortality rates were generally acceptable for all treatments, improvements could be possible. Adequate performance of sick or severely stressed animals might be maintained if they could be placed in a separate pen with less competition and provided with an additional supplemental heat source, such as a heat lamp. This, however, was not tested in any of these experiments.

5 CONCLUSIONS

Reducing nocturnal temperatures in a swine nursery can reduce utility input costs. Virtually no special or extra management inputs are required.

Reduced nocturnal temperatures, used alone, rather than in concert with hovers, appear to offer the greatest opportunity for reduced utility input costs, improved animal performance, and acceptable mortality rates. It is recommended that reduced nocturnal temperatures not be imposed until approximately 1 week postweaning, when the animals are eating aggressively, and reductions be limited to 6 C° below currently recommended temperatures.

REFERENCES

Balsbaugh, R.K. and S.E. Curtis. 1979. Operant supplemental heat by pigs in groups: further observations. J. of Animal Science 49 (Supplement 1):181.

Brumm, M.C. and D.P. Shelton. 1988a. A modified reduced nocturnal temperature regimen for early weaned pigs. J. of Animal Science 66(5):1067-1072.

Brumm, M.C. and D.P. Shelton. 1988b. Hovers and reduced nocturnal temperatures for swine nurseries. ASAE Paper No. 88-4040. ASAE, St. Joseph, MI.

Brumm, M.C., D.P. Shelton, and R.K. Johnson. 1985. Reduced nocturnal temperatures for early weaned pigs. J. of Animal Science 61(3):552-558.

Curtis, S.E. and G.L. Morris. 1982. Operant supplemental heat in swine nurseries. In: Livestock Environment II. ASAE Publication 3-82. ASAE, St. Joseph, MI. pp. 295-297.

Feenstra, A. 1982. Air temperature experiments with piglets. In: Livestock Environment II. ASAE Publication 3-82. ASAE, St. Joseph, MI. pp. 348-352.

McCracken, K.J. and B.J. Caldwell. 1980. Studies on diurnal variations of heat production and the effective lower critical temperature of early-weaned pigs under commercial conditions of feeding and management. British J. of Nutrition 43:321-328.

MWPS. 1983. Swine housing and equipment handbook. Midwest Plan Service. Ames, IA.

Nienaber, J.A. and G.L. Hahn. 1987. Cool nighttime temperature and age effects on newly weaned pigs. ASAE Paper No. 87-4012. ASAE, St. Joseph, MI.

Robertson, A.M. and M. Kelley. 1978. Flat-deck accommodation for pigs. Farm building progress(54). October 1978. pp. 1-4.

Shelton, D.P. and M.C. Brumm. 1986. Energy management in a swine nursery using reduced temperatures, hovers, and reduced nocturnal temperatures. TRANS. of the ASAE 29(6):1721-1729.

Shelton, D.P. and M.C. Brumm. 1988. Reduced Nocturnal temperatures in a swine nursery. TRANS. of the ASAE 31(3):888-891.

Sloat, D.A., D.C. Mahan, and K.L. Roehrig. 1985. Effect of pig weaning weight on postweaning body composition and digestive enzyme development. Nutr. Rept. Int. 31:627.

Land and Water Use, Dodd & Grace (eds), © 1989 Balkema, Rotterdam. ISBN 90 6191 980 0

Analysis of functioning of natural ventilation in cattle houses

J.Šottník, Š.Mihina & P.Fl'ak
Research Institute of Animal Production, Nitra, Czechoslovakia

ABSTRACT: The function of natural airing proved to be highly dependent
on outdoor conditions. In summer the temperatures were the same as the
outdoor ones, outflow of harmful substances was good. When the accessory
elements were closed the temperatures and the CO_2 content were slightly
raised, the air flow was low 0.1 m/s and coooling values 55-74 W/m^2. In
winter the temperatures in stables were low (under the zero point), with
high cooling values 756 W/m^2. For the sets of air flow values were estimated regression functions in functional elements, which come near to
log-normal distribution (mostly $y = ax^{b+c\,lnx}$). Speeds of 0.3 m/s were
determined for the maximum dimension, 0.45 m/s for the medium dimension
(0.20 m^2/500 kg b.wt), 0.7 m/s for the minimum dimension, where the accessory elements (doors, windows) have to be taken into account.

RÉSUMÉ: La fonction examinée de l'aération naturelle démontrait une
haute dépedence des conditions extérieures. Au cours d'été, les températures étaient comme au dehors, l'abduction des matières nocives était
bonne. Avec les éléments complémentaires de fermeture, les températures
et la teneur en CO_2 étaient modérément élevées, le courant était bas de
0,1 m/s et les valeurs de refroidissement de 55-74 W/m^2. En hiver, les
températures des objets étaient basses (minus), avec hautes valeurs de
refroidissement 756 W/m^2. Pour les ensembles des valeurs du courant d'
air, dans les éléments fonctionelles, on a estimé les dépendences régres-
sives qui s'approchaient a'la distribution log-normale (pour la plupart
$y = ax^{b+c\,lnx}$). On avait déterminé les vitesses 0,3 m/s pour la dimension
maximum, 0,45 m/s pour la dimension moyenne (0,20 m^2/500 kg de poids vif)
et 0,7 m/s pour la dimension minimum, auprés de laquelle il faut compter
avec les éléments complémentaires (portes, fenétres).

ZUSAMMENFASSUNG: Die studierte Funktion der freien Lüftung zeigte grosse Abhängigkeit von Aussenbedingungen. Im Sommer waren die Temperaturen
dieselben wie draussen, Ableitung von Schadstoffen war gut. Bei versch-
lossenen Ergänzungselementen waren die Temperaturen und der CO_2 Gehalt
mässig erhöht, die Strömung niedrig 0,1 m/s und die Abkühlungsgrösse
55-74 W/m^2. Im Winter waren die Temperaturen in Ställen niedrig (unter
der Null), mit hohen Abkühlunsgrösse 756 W/m^2. Für die Komplexe der
Luftströmungswerte in Funktionselementen wurden Regressionsfunktion ab-
geschätzt, die sich der logaritmische Normalverteilung nähern (überwie-
gend $y = ax^{b+c\,lnx}$). Es wurden Geschwindigkejten von 0,3 m/s für maximale Dimension, 0,45 m/s für mittlere (0,20 m^2/GV), 0,7 m/s für minimale
Dimension, bei welcher man mit den Ergänzungselementen (Türen, Fenster)
rechnen muss, festgestzt.

1 METHODOLOGY OF MEASUREMENT-OBSERVATIONS

The function of natural airing of
stables for cattle was analysed on
the basis of ambulant measurements
of microclimate parameters in summer and winter. The measurements
lasted several days. Basic parameters were observed as follows: t_{db}
drybulb temperature, t_{wb} -wet - bulb
temperature (^{o}C), R_{H} -relative humidity (%), C_{v} - cooling values
(W/m²), v - velocity of air motion
(m/s), CO_2 - content of carbon dioxide (%) in non insulated and saving rearing and fattening houses
with planned capacity of 400-500
heads. The functioning of airing
was observed also on the base of
air flow in basic and accessory
elements for inlet and outflow of
air in summer as well as in winter.

2 EVALUATION OF THE AIRING FUNCTION

Resulting parameters of microclimate and their course in time show
the natural airing depends on outdoor parameters of microclimate and
on weather conditions. The determined air temperatures in stables
follow the daily periodicity of outer values and accessory functional
elements take there also part. When
they were closed slight increase
of air temperature in summer extreme temperatures was observed at lower outdoor air motion (calm). In
summer relative air humidity in the
stable,its course is shifted in time in comparison with the outer
one. Cooling values, observed in
conditions when accessory elements
also work, and especially when they
are closed, point out the compensation effect of air motion is unsu-
ficient. In the extreme summer temperatures were the observed minimum
values only 55-74 W/m², at low air
motion 0.1 m/s. The exchange of air
evaluated according to carbon dioxide content is sufficient, concentration increase over the permissible limit is rare, in connection with outdoor climatic conditions, lower outdoor air flow, i.e.
calm. In winter climatic conditions
was the outdoor temperature of air
-19.5 ^{o}C and the average temperature in non-insulated stable -7.6 ^{o}C.
Minimumum in stable -9 ^{o}C with difference of 11≠12 K in comparison

with outside. Relative air humidity was in permitted extent in average values, at minimum temperatures its raise was observed. Outflow
of harmful substances was not blocked regarding the fact the inlet
and outlet holes were not regulated. When they were partially limited the relative humidity was
higher. The cooling values were
high in winter, 675 W/m² on the
average at minimum temperatures
maximum 756 W/m². The cooling values were higher also in milder climatic conditions - 474 W/m² on the
average. Outflow of harmful substances according to carbon dioxide
was also in maximum values in permitted extent on the average.

2.1 From the results of air flow

Resulting values of air flow in
functional (construction) elements
of natural airing systems express
directly the degree of influence of
outdoor climatic conditions on their
functional dependence. The average
determined values are given by the
stack effect on the basis of temperature differences between the inner and outdoor temperature at simultaneous cooperation of outdoor
climatic conditions.

Table 1. Resulting values of air
flow the basic elements in summer

Stables	Functional-constructional elements	
	Basic	
	Under-eaves supply	Ridge slot
	v (m/s)	
Non-in-sulated	0.76	0.53
Saving insulated	0.75	0.61

Table 2. Resulting values of air flow the supplementary elements in summer

Stables	Functional-constructional elements	
	Supplementary	
	Frontal gate	Doors to the run
	v (m/s)	
Non-insulated	0.84	0.54
Saving insulated	0.90	0.66

In the given sets of value of air flow were observed standard deviations which approach the average, high variability and statistically high significant assymetry (A) and excess (E). Minimum all-day averages in summer:

Stables	Inlet	Ridge slot
Non-insulated	0.44 m/s	0.30 m/s
Saving insulated	0.45 m/s	0.27 m/s

In winter were observed average values:

Stables	Supply	Ridge slot
Non-insulated	1.04 m/s	0.63 m/s
Saving insulated	0.87 m/s	1.32 m/s

at standard weather conditions. In specific winter conditions, when there is more windy, were observed average values as follows:

Stables - rearing houses	Supply	Ridge slot
Non-insulated	1.11 m/s	1.74 m/s
Saving insulated	1.06 m/s	1.32 m/s

2.2 From the representation of air flow frequency and from the modal classes estimation

From the basic variatio-statistic characteristics, asymmetry and excess of distribution of air flow frequency in intervals by 0.2 m/s we found out that the air flow in functional elements is not liable to Gaus-normal distribution, it is assymetrical as a rule and it comes near to log-normal distribution. More precise characteristics of the measured values follows from representation of air flow frequency in functional elements than from total averages.

Table 3. Resulting maximum frequencies of air flow in functional and complementary elements in (m/s)

| Stables | From frequency representation | |
| | For basic elements in summer | |
	A + B	C
Non-insulated	0.3	0.1
Saving insulated	0.3	0.5
For complementary elements in summer		
	FG$_{1-2}$	DR-AB
Non-insulated	0.3	0.3
Saving insulated	0.3	0.3
For functional elements in winter		
	A + B	C
Non-insulated	0.9	0.1
Saving insulated	0.3	0.7

A,B - supply elements (inlet)
C - vent hole in ridge slot (outlet)
FG - frontal gate
DR - doors to the run

In summer the different maximum frequencies in ventilating ridge slot (C) were in the non-insulated fattening house, compared with resulting values of the whole set, with the centre of interval (class mid value) 0.3 m/s; in the saving rearing house was the maximum frequency with the centre of interval (class mid value) 0.3 m/s for the same element. In winter the maximum frequencies were different, compared with the given, in the non-in-

sulated rearing house 1.7 m/s; with
cumulative representation of classes even above 3 m/s the maximum
represented frequency was 2.9 m/s
in all functional elements at the
measurement of the proper function
of airing. In the non-insulated feeding house the maximum frequency
was observed in inlet elements
0.3 m/s.

2.3 Statistic estimation of functions for relative frequencies of air flow

In connection with the previous
findings the relative frequencies
of occurrence f (%) were expressed
by non-linear regression function
the type, figure 1 and 2

$$y = ax^{b+c\ln x} \ .$$

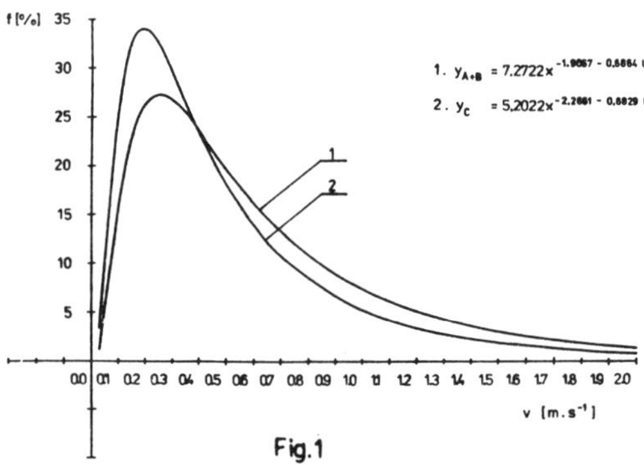

Fig. 1 Result occurrency course of
air flow relative frequency f (%)
in functional elements in non-insulated stables in summer

y_{A+B} – function for the supply elements (inlet)
y_C – function for the vent in ridge
slot (outlet)

In the majority of cases this dependence approximated statistically
high significant the distribution
of air flow in the functional and
accessory elements. This function
was highly significant, by the coefficient of determinations (R^2),
and/or F-tests, or by significantly
estimates of coefficients of para-

meters of regression function (a,b,c).

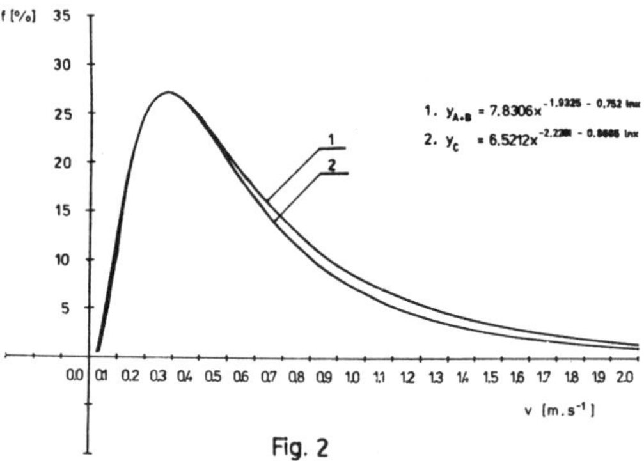

Fig. 2 Results occurrency course of
air flow relative frequency f (%)
in functional elements in saving
stables in summer

y_{A+B} – function for the supply elements (inlet)
y_C – function for the vent in ridge
slot (outlet)

In some cases the distribution of
frequencies was not near log-normal
distribution, and/or differed very
much from it. Non-linear functions
of another type were estimated for
the mentioned cases. The matter of
question is the estimate of depen-
dence for the distribution of frequencies in winter for the functional element (C), vent hole in the
ridge slot (outlet) in all cases.
For the non-insulated rearing house,
saving rearing house and fattening
house of the type, figure 3 and 4

$$y = \frac{x}{ax+b} \ .$$

For the non-insulated fattening house

$$y = ae^{bx}$$

and the resulting function y_{TOT}, in
non-insulated stables, figure 3

$$y = a+bx+c\ln x.$$

The estimated function for the
inlet elements

$$y_{A+B} = ax^{b+c\ln x} ,$$

is statistically non-significant in the non-insulated rearing house in winter.

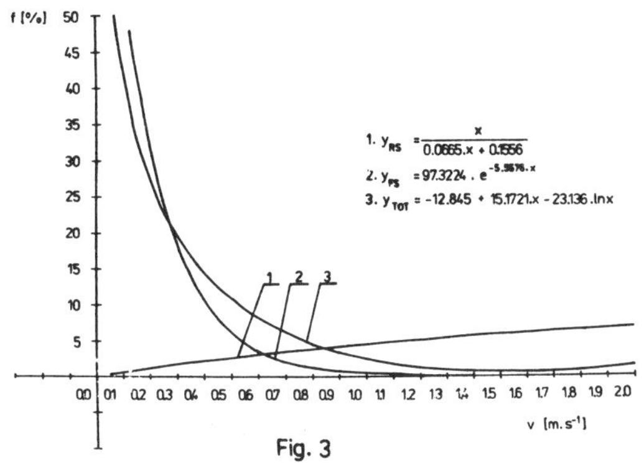

Fig. 3 Course of air flow relative frequency f (%) occurrence in out-flow elements of non-insulated stables in winter

y_{RS} – function for the vent elements in the rearing stable (outlet)
y_{FS} – function for the vent elements in the fattening stable
y_{TOT} – result function for the vent elements in the rearing and fattening stables (outlet)

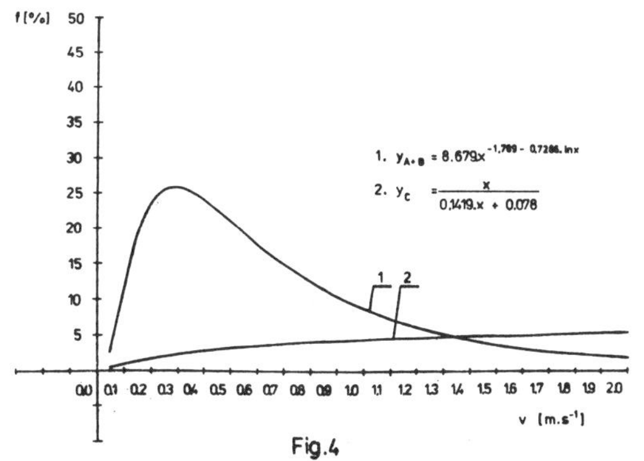

Fig. 4 Course of air flow relative frequency f (%) occurrence in functional elements of saving stables in winter

The modal classes of air flow in functional and accessory elements are estimated from the course of regression functions. They are given in the table 4.

Table 4. Estimation of modal class of air flow in functional and complementary elements in (m/s)

Stables	From modal class estimation	
	For basic elements in summer	
	A + B	C
Non-insulated	0.25	0.18
Saving insulated	0.28	0.28
For complementary elements in summer		
	FG$_{1-2}$	DR-AB
Non-insulated	0.17	0.12
Saving insulated	0.32	0.18
For functional elements in winter		
	A + B	C
Non-insulated	0.35	0.10
Saving insulated	0.3	+/

+/ estimation of modal class from the course of function is not unambiguous

In winter only the modal class for the outflow element is different in the non-insulated rearing house 2 m/s (and/or 3 m/s).

3 CONCLUSIONS

The given dependencies, results of microclimate and air flow analyses of the basic functional and accessory elements can be applied in further development of stables for cattle with natural airing. In further development of stables with natural airing in our climatic conditions (continental climate) it is neces-

sary to keep the functional ability
of the system in summer and to achieve the requisite reduction of air
exchange in winter.

REFERENCES

Hald, A. 1952. Statistical theory
  with engineering applications.
  New York-London.
Kendall, M.G. & A. Stuart 1969.
  The advanced theory of statistics.
  London, Charles Griffin and Comp.
  Ltd.
Šottník, J. Mihina, Š. & P. Fľak
  1983. Výskum vetracích systémov
  založených na prirodzených pri-
  cípoch prúdenia vzduchu, záv.
  správa VÚŽV Nitra. 69, 38 tab.
  obr 1-21. grafy 1-10.
Timmons, M.B. & G.R. Baughman
  1981. Similitude analysis of ventilation by the stack effect from
  an open ridge livestock structure,
  TRANSACTION of the ASAE. 24: 1030-
  1034.
Zeisig, H.D. & J. Kreitmeier 1982.
  Stallklima und Fragen der Wärme-
  rückgewinung bei Ställen mit
  Traufen - First - Lüftung, Tätig-
  keitsbericht 1981 der Landtechnik
  Weihenstephan, Freising, Heft 1:
  70-95.

Land and Water Use, Dodd & Grace (eds), © 1989 Balkema, Rotterdam. ISBN 90 6191 980 0

Contribution to problems of stabling buildings with no thermal insulation

E.Dohnanska
*Department of Civil Engineering Construction, Faculty of Civil Engineering, Slovak Technical University,
Bratislava, Czechoslovakia*

ABSTRACT: The observed constructions may be qualified as experimental ones. At the
time of measurements they were at the stage of verification of the design under
operating conditions.
  On the basis of results of verification measurements we may state:
  1. The sanitary state of the construction influences the state of the internal
microclimate to a decisive degree. The construction measures at the UAC building 1 was
kept preserved in a very good sanitary state. Temperatures in the breathing zone at
the outside temperature of -1°C, moved around the prescriptive values and the internal
relative humidity just as well.
  The construction measured at the UAC building 2 was in a bad sanitary state. Lairages
were not cleaned for a longer period of time, what considerably influenced the
production of humidity in the construction nearly three fold values/, doors either did
not fit tightly or they were open, this influenced on the one hand the air change in
the construction and the value of the internal relative humidity, but on the other hand
the consequence of all this was the decrease of internal temperature nearly to half-
values in comparison with the construction 1.
  2. The missing thermo-insulating and accumulation layer in the envelope shell structure
lead to drop of internal temperatures under the prescriptive outdoor temperatures and
that to negative values and to immediate reaction of internal temperature to changes of
outdoor temperature.

The problem of the optimum height of the
internal temperature in stabling
constructions for the beef cattle is a
continually discussed question. Present
valid Czechoslovak standard ON 73 4502
determines it, for example, for calves
within the range of 10 to 12°C, with the
minimum temperature of 8°C.

  The authors of article /6/ that
compared experimentally results of rearing
of calves in the thermally not insulated
calfsheds in wooden calf-houses and in
thermally insulated calfsheds concluded
that increments in live weight have not
been negatively influenced,
inconclusively there have increased
demands concerning the intake of fodder
in the winter period, while internal
temperatures in the thermally not
insulated constructions dropped to
-2.8°C and went down even to -6.3°C when
taking into account the average daily
temperature.
  The contribution describes results of

verification measurements of the thermal
and technical characteristics of the
thermally not insulated constructions and
the influence of the sanitary conditions
upon the internal microclimate. These
constructions were developed from the very
reason to have possibility to verify
possibilities of use of the thermally not
insulated stabling construction serving
for deep-litter housing of beef cattle in
the winter period.

  Due to reasons of verification of
possibilities of use of the stabling
buildings with no thermal insulation for
the winter rearing of beef cattle, there
have been developed constructions in the
first temperature zone with calculated
outdoor temperature -15°C.

  The verification and checking
measurements of their thermal and
technical properties and the state of the
indoor microclimate were implemented in
the winter season of 1984, under full
operation and stabling which represented

260 pieces of young cattle within the construction aged from 6 to 12 months.

The constructions had the character of completely assembled systems while their bearing structures consisted of steel braced arches, having the radius of 9 m, the overall height of the constructions represented 5.9 m and the length 72 m. The face wall consisted of wooden crates the side walls of the flexi-foam foil reinforced by reinforced by laminated glass with a top layer of aluminium foil. The ventilation system was based on the principle of natural aeration. The inlet air had to be ensured by a passing through ventilation slot on the side walls of the building that was in the winter season closed and by an envelope shell. Thus the inlet of air was ensured only by infiltration through the leakage of the ventilating slot and the envelope shell. The passing through ventilation slot in the roof structure, furnished by a special outlet vent, served for the outlet of air.

Tables 1 and 2 state the measured course of internal and outside air temperatures t_e and t_i, the surface temperatures of the outer shell t_{ip}, the temperatures of internal air t_i - in the breathing zone of animals, t_{i1} in the middle part of the building, t_{i2} in the breathing zone, close to the extreme handling corridor in the distance of 1 m from the external cladding, t_{i3} in the under-roof space, while in Table 2 the inner and outer relative humidity is evaluated φ_i %. At the same time there was followed also the course of the outdoor relative humidity φ_e%.

The overall evaluation of the state of air / air conditions/ and the function of the ventilation system proceeded:

1. From measured values of internal air temperature t_i in °C, relative internal air humidity φ_i in %, temperature of outside air t_e in °C, and relative humidity of outside air φ_e in % / measurements were carried out not repeatedly on February 14th 1984/.

2. From specific outside air humidity x_e in g/kg, specific internal air humidity x_i in g/kg - these were subsequently determined on the basis of measured values of the corresponding temperature and air humidity.

3. The maximum percentage of air saturation by water vapour was determined on the basis of measured values of internal air temperature t_i in °C and φ_i in % which determined the momentary value x_i in g/kg.

4. The heat transfer coefficient of the envelope shell k_o was determined on the basis of experimentally measured thermal differences /t_e, t_{ip}, t_i - measured 5 cm from the spot where t_{ip} was measured /, with application of the heat transfer coefficient α_i, according to the known method of K.F. Fokin.

The experimental measurements of the indoor climate of attested constructions have proved that it is not only dependent on the thermo-insulating ability of the envelope shell of the construction but also on the overall sanitary and hygienic state of the building and the function of the ventilation system /this is proved by different results in case of internal temperature and relative air humidity in two identical constructions, with the same number of stabled cattle, measured under the same climatic conditions/.

That is why there was selected the following procedure of calculation for the evaluation of the function of ventilation and generation of humidity:

Under the precondition of the steady-state of internal air and outside air / expressed in temperature, relative humidity and barometric pressure/ there existed in the construction the even thermal balance thus the heat generation by the cattle was just sufficient for the creation of the given state of the internal air, and so the following had to be valid:

$$Q_v = Q_{zv} - Q_k \qquad /W/ \qquad /1/$$

where Q_v is thermal loss due to ventilation /W/,

Q_{zv} - heat generation from the given number and type of cattle W,

Q_k - thermal losses due to envelope shell structure, under the given internal temperature t_1 and outside temperature t_e /W/.

The thermal loss due to ventilation is expressed by the relation:

$$Q_v = M_L C_L \ /t_i - t_e/ \qquad /W/ \qquad /2/$$

where M_L is the mass flow of air that had to be determined in Kg/h under the given state of the internal climate and external climate,

C_L - specific heat of air 0.28/W h/kg K/,

t_i - measured internal temperature in °C,

t_e - measured outside temperature in °C.

There were considered the average temperatures measured in the middle part of the construction and they formed the basis for the introduction of t_i into the calculation.

These values should theoretically determine the average resulting state of air, after it was mixed with the infiltrated outside air. By substitution of Q_v in the equation of thermal balance, the following is valid:

$$M_L = \frac{Q_{zv} - Q_k}{C_L \; /t_i - t_e/} \quad /kg/h/ \qquad /3/$$

This relation indicates the average mass flow of internal air in the examined construction, under the measured average internal air temperature, measured outside temperature t_e and measured values of the internal and external relative air humidity.

The following relation is valid for determination of the amount of outgoing air:

$$V_{ow} = \frac{M_L}{\rho_i} \quad /m^3/h/ \qquad /4/$$

where V_{ow} is the amount of outgoing air in M^3/h,
ρ_i - density of outgoing air, determined on the basis of measured temperature t_i according to the Czechoslovak standard ON 73 4502 in kg/m3.

Production of water vapour in the construction was determined from the relation /5/ on the basis of known state of the internal air and outside air, evaluated from the measured values t_i, φ_i, t_e, φ_e that determined the value of x_i and x_e, according to the Czechoslovak standard ON 73 4502 - supplement N.5.

$$M_w = M_L \cdot /x_i - x_e/ \quad /g/h/ \qquad /5/$$

where M_w is the looked for produced overall amount of water vapour in the construction in g/h.

As the calculation proceeds from a certain average internal temperature, this is also an average and orientational value. This calculation procedure was selected for the very reason that the real production of humidity in the construction depends not only on the number and type of cattle stabled there, but it depends a lot on the sanitary and hygienic state of the building, thus on the production of humidity from floor structures.

Thermal losses due the envelope shell under the given measured internal and outside temperatures in the tested buildings were determined on the basis of the equation of heat conduction /5/ , and the values were the following ones for the
building measured /1/ $Q_k = 73\ 598.4$ W
building measured /2/ $Q_k = 53\ 154.4$ W

$$Q_k = K_O F \; /t_i - t_e/ \quad /W/ \qquad /6/$$

where k_O is the heat transfer coefficient $/Wm^{-2} K^{-1}/$

F - surface of envelope shell /average envelope/ $/m^2/$,
t_i - measured internal temperature $/^oC/$
t_e - measured outside temperature $/^o C/$.

Values of heat produced by the cattle were determined on the basis of relations stated in literature /6/ for little calves

$$Q_{zv} = /11 - 0,2 \; t_i / \quad M^{0.7} \; pre \; t_i \langle 0,10 \rangle$$

where Q_{zv} is the heat generated by one piece of cattle /W/ ,
t_i - internal measured temperature $/^oC/$,
M - weight of the animal /kg/,
and that by values
for t_i = 6.2 °C ... Q_{zv} = 88 562 W,
for t_i = 3.7 °C ... Q_{zv} = 93 099 W.

For the bases of calculated temperatures and relative air humidities were taken the average values of internal temperature and relative air humidity measured in the middle of the construction, 2 m above the floor, at 2.00 p.m. in building 1 and at 4.00 p.m. in building 2, on February 14th, 1984.

UAC Building 1
t_i = 6.2°C t_e = - 1°C
φ_i = 72,4 % φ_e = 62%
x_i = 4,2 g/kg x_e = 2.13g/kg
φ_i = 1,22 kg/m^3

UAC Building 2
t_i = 3,7°C t_e = - 1,5°C
φ_i = 74,4 % φ_e = 67 %
x_i = 3,91 g /kg x_e = 2,31g/kg
ρ_i = 1,24 kg/m^3

On the basis of the above stated calculation procedure there were determined the following values building 1.

Mass flow of air: M_L = 7422.0 kg/h
Amount of outgoing air: V_{ow} - 6084 m^3/ h

Production of water vapour in the construction: M_w = 15 364.7 g/h

The following values were calculated for building 2
Mass flow of air: M_L = 27 434.7 kg/h
Amount of outgoing air: V_{ow}= 22 124 m^3/h
Production of water vapour in the construction: M_w= 43 895 g/h

REFERENCES

1. Dohnanska, E.; Bacigalova,J.: Experimentalne meranie novodobych konstrukcnych sustav urcenych pre ustajnenie hovadzieho dobytka- - expertizny posudok SvF SVST Bratislava 1984. /Experimental Measurements of Modern Systems Designed for Stabling of Beef Cattle - experts account/, Faculty of Civil Engineering of the Slovak Technical University, Bratislava 1984.
2. Dohnanska,E.; Posudenie funkcie vetracieho systemu experimentalne meranych objektov na JRD Ladice a JRD Celadice.

/Evaluation of Function of Ventilation System of Experimentally Measured Construction at the UAC Ladice and UAC Celadice/.Zdravotni technika, vzduchotechnika/Sanitary Engineering, Airing Technique/, 1986, No. 5, pp. 293-297.

3. Chysky,J.: Vlhky vzduch /Humid Air/, State Publishing House of Technical Literature, Prague, 1957.

4. Matejka,J.: Prirodzene vetranie stajovych prostoru pro chov skotu Sbornik konferencie vetranie a klimatizacia v polnohospodarstve a potravinarskom priemysle CSVTS Bratislava 1984 str. 76-80. /Natural Aeration of Cattle Stabling Spaces/. Proceedings of the Conference on Ventilation and Air-Conditioning in Agriculture and Food-Processing Industry, Czechoslovak Scientific and Technical Society, Bratislava 1984, pp. 76-80.

5. Oppl,L.: K nekterym otazkam mikroklimatu staji pro skot. Zdravot ni technika a vzduchotechnika, rocnik 27 (1984) str. 323-329. /To some Questions of Microclimate of Cattle Stables/, Zdravot-ni technika a vzduchotechnika /Sanitary Engineering, Airing Technique/, Volume 27 /1984/, pp. 323-329.

6. Broucek,J.; Kovalcik,K.; Novak,L.: Ustajnenie teliat v prostredi s nizkymi teplotami /Stabling of Calves in Low Temperature Environment/, Mechanizace zemedelstvi /Mechanization of Agriculture/, No. 6/1986.

TABLE 1
FEBRUARY 16th, 1984

HOUR	t_e °C	t_{ep} °C	t_{ip} °C	t_i °C	t_{i1} °C	t_{i2} °C	t_{i3} °C	HOUR	t_e °C	t_{ep} °C	t_{ip} °C	t_i °C	t_{i1} °C	t_{i2} °C	t_{i3} °C
2	-8	-8	-2	1	1	0	0	2	-10	-7	-2	-0	-2	-2	-2
4	-10	-7	-4	0	-3	0	-3	4	-11	-8	-5	-2	-4	-4	-4
6	-10	-7	-4	0	-2	-2.5	-4	6	-12	-9	-5	-2	-4	-4	-5
8	-10	-6	-4	0	0	-2.5	-2	8	-10	-6	-4	0	-2	-4	-1
10	- 6	-2.5	0	4	2.5	0	1	10	- 8	-4	0	2	0	0	0
12	- 4	0	5	5	5	5	5	12	- 4	0	4	5	5	5	5
14	- 1	1	6	9	5	6	6	14	- 2	0	5	5	2.5	2	2
16	- 1	1	6	9	5	5	5	16	- 4	0	5	5	2	5	2
18	- 6	-4	2	5	4	2.5	2	18	- 7	-4	4	5	0	0	-1
20	- 8	-5	0	4	1	2	0	20	- 7	-4	0	5	0	0	0
22	-10	-6	-2	1	0	0	0	22	- 9	-5	-1	2	-1.5	-1	0
24	-10	-7	-2	0	0	0	0	24	-10	-7	-2	0	-3	-2	-2

TABLE 2
FEBRUARY 15th, 1984

HOUR	t_e °C	t_{ep} °C	t_{ip} °C	t_i °C	t_{i1} °C	t_{i2} °C	t_{i3} °C	φ_i% AT t_i	φ_i% AT t_{i1}	φ_e% AT t_e
14	-1	2.5	5	7.5	6	4.7	5	73	73	62
16	-2	1	5	7.5	6	5	6	73	73	66
18	-3	-1	2.5	5	5	4.5	3	88	78	70
20	-4	-1	2.5	5	5	3	2.5	88	78	80
22	-5	-2.5	1	5	4.5	2	1.5	88	80	82
24	-7	-4	0	4.5	2.5	1	1	90	90	95

Land and Water Use, Dodd & Grace (eds), © 1989 Balkema, Rotterdam. ISBN 90 6191 980 0

Equilibre thermohydrique d'un bâtiment d'élevage – Conséquences sur la géométrie des ouvrants

D.Souloumiac
INRA-ENSA, Station de Sciences du Sol, Rennes, France

B.Itier
INRA, Station de Bioclimatologie Thiverval-Grigon, France

RESUME : A partir de l'expression de bilans énergétiques et hydriques dans l'air, on montre comment il est possible de déterminer le débit d'air et la quantité de chaleur à fournir pour assurer une température et une humidité fixeées à l'intérieur d'un bâtiment d'élevage, quel que soit le mode de ventilation. Utilisant une expression permettant de lier le débit en ventilation statique aux flux de chaleur sensible et latent réalisés, on montre comment la température atteinte à l'intérieur est dépendante des animaux présents et de l'architecture du bâtiment. On utilise cette dépendance pour définir les surfaces d'ouvrants qui permettent d'assurer simultanément les équilibres thermique et hydrique souhaités en ventilation statique en l'abscence de vent significatif.

SUMMARY : Conservation. equations for heat and moisture in the air, are used to determine both the rate of air outflow and the amount of additional heat required to keep air temperature and humidity constant inside a livestock building. Under natural ventilation due to buoyancy effect the rate of air outflow depends on both sensible and latent heat releases. One shows how internal temperature varies as a function of external climatic conditions, the number and size of animals and the height and size of inlets and outlets. Hence, under low wind conditions, it is possible to forecast inlet and outlet opening in order to maintain both air temperature and humidity, inside the building, to adequate levels.

ZUSAMMENFASSUNG : Vom Ausdruck der energetischen und hydrischen Bilänzen in der Luft aus, zeigt man wie die nötigen Luft und Wärmengen um eine gewisse Temperatur und Humidität in einem Zuchtbau zu halten, bestimmt werden können. Man nutzt einen Ausdruck der die Luftmenge in statischer Ventilation mit den Fühlbarenwärme und Latentenwärmeflüßen verbindet. So findet man daß die Temperatur von dem Vieh und von der Architektur des Gebaüde abhängt. Man nutzt diese Abhängigkeit um die Öffnungsflächen zu bestimmen, die es gleichzeitig ermöglichen die gewünschten thermischen und hydrischen Ausgleiche in statischer Ventilation ohnen spurbahren Wind zu sichern.

INTRODUCTION :

Une préoccupation des éleveurs(notamment des éleveurs de volailles) est d'éviter les situations susceptibles de provoquer des accidents climatiques d'ambiance.Afin de prévenir ces situations, il importe de connaitre les mécanismes qui y conduisent. Il sera alors possible d'influer, par des transferts énergétiques ou par des inductons de débits, sur le devenir naturel. A plus long terme, ceci permettra d'optimiser les dispositions constructives en fonction d'un type d'élevage et d'un climat donnés notamment en ventilation statique.

Après avoir défini les équilibres thermohydriques quelque soit le mode de ventilation, nous utiliserons un extension récente (D.Souloumiac et B.Itier-1989) des formulations classiques de tirage thermique (J.E.Enswiler-1926, J.M.Bruce 1975,1978,1986) , pour prévoir les surfaces des ouvrants permettant d'obtenir les températures et hygrométries désirées.

I EQUILIBRES THERMOHYDRIQUES
  ENERGETIQUEMENT REALISABLES

En régime permanent, le bilan énergétique
d'un bâtiment occupé par des animaux s'é-
crit sous la forme générale suivante :

$$\sum \phi_c + \sum \phi_s = 0 \qquad (1)$$

où $\sum \phi_c$ est la somme des flux de chaleur
par conduction à travers les parois et
$\sum \phi_s$ est la somme des flux de chaleur
sensible. Dans cette somme des flux de
chaleur sensible interviennent :

R_s : Perte de renouvellement d'air
C_s : Métabolisme sensible des animaux
       augmenté le cas échéant, de chaleur
       résultant des fermentations des
       litières
C_{sk} : Métabolisme net correspondant au mé-
       tabolisme sensible diminué des
       pertes par évaporation

$$C_{sk} = k . C_s \text{ avec } k < 1 \quad (C.I.G.R. 1984)$$

Q : Chaleur apportée par un dispositif
     de correction d'ambiance

$$\sum \phi_s = R_s + C_s k + Q \qquad (2)$$

L'équilibre hydrique de l'air à l'intérieur du bâtiment est alors gouverné par
l'équation :

$$R_L = C \ell k \qquad (3)$$

où R_L est la perte de vapeur d'eau par renouvellement d'air et $C \ell k$, la production
massique de vapeur à l'intérieur du bâtiment avec :

$$L . C \ell k = C \ell + (1 - k) . C_s \qquad (4)$$

$C \ell$ correspondant à la part du métabolisme
réalisé sous la forme de chaleur latente,
L étant la chaleur latente de vaporisation
de l'eau.
Les différents termes précédemment définis
peuvent être exprimés en fonction des
températures intérieures (Ti) et extérieures (Te) et des humidités absolues à
l'intérieur et à l'extérieur sachant que :

$$q = H\% \times q \text{ saturante (àT°)}$$

$$\sum \phi_c = \sum k_j . A_j . (T_i - T_e) \qquad (5)$$

où kj est la conductibilité de la paroi j
et Aj la surface de cette paroi

$$R_A = \rho . C_p . D . (T_i - T_e) \qquad (6)$$

et

$$R_L = \rho . D . (q_i - q_e) \qquad (7)$$

où ρ est la masse volumique de l'air(Kg/m³)
Cp la chaleur spécifique de l'air (J/kg)
et D le débit d'air par les ouvrants
(m³ / seconde).

$C_A k$ et L.$C \ell k$ sont obtenus au moyen de
tables publiées par le C.I.G.R. pour divers animaux et modes d'élevage(C.G.I.R.84)
Ainsi pour un porc de masse m en engraissement sur caillebotis partiel :

$$C_A k = \left(29(m+2)^{0,5} - 40\right) . a . \left(0,728 - 1,665.10^{-3} . (t_i + 10)^4\right) \qquad (8)$$

$$L.C \ell k = \left(29(m+2)^{0,5} - 40\right) . a . \left(0,272 + 1,665.10^{-3} . (t_i + 10)^4\right) \qquad (9)$$

$$a = \left(4 \times 10^{-5} . (20 - t_i)^3 - 1\right)$$

La température extérieure Te et l'humidité
extérieure qe étant connues, le nombre
d'animaux de masse m étant fixé,la température intérieure Ti et l'humidité qi
souhaités seront déterminés par le débit D
à assurer et la chaleur Q à apporter.
Ainsi, $C \ell k$ étant obtenu à partir de (9),
les relations 3 et 7 définissent la valeur
de D qui satisfait l'équilibre hydrique.
L'introduction de cette valeur de D
dans (6) et la détermination des pertes
conductives par (5) permet de déterminer
au moyen de (2) la valeur de Q satisfaisant
à l'équilibre thermique du bâtiment,
$C_A k$ étant obtenu au moyen de (8).
La figure (1) illustre la valeur de   Q
à apporter pour obtenir une température
intérieure Ti et une humidité relative intérieure H% en fonction de la température
extérieure Te pour une humidité extérieure
de 60 % pour différentes valeurs d'occupations animales.

Apports Calorifiques Q_a à l'Enceinte f (Te)

Exemples de quantités de chaleur nécessaire
par animal(Q) pour maintenir les conditions
d'ambiance intérieure pour différentes températures extérieures. (Hauteur sous plafond : Hp=2,5m, Surface au sol par animal :
s=0,6m², masse par animal : m = 60 kg,
coefficient de déperdition volumique

II EQUILIBRES THERMOHYDRIQUES EN VENTILATION STATIQUE

Le système d'équation développé précédemment permettait d'obtenir à la fois la température et l'humidité intérieure souhaitées, dès lors que l'on était en mesure d'assurer le débit de revouvellement d'air nécessaire. Dès lors que ce débit est, en ventilation statique, sous la dépendance des effets de densité, on peut utiliser l'ensemble des relationsprécédentes pour prévoir la température d'équilibre résultant de conditions extérieures données et de l'occupation animale,pour une architecture adaptée des ouvrants.
A la suite de travaux réalisés en milieu industriel (J.E. Enswiler, 1926),le débit de renouvellement d'air a été le plus souvent exprimé en fonction des écarts de températures entre intérieur et extérieur ou du flux de chaleur sensible net (A.S.H.R.A.E. 1981, Bruce 1975, 1978,1986). Les auteurs (D.Souloumiac et B.ltier,1989) ont montré qu'en ambiance chaude, il était nécessaire de prendre en compte des écarts d'humidité ou le flux de chaleur latente.
Le débit d'air induit par effet de densité s'exprime alors par :

$$D=\left(\alpha.S\right)^{2/3}\cdot\left[2.g.Z.\left(\frac{\Sigma\,Q_A}{\rho.c_p.T}+\frac{0,61.C_{LL}}{\rho}\right)\right]^{1/3}\quad(10)$$

avec S la surface des ouvrants, α un coefficient d'efficacité ($\alpha < 1$), g l'accélération de la pesenteur, Z l'écart de hauteur des orifices par rapport au plan de neutralité des pressions intérieures et extérieures.
En introduisant cette expression de D dans les relations précédentes pour des valeurs de α , S, et Z fixées, on parvient à déterminer l'équilibre thermique intérieur en fonction des conditions extérieures, de l'occupation animale, de l'isolation des parois et de la fourniture de chaleur fixée, comme le montre la figure (2).

III CONSEQUENCES SUR L'ARCHITECTURE DU BATIMENT

La température et l'hygrométrie atteinte en ventilation statique dépendant des surfaces des ouvrants, il est possible d'inverser le problème illustré par la figure (2) pour déterminer la surface des ouvrants permettant d'obtenir une température intérieure fixée pour un troupeau donné en fonction du climat extérieur.
La figure 3 illustre cette fonction pour différentes hauteurs du bâtiment.

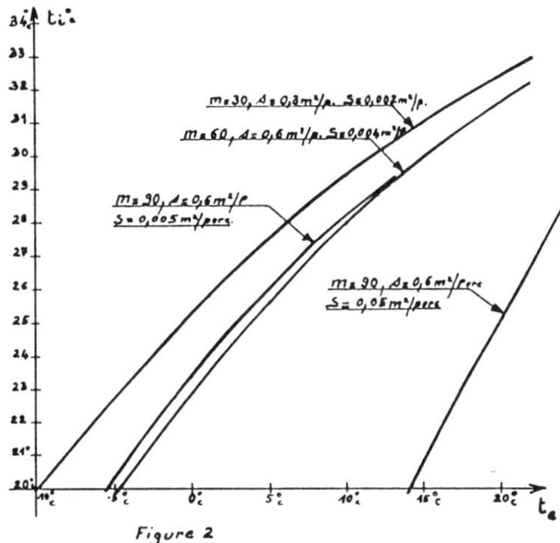

Equilibres thermiques intérieurs à un bâtiment pour différentes valeurs de températures extérieures.

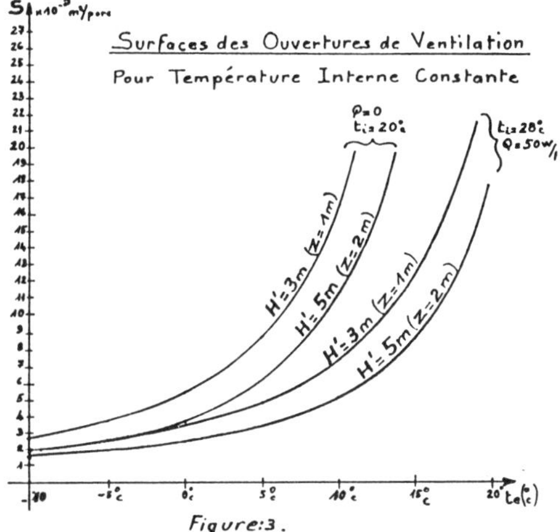

Surface des ouvrants (S) permettant d'assurer un température intérieure fixée en fonction de la température extérieure (Te) pour différentes hauteurs de batiment (H') et de différences de niveaux entre les ouvertures (2xZ)

Bien entendu, la détermination de la surface S qui permet d'assurer le débit D tel
que celui calculé au chapitreI,et appellé
"débit nécessaire",conduit à un maitrise
simultanée des températures et humidité
internes en ventilation statique comme en
ventilation dynamique contrôlée.

REFERENCES :

(1)   CURTIS S.E. - Environmental mana-
        gement in animal agriculture. Iowa
        State Univ. Press, 1983, 410 p.

(2)   ENSWILER J.E. - The neutral zone in
        ventilation. ASHVE Trans., 1926,
        32, 59-74.

(3)   BRUCE J.M. - The open ridge as a
        ventilator in livestodk buildings.
        Farm Building R & D Studies, 1975,
        6, 1-8.

(4)   A.S.H.R.A.E. - Handbook of funda-
        mentals. Chap. 22 : Infiltration
        and ventilation.
        American Society of Heating, Refri-
        geration and Air-Conditioning
        Engineers, Atlanta, 1981, 688 p.

(5)   TIMMONS M.B., BOTTCHER R.W.
        BAUGHMAN G.R. - Nomographs for pre-
        dicting ventilation by thermal
        buoyancy. Trans. ASAE,1984,1891-1896.

(6)   HELLICKSON M.A., HINKLE C.N.,JEDELE
        D.G. - Natural ventilation.
        In : "Ventilation of agricultural
        structures", Hellickson M.A. (ed.)
        ASAE Monograph No 6, St Jospeph MI.
        (USA), 1983, 80-100.

(7)   BRUCE, J.M. - Natural convection
        trough openings and its application
        to cattle building ventilation.
        J. Agr. Eng. Res., 23,1978, 151-167.

(8)   RANDALL, J.M. - Ventilation system
        design. In "Environmental aspects
        of housing for animal production",
        Clark J.A. (ed.), Butterworths,
        London, 1981, 351-369

(9)   BRUCE, J.M. - Théorie de la venti-
        lation due à la poussée thermique
        et au vent.
        Séminaire C.I.G.R. Rennes, 8-11/09/
        1986, 9 p.

(10)   KREICHELT T.E - Natural ventilation
        in hot process buildings in the
        steel industry.
        Iron Steel Engineer, Déc. 1976,39-46

(11)   HUMPHREYS, W.J.- Physics of the air.
        Dover Pub., New York, 1964, 676 p.

(12)   QUENEY P. - Eléments de météorologie.
        Masson, Paris, 1974, 300 p.

(13)   C.I.G.R. - Report of working group on
        climatization of animal houses.
        Commission internationale du Génie
        Rural, S.F.B.I.U., Aberdeen, 1984,72p.

(14)   SOULOUMIAC D., ITIER B. -1989 -
        Prise en compte des phénomènes de
        chaleur latente dans la ventilation
        naturelle des batiments d'élevage.
        C.R. Acad. Sci, Série II, Tome 308
        N° 3, 269-274.

Auteurs : D.SOULOUMIAC, INRA-ENSA, Station
          de Sciences du Sol, 65 route de
          Saint Brieuc 35042 Rennes cedex
          Tél. : 99 28 50 00

          B.ITIER, INRA, Station de
          Bioclimatologie, 78850-Thiverval-
          Grigon
          Tél. : 30 54 44 44

Land and Water Use, Dodd & Grace (eds), © 1989 Balkema, Rotterdam. ISBN 90 6191 980 0

Design of a behaviour-based thermal experience sensor for automatic monitoring and climate control in pig houses

E.Van der Stuyft, M.Janssens, V.Goedseels & R.Geers
Laboratory of Agricultural Building Research, KU Leuven, Heverlee, Belgium

P.Wambacq
Machine Intelligence and Imaging, KU Leuven, Heverlee, Belgium

Abstract : Access to quantitative information on the status of the heat balance of animals is an important asset in the study of climatization in pig houses.
This paper describes the implementation on computer of simple vision criteria which serve as input parameters in a vision-based model, relating the intensity of thermoregulatory huddling of pigs housed in group to their Heat Balance Status.
The developed algorithms yield perspectives of multifactorial monitoring and control beyond the "thermal sensor" objective.

Résumé : L'Accès à une information quantitative sur l'état d' équilibre thermique chez les porcs est un élément important dans l'étude de la climatisation dans les porcheries.
Cet article décrit l'implantation sur ordinateur de critères de vision, servant de paramètres à un modèle visuel. Ce modèle établit une relation entre l'intensité d'entassement des porcs logés en groupe et l'état de leur équilibre thermique.
Les algorithmes dévelopés ici ouvrent des perspectives de suivi et de controle multi-factorial, au-delà de l'objectif initial d'obtention d'une "sonde de mesure thermique".

Abstrakt : Der Zugang zur quantitativen Information bezüglich des Zustandes des Wärmegleichgewichts der Tiere ist ein wichtiges Element in der Forschung der Klimatisation der Schweineställe.
Dieses Dokument beschreibt die elektronische Datenverarbeitung der einfachen Sichtkriterien, die als Ausgangsparameter eines Sichtmodells dienen.Dieses Modell beschreibt das Verhältnis zwischer der Wärmeregulierung via das Verhalten der Schweine in Gruppen und ihrem Wärmegleichgewicht.
Die dazu entwickelten Algorithmen geben Möglichkeiten der vielfältigen Kontrolle, die über das Ziel der "Wärmesonde" hinausgehen.

Introduction

An important share of the research, done at the Laboratory for Agricultural Building Research at the Catholic University of Leuven, Belgium, is centered on techniques of climatization in pig houses.

In such a context, there is a continuous need for automatic quantitative evaluation of the status of the animal's heat balance. At this point, the only available solution to meet this need would consist in a measurement of a large number of parameters related to the pigs' environment, and so only indirectly to the pig itself. (Changes of CO2- content of the air can help derive heat production; temperatures and heat flows in air and building structures can help deduce the related heat losses...)

An alternative sensor concept (Goedseels et al., 1988), could however consist in "*directly* reading the concerned parameter from the pig itself", and could e.g. allow for monitoring in less complicated test-structures.

In this paper the implementation on computer of such a concept is discussed. It constitutes a follow-up of the research of Geers et al.(1986), in which group postural behaviour was treated as a parameter in the evaluation of the thermal environment.

"Reading from the pig itself"

Faced with a varying thermal environment, pigs try to maintain their body temperature, using a set of regulation mechanisms. The condition of one of these mechanisms - thermobehavioural huddling - is visualizable (cf. figure 1), and could possibly provide a clue, regarding the condition of the pig's thermal regulation mechanism as a whole. In this context, the term huddling is defined as a thermoregulatory behavioural pattern whereby pigs kept in group move closer together in response to increasing cold, and so adapt their exposure rate to the thermal environment (Mount, 1979; p. 118).

With the intention in a first stage of at least partially bridging the above-introduced gap, and based on experimental data available from literature on growing pigs (30-75kg) kept in group (Boon, 1981), a physical model was deduced, which aims to provide a quantitative link between simple visual information (related to thermobehavioural huddling), interpretable by digital image analysis, and the heat balance status of the animals. The model, described in more detail by Van der Stuyft and Goedseels (preprint), was reorganized and schematically represented in figure 6 in the format of a "job description chart" of a conceptual "thermal experience sensor".

Objective

Distilling the vision tasks involved in the "thermal experience sensor" defined in figure 6 yields following elements:
- Recognition of rest periods
- Discernment of behaviour as one group
- Extraction of relevant projected area measurements (F_{max} & $F_{act.}$)
- Animal counting (n)
- Segmentation and classification of the pig group from its surroundings, (obviously a preliminary job for the above assignments).

In the current paper, the implementation of these vision assignments on computer is discussed.

Methods and results

The basic software-modules to implement these vision jobs were developed within the Leuven Image Processing Library (LILY) programming environment in VAX-Pascal, a package, developed on the Machine Intelligence and Imaging (MI2) Lab of the Catholic University of Leuven (K.U. Leuven).

1. Pig group segmentation and classification

For pig group segmentation, at this point global thresholding on the black and white image was implemented (Ballard and Brown, 1982; pp. 152-153). This segmentation procedure assumes that every pixel with graylevel-value on one side (= either higher or lower than) of a critical graylevel-value (threshold) belongs to the meaningful objects in the image, while the other pixels belong to the background. Under the conditions of a uniform illumination, and for animals with unspotted skin-colour this procedure yields sufficiently good results, as illustrated in figure 2.

Stretching and smoothing of the gray level histogram, combined with the application of the appropriate logarithmic graylevel scaling yields a basis for an automatic choice of threshold level (cf. figure 3). The graylevel histogram is a function that gives the frequency of occurrence of each graylevel in a considered image. In the current work the graylevel of each pixel was represented by one byte of information. It hence varied between black(=0) and white(=255).

The clusters of black pixels on the resulting binary image correspond with meaningful objects (see fig. 2), which are in a first stage defined by a Sidhu and Boute contour description, and further described, as in figure 4, by a set of significant features. A Sidhu and Boute contour description is a compact coded form of object description, based on the location of one start-pixel on the edge of an object, and the step-by-step clockwise progression of the contour, distilled from a mask of 4 pixels, surrounding the current contour-position.
Based on the two most relevant features (Castleman, 1979; pp. 332-334), each of the objects is classified (as in

figure 5) into a set of object classes (including "individual pig" and "pig group"), based on a two dimensional implementation of the Bayesian estimation rule (Castleman, 1979; pp. 334-344). In essence, this classification is based on two elements:
  -1-The probability distribution function of each of the considered object classes in the two-dimensional feature-space, as reconstructed based on a training-set of representative images.
  -2-A varying cost-factor attributed, according to the impact of each potential mis-classification

2. Recognition of rest periods

The recognition of rest periods is implemented by a module, which, referring to two consecutive images, determines the area of displacement of the pig-related objects over time (expressed in average projected pig area units per second). The "packing density of the pigs", which - together with the value of the time step(s) between images - needs to be known for accurate interpretation of the "pig movement intensity index", is likewise calculated.

3. Discerning "behaviour as one group"

Within an analysed image, each object, with its relevant descriptional features was inserted in the course of the previously described modules as a record into a pointer list. An object counter module - to be integrated later on with the object classifier - runs through this pointer list to determine the number of relevant objects. If this number is small (e.g. : 1), then it is clear that the animals cluster together to form one group, and hence their "behaviour as one group" is ascertained.

4. Projected area measurements, animal weighing and counting

The projected area, covered by the pigs (F_{act}) is searched for in the feature-record describing the object(s) in question. This projected area has been calculated, based on a pixel count of the pixels belonging to each object. Later insertion of a preliminary geometric operation on the input image, to correct for geometric distortion in the image, should be helpful to obtain

more position independent accuracy (Castleman, 1979; pp. 110-135).

At this point the horizontally projected area of the pigs in optimal thermal conditions (F_{max}) is determined from an interactively selected set of relevant images. The projected areas of the included objects are determined as above, and the average value of the chosen set calculated.

At this point, the number of animals (n), as well as their average weight (w) are likewise interactively determined.

5. Other vision jobs

A few modules were created, which could yield additional information :

- The *perimeter/area ratio* of the pig group provides another criterium for the pigs' exposure rate adaptation, rather highly uncorrelated with the projected area criterium, worked with above, and could hence be inserted in the vision algorithm as a huddling intensity correction factor. (In order to obtain smoother perimeter values, previous erosion / dilation of the binary image might be advisable. Erosion and dilation are operations which respectively eat away from, and add to the existing object contour. An appropriate combination of the two could reduce the "noise" introduced on the object edge information by the thresholding operation)
In the case of a penning arrangement with consistent microclimatic sub-zones,the preferential place choice can also have indicative value. At this point, a module determines the percentage distribution of object pixels over the four quadrants of the total image. If this parameter proves to be important, the discussed module will be further sophisticated, so that window definition as well as representative area partitioning can be parameterized.

Notice that a combination of the previously mentioned modules - mainly the classifier, as well as the ones calculating movement intensity, number of objects and projected area data - could be furthermore used to automatically single out pigs moving on their own (hence in a - standard - standing position), as well as determine the number of pigs in the group (n). It is hoped for that geometric and statistic processing of the shape data of the above singled out individually standing pigs could later yield a more robust indication of pig volume and volume distribution (e.g. via a best fitting average vertical and horizontal ellipse), and hence of Fmax _and_ pig weight. The resulting algorithm would eliminate the need for operator interaction, and the periodical creation of optimal temperature conditions, necessary at this point in determining F_{max}. Parallel work currently done at the Building & Livestock Division of the AFRC-Engineering Institute, Silsoe, UK, is expected to yield further information on the realism of this prospect.

Some of the results of the above-described modules are illustrated in figure 7.

Conclusion

A set of the vision interpretation tasks required in evaluating the animals' heat balance status from the thermobehavioural huddling model was implemented on the computer, while a strategy was outlined for the complete automation of this vision task.

Once the vision job automated, swift experimental evaluation and refinement of the huddling model will become possible, hopefully closely followed by the completion of a reliable "thermal experience sensor".

Notice how the computer algorithms, discussed above, yield several perspectives beyond the "thermal sensor" objective. E.g. : Next to climate monitoring and control, the module for the recognition of rest periods could be used to yield an alarm signal when abnormal restlessness is observed; the weight determination, based on projected area could provide a tool for group growth curve monitoring, a valuable parameter in production process evaluation; the object counter, the area calculation modules and the classifier could provide a basis for animal counting and automatic selection, based on size - and later on other - characteristics; even mechanical floor characteristics could be quantitatively evaluated by determination of the average vertical mechanical pressure-value induced by the pigs huddling

position at the lower critical temperature (Sm_{lc}) (Van der Stuyft and Goedseels, preprint); checking the actually measured temperatures with the commonly applied temperature guidelines could yield an indication of irregularities (sickness, falling air, draught...)

One can hence confidently say that the digital image analysis technique more than theoretically provides access to, and makes automatic interpretation possible of a rich blend of information. It hence provides a valuable option for automatic multifactorial monitoring and control of inherently complex processes, and has strong qualities to be successfully integrated as a biometric instrumentation tool in both agriculture and the bio-industries.

References

Ballard, D.H., Brown, C.M., 1982. Computer Vision. Prentice-Hall. Englewood Cliffs, New Jersey. pp. 523.

Boon, C.R., 1981. The effect of departures from lower critical temperature on the group postural behaviour of pigs. Anim. prod. 33, 71-79.

Castleman, K.R., 1979. Digital Image Processing. Prentice-Hall. Englewood Cliffs, New Jersey. pp. 429.

Geers, R., Goedseels, V., Parduyns, G., Vercruysse, G., 1986. The group postural behaviour of growing pigs in relation to air velocity, air and floor temperature. Appl. Anim. Behav. Sci. 16, 353-362.

Goedseels, V., Geers, R., Berckmans, D., Van der Stuyft, E. 1988. The combination of polymer materials with a new sensor concept in relation to the use of heat pumps and solar energy in order to optimize the pig production process. AGENG 88, Paris, 2-6 March.

Mount, L.E. 1979. Adaptation to Thermal Environment. Man and his productive animals. Edward Arnold. pp. 333.

Van der Stuyft, E, Goedseels, V. Preprint. Modelling of Huddling Behaviour in Relation to the Thermal Experience of Pigs. Proposed for inclusion in Appl. Anim. Behav. Sci..

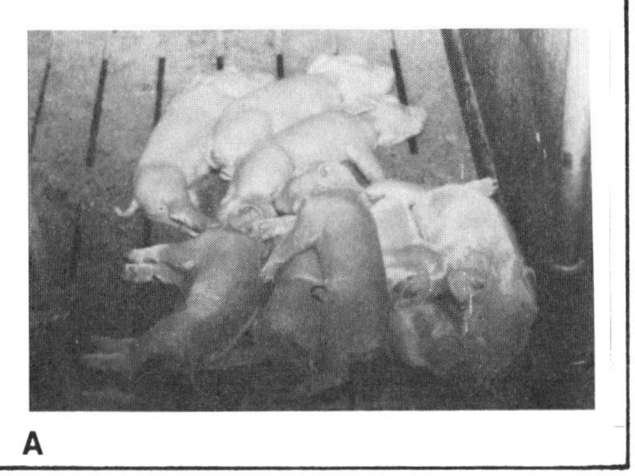

▲ Figure 1

▲ Figure 2

▲ Figure 3

Fig. 1 : The response of a group of young
pigs to different thermal conditions
    a) Zero huddling (quasi optimal thermal
       environment
    b) Intensive huddling (animals are cold)

Fig. 2 : Example of a thresholding result,
obtained on a picture taken with non
perfectly uniform flash-illumination.

Fig. 3 : Automatic thresholding on manipulated histogram. (Determination of the
lower end of the highest histogram peak,
corresponding with the "animal-related
pixel environment.") - Threshold level C is
the point on the histogram envelope curve,
furthest removed from segment AB.

Fig. 4 : An example of object description
by means of relevant features.

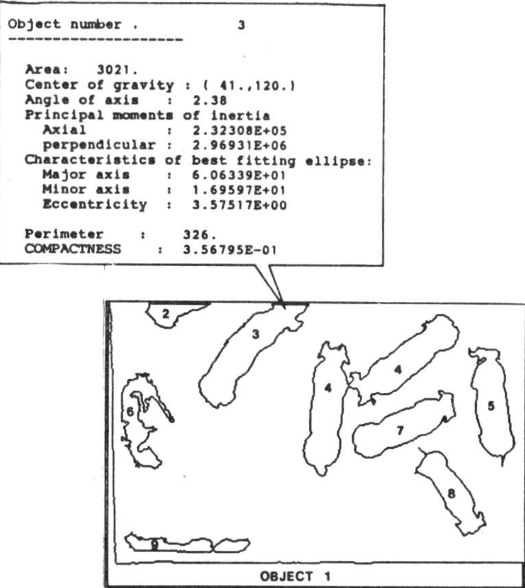

▲ Figure 4

The computer's decision

Object 1 is not a pig
Object 2 is a strongly deformed individual pig
Object 3 is an individual pig
Object 4 is a cluster of pigs
Object 5 is an individual pig
Object 6 is a strongly deformed individual pig
Object 7 is an individual pig
Object 8 is an individual pig
Object 9 is a strongly deformed individual pig

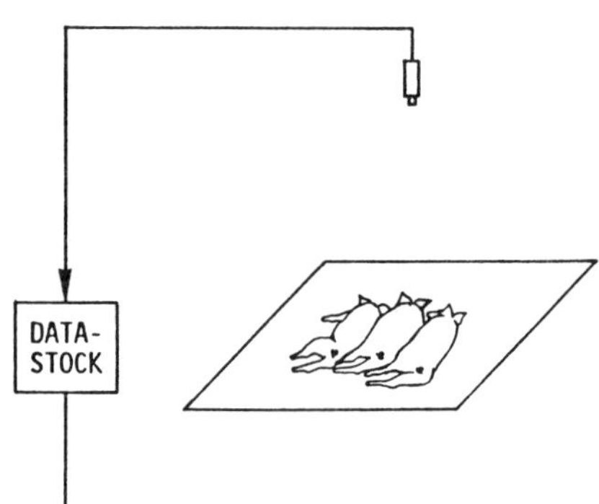

Fig. 5 : The computer's autonomous decision on the nature of the objects in figure 4.

Fig. 6 : Object contour and other information derived by the computer after thresholding from 2 sets of 2 consecutive vertical views of a pen.

<u>Data collection</u>

- Selection of visual info on REST PERIODS Only (to maximally isolate thermoregulation-related behavioural stimuli)
- Checking for BEHAVIOUR AS ONE GROUP (to exclude data falling outside the "huddling"-range))
- Horizontally PROJECTED AREA MEA-SUREMENTS - Fact & Fmax[1] - of the group (to quantify the observed huddling intensity)
- Counting of number of animals -n- (same objective as above)

DATA-STOCK

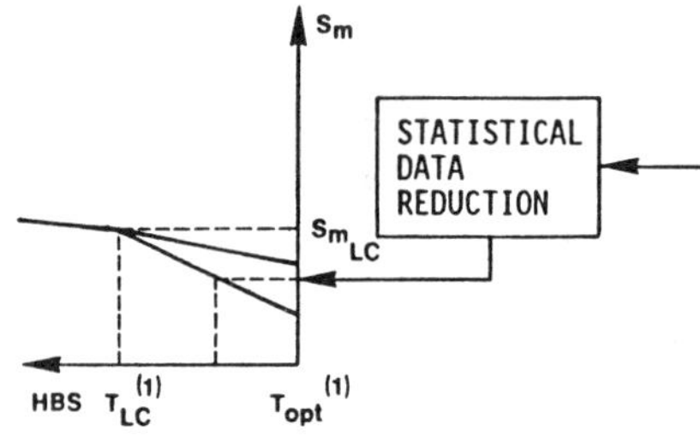

STATISTICAL DATA REDUCTION

<u>Data interpretation</u>

- STATISTICAL PROCESSING (to maximally reduce scatter in data)
- Calculation of the representative MECHANICAL PRESSURE (S_m) between animal and floor ($f(n,Fact,Fmax)$)[1]
- Deduction of the animals' HEAT BALANCE STATUS (HBS) (via a correlation curve, experimentally calibrated in above suggested sophisticated test-structures)

<u>Working environment</u>

- Pigs, housed in group , with sufficient place per microclimatic area for group thermobehavioural expression
- Static conditions over sensor response time (rest periods with quasi-constant thermoneutral heat production; constant environing climate)
- Climatic range limited above by the optimal temperature
- Effective floor insulation (If) greater than the insulation of the air interface (Ia); no contact between animal and wall when huddling
- Floor with previously experimentally determined mechanical characteristics (Sm_{LC}, C_t).

[1] Fact = horizontally projected area of the group of pigs exposed to the actual environmental conditions (m^2)

Fmax = horizontally projected area if the group of pigs is stretched out in a fully recumbent position in optimal thermal conditions(m^2)

Topt = optimal temperature (C)

Tlc = temperature below which production losses occur (C)
   lower critical temperature

Sm = Average mechanical pressure between floor and animal (N/m^2)

w = Average animal weight (N)

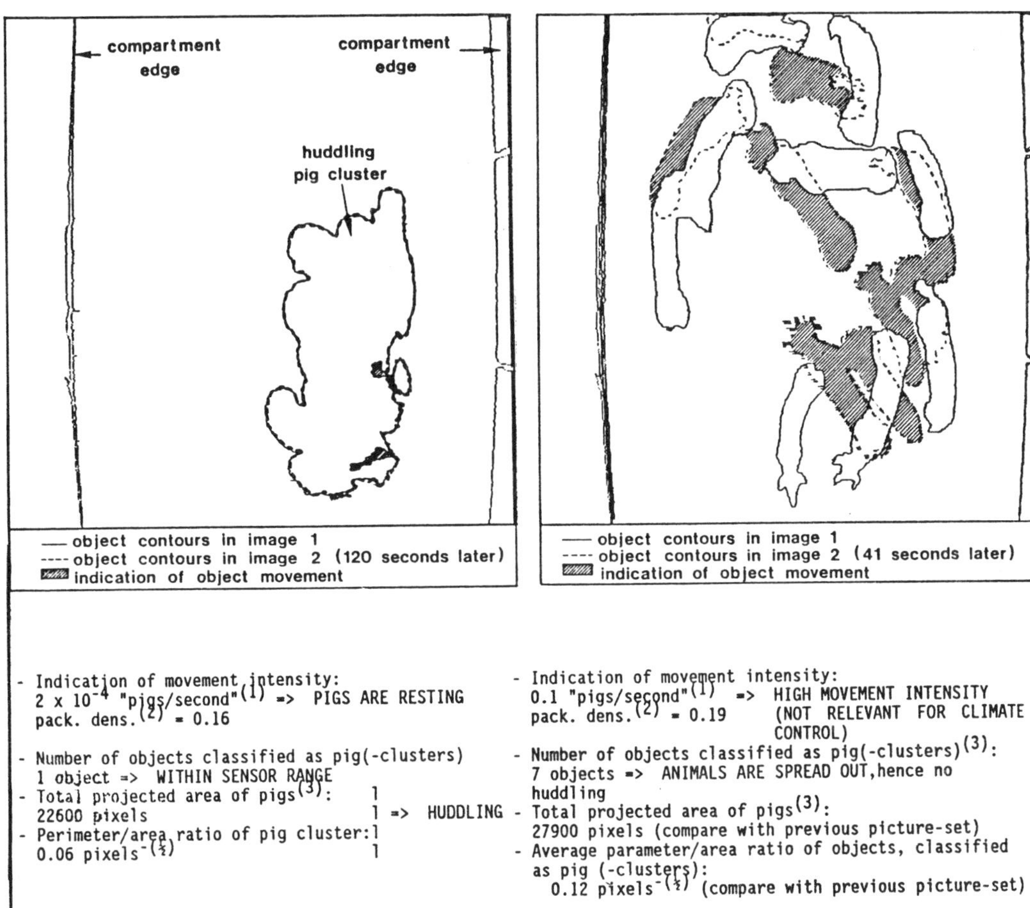

- Indication of movement intensity:
  2 x 10⁻⁴ "pigs/second"[1] => PIGS ARE RESTING
  pack. dens.[2] = 0.16
- Number of objects classified as pig(-clusters)
  1 object => WITHIN SENSOR RANGE
- Total projected area of pigs[3]:
  22600 pixels   1 => HUDDLING
- Perimeter/area ratio of pig cluster:1
  0.06 pixels⁻⁽¹⁄²⁾   1

- Indication of movement intensity:
  0.1 "pigs/second"[1] => HIGH MOVEMENT INTENSITY
  pack. dens.[2] = 0.19   (NOT RELEVANT FOR CLIMATE CONTROL)
- Number of objects classified as pig(-clusters)[3]:
  7 objects => ANIMALS ARE SPREAD OUT, hence no huddling
- Total projected area of pigs[3]:
  27900 pixels (compare with previous picture-set)
- Average parameter/area ratio of objects, classified as pig (-clusters):
  0.12 pixels⁻⁽¹⁄²⁾ (compare with previous picture-set)

Conclusion: ANIMALS ARE COLD

(1) The projected areas, where objects in the first image do not cover the ones in the second image expressed relative to the average projected area of one pig and divided by the time lapse between the 2 images.
(2) The "packing density" is Fact divided by horizontal pen surface.
(3) Average of the 2 consecutive images.

▲ Figure 7

Fig. 7 : Object contour and other information derived by the computer after thresholding from 2 sets of 2 consecutive vertical views of a pen

Land and Water Use, Dodd & Grace (eds), © 1989 Balkema, Rotterdam. ISBN 90 6191 980 0

Climate, environment and litter in a broiler house

E.von Wachenfelt
Swedish University of Agricultural Sciences, Lund, Sweden

ABSTRACT: The temperature in the broiler area is often below the recommended during the first week. The air movements are negligible and temperature differences will arise in the building. In the end of the breeding it is often too warm in the building.

The temperature in the litter bed increases during the breeding and before slaughter is about $+30^{o}$C. That is an increase of more than 10°C. The litter is always some degrees warmer in the middle than in the contact area between the concrete floor and the litter.
   In the middle of the breeding period a very intense ammonia evaporation from the litter bed will start. In trials great variations between the experimental batches in ammonia production and ammonia concentration were observed. A big ammonia production did not always give high ammonia concentrations.

1 INTRODUCTION

In Sweden egg- and broiler productions are often concentrated to large units. Broiler breeding is a production branch which has high requirements on climate and environment. It is very complicated to give the animals a perfect environment and a good climate. The chickens grow very rapidly and have a short breeding period, about 5 weeks. During this period there are very varying demands on the environment.

In Sweden the broiler growers are not allowed to have more than 25 kg living broilers/m^2 floor area. All buildings have extra heating and controlled environment.

The purpose of this research was to make clear the real facts about the climate and the environment in the areas where the chickens are kept.

The research was carried out in a representative building with 35 000 broilers in the south part of Sweden.

The investigations have been made on five batches of chickens during a production year in order too determine if there are any seasonal variations.

2 AIR TEMPERATURE

Vertically, in a cross section of the house there were large differences in air temperature, Figure 1. During the animals' first living week the temperature was much higher up near the ceiling than near the floor. Often the difference was more than 5°C. Later the difference between floor and ceiling decreased and a temperature

redistribution occured.

During the last two weeks of the breeding, the floor temperature was higher than the temperature near the ceiling. The lowest temperature during the last week occured in the middle of the building about 1.5 m above the floor. The same phenomena of vertically temperature differences appeared in the whole building.

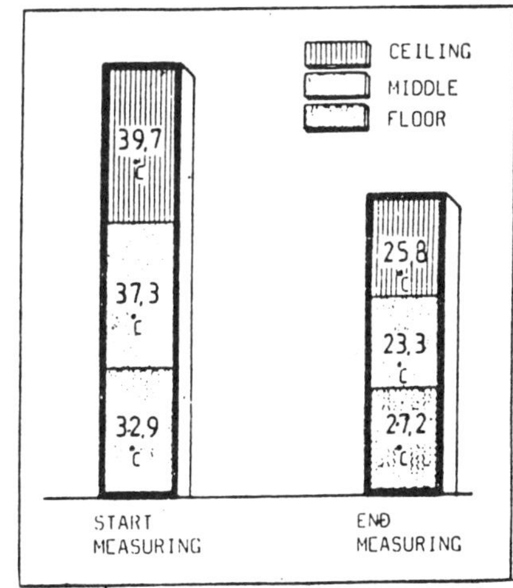

Figure 1. Vertically differences in the air temperature.

During the second breeding week and until

slaughter the temperature was too high at
the animals' level. Sometimes the temperature was nearly 10°C higher than the recommended one , Figure 2. Consequently the
animals only had the recommended temperature for a short time during their breeding. In the beginning it was too cool and
in the end too warm, even though the producer had used the recommended set point
temperatures in the building.

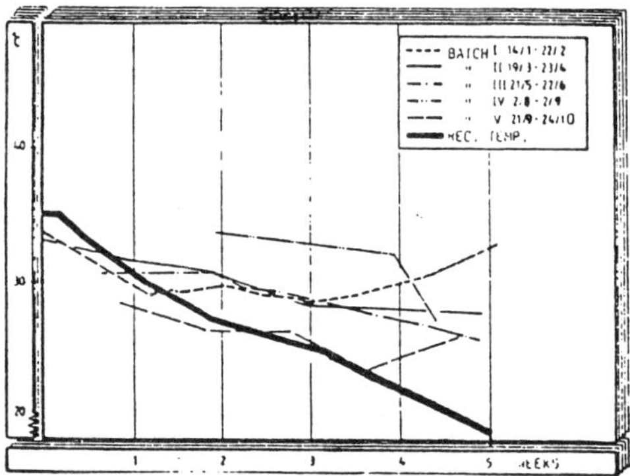

Figure 2. Air temperatures on animals
level, five batches.

There were day and night variations in
temperature. The largest variations occured in the summer season when the solar
radiation was high. The air exchange rates
were then considerably higher than during
the winter season.

3 TEMPERATURE IN THE LITTER BED AND ON THE BROILER LEVEL

During the breeding the temperature rised
in the litter bed. It was always some degrees warmer in the middle of the bed than
in the contact area between the concrete
floor and the litter bed. In the bed of
the period the temperature in the litter
bed was about +30°C. During a 5-week period the temperature increased more than
10°C in the litter bed.

Equilibrium between litter temperature
and air temperature always occured during
the third week. At this time the NH_3-production started and began to increase in
range, Figure 3.

4 RELATIVE HUMIDITY IN THE BUILDING

Measurements of the relative humidity in
the investigated building showed that it
was below the recommendations in most

batches, Figure 4.

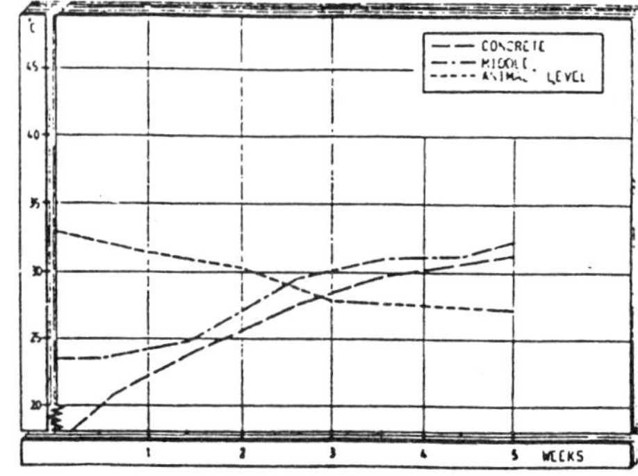

Figure 3. Temperatures in litter bed and
animal level, batch two.

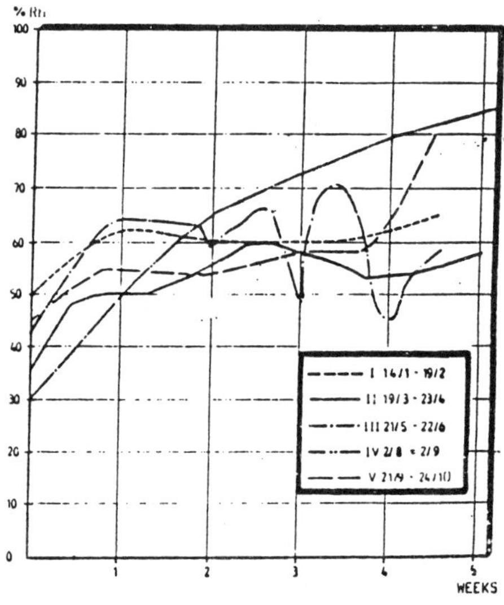

Figure 4. Relative humidity in all batches
middle of the building.

The relative humidity increased during the
breeding and was often highest at the end
of the growing period.

In the summertime strong fluctations of
the relative humidity in the building were
recorded. Certain days the relative humidity decreased during the afternoon and
was below 30 %. During the night and in
the morning the humidity increased and was
over 70 %. The humidity in the building
followed the outside humidity, even the
strong fluctations which occured in the
summertime. One reason for the strong

variations in the building was that the
airflow was high during the summerbatch,
because of a high ventilation rate. The
air humidity was more stable during spring
and autumn.

5 MOISTURE CONTENT OF THE LITTER

Continuous increases of the moisture content of the litter beds were observed,
Figure 5. In some batches the final moisture content in the litter was often
highest at the bottom against the concrete
floor, because of condensation in the litter bed.

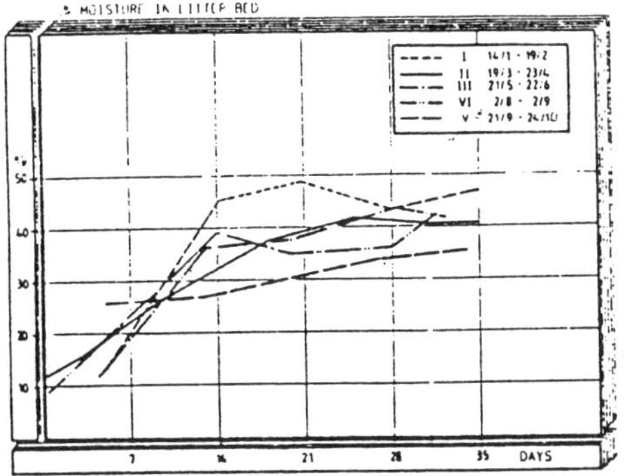

Figure 5. Moisture content of litter bed,
all batches.

The moisture in the litter was partly affected by the air humidity but changes were
not as rapid as the changes in the humidity of the air. During the last week a connection between the air temperature in the
building and the moisture in the litterbed
was observed. The higher temperature the
higher moisture content, Figure 6.

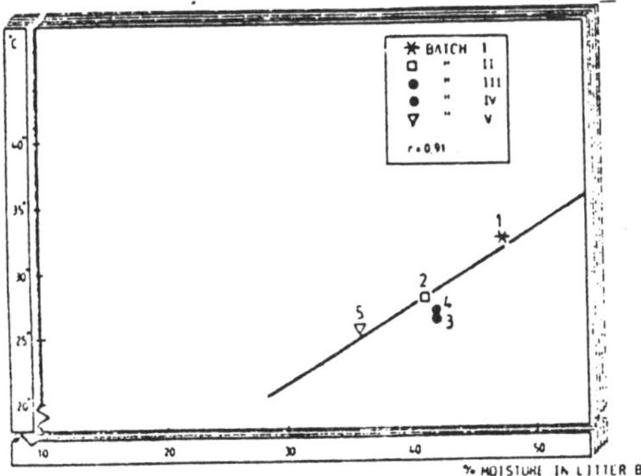

Figure 6. The connection between air temperature and humidity in litter bed last
week, all batches.

6 AIR QUALITY

6.1 Ammonia

About three weeks after the animals had
come to the building the ammonia production accelerated very fast, Figure 7.

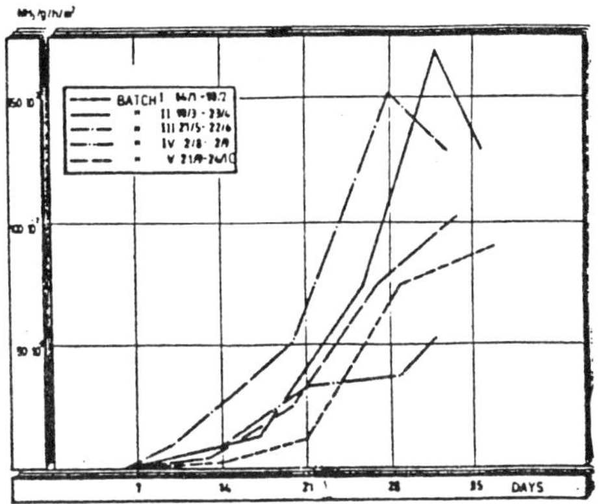

Figure 7. The ammonia production, all
batches.

During some batches a threefold increase
of the ammonia production occured between
the third and the fourth week. Also the
ammonia concentration got a pronounced
increase after the third breeding week,
Figure 8.

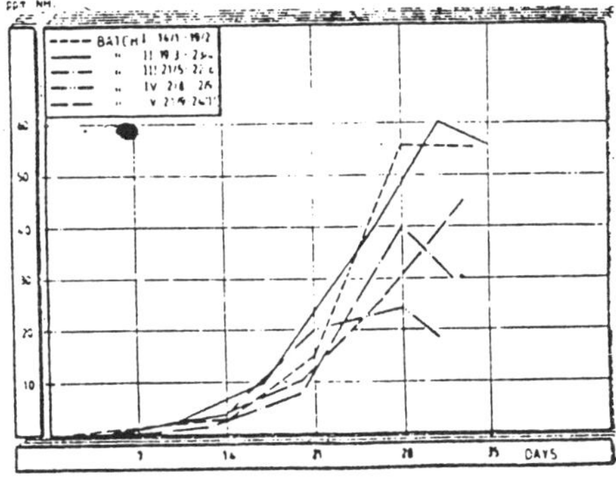

Figure 8. The ammonia concentration, all
batches.

Ammonia can be troublesome for both animals and humans and the hygienic limit
value, 25 ppm NH_3 used in Sweden, was
often passed.

The ammonia production often accelerated
during periods when the temperature in the
litter increased and the air temperature
decreased.

Both production and concentration of ammonia showed large variations between the
different batches. High ammonia production
did not always leed to high concentrations.
An example of that was the third batch
(summer batch). This batch had a large ammonia production but the measured concentrations were exceeded by batches with
lower ammonia production.

In this type of bedding, straw on a concrete floor, no connections were found
between the moisture of the litter, and
the production and the concentration of
ammonia in the air.

The relative humidity affected the ammonia production. During the last week a
low humidity resulted in an increase of
ammonia production. This was also noted
earlier in the breeding period.

6.2 Carbondioxide

The investigations showed large variations
of carbondioxide concentrations between
the batches, Figure 9. The winter batch
had the highest concentrations. The biggest carbondioxide production was measured
during the summer batch, Figure 10.

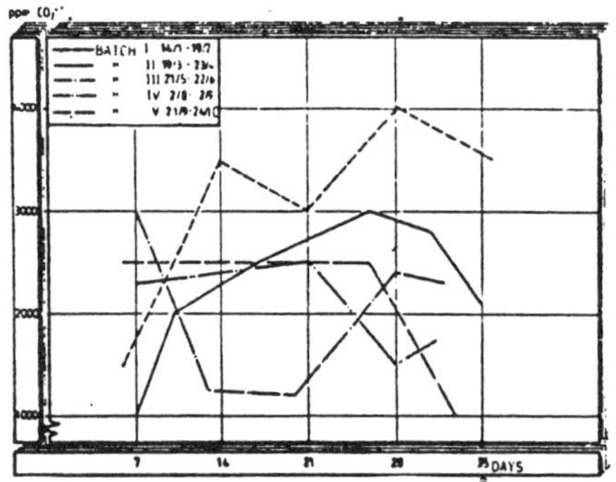

Figure 9. Carbondioxide concentrations,
(ppm), on broilers level, all batches.

The high air exhange rate during the summer batch probably accelerated the biological decomposition of the litter which resulted in an increased carbondioxide evaporation.

In the first part of the breeding there
was a higher carbondioxide concentration
on breathing level for humans than on the
animals level.

Later in the breeding period in all batches showed higher carbondioxide concen-
tation on the animal level than on the
human breating level. Sometimes it existed

big differences between the levels.

Any remarkable high carbondioxide concentrations were not recorded during the
five batches.

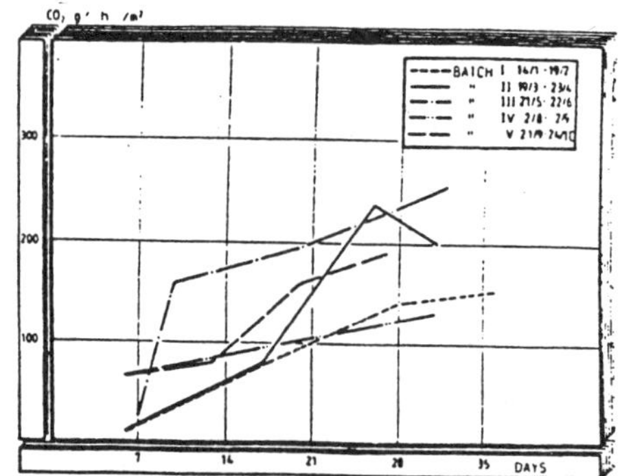

Figure 10. Carbondioxide production
(g/h/m^2), on broilers level, all batches.

7 CONCLUSIONS

- Even though the producer followed the
  recommended set point temperatures, the
  broilers did not live in a recommended
  thermal climate. In the beginning it was
  too cool and in the end too warm.
- The temperature inside and below the
  litter bed increases during the breeding.
  The increase are often more than 10°C.
- When the litter - and the air temperatures are equal, the gas production
  starts and increases.
- The relative humidity in the building is
  often too low, particulary in the beginning of the breeding.
- A high air temperature results in a high
  moisture content in the litter.
- Three weeks after the breeding starts,
  the ammonia production accelerates very
  rapidly.
- A high ammonia production will not always give high ammonia concentrations.
- An increased air exchange accelerates
  the biological decomposition of the
  litter and the carbondioxide evaporation
  increases.

REFERENCES

Feddes, J.J.R., Leonard, J.J. & Mc Quitty,
J.B. 1982. Heat and moisture loads and
air quality in commercial broiler barns
in Alberta. Res. Bull. 82-2, Department
of Agricultural Engineering, University
of Alberta. Alberta.
Fenn, G. 1979. Zur maximal zulässigen NH3-

koncentration in der luft von Geflügel-
    intensivställen. Institut für Geflügel-
    krankheiten der Justus-Liebig-Universi-
    tät. Giessen.
Nimmermark, S. 1984. Fukt- och värmeprob-
    lem i värphöns- och slaktkycklingstallar.
    Sveriges lantbruksuniversitet, Institu-
    tionen för lantbrukets byggnadsteknik.
    Intern stencil 9. Lund.
Thorbek, G. & Fris Jensen, J. 1985. Virk-
    ningen af temperaturerne 28°C och 12°C
    på slaktkycklingers energiomsætning, ke-
    miske sammensætning og kalcium- og fos-
    foromsætning. Statens Husdyrbrugsforsøg,
    Beretning 591. Köpenhamn.
Valentin, H. 1964. A study of the effect
    of different ventilation rates on the
    ammonia concentrations in the atmosphere
    of broiler houses. British Poultry
    Science 5(2): 149-159.

RESUME: La temperature de la surface sur
laquelle se fait l'elevage des poulets
est souvent trop basse pendant la
premiere semaine. Elle est inferieure a
la temperature recommandee. Le mouvement
de l'air est negligeable et les couches
de temperature montent vers le toit. La
temperature est plus elevee pres du toit
que sur la surface ou se trouvent les
poulets. La difference de temperature
entre le toit et le sol est souvent
superieure a +5°C. Cette difference
diminuera deja pendant la premiere
semaine. Par contre ces temperatures
sont a pau pres constantes et pareil
pendant les deuxieme et troisieme
semaines. Pendant les deux dernieres
semaines d'elevage la temperature du sol
est plus elevee que celle du toit. Une
nouvelle repartition de la temperature
ambiante a donc eu lieu dans le batiment.
    A partir de la deuxieme semaine
d'elevage, jusqu'a ce que les poulets
soient abattus la temperature ambiante
est souvent trop elevee. Parfois meme,
pendant la derniere semaine elle est 10°C
superieure a la temperature ideale. Par
consequent la temperature ambiante au se
trouvent les poulets est ideale pendant
une tres courte duree.
    La temperature de la litiere s'eleve
pendant toute la periode de l'elevage et
juste avant l'abattage elle est environ
de +30°C, ce qui est und exces de
temperature qui se monte a plus de +10°C.
La temperature de la litiere est toujours
de quelques degres superieure a celle
mesuree entre le sol de ciment et la
litiere.
    Au milieu de la periode d'elevage a
lieu une forte evaporation d'ammoniaque
sortant de la litiere. On peut constater
de grands ecarts entre deux essais en ce
qui concerne la concentration d'ammoniaque.
Une grande production d'ammoniaque ne
donne pas forcement une haute
concentration.
    Ces etudes nous font constater qu'il
n'y a aucun rapport entre l'humidite de
la litiere et la production d'ammoniaque.
L'humidite de l'air ambiant agit par
contre sur la production d'ammoniaque.
Pendant la derniere semaine d'elevage
l'air sec du batiment cause aussi une
augmentation de la production d'ammoniaque.

REFERAT: Die Lufttempertur im Raum wo die
Broiler sich befinden ist in der ersten
Lebenswoche oft zu niedrig. Die
Luftbewegungen kann absehen werden und
die Temperaturschichten bewegen sich nach
oben in dem Gebaude. Die Temperatur ist
hoher an der Decke als am Boden wo die
Broiler leben. Der Temperaturunterschied
zwischen dem Boden und der Decke ist oft
grosser als 5°C. Der Unterschied wird
kleiner schon in der ersten Lebenswoche.
Die Temperatur des Bodens und der Decke
ist in der zweiten und der dritten Woche
fast die gleiche. In den letzten zwei
Zuchtwochen ist die Bodentemperatur hoher
als die Temperatur an der Decke. Daduch
ist eine Temperaturumverteilung entstanden.
    Von der zweiten Zuchtwoche und bis zur
Schlacht ist die Temperatur im Stall oft
zu hoch. Manchmal ist die temperatur in
der letzten Lebenswoche beinache 10°C
hoher als die empfohlene. Demnach ist
die Temperatur in dem stall wo die Broiler
leben nur eine kurze Zeit auf dem
empfohlene Niveau.
    Die Temperatur im Strohbett steigert
unter den Zuchtzeit bis zur Schlacht und
ist dann etwa + 30°C. Das bedeutet eine
Erhohung mehr als 10°C. Das Strohbett
ist in der Mitte immer einige Grade
Warmer als zwischen dem Betonboden und
dem Stroh.
    In der Mitte der Zuchtzeit entsteht
eine intensive Ammoniakverdunstung von
dem Strohbett. Man has grosse Unterschiede
in der Ammoniakproduktion und der
Ammoniakkonzentration zwischen den
verschiedenen Versuchen gemessen. Eine
grosse Ammoniakproduktion resultiert nicht
immer in eine grosse Ammoniakkonzentration.
    Die Resultate von der Forschungsarbeit
kann einen zusammenhang zwischen der
Feuchtigkeit im Stroh und der
Ammoniakproduktion nicht bestatigen. Die
Luftfeuchtigkeit in dem Gebaude
beeinflusst aber die Ammoniakproduktion.
Unter die letzte Woche bewirkt die trockne
Luft in dem Gebaude eine Steigerung die
Ammoniakproduktion.

Land and Water Use, Dodd & Grace (eds), © 1989 Balkema, Rotterdam. ISBN 90 6191 980 0

The use of expert systems as a different approach to the control of the climate in animal houses

S.Wauters
Centrum voor de Studie van het Stalklimaat, State University Gent, Belgium

ABSTRACT : The use of expert systems, a sub-area of artificial intelligence, makes it possible to develop a new type of climate control system for animal houses. This control system combines models with expert systems so that the control system has the model's flexibility for choosing optimal controls and the expert system's ability to include the farmer's expertise in handling complex systems. The expert system will also be used to supervise the effects of climate control in the animal house, and warn the farmer when all automatic control fails to keep the climatic control conditions within acceptable ranges of control from the farmer.

INTRODUCTION

Interest in expert systems, a recently much-recognized technology sub-area of artificial intelligence, is emerging as a field of research and development within agriculture. The enthusiasm is high because some of the already existing expert system have proved to be capable of equalling or surpassing the best performance of rare, scarce and expensive human experts. This paper was developed because expert systems are a relatively unknown area of study and inquiry for many researchers in the field of climate control in animal houses.

EXPERT SYSTEMS : DEFINITION

"An 'expert system' is an intelligent computer program that uses knowledge and inference procedures to solve problems that are difficult enough to require significant human expertise for their solution. The knowledge necessary to perform at such a level, plus the interference procedure used, can be thought of as a model of expertise of the best practitioners of the field". This definition is given by Edward A. Feigenbaum, one of the pioneers in expert system development.

Expert systems, although markedly different, should not be be considered competitors but more as extensions to conventional computer programs. The most basic difference is that expert systems manipulate knowledge while conventional programs manipulate data. That is, conventional programs require users to draw their own conclusions from facts retrieved by the program. In contrast, expert systems consisting of both declarative and procedural knowledge use reasoning to draw conclusions from stored facts.

The emphasis in expert systems is on symbolic representation and inference rather than the numerical approach of traditional programming languages.

A very important feature of expert systems is that the control structure is separate from domain knowledge. This makes it easier to modify, update, and enlarge the expert program, a feature which offers many possibilities if an expert system is applicated to control the climate in animal houses. In conventional programs, modifications are generally more difficult because changes in one part of the program must be carefully examined for impacts in other parts of the program.

Generally spoken, expert systems have the following characteristics :
(1) heuristic - they employ judge mental as well as formal reasoning in solving problems ;
(2) transparant - they have the ability to explain and justify their line of reasoning ;
(3) flexibility - domain-specific knowledge is generally seperate from domain-independent inference procedures, thus knowledge updating is made considerably easier than in conventional programming.

Expert systems contain two components. One of these is called the knowledge base. The knowledge base contains in some symbolic manner the knowledge of facts, judgements, rules, intuition, and most important experience about a particular problem area. The other component is called an inference mechanism. It can interpret the knowledge in the knowledge base. It can also perform logical deduction and knowledge base manipulations. The objective of an Expert System is to raise the performance of the average worker to the expert level.

PROBLEM STATEMENT

Recently on the market introduced climate control systems for animal houses are based on a dedicated computer system that cyclically polls various sensors, uses the signals algorithmically to make control decisions, and implements the decisions via an isolated link to the control hardware (e.g. heaters and ventilators).

Of the particular interest to the operators of this system are the related issues of control failure and failure diagnosis. No controlled system can tolerate extended failure and some cannot tolerate even short term failures. Controlled biological systems can be highly sensitive to certain failures and forgiving of others, but in

a research environment even minor failures are troubling because of their effect an experimental integrity.

On the other hand the difference in time between the action of control and the reaction of the climate in the animal house is to big for a basically thermostatic regulation with even algorithmic calculated setpoints.

EXPERT SYSTEMS : A DIFFERENT APPROACH

The solution for the previously stated problems is the use of knowledge engineers and experts. But because of the fact that they themselves are not always available, it is appropriate to incorporate their knowledge and findings in an expert system. This expert system will be used as a real-time controller supervisor over the dedicated computer controller.

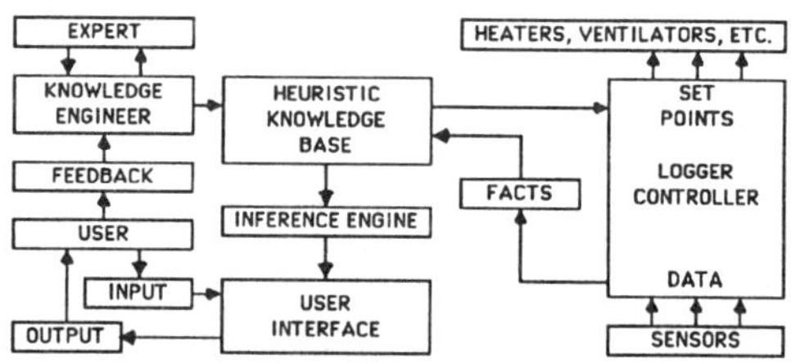

Fig. : A simple schematic representation of the processes involved in the development of a climate controller for animal houses based on an expert system.

A real time expert system controller can examine the conditions inside and outside the animal house and use the expert knowledge to choose the appropriate setpoints. The major advantage of this approach over the farmer making manual adjustments, is that the setpoints can be easily changed many times during the day and night by the computer. Furthermore the expert system can be used for complex systems which would include variables that have not been well modelled (such as disease).

CONCLUSION

Optimization based on well studied computer models can be combined with expert farmer knowledge to produce a climate control system which is better than either one separately. The farmer alone cannot be as exact in choosing optimal setpoints as the optimization, but the optimization alone cannot be as robust or reliable as the expert knowledge. Furthermore the farmer can include considerations that the optimization cannot (e.g. climatical setpoints for disease control). By including the expert farmer's knowledge in the control system, the system is able to control the climate of the animal house better.

ACKNOWLEDGEMENTS

S. Wauters was supported in this work by the Instituut tot aanmoediging van het Wetenschappelijk Onderzoek in Nijverheid en Landbouw (I.W.O.N.L.) and LABORELEC.

REFERENCES

DICKEY, F.J. and TOUSSAINT, A.L. (1984). Elisis : an application of expert systems to manned space station.

DOLUSCHITZ, R. and SCHMISSEUR, W.E. (1988). Expert systems : applications to agriculture and farm management. Electron. Agric., 2 : pp 173 -182.

FEIGENBAUM, E.A. (1981). Knowledge engineering in the 1980's. In : A. BOND (Editor), Machine Intelligence. Infotech State of the Art Report, Series 9, no. 3. Pergamon Infotech Ltd, Oxford.

FEIGENBAUM, E.A. and McCORDUCK, P. (1983). The fifth Generation. Addison-Wesley, Reading, M.A. 275 pp.

HAYES-ROTH, F., WATERMAN, D.A. and LENAT, D.B. (1983). An overview of expert systems. In : F. HAYES-ROTH, WATERMAN, D.A. and LENAT, D.B.(Editors) Building Expert Systems. Adison-Wesley, Reading, MA, pp. 3 - 29.

JACOBSON, B.K., JONES, J.W. and JONES, P. (1987). Tomato Greenhouse Environment Controller : Real-time Expert System Supervisor. Paper presented before ASAE-meeting.

JONES, P. (1987). Interfacing an Expert Diagnostic Tool to Real Time Data. Applied Engineering in Agriculture, Vol. 3, no. 2, pp. 233-236.

MEKINSON, J.M. and LEMMON, H.E. (1985). Expert Systems for Agriculture. Comput. Electron. Agric., 1 : 31-40.

NELSON, W.R. (1982). Reactor : An expert system for diagnosis and treatment at nuclear reactor accidents. Proceedings of Am. Soc. for artificial Intelligence, Carnegie - Mellon University, Pittsburgh, PA.

SANTARELLI, M.B. (1984). Artificial intelligence : impact on business. Software News, 4 (1) : 30,31,36.

STEELS, L. (1985). Second Generation Computer Systems. Vol. 4 North-Holland Pub. Amsterdam.

L'utilisation de systèmes experts, une autre façon de régulation du climat
pour bâtiments d'élevage.

L'utilisation de systèmes experts, un aspect de l'intelligence
artificielle, permet le développement d'un nouveau système de régulation
du climat pour bâtiments d'élevage. Ce système de réglage combine modèles
et systèmes experts.Le système de réglage possède ainsi la flexibilité du
modèle pour choisir une stratégie optimale de réglage. En outre il possède
les possibilités du système expert de sorte que l'éleveur peut intégrer
son expérience concernant le confort climatique de l'animal. Le système
expert sera aussi utilisé pour controler les effets de la régulation du
climat dans le bâtiment d'élevage, et pour avertir l'éleveur lorsque tous
les réglages automatiques possibles ne parviennent plus à maintenir les
conditions climatiques dans les limites souhaitées.

Die Verwendung der Expertsysteme, eine neue Möglichkeit das Klima in den
Ställen zu kontrollieren.

Die Verwendung der Expertsysteme, ein Unterteil der künstlichen
Intelligenz, ermöglicht es einen neuen Typus von Klimareguliersystemen für
Viehställe zu entwickeln. Dieses Reguliersystem verbindet Modelle mit
Expertsystemen, so daß es die Flexibilität das Modelles besitzt eine
optimale Regulierstrategie zu wählen. Daneben hat das Reguliersystem die
Möglichkeiten des Expertsystemes, so daß der Landwirt seine Kenntnis in
dieser tierlichen thermischen Behaglichkeit kann ein beziehen. Das
Expertsystem wird auch benutzt um die Effekte der Klimaregulierung in dem
Viehstall zu kontrollieren und den Landwirt zu warnen wenn es den
automatischen Regulierungen nicht gelingt die stallklimatologische
Umstände in die durch den Landwirt erwunschten Grenzen zu bringen.

Land and Water Use, Dodd & Grace (eds), © 1989 Balkema, Rotterdam. ISBN 90 6191 980 0

Microclimate modification to improve milk production in hot arid climates

F.Wiersma
Agricultural Engineering Department, University of Arizona, USA

D.V.Armstrong
Animal Sciences Department, University of Arizona, USA

ABSTRACT: Dairy production in hot arid climates has made remarkable advances in recent years through improved housing conditions to improve the microclimate of the animals. Many of these areas have highly favorable climates for dairy production for most of the year, but the stresses imposed by the severe summer heat seriously inhibits milk production and reproductive capabilities. Since the heat load is related to metabolism, any successful effort to improve milk production through nutrition or genetic selection is countered by a drop in reproductive efficiency. This paper will describe various engineered environmental modification systems that have been developed to minimize dairy cattle heat stress in hot climates.

ABSTRACT: Au cours des dernières années, l'industrie laitière a considérablement progressée dans les régions arides et chaudes; grâce aux changements apportés aux étables, pour améliorer le microc limat. La plupart de ces régions ont un chimat très favorable à la production laitière, durant une grande période de l'année. Cependant, l'intense chaleur de l'été limite sérieusement la capacite de reproduction des animaux et la production laitière. Etant donné que la chaleur emmagasinée pour un rôle important dans le métabolisme; tout effort entrepris pour améliorer la production laitière, en tenant compte de la nutrition ou de la sélection des espèces, provoque une baisse dans la qualité des reproductions. Cette étude aura pour objet de décrire les différentes techniques de modifications de l'environment qui ont été developpées pour minimiser l'effet néfaste de la chaleur sur les animaux laitiers, dans ces regions.

ABSTRACT: Die Milchproduktion in heißen, trockenen Klimata, hat in den Letzten Jahren bemerkenswerte Fortschritte gemacht durch verbesserte Stallungen um das Mikro Klima der Tiere zu verbessern. Viele dieser Gebiete haben höchst wünschen Wertes Klima für Milchproduktion für die meißte Zeit des Jahres aber der Stress der verursacht wird durch die große Sommerhitze, beeinschränkt die Milchproduktion und die Fortpflanzungs fähigkeiten. Da die Hitze verbunden ist mit der Futter verwertung, jeder erfolgreiche Versuch, durch Ernährung oder gene bische Auswahl, die Milchproduktion zu verbessern, scheitert durch Reduzierung der Zuchtfähigkeit. Dieser Artikel beschreibt verschiedene Umwelt-Veränderungs Systeme, welche entwickelt wurden um Hitze-Stress für Milch Kühe in heißen Klimas zu reduzieren.

1 INTRODUCTION

Summer depression in milk production and reproductive performance is a serious problem to the dairy industry in southern United States. The high daily temperatures exceed 38°C with the relative humidity less than 20% almost every day from May through September except for short periods following rain when the relative humidity will exceed 40-50%. These conditions place the high producing dairy cow in an adverse environment with a temperature humidity index (THI) above 71. This is above the comfort zone for milk production suggested by Bianca (1965) Hahn (1976) and Sainsburg (1967).

A high producing dairy cow exposed to long periods above the comfort zone reacts with several measures to retain comfort; (1) increase water intake (2) seek out shade (3) reduce feed intake (4) stand rather than lie down (unless wet ground is available) (5) increase respiration rate (6) produce excess saliva and (7) increase body temperature.

During the last 25 years, several methods to reduce summer heat stress in dairy cattle have been attempted. Mechanical refrigeration has proved successful in improving milk yield, fat percentage, and conception rate, Thatcher et al., (1974) and Johnson et al., (1980). However, under current economic conditions in the United States, the investment and operating costs of this type of air conditioning equipment cannot be covered by the improvement in animal performance. Evaporatively cooled cattle shades were developed and tested by Wiersma and Stott (1966).

Systems developed for additional cooling while feeding and at milking time contribute to further alleviation of heat stress. The methods and equipment to improve the environment for dairy cattle in hot climate will be discussed in this paper.

2 OVERHEAD SHADE

A cow receives most of her external heat from radiation, particularly if she is exposed to the sun. Therefore, the first step in any cooling scheme is to provide shade. The shade should be as open as possible to allow natural air circulation.

A cow gets rid of heat mostly through convection and evaporation. In colder weather, most of it is by convection. During hot weather, almost all heat is lost by evaporation from outer body surfaces and from air passages as she breathes. Cows do not sweat, but they do produce surface moisture which evaporates.

So to keep cows comfortable when it is hot, we must protect them from the sun and provide a situation where evaporation can take place. The simplest system is a solid overhead shade with open sides and no obstructions so natural air currents can remove air heated by the cattle.

Where shades are considered beneficial, it is important that they be properly designed for effective improvement in comfort. In a drylot operation, where cattle are confined to corrals, the best shade, theoretically, would be a solid sheet high above the ground with a shade pattern designed to be large enough to cover about half the corral and to move gradually from one side of the corral to the other during the course of a day. The closest to this we see in practice occurs when a small dense cloud shields the sun on a clear day. This provides protection from the sun's direct rays but offers almost complete exposure to the clear and cooler sky. On a clear

day, radiant heat from an animal body will be transmitted to the sky if directly exposed to it. Exposure to the sky may be less beneficial, and even detrimental, on hazy days or in a high humidity situation where reflected radiation from moisture droplets adds to the heat load.

Obviously, we are limited in the practical height of a shade and there is little advantage from going higher than 4 meters. Although best thermal comfort is available by using long, narrow shades 5 to 8 meters wide with the long dimension oriented east and west, we usually discourage this arrangement. Granted, with this orientation, the shade pattern is slightly to the north of the structure, where the cattle can be shielded from the sun but exposed to the coolest portion of the sky to the north. In addition, the shade pattern moves very little so the ground upon which the cows are standing remains somewhat cooler. At the same time, however, the cows remain in this one area and some of the ground is never exposed to the sun, resulting in wet unsanitary ground conditions. Consequently, even in the hot dry climate of southern Arizona, we recommend a north-south orientation. The sacrifice in climatic comfort is offset by the more easily maintainable favorable ground condition. Wet ground causes dirty cows, added milk sediment and longer milking time. With the north-south orientation, the shade pattern moves over an area equal to roughly three times the shade size. This distributes corral utilization over a much larger area and exposes all of the ground to the sun for at least part of the day.

In the more severe climates, such as are found in Saudi Arabia, we recommend the east-west orientation. The need for improved comfort is so great that we cannot afford the compromise. It is extremely important, however, that an effective ground maintenance program be rigidly practiced to keep a smooth, dry surface available to the cattle in the shaded area.

In times past, an attempt was made to compromise and provide both shade and sun exposure by using slatted shades, usually made from snow fence. Some shades are of the suspension type with corrugated metal sheets supported between cables and spaced 5 - 10 cm apart so the cables can be tied together. Actually, a north-south solid shade provides better ground exposure to the sun and far better shade for the cattle than an east-west slatted shade. When the sun's drying capabilities are

at their best, the ground beneath the
slatted shade is covered with cattle and
receiving little or no sun exposure.
Instead of drying the ground, the sun
is heating the cattle. The effectiveness
of a slatted shade is directly proportional
to the percentage of coverage. A shade
which is 50% slats is no more than 50%
as effective as a solid shade.

There are measurable differences in
the effectiveness of various solid materials
appropriate for shade use. Six inches
of loose bulky material such as hay is
about 20% more effective than galvanized
steel. This is primarily because the
underside of the hay does not heat up
and radiate to the cows below. This type
of shade is seldom used, however, because
of the difficulty in maintaining a good
hay cover. Solid wood is also slightly
more effective than steel for the same
reason.

Differences in effectiveness between
various metal materials depend primarily
upon the nature of the metal surface.
New galvanized steel and aluminum which
are still bright are essentially equal
in effectiveness. Both drop slightly
with age as the surface becomes dull but
neither loses more than about 3%. The
effectiveness of new metal can be increased
about 10% by painting the top white and
the undersurface black. However, a dusty
environment, flies and fly sprays soon
cause these surfaces to become gray, and
painting is not considered a worthwhile
practice. Insulating the underside of
the shade roof will provide an effect
about comparable to that from a shade
made of hay, but the added expense makes
this practice questionable. In consideration of cost, durability and effectiveness,
corrugated steel sheets on steel frames
are recommended.

The size and location of a shade are
also important considerations. Mature
cows should have at least 4, and preferably
5 square meters of shade space per animal.
Calves two to five months old need 2 square
meters and growing heifers should have
about 3. The shade should be centrally
located within the corral to promote uniform utilization of corral area. Because
of the lower sun angles during the morning
and evening hours, the shadow of shades
built closer than about 4 meters from
the fence on the east or west sides of
the corral will project a shadow outside
the corral at times. If mangers are on
east or west fence lines, shades should
be at least 4 meters from the manure
accumulation area in back of the mangers
to avoid compounding the dirty-cow problem.

The shade also should be at least 3 meters
from a north fence. Continuous shades
extending through a number of corrals are
somewhat cheaper to build, but cows in
adjacent corrals sometimes tend to con-
gregate along the common fence line,
resulting in poor shade space utilization.

Air movement in the shaded area will contribute to animal comfort on a hot day.
Every effort should be made to take full
advantage of natural air currents. Wood
fences restrict air flow much more than
steel post and cable fencing. Large
stacks of hay or buildings near the corral
also reduce air movement and, like wood
fences, reflect heat into the corrals, so
this arrangement should be avoided.

3 SHADING THE FEED MANGER

In dairies designed for open corral housing
such as is common in Arizona, the shade is
located near the center of the corral and
the feed is made available at a feedline
along one of the corral perimeter fences.
Locating the shade over the feedline
instead of in the corral center was a common
practice about 40 years ago. However, if
there is no shade in the corral except for
the feed manger shade, the cows lie behind
the feed area which then becomes excessively
wet. This results in dirty cows, increasing
the incidence of mastitis and reducing milk
quality. The feed manger shades were
usually not installed high enough to
accommodate modern feed trucks as they
became larger, and the feed manger shades
were removed.

In 1983 and 1984, shades were installed
over the feed mangers on two Arizona
dairy farms to collect data on whether this
would be an effective method to improve
feed intake and milk production during
the summer, Wiersma and Armstrong (1985).
On both dairy farms cows had access to
3.7 sq. meters of shade per cow in the
center of the pen.

In the 1983 trial where the manger and
shade were oriented north and south, feed
intake and milk production were both
significantly higher for the group of cows
with a shaded feed manger. In 1984, the
trial was repeated and a second Dairy
(No. 2), with mangers on an east-west
orientation was added. No feed data were
taken on Dairy No. 1. In both dairies,
milk production was significantly higher,
but the feed consumption difference at
Dairy No. 2 was non-significant.

No problems associated with cows lying
in the shaded area near the feed manger
existed on the farm which had a north-
south feed manger orientation for the

two years of the trial. On the dairy
farm which had an east-west feed manger
orientation, the concrete slab on the
cow platform had to extend from 2.5
to 4 meters to prevent cows from lying
just behind the platform on the shaded
dirt yard. The covered cow platform,
at both dairy farms had to be cleaned
more frequently than platforms with no
shade.

Animal behavior data indicate no
difference in the number of cows at the
feed manger during the nighttime feeding.
The only major difference was in the
number of cows which would eat during
the period from 1100 to 1400 hours. In
the covered feed manger corral, 41.4%
ate after returning from milking while
only 8.2% in the non-covered feed manger
corral went to the feed manger after
milking. The few cows that did eat at
the uncovered manger also stayed to eat
a shorter period of time.

Shading the feed manger encouraged
daytime feeding and improved milk production, but the differences are not
striking. To shade the entire manger
may be borderline economically. However,
the behavior pattern of the cows indicate
that only 1/3 to 1/2 of the manger need
be shaded to accommodate all cows choosing
to eat during the heat of the day. With
this reduced first cost, the practice
of shading the feed manger in areas with
climate conditions prevailing at the
location of the test can be recommended.

4 EVAPORATIVELY COOLED SHADES

When shade and natural air currents are
not enough to keep cattle comfortable,
artificial cooling is needed. One approach
is to cool the air. Evaporative cooling
works effectively to cool the air in
climates where the relative humidity
is low.

The first evaporative coolers to be
developed utilized wetted excelsior pads
oriented horizontally and through which
air was pulled and blown onto the cattle
in the shaded area (Figure 1).

A side wall extending to about 50 cm
from ground level was installed on one
side of the otherwise open shade to provide
an element of confinement of the precooled
air. This was effective in reducing
ambient air temperatures of 42°C down
to about 28°C. Comparison tests on
lactating Holstein cows showed that this
system improved summer milk production
by 6.5% and improved breeding efficiency
by 23% (Stott el al., 1972).

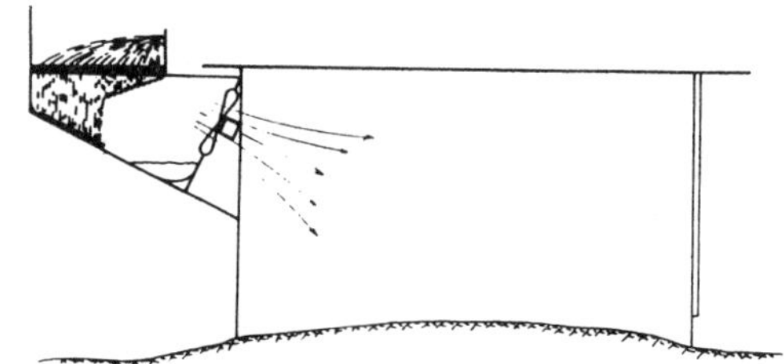

Fig. 1. Evaporatively cooled shade using
wetted excelsior pad.

The effectiveness of these shade coolers
continued only with daily attention to the
cooling system to assure that all fans were
operating and all pads were thoroughly
wetted. Because this attention was not
always provided, many of the evaporative
cooling systems were abandoned after a few
years of use. In addition, dairymen did
not like the existence of the sidewall
because it obstructed observation of the
cattle and made ground maintenance with
machinery more difficult even during the
winter months when the coolers were not
operating.

A more recent design eliminates the
wetted pad material and injects a fine mist
generated at high water pressure into a
stream of air blown directly downward from
above (Figure 2). Rather than a fixed
sidewall, air containment is provided by a
weighted curtain along one side of the
shade. When the fans and mist generators
are not operating, the curtain is rolled
up and out of the way. When the fans are
turned on by the thermostatically operated
controls, the curtains automatically roll
down to shield one side of the shade. The
curtains roll up again when the fans turn
off.

Research conducted for two summers in
Arizona on early lactation dairy cows,
Armstrong et al., (1985) and three summers
in Saudi Arabia, Ryan et al., (1988) have
shown an increase in milk production of
3 kg per cow per day and a fifty percent
increase in reproductive efficiency. In a
trial with pregnant cows in late lactation
under daily high temperatures typically
44°C and higher, milk production increased
2 to 3 kg, Armstrong et al., (1988).

The tests showed that milk production,
reproduction and weight retention can all
be enhanced by evaporatively cooled shades.
The system represents a substantial initial
cost, but the benefits are sufficient to
make them economically feasible. The
general applicability of this system in

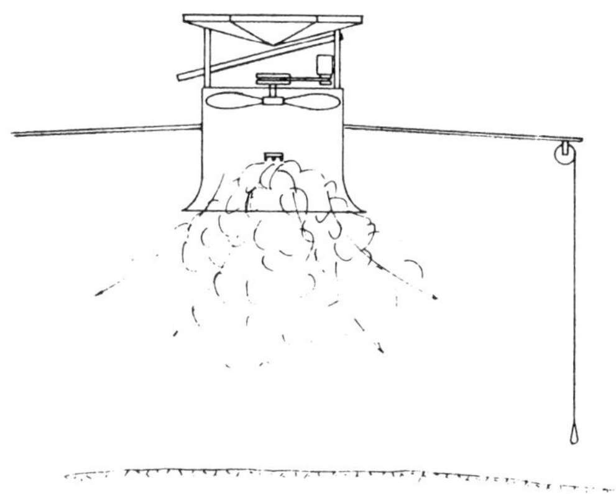

Fig. 2. Evaporatively cooled shade with
fine mist injected into air stream.

other areas will depend upon the relative
humidity and its influence on the
effectiveness of the cooling. Even in
areas where the air is dry, but the climate
is also less severe, the potential for
improvement may be too small to generate
production increases sufficient to
justify the cost.

5 FOGGING SYSTEMS UNDER THE SHADE

Some dairymen have used a simpler
fogging system under the shade without
the benefit of forced air flow. In these
systems, fog nozzles operating at the
lower pressure of the dairy water supply
system are usually aligned in a row along
each edge of the shade and about 2.5
meters above ground level. In the presence
of completely still air, the fog will
more or less enshroud the cattle, a
situation which actually inhibits evaporation and reduces comfort. However,
completely still air is uncommon and
the mist will move even with very low
air velocities. Because it is then mixing
with dry air, evaporation will occur,
lowering the temperature and cooling
the cattle.

With anything but natural air currents
of very low velocity, the fog droplets
may move almost horizontally. In this
very common situation, only the fog from
the upwind row of nozzles affects the
cattle; that from the other row simply
moving out into the open corral. Some
dairymen manually control the system
so that only the upwind row of nozzles

is operating. Locating the rows of
nozzles a few feet outside of the shade
edge increases the opportunity time for
evaporation and for the fog and cool air
to descend to the level of the cattle.

Although these systems are very low
cost and appear to improve cattle comfort,
no data are available to document their
effectiveness in the open corral. The
lower water pressure and associated larger
water droplets often result in the deposit
of free water on the ground surface. These
nozzles also all produce a continuous
dripping and a wet spot below each nozzle
location. For this reason, unacceptably
wet ground may develop in the shaded area
unless a very rigid ground maintenance
program is practiced.

In free stall barns in Missouri, fogging
dairy cattle resulted in an increase in
milk production, Igono et al., (1984). It
is imperative, however, that in any fogging
system, the air is constantly replaced
with fresh air. For this reason, fogging
without forced air flow should never be
used in enclosed or semi-enclosed buildings.

6 CORRAL MANGER MISTING

Field trials on several California dairies,
Shultz et al., (1986) demonstrated the
cost effectiveness of this practice. A
row of nozzles operating at low pressure
and positioned above the cattle at the
feedline wet the body surfaces to provide
direct evaporative cooling while they are
feeding. Milk production during hot days
in the San Joaquin Valley did not drop in
the cows provided with this system. Production in non-misted cows dropped 8%.
Misted cows also had a 9% higher first
service conception and a reduction of 12
days open. Effective application of the
fine mist where the wind does not have a
prevailing direction is difficult, similar
to the situation in the shades with foggers.
However, in feedlines that are cleaned by
flushing, as is common in California,
larger water droplets can be used because
the excess water which drops to the surface
is no problem. Feedlines with a concrete
slab with no curb require a finer mist
and much more careful control of the
quantity of water applied.

7 COOLING IN THE HOLDING PEN

On most dairy farms, cows are confined
from 15 to 60 minutes in a holding pen
immediately adjacent to the milking
parlor two or three times each day while
waiting for their turn to be milked. Most
holding pens add to the cows heat stress

in summer because the pens are crowded
and hot. In the majority of southwestern
U. S. dairies, cows are sprayed briefly
from below to clean the udders so the
holding pen must have sidewalls to confine
the water spray. As a result, air flow
is restricted and the semi-enclosed area
quickly becomes hot and steamy. To change
the environment in the holding pen from
a steam bath to a cooling area, overhead
sprinklers and large fans that bring in
drier outside air are installed. The
sprinklers (not foggers) wet the cows
for approximately 30-45 seconds of every
five minutes. The flow of dry air evaporates
the moisture from the cows' hair and skin
making their body surface very cool.

For reasons of sanitation, particularly
the control of coliform mastitis, the
cows must not enter with excess water
on their body surfaces. When wetting
the cow in the holding pen, water applications must stop soon enough to permit
the cow to enter the parlor with the udder
and teats dry. Ideally, cows should enter
the parlor with no free water, but with
sufficient residual moisture to prolong
evaporation from the hair and skin as
long as possible.

The effectiveness of the system was
evaluated during the summer of 1983 with
two herds milked in back-to-back parlors,
Wiersma and Armstrong (1983). One holding
pen had a cooling system installed and
the other did not. Milk temperature was
used to indicate cow body temperature.
Data were collected on typical summer
days when high and low temperatures were
approximately 42° and 26°C respectively.

Figure 3 shows average body temperatures
at milking time for 6 groups of cows at
3 milkings in each treatment. Each short
bar represents the average temperature
for one corral, or about 100 cows. Note
that the temperatures for the control
group are 39°-40°C during the day and
early evening and remain substantially
above normal throughout the night. The
temperature of the sprinkled cows are
somewhat lower during the day and return
very close to normal by early morning.

Milk production comparisons are shown
in Figure 4. The curves compare daily
production for all cows in each 1200-
cow herd throughout the year. Note that
from January through April, the production
levels are essentially equal in both groups.
In May, when cooling began, the curves
separate and remain apart throughout the
summer. From October on, they are again
at comparable levels. The production
difference for 153-day period from May

through September averages .79 killograms
per cow per day.

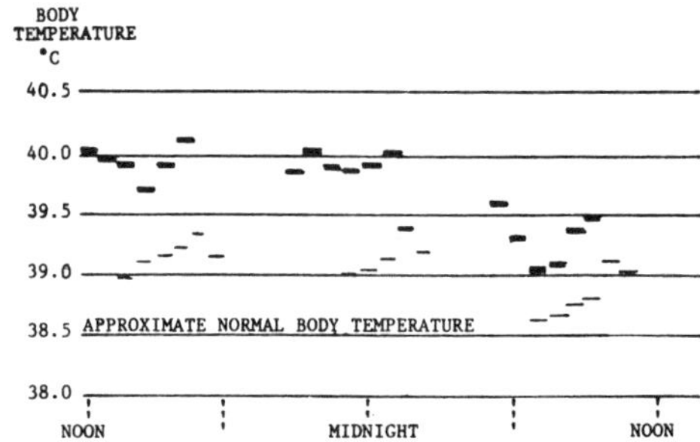

Fig. 3. Body temperatures of cows at
three milking times. Bold bars each
represent average temperature for one
corral of cows without cooling. Lighter
bars represent cooled cows.

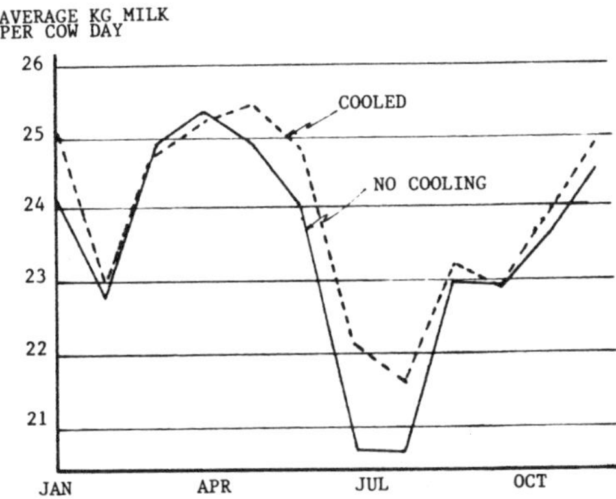

Fig. 4. Milk production levels for cows
with and without holding pen cooling.

This represents a rather modest increase
but the additional milk from the 1200
cows served represents a substantial
increase in monetary return, sufficient
to cover the costs of installation in less
than the first summer of use. During the
more severe summers, higher producing cows
which were lost to heat stress may very
well have survived with the cooling made
available by sprinklers and air flow in
the holding pen. Unlike the shade coolers,
a single cooling system can serve the
entire herd. Although it cools each group
of cows for a relatively brief period of
time, it is a period of substantial relief,
giving them a refreshing respite from
the heat at least twice a day. Because it

occurs at each milking, it is especially
effective where milking is done 3 or more
times per day. Particularly for larger
dairies in a hot dry climate, cooling
in the holding pen is an economically
sound approach to reducing heat stress
in dairy cattle.

8 COOLING AFTER MILKING

Because the cows must be almost dry before
they enter the parlor, they are completely
dry when they are milked and leave. To
further prolong the cooling period, parlor
exit sprinklers were developed and installed
to wet each cow automatically one more
time with a spray of water before she
returns to the open corral. The exit
sprinkler is located in the exit lane
and operates independent of the holding
pen cooling system. Each cow passes under
a lightweight swinging gate hanging above
the exit lane with the hinges oriented
horizontally. The bottom of the gate
is lower than the height of the cow, so
it swings forward as she passes under
it. This activates a quick opening valve
which serves three fan type nozzles
positioned to spray her on the back and
on each side as she exits. No water is
applied from beneath the cow to avoid
removal of the teat dip.

As the cows return to their corral,
they are now thoroughly wetted on the
back and sides and exposed to the natural
currents of dry air. This prolongs the
evaporative cooling for 12 to 18 minutes,
depending upon weather conditions. The
otherwise devastating effects of the hot
sun are temporarily negated and instead
of returning immediately to the shade,
many cows follow their normal cool weather
practice of eating and drinking after
each milking.

9 SUMMARY

Although the higher producing breeds of
dairy cows are generally considered cool
weather animals, many dairies are located
in areas with hot environments. The high
levels of heat stress experienced in these
climates severely suppresses summer milk
production and breeding efficiencies.
Although no practical means have yet been
devised to completely eliminate summer
heat stress in these climates, performance
can be improved substantially through
artificial cooling. Equipment and systems
are now available and in common use to
reduce the heat stress during all facets
of her daily routine. Evaporatively cooled
shades reduce the level of stress during
her resting hours; shades and/or misters
at the feed manger encourage her to include
the heat of the day as a time for eating;
she is given a brief period of marked
relief while in the holding pen at milking
time; and this cooling is prolonged
during her return to the corral by exit
sprinklers as she leaves the parlor. With
these systems for alleviating summer
heat stress, high production is possible
and common in even the more severe hot
weather climates.

REFERENCES

Armstrong, D.V., F. Wiersma, T.J. Fuhrmann,
J.M. Tappan and S.M. Cramer. 1985.
Effects of evaporative cooling under a
corral shade on reproduction and milk
production in a hot arid climate. J.
Dairy Sci. (Suppl. 1) 68:167.
Armstrong, D.V., M.E. Wise, M.T. Torabi,
F. Wiersma, R. Hunter and E. Kopel.
1988. Effect of different cooling
systems on milk production of late
lactation Holstein cows during high
ambient temperature. J. Dairy Sci.,
(Suppl. 1)17:212
Bianca, W. 1965. Reviews of progress in
dairy science. Sec. A., Physiology.
Cattle in a hot environment. J. Dairy
Sci. 32:291.
Hahn, G.L. 1976. Rational environmental
planning for efficient livestock stock
production. Biometeorology 6 (Part II):
106-114. (Supplement to Int'l. Jour.
of Biomet., V. 20, 1976).
Igono, M.O., H. D. Johnson, B.J. Steevens,
S. Telega and M. Shanklin. 1984. Effect
of spray cooling on the physiologic and
productive responses of lactating
Holstein cows during summer. University
of Missouri, Columbia.
Johnson, H.D. 1980. Environmental management of cattle to minimize the stress
of climatic change. Biometeorology 7
(Part 2):65-78. (Suppl. to Int'l. J.
Biometeorology Vol. 24).
Ryan, D.P., D.V. Armstrong, E. Kopel, L.
Munnyakazi, M.P. Boland and R.A. Godke.
1988. Effect of two different cooling
systems on dairy cows in a warm dry
climate. J. Dairy Sci. (Suppl. 1)71:270.
Sainsbury, D.W.B. 1967. Animal health
and housing. Bailliene. Tindall and
Cassell, London.
Schultz, T.A. 1986. Corral manger misting
heat stressed dairy cows. Proc. South-
west Dairy Nutrition Conference, Tempe,
AZ.

Stott, G.H., F. Wiersma and O.G. Lough.
1972. Consider cooling possibilities:
The practical aspects of cooling dairy
cattle. AES Pub. P-25, University of
Arizona, Tucson.

Thatcher, W.W., F.C.Gwazdaukas, C.J. Wilcox,
J. Toms, H.H. Head, D.E. Buffington
and W. B. Fredriksson. 1974. Milking
performance and reproductive efficiency
of dairy cows in an environmentally-
controlled structure. J. Dairy Sci.
57:304-307.

Wiersma, F. and D.V. Armstrong. 1983.
Cooling dairy cattle in the holding
pen. ASAE Paper No. 83-4507, St.
Joseph, MI.

Wiersma, F. and D.V. Armstrong. 1985.
Shading the feed manger to increase
dairy production. ASAE Paper No.
85-4027, St. Joseph, MI.

Wiersma, F. and G.H. Stott. 1966. Microclimate modification for hot weather
stress relief of dairy cattle. Trans.
Am. Soc. Agric. Eng., 9:309-313.

Land and Water Use, Dodd & Grace (eds), © 1989 Balkema, Rotterdam. ISBN 90 6191 980 0

Ridge vent, wind direction and wind velocity effects on closed, naturally ventilated cattle-building ventilation

A.Vahap Yaganoglu
Atatürk University, Erzurum, Turkey

ABSTRACT: Naturally ventilated buildings used for cattle production have various ridge vent configurations in Turkey. Information pertaining to the ventilation characteristics of different geometrically shaped ridge vent is limited. Therefore, the effects of wind speed, wind direction and ridge vent shape were studied in a model (1/20 scale) on ventilation characteristics, naturally ventilated, dairy cattle building. A simple wind tunnel was built to develop an airflow pattern. Wind was simulated by variable speed fans. Wind speed varied between 0 to 7 m/s. All experiments were performed in the laboratories of Atatürk University Agricultural Engineering Building in Erzurum, Turkey. Significant relationships were obtained for all ridge vent-wind direction combinations.

1 INTRODUCTION

It is an indisputable fact that animals are affected by climate. The aim of ventilation is to control, or manipulate the climate to achieve the optimum conditions for production. In the past it was thought, quiete erroneously, that ventilation was required merely to prevent the build up of harmful gaseous. However, the situation is now recognized as being rather more complicated than this, according to the Midwest plan Service (1983) an adequately designed and managed ventilation system provides:
- Proper air movement,
- Adequate working conditions,
- Increased feed efficiency,
- Longer building life,
- Fewer odors,
- Increased capacity, and
- No drafts or sudden temperature changes.

According to Hellickson et al (1973), the ventilation system should be designed to remove excess moisture and noxious and corrosive gases without creating drafts on the animal.

The deleterious effects of too little ventilation manifest themselves as stuffy, foul smelling often hot, airless conditions with excessive condensation. Too much ventilation is equally undesirable. Under low temperature conditions valuable heat will be lost, and further, over ventilation is synonymous with draughts. Draughts are responsible for many deaths by direct chilling. In cattle buildings chilling of the udders may occur, this adversly affects both health and milk production.

Poor ventilation has contributed to the deaths of many animals, usually in conjunction with localised high concentrations of noxious gases (Hartsen, 1967, Molony, 1965).

To achieve good ventilation the system must be carefully designed.

There are two basic categories for ventilation systems, natural and mechanical. Mechanical ventilation is driven by fans in the building walls, while natural ventilation employs two natural physical effects; stack effect, or chimney effect, and wind effect.

Stack effect, or chimney effect, arises due to heat production by the stock. Wind effect, wind velocity, and wind direction are the operative ventilating agents for over 80 % of the time (Bruce, 1974). Generally, the wind velocity does not fall below one-half the average for more than a few hours a month. Thus, natural ventilation systems may be designed for wind velocities of one-half the average seasonal velocity (Esmay and Dixon, 1986).

The principles of similitude and dimensional analysis have been used extensively, not only for ventilation but also for many other areas of scientific research and analysis. Model studies of various ven-

tilation systems are advantageous when the
cost of building a prototype is expensive
or when it is difficult or impossible to
study the prototype due to its size or
other technical difficulties.

Simulation techniques will continue to
be successfully applied in research, designing and analysis (Young, 1968). For many
design and operating conditions the ventilation data obtained from the model studies
are similar to those observed in prototype
units. Pattie and Milne (1966) used a
1/10 scale model of a poultry house to
visualize the air-flow patterns and to
measure the air velocity for different air
inlet configurations. They found that 1/10
scale poultry house was a reliable means
of determining prototype airflow patterns
and velocity distribution details.

A one-twentieth scale model open-front
beef confinement building was used by
Dybwad et al. (1974) to study ridge vent
effects on ventilation. Results showed the
four ridge vent tested had a significant
effect on the ventilation characteristics
of the model. Froehlic et al. (1975)
conducted a similar experiment with a 1/6
model of the same prototype modelled by
Dybwad et al. (1974). They developed
linear relationships between outlet velocity and wind velocity and between temperature difference and wind velocity. Egan
and Hellickson (1978), conducted an experiment with a 1/20 scale model open-front
beef building. Linear relationships between
ridge vent-wind direction combinations were
analyzed. Simange and Schulte (1983)
used the building lenght as a reference
dimension in their wind tunnel study on a
1/12 scale model modified-open-front naturally ventilated barn.

The study described in this paper was
conducted to determine which type of ridge
vent would be suitable for naturally ventilated dairy barns in cold regions. Specifically, the objective was to evaluate
the effects of ridge vent, wind speed,
and wind direction on ventilation and temperature differences in closed dairy cattle
units.

2 MATERIALS AND METHODS

The purpose of this study was to evaluate
the effects of ridge vent shape, wind speed
and wind direction on ventilation characteristics of a closed dairy cattle barns
for cold climates. A 8,20 m by 18,30 m
prototype with a capacity of 30 dairy
cattle weighing approximately 454 kilogram was selected for the study.

Model was used for reasons of economy

and better control of experimental variables. Techniques of demensional analysis
and similitude were utilized to indicate
possible prediction   of prototype conditions.

Air properties affect the airflow rate,
airflow distribution and airflow pattern
in a livestock building. The rate of airflow through a ridge vent is governed by
inertia, viscous, gravitational and buoyancy forces, as well as by geometric relationships.

The outlet velocity of air through the
the ridge vent is considered to be a
function of the following variables
(Dybwad et al. 1974).

$$Vo = f (L, W, h, s, wo, lo, Vw, N, q, \beta, \rho, \mu, r, \Delta t, g, c, k)$$

Where: Vo= velocity of outlet air, m/s; L=
building lenght, m; W= building width, m; h=
building height, m; s= ride of roof; wo=
width of the outlet, m; lo= lenght of the
outlet, m; Δt= temperature difference (inside
-outside), $^{\circ}C$; r= moisture content of
inside air, %; Vw= wind speed, m/s; q=
total animal heat production, W; N= animal
density, kg/m^3; β= coefficient of thermal
expansion, 1/ $^{\circ}C$; ρ= inside air density,
kg/m^3; μ = dynamic viscosity of the inside
air, kg/m,s; g= acceleration of gravity,
m/s^2; c= specific heat of building materials, W/ kg, $^{\circ}C$; k= thermal conductivity
of building materials, W,m/m^2, $^{\circ}C$.

Principles of similitude and dimensional
analysis, including Buckingham Pi Theorem
(Murphy, 1950, Langhaar, 1983) were utilized in deriving a set of independent and
dependent Pi terms. From the defination of
the Buckingham Pi Theorem a set of 14 di-
mensionless Pi terms were obtained when
ever possible and appropriate.

The design conditions that were developed for this study and their distortion
factors are similar the work of Dybwad
(1972).

The construction of the model (Fig. 1)
was based on a geometric lenght scale of
20, and the assumption was that the same
fluid and material would be used in the
model and prototype. Trusses, purlins,
poles, sides and roof were made of wood.
The end walls were constructed with plex-
iglass for the purpose of visual observation of airflow patterns and photography.
The four ridge vents (Fig. 2) were
constructed by using galvanized metal.
Two eave inlets and six pivot vent doors
were provided the north and the south
sides.

The animal heat and moisture production
were represented by generating 75 watts
of heat in model and by evaporating water
of the rate of 0,036 kg from sand covering
heating matts.

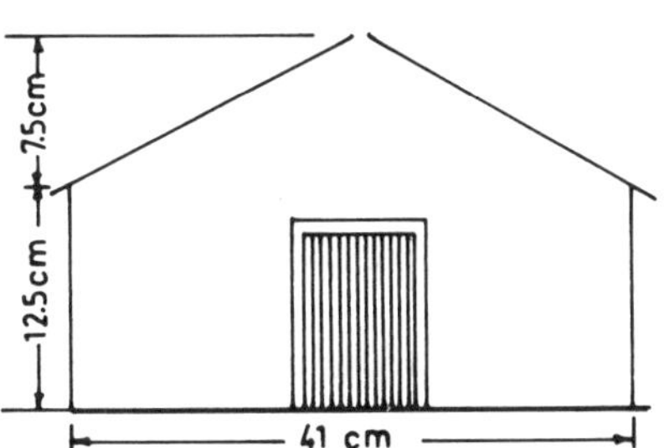

Fig. 1 Model of closed dairy cattle barn

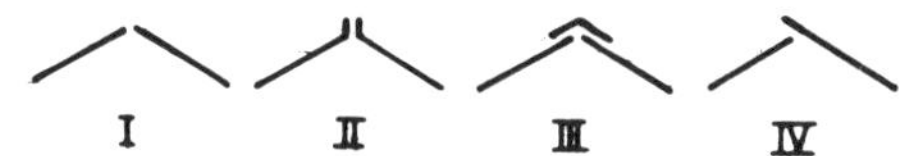

Fig. 2 Types of ridge vents

Testing was conducted in a laboratory
of the Agricultural Engineering Building
at Atatürk University. This laboratory
space was sufficiently large with respect
to the model to ensure that convection
currents within the laboratory itself did
not significantly affect the experiments.
All windows and doors in the laboratory
were closed during the experimental runs.

Dry bulb temperatures at 8 locations
inside the model and one location outside
the model were measured with copper-
constant thermocouples. A humidity-meter
was used to measure relative humidity at
one location inside and one location
outside the model. Wind velocities ranging
0-7 m/s were supplied by wind tunnel.

Four wind directions investigated were
determined to be the prevailing wind directions of Erzurum, Turkey. Velocities
through the ridge vent and wind tunnel
were measured with termo-anemometer.

Before taking measurements the air was
allowed to flow through the wind tunnel
for twenty minutes in order that the temperature throughout the building surrounding the wind tunnel remained constant.
After the heaters were powered up, the
temperature and air flow in the model were

allowed to come to equilibrium. This
usually took approximately one hour.

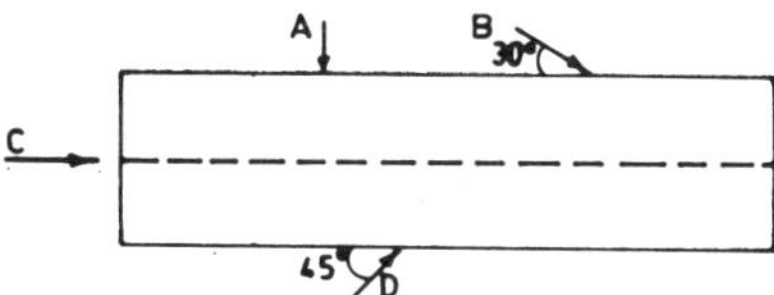

Fig. 3 Wind directions

3 RESULT AND DISCUSSION

A series of test runs were made to investigate the effects of ridge vent shape,
wind speed, and wind directions on outlet
velocity, temperature differences, and
air flow pattern in the model.

3.1 Outlet velocity

The relationships between outlet velocities
for the I, II, III, and IV types of ridge
vents were obtained from tests. Observations indicated that outlet velocity
varied with wind velocity. Significant
linear relationships between outlet velocity and wind velocity were established
for each ridge vent-wind direction combinations. Correlation Coefficient (r)
ranged 0,85-0,98 (Table 1).

Ridge vent and wind velocity influences
on outlet velocities for A, B, C, and D
wind directions, are illustrated in Figure 4 (a), (b), (c), and (d)
respectively. At a wind velocity of 6,5
m/s outlet velocities ranged from 0,55
m/s produced by the III type of ridge vent
for wind direction C to 3,75 m/s caused by
the type of II ridge vent for B wind
direction, respectively.

Winds from B direction tended to produce
the highest outlet velocities, winds from
C direction generally produced the least
outlet velocities. The type of II ridge
vent produced the highest outlet velocities
for all wind directions, while the type
of III ridge vent produced the least
outlet velocities. The type of IV ridge
vent tended to cause the highest outlet
velocities at a wind velocity of 5 m/s
for B wind direction and at a wind velocity of 6,5 m/s, respectively.

The higher outlet velocity were obtained
the type of I ridge vent than the types
of III and IV when the winds come A and

C directions, respectively. On the other hand, very close outlet velocities were created by the types of I and IV ridge vents when winds blowed B and D directions.

Table 1. Relationship between outlet velocity (Vo, m/s) and wind velocity (Vw, m/s).

Wind direction	Ridge vent type	Equation	r^x
A	I	Vo =0,229 + 0,209 Vw	0,95
	II	Vo =0,180 + 0,424 Vw	0,97
	III	Vo =0,166 + 0,149 Vw	0,95
	IV	Vo =0,221 + 0,177 Vw	0,96
B	I	Vo =0,289 + 0,294 Vw	0,97
	II	Vo =0,266 + 0,294 Vw	0,94
	III	Vo =0,113 + 0,266 Vw	0,96
	IV	Vo =0,246 + 0,298 Vw	0,95
C	I	Vo =0,181 + 0,118 Vw	0,89
	II	Vo =0,230 + 0,150 Vw	0,93
	III	Vo =0,071 + 0,098 Vw	0,86
	IV	Vo =0,167 + 0,106 Vw	0,85
D	I	Vo =0,221 + 0,218 Vw	0,98
	II	Vo =0,329 + 0,268 Vw	0,96
	III	Vo= -0,018+ 0,176 Vw	0,95
	IV	Vo =0,074 + 0,319 Vw	0,93

^{x}Significant at the 0,1 % level

Statistical analysis revealed that wind direction and wind speed had a significant effect on outlet velocity. Wind direction and speed influence outlet velocity for all ridge vents.

Building orientation with respect to the prevailing winds should be considered in the design of non-mechanical ventilated buildings, provided that the prototypes exhibit similar air flow characteristics. Also, the effect of wind force in moving air through a building varies with the velocity, prevailing direction, seasonal and daily variation in velocity and direction, and local obstruction, such as nearby buildings, trees, or hills (Esmay and Dixon, 1986).

The B wind direction which produced the highest outlet velocity also created high air velocities inside the model. As drafts may be detrimental to livestock performance during cold weather, a hinged baffle should be used in order to modulate the ventilation rate and incoming air direction in severe winter conditions.

Air flow patterns in the model were observed by using smoke. These studies were

conducted at a wind velocities of 0 and 2 m/s. Generally similar air flow distributions were observed in model in the same wind directions.

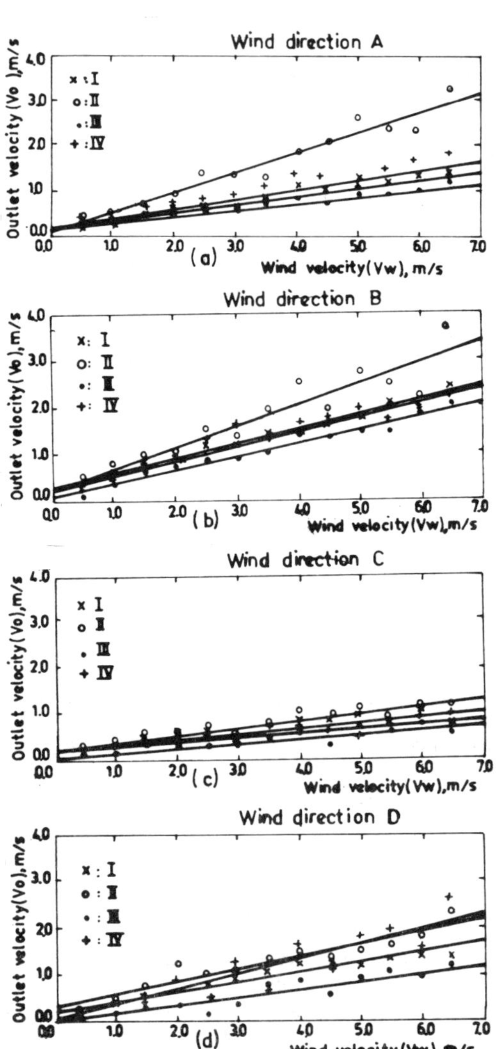

Fig. 4 The effect of wind velocity on outlet velocity

There was more turbulence just under the ridge line for type I than others. B winds appeared to produce the highest percentage of the outflow through ridge opening than did the other wind directions. During all smoke tests the windward corners of the model remained stagnant and the most air movement was noted along the underside of the roof for all ridge vent-wind direction combinations. Winds from B direction produced additional movement at the spaces near the eave inlets and animal level.

3.2 Temperature difference

Regression analysis revealed higly significant relationships between temperature difference and each of the ridge vent-wind direction combinations (Table 2). Coefficient of correlation (r) ranged from 0,81 to 0,97.

Table 2. Relationship between temperature difference (Δt, $^{\circ}C$) and wind speed (V_W, m/s).

Wind direction	Ridge vent type	Equation	r^x
A	I	$\Delta t = 11,56\ V_W^{-0,84}$	0,94
	II	$\Delta t = 9,69\ V_W^{-1,1}$	0,91
	III	$\Delta t = 17,45\ V_W^{-0,47}$	0,87
	IV	$\Delta t = 13,08\ V_W^{-0,82}$	0,90
B	I	$\Delta t = 9,36\ V_W^{-0,94}$	0,93
	II	$\Delta t = 7,65\ V_W^{-1,13}$	0,93
	III	$\Delta t = 16,36\ V_W^{-0,44}$	0,91
	IV	$\Delta t = 7,69\ V_W^{-1,43}$	0,81
C	I	$\Delta t = 12,27\ V_W^{-0,75}$	0,97
	II	$\Delta t = 11,36\ V_W^{-0,77}$	0,87
	III	$\Delta t = 17,57\ V_W^{-0,41}$	0,87
	IV	$\Delta t = 9,53\ V_W^{-0,69}$	0,89
D	I	$\Delta t = 16,67\ V_W^{-0,52}$	0,86
	II	$\Delta t = 13,09\ V_W^{-0,99}$	0,88
	III	$\Delta t = 20,12\ V_W^{-0,46}$	0,86
	IV	$\Delta t = 20,09\ V_W^{-0,57}$	0,82

^{x}Significant at the 0,1 % level

The temperature differences inside the model and outside are inversely related to the wind direction and wind speed.
The slopes of temperature difference (Fig. 5 a, b, c, and d) increased at wind velocities below approximately 0,5 m/s.
Temperature differences for A wind direction were 2,0-14,3 °C, 0,9-12,3 °C, 5,4-18,0 °C, and 2,0-14,3 °C for I, II, III, and IV types of ridge vents, respectively. Wind from B direction temperature differences were 1,6-11,3 °C, 0,9-10,3 °C, 7,3-

17,1 °C, and 1,0-10,6 °C for I, II, III, and IV types of ridge vents, respectively. Wind from C direction the temperature differences ranged 5,3-16,9 °C, 2,0-14,2 °C, 6,7-20,1 °C, and 4,9-19,1 °C for I, II, III, and IV types of ridge vents, respectively. Temperature differences of 2,8-15,2 °C, 2,2-11,2 °C, 6,9-17,4 °C, and 2,0-10,1 °C were obtained by the I, II, III, and IV ridge vents, respectively for D wind direction when wind velocities ranged 0,0- 6,5 m/s.

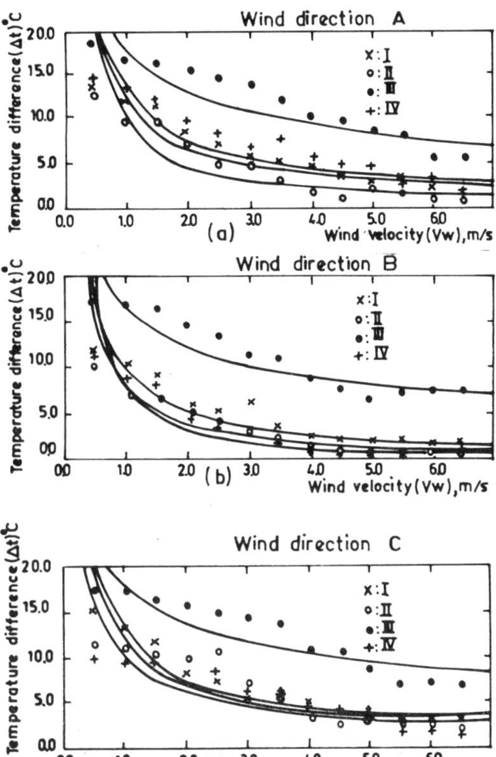

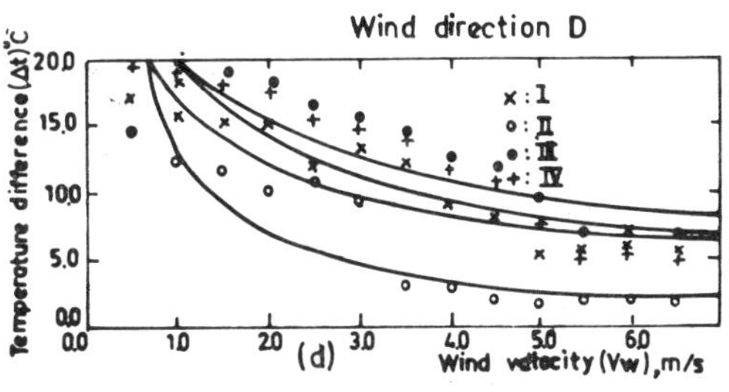

Fig. 5 The effect of wind velocity on temperature difference

The regression equations (Table 2) show
a general decrease in temperature differences as wind velocity increases. Winds
from B direction produced the least temperature differences for the II type of ridge
vent, as all wind directions were considered.
Winds from C direction produced the largest
temperature differences for the III type of
ridge vent.

Stack effect has little impact on natural
ventilation when wind is strong. When wind
is calm, stack effect prevails. According
to Ogilvie and Boyd (1985), the wind
effect dominates over the stack effect for
wind speed over 2,0 m/s and 10 $^{\circ}$C inside-
outside temperature difference. Sayce
(1966) reported that the stack effect
dominates over the wind effect for wind
speed over about 0,90 to 1,34 m/s.

4 CONCLUSIONS

The purpose of ventilation system is to
provide the optimum conditions for the
livestock by controlling the thermal environment. The environment experienced by
stock housed in intensive livestock barns
depend on the ability of the ventilation
system to control not only the air temperature but also the pattern of air movement.

The results described in this paper indicated that outlet velocities, air flow
characteristics, and temperature differ -
ences in model, naturally ventilated, dairy
cattle building are governed by wind
direction, wind speed, and ridge vent shape.
Based on these and other data a brief conclusion is given below:

1. Ridge vent geometry had a significant
effect on ridge vent flow.

2. Wind direction and speed had a significant effect on outlet velocity. The type
II ridge vent produced the highest outlet
velocity, While the type III ridge vent
produced the lowest outlet velocity.

3. Significant linear relationships were
obtained between outlet velocity and wind
speed for the ridge vent-wind direction
combinations.

4. Winds from B direction tended to produce the highest outlet velocities, while
winds from C direction tended to produce
the lowest outlet velocities.

5. II type of ridge vent created detrimental air drafts at animal level, when
winds come B direction.

6. Significant non-linear relationships
obtained between temperature difference
and wind speed.

7. III type of ridge vent tended to produce the largest temperature differences,
but low outlet velocities make it the least
desirable of the four ridge vents.

8. As the difference of temperature are
small the force to generate the air flow
is small and the system can be affected
by wind. This study shows that the effect
of wind makes an uneven temperature distribution in the model when the wind blows
for A direction.

9. Wind direction had a large effect on
temperature difference. For this reason,
building orientation with respect to the
prevailing wind direction should be considered as designing closed dairy cattle
buildings, assuming the model and prototype
behave similarly.

10. Basically, two main factors are
involved in the design of ridge vents. First,
there are the external climatic effects of
rain, wind and snow, secondly, the internal
effects of air movements, including convective air flows (Mitchell, 1972). In
cold regions in Turkey blowing of snow
through opening ridge on naturally ventilated buildings has a problem. Therefore,
it is recommended to increase the height
of upstands for type II 2-3 times of the
width of the opening.

REFERENCES

Bruce, J.M. 1974. Wind tunnel study:Suoler
cow building. Farm Buildings Progress.
38:15-17

Dybwad, I.R. 1972. Similitude study of air
flow characteristics for an open-front
beef barn. Unpublished M.S Thesis, South
Dakota State University, Brookings.

Dybwad, I.R. M.A.Hellickson, C.E. Johnson
and D.L. Moe 1974. Ridge vent effects on
model building ventilation characteristics.
Transactions of the ASAE. 17(2):366-370.

Egan, R.K. and M.A. Hellickson 1978. Ridge
vent and wind direction effects on ventilation characteristics of a model open-
front livestock building. Transactions
of the ASAE. 21(1):146-152.

Esmay, M.L. and J.E. Dixon 1986. Environ-
mental control for agricultural buildings.
The AVI Publishing Company, Inc. Westport,
Conncticut.

Froehlich, D.P. M.A. Hellickson and H.G.
Young 1975. Ridge vent effects on model
ventilation characteristics. Transactions
of the ASAE. 18(4):690-693.

Hartsen, P.I. 1967. Cows poisoned by dung
gases. Farm Buildings Progress. 15:21.

Hellickson, M.A. H.G.Young and B.Witmer
1973. Baffled centered ceiling ventilation inlet. Transactions of the ASAE.
16(4):758-760.

Langhaar, H.L. 1983. Dimensional analysis
theory of models. Robert E.Krieger

Publishing Company,Malabak,Florida.

Midwest Plan Service, 1983. Structures and
environment handbook.MWPS-1,Iowa State
University, Ames, Iowa.

Mitchell, C.D. 1972. Open ridges for
natural ventilation. Farm Buildings
Progress. 29(7):11-14.

Molony, V. 1965. Carbondioxide poisoning
in pigs. Veterinary Record.77(32):944.

Murphy, G. 1950. Similitude in engineering.
The Ronald Press Company, New York.

Ogilvie, J.R. and K.G. Boyd 1985. Tracer
gas analysis of ventilation due to wind
in models of a modified open front swine

finishing barn, Paper No. 85-413,
Canadian Society of Agricultural Engineering, Ottowa.

Pattie, D.R. and W.R. Milne 1966. Ventilation airflow patterns by use of models.
Transactions of the ASAE. 9(5):646-649.

Sayce, R.B. 1966. Farm buildings. The
Estates Gazatte Limited. London.

Simango, D.G. and D.D. Schulte 1983.
Effect of roof slope on ventilation of
non-mechanically ventilated, single-
slope MOF swine buildings. Paper No.
83-4025 . American Society of Agricultural Engineering. St. Joseph,MI.

Young, D.F. 1968. Simulation and modeling
techniques. Transactions of the ASAE.
11(4):590-594.

Land and Water Use, Dodd & Grace (eds), © 1989 Balkema, Rotterdam. ISBN 90 6191 980 0

Development and interpretation of ventilation graphs for livestock buildings

Y.Zhang & E.M.Barber
University of Saskatchewan, Saskatoon, Saskatchewan, Canada

M.Bantle
Bantle Engineering Research, Saskatoon, Saskatchewan, Canada

ABSTRACT: Ventilation graphs are presented for swine farrowing, dairy cow, and broiler chicken buildings. Examples are given to show that historical weather data should be used to determine the expected relative humidity as a function of supply air temperature, rather than assuming a constant relative humidity. Ventilation graphs for a swine farrowing room illustrate the need for a variable ventilation rate at temperatures below the heat deficit temperature. Disagreement among various sources of data on animal heat and moisture production results in wide discrepancies in predicted heat deficit temperatures. Published design data should always be supplemented by regional data and local experience.

ZUSAMMENFASSUNG: Ventilationsgraphen fuer Gebaeude die zur Ferkelaufzucht, Milchkuhhaltung und Gefluegelaufzucht benutzt werden, werden vorgestellt. An Beispielen wird aufgezeigt, dass man mit Hilfe von Wetterdaten aus der Vergangenheit die zu erwartende relative Luftfeuchtigkeit in Abhaengigkeit von der Temperatur der zegefuehrten Luft bestimmen sollte, anstatt von einer konstanten relativen Luftfeuchtigkeit auzugehen. Ventilations graphen fuer einen zur Ferkelaufzucht verwendeten Raum unterstreichen die Notwendigkeit einer variablen Lueftungsrate bei Temperaturen unterhalb der Waermedefizittemperatur. Mangelnde Uebereinstimmung zuwischen verschiedenen Datenquellen hinsichtlich Waerme- und Feuchtigkeitserzeugung bei Tieren haben grosse Unterschiede in der Voraussage der Waermedefizittemperatur zur Folge. Bei Verwendung von veroeffentlichten Konstruktionsdaten sollten immer regionale Daten und oertliche Erfahrungswerte hinzugezogen werden.

RESUME: Des courbes de ventilation pour des porcheries de mise bas, des étables à vaches laitières et des poulaillers sont présentées. Des exemples sont donnés pour démontrer le besoin d'utiliser des données climatiques historiques pour déterminer l'humidité attendue comme une fonction de la température de l'air fourni plutôt que d'admettre une humidité relative constante. Des courbes de ventilation pour une case de mise bas d'une porcherie démontrent qu'il faut avoir un taux de ventilation variable à des températures au-dessous de la température de déficit de chaleur. Des différences entre les diverses sources des données sur la production de chaleur et d'humidité par les animaux, il en résulte une grande variabilité dans les températures de déficit de chaleur calculées. On doit toujours suppléer les données de dessin publiées par des données régionales et l'expérience locale.

1 INTRODUCTION

Under very cold winter conditions, such as those prevailing in the Canadian Prairie region, the limiting ventilation rate in most livestock buildings is determined by the need to remove water vapour or gases such as carbon dioxide. Ventilation at this limiting rate requires the addition of supplemental heat.

The ventilation rates required for a sensible heat balance, a moisture balance, and for control of a gaseous contaminant are given by equations (1), (2) and (3), respectively:

$$M_h = (Q_a - Q_b + Q_m)/(C_p(T_e - T_s)) \qquad (1)$$
$$M_w = (W_a + W_m)/(w_e - w_s) \qquad (2)$$
$$M_c = (C_a + C_m)/(c_e - c_s) \qquad (3)$$

Table 1. Definition of symbols.

Symbol	Definition	Units
C	Rate of production of a particular contaminant	(g/s)
c	Concentration of a particular contaminant	(g/kg)
C_p	Specific heat of air	(kJ/kg·°C)
h	Enthalpy of air	(kJ/kg d.a.)
M_h	Ventilation rate required to maintain a design temperature without supplemental heat	(kg/s)
M_w	Ventilation rate required to maintain a design RH	(kg/s)
M_c	Ventilation rate required to dilute a particular airspace contaminant to design level	(kg/s)
M_{min}	Minimum ventilation rate	(kg/s)
Q	Rate of heat production	(kW)
Q_{as}	Animal sensible heat production	(kW)
Q_b	Building shell heat loss	(kW)
RH	Relative humidity of air	(%)
T	Air temperature	(°C)
T_d	Heat deficit temperature	(°C)
T_{min}	Minimum outside temperature	(°C)
W	Rate of moisture production	g/s)
w	Humidity ratio of air	(g/kg)

Subscripts:

s	refers to supply or outside air
e	refers to exhaust air
a	refers to animals as sources of heat and airspace contaminants
m	refers to sources of heat and contaminants other than animals

The ventilation requirements for a particular building can be shown by a ventilation graph such as that given in Figure 1. In this graph, the three ventilation rates are plotted as functions of outside air temperature.

In cold climates, three design values which are of particular importance are the heat deficit temperature, the minimum ventilation rate, and the supplemental heating system capacity.

1.1 Heat deficit temperature (T_d)

The outside air temperature below which the ventilation rate can no longer be controlled on the basis of the airspace temperature is called the heat deficit temperature (T_d). In Figure 1, T_d is equal to 10 oC. Once T_d has been pre-

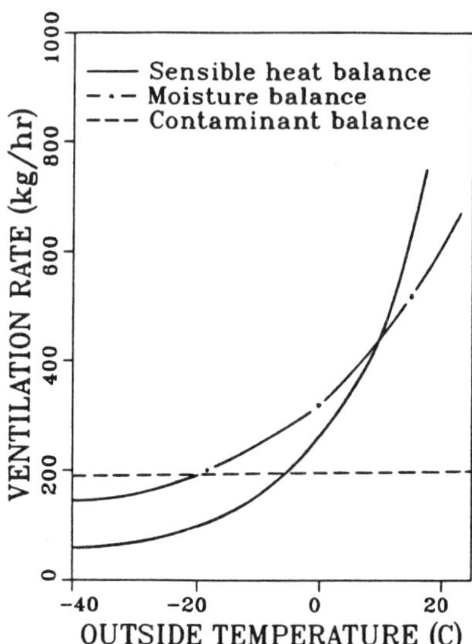

Fig. 1 Ventilation graph

dicted, the length of the heating season can be calculated for a typical year at any geographical location. The influence of alternative building and management actions on seasonal heating requirements can then be estimated.

1.2 Minimum ventilation rate (M_{min})

Minimum winter ventilation rates for small animal buildings in cold climates can be very small. Small quantities of very cold air can be difficult to admit into a warm airspace, and are difficult to distribute within the airspace. The designer must know the value of M_{min} to determine the most appropriate design for the air inlets and the air distribution or air recirculation system. Where cold fresh air and warm room air are to be blended, the exact quantity of cold air at the minimum design temperature must be known to calculate the critical recirculation ratio to avoid condensation.

The minimum ventilation rate always will occur at the coldest outside temperature. ASHRAE (1985) gives two winter design dry-bulb temperatures for several Canadian locations. These are the temperatures that have been exceeded by 99% or 97.5% of the hours during the month of January. The values for Saskatoon, Toronto and Vancouver are shown in Table 2. The 97.5% design temperatures often are used for design of livestock buildings.

In many livestock buildings located in cold climates, M_{min} will be limited by the need to dilute airspace contaminants or to maintain the design relative humidity. In this paper, we concentrate on the case where M_w is the limiting ventilation rate. In this case, M_{min} will be that which is required for moisture control at T_{min}.

If the moisture control curve in Figure 1 is very flat for temperatures less than T_d, it may be reasonable to design for M_{min} calculated at $T_s = T_d$ (ASAE). However, if the curve is not flat, the most economical winter ventilation rate will be varied for temperatures below T_d.

1.3 Supplemental heating requirement (Q_s)

The design capacity of the supplemental heating system can be evaluated using equation (4):

$$Q_s = M_w(h_e - h_s) + Q_b - Q_a - Q_m \qquad (4)$$

M_w can be evaluated from equation (2) assuming $RH_s = 80\%$ (Hinkle & Stombaugh 1983). The outside air temperature is T_{min}, the 97.5% values from Table 1.

This design procedure will be applicable only if the actual minimum winter ventilation rate achievable during the heating season does follow the moisture control curve shown in Figure 1. If the fan control system limits M_{min} to that required at T_d rather than modulating the ventilation rate to the lower level required at T_{min}, then the heater capacity will be undersized. If the moisture control curve is not flat, and if the heating season is long, a fan-heater control strategy that allows the ventilation rate to follow the moisture control curve will be economically advantageous.

2 OBJECTIVES

In this paper, the focus is on three parameters that are needed to calculate ventilation graphs, namely animal sensible heat production, animal moisture production, and outside relative humidity. The objective of the work described in this paper was to determine the influence of these three parameters on the shape of the ventilation graph and on the predicted values for the heat deficit temperature.

Three example buildings have been considered in the paper (Table 3). All three buildings are based on standard building plans which are available from the Canada Plan Service, Agriculture Canada, Ottawa,

Table 2. Winter design dry-bulb temperatures for three Canadian geographic locations (ASHRAE 1985)

Location	Design dry-bulb temperature (°C)	
	99%	97.5%
Saskatoon	- 37	- 35
Toronto	- 21	- 18
Vancouver	- 9	- 7

Ontario. The swine farrowing building is representative of a building with a long heating season, while the dairy building is representative of a building with a short heating season. The broiler building was chosen to represent buildings operated on a batch basis where the ventilation graph changes as the birds grow.

Table 3. Description of example buildings

Parameter	Swine	Dairy	Poultry
CPS Plan No.[1]	3304	2101	5101
Exposure factor (W/°C·animal)	4.55	6.8	0.05
Inside temperature (°C)	18	10	27(20)
Inside RH (%)	75	90	75

[1] Canada Plan Service, Ottawa, Ontario.

3 ESTIMATING SUPPLY AIR HUMIDITY RATIO

Hinkle and Stombaugh (1983) recommended that the outside relative humidity be fixed at 80% for outside temperatures below -15 °C but made no recommendation on how to handle temperatures above - 15 °C.

In Figure 2, a joint frequency distribution for relative humidity and temperature is shown for Saskatoon. For each outside temperature, values are given for the mean relative humidity at that temperature and for the relative humidity that will be exceeded only 5% of the time at that temperature. The data were generated from typical meteorological year (TMY) files.

Ventilation graphs are shown in Figure 3

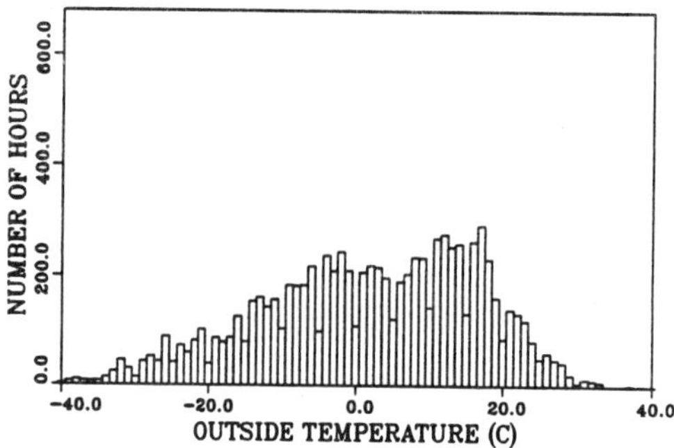

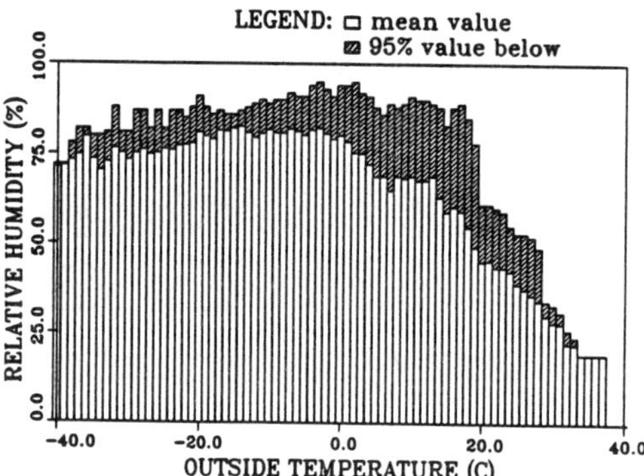

Fig. 2 Joint frequency distribution for temperature and relative humidity at Saskatoon

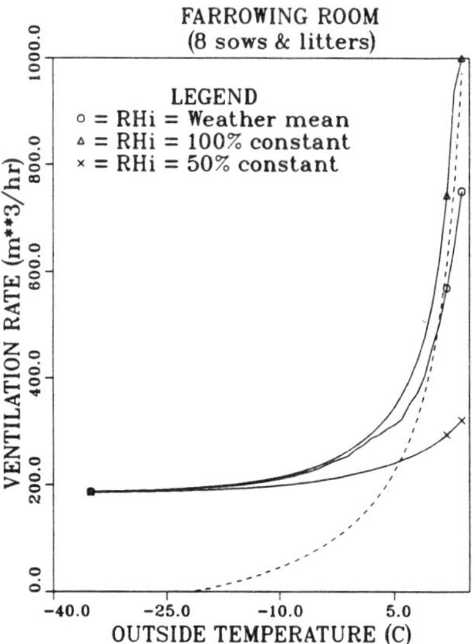

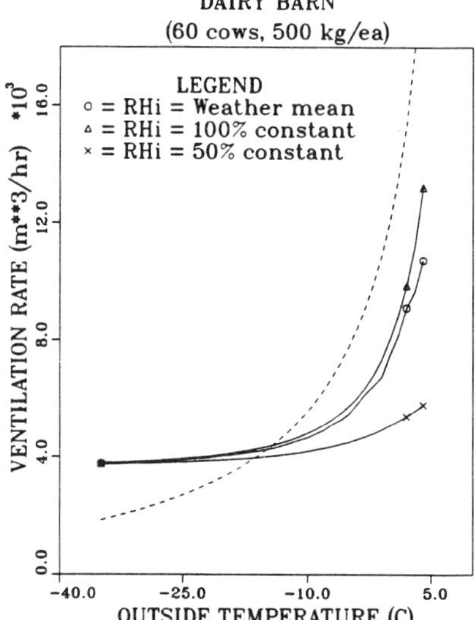

Fig.3 Influence of outside air humidity on ventilation graphs (--- sensible heat balance curve)

for the swine farrowing and the dairy cow buildings, both located at Saskatoon. In each case, the moisture control curve was calculated using three different assumptions for RH_s:

1. constant RH_s = 100%
2. constant RH_s = 50%
3. RH_s = expected relative humidity at that outside temperature.

The ventilation graphs confirm that the moisture control curve is independent of assumptions made about RH_s for temperatures below approximately - 15°C. In the case of the dairy cow building which has a heat deficit temperature of approximately - 15 °C, a constant value for RH_s can be assumed. However, in the case of the swine farrowing room, the ventilation graph becomes significantly different at temperatures close to the heat deficit temperature depending upon the assumption used for RH_s.

We recommend that ventilation graphs be calculated using weather means for RH_s. The adoption of this standard would make

it possible to compare results of computer simulations used by different researchers for predicting the performance of heating and ventilating systems. Ventilation graphs also could be generated using the 95% values for RH_s if short-term excursions above the design airspace relative humidity are of concern.

Use of weather data for calculation of RH_s causes the moisture control curve to be irregular compared to the smooth curves generated when RH_s is assumed to be constant. The practice of using weather data also will result in the prediction of slightly different heat deficit temperatures for long heating-season buildings in different geographical locations. This concept is illustrated in Figure 4 where a ventilation graph is given for a farrowing building located at the three Canadian locations. The predicted heat deficit temperature is slightly higher in regions with higher mean relative humidity.

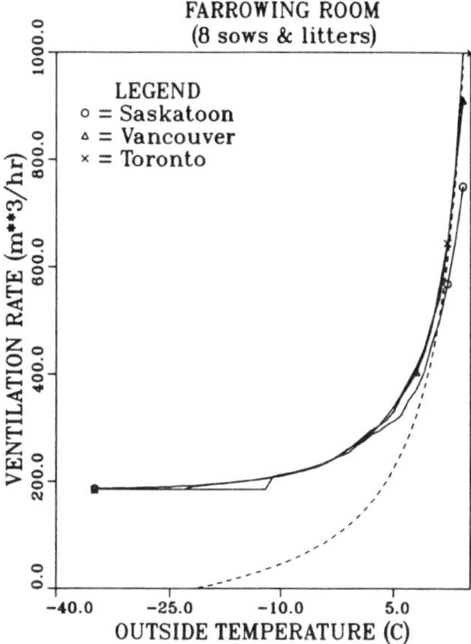

Fig.4 Influence of geographic location on ventilation graph for farrowing room (--- sensible heat balance curve)

4 ANIMAL HEAT AND MOISTURE PRODUCTION

In Table 4, a summary is given of currently available design data for heat and moisture production of farrowing sows (sows plus litters), dairy cows, and broiler chickens. The heat deficit temperature for well insulated buildings was calculated for each set of heat and moisture production data. Identical conditions inside the buildings and identical building exposure factors were assumed (Table 3). Mean values for outside air relative humidity were used in calculating the moisture balance ventilation rate. Saskatoon TMY data were used to calculate the predicted number of hours in the typical heating season based on the calculated values for T_d.

Based on CIGR design data, a heat deficit temperature of - 4 °C was predicted for the swine farrowing building. The predicted heating season in Saskatoon is 3068 hours. Use of ASAE design data resulted in the much higher predicted heat deficit temperature of 10 °C and the much longer predicted heating season of 5806 hours. Data from one Alberta study of farrowing buildings (Clark & McQuitty 1986) were also included in Table 4. These data indicate a wide variability in heat and moisture production among five different rooms.

A researcher using a computer program to predict the economic feasibility of a solar collector on a farrowing building would come to much different conclusions depending upon which source of data for heat and moisture production was consulted. If the ASAE data were used rather than the CIGR data, the solar collector would be much more attractive because of the greater potential for heat recovery over a substantially longer heating season. Local experience in Saskatchewan suggests that the correct value for the heat deficit temperature in a swine farrowing building is likely to be between ± 4 °C.

The data for dairy cows indicate a large variability in predicted rates of heat and moisture production. In this case, ASAE and CIGR design data agree, even though ASAE data are old and are for a tie stall building while CIGR data are based on cows with higher levels of milk production and for free stall buildings. Recent data from two Alberta studies of free stall buildings (Quille et al. 1986; Smith et al. 1980) suggest higher heat deficit temperatures and longer heating seasons. Local experience in Saskatchewan would suggest that the heat deficit temperature for a free stall dairy cattle building with paved passageways is likely close to - 20 °C. It is difficult to rationalize the wide discrepancies in heat and moisture production data given in Table 4.

Figure 5 illustrates the large range of published values for the heat and moisture production of broiler chickens. Not surprisingly, the variability is least for total heat production: Building type and animal management will have an influence on the amount of animal sensible heat converted to latent heat by evaporation from building surfaces, but should have no effect on animal total heat production.

The heat deficit temperatures predicted for broiler chicken buildings indicate substantial agreement among data sources for 0.6 kg birds but not for 1.6 kg birds. In particular, the ASAE data do not appear to be accurate for Saskatchewan broiler chicken buildings.

Table 4. Design data for livestock building heating and ventilating

Reference	Housing System	Animal Mass (kg)	Airspace Temp. ($^{\circ}$C)	Total Heat (kJ/h)	Sensible Heat (kJ/h)	Moisture (g/h)	Heat Deficit Temperature ($^{\circ}$C)	Heating Season (h/yr)
Farrowing Room:								
ASAE[1]	concrete	177	16-27	1593	828	319	10	5810
CIGR[2]	winter	150	18	1404	972	180	- 4	3070
Alberta[4]	concrete	170	20.6	1836	739	448	15	7000
	perforated	"	21.1	1888	696	487	17	7560
	"	"	20.8	1834	765	437	15	7000
	"	"	22.9	1837	765	438	15	7000
	"	"	22.0	1874	1045	339	5	4800
Alberta	average	170	21.5	1854	802	430	14	6870
Mean[0]		170	18	1617	867	310	8	5429
Dairy Cattle:								
ASAE[1]	tie-stall	500	10	3960	2700	500	- 14	1400
CIGR[2]	free-stall	500	11.8	4032	2786	506	- 15	1240
Alberta[5]	tie-stall	500	10.6	4421	3035	565	- 15	1240
	free-stall (paved)	"	11.4	4874	2880	815	- 3	3280
Alberta[6]	free-stall (paved)	"	8	4360	2603	718	- 3	3280
	free-stall (slotted)	"	12	3920	2318	654	- 2	3520
Alberta	average	500	10.5	4394	2707	688	- 6	2730
Mean[0]		500	10.8	4129	2732	565	-12	1704
Broiler Chickens:								
ASAE[1]		0.7	30	30	15	7	18	7790
		1.6	19	40.9	32.8	3.2	< - 35	0
CIGR[2]	on straw	0.5	24	21	11.9	3.9	15	7000
	on straw	1.5	18	49	33.5	6.3	- 18	950
Alberta[3]	on straw	23 days	27	23.4	11.2	5	19	7950
	on straw	40 days	22	61.6	40	8.8	- 18	950
Mean[0]		0.6	27	25	12.7	5.3	18	7790
		1.6	20	49	35.4	6.5	- 21	750

[0] Mean calculated using Alberta average as only one entry
[1] ASAE (1987); [2] CIGR (1984); [3] Feddes et al. (1984); [4] Clark et al. (1986);
[5] Smith et al. (1980); [6] Quille et al. (1986)

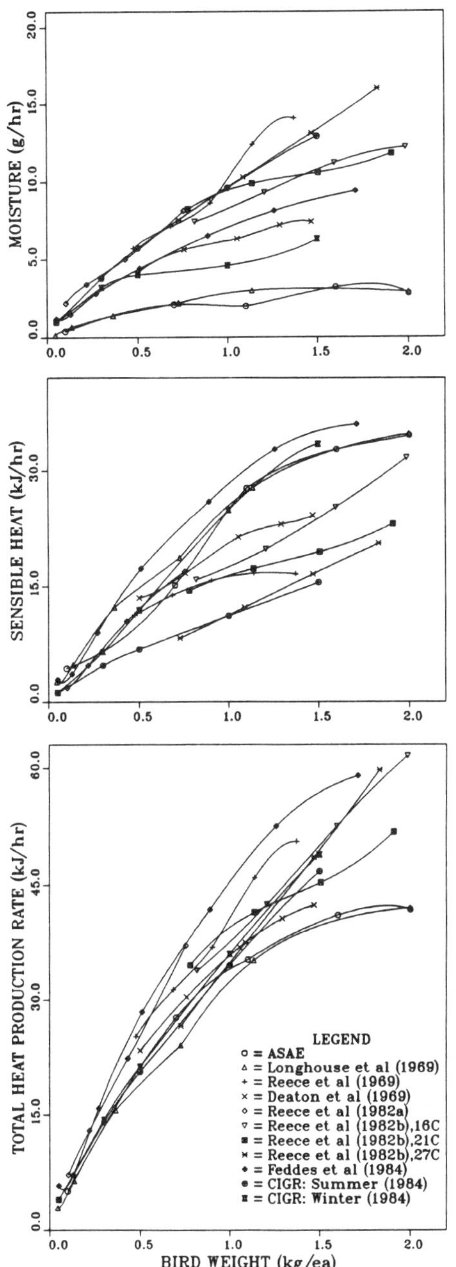

Fig.6 Broiler chicken heat and moisture production data

(a) swine farrowing room

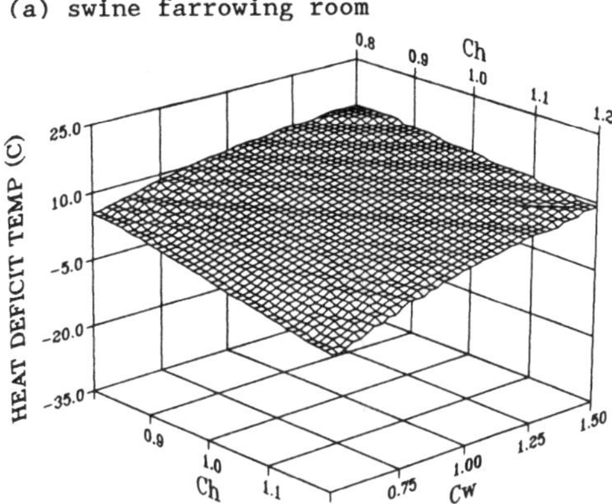

(b) broiler chicken building

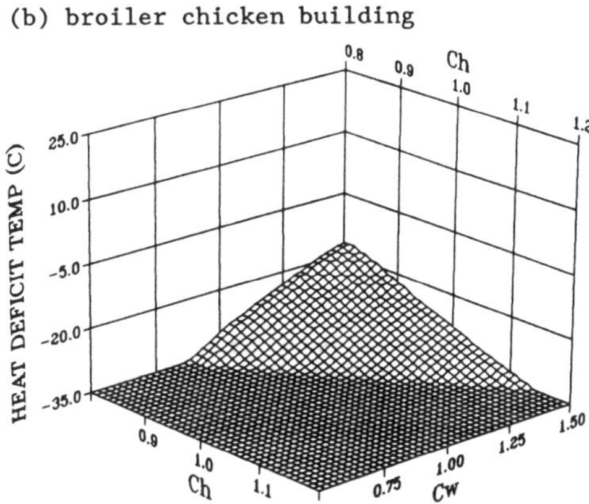

Fig.7 Influence of variability in animal heat and moisture production data on predictions of heat deficit temperature

The data in Table 4 indicated that published values for animal sensible heat production vary by as much as $\pm$ 20%. The variability in animal moisture production is as much as $\pm$ 50%. The influence of this apparent variability in heat and moisture production on the predicted heat deficit temperature is illustrated in Figure 6. The parameters C_h and C_w represent the ratio between the actual heat or moisture production in a particular building and the average literature values. Thus, the value for T_d corresponding to $C_h = C_w = 1$ represents the predicted heat deficit temperature based on the average of the literature values for animal heat and moisture production.

The response surface shown for the swine farrowing building indicates that T_d is more responsive to changes in moisture production than to changes in sensible heat production. Anything that can be done to reduce evaporation of water from building surfaces will lower T_d, reduce the peak heating requirement, and shorten the heating season.

The response surface for the broiler chicken building is based on birds nearing market age (average 1.6 kg/bird). The heat deficit temperature for this building is very sensitive to both heat and moisture production. The large flat surface represents a range of conditions for which no supplemental heat would be needed at an outside temperature of - 35 $^{\circ}$C. Clearly, the designer of a broiler chicken building must know the likelihood that any particular building will have conditions that plot in the flat region versus somewhere on the sloping surface so that the heating system can be designed correctly. Local experience in Saskatchewan indicates that a broiler chicken building does indeed need supplemental heat at temperatures below approximately - 25 $^{\circ}$C. Evidently, Saskatchewan broiler buildings experience higher moisture production rates and/or lower sensible heat production rates than predicted from the ASAE data.

5 CONCLUSIONS

If the heat deficit temperature is less than -15 $^{\circ}$C, ventilation graphs can be computed by assuming a constant relative humidity for the supply air. Where the heat deficit temperature is above -15 $^{\circ}$C, historical data for the relative humidity of the supply air should be used in computing the moisture balance ventilation rate. The mean relative humidity can be calculated for air at any temperature from TMY weather data. The predicted heat deficit temperature for a given building will be a function of geographical location if real weather data are used.

For buildings with heat deficit temperatures above - 15 $^{\circ}$C, the moisture balance ventilation rate can be a significant function of outside air temperature. In these cases, the non-temperature based ventilation rate should be adjusted as a function of outside air temperature rather than being fixed at the ventilation rate calculated for moisture and heat balance at the heat deficit temperature as is commonly recommended for buildings in moderate climatic regions.

Data for animal heat and moisture production are lacking. Very large differences in predicted heat deficit temperatures, and hence in the length of the heating season, result depending upon which data base is used. Persons using computer models to simulate heating and ventilating requirements of livestock buildings are advised to use regional historical data, whenever available, to fix the normal expected heat deficit temperature before using the model to test hypotheses about the effect of alternative building or animal management practices on energy use.

REFERENCES

ASAE 1987. Design of ventilation systems for poultry and livestock shelters. ASAE engineering practice EP270.5. In ASAE standards 1987, p. 357-375. Amer. Soc. Agric. Eng., St. Joseph, MI.

ASHRAE 1985. Handbook of fundamentals. Amer. Soc. Heating, Refrig. & Air Cond., Atlanta, GA.

C.I.G.R. 1984. Climatization of animal houses. Scottish Farm Buildings Investigation Unit, Aberdeen, Scotland. (Published for International Commission of Agricultural Engineering).

Clark, P.C. & J.B. McQuitty 1986. Heat and moisture loads in farrowing barns. Paper No. 86-108, Can. Soc. Agric. Eng., 151 Slater St., Ottawa, Ont.

Deaton, J.W., F.N. Deaton & C.W.Bouchillin 1969. Heat and moisture production of broilers. Part 2 - winter conditions. Poultry Sci. 48:1579.

Feddes, J.J.R., J.J. Leonard & J.B. McQuitty 1984. Broiler heat and moisture production under commercial conditions. Can. Agric. Eng. 26:57-64.

Hinkle, C.N. & D.P. Stombaugh 1983. Quantity of air flow for livestock ventilation. In Hellickson, M. & J.N. Walker (eds.) Ventilation of agricultural structures, p. 169-191. Amer. Soc. Agric. Eng., St. Joseph, MI.

Longhouse, A.D., H. Ota, R.E. Emerson & J.O. Heishman 1968. Heat and moisture design data for broiler houses. Trans. Amer. Soc. Agric. Eng. 11:694-700.

Quille, T.J., J.B. McQuitty & P.C. Clark. 1986 Influence of manure-handling systems on heat and moisture loads in free-stall dairy housing. Can. Agric. Eng. 28:175-181.

Reece, F.N., J.W. Deaton & C.W. Bouchillin 1969. Heat and moisture production of broilers. Part 1. summer conditions. Poultry Sci. 48:1297.

Reece, F.N. & B.D. Lott 1982a. Heat and moisture production of broiler chickens during brooding. Poult. Sci. 61:661-666.

Reece, F.N. & B.D. Lott 1982b. The effect of environmental temperature on sensibe and latent heat production in broilers. Poultry Sci. 61:1590-1594.

Smith, R.A., J.B. McQuitty & J.J.R. Feddes. 1980. Heat and moisture loads in dairy barns. Paper No. 80-208, Can. Soc. Agric. Eng., 151 Slater St., Ottawa, Ont.

Land and Water Use, Dodd & Grace (eds), © 1989 Balkema, Rotterdam. ISBN 90 6191 980 0

Airflow patterns and their relation to ammonia distribution

K.De Praetere
Onderzoekcentrum voor Boerderijbouwkunde, State University of Ghent, Ghent, Belgium

W.Van Der Biest
Centrum voor de Studie van het Stalklimaat, State University of Ghent, Ghent, Belgium

ABSTRACT : A popular way of ventilating agricultural structures is the slotted inlet system. Important research in this system has been conducted during the past decades, resulting in the development of criteria for optimal environments and in the design of suitable structures.

In piggeries with slatted floors, until now, this type of floor was mostly thought to behave as a solid surface regarding the airflow pattern. However, our experiments show that the space below the slatted floor has to be considered as an important part of the building since the observed airflow pattern extends to this space. This airflow has a distinct effect on the manure temperature, the ammonia distribution and the overall ammonia concentration. Also discussed are practical implications of this extended pattern on the design, the construction and, in case of natural ventilation, on the orientation of piggeries with slatted floors.

1 INTRODUCTION

Removal of noxious gases and air contaminants from swine confinement buildings is an important aspect of environmental control. Although dangerous levels of gases are mostly reached only under special conditions, there is no doubt good air quality is beneficial for animal health and animal growth..

The ventilation system is known to affect the gaseous environment within the livestock building. Low exhaust ventilation systems generally result in a better livestock environment than high exhaust ventilation systems because, in the latter systems, air exchange between livestock environment and waste cannot be totally excluded. Therefore, by minimizing air exchange between livestock building and manure pit, it should be possible to improve the gaseous environment within the building.

In Belgium however, quite a bizarre ventilation system developed. In this system (we call it slatted floor ventilation), fresh air enters the livestock building through the manure pit; the slatted floor acting as a large inlet area, and leaves it through a fan mounted in the roof. In those buildings, we found a gaseous environment equal to the gaseous environment experienced with other ventilation systems. This finding has led to some other observations concerning the airflow pattern and ammonia distribution in livestock buildings with slatted floors which use the slotted inlet ventilation system (De Praetere & Van Der Biest 1988), which are briefly summarized here.

1.1 Airflow patterns in houses with slatted floors

Fig. 1 and 2 show the airflow pattern observed in the experimental facility. Fig. 1 shows the pattern at high ventilation rates, while fig. 2 is showing the pattern at lower ventilation rates.

For houses with slatted floors, fig. 1&2 clearly show that air movement is not just limited to the livestock building itself but is also present in the free space of the manure pit. The airflow patterns which are present in the livestock building apparently extend into the manure pit. Both the flow above and below the floor continue their rotary movement.

The pattern was most pronounced at high ventilation rates (summer conditions). At lower rates (40% of maximum and less), the pattern became affected by natural convection currents and turbulence created by the animals. However, we always found air entering the dungpit somewhere, and leaving it somewhere else. The amount of air entering the manure pit is quite important : from 77% of the ventilation rate at low ventilation rate (50% of max.) to 106% of the ventilation rate at maximum ventilation.

A continuous air exchange between livestock building and manure pit obviously must have some effect on the temperature of the stored manure, especially when temperature uniformity was observed between livestock building and the free space of the manure pit. Manure temperature was found to be strongly related to internal temperature and not to outside temperature. During summer, both outside and inside temperature are quite high; therefore, a high manure temperature in summer (25.6°C) can be expected. During winter, an internal temperature of 18-22°C was maintained and the manure temperature

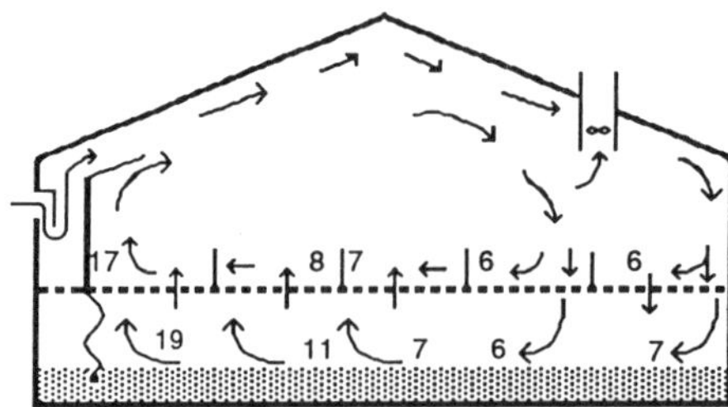

Fig. 1. Airflow pattern and ammonia distribution at high ventilation rate : 70-100% of maximum. Air velocity at inlet : 4-5 m/s. NH_3 concentration in ppm. (De Praetere & Van Der Biest 1988).

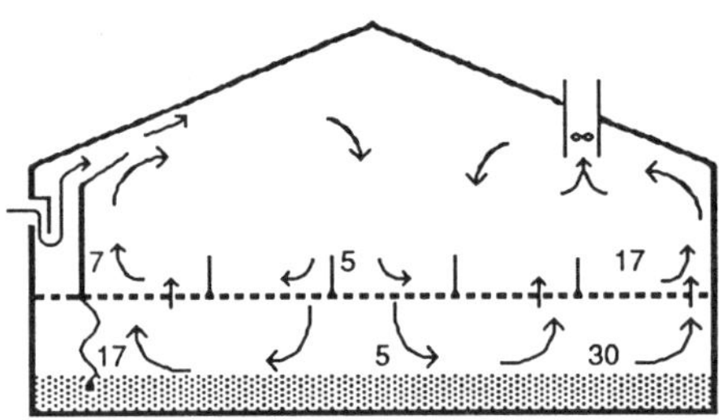

Fig. 2. Airflow pattern and ammonia distribution at lower ventilation rate : ±50% of maximum. Air velocity at inlet : 1 m/s. NH_3 concentration in ppm. (De Praetere & Van Der Biest 1988).

tended to this temperature : 18-20°C. Manure temperature of ventilation systems which were not related to internal temperature (such as slatted floor ventilation) ranged from 10°C during winter to 20°C in summer. As we hold a higher manure temperature responsible for a higher gas release rate, heating of the manure should be avoided. Furthermore, all contaminants released from the manure enter the livestock building quite easy, unless the manure pit flow is reduced somehow.

1.2 Ammonia distribution

Ammonia concentrations are also shown in fig. 1 and 2. As can be expected from the patterns in fig. 1 and 2, NH_3 concentration within the building was found to be strongly related to the observed airflow pattern. Low NH_3 concentrations were measured at those places where air enters the dungpit and increasingly high NH_3 concentrations are found where polluted air leaves the pit. Especially towards the ends of the manure pit, NH_3 tends to accumulate.

From the figures it also follows that sample locations for NH_3 measurements must be chosen very carefully. Measuring at one location (e.g. in the middle of the building) may not represent the overall air quality of the livestock building.

Apart from the impossibility of certain building layouts to produce equal gaseous environments throughout the whole building, the data presented also indicate the manure pit as being an important source of air contaminants, hereby affecting overall air quality. Hence, by reducing the manure pit flow, it should be possible to obtain a better controlled chemical environment.

1.3. Objectives

From the data presented in fig. 1 and 2, it is clear that the contribution of the manure pit to the total amount of air contaminants present in a livestock building should not be underestimated in houses with slatted floors. The objective of this paper was to further verify the role of the manure pit in determining air quality within the livestock building, hereby especially focussing on manure pit length.

When using the slotted inlet ventilation system in houses with slatted floors, it might not be that easy to maintain uniform air quality throughout the whole livestock building unless somehow, manure pit flow is reduced. One way of reducing the manure pit flow is to prevent air actually from 'falling down' from the ceiling through the floor into the dungpit, which is frequently the case at high ventilation rates. By reducing air velocity of air detaching from the ceiling, it can be assumed that less air enters the dungpit. In our previous experiment we indeed noticed that, at lower ventilation rates (and consequently at lower air velocity) the pattern of air entering the manure pit became less pronounced. However, we found always air entering the dungpit somewhere and leaving it somewhere else. The places where this happens though, are much more affected by animal behaviour and they may differ to those expected from the airflow pattern. Nevertheless, we found air to enter and to leave the manure pit quite easy.

Quite an impressive example of how easy air enters the manure pit is given in fig. 3. This figure shows a cross section of a piggery which was using slatted floor ventilation. In this piggery, only part of the floor acted as air inlet ('inlet channel').

Once the air enters the building, it flows over the slats of the floor and starts rising very slowly. However, air near the separation between the manure pit and the inlet channel almost immediately flows back into the manure pit, but this time on the other side of the separation. This flow of air back into the dungpit takes place over about 2-3 slots (25-30 cm).

Due to this manure pit flow (even though it is quite reduced) NH_3 variation within the livestock building was quite high : from 11 to 26 ppm. If air was prevented from flowing back into the dungpit by placing a rubber mat onto the slatted floor next to the separation, air quality improved significantly : from 2 to 15 ppm NH_3.

From this experiment it is clear that, even when the direction of (fresh) air is upward, it is difficult to prevent air from flowing into the dungpit. Fresh air (which is mostly cold and heavy) moves around

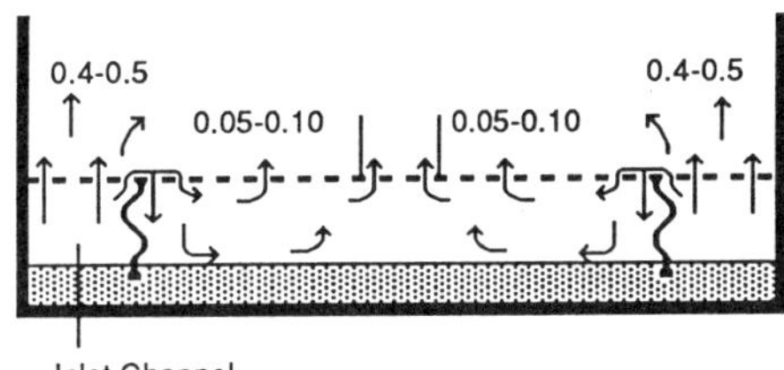

Fig. 3. Air movement in a slatted floor ventilation system. Fresh air enters the building through the 'inlet channel'. Air velocity in the slots is given in m/s.

close to the floor and flows quite easy through the slots into the dungpit. Therefore, even in winter when ventilation rates are reduced but when air is generally cold and heavy, we feel it probably will not be possible to totally prevent air from flowing into the dungpit.

Another way of reducing the effect of the manure pit flow on the gaseous environment is the division of the manure pit into several smaller compartments. By doing so, air is not actually prevented from entering the dungpit, but accumulation of ammonia towards the ends of the compartment obviously will be smaller than accumulation towards the ends of the entire manure pit. Apart from length of the manure pit, residence time of air within the dungpit is also an important aspect because, both residence time and manure pit length affect the final concentration of ammonia in the air leaving the dungpit. Especially the high concentrations near the ends of the pit should be eliminated as, judging to our experiences with slatted floor ventilation, there is, with respect to animal production and animal health, no real objection against air entering the building from the manure pit with a low concentration of ammonia. Therefore, it was the objective of this study to investigate the effect of the manure pit length on ammonia accumulation and its relation to the overall ammonia concentration within the building.

We first studied the effect of a lengthy manure pit on the gaseous environment and secondly, we examined the effect of partitioning the dungpit into smaller compartments.

2 LENGTH OF THE MANURE PIT - ORIENTATION OF THE LIVESTOCK BUILDING -

2.1 Facility

Fig. 4 and 5 show the building layout of the facility used for these experiments. Building dimensions were 40 x 11 m, pens were 2 x 5.5 m. In each pen, there were about 16 pigs. Natural ventilation was used and air inlets were controlled thermostatically. The building was equipped with a curtain to reduce wind effects.

At the same time, we visited a similar piggery but with a different orientation regarding wind direction. In this piggery, there was a longitudinal wall constructed in the middle of the manure pit. NH_3 and CO_2 concentrations were measured (Gastec tubes) and airflow patterns were visualized by smoke tubes.

2.2 Airflow pattern and ammonia distribution

Airflow pattern and NH_3 distribution within the livestock building in its original state are given in fig.4. As is shown in this figure, due to the bad orientation of the building, overall airflow pattern is longitudinal instead of the desired lateral air movement. As a consequence, most fresh air which enters the building moves to one end of the building. At this end, most of the air enters the dungpit and only a small amount leaves the building through the open ridge. The air which enters the dungpit in general moves back to the other end of the building, hereby accumulating increasingly higher amounts of manure gases. As can be seen from the floor plan in the middle of fig. 4, NH_3 concentration increases from one end to the other : from 10-13 ppm to 60-70 ppm. In the pens at the end of the building where air enters the manure pit, air detaches from the ceiling into the manure pit quite vigorously; air velocities up to 1 m/s were measured. As a consequence, cold draughts on the animals at those pens usually could not be totally prevented. Of course, NH_3 concentration at this end was well below the limit.

It should also be mentioned that, if wind direction changes for instance with 180°, air flow pattern and NH_3 distribution change in the same way. Highest NH_3 concentration is then found at the other side of the building.

In this piggery, due to the accumulation of NH_3 over a long distance, NH_3 concentration can become very high : up to 70 ppm, measured at 0.5 m height. NH_3 concentration at floor level was even higher. This example clearly shows the importance of the length of the manure pit on the gaseous environment of a livestock building. In our previous experimental facility (De Praetere and Van Der Biest, 1988), length of the dungpit was 12.5 m and NH_3 concentration ranged from 6 to 17 ppm. In the present facility however, manure pit length was about three times more and, as can expected, NH_3 variation was (much) greater : from 10 to 70 ppm. The finding of such extreme concentrations of ammonia however, somewhat exceeded our expectations. Quite controversially, pigs who were living most of the time at the place with the high NH_3 concentration were doing no worse than those at the other (good) end of the building. On the contrary, pigs suffered most from the cold draughts created by the downward air movement at this 'good' end of the building. Even in summer most problems occurred at the 'good' end of the building.

Also note that, although CO_2 concentration was well within range, NH_3 concentration was not. Sufficient ventilation obviously is no guarantee for

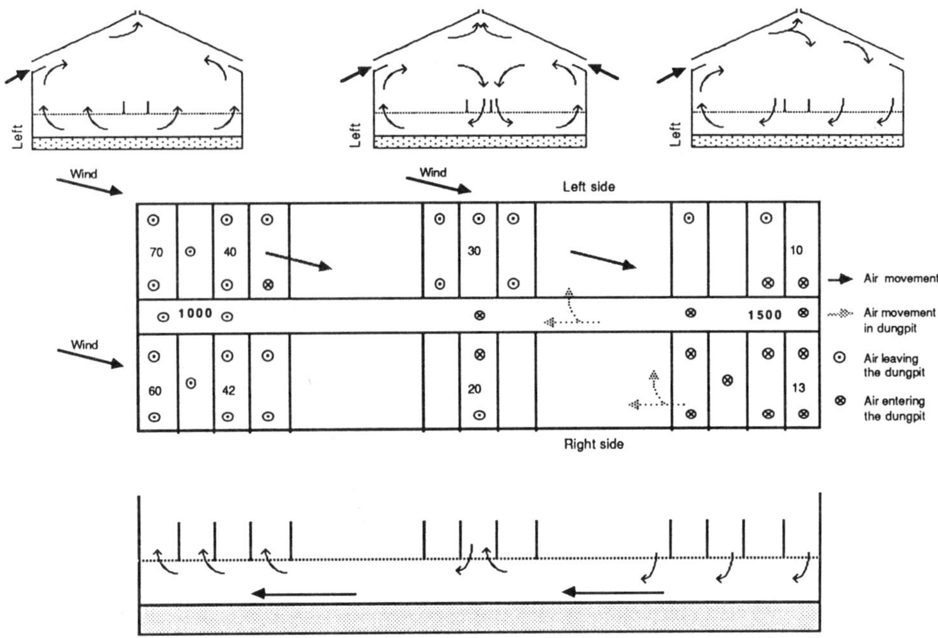

Fig.4. Building layout, airflow pattern and NH₃ distribution of the livestock building in its original state. Lateral cross sections of the building at three different places (corresponding to the locations drawn on the lower two rows) are on top; a floor plan is given in the middle and a longitudinal cross section is at the bottom. Figures refer to NH_3 concentration (ppm) and figures in bold represent CO_2 concentrations (ppm). Solid bold arrows on top row indicate the inlets where most of the fresh air enters.

adequate removal of manure gases. The building layout described here illustrates quite well the possible negative effects of the manure pit on the gaseous environment of a livestock building.

The reason for the excessive NH_3 concentration measured is no doubt the longitudinal airflow pattern within the building. Apparently the curtain, which was meant to reduce the wind effect, was not very effective. Due to this ill-chosen orientation regarding the most frequent wind direction, air movement was not lateral but longitudinal. As a consequence, NH_3 was allowed to accumulate over a long distance which led to extremely high levels of NH_3 at one end of the building. Therefore, especially for livestock buildings using natural ventilation, orientation of the building should be well considered.

To verify the effect of building orientation on gaseous environment, we visited another building of the same type but with another orientation. Wind was blowing perpendicular to the side of the building. Baffles on the wind side of the building were nearly closed, thus avoiding uncontrolled wind effects. Baffles on the other side were at normal position. Airflow patterns were (as expected) lateral (data not shown) and, due to the controlled baffle positions, no cold draughts on the animals were noted.

Beneath the passage in the middle of the building, a longitudinal wall was constructed, separating the manure pit into two halves. Hence, NH_3 accumulation could only take place over ±6 m (instead of 40 m). NH_3 concentration was, as expected, much lower : 11-15 ppm at those places where air entered the manure pit and 13-18 ppm at the places where air left the dungpit. Clearly, orientation of the livestock building plays an important role on the airflow pattern and NH_3 distribution.

The problems with the gaseous environment in the first piggery were due to the badly chosen orientation. In order to reduce the negative effects of this orientation (cold draughts and high NH_3 concentrations), we constructed windscreens on each side of the building (fig. 5). Purpose of this screen was the elimination of the longitudinal air movement within the building, an air movement which was caused by the undisturbed blow of the wind into the facility. To eliminate these wind effects, a screen was constructed and attached to the building sides by solid supports every 1.5 m. By doing so, it was hoped to create several smaller lateral inlet patterns, which should result into a more lateral air movement. A lateral air movement in turn would reduce NH_3 accumulation and hence, create an acceptable gaseous environment within the building.

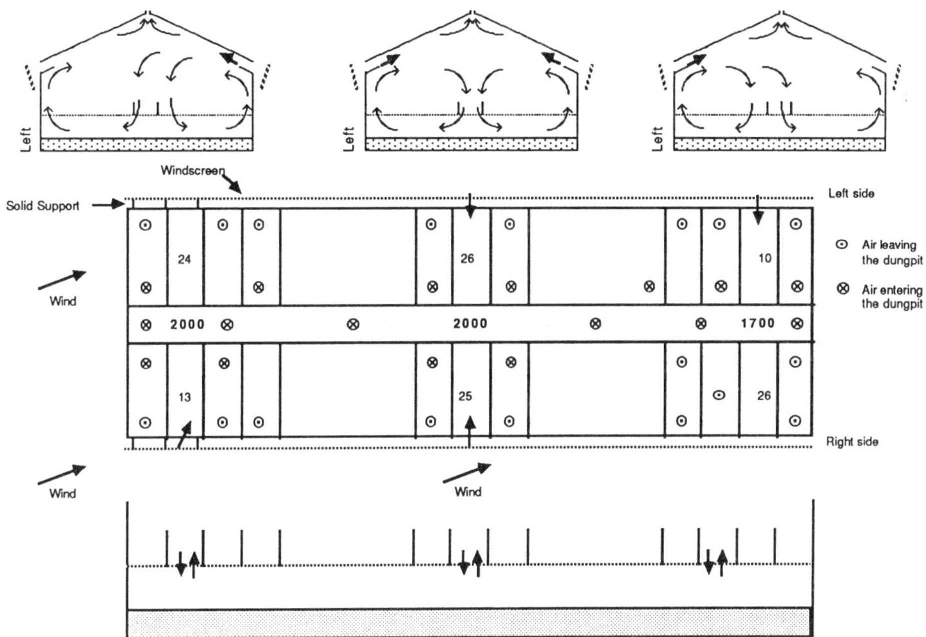

Fig.5. Building layout, airflow pattern and NH$_3$ distribution of the livestock building with the windscreen installed. Lateral cross sections of the building at three different places (corresponding to the locations drawn on the lower two rows) are on top; a floor plan is given in the middle and a longitudinal cross section is at the bottom. Figures refer to NH$_3$ concentration (ppm) and figures in bold represent CO$_2$ concentrations (ppm). Solid bold arrows on top and middle row indicate the inlets where most of the fresh air enters.

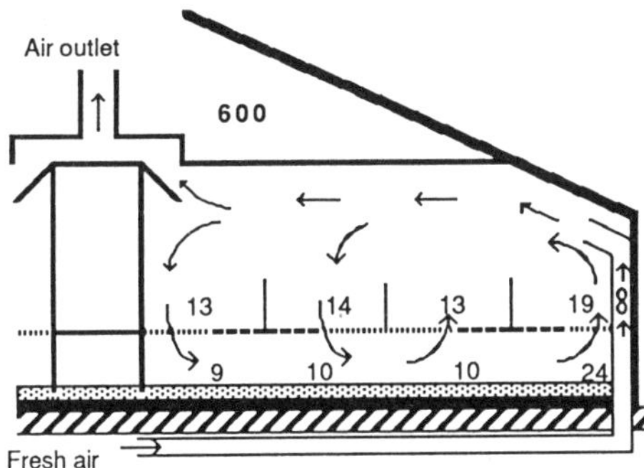

Fig.6. Airflow pattern and NH$_3$ distribution of a piggery using positive pressure. NH$_3$ concentration and CO$_2$ concentration (bold) are in ppm. The underground heat exchanger is connected to a vertical tube in which the fan is mounted.

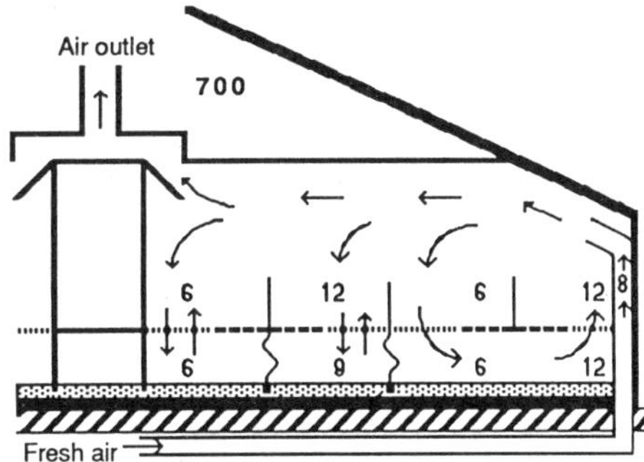

Fig.7. Airflow pattern and NH$_3$ distribution of the same piggery as fig. 6 but with the manure pit compartmentalised. Separations were made out of plastic. NH$_3$ concentration and CO$_2$ concentration (bold) are in ppm.

The results of this enhancement are given in fig. 5. As is shown in this figure, airflow pattern indeed proved to be lateral, although a slight longitudinal air movement could not be avoided. The lateral cross sections on the top row show quite an equal airflow pattern at the ends of the building as well as in the middle. The screen apparently was functioning rather well. Because of this lateral air movement, end-to-end variation of NH_3 was nearly absent. The end-to-end variation has changed into a side-to-side variation unless airflow pattern was symmetric (as is the case in the middle of the building). Due to the shorter free length of the manure pit, NH_3 accumulation was considerably less : maximum 26 ppm versus 70 ppm previously. Also, NH_3 distribution was quite uniform throughout the whole building. Only the pens in which most of the air was entering the dungpit showed a lower NH_3 concentration. Average NH_3 concentration was also less than before, although the building was somewhat less ventilated (higher CO_2 concentration).

2.3 Discussion

The experiment described above showed that, first of all, the extension of the airflow pattern into the manure pit is also present in naturally ventilated livestock buildings in the same way as it is present in mechanically ventilated buildings. Also, orientation of the livestock building regarding the most frequent wind direction is very important. Mechanically ventilated structures should use indirect air inlets to avoid these wind effects.

The effect of the manure pit on the gaseous environment of a livestock building was also clearly demonstrated. The longer the dungpit, the more NH_3 accumulates. This accumulation may result in extremely high NH_3 concentrations, especially with long manure pits and high ventilation rates (highest NH_3 concentrations were measured in summer : high ventilation rates and high manure temperatures). Also, even though air distribution may be rather good, large NH_3 variations from one end of the building to the other end may occur. Therefore, much attention should be given to avoid longitudinal airflow patterns within the manure pit. A lateral overall airflow pattern proved to be a good base to start with.

For existing livestock buildings having problems with manure gases, a well designed windscreen may be very useful. If a lateral airflow pattern (and consequently a lateral manure pit flow) can be achieved, less NH_3 accumulation takes place, hereby improving overall air quality within the building. Also, the division of the manure pit into several smaller compartments should improve air quality. The lower NH_3 concentration in the piggery with the wall constructed in the middle of the manure pit already points to that direction. In the next chapter, the effect of manure pit compartmentalisation is more closely examined.

3 DIVIDING THE MANURE PIT INTO SMALLER COMPARTMENTS

When dividing the manure pit into smaller parts, air flows into and out off the pit at relatively short distance. Therefore, NH_3 accumulation will be reduced and end-to-end NH_3 variation will decrease. Local minor NH_3 variations comprising a few pens though will remain. The concept of manure pit compartmentalisation could be of great importance to many Belgian piggeries, because tend in Belgium is towards big manure pits without any walls in it, in order to increase manure storage capacity. Since the manure pit separations can be made out of canvas or plastic, application to existing facilities is possible.

3.1 Facility

The experiments were carried out on a nursery compartment (fig. 6 and 7). Dimensions were 8.8 x 4 m. There were 2x4 pens. The compartment used a positive pressure ventilation system. Fresh air was taken from a heat exchanger which was located below the manure pit. By using this indirect air inlet, wind effects were very much reduced. Ventilation rate was controlled thermostatically. NH_3 concentrations were measured at the animal level and just below the floor. CO_2 was measured at animal level. Airflows were visualized by smoke tubes. During the experiments, ventilation rate in both compartments was the same.

3.2 Airflow pattern and ammonia distribution

Fig. 6 shows the pattern in the reference compartment. The airflow in this section is very much as expected. Part of the fresh air leaves the building immediately and the other part becomes entrained by the existing rotary movement. Also, part of the air enters the dungpit, hereby establishing the NH_3 distribution. It was also noted that, at the opposite end of the air inlet, air was entering the manure pit quite vigorously. It looked almost as if the fresh incoming air was divided into two main flows : one that leaves the compartment and another that enters the manure pit. This effect possibly is related to the use of a positive pressure ventilation system. In such a system, pressure is build up at the air outlet and this might facilitate the entrance of air into the manure pit. When using negative pressure, air is somewhat sucked up near the fan and this might reduce the amount of air which enters the manure pit, perhaps by lowering air velocity of the air detaching from the ceiling.

NH_3 distribution seems to support this hypothesis. Normally (as shown in fig. 1 and 2) NH_3 concentration within the dungpit is higher than above. However, in fig. 6, NH_3 concentration below the floor is lower than above the floor. Apparently a better dilution of manure gases is achieved in the manure pit than in the livestock building, which leads to the conclusion that quite a large amount of fresh air is immediately directed into the manure pit. Unfortunately it was not possible to determine the flow rate at which air entered the manure pit, but the finding that, in summer, inside temperature could not be maintained, also indicates that a lot of fresh (cool) air is directed straight into the dungpit. Internal recirculation with hot and polluted air then takes place.

The effect of manure pit compartmentalisation on the airflow pattern and NH_3 distribution is given in fig. 7. The dungpit was divided into three parts. Airflow pattern within the compartment remains more or less the same but airflow pattern within the manure pit is totally different.

In the first part (left-hand side), air enters and leaves the pit almost simultaneously. Hence, NH_3 concentration is the same above and below the floor. Air movement near the floor was quite vehement ('dancing') but no draught problems were noted.

In the second part of the manure pit (middle), more or less the same pattern was observed as in the first part. Again, air was entering and leaving the pit almost at the same time. Probably because most of the fresh air enters the manure pit in the first part, somewhat higher NH_3 concentrations were measured in this part. The higher concentration above than below the floor might be due to internal recirculation of polluted air as NH_3 concentrations were not measured just above the floor. Air refreshment within the manure pit compartment also appeared to be 'rather good'.

In the third part of the dungpit (right-hand side), traditional air movement is found. NH_3 concentration at the pen where air enters the building was higher than at the pen where air enters the manure pit. However, due to the small distance, NH_3 accumulation was reduced : from 6 ppm to 12 ppm versus 9 ppm to 24 ppm in the reference compartment. Compared to the second part, NH_3 concentration above the floor is somewhat low (6 ppm versus 12 ppm). This is probably due to the deflection of fresh air by the separation between the two pens. The presence of the same NH_3 concentration above and below the floor in the third part indicates 'effective' refreshment of the dungpit.

The rotary air movement of part three causes only a small accumulation of NH_3 which probably still can be reduced by increasing air inlet velocity. By doing so, most fresh air is directed to parts one and two of the manure pit and hence, the amount of air entering the dungpit at part three might be much less. Unfortunately it was not possible to investigate this in full detail.

3.3 Discussion

The experiment showed that it is possible to improve the gaseous environment by altering the manure pit flow. By dividing the dungpit into several smaller parts, less accumulation of NH_3 was achieved. Also, overall air quality in the second compartment proved to be better than in the reference compartment. Due to the relatively small size of the compartment, NH_3 differences between the two compartments were not as spectacular as in the previous chapter. However, it can be stated that the division of the manure pit into several smaller compartments will improve overall air quality.

4. CONCLUSIONS

In this paper, the role of the manure pit as an important factor affecting the gaseous environment has been further investigated. It is shown that :
- the slatted floor allows free transfer of air between the livestock building and the manure pit. This transfer can be mediated either by the airflow pattern present within the building or by gravitational force (cold air).
- manure pit length is an important factor determining air quality. The longer the manure pit, the more NH_3 accumulates. This accumulation then results in a non uniform distribution of gaseous contaminants throughout the building. If the manure pit flow is allowed to flow for a long distance over the manure, extremely high NH_3 concentration can occur.
- for livestock buildings that use natural ventilation (and probably also for livestock buildings that are mechanically ventilated but use direct air inlets), building orientation regarding the most frequent wind direction is very important. Due to ill-chosen orientations, longitudinal airflow patterns arise as well in the livestock building as in the manure pit, Unless the dungpit is divided into smaller compartments, this longitudinal manure pit flow may cause serious problems with the gaseous environment of the building.
- longitudinal airflow patterns can be eliminated by the construction of an appropriate windscreen. The resulting lateral airflow pattern reduces end-to-end variation of NH_3 and establishes a more uniform environment.
- dividing the manure pit into several smaller compartments in order to reduce free manure pit length might be a promising solution for existing livestock buildings having problems with manure gases. For new structures, manure pits should always be divided into several smaller parts.

5. ACKNOWLEDGEMENTS

K. De Praetere was supported in this work by the RVA. W. Van Der Biest was supported by the Instituut tot Aanmoediging van het Wetenschappelijk Onderzoek in Nijverheid en Landbouw (IWONL) and LABORELEC.

REFERENCES

De Praetere K. & W. Van Der Biest 1988. Airflow patterns in piggeries with slatted floors and their effect on the ammonia distribution. Manuscript submitted for publication.

RESUME : Un système de ventilation régulièrement appliqué dans les étables est le système avec entrée d'air par trappes réglables. Les derniers vingt ans, beaucoup de recherche a été fait sur ce sujet, ce qui a abouti à la mise au point de normes optimales sur l'acclimatisation des étables ainsi qu'au développement de structures adaptées.

Jusqu'à maintenant, dans les porcheries à caillebotis, on a considéré le caillebotis comme un sol plein en ce qui concerne le patron de ventilation. Cependant, nos expériments ont montré que l'espace sous le caillebotis doit être considéré comme une partie importante de l'étable, puisque le patron de ventilation subit une influence importante de cet espace. Les mouvements d'air sous le caillebotis influencent clairement la température du lisier, la distribution de l'ammoniaque et sont souvent responsable pour des concentrations élevés de l'ammonique à certains endroits dans l'étable. On discute aussi les conséquences pratiques concernant cette extension de patron de ventilation sur la conception, la construction et, en cas de ventilation naturelle, sur l'orientation des porcheries aux caillebotis.

ZUSAMMENFASSUNG : Das Luftklappensystem is eine Lüftungsmethode, die oft angewendet wird zur Ventilation von Ställe. Hierüber sind während der vorbeien Jahrzehnten mehrere Forschungen gemacht. Das hat geleitet zu optimale Stallklimanorme und zu den Konzepte angepaster Strukture.

Bis heute wurde meistens vorausgesetzt, daß man den Spaltenboden in Schweineställe hinsichtlich der Lüftungspatrone wie einen normalen geschlossenen Boden beschauen kann. Trotzdem haben unsere Versuche bewesen, daß der Raum unter den Spaltenboden wie ein wichtiges Teil des Stalles beschaut werden muß, weil der Lüftungspatrone in einem Stall stark beeinflußt wird von diesem Raum. Die Luftbewegungen unten den Spaltenboden beeinflussen deutlich die Misttemperatur, die Ammoniakverbreitung und verursachen oft höhere Ammoniakkonzentration auf mehrere Platze im Stall. Auch werden die praktische Erfolge besprochen hinsichtlich des Einfluß dieser ausgedehnten Lüftungspatrone auf das Konzept, den Bau und, bei naturlicher Ventilation, die Orientation van Schweineställe mit Spaltenboden.

Land and Water Use, Dodd & Grace (eds), © 1989 Balkema, Rotterdam. ISBN 90 6191 980 0

Mass balances of dust in houses for pigs

G.Gustafsson
Swedish University of Agricultural Sciences, Lund, Sweden

ABSTRACT: In field studies in houses for growing pigs the total amount of dust in the air varied between 1.3 and 6.3 mg/m³ air at wintertime. Investigations have shown that the total dust production increases linearly with stocking rate and weight of the pigs. These observations indicate that the dust present in pig houses mainly originates from the pigs themselves. Up to 20 % of the total amount of dust produced by growing-finishing pigs is less than 5 µm in size. The settling rate increases linearly with the concentration in the air. Since most of the dust produced will settle, only a small part of it will be removed with the ventiatilation air.

The mass balance of the dust also shows that large air cleaning equipments are necessary if a significant effect on the dust concentration will be achieved by using air cleaners.

The investigations have also shown that the animals' activity has a strong influence on the dust concentration in the air. Dust concentration increases when animal activity is high.

1 BACKGROUND

High concentrations of organic dust occur in houses for pigs. The concentration often exceeds the Labour Welfare Boards hygienic limit (5 mg/m³). Various studies of the effect of dust on health and production of pigs have not shown any definite relationship at the levels which normally occur in animal houses. However, some interrelationships between high concentrations of dust and ammonia and negative effects in pigs have been found by Curtis (1975). Several studies of the effect of ventilation techniques, management routines and other environmental factors on the dust concentration have produced conflicting results. Therefore, the purpose of these investigations was to show how different factors affected the mass balance of dust in houses for growing-finishing pigs.

1.1 Dust concentrations and particle distribution

Values of dust concentrations reported in the literature vary between 1-100 mg/m³ air. In our own field studies in 13 houses for growing-finishing pigs the total dust concentration varied between 1.3 and 6.3 mg/m³ air during wintertime. The average was 3.5 mg/m³ air. These values are similar to those reported by Donham (1986) from 30 pig houses in Sweden where the concentration varied between 1.4 and 8.2 mg/m³ air. The average concentration in houses for growing-finishing pigs was there 4.5 mg/m³ air. In farrowing houses the concentration was lower 3.5 mg/m³ air.

Filter measurements of respirable dust (less than 5.0 µm) have shown that the respirable part of the total weight of dust varies between 9-20 %. However, it should be noted that 90 % of the number of dust particles greater than 0.5 µm can be respired, Fig 5.

2 EXPERIMENTAL DESIGN

How the environment interacts with the mass balance of dust has been investigated at stationary conditions in three research stables for growing-finishing pigs at Alnarp. The mass balance of total dust has been evaluated as:

$$\overset{o}{m} = q \cdot (C_s - C_o) + S + F \qquad (1)$$

where

$\overset{o}{m}$ = production of dust, mg/h
q = ventilation rate, m³/h
C_s = concentration in the exhaust air, mg/m³ air
C_o = concentration in the outside air ≈0, mg/m³ air
S = settled amount of dust, mg/h
F = amount of dust removed by air cleaning devices, mg/h

The ventilation rate has been kept constant during each trial. Values of dust concentrations and settled amount of dust have been integrated for a period of 3-4 days.

3 INFLUENCES FROM THE ENVIRONMENT

3.1 Stocking rate and weight

The investigations have shown that the total dust production increased linearly with stocking rate and weight (Figs 1 and 2). These observations indicate that the dust present in animal houses mainly originates from the animals themselves.

An analysis of the dust production during three batches of growing-finishing pigs gives the relationship:

$$\overset{o}{m} = 3.8 \cdot w \cdot n \qquad (2)$$

where
w = weight of pigs, kg
n = number of pigs

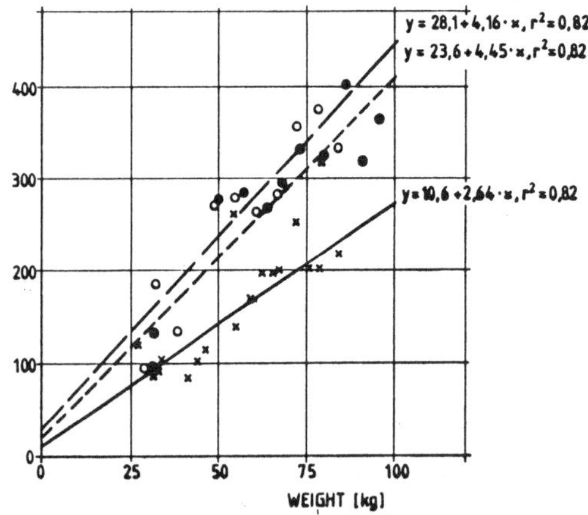

Fig 1. Dust production according to the weight of growing-finishing pigs

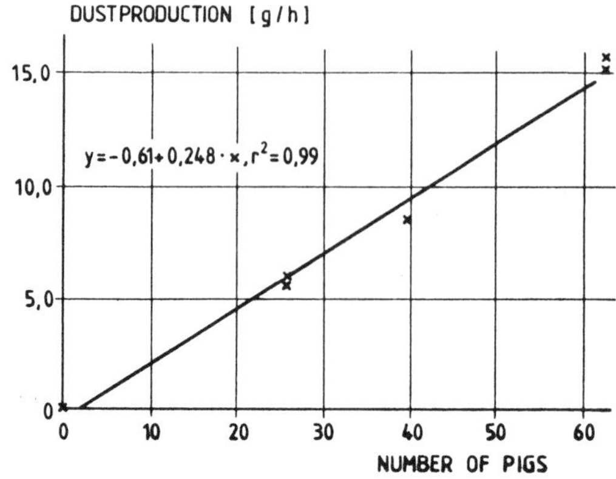

Fig 2. Dust production according to the number of pigs when the average weight was 86-98 kg

3.2 Settling of dust

Most of the dust produced during the growth of growing-finishing pigs was found to settle. The settling rate increased linearly with the concentration in the air according to the formula:

$$S = a \cdot A \cdot C_s \qquad (3)$$

where
a = coefficient describing settling rate, m/h
A = area of the stable, m²

The coefficient a depends on the air-movements in the stable. Low air velocities inside the stable decreases the value of the coefficient. The value has varied between 40 and 200 m/h in different trials.

Large variations in settling rate has been observed between different locations in the stables but the pattern has been the same over the whole growing period of the pigs, Fig 3. This fact also indicates that the airflow pattern in stables has an influence on the settling of dust.

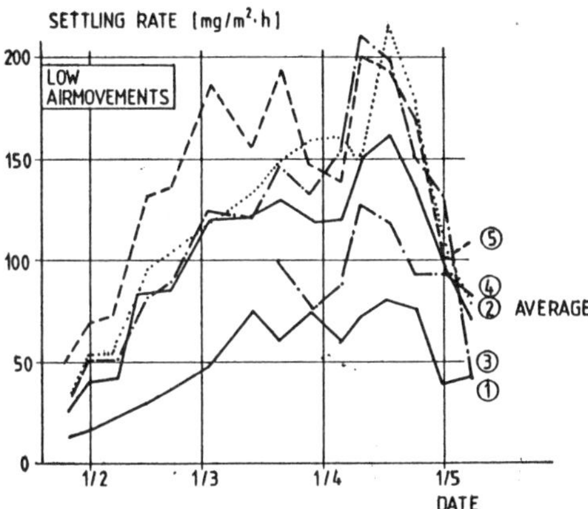

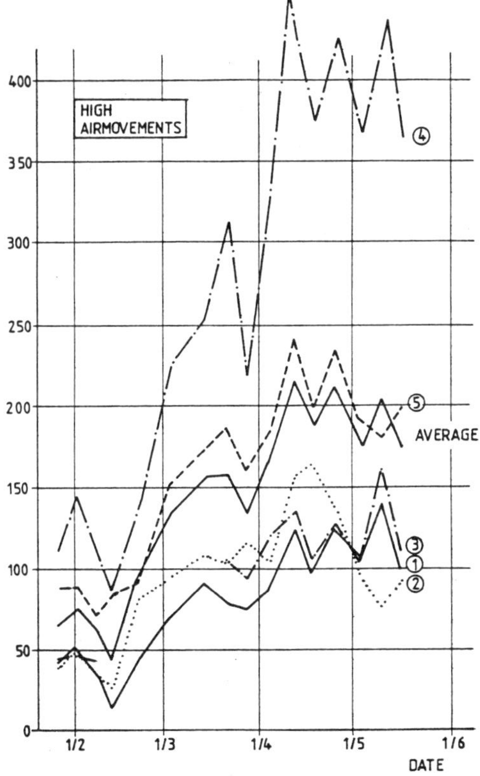

Fig 3. Settling rate of dust according to different locations in two stables with high and low air movements respectively

3.3 Ventilation techniques

Since most of the dust produced will settle, only a small part of it will be removed with the ventilation air (Fig 4). This explains why the ventilation rate has little effect on the total amount of dust in pig houses.

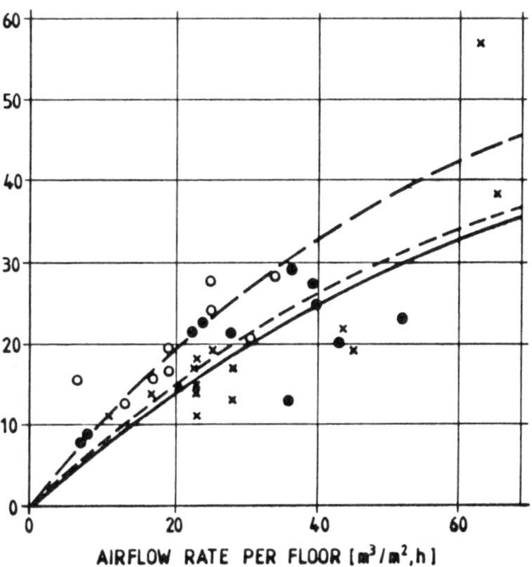

Fig 4. Ratio of exhausted dust to total dust at different ventilation rates

Comparison of a pig house with high air movements (recirculating air inlets) with another house with low air movements (porous ceiling air inlet) showed that the total dust concentration remained at the same level in both houses. Thus the type of air inlet system is not considered to have any particular significance for the total amount of dust present.

However, it has been observed that the settling rate of the dust may vary greatly according to the location in the building, possibly as a result of the air movement (Fig 3). These difference were greater in the house with high air movements than the one with low air movements.

Therefore, the air movements in an animal house may be an important factor in the distribution of different-sized dust particles, and it cannot be excluded that the type of air inlet system may affect this distribution.

3.4 Activity in the house

Investigations have shown that the number
of particles in the air of animal houses
may vary greatly during the day. Increased
concentrations generally occurred when
animal activity was high (feeding, weighing,
loading etc). When the stable was empty,
the dust concentration immediately fell.

4 AIR CLEANING

4.1 Electrostatic air cleaning

Test of an electrostatic air cleaner has
shown that 50 % of particles greater than
0,5 µm is removed from air passing through
the cleaner, Fig 5. This theoretically
corresponds to 70 % of the weight of dust.
However, the removal efficiency of the air
cleaner decreased with decreasing particle
size. Although the air cleaner had an
acceptable efficiency, the effect on the
dust concentration in the stable air was
neglectible. The reason was a too low air
flow rate through the air cleaner.

The removal of dust through air cleaners
can be compared to an increase in ventilation rate in the stable. The air flow
capacity through air cleaners must therefore be at least in the same range as the
ventilation rate in the stable if a
significant effect on the dust concentration is to be achived using this method.

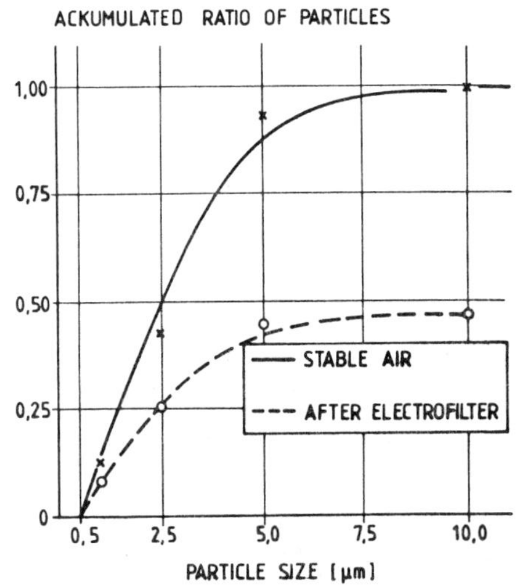

ACKUMULATED RATIO OF PARTICLES

Fig 5. Relative number of dust particles
greater than 0,5 µm at the production
of growing-finishing pigs. The
relative change in particle distribution
when the air passes through an electrofilter is also presented

A major part of the removed dust was removed
with a coarse filter. It quickly became
plugged, leading to a reduction in the air
flow through the cleaner. Thus, the coarse
filter should be changed 1-2 times a week.

4.2 Vacuuming

The effect of vacuum cleaning of walking
alleys has been evaluated by measuring
dust concentrations and settling rates of
the dust before and after vacuum cleaning,
Tab 1. Vacuum cleaning did not result in
any reduction in total dust concentration,
nor did it have any noticable effect on the
settling rate of dust.

Table 1. Dust concentration and dust settling
rate before and after vacuum cleaning of
walking alleys in a house for growing-
finishing pigs.

Trial No	Total dust concentration, mg/m^3		Settling rate, mg/m^2 h	
	Before	After	Before	After
1	1.8	1.9	157	159
2	1.4	1.2	174	200
3	1.2	1.6	118	121

5 CONCLUSIONS

If the dust concentration in the outside
air can be neglected then the steady state
mass balance of dust in pig houses will be:

$$\frac{\overset{o}{m}}{} = C_s \cdot (q + a \cdot A) \qquad (4)$$

By using ekvation (2) and (4) the dust
concentration in pig houses can be estimated
with the equation:

$$C_s = \frac{3.8 \cdot w}{\frac{q}{n} + a \cdot \frac{A}{n}}$$

A theoretical calculation of the dust
concentration at different ventilation
rates and different space per pig is
presented in Fig 6.

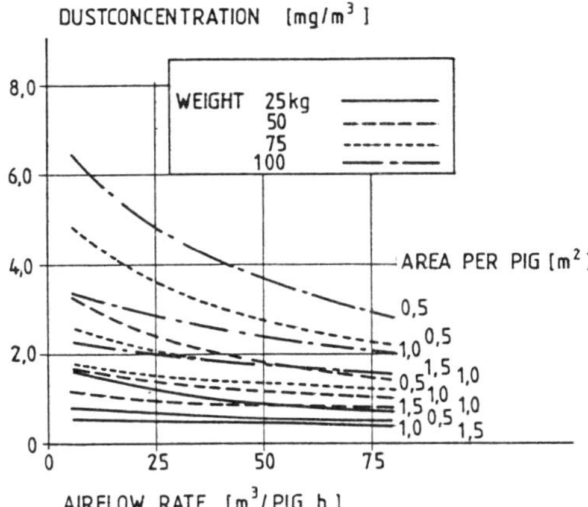

Fig 6. Theoretical dust concentration at different airflow rates and area per pig

The mass balance shows that the area per pig has a stronger influence on the dust concentration than the ventilation rate. The reason is that the settled part of the dust is related to the floor area of the stable.

These results show that the only feasible methods of decreasing the dust concentration in pig houses are to reduce the production of the dust, to increase the settling rate, or to prevent the dust from being disturbed (e.g. by wetting down surfaces). Increasing the settling rate requires changing the dust particle volume (aggregate formation), density or charge.

REFERENCES

Curtis, S.E. et al. 1975. Effects of aerial ammonia, hydrogen sulfide and swine house dust on rate of gain and respiratory-tract structure in swine. Journal of Animal Science No 3.

Donham, K.J. et al. 1986. Characterization of dust collected from swine confinement buildings. American Journal of Industrial Medicine 10:294-297.

Donham, K.J. 1986. Studies on environmental exposures, swine health and engineering design in swine confinement buildings in southern Sweden. Institute of Agricultural Medicin and Occupational Health. The University of Iowa. Report No 4/86. Ames. Iowa.

Gustafsson, G. 1988. Luft- och värmebalanser i djurstallar (english summary). Swedish University of Agricultural Sciences. Department of Farm Buildings. Report 59. Lund.

Nilsson, L. & Gustafsson, G. 1987. Damm i slaktsvinstallar. Swedish University of Agricultural Sciences. Department of Farm Buildings. Special report 49. Lund.

RESUME: Des études menées sur place dans des porcheries montrent que la quantité totale
de poussière dans l'air variait entre 1,3 and 6,3 mg/m³ d'air pendant la saison hivernale.
Des recherches ont établi que la production totale de poussière augmente proportionnellement
au nombre et au poids des cochons regroupés. Ces observations indiquent que la poussière
présente dans les porcheries provient surtout des cochons eux-mêmes. Jusqu'à 20 % de la
quantité de poussière produite par des cochons en phase de croissance et en fin d'élevage,
mesure moins de 5 mµ. L'importance des dépôts augmente proportionnellement à la concentration
dans l'air. Comme la plus grande partie de la poussière va se déposer, une petite partie
seulement de celle-ci sera emportée par l'air de la ventilation.

La balance de masse de la poussière montre également que d'importants équipements
d'épuration de l'air sont nécessaires si on veut obtenir un effet considérable sur la
concentration de la poussière, en utilisant des épurateurs d'air.

Les recherches ont également montré que l'activité des animaux exerce une grande
influence sur la concentration de la poussière dans l'air. Celle-ci augmente lorsque
l'activité animale est intense.

ZUSAMMANFASSUNG: Bei praktischen Versuchen in Schweineställen für Zuchtschweine variierte
die Gesamtmenge von Staub in der Luft zwischen 1,3 und 6,3 mg/m³ Luft in der Winterzeit.
Untersuchungen zeigten, daß die Gesamtmenge von Staub wächst linear mit der Menge und dem
Gewicht der Schweine. Diese Beobachtungen zeigen darauf hin, daß der vorhandene Staub in
Schweineställen stammt hauptsächlich von der Schweinen selbst. Bis zu 20 % der Gesamtmenge
des Staubes wird verursacht durch die Zuchtschweine und ist kleiner als 5 µm in der Größe.
Der Anteil des niedergesetzten Staubes wächst linear mit der Konzentration in der Luft.
Da sich der größte Teil des erzeugten Staubes niedersetzt, wird nur ein kleiner Teil des
Staubes entfernt durch die Luftzufuhr.

Die Häufunng von Staub zeigt ebenfalls, daß die großen Luftreinigungsanlagen notwendig
sind, wenn eine bedeutsame Wirkung auf die Staubkonzentration erreicht werden soll mit
Hilfe der Luftfilter.

Die Untersuchungen zeigten ebenfalls, daß das Rühren der Tiere einen großen Einfluß auf
die Staubkonzentration in der Luft hat. Die Staubkonzentration wächst wenn das Rühren der
Tiere sehr intensiv ist.

Land and Water Use, Dodd & Grace (eds), © 1989 Balkema, Rotterdam. ISBN 90 6191 980 0

Effects of dust and gases on laborers in livestock confinement buildings

M.A.Hellickson
South Dakota State University, Brookings, S.Dak., USA

E.H.Schlenker
University of South Dakota School of Medicine, Vermillion, S.Dak., USA

M.A.Schipull & D.P.Froehlich
South Dakota State University, Brookings, S.Dak., USA

R.R.Parry
University of South Dakota School of Medicine, Vermillion, S.Dak., USA

ABSTRACT: Research has been conducted with the objectives of examining the
respiratory responses of laborers in turkey confinement systems. The studies have
also involved defining the design and management characteristics of the confinement
facilities. Response data, e.g. respiratory symptomology, lung function tests, etc.,
from several hundred laborers actively involved in turkey production have been
collected and related with environmental and building conditions. Facilities were
found to be in good condition, however stagnant environments and inadequate
ventilation existed along with some gas concentrations beyond suggested levels. Older
laborors were found to have significantly higher prevalency rates of several
respiratory symptoms and diseases when compared to young males.

1 INTRODUCTION

Occupational respiratory hazards in the
agricultural industry are becoming an ever
increasing concern. Until recently farm
related accidents were the primary focus
of health and safety related programs for
the agricultural industry. However,
studies now show that farm workers have
higher rates of respiratory disability
than do workers from the industrial sector.
Technological changes, e.g. the movement
toward large, intensified, confinement
facilities for rearing livestock may be a
contributing factor to this problem.
Clearly, studies need to be performed to
define the sources, causes and nature of
these respiratory problems, so that
confinement techniques and management
systems can be developed that are compatible with laborers health and economic
productivity. Integration of medical,
biological, agricultural and engineering
parameters is essential for these studies
to provide the basic information for proper decision making.

This research was performed to gather
information relative to the four areas
previously cited and with the following
specific objectives:

1. To evaluate contaminants and to
identify certain engineering or management
factors of turkey confinement buildings.

2. To examine the respiratory health
status of the farm laborers who work within
the confinement system.

2 LITERATURE REVIEW

Farm workers in the United States have been
found to have high rates of respiratory
disability compared with other industrial
sectors, based on Social Security records
(Merchant, 1987). These epidemiological
findings are supported by an increasing
number of exposure-specific studies of agricultural workers. Analysis of the air in
confinement buildings reveals it to be complex, including animal dander, feather frag-
ments, dried feed material, grains, animal
feed additives, mineral dust, insect and
rodent parts, pollen, fungi, bacteria and
toxic gases (DeBoer and Morrison, 1988).
Depending on the specific exposure, any one
or more of these components may predominate
and thus influence the type of respiratory
response. The clinical picture is made more
complex because the respiratory response to
the same or similar exposures varies among
individual workers. Hence, an exposure to
a contaminated environment may cause occupational asthma in one worker and chronic
bronchitis in the next. Bearing these over-
lapping relationships in mind, one may broadly
classify agricultural exposures and their
respiratory responses (Merchant, 1987).

Respiratory symptoms have been reported
in the majority of the workers for selected
swine and turkey units (Pratt and May, 1984;
Schlenker, et al., 1987). Results of pulmonary function testing have been variable
in that baseline values and asymptomatic
worker values have been reported as normal

or reduced by various investigators
(Donham, 1987). However, all investigators found that the values did fall
after individuals were exposed in the
confinement building. The individuals
who worked in the buildings appeared to
be at risk for both acute lung disorders,
e.g. hypersensitivity pneumonitis and
organic dust toxic syndrome, as well as
chronic upper and lower respiratory
symptoms. A recent research study has
indicated that the confinement workers,
who reported fever as a symptom associated with raising livestock, have a significantly higher prevalence of respiratory
disease and symptomology compared to
those not experiencing fever (Schlenker,
et al., 1987).

As previously stated, the influence of
the confinement environment on human
health is dependent on a complicated array
of contaminants (Klim, 1986). The
fermentation of animal wastes may result
in the release of volatile gases into the
internal atmosphere of the building.
Several components of anaerobic digestion
are known toxic agents for man: ammonia,
methane, hydrogen sulfide, and carbon
dioxide. Carbon monoxide is also a potential hazard in confinement buildings,
although the primary source here is from
heating units utilizing hydrocarbon fuels.
Aerosolized particulate matter is a major
human health hazard in livestock confinement units. The significance of dust
levels to human health depends on the
quantity of dust in the atmosphere and the
particle relative humidity within the
building (Donham, 1987). Particulate
matter may also carry viral and bacterial
agents into the respiratory system. Any
of the above agents could be an offending
substance. However, it is now thought
that endotoxins play a major role in both
the swine and turkey units. Clearly, many
factors impact respiratory health of agricultural workers. Potential adverse health
effects in workers exposed to this
environment may manifest themselves as
allergic reactions or as inflammatory
responses to the inhaled foreign particle
(Donham, et al., 1987).

A trend in animal production in the
United States, especially for swine and
poultry, has been toward large intensified,
confinement facilities. These facilities
accommodate a large number of animals in
a relatively small space, while providing
water and feed in a controlled environment. In comparison to conventional systems, the labor and time needed to manage
livestock productions much less. However,

the current use, plus the ever-increasing
future use of confinement feeding in livestock production is creating a potentially
hazardous work environment to an industry
that is already burdened by respiratory
disease. Confinement structures are quite
varied in design, ranging from totally
to partially enclosed from the external
environment. The majority of swine and
poultry units are totally enclosed, and have
a greater potential for occupational health
problems, as compared to partially enclosed
structures (Diesch and Froehlich, 1988).
Environmental standards and regulations
regarding water and air pollution will demand better control of livestock systems.
New technology and equipment, if properly
applied, can result in substantial savings
and improved environments for livestock
production. Livestock farmers and farm
buildings contractors and suppliers need to
be informed and must learn to apply efficient techniques in planning, constructing,
retrofitting and managing facilities to
reduce labor and energy costs, provide
handling of materials, provide environments
for maximum livestock feeding efficiency
and for building longevity. They also must
understand the functional and structural
concepts that will reduce the input costs
in producing livestock (Hellickson and
Walker, 1983).

Research to provide highly productive,
environmentally sound, labor efficient, and
cost effective facilities for swine, beef
dairy poultry, etc., should be conducted
in the following areas: designing and
planning livestock facilities, improving
air quality for producers and livestock,
selecting and installing proper ventilating
and controlling systems, proper storing of
feeds, and improving the efficiency of
livestock environment (DeBoer and Morrison,
1986). Previous research plus recent
studies support the need for the development of system statements or algorithms
to provide health care control of livestock/
worker environments.

3 EXPERIMENTAL PROCEDURE

3.1 The study

The health characteristics of the male
Hutterites of several colonies were monitored to evaluate the parameters that are
typically associated with respiratory problems. The tests were supervised by faculty
from the University of South Dakota
School of Medicine. The survey involved
both laborers working in turkey confine-

ment facilities and laborers only involved in crop production. Faculty from the South Dakota State University Department of Agricultural Engineering analyzed the design and management of the turkey confinement facilities and monitored the environmental conditions in the buildings. Data and details are presented for three colonies: Maxwell (MAX), Millbrook (MIL) and Rolland (ROL). Also, included is a comparison of young (<20 years old) and older ($\geq$20 years old) male Hutterites from the colonies.

3.2 Confinement facilities and environmental evaluations

Confinement facilities and environmental condition characteristics at the colonies were evaluated during winter operation (1987-1988). The following parameters were measured and defined: flock size, bird density and age, temperatures and relative humidities (using an aspirated psychrometer), facility design, ventilation characteristics, e.g., air velocities and directions at bird height and building inlets and outlets, levels of gas concentrations for ammonia, carbon dioxide and hydrogen sulfide (using a Sensidyne gas pump), medication program, building and flock management, feed and feeding system and death loss. Bedding (which included accumulated dust) and feed samples were gathered and analyzed for microbial growth. In addition, the engineers observed the general condition and cleanliness of the facilities. Data on the characteristic of three turkey confinement facilities are illustrated in Figures 1-3 and Table 1.

3.3 Medical studies

Health and medical characteristics of approximately 450 male Hutterites from colonies in Eastern South Dakota were monitored and analyzed. The following factors were included: pulmonary function tests of forced vital capacity (FVC), forced expiratory volume in one second (FEV), forced expiratory flowrate (FEF) between 25 and 75% of vital capacity, ratio (FF) of FEV to FVC and peak flow (PF); symptoms of chest colds, bronchitis, pneumonia, asthma, sinusitis, lung problems cough, morning cough, afternoon-evening cough, 3 months cough, phlegm, wheezing during a cold and breathlessness; and the individual characteristics of age, height and weight. The pulmonary function tests were performed using a

Medical Graphics Corporation computerized spirometry system, where each individual completed three satisfactory procedures. The prediction equations of Knudson, et al. (1976) were used to determine the percent predicted pulmonary function values. Questionnaires were administered to obtain data for anthropometric characteristics, respiratory disease and symptoms, and occupational experiences and exposures. Data were evaluated for significance using the SAS Institute Inc. tests.

The study was restricted to Hutterites because their unique social and cultural organization lends itself very well to scientific investigation: tobacco is considered to be taboo, few leave the colonies, therefore researchers have an opportunity to include both healthy and compromised farm workers, the general level of medical care is high and individuals are typically assigned specific and continuing tasks, e.g. serving as laborers in livestock confinement facilities.

4 RESULTS AND DISCUSSION

4.1 Confinement facilities design and environmental conditions

The Maxwell grower/finishing building (Fig. 1) is a pole-type building that was remodeled in 1986 and is in good condition. It has an insulated ceiling and walls with the inside surface covered with sheet metal. Ventilation is provided through sliding doors and ventilation panels in the walls and a full length ridge ventilator, all of which are automatically controlled to maintain a pre-set inside temperature (11° C). Air circulation and ventilation performance appeared to be good.

The turkey production cycle included: birds brought in at 6-7 weeks of age and marketed at 21 weeks (on 2/12/88 the flock was 16 weeks of age and 11 kg); automatic feeding, watering and lighting systems are utilized; bedding is wood chip shavings; with every flock, the building is washed and after every 2nd flock, the building is cleaned; noted death loss to this point was 503 out of a original flock size of 8300 birds for a 6% loss rate. Medications currently being used were Chlorotetracycline and Bazertercin.

Gas samples taken at three sites averaged 0 ppm - H_2S, 1417 ppm - CO^2, and 25 ppm - NH_3. Standard deviations for the H_2S, CO^2 and NH_3 were 0, 804, and 10, respectively. No NO_2 was detected. Feed samples had 16.6% crude protein and a 14.5% moisture content, while wet and dry bedding samples were 72.4% and 56.7% (MC wet basis), respectively.

1473

Fungal cultures for both feed and bedding were negative. Livestock environment, building and management characteristics are summarized in Table 1.

Table 1. Characteristics and conditions of inspected turkey facilities

SITE	MAXWELL	MILLBROOK	ROLLAND
Visit Date/Season	Feb. 12/Late 1988/Winter	Feb. 5/Late 1988/Winter	Nov. 24/Early 1987/Winter
Type (time in facility)	GROWER (6 to 21 wks)	GROWER (6 to 21 wks)	GROWER (10 to 21 wks)
Flock Size	8,300	11,000	9,000
Age of Flock ∂ Visit	16 wks	10 wks	13 wks
Max NH_3 (25 ppm suggested)	25 ppm	60 ppm	8 ppm
Max CO_2 (1500 ppm suggested)	1420 ppm	4065 ppm	2050 ppm
H_2S	0 ppm	0 ppm	0 ppm
Approx Death Loss (based on bird loss)	6%	6.8%	3.8%
Temp/RH in Bldg.	11° C/N.A.	20° C/70%	11° C/68%
On-Site Obs of Envr. by Inspection Team	Ventilation OK	Somewhat inadequate vent.	Poor air circulation Stagnant
Cultures from bedding	None	Proteus Mucor Rhizopus	Proteus Staphylococcus Pseudomous Mucor
Bedding Replacement	Cleaned after every other flock	Bldg. cleaned once/yr	Cleaned after every 2nd or 3rd flock
Flock Medication	CTC Bazertcrin	$CuSO_4$ Nitrofurozone	---

The Millbrook facility is ten years old and in relatively good condition, although somewhat dusty. Its basic construction consists of a pole building having a ceiling with the interior surface made of steel siding. Both the walls and ceiling are insulated. The building has sliding doors on both the north and south sides and fans on the north side. The ventilation is manually managed by the operators. The manager checks inside conditions and turns fans on or off to obtain target inside conditions of ≃ 50% RH and 20° C.

The turkey production cycle included: turkeys put into buildings at 6-7 weeks of age and grown to 21 weeks with a target market weight of 15 kg; automatic feeding, watering and lighting systems are utilized with a cycle of 7 hr off and 17 hr on; approximately 11,000 birds are housed at a time; bedding is wood chip shavings which is tilled periodically. Each new flock has bedding tilled plus an additional 5 cm of new shavings, and the building is cleaned once per year; noted death loss through the age of 10 weeks was approximately 6.8%.

Gas samples were taken at three sites in the building. The average values of H_2S, CO_2, and NH_3 were 0 PPM, 4065 PPM, and 60 PPM with standard deviations of 0, 115.5, .71, and 0, respectively. No nitrous dioxide was measured in stagnant areas. Feed samples yielded 22% crude protein at 12.77% moisture.

The wed and dry bedding samples had moisture contents of 65.17% and 23.95%. Bacterial cultures of both wet and dry isolated Protus while enrichment cultures for Salmonellia were negative. Mycology cultures isolated Mucor sp. in both samples and Rhizopus sp. in the wet sample. Medications used in the water were copper sulfate and nitrofurozone.

Being that the ventilation is manually controlled its success is directly related to management skills based on observation of current conditions and system adjustments.

The Rolland facility is a pole building, approximately ten years old, having a ceiling, sliding doors, slot inlets, and fans in each sidewall. The interior surface is sheet metal siding. The building has an automatic ventilation system which senses temperature and static pressure and controls the fans and slot inlets to maintain preset conditions (14° C. and 2 mmHg of vacuum).

The turkey production cycle includes turkeys put into building at 10 weeks of age and grown to 21 weeks with a target weight of 15.5 kg., automatic feeding, watering, with the light system on 21 hours and off 3 hours. 8,250-9,000 birds are housed at a time. Bedding is wood chip shavings which are tilled periodically. With each new flock the bedding is rototilled with some new bedding added. After each second or third flock the building is cleaned and disinfected. The building's sliding doors are open in the summer to allow the birds outside. The death losses at 10 weeks and 13 week for this flock were 2.8% and 3.8%, respectively. A sprinkler system is employed to control dust in the building.

The mean ppm values for NH_3, H_2S, and CO_2 were 8, 0, and 2050, respectively. The standard deviations for these ppm values were 2.4, 0, and 412. Wet bedding samples (73% moisture content) yielded Proteus.

Dry samples (24% moisture content) yielded
Staphylococcus sp. and Pseudomonas sp. No
Salmonella was detected. All samples
yielded Mucor sp.

To enhance mixing of air in the building,
circulation fans are mounted on the poles
and are thermostatically controlled. The
airflow is designed to shoot across the
ceiling from the slot inlet to the center
of the building and then back out the
exhaust fan in the same side wall. When
observing the smoke distribution test, the
smoke traveled freely to the center of the
building but then failed to return back to
the exhaust fan, as it remained relatively
stagnant.

4.2 Medical results

Respiratory health status of farm laborers
from three Hutterite colonies

The anthropometric characteristics of the
male Hutterites from the Maxwell, Millbrook
and Rolland colonies are presented in Table
2. No differences existed between colonies

Table 2. Anthropometric characteristics
of males from three Hutterite colonies

	MAX		
VARIABLE	N	MEAN $\pm$ SD	
Weight (kg)	27	79.7 $\pm$ 16.4	
Height (cm)	27	176.1 $\pm$ 6.4	
*OBI (kg/m^2)	27	2.5 $\pm$ 0.45	
Age (yrs)	37	31.8 $\pm$ 16.2	
	MIL		
VARIABLE	N	MEAN $\pm$ SD	
Weight (kg)	27	70.8 $\pm$ 13.9	
Height (cm)	27	173.3 $\pm$ 9.8	
*OBI (kg/m^2)	27	2.34 $\pm$ 0.35	
Age (yrs)	28	29.1 $\pm$ 14.3	
	RLL		
VARIABLE	N	MEAN $\pm$ SD	
Weight (kg)	12	80.4 $\pm$ 10.2	
Height (cm)	12	175.7 $\pm$ 4.3	
*OBI (kg/m^2)	12	2.6 $\pm$ 0.33	
Age (yrs)	17	34.2 $\pm$ 14.6	

*OBI = Obesity Index

as related to weight, height and obesity
index for these males, whose average age was

approximately 30. The percent of males at
each colony who were involved with animal
or crop raising plus the percentages of
those involved in these occupations who
expressed symptoms are given in Table 3.

Table 3. Farm related respiratory problems
of males from three Hutterite colonies

	MAX	MIL	RLL
Animal Raising	81.1%	85.7%	88.2%
Symptoms	26.7%	29.2%	60.0%
Crop Raising	73.0%	96.4%	94.1%
Symptoms	14.8%a	21.4%	46.7%
% Wearing Masks	29.7%ab	96.4%	70.6%

a   Significantly different (@P<.05)
    compared to RLL
ab Significantly different (@P<.05)
    compared to MIL & RLL
c   Significantly different (@P<.05)
    compared to MAX & RLL

Some significant differences occurred where
RLL had a high number of individuals
expressing symptoms due to animals and MAX
had a low number of individuals expressing
symptoms due to crops. Also, approximately
100% of the individuals at MIL wore masks,
a high number wore masks at RLL, while
Significantly fewer ($\approx$30%) wore masks at
MAX. The group of laborers at MIL were
very conscientious and concerned about
wearing masks, which may minimize the effects that environmental conditions have on
pulmonary symptomatology and respiratory
diseases. The MIL laborers expressed
significantly lower percentages for cough
at three months and in the morning, and
phlegm production than laborers of MAX or
RLL (Table 4). It's of interest to note
that the facility conditions were as bad
if not worse for MIL vs. MAX or RLL
(especially NH_3 and CO_2 levels) yet the
percentages of MIL laborers who expressed
respiratory symptoms were no worse and, in
fact, lower than those of MAX and RLL.

Values for the pulmonary function
tests are presented in Table 5. Further
examination is needed to compare these
values to other populations before one
would say whether or not lung function
has decreased.

4.3 Respiratory health status of young
and older male Hutterites

The anthropometric characteristics and the

Table 4. Respiratory symptoms and diseases among males from three Hutterite colonies

	(1)n=27 MAX	(2)n=27 MIL	(3)n=17 RLL
Cough	18.9%	7.4%	11.8%
Cough AM	13.9%	3.6%ab	18.8%
Cough PM	13.5%	7.7%	18.8%
Cough 3 Mouths	16.7%	0%ab	6.7%
Phlegm	32.4%	11.1%a	25.0%
Wheeze During Cold	21.6%	11.1%	35.3%
Wheeze Other Times	5.6%	3.8%	29.4%c
Breathlessness	8.6%	11.1%	17.6%
Chest Cold	21.6%	17.9%	29.4%
Bronchitis	13.6%	7.1%	6.7%
Pneumonia	16.7%	3.8%	12.5%
Asthma	0%	0%	6.7%
Sinusitis	22.2%	14.8%ab	43.8%
Lung Problems Before 16 Years of Age	5.4%	0%	0%

a Significantly different (@P<.05) compared to MAX

ab Significantly different (@P<.05) compared to MAX & RLL

c Significantly different (@P<.05) compared to MAX & MIL

Table 5. Pulmonary function tests as percent predicted of males from three Hutterite colonies

MAX

VARIABLE	N	MEAN ± SD
PRED-FVC	27	88.5 ± 9.2
PRED-FEV	27	96.6 ± 10.6
PRED-FEF	27	94.6 ± 27.6
PRED-FF	27	109.7 ± 5.7
PRED-PF	26	84.1 ± 20.9

MIL

VARIABLE	N	MEAN ± SD
PRED-FVC	28	92.1 ± 12.9
PRED-FEV	28	100.9 ± 13.9
PRED-FEF	28	89.7 ± 19.0a
PRED-FF	28	109.8 ± 7.2
PRED-PF	28	91.4 ± 19.1

RLL

VARIABLE	N	MEAN ± SD
PRED-FVC	12	93.9 ± 10.2
PRED-FEV	12	106.0 ± 12.1
PRED-FEF	12	122.0 ± 19.1a
PRED-FF	12	113.1 ± 6.5
PRED-PF	12	96.5 ± 19.3

a Significantly different at P<.01

pulmonary function values of young (<20 years old) and older (≥20 years old) male Hutterites from several colonies in Eastern South Dakota are presented in Tables 6 and 7, respectively. Also, percentages of individuals who were involved in crop or animal raising and who expressed symptoms are listed in Table 8. While the percentage of young and older Hutterites who are involved with animal raising is approximately the same, older individuals expressed significantly more symptoms. About the same percentage of both young and older laborers wore masks.

Table 6. Anthropometric characteristics of young vs. older male Hutterites

	< 20 Years Old (n = 124)	≥ 20 Years Old (n = 405)
Weight (kg)a	67.8 ± 13.5	83.4 ± 15.4
Height (cm)a	172.9 ± 8.7	174.9 ± 7.5
*OBI (kg/m2)	2.25 ± 0.35	2.72 ± 0.49
Age (yrs)a	16.8 ± 1.6	37.6 ± 14.4

*OBI = Obesity Index

a Values are significantly different (@P<.05) between young and older

Table 7. Percent predicted pulmonary function values of young and older male Hutterites

	< 20 Years Old (n = 103)	≥ 20 Years Old (n = 337)
PRED-FVC	88.2 ± 14.7%	91.4 ± 11.7%
PRED-FEV	95.8 ± 14.6%	98.1 ± 13.0%
PRED-FEF	86.0 ± 22.3%	88.0 ± 24.5%
PRED-FF	107.5 ± 7.4%	107.6 ± 9.6%
PRED-PF	86.0 ± 21.0%	88.0 ± 21.4%

Table 8. Percent crop and animal related symptoms among young and older Hutterite males

	< 20 Years Old	≥ 20 Years Old
Raised Crops	70.2%	85.5%
Crop Symptoms	28.7%	34.0%
Raised Animals	87.9%	87.0%
Animal Symptoms (a)	23.5%	33.5%
Wear Masks	50.0%	57.3%

a Significantly different (@P<.01) between values for young and older

Older Hutterites expressed significantly higher prevalency rates for several respiratory symptoms and disease, as compared to young males (Table 9). In addition the percentages related to morning and evening coughs show a much greater difference for young (4.9% vs. 10.5%) than do percentages for older males (11.6% vs. 13.8%), which may indicate a higher reactivity to the work environment for young individuals.

Table 9. Prevalence rates of respiratory symptoms and diseases among young and older Hutterite males

	< 20 Years Old	≥ 20 Years Old
Cough (a)	8.1%	14.8%
Cough AM (a)	4.9%	11.6%
Cough PM	10.5%	13.8%
Cough 3 Months (a)	4.3%	9.8%
Phlegm (a)	15.9%	24.0%
Wheezing During Cold	18.9%	25.3%
Breathlessness (a)	7.5%	15.0%
Chest Colds	19.4%	26.9%
Bronchitis (a)	8.3%	15.0%
Pneumonia	11.3%	12.1%
Asthma	5.2%	5.3%
Sinusitis (a)	17.2%	26.4%
Lung Problems (a)	11.2%	6.4%

a Values are significantly different (@P<.05) between young and older

5 SUMMARY

This study has attempted to record and compare information related to the medical, biological, agricultural and engineering parameters associated with the laborers and the production of turkeys in confinement facilities. On-site measurements were made of temperatures and humidities, gas levels, criteria of the building and flock plus, samples of feed and bedding which included dust were examined for microbial activity.

Buildings were found to be in good physical condition, however stagnant environments and inadequate ventilation existed along with some gas concentrations beyond suggested levels. Production cycles were recorded and death losses were noted to be at or above 6% for two out of the three facilities.

Laborers were evaluated for respiratory symptomology and diseases as well as tested for pulmonary function. Significance was found between groups of laborers (male Hutterites at specific colonies) for cough at three months and in the morning and phlegm production. Numbers for respiratory symptoms and diseases tended to be lower for one colony, a colony where laborers conscientiously wore masks. Older Hutterites expressed significantly higher prevalency rates of several respiratory symptoms and diseases, when compared to young males.

This study indicates that confinement environments should be more closely monitored to insure that interior conditions are proper and to minimize exposure of laborers to contaminants that cause respiratory problems. Further research is needed to more precisely detail any exposure-response mechanism and to correlate laborer health conditions to parameters of turkey production facilities.

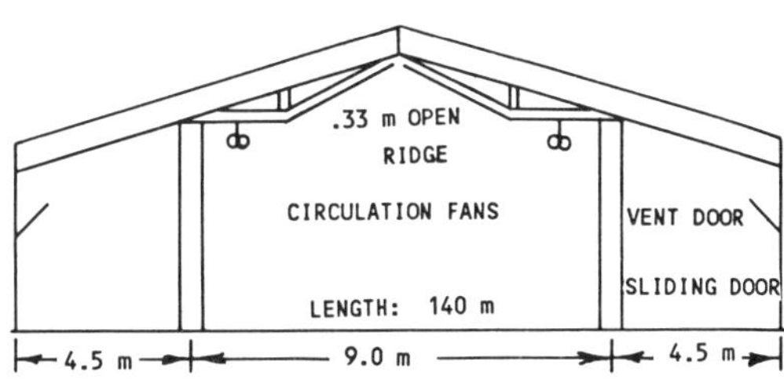

Fig.1 Maxwell facility

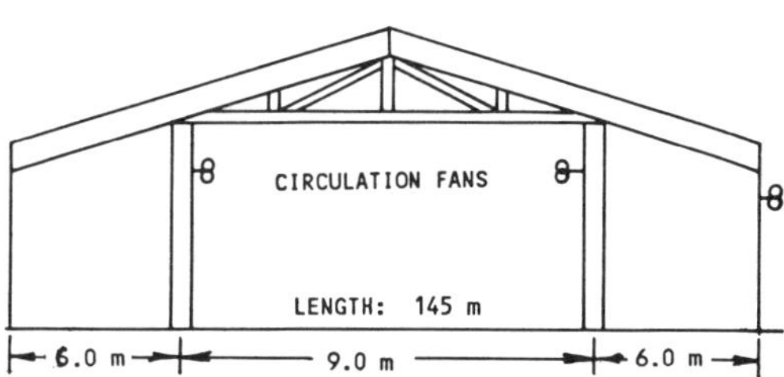

Fig.2 Millbrook facility

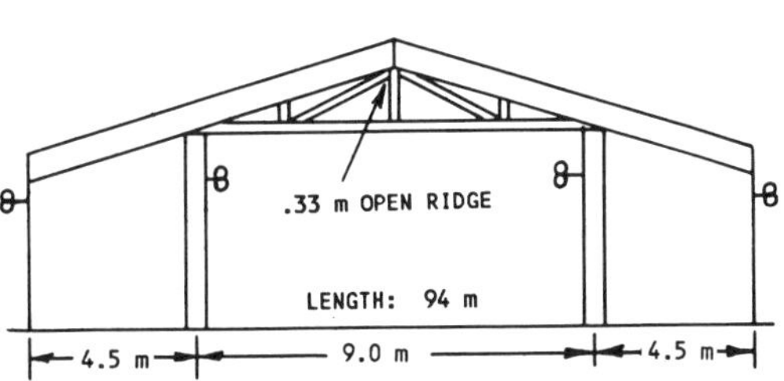

Fig.3 Rolland facility

REFERENCES

DeBoer, S. and Morrison, W.D. The effects
  on the quality of the environment in
  livestock building on the productivity
  of swine and safety of humans. Dept. of
  Animal and Poultry Science. University
  Guelph. 1988.
Diesch, M.A. and Froehlich, D.P. Production and environmental simulations in
  livestock housing. Trans. of ASAE manuscript No. SE987. 1988.
Donham, K.J. Human health and safety for
  workers in livestock housing. Latest
  Developments in Livestock Housing. Am.
  Society of Agricultural Engineers,
  86-95. 1987.
Donham, K. Studies on environmental expos-
  ures, swine health and engineering design
  in swine confinement buildings in
  Southern Sweden. Department of Environ-
  mental Hygiene. University of
  Gothenburg/Institute of Agricultural
  Medicine and Occupational Health.
  University of Iowa. 1987.
Donham, K., Haglind, P., Peterson, Y.,
  Rylander, R. and Belin, L. Environmental
  and health studies of farm workers in
  Swedish swine confinement buildings.
  Department of Environmental Hygiene.
  University of Gothenburg/Institute of
  Agricultural Medicine and Occupational
  Health. University of Iowa. 1987.
Hellickson, M.A. and Walker, J.N. Ventila-
  tion of agricultural structures.
  American Society of Agricultural
  Engineers, St. Joseph, Michigan. 1983.
Klim, M.S. Seek air quality answers.
  ASHRAE Journal May: 35-36. 1986.
Merchant, J.A. Agricultural exposures to
  organic dusts. Occupational Medicine:
  State of the Art Reviews. Vol. 2: April-
  June. 1987.
Pratt, D.S. and May, J.J. Feed-associated
  respiratory illness in farmers. Arch.
  Environ. Health 39:43-48. 1984.
Schlenker, E.H., Parry, R.R. and
  Hellickson, M.A. Respiratory character-
  istics of poultry laborers. Latest
  Developments in Livestock Housing. Am.
  Society of Agricultural Engineers.
  127-136. 1987.
Knudson, R.J., Slatin, R.C., Lebowitz,
  M.D., and Burrows, B. The maximal
  expiratory flow-volume curve. Normal
  standards, variability, and effects of
  age. Am. Rev. Respir. Dis. 115:587-600.
  1976.

RÉSUMÉ

La recherche entreprise avait pour objet d'examiner la respiration des personnes travaillant dans des élevages de dindes en système confiné. Les études ont aussi portées sur la conception et le gestion des structures de confinement. Les données respiratoires comprennant les symptômes, les tests de fonctionnement pulmonaire, etc., de plusieurs centaines de d'éleveurs de dindes ont été corrélées aux conditions environementales et à l'état physique des batiments. Celui-ci était généralement bon, mais sans ventilation adéquate d'où un air stagnant et la présence de gaz à des concentrations supérieures à la norme. Les travailleurs plus agés présentent des symptômes de troubles et maladies respiratoires plus frequemment que leurs collègues plus jeunes.

Zusammenfassung:

Forschung ist mit dem Ziel, die Reaktion der Atmung des Arbeiters in beengten Putenproduktionssystemen zu untersuchen, betrieben worden. Die Studien haben auch Definitionen ueber Planungs- und Managementcharakteristika der Produktionsstaetten eingeschlossen. Messungen von Daten wie z.B. Atmungssymptome, Lungenfunktion usw. von mehreren hundert Arbeitern, die aktiv an der Putenproduktion beteiligt sind, sind gemacht und mit Verhaeltnissen in den Gebaeuden und deren Umgebung verglichen worden. Die Anlagen waren in gutem physikalischem Zustand, jedoch fanden sich eine traege Umgebung und unzureichende Belueftung neben zu hohen Konzentrationen einiger Gase vor. Aeltere Arbeiter hatten bedeutend hoehere, vorwiegend Atmungsmaengel und -krankheiten verglichen mit jungen Maennern.

Land and Water Use, Dodd & Grace (eds), © 1989 Balkema, Rotterdam. ISBN 90 6191 980 0

Airborne pollutants from agricultural plants and buildings

T.Hinz
Institute of Biosystems Engineering, Braunschweig, FR Germany

ABSTRACT: Airborne agricultural emissions can be gaseous or particulated. For an estimation of risk or environmental relevance the properties of emission must be known which are e.g. intensity, rhythm, duration and material composition.
For special local situations nuisance of the neighbourhood must be mentioned and appropriate means to reduce the emissions must be installed.

1 INTRODUCTION

At different kinds of operating and the use of materials like fuel, fertilizer or pesticides substances will be emitted by agriculture and will enter into the environment. Environmental relevance results from the chain of action, which is given in Fig. 1 with its single components - emission - propagation - exposure and effects (immission). At the end of this chain effects on an possible acceptor are situated, which are the central points of environmental problems [1].

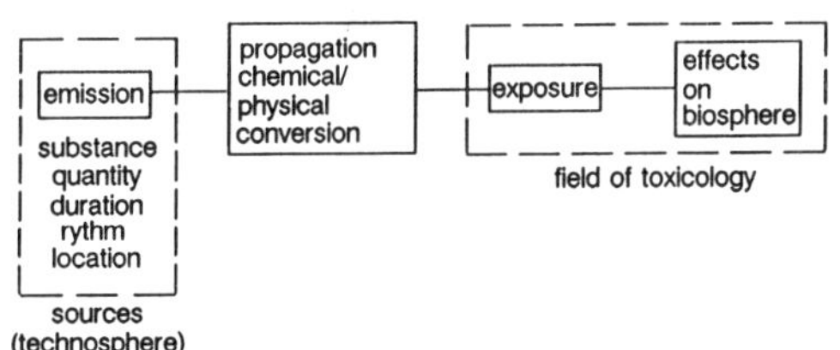

Fig. 1. Material transport - chain of action.

Emissions are to understand as sources from which relevant substances reach the environment. Their influence results from the specific matter of the material itself, its flow rate and duration of emission. In addition are interesting the rhythm of emission - continuously or timely limited - and the locality in an observed area.

Propagation means transfer to the environment e.g. by meteorological spreading in-

cluding chemical and physical conversion.

Although other emissions like those caused by liquid manure are of interest especially concerning load of soils and groundwater, only airborne agricultural pollutants (beside odor) are subject of this report.

2 AGRICULTURAL SOURCES

Fig. 2 shows possible anthropogenic sources of pollutants produced by agriculture. Outdoor production generates pollutants by mobile sources in 3 different ways: First by operating, second by aimed input of chemicals and third by emissions caused by use of diesel fuel from tractors or other self-propelled farm vehicles, e.g. combine-harvesters. Although mobile sources must be mentioned on principle these emissions are not subject of this report [1,2].

Outdoor production	Indoor production
mobile sources during	stationary sources
– soil cultivation	– drying
– fertilizing	– cleaning
– pesticide application	– sorting
and engine emissions	– sacking
	– animal production
	and combustion emissions

Fig. 2. Agricultural sources of airborne pollutants.

Pollutants at all may enter boundary of environment purely in the three different phases - gas, liquid, solid - or dispersed with a carrier e.g. an air flow.

A first evaluation of an immission situation can be done by mass balancing of emitted substances. For this reason and because men only can influence immissions by technical means or operation control of emission quantities, the report gives an estimation of stationary agricultural sources with regard to its environmental relevance and in comparison with other e.g. industrial emission. Using measured source data propagation of contaminants in the near environment of agricultural houses will be calculated by the Gaussian plume model.

3 CEREAL PRODUCTION

During cereal unloading, cleaning and drying dust will be produced and emitted into the environment. For environmental compatibility of commercial used plants observance of emission standards is required, because these plants are subjects to authorization according to the (German) federal law on the prevention of immissions (BImSchG) [3,4].

Measurements at two different plants during wheat and barley harvest showed lower as well as higher values compared with given limits, Table 1 [5].

tively 60 t/h. It is to notice that the cleaning apparatus was working with a dust separator, while the drier was working without such device.

Previous investigations showed a strong influence on dust emission caused by the kind of crop. Measurements were carried out partly with wheat and barley. Dust production from barley is more significant at both plants. For judgement of such plants handled quantities respectively their operation times t_w (period of handling wheat) and t_b (period of handling barley) must be taken into account for a weighed average of dust concentration c in the exhaust flows. Using the results of table 1 about the values of dust mass ($\dot{m}$) and air flows ($\dot{V}$) the average of dust concentration is to calculate by the equation:

$$ c = \frac{\dot{m}_b\, t_b + \dot{m}_w\, t_w}{\dot{V}_b\, t_b + \dot{V}_w\, t_w} \,. $$

Operating time ratio t_w/t_b has a value of 2.3 concerning plant A. Weighed averages according to the given equation amounts to e.g. 26 mg/m³ of drier exhaust (warm air) and to 47 mg/m³ at the cleaner. For judgement of the emission situation the actual period of emissions that means the effective annual working time of the plant must be considered in comparison with the total time of the year. This fact should be taken into

machinery		corn	plant A			plant B		
			air flow $\dot{V}$ m³/h	concen-tration c mg/m³	mass flow $\dot{m}$ kg/h	air flow $\dot{V}$ m³/h	concen-tration c mg/m³	mass flow $\dot{m}$ kg/h
drier	warm air	barley	6065	102,7	0,62			
			5670	56,6	0,32			
		wheat	6065	3,36	0,02	5304	72,4	0,384
		(x)	6065	1,2	0,007			
	cold air	barley	2519	39,2	0,1			
			1884	5,73	0,01			
		wheat	2519	8,18	0,021	3870	17,1	0,066
		(x)	2519	2,9	0,007			
cleaner		barley	6624	19,6	0,13			
			6624	72,6	0,48			
		wheat	6624	47	0,31	6017	302,7	1,821
		(x)	6624	16,82	0,11	6671	749,8	5,0

(x)   pre-cleaned

Table 1. Measuring results of dust emissions at cereal drying and cleaning.

Plant A takes a basis of 2 t/h crop flow at drying and 20 t/h at cleaning. Corresponding values of plant B are 2.5 respectively 60 t/h. It is to notice that the

account by the neighbourhood of such a plant and must be accepted by the authorizing agencies, especially because emitted

dust has no harmful effects to human health
and welfare as known up till now.

A different situation is given for immissions in the direct neighbourhood of a
source. In this case it is not permitted
to calculate monthly or yearly averages,
as by statistical changing wind directions
it may come to shorttime but unreasonable
nuisance. Computing models as given later
on are not applicable to the propagation
of dust from ground level sources [6].
Therefore concentration of dust emitted
during unloading cereals is measured as a
function of distance from the source,
Fig. 3. The results are shown as relative
concentration c/c_0 which may be understood
as a dilution function. For example concentration amounts only to 2 % of initial
value after a distance of transfer of about
15 m. The initial value, that means the
intensity of the source, is in the range
up to approximately 400 mg/m³, if wind
direction and acceptor are situated as
given in Fig. 3. These results may help to
estimate nuisance of neighbourhood caused
by handling cereals during harvesting
period.

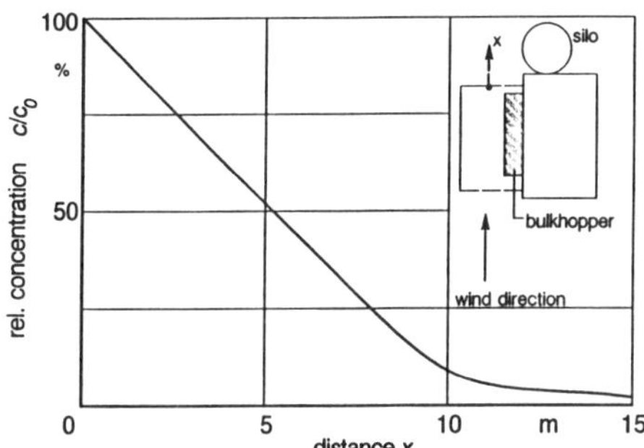

Fig. 3. Rel. concentration c/c_0 versus
distance x from the source.

4 ANIMAL PRODUCTION

Livestock production is nearly divided
from outside environment. Livestock buildings form a special technosphere with feeding, watering, waste handling and ventilation systems. By the both last-mentioned
subsystems the total confinement system
comes into contact with the environment,
Fig. 4.

The confinements are sources of gases,
dust and germs emissions. From this point
of view there are homogenous emission flows,
but within the livestock buildings we can
find sources of different origin: feed,
animal skin, bedding material and manure,
which contribute to aerosolized particulates. By this we are confronted with a

great variety of inorganic and organic
material, because gases and bacteria are
adsorbed to the surface of the dust particles [7,8].

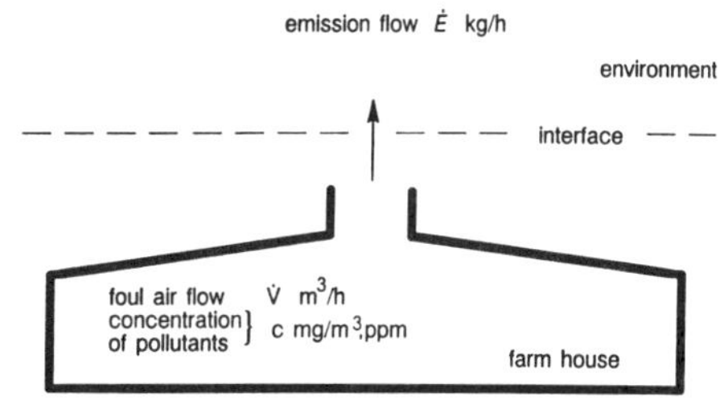

Fig. 4. Interface farm house - environment.

On the assumption of a homogenous atmosphere inside of animal houses, that means
no local variations in the concentration
of airborne substances, measured concentration and exhaust air flow give emission
flow rate E, as shown in fig. 4. In prac-
tise it is to consider that the measuring
point is situated representatively, without influences of dust clouds or draught
flows. Admissibility of this procedure is
proved by measurements. Therefore following
results are based upon measurements of concentration inside of the animal house.

Dust concentration in regard to a day is
a function of time caused by phases of
resting and feeding, as shown in Fig. 5.

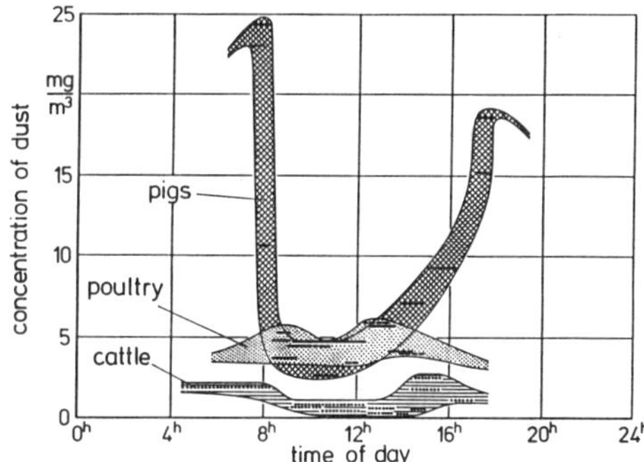

Fig. 5. Daily variation of dust concentration in animal houses.

Especially for pigs a fixed run of the day
schedule is noticeable. Maximum values of
concentration are multiple times higher
than the averages.

Beside daily variations the year shows
a relatively uniform course of dust concentration with levels below 4 mg/m³,
Fig. 6.

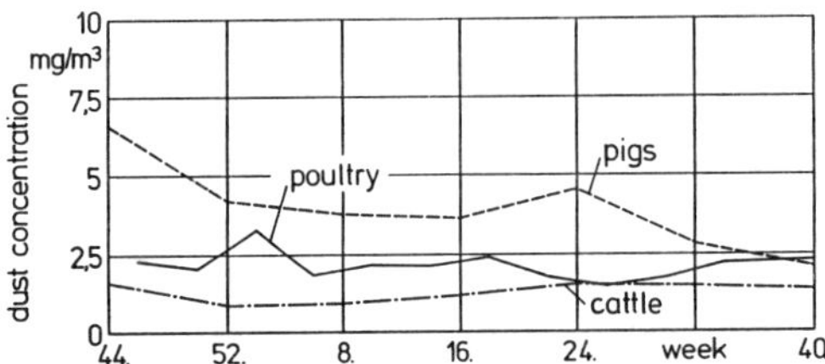

Fig. 6. Seasonal variation of dust concentration.

The daily fluctuations of dust concentration are in the same order of magnitude as in the survey of results collated by Hartung (1986) [9].

For the most part microorganisms are attached to dust particles. By measurements it is found that the ratio of dust to germ particles is nearly a multiple of 25, beginning with 1 x 25 for cattle production, followed by 2 x 25 for pigs production and 3 x 25 for poultry production, see Table 2. These ratios for pigs and poultry are almost twice those reported by Hilliger (1969) [10].

The experiments by Woiwode (1976) [7] show that the ratios of table 2 are dependent on the particle size; in the range from 3 up to 10 x 10^{-6} m is to agree.

Table 2. Comparison of particle numbers.

	cattle	pigs	poultry
Total number per m^3	$5.1 \cdot 10^7$	$1.9 \cdot 10^8$	$1.1 \cdot 10^8$
germs number per m^3	$2.0 \cdot 10^6$	$4.0 \cdot 10^6$	$1.4 \cdot 10^6$
number ratio total/germ	26	48	79
number ratio dust/germ	25	47	78

In normal air germs are found with concentrations of 10^3 to 10^4 per m³.

Germ concentration at animal production, containing fungi and bacteria, is 2 decimal powers higher than in normal air, Fig. 7.

In Fig. 8 most important fungi and bacteria in animal production are shown. The length of the columns are a measure for their frequency. The most popular species of fungi are scopulariopses and of bacteria the kind of bacillus. It is conspicuous that staphylococci and streptococci are found. It must be mentioned that there is a wide spectrum of fungi in poultry production opposite to the low variety in pig

houses. This observation is valid for the bacteriological examinations, too.

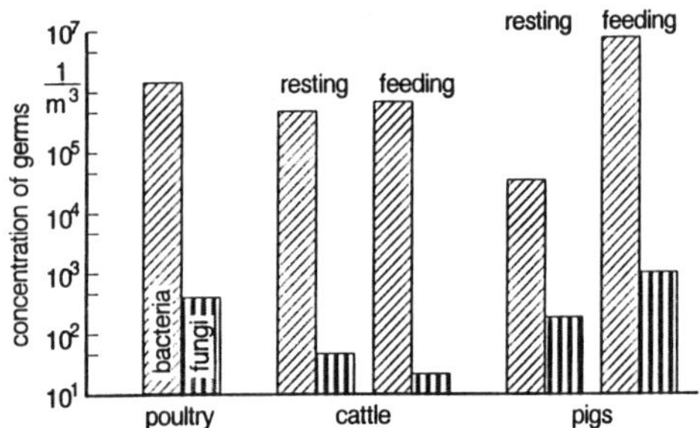

Fig. 7. Averages of germ concentration in the air of animal houses.

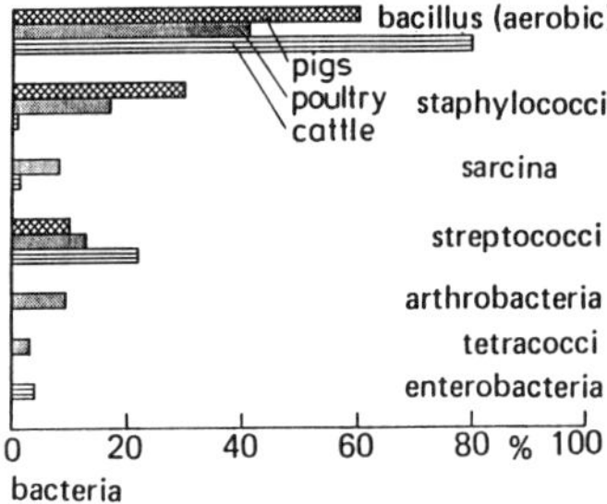

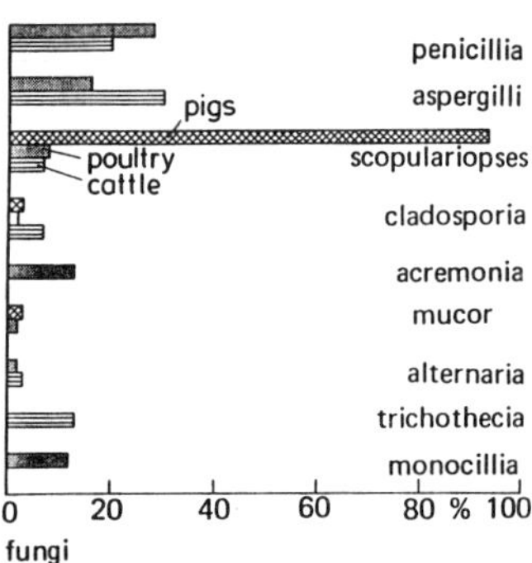

Fig. 8. Germ spectrum of total dust in animal production.

Considering emission situation at animal production in addition to particulates gases must be included from which mainly carbon-dioxide, methane and ammonia will be emitted. Within the scope of labour protection data of gas concentrations in farm houses are available. From these values of concentration and air flows specific emission factors can be calculated. In conjunction with animals' population [11] resulting emissions of animal production, concerning Germany are showed in Table 3.

Table 3. Emissions from animal production. Germany 1986.

animal	population Mio.	total dust 10^4t	fine dust 10^4t	NH_3 10^6t	CO_2 10^6t	CH_4 10^6t
pigs	24.503	5.62	0.90	0.05	18.1	–
cattle	15.305	1.88	0.37	0.33	40.1	1.1
poultry	76.268	2.90	0.27	0.07	3.3	–
total		10.40	1.54	0.45	61.5	1.1

5 EMISSIONS CAUSED BY USE OF FUEL

Additional to the emissions given above use of fuel for heating plants and houses and emissions resulting from this must be taken into account for environmental relevance of agricultural production. Evaluation of their quantities is possible, again using values of specific emission factors and total consumption [1,11].

Table 4 shows emitted substances, specific emission factors and the emission quantities by agricultural use of fuel for stationary plants concerning Germany in the year 1986.

Table 4. Emissions by agricultural use of fuel (stationary plants); Germany 1986.

	emission factor kg/t	emissions 10^6 kg/yr
aldehyde HCHO	0.29	0.51
carbon monoxide CO	0.29	0.51
hydrocarbons HC	0.29	0.51
3,4 – benzpyrene	$12.7 \cdot 10^{-6}$	$22.1 \cdot 10^{-6}$
nitrogen dioxide NO_2	10.24	17.9
sulphur dioxide SO_2	8.6	15.1
particulates (soot 0.3 – 2 μm)	1.73	2.98

Emission factors are given in kg pollutant per ton of fuel. In the case of NO_2 and SO_2 the values amount to 10.24 kg and 8.6 kg emitted gas per ton of fuel. Outgoing from total consumption of 1.75 x 10^6 t fuel emissions are calculated up to $17.9 \cdot 10^6$ kg respectively $15.1 \cdot 10^6$ kg in the year 1986.

With regard to these emissions the question raises how to appreciate these levels in comparison with some other sources or total emissions. These relations show Table 5 for the selected pollutants NO_2 and SO_2.

Table 5. Emissions of NO_2, SO_2 by source; Germany 1983.

pollutant	emissions in 1000 tonnes			total
	agriculture	mobile sources	stationary sources	
nitrogen dioxide NO_2	58 (1.9)	1706 (55.6)	1305 (42.5)	3069 (100 %)
sulfur dioxide SO_2	22 (0.8)	99 (3.6)	2624 (95.6)	2745 (100 %)

In the first column agricultural values and in the last column values of total emissions of Germany 1983 are registered. Agriculture contributes less than 1.9 % of total NO_2 and less than 0.8 % of total SO_2. Main producers are mobile sources - that means traffic with 55.6 % of NO_2 - and power plants with 95.6 % of SO_2 [12].

6 PROPAGATION AND DISPERSION

As part of risk management precalculation of possible load of acceptors in the region near by the sources of pollutants is to request. For this task computing models like Gaussian plume model are available [3,4].

With this computer model immission load at an acceptor will be calculated which results from a continuously emitting point source. Fig. 9 shows the result of an particulate emission example from cereal production. Basis data are air flows of 6065 resp. 6624 m³/h and dust mass flows of 0.62 and 5 kg/h.

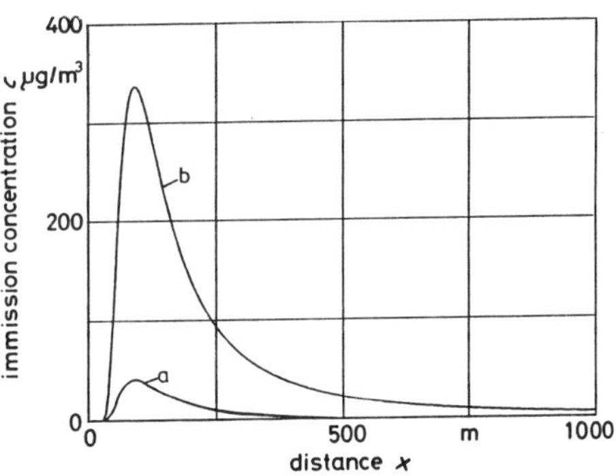

Fig. 9. Immission prognosis by Gaussian plume model; stability class III-2 neutral; angle of incident wind α = 0°; wind speed 1 m/s; particle size distribution (cumulative) 5 % < 5 μm; 45 % < 10 μm; 85 % < 50 μm.

Emitting area of the source has a height
of 15 m over ground. Acceptors' load is
calculated at 1.5 m distance from ground
and wind with speed of 1 m/s blowing directly from the source to the acceptor
($\alpha = 0°$).

Maximum values of immission load c_{max}
are calculated to 42 µg/m³ (a) and
336 µg/m³ (b) at distances from the sources
of about 90 m. From these maxima the calculated functions decrease fast to very
low levels. For judgement concerning German
law permissible values of maximum immission concentrations are 450 µg/m³ for an
half-hours average, 300 µg/m³ for 24 h-av-
erage and only 150 µg/m³ for the average
of a year.

During drying not any of these values
will be reached, and cleaning apparatus
keeps the limit of 1/2 and 24 h-averages.
Corresponding to this are the results concerning dust precipitation.

Because these results are based on continuous emission flow for estimation of
real resulting load at one hand effective
operation times in the course of one year
must be taken into account and on the other
hand the meteorological conditions at those
emission periods.

The values calculated above can be an
estimation according to a "worst case"
risk management. Normally there is no environmental relevance by these emissions,
referred to German laws and authorizations.

7 DIMINUTION OF EMISSIONS

In the case of necessary diminution of
load, separators (filtration, centrifugal-
force) must be installed. In comparison
with filter separators cyclones show lower
separation efficiencies. This disadvantage
will be compensated by its simple design
and use as well as low expenditure for its
local wants, maintenance and costs. In the
discussed cases of cereal unloading, cleaning and drying it is to show that the use
of centrifugal-force separators mostly
ensures observance of limit values. As an
example [5] dust concentration of the
cleaned air of a grain cleaning machine is
calculated from fractionally separation
efficiencies of two types of centrifugal-
force-separators and the data of load
(crude gas concentration, particle size
distribution). Crude gas concentration of
290 mg/m³ with mass flow of dust of about
1.5 kg/h can be diminished to 15 resp.
45 mg/m³ in the clean air and from this
there is no trouble with the threshold
(150 mg/m³; mass flow < 0.5 kg/h) [4].

8 SUMMARY

Stationary sources of airborne pollutants
of agriculture are at cereal production
plants for operations like drying, cleaning
or handling and at animal production live-
stocks and storage-silos. Substances will
be emitted gaseous or particulated. The
mainly interesting question in the field
of environmental pollution and control are
possible acceptor's loads and effects to
the biosphere. Because of the fact that
immission situation can be influenced by
technical or operating means at the source
only for risk management and estimation of
environmental relevance of pollutants all
properties of emission like intensity,
rhythm, duration, and material composition
must be known. With this data prognosis of
a possible acceptor's load can be given
using e.g. Gaussian plume model of propagation. Although the measured levels of agricultural emissions and resulting immissions
are very low, these problems of agricultural emissions must be solved in regard to
laws and authorization procedures, which
require limited emissions.

Additionally for special local situations
in the nearest neighbourhood of those
plants appropriate means are necessary to
reduce the emissions.

REFERENCES

[1] Hinz, T. 1987. Emissionen der land-
    wirtschaftlichen Produktion. Grundl.
    Landtechnik 37:197-207.
[2] Hinz, T. 1983. Untersuchungen zur
    Staubexposition bei der Getreidepro-
    duktion. Staub-Reinhalt. Luft 43:
    203-207.
[3] Abberding, H.-J. & H. Ludwig (eds.)
    1988. Bundes-Immissionsschutzgesetz
    (BImSchG). München: Verlag für Ver-
    waltungspraxis Franz Rehm. 1988 und
    akutelle Ergänzungen.
[4] Jost, D. (ed.) 1983. Die neue TA-Luft.
    Kissing: Weka-Verlag. 1983 und Er-
    gänzungen.
[5] Hinz, T. 1988. Staubemission aus Ge-
    treideannahmestellen. Landbauforschung
    Völkenrode 38:261-266.
[6] Krause, K.-H. 1988. Behandlung von
    Transport und Ausbreitung gasförmiger
    luftfremder Stoffe in der Umgebung
    von Tierhaltungen. Grundl. Landtechnik
    38:1-9.
[7] Hinz, T. & K.-H. Krause 1987. Emission
    of respiratory biological-mixed aero-
    sols from animal houses. Report EUR
    10820. Commission of the European
    Communities: Environmental aspects of

respiratory disease in intensive pig
and poultry houses, including the
implications to human health.
[8] Hinz, T. 1988. Emissionen aus Stallanlagen. Umweltschutz und Tierhaltung
Teil II. Hrsg. Landwirtschaftskammer
Hannover.
[9] Hartung, J. 1986. Dust in livestock
buildings as a carrier of odour. Odour
prevention and control of organic
sludge and livestock farming.
V.C. Nielsen, J.H. Voorburg & P.L.
Hermite (eds.), London: Elsevier
applied science publishers, p.321-332.
[10] Hilliger, H.G. 1969. Zusammenhänge
zwischen Staub und Bakteriengehalt
der Stalluft. Wien. tierärztliche
Mschr. 56:148-150.
[11] Statistisches Jahrbuch über Ernährung,
Landwirtschaft und Forsten. Bundesmi-
nisterium für Ernährung und Forsten
(ed.), Münster-Hiltrup 1987.
[12] OECD 1987. OED Environmental Data.
Compendium 1987.

Dipl.-Ing. Torsten Hinz is member of the
scientific staff of the Institute of Biosystems Engineering (Director: Prof.
Dr.-Ing. Axel Munack) of the Federal Agricultural Research Centre Braunschweig-
Völkenrode (FAL).

Land and Water Use, Dodd & Grace (eds), © 1989 Balkema, Rotterdam. ISBN 90 6191 980 0

Dust and gases in livestock buildings

S.Pedersen
Sjf-Bygholm, (Danish Agricultural Engineering Institute), Horsens, Denmark

ABSTRACT: Climatization of animal houses has over a period of ten years
been the item for a CIGR-working group. The first part was published in
1984. Since then, the group has continued its work on different areas. -
One is Dust and Gases.

Obviously, dust - especially in swine confinements - has a serious negative influence on the health of people, who take care of the animals,
and on the animals, too. The paper shows different ways to measure dust,
and dust concentrations, measured in different countries, and describe
attempts to reduce airborne dust. Also measuring methods of gases,
concentration of ammonia, measured in different countries - are shown.

ABSTRACT: Klimatisierung von Ställen ist während der letzten 10 Jahre
das Thema eine CIGR-Arbeitsgruppe gewesen. Der erste Teil ist im Jahre
1984 publiziert worden. Seit'dem hat die Gruppe ihre Arbeit innerhalb
verschiedener Gebiete fortgesetzt. Eines dieser Gebiete ist Staub und
gase.

Staub hat besonders in Sweineställen eine negative Wirkung auf die
Stallpersonal und auf die Tiere. Das Papier zeigt verschiedene Weise
womit man den Staub, die Staubkonzentratione, die in verschiedenen Ländern gemessen sind, und Aktivitäten um luftgeborene Staub zu reduzieren
messen kann. Weiter werden Messmetoden für Gase und Konzentration von
Ammoniak in verschiedenen Ländern erwähnt.

ABSTRAIT: Pendant une période de 10 ans le climat d'étable a été le
thême d'une groupe de recherche de CIGR. La prèmiere part a été publiée
en 1984. Depuis lors le groupe a continué son travail dans des thèmes
différentes, - l'un d'eux est la poussière et le gaz.

Particulièrement dans des étables de cochon la poussière a une influence
négative sur les personnelles d'étable et sur les animaux Le rapport
donne les façons différentes pour   la mesure de la poussiere. La
concentration de la poussière a été mesuré dans des pays differentes, et
il y a aussi pris l'initiative de réduire de la poussière aeroporté. En
outre les méthodes de mesure de gazes et de concentration d'ammoniaque
dans les pays respectives sont mentionnés.

DUST

Airborne dust in animal houses is a serious problem, especially in pig houses, because it causes problems for both animals and humans. During the last decade measurements of dust in animal houses have been carried out in many places over the world. The measurements were carried out in different ways, and soon it has become obvious that it is difficult to compare results obtained by different methods, because the collected part of the total dust in the air depends on the measuring methods.

As an example the inlet velocity, the inlet orientation, the location of equipment within an animal house and the period of measuring are of importance for the obtained results. In the following different measuring methods for dust are discussed.

Measuring methods of dust

Settlement Method

The most simple way is to weigh the amount of settled dust on horizontal plates, placed in different places in the room. The settlement is due to gravity and will be influenced by the air movement, too, especially for small dust particles.

PHOTOCELL METHOD

Figure 1. shows the principle of an instrument for continuous measurements of dust.

Measurements by the photocell-method give continuous values of dust at the point, where the equipment is placed.

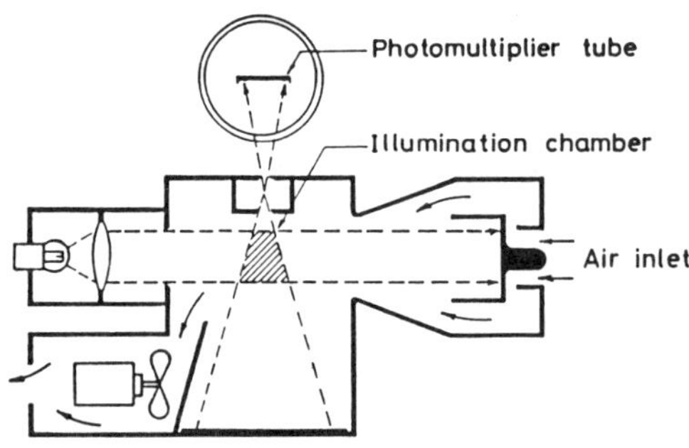

Figure 1. Principle of photocell-method

Advantages   - Fast method.
    - Shows continuously the changes in dust concentration.

Disadvantages - Gives relative values for the dust concentration, and it is difficult to convert the values to e.g. mg dust per cubic metre of air.
    - Expensive.

Laser method

Figure 2. shows the principle in laser equipent for measuring dust.

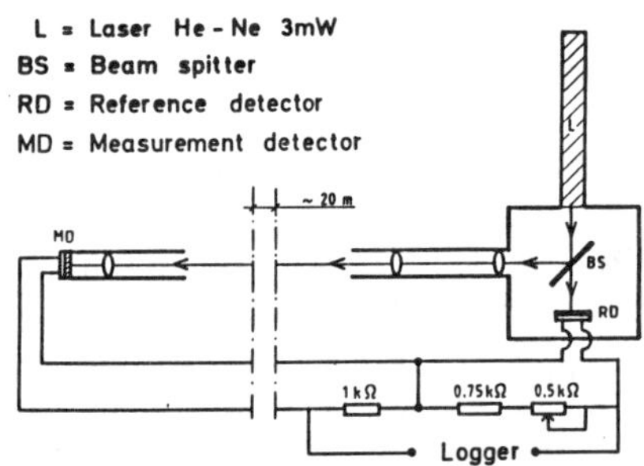

Figure 2. Principle of using laser equipment for measurements of dust concentration.

Measurements by the laser-method give momentanious values.

Advantages
- Fast method.
- Shows continuously the changes in dust level.
- Is able to take in account the amount of dust along the whole length of the animal house.

Disadvantages
- Gives only relative values, and it is difficult to convert the values to e.g. mg dust per cubic metre of air.
- Expensive.
- Cannot distinguish between dust particles and drop of water.

Filter method

Figure 3. shows the equipment for measuring dust by means of the filter method.

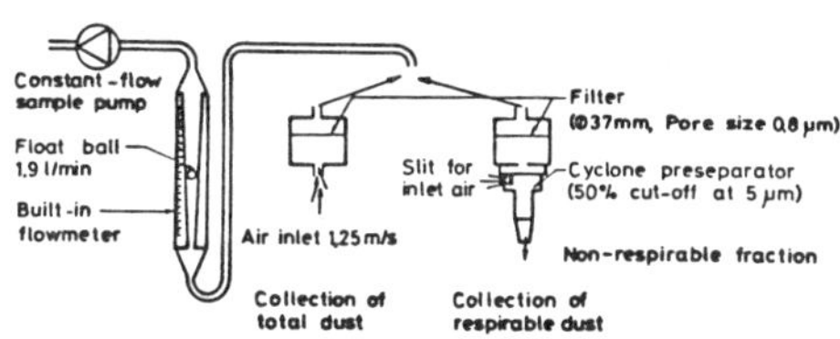

Figure 3. Equipment for measuring dust by the filter method

The equipment consists of an air pump with a constant flow of 1.9 l per minute and a filter house with filter. By measuring respirable dust a cyclone is mounted on the filter house.

Advantages
- Exact values of dust in mg per cubic metre of air.

- The inlet velocity is standardized to 1.25 m/s and the inlet orientation is downwards. Can be considered an international standard.

Disadvantages
- Labour consuming method.
- Time delay between the measuring time and obtained results due to subsequent laboratory analyses.
- Time weighted average concentrations. Can not be used for momentanious measurements.

Dust levels in animal houses in different countries are shown in Table 1.

Table 1. Dust levels in different countries, mg/m3

	Total	Respirable
Farrowing Houses		
Scotland	1.8 (0.4-5.2)	0.17 (0.02-0.40)
Holland	1.3 (0.7-2.3)	
Denmark	1.4 (0.7-3.4)	0.25 (<0.1-1.0)
Weaner Houses		
Scotland,		
Step 1	7.1 (0.6-46.9)	0.32 (<0.01-1.16)
– 2	3.8 (1.0-9.5)	0.21 (0.04-0.67)
Finishing Houses		
Scotland	4.4 (0.6-12.3)	0.29 (0.01-0.73)
Sweden	3.5 (1.3-6.3)	
Switzerland	3.1 (0.8-7.7)	
Holland	1.3 (0.7-2.3)	
Denmark	1.6 (0.2-4.1)	0.17 (<0.1-0.5)
Hens		
Switzerland		
– Laying	8.9 (1.5-24.3)	
– Brooding	30 (17-40)	

REDUCTION OF DUST IN THE INDOOR AIR

Fogging

By means of special nozzles water can be spread in the animal houses. After a period of fogging the air is easy to breathe.

Spraying just before the herdsman enters the animal house seems one of the ways to make a good indoor climate for him. For the pigs which will have to stay in the house over a 24-hours period, there seems to be none or only a small positive effect.

Vacuum Cleaning

Regular cleaning, e.g. once a week can be done by means of a vacuum cleaner.

Cleaning will have a positive effect on reducing the dust, but a significantly better climate is not yet found.

Showering of Passages and Fittings

By showering the passages etc. it is possible to moisten the dust to a level, where the dust will not rise again. Some positive affect can be expected, but significant results are not yet found.

Ionization of the Air

When negative ions are discarged from ionization heads, installed in an animal house, the dust particles will be ionized and attracted to earth-connected surfaces.

Since 1985 experiments are carried out at SjF (Danish Agricultural Engineering Institute). In the beginning only little effect on the dust concentration in the air was obtained. During 1988 the experiments were continued with a greater number of ionization heads in a weaner house. With 1 ionization head per 1.6 square metre of floor the following results are obtained (Table 2).

Table 2. Results by use of ionization in weaner house

	Ionization off	Ionization on	Reduction %
Total dust, mg/m³	3.1	2.8	10
Respirable dust	0.36	0.25	30

For particles above 1.5 um the number of particles is reduced to less than 50%, when the ionization is on. Concerning microorganisms, the number is reduced to 64%, when the ionization is on.

Electrofilter

Experiments with electrofiltration in animal houses showed for instance that 81% of the dust was kept back by the collectors at an air velocity of 1.5 m/s through the electrofilter, but it reduced to 33% at 3.1 m/s.

The air flow through the electrofilter must be of the same size or bigger than the ventilation flow, before an effect of a reasonable size can be expected. This means that it is necessary with big electrofilters for obtaining a sufficient effect.

Filtration by Means of Dust Filter

Cleaning of indoor air by recirculation of air through a dust filter section is a possibility, but normally it will be an expensive way to go, because the amount of recirculated air, as mentioned above, must be high, compared to the ventilation flow, otherwise the reduction of dust in the air will be low.

Oil Spraying

As already mentioned fogging by means of water has a short reducing effect on the amount of dust in the indoor air. A more permanent effect can be obtained, when using oil, because the evaporation of oil is slow.

At SjF experiments are carried out concerning spraying a mixture of rape oil, soap and water. Figure 4 shows the principle of the spraying equipment.

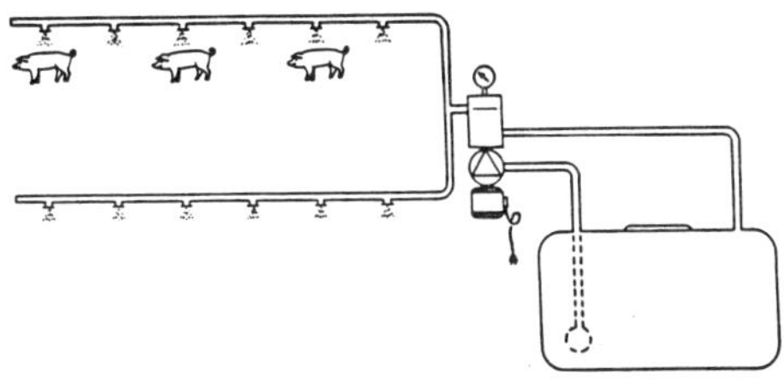

Figure 4. Principle of oil spraying system

Some results are shown in Figure
5. As seen, the reduction of dust
concentration is high. As main
conclusion of several tests with
oil spraying since 1985 the dust
concentration in animal houses can
be reduced down to 10-50%, depending on the amount of oil sprayed
per m^2 and the dust level. Up to
now oil spraying seems to be one
of the most attractive ways to go,
when the dust concentration has to
be reduced.

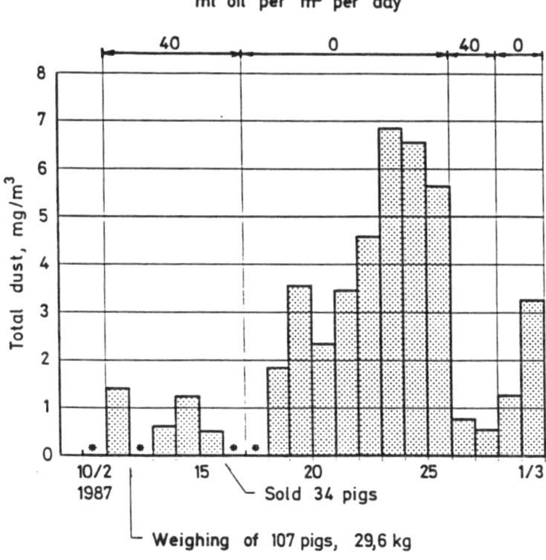

Figure 5. Dust concentration in
weaner house with and without
spraying a mixture of oil, soap
and water.

INFLUENCE OF DUST ON THE HEALTH

Animals are normally exposed to
dust in animal houses 24 hours a
day, and the animal keeper is
exposed up to 8 hours a day.

It is likely that dust together
with gases, as e.g. ammonia, have
great influence on the health of
both animals and humans.

The biggest dust particles will
be retained in the nose and the
throat, but the smallest will
continue to the lungs, as shown in
figure 6.

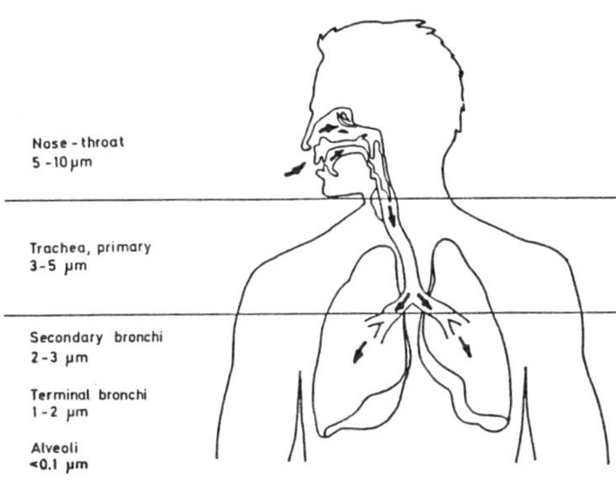

Figure 6. Respiratory passage with
respect to dust invasion

From Danish investigations the
distribution of dust in the air in
a finishing house is shown in
Table 3.

Table 3. Frequency of dust particles in the air in finishing
houses.

Particle size µm	Frequency of particles %
0.5 - 1.5	22
1.5 - 3.0	28
3.0 - 5.0	20
5.0 - 7.0	16
7.0 - 10.0	8
10.0 - 20.0	4
15.0 - 20.0	1
over 20.0	1

At the Danish University Hospital of Århus Dr. Iversen, M. et al. have evaluated the prevalence of asthma and chronic bronchitis on the basis of a questionnary, sent out to 1685 Danish farmers.

The results are shown in Table 4.

Table 4. Prevalence of asthma and chronic bronchitis among Danish farmers.

	Dairy farmers	Pig farmers
Asthma, %	5.5	10.9
Chronic bronchitis, %	17.5	32.0

The table shows that the prevalence of asthma and chronic bronchitis occurs twice as often for pig farmers as for dairy farmers.

In Table 5 the ammonia concentrations in animal houses in different countries are shown.

Table 5. Ammonia concentrations in different countries, ppm

		Mean (Variation)
Farrowing Houses		
Norway	95 measurements	11.7 (0-40)
Italy	7 houses	6 (2-18)
Scotland		7.9 (1.3-22.2)
Sweden	8 measurements	7.1 (1.3-22.2)
Denmark	4 houses (winter)	5.5
Pregnant Sows		
Norway	73 measurements	11.8 (1-26)
Italy	4 houses	6 (2-10)
Denmark	4 houses (winter)	5.5
Weaner Houses		
Italy	3 houses	6.0 (3-10)
Scotland,		
Step 1		5.5 (1.4-14.8)
- 2		9.9 (3.4-30.8)
Denmark	3 houses (winter)	4.7
Finishing Houses		
Norway	147 measurements	12.2 (2-50)
Italy	1 house	5
Scotland		10.6 (1.3-21.5)
Sweden	4 houses	4.0
Denmark	12 houses (winter)	4.1
Cattle		
Norway	48 measurements	12.0 (2-35)
Italy	1 house	4
Denmark	16 houses (winter)	2.9

Table 5 (continued)

		Mean (Variation)
Hens		
Norway	260 measurements, deep litter	15.2 (0-100)
	170 measurements, slatted floor	11.3 (2-30)
	932 measurements, battery cages	6.2 (0-34)
	240 measurements, stepped cages	8.3 (1-50)
	120 measurements, stepped cages (open to cellar)	7.9 (0-30)
Italy	1	5-20
Denmark	3	2.5-20

Summary

- All measurements in pig houses indicate that there is plenty of dust. Measured as total dust, according to the Johannesburg Convention, there is about 2 mg/m^3, but up to 20 mg/m^3 or more is measured.
- About 10% of the amount of total dust is respirable dust.
- Ionization and use of electro-filters have some reducing effect.
- The most effective methods of getting rid of the dust is, up to now, distribution of rape oil by means of a spraying system.
- The concentration of ammonia in animal houses is normally about 5-10 ppm and of the same size in different countries, except in areas with extremely cold weather.
- In animal houses with slatted floor the concentration can go up to about 50 ppm above the dung channels, if there is a leakage to the outside or to other animal houses.

REFERENCES

A complete list of references is published in the chapter on Dust and Gases in CIGR report No. 2 on Climatization of Animal Houses, planned to be issued in 1989.

Land and Water Use, Dodd & Grace (eds), © 1989 Balkema, Rotterdam. ISBN 90 6191 980 0

Effect of purge ventilation on the concentration of airborne dust in pig buildings

J.F.Robertson
Centre for Rural Building, Craibstone, Bucksburn, Aberdeen, Scotland, UK

ABSTRACT: A short period of high ventilation is sometimes used in piggeries to improve air quality. The effect of a 10 minute period of high ventilation during the normal operation of two ventilation systems was studied. In a building with automatically controlled natural ventilation (ACNV) the purge produced a 60% reduction in estimated total dust concentration. Most of the reduction occurred in the first two minutes. Dust concentrations increased rapidly after the purge, although not necessarily to the initial concentrations. The purge creates a significant reduction in air temperature for a short period.

The effect of the purge in a building with an air recirculation system is not so clear. The number of airborne particles were reduced, but the benefits were partly offset by an increase in particle suspension from the ventilation ducts. The purge may be most beneficial after periods of high dust production, such as feeding or weighing.

Effet de la purge sur des concentrations de particules de poussière contenues dans l'air

ABSTRACT: Une courte période de ventilation maximum est parfois utilisée dans les étables à cochons pour améliorer la qualité de l'air. L'effet d'une période de dix minutes de ventilation maximum pendant l'utilisation normale de deux systèmes de ventilation a été étudiée. Dans un bâtiment avec contrôle automatique de la ventilation naturelle (ACNV), la purge a produit une réduction de 60% de la concentration totale estimée de poussière. La plus grande partie de la reduction (87%) est apparue dans les deux premières minutes. Les concentrations de poussière augmentent rapidement aprés la purge mais pas nécessairement jusqu'à leur concentration initiale. La purge crée une réduction significative de la température de l'air pendant une courte période.

L'effet de la purge dans un bâtiment ayant un système à recyclage d'air n'est pas trés clair. Le nombre de particules contenues dans l'air a été réduit, mais il s'en ai suivi une augmentation des particules en suspension dans les conduits de ventilation. La purge semble être trés avantageuse aprés des périodes de grande production de poussière telles que l'alimentation et la pesée.

Die Auswirkung von Durchzugslüftung auf den Staubgehalt der Luft Zusammenfassung

ABSTRACT: Manchmal wird eine kurze Zeitspanne maximaler Durchlüftung in Schweinestallungen angewendet, um die Luftqualität zu verbessern. Während zwei Belüftungsanlagen normal in Betrieb waren, wurde die Wirkung einer zehnminutenlangen maximalen Durchlüftung untersucht. In einem Gebäude mit automatisch kontrollierter natürlicher Belüftung (ACNV) verursachte die Durchzugslüftung eine 60 prozentige Verminderung der berechneten totalen Staubkonzentration. Die größte Herabsetzung (87%) erfolgte in den ersten zwei Minuten. Die Staubkonzentration stieg nach dem Luftdurchzug schnell an, erreichte jedoch nicht unbedingt die Höhe der Anfangskonzentration. Der Luftdurchzug schafft für eine kurze Zeitspanne eine signifikante Herabsetzung der Lufttemperatur.

Die Wirkung eines Luftdurchzugs in einem Gebäude mit einer Luftrecirculationsanlage ist nicht genauso deutlich. Die Zahl der in der Luft befindlichen Staubteilchen wurde reduziert, aber die Vorteile wurden teilweise durch einen Anstieg der Zahl der Staubteilchen aus der Belüftungsanlage aufgehoben. Der Luftdurchzug könnte besonders nach Perioden von hoher Staubkonzentration, wie zum Beispiel bei Fütterung und Gewichtskontrolle, von großen Nutzen sein.

1 INTRODUCTION

During periods of low external air temperature the ventilation rate in a livestock building may remain low for long periods of time. This can produce a rise in the concentration of gases and airborne particles in the building. Recent work has shown a positive relationship between air temperature differences from inside and outside, and dust concentrations within a building (Heber and Stroik, 1988). The relevance of dust is its influence on human and animal health. Surveys of the health of farm workers in the UK, USA, and Holland have described respiratory problems in a significant number of participants (Watson et al, 1986; Donham, 1978; Brouwer, 1987).

Correlations between respiratory impairment and building factors such as ventilation and feeding systems have been demonstrated (Donham et al, 1984; Bongers et al, 1986). Dust concentrations up to 79 mg/m³ have been measured when stockmen are feeding meal to pigs (Cermak and Ross, 1978). The aim of this work was to investigate the effectiveness of a purge cycle in reducing the number of airborne particles. Purge ventilation is the imposition of a period of increased ventilation over the normal ventilation. The first ventilation system studied was automatically controlled natural ventilation (ACNV), which is popular commercially because of its simple, cheap and effective operation.

The effect of purge cycles on the number of particles in the air was also studied in a building with a recirculation system. The recirculation system has the capacity to return a proportion of the exhaust air to the building as a means of reducing heat losses. The recirculated air is mixed with incoming fresh air in a ventilation duct before distribution. Observations from field work (unpublished) suggest that some farm recirculation systems have high dust concentrations within the ducts. They may also contribute to high dust concentrations within a building.

2 METHOD

A typical ACNV system is shown in Figure 1. In order to produce a purging effect in the ACNV system, the ventilation flaps in the side walls of the house are driven fully open. The required effect was produced by the installation of programmable controllers which were capable of overriding the normal control system.

The influence of purge cycles of various duration and frequency was measured. The final protocol for repeated purge cycles was ten minutes at maximum ventilation, followed by twenty minutes at zero ventilation. The imposition of zero ventilation was considered to represent conditions on commercial farms where air quality can be poor.

The room used for observation of the purge cycle in a recirculation system was identical in size and design to the room containing the ACNV system.

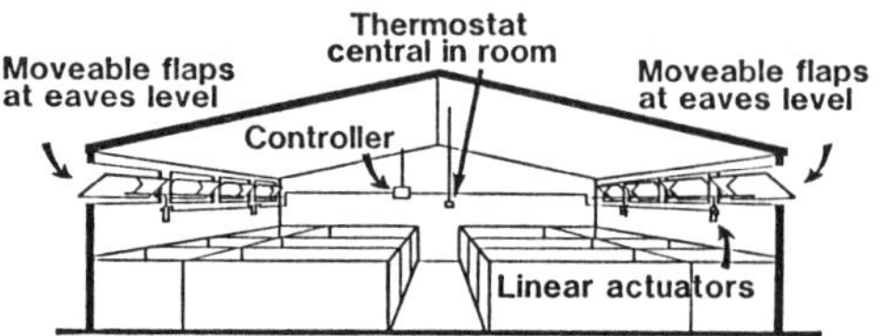

Figure 1 Layout and components of ACNV system.

Pig and management factors were also the same. The same purge time sequence was used. The purge was effected by increasing the inlet fan speed to maximum and allowing all the exhaust air to leave the building. This is equivalent to a maximum ventilation rate and zero recirculation.

The effect of the purge cycle on the number of particles within the buildings was measured with a Royco 4150/1200 near-light scatter particle counter. The flow rate of the sensor was 0.01 cfm. The equipment was installed 1.2 metres above the floor near the centre of the house. Particle counts were taken for ten seconds every two minutes, with a five second stabilization time.

It must be stressed that the periodicity of the purge cycle was chosen to maximize the amount of data collected, and is not necessarily applicable to commercial conditions.

3 RESULTS FOR ACNV

The effect of imposing a purge cycle on the ACNV system is illustrated in Figures 2 and 3. On each occasion when the ventilation rate was increased by a purge cycle, the number of particles across all monitored size ranges were reduced. The reduction in the number of particles shown in Figures 2 and 3 highlight three aspects which were common to nearly all purge cycles:

1. The smallest monitored particle size range,

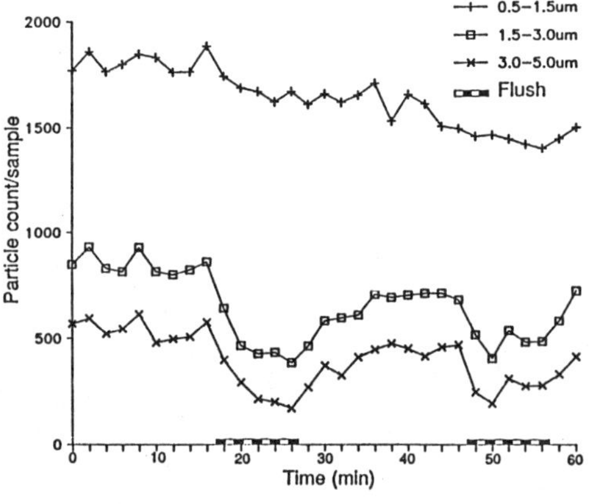

Figure 2 Effect of purge on 0.5–5.0 µm particles.

Table 1 Percentage reduction in number of
particles.

Purge	Particle size range (μm)					
	0.5–1.5	1.5–3.0	3.0–5.0	5.0–10	10–15	>15
1	15	58	70	67	57	61
2	16	52	64	62	53	53
3	36	72	76	76	70	55
4	37	67	69	66	56	49
5	44	72	75	71	66	45
Average	30	64	71	68	60	53

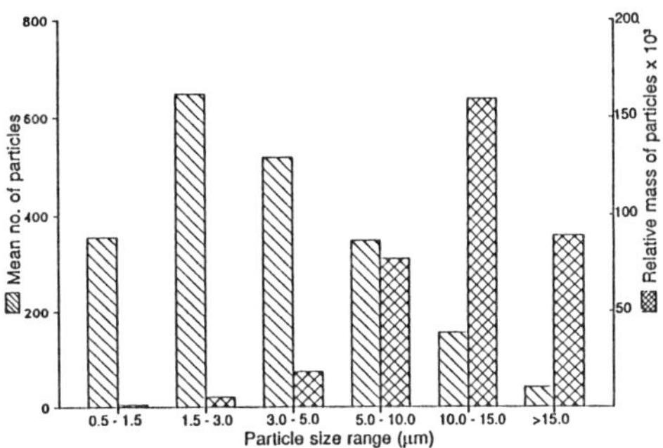

Figure 4 Mean number and relative mass of
particles removed by purge.

0.5–1.5 μm, whilst being the most numerous in pig
house air, are least affected by the purge cycle.

2. The rate of reduction in the number of particles
in the size range 1.5–>15.0 μm approximates the
standard dilution curve for gases in air.

3. Dust concentrations after the purge cycle,
whilst not always returning to pre-purge levels, did
show a rapid increase.

These observations were made on a number of
occasions (n=10). During the trial period outside
temperatures varied from 10.0–16.5 °C, and wind
conditions varied from still air to moderate breezes
(0.15–1.0 m/s). The first two minute period of a
purge cycle usually produced the largest reduction
in the number of particles (mean 83.7% of total
reduction, SD=21.9), although the effect was less
obvious in the 0.5 μm– 1.5 μm size range. The final
eight minute period of a purge, whilst often
producing a slight decrease in the number of
particles, tended towards an equilibrium of dust
production and dust removal.

An additional observation on each study day was
a rise in the number of particles at approximately
1600 hours, when additional feed was distributed
to the feed hoppers. Feed augers continued working
for more than thirty minutes. When a purge cycle
coincided with the feed delivery, the number of
particles remained below pre-purge levels. However,
the purge only served to delay a rise in the number
of particles, which increased rapidly when
ventilation rates returned to zero.

3.1 Effect of the purge cycle on different particle sizes

The presence of different particle sizes is an
important aspect of respiratory studies. Respirable
particles (<5.0 μm) can penetrate to the alveolae,
and cause significant damage to the lungs. Larger
particles (5.0 μm–15.0 μm) are inhaled, but are
usually collected in the upper respiratory tract.
They represent less of a threat to respiratory health
than the smaller particles.

The relative efficiency of particle removal by the
purge, for each monitored size range, is outlined in
Table 1. The efficiency of removal for each size
range was calculated as:

$$\frac{\text{Average particle counts from last eight minutes of purge}}{\text{Average particle counts from last eight minutes prior to purge}} \times 100$$

The efficiency of removal appears to peak for
particle sizes of 3–5 μm. In order to demonstrate
the effect of the purge on the gravimetric concentration of airborne particles, estimates of the
relative particle mass were derived for each
monitored size range. The following assumptions
were made:

1. Aerodynamic size as measured by the Royco
4150/1200 is equivalent to actual particle size.

2. The mid-point of each particle size range is
also the mean diameter of the particles counted in
that size range.

3. The particles are spherical, and therefore the
relative mass of particles is a function of particle
radius.

4. Particle density is constant across all
monitored particle sizes.

The relative particle mass in each size range is

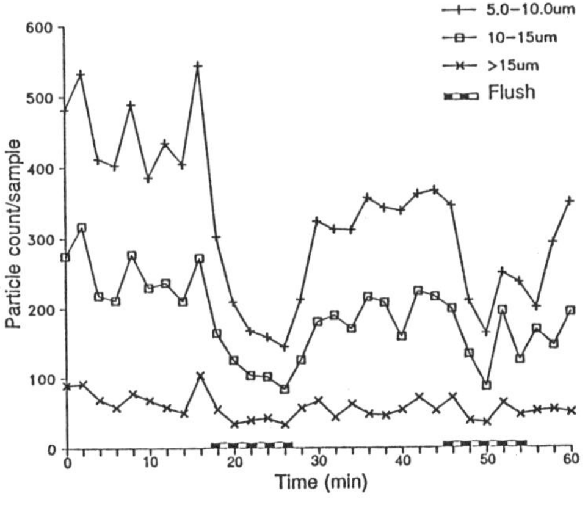

Figure 3 Effect of purge on 5.0–>15 μm particles.

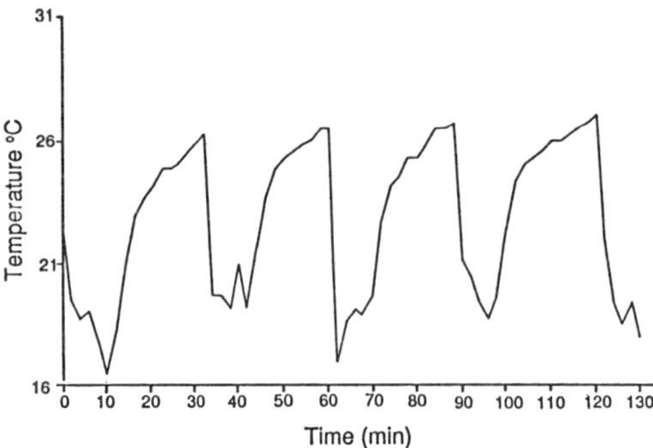

Figure 5 Effect of purge on air temperature.

equivalent to the mean number of particle counts
(n=4) x $4/3\pi r^3$.

Figure 4 shows the mean number of particles and
the mean relative mass of particles removed during
the purge cycles. The larger particles have a
dominant effect on the total mass of particles
removed. The ratio of the particle mass <5.0 µm to
the particle mass >5.0 µm removed by the purge is
1:20. However, the ratio of the number of particles
removed in the same size ranges is 2:1.

3.2 Total dust reduction

An estimate can be made of the total dust removed
from the pig house air by the purge cycles. The
density of organic dust is assumed to be 1000 kg/
m³ (Nilsson and Gustafsson, 1987). The estimate
of particle mass is made on the assumptions
outlined above. The mean pre-purge total dust
concentration is 12.1 mg/m³. The mean reduction
in total dust concentration produced by the purge
is 7.3 mg/m³. Therefore the reduction in the
estimated total dust concentration is 60%.

3.3 Effect of purge cycle on temperature

The ventilation control of most livestock buildings
is based on temperature. It therefore follows that if
the normal operation of a ventilation system is
interrupted, the air temperature inside the building
will change. The air temperatures within the
experimental building during the purge cycles
outlined in Table 1 are shown in Figure 5. Air
temperature drops rapidly in the first two minutes
of the purge.

4 RESULTS FOR RECIRCULATION SYSTEMS

An example of the number of particles in the air
during the purge are shown in Figures 6 and 7.
There were considerably more finer particles than
were seen in the ACNV building. Results can be
summarised as follows:

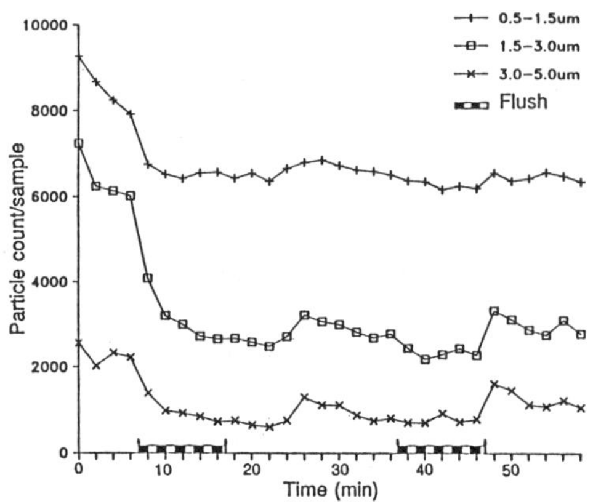

Figure 6 Effect of purge on 0.5–5.0 µm particles for
a recirculation system.

1. Increased rates of particle removal during a
purge are reduced by increased dust production
during the purge.

2. The first two minute period of a purge creates
an overall increase in particles >5.0 µm. Operators
would benefit from remaining outside the building
during this period.

3. The effect of the purge on the different particle
sizes was not the same; the larger particles were
the most affected.

4. A purge cycle may be beneficial after a period
when most of the exhaust air has been recirculating. This would occur during a period of low
outside air temperatures.

It is suggested that the initial rise in the number
of particles is due to the rate of entrainment being
greater than the rate of particle removal from the
building. The main source of entrained particles
will be the settled dust in the ducts. The subsequent decrease in the number of particles is
suggested to be due to a reduction in the
availability of particles suitable for entrainment.
When the purge was completed there was a rapid
increase in the number of particles to a peak.

5 DISCUSSION

Different ventilation systems will react differently to
the purge cycle. For ACNV systems, and other
ventilation systems that use low inlet velocities, the
purge will be effective in producing a short term
decrease in airborne particles. Stockmen will be
exposed to lower dust concentrations during tasks
such as weighing and feeding pigs.

The purge will have a short term effect which will
improve conditions for stockmen. Conditions will
not change significantly for the pigs unless the
purge is used to reduce the effects of the substantial peaks of dust production which can occur.
Airborne dust can remain high for 2-3 hours after
feeding (Nilsson, 1982), and differences in dust

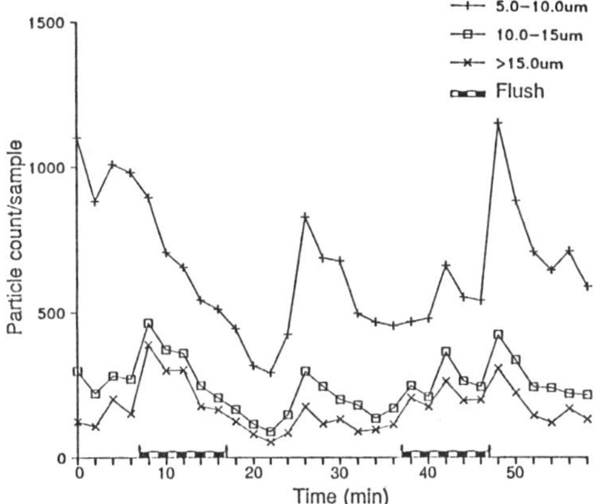

Figure 7 Effect of purge on 5.0–>15.0 µm particles for a recirculation system.

concentrations have been attributed to different feeding systems (Bundy and Hazen, 1975). Where substantial peaks in dust production occur, the purge could be used to remove the particles after feeding and thereby reduce long-term dust exposure.

In ventilation systems using ducts for the distribution of air, the benefits of dust removal during the purge will be reduced by the entrainment of particles which have previously settled in the duct during normal operation. The design of ducted ventilation systems could be improved by allowing access to the duct for cleaning.

The purge cycle produces sufficient improvements in air quality to be included as an aspect of ventilation control. However, farmers should be encouraged to seek professional advice before using the purge in existing systems.

6 CONCLUSIONS

1. The purge can produce a substantial reduction in the number of airborne particles in pig buildings.

2. The effect of the purge on the ACNV system was more predictable than the effect of the purge on the recirculation system. This may be due to the lower inlet velocities of the ACNV system.

3. Most of the reduction in the number of particles occurs in the first two minutes of the purge.

4. The purge reduces the number of particles in the recirculation system, but the rate of removal is reduced by the entrainment of particles settled in the duct.

5. The number of particles in the building increases rapidly when the purge is complete.

6. The purge causes a temporary drop in the internal air temperature.

The author would like to thank Dave Smith who designed and built the control boxes for the flush ventilation, and Dr Jim Bruce for advice during the preparation of this paper. The work was supported by a grant from the Health and Safety Executive.

REFERENCES

Brouwer, R. 1987. Prevalence, control and prevention of non-specific lung disorders among pig farmers in the Netherlands. In J. M. Bruce & M. Sommer (eds), Environmental aspects of respiratory disease in intensive pig and poultry houses, including the implications for human health, pp 133-142. Brussels, CEC.

Bongers, P., Houthuijs, D., Remijn, B., and Biersteker, K. 1986. In Brouwer, R. 1987.

Bundy, D. S. and Hazen, T. E. 1975. Dust levels in swine confinement systems associated with different feeding methods. Transactions of the ASAE, 1975, pp 137-144.

Cermak, J. P. and Ross, P. A. 1978. Airborne dust concentrations associated with animal housing tasks. Farm Building Progress 51, pp 11-15.

Donham, K. J. 1978. Respiratory hazards of livestock confinement workers. Proceeding VII International Congress of Rural Medicine, Salt Lake City, Utah, pp 224-234.

Donham, K. J., Zavala, D. C. and Merchant, J. A. 1984. Acute effects of the work environment on pulmonary functions of swine confinement workers. American Journal of Industrial Medicine 5: 367-376.

Heber, A. J. and Sroik, M. 1988. Influence of environmental factors on dust characteristics. In Procs. 3rd Int. Livestock Environment Symposium. ASAE 1-88, pp 291-298.

Nilsson, C. 1982. Dust investigations in pig houses. Swedish University of Agricultural Sciences. Report 25.

Nilsson, C. and Gustafsson, G. 1987. Dust in fattening pig houses. Swedish University of Agricultural Science. Special Report 140.

Watson, R. D., Friend, J. A. R., Legge, J. S., Bruce, C. E. 1986. The causes, detection, and control of respiratory dust diseases of farm workers in Northern Scotland. American Journal of Industrial Medicine, 10: 331-335.

Land and Water Use, Dodd & Grace (eds), © 1989 Balkema, Rotterdam. ISBN 90 6191 980 0

Méthode d'appréciation d'ambiance dans les bâtiments d'élevage bovin

M.Tillie & B.Fostier
Institut Technique de l'Elevage Bovin, Paris, France

RESUME: La qualité de l'ambiance dans un batiment d'élévage est une chose très importante. La méthode proposée vise à analyser l'ambiance dans le bâtiment pour porter un diagnostic et orienter les solutions.Il est proposé une démarche méthodique fondée sur la description du circuit de l'air dans le bâtiment, la mesure de certains paramètres d'ambiance, le relevé des paramètres techniques du bâtiment puis l'interprétation de l'ensemble de ces données. A la description de la méthode correspond une fiche pour le relevé des données.

ABSTRACT : Quality of atmosphere is very important for cattle health. A methodology to analyse atmosphere is proposed according to the following process. Study of air circulation by visualization of general air flow with smoke producing cartridge;measurement of air velocity near animals; inside and outside temperature and moisture rate for judgement of ventilation; housing technical parameters; inlet and outlet air area and animal density are studied. Analysis of data and relation ship between parameters, problems arising from the house design are presented along with recommendations on improvement of inlet and outlet areas as well as practical solutions to some problems

ZUSAMMENFASSUNG : In einem Viehzuchtgebäude ist die Stimmungqualitätfrage eine hohen Wichtigkeit. Die vorgeschlagene Methode besteht in der Stimmungerforschung des gebäudes, um eine Diagnose zu stellen, und die Lösungen zu richten. Der methodishe Schritt besteht dem Luftkreislauf in dem gebäude, der Stimmungparametermessung, der Gesamtangabenauslegung aus. Es gibt ein Zettel um die Augaben aufzuschreiben.

LA DEMARCHE

1. VISUALISATION DES CIRCUITS DE L'AIR à l'aide des cartouches fumigènes

1.1 Visualisation du circuit global de l'air à l'intérieur du batiment

Une première cartouche fumigène est allumée au centre de l'aire de vie des animaux. Si nécessaire, des cartouches fumigènes peuvent également être allumées à proximité des pignons.

Schéma indiquant la position des cartouches fumigènes sur l'aire de vie

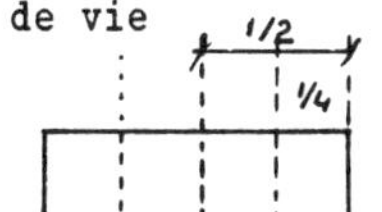

L'observateur doit se placer à distance du fumigène pour avoir une vue générale du déplacement de la fumée. La cartouche fumi-gène dégage un gros volume de fumée qui s'élève assez rapidement. On peut alors observer le circuit général de l'air dans le bâtiment et notamment les modalités d'évacuation de la fumée. Dans un bâtiment dont le renouvellement d'air est suffisant, la fumée s'évacue en moins de 3 minutes.

1.2 Visualisation du cicuit de l'air au niveau des animaux à l'aide d'un tube fumigène.

Un tube fumigène permet de décrire les détails des flux d'air sur l'aire de vie des animaux. Des jets successifs de fumée permettent de suivre de proche en proche le circuit de l'air et d'apprécier qualitativement la vitesse de l'air et de repérer les courants d'air. Il faut veiller à repérer toutes les particularités du circuit de l'air en émettant de la fumée en de multiples points (quadrillage de l'aire de vie) à 0,2 et à 1,2 m du sol. Il faut également repérer les flux d'air à proximité des ouvertures, des cloisons, etc...

Dans un bâtiment, l'air circule à la fois horizontalement (surtout dans les bâtiments semi-ouverts) et verticalement (surtout dans les bâtiments fermés). Il est donc proposé de reproduire le circuit de l'air observé sur 4 plans : 1 plan horizontal et 3 plans verticaux selon les coupes suivantes du bâtiment :

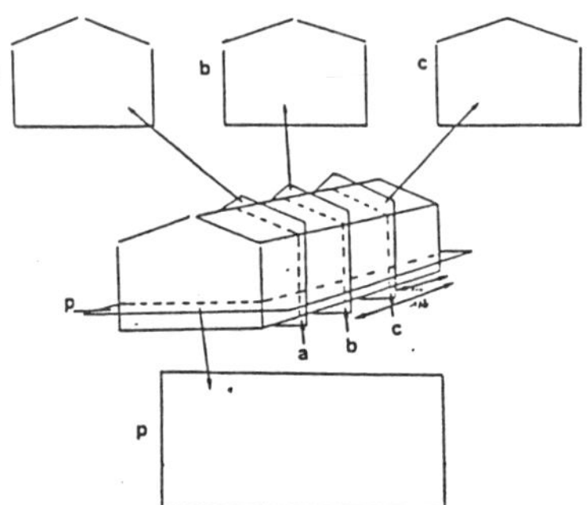

Le circuit de l'air à l'intérieur est parfois très perturbé par l'environnement immédiat du bâtiment, notamment dans le cas de bâtiments semi-ouverts (effet "couloir", effet "rebond", etc). La visualisation du circuit de l'air à proximité du bâtiment est alors utile. Elle s'effectue au moyen d'un fumigène. L'observation est notée sur la fiche de relevé.

2. MESURE DES PARAMETRES D'AMBIANCE

2.1 Renouvellement de l'air dans le batiment

L'indicateur utilisé pour apprécier le renouvellement de l'air dans le bâtiment est la différence de poids d'eau contenue dans l'air entre l'intérieur et l'extérieur. L'air extérieur contient une certaine quantité d'eau (exprimée en g/kg d'air sec). A cette quantité d'eau s'ajoute, à l'intérieur du bâtiment, une certaine quantité d'eau dûe à la présence des animaux (évaporation cutanée et respiratoire, évaporation à partir des déjections). Celle-ci est d'autant plus faible que le renouvellement d'air dans le bâtiment est important.

Dans un bâtiment correctement ventilé, la différence de poids d'eau contenue dans l'air entre l'intérieur et l'extérieur ne dépasse généralement pas 0,5 g/kg d'air sec.

La quantité d'eau contenue dans l'air se calcule en connaissant la température et l'humidité relative de l'air par la différence de poids d'eau entre l'air ambiant et l'air extérieur. On relève la température et l'humidité relative de l'air à l'extérieur nettement à distance du bâtiment. A

l'intérieur, on effectue ces deux mesures au centre de l'aire de vie pour apprécier le renouvellement global de l'air dans le bâtiment. Eventuellement, on peut effectuer ces

mesures en d'autres points particuliers afin d'estimer localement le renouvellement de l'air.

Veiller à ce que les mesures ne soient pas perturbées par la proximité des animaux ou d'une personne.

2.2 Vitesses de l'air

Les vitesses de l'air sont mesurées directement à l'aide d'un anémomètre à fil chaud. Etant donné la diversité possible des vitesses d'air sur l'aire de vie des animaux, les mesures sont à effectuer selon le quadrillage suivant :

Schéma indiquant les points de mesure de vitesse de l'air sur l'aire de vie

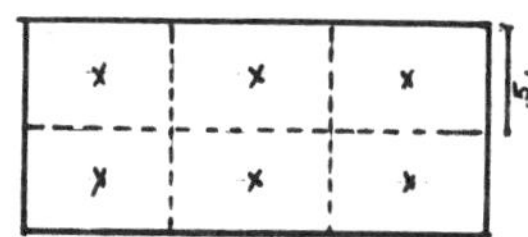

On divise l'aire de vie en bande d'environ 10 m sur la longueur et 5 m sur la largeur. Au centre des surfaces ainsi définies, on mesure la vitesse de l'air à 0,2 et à 1,2 m du sol. La plupart des sondes doivent être orientées de manière à ce que le fil chaud soit perpendiculaire au flux d'air. Il faut donc repérer le sens du flux d'air à l'aide d'un tube fumigène. Ces mesures sont reportées sur la fiche en localisant sur le plan les points de mesure.

Les vitesses considérées comme maxima, dans les conditions hivernales, sont 0,25 m/s pour les jeunes (0-4 mois), 0,5 m/s pour toutes les autres catégories de bovin.

2.3 Taux d'ammoniac

L'ammoniac est à rechercher au niveau de l'aire de vie à 0,2 m du sol. La perception d'une odeur piquante faible révèle au taux de l'ordre de 5 p.p.m. une odeur forte un taux de 10 p.p.m. Le taux d'ammoniac peut être mesuré à l'aide d'un tube contenant un réactif et d'une pompe.

Dans un bâtiment bien ventilé et dont la litière est saine, le taux d'ammoniac ne dépasse pas 5 p.p.m.

3. PARAMETRES TECHNIQUES DU BATIMENT

3.1 Orientation et environnement

Il s'agit de situer les différents éléments

pouvant influer sur la ventilation et l'ensoleillement du bâtiment (autres bâtiments,
dénivellation du terrain, plantations, etc).

3.2 Disposition intérieure du bâtiment

Reproduire dans l'espace prévu sur la fiche
de relevé la répartition des aires de vie
des animaux et de l'ensemble des ouvertures
servant à la ventilation. On y indique également tout ce qui peut influer sur la ventilation (cloisons pleines, ouvertures parasites, etc).

3.3 Volume d'air

Le volume d'air par animal (m3/animal) est
défini par :

<u>Surface totale x hauteur moyenne du bâtiment</u>
             nombre d'animaux

La notion de volume d'air par animal ne perd
son sens que dans le seul cas des bâtiments
semi-ouverts monopente dont le long pan ouvert est du côté le plus haut du bâtiment et
sous réserve qu'il reste ouvert en permanence. Lorsque dans un bâtiment, plusieurs
catégories d'animaux sont regroupées, on
multiplie la hauteur moyenne du bâtiment par
la surface du bâtiment affectée à chacune
des catégories d'animaux.

3.4 Densité animale

La densité animale (m²/animal) est définie
par :

<u>Surface de l'aire de vie</u>
     Nombre d'animaux

3.5 Ouvertures pour la ventilation

La surface des ouvertures à considérer est
la surface libre c'est-à-dire que si l'ouverture est protégée par un brise-vent d'une
porosité de 50 %, la surface totale mesurée
est affectée du coefficient de porosité correspondant.

L'INTERPRETATION

1. CE QUI EST OBSERVE EST CORRECT OU NE L'EST PAS

1.1 Les circuits d'air dans un batiment bien
ventilé

La fumée produite s'évacue en quelques
minutes (3 mn environ maximum) essentiellement par l'ouverture située au
point le plus haut du bâtiment (cas d'un bâtiment bi-pente) ou l'une des extrémités du
long pan ouvert (cas d'un bâtiment semi-ou-
vert).
Au niveau des animaux (à 0,2 et à 1,2 m du
sol), la fumée se déplace lentement.
Les fumigènes mettent directement en évidence l'insuffisance du renouvellement de
l'air par la stagnation ou l'évacuation lente de la fumée ou des vitesses d'air exces-
sives par le déplacement rapide de la fumée.
Ces indices ne sont que qualitatifs mais
sensibilisent l'éleveur aux phénomènes de
circulation d'air

1.2 Les mesures des paramètres d'ambiance
dans un batiment bien ventilé:

La différence entre le poids d'eau contenue
dans l'air intérieur et extérieur est
inférieure à 0,5 g/kg d'air. Ce critère peut
être considéré comme un très bon indicateur
du renouvellement de l'air dans le bâtiment.
Mais le seuil fixé à 0,5 g/kg d'air peut
conduire à formuler des diagnostics erronés
surtout si la valeur trouvée est proche de
0,5. Le seuil de 0,5 est donc plutôt à
considérer comme un seuil indicatif. Dans
les bâtiments présentant un défaut de
renouvellement de l'air, la valeur trouvée
est plutôt proche de 0,8 à 1 g/kg.
La vitesse de l'air est inférieure à 0,5
m/s (0,25 m/s dans le cas des bâtiments pour
veaux nouveau-nés ou des nurseries) au niveau de la majorité des points de mesure.
Dans les bâtiments même bien protégés des
courants d'air, on constate souvent que la
vitesse de l'air dépasse légèrement ce seuil
en 2 ou 3 points de mesure. Par contre, dans
les bâtiments présentant des courants d'air,
la vitesse de l'air est excessive en au
moins 4 à 5 points de mesure.

2. LES DEFAUTS RELEVES SONT A METTRE EN RAP-PORT AVEC LES PARAMETRES DU BATIMENT

2.1 L'insuffisance de renouvellement de
l'air peut être mise en rapport avec :

1. L'absence ou l'insuffisance des ouvertures dans les murs ou/et dans la couverture. L'effet limitant des surfaces ou-
vertes est net dès que l'on a moins de 75 %
des surfaces recommandées.
2. Une mauvaise répartition des ouvertures
latérales (ouverture localisée ou sur un
seul long pan).
3. Une largeur importante du bâtiment

(plus de 20 m) auquel cas des aménagements
particuliers sont souvent nécessaires.

4. Des retombées d'air par les ouvertures
dans la couverture : mauvais aménagement
d'une cheminée ou d'une faitière ouverte.

2.2 Les courants d'air peuvent être mis en
rapport avec :

1. Une mauvaise répartition des ouvertures
latérales (ouvertures localisées).
2. Absence ou mauvaise protection
brise-vent.
3. Volume d'air insuffisant.
4. Un rebond de l'air qui entre dans le
bâtiment sur des pannes de la charpente.
5. Présence d'ouvertures parasites.
6. Effet perturbant de l'environnement.

3. LES LIMITES DE LA METHODE

Quelle valeur accorder à un seul
diagnostique?
1. L'élément susceptible de modifier le
plus nettement l'ambiance dans une bâtiment
est la direction du vent.

Les conclusions d'un diagnostic d'ambiance
réalisé si le vent a une direction peu fré-
quente, ne peuvent être extrapolées aux autres situations. Les défauts observés doivent bien entendu, être pris en compte mais
rien ne dit que d'autres ne se manifesteront
pas par vent dominant. Par contre, sous un
vent dominant, les défauts observés sont réguliers mais ils apparaissent de façon plus
ou moins nets selon la force du vent. Dans
ces conditions, un seul diagnostic correctement réalisé, a toute sa valeur.
2. La part de l'expérience. Sur la base de
cette méthode, il est probable que différents intervenants pourraient avoir des
conclusions différenciées. Un certain en-
trainement est nécessaire, voire même une
formation initiale qui permet de se situer
par rapport à d'autres.
3. Des aménagements à réaliser par étapes.
Les aménagements sont toujours à réaliser
par étapes en privilégiant d'abord ceux qui
sont les plus nécessaires et les moins
coûteux. A chaque étape, un nouveau diagnostic permettra d'évaluer l'efficacité de
ce qui a été fait et de préciser les aménagements complémentaires nécessaires.

BIBLIOGRAPHIE

Andrieu S. E.D.E. 02, Fostier B. I.T.E.B.,
Tillie M. I.T.E.B., Mathieu P. E.D.E. 02.
1987. I.T.E.B.
  Ambiance dans les bâtiments d'élevage
  bovin ; suivi de 28 bâtiments, conséquences techniques et méthodologiques.
Fostier B. I.T.E.B., Hamard E. G.D.S. Côte
    d'Or, Ogier G. stagiaire. 1988.
I.T.E.B.
  Ambiance dans les bâtiments d'élevage
  bovin dans les conditions estivales ;
  suivi de 15 bâtiments.

CIGR Climatization of Animal Housing 1984